Germar Müller

Theorie elektrischer Maschinen

Elektrische Maschinen

Herausgeber: Germar Müller

Bereits erschienen:
Germar Müller: Grundlagen elektrischer Maschinen

In Vorbereitung für 1995:
Karl Vogt: Berechnung elektrischer Maschinen

© VCH Verlagsgesellschaft mbH, D-69451 Weinheim (Bundesrepublik Deutschland), 1995

Vertrieb:
VCH, Postfach 101161, D-69451 Weinheim (Bundesrepublik Deutschland)
Schweiz: VCH, Postfach, CH-4020 Basel (Schweiz)
United Kingdom und Irland: VCH (UK) Ltd., 8 Wellington Court, Cambridge CB1 1HZ (England)
USA und Canada: VCH, 220 East 23rd Street, New York, NY 10010-4606 (USA)
Japan: VCH, Elkow Building, 10-9 Hongo 1-chome, Bunkyo-ku, Tokyo 113 (Japan)

ISBN 3-527-28392-7

Germar Müller

Theorie elektrischer Maschinen

Weinheim · New York · Basel · Cambridge · Tokyo

Autor und Herausgeber der Reihe *Elektrische Maschinen*:
Prof. Dr.-Ing. habil. Germar Müller
Schützenhofstraße 17
D-01129 Dresden

Das vorliegende Werk wurde sorgfältig erarbeitet. Dennoch übernehmen Autoren und Verlag für die Richtigkeit von Angaben, Hinweisen und Ratschlägen sowie für eventuelle Druckfehler keine Haftung.

Lektorat: Dipl.-Phys. Roland Wengenmayr
Herstellerische Betreuung: Dipl.-Wirt-Ing. (FH) Bernd Riedel

Die Deutsche Bibliothek – CIP-Einheitsaufnahme
Müller, Germar:
Theorie elektrischer Maschinen / Germar Müller. –
Weinheim; New York; Basel; Cambridge; Tokyo: VCH, 1995
(Elektrische Maschinen)
ISBN 3-527-28392-7

© VCH Verlagsgesellschaft mbH, D-69451 Weinheim (Bundesrepublik Deutschland), 1995

Gedruckt auf säurefreiem und chlorfrei gebleichtem Papier

Druck: strauss offsetdruck gmbH, D-69509 Mörlenbach
Bindung: J. Schäffer GmbH & Co. KG., D-67269 Grünstadt

Printed in the Federal Republic of Germany

Gewidmet jenen,
denen es nicht vergönnt ist, sich der großartigen Harmonie
des Theoriegebäudes der elektrischen Maschinen zu erfreuen,
sondern deren mühsame Aufgabe darin besteht, ihre Produktion zu gewährleisten

Vorwort

Mit dem vorliegenden Band „Theorie elektrischer Maschinen" wird die Reihe „Elektrische Maschinen" fortgesetzt. Die Reihe beginnt mit dem bereits erschienenen Band „Grundlagen elektrischer Maschinen" und wird durch einen Band "Berechnung elektrischer Maschinen" abgeschlossen werden.

Dem Band „Grundlagen elektrischer Maschinen" ist eine Einleitung vorangestellt worden, in der die Grundgesetze auf der benötigten Ebene, d.h. im wesentlichen als Beziehungen zwischen Integralgrößen, eine zusammenfassende Behandlung erfahren. Dabei wird insbesondere auf die Fragen der Vorzeichenfestlegung bzw. die Wahl positiver Zählrichtungen eingegangen sowie ein kurzer Abriß der Methode der komplexen Wechselstromrechnung gegeben. In Analogie dazu dient die Einleitung des vorliegenden Bandes dazu, eine zusammenfassende Darstellung der Gleichungen des elektromagnetischen Feldes als Ausgang der später vorzunehmenden allgemeinen Analyse des Betriebsverhaltens der rotierenden elektrischen Maschinen voranzustellen. Dabei war es erforderlich, insbesondere auf das Vorhandensein bewegter Medien einzugehen. Weiterhin wird innerhalb der Einleitung der Maxwellsche Spannungstensor eingeführt, mit dessen Hilfe sich einerseits eine Reihe einfacher Modellvorstellungen über den Mechanismus der Drehmomentbildung begründen lassen und andererseits Möglichkeiten für das tiefere Verständnis dieser Vorgänge erschlossen werden.

In den ersten Abschnitten des vorliegenden Bandes werden, ausgehend von den Gleichungen des elektromagnetischen Feldes, die allgemeinen Prinzipien zur analytischen Behandlung rotierender elektrischer Maschinen entwickelt. Auf ihrer Grundlage entstehen dann für einzelne Maschinengruppen allgemeine Modelle, die zur Behandlung stationärer und nichtstationärer Betriebszustände herangezogen werden. Dabei wird insbesondere auch auf das Zusammenwirken der rotierenden elektrischen Maschinen mit leistungselektronischen Stellgliedern eingegangen. Von den Arten der rotierenden elektrischen Maschinen her beschränken sich eingehende Untersuchungen auf die Asynchronmaschine, die Synchronmaschine und die Gleichstrommaschine. Gegenüber der Behandlung im Band „Grundlagen elektrischer Maschinen" wird dabei stets von allgemeinen analytischen Beschreibungen ausgegangen, die für nichtstationäre Betriebszustände, aber auch für anomale stationäre Betriebszustände anwendbar sind. Außerdem erfährt die Palette besonderer Ausführungsformen der genannten Maschinenarten eine Erweiterung. Auf die ausführliche Behandlung der Wechselstrom- und Drehstromkommutatormaschinen, der Reluktanzmaschinen sowie der Verstärkermaschinen wird entsprechend ihrer rückläufigen Bedeutung verzichtet.

Es war meine Absicht, Methoden zur analytischen Behandlung rotierender elektrischer Maschinen zu bieten und diese in ein geschlossenes Theoriegebäude einzubetten. Mit Hilfe dieser Methoden werden die allgemeinen Modelle für rotierende elektrische Maschinen entwickelt, die in der modernen Literatur Anwendung finden. Besonderer Wert ist dabei auf die saubere Einführung der verschiedenen Komponentensysteme der Stranggrößen von Dreiphasenmaschinen und deren Interpretation gelegt worden. Das gilt in erster Linie für die sogenannten Raumzeiger, die im vorliegenden Buch als komplexe Augenblickswerte angesprochen werden, aber auch für die d-q-0-Komponenten und die α-β-0-Komponenten. Die vorgelegten Aussagen über das Betriebsverhalten rotierender elektrischer Maschinen in nichtstationären und in besonderen stationären

Betriebszuständen werden auf der Grundlage der entwickelten Modelle gewonnen. Sie sollen jedoch letztlich nur als Beispiel dienen und es dem Leser ermöglichen, eigene Probleme auf analoge Weise zu lösen.

Der vorliegende Band entstand in einer ersten Fassung unter dem Titel „Betriebsverhalten rotierender elektrischer Maschinen" während meiner Tätigkeit im damaligen Forschungs- und Entwicklungszentrum für Elektromaschinen, Dresden, und war beim Verlag Technik, Berlin, erschienen. Mit der Neuerscheinung unter dem Titel „Theorie elektrischer Maschinen" bei der VCH Verlagsgesellschaft, Weinheim, wird eine vollständige Überarbeitung vorgelegt. Diese Überarbeitung spiegelt in der Darstellung des Stoffes einen langjährigen Reifeprozeß sowohl durch meine Lehrtätigkeit an den Technischen Universitäten in Dresden und Ilmenau als auch durch das Wirken in der Industrie wider.

Ich nehme die Gelegenheit wahr, meinen tiefen Dank jenen auszusprechen, die mich in den vergangenen Jahren bei der Lösung der vielfältigen Aufgaben in verschiedensten Formen unterstützt haben und damit dazu beitrugen, die Zeit zu gewinnen, um das Manuskript sowohl in seiner ersten Fassung als auch in der nunmehr vorliegenden Fassung zu erarbeiten. Der VCH Verlagsgesellschaft, Weinheim, danke ich dafür, daß sie es ermöglicht hat, den Band in der Neufassung herauszugeben. Herrn R. Wengenmayr als Lektor und Herrn B. Riedel vom Zentralbereich Herstellung des Verlags danke ich für die verständnisvolle Zusammenarbeit. Schließlich gilt mein Dank Frau H. Sigmund und Herrn C. Heinisch für ihre Mühen beim Übertragen des Manuskripts.

Dresden, im Sommer 1994   Germar Müller

Inhaltsverzeichnis

Formelzeichen

a	Anzahl der parallelen Ankerzweigpaare	i_M	Maschenstrom im Käfig der Asynchronmaschine
$\boldsymbol{a}$	$e^{j2\pi/3}$	i_s	Stabstrom im Käfig der Asynchronmaschine
A	Fläche		
A	Strombelag	i_{1l}	ideeller Leerlaufstrom der Asynchronmaschine
b	Dicke		
$\boldsymbol{B}, B$	magnetische Induktion (Flußdichte)	i_{ki}	ideeller Kurzschlußstrom der Asynchronmaschine
$B(\gamma)$	Induktionsverteilung (Feldkurve)	i_μ, I_μ	Magnetisierungsstrom
		I_a	Anzugsstrom
c	Lichtgeschwindigkeit im leeren Raum	I_k''	Stoßkurzschlußwechselstrom
		I_k'	Übergangskurzschlußstrom
c	Federsteife	I_k	Dauerkurzschlußstrom
c	Faktor	I_s	Stoßkurzschlußstrom
C	Polformkoeffizient	I_0	Leerlaufstrom
C	Kapazität	I	Integrationsfläche
C	Kontur	J	Massenträgheitsmoment
$\boldsymbol{C}, \boldsymbol{C}^{-1}$	Transformationsmatrix	Im	Imaginärteil einer komplexen Größe
$d\boldsymbol{A}$	Flächenelement		
$d\boldsymbol{s}$	Wegelement	IW	Integrationsweg
div	Differentialoperator Divergenz	j	$\sqrt{-1}$
$\boldsymbol{D}, D$	Verschiebungsflußdichte	k	ganze Zahl
D	Durchmesser	k	Kommutatorstegzahl
$\boldsymbol{e}$	Einheitsvektor	k	Koppelfaktor
e	Exzentrität	k_M	Drehmomentverhältnis
e, E	induzierte Spannung	k_r	Widerstandsverhältnis zur Berücksichtigung der Stromverdrängung
$\boldsymbol{E}, E$	elektrische Feldstärke		
f	Feldgröße als Skalar, allgemein		
f	Frequenz	K	Koordinatensystem
f_d	Eigenfrequenz	K	Kreis
$\boldsymbol{f}_{\mathfrak{V}}$	Volumendichte der Kraft	$\underline{K}$	Kreis in der komplexen Ebene
$\boldsymbol{F}$	Feldgröße als Vektor, allgemein	K_D	Dämpfungskonstante
		$K_S + j\lambda K_D$	komplexe Synchronisierziffer
$\boldsymbol{F}, F$	Kraft	l	Ankerlänge, allgemein
$F_{fd}(p)$	Operatorenkoeffizient	l_i	ideelle Ankerlänge
g	ganze Zahl	L	Induktivität, allgemein
g	Veränderliche als Augenblickswert, allgemein	L_h	Hauptinduktivität
		L_i	Gesamtstreuinduktivität
G	Gerade	L_σ	Streuinduktivität
$\underline{G}$	Gerade als Ortskurve	L_d	synchrone Längsinduktivität
$G_{fd}(p)$	Operatorenkoeffizient	L_q	synchrone Querinduktivität
h	Höhe, allgemein	L_0	Nullinduktivität
$\boldsymbol{H}, H$	magnetische Feldstärke	m	Strangzahl
H	Trägheitskonstante	m	Maßstab, allgemein
i, I	Stromstärke, allgemein	m_D	Dämpfungsmoment

m_{dyn}	dynamisches Moment der Synchronmaschine	$\boldsymbol{S}, S$	Stromdichte
m, M	Drehmoment	t	Zeit
M_{a}	Anzugsmoment	t	größter gemeinsamer Teiler
$m_{\mathrm{W}}, M_{\mathrm{W}}$	Widerstandsmoment	$\boldsymbol{T}, T$	Maxwellscher Spannungstensor
$m_{\mathrm{A}}, M_{\mathrm{A}}$	Drehmoment der Arbeitsmaschine	T	Zeitkonstante
M_{kipp}	Kippmoment	T'	transiente Zeitkonstante
M	Kreismittelpunkt	T''	subtransiente Zeitkonstante
n	Drehzahl, Drehfrequenz	T_{m}	elektromechanische Zeitkonstante
n	bezogene Winkelgeschwindigkeit	T_{p}	Pulsperiode
n_0	synchrone Drehzahl	T_{a}	Ankerzeitkonstante
N	Entmagnetisierungsfaktor	T_{u}	Umladezeit
N	Nutzahl	T_0	Eigenzeitkonstante, Bezugszeit
$N(p)$	Nennerpolynom	T_{an}	Normalanlaufzeit
p	Polpaarzahl	T_{K}	Kommutierungsdauer
p	Laplace-Operator	u, U	Spannung, allgemein
p_{q}	Querdruck auf einen Flußröhrenabschnitt	$u', \underline{u}'$	Spannung hinter der Gesamtstreureaktanz
$p_1, p_2, \ldots$	Wurzeln einer Gleichung $f(p) = 0$	$u_p'', \underline{u}_p'', U_p''$	Spannung hinter der subtransienten Reaktanz
p	Leistung, allgemein	$u_p', \underline{u}_p', U_p'$	Spannung hinter der transienten Reaktanz (Hauptfeldspannung)
P	Punkt		
P	Wirkleistung		
P_{b}	Blindleistung	$\underline{u}_{q(\mathrm{a})}', \underline{u}_{p(\mathrm{a})}'$	Hauptfeldspannung in den dynamischen Spannungsgleichungen der Synchronmaschine
P_{mech}	mechanische Leistung		
P_{s}	Scheinleistung		
P_{v}	Verlustleistung		
P_{δ}	Luftspaltleistung	$u_p, \underline{u}_p, U_p$	Polradspannung
$\underline{P}$	komplexe Leistung	$\ddot{u}$	Übersetzungsverhältnis, allgemein
P_{ν}	Ortskurvenpunkt mit Parameter ν	$\ddot{u}_{\mathrm{h}}$	reelles Übersetzungsverhältnis
q	Lochzahl	$\underline{\ddot{u}}$	komplexes Übersetzungsverhältnis
q	Ladung eines Ladungsträgers		
Q	Ladung	$\boldsymbol{v}, v$	Geschwindigkeit
Q	Anzahl der Spulen einer allgemeinen Spulengruppe	V	magnetischer Spannungsabfall
		$\mathfrak{V}$	Volumen
R	Widerstand	w	Windungszahl
R_{v}	Vorwiderstand	$(w\xi_1)$	gegenüber dem Grundwellendrehfeld wirksame Windungszahl
r	bezogener Widerstand		
r	Koordinate		
r	Radius	W	Energie, allgemein
$\boldsymbol{r}$	Ortsvektor	W_{a}	Anlaufwärme
r_2	Inverswiderstand	W_{m}	magnetische Energie
rot	Differentialoperator Rotation	W_{kin}	kinetische Energie
R_{m}	magnetischer Widerstand	W	Spulenweite
Re	Realteil einer komplexen Größe	W_{B}	Bürstenweite
s	Weg	x	Koordinate, allgemein
s	Schlupf	$x_{\mathrm{S}}, x_{\mathrm{L}}$	Ständer-, Läuferkoordinate
s_{kipp}	Kippschlupf	x	Strecke in Ortskurven

X	Reaktanz
x	bezogene Reaktanz
X_i	Gesamtstreureaktanz
$X_\varnothing$	Durchmesserreaktanz
X_d'', x_d''	subtransiente Reaktanz der Längsachse
X_q'', x_q''	subtransiente Reaktanz der Querachse
X_d', x_d'	transiente Reaktanz der Längsachse
X_0, x_0	Nullreaktanz
X_h, x_h	Hauptreaktanz
X_σ	Streureaktanz
X_2, x_2	Inversreaktanz
X_d, X_q	synchrone Reaktanz der Längs- bzw. Querachse
$x_d(p)$	Reaktanzoperator der Längsachse
$x_q(p)$	Reaktanzoperator der Querachse
y	Wicklungsschritt, allgemein
y_v	Verkürzungsschritt
y_1	erster Teilschritt
y_2	zweiter Teilschritt bei Kommutatorwicklungen
y	resultierender Schritt
$y_\varnothing$	Durchmesserschritt (ungesehnte Spule)
y	Koordinate, allgemein
$\underline{Y}$	komplexer Leitwert
z	Leiterzahl
z	Koordinate, allgemein
z	Schalthäufigkeit
Z	Impedanz
$\underline{Z}$	komplexer Widerstand
$Z(p)$	Zählerpolynom
α	Winkel, räumlicher Winkel
α	Abplattungsfaktor
α	bezogene Nutteilung
α	Zündwinkel
α_i	Polbedeckungsfaktor
β	bezogene Zonenbreite
γ, γ'	bezogene Koordinate allgemein,
γ_L, γ_L'	bezogene Läuferkoordinate
γ_0^*, $\gamma_0^{*\prime}$	Koordinaten des Integrationsrückweges bei der Bestimmung von $\Theta(\gamma)$
γ_1	Koordinate des Maximums eines Grundwellendrehfelds
γ_K, γ_K'	Koordinate des allgemeinen

	Koordinatensystems K
γ_S, γ_S'	bezogene Ständerkoordinate
γ	Verhältnis der Polpaarzahlen
γ	Frequenzverhältnis
δ	Luftspaltlänge
δ_i	ideelle Luftspaltlänge
δ	Winkel zwischen den Durchflutungsgrundwellen
δ	Polradwinkel
Δg	Änderung einer Größe g
ε	Dielektrizitätskonstante
ε_0	Dielektrizitätskonstante des leeren Raums
ε_{rel}	relative Dielektrizitätskonstante
ε	Winkel der komplexen Augenblickswerte
ε	Widerstandsverhältnis beim Doppelkäfigläufer
ε	relative Exzentrizität
ε, ε'	bezogene Nutteilung
ε_{schr}, ε_{schr}'	bezogener Schrägungsschritt
ε	relative Läuferverdrehung zwischen den Wellenmaschinen einer elektrischen Welle
ζ, ζ_S, ζ_L	bezogene Koordinate in axialer Richtung
ζ	Resonanzmodul
η, η'	bezogene Spulenweite
η_v	bezogene Schrittverkürzung
η_B	bezogene Bürstenweite
η	Wirkungsgrad
ϑ, ϑ'	bezogene Verschiebung zwischen der Ständer- und der Läuferkoordinate
ϑ_0	Anfangswert von ϑ
Θ	Durchflutung
$\Theta(\gamma)$	Durchflutungsverteilung (Felderregerkurve)
κ	elektrische Leitfähigkeit
κ	Stoßfaktor
Λ	längenbezogener magnetischer Leitwert
Λ_0	längenbezogener magnetischer Leitwert des Luftspalts
λ	spezifischer magnetischer Leitwert
λ	vorzeichenbehaftete ganze Zahl, die Umlaufsinn und Ordnungszahl $\nu = |\lambda|$ der Teildrehfelder festlegt

λ	Frequenzverhältnis	ψ_h	Hauptflußverkettung
λ	bezogene Frequenz	ψ_σ	Streuflußverkettung
μ	Permeabilität	ψ_δ	Flußverkettung
μ_0	Permeabilität des leeren Raums		mit dem Luftspaltfeld
μ_{rel}	relative Permeabilität	ω	Kreisfrequenz
μ_{Fe}	Permeabilität des Eisens	ω_d	Eigenkreisfrequenz
μ, μ'	Ordnungszahl von Feldwellen	Ω	bezogene Geschwindigkeit
ν	bezogene Frequenz	Ω_{mech}	Winkelgeschwindigkeit
ν, ν'	Ordnungszahl von Feldwellen		
ν	Eigenfrequenz		
ξ	Wicklungsfaktor		
ξ_{sp}	Spulenfaktorn		

Indizes

ξ_{gr}	Gruppenfaktor		
ξ_{schr}	Schrägungsfaktor	a	Anker, Ankerkreis
ξ_K	Kopplungsfaktor	a	Strangbezeichnung
ϱ	Streufaktor	(a)	Anfangswert
ϱ_0	Streufaktor	a	Anzug, Anlauf
	der Oberwellenstreuung	A	Arbeitsmaschine
ϱ	Steuerwinkel	A	Strombelag
ϱ_f	Dichte der freien Ladungsträger	as	asymmetrisch
ϱ	Dämpfungsdekrement	b	Blindanteil
σ	Streukoeffizient	b	Strangbezeichnung
σ_o	Streukoeffizient	B	Induktion
	der Oberwellenstreuung	B	Bürste, Bürstenpaar
σ_{schr}	Streukoeffizient	B	Belastung
	der Schrägungsstreuung	c	Strangbezeichnung
σ	Zugspannung	c	koerzitiv
σ_l	Längszug auf einen	d	Längsachse
	Flußröhrenabschnitt	d	Komponente im Bereich
τ	Flächendichte der mechanischen		der d-q-0-Komponenten
	Kraft, mechanische Spannung,	D	Drehfeld
	Schubspannung	D	Dämpferkäfig
τ	normierte Zeitkonstante	Dd	Ersatzdämpferwicklung
τ_n	Nutteilung		der Längsachse
τ_p	Polteilung	Dq	Ersatzdämpferwicklung
τ_{schr}	Schrägungsschritt		der Querachse
φ_g	Phasenlage	e	induzierte Spannung
	einer Wechselgröße g	e	Erregerwicklung
φ	Phasenverschiebung	(e)	Endwert
	zwischen $\underline{u}$ und $\underline{i}$	ers	Ersatz
φ_m	magnetisches Potential	f	Komponente
φ	Füllfaktor		im Feldkoordinatensystem
Φ	magnetischer Fluß	fd	Erregerwicklung
Φ_h	Hauptfluß	F	Feldkoordinatensystem
Φ_δ	Fluß des Luftspaltfelds	Fe	Eisen
Φ_B	Fluß durch die Bürstenebene	g	gegeninduktiver Anteil
	bei Kommutatormaschinen	g	Gegensystem der
ψ	Flußverkettung		symmetrischen Komponenten
ψ	räumlicher Winkel der Lage	gr	Gruppe
	von Feldwellen	gr	Grenz-

h	Hauptfeld	r	Rotationsanteil einer induzierten Spannung
hyst	Hysterese		
HT	Hauptthyristor	r	rechts
i	ideell	res	resultierend
j	allgemeiner Wicklungsstrang	rem	Remanenz
k	Kurzschluß	rb	Reibung
K	Kondensator	R	Widerstand
kipp	Kippunkt	s	Stab
K	allgemeines Koordinatensystem	s	selbstinduktiver Anteil
K	Kupplung	soll	Sollwert
l	Leerlauf	sp	Spule
l	links	st	Steg
L	Läufer	st	Stirn
L	Läuferkoordinatensystem	stat	stationär
L	Leitung	str	Strang
LT	Löschthyristor	syn	synchrones Oberwellenmoment
m	magnetisch	S	Ständer
m, M	Drehmoment	S	Schalter
m	Mitsystem der symmetrischen Komponenten	S	Ständerkoordinatensystem
m	Komponente im Feldkoordinatensystem	schr	Schrägung
m	mechanisch	t	tangential
m	räumlicher Mittelwert	tr	transformatorischer Anteil einer induzierten Spannung
max	Maximalwert		
min	Minimalwert	T	Transformator
mech	mechanisch	T	Thyristor
M	Masche eines Käfigs	u	Spannung
M	Maschine	uh	Hauptfeldspannung
n	Normalenrichtung	u	Urwicklung
n	Nut	vzb	vorzeichenbehaftet
n	Bemessungsbetrieb	v	Verlust
n	äußerster Dämpferkreis der Querachse	v	vorgeschaltetes Element
		V	Stromrichterventil
N	Netz	w	Wirkanteil
N	Netzkoordinatensystem	wdg	Windung
NH	Nutharmonische	W	Wellenmaschine
o	Oberwellen des Luftspaltfelds	x	allgemeiner Dämpferkreis
p	Pol	x	Komponente im allgemeinen Koordinatensystem
p	permanentmagnetischer Abschnitt		
p	Pendelung	xd	Dämpferkreis in der Längsachse
p	Pulsung	xq	Dämpferkreis in der Querachse
per	periodisch	y	Komponente im allgemeinen Koordinatensystem
p, P	Leistung	Y	Leitwert
q	Querachse	z, Z	Zusatz-
q	Komponente im Bereich der d-q-0-Komponenten	z	Zahn
r	radial	z	Komponente im allgemeinen Koordinatensystem
r	Ring	Z	Impedanz

zw	Zweig
ZK	Zwischenkreis
α	Komponente im Bereich der α-β-0- Komponenten
α	Strangbezeichnung
β	Komponente im Bereich der α-β-0-Komponenten
β	Strangbezeichnung
δ	Luftspalt
ε	Exzentrizität
λ, λ'	bezogen auf Wellen mit λ bzw. λ'
μ	Magnetisierung
μ	bezogen auf μ-te Harmonische des Luftspaltfelds
μ'	bezogen auf μ'-te Harmonische des Luftspaltfelds
ν	bezogen auf ν-te Harmonische des Luftspaltfelds
ν'	bezogen auf ν'-te Harmonische des Luftspaltfelds
ϱ	allgemeiner Stab, allgemeine Masche eines Kurzschlußkäfigs
σ	Streuung, Streufeld
Φ	Fluß
φ	Umfangsrichtung
0	Nullsystem der symmetrischen Komponenten
0	Komponente im Bereich der d-q-0- und der α-β-0-Komponenten
0	Synchronismus
0	Bezugsgröße
1	bezogen auf Grundwelle
2	bezogen auf Gegenfeld
1, 2, 3, …	laufende Wicklungsbezeichnung
I	Außenkäfig des Doppelkäfigläufers
II	Innenkäfig des Doppelkäfigläufers
I	einpoliger ⎫
II	zweipoliger ⎬ Kurzschluß
III	dreipoliger ⎭ der Synchronmaschine
$\varnothing$	bezogen auf den Durchmesser

Besondere Kennzeichnungen von Größen

Δg	Änderung einer Größe g
g', g^+	transformierte Größe zu g
$\underline{g}$	komplexe Darstellung einer Wechselgröße
$\widehat{g}$	Amplitude einer Größe g
g^*	konjugiert komplexe Größe zu $\underline{g}$
$\vec{g}$	komplexer Augenblickswert einer Größe g
$\dot{g}$	zeitliche Ableitung einer Größe g
$g_{(\mathrm{a})}$	Anfangswert einer Größe g
$g_{(\mathrm{e})}$	Endwert einer Größe g
g_0	Bezugswert
g^*, $\underset{\sim}{g}$	bezogener Wert
$\vec{g}^{\,\mathrm{S}}$	komplexer Augenblickswert im Ständerkoordinatensystem
$\vec{g}^{\,\mathrm{L}}$	komplexer Augenblickswert im Läuferkoordinatensystem
$\vec{g}^{\,\mathrm{N}}$	komplexer Augenblickswert im Netzkoordinatensystem
$\vec{g}^{\,\mathrm{F}}$	komplexer Augenblickswert im Feldkoordinatensystem

0   Einleitung

0.1   Formulierungen der Gleichungen des elektromagnetischen Feldes

0.1.1   Gleichungen des elektromagnetischen Feldes in ruhenden Medien

Die Erscheinungen im elektromagnetischen Feld werden durch ein System von Gleichungen für die Feldgrößen beschrieben, die sogenannten *Maxwellschen Gleichungen*. Sie setzen sich zusammen aus

– der Formulierung des Induktionsgesetzes,

– der Formulierung des Durchflutungsgesetzes,

– den Aussagen über die Quelldichten der Strömungsgrößen.

Außerdem müssen die stoffabhängigen Beziehungen zwischen den einzelnen Feldgrößen in Form der sogenannten Materialgleichungen gegeben sein.

Für das gesamte Gleichungssystem existieren verschiedene Formulierungen, die sich hinsichtlich der Anzahl eingeführter Feldgrößen und der Darstellung der Materialgleichungen unterscheiden. Am gebräuchlichsten ist eine Formulierung, die je zwei Feldgrößen des elektrischen Feldes (E, D) und des magnetischen Feldes (H, B) verwendet. Der Einfluß von ruhenden Medien, die im Feldraum eingelagert sind, wird durch makroskopische Modelle in Form von Beziehungen zwischen den jeweils einander zugeordneten Feldgrößen beschrieben. Das vollständige System der Differentialgleichungen ist in Tafel 0.1 zusammengestellt. Der Übergang zur Integralform kann mit Hilfe der Integralsätze von Gauß und Stokes erfolgen (s. Anhang I).

Die Materialgleichungen gibt Tafel 0.2 wieder. Sie gelten in dieser Fassung zunächst für ruhende Medien. Wie spätere Betrachtungen zeigen werden, ändert sich die Ma-

Tafel 0.1 Differentialgleichungssystem des elektromagnetischen Feldes

Durchflutungsgesetz	$\operatorname{rot} H = S + \dfrac{\partial D}{\partial t}$
Induktionsgesetz	$\operatorname{rot} E = -\dfrac{\partial B}{\partial t}$
Aussagen über die Quelldichte der Strömungsgrößen	$\operatorname{div} B = 0$ $\operatorname{div} D = \varrho_f$ $\operatorname{div} S = -\dfrac{\partial \varrho_f}{\partial t}$

Tafel 0.2 Materialgleichungen für ruhende Medien

	allgemeine Formulierung	Formulierung bei linearen Materialeigenschaften
Magnetisches Feld	$\boldsymbol{B} = \boldsymbol{B}(\boldsymbol{H})$	$\boldsymbol{B} = \mu \boldsymbol{H} = \mu_0\,\mu_{\text{rel}}\,\boldsymbol{H}$
Dielektrisches Feld	$\boldsymbol{D} = \boldsymbol{D}(\boldsymbol{E})$	$\boldsymbol{D} = c\boldsymbol{E} = \varepsilon_0\varepsilon_{\text{rel}}\boldsymbol{E}$
Elektrisches Strömungsfeld	$\boldsymbol{S} = \boldsymbol{S}(\boldsymbol{E})$	$\boldsymbol{S} = \kappa\boldsymbol{E}$

terialgleichung für das elektrische Strömungsfeld, wenn die elektrische Strömung in einem Medium stattfindet, das sich im beschreibenden Koordinatensystem bewegt.

Die in den Gleichungen des elektromagnetischen Feldes verwendeten Formelzeichen haben folgende Bedeutung:

H magnetische Feldstärke
B magnetische Induktion (Flußdichte)
μ Permabilität
μ_0 Permabilität des leeren Raumes
μ_{rel} relative Permabilität
E elektrische Feldstärke
D Verschiebungsflußdichte
ϱ_f Dichte der freien Ladungsträger
ε Dielektrizitätskonstante
ε_0 Dielektrizitätskonstante des leeren Raumes
ε_{rel} relative Dielektrizitätskonstante
S elektrische Stromdichte
κ elektrische Leitfähigkeit

Die elektromagnetischen Erscheinungen in rotierenden elektrischen Maschinen werden mit großer Genauigkeit auf der Grundlage des *quasistationären Magnetfelds* beschrieben. Dabei bleibt der Einfluß des Feldes der Verschiebungsflußdichte D auf das magnetische Feld im Durchflutungsgesetz unberücksichtigt und ebenso der Einfluß der Raumladungsdichte ϱ_f auf das elektrische Strömungsfeld, so daß man eine vereinfachte Feldbeschreibung erhält. Ihre Gültigkeit ist, entsprechend den Abmessungen der elektrischen Maschinen, lediglich für extrem schnell verlaufende Vorgänge nicht mehr gegeben. Derartige Vorgänge sind nur im Zusammenhang mit dem Einlaufen von Stoßspannungswellen zu erwarten. In diesem Fall muß von den Feldgleichungen in der allgemeinen Form nach Tafel 0.1 ausgegangen werden.

Aus dem allgemeinen Differentialgleichungssystem nach Tafel 0.1 erhält man die Differentialform des Gleichungssystems für das quasistationäre Magnetfeld, wie es in Tafel 0.3 dargestellt ist. Die Materialgleichungen für ruhende Medien sind weiterhin durch Tafel 0.2 gegeben. Dabei wird die für das dielektrische Feld jetzt nicht mehr benötigt.

Aus der Differentialform der einzelnen Gleichungen folgt ihre Integralform durch Anwendung der Integralsätze von Gauß und Stokes (s. Anhang I). Sie liefern die in Tafel 0.3 angegebenen Beziehungen, wenn der Integrationsweg bei der Anwendung des Induktionsgesetzes und damit die von ihm aufgespannte Fläche starr sind und ruhen, d.h. im beschreibenden Koordinatensystem keine Funktion der Zeit sind.

Tafel 0.3 Gleichungssysteme des quasistationären Magnetfelds

	Differentialform	Integralform für ruhende Integrationswege
Durchflutungsgesetz	$\operatorname{rot} \boldsymbol{H} = \boldsymbol{S}$	$\oint \boldsymbol{H} \cdot \mathrm{d}\boldsymbol{s} = \int \boldsymbol{S} \cdot \mathrm{d}\boldsymbol{A}$
Induktionsgesetz	$\operatorname{rot} \boldsymbol{E} = \dfrac{\partial \boldsymbol{B}}{\partial t}$	$\oint \boldsymbol{E} \cdot \mathrm{d}\boldsymbol{s} = -\dfrac{\mathrm{d}}{\mathrm{d}t} \int \boldsymbol{B} \cdot \mathrm{d}\boldsymbol{A}$
Aussagen über die Quelldichte der Strömungsgrößen	$\operatorname{div} \boldsymbol{B} = 0$ $\operatorname{div} \boldsymbol{S} = 0$	$\oint \boldsymbol{B} \cdot \mathrm{d}\boldsymbol{A} = 0$ $\oint \boldsymbol{S} \cdot \mathrm{d}\boldsymbol{A} = 0$

Das Versagen des Gleichungssystems nach Tafel 0.3 bei Vorhandensein bewegter Medien wird z.B. offenbar, wenn die Erscheinung der unipolaren Induktion in einer rotierenden kreisförmigen Scheibe nach Bild 0.1 in einem achsengleichen, rotationssymmetrischen, zeitlich konstanten Magnetfeld gedeutet werden soll. In diesem Fall liegt sowohl aus Sicht eines ruhenden Beobachters als auch aus Sicht eines auf der Scheibe mitrotierenden Beobachters ein zeitlich konstantes Magnetfeld vor. Unabhängig vom Standort des Beobachters ist überall im Raum $\partial \boldsymbol{B}/\partial t = 0$, und es dürften entgegen der Erfahrung keine Induktionserscheinungen auftreten. Die Anwesenheit bewegter Medien im Feldraum erfordert offensichtlich eine Erweiterung des Theoriegebäudes.

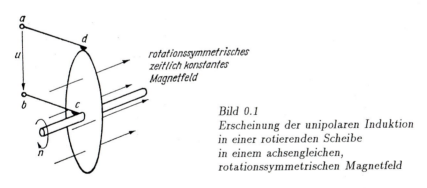

Bild 0.1
Erscheinung der unipolaren Induktion in einer rotierenden Scheibe in einem achsengleichen, rotationssymmetrischen Magnetfeld

0.1.2 Differentialgleichungen des quasistationären Magnetfelds bei Anwesenheit bewegter Medien

Die Erweiterung des Gleichungssystems für das quasistationäre Magnetfeld zur Berücksichtigung bewegter Medien kann für die Belange der Erscheinung in rotierenden elektrischen Maschinen relativ einfach gewonnen werden.

Die Materialgleichung des elektrischen Strömungsfelds für ein ruhendes Leitergebiet ist das makroskopische Abbild der mikroskopischen Erscheinung, daß eine im Leitergebiet eingebettete Ladung Q entsprechend

$$\boldsymbol{F} = Q\boldsymbol{E} \tag{0.1}$$

im elektrischen Feld der Feldstärke $\boldsymbol{E}$ eine Kraft $\boldsymbol{F}$ erfährt, durch die sie in Richtung der Kraft und damit der Feldstärke beschleunigt wird. Der Bewegungsvorgang endet beim Zusammenstoß des Ladungsträgers mit dem Restgitter des Leitergebiets und beginnt dann von neuem. Es stellt sich eine mittlere Geschwindigkeit der Ladungsträger in Richtung der elektrischen Feldstärke ein. Sie bestimmt zusammen mit der Ladungsdichte die Stromdichte, deren Richtung also durch die Richtung der elektrischen Feldstärke gegeben und deren Betrag dem Betrag der Feldstärke proportional ist. Damit läßt sich formulieren

$$S = \kappa E \ . \tag{0.2}$$

Wenn sich das betrachtete Leitergebiet im beschreibenden Koordinatensystem K mit der Geschwindigkeit v bewegt, erfährt ein eingebetteter Ladungsträger aus der Sicht des im Koordinatensystem K ruhenden Beobachters B eine Kraft, die durch die Lorentz-Kraft gegeben ist als

$$F = Q(E + v \times B) \ . \tag{0.3}$$

Die Kraft auf die Ladungsträger im Leitergebiet hat also jetzt eine Komponente, die vom elektrischen Feld herrührt, und eine zweite, deren Ursache die Bewegung des Leitergebiets im Magnetfeld ist. Da diese Kraft nunmehr an die Stelle der Kraft in (0.1) tritt, um über die Beschleunigung der Ladungsträger die Stromdichte zu bestimmen, erhält man als Materialgleichung im bewegten Medium

$$S = \kappa(E + v \times B) \ . \tag{0.4}$$

Dabei sind S, E und B die Feldgrößen, die im Koordinatensystem K beobachtet werden, relativ zu dem sich das Leitergebiet an der betrachteten Stelle und in dem betrachteten Zeitpunkt mit der Geschwindigkeit v bewegt. Ein Beobachter B' in einem Koordinatensystem K', das sich mit dem Leitergebiet bewegt, muß die gleiche Kraft und damit die gleiche Stromdichte beobachten wie der im Koordinatensystem K. Für ihn gilt aber die Materialgleichung nach (0.2), d.h. er beobachtet eine andere elektrische Feldstärke E', so daß

$$S = \kappa E' \tag{0.5}$$

ist. Zwischen der Feldstärke E im Koordinatensystem K und der Feldstärke E' im sich relativ dazu mit der Geschwindigkeit v bewegenden Koordinatensystem K' besteht offenbar die Beziehung

$$E' = E + v \times B \ . \tag{0.6}$$

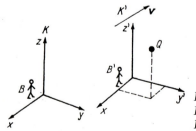

Bild 0.2
Deutung der Beziehung $E' = E + v \times B$ über die Lorentz-Kraft

Im Bild 0.2 wird der Sachverhalt der Beobachtung unterschiedlicher elektrischer Feldstärken in sich relativ zueinander bewegenden Koordinatensystemen nochmals durch Betrachtung der Kraft auf eine einzelne Ladung Q demonstriert. Der Beobachter B' im Koordinatensystem K', in dem die Ladung Q ruht, mißt die elektrische

Feldstärke E' und erwartet eine Kraft $F' = QE'$. Dagegen stellt der Beobachter B im Koordinatensystem K fest, daß sich die Ladung Q in einem elektrischen Feld der Feldstärke E befindet und sich in einem magnetischen Feld der Induktion B mit der Geschwindigkeit v bewegt und demzufolge eine Kraft $F = Q(E + v \times B)$ erfährt. Auf Grund der Erhaltung der Masse und der Gültigkeit des Newtonsches Bewegungsgesetzes in beiden Koordinatensystemen muß $F' = F$ sein und damit die Beziehung (0.6) zwischen den Feldgrößen vermitteln.

Eine durchgängige Betrachtung der Transformationsbeziehungen zwischen den Feldgrößen des quasistationären Magnetfelds, die in relativ zueinander bewegten Koordinatensystemen beobachtet werden, zeigt, daß keine weiteren Einflüsse entstehen. Es gelten also folgende Beziehungen zwischen den Feldgrößen G' im bewegten Koordinatensystem K' und den Feldgrößen G im stillstehenden Koordinatensystem K:

$$
\begin{aligned}
S' &= S \\
H' &= H \\
B' &= B \\
E' &= E + v \times B
\end{aligned}
\tag{0.7}
$$

Die Materialgleichungen sind dabei gegeben durch

$$
\begin{aligned}
S' &= \kappa E' &\quad \text{bzw.} \quad& S &= \kappa(E + v \times B) \\
B' &= \mu H' &\quad \text{bzw.} \quad& B &= \mu H
\end{aligned}
\tag{0.8}
$$

0.1.3 Integralform der Gleichungen des quasistationären Magnetfelds

0.1.3.0 Ausgangsüberlegungen

Die Feldgleichungen in Integralform lassen sich, ausgehend von der Differentialform, mit Hilfe der Integralsätze nach *Stokes* und *Gauß* (s. Anhang I) gewinnen. Sie beschreiben das Feld als Integralgleichungen. Ihre Lösung bietet in manchen Fällen gewisse Vorteile gegenüber dem gebräuchlichen Weg über die Differentialgleichungen. Darüber hinaus lassen sich, ausgehend von der Integralform der Feldgleichungen, bestimmte Integralgrößen einführen und die Beziehungen zwischen diesen Integralgrößen gewinnen. Derartige Integralgrößen sind z.B. Stromstärke, Spannungsabfall, Durchflutung, Flußverkettung usw. Wichtige auf diesem Weg gewinnbare Beziehungen zwischen Integralgrößen sind die Maschen- und Knotenpunktsätze. Auf dem gleichen Weg erhält man auch die Spannungsgleichung einer Spule aus quasilinienhaften Leitern. Dabei ist damit zu rechnen, daß sich diese Spule relativ zum Beobachter als Ganzes bewegt oder einer Deformation unterliegt. Daraus folgt, daß die zu gewinnende Integralform der Feldgleichungen eine Bewegung des Integrationsweges berücksichtigen muß.

0.1.3.1   Durchflutungsgesetz

Aus der Differentialform des Durchflutungsgesetzes nach Tafel 0.3 folgt durch Bilden des Flächenintegrals über eine Fläche A mit der Kontur C

$$\int_A \boldsymbol{S} \cdot \mathrm{d}\boldsymbol{A} = \int_A \operatorname{rot}\boldsymbol{H} \cdot \mathrm{d}\boldsymbol{A} \ .$$

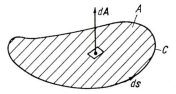

Bild 0.3
Rechtsschraubenzuordnung zwischen dem
Flächenelement d$\boldsymbol{A}$ *auf der Fläche* A
und dem Umlaufsinn (d$\boldsymbol{s}$) *des Integrationsweges*
längs der Kontur C

Die rechte Seite dieser Beziehung läßt sich mit Hilfe des Stokeschen Satzes[1] in ein Umlaufintegral entlang der Kontur C der Fläche A umwandeln. Damit wird

$$\boxed{\int_A \boldsymbol{S} \cdot \mathrm{d}\boldsymbol{A} = \oint_A \boldsymbol{H} \cdot \mathrm{d}\boldsymbol{s}} \tag{0.9}$$

Dabei besteht eine Rechtsschraubenzuordnung zwischen d$\boldsymbol{A}$ und dem Umlaufsinn des Integrationsweges (d$\boldsymbol{s}$), wie Bild 0.3 veranschaulicht. Da der Stokesche Satz in jedem Augenblick gilt und das Durchflutungsgesetz eine zeitliche Proportionalität zwischen der Stromdichte und der Rotation der magnetischen Feldstärke beinhaltet, übt eine Bewegung des Integrationswegs keinen Einfluß auf die Integralform des Durchflutungsgesetzes nach (0.9) aus.

0.1.3.2   Aussagen über die Quelldichte der Strömungsgrößen

Mit Hilfe des Gaußschen Satzes[1] folgt die Integralform zur Aussage der Quellenfreiheit des magnetischen Feldes aus $\operatorname{div}\boldsymbol{B} = 0$ unmittelbar zu

$$\oint \boldsymbol{B} \cdot \mathrm{d}\boldsymbol{A} = 0 \ . \tag{0.10}$$

Analog erhält man aus $\operatorname{div}\boldsymbol{S} = 0$ als Integralform der Aussage der Quellenfreiheit des elektrischen Strömungsfelds

$$\oint \boldsymbol{S} \cdot \mathrm{d}\boldsymbol{A} = 0 \ . \tag{0.11}$$

In beiden Fällen hat eine Bewegung der Hüllfläche, über die das Integral zu erstrecken ist, keinen Einfluß auf die Form der Beziehungen. Es gelten, wie im Fall des Durchflutungsgesetzes, die gleichen Beziehungen wie bei zeitlich unveränderlichen Integrationswegen und -flächen.

0.1.3.3   Induktionsgesetz

Aus der Differentialform des Induktionsgesetzes $\operatorname{rot}\boldsymbol{E} = -\partial\boldsymbol{B}/\partial t$ nach Tafel 0.3 erhält man bei analogem Vorgehen wie im Fall des Durchflutungsgesetzes mit Hilfe des

[1] s. Anhang I

Stokesschen Satzes[1])

$$\oint_C \boldsymbol{E} \cdot \mathrm{d}\boldsymbol{s} = -\int_A \frac{\partial \boldsymbol{B}}{\partial t} \cdot \mathrm{d}\boldsymbol{A} \ . \tag{0.12}$$

Dabei bestehen zunächst keinerlei Einschränkungen hinsichtlich des Auftretens von Bewegungen, da der Stokesche Satz in jedem Augenblick gilt.

Für den Sonderfall, daß die Kontur C und damit die Fläche A zeitlich konstant sind, kann die zeitliche Ableitung im Integranden von (0.12) nach der Integration vorgenommen werden, und man erhält die bekannte Integralform des Induktionsgesetzes für ruhende Systeme

$$\oint_C \boldsymbol{E} \cdot \mathrm{d}\boldsymbol{s} = -\frac{\mathrm{d}}{\mathrm{d}t} \int_A \boldsymbol{B} \cdot \mathrm{d}\boldsymbol{A} \ . \tag{0.13}$$

Diese Beziehung wurde bereits in Tafel 0.3 aufgenommen.

Der allgemeine Fall, daß sich die Kontur C als Funktion der Zeit hinsichtlich ihrer Lage und Form ändert und demzufolge die Fläche A ebenfalls zeitlich veränderlich ist, erfordert offenbar eine eingehende Untersuchung. Dieser Fall ist andererseits gerade für elektromechanische Energiewandler von Interesse. Die Untersuchungen werden vereinfacht, wenn man von der Vermutung ausgeht, daß sich unter dem Einfluß der Bewegung ebenso wie in der Differentialform lediglich der Wert der zu beobachtenden elektrischen Feldstärke ändert, aber letztlich wieder (0.13) gilt. Von diesem Gedanken ausgehend, wird im folgenden der Ausdruck $\dfrac{\mathrm{d}}{\mathrm{d}t}\displaystyle\int_{A(t)} \boldsymbol{B} \cdot \mathrm{d}\boldsymbol{A}$ in der Hoffnung untersucht, daß er sich durch den Ausdruck $\displaystyle\int_{A(t)} \dfrac{\partial \boldsymbol{B}}{\partial t} \cdot \mathrm{d}\boldsymbol{A}$ und einen Beitrag zum Umlaufintegral darstellen läßt. Die betrachtete Anordnung zeigt Bild 0.4. Die Kontur C ist zum Zeitpunkt t hinsichtlich Lage und Gestalt durch C_1 und zum Zeitpunkt $t + \Delta t$ durch C_2 gegeben. Die zugehörigen Flächen sind A_1 und A_2. Während der Bewegung durchläuft die Kontur die Mantelfläche A_{zyl} eines Zylinders. Das magnetische Feld, in dem sich die Kontur C bewegt, ist selbst zeitlich veränderlich. Ausgehend von der Definition des Differentialquotienten

$$\frac{\mathrm{d}f(x)}{\mathrm{d}x} = \lim_{\Delta x \to 0} \frac{f(x + \Delta x) - f(x)}{\Delta x}$$

erhält man für die Anordnung nach Bild 0.4

$$\frac{\mathrm{d}}{\mathrm{d}t}\int_{A(t)} \boldsymbol{B} \cdot \mathrm{d}\boldsymbol{A} = \lim_{\Delta t \to 0} \left\{ \frac{\displaystyle\int_{A_2} \boldsymbol{B}(t + \Delta t) \cdot \mathrm{d}\boldsymbol{A} - \int_{A_1} \boldsymbol{B}(t) \cdot \mathrm{d}\boldsymbol{A}}{\Delta t} \right\} \ . \tag{0.14}$$

Die Quellenfreiheit des magnetischen Feldes liefert entsprechend (0.10) für den Zeitpunkt t die Aussage

$$\int_{A_2} \boldsymbol{B}(t) \cdot \mathrm{d}\boldsymbol{A} + \int_{A_{\mathrm{zyl}}} \boldsymbol{B}(t) \cdot \mathrm{d}\boldsymbol{A}_{\mathrm{zyl}} = \int_{A_1} \boldsymbol{B} \cdot \mathrm{d}\boldsymbol{A} \ . \tag{0.15}$$

[1])s. Anhang I

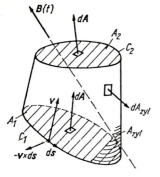

Bild 0.4

Zur Ermittlung von $\dfrac{\mathrm{d}}{\mathrm{d}t}\displaystyle\int_A \boldsymbol{B}\cdot\mathrm{d}\boldsymbol{A}$ für den Fall,

daß sich die Fläche A als Funktion der Zeit in ihrer Lage und Größe ändert

Das Integral $\displaystyle\int_{A_2}\boldsymbol{B}(t+\Delta t)\cdot\mathrm{d}\boldsymbol{A}$ in (0.14) läßt sich durch Reihenentwicklung von $\boldsymbol{B}(t)$

entsprechend $\boldsymbol{B}(t+\Delta t)=\boldsymbol{B}(t)+\dfrac{\partial \boldsymbol{B}}{\partial t}\Delta t$ ausdrücken als

$$\int_{A_2}\boldsymbol{B}(t+\Delta t)\cdot\mathrm{d}\boldsymbol{A}=\int_{A_2}\boldsymbol{B}(t)\cdot\mathrm{d}\boldsymbol{A}+\int_{A_2}\frac{\partial \boldsymbol{B}}{\partial t}\Delta t\cdot\mathrm{d}\boldsymbol{A}\ . \tag{0.16}$$

Mit (0.15) und (0.16) geht (0.14) über in

$$\frac{\mathrm{d}}{\mathrm{d}t}\int_{A(t)}\boldsymbol{B}\cdot\mathrm{d}\boldsymbol{A}=\lim_{\Delta t\to 0}\left\{\frac{\displaystyle\int_{A_2}\frac{\partial \boldsymbol{B}}{\partial t}\Delta t\cdot\mathrm{d}\boldsymbol{A}-\int_{A_{\mathrm{zyl}}}\boldsymbol{B}(t)\cdot\mathrm{d}\boldsymbol{A}_{\mathrm{zyl}}}{\Delta t}\right\}.$$

Beim Grenzübergang $\Delta t\to 0$ wird $A_2=A_1=A$ sowie mit Bild 0.4 $\mathrm{d}\boldsymbol{A}_{\mathrm{zyl}}=-\boldsymbol{v}\Delta t\times \mathrm{d}\boldsymbol{s}$, und man erhält

$$\frac{\mathrm{d}}{\mathrm{d}t}\int_{A(t)}\boldsymbol{B}\cdot\mathrm{d}\boldsymbol{A}=\int_{A(t)}\frac{\partial \boldsymbol{B}}{\partial t}\cdot\mathrm{d}\boldsymbol{A}+\int_{C(t)}\boldsymbol{B}\cdot\boldsymbol{v}\times\mathrm{d}\boldsymbol{s}\ .$$

Damit ist tatsächlich eine Beziehung gefunden worden, mit deren Hilfe $\int\partial\boldsymbol{B}/\partial t\cdot\mathrm{d}\boldsymbol{A}$ in (0.12) durch $\mathrm{d}/\mathrm{d}t\int\boldsymbol{B}\cdot\mathrm{d}\boldsymbol{A}$ ersetzt werden kann.

Unter Berücksichtigung von $\boldsymbol{B}\cdot\boldsymbol{v}\times\mathrm{d}\boldsymbol{s}=-\boldsymbol{v}\times\boldsymbol{B}\cdot\mathrm{d}\boldsymbol{s}$ erhält man schließlich

$$\oint_{C(t)}(\boldsymbol{E}+\boldsymbol{v}\times\boldsymbol{B})\cdot\mathrm{d}\boldsymbol{s}=-\frac{\mathrm{d}}{\mathrm{d}t}\int_{A(t)}\boldsymbol{B}\cdot\mathrm{d}\boldsymbol{A}\ . \tag{0.17}$$

Dabei können sich $C(t)$ und damit $A(t)$ beliebig als Funktion der Zeit ändern. Im Umlaufintegral erscheint als maßgebende Feldgröße wiederum die an der jeweiligen Stelle des Integrationswegs vom mitbewegten Beobachter gemessene Feldstärke $\boldsymbol{E}'=\boldsymbol{E}+\boldsymbol{v}\times\boldsymbol{B}$, die bereits als (0.6) erhalten wurde. Damit kann die Integralform des Induktionsgesetzes für den allgemeinen Fall eines sich zeitlich ändernden Integrationswegs geschrieben werden als

$$\boxed{\ \oint_{C(t)}\boldsymbol{E}'\cdot\mathrm{d}\boldsymbol{s}=-\frac{\mathrm{d}}{\mathrm{d}t}\int_{A(t)}\boldsymbol{B}\cdot\mathrm{d}\boldsymbol{A}\ .\ } \tag{0.18}$$

Im allgemeinen wird man einen sich bewegenden Integrationsweg einführen, um ihn fest mit einer sich bewegenden Leiteranordnung zu verbinden. Dann ist $\boldsymbol{E}'$ mit der Stromdichte $\boldsymbol{S}$ an der jeweiligen Stelle des Integrationswegs über die Materialgleichung in der Form $\boldsymbol{S}=\kappa\boldsymbol{E}'$ verknüpft.

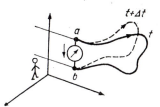

Bild 0.5
Zur Anwendung des Induktionsgesetzes auf eine
Leiterschleife, die von einem quasilinienhaften,
sich beliebig bewegenden Leiter gebildet wird

In dem Sonderfall, daß der Integrationsweg entsprechend Bild 0.5 fest mit einem quasilinienhaften Leiter verbunden ist, der sich jenseits eines Klemmenpaares mit der Klemmenspannung u beliebig bewegt, gilt überall $\mathbf{E}' = \mathbf{S}/\kappa = (i/A(s))(1/\kappa)(\mathrm{d}\mathbf{s}/\mathrm{d}s)$, und das Umlaufintegral ergibt

$$\oint \mathbf{E}' \cdot \mathrm{d}\mathbf{s} = i \int_a^b \frac{\mathrm{d}s}{A(s)\kappa} - u = Ri - u \;,$$

wobei $R = \displaystyle\int_a^b \frac{\mathrm{d}s}{A(s)\kappa}$ der Widerstand des Leiters ist. Damit geht (0.18) über in

$$\boxed{\; u = Ri + \frac{\mathrm{d}}{\mathrm{d}t} \int_A \mathbf{B} \cdot \mathrm{d}\mathbf{A} \;} \tag{0.19}$$

Dieser Sonderfall liegt auch bei den Läuferspulen rotierender elektrischer Maschinen vor. Für diese gilt also eine Integralform des Induktionsgesetzes, die der für ruhende Spulen identisch ist, wenn der Integrationsweg den Leitern entlang geführt wird. Dementsprechend ist dann auch das Integral $\int \mathbf{B} \cdot \mathrm{d}\mathbf{A}$ zu bilden. Auf diesen Sachverhalt war bereits in der Einleitung zum Band „Grundlagen elektrischer Maschinen" hingewiesen worden, und darauf aufbauend wurde dort die Analyse des Betriebsverhaltens durchgeführt. Der Beweis war nunmehr innerhalb des vorliegenden Bandes nachzuholen. Dabei wird mit den dargelegten Betrachtungen des Abschnitts 0.1.3 gleichzeitig die Grundlage zur Untersuchung beliebiger – auch nichtlinienhafter – bewegter Leiteranordnungen geschaffen.

Bei der Anwendung von (0.18) ist darauf zu achten, daß $\mathbf{E}'$ die elektrische Feldstärke ist, die vom Integrationsweg aus an der jeweiligen Stelle beobachtet wird. Im allgemeinen Fall kann sich eine Leiteranordnung ihrerseits relativ zu dem sich bewegenden Integrationsweg bewegen. Dann muß die elektrische Feldstärke an der jeweiligen Stelle des Integrationswegs in das relativ dazu bewegte Bezugssystem der Leiteranordnung transformiert werden, um sie über $\mathbf{S}/\kappa$ an die dort herrschende Stromdichte anzubinden. Dem entspricht, daß auf dem Integrationsweg selbst mit einer Materialgleichung nach (0.4) zu arbeiten ist, wobei dann $\mathbf{v}$ die Geschwindigkeit der Leiteranordnung relativ zum Integrationsweg ist.

Die hier aus der Transformation der Feldgleichungen gewonnenen Erkenntnisse werden sich später bei der Transformation der Spannungsgleichungen rotierender elektrischer Maschinen wiederfinden.

0.1.4 Unipolare Induktion

Im Abschnitt 0.1.1 war die Erscheinung der unipolaren Induktion zum Anlaß genommen worden, eine Erweiterung des Theoriegebäudes zu fordern, das durch die Gleichungen des elektromagnetischen Felds in der üblichen Form entsprechend Tafel 0.1 bis 0.3 gegeben ist.

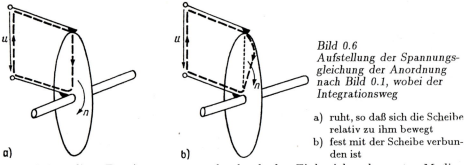

Bild 0.6
Aufstellung der Spannungs-
gleichung der Anordnung
nach Bild 0.1, wobei der
Integrationsweg

a) ruht, so daß sich die Scheibe
    relativ zu ihm bewegt
b) fest mit der Scheibe verbun-
    den ist

Nachdem diese Erweiterung nunmehr durch das Einbeziehen bewegter Medien in die Formulierung der Feldgleichungen erfolgt ist, müssen diese auch die Erscheinung der unipolaren Induktion wiedergeben. Dazu wird nochmals die Anordnung nach Bild 0.1 betrachtet, bei der sich in einem zeitlich konstanten, rotationssymmetrischen Feld achsengleich ein rotationssymmetrischer Induktionskörper bewegt. Um eine einfache Form des elektrischen Strömungsfelds zu erhalten, wird jedoch jetzt angenommen, daß sowohl der äußere als auch der innere Schleifkontakt als Flüssigkeitskontakt ausgebildet sind. Das elektrische Strömungsfeld ist dann rotationssymmetrisch. Es ruft seinerseits ein Magnetfeld hervor, das keine Komponente in Richtung der Rotationsachse des Induktionskörpers aufweist und deshalb keinen Einfluß auf die Induktionsvorgänge ausübt. Die Analyse kann auf zwei Wegen vorgenommen werden, die sich hinsichtlich der Festlegung des Integrationswegs unterscheiden.

Für einen ruhenden Integrationsweg entsprechend Bild 0.6a, relativ zu dem sich die Scheibe bewegt, gilt (0.13). Dabei ist die Materialgleichung im Gebiet der Scheibe durch (0.4) gegeben oder durch (0.5) zusammen mit der Transformationsbeziehung (0.6). Über beide Betrachtungsweisen folgt mit $S = I/(2\pi r b)$ und $v = \omega r$ unter Beachtung der Richtungen als Spannungsgleichung

$$
\begin{aligned}
u &= \frac{1}{\kappa} \int_{r_a}^{r_i} \boldsymbol{S} \cdot \mathrm{d}\boldsymbol{s} - \int_{r_a}^{r_i} \boldsymbol{v} \times \boldsymbol{B} \cdot \mathrm{d}\boldsymbol{s} \\
&= \frac{1}{\kappa} \frac{I}{2\pi b} \int_{r_i}^{r_a} \frac{\mathrm{d}r}{r} + \omega B \int_{r_i}^{r_a} r \, \mathrm{d}r = RI + \Phi n \; .
\end{aligned}
\tag{0.20}
$$

Dabei ist b die Dicke der Scheibe und Φ der Fluß, der zwischen den beiden Schleifbahnen durch den Induktionskörper tritt.

Wenn der Integrationsweg nach Bild 0.6b fest mit der Scheibe verbunden gedacht wird, gilt (0.18). Der Fluß durch die vom Integrationsweg aufgespannte Fläche wächst zeitproportional entsprechend

$$
\int \boldsymbol{B} \cdot \mathrm{d}\boldsymbol{A} = \Phi \frac{\alpha}{2\pi} = \Phi n t \; .
$$

In diesem Fall macht (0.18) die Aussage

$$
\oint \boldsymbol{E}' \cdot \mathrm{d}\boldsymbol{s} = -u + \int_{r_a}^{r_i} \boldsymbol{E}' \cdot \mathrm{d}\boldsymbol{s} = -\Phi n \; .
$$

Dabei ist $\boldsymbol{E}'$ jetzt die elektrische Feldstärke in der relativ zum Integrationsweg ruhenden Scheibe selbst. Die Materialgleichung lautet deshalb unmittelbar $\boldsymbol{S} = \kappa \boldsymbol{E}'$, und man erhält wiederum $u = RI + \Phi n$.

Vor einer Reihe von Jahren haben in der Fachpresse aufwendige Auseinandersetzungen mit vermeintlichen Erfindungen von bürstenlosen Unipolarmaschinen stattgefun-

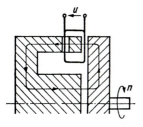

Bild 0.7
Analyse der vermeintlichen Erfindung
einer bürstenlosen Unipolarmaschine

den. Die Analyse dieser Anordnungen erfordert mit dem bereitgestellten Apparat nur wenige Gedankenschritte. Die vermeintlichen Erfindungen haben ihren Ursprung meist in dem Modell des Schneidens von Feldlinien als Ursache eines Induktionsvorgangs, wobei im Fall bewegter Medien zusätzlich gewisse Vorstellungen über das Mitbewegen von Feldlinien impliziert werden. Eine entsprechende Anordnung zeigt Bild 0.7. Eine Spule liegt mit einer Spulenseite in einem Luftspalt, während die andere durch eine feldfreie Öffnung des Magnetkreises geführt ist. Der magnetische Rückschluß auf der einen Seite des Luftspalts rotiert. Das Funktionieren der Anordnung wird so erklärt, daß die mitrotierenden Feldlinien im Luftspalt die Leiter der Spule in einer Spulenseite schneiden und dadurch dort Spannungen induzieren. Eine Anwendung von (0.18) liefert jedoch für einen Integrationsweg entlang dem Spulenleiter, wenn zur Vereinfachung nur der Leerlauf betrachtet wird,

$$\oint \boldsymbol{E}' \cdot \mathrm{d}\boldsymbol{s} = -u = \frac{\mathrm{d}}{\mathrm{d}t} \int \boldsymbol{B} \cdot \mathrm{d}\boldsymbol{A} = 0 \,.$$

Es wird also keine Spannung induziert.

0.2   Formulierungen der Beziehungen für die Kräfte im magnetischen Feld

0.2.1   Einführung des Maxwellschen Spannungstensors

Die folgende Entwicklung gewinnt den Maxwellschen Spannungstensor, ausgehend von der Kraftwirkung auf freie Ladungsträger im magnetischen Feld. Eine eingehende Analyse zeigt, daß man das gleiche Ergebnis erhält, wenn die Kraftwirkung auf ein Medium aufgrund der Ortsabhängigkeit der Permeabilität berücksichtigt wird [54] [58].

Aus der Beziehung für die *Lorentz-Kraft* auf eine bewegte Ladung Q nach (0.3) folgt mit Bild 0.8 für die *Volumendichte $\boldsymbol{f}_\mathfrak{V}$ der Kraft* auf einen Strom freier Ladungsträger

$$\boldsymbol{f}_\mathfrak{V} = \lim_{\Delta\mathfrak{V}\to 0} \frac{\sum q_i \boldsymbol{v}_i \times \boldsymbol{B}}{\Delta\mathfrak{V}} \,.$$

Dabei ist

$$\boldsymbol{S} = \lim_{\Delta\mathfrak{V}\to 0} \frac{\sum q_i \boldsymbol{v}_i}{\Delta\mathfrak{V}} = \varrho\boldsymbol{v} \tag{0.21}$$

die Stromdichte der freien Ladungsträger, so daß die Beziehung für $\boldsymbol{f}_\mathfrak{V}$ übergeht in

$$\boldsymbol{f}_\mathfrak{V} = \boldsymbol{S} \times \boldsymbol{B} \,. \tag{0.22}$$

Diese Kraftwirkung auf die Ladungsträger wird zur Kraftwirkung auf das Medium, in dem die Ladungsträger geführt werden, wenn ein entsprechender Übertragungsmechanismus vorhanden ist. Das trifft z.B. für die Vorgänge im Leiter zu.

In (0.22) läßt sich die Stromdichte S der freien Ladungsträger mit Hilfe des Durchflutungsgesetzes

$$\operatorname{rot} \boldsymbol{H} = \nabla \times \boldsymbol{H} = \boldsymbol{S}$$

durch die Feldgröße $\boldsymbol{H}$ ausdrücken (s. Tafel 0.3). Wenn gleichzeitig $\mu = \mathrm{konst.}$ vorausgesetzt und damit $\boldsymbol{B} = \mu \boldsymbol{H}$ eingeführt wird, erhält man

$$\boldsymbol{f}_{\mathfrak{V}} = \mu (\nabla \times \boldsymbol{H}) \times \boldsymbol{H} \ .$$

Daraus folgt entsprechend einer Beziehung der Vektoranalysis (s. Anhang II)

$$\boldsymbol{f}_{\mathfrak{V}} = \mu (\boldsymbol{H} \cdot \nabla) \boldsymbol{H} - \frac{\mu}{2} \nabla (\boldsymbol{H} \cdot \boldsymbol{H}) \ . \tag{0.23}$$

Dieser Ausdruck läßt sich vorteilhaft weiterentwickeln, wenn man zur Komponentendarstellung übergeht. Dazu werden die Koordinaten als

$$x_1, \ x_2, \ x_3, \quad \text{d.h. allgemein als } x_i \ ,$$

und die Komponenten eines Vektors $\boldsymbol{V}$ als

$$V_1, \ V_2, \ V_3, \quad \text{d.h. allgemein als } V_i \ ,$$

eingeführt. Für die folgende Ableitung wird weiterhin die Summationskonvention verwendet, die aussagt, daß eine Summation über $n = 1 \ldots 3$ erfolgt, wenn sich der Index in einem einfachen Term wiederholt. Es gilt also

$$\frac{\partial V_n}{\partial x_n} = \frac{\partial V_1}{\partial x_1} + \frac{\partial V_2}{\partial x_2} + \frac{\partial V_3}{\partial x_3} = \nabla \cdot \boldsymbol{V} \tag{0.24}$$

und

$$V_n \frac{\partial}{\partial x_n} = V_1 \frac{\partial}{\partial x_1} + V_2 \frac{\partial}{\partial x_2} + V_3 \frac{\partial}{\partial x_n} = \boldsymbol{V} \cdot \nabla \ . \tag{0.25}$$

Demgegenüber repräsentiert $\partial V_m / \partial x_n$ die Ableitung der Komponente V_m des Vektors $\boldsymbol{V}$ bezüglich der Koordinate x_n. Unter Verwendung des *Kronecker-Symbols* δ_{mn} mit der Definition

$$\delta_{mn} = \begin{cases} 1 & \text{für } m = n \\[2mm] 0 & \text{für } m \neq n \end{cases}$$

wird dann

$$\delta_{mn} V_n = V_m \tag{0.26}$$

und

$$\delta_{mn} \frac{\partial}{\partial x_n} = \frac{\partial}{\partial x_m} \ . \tag{0.27}$$

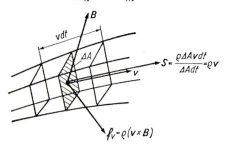

Bild 0.8
Zur Ermittlung der Beziehung für die
Volumendichte der Kraft auf einen Strom
freier Ladungsträger

Mit (0.24), (0.25) und (0.26) folgt aus (0.23) für die Komponente $f_{\mathfrak{V}m}$

$$
\begin{aligned}
f_{\mathfrak{V}m} &= \mu H_n \frac{\partial}{\partial x_n} H_m - \frac{\mu}{2} \frac{\partial}{\partial x_m} H_k H_k \\
&= \frac{\partial}{\partial x_n} \left(\mu H_n H_m - \frac{\mu}{2} \delta_{mn} H_k H_k \right) - H_m \frac{\partial \mu H_n}{\partial x_n} \; .
\end{aligned}
\tag{0.28}
$$

In (0.28) verschwindet der zweite Term entsprechend

$$
H_m \frac{\partial \mu H_n}{\partial x_n} = H_m (\nabla \cdot \mu \boldsymbol{H}) = H_m \nabla \cdot \boldsymbol{B} = H_m \operatorname{div} \boldsymbol{B} = 0
$$

wegen der Quellenfreiheit der magnetischen Induktion (s. Tafel 0.3). Wenn man für den ersten Term zunächst rein formal als Abkürzung

$$
T_{mn} = \mu H_n H_m - \frac{\mu}{2} \delta_{mn} H_k H_k
\tag{0.29}
$$

einführt, geht (0.28) über in

$$
f_{\mathfrak{V}m} = \frac{\partial T_{mn}}{\partial x_n} \; .
\tag{0.30}
$$

Die Komponente F_m der Kraft auf ein Gebilde innerhalb des Volumens $\mathfrak{V}$ erhält man durch Integration über die Volumendichte der Kraft nach (0.30) zu

$$
F_m = \int_{\mathfrak{V}} f_{\mathfrak{V}m} \, \mathrm{d}\mathfrak{V} = \int_{\mathfrak{V}} \frac{\partial T_{mn}}{\partial x_n} \, \mathrm{d}\mathfrak{V} .
\tag{0.31}
$$

Dieses Volumenintegral läßt sich mit Hilfe des Gaußschen Satzes (s. Anhang I) in ein Oberflächenintegral umwandeln, wenn T_{m1}, T_{m2} und T_{m3} als Komponenten eines Vektors aufgefaßt werden. Man erhält

$$
\begin{aligned}
F_m &= \int_{\mathfrak{V}} \frac{\partial T_{mn}}{\partial x_n} \, \mathrm{d}\mathfrak{V} = \int_{\mathfrak{V}} \left(\frac{\partial T_{m1}}{\partial x_1} + \frac{\partial T_{m2}}{\partial x_2} + \frac{\partial T_{m3}}{\partial x_3} \right) \mathrm{d}\mathfrak{V} \\
&= \oint (T_{m1} \, \mathrm{d}A_1 + T_{m2} \, \mathrm{d}A_2 + T_{m3} \, \mathrm{d}A_3) = \oint T_{mn} n_n \, \mathrm{d}A \; .
\end{aligned}
\tag{0.32}
$$

Dabei wurde davon Gebrauch gemacht, daß sich der Vektor

$$
\mathrm{d}\boldsymbol{A} = \boldsymbol{e}_1 \, \mathrm{d}A_1 + \boldsymbol{e}_2 \, \mathrm{d}A_2 + \boldsymbol{e}_3 \, \mathrm{d}A_3
$$

darstellen läßt als

$$
\mathrm{d}\boldsymbol{A} = \boldsymbol{n} \, \mathrm{d}A \; ,
\tag{0.33}
$$

wenn der Einheitsnormalenvektor $\boldsymbol{n}$ mit den Komponenten n_1, n_2 und n_3 als

$$
\boldsymbol{n} = \boldsymbol{e}_1 n_1 + \boldsymbol{e}_2 n_2 + \boldsymbol{e}_3 n_3
\tag{0.34}
$$

eingeführt wird.

Mit (0.32) kann die resultierende Kraft auf ein Gebilde innerhalb eines Volumens $\mathfrak{V}$ aus der Kenntnis des magnetischen Feldes an der Oberfläche gewonnen werden. Dabei ist es – wie bereits eingangs gesagt – gleichgültig, durch welchen inneren Mechanismus die Kraftwirkung entsteht. Es können also sowohl Grenzflächenkräfte als auch Kräfte auf freie Ladungsträger als auch innere Kräfte in ferromagnetischen Körpern aufgrund der Ortsabhängigkeit der Permeabilität vorliegen. Mit (0.34) liegt damit eine Formulierung für die Kraft auf der mechanischen Seite eines Energiewandlers vor, wie sie analog in Form des Induktionsgesetzes für die induzierte Spannung auf der elektrischen Seite existiert. Auch in der Formulierung des Induktionsgesetzes in Integralform [s. (0.18) bzw. Tafel 0.3] ist es gleichgültig, durch welchen inneren Mechanismus es zur Änderung der Flußverkettung $\psi = \int \boldsymbol{B} \cdot \mathrm{d}\boldsymbol{A}$ einer Spule kommt.

Mit (0.32) ist auch eine physikalische Interpretation der durch (0.29) zunächst rein formal eingeführten Größen T_{mn} gegeben. Diese Größen haben die Dimension einer mechanischen Spannung. Für ein Oberflächenelement $\boldsymbol{e}_n \mathrm{d}A$ ist T_{nn} die Normalspannung, während die anderen beiden T_{mn} Schubspannungen darstellen, die in der Fläche $\mathrm{d}A$ in Richtung der anderen beiden Koordinaten wirken. Im Bild 0.9 ist dieser Sachverhalt für ein Flächenelement $\mathrm{d}\boldsymbol{A} = \boldsymbol{e}_1 \mathrm{d}A$ dargestellt. Der Integrand in (0.32) stellt die Komponente τ_m in Richtung der Koordinate x_m eines Vektors $\boldsymbol{\tau}$ dar, der die Flächendichte der Kraft durch ein beliebig gelegenes Oberflächenelement mit dem Normalenvektor $\boldsymbol{n}$ angibt. Dabei gilt

$$\tau_m = T_{mn} n_n = T_{m1} n_1 + T_{m2} n_2 + T_{m3} n_3 \; .$$

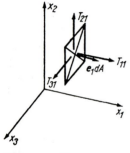

Bild 0.9
Deutung der Komponenten des Spannungstensors
als Normal- und Schubspannungen
an einem Flächenelement $\boldsymbol{e}_1 \mathrm{d}A$

Die neun Komponenten T_{mn} bilden, als Matrix geordnet, den sogenannten *Maxwellschen Spannungstensor*

$$\boldsymbol{T} = \begin{pmatrix} T_{11} & T_{12} & T_{13} \\ T_{21} & T_{22} & T_{23} \\ T_{31} & T_{32} & T_{33} \end{pmatrix} \; . \tag{0.35}$$

Die Komponenten T_{mn} des Maxwellschen Spannungstensors werden allein durch das H-Feld bestimmt. Mit (0.29) erhält man in ausgeschriebener Form

$$\boldsymbol{T} = \begin{pmatrix} \mu H_1^2 - \mu H^2/2 & \mu H_1 H_2 & \mu H_1 H_3 \\ \mu H_2 H_1 & \mu H_2^2 - \mu H^2/2 & \mu H_2 H_3 \\ \mu H_3 H_1 & \mu H_3 H_2 & \mu H_3^2 - \mu H^2/2 \end{pmatrix} \; . \tag{0.36}$$

Die gleiche Beziehung für den Maxwellschen Spannungstensor ergibt sich, wenn jene Kraftwirkungen berücksichtigt werden, die auf ein Medium aufgrund der Ortsabhängigkeit der Permeabilität ausgeübt werden.

Der Maxwellsche Spannungstensor ist offensichtlich symmetrisch, d.h. es ist $T_{mn} = T_{nm}$. Er ordnet jedem Raumpunkt, in dem ein Magnetfeld existiert, einen fiktiven mechanischen Spannungszustand zu. Von diesem ausgehend, lassen sich die in einem Punkt wirksamen Volumendichten der Kraft und die auf ein gegebenes Volumen wirkende Kraft berechnen [s. (0.32)]. Wenn das Koordinatensystem in einem Raumpunkt so gelegt wird, daß die Koordinate x_1 mit der Feldrichtung zusammenfällt, so daß $H = H_1$ und $H_2 = H_3 = 0$ ist, nimmt der Spannungstensor nach (0.36) die Form

$$\boldsymbol{T} = \begin{pmatrix} \frac{1}{2}\mu H^2 & 0 & 0 \\ 0 & -\frac{1}{2}\mu H^2 & 0 \\ 0 & 0 & -\frac{1}{2}\mu H^2 \end{pmatrix} \tag{0.37}$$

an. Gleichung (0.37) bringt die Faradaysche Vorstellung zum Ausdruck, daß auf einem Flußröhrenabschnitt ein *Längszug* $\sigma_l = \frac{1}{2}\mu H^2$ und ein *Querdruck* $p_q = \frac{1}{2}\mu H^2$ ausgeübt wird.

0.2.2 Anwendung des Maxwellschen Spannungstensors zur Ermittlung des Drehmoments

0.2.2.0 Ausgangsüberlegungen

Mit Hilfe des Maxwellschen Spannungstensors läßt sich das Drehmoment einer rotierenden elektrischen Maschine, ausgehend vom Luftspaltfeld, gewinnen, ohne daß von vornherein Ersatzanordnungen für die stromdurchflossenen Leiter und Vereinfachungen hinsichtlich der Geometrie des Luftspaltraums eingeführt werden. Es läßt sich im Gegenteil herausarbeiten, unter welchen Voraussetzungen Modellvorstellungen berechtigt sind, die sich eingebürgert haben und i.allg. ohne tieferes Nachdenken Anwendung finden. Darüber hinaus kann man durch entsprechende Wahl der Integrationsfläche Aussagen darüber erhalten, welche Mechanismen an der Bildung des Drehmoments beteiligt sind. Schließlich lassen sich eine Reihe allgemeiner Erkenntnisse über die Voraussetzungen gewinnen, die erfüllt sein müssen, damit ein Drehmoment entwickelt wird.

Man erhält die Umfangskraft auf den Läufer bzw. den Ständer einer rotierenden elektrischen Maschine und damit das Drehmoment, wenn (0.32) auf eine geschlossene Fläche angewendet wird, die den Läufer einschließt und durch den Luftspalt verläuft. Dabei wird im folgenden zur Vereinfachung darauf verzichtet, die Krümmung des Luftspaltraums zu berücksichtigen. Weiterhin soll das Feld außerhalb des Luftspaltraums vernachlässigt werden, so daß auf den Stirnflächen der Integrationsfläche $T = 0$ herrscht und diese keinen Betrag zum Drehmoment liefern.

0.2.2.1 Ermittlung des Drehmoments aus den Feldgrößen auf einer Kreiszylinderfläche im Luftspalt

Es bietet sich an, die Integrationsfläche I als Kreiszylinderfläche koaxial zur Maschinenachse in den Luftspalt zu legen (Bild 0.10). Das Flächenelement $\mathrm{d}\boldsymbol{A}_I$ auf der Integrationsfläche hat dann nur eine Komponente in Richtung der Koordinate x_1, d.h., es ist $\mathrm{d}\boldsymbol{A}_I = \boldsymbol{e}_1 \mathrm{d}A$ bzw. $\mathrm{d}A_1 = n_1 \mathrm{d}A$ mit $n_1 = 1$ und $n_2 = n_3 = 0$. Die Umfangskraft F_t, die in tangentialer Richtung an der Integrationsfläche angreift, hat die Richtung der Koordinate $x_2 = x$, d.h. es ist $F_t = F_2$. Damit liefert (0.32) für die Kraft

$$F_t = F_2 = \oint T_{21} n_1 \mathrm{d}A = \mu \int_I H_2 H_3 \mathrm{d}A = \mu l_i \int_0^{D\pi} H_t H_n \mathrm{d}x , \tag{0.38}$$

und man erhält für das Drehmoment

$$m = F_t \frac{D}{2} = \frac{Dl_i}{2}\mu \int_0^{D\pi} H_t H_n \, dx \quad .$$

(0.39)

Dabei wurden folgende Größen eingeführt:

D Durchmesser der Integrationsfläche I
H_t, H_n Tangential- bzw. Normalkomponente der magnetischen Feldstärke
         auf der Integrationsfläche
l_i ideelle Länge.

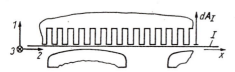

Bild 0.10
Zur Ermittlung des Drehmoments
einer rotierenden elektrischen Maschine
mit Hilfe des Maxwellschen Spannungstensors

Mit (0.39) wird das Drehmoment aus den Feldgrößen im Luftspalt durch Integration gewonnen. Damit ist für das Drehmoment als mechanische Integralgröße ein gleichartiger Bestimmungsweg gewonnen wie für die induzierte Spannung als elektrische Integralgröße. Es muß allerdings zur Bestimmung des Drehmoments über ein Produkt von Feldgrößen integriert werden, während man die induzierte Spannung durch Integration allein über die Feldgröße H_n erhält. Gegenüber dem Weg, der das Drehmoment über eine Energiebilanz unter Verwendung der induzierten Spannung gewinnt und der auch im Band Grundlagen beschritten wurde, ist es zur Anwendung von (0.39) erforderlich, das Luftspaltfeld genauer zu kennen. Man erhält andererseits einen tieferen Einblick in den Mechanismus der Entstehung des Drehmoments. Die größere Einfachheit des Weges über die Energiebilanz ist letztlich dadurch begründet, daß man sich die Wicklungen aus linienhaften Leitern bestehend denkt und die Energie damit auf der elektrischen Seite als Produkt aus den Integralgrößen Stromstärke und Spannung darstellbar ist. Die Produktbildung findet also in diesem Fall auf der Ebene von Integralgrößen statt.

Wenn eine Integrationsfläche mit anderem Durchmesser D verwendet wird, verändern sich die Verläufe $H_t(x)$ und $H_n(x)$ in einem betrachteten Zeitpunkt, aber der Wert des Integrals $\int_0^{D\pi} H_t H_n dx$ in (0.39) bleibt unverändert, da man den gleichen Wert für das Drehmoment erhalten muß.

0.2.2.2   Zusammenwirken von Harmonischen der Feldkomponenten H_n und H_t

In einer rotierenden elektrischen Maschine hat die Beschreibung des Luftspaltfelds entlang einer Koordinate x in Umfangsrichtung stets periodischen Charakter: Im einfachsten Fall ist die Periodenlänge gleich dem Umfang $D\pi$. Die Feldkomponenten H_n und H_t auf der Integrationsfläche sind dann ebenfalls periodische Funktionen von x und lassen sich allgemein in jedem Augenblick darstellen als

$$\left.\begin{aligned}
H_t &= \sum \widehat{H}_{t\nu} \cos\left(\nu\frac{2\pi}{D\pi}x - \psi_{t\nu}\right) \\
H_n &= \sum \widehat{H}_{n\mu} \cos\left(\mu\frac{2\pi}{D\pi}x - \psi_{n\mu}\right) \quad .
\end{aligned}\right\}$$

(0.40)

Die Integration über den Umfang $D\pi$ entsprechend (0.39) lieferten nur für Produkte solcher Harmonischen von Null verschiedene Werte, die gleiche Ordnungszahlen aufweisen, d.h. für

$$\mu = \nu \ .$$

Ein Drehmoment wird also in irgendeinem Zeitpunkt nur durch das Zusammenwirken einer tangentialen Feldkomponente mit einer normalen Feldkomponente gleicher Ordnungszahl gebildet. Es beträgt

$$m_\nu = \mu \frac{\pi}{2} D^2 l_{\mathrm{i}} \widehat{H}_{\mathrm{t}\nu} \widehat{H}_{\mathrm{n}\nu} \cos(\psi_{\mathrm{t}\nu} - \psi_{\mathrm{n}\nu}) \ . \tag{0.41}$$

Daraus folgt als weitere Erkenntnis, daß zwei Feldwellen H_{t} und H_{n} trotz gleicher Ordnungszahl dann kein Drehmoment bilden, wenn sie um eine viertel Wellenlänge gegeneinander versetzt sind.

0.2.2.3 Einführung von Ersatzanordnungen zur Ermittlung des Drehmoments

Die tatsächliche Geometrie des Luftspaltraums und die tatsächliche Anordnung der stromdurchflossenen Leiter können offensichtlich dann durch Ersatzanordnungen nachgebildet werden, wenn diese das gleiche Luftspaltfeld bzw. die gleichen Komponenten H_{t} und H_{n} auf der Integrationsfläche hervorrufen. Derartige Ersatzanordnungen sind z.B. solche, die anstelle der tatsächlichen Anordnung der stromdurchflossenen Leiter flächenhafte Strömungen, d.h. sog. *Strombeläge,* auf der dem Luftspalt zugewendeten Oberfläche des betrachteten Hauptelements verwenden.

Man erhält einfache und damit bequem handhabbare Ersatzanordnungen, wenn auf die Nachbildung von Feinheiten des Feldverlaufs verzichtet wird. Solche Feinheiten rühren vor allem vom Einfluß der offenen Nuten auf das Feldbild und von der Konzentration der stromdurchflossenen Leiter in den Nuten her. Sie sind i.allg. von sekundärem Einfluß auf das Drehmoment.

Wenn der Einfluß der Nutung auf das Luftspaltfeld vernachlässigt wird, erhält man eine glatte Oberfläche des betrachteten Hauptelements. Dabei muß der Luftspalt etwas vergrößert gedacht werden, um bei gleicher Durchflutung gleiche, über die Nutteilung gemittelte Werte des Luftspaltfelds zu erhalten. Die stromdurchflossenen Leiter des betrachteten Hauptelements sind dann entweder in Nuten mit unendlich schmalen Nutschlitzen untergebracht zu denken, oder sie werden durch einen Strombelag auf der glatten Oberfläche ersetzt.

Der Strombelag A wiederum kann durch seinen Verlauf $A(x)$ entlang dem Umfang den tatsächlichen Verlauf der Durchflutungsverteilung mehr oder weniger genau nachbilden. Im einfachsten Fall wird der Strombelag abschnittsweise als konstant angenommen, d.h. die Durchflutung einer Nut wird gleichmäßig über die Nutteilung verteilt. Man erhält einen treppenförmigen Verlauf $A(x)$. In einer weiteren Vereinfachung unterwirft man diesen Verlauf der harmonischen Analyse und betrachtet die einzelnen Harmonischen. Eine bessere Wiedergabe des Einflusses der Konzentration der stromdurchflossenen Leiter auf die Nuten erhält man, wenn der Strombelag als Dirac-Impuls mit einer Fläche entsprechend der Nutdurchflutung an der Stelle der Nutschlitzmitte angesetzt wird. In Tafel 0.4 sind die verschiedenen Möglichkeiten hinsichtlich der Einführung von Ersatzanordnungen zusammengestellt.

Es ist naheliegend, die Integrationsfläche mit einer der beiden dem Luftspaltraum zugewendeten Oberflächen der Hauptelemente zusammenfallen zu lassen. Dann liegt

Tafel 0.4   Ersatzanordnungen für ein genutetes Hauptelement hinsichtlich des von den strom-durchflossenen Leitern aufgebauten Luftspaltfelds

Reale Anordnung	Ersatzanordnung mit Nut-schlitzbreite $b_s \to 0$	Ersatzanordnung mit Strombelag		
		konstant über der Nutteilung	konstant über der Nutöffnung	als Dirac-Impuls
		sinusförmig, entsprechend der harmonischen Analyse der Verteilung des Strombelags der Ersatzanordnung, oder zugeordnet den entsprechenden Harmonischen der Feldgrößen des Luftspaltfelds 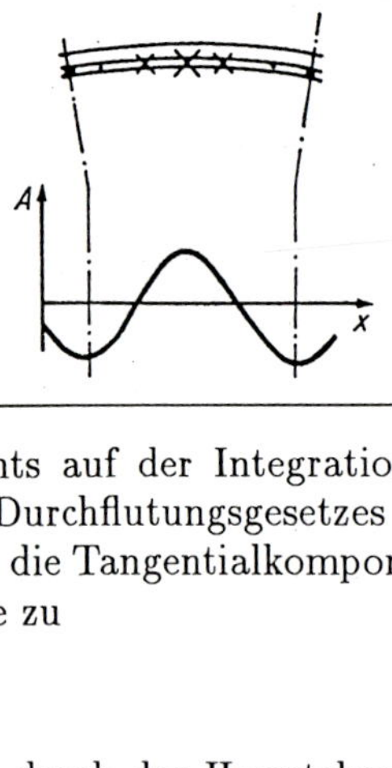		

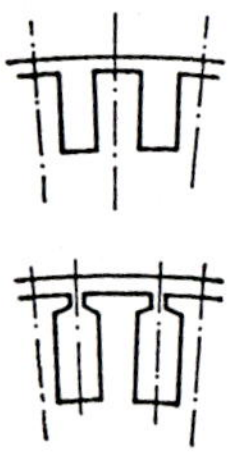

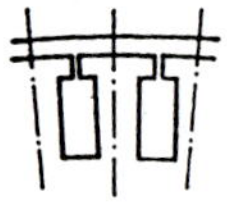

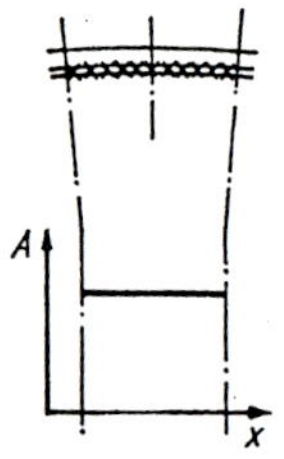

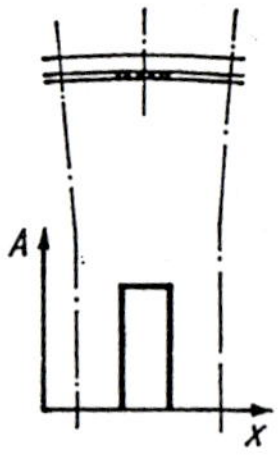

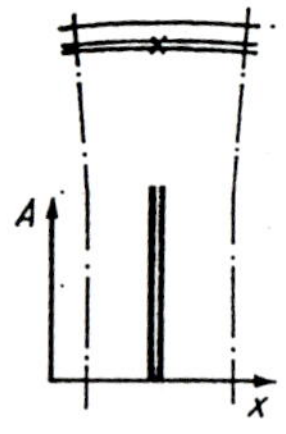

der Strombelag des betreffenden Hauptelements auf der Integrationsfläche. Er bestimmt nach der Aussage der Anwendung des Durchflutungsgesetzes auf den im Bild 0.11 eingetragenen Integrationsweg unmittelbar die Tangentialkomponente H_t der magnetischen Feldstärke auf der Integrationsfläche zu

$$H_t(x) = A(x) \, , \tag{0.42}$$

solange auf dem Rückweg des Integrationswegs durch das Hauptelement kein magnetischer Spannungsabfall auftritt. Diese Voraussetzung trifft auf alle Fälle zu, wenn mit $\mu_{Fe} = \infty$ gerechnet wird. Sie ist aber i.allg. auch unter realen Bedingungen weitgehend erfüllt, da die Feldstärken im Eisen vergleichsweise klein und vorwiegend senkrecht zur Koordinate x gerichtet sind. Unter Voraussetzung der Gültigkeit von (0.42) geht (0.39) für das Drehmoment über in

$$m = \frac{1}{2} D l_i \mu \int_0^{D\pi} H_n(x) A(x) \, \mathrm{d}x = \frac{1}{2} D l_i \int_0^{D\pi} B_n(x) A(x) \, \mathrm{d}x \, . \tag{0.43}$$

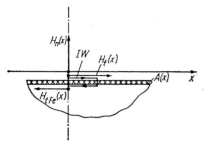

Bild 0.11
Zur Ermittlung des Einflusses der magnetischen
Feldstärke im Eisen auf die Beziehung
zwischen Strombelag und Tangentialkomponente
der Feldstärke an der Oberfläche eines Hauptelements

Diese Beziehung erhält man auch über die Volumendichte der Kraft auf eine elektrische Strömung im magnetischen Feld nach (0.22), wenn über das Volumen der stromführenden Schicht mit $S\mathrm{d}\mathfrak{V} = l_i A\,\mathrm{d}x$ integriert wird. In (0.43) ist dann $B_n(x)$ die Normalkomponente der Induktion des resultierenden Luftspaltfelds auf der ungenutet gedachten Oberfläche des betrachteten Hauptelements. Sie wird aufgebaut unter der Wirkung des Strombelags $A(x)$ auf der Oberfläche des betrachteten Hauptelements und der Ströme des anderen Hauptelements. Letztere haben aber – wie bereits gesagt – keinen Einfluß auf die Tangentialkomponente $H_t = A$ auf der Oberfläche des betrachteten Hauptelements.

Wenn im betrachteten Hauptelement $\mu \neq \infty$ herrscht, liefert die Anwendung des Durchflutungsgesetzes auf den Integrationsweg im Bild 0.11 mit der dort eingetragenen Zählrichtung für die tangentiale Komponente H_{tFe} der Feldstärke im Eisen

$$H_t(x) = A(x) - H_{tFe}(x)\ . \tag{0.44}$$

Damit wird $H_t(x) < A(x)$, und man erhält entsprechend (0.39) ein kleineres Drehmoment. Dabei bleibt der Beitrag der stromführenden Schicht unverändert, aber an der darunterliegenden Grenzfläche zum Gebiet mit $\mu = \mu_{Fe}$ greifen Schubspannungen nach Maßgabe von H_n und H_{tFe} an und liefern ein entgegengerichtetes Drehmoment, das sich wiederum mit Hilfe von (0.39) bestimmen läßt. Eine oberflächliche Betrachtung der Verhältnisse läßt diesen Sachverhalt leicht verlorengehen.

0.2.2.4 Anordnungen mit zwei rotationssymmetrischen Hauptelementen

Wenn beide Hauptelemente *1* und *2* rotationssymmetrisch sind und der Einfluß der Nutung nicht berücksichtigt werden soll, stehen sich die beiden glatten Oberflächen der Hauptelemente im Abstand der konstanten Luftspaltlänge δ gegenüber. Dabei tragen sie die Strombeläge $A_1(x)$ und $A_2(x)$, wenn man die tatsächliche Verteilung der stromdurchflossenen Leiter durch Strombeläge ersetzt. Bild 0.12 zeigt einen Abschnitt des Luftspaltraums, wobei die positiven Zählrichtungen für die einzelnen Größen angegeben sind.

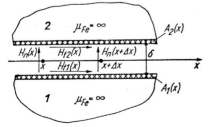

Bild 0.12
Zur Ermittlung des Zusammenhangs zwischen den
Feldkomponenten, bezogen auf die Oberfläche der
Hauptelemente, und den Strombelägen bei kon-
stantem Luftspalt

Die Tangentialkomponenten H_{t1} und H_{t2} der magnetischen Feldstärke auf den Oberflächen der Hauptelemente werden jeweils nur vom eigenen Strombelag bestimmt. Es gilt mit $\mu_{\mathrm{Fe}} = \infty$ entsprechend (0.42)

$$H_{t1} = H_{t1}(A_1) = A_1 \; ; \qquad H_{t2} = H_{t2}(A_2) = -A_2 \; . \tag{0.45}$$

Demgegenüber rührt die Normalkomponente H_n der magnetischen Feldstärke im Luftspalt von der gemeinsamen Wirkung beider Strombeläge her, d.h. es ist

$$H_n = H_n(A_1, A_2) = H_n(A_1) + H_n(A_2) \; ,$$

und man erhält durch Anwendung des Durchflutungsgesetzes

$$\delta \frac{\mathrm{d}H_n}{\mathrm{d}x} = \delta \frac{\mathrm{d}H_n(A_1)}{\mathrm{d}x} + \delta \frac{\mathrm{d}H_n(A_2)}{\mathrm{d}x} = -A_1(x) - A_2(x) \; . \tag{0.46}$$

Es soll nun zunächst eine Strombelagswelle eines Hauptelements, z.B. des Hauptelements *1*, betrachtet werden. Diese ruft entsprechend (0.45) eine Welle der Tangentialkomponente der magnetischen Feldstärke auf der Oberfläche des Hauptelements *1*,

$$H_{t1\nu} = A_{1\nu} \; ,$$

hervor. Außerdem entsteht eine Welle der Normalkomponente der magnetischen Feldstärke im Luftspalt, für die man mit (0.46)

$$\delta \frac{\mathrm{d}H_{n\nu}}{\mathrm{d}x} = -A_{1\nu}$$

erhält. Damit gilt

$$H_{t\nu} = -\delta \frac{\mathrm{d}H_{n\nu}}{\mathrm{d}x} \; , \tag{0.47}$$

d.h. die Wellen der beiden Feldkomponenten auf der Oberfläche des betrachteten Hauptelements sind um eine viertel Wellenlänge gegeneinander verschoben. Wenn diese Oberfläche als Integrationsfläche zur Bestimmung des Drehmoments nach (0.39) verwendet wird, gewinnt man unmittelbar die Aussage, daß, herrührend von einer Strombelagswelle, kein Drehmoment entsteht. Das gleiche Ergebnis erhält man natürlich für jede andere Lage der Integrationsfläche. Wird sie z.B. ganz zur Oberfläche des Hauptelements *2* hin verschoben, so wird $H_t = H_{t2} = 0$ und damit wiederum kein Drehmoment berechnet.

Aus den vorstehenden Betrachtungen folgt die wichtige Erkenntnis, daß im Fall δ = konst. nur dann ein Drehmoment entstehen kann, wenn beide Hauptelemente Strombelagswellen der entsprechenden Ordnungszahl führen. Aus der Sicht der Lage der Integrationsfläche auf der Oberfläche des Hauptelements *1* ergibt sich dann, daß die Welle der Tangentialkomponente entsprechend (0.45) allein von der Strombelagswelle $A_{1\nu}$ des Hauptelements *1* und die wirksame Welle der Normalkomponente $H_{n\nu}$ entsprechend (0.46) allein von der Strombelagswelle $A_{2\nu}$ des Hauptelements *2* herrührt.

Die Wellen des Luftspaltfelds werden i.allg. nur als die Wellen der Normalkomponenten der Luftspaltinduktion beschrieben. Von einem Zusammenwirken solcher Feldwellen zur Drehmomentenbildung kann man offensichtlich nur deshalb sprechen, weil der Normalkomponente über (0.47) notwendig eine Tangentialkomponente zugeordnet ist. Die Entstehung des Drehmoments aus dem Zusammenwirken einer Ständerwelle und einer Läuferwelle des Luftspaltfelds, die jeweils als die Wellen der Normalkomponente verstanden werden, kann dann auf zwei Arten gedeutet werden: Aus der Sicht einer Integrationsfläche, die auf der Ständeroberfläche liegt, reagiert die der Ständerwelle dort zugeordnete Welle der Tangentialkomponente des Feldes mit der Läuferwelle. Wenn man als Integrationsfläche die Läuferoberfläche benutzt, wirkt dort die der Läuferwelle zugeordnete Welle der Tangentialkomponente mit der Ständerwelle zusammen.

0.2.2.5 Gewinnung von Aussagen über den Mechanismus der Drehmomentbildung

Wichtige Erkenntnisse über die Entstehung eines Drehmoments, herrührend von Feldwellen einer Ordnungszahl, in Anordnungen mit konstantem Luftspalt wurden bereits im Abschnitt 0.2.2.4 gewonnen.

Im vorliegenden Abschnitt soll zunächst eine Interpretation des Ergebnisses erfolgen, das als Gleichung (0.39) für das Drehmoment einer rotierenden elektrischen Maschine mit Hilfe des Maxwellschen Spannungstensors erhalten wurde, wobei die Integrationsfläche eine koaxial im Luftspalt liegende Kreiszylinderfläche ist. Das Produkt der beiden Feldkomponenten H_n und H_t hat nur an solchen Stellen einen endlichen Wert, wo beide Komponenten vorhanden sind. Das bedeutet, daß die Feldlinien die Integrationsfläche nicht oder zumindest nicht überall senkrecht durchstoßen dürfen. Sie müssen vielmehr im Mittel gegenüber der Normalen geneigt sein, und zwar in Richtung des am betrachteten Hauptelement angreifenden Drehmoments. Das bedeutet, daß im Mittel mit einem Vorzeichenwechsel der Normalkomponente auch ein Vorzeichenwechsel der Tangentialkomponente verbunden sein muß. Diese Überlegungen lassen sich veranschaulichen, wenn man die Integrationsfläche, angepaßt an den Verlauf der Feldlinien, in kleinen Abschnitten abwechselnd in Richtung der Feldstärke, d.h. entlang einer Feldlinie, und senkrecht dazu führt. Dabei soll die Integrationsfläche entsprechend Bild 0.13a im Mittel die ursprüngliche Gestalt einer Kreiszylinderoberfläche behalten. In dem jeweils angepaßten Koordinatensystem x_1', x_2' gilt für den Spannungstensor (0.37). Man erhält die Teilkräfte auf die kleinen Abschnitte der Integrationsfläche unmittelbar aus dem Längszug σ_l und dem Querdruck p_q auf die Flußröhrenabschnitte. Die Tangentialkomponenten dieser Kräfte wiederum liefern Beiträge zur Umfangskraft bzw. zum Drehmoment. Im Bild 0.13b wird demonstriert, daß sich in einem anderen Bereich der Integrationsfläche mit umgekehrter Richtung der Normalkomponenten des Feldes auch die Tangentialkomponente umkehren muß, wenn die Komponenten der Teilkräfte das Drehmoment des ersten Abschnitts unterstützen sollen.

Betrachtet man ein Hauptelement mit ausgeprägter Nutung und legt die Integrationsfläche zur Ermittlung des Drehmoments mit Hilfe von (0.39) als Kreiszylinderfläche auf die Oberfläche des Hauptelements, so erkennt man aus Bild 0.14, daß die

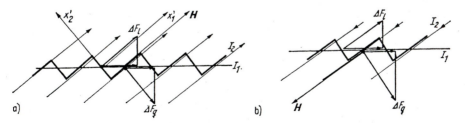

Bild 0.13 *Deutung der Entstehung des Drehmoments aus dem Längszug und dem Querdruck der Flußröhrenabschnitte im Luftspalt*

a) Einführung einer dem Verlauf der Feldlinien angepaßten Integrationsfläche und Teilkräfte auf zwei zusammengehörige Abschnitte der Integrationsfläche; b) Teilkräfte bei Umkehr der Feldrichtung I_1 ursprüngliche Integrationsfläche, I_2 angepaßte Integrationsfläche

drehmomentbildenden Tangentialkomponenten der Kräfte vom Feld im Gebiet der Nutöffnung herrühren. Im Gebiet der Zahnköpfe entstehen keine Tangentialkomponenten der Kräfte.

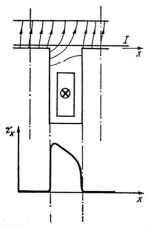

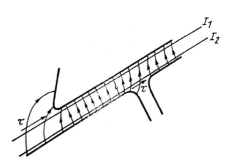

Bild 0.14 Entstehung der Umfangskraft auf einer kreiszylindrischen Integrationsfläche, die über die Nutköpfe verläuft, aus der Schubspannung τ im Bereich der Nutöffnung

Bild 0.15   Zur Änderung der Schubspannungsverteilung auf der Integrationsfläche in Abhängigkeit von deren Lage im Luftspalt

An dieser Stelle bietet es sich an, die Aufmerksamkeit darauf zu lenken, daß sich die Verteilung der Schubspannungen auf der kreiszylinderförmigen Integrationsfläche in Abhängigkeit von deren Lage im Luftspalt i.allg. stark ändert. Dabei folgt diese Änderung nicht etwa unmittelbar dem Verlauf der Feldlinien. Im Bild 0.15 wird dieser Sachverhalt am Beispiel erläutert.

Um den Mechanismus der Entstehung der drehmomentbildenden Kräfte weiter zu analysieren, sind im Bild 0.16 die Spuren einer Reihe von Integrationsflächen eingetragen. Man erhält den Beitrag F_n einer Nutteilung zur Umfangskraft z.B. unter Benutzung der Integrationsflächen I oder II zu

$$F_\mathrm{n} = \int_a^e \ldots = \int_a^b \ldots + \int_b^d \ldots + \int_d^e \ldots \qquad (0.48)$$

Demgegenüber liefert die Integration über die Leiteroberfläche unmittelbar die Kraft

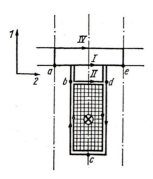

Bild 0.16
Spuren der Integrationsflächen zur Ermittlung der einzelnen Anteile der Umfangskraft einer Nutteilung

F_{nL} auf das stromdurchflossene Leiterpaket in der Nut zu

$$F_{\text{nL}} = \int_b^d \ldots + \int_d^c \ldots + \int_c^b \ldots \qquad (0.49)$$

Die Differenz zwischen F_{n} und F_{nL} stellt die im oder am ferromagnetischen Körper des betrachteten Hauptelements angreifende Kraft F_{nFe} dar. Man erhält sie aus (0.48) und (0.49) zu

$$F_{\text{nFe}} = F_{\text{n}} - F_{\text{nL}} = \int_a^c \ldots + \int_c^e \ldots , \qquad (0.50)$$

d.h. unter Benutzung einer Integrationsfläche, die unmittelbar an der Oberfläche des ferromagnetischen Körpers entlanggeführt wird. Solange $\mu_{\text{Fe}} = \infty$ gilt, entstehen in dessen Inneren wegen $H_{\text{Fe}} = 0$ keine Kräfte, so daß der durch (0.50) gegebene Anteil Grenzflächenkräfte repräsentiert, die besonders an einer der beiden Nutflanken in der Nähe der Nutöffnung angreifen (vgl. Bild 0.14). Wenn $\mu_{\text{Fe}} = \infty$ nicht mehr gilt, können auch an den Zahnköpfen Grenzflächenkräfte in tangentialer Richtung auftreten. Wenn schließlich berücksichtigt wird, daß $\mu_{\text{Fe}} \neq$ konst. ist, verlagert sich ein Teil der nach (0.50) ermittelten Kräfte ins Innere des ferromagnetischen Körpers. Wie sich die Kraft F_{n} auf die beiden Anteile F_{nFe} und F_{nL} aufteilt, hängt von der speziellen Ausführung der Geometrie der Nutteilung ab. Im Bild 0.17a ist eine Ausführung gezeigt, bei der praktisch kein Anteil F_{nL} auftritt, während dieser Anteil bei der Ausführung nach Bild 0.17b überwiegt. Im Fall der Ersatzanordnung mit Strombelag und glatter Oberfläche tritt allein der Anteil F_{nL} auf, solange $\mu_{\text{Fe}} = \infty$ ist. Bei realen Nutgeometrien überwiegt der Anteil F_{nFe}.

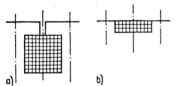

Bild 0.17
Extreme Nutformen
a) praktisch ohne Kraftwirkung auf die stromdurch- flossenen Leiter
b) überwiegender Anteil der Kraftwirkung auf die stromdurchflossenen Leiter

Bild 0.18 zeigt nochmals eine Nutteilung eines Hauptelements, dem sich ein unge- nutetes Hauptelement gegenüber befindet. Zur Ermittlung der Kraft F_{n} ist die Inte- grationsfläche in die Oberfläche des gegenüberliegenden Hauptelements gelegt. Wenn man annimmt, daß $\mu_{\text{Fe}} = \infty$ gilt und das Luftspaltfeld im Gebiet der Zahnmitte qua- sihomogen ist, erhält man als Aussage des Durchflutungsgesetzes entlang der Spur der Integrationsfläche

$$(H_1 - H_2)\delta = \Theta_{\text{n}} . \qquad (0.51)$$

Dabei ist Θ_{n} die Nutdurchflutung. Zur Kraft in Umfangsrichtung liefen nur die durch den Luftspalt verlaufenden Abschnitte der Integrationsfläche Beiträge. Man erhält mit (0.37)

$$F_{\text{n}} = \oint T_{2\text{n}} n_{\text{n}} \mathrm{d}A = \frac{\mu}{2}(H_1^2 - H_2^2)l_{\text{i}}\delta . \qquad (0.52)$$

Die Kraft entsteht für diese Integrationsfläche aus den Unterschieden des Querdruckes auf die Flußröhrenabschnitte in Zahnmitte. Wenn man (0.51) in (0.52) einsetzt und gleichzeitig beachtet, daß $\mu_0 \frac{1}{2}(H_1 + H_2)$ die mittlere Luftspaltinduktion B über der betrachteten Nutteilung ist, ergibt sich

$$F_{\text{n}} = \Theta_{\text{n}} B l_{\text{i}} . \qquad (0.53)$$

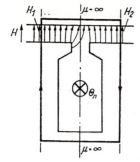

Bild 0.18
Zur Ermittlung der Kraft auf eine Nutteilung
aus dem Querdruck auf die Feldlinien
im Bereich der Zahnmitte

Das ist die Kraft, die die stromdurchflossenen Leiter der Nut im Luftspaltfeld der Induktion B erfahren würden. Man kann sich also die Leiter auf der Ankeroberfläche angeordnet denken. Man erhält auf diesem Weg nochmals bestätigt, daß es berechtigt ist, anstelle der stromdurchflossenen Leiter in den Nuten einen Strombelag auf der Oberfläche des betrachteten Hauptelements vorzusehen. Dabei ist dann $\Theta_n = A\tau_n$, wenn dieser Strombelag über der Nutteilung als konstant angesetzt wird (vgl. Tafel 0.4).

1 Systematisierung der rotierenden elektrischen Maschinen

1.1 Allgemeine Überlegungen zur Systematisierung

Jede Systematisierung der rotierenden elektrischen Maschinen muß sich an bestimmten Eigenschaften orientieren. Sie ist damit von der Blickrichtung abhängig, unter der ein Ordnungsprinzip gesucht wird. Eine einheitliche Systematisierung ist also weder zu erwarten noch möglich. Die Systematisierung unter einem Aspekt führt notwendigerweise zu Einordnungsschwierigkeiten unter einem anderen Aspekt. Die geschlossenen Darstellungen des Gesamtgebiets der rotierenden elektrischen Maschinen leiden oft unter dem Zwang, den sie sich durch die Entscheidung hinsichtlich der Systematisierung selbst auferlegt haben. Es erscheint deshalb sinnvoll, den weiteren Betrachtungen einige Gedanken zu den Möglichkeiten der Systematisierung voranzustellen.

1.2 Triviale Systematisierungen

Unter trivialen Systematisierungen sollen solche verstanden werden, die sich aus dem grundsätzlichen Aufbau, dem Verwendungszweck und den nach außen in Erscheinung tretenden Eigenschaften und Parametern ergeben. Sie betrachten also den inneren Mechanismus nicht oder nur oberflächlich. Dabei herrscht eine große Mannigfaltigkeit, so daß die folgende Zusammenfassung wichtiger derartiger Systematisierungen keinen Anspruch auf Vollständigkeit erhebt.

Unter dem Blickwinkel der *Baugröße* werden *Kleinst-, Klein-, Mittel-* und *Großmaschinen* unterschieden. Im untersten Bereich spricht man auch von *Mikromaschinen.* Die Grenzen zwischen den so gekennzeichneten Baugrößen sind nicht einheitlich fixiert.

Von der *Läuferart* her ist grundsätzlich zu unterscheiden zwischen *Kommutatormaschinen* mit Kommutatoranker und *Schleifringläufermaschinen* mit Schleifringläufer[1]. Besondere Formen des Läufers von Asynchronmaschinen sind die Kurzschlußläufer bzw. Käfigläufer sowie die Massivläufer. Sie führen auf *Kurzschlußläufer-* und *Käfigläufermaschinen* sowie *Massivläufermaschinen.* In Form spezieller Ausführungsformen des Läufers gibt es weiterhin *Scheibenläufermaschinen* und *Glockenläufer-* bzw. *Hohlläufermaschinen.* Im ersten Fall rotiert ein scheibenförmiger Läufer in einem axialen Magnetfeld. Im zweiten Fall bildet der Läufer einen Hohlzylinder, der im radialen Magnetfeld zwischen innerem und äußerem Ständerteil rotiert.

Ausgehend von der *Kühlung* unterscheidet man zunächst entsprechend dem verwendeten Kühlmittel luftgekühlte, wassergekühlte und wasserstoffgekühlte Maschinen.

---

[1]Diese Unterscheidung kann eigentlich schon nicht mehr zu den trivialen gerechnet werden, da sie auch wichtige Unterschiede im inneren Mechanismus nach sich zieht. Im ersten Fall steht die Wicklungsachse des Läufers als Ganzes relativ zum Ständer fest, während sie sich im zweiten Fall mit dem Läufer mitbewegt. Das spielt eine große Rolle in der sog. „allgemeine Theorie rotierender elektrischer Maschinen".

Unter dem Gesichtspunkt der Kühlmittelführung werden Bezeichnungen gebraucht wie oberflächenbelüftete Maschinen, durchzugsbelüftete Maschinen usw., die sich an die Kennzeichnung des jeweiligen Kühlsystems anlehnen.

Entsprechend dem realisierten *Schutzgrad* spricht man von offenen Maschinen, geschlossenen Maschinen, explosionsgeschützten Maschinen usw. Vielfach werden auch die IEC-Kennzeichnungen für den Schutzgrad herangezogen und Bezeichnungen verwendet wie IP-44-Maschine usw.

Ausgehend von der *Art der Zusammenschaltung zwischen der Ständer- und der Läuferwicklung* werden die Bezeichnungen Nebenschlußmaschine und Reihenschlußmaschine verwendet.

Unter dem Blickwinkel der Kennzeichen der Spannungen und Ströme an den Klemmen wird zunächst entsprechend der Stromart unterschieden zwischen Gleichstrommaschinen, Wechselstrommaschinen und Drehstrommaschinen bzw. auch Einphasen- und Dreiphasen-Wechselstrommaschinen. Die Höhe der Bemessungsspannung führt zur Unterscheidung zwischen Niederspannungs- und Hochspannungsmaschinen. Unter *Konstantspannungsgeneratoren* versteht man Generatoren, die unter Ein- oder Anbau geeigneter Hilfseinrichtungen eine weitgehend belastungsunabhängige Spannung zur Verfügung stellen.

Je nach der im Bemessungsbetrieb vorliegenden Richtung des *Leistungsflusses* unterscheidet man Motoren und Generatoren. Eine Blindleistungsmaschine realisiert lediglich bestimmte Strom-Spannungs-Beziehungen an den Klemmen, es findet aber – von den Verlusten abgesehen – kein Leistungsumsatz statt.

Die *Kennzeichen der mechanischen Größen an der Welle* führen unter dem Gesichtspunkt des Drehzahl–Drehmoment- Verhaltens zur Unterscheidung zwischen Maschinen mit synchronem Verhalten, Maschinen mit Nebenschlußverhalten und Maschinen mit Reihenschlußverhalten.

Schrittmotoren führen diskontinuierliche Drehbewegungen in diskrete Schritten durch.

Ausgehend von *konstruktiven Besonderheiten* sind, entsprechend wichtigen an- oder eingebauten Antriebselementen, Bezeichnungen wie Getriebemotor, Bremsmotor usw. üblich. Wenn eine besonders augenfällige, vom üblichen abweichende konstruktive Gestaltung vorliegt, drückt sich das oft auch in einer entsprechenden Bezeichnung der Maschine aus, z.B. beim Tatzlagermotor, beim Schirmgenerator usw.

Vom *Aufbau des Magnetfelds* her ist entsprechend der Art der Einspeisung einer gleichstromdurchflossenen Erregerwicklung zu unterscheiden zwischen fremderregten Maschinen und selbsterregten Maschinen. Wenn das Magnetfeld mit Hilfe eines permanentmagnetischen Abschnitts im Magnetkreis aufgebaut wird, liegt eine permanentmagneterregte Maschine vor.

Aus der Sicht des Anwenders stellt der *Verwendungszweck* ein wichtiges Unterscheidungsmerkmal dar. Im Bereich kleiner bis mittlerer Leistungen werden Maschinen – i.allg. in Form von Typenreihen – auf den Markt gebracht, die für verschiedene Aufgaben eingesetzt werden können. Man spricht dann von *Maschinen für allgemeine Verwendung*. Demgegenüber unterscheidet man bei großen Generatoren hinsichtlich der vorgesehenen Antriebsmaschinen zwischen Turbogenerator, Wasserkraft- bzw. Hydrogenerator und Dieselgenerator. Motoren werden im Bereich großer Leistungen – und unter besonderen Gesichtspunkten auch in anderen Leistungsbereichen – vielfach für bestimmte Antriebsaufgaben gefertigt, z.B. als Walzmotor, Fördermotor, Bahnmotor, Kranmotor, Hüttenwerksmotor, Aufzugsmotor, Ladewindenmotor, Webmaschinenmotor, Nähmaschinenmotor, Stellmotor, Kassettenantriebsmotor usw.

1.3 Systematisierung nach der Lage der Feldwirbel, der zugehörigen Lage der Leiter und der Magnetkreisgestaltung

1.3.0 Ausgangsüberlegungen

Die rotierenden elektrischen Maschinen benötigen einen magnetischen Kreis, in dem sich die Wirbel des magnetischen Feldes ausbilden können. Außerdem sind Leiteranordnungen erforderlich, die diese Feldwirbel erregen und in denen von den Feldwirbeln her Spannungen induziert werden. Die Wirbel müssen, um den elektromechanischen Energieumsatz zu ermöglichen, zum Teil im feststehenden und zum Teil im rotierenden Hauptelement der Maschine verlaufen. Ausgehend von einem Zylinderkoordinatensystem entsprechend Bild 1.1, dessen z- Achse gleichzeitig die Rotationsachse der Maschine sein soll, ergibt sich eine Reihe ausgezeichneter Lagen der Feldwirbel und damit der zugeordneten Spulen. Diese werden im folgenden entwickelt und führen auf ein grundlegendes Ordnungsprinzip.

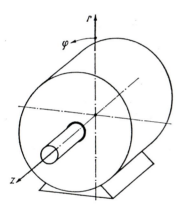

Bild 1.1
Koordinatensystem zur Einführung von Feldwirbeln mit ausgezeichneten Lagen

1.3.1 Feldwirbel in Ebenen $z = $ konst., d.h. mit Feldkomponenten B_r und B_φ

Die Wirbel müssen entsprechend Bild 1.2a für eine symmetrische Anordnung gleichartig sein und paarweise mit alternierendem Umlaufsinn auftreten. Es ist erforderlich, daß die beiden Hauptelemente der Maschine ineinander angeordnet sind. Der Luftspalt, der zwischen Ständer und Läufer liegt bzw. der sich zwischen dem inneren und dem äußeren Teil eines Hauptelements befindet und in den dann das andere Hauptelement als Glocke hineinragt, ist radial gerichtet (Bild 1.2.b). Das Luftspaltfeld in diesem Raum wird vor allem durch die Radialkomponente B_r beschrieben. Man beobachtet, von einer der Stirnseiten her gesehen, in Umfangsrichtung aufeinanderfolgende Gebiete mit wechselnder Richtung der Komponente B_r im Luftspalt. Ein derartiges Gebiet wird als *Pol* bezeichnet. Die Anzahl $2p$ der Pole ist gleich der der Feldwirbel; zwei benachbarte Pole bilden ein *Polpaar*. Man spricht von einem *heteropolaren Feld*. Die Anordnung mit radialem Luftspalt und heteropolarem Feld liegt der Mehrzahl der rotierenden elektrischen Maschinen zugrunde.

Die den Feldwirbeln zuzuordnenden Spulen müssen aus Sicht des Durchflutungsgesetzes Spulenseiten in Richtung e_z aufweisen (Bild 1.2c). Aus Sicht des Induktionsgesetzes erfordern sie Spulenachsen, die entweder in Richtung e_r (Bild 1.2d) oder

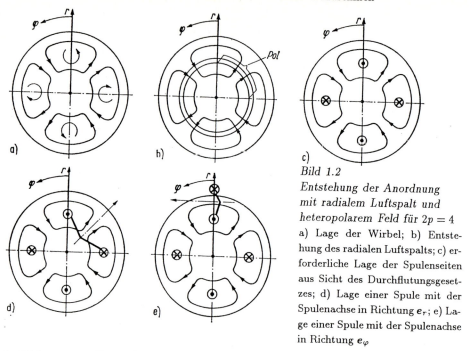

Bild 1.2
Entstehung der Anordnung
mit radialem Luftspalt und
heteropolarem Feld für $2p = 4$
a) Lage der Wirbel; b) Entstehung des radialen Luftspalts; c) erforderliche Lage der Spulenseiten
aus Sicht des Durchflutungsgesetzes; d) Lage einer Spule mit der
Spulenachse in Richtung e_r; e) Lage einer Spule mit der Spulenachse
in Richtung e_φ

in Richtung e_φ liegen (Bild 1.2e). Im ersten – und praktisch heute allein bedeutsa-
men – Fall kommt in den von den Spulen aufgespannten Flächen die Komponente B_r
des Feldwirbels zur Wirkung und im zweiten die Komponente B_φ. Die Spulen liegen
i.allg. in Aussparungen in Form von Nuten oder Pollücken der beiden Hauptelemente,
können aber auch unmittelbar auf der Oberfläche eines Hauptelements befestigt sein.
Dabei brauchen nicht beide Hauptelemente Wicklungen zu tragen. Schließlich besteht
auch die Möglichkeit, daß eine Wicklung freitragend als Glocke in den Luftspaltraum
ragt und selbst eines der beiden Hauptelemente bildet.

1.3.2 Feldwirbel in Ebenen $r = $ konst., d.h. mit Feldkomponenten B_z und B_φ

Auch in diesem Fall müssen die Wirbel entsprechend Bild 1.3a für eine symmetrische
Anordnung gleichartig sein und paarweise mit alternierendem Umlaufsinn auftreten.
Die Hauptelemente der Maschine sind jedoch hintereinander anzuordnen, so daß ein
axialer Luftspalt entsteht (Bild 1.3b). Dieser trennt entweder Ständer und Läufer
voneinander, oder er existiert zwischen zwei Ständerteilen und nimmt einen scheibenförmigen Läufer auf. Das Luftspaltfeld ist im wesentlichen durch die Komponente
B_z gekennzeichnet, die von Pol zu Pol die Richtung ändert. Es liegt also wiederum
ein heteropolares Feld vor.

Die Spulen zur Erregung der Feldwirbel müssen aus Sicht des Durchflutungsgesetzes
Spulenseiten in Richtung e_r aufweisen (Bild 1.3c). Aus Sicht des Induktionsgesetzes
benötigen sie Spulenachsen, die in Richtung e_z liegen (Bild 1.3d) oder auch in Richtung
e_φ.

Rotierende elektrische Maschinen mit axialem Luftspalt werden z.B. als
Gleichstrom-Stellmotoren mit einem Scheibenläufer hergestellt, der eine ausgeschnit-
tene Wicklung trägt. Es gibt auch einzelne Ausführungen von Asynchronmotoren mit
axialem Luftspalt.

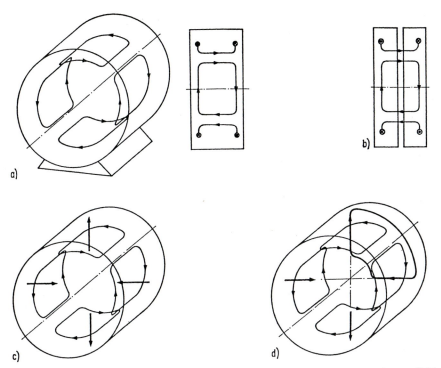

Bild 1.3 Entstehung der Anordnung mit axialem Luftspalt und heteropolarem Feld für $2p = 4$
a) Lage der Wirbel; b) Entstehung des axialen Luftspalts; c) erforderliche Lage der Spulenseiten aus Sicht des Durchflutungsgesetzes; d) Lage einer Spule mit der Spulenachse in Richtung e_z

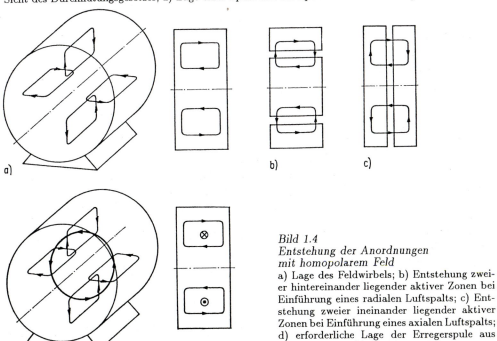

Bild 1.4
Entstehung der Anordnungen
mit homopolarem Feld
a) Lage des Feldwirbels; b) Entstehung zweier hintereinander liegender aktiver Zonen bei Einführung eines radialen Luftspalts; c) Entstehung zweier ineinander liegender aktiver Zonen bei Einführung eines axialen Luftspalts; d) erforderliche Lage der Erregerspule aus Sicht des Durchflutungsgesetzes

1.3.3 Feldwirbel in Ebenen $\varphi = $ konst., d.h. mit Feldkomponenten B_z und B_r

Eine symmetrische Anordnung erfordert in diesem Fall nur einen Wirbel, der sich entsprechend Bild 1.4a um eine kreisförmig in sich geschlossene Achse ausbildet. Wenn man einen radialen Luftspalt einführt, der Ständer und Läufer voneinander trennt, entstehen zwei aktive Zonen (Bild 1.4b). In der einen verläuft das Feld dem gesamten Umfang entlang von innen nach außen und in der anderen von außen nach innen. Man erhält ein *homopolares Feld*. Wenn ein axialer Luftspalt vorgesehen wird, liegen die aktiven Zonen ineinander (Bild 1.4c). Wenn der Luftspaltraum zwischen zwei Ständerteilen gebildet wird und in diesem der Läufer als Glocke oder Scheibe angeordnet ist, braucht nur eine aktive Zone ausgeführt zu sein.

Aus Sicht des Durchflutungsgesetzes erfordert der Feldwirbel eine Erregerspule, deren Achse mit der z-Achse übereinstimmt (Bild 1.4d). Das Prinzip der homopolaren Erregung wird z.B. im Zusammenhang mit der Anwendung des Reluktanzprinzips eingesetzt. Dabei treten bei Drehung des Läufers durch eine entsprechende Gestaltung der zum Luftspalt liegenden Oberflächen Pulsationen des Feldes auf, ohne daß sich seine Richtung umkehrt. Die Spannungsinduktion erfordert dann im Fall einer Anordnung mit radialem Luftspalt Spulen, deren Achsen in Richtung e_r liegen.

Eine andere Anwendung des Prinzips der homopolaren Erregung liegt bei der Unipolarmaschine vor. Dabei rotiert ein rotationssymmetrischer Induktionskörper im rotationssymmetrischen Feld, und es kommt zur Spannungsinduktion durch unipolare Induktion (s. auch Abschnitt 0.1.4).

1.3.4 Klauenpolerregung

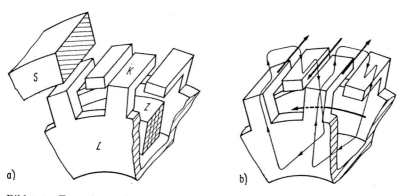

a)   b)

Bild 1.5 *Entstehung der Anordnung mit Klauenpolerregung*
a) Gestaltung des Magnetkreises: S rotationssymmetrisches Hauptelement (hier Ständer), Z Zylinderspule mit Spulenachse in der Maschinenachse, K Klauenpol, L Hauptelement mit Klauenpolen (hier Läufer); b) Feldwirbel und zugeordnete Lage der Spulenseiten in beiden Hauptelementen aus Sicht des Durchflutungsgesetzes

Den bisher betrachteten Anordnungen ist gemeinsam, daß die Feldwirbel relativ einfache Verläufe aufweisen und jeweils nur zwei Feldkomponenten haben. Dem zugeordnet liegen dann relativ einfache Formen des Magnetkreises vor. Das führt auf der anderen Seite dazu, daß die einfachste Ausführung der Wicklung als eine Zylinderspule, deren Achse mit der Rotationsachse der Maschine zusammenfällt, nur im Zusammenhang mit der homopolaren Erregung eingesetzt werden kann (Bild 1.4d) und damit in der

Anwendung eingeschränkt ist. Um ein heteropolares Luftspaltfeld mit einer derartigen Zylinderspule zusammenwirken zu lassen, sind Feldwirbel erforderlich, die komplizierte Verläufe aufweisen und alle Feldkomponenten besitzen. Das geschieht bei der Klauenpolerregung dadurch, daß die von der Zylinderspule herrührenden Feldwirbel durch eine entsprechende Gestaltung des Magnetkreises deformiert werden (Bild 1.5a). Der Magnetkreis umfaßt die Zylinderspule mit abwechselnd von beiden Stirnseiten ausgehenden Klauen. Diese stellen die Pole dar, von denen aus sich das Feld über den Luftspalt und das andere, rotationssymmetrische Hauptelement wie bei einer heteropolaren Erregung schließt. Die entstehenden Feldwirbel erfordern aus der Sicht des Durchflutungsgesetzes im Hauptelement mit den Klauenpolen Spulenseiten in Richtung e_φ und im anderen Hauptelement solche in Richtung e_z mit von Pol zu Pol wechselnder Stromrichtung (Bild 1.5b). Aus der Sicht des Induktionsgesetzes erfordert das Hauptelement mit den Klauenpolen die Zylinderspule, während die Spulenseiten des anderen Hauptelements zu Spulen verbunden werden müssen, die analog Bild 1.2e Spulenachsen in Richtung e_r haben oder im Prinzip auch analog Bild 1.2e solche in Richtung e_φ.

1.4 Systematisierung nach dem Mechanismus der Drehmomentbildung

Für den Entstehungsprozeß des Drehmoments einer rotierenden elektrischen Maschine gibt es eine Reihe grundsätzlicher Mechanismen. Im einfachsten Fall kommt in einer Ausführungsform einer elektrischen Maschine nur ein derartiger Mechanismus zur Wirkung. In vielen Fällen, bzw. bei entsprechend verfeinerter Betrachtung, sind es mehrere. Eine eingehende Betrachtung dieser Mechanismen erfolgt im Abschnitt 6. An dieser Stelle sollen lediglich ihre prinzipiellen Eigenheiten aufgezeigt werden, aus denen sich die Systematisierungsgesichtspunkte ableiten.

Im Abschnitt 0.2.2.2 war erkannt worden, daß zur Entstehung eines Drehmoments Wellen gleicher Ordnungszahl für die Tangential- und die Normalkomponente der magnetischen Feldstärke auf einer koaxial im Luftspalt liegenden Integrationsfläche existieren müssen. Ein zeitlich konstantes Drehmoment erfordert darüber hinaus, daß diese beiden Feldwellen relativ zueinander ruhen und nicht gerade eine viertel Wellenlänge gegeneinander verschoben sind.

Wenn ein konstanter Luftspalt vorliegt und in den Magnetkreisabschnitten beider Hauptelemente Hystereseerscheinungen keine Rolle spielen sollen, müssen entsprechend den Betrachtungen im Abschnitt 0.2.2.4 beide Hauptelemente Strombeläge führen. Das Drehmoment entsteht aus dem Zusammenwirken einer Feldwelle des Ständers mit einer Feldwelle des Läufers. Man kann die Gruppe der auf diese Weise entstehenden Drehmomente rotierender elektrischer Maschinen als *elektrodynamische Drehmomente* bezeichnen. Innerhalb dieser Gruppe gibt es zwei grundsätzliche Mechanismen; sie führen auf die asynchronen und die synchronen Drehmomente.

Der Mechanismus des *asynchronen Drehmoments* ist dadurch gekennzeichnet, daß die Feldwelle des Läufers durch Induktionswirkung der entsprechenden Feldwelle des Ständers entsteht oder umgekehrt. Dadurch laufen beide Feldwellen unabhängig von der Drehzahl stets mit der gleichen Geschwindigkeit um bzw. sind stets relativ zueinander in Ruhe. Das asynchrone Drehmoment verschwindet offensichtlich bei jener Drehzahl, bei der die Feldwelle des Ständers relativ zum Läufer stillsteht bzw. umgekehrt, so daß keine Induktionswirkung zustande kommt. Asynchrone Drehmomente treten z.B. bei der Dreiphasen-Asynchronmaschine auf, die im Band „Grundlagen" ausführlich behandelt wurde. Sie sind darüber hinaus in allen Ausführungsformen von Einphasen-Asynchronmaschinen, beim Anlauf von Synchronmaschinen u.a. wirksam. Sie treten ferner als parasitäre Drehmomente in Form sog. asynchroner Oberwellendrehmomente, herrührend von Oberwellen des Luftspaltfelds, in Erscheinung (s. Abschnitt 11.4).

Ein *synchrones Drehmoment* entsteht aus dem Zusammenwirken einer Feldwelle des Ständers mit einer Feldwelle des Läufers, die unabhängig voneinander durch entsprechende Ströme im Ständer und Läufer aufgebaut werden und dadurch nur bei einer bestimmten Läuferdrehzahl relativ zueinander in Ruhe sind. Bei dieser Drehzahl ist dann ein zeitlich konstantes Drehmoment zu beobachten, während bei jeder anderen Pendelmomente entstehen, deren Frequenz von der Differenzdrehzahl zwischen den beiden Feldwellen abhängt. Ein synchrones Drehmoment entsteht besonders dann, wenn eines der beiden Hauptelemente mit Gleichstrom erregt wird. Es existiert dann bei jener Drehzahl, bei der die Feldwelle des anderen Hauptelements relativ zu dem mit Gleichstrom erregten stillsteht. Dieser Mechanismus liegt besonders bei der Dreiphasen-Synchronmaschine vor, die im Band Grundlagen ausführlich behandelt wurde. Er kommt außerdem bei Einphasen- Synchronmaschinen zur Wirkung. Synchrone Drehmomente treten ferner in Asynchronmaschinen als parasitäre Drehmomente (synchrone Oberwellendrehmomente), herrührend von Oberwellen des Luftspaltfelds, auf (s. Abschnitt 11.5).

Der erforderliche Gleichlauf zwischen einer Ständerwelle und einer Läuferwelle bei von der Drehzahl unabhängigen Speisequellen für Ständer und Läufer kann bei jeder beliebigen Drehzahl dadurch erreicht werden, daß zwischen die Speisequelle des einen Hauptelements und seiner Wicklung ein Frequenzwandler geschaltet wird. Dieser muß dann die Frequenz der Ströme des nachgeschalteten Hauptelements in Abhängigkeit von der Drehzahl so einstellen, daß die von ihm erregte Feldwelle relativ zu der Feldwelle des anderen Hauptelements ruht. Die bekannteste Form eines derartigen Frequenzwandlers ist der Kommutator. Der betrachtete Mechanismus kommt bei der Gleichstrommaschine und bei anderen Kommutatormaschinen zur Wirkung. Im Sonderfall der Gleichstrommaschine baut die Ständerwicklung ein Gleichfeld auf, und die Frequenz der Läuferströme wird mit Hilfe des Kommutators so gesteuert, daß auch der rotierende Läufer relativ zum Ständer ein zeitlich konstantes Feld erregt. Geht man von den Strömen in den Wicklungen der beiden Hauptelemente aus, so liegen synchrone Drehmomente vor. In diese Betrachtungsweise fügen sich die *Gleichstrommaschinen mit elektronischem Kommutator* zwanglos ein. Diese im oberen Leistungsbereich als *Stromrichtermotor* und im unteren als *Elektronikmotor* bezeichneten Maschinen sind vom Aufbau her Synchronmaschinen. Ihre Anker werden über eine Stromrichterschaltung eingespeist, die in Abhängigkeit von der Drehzahl und der Lage des Läufers gesteuert wird.

Außerhalb der großen Gruppe der elektrodynamischen Drehmomente gibt es weitere Mechanismen der Drehmomentbildung in rotierenden elektrischen Maschinen, die an die Eigenschaften des Eisens im magnetischen Kreis gebunden sind und im folgenden betrachtet werden.

Als *Reluktanzmoment* bezeichnet man ein Drehmoment, das dadurch entsteht, daß sich der magnetische Widerstand (Reluktanz) für das magnetische Feld einer Wicklung auf einem der beiden Hauptelemente in Abhängigkeit von der Lage des anderen, unbewickelten Hauptelements ändert. In *Reluktanzmaschinen,* die auf der Grundlage von Reluktanzmomenten arbeiten, tragen i.allg. beide Hauptelemente eine ausgeprägte Nutung. Zumindest muß eines der beiden Hauptelemente von der Rotationssymmetrie merklich abweichen. Wenn man von diesem Fall ausgeht, läßt sich die Entstehung des Reluktanzmoments aus dem Zusammenwirken der Strombelagswelle auf der Oberfläche des rotationssymmetrischen Hauptelements mit der dort zu beobachtenden Welle der Normalkomponente des Luftspaltfelds deuten. Diese wird von der Strombelagswelle des rotationssymmetrischen Hauptelements erregt, ist aber unter dem Einfluß der Nutung des anderen Hauptelements, die der Wellenlänge der Strombelagswelle angepaßt sein muß, gegenüber jener Verlagerung um eine viertel Wellenlänge verschoben, wie sie im Fall eines konstanten Luftspalts auftreten würde. Dadurch kommt es zur Entwicklung eines konstanten Drehmoments.

Das *Hysteresemoment* entsteht unter dem Einfluß einer ausgeprägten Hysterese des Materials für Abschnitte des magnetischen Kreises in einem der beiden Hauptelemente. Das ist i.allg. der Läufer, der dann vollständig rotationssymmetrisch ist und keine Wicklung trägt. Der Ständer ist im einfachsten Fall – abgesehen von der Nutung – ebenfalls rotationssymmetrisch. Die Strombelagswelle des Ständers bestimmt die Welle der Tangentialkomponente der Feldstärke auf der Ständeroberfläche. Sie läuft außerhalb des Synchronismus relativ zum Läufer um und ruft eine Normalkomponente des Luftspaltfelds hervor, die unter dem Einfluß der Hysterese nacheilt, so daß sie gegenüber der Verlagerung um eine viertel Wellenlänge, die ohne den Einfluß der Hysterese vorhanden wäre, verschoben wird. Dadurch entsteht ein Drehmoment, das offensichtlich unabhängig von der Relativdrehzahl zwischen Strombelagswelle und Läufer ist. Im Fall des Synchronismus geht der Mechanismus in den des synchronen Drehmoments über.

2 Allgemeine Prinzipien und Hilfsmittel zur Entwicklung anwendungsfreundlicher Modelle

2.1 Allgemeines zur Modellbildung

Ziel der Modellbildung ist es, das Betriebsverhalten einer rotierenden elektrischen Maschine, d.h. das nach außen in Erscheinung tretende Verhalten, das an der Welle und den elektrischen Zuleitungen beobachtet wird, quantitativ zu beschreiben. Diese Beschreibung liegt dann in Form mathematischer Beziehungen oder deren grafischer Interpretation vor. Die Modellbildung erfolgt entweder analytisch, von den physikalischen Vorgängen im Inneren der Maschine ausgehend, oder man beschreibt das beobachtete Verhalten, wie es nach außen in Erscheinung tritt, mit Hilfe empirisch gefundener Beziehungen.

Die analytische Behandlung der rotierenden elektrischen Maschinen fußt auf der Anwendung der allgemeinen Feldgleichungen auf die elektromagnetischen Vorgänge im Inneren der Maschine. Dabei kann die Auflösung so weit gehen, daß die für einen Vorgang maßgebenden Parameter auf die geometrischen Abmessungen und die Werkstoffeigenschaften zurückgeführt werden. In diesem Fall orientiert die Analyse darauf, Berechnungsalgorithmen für diese Parameter bereitzustellen und damit das Betriebsverhalten der rechnerischen Vorausbestimmung zugänglich zu machen. Die Integration der Feldgleichungen kann sich jedoch auch darauf beschränken, Parameter einzuführen, die lediglich Proportionalitätsfaktoren darstellen und nicht auf die geometrischen Abmessungen und die Werkstoffeigenschaften zurückgeführt sind. Derartige Parameter sind z.B. Induktivitäten als Proportionalitätsfaktoren zwischen einer Flußverkettung und einem Strom. In diesem Fall orientiert die Analyse auf die experimentelle Bestimmung der Parameter.

Die Modellbildung über einen empirisch gefundenen funktionellen Zusammenhang zwischen intressierenden Größen führt auf Parameter, die a priori zunächst nur der experimentellen Bestimmung zugänglich sind. Dabei ist es erforderlich, die Meßvorschrift für diese Parameter den Betriebszuständen anzupassen, für die sie gültig sein sollen. Oft werden Ergebnisse der analytischen Behandlung nachträglich verifiziert, indem sie gewissermaßen als empirisch gefundene Zusammenhänge gedeutet und die auftretenden Parameter, den speziellen Betriebszuständen entsprechend, experimentell bestimmt werden.

2.2 Behandlungsebenen aus Sicht der Formulierungen der Feldgleichungen

Allgemeiner Ausgang der analytischen Behandlung rotierender elektrischer Maschinen sind die Feldgleichungen des quasistationären Magnetfelds in Differentialform (s. Tafel 0.3). Ihre Anwendung auf die betrachtete Anordnung macht stets vereinfachende

Annahmen erforderlich. Diese müssen so gewählt werden, daß die zu untersuchenden Einflüsse möglichst gut erfaßt und nicht durch andere überdeckt werden. Die Lösung der Feldgleichungen liefert schließlich Beziehungen zwischen Integralgrößen – wie Spannungen, Stromstärken und Flußverkettungen –, die über Integralparameter – wie Widerstände und Induktivitäten – miteinander verknüpft sind. Dabei werden diese Integralparameter als Funktion der Geometrie und der Werkstoffdaten gewonnen, wenn sie nicht von vornherein nur als Proportionalitätsfaktoren eingeführt wurden.

Die analytische Behandlung der rotierenden elektrischen Maschinen kann in gewissem Umfang auch unter Verwendung der Integralform der Feldgleichungen erfolgen (s. Tafel 0.3). Das gilt für das Induktionsgesetz hinsichtlich seiner Anwendung auf eine Wicklung, wenn diese aus linienhaften Leitern bestehend angenommen wird. Man erhält aus der *Integralform des Induktionsgesetzes* nach (0.19) unmittelbar die Spannungsgleichung der betrachteten Wicklung zu

$$u = Ri + \frac{\mathrm{d}\psi}{\mathrm{d}t} \;. \tag{2.1}$$

Dabei ist die Flußverkettung ψ durch Integration der Induktion über die vom Integrationsweg aufgespannte Fläche entsprechend $\int \boldsymbol{B} \cdot \mathrm{d}\boldsymbol{A}$ zu bilden. Wenn massive Abschnitte des magnetischen Kreises hinsichtlich der darin auftretenden Wirbelströme durch Wicklungen aus linienhaften Leitern ersetzt werden, gilt (2.1) für alle stromführenden Kreise einer Maschine. In diesem Fall sind die Flußverkettungen aller elektrischen Kreise der Maschine Funktionen aller Ströme in der Maschine, aber nicht ihrer zeitlichen Änderung. Man erhält ein Feld, wie es die gerade existierenden Augenblickswerte der Ströme als Gleichströme aufbauen würden. Es liegt eine Beschreibung auf der Grundlage des stationären Magnetfelds vor. Damit ist die Voraussetzung für die voneinander unabhängige Betrachtung des Feldaufbaus und der Spannungsinduktion gegeben, die i.allg. von vornherein als gegeben angenommen wird und von der auch in den Abschnitten 4 und 5 ausgegangen werden wird.

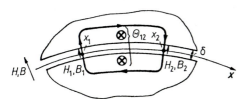

Bild 2.1
*Anwendung der Integralform
des Durchflutungsgesetzes auf eine
Maschine mit $\delta = konst.$*

Die *Integralform des Durchflutungsgesetzes* kann unmittelbar zur Bestimmung des Luftspaltfelds herangezogen werden, wenn bei konstantem Luftspalt der Länge δ vorausgesetzt wird, daß $\mu_{\mathrm{Fe}} = \infty$ ist und das Feld als quasihomogen angesehen werden kann. Man erhält dann mit Bild 2.1 für einen Integrationsweg, der an der Stelle x_1 nach außen durch den Luftspalt tritt und an der Stelle x_2 zurückkehrt,

$$\oint \boldsymbol{H} \cdot \mathrm{d}\boldsymbol{s} = H_1\delta - H_2\delta = \frac{B_1}{\mu_0}\delta - \frac{B_2}{\mu_0}\delta = \Theta_{12} \;. \tag{2.2}$$

Die Integralform des Durchflutungsgesetzes liefert auch dann noch Aussagen über das Luftspaltfeld, wenn zwar ein Hauptelement ausgeprägte Pole aufweist, aber aus allgemeinen Untersuchungen die Feldform $B/B_{\mathrm{Bezug}} = f(x)$ bei Erregung in einer der magnetischen Symmetrieachsen bekannt ist. Schließlich kann man unter gewissen Abstrichen hinsichtlich der Genauigkeit der erhaltenen Ergebnisse über die Integralform des Durchflutungsgesetzes auch dann noch Aussagen über das Luftspaltfeld erhalten, wenn sich die Luftspaltlänge entlang dem Umfang beliebig verändert. Darauf wird im Abschnitt 4.5 genauer eingegangen.

Die Integralform des Durchflutungsgesetzes kann zur Bestimmung des Luftspaltfeldes auch auf Integrationswege angewendet werden, die entsprechend Bild 2.2 an
einer Stelle x nach außen durch den Luftspalt verlaufen und sich außerhalb der Wicklungsköpfe über den Stirnraum schließen. Dabei ist allerdings zu beachten, daß in
einem allgemeinen Fall ein magnetischer Spannungsabfall V_{st} zwischen den Rücken
von Ständer und Läufer auf dem Wege außerhalb der Wicklungsköpfe existiert. Es
ist also unter Vernachlässigung der magnetischen Spannungsabfälle im Eisen, d.h. bei
$\mu_{Fe} = \infty$ mit Bild 2.2

$$\oint \boldsymbol{H} \cdot \mathrm{d}\boldsymbol{s} = H\delta + V_{st} = \frac{B}{\mu_0}\delta + V_{st} = \Theta_{st} \,. \tag{2.3}$$

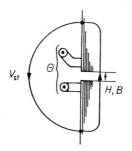

Bild 2.2
Anwendung der Integralform des
Durchflutungsgesetzes auf einen
Integrationsweg, der sich
über den Stirnraum schließt

Solange mit $\mu_{Fe} = \infty$ gerechnet werden kann und in den Rücken von Ständer und
Läufer in Umfangsrichtung keine Luftspalte vorhanden sind, hat V_{st} entlang dem Umfang überall den gleichen Wert. Das folgt aus der Anwendung des Durchflutungsgesetzes auf Integrationswege, die entsprechend Bild 2.3 verlaufen und für die

$$\oint \boldsymbol{H} \cdot \mathrm{d}\boldsymbol{s} = V_{st1} - V_{st2} = 0$$

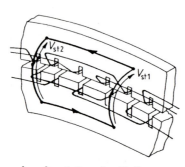

Bild 2.3
Nachweis für die Konstanz
von V_{st} entlang dem Umfang

ist. Dementsprechend existiert im Falle endlicher Werte von V_{st} ein homopolares Feld,
das sich über den Luftspalt und den Stirnraum schließt. Ein Teil davon tritt über
die Welle der Maschine aus bzw. ein und wird durch den sogenannten *Wellenfluß*
charakterisiert. In diesem homopolaren Feld werden in der Welle unipolare Spannungen
induziert, durch die Ströme angetrieben werden, die sich über die Lauffläche der Lager
schließen und zu deren Zerstörung führen. Wenn der äußere Stirnraum als magnetisch
nicht leitend angesehen werden kann, existiert auch bei endlichen Werten von V_{st} kein
homopolares Feld. Andererseits nimmt V_{st} nur unter besonderen Bedingungen endliche
Werte an. Darauf wird im Abschnitt 4.5 näher einzugehen sein.

2.3 Behandlungsebenen aus Sicht der betrachteten Maschinenausführungen und Betriebszustände

Rotierende elektrische Maschinen weisen im allgemeinen eine Reihe von Symmetrieeigenschaften auf, deren Berücksichtigung die Analyse von vornherein wesentlich vereinfacht. Zu diesen Symmetrieeigenschaften gehört vor allem der sich periodisch in jedem Polpaar wiederholende Aufbau. Im allgemeinen wird bei der Analyse des Betriebsverhaltens angenommen, daß diese Symmetrie vollständig ist, so daß es genügt, die elektromagnetischen Vorgänge im Bereich eines Polpaars zu untersuchen. Dabei werden auch geringfügige Abweichungen von der Symmetrie in Kauf genommen. Eine weitere Symmetrieeigenschaft ist dadurch gegeben, daß die Wicklungsstränge mehrsträngiger Maschinen gleichartig aufgebaut und um den der Strangzahl entsprechenden Teil der Polpaarteilung gegeneinander versetzt sind. Im Zusammenhang damit, daß die elektrischen Größen dieser Wicklungsstränge im stationären Betrieb unter symmetrischen Netzbedingungen symmetrische Mehrphasensysteme darstellen, genügt es dann, nur die Vorgänge in einem Strang zu betrachten.

Die Modelle zur Ermittlung des Betriebsverhaltens der rotierenden elektrischen Maschinen berücksichtigen i.allg. von vornherein die vorliegenden Symmetrieeigenschaften. Diese Modelle sind dann natürlich untauglich, wenn Störungen der Symmetrie vorliegen und deren Einfluß erfaßt werden soll.

Die Behandlungsebenen bei der Analyse des Betriebsverhaltens rotierender elektrischer Maschinen unterscheiden sich im Grad ihres Zuschnitts auf spezielle Ausführungsformen und spezielle Betriebszustände.

Im einfachsten Fall werden die Feldgleichungen auf eine spezielle Ausführung einer Maschine und einen speziellen Betriebszustand angewendet, der dann i.allg. der stationäre Betrieb ist. Das ist auch die Vorgehensweise im Band Grundlagen.

Im allgemeinsten Fall wendet man die Feldgleichungen auf eine ganze Gruppe von Maschinen an, ohne daß zunächst ein spezieller Betriebszustand festgelegt wird. Ein derartiges Vorgehen führt auf die „Allgemeine Theorie rotierender elektrischer Maschinen" [1] [17] [22].

Zwischen diesen beiden Extremfällen liegt eine Betrachtungsweise, bei der die Feldgleichungen zwar von vornherein auf eine spezielle Maschine angewendet werden, aber zunächst keine Festlegung des Betriebszustands erfolgt. Damit sind die nichtstationären sowie auch die Betriebszustände bei unsymmetrischen Netzbedingungen von vornherein in die Betrachtungen einbezogen. Die stationären Betriebszustände und jene bei symmetrischen Netzbedingungen sind einfache Sonderfälle. Auf diese Weise wird in einer Reihe von Abschnitten des vorliegenden Bandes vorgegangen werden.

Auch hinsichtlich dieser Behandlungsebenen gilt, daß Modelle, die unter Berücksichtigung vereinfachender Voraussetzungen entstanden sind, ihre Gültigkeit verlieren, wenn diese Voraussetzungen verlassen werden. Das gilt z.B. für Versuche, die für den stationären Betrieb entwickelten Modelle zur Untersuchung nichtstationärer Betriebszustände heranzuziehen. Das klingt selbstverständlich, wird aber bisweilen mißachtet.

2.4 Behandlungsebenen aus Sicht der Erfassung der Eigenschaften der Magnetwerkstoffe

Die realen Eigenschaften der ferromagnetischen Stoffe sind in geschlossener analytischer Form kaum zu berücksichtigen. Ursache dafür ist der nichtlineare, mehrdeutige und von der Vorgeschichte abhängige Verlauf der Magnetisierungskurve $B(H)$ des verwendeten Werkstoffs. Außerdem kommt es in ferromagnetischen Abschnitten eines Magnetkreises bei zeitlich veränderlichem Feld zur Ausbildung von Wirbelströmen. Vielfach genügt es, diese Einflüsse genähert zu erfassen. Dazu gibt es die folgende Reihe von *Behandlungsebenen*, die unterschiedlich hohen Ansprüchen gerecht werden:

1. genäherte Berücksichtigung der Nichtlinearität, der Hysterese und der Wirbelströme

2. genäherte Berücksichtigung nur der Nichtlinearität oder nur der Hysterese und/oder der Wirbelströme

3. Annahme magnetisch linearer Verhältnisse und fehlender Wirbelströme, d.h. $\mu_{\mathrm{Fe}} =$ konst. und $\kappa_{\mathrm{Fe}} = 0$

4. Annahme $\mu_{\mathrm{Fe}} = \infty$ und $\kappa_{\mathrm{Fe}} = 0$.

Die Behandlungsebene 1 wird bei der Berechnung elektrischer Maschinen für weichmagnetische Abschnitte des magnetischen Kreises angewendet, auch wenn sie eine Wechselmagnetisierung erfahren. Dabei wird für die Anwendung des Durchflutungsgesetzes auf einen Integrationsweg durch den betrachteten Abschnitt ein eindeutiger Zusammenhang $B(H)$ entsprechend der Neukurve vorausgesetzt. Die Einflüsse der Hysterese und der Wirbelströme werden mit Hilfe der spezifischen Verluste des eingesetzten Materials und seiner Beanspruchung hinsichtlich Induktionsamplitude $\widehat{B}$ und Frequenz f bestimmt.

Die Behandlungsebene 2 wird hinsichtlich der Berücksichtigung der Nichtlinearität bei der Entwicklung von Modellen elektrischer Maschinen angewendet, die den Einfluß der Sättigung des magnetischen Kreises auf das Betriebsverhalten hinsichtlich des Luftspaltfeldes genähert berücksichtigen. Dabei muß versucht werden, den zugehörigen Anteil der Flußverkettung der einzelnen Wicklungen als Funktion der resultierenden Durchflutung auszudrücken, die für das Luftspaltfeld verantwortlich ist.

Die Behandlungsebene 2 muß hinsichtlich der Berücksichtigung der Hysterese für hartmagnetische Abschnitte eines magnetischen Kreises angewendet werden, da deren Verhalten wesentlich durch die Hystereseerscheinung und ihre Nichtlinearität bestimmt wird.

Die Behandlungsebenen 3 und 4 führen auf Modelle mit linearen magnetischen Verhältnissen. Sie sind vielfach Ausgangspunkt für die analytische Behandlung des Betriebsverhaltens überhaupt. Die auf diesem Weg erhaltenen Ergebnisse werden dann oft nachträglich modifiziert, um die realen Eigenschaften des Eisens wenigstens näherungsweise zu berücksichtigen. Das geschieht z.B. dadurch, daß vom Arbeitspunkt abhängige Induktivitäten eingeführt werden. Eine andere derartige Modifikation besteht darin, daß man in Ersatzschaltbildern, die unter Vernachlässigung der Hysterese und der Wirbelströme gewonnen wurden, nachträglich Widerstände einführt, die den Ummagnetisierungsverlusten zugeordnet sind.

Die Behandlungsebene 4 mit $\mu_{\mathrm{Fe}} = \infty$ gestattet eine relativ einfache Bestimmung des Luftspaltfelds. Sie hat deshalb besondere Bedeutung, wenn allgemeine Gleichungssysteme für eine Maschine oder eine Gruppe von Maschinen entwickelt werden sollen.

2.5 Behandlungsebenen nichtstationärer Betriebszustände

2.5.1 Kennzeichen nichtstationärer Betriebszustände

Nichtstationäre Betriebszustände sind dadurch gekennzeichnet, daß sich elektrische Größen, die an den Klemmen der Maschine zu beobachten sind, und mechanische Größen, die an ihrer Welle auftreten, beliebig zeitlich ändern. Diese Größen stellen also weder Gleichgrößen noch eingeschwungene Wechselgrößen dar. Die analytische Behandlung nichtstationärer Betriebszustände erfordert deshalb, daß von beliebig zeitlich veränderlichen Augenblickswerten aller Variablen der Maschine ausgegangen wird. Die Beziehungen zwischen diesen Variablen bilden dann das allgemeine Gleichungssystem einer Maschine. Es stellt ein System von gewöhnlichen Differentialgleichungen und algebraischen Gleichungen dar. Das Verhalten im stationären Betrieb erhält man als eine partikuläre Lösung dieses Gleichungssystems.

Das stationäre Betriebsverhalten wird entsprechend den Aussagen des Abschnitts 2.3 oft gesondert untersucht (s. z.B. im Band Grundlagen). Dabei wird von vornherein das spezielle Zeitverhalten der Variablen berücksichtigt, das sie im Betrieb, für den die Maschine ausgelegt ist, zeigen, so daß man einfache Gleichungen erhält. Es ist allerdings zu beachten, daß eine Maschine andere stationäre Betriebszustände einnehmen kann, bei denen die Variablen ein anderes Zeitverhalten aufweisen. Derartige Betriebszustände werden im folgenden als *außerordentliche stationäre Betriebszustände* bezeichnet. Das trifft z.B. für den asynchronen Betrieb einer Synchronmaschine oder für den Betrieb von Dreiphasenmaschinen am Einphasennetz zu. In diesen Fällen versagen natürlich die für den normalen stationären Betrieb entwickelten Modelle. Es müssen vielmehr Modelle entwickelt werden, die vom speziellen Zeitverhalten der Variablen in dem zu untersuchenden, anomalen Betriebszustand ausgehen, oder man verwendet von vornherein das allgemeine Gleichungssystem.

Bei der Behandlung stationärer Betriebszustände ist es i.allg. möglich, die elektrische Maschine allein, d.h. losgelöst vom gesamten elektromechanischen System, zu betrachten. Das zugeordnete Modell liefert die interessierenden Zusammenhänge zwischen einzelnen elektrischen und mechanischen Variablen, z.B. als $n = f(M)$ oder $U = f(I)$, unter speziellen Betriebsbedingungen des stationären Betriebs, z.B. bei Betrieb am starren Netz ($U = konst.$) oder am starren Antrieb ($n = konst.$). Diese Abhängigkeiten lassen sich als Kennlinien bzw. Kennlinienfelder darstellen, z.B. in Form der Drehzahl-Drehmoment-Kennlinien oder der Strom-Spannungs-Kennlinien usw.

Bei der Behandlung nichtstationärer Betriebszustände ist es erforderlich, das gesamte elektromechanische System zu betrachten. Man muß also sowohl das speisende Netz bzw. die Speiseeinrichtung auf der elektrischen Seite als auch die gekuppelte Arbeitsmaschine auf der mechanischen Seite in die Analyse einbeziehen. Das gleiche gilt für den Regler oder die Regler, falls eine geregelte Anordnung vorliegt. Dabei bereitet es besondere Schwierigkeiten, das Verhalten von Stromrichterschaltungen als Speiseeinrichtung zu erfassen. Ihre Wirkungsweise beruht auf der Nichtlinearität des Strom-Spannungs-Verhaltens ihrer Bauelemente. Diese Nichtlinearität läßt eine geschlossene Erfassung des Verhaltens der Stromrichterschaltung im nichtstationären Betrieb nicht zu.

Die Lösung des allgemeinen Gleichungssystems eines elektromechanischen Systems für einen zu untersuchenden speziellen Betriebszustand ist nur in Sonderfällen geschlossen möglich. Es müssen deshalb i.allg. von vornherein Möglichkeiten zur Vereinfachung des Modells gesucht werden. Das muß mit dem Ziel geschehen, die jeweils dominierenden Einflüsse möglichst gut zu erfassen. Andererseits steht heute die *numerische Simulation* als Hilfsmittel zur Lösung des Gleichungssystems zur Verfügung. Dabei können die Maschinenmodelle auch allgemeiner gehalten, d.h. in weniger starkem Maße vereinfacht werden. Das gilt z.B. hinsichtlich der Erfassung von Kurzschlußkreisen und Nichtlinearitäten des Magnetkreises. Es bereitet auch keine Schwierigkeiten, das Verhalten von Stromrichterschaltungen im elektromechanischen System zu erfassen [45].

2.5.2   Formen nichtstationärer Betriebszustände

Nichtstationäre Betriebszustände treten vor allem in Form von Übergangsvorgängen auf, die einen stationären Ausgangszustand mit den Ausgangsgrößen $g_{(a)}$ mit einem neuen stationären Endzustand mit den Endgrößen $g_{(e)}$ verbinden. Derartige Übergangsvorgänge werden dadurch ausgelöst, daß entweder in den äußeren Netzen oder in der Arbeitsmaschine Änderungen auftreten.

Änderungen in den äußeren Netzen ergeben sich u.a. durch

– Kurzschlüsse und Schalthandlungen im Netz sowie durch

– Änderungen der Spannung einer Speiseeinrichtung zur

  • Spannungssteuerung oder
  • Drehzahlsteuerung.

Änderungen der Arbeitsmaschinen sind u.a. gegeben durch

– Änderungen des Drehmoments bzw. der

– Drehzahl-Drehmoment-Kennlinie der Arbeitsmaschine.

Ein nichtstationärer Betriebszustand kann bewußt ausgelöst werden, in diesem Fall gehört er zum Betriebsregime der Maschine. Das trifft z.B. für die Drehzahlsteuerung oder für Änderungen des Drehmoments der Arbeitsmaschine zu. Ein nichtstationärer Betriebszustand kann jedoch auch als Störung auftreten. Mit derartigen Betriebszuständen muß gerechnet werden, obwohl sie normalerweise nicht zum Betriebsregime der Maschine gehören. Das betrifft z.B. alle Kurzschlüsse und Schalthandlungen im äußeren Netz.

2.5.3   Quasistationäre Betrachtung von Übergangsvorgängen der Drehzahl

Während eines Übergangsvorgangs finden im allgemeinen Fall sowohl elektromagnetische Ausgleichsvorgänge als auch mechanische Ausgleichsvorgänge in Form von Drehzahländerungen statt. Beide sind miteinander über die inneren Mechanismen in der Maschine verknüpft, die sich im allgemeinen Gleichungssystem niederschlagen. Diese unmittelbare Kopplung lockert sich in dem Maß, wie sich die elektromagnetischen und die mechanischen Eigenvorgänge in ihrer Geschwindigkeit unterscheiden. Für den Fall, daß die elektromagnetischen Vorgänge wesentlich schneller ablaufen als die mechanischen, lassen sich letztere auf der Grundlage einer quasistationären Betrachtung erfassen. Dabei wird von der Annahme ausgegangen, daß während des mechanischen Übergangsvorgangs bei jeder Drehzahl jene elektromagnetischen Verhältnisse vorliegen, die im stationären Betrieb bei dieser Drehzahl anzutreffen sind. Auf diese Weise werden vielfach folgende Vorgänge untersucht:

– Hochlaufvorgänge

– Vorgänge bei der Drehzahlsteuerung

– Vorgänge bei Laständerungen.

Dabei wandert der Arbeitspunkt im stationären Kennlinienfeld $M(n)$ während eines Übergangsvorgangs von einem Ausgangspunkt $P_{(a)}$ zu einem Endpunkt $P_{(e)}$ entlang den maßgebenden stationären Kennlinien. Im Bild 2.4 a und b sind Beispiele quasi-stationärer Drehzahländerungen dargestellt.

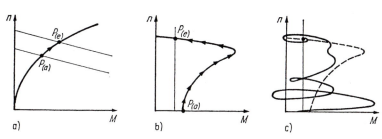

Bild 2.4 *Übergangsvorgänge, die mit Drehzahländerungen verbunden sind, in der n-M-Ebene* a) Drehzahlsteuerung eines Lüfterantriebs mit Gleichstrom-Nebenschlußmotor durch Ankerspannungssteuerung, quasistationärer Verlauf; b) Hochlauf eines Asynchronmotors gegen ein konstantes Drehmoment der Arbeitsmaschine, quasistationärer Verlauf; c) Hochlauf eines Asynchronmotors gegen ein konstantes Drehmoment der Arbeitsmaschine, Verlauf außerhalb der Gültigkeit der quasistationären Betrachtung

Die quasistationäre Betrachtungsweise von Übergangsvorgängen, die mit Drehzahländerungen verbunden sind, verdankt ihre Beliebtheit zweifellos der Möglichkeit, die Vorgänge im stationären Kennlinienfeld zu verfolgen. Ihre Gültigkeit geht in dem Maß verloren, wie die Drehzahländerungen schneller werden und damit in Zeiten stattfinden, die für die elektromagnetischen Ausgleichsvorgänge charakteristisch sind. Die elektromagnetischen Größen in einem Zeitpunkt, in dem eine bestimmte Drehzahl n herrscht, stimmen dann nicht mehr mit jenen überein, die im stationären Betrieb bei dieser Drehzahl n vorliegen. Beim Einschalten eines Motors z.B. wird zunächst das Feld aufgebaut, aber es beginnt gleichzeitig schon der Hochlaufvorgang. Damit erhält man notwendigerweise andere Drehmomente und damit einen anderen Verlauf $n(t)$ als bei der quasistationären Betrachtungsweise. Wenn man die während des Übergangsvorgangs auftretenden Wertepaare der Drehzahl und des Drehmoments in die n-M-Ebene einträgt, entsteht ein Verlauf, der wesentlich von dem der stationären Drehzahl-Drehmoment-Kennlinie abweichen kann. Er ist außerdem vom Schaltaugenblick und von zusätzlichen Parametern abhängig, z.B. vom Massenträgheitsmoment des gesamten Antriebs. Es gibt also nicht etwa eine „dynamische Kennlinie", sondern man erhält Lösungsfunktionen $M(n)$ in der n-M-Ebene. Im Bild 2.4c wird dieser Sachverhalt am Beispiel des Hochlaufs eines Asynchronmotors demonstriert.

2.5.4 Numerische Simulation nichtstationärer Betriebszustände

Die Methode der numerischen Simulation beruht allgemein darauf, daß die Differentialgleichungen, die ein betrachtetes System beschreiben, in einem Zeitschrittverfahren numerisch gelöst werden. Dabei wird der Funktionswert einer Variablen g, ausgehend von ihrem Wert g_n zur Zeit t_n, für einen Zeitschritt Δt später, d.h. für den Zeitpunkt

$$t_{n+1} = t_n + \Delta t \qquad (2.4)$$

als

$$g_{n+1} = g_n + \widehat{f}_n \Delta t \qquad (2.5)$$

ermittelt.

Dazu müssen alle Differentialgleichungen des Systems erster Ordnung sein und in die sogenannte *Zustandsform* überführt werden. Diese drückt die Ableitung $\mathrm{d}g/\mathrm{d}t$ einer Variablen als Funktion ihres Funktionswertes g und der Funktionswerte anderer Variabler $h, i, \ldots$ des Systems aus als

$$\frac{\mathrm{d}g}{\mathrm{d}t} = f(g, h, i, \ldots) \ . \qquad (2.6)$$

Differentialgleichungen höherer Ordnung können durch Einführen von zusätzlichen Variablen in mehrere Differentialgleichungen erster Ordnung überführt werden. Man erhält z.B. aus der Bewegungsgleichung eines starren Körpers mit der Masse m unter dem Einfluß einer höhreren Kraft F, die gegeben ist als

$$F = m \frac{\mathrm{d}^2 x}{\mathrm{d}t^2}$$

die beiden Zustandsgleichungen

$$\frac{\mathrm{d}v}{\mathrm{d}t} = \frac{1}{m} F$$
$$\frac{\mathrm{d}x}{\mathrm{d}t} = v \ ,$$

wobei v die Geschwindigkeit des Körpers ist.

Neben den Zustandsgleichungen wird das betrachtete System im allgemeinen Fall durch einen Satz von algebraischen Gleichungen beschrieben. Diese liefern aus den neuen Funktionswerten der Zutandsvariablen, die entsprechend (2.5) am Ende des Zeitschritts Δt existieren, die neuen Funktionswerte der übrigen Variablen.

Im Falle der elektrischen Maschinen entstehen Zustandsdifferentialgleichungen aus den Spannungsgleichungen der einzelnen elektrischen Kreise und aus der Bewegungsgleichung. Die Spannungsgleichungen liefern Werte der Flußverkettungen, die am Ende eines Zeitschritts als neue Werte existieren. Um aus diesen die zugeordneten Ströme zu bestimmen, werden als algebraische Gleichungen die Flußverkettungsgleichungen benötigt, d.h. die Beziehungen zwischen den Flußverkettungen und den Strömen, in die im allgemeinen Fall noch die augenblickliche Lage des Läufers eingeht. Sie werden außerdem von der Nichtlinearität des magnetischen Kreises beeinflußt.

Bei der Anwendung der numerischen Simulation bereiten Nichtlinearitäten keine prinzipiellen Schwierigkeiten. Das betrifft sowohl das Auftreten von Produkten aus Variablen als auch das Erfassen der nichtlinearen Eigenschaften des magnetischen Kreises. Im Hinblick auf letzteres ist es erforderlich, Modelle der elektrischen Maschinen zu entwickeln, die es gestatten, die Nichtlinearität des magnetischen Kreises quantitativ zu beschreiben.

Für die praktische Anwendung der numerischen Simulation stehen heute leistungsfähige Programmpakete zur Verfügung, die entweder von vornherein für Simulationsaufgaben entwickelt wurden oder für die Netzwerkanalyse geeignet sind. Zur Erfassung der inneren Vorgänge in elektrischen Maschinen während eines nichtstationären Vorgangs, d.h. zur unmittelbaren Lösung des beschreibenden Algebro-Differentialgleichungssystems sind letztere besonders geeignet [75].

Besondere Aufmerksamkeit erfordert es, bei der Anwendung der numerischen Simulation zur Behandlung eines nichtstationären Vorgangs die Berechenbarkeit der Ableitungen der Zustandsvariablen ausgehend von den aktuellen Betriebsbedingungen an den Maschinenkelmmen zu sichern. Darauf wird bei der Behandlung von nichtstationären Betriebszuständen der einzelnen Maschinenarten besonders einzugehen sein.

Als Ergebnis der Anwendung der numerischen Simulation erhält man den zeitlichen Verlauf der interessierenden Größen. Durch Variation der im Gleichungssystem auftretenden Parameter läßt sich deren Einfluß auf den Verlauf ermitteln. Ein derartiges Vorgehen erfordert es, in dem der Simulation zugrundeliegenden Gleichungssystem solche Parameter erscheinen zu lassen,

– die aggregierend wirksam werden, wie z.B. die Gesamtstreuinduktivität,

– die der Berechnung oder Messung zugänglich sind.

Die Maschinenmodelle müssen unter diesen Aspekten entwickelt werden. Die Anwendung der numerischen Simulation läßt auch die Einführung bezogener, d.h. auf eine festgelegte Bezugsgröße normierter Größen, in einem neuen Licht erscheinen. Es empfiehlt sich deshalb, diese Methode, die in der Theorie der Synchronmaschine weite Verbreitung gefunden hat, breiter anzuwenden und die Gleichungssysteme entsprechend aufzubereiten.

Das Ergebnis der numerischen Simulation liefert den zeitlichen Verlauf einer interessierenden Größe, aber nicht den ihrer einzelnen Komponenten, deren Ursache bestimmte Mechanismen sind. Das erschwert, die Ursache einer Erscheinung zu erkennen und Schlußfolgerungen bezüglich der Auslegung der Maschine oder der Gestaltung der äußeren elektrischen Kreise abzuleiten. Aus dieser Sicht bleiben geschlossene Näherungslösungen und allgemeine Betrachtungen über die inneren Mechanismen nach wie vor bedeutsam. Andererseits kann auch die Anwendung der numerischen Simulation helfen, tiefere Einblicke in die inneren Mechanismen zu gewinnen, wenn man die erforderlichen grundlegenden Kenntnisse besitzt.

2.6 Aufteilung des Magnetfelds der Maschine in Luftspalt- und Streufelder

Die Aufteilung des Feldes einer Wicklung oder eines Wicklungssystems in Luftspalt- und Streufelder ist stets möglich, sieht aber von Zeitpunkt zu Zeitpunkt in Abhängigkeit von der Läuferstellung etwas anders aus[1]. Deshalb ist die Feldaufteilung nur im Zusammenhang mit den Annahmen sinnvoll, daß die Streufelder unabhängig von der Läuferbewegung und weitgehend sättigungsunabhängig sind. Sie führt jedoch auf sehr praktikable Modelle, die sich vor allem in der Berechnungspraxis bewährt haben.

Wenn die Streuung auf das Betriebsverhalten Einfluß nimmt, dann stets in Form der Gesamtstreuung zwischen zwei Wicklungen bzw. Wicklungssystemen[2]. Wenn die Vorstellung der Feldaufteilung verwendet wird, erhält man die Gesamtstreuinduktivität additiv aus den Einzelstreuinduktivitäten und jenem Anteil, der von der unvollständigen Kopplung der beiden Wicklungen bzw. Wicklungssysteme über das Luftspaltfeld herrührt. Dieser ist dadurch bedingt, daß die beiden Wicklungssysteme unterschiedlich in Nuten verteilt sind und im allgemeinen Fall gegeneinander eine Schrägung aufweisen.

[1]Das war bereits im Abschnitt 12.1 des Bandes Grundlagen herausgearbeitet worden. Da dort von vornherein auf die Verhältnisse im stationären Betrieb orientiert war, ist es erforderlich, die Fragen an dieser Stelle noch einmal aus der Sicht eines beliebigen Betriebszustands zu untersuchen.

[2]Das trifft z.B. für die Asynchronmaschine zu, deren Verhalten im stationären Betrieb wesentlich durch die Gesamtstreureaktanz beeinflußt wird (s. Bd. Grundlagen, Abschnitt 27.1).

Wenn der Einfluß der Streufelder auf die magnetische Beanspruchung einzelner Abschnitte des magnetischen Kreises ermittelt werden soll, muß eigentlich das resultierende Gesamtfeld in der Maschine betrachtet werden. Mit Hilfe entsprechend festgelegter Einzelstreuinduktivitäten läßt sich der Fluß in charakteristischen Querschnitten der Maschine näherungsweise ermitteln und als Maß für die magnetische Beanspruchung verwenden.

Im Zusammenhang mit der Einführung von Einzelstreuinduktivitäten tritt oft die Frage nach der räumlichen Begrenzung der zugehörigen Streufelder auf. Diese Frage kann nie aus der Sicht des Einzelstreufelds heraus, sondern nur aus der des zugeordneten Gesamtfelds beantwortet werden. Sie rührt meist an die Gültigkeitsgrenze der Feldaufteilung.

2.7 Anwendung des Prinzips der Grundwellenverkettung

2.7.0 Ausgangsüberlegungen

Die Verkettung zwischen zwei Wicklungssystemen, die sich auf verschiedenen Seiten des Luftspalts befinden, erfolgt über das Luftspaltfeld. Sie weist eine komplizierte Abhängigkeit von der Stellung des Läufers relativ zum Ständer auf. Um diese Abhängigkeit zu vereinfachen, müssen vereinfachende Annahmen über den Verkettungsmechanismus zwischen den beiden Wicklungssystemen getroffen werden. Das führt auf die Anwendung des Prinzips der Grundwellenverkettung[1].

2.7.1 Maschinen mit konstantem Luftspalt

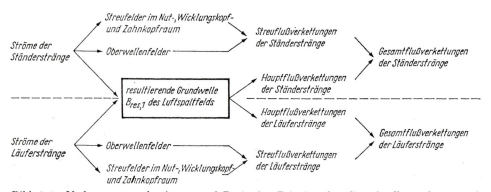

Bild 2.5 Verkettungsmechanismus auf Basis des Prinzips der Grundwellenverkettung für eine Maschine mit konstantem Luftspalt

Für die Verkettung zwischen Ständer und Läufer wird in diesem Fall angenommen, daß sie in jedem Augenblick nur über die resultierende Grundwelle der Induktionsverteilung erfolgt. Man erhält einen Verkettungsmechanismus, wie er prinzipiell im Bild 2.5 dargestellt ist. Aufgrund dieser Vorstellungen von den magnetischen Verhältnissen übernimmt die resultierende Induktionsgrundwelle die Rolle eines Hauptfelds.

[1]Das Prinzip war bereits im Abschnitt 21.1 des Bandes Grundlagen für den Fall des stationären Betriebs einer Drehfeldmaschine eingeführt worden. An dieser Stelle ist es erforderlich, die entsprechenden Überlegungen auf einen beliebigen Betriebszustand zu erweitern.

Jeder Strang der beiden Wicklungssysteme ist mit diesem Feld verkettet. Darüber hinaus besitzt er eine Flußverkettung mit den Streufeldern im Nut-, Wicklungskopf- und Zahnkopfraum, die von den Strömen in sämtlichen auf der gleichen Luftspaltseite befindlichen Strängen aufgebaut werden, sowie mit den Oberwellenfeldern dieser Ströme. Es besteht also die Vorstellung, daß die Ständerstränge nur mit jenen Oberwellenfeldern verkettet sind, die von den Ständerströmen herrühren, und die Läuferstränge nur mit jenen der Läuferströme. Dadurch erhält man einen Anteil in der Streuflußverkettung eines Strangs, der den Oberwellen des Luftspaltfelds zugeordnet ist und deshalb als *Oberwellenstreuung* bezeichnet wird.

Wenn das Prinzip der Grundwellenverkettung angewendet wird, werden natürlich solche Erscheinungen nicht erfaßt, die an die Verkettung zwischen dem Ständer- und dem Läuferwicklungssystem über Oberwellenfelder gebunden sind. Das gilt z.B. für das Auftreten der Oberwellendrehmomente (s. Abschnitte 11.2, 11.4 und 11.5).

2.7.2 Maschinen mit ausgeprägten Polen in einem der beiden Hauptelemente (Läufer)

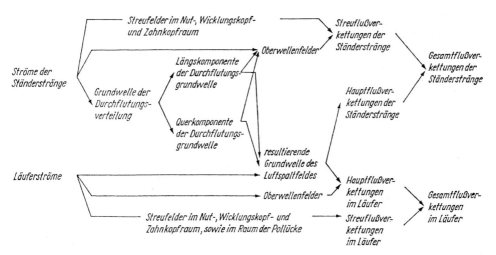

Bild 2.6 *Verkettungsmechanismus auf Basis des Prinzips der Grundwellenverkettung für eine Maschine mit ausgeprägten Polen im Läufer*

Im Fall des Vorhandenseins ausgeprägter Pole in einem der beiden Hauptelemente sind etwas weitergehende Annahmen erforderlich, um eine einfache Abhängigkeit der Verkettung zwischen Ständer und Läufer von der Läuferstellung zu erhalten. Das gilt nicht für den Läufer, d.h. das Hauptelement mit ausgeprägten Polen, dem sich das rotationssymmetrische Hauptelement gegenüber befindet. Für diesen genügt nach wie vor die Annahme, daß nur die Grundwelle seiner Induktionsverteilung zu Verkettungen mit den Ständersträngen führt. Hinsichtlich des Feldaufbaus durch die Ständerstränge ist es jedoch erforderlich, die magnetische Asymmetrie des Läufers zu berücksichtigen. Dazu muß gegenüber dem Fall zweier rotationssymmetrischer Hauptelemente verschärfend angenommen werden, daß nur die Grundwelle der Durchflutungsverteilung der Ständerstränge zum Aufbau eines Luftspaltfelds führt, das durch die magnetische Asymmetrie beeinflußt wird. Diese Grundwelle läßt sich in jedem Augenblick in zwei Komponenten bezüglich der magnetischen Symmetrieachsen des Läufers zerlegen. Die Induktionsgrundwellen, die von diesen Durchflutungskomponenten aufgebaut werden, sind mit den Ständersträngen und den Läuferkreisen verkettet. Darüber hinaus besitzen die Ständerstränge Flußverkettungen mit den Streufeldern im Nut-, Wicklungskopf- und Zahnkopfraum sowie mit ihren eigenen Oberwellenfeldern. Für diese Verkettungen muß angenommen werden, daß sie von der magnetischen Asymmetrie des Polsystems unbeeinflußt bleiben. Das gilt also sowohl für alle Induktionswellen, die von den Durchflutungsoberwellen herrühren, als auch für die Induktionsoberwellen, die von den Durchflutungsgrundwellen aufgebaut werden. Der angenommene Verkettungsmechanismus ist im Bild 2.6 dargestellt.

2.8   Anwendung der Methode der symmetrischen Komponenten

Die Methode der symmetrischen Komponenten dient zur Untersuchung von Anordnungen, die für das Dreiphasennetz vorgesehen sind, bei denen aber durch äußere Einflüsse die Ströme und Spannungen keine symmetrischen Dreiphasensysteme darstellen. Dabei werden einem unsymmetrischen System der Strang- oder Leitergrößen über eine Transformationsbeziehung drei symmetrische Systeme zugeordnet, ein Mitsystem (m), ein Gegensystem (g) und ein Nullsystem (0)[1]. Die Spannungs- bzw. Flußverkettungsgleichungen für die Strang- oder Leitergrößen werden der Transformation unterworfen und gehen dabei in entsprechende Gleichungen für die symmetrischen Komponenten dieser Größen über. Die Methode bietet offensichtlich dann Vorteile, wenn die so gewonnenen Gleichungen einfacher als die Ausgangsgleichungen aufgebaut und besonders wenn sie voneinander unabhängig sind. Dazu muß die betrachtete Anordnung eine gewisse Symmetrie aufweisen, die dadurch gekennzeichnet ist, daß die in den Spannungsgleichungen der drei Stränge den Einzelerscheinungen zugeordneten Parameter, wie Widerstände, Selbst- und Gegeninduktivitäten und Koppelkapazitäten, untereinander gleich sind. Damit ist auch der Anwendungsbereich der Methode der symmetrischen Komponenten auf rotierende elektrische Maschinen fixiert. Sie kann offenbar dann mit Vorteil eingesetzt werden, wenn stationäre Betriebszustände in symmetrischen Mehrphasenmaschinen unter unsymmetrischen Betriebsbedingungen zu untersuchen sind. Dabei muß außer der Symmetrie auch Linearität der magnetischen Verhältnisse vorausgesetzt werden, da sich sonst die Spannungsgleichungen bzw. die Flußverkettungsgleichungen nicht transformieren lassen. Um die Methode der symmetrischen Komponenten anwenden zu können, muß das Verhalten der betrachteten Maschine gegenüber dem Mitsystem, dem Gegensystem und dem Nullsystem bekannt sein. Das Verhalten gegenüber dem Mitsystem entspricht dem Verhalten im normalen stationären Betrieb der Maschine. Um das Verhalten gegenüber dem Gegensystem und dem Nullsystem zu ermitteln, muß, vom speziellen Zeitverhalten der Ströme und Spannungen bzw. Flußverkettungen ausgehend, das jeweils gültige Modell gesondert entwickelt oder von vornherein vom allgemeinen Gleichungssystem der betrachteten Maschine ausgegangen werden (s. Abschnitt 2.5.1). Als Ergebnis erhält man für jede der drei Komponenten eine Spannungsgleichung und eine Beziehung für das Drehmoment, die miteinander über die Drehzahl verknüpft sind.

Die Untersuchung eines speziellen unsymmetrischen Betriebszustandes erfordert zunächst, daß die gegebenen Betriebsbedingungen für die Strang- bzw. Leitergrößen

---

[1] Die Kennzeichnung der symmetrischen Komponenten mußte zur Wahrung der Übersichtlichkeit mit m, g, 0 statt mit 1, 2, 0 vorgenommen werden, wie in den Normen empfohlen wird und z.B. auch im Band Grundlagen angewendet wurde.

an den Klemmen der Maschine in die zugeordneten Betriebsbedingungen für die symmetrischen Komponenten überführt werden. Davon ausgehend, lassen sich aus den Spannungsgleichungen für die symmetrischen Komponenten die unbekannten Komponenten der Ströme und Spannungen sowie die Anteile zum Drehmoment der einzelnen Komponenten bestimmen. Die Rücktransformation der symmetrischen Komponenten der Ströme und Spannungen liefert die unbekannten, d.h. nicht durch die Betriebsbedingungen vorgegebenen Ströme und Spannungen der Stränge bzw. Leiter. Die einzelnen Anteile zum Drehmoment ergeben das resultierende Drehmoment der Maschinen im betrachteten unsymmetrischen Betriebszustand zu

$$M = M_{\mathrm{m}} + M_{\mathrm{g}} + M_0 \ . \tag{2.7}$$

Dabei kann auch von gemessenen Werten der Drehmomentkomponenten in Abhängigkeit von den Spannungs- oder Stromkomponenten und der Drehzahl ausgegangen werden. Auf diesem Weg werden z.B. gewöhnlich die Drehzahl-Drehmoment-Kennlinie für unsymmetrische Anlaß- und Bremsschaltungen von Asynchronmaschinen ermittelt (s. Abschnitt 12.6).

2.9   Anwendung des Prinzips der Flußkonstanz

Die Spannungsgleichungen einer kurzgeschlossenen Spule j aus linienhaften Leitern lautet, ausgehend von (2.1)

$$0 = R_j i_j + \frac{\mathrm{d}\psi_j}{\mathrm{d}t} \ .$$

Daraus folgt für die Flußverkettung der Spule nach irgendeiner äußeren Störung zur Zeit $t = 0$, die auf das Feld in der Spule Einfluß zu nehmen sucht,

$$\psi_j = \psi_{j(\mathrm{a})} - \int_0^t R_j i_j \mathrm{d}t \ . \tag{2.8}$$

Unmittelbar nach der Störung bzw. näherungsweise während eines gewissen Zeitraums danach kann das zweite Glied auf der rechten Seite von (2.8) vernachlässigt werden, und man erhält

$$\psi_j = \psi_{j(\mathrm{a})} \ . \tag{2.9}$$

Das ist das Prinzip der Flußkonstanz. Es besagt, daß eine kurzgeschlossene Spule stets bestrebt ist, ihre Flußverkettung aufrechtzuerhalten. Dazu fließen in der Spule entsprechende Ströme, sobald sich die äußere Erregung des Feldes ändert. Für rotierende Maschinen hat das Prinzip insofern eine besondere Bedeutung, als es natürlich unabhängig von der Relativbewegung zwischen den Wicklungssystemen im Ständer und denen im Läufer gilt. Andererseits erwachsen die Schwierigkeiten bei der Behandlung nichtstationärer Betriebszustände rotierender elektrischer Maschinen gerade aus dieser Relativbewegung. Durch Anwendung des Prinzips der Flußkonstanz gelingt es, die an sich komplizierten Vorgänge durchsichtig zu machen und verhältnismäßig leicht Näherungslösungen anzugeben.

Für den Fall, daß eine kurzgeschlossene Spule aus linienhaften Leitern einem zeitlich sinusförmigen Feld ausgesetzt ist, folgt aus (2.1) für $\omega \to \infty$

$$\psi = 0 \ . \tag{2.10}$$

Die Flußverkettung einer kurzgeschlossenen Spule in einem zeitlich sinusförmigen Feld ist bei hinreichend großer Frequenz praktisch Null. Für eine einzelne kurzgeschlossene

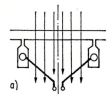 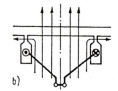 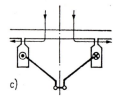

Bild 2.7   Spule in einem äußeren Feld mit zeitlich sinusförmigem Verlauf
a) offene Spule im äußeren Feld; b) Rückwirkungsfeld der kurzgeschlossenen Spule;
c) resultierendes Feld aus der Überlagerung des äußeren Feldes und des Rückwirkungsfeldes der
kurzgeschlossenen Spule

Windung aus einem linienhaften Leiter bedeutet dies, daß der sie durchsetzende Fluß verschwindet. Das Feld wird unter der Wirkung eines entsprechenden Stroms in der Windung vollständig aus ihr herausgedrängt. Wenn man die Flußverkettung der Spule entsprechend $\psi = \psi_h + \psi_\sigma$ aufteilt in den vom resultierenden Luftspaltfeld herrührenden Anteil ψ_h und den vom Streufeld der Spule selbst herrührenden Anteil ψ_σ, folgt aus (2.10)

$$\psi_\sigma = -\psi_h \; .$$

Die Spule baut ein Streufeld auf, dessen Flußverkettung gerade jene aufhebt, die mit dem resultierenden Luftspaltfeld besteht. Das Feld wird – wie man sagt – auf die Streuwege verdrängt. Im Bild 2.7 werden diese Überlegungen veranschaulicht. Solange die Spule nicht kurzgeschlossen ist, wird sie vom äußeren Feld durchsetzt (Bild 2.7a). Wenn man den Kurzschluß herstellt, fließt durch Induktionswirkung ein Strom, der auf das Ursachenfeld zurückwirkt und sowohl ein Luftspaltfeld als auch ein Streufeld aufbaut (Bild 2.7b). Dabei muß die Flußverkettung der betrachteten Spule gerade die mit dem äußeren Feld bestehende aufheben. In der Überlagerung schließt sich das durch die Rückwirkung des Spulenstroms geschwächte äußere Feld über die Streuwege der betrachteten Spule (Bild 2.7c). In manchen Fällen, z.B. im Zusammenhang mit einer Stromrichterspeisung, wirken auf eine kurzgeschlossene Spule zwei Komponenten des äußeren Feldes mit stark unterschiedlicher Frequenz. Dann kann für die hohe Frequenz (2.10) gelten, während für die niedrige Frequenz mit der tatsächlichen Spannungsgleichung unter Berücksichtigung des ohmschen Widerstands gerechnet werden muß.

3   Wicklungen

3.0   Ausgangsüberlegungen

Ziel der folgenden Darlegungen ist es, eine Gesamtschau über die ausführbaren Wicklungsarten aus möglichst allgemeiner Sicht zu geben. Diese Sicht muß vermittelt werden, damit in den folgenden Abschnitten über den Feldaufbau und die Spannungsinduktion in rotierenden elektrischen Maschinen der theoretische Apparat bereitgestellt werden kann, mit dessen Hilfe dann im Band Berechnung die eingehende Analyse der Wicklungen vorgenommen wird. Dieser Absicht entsprechend, bietet es sich an, im weiteren von der Systematisierung der rotierenden elektrischen Maschinen nach der Lage der Feldwirbel auszugehen, die im Abschnitt 1.3 vorgenommen wurde. Damit steht die große Gruppe elektrischer Maschinen mit einem radialen, heteropolaren Luftspaltfeld, das durch axial gerichtete Ströme erregt wird (s. Abschnitt 1.3.1), im Vordergrund der Betrachtungen. Die speziellen Wicklungen einer Reihe von Reluktanzmaschinen werden aus den Betrachtungen ausgeklammert, da sie sich nur im Zusammenhang mit der realen Maschinenausführung einführen lassen. Ferner wird darauf verzichtet, Ausführungen zu trivialen Wicklungen sowie auch zu Käfigwicklungen zu machen[1].

3.1   Ausführungsformen und Eigenschaften von Wicklungen mit ausgebildeten Strängen

3.1.0   Allgemeines zu Wicklungen mit ausgebildeten Strängen

Wicklungen mit ausgebildeten Strängen sind in gleichmäßig genuteten Hauptelementen untergebracht. Für die Strangzahl m werden die Werte 1, 2, 3 und bisweilen auch 4 und 5 ausgeführt. In neuerer Zeit finden in großen stromrichtergespeisten Maschinen sechssträngige Ständerwicklungen Verwendung. Sie stellen zwei dreisträngige Wicklungen dar, die gegeneinander um ein Sechstel der Polteilung versetzt sind. Dadurch erhält das Spektrum der von ihnen aufgebauten Feldwellen weniger Harmonische. In den meisten Fällen sind die Stränge untereinander gleichartig aufgebaut und um einen bestimmten Teil der Polteilung gegeneinander versetzt angeordnet. Unterschiedlich aufgebaut sind eigentlich nur Haupt- und Hilfsstrang von Einphasen-Asynchronmaschinen. Wenn das betrachtete Hauptelement N Nuten aufweist und eine Wicklung für p Polpaare unterzubringen sind, stehen je Strang und Pol

$$q = \frac{N}{2pm}$$

Nuten zur Verfügung. Die Größe q wird als *Lochzahl* bezeichnet.

Die Leiter bzw. Spulenseiten eines Strangs sind in bestimmten, über den Umfang verteilten Nuten untergebracht und so zusammengeschaltet, daß der Strang als Ganzes

---

[1]Grundlegende Begriffe zur Beschreibung und Kennzeichnung der wichtigsten Wicklungsarten s.a. Band Grundlagen, Abschnitte 11.1.2, 15.3 und 20.2.2

– bevorzugt auf eine Feldwelle mit der auf den Gesamtumfang des Luftspaltraums bezogenen Ordnungszahl $\nu' = p$ reagiert bzw.

– bevorzugt ein Feld der Ordnungszahl $\nu' = p$ aufbaut.

Dabei werden die einzelnen Spulenseiten, wenn man sie entsprechend der vorliegenden Zusammenschaltung verfolgt, in alternierender Richtung durchlaufen. Jeweils zwei unmittelbar aufeinanderfolgende Spulenseiten können als *Spule* betrachtet werden. Die Spulen treten als Wicklungselement optisch in Erscheinung, wenn sie aus mehreren Windungen bestehen. Wenn der Strang Strom führt, entsteht eine der Zusammenschaltung entsprechende Verteilung und Richtungszuordnung der stromdurchflossenen Leiter. Da das vom betrachteten Strang aufgebaute Luftspaltfeld nur von der Lage der Leiter und der Richtung der Ströme in den Leitern abhängt, erhält man offensichtlich einen elektromagnetisch gleichwertigen Wicklungsstrang, wenn die zugeordneten Spulenseiten unter Beibehaltung der Durchlaufrichtungen in einer beliebigen anderen Folge hintereinandergeschaltet werden. Für die elektromagnetischen Eigenschaften des Strangs bezüglich des Luftspaltfelds ist also nur die Zuordnung der Spulenseiten einschließlich ihres Durchlaufsinns maßgebend. Die Art der Hintereinanderschaltung der Spulenseiten und die dabei vorzusehende paarweise Vereinigung von Spulenseiten zu Spulen erfolgt unter den Gesichtspunkten, daß die Wicklung als Ganzes gewisse Symmetrien im Aufbau aufweist, fertigungstechnisch günstig ist und einen möglichst geringen Materialaufwand erfordert. Diese Gesichtspunkte führen dazu, daß praktisch ausgeführte Wicklungen entweder generell aus gleichartigen Spulen gleicher Weite bestehen oder aus gleichartigen Spulengruppen, die ihrerseits jeweils aus mehreren Spulen ungleicher Weite aufgebaut sind. Dabei ist die *Spulenweite W* stets ungefähr gleich der Polteilung $\tau_\mathrm{p} = D\pi/2p$. Spulen mit $W \neq \tau_\mathrm{p}$ bezeichnet man als gesehnte Spulen, solche mit $W = \tau_\mathrm{p}$ als ungesehnt. Es werden sowohl Einschicht- als auch Zweischichtwicklungen ausgeführt. Im ersten Fall liegt in jeder Nut eine Spulenseite, so daß eine Spule zwei Nuten vollständig belegt. Im zweiten Fall ist in jeder Nut eine Ober- und eine Unterschichtspulenseite untergebracht. Jede Spule füllt mit jeder ihrer Spulenseiten eine halbe Nut. Im allgemeinen geschieht dies in der Form, daß eine Spulenseite in der Oberschicht und die andere in der Unterschicht liegt. Außerdem werden Zweischichtwicklungen praktisch stets aus Spulen gleicher Weite aufgebaut.

3.1.1 Ganzlochwicklungen

Wenn man von der *Einschichtwicklung* ausgeht, besitzt jeder Strang im einfachsten Fall im Bereich jedes Polpaars eine gleichartige Spulengruppe aus Q Spulen, die in $2Q$ Nuten untergebracht sind. Dabei sind die p Spulengruppen eines Strangs gleichmäßig im Abstand $D\pi/p = 2\tau_\mathrm{p}$ am Umfang verteilt. Wenn alle N Nuten bewickelt sind, wie dies in den meisten Fällen zutrifft, gilt

$$Q = q = \frac{N}{2pm}$$

Man erhält die große Gruppe der Ganzlochwicklungen. Im Bild 3.1a ist der sog. *Zonenplan* für einen Strang einer Einschicht-Ganzlochwicklung dargestellt. Den Bereich, den die nebeneinanderliegenden Spulenseiten eines Strangs belegen, bezeichnet man als *Zone*. Ihre Ausdehnung in Umfangsrichtung ist die *Zonenbreite*. Um die Verbindung zwischen Zonenplan und tatsächlicher Wicklung zu verdeutlichen, sind im Bild 3.1b die Spulenköpfe angedeutet, die man erhält, wenn Spulen ungleicher Weite ausgeführt werden. Der Abstand aufeinanderfolgender Zonen, deren Spulenseiten eine

Spulengruppe bilden, wurde im Bild 3.1 von vornherein gleich der Polteilung gemacht. Prinzipiell wäre es an dieser Stelle, d.h. solange nur ein Strang betrachtet wird bzw. keine vollständige Bewicklung aller Nuten ins Auge gefaßt ist, möglich gewesen, diesen Abstand kleiner als die Polteilung zu machen. Es wird sich aber herausstellen, daß dann Schwierigkeiten bei der Unterbringung weiterer Stränge auftreten.

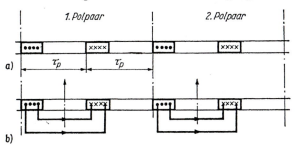

Bild 3.1
Ein Strang einer
Einschicht-Ganzlochwicklung
a) als Zonenplan;
b) mit angedeuteten Spulenköpfen
bei Ausführung mit Spulen
ungleicher Weite

Die Zonenpläne vollständiger Einschicht-Ganzlochwicklungen sind im Bild 3.2 für verschiedene Strangzahlen dargestellt. Dabei wurden folgende allgemeine *Darstellungskonventionen* benutzt:

— die Stränge werden mit a, b, c ... bezeichnet

— Zonen, in denen die Spulenseiten in die Darstellungsebene hinein durchlaufen werden, erhalten die Bezeichnung $+a$, $+b$ usw.

— Zonen, in denen die Spulenseiten aus der Darstellungsebene heraus durchlaufen werden, erhalten die Bezeichnung $-a$, $-b$ usw.

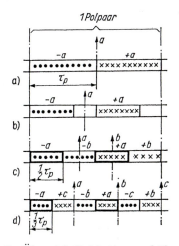

Bild 3.2
Zonenpläne für Einschicht-Ganzlochwicklungen
a) $m = 1$, vollständig bewickelt; b) $m = 1$, Bewicklung von 2/3 der Nuten; c) $m = 2$; d) $m = 3$

Um die Übersichtlichkeit zu erhöhen, wurden die Zonen des Strangs a jeweils besonders hervorgehoben. Für die einsträngige Wicklung ist im Bild 3.2b der i.allg. aus ökonomischen Gründen praktisch realisierte Fall dargestellt, daß nur etwa 2/3 der vorhandenen Nuten bewickelt sind. Aus Bild 3.2 folgt, daß im Fall der vollständigen Bewicklung auf eine Zone mit $q = N/2pm$ Nuten des ersten Strangs eine Zone mit q Nuten des zweiten Strangs folgt. Dieser Prozeß setzt sich fort, bis auf eine Zone mit q Nuten des m-ten Strangs wieder eine Zone des ersten Strangs folgt. Diese hat also zu der ersten Zone des gleichen Strangs den Abstand von $mq = N/2p$ Nuten, d.h. den Abstand der Polteilung. Denkt man sich die Wicklung mit Spulen gleicher Weite ausgeführt, so müßte deren Weite gleich der Polteilung sein. Die Einschicht-Ganzlochwicklung verhält sich demnach so, als ob nur ungesehnte Spulen vorhanden wären. Die in Wirklichkeit vorgesehenen Spulen ungleicher Weite haben eine mittlere Weite, die gleich der Polteilung ist. Eine vollständig bewickelte Einschicht-Ganzlochwicklung läßt sich also nicht sehnen, es sei denn, man verzichtet auf zusammenhängende Zonen.

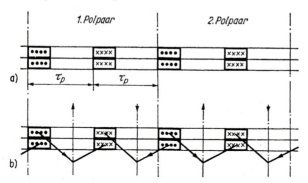

Bild 3.3
Ein Strang einer ungesehnten
Zweischichtwicklung
in der üblichen Ausführung
mit einfacher Zonenbreite
a) als Zonenplan
b) mit angedeuteten Spulenköpfen

Im Fall der *Zweischichtwicklung* entsprechen den $2Q$ Nuten, die einem betrachteten Strang in einem Polpaar angehören, auch $2Q$ Spulen. Wenn diese in den gleichen Nuten untergebracht sind wie bei der zugeordneten Einschichtwicklung und jede Spule entsprechend der üblichen Ausführung von Zweischichtwicklungen eine Ober- und eine Unterschichtspulenseite hat, erhält man zwei Spulengruppen je Polpaar und Strang, die im entgegengesetzten Sinn durchlaufen werden. Bild 3.3a zeigt den Zonenplan für einen Strang einer derartigen Wicklung (vgl. Bild 3.1). Die Lage der Spulenköpfe ist im Bild 3.3b angedeutet. Die Wicklung hat die gleiche Zonenbreite wie die zugeordnete Einschichtwicklung. Wenn aus den $2Q$ Spulen je Polpaar eine Spulengruppe gebildet wird, erhält man eine *Zweischichtwicklung mit doppelter Zonenbreite*. Den Zonenplan eines Strangs einer derartigen Wicklung sowie die angedeutete Lage der Spulenköpfe zeigt Bild 3.4. Bei diesen Wicklungen belegt offensichtlich ein Strang in einer Schicht Nuten, die in der anderen Schicht von einem anderen Strang eingenommen werden. Bei der *Zweischichtwicklung mit einfacher Zonenbreite* nach Bild 3.3 war dies zunächst nicht der Fall.

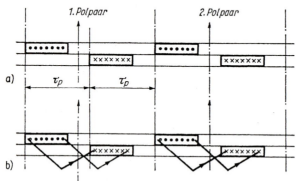

Bild 3.4
Ein Strang einer ungesehnten
Zweischichtwicklung
mit doppelter Zonenbreite
a) als Zonenplan
b) mit angedeuteten Spulenköpfen

Die Bedeutung der Zweischichtwicklung liegt darin, daß sie eine einfache Möglichkeit der *Sehnung* bietet. Dazu wird die Spulenweite W kleiner als die Polteilung τ_p gemacht. Dem entspricht im Zonenplan, daß sich alle Unterschichtzonen nach Maßgabe der Verkleinerung der Spulenweite verschieben. Eine derartige Wicklung weist hinsichtlich ihres Oberwellenverhaltens gegenüber der ungesehnten Wicklung Vorteile auf. Darin liegt der Vorteil der Zweischichtwicklungen. Im Bild 3.5 sind in Analogie zu Bild 3.2 die Zonenpläne vollständig bewickelter, gesehnter Zweischichtwicklungen mit einfacher Zonenbreite für verschiedene Strangzahlen dargestellt. Man erkennt, daß im Fall einer Sehnung auch bei der Zweischichtwicklung mit einfacher Zonenbreite Ober- und Unterschichtspulenseiten in einem Teil der Nuten verschiedenen Strängen angehören. Bei einer Zweischicht-Ganzlochwicklung mit doppelter Zonenbreite liegen in einer Zone $2q$ Spulen eines Strangs nebeneinander. Zonen, die in einer Schicht ein- und demselben Strang angehören, müssen demnach einen Abstand von $2qm = N/p$ Nuten aufweisen, d.h. von der doppelten Polteilung. Jeder Strang hat also im Bereich eines Polpaars in einer Schicht nur eine Zone. Die Zonenbreite beträgt

$$2q\tau_\mathrm{n} = \frac{2}{m}\tau_\mathrm{p} ,$$

d.h. den m-ten Teil der doppelten Polteilung. Für $m = 2$ würde eine Zone eines Strangs demnach bereits eine ganze Polteilung einnehmen, so daß kein zweiter um eine halbe Polteilung versetzter Strang unterzubringen ist. Für $m = 3$ dagegen nimmt die Zone eines Strangs $(2/3)\tau_\mathrm{p}$ ein. Es kann unmittelbar folgend der nächste Strang in dem erforderlichen Abstand von $(2/3)\tau_\mathrm{p}$ vorgesehen werden. Im Bild 3.4 wurde deshalb von vornherein ein Strang einer dreisträngigen Wicklung dargestellt. Die Zonenpläne für eine vollständige dreisträngige Zweischichtwicklung mit doppelter Zonenbreite sind im Bild 3.6a ohne und im Bild 3.6b mit Sehnung dargestellt.

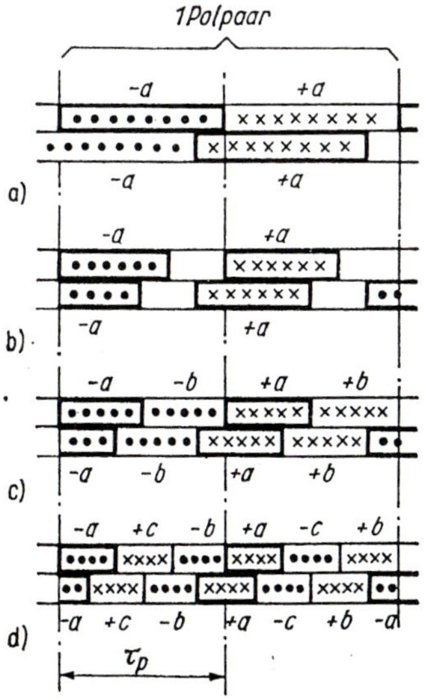

Bild 3.5 Zonenpläne gesehnter Zweischicht-Ganzlochwicklungen mit einfacher Zonenbreite (vgl. Bild 3.2)
a) $m = 1$, vollständig bewickelt; b) $m = 1$, Bewicklung von nur 2/3 der Nuten; c) $m = 2$; d) $m = 3$

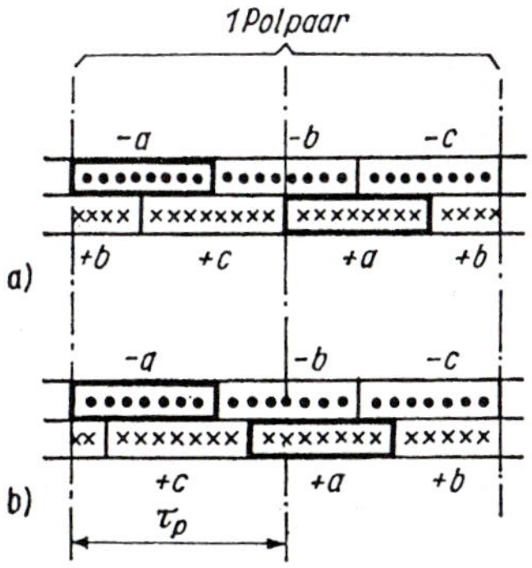

Bild 3.6 Zonenpläne dreisträngiger Zweischicht-Ganzlochwicklungen mit doppelter Zonenbreite
a) ungesehnt; b) gesehnt

Die Stränge von Ganzlochwicklungen haben die grundlegende Eigenschaft, daß sich ihr Aufbau nach jedem Polpaar wiederholt, d.h. eine Periodizität entsprechend der doppelten Polteilung aufweist. Falls diese Periodizität nicht durch andere Einflüsse gestört wird – z.B. durch eine exzentrische Lage des Läufers in der Ständerbohrung –, ruft ein Strom in einem derartigen Strang ein Luftspaltfeld der gleichen Periodizität hervor. Die niedrigste Harmonische in bezug auf den Gesamtumfang hat dann die

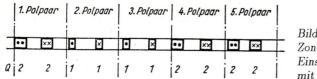

Bild 3.7
Zonenplan eines Strangs einer
Einschicht-Bruchlochwicklung
mit $p = 5$, $q = 8/5 = 1\,3/5$

Ordnungszahl $\nu' = p$, und es treten nur die Harmonischen

$$\nu' = \nu p \qquad \text{mit} \quad \nu = 1, 2, 3, 4, \ldots \tag{3.1}$$

auf. Dabei ist ν die Ordnungszahl der Harmonischen in bezug auf die Polpaarteilung bzw. im Vergleich zur Hauptwelle mit $\nu' = p$. Wie später allgemein gezeigt wird, kann ein derartiger Strang auch nur auf Luftspaltfelder der Ordnungszahlen $\nu' = \nu p$ mit $\nu \geq 1$ reagieren, d.h., nur mit solchen Luftspaltfeldern entsteht eine endliche Flußverkettung. Die Stränge von Einschicht-Ganzlochwicklungen und von Zweischicht-Ganzlochwicklungen mit einfacher Zonenbreite haben die zusätzliche Eigenschaft, daß sich die Leiterverteilung bei wechselndem Durchlaufsinn bereits nach einer Polteilung wiederholt (s. Bilder 3.2 und 3.5). Dementsprechend erhält man eine Stromverteilung, die der Symmetrieeigenschaft $f(x + \tau_\mathrm{p}) = -f(x)$ unterliegt. Diese Eigenschaft weisen nur die ungeradzahligen Harmonischen in bezug auf die Hauptwelle auf. Dementsprechend ruft ein Strang einer Einschicht-Ganzlochwicklung bzw. einer Zweischicht-Ganzlochwicklung mit einfacher Zonenbreite nur Harmonische

$$\nu' = \nu p \qquad \text{mit} \quad \nu = 1, 3, 5, \ldots \tag{3.2}$$

hervor bzw. reagiert nur auf diese Harmonischen des Luftspaltfelds.

Die Stränge von Zweischicht-Ganzlochwicklungen mit doppelter Zonenbreite besitzen Stromverteilungen, die der Symmetrieeigenschaft $f(x + \tau_\mathrm{p}) = -f(x)$ nicht genügen (s. Bild 3.6). Damit treten entsprechend (3.1) auch die bezüglich der Hauptwelle geradzahligen Harmonischen auf. Aus diesem Grund werden Zweischichtwicklungen mit doppelter Zonenbreite nur dann angewendet, wenn die Ausführung mit einfacher Zonenbreite nicht möglich ist. Eine angezapfte Kommutatorwicklung z.B. bildet automatisch eine Wicklung mit doppelter Zonenbreite.

3.1.2 Bruchlochwicklungen

Die im Abschnitt 3.1.1 betrachtete Menge der Ganzlochwicklungen stellt eine Untermenge aller denkbaren Wicklungen mit Spulenseiten gleicher Leiterzahl dar. Sie ist dadurch gekennzeichnet, daß jedem Strang in jedem Polpaar die gleiche Anzahl von Nuten zur Verfügung steht und damit ein mit der Polpaarteilung periodischer Aufbau möglich wird. Es verbleibt die Untermenge der Bruchlochwicklungen. Diese Wicklungen stellen offensichtlich den allgemeineren Fall dar. Sie sind dadurch gekennzeichnet, daß einem Strang innerhalb der einzelnen Polteilungen unterschiedliche Nutenzahlen $Q_1 \ldots Q_{2p}$ zur Verfügung stehen. Damit erhält man natürlich auch Spulengruppen mit unterschiedlichen Spulenzahlen. Es sind sowohl Einschicht- als auch Zweischichtwicklungen ausführbar. Die mittlere Anzahl von Nuten, die ein Strang im Bereich einer Polteilung belegt, wird eine gebrochene Zahl entsprechend

$$q = \frac{\sum Q}{2p} \,. \tag{3.3}$$

Ein Strang einer Bruchlochwicklung weist im Extremfall entlang des Gesamtumfangs gar keine Periodizität im Aufbau auf. Bild 3.7 zeigt als Beispiel den Zonenplan eines

Strangs einer Einschichtwicklung für $p = 5$ mit $q = 16/10 = 1\ 3/5$. Man erkennt, daß die Verteilung der Spulenseiten keine Periodizität besitzt. In diesem Fall ist die niedrigste bezüglich des Gesamtumfangs auftretende Ordnungszahl $\nu'_{min} = 1$, und es sind alle $\nu' \geq 1$ denkbar. Dabei wird natürlich die Hauptwelle mit $\nu' = p$ besonders stark ausgeprägt sein. Bezüglich der Hauptwelle bzw. bezüglich der doppelten Polteilung existieren jedoch nicht nur Oberwellen mit $\nu' > p$ bzw. $\nu > 1$, sondern auch *Unterwellen* mit $\nu' < p$ bzw. $\nu < 1$.

Wenn sich der Aufbau eines Strangs bereits nach jeweils p_u Polpaaren bzw. $2p_u$ Polteilungen wiederholt, erhält man p/p_u gleichwertige Teile der Gesamtwicklung. Ein derartiger Teil wird als *Urwicklung* bezeichnet. Er bestimmt die Periodizität des Aufbaus und damit das Spektrum der auftretenden Harmonischen des Luftspaltfelds. Im Bild 3.8 ist der Zonenplan einer Einschichtwicklung für $p = 4$ mit $q = 20/8 = 2\ 1/2$ dargestellt. Offensichtlich wiederholt sich der Aufbau des Strangs bereits nach $p_u = 2$ Polpaaren. Die Gesamtwicklung zerfällt in $p/p_u = 2$ Urwicklungen.

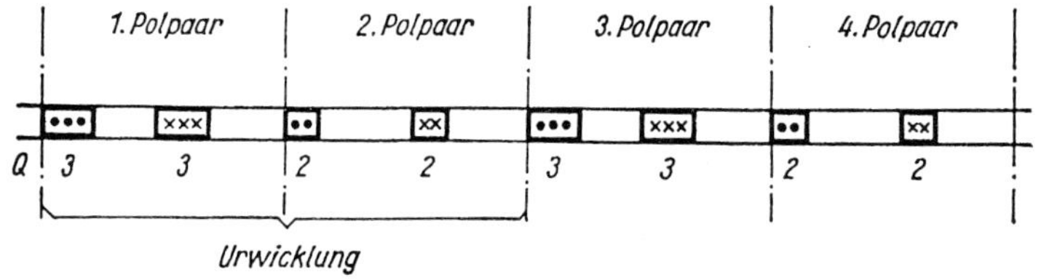

Bild 3.8 Zonenplan eines Strangs einer Einschicht-Bruchlochwicklung mit $p = 4$, $q = 2\ 1/2$

Im Fall des Vorhandenseins einer Urwicklung ist die niedrigste, bezüglich des Gesamtumfangs auftretende Ordnungszahl $\nu'_{min} = p/p_u$, und es existieren alle Harmonischen mit

$$
\left.
\begin{aligned}
\nu' &= g\,p/p_u \qquad \text{bzw.}\\[1mm]
\nu &= g/p_u\,,\\[1mm]
\text{mit}\quad g &= 1, 2, 3, \ldots
\end{aligned}
\right\} \tag{3.4}
$$

3.2 Ausführungsformen und Eigenschaften von Kommutatorwicklungen

3.2.0 Allgemeines zu Kommutatorwicklungen

Der Kommutatoranker ist dadurch gekennzeichnet, daß er sich als Ganzes über die Bürsten gesehen hinsichtlich des Feldaufbaus wie eine stationäre Spule verhält, nicht aber hinsichtlich der Spannungsinduktion. Dazu sind die Ankerspulen so mit den Kommutatorstegen verbunden, daß zwischen den im Abstand einer Polteilung aufsitzenden Bürsten Ankerzweige aus hintereinandergeschalteten Spulen entstehen, die, vom Ständer aus gesehen, im Bereich einer Polteilung in der einen Richtung und im Bereich der Nachbarpolteilung in der entgegengesetzten Richtung durchlaufen werden. Diese Form der Hintereinanderschaltung bleibt auch bei der Drehung des Läufers erhalten, da alle Spulenseiten in der Reihenfolge ihrer Lage an die Kommutatorstege angeschlossen sind. Es entsteht eine *pseudostationäre Spule*. Eine Einzelspule verbleibt in einem Ankerzweig, während sie sich um eine Polteilung weiterbewegt. Danach wird sie bei Umkehr des Durchlaufsinns in den nächsten Ankerzweig eingefügt. Während dieses

Prozesses ist sie durch eine Bürste kurzgeschlossen. Die Lage der Bürste bestimmt also – allgemein gesehen – die Lage der Bereiche, in denen die Spulenseiten jeweils in einer Richtung durchlaufen werden, bzw. die Lage der Ankerzweige. Wenn über die Bürsten Gleichstrom eingespeist wird, rufen die Ankerzweige Wirbel des Magnetfelds hervor, die relativ zu den Bürsten und damit relativ zum Ständer ruhen. Die einzelnen Spulen führen nahezu rechteckförmige Wechselströme. Die Umkehr ihrer Stromrichtung, d.h. die Kommutierung, erfolgt, während sie durch eine Bürste kurzgeschlossen sind. Über die Bürsten gesehen, wird in jedem Ankerzweig des Kommutatorankers bei Rotation im zeitlich konstanten Feld eine zeitlich konstante Spannung induziert, wenn man von einer gewissen Welligkeit absieht, die durch die endliche Zahl der Nuten und Kommutatorstege bedingt ist. Diese Spannung wurde im Abschnitt 16.2 des Bandes Grundlagen ermittelt. Die dabei vorausgesetzte einfache Wicklung ist dadurch gekennzeichnet, daß der betrachtete Ankerzweig aus unmittelbar benachbarten Spulen besteht. Die Ableitung würde auf das gleiche Ergebnis fühen, wenn nur jede zweite oder jede k-te Spule in den Ankerzweig eingeschaltet wäre. Unerläßlich ist jedoch, daß die Spulen eines Ankerzweigs gleichmäßig über den Bereich verteilt sind, den der Ankerzweig am Umfang einnimmt.

Aus den angestellten Betrachtungen läßt sich verallgemeinern, daß eine beliebige Kommutatorwicklung dann funktionsfähig ist, wenn sie folgende Bedingungen erfüllt:

1. Bei der Maschine mit p Polpaaren muß die Durchlaufrichtung durch die Spulenseiten bei aufsitzenden Bürsten von Polteilung zu Polteilung wechseln, damit eine $2p$-polige pseudostationäre Spule entsteht (Bild 3.9).

2. Benachbarte Spulenseiten müssen an benachbarten Kommutatorstegen angeschlossen sein, damit, von den Bürsten her gesehen, unabhängig von der augenblicklichen Lage des Läufers stets die gleiche Wicklungsanordnung vorliegt.

3. Innerhalb eines Polpaars müssen gleichmäßig verteilte Spulen, von den Bürsten aus gesehen, in Reihe geschaltet erscheinen, damit der Mechanismus der Spannungsinduktion erhalten bleibt.

4. Die gesamte Wicklung muß in sich geschlossen sein oder aus zwei in sich geschlossenen Teilen bestehen.

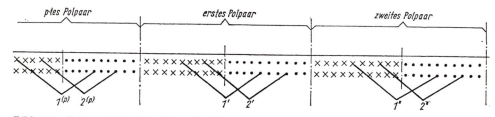

Bild 3.9   Erforderliche Verteilung der Durchlaufrichtungen zur Realisierung einer 2p-poligen pseudostationären Spule

Da stets Zweischichtwicklungen ausgeführt werden, deren sämtliche Spulen den gleichen Wicklungsschritt (= erster Teilschritt) $y_1 \approx k/2p$ haben, erhält man unter Beachtung von Bedingung 2 die allgemeine Ausgangsanordnung sämtlicher Kommutatorwicklungen nach Bild 3.10a. Die Anfänge der Spulen sind aufeinanderfolgend an die Kommutatorstege angeschlossen. Es ist noch keine Entscheidung darüber gefällt worden, wie die Spulenanfänge zum Kommutator zu ziehen sind, um der Lage der Bürsten in der Maschine und dem Erfordernis einer zweckmäßigen Führung der Schaltverbindungen zwischen Spule und Kommutator Rechnung zu tragen.

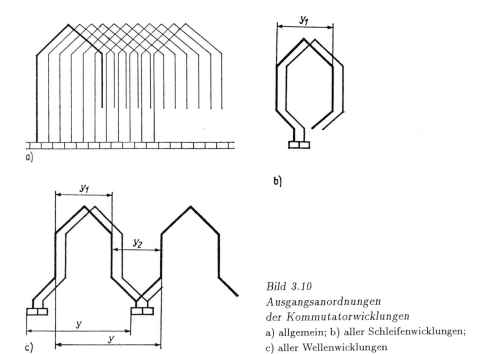

Bild 3.10
Ausgangsanordnungen
der Kommutatorwicklungen
a) allgemein; b) aller Schleifenwicklungen;
c) aller Wellenwicklungen

   Ausgehend von Bild 3.10a ist für die Art der entstehenden Kommutatorwicklung
entscheidend, an welchen Kommutatorsteg das Ende einer ersten Spule geführt wird.
Da benachbarte Spulenenden wieder an benachbarte Kommutatorstege angeschlossen
werden müssen, ist damit die gesamte Wicklung festgelegt. Insbesondere wird auch
darüber entschieden, ob eine Wellen- oder eine Schleifenwicklung entsteht. Die erste
Verbindung eines Spulenendes muß allerdings so zum Kommutator geführt werden,
daß überhaupt eine größere Anzahl von Spulen in einem Ankerzweig zwischen zwei
Bürsten hintereinandergeschaltet sind.
   Im Band Grundlagen wurden nur solche Kommutatorwicklungen betrachtet, bei
denen unmittelbar benachbarte Spulenseiten in einem Ankerzweig erscheinen. Das ist
die Gruppe der *eingängigen Wicklungen.* Die erste Verbindung eines Spulenendes mit
dem Kommutator kann jedoch auch so vorgenommen werden, daß nur jede zweite oder
jede dritte oder jede vierte der am Umfang nebeneinanderliegenden Spulen einem Ankerzweig zugeordnet wird. Auf diese Weise entstehen die zwei-, drei- oder viergängigen
Wicklungen. Sie werden als *mehrgängige Wicklungen* zusammengefaßt.
   Die erste Verbindung eines Spulenendes mit dem Kommutator entscheidet, ausgehend von Bild 3.10a, auch darüber, ob eine Schleifen- oder eine Wellenwicklung
entsteht. Man erhält die Gruppe der Schleifenwicklungen, wenn die im Bereich eines
Polpaars liegenden Spulen, die einen Ankerzweig bilden sollen, unmittelbar hintereinandergeschaltet werden. Im Bild 3.9 folgt also auf die Spule $1'$ im ersten Polpaar
die Spule $2'$ im gleichen Polpaar usw. Dabei können zwischen den Spulen $1'$ und $2'$
je nach der Anzahl der Gänge weitere Spulen liegen, und zwar $m - 1$ Spulen bei m
Gängen. Um diese Art der Hintereinanderschaltung zu erreichen, müssen die Spulenenden in Richtung auf die Verbindungsstellen der Spulenanfänge hin zum Kommutator
geführt werden. Eine zweckmäßige Herstellung der Schaltverbindungen erfordert es
dann, beide Verbindungsstellen in die Nähe der Spulenmitte zu legen. Man erhält die
Ausgangsordnung aller Schleifenwicklungen nach Bild 3.10b.

Die Gruppe der Wellenwicklungen entsteht, wenn zunächst alle Spulen hintereinandergeschaltet werden, die sich in den einzelnen Polpaaren etwa an gleicher Stelle
befinden. Darauf folgt die nächste in den Ankerzweig aufzunehmende Spule im ersten Polpaar, der sich wiederum die entsprechenden Spulen in den weiteren Polpaaren
anschließen. Im Bild 3.9 folgen also auf die Spule $1'$ die Spulen $1''$ bis $1^{(p)}$ und darauf
die Spule $2'$ usw. Ein Durchlauf durch alle Polpaare liefert einen Wellenzug (z.B.
$1'$, $1''$ ... $1^{(p)}$). Zwischen aufeinanderfolgenden Wellenzügen liegen je nach Anzahl der
Gänge weitere Wellenzüge, und zwar $m - 1$ Wellenzüge bei m Gängen. Um die beschriebene Art der Hintereinanderschaltung zu erreichen, muß das Spulenende einer
Spule zum Spulenanfang der folgenden Spule geführt werden, die sich im benachbarten
Polpaar befindet. Eine zweckmäßige Herstellung der Schaltverbindungen erfordert es
dann, die beiden Verbindungsstellen einer Spule mit dem Kommutator in die Nähe
der Mitte zwischen den aufeinanderfolgenden Spulenseiten zu legen. Man erhält die
Ausgangsanordnung aller Wellenwicklungen nach Bild 3.10c.

3.2.1   Schleifenwicklungen

Das gemeinsame Kennzeichen aller Schleifenwicklungen ist, entsprechend den oben
angestellten Überlegungen, daß die aus hintereinandergeschalteten Spulen bestehenden Ankerzweige, die man über die Bürsten gesehen erhält, jeweils innerhalb eines
Polpaars liegen. Im einfachsten Fall sind unmittelbar aufeinanderfolgende Spulen entsprechend Bild 3.11a miteinander verbunden, d.h. das Ende der ersten Spule wird an
den Anfang der unmittelbar benachbarten Spule geführt. Man erhält die *eingängige,
ungekreuzte Schleifenwicklung*[1]. Zwischen dem Wicklungsschritt y_1 und dem Schaltschritt y_2 besteht die Beziehung $y_1 - y_2 = 1$. Da sich der Strom hinter jeder Bürste auf
zwei Ankerzweige aufspaltet und p parallelgeschaltete Bürsten der gleichen Polarität
vorhanden sind, erhält man $2a = 2p$ parallele Ankerzweige.

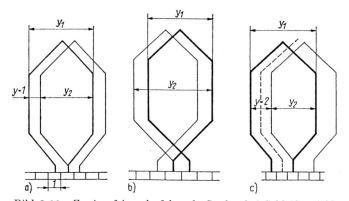

Bild 3.11   *Zwei aufeinanderfolgende Spulen bei Schleifenwicklungen*
a) eingängige, ungekreuzte Schleifenwicklung; b) eingängige, gekreuzte Schleifenwicklung;
c) zweigängige, ungekreuzte Schleifenwicklung

Eine eingängige Schleifenwicklung kann auch dadurch gewonnen werden, daß der
Schaltschritt nicht wie im Bild 3.11a um eine Spulenseite kleiner als der Wicklungsschritt, sondern um eine Spulenseite größer gemacht wird. Für zwei aufeinanderfolgende Spulen erhält man eine Anordnung nach Bild 3.11b mit $y = y_1 - y_2 = -1$. Da das
Ende einer Spule in diesem Fall über ihren Anfang hinweggeführt werden muß, spricht

---

[1] Die Entwicklung wurde im Band Grundlagen, Abschnitt 15.2., vorgenommen.

man von einer *gekreuzten Wicklung,* während die Wicklung nach Bild 3.11a, wie oben bereits eingeführt, als ungekreuzte Wicklung bezeichnet wird. Da die gekreuzte Wicklung auch als ungekreuzte ausführbar ist, spielt die gekreuzte Wicklung praktisch keine Rolle. Die gleichen Überlegungen gelten für die noch zu besprechenden mehrgängigen Schleifenwicklungen, so daß von vornherein nur deren ungekreuzte Ausführungsformen betrachtet werden.

Eine *ungekreuzte, zweigängige Schleifenwicklung* erhält man, wenn entsprechend Bild 3.11c zwischen zwei hintereinandergeschalteten Spulen eine Spule ausgelassen wird, so daß $y = y_1 - y_2 = 2$ wird. Im Bild 3.12 sind die Spulen im Bereich einer Polteilung auf diese Art verbunden. Man erkennt, daß zwischen zwei Bürsten zwei Ankerzweige entstehen, die durch die Bürsten parallelgeschaltet sind. Hinter jeder Eintrittsbürste beginnen also 4 Ankerzweige, so daß unter Beachtung der Parallelschaltung der p Eintrittsbürsten insgesamt $2a = 2 \cdot 2p$ parallele Zweige vorhanden sind.

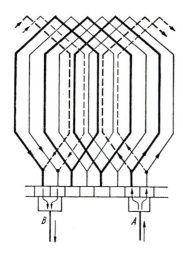

Bild 3.12
Die beiden Ankerzweige
einer zweigängigen Schleifenwicklung
zwischen zwei Bürsten A und B

Aus den bisherigen Betrachtungen läßt sich verallgemeinern, daß eine allgemeine Schleifenwicklung der Beziehung

$$y = y_1 - y_2 = \underset{(-)}{\overset{+}{}}m \tag{3.5}$$

gehorcht, wenn mit m die Anzahl der Gänge bezeichnet wird. Dabei gilt das positive Vorzeichen für die übliche, ungekreuzte Wicklung und das eingeklammerte, negative, für die gekreuzte. Die Spulen zwischen zwei Bürsten sind in Form von m parallelen Zweigen hintereinandergeschaltet. Das Parallelschalten dieser Zweige erfolgt durch die Bürsten. Diese müssen hinreichend breit sein, damit die Parallelschaltung nie unterbrochen wird. Von einer Bürste ausgehend, beginnen m Ankerzweige, die zur rechten, und m Ankerzweige, die zur linken Nachbarbürste verlaufen. Damit erhält man unter Beachtung der Parallelschaltung der p Bürsten gleicher Polarität für die Zahl der parallelen Ankerzweige

$$2a = 2pm . \tag{3.6}$$

Schleifenwicklungen mit mehr als zwei Gängen werden selten ausgeführt.

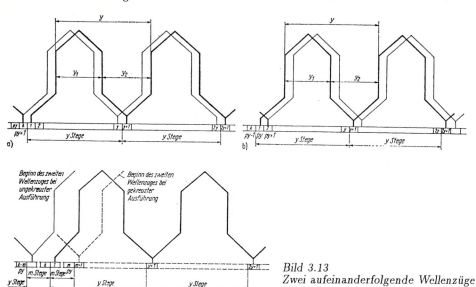

Bild 3.13
Zwei aufeinanderfolgende Wellenzüge
bei Wellenwicklungen
a) eingängige, ungekreuzte Wellenwicklung
b) eingängige, gekreuzte Wellenwicklung
c) m-gängige Wellenwicklungen

3.2.2   Wellenwicklungen

Das gemeinsame Kennzeichen aller Wellenwicklungen ist, entsprechend den eingangs zum Abschnitt 3.2 angestellten Überlegungen, daß unmittelbar solche Spulen hintereinandergeschaltet werden, die sich in aufeinanderfolgenden Polpaaren etwa an der gleichen Stelle der Polpaarteilung befinden. Es wird mit Bild 3.10c

$$y = y_1 + y_2 \ . \tag{3.7}$$

Durch das Fortschreiten von Polpaar zu Polpaar entsteht zunächst ein Wellenzug aus p Spulen, ehe eine zweite Spule im ersten Polpaar einbezogen wird und damit ein zweiter Wellenzug beginnt.

Im einfachsten Fall ist y so gewählt, daß aufeinanderfolgende Wellenzüge entsprechend Bild 3.13a unmittelbar nebeneinanderliegen. Man erhält die *eingängige, ungekreuzte Wellenwicklung*. Dabei muß y so ausgeführt werden, daß $py = k - 1$ ist. Die p Wellen eines Wellenzugs vollführen einen Gesamtschritt py, der über $k - 1$ Spulenseiten bzw. Kommutatorstege reicht. Eine eingängige Wellenwicklung kann aber auch dadurch gewonnen werden, daß der Gesamtschritt py eines Wellenzugs über $k + 1$ Spulenseiten bzw. Kommutatorstege reicht. Im Bild 3.13b sind zwei aufeinanderfolgende Wellenzüge einer derartigen Wicklung dargestellt. Da sich Anfang und Ende eines Wellenzugs überschneiden, bezeichnet man diese Wicklung als *eingängige, gekreuzte Wellenwicklung*. In diesem Fall muß y so gewählt werden, daß $py = k + 1$ ist.

Da die Bürsten einer Polarität wicklungsseitig jeweils durch mindestens einen Wellenzug wieder miteinander verbunden sind und beim Durchlaufen eines Ankerzweigs die Hälfte aller Spulen erfaßt wird, besitzt die eingängige Wellenwicklung, unabhängig von der Polpaarzahl, nur $2a = 2$ parallele Zweige.

Mehrgängige Wellenwicklungen sind dadurch gekennzeichnet, daß auf einen Wellenzug nicht der unmittelbar benachbarte, sondern bei einer zweigängigen Wicklung erst der zweite, bei einer dreigängigen erst der dritte und allgemein bei einer m-gängigen Wicklung erst der m-te Wellenzug folgt. Bild 3.13c zeigt einen Wellenzug, der bei Steg *1* beginnt, und den Anfang des darauffolgenden Wellenzugs bei m-gängiger, gekreuzter und ungekreuzter Ausführung. Man erkennt, daß y der Bedingung $py = k_{(\overset{-}{+})}m$ gehorchen muß, so daß

$$y = \frac{k_{(\overset{-}{+})}m}{p} \tag{3.8}$$

wird. Dabei gilt das eingeklammerte Vorzeichen wie in (3.5) für die gekreuzte Ausführung. (3.8) stellt gleichzeitig eine Ausführbarkeitsbedingung für die m-gängige Wellenwicklung dar, da k, m und p ganze Zahlen sind und auch y ganzzahlig sein muß. Bei gegebener Polpaarzahl lassen nur bestimmte Werte der Kommutatorstegzahl k die Ausführung einer m-gängigen Wellenwicklung zu. Da die Zahl ausführbarer Wicklungen durch Einbeziehen der gekreuzten Wicklungen wächst, haben gekreuzte Wellenwicklungen im Gegensatz zu gekreuzten Schleifenwicklungen durchaus Bedeutung.

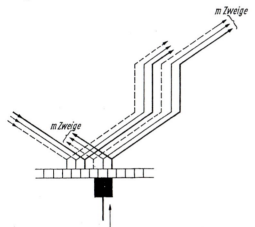

Bild 3.14
Das Entstehen der Parallelschaltung
der Zweige durch die Bürsten
bei mehrgängigen Wellenwicklungen

Da nur jeder m-te Wellenzug in die Hintereinanderschaltung eines Ankerzweigs eingefügt ist, bilden die dazwischenliegenden Wellenzüge von den Bürsten parallelgeschaltete Zweige. Es laufen zweimal m von den Bürsten parallel geschaltete Zweige über den Anker. Im Bild 3.14 wird dieser Sachverhalt für den Fall $m = 3$ demonstriert. Sämtliche Eintrittsbürsten sind ebenso wie sämtliche Austrittsbürsten wicklungsseitig durch eine Gruppe von Wellenzügen miteinander verbunden. Die Anzahl der aufgesetzten Bürstenpaare und die Polpaarzahl haben also, ebenso wie bei der eingängigen Wicklung, keinen Einfluß auf die Zahl $2a$ paralleler Zweige. Diese beträgt entsprechend den angestellten Überlegungen

$$2a = 2m \; . \tag{3.9}$$

Wellenwicklungen werden bis $m = 4$ ausgeführt.

4 Feldaufbau

4.1 Problematik der Feldbestimmung

Das magnetische Feld ist in zweifacher Hinsicht im Mechanismus der elektromechanischen Energiewandlung wirksam:

1. Es bestimmt über die Normal- und Tangentialkomponente des Luftspaltfelds das Drehmoment (s. Abschnitt 0.2).

2. Es vermittelt zwischen den Strömen und den induzierten Spannungen in den Wicklungen unter Berücksichtigung der Drehbewegung des Läufers.

Für die Spannungsinduktion durch das Luftspaltfeld ist dessen Normalkomponente verantwortlich. Da das Drehmoment i.allg. über eine Energiebilanz unter Verwendung der induzierten Spannung ermittelt wird[1] und nicht durch Integration über den Maxwellschen Spannungstensor im Luftspaltraum, ist die Kenntnis der Normalkomponente des Luftspaltfelds weitgehend hinreichend. Aus diesem Grund konzentrieren sich die Untersuchungen über das Luftspaltfeld auf die Normalkomponente[2]. An die Feldberechnung sind unterschiedliche Anforderungen zu stellen. Im Fall der allgemeinen Analyse des Betriebsverhaltens wird angestrebt, dieses in möglichst geschlossener Form unter Verwendung bestimmter Parameter zu beschreiben, die unabhängig von den speziellen Betriebsbedingungen sind. Dieses Ziel kann natürlich nur unter gewissen Abstrichen an die Treffsicherheit der Aussagen verfolgt werden. Es erfordert aus der Sicht der Bestimmung des magnetischen Feldes, daß das Zusammenwirken der Wicklungen von Ständer und Läufer beim Aufbau des Luftspaltfelds auf einer gewissen Behandlungsebene in Form geschlossener Beziehungen quantitativ erfaßt werden muß. Dagegen genügt es für die Streufelder, die verantwortlichen Ströme zu kennen und Streuinduktivitäten als Proportionalitätsfaktoren zu den Streuflußverkettungen einzuführen. Im Fall der Nachrechnung einer konkreten Konstruktion kommt es darauf an, das Verhalten in einem bestimmten Betriebspunkt mit großer Treffsicherheit und konsequent von der Geometrie und den Werkstoffeigenschaften ausgehend, zu bestimmen. Dabei muß besonders die Nichtlinearität der weichmagnetischen und der hartmagnetischen Werkstoffe berücksichtigt werden. Die vorstehenden Überlegungen fixieren die erforderliche Behandlung des Feldaufbaus im vorliegenden Band und grenzen diese gleichzeitig gegenüber der wesentlich tiefergehenden im Band Berechnung ab.

Die quantitative Bestimmung des magnetischen Feldes in einer rotierenden elektrischen Maschine bereitet erhebliche Schwierigkeiten. Dafür sind die im folgenden aufgeführten Ursachen verantwortlich:

– Es sind i.allg. mehrere Wicklungen bzw. Wicklungssysteme am Aufbau des Feldes beteiligt.

– Es liegen komplizierte Randbedingungen vor, und zwar einmal

---

[1] s. Band Grundlagen, Abschnitt 10
[2] s. Band Grundlagen, Abschnitt 12.2

- • durch die Verteilung der stromdurchflossenen Leiter, entsprechend dem Aufbau
  · des Wicklungssystems, und zum anderen
- • durch die Formgebung des magnetischen Kreises, insbesondere des Luftspaltraums.
- — Die Randbedingungen für das Feld ändern sich mit der Bewegung des Läufers.
- — Die für den Aufbau des magnetischen Kreises eingesetzten weich- und hartmagnetischen Werkstoffe haben ausgesprochen nichtlineare Eigenschaften.

Um das magnetische Feld trotz der aufgezeigten Schwierigkeiten näherungsweise quantitativ in Form geschlossener Beziehungen bestimmen zu können, wird von verschiedenen, im folgenden zusammengestellten Möglichkeiten der Vereinfachung Gebrauch gemacht.

1. Aufteilung des Gesamtfelds in das Luftspaltfeld und in Streufelder im Verein mit der Annahme, daß nur das Luftspaltfeld von der Läuferbewegung beeinflußt wird (s. Abschnitt 2.6)

2. Annahme eines abschnittsweise homogenen Feldes sowohl im Luftspalt als auch in anderen Abschnitten des magnetischen Kreises

3. Vernachlässigung des Einflusses der Nutung auf die Luftspaltfelder durch Annahme unendlich schmaler Nutschlitze, wobei statt mit der geometrischen Luftspaltlänge δ mit der etwas größeren ideellen Luftspaltlänge δ_i gerechnet werden muß[1]

4. Annahme eines quasihomogenen Feldes im Luftspaltraum, so daß trotz Änderungen der magnetischen Spannung V_δ über dem Luftspalt und der Luftspaltlänge δ an jeder Stelle x gilt

$$V_\delta(x) = H(x)\delta(x) \tag{4.1}$$

mit $H(x)$ Normalkomponente der magnetischen Feldstärke auf der Integrationsfläche im Luftspalt, auf der das Luftspaltfeld beschrieben wird

5. Annahme von $\mu_{Fe} = \infty$ für die ferromagnetischen Abschnitte des magnetischen Kreises

6. Annahme einer linearen Entmagnetisierungskurve $B(H)$ für hartmagnetische Werkstoffe

7. Annahme ebener Felder bzw. Ersatz der tatsächlichen Anordnung durch einen Abschnitt einer unendlich langen Anordnung, z.B. für das Luftspaltfeld oder das Streufeld im Nut- und Zahnkopfraum von Maschinen mit radialem Luftspalt

8. Beschränkung auf das Feld der resultierenden Durchflutungsgrundwelle, die durch Überlagerung der Durchflutungsgrundwellen des Ständers und des Läufers entsteht

9. Nachrechnung des magnetischen Kreises für den Fall des Leerlaufs, in dem nur ein Wicklungssystem im Ständer oder im Läufer Strom führt, und nachträgliche korrigierende Berücksichtigung der Belastungsströme

Einen Ausweg aus den Schwierigkeiten der Feldbestimmung bietet die Anwendung der *numerischen Feldberechung*. Die dafür bevorzugt eingesetzte Methode der finiten Elemente ist – vor allem für die Berechnung ebener Felder – weit ausgereift. Dabei wird das zu untersuchende Feldgebiet mit seinen Randbedingungen mit einem

---

[1] s. Band Grundlagen, Abschnitt 12.2, und Band Berechnung, Abschnitt 5.3.2

Gitternetz unterschiedlicher Dichte überzogen und das Vektorpotential in den Netzpunkten berechnet. Für die praktische Anwendung der numerischen Feldberechung stehen ausgereifte Programmpakete zur Verfügung. Sie liefern über die Zwischenstufe des Vektorpotentials die Induktionswerte an interessierenden Stellen und damit auch die Induktionsverteilung über einer Integrationsfläche im Luftspalt bzw. die Flüsse durch gegebene Flächen. Man erhält allerdings die Induktionsverteilung zunächst nur für einen bestimmten Zeitpunkt und nicht in ihrem Gesamtverlauf. Daraus können die einzelnen Harmonischen durch eine Fourier-Analyse gewonnen werden, allerdings wiederum zunächst nur für den bestimmten Zeitpunkt. Um die Zeitabhängigkeit der einzelnen Harmonischen bestimmen zu können, müssen auch im Falle des stationären Betriebs Feldberechungen für viele aufeinanderfolgende Zeitpunkte vorgenommen werden. Da in realen Maschinen Oberwellenfelder auftreten, die sich relativ zum Ständer oder relativ zum Läufer mit hoher Frequenz ändern, bereitet ein derartiges Vorgehen Schwierigkeiten. Die Schwierigkeiten entfallen natürlich, wenn ein betrachtetes Oberwellenfeld ein reines Drehfeld darstellt, d.h. eine konstante Amplitude besitzt, deren Größe aus einer einzigen Feldberechung ermittelt werden kann.

4.2   Beschreibung des Luftspaltfelds

4.2.1   Einführung bezogener Koordinaten

Das Luftspaltfeld einer heteropolar erregten Maschine ändert sich periodisch entlang einer im Luftspalt liegenden Koordinate x. Diese Koordinate ist entweder als Ständerkoordinate x_S oder als Läuferkoordinate x_L entlang der Integrationsfläche zu führen, die man sich zur Ermittlung des Drehmoments im Luftspalt vorstellen muß und die zweckmäßigerweise auf die Oberfläche des einen oder des anderen Hauptelements gelegt wird (s. Abschnitt 0.2.2). In axialer Richtung wird das Luftspaltfeld als konstant über der *ideellen Länge* l_i angesehen. Aus den Überlegungen zur Periodizität des Wicklungsaufbaus im Abschnitt 3.1.2 folgt, daß die Periode des Luftspaltfelds im Extremfall erst durch den Gesamtumfang, d.h. durch $2p$ Polteilungen, gegeben ist. Damit sind die einzelnen Polpaare nicht mehr gleichberechtigt, und es ist erforderlich, im Ständer und im Läufer je ein *Bezugspolpaar* festzulegen, in dessen Achse des Strangs a bzw. in dessen Längsachse des Polsystems die Koordinate x_S und x_L beginnen (Bild 4.1).

Unter der *Induktionsverteilung* wird die Abhängigkeit der Normalkomponente der Induktion auf einer im Luftspalt liegenden Integrationsfläche als Funktion einer Koordinate in Umfangsrichtung bezeichnet. Dabei wird vereinbart, daß die Induktion nach außen und in der abgewickelten Darstellung nach oben positiv zu zählen ist. Eine allgemeine Harmonische der Induktionsverteilung hat bezüglich des Gesamtumfangs eine Ordnungszahl ν'. Die Polpaarzahl p, für die eine Maschine ausgelegt ist, legt die Hauptwelle mit der auf den Gesamtumfang bezogenen Ordnungszahl $\nu' = p$ fest. Für Oberwellen, die bezüglich der Hauptwelle die Ordnungszahlen ν besitzen, gilt, bezogen auf den Gesamtumfang,

$$\nu' = \nu p \ . \tag{4.2}$$

Für Harmonische, deren Ordnungszahl $\nu' < p$, d.h. kleiner als die der Hauptwelle ist und die deshalb auch als *Unterwellen* bezeichnet werden, wird die Ordnungszahl ν bezüglich der Hauptwelle kleiner als 1 und eine gebrochene Zahl.

Zur Vereinfachung der Darstellung ist es zweckmäßig, *bezogene Koordinaten* ein-

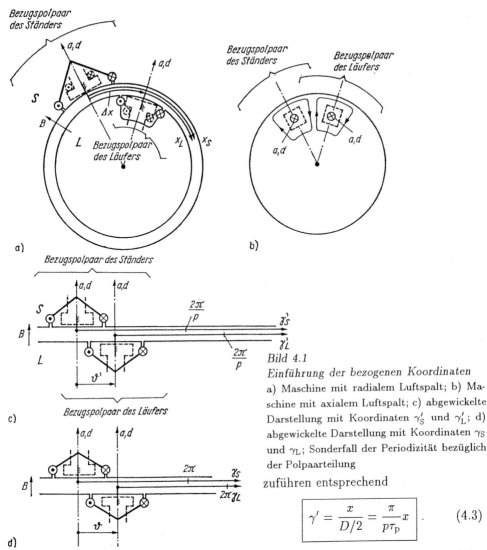

Bild 4.1
Einführung der bezogenen Koordinaten
a) Maschine mit radialem Luftspalt; b) Maschine mit axialem Luftspalt; c) abgewickelte Darstellung mit Koordinaten γ'_S und γ'_L; d) abgewickelte Darstellung mit Koordinaten γ_S und γ_L; Sonderfall der Periodizität bezüglich der Polpaarteilung

zuführen entsprechend

$$\gamma' = \frac{x}{D/2} = \frac{\pi}{p\tau_{\mathrm{p}}}x\;. \tag{4.3}$$

Mit dieser Definition wird eine Induktionswelle des Luftspaltfeldes mit der auf den Gesamtumfang bezogenen Ordnungszahl ν' bzw. mit der Ordnungszahl ν bezüglich der Hauptwelle beschrieben durch

$$B_\nu = \widehat{B}_\nu \cos\nu'(\gamma' - \gamma'_{B,\nu})\;. \tag{4.4}$$

Dabei wurde die Induktion durch die Ordnungszahl bezüglich der Hauptwelle gekennzeichnet. Dieses Vorgehen soll an dieser Stelle generell vereinbart werden und wird später auch für die Kennzeichnung anderer Größen verwendet, die von der Ordnungszahl abhängig sind.

In (4.4) bestimmt $\gamma'_{B,\nu}(t)$ die augenblickliche Lage eines Maximums der Induktionswelle im Koordinatensystem γ'. Die weiteren Maxima liegen bei $\gamma'_{B,\nu} + g\,2\pi/\nu'$ mit einer ganzen Zahl g. Wenn weniger die Lage der Feldwelle in Abhängigkeit von der Zeit als ihr Zeitverlauf an einer bestimmten Stelle interessiert, empfiehlt sich die Darstellung

$$B_\nu = \widehat{B}_\nu \cos(\nu'\gamma' - \varphi_{B\nu}) \tag{4.5}$$

mit

$$\varphi_{B\nu} = \nu'\gamma'_{B,\nu} \ . \tag{4.6}$$

Die bezogene Koordinate γ' ist identisch mit dem Winkel, unter dem ein betrachteter Punkt auf der Integrationsfläche im Luftspalt gegenüber der Bezugsachse erscheint. Wenn nur die Hauptwelle mit $\nu' = p$ betrachtet wird oder aufgrund der vorliegenden Symmetrieeigenschaften nur Harmonische der Ordnungszahlen $\nu' = \nu p$ mit $\nu \geq 1$ vorhanden sind, bietet es sich an, eine bezogene Koordinate

$$\gamma = \frac{\pi}{\tau_p} x = p\gamma' \tag{4.7}$$

einzuführen.

Die Feldwelle nach (4.4) stellt sich dann mit ν nach (4.2) dar als

$$B_\nu = \widehat{B}_\nu \cos \nu(\gamma - \gamma_{B,\nu}) \tag{4.8}$$

mit

$$\gamma_{B,\nu} = p\gamma'_{B,\nu} \ . \tag{4.9}$$

Die augenblickliche Lage eines Maximums der Induktionswelle im Koordinatensystem γ ist durch $\gamma_{B,\nu}$ als $\gamma_{B,\nu}(t)$ bestimmt. Die weiteren Maxima liegen bei $\gamma_{B,\nu} + g\,2\pi/\nu$ mit einer ganzen Zahl g.

Die Formulierung der Feldwelle nach (4.5) geht mit (4.2) und (4.7) über in

$$B_\nu = \widehat{B}_\nu \cos(\nu\gamma - \varphi_{B\nu}) \ , \tag{4.10}$$

wobei $\varphi_{B\nu}$ auch gegeben ist als

$$\varphi_{B\nu} = \nu\gamma_{B,\nu} \ . \tag{4.11}$$

Im Koordinatensystem γ erscheint die Hauptwelle des Luftspaltfelds, als erste Harmonische oder auch als *Grundwelle* bezeichnet, entsprechend

$$B_1 = \widehat{B}_1 \cos(\gamma - \gamma_{B,1}) = \widehat{B}_1 \cos(\gamma_1 - \varphi_{B1}) \ . \tag{4.12}$$

Die bezogene Koordinate γ durchläuft innerhalb der doppelten Polteilung den Wert 2π. Sie entspricht dem sog. *elektrischen Winkel*, unter dem ein betrachteter Punkt auf der Integrationsfläche im Luftspaltraum gegenüber der Bezugsachse erscheint.

Das Läuferkoordinatensystem x_L bzw. γ'_L bzw. γ_L ist gegenüber dem Ständerkoordinatensystem x_S bzw. γ'_S bzw. γ_S verschoben. Dabei ist die Verschiebung Δx bzw. ϑ' bzw. ϑ im allgemeinen Fall eine beliebige Funktion der Zeit und durch die Läuferbewegung gegeben. Es gilt also mit Bild 4.1 für die einzelnen Darstellungsformen

$$\left.\begin{array}{rcl} x_S & = & x_L + \Delta x \\[2mm] \gamma'_S & = & \gamma'_L + \vartheta' \\[2mm] \gamma_S & = & \gamma_L + \vartheta \end{array}\right\} \tag{4.13}$$

mit

$$\vartheta' = \frac{\pi}{p\tau_p}\Delta x \quad \text{und} \quad \vartheta = \frac{\pi}{\tau_p}\Delta x \ . \tag{4.14}$$

Für den Sonderfall des Betriebs mit konstanter Drehzahl n erhält man für die Verschiebung zwischen Ständer- und Läuferkoordinate in den einzelnen Darstellungsformen

$$
\begin{aligned}
\Delta x &= vt + \Delta x_0 = D\pi n t + \Delta x_0 = 2p\tau_p n t + \Delta x_0 \\
\vartheta' &= 2\pi n t + \vartheta'_0 = \Omega_{\text{mech}} t + \vartheta'_0 \quad &(4.15) \\
\vartheta &= 2\pi p n t + \vartheta_0 = p\Omega_{\text{mech}} t + \vartheta_0 = \Omega t + \vartheta_0 \; . \quad &(4.16)
\end{aligned}
$$

Dabei ist die bezogene Geschwindigkeit Ω_{mech} zwischen den Koordinaten γ' identisch der Winkelgeschwindigkeit des Läufers, während dies für die bezogene Geschwindigkeit $\Omega = p\Omega_{\text{mech}}$ zwischen den Koordinaten γ nur im Fall der zweipoligen Maschine gilt.

Bei Maschinen mit axialem Luftspalt muß eine Koordinate zur Beschreibung des Luftspaltfelds auf einer scheibenförmigen Integrationsfläche in Umfangsrichtung bei konstantem radialen Abstand geführt werden (Bild 4.1b). Dabei erhält man je nach der Größe dieses Abstands unterschiedliche Werte für die Polteilung. Diese Unterschiede verschwinden, wenn wiederum bezogene Koordinaten entsprechend (4.3) und (4.7) eingeführt werden. Damit erhält man für die beiden Ausführungsformen der rotierenden elektrischen Maschine, die mit radialem und die mit axialem Luftspalt, gleiche Beschreibungsfunktionen für das Luftspaltfeld. Die abgewickelten Darstellungen des Luftspaltraums und der Koordinaten gehen ineinander über (Bild 4.1c und d).

4.2.2 Komplexe Darstellung der Harmonischen des Luftspaltfelds

Bei der Ermittlung des resultierenden Felds eines Wicklungsstrangs oder einer Wicklung oder der Wicklungen von Ständer und Läufer geht man i.allg. so vor, daß die einzelnen Harmonischen des resultierenden Felds aus den entsprechenden Harmonischen der Felder der Wicklungen oder der Elemente der Wicklungen bestimmt werden. Voraussetzung dafür ist die Gültigkeit des Überlagerungsprinzips, d.h. es muß ein linearer Zusammenhang zwischen der Feldgröße und dem zugehörigen Strom bestehen. Diese Voraussetzung ist für die Induktionsverteilungen nur solange erfüllt, wie in den ferromagnetischen Abschnitten des magnetischen Kreises mit $\mu_{\text{Fe}} = \infty$ gerechnet werden kann. Die Durchflutungsverteilungen[1] dagegen sind den erregenden Strömen streng proportional, so daß das Überlagerungsprinzip ohne Einschränkung gilt. Sie sind deshalb stets Ausgang der Feldermittlung. Die aufgezeigte Vorgehensweise erfordert, daß Feldwellen gleicher Wellenlänge bzw. gleicher Ordnungszahl addiert werden, die gegeneinander räumlich verschoben sind. Die Amplituden der Feldwellen und ihre Verschiebung gegeneinander sind dabei zeitabhängig.

Zur Durchführung der Überlagerung mehrerer Feldwellen gleicher Ordnungszahl empfiehlt es sich, diese in komplexer Form darzustellen. Das soll zunächst für eine Induktionswelle nach (4.4) bzw. (4.5) geschehen. Man erhält mit Hilfe der Eulerschen Beziehung

$$
B_\nu = \operatorname{Re}\left\{ \widehat{B}_\nu \, \mathrm{e}^{\mathrm{j}\nu'\gamma'_{B,\nu}} \, \mathrm{e}^{-\mathrm{j}\nu'\gamma'} \right\} = \operatorname{Re}\left\{ \widehat{B}_\nu \, \mathrm{e}^{\mathrm{j}\varphi_{B\nu}} \, \mathrm{e}^{-\mathrm{j}\nu'\gamma'} \right\} = \operatorname{Re}\left\{ \vec{B}_\nu \, \mathrm{e}^{-\mathrm{j}\nu'\gamma'} \right\} \; . \quad (4.17)
$$

Wenn man von der Darstellung der Feldwellen im Koordinatensystem γ ausgeht, erhält man aus (4.8) und (4.10)

$$
B_\nu = \operatorname{Re}\left\{ \widehat{B}_\nu \, \mathrm{e}^{\mathrm{j}\nu\gamma_{B,\nu}} \, \mathrm{e}^{-\mathrm{j}\nu\gamma} \right\} = \operatorname{Re}\left\{ \widehat{B}_\nu \, \mathrm{e}^{\mathrm{j}\varphi_{B\nu}} \, \mathrm{e}^{-\mathrm{j}\nu\gamma} \right\} = \operatorname{Re}\left\{ \vec{B}_\nu \, \mathrm{e}^{-\mathrm{j}\nu\gamma} \right\} \; . \quad (4.18)
$$

---

[1] s. Band Grundlagen, Abschnitt 12.3.2 bzw. Abschnitt 4.5.2 im vorliegenden Band

In (4.17) und (4.18) ist die komplexe Größe $\vec{B}_\nu$ gegeben durch

$$\vec{B}_\nu = \widehat{B}_\nu \, \mathrm{e}^{\mathrm{j}\nu'\gamma'_{B,\nu}} = \widehat{B}_\nu \, \mathrm{e}^{\mathrm{j}\nu\gamma_{B,\nu}} = \widehat{B}_\nu \, \mathrm{e}^{\mathrm{j}\varphi_{B\nu}} \;. \tag{4.19}$$

Sie beinhaltet die Informationen über Amplitude und Lage der Feldwelle in einem betrachteten Augenblick.

In Verallgemeinerung von (4.14) bis (4.10) ist eine allgemeine Feldwelle F_ν der Ordnungszahl ν im Koordinatensystem γ bzw. ν' im Koordinatensystem γ' gegeben als

$$
\begin{aligned}
F_\nu &= \widehat{F}_\nu \cos \nu(\gamma - \gamma_{F,\nu}) = \widehat{F}_\nu \cos(\nu\gamma - \varphi_{F\nu}) \\
&= \widehat{F}_\nu \cos \nu'(\gamma' - \gamma'_{F,\nu}) = \widehat{F}_\nu \cos(\nu'\gamma' - \varphi_{B\nu})
\end{aligned} \tag{4.20}
$$

und läßt sich darstellen als

$$F_\nu = \mathrm{Re}\left\{ \vec{F}_\nu \, \mathrm{e}^{-\mathrm{j}\nu'\gamma'} \right\} = \mathrm{Re}\left\{ \vec{F}_\nu \, \mathrm{e}^{-\mathrm{j}\nu\gamma} \right\} \tag{4.21}$$

mit

$$\vec{F}_\nu = \widehat{F}_\nu \, \mathrm{e}^{\mathrm{j}\nu'\gamma'_{F,\nu}} = \widehat{F}_\nu \, \mathrm{e}^{\mathrm{j}\nu\gamma_{F,\nu}} = \widehat{F}_\nu \, \mathrm{e}^{\mathrm{j}\varphi_{F\nu}} \;. \tag{4.22}$$

Die Addition zweier Feldwellen $F_{\nu 1}$ und $F_{\nu 2}$ mit gleicher Ordnungszahl $\nu = \nu'/p$ liefert

$$F_\nu = F_{\nu 1} + F_{\nu 2} = \mathrm{Re}\left\{ (\vec{F}_{\nu 1} + \vec{F}_{\nu 2}) \, \mathrm{e}^{-\mathrm{j}\nu'\gamma'} \right\} = \mathrm{Re}\left\{ (\vec{F}_{\nu 1} + \vec{F}_{\nu 2}) \, \mathrm{e}^{-\mathrm{j}\nu\gamma} \right\} . \tag{4.23}$$

Es ist also

$$\vec{F}_\nu = \vec{F}_{\nu 1} + \vec{F}_{\nu 2} \;. \tag{4.24}$$

Die zugeordneten Raumzeiger addieren sich in der komplexen Ebene wie Vektoren (Bild 4.2). In (4.22) sind $\gamma'_{F,\nu}$ bzw. $\gamma_{F,\nu}$ bzw. $\varphi_{F,\nu}$ Funktionen der Zeit und bringen direkt die Bewegung der Feldwelle im Koordinatensystem γ' bzw. γ zum Ausdruck. Da aber mit Einführung von $\vec{F}_\nu$ die örtliche Abhängigkeit der Feldwelle von der Koordinate γ' bzw. γ eliminiert wurde und dem Winkel von $\vec{F}_\nu$ nicht angesehen werden kann, wo das Koordinatensystem befestigt ist, in dem seine Zeitabhängigkeit den Bewegungsvorgang beschreibt, ist es erforderlich, den Raumzeiger $\vec{F}_\nu$ bezüglich der Fixierung des Koordinatensystems, in dem er die Feldwelle beschreibt, zu kennzeichnen. Das geschieht durch einen Superskript S für ein Koordinatensystem, das am Ständer befestigt ist ($\vec{F}_\nu^{\,S}$) und ein Superskript L für ein solches, das am Läufer fixiert ist ($\vec{F}_\nu^{\,L}$).

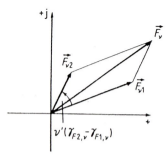

Bild 4.2
Überlagerung zweier Feldwellen $\vec{F}_{\nu 1}$ und $\vec{F}_{\nu 2}$ gleicher Ordnungszahl zur Feldwelle $\vec{F}_\nu$ mit Hilfe der zugeordneten Raumzeiger

4.3 Grundformen des Luftspaltfelds

In Tafel 4.1 sind eine Reihe typischer Formen des Luftspaltfelds aus einheitlicher Sicht zusammengeführt. Dabei sei noch einmal daran erinnert, daß ein gegebenes Feld in jedem Koordinatensystem einer anderen Beschreibungsfunktion genügt. Die Grundformen des Luftspaltfelds sind Erscheinungsformen, wie sie von einem der beiden Hauptelemente aus, d.h. in dessen Koordinatensystem, beobachtet werden.

Das *Gleichfeld* ist vom betrachteten Hauptelement aus gesehen zeitlich konstant. Seine Induktionsverteilung $B(\gamma)$ folgt im allgemeinen Fall einer beliebigen periodischen Funktion. Im Fall des *Grundwellengleichfelds* gilt

$$B(\gamma) = \widehat{B}_1 \cos(\gamma - \gamma_{\mathrm{G}}) \ . \tag{4.25}$$

Sein Aufbau erfordert, daß im betrachteten Hauptelement Gleichströme fließen oder ein permanentmagnetischer Abschnitt vorgesehen ist.

Das *Wechselfeld* ist dadurch gekennzeichnet, daß sich die Induktionswerte im betrachteten Koordinatensystem γ für alle γ zeitlich sinusförmig und phasengleich ändern. Die örtliche Abhängigkeit von der Koordinate γ ist im allgemeinen Fall beliebig periodisch. Eine einzelne Harmonische dieses Feldes nennt man ein *sinusförmiges Wechselfeld*. Die erste Harmonische bezüglich der Polpaarteilung bildet das *Grundwellenwechselfeld*

$$B(\gamma, t) = \widehat{B}_1 \cos(\gamma - \gamma_{\mathrm{W}}) \cos(\omega t + \varphi_{\mathrm{W}}) \ . \tag{4.26}$$

Dabei ist $\widehat{B}_1$ die räumliche und zeitliche Amplitude. Sie tritt an der Stelle $\gamma = \gamma_{\mathrm{W}}$ auf und herrscht in den Zeitpunkten mit $\omega t + \varphi_{\mathrm{W}} = 0; 2\pi; 4\pi$ usw. Die räumliche Amplitude $\widehat{B}_1 \cos(\omega t + \varphi_{\mathrm{W}})$ ändert sich zeitlich sinusförmig mit der Kreisfrequenz ω. Die zeitliche Amplitude $\widehat{B}_1 \cos(\gamma - \gamma_{\mathrm{W}})$ ist eine sinusförmige Funktion des Ortes. Aus der Darstellung in Tafel 4.1 wie auch aus (4.26) erkennt man, daß ein sinusförmiges Wechselfeld als *stehende Welle* angesprochen werden kann.

Das *Drehfeld* ist eine sinusförmige Induktionsverteilung, die sich im Koordinatensystem des betrachteten Hauptelements mit konstanter Geschwindigkeit bewegt. Es stellt also eine *fortschreitende Welle* dar. Ein Drehfeld, dessen Wellenlänge gleich der doppelten Polteilung ist, bezeichnet man als *Grundwellendrehfeld*. Es läßt sich formulieren als

$$B(\gamma, t) = \widehat{B}_1 \cos(\gamma - \Omega_{\mathrm{D}\gamma} t - \gamma_{\mathrm{D}}) \ . \tag{4.27}$$

Das Vorzeichen der bezogenen Geschwindigkeit $\Omega_{\mathrm{D}\gamma}$ bestimmt die Bewegungsrichtung. In bezug auf die Koordinate γ läuft das Drehfeld bei $\Omega_{\mathrm{D}\gamma} > 0$ in positiver und bei $\Omega_{\mathrm{D}\gamma} < 0$ in negativer Richtung um. In jedem Zeitpunkt t ist die Induktion örtlich sinusförmig verteilt. An jeder Stelle γ ändert sich die Induktion zeitlich sinusförmig mit der Kreisfrequenz $\omega = |\Omega_{\mathrm{D}\gamma}|$ bzw. mit der Frequenz

$$f = \frac{\omega}{2\pi} = \left| \frac{\Omega_{\mathrm{D}\gamma}}{2\pi} \right| \ . \tag{4.28}$$

Die tatsächliche Geschwindigkeit $v_{\mathrm{D}\gamma}$ des Drehfelds entlang der Integrationsfläche, auf der die Koordinate γ liegt, erhält man mit $\gamma = (\pi/\tau_{\mathrm{p}})x$ und $\mathrm{d}\gamma/\mathrm{d}t = \Omega_{\mathrm{D}\gamma}$ zu

$$v_{\mathrm{D}\gamma} = \frac{\tau_{\mathrm{p}}}{\pi} \Omega_{\mathrm{D}\gamma} \ . \tag{4.29}$$

Seine Drehzahl beträgt

$$n_{\mathrm{D}\gamma} = \frac{v_{\mathrm{D}\gamma}}{D\pi} = \frac{1}{p} \frac{\Omega_{\mathrm{D}\gamma}}{2\pi} \ . \tag{4.30}$$

Tafel 4.1 Grundformen des Luftspaltfeldes

Grundform des Luftspaltfelds $B(\gamma)$	Induktionsverteilung	Komplexe Darstellung	Raumzeiger
Gleichfeld $B(\gamma) = B_{per}(\gamma)$	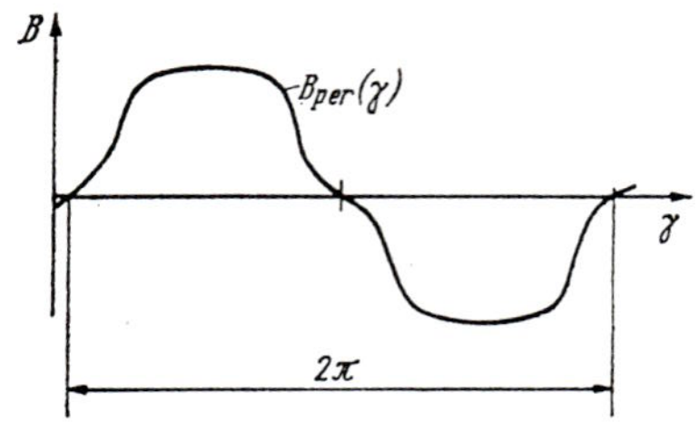		
$B(\gamma) = \hat{B}_1 \cos(\gamma - \gamma_G)$	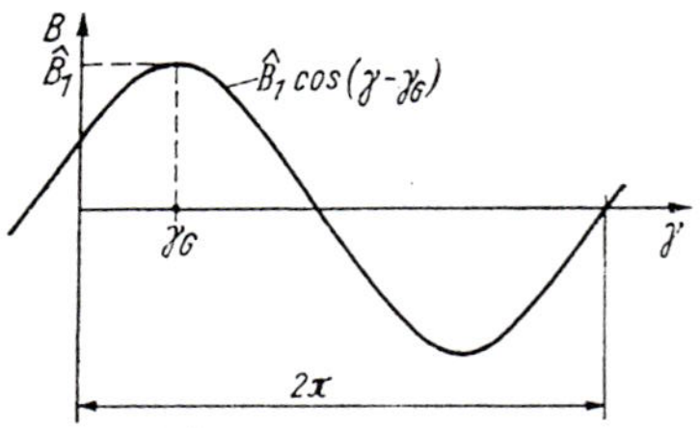	$\vec{B} = \hat{B}_1\, e^{j\gamma_G}$	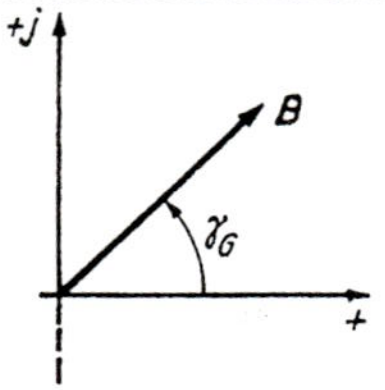
Grundwellenwechselfeld $B(\gamma) = \hat{B}_1 \cos(\gamma - \gamma_W)$ $\times \cos(\omega t + \varphi_W)$	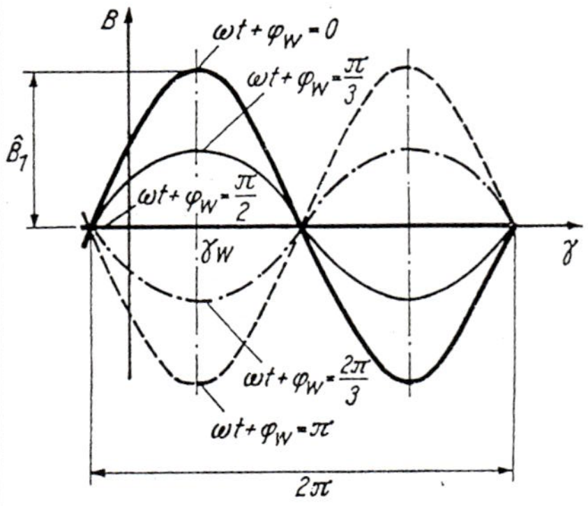	$\vec{B} = \hat{B}_1\, e^{j\gamma_W} \cos(\omega t + \varphi_W)$	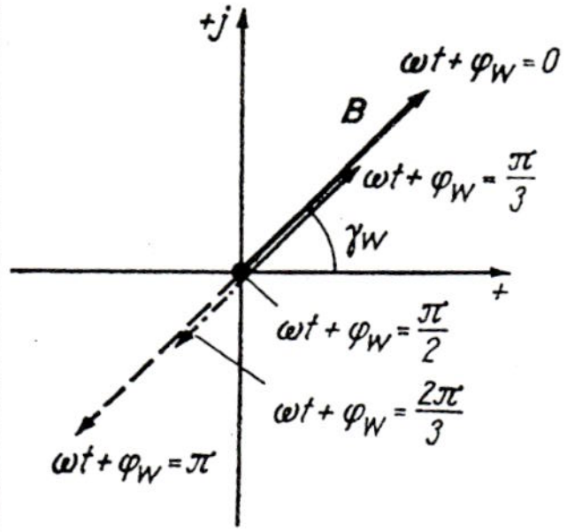

Grundwellendrehfeld
$$B(\gamma) = \hat{B}_1 \cos(\gamma - \Omega_{D\gamma}t - \gamma_D)$$

$$\vec{B} = \hat{B}_1\, e^{j(\Omega_{D\gamma} + \gamma_D)}$$

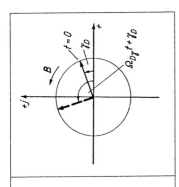

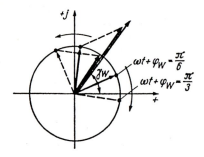

Bild 4.3
Darstellung der Zerlegung eines Grundwellen-
wechselfelds in zwei gegenläufige Grundwellen-
drehfelder in der komplexen Ebene

Ein Drehfeld, das in einem Koordinatensystem beobachtet wird, erscheint aus Sicht eines anderen Koordinatensystems, das sich relativ zum ersten mit konstanter Geschwindigkeit bewegt, wieder als ein Drehfeld, wobei sich allerdings die Geschwindigkeit ändert. Ein Grundwellendrehfeld im Ständerkoordinatensystem

$$B(\gamma_{\mathrm{S}}, t) = \widehat{B}_1 \cos(\gamma_{\mathrm{S}} - \Omega_{\mathrm{D}\gamma\mathrm{S}}t - \gamma_{\mathrm{D}})$$

z.B. wird im Läuferkoordinatensystem γ_{L}, entsprechend (4.13) und (4.16), beobachtet als

$$B(\gamma_{\mathrm{L}}, t) = \widehat{B}_1 \cos[\gamma_{\mathrm{L}} - (\Omega_{\mathrm{D}\gamma\mathrm{S}} - \Omega)t - \gamma_{\mathrm{D}} + \vartheta_0)] \ .$$

Das ist ein Drehfeld, das sich relativ zum Läufer mit der bezogenen Geschwindigkeit $\Omega_{\mathrm{D}\gamma\mathrm{L}} = \Omega_{\mathrm{D}\gamma\mathrm{S}} - \Omega$ bzw. der Drehzahl $n_{\mathrm{D}\gamma\mathrm{L}} = n_{\mathrm{D}\gamma\mathrm{S}} - n$ bewegt. Für den Fall, daß das Drehfeld relativ zum Ständer die gleiche Geschwindigkeit wie der Läufer hat, d.h. wenn $\Omega_{\mathrm{D}\gamma\mathrm{S}} = \Omega$ ist, beobachtet man relativ zum Läufer das Grundwellengleichfeld

$$B(\gamma_{\mathrm{L}}, t) = \widehat{B}_1 \cos(\gamma_{\mathrm{L}} - \gamma_{\mathrm{D}} + \vartheta_0) = \widehat{B}_1 \cos(\gamma_{\mathrm{L}} - \gamma_{\mathrm{G}}) \ . \tag{4.31}$$

Umgekehrt erscheint ein derartiges Läufergleichfeld im Koordinatensystem des Ständers als Drehfeld mit der bezogenen Geschwindigkeit Ω des Läufers.

Eine übergeordnete Betrachtungsweise kann das Grundwellengleichfeld offenbar als ein Grundwellendrehfeld mit verschwindender Umlaufgeschwindigkeit ansehen. Andererseits läßt sich auch zwischen dem Grundwellenwechselfeld und dem Grundwellendrehfeld ein Zusammenhang herstellen, da ersteres als Überlagerung zweier gegenläufiger Grundwellendrehfelder deutbar ist. Dieser Sachverhalt folgt unmittelbar aus der komplexen Darstellung des Grundwellenwechselfelds nach Tafel 4.1 mit $\cos\alpha = (1/2)(\,\mathrm{e}^{\mathrm{j}\alpha} + \mathrm{e}^{-\mathrm{j}\alpha})$ zu[1]

$$
\begin{aligned}
\vec{B} &= \widehat{B}_1\,\mathrm{e}^{\mathrm{j}\gamma_{\mathrm{W}}}\cos(\omega t + \varphi_{\mathrm{W}}) \\
&= \frac{1}{2}\widehat{B}_1\,\mathrm{e}^{\mathrm{j}(\omega t + \varphi_{\mathrm{W}} + \gamma_{\mathrm{W}})} + \frac{1}{2}\widehat{B}_1\,\mathrm{e}^{\mathrm{j}(-\omega t - \varphi_{\mathrm{W}} + \gamma_{\mathrm{W}})}
\end{aligned}
\tag{4.32}
$$

Bild 4.3 zeigt die zugeordnete Darstellung in der komplexen Ebene. Die Zerlegbarkeit eines Wechselfelds in zwei gegenläufige Drehfelder entsprechend (4.32) bildet die Grundlage für den Aufbau eines reinen Grundwellendrehfelds als resultierendes Luftspaltfeld mit Hilfe mehrerer gegeneinander räumlich versetzter Wicklungsstränge, in denen zeitlich gegeneinander phasenverschobene Wechselströme fließen.

Die vorstehenden Betrachtungen zeigen, daß für die Luftspaltfelder einer rotierenden elektrischen Maschine im stationären Betrieb stets eine Verbindung zum Drehfeld besteht. Das Drehfeld und sein Zusammenspiel mit den Wicklungen hat deshalb bei der

---

[1] s. Band Grundlagen, Abschnitt 20.2.2

Analyse des stationären Betriebs der rotierenden elektrischen Maschinen eine zentrale Bedeutung. Der zugehörige theoretische Apparat wird unter dem Begriff *„Drehfeldtheorie"* zusammengefaßt.

4.4 Reale Luftspaltfelder

Die Grundformen des Luftspaltfelds nach Abschnitt 4.3 liegen dem inneren Mechanismus zugrunde, der das angestrebte stationäre Betriebsverhalten der verschiedenen Ausführungsformen rotierender elektrischer Maschinen bestimmt. Sie werden hinsichtlich der Feldform dadurch zu realisieren angestrebt, daß man

– die Windungen auf mehrere Spulen verteilt,

– die Luftspaltgeometrie entsprechend gestaltet und

– Unsymmetrien vermeidet, die eine Störung der Periodizität des Feldes entsprechend der Polpaarzahl herbeiführen.

Reale Luftspaltfelder weichen von den angestrebten Grundformen mehr oder weniger ab. Diese Abweichungen rufen i.allg. Erscheinungen hervor, die nicht erwünscht sind. Dazu gehören z.B. die asynchronen und die synchronen Oberwellendrehmomente bei Asynchronmaschinen, Drehmomentpulsation bei Gleichstrommaschinen usw. Es wird deshalb von der Auslegung der Maschine her angestrebt, die Abweichungen von der jeweiligen Grundform des Luftspaltfelds möglichst gering zu halten. Das liefert umgekehrt die Berechtigung dafür, bei der Analyse des grundsätzlichen Betriebsverhaltens zunächst jeweils von der Grundform des Luftspaltfelds auszugehen.

Die Ursachen der Abweichungen der realen Luftspaltfelder von den Grundformen werden im folgenden zusammenfassend dargestellt.

1. Wicklungen mit ausgebildeten Strängen werden entsprechend Abschnitt 3.1 dadurch realisiert, daß man die Windungszahl, die innerhalb eines Polpaars auf einen Strang entfällt, auf eine endliche Anzahl von Spulen gleicher Windungszahl verteilt, die im Normalfall in Nuten untergebracht sind. Die Windungen sind also nicht „sinusförmig verteilt", um einen rein sinusförmigen Strombelag hervorzurufen, bzw. sie liegen nicht gleichmäßig und unendlich dicht verteilt und haben deshalb keinen konstanten Strombelag zur Folge (vgl. Tafel 0.4). Im Bereich einer Nutteilung wirkt von der betrachteten Wicklung her auf das Luftspaltfeld eine konstante Durchflutung. Man erhält eine treppenförmige Induktionsverteilung.

2. Die Geometrie des Luftspaltraums läßt sich durch die Formgebung der Polschuhe von Hauptelementen mit ausgeprägten Polen aus konstruktiven Gründen nicht so gestalten, daß eine rein sinusförmige Induktionsverteilung entsteht. Außerdem erhält man von einem sinusförmigen Strombelag auf dem rotationssymmetrischen Hauptelement unter dem Einfluß ausgeprägter Pole auf dem anderen Hauptelement eine nicht sinusförmige Induktionsverteilung.

3. Unter dem Einfluß der Nutöffnung entstehen Einsattelungen in der Induktionsverteilung. Diese sind um so stärker ausgeprägt, je weiter die Nutöffnung ist. Im Spektrum der Harmonischen der Induktionsverteilung erhält man, herrührend von diesen Einsattelungen, eine Reihe charakteristischer Harmonischer, die sog. *Nutungsharmonischen* (s. Abschnitt 4.5.7). Bild 4.4 zeigt das Feldbild im Bereich einer Nutteilung und die zugeordnete Induktionsverteilung.

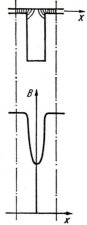

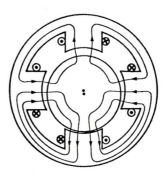

Bild 4.4   Feldbild
und Induktionsverteilung unter
dem Einfluß der Nutöffnung
im Bereich einer Nutteilung

Bild 4.5   Prinzipieller Verlauf der Feldlinien
einer vierpoligen, gleichstromerregten Maschine
unter dem Einfluß einer exzentrischen Lage
der Läuferachse zur Ständerbohrung

4. Wenn sich der Wicklungsaufbau nicht streng innerhalb jedes Polpaars wiederholt, sondern erst nach mehreren Polpaaren, enthält die Induktionsverteilung dieser Wicklung Harmonische mit Ordnungszahlen $\nu' < p$, d.h. sog. *Unterwellen* (s. Abschnitt 3.1.2).

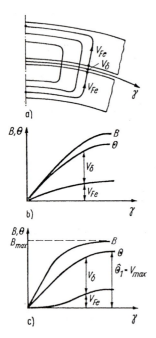

Bild 4.6   Entstehung der Sättigungsharmonischen
a) Integrationswege entlang von Feldlinien für verschiedene γ
b) Aufteilung der sinusförmigen Durchflutung Θ auf die magnetischen Spannungsabfälle V_δ und V_{Fe} sowie die Induktionsverteilung B bei linearen magnetischen Verhältnissen
c) Aufteilung der sinusförmigen Durchflutung Θ auf die magnetischen Spannungsabfälle V_δ und V_{Fe} sowie die Induktionsverteilung bei nichtlinearer Magnetisierungskennlinie $B(H)$ der ferromagnetischen Abschnitte

5. Unter dem Einfluß einer exzentrischen Lage des Läufers relativ zur Ständerbohrung wird die Periodizität des Luftspaltfelds bezüglich der Polpaarzahl gestört. Die In-

duktionsverteilung enthält dementsprechend Harmonische, bezogen auf den Gesamtumfang, die mit der Ordnungszahl $\nu' = 1$ beginnen. Bild 4.5 zeigt den prinzipiellen Einfluß der Läuferexzentrizität auf das Luftspaltfeld einer vierpoligen Maschine. Die analytische Behandlung erfolgt im Abschnitt 4.5.6.

6. Unter dem Einfluß der Nichtlinearität der Magnetisierungskurve $B(H)$ des Magnetmaterials entsteht selbst bei sinusförmigem Strombelag und konstantem Luftspalt eine nichtsinusförmige Induktionsverteilung. Ursache dafür ist, daß man für die einzelnen Integrationswege im Bild 4.6 eine unterschiedliche und von der Aussteuerung abhängige Aufteilung der zur Verfügung stehenden Durchflutung auf die magnetischen Spannungsabfälle V_δ und V_{Fe} über dem Luftspalt und über dem übrigen magnetischen Kreis erhält. Wenn sich die Durchflutung, entsprechend dem sinusförmigen Strombelag, sinusförmig entlang der Koordinate γ im Luftspalt ändert, so gilt dies dann nicht mehr für den magnetischen Spannungsabfall über dem Luftspalt und damit auch nicht mehr für die Induktionsverteilung. Man erhält die sog. *Sättigungsharmonischen.*

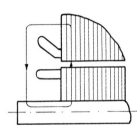

Bild 4.7
Feldwirbel im Stirnraum

7. Im allgemeinen Fall muß damit gerechnet werden, daß sich entsprechend Bild 4.7 Feldwirbel ausbilden, die sich außerhalb der Wicklungsköpfe vom Ständerrücken zum Läuferrücken – auch über inaktive Bauteile wie die Welle – schließen. Ursache eines derartigen Feldes kann z.B. ein Ringstrom im Stirnraum sein. Das Feld schließt sich über den Luftspalt und ruft dort eine in Umfangsrichtung konstante Induktion hervor. Es entsteht eine *homopolare Komponente* des Luftspaltfeldes. Der Fluß, der sich herrührend von einem derartigen Feld über die Läuferwelle schließt, wird auch als *Wellenfluß* bezeichnet. Auf die Erscheinung war bereits im Abschnitt 2.2 hingewiesen worden. Sie wird im Abschnitt 4.5 eingehend behandelt.

4.5 Bestimmung des Luftspaltfelds

4.5.1 Betrachtung des Luftspaltfelds als quasihomogenes Feld

In Tafel 4.2 sind grundsätzliche Beziehungen zur Bestimmung des Luftspaltfelds zusammengestellt[1]. Diese Beziehungen gehen von der Annahme aus, daß zumindest innerhalb von Abschnitten mit konstanter Luftspaltlänge δ ein quasihomogenes Feld vorliegt.

Für die folgenden allgemeineren Untersuchungen über den Aufbau des Luftspaltfelds kann nicht mehr damit gerechnet werden, daß sich dieses periodisch mit der Polpaarteilung wiederholt. Es werden vielmehr auch Komponenten existieren, deren Periodizität

[1] s. Band Grundlagen, Abschnitt 12.3

Tafel 4.2   Zusammenstellung der Beziehungen zur Bestimmung des Luftspaltfelds aus dem Band Grundlagen

Anordnung	Maßgebende Durchflutung	Induktionsverteilung $\mu_{Fe} = \infty$	$\mu_{Fe} \neq \infty$
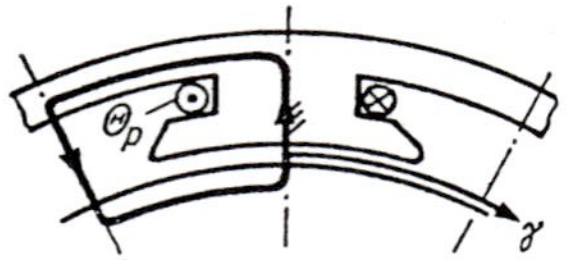	$\Theta = \Theta(0)$	$B(\gamma) = \dfrac{\mu_0}{\delta_{i0}}\,\Theta_p\,f(\gamma)$ $f(\gamma)$ Feldform	$B(\gamma) = \dfrac{\mu_0}{\delta_{i0}}\,(\Theta_p - V_{Fe0})\,f(\gamma)$
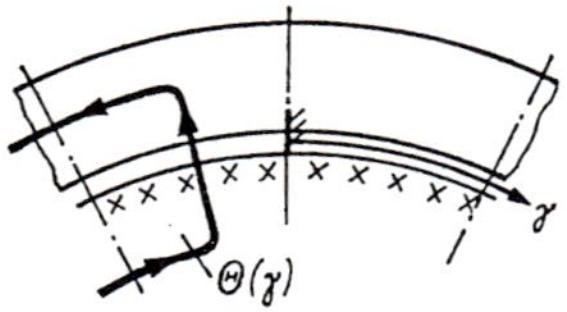	$\Theta(\gamma)$	$B(\gamma) = \dfrac{\mu_0}{\delta_i}\,\Theta\,f(\gamma)$	$B(\gamma) = \dfrac{\mu_0}{\delta_i}\,[\Theta(\gamma) - V_{Fe}(\gamma)]$
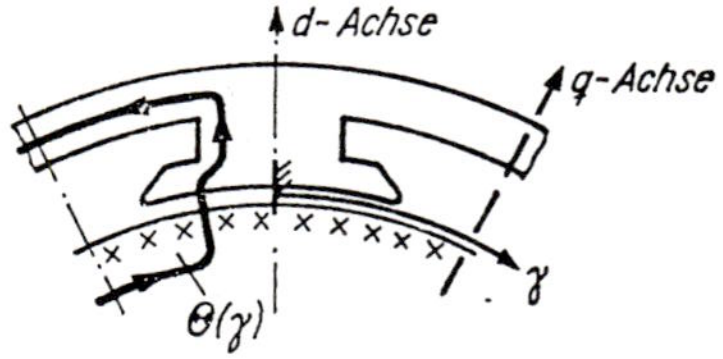	$\Theta(\gamma) = \Theta_{d,1}(\gamma) + \Theta_{q,1}(\gamma)$ $= \hat\Theta_{d,1}\cos\gamma + \hat\Theta_{q,1}\cos\left(\gamma - \dfrac{\pi}{2}\right)$	$B_1(\gamma) = B_{d,1}(\gamma) + B_{q,1}(\gamma) = \hat{B}_{d,1}\cos\gamma + \hat{B}_{q,1}\left(\gamma - \dfrac{\pi}{2}\right)$ $\hat{B}_{d,1} = C_{ad,1}\dfrac{\mu_0}{\delta_{i0}}\,\hat\Theta_{d,1}\,;\quad \hat{B}_{q,1} = C_{aq,1}\dfrac{\mu_0}{\delta_{i0}}\,\hat\Theta_{q,1}$ $C_{ad,1}, C_{aq,1}$ Polformkoeffizienten	

durch den Gesamtumfang oder Teilen davon gegeben ist, die nicht ganzzahlig in der Polpaarteilung enthalten sind, wie im allgemeinen Fall die Nutteilung. Die Größen zur Beschreibung des Luftspaltfelds werden deshalb im folgenden in Abhängigkeit von der Koordinate γ' nach (4.3) dargestellt. Dann ergibt sich der magnetische Spannungsabfall $V_\delta(\gamma')$ für einen Integrationsweg, der an einer bestimmten Stelle γ' durch die Integrationsfläche im Luftspalt tritt, mit Bild 4.8 zu

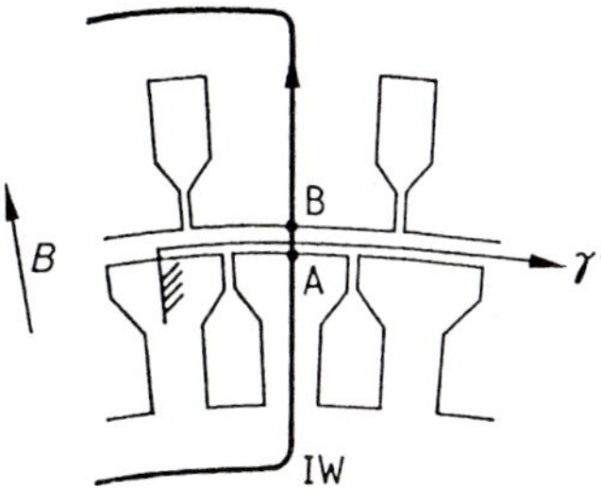

Bild 4.8
Ausschnitt des Luftspaltraums einer Maschine
mit zwei rotationssymmetrischen Hauptelementen
($\delta =$ konst.)
IW Integrationsweg

$$V_\delta(\gamma') = \int_A^B \boldsymbol{H}(\gamma') \cdot \mathrm{d}\boldsymbol{s} = H(\gamma')\,\delta = \frac{1}{\mu_0}B(\gamma')\,\delta \;. \tag{4.33}$$

Unter dem Einfluß der Nutöffnungen kommt es zu Einsattelungen des Feldverlaufs (s. Bild 4.4). Wenn dieser Effekt vernachlässigt werden soll, nimmt man unendlich schmale Nutschlitze an und muß dafür den Luftspalt auf die ideelle Luftspaltlänge δ_i vergrößern, um bei gleichem magnetischen Spannungsabfall den gleichen Fluß durch die Nutteilung bzw. eine dem mittleren Wert des tatsächlichen Verlaufs entsprechende Induktion zu erhalten. An die Stelle von (4.33) tritt bei Vernachlässigung des Einflusses der Nutöffnungen

$$V_\delta(\gamma') = H(\gamma')\,\delta_\mathrm{i} = \frac{1}{\mu_0}B(\gamma')\,\delta_\mathrm{i} \;. \tag{4.34}$$

Die ideelle Luftspaltlänge wird mit Hilfe des *Carterschen Faktors* k_c als $\delta_\mathrm{i} = k_\mathrm{c}\delta$ bestimmt. Dieser ist stets größer als eins und wird für den Fall ermittelt, daß, wie im Bild 4.4, über benachbarten Zahnköpfen gleiche Luftspaltinduktionen herrschen. Im allgemeinen unterscheiden sich diese Induktionswerte nach Maßgabe der Feldform. Wenn diese innerhalb einer Nutteilung merkliche Änderungen aufweist, ist es eigentlich nicht mehr korrekt, den Carterschen Faktor und die über ihn definierte ideelle Luftspaltlänge anzuwenden.

Die Vorstellung des quasihomogenen Luftspaltfelds und damit die Gültigkeit von (4.33) kann auch dann noch aufrechterhalten werden, wenn sich die Luftspaltlänge als Funktion von γ' in gewissem Maß ändert. Man erhält dann

$$V_\delta(\gamma') = H(\gamma')\,\delta(\gamma') = \frac{1}{\mu_0}B(\gamma')\,\delta(\gamma') \tag{4.35}$$

bzw., wenn der Einfluß der Nutöffnungen vernachlässigt werden soll, ausgehend vom bezüglich der Nutung gemittelten Verlauf $B(\gamma')$,

$$V_\delta(\gamma') = \frac{1}{\mu_0}B(\gamma')\,\delta_\mathrm{i}(\gamma') \;. \tag{4.36}$$

Aus (4.35) folgt

$$B(\gamma') = \frac{\mu_0}{\delta(\gamma')}V_\delta(\gamma') \;. \tag{4.37}$$

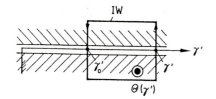

Bild 4.9
Lage des Integrationswegs IW für die
Durchflutung $\Theta(\gamma')$

Die Gültigkeit dieser Beziehung ist zunächst daran gebunden, daß sich die Luft-spaltlänge innerhalb eines Abschnitts auf der Koordinate γ', der der Luftspaltlänge selbst entspricht, nur geringfügig ändert. Anderenfalls ist nicht zu erwarten, daß ein quasihomogenes Feld entsteht. Diese Voraussetzung ist z.B. für die Erweiterung des Luftspalts entlang dem Polbogen von Maschinen mit ausgeprägten Polen erfüllt oder auch für die Luftspaltänderungen aufgrund einer exzentrischen Läuferlage. Sie ist mit Sicherheit nicht für die Erweiterung des Luftspalts erfüllt, den die Nutöffnungen dar-stellen.

Gleichung (4.37) läßt sich verallgemeinern zu

$$B(\gamma') = \Lambda(\gamma')V_\delta(\gamma') \ . \tag{4.38}$$

Dabei enthält der längenbezogene magnetische Leitwert $\Lambda(\gamma')$ des Luftspalts außer einem konstanten Anteil Λ_0 periodische Komponenten, so daß sich formulieren läßt

$$\Lambda(\gamma') = \Lambda_0 + \Lambda_{\text{per}}(\gamma') \ . \tag{4.39}$$

Man kann $\Lambda(\gamma')$ nach (4.38) für den Fall $V_\delta(\gamma') =$ konst. bestimmen und dann wenig-stens näherungsweise auch auf solche Fälle anwenden, bei denen $V_\delta(\gamma')$ in gewissem Maß veränderlich ist. Die Gültigkeit von (4.38) ist offenbar insofern eingeschränkt, als sich einer der beiden Faktoren im Vergleich zum anderen jeweils nur geringfügig ändern darf. Das ist z.B. nicht mehr erfüllt, wenn der Einfluß der Nutöffnungen auf das Feld von solchen Harmonischen der Durchflutungsverteilung ermittelt werden soll, deren Ordnungszahl ν' nicht mehr klein gegenüber der Nutzahl ist.

4.5.2   Einführung der Durchflutungsverteilung

In Tafel 4.2 ist bereits die Durchflutungsverteilung – auch *Felderregerkurve* genannt – verwendet worden, wie sie im Band „Grundlagen elektrischer Maschinen" eingeführt wurde. Sie stellt ein Hilfsmittel dar, um das Luftspaltfeld vor allem von in Nuten verteilten Wicklungen unmittelbar aus der Anwendung der Integralform des Durch-flutungsgesetzes zu bestimmen, d.h. ohne das eigentlich existierende Feldproblem zu lösen und damit letztlich natürlich näherungsweise. Dabei ist die Durchflutung $\Theta(\gamma')$ entsprechend Bild 4.9 einem Integrationsweg zugeordnet, der an einer solchen festge-haltenen Stelle γ_0' durch den Luftspalt zurückkehrt, daß $\Theta(\gamma')$ rein periodisch wird, also keinen Gleichanteil enthält. Es ist also

$$\Theta(\gamma') = \Theta(\gamma', \gamma_0') = \Theta_{\text{per}}(\gamma') \ . \tag{4.40}$$

Das Durchflutungsgesetz macht für den Integrationsweg IW im Bild 4.9 die Aussage

$$\Theta(\gamma') = \left(\sum_{\text{vzb}} i\right)_{\gamma', \gamma_0'} \tag{4.41}$$

Die Durchflutung $\Theta(\gamma')$ ändert sich jeweils sprunghaft um die Durchflutung einer Nut, d.h. um die Summe der Ströme in der Nut, wenn der Integrationsweg über den unendlich schmal gedachten Nutschlitz weiterrückt.

Wenn der tatsächlichen Verteilung der stromdurchflossenen Leiter ein Strombelag zugeordnet wird (s. auch Tafel 0.4), erhält man mit Bild 4.10

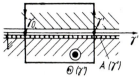

Bild 4.10
Zur Ermittlung der Durchflutungsverteilung $\Theta(\gamma')$ aus dem Strombelag $A(\gamma')$

$$\Theta(\gamma) = -\frac{\tau_{\mathrm{p}}}{\pi} \int_{\gamma_0}^{\gamma} A(\gamma)\,\mathrm{d}\gamma \qquad \text{bzw.} \qquad \Theta(\gamma') = -\frac{D}{2} \int_{\gamma_0'}^{\gamma'} A(\gamma')\,\mathrm{d}\gamma' \ . \tag{4.42}$$

Daraus folgt umgekehrt

$$\frac{\partial \Theta(\gamma)}{\partial \gamma} = -\frac{\tau_{\mathrm{p}}}{\pi} A(\gamma) \qquad \text{bzw.} \qquad \frac{\partial \Theta(\gamma')}{\partial \gamma'} = -\frac{D}{2} A(\gamma') \ . \tag{4.43}$$

Mit Hilfe von (4.43) läßt sich einer gegebenen Durchflutungsverteilung ein Ankerstrombelag A zuordnen. Im Bild 4.11 sind einige einfache Durchflutungsverteilungen $\Theta(\gamma)$ und die zugehörigen Strombeläge $A(\gamma)$ dargestellt.

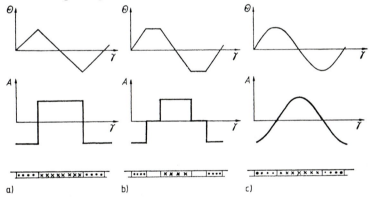

Bild 4.11 *Einfache Durchflutungsverteilungen $\Theta(\gamma)$ und zugehörige Strombeläge $A(\gamma)$*
a) $\Theta(\gamma)$ dreieckförmig (Kommutatoranker bei k bzw. $N \to \infty$); b) $\Theta(\gamma)$ trapezförmig (Kommutatoranker, Wicklungsstrang mit $Q \to \infty$); c) $\Theta(\gamma)$ sinusförmig (Wicklungsstrang genähert)

Mit Hilfe von (4.43) lassen sich insbesondere den Harmonischen einer Durchflutungsverteilung die Harmonischen eines Strombelags zuordnen. Die Durchflutungsverteilung steht also in einem linearen Zusammenhang zur Stromverteilung bzw. zum Ankerstrombelag. Es gilt das Überlagerungsprinzip. Das ist für die Induktionsverteilungen, sobald der magnetische Kreis aus realen ferromagnetischen Werkstoffen aufgebaut ist, nicht mehr der Fall. Dieser Sachverhalt ist von Bedeutung, wenn man die Einzelwellen des Luftspaltfelds aus der Überlagerung der Beiträge der einzelnen Spulen bzw. Wicklungsteile bestimmen will. Andererseits war bereits im Band Grundlagen entwickelt und ist in Tafel 4.2 wieder aufgegriffen worden, daß unter der Annahme $\mu_{\mathrm{Fe}} = \infty$ aus (4.34) für den Fall eines konstanten Luftspalts unmittelbar die Induktionsverteilung als

$$B(\gamma') = \frac{\mu_0}{\delta_{\mathrm{i}}} \Theta(\gamma') \tag{4.44}$$

entsteht.

Im folgenden wird versucht, die aus der Anwendung der Integralform des Durchflutungsgesetzes auf die elektrische Maschine unter Annahme eines quasihomogenen
Luftspaltfelds zu gewinnenden Aussagen zu erweitern. Dabei ist insbesondere die Voraussetzung zu verlassen, daß der Luftspalt entlang der Koordinate γ' konstant bleibt.
In diesem Zusammenhang ist es allerdings nicht mehr statthaft, Felder im Stirnraum
zu vernachlässigen, die sich außerhalb der Wicklungsköpfe vom Ständerrücken zum
Läuferrücken schließen und, wie sich zeigen wird, im Luftspalt als homopolare Feld-
komponente in Erscheinung treten. Die Annahme $\mu_{Fe} = \infty$ soll jedoch für die folgenden
Betrachtungen aufrechterhalten werden.

Die zu betrachtende Anordnung unter Verzicht auf die Darstellung der Wicklungsköpfe zeigt Bild 4.12. Diese Anordnung tritt jetzt an die Stelle der nach Bild
4.9. Der Integrationsweg IW verläuft an der Stelle γ' nach außen durch den Luftspalt und kehrt an einer beliebigen festgehaltenen Stelle $\gamma_0'^*$ zurück. Er umfaßt die
Durchflutung $\Theta(\gamma', \gamma_0'^*)$. Der Integrationsweg IW_{st} tritt an der Stelle γ' nach außen
durch den Luftspalt und schließt sich außerhalb der Wicklungsköpfe im Stirnraum vom
Ständerrücken zum Läuferrücken. Er umfaßt die Durchflutung $\Theta_{st}(\gamma')$.

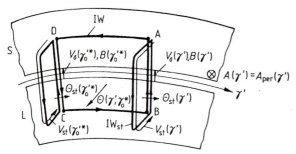

Bild 4.12   *Anordnung der Integrationswege zur Anwendung des Durchflutungsgesetzes*

Solange man die Zuleitungen zu den Wicklungen jeweils auf einer Stirnseite her-
ausführt – und das soll für die folgenden Betrachtungen vorausgesetzt werden – folgt
aus der Quellenfreiheit der elektrischen Strömung

$$\int_0^{2\pi} A(\gamma')\,d\gamma' = 0 \ ,$$

d.h. es ist

$$A(\gamma') = A_{per}(\gamma') \ . \tag{4.45}$$

Die Strombeläge sind rein periodisch, sie besitzen keinen Mittelwert. Das Durchflutungsgesetz liefert für einen Integrationsweg, der sich im Bild 4.12 von A nach B über
den Stirnraum, von B nach C im Läuferrücken, von C nach D wiederum über den
Stirnraum und von D nach A im Ständerrücken schließt,

$$V_{st}(\gamma') - V_{st}(\gamma_0'^*) = 0 \ ,$$

d.h. es ist

$$V_{st}(\gamma') = V_{st\,m} \neq f(\gamma') \ . \tag{4.46}$$

In einer Darstellung

$$V_{st}(\gamma') = V_{stm} + V_{st\,per}(\gamma') \tag{4.47}$$

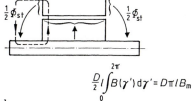

$$\frac{D}{2}l\int_{0}^{2\pi}B(\gamma')\,\mathrm{d}\gamma' = D\pi l B_{\mathrm{m}}$$

Bild 4.13
Feldwirbel im Stirnraum, die eine homopolare
Komponente des Luftspaltfeldes bilden
und zum Teil als Wellenfluß
über die Maschinenwelle verlaufen

ist also

$$V_{\mathrm{st\,per}}(\gamma') = 0 \ . \tag{4.48}$$

Der magnetische Spannungsabfall zwischen dem Ständer- und dem Läuferrücken auf dem Wege außerhalb der Wicklungsköpfe durch den Stirnraum ist überall gleich. Er besitzt keine periodische Komponente. Es existiert nur ein Mittelwert bezüglich γ'.

Diese Aussage wird in Strenge nicht mehr gelten, wenn die Annahme $\mu_{\mathrm{Fe}} = \infty$ für die Rückengebiete fallengelassen wird bzw. wenn die Blechpakete im Ständer durch Luftspalte in Umfangsrichtung unterbrochen sind, wie sie bei der Ausführung mit geteilten Ständerblechpaketen entstehen.

Für den Integrationsweg IW_{st} im Bild 4.12 liefert das Durchflutungsgesetz unter Beachtung von (4.46) die Aussage

$$V_{\delta}(\gamma') + V_{\mathrm{st\,m}} = \Theta_{\mathrm{st}}(\gamma') \ . \tag{4.49}$$

Dabei kann die Durchflutung $\Theta_{\mathrm{st}}(\gamma')$ außer einem periodischen Anteil $\Theta_{\mathrm{st\,per}}(\gamma')$ auch einen Mittelwert $\Theta_{\mathrm{st\,m}}$ besitzen, der durch einen Ringstrom um die Maschinenachse hervorgerufen wird. Es ist also im allgemeinen Falle

$$\Theta_{\mathrm{st}}(\gamma') = \Theta_{\mathrm{st\,m}} + \Theta_{\mathrm{st\,per}}(\gamma') \ . \tag{4.50}$$

Auf die Entstehung von $\Theta_{\mathrm{st\,m}}$ wird im Abschnitt 4.5.4 näher einzugehen sein.

Nach Maßgabe des über dem Stirnraum existierenden magnetischen Spannungsabfalls $V_{\mathrm{st\,m}}$ bildet sich vom Ständerrücken zum Läuferrücken ein Fluß Φ_{st} aus, der $V_{\mathrm{st\,m}}$ proportional ist. Er verteilt sich je zur Hälfte auf die Stirnräume. Die Quellenfreiheit des magnetischen Feldes erfordert dann, daß eine homopolare Komponente des Luftspaltfeldes existiert. Man erhält mit Bild 4.13

$$\Phi_{\mathrm{st}} = D\pi l B_{\mathrm{m}} \ .$$

Da Φ_{st} proportional $V_{\mathrm{st\,m}}$ ist, muß auch B_{m} proportional $V_{\mathrm{st\,m}}$ sein. Wenn man in Anlehnung an (4.38) einen längenbezogenen magnetischen Leitwert Λ_{st} für den Stirnraum einführt, gilt also

$$B_{\mathrm{m}} = \Lambda_{\mathrm{st}} V_{\mathrm{st\,m}} = \frac{\Phi_{\mathrm{st}}}{D\pi l} \ . \tag{4.51}$$

Durch das Vorhandensein des homopolaren Anteils muß die Induktionsverteilung $B(\gamma')$ des Luftspaltfelds offenbar formuliert werden als

$$B(\gamma') = B_{\mathrm{m}} + B_{\mathrm{per}}(\gamma') \ . \tag{4.52}$$

Die homopolare Komponente B_{m} des Luftspaltfelds erfordert entsprechend (4.38) und (4.39), daß der magnetische Spannungsabfall $V_{\delta}(\gamma')$ über dem Luftspalt im allgemeinen Fall einen konstanten Mittelwert besitzen muß. Es ist also

$$V_{\delta}(\gamma') = V_{\delta\mathrm{m}} + V_{\delta\mathrm{per}}(\gamma') \ . \tag{4.53}$$

Aus (4.49), (4.50) und (4.53) folgt als Beziehung zwischen den periodischen Anteilen

$$\boxed{V_{\delta\mathrm{per}}(\gamma') = \Theta_{\mathrm{st\,per}}(\gamma')}$$
(4.54)

und als Beziehung zwischen den Mittelwerten

$$V_{\delta\mathrm{m}} + V_{\mathrm{st\,m}} = \Theta_{\mathrm{st\,m}} \;.$$
(4.55)

Für den Integrationsweg IW im Bild 4.12 mit dem beliebigen Rückweg bei $\gamma_0'^*$ liefert das Durchflutungsgesetz unter Beachtung von (4.42) die Aussage

$$V_\delta(\gamma') - V_\delta(\gamma_0'^*) = \Theta(\gamma', \gamma_0'^*) = -\frac{D}{2} \int_{\gamma_0'^*}^{\gamma'} A_{\mathrm{per}}(\gamma')\,\mathrm{d}\gamma' \;.$$
(4.56)

Dabei ist als

$$A_{\mathrm{per}}(\gamma') = A(\gamma') = A_{\mathrm{S}}(\gamma') + A_{\mathrm{L}}(\gamma')$$
(4.57)

einzuführen, wobei $A_{\mathrm{S}}(\gamma')$ der an der Stelle γ' herrschende Strombelag des Ständers und $A_{\mathrm{L}}(\gamma')$ der des Läufers ist.

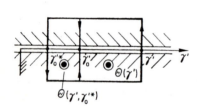

Bild 4.14   Zur Ermittlung der Durchflutungsverteilung bei beliebiger Lage $\gamma_0'^*$
des Rückwegs der Integrationswege

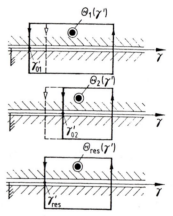

Bild 4.15
Zur Überlagerung zweier Durchflutungsverteilungen

Die Durchflutung $\Theta(\gamma', \gamma_0'^*)$ enthält einen Mittelwert $\Theta_{\mathrm{m}}(\gamma_0'^*)$, der von der Lage $\gamma_0'^*$ der festgehaltenen Stelle abhängt, an der der Integrationsweg über den Luftspalt zurückgeführt wird, und einen periodischen Anteil $\Theta_{\mathrm{per}}(\gamma') = \Theta(\gamma')$. Letzteren erhält man unmittelbar, wenn der Integrationsweg nicht an der beliebigen Stelle $\gamma_0'^*$, sondern entsprechend (4.40) an einer ausgezeichneten Stelle γ_0' über den Luftspalt zurückkehrt. Davon ausgehend und mit Bild 4.14 kann man $\Theta(\gamma', \gamma_0'^*)$ ausdrücken als

$$
\begin{aligned}
\Theta(\gamma', \gamma_0'^*) &= -\frac{D}{2} \int_{\gamma_0'^*}^{\gamma_0'} A_{\mathrm{per}}(\gamma')\,\mathrm{d}\gamma' - \frac{D}{2} \int_{\gamma_0'}^{\gamma'} A_{\mathrm{per}}(\gamma')\,\mathrm{d}\gamma' \\
&= \Theta_{\mathrm{m}}(\gamma_0'^*) + \Theta_{\mathrm{per}}(\gamma') = \Theta(\gamma_0', \gamma_0'^*) + \Theta(\gamma') \;.
\end{aligned}
$$
(4.58)

Dabei ist entsprechend (4.42)

$$\Theta(\gamma') = \Theta_{\mathrm{per}}(\gamma') = -\frac{D}{2} \int_{\gamma_0'}^{\gamma'} A(\gamma')\,\mathrm{d}\gamma'$$
(4.59)

der periodische Anteil von $\Theta(\gamma', \gamma_0'^*)$ und

$$\Theta(\gamma_0', \gamma_0'^*) = \Theta_{\mathrm{m}}(\gamma_0'^*) = -\Theta(\gamma_0'^*) = -\frac{D}{2}\int_{\gamma_0'^*}^{\gamma_0'} A(\gamma')\mathrm{d}\gamma' \tag{4.60}$$

der Mittelwert, der von der Lage $\gamma_0'^*$ des Rückwegs des Integrationswegs über den Luftspalt abhängt. Mit (4.53) und (4.58) erhält man aus der Aussage des Durchflutungsgesetzes nach (4.56)

$$V_{\delta\mathrm{per}}(\gamma') - V_{\delta\mathrm{per}}(\gamma_0'^*) = \Theta_{\mathrm{m}}(\gamma_0'^*) + \Theta_{\mathrm{per}}(\gamma') \ ,$$

d.h. es ist

$$\boxed{V_{\delta\mathrm{per}}(\gamma') = \Theta_{\mathrm{per}}(\gamma') = \Theta(\gamma')} \tag{4.61}$$

und

$$V_{\delta\mathrm{per}}(\gamma_0'^*) = \Theta_{\mathrm{m}}(\gamma_0'^*) \ . \tag{4.62}$$

Aus (4.54) und (4.61) folgt

$$\boxed{\Theta_{\mathrm{per}}(\gamma') = \Theta(\gamma') = \Theta_{\mathrm{st\,per}}(\gamma')} \ . \tag{4.63}$$

Aus (4.63) gewinnt man mit (4.61) die wichtige Erkenntnis, daß man die periodische Komponente der Luftspaltspannung $V_{\delta\mathrm{per}}(\gamma')$ gleichermaßen über die Anwendung des Durchflutungsgesetzes auf den Integrationsweg IW oder auf den Integrationsweg IW_{st} im Bild 4.12 bestimmen kann.

Auf der Ebene der Durchflutungen besagt (4.63), daß man die periodische Komponente $\Theta_{\mathrm{per}}(\gamma') = \Theta(\gamma')$ der Durchflutungsverteilung auch als periodische Komponente $\Theta_{\mathrm{st\,per}}(\gamma')$ der Durchflutung über einen Integrationsweg IW_{st} erhält. Da $\Theta_{\mathrm{st}}(\gamma')$ nur dann einen Mittelwert $\Theta_{\mathrm{st\,m}}$ als mittlere Stirnraumdurchflutung besitzt, wenn eine Ringströmung um die Welle existiert, bietet die Verwendung von $\Theta_{\mathrm{st}}(\gamma')$ den Vorteil, daß man sich in den meisten Fällen nicht um den von der Lage des Rückwegs des Integrationswegs abhängigen Mittelwert der Durchflutungsverteilung zu kümmern braucht. Außerdem erhält man bei der Verwendung von $\Theta_{\mathrm{st}}(\gamma')$, falls eine Ringströmung vorhanden ist, von vornherein den Mittelwert $\Theta_{\mathrm{st\,m}}$ als eine Ursache einer homopolaren Komponente des Luftspaltfelds. Bei der Verwendung der üblichen Durchflutungsverteilung wird dieser Einfluß nicht erfaßt. Es kann jedoch nicht übersehen werden, daß die praktische Ermittlung der Durchflutungsverteilung $\Theta(\gamma')$ einfacher ist, da dazu nur der Maschinenquerschnitt betrachtet werden muß. Die Bestimmung von $\Theta_{\mathrm{st}}(\gamma')$ dagegen erfordert die Betrachtung der Ausführung der Wicklung im Wicklungskopf.

Aus der Quellenfreiheit der elektrischen Strömung folgt mit Bild 4.12

$$\Theta(\gamma', \gamma_0'^*) + \Theta_{\mathrm{st}}(\gamma_0'^*) = \Theta_{\mathrm{st}}(\gamma') \ , \tag{4.64}$$

und man erhält nach Einführen von (4.58) und (4.50)

$$\Theta_{\mathrm{m}}(\gamma_0'^*) = -\Theta_{\mathrm{st\,per}}(\gamma_0'^*) \tag{4.65}$$

sowie wiederum (4.63).

Die Durchflutungsverteilung $\Theta_{\mathrm{per}}(\gamma') = \Theta(\gamma')$ kann entsprechend der Lage des zugehörigen Integrationswegs IW im Bild 4.12, wie bereits weiter oben formuliert wurde, unmittelbar aus der gegebenen Stromverteilung gewonnen werden. Man kann sie als eine andere Beschreibungsform der Stromverteilung auffassen. Ihr Wert liegt zunächst darin, daß nach Tafel 4.2 bei $\mu_{\mathrm{Fe}} = \infty$ und $\delta = \mathrm{konst.}$ Proportionalität zur Induktionsverteilung besteht. Die Durchflutungsverteilung stellt jedoch auch bei $\mu_{\mathrm{Fe}} \neq \mathrm{konst.}$ und $\delta \neq \mathrm{konst.}$ ein praktikables Arbeitsmittel dar[1].

Zwei Durchflutungsverteilungen $\Theta_1(\gamma')$ und $\Theta_2(\gamma')$, die auch von Spulen bzw. Wicklungen auf verschiedenen Seiten des Luftspalts herrühren können, lassen sich zur resultierenden Durchflutungsverteilung $\Theta_{\mathrm{res}}(\gamma')$ überlagern. Die resultierende Durchflutungsverteilung muß eine rein periodische Funktion sein. Dazu ist eine bestimmte Lage $\gamma'_{0\,\mathrm{res}}$ des Integrationsrückweges erforderlich. Die entsprechenden Koordinaten für $\Theta_1(\gamma')$ und $\Theta_2(\gamma')$ sind γ'_{01} und γ'_{02} (s. Bild 4.15). Die Einzeldurchflutungen $\Theta_1(\gamma', \gamma'_{0\mathrm{res}})$ und $\Theta_2(\gamma', \gamma'_{0\mathrm{res}})$ für Integrationswege, die über $\gamma'_{0\,\mathrm{res}}$ zurückkehren, liefern $\Theta_{\mathrm{res}}(\gamma')$ als

$$\Theta_{\mathrm{res}}(\gamma') = \Theta_1(\gamma', \gamma'_{0\,\mathrm{res}}) + \Theta_2(\gamma', \gamma'_{0\,\mathrm{res}}) \ .$$

Mit (4.58) folgt daraus

$$\Theta_{\mathrm{res}}(\gamma') = \Theta_1(\gamma') + \Theta_1(\gamma'_{01}, \gamma'_{0\,\mathrm{res}}) + \Theta_2(\gamma') + \Theta_2(\gamma'_{02}, \gamma'_{0\,\mathrm{res}}) \ .$$

Da $\Theta_{\mathrm{res}}(\gamma')$ ebenso wie $\Theta_1(\gamma')$ und $\Theta_2(\gamma')$ rein periodisch ist, müssen sich die konstanten Anteile $\Theta_1(\gamma'_{01}, \gamma'_{0\mathrm{res}})$ und $\Theta_2(\gamma'_{02}, \gamma'_{0\mathrm{res}})$ gegeneinander aufheben. Es wird also

$$\boxed{\Theta_{\mathrm{res}}(\gamma') = \Theta_1(\gamma') + \Theta_2(\gamma')} \ . \tag{4.66}$$

4.5.3 Allgemeine Beziehungen für die Induktionsverteilung

Mit dem Ansatz nach (4.38), der unter der Annahme eines quasihomogenen Luftspaltfelds formuliert werden konnte, folgt aus (4.52) mit (4.39), (4.53), (4.55) und (4.61)

$$
\begin{aligned}
B(\gamma') &= B_{\mathrm{m}} + B_{\mathrm{per}}(\gamma') \\
&= (\Lambda_0 + \Lambda_{\mathrm{per}}(\gamma'))(V_{\delta\mathrm{m}} + V_{\delta\mathrm{per}}(\gamma')) \\
&= (\Lambda_0 + \Lambda_{\mathrm{per}}(\gamma'))(\Theta_{\mathrm{per}}(\gamma') + \Theta_{\mathrm{st\,m}} - V_{\mathrm{st\,m}}) \\
&= \Lambda_0(\Theta_{\mathrm{per}}(\gamma') + (\Lambda_0 + \Lambda_{\mathrm{per}}(\gamma'))(\Theta_{\mathrm{st\,m}} - V_{\mathrm{st\,m}}) + \Lambda_{\mathrm{per}}(\gamma')\Theta_{\mathrm{per}}(\gamma') \ .
\end{aligned}
\tag{4.67}
$$

Das Produkt $\Lambda_{\mathrm{per}}(\gamma')\Theta_{\mathrm{per}}(\gamma')$ kann im allgemeinen Fall außer einer periodischen Komponente $B_{\Lambda\mathrm{per}}(\gamma')$ auch einen Mittelwert $B_{\Lambda\mathrm{m}}$ enthalten. Es ist also

$$B_{\Lambda} = B_{\Lambda\mathrm{m}} + B_{\Lambda\mathrm{per}}(\gamma') = \Lambda_{\mathrm{per}}(\gamma')\Theta_{\mathrm{per}}(\gamma') \ . \tag{4.68}$$

Damit erhält man aus (4.67) mit (4.51) und (4.68) für die homopolare Komponente des Luftspaltfelds

$$
\begin{aligned}
B_{\mathrm{m}} &= \Lambda_0(\Theta_{\mathrm{st\,m}} - V_{\mathrm{st\,m}}) + B_{\Lambda\mathrm{m}} \\
&= \Lambda_0\Theta_{\mathrm{st\,m}} - \frac{\Lambda_0}{\Lambda_{\mathrm{st}}}B_{\mathrm{m}} + B_{\Lambda\mathrm{m}}
\end{aligned}
$$

und daraus

$$B_{\mathrm{m}} = \frac{\Lambda_{\mathrm{st}}}{\Lambda_{\mathrm{st}} + \Lambda_0}[\Lambda_0\Theta_{\mathrm{st\,m}} + B_{\Lambda\mathrm{m}}] \ . \tag{4.69}$$

Eine homopolare Komponente B_{m} des Luftspaltfelds tritt also dann auf, wenn eine Ringströmung im Stirnraum vorhanden ist, die die Durchflutung $\Theta_{\mathrm{st\,m}}$ hervorruft, oder wenn das Produkt $\Lambda_{\mathrm{per}}(\gamma')\Theta_{\mathrm{per}}(\gamma')$ einen Mittelwert $B_{\Lambda\mathrm{m}}$ besitzt.

---

[1] s. Band Grundlagen, Abschnitt 12.3, bzw. Tafel 4.2 des vorliegenden Bandes

Der periodische Anteil $B_{\mathrm{per}}(\gamma')$ des Luftspaltfelds folgt aus (4.67) mit $V_{\mathrm{st\,m}}$ aus (4.51) und B_{m} nach (4.69) zu

$$
\begin{aligned}
B_{\mathrm{per}}(\gamma') &= \Lambda_0\,\Theta_{\mathrm{per}}(\gamma') + \Lambda_{\mathrm{per}}(\gamma')(\Theta_{\mathrm{st\,m}} - V_{\mathrm{st\,m}}) + B_{\Lambda\mathrm{per}}(\gamma') \\
&= \Lambda_0\,\Theta_{\mathrm{per}}(\gamma') + \Lambda_{\mathrm{per}}(\gamma')\,\Theta_{\mathrm{st\,m}} \\
&\quad - \frac{\Lambda_{\mathrm{per}}(\gamma')}{\Lambda_{\mathrm{st}} + \Lambda_0}[\Lambda_0\,\Theta_{\mathrm{st\,m}} + B_{\Lambda\mathrm{m}}] + B_{\Lambda\mathrm{per}}(\gamma') \\
&= \Lambda_0\,\Theta_{\mathrm{per}}(\gamma') + B_{\Lambda\mathrm{per}}(\gamma') + \frac{\Lambda_{\mathrm{per}}(\gamma')}{\Lambda_{\mathrm{st}} + \Lambda_0}[\Lambda_{\mathrm{st}}\,\Theta_{\mathrm{st\,m}} - B_{\Lambda\mathrm{m}}]\ . \quad (4.70)
\end{aligned}
$$

Die allgemeine Beziehung (4.70) für die periodische Komponente des Luftspaltfelds vereinfacht sich in den Sonderfällen, die im folgenden zu betrachten sind.

1. **Sonderfall:** $\Lambda_{\mathrm{per}}(\gamma') = 0$, d.h. es liegt ein konstanter Luftspalt vor. Der Einfluß der Nutung wird vernachlässigt bzw. in seiner mittleren Wirkung durch den Carterschen Faktor berücksichtigt. Aus (4.68) folgt

$$
B_{\Lambda} = 0
$$

und damit aus (4.69)

$$
B_{\mathrm{m}} = \frac{\Lambda_{\mathrm{st}}\Lambda_0}{\Lambda_{\mathrm{st}} + \Lambda_0}\,\Theta_{\mathrm{st\,m}}\ . \tag{4.71}
$$

Die homopolare Komponente des Luftspaltfelds wird allein von der mittleren Stirnraumdurchflutung $\Theta_{\mathrm{st\,m}}$, also einer Ringströmung um die Welle, hervorgerufen. Verschwindet diese, so ist auch kein homopolares Feld vorhanden. Für die periodische Komponente des Luftspaltfelds liefert (4.70)

$$
B_{\mathrm{per}}(\gamma') = \Lambda_0\,\Theta_{\mathrm{per}}(\gamma')\ . \tag{4.72}
$$

Das ist die bereits als (4.44) aus dem Band Grundlagen übernommene Beziehung.

2. **Sonderfall:** $\Theta_{\mathrm{st\,m}} = 0$, d.h. es existiert keine mittlere Stirnraumdurchflutung. Die homopolare Komponente des Luftspaltfelds nach (4.69) nimmt in diesem Fall den Wert

$$
B_{\mathrm{m}} = \frac{\Lambda_{\mathrm{st}}}{\Lambda_{\mathrm{st}} + \Lambda_0}\,B_{\Lambda\mathrm{m}} \tag{4.73}
$$

an. Sie existiert nur, wenn das Produkt $\Lambda_{\mathrm{per}}(\gamma')\,\Theta_{\mathrm{per}}(\gamma')$ einen Mittelwert $B_{\Lambda\mathrm{m}}$ besitzt und tritt natürlich auch nur dann in Erscheinung, wenn der Stirnraum einen endlichen magnetischen Leitwert besitzt. Im anderen Extremfall, daß der magnetische Leitwert des Stirnraums groß gegenüber Λ_0 ist, wird

$$
B_{\mathrm{m}} = B_{\Lambda\mathrm{m}}\ .
$$

Die periodische Komponente folgt in diesem Fall zu

$$
B_{\mathrm{per}}(\gamma') = \Lambda_0\,\Theta_{\mathrm{per}}(\gamma') + B_{\Lambda\mathrm{per}}(\gamma') + \frac{\Lambda_{\mathrm{per}}(\gamma')}{\Lambda_{\mathrm{st}} + \Lambda_0}\,B_{\Lambda\mathrm{m}}\ . \tag{4.74}
$$

Wenn das Produkt $\Lambda_{\mathrm{per}}(\gamma')\Theta_{\mathrm{per}}(\gamma')$ keinen Mittelwert $B_{\Lambda m}$ besitzt und damit keine homopolare Komponente des Luftspaltfelds auftritt, geht (4.74) über in

$$
\begin{aligned}
B_{\mathrm{per}}(\gamma') &= \Lambda_0\Theta_{\mathrm{per}}(\gamma') + B_{\Lambda\mathrm{per}}(\gamma') \\
&= (\Lambda_0 + \Lambda_{\mathrm{per}}(\gamma'))\Theta_{\mathrm{per}}(\gamma') \\
&= \Lambda(\gamma')\Theta_{\mathrm{per}}(\gamma') \ .
\end{aligned}
\tag{4.75}
$$

Die gleiche Beziehung erhält man natürlich, wenn $B_{\Lambda m}$ zwar endlich ist, aber der magnetische Leitwert des Stirnraums als groß gegenüber Λ_0 angenommen werden kann.

3. **Sonderfall:** $B_{\Lambda m} = 0$, d.h. das Produkt $\Lambda_{\mathrm{per}}(\gamma')\Theta_{\mathrm{per}}(\gamma')$ besitzt keinen Mittelwert. Aus (4.69) folgt mit $B_{\Lambda m} = 0$

$$
B_{\mathrm{m}} = \frac{\Lambda_{\mathrm{st}}\Lambda_0}{\Lambda_{\mathrm{st}} + \Lambda_0}\Theta_{\mathrm{st\,m}} \ ,
\tag{4.76}
$$

d.h., eine homopolare Komponente des Luftspaltfelds kann nur von einem endlichen Wert der mittleren Stirnraumdurchflutung herrühren.

Für die periodische Komponente liefert (4.70)

$$
\begin{aligned}
B_{\mathrm{per}}(\gamma') &= \Lambda_0\Theta_{\mathrm{per}}(\gamma') + B_{\Lambda\mathrm{per}}(\gamma') + \frac{\Lambda_{\mathrm{per}}(\gamma')\Lambda_{\mathrm{st}}}{\Lambda_{\mathrm{st}} + \Lambda_0}\Theta_{\mathrm{st\,m}} \\
&= (\Lambda_0 + \Lambda_{\mathrm{per}}(\gamma'))\Theta_{\mathrm{per}}(\gamma') + \frac{\Lambda_{\mathrm{st}}}{\Lambda_{\mathrm{st}} + \Lambda_0}\Lambda_{\mathrm{per}}(\gamma')\Theta_{\mathrm{st\,m}} \ .
\end{aligned}
\tag{4.77}
$$

Nach der allgemeinen Beziehung (4.70) für den periodischen Anteil $B_{\mathrm{per}}(\gamma')$ des Luftspaltfelds besteht dieser zunächst aus einem Beitrag, dessen Ortsabhängigkeit unmittelbar durch die der Durchflutungsverteilung $\Theta_{\mathrm{per}}(\gamma') = \Theta(\gamma')$ gegeben ist, sowie einem zweiten Beitrag, dessen Ortsabhängigkeit allein durch die der Leitwertsfunktion $\Lambda_{\mathrm{per}}(\gamma')$ bestimmt wird. Daneben existiert ein dritter Beitrag $B_{\Lambda\mathrm{per}}(\gamma')$, der entsprechend (4.68) den periodischen Anteil des Produkts von $\Lambda_{\mathrm{per}}(\gamma')$ und Θ_{per} darstellt. In einer allgemeinen Formulierung ist

$$
\Theta_{\mathrm{per}}(\gamma') = \Theta(\gamma') = \sum \widehat{\Theta}_\nu \cos(\nu'\gamma' - \varphi_{\Theta\nu})
\tag{4.78}
$$

$$
\Lambda(\gamma') = \Lambda_0 + \Lambda_{\mathrm{per}}(\gamma') = \Lambda_0\left[1 + \sum b_\mu \cos(\mu'\gamma' - \varphi_{\Lambda\mu})\right] \ .
\tag{4.79}
$$

Wenn je eine Harmonische von $\Theta(\gamma')$ und $\Lambda(\gamma')$ betrachtet werden, erhält man für die Induktionsverteilung

$$
\begin{aligned}
B_\Lambda(\gamma') = &\ \frac{\Lambda_0\widehat{\Theta}_\nu b_\mu}{2}\{\cos[(\nu'+\mu')\gamma' - \varphi_{\Theta\nu} - \varphi_{\Lambda\mu}] \\
&+ \cos[(\nu'-\mu')\gamma' - \varphi_{\Theta\nu} + \varphi_{\Lambda\mu}]\} \ .
\end{aligned}
\tag{4.80}
$$

Im allgemeinen Fall von $\mu' \neq \nu'$ entstehen also zwei Wellen der Induktionsverteilung, deren Ordnungszahlen sich aus der Summe $(\nu'+\mu')$ bzw. der Differenz $(\nu'-\mu')$ der Ordnungszahlen der Durchflutungswelle und der Leitwertswelle ergeben. Im Sonderfall von $\mu' = \nu'$ entsteht ein periodischer Anteil mit der Ordnungszahl $2\nu'$ und ein Mittelwert $B_{\Lambda m}$.

4.5.4 Auftreten einer mittleren Stirnraumdurchflutung

Als Stirnraumdurchflutung $\Theta_{st}(\gamma')$ war im Bild 4.12 die Durchflutung für einen Integrationsweg eingeführt worden, der an der Stelle γ' nach außen durch den Luftspalt tritt und sich außerhalb der Wicklungsköpfe im Stirnraum vom Ständerrücken zum Läuferrücken schließt. Gemäß (4.50) war im Abschnitt 4.5.2 erkannt worden, daß diese Durchflutung in Abhängigkeit von γ' außer einer periodischen Komponente $\Theta_{st\,per}(\gamma')$, die entsprechend (4.63) gleich der periodischen Komponente der Durchflutung für einen Integrationsweg IW im Bild 4.12 ist, im allgemeinen Fall auch einen Mittelwert $\Theta_{st\,m}$ aufweisen kann. Dieser Mittelwert beeinflußt sowohl die homopolare Komponente B_m des Luftspaltfelds entsprechend (4.69) bzw. den Fluß Φ_{st} nach (4.51), der sich über den Stirnraum schließt, als auch die periodische Komponente $B_{per}(\gamma')$ des Luftspaltfelds nach (4.70).

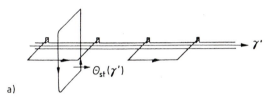

a)

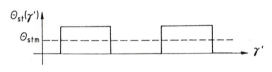

b)

Bild 4.16
Ermittlung der Stirnraumdurchflutung für einen Strang einer Einschichtwicklung mit $q = 1$
a) Anordnung der Wicklungsköpfe und Lage des Integrationswegs
b) Verlauf der Stirnraumdurchflutung $\Theta_{st}(\gamma')$ als Funktion von γ'

Ursachen für das Auftreten einer mittleren Stirnraumdurchflutung können in der Führung der Zuleitungen zu den Wicklungssträngen und der Verbindungen zwischen den Spulengruppen gesucht werden. Um diese durchaus denkbaren Einflüsse zu erfassen, wäre es allerdings erforderlich gewesen, die beiden Stirnräume getrennt zu betrachten. Das ist nicht geschehen, da durch die Zuleitungen im allgemeinen nur kleine Beiträge zur Stirnraumdurchflutung geliefert werden, wenn von Maschinen mit extrem kleinen Windungszahlen und einer großen Anzahl paralleler Zweige abgesehen wird. In solchen Fällen kann es jedoch durchaus erforderlich werden, den Einfluß der Führung der Zuleitungen und der Verbindungen zwischen den Spulengruppen auf die Stirnraumdurchflutung zu berücksichtigen. Beachtenswerte Beiträge zur mittleren Stirnraumdurchflutung können jedoch durch die Gestaltung der Wicklungsköpfe bzw. durch die Art der Bildung der Spulengruppen sowie die spezielle Art der Einspeisung einer Wicklung entstehen, wie im folgenden zu zeigen ist. Dazu werden nachstehend wichtige Wicklungsarten bezüglich ihres Beitrags zur mittleren Stirnraumdurchflutung untersucht.

Ein Wicklungsstrang einer Einschichtwicklung, die nicht mit geteilten Spulengruppen ausgeführt ist, weist eine Anordnung der Wicklungsköpfe der Spulengruppen auf, die schematisch im Bild 4.16a für den Fall $q = 1$ dargestellt ist. Man erkennt, daß $\Theta_{st}(\gamma')$ im Gebiet zwischen den Spulengruppen jeweils Null ist und im Bereich der

Spulengruppen jedoch einen positiven Wert besitzt, wie Bild 4.16b zeigt. So entsteht eine mittlere Stirnraumdurchflutung.

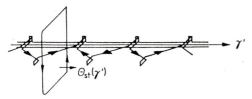

Bild 4.17 *Ermittlung der mittleren Stirnraumdurchflutung für einen Strang einer Zweischichtwicklung*

Ein Wicklungsstrang einer Zweischichtwicklung mit einfacher Zonenbreite weist eine Anordnung der Spulenköpfe auf, die im Bild 4.17 für den Fall einer ungesehnten Wicklung mit $q = 1$ schematisch dargestellt ist. Man erkennt, daß ein rein periodischer Verlauf $\Theta_{st}(\gamma')$ entsteht. Die mittlere Stirnraumdurchflutung verschwindet.

Die gleichen Verhältnisse wie bei der Zweischichtwicklung liegen vor, wenn eine *Einschichtwicklung mit geteilten Spulengruppen* ausgeführt wird. Andererseits liefert ein Strang einer *Zweischichtwicklung mit doppelter Zonenbreite* eine Stirnraumdurchflutung, wie die Einschichtwicklung nach Bild 4.16.

In einer *dreisträngigen Wicklung* können unabhängig von der Art ihrer Einspeisung keine mittleren Stirnraumdurchflutungen auftreten, wenn die Stränge selbst keine derartigen Beiträge liefern. Insbesondere erhält man also herrührend von einer dreisträngigen Zweischichtwicklung einfacher Zonenbreite in keinem Fall eine mittlere Stirnraumdurchflutung. Wenn die Stränge ihrerseits eine mittlere Stirnraumdurchflutung hervorrufen, wie für den Fall der Einschichtwicklung nach 4.16 gezeigt wurde, überlagern sich die Beiträge der Stränge zu einer resultierenden mittleren Stirnraumdurchflutung. Diese ist bei gleichartigem Aufbau der Wicklungsstränge der Summe der Strangströme proportional. Man erhält auch in diesem Fall keine resultierende mittlere Stirnraumdurchflutung, wenn die Strangströme ein symmetrisches Dreiphasensystem positiver oder negativer Phasenfolge bilden bzw. nur derartige Komponenten besitzen. Demgegenüber liefert eine Nullkomponente der Strangströme in diesem Fall eine dieser Nullkomponente proportionale mittlere Stirnraumdurchflutung.

Im Falle eines *Kurzschlußkäfigs* bilden die Stabströme bzw. die Maschenströme und damit die Ringströme bei Symmetrie des Aufbaus und der Anregung durch das Luftspaltfeld symmetrische Mehrphasensysteme. Da die Ringströme jeweils die Stirnraumdurchflutung bestimmen, erhält man in jedem Augenblick einen reinen periodischen in Näherung sinusförmigen Verlauf der Stirnraumdurchflutung $\Theta_{st}(\gamma')$, d.h. es tritt keine mittlere Stirnraumdurchflutung auf. Diese örtlich sinusförmige Verteilung der Stirnraumdurchflutung bewegt sich im stationären Betrieb relativ zum Läufer nach Maßgabe der Frequenz der Läufergrößen. Sie stellt im Koordinatensystem des Läufers eine fortschreitende Welle dar. Relativ zum Ständer beobachtet man diese entsprechend der Überlagerung mit der Drehbewegung des Läufers mit Ständerfrequenz.

4.5.5 Auftreten eines magnetischen Spannungsabfalls über dem Stirnraum

Im Abschnitt 4.5.2 war zunächst erkannt und in (4.46) formuliert worden, daß ein magnetischer Spannungsabfall zwischen dem Ständerrücken und dem Läuferrücken auf einem Weg außerhalb der Wicklungsköpfe nur als örtlich konstanter Wert $V_{st\,m}$, d.h. als Mittelwert über eine Koordinate in Umfangsrichtung, auftreten kann. Man erhält dafür aus (4.51) mit (4.69)

$$V_{\text{st m}} = V_{\text{st}} = \frac{\Lambda_0}{\Lambda_{\text{st}} + \Lambda_0} \Theta_{\text{st m}} + \frac{B_{\Lambda m}}{\Lambda_{\text{st}} + \Lambda_0} \ . \tag{4.81}$$

Ein derartiger magnetischer Spannungsabfall kann offenbar nur auftreten, wenn entweder eine mittlere Stirnraumdurchflutung $\Theta_{\text{st m}}$ existiert oder entsprechend (4.68) aus dem Zusammenwirken einer periodischen Komponente der Leitwertsfunktion Λ_{per} für den Luftspalt und einer Durchflutungsharmonischen in $\Theta_{\text{per}}(\gamma)$ ein Mittelwert $B_{\Lambda m}$ entsteht.

Im stationären Betrieb von Dreiphasenmaschinen unter symmetrischen Betriebsbedingungen ist auf der Grundlage des Prinzips der Grundwellenverkettung entsprechend den Überlegungen im Abschnitt 4.5.4 stets $\Theta_{\text{st m}} = 0$. Außerdem entsteht wegen $\Lambda(\gamma') = \Lambda_0$ bei Maschinen mit rotationssymmetrischem Läufer und $\Lambda(\gamma') = \Lambda_0 + \Lambda_p \cos 2p\gamma'$ bei Maschinen mit Schenkelpolläufer herrührend von einer Durchflutungsgrundwelle in $\Lambda_{\text{per}}(\gamma')\Theta_{\text{per}}(\gamma')$ kein Mittelwert $B_{\Lambda m}$. Damit wird in diesen Fällen

$$V_{\text{st}} = 0 \ , \tag{4.82}$$

und man erhält aus (4.49)

$$V_\delta(\gamma') = \Theta_{\text{st per}}(\gamma') = \Theta_{\text{st}}(\gamma') \ . \tag{4.83}$$

Die Stirnraumdurchflutung bestimmt unmittelbar den magnetischen Spannungsabfall über dem Luftspalt und damit die Luftspaltinduktion. Man erhält ausgehend von (4.38) mit (4.83)

$$B(\gamma') = \Lambda(\gamma')V_\delta(\gamma') = \Lambda(\gamma')\Theta_{\text{st per}}(\gamma') = \Lambda(\gamma')\Theta_{\text{st}}(\gamma') \ . \tag{4.84}$$

Von diesem Zusammenhang wird z.B. im Abschnitt 11.1.3 bei der Bestimmung der Induktionsverteilung des Käfigläufers Gebrauch gemacht werden, wobei in diesem Fall $\Lambda(\gamma') = \mu_0/\delta_{\text{i}} = \Lambda_0$ ist.

4.5.6 Exzentrizitätsoberwellen der Durchflutungsgrundwelle

Bei exzentrischer Lagerung des Läufers im Luftspalt entsprechend Bild 4.18 läßt sich $\Lambda(\gamma')$ in erster Näherung formulieren als

$$\Lambda_{(}\gamma') = \Lambda_0[1 + \varepsilon \cos(\gamma' - \varphi_\varepsilon)] \ . \tag{4.85}$$

Dabei ist φ_ε im Falle einer statischen Exzentrizität zeitlich konstant und im Falle einer dynamischen Exzentrizität bei konstanter Drehzahl der Winkelgeschwindigkeit des Läufers proportional.

Die Durchflutungsgrundwelle ist gegeben als

$$\Theta_1(\gamma') = \widehat{\Theta}_1 \cos(p\gamma' - \varphi_{\Theta 1}) \ . \tag{4.86}$$

In (4.78) bis (4.80) ist also $\nu' = p$, $\mu' = 1$ und $b_1 = \varepsilon = e/\delta$. Damit erhält man bei $p \neq 1$

$$\begin{aligned} B(\gamma') =\ & \Lambda_0 \widehat{\Theta}_1 \cos(p\gamma' - \varphi_{\Theta 1}) \\ & + \frac{\Lambda_0 \widehat{\Theta}_1 \varepsilon}{2} \left\{ \begin{array}{l} \cos[(p+1)\gamma' - \varphi_\varepsilon - \varphi_{\Theta 1}] \\ + \cos[(p-1)\gamma' - \varphi_\varepsilon + \varphi_{\Theta 1}] \end{array} \right\} \ . \end{aligned} \tag{4.87}$$

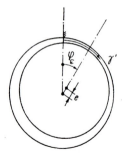

Bild 4.18
Ausgangsanordnung zur Ermittlung
der Exzentrizitätsoberwellen des Luftspaltfelds

Es treten außer der Hauptwelle mit der Ordnungszahl p zwei Harmonische gleicher Amplitude mit den Ordnungszahlen $p+1$ und $p-1$ auf, die als *Exzentrizitätsoberwellen* bezeichnet werden.

Wenn dagegen $p = 1$ und damit $\mu' = \nu' = 1$ ist, folgt aus (4.70) unter Beachtung von (4.80) sowie mit $\gamma' = \gamma$

$$B(\gamma) = \Lambda_0 \widehat{\Theta}_1 \cos(\gamma - \varphi_{\Theta 1}) - \frac{\varepsilon^2}{2} \Lambda_0 \widehat{\Theta}_1 \frac{\Lambda_0}{\Lambda_{st} + \Lambda_0} \cos(\varphi_\varepsilon - \varphi_{\Theta 1}) \cos(\gamma - \varphi_\varepsilon)$$
$$+ \frac{\varepsilon}{2} \Lambda_0 \widehat{\Theta}_1 \cos(2\gamma - \varphi_\varepsilon - \varphi_{\Theta 1}) . \tag{4.88}$$

Es tritt ein zusätzlicher Anteil zur Grundwelle auf sowie eine Exzentrizitätsharmonische mit der Ordnungszahl 2. Die vorstehenden Betrachtungen gelten nur solange, wie sich die erregenden Ströme innerhalb der einzelnen Polpaare unter dem Einfluß des verzerrten Felds nicht ändern. Das trifft stets bei Reihenschaltung der Wicklungsteile aller Polpaare zu. Es ist nicht mehr zutreffend, wenn Parallelschaltungen vorliegen und in der Wicklung, herrührend von dem verzerrten Feld, Spannungen induziert werden. Dann müssen diese wegen der Parallelschaltung gleich sein, und es fließen Ausgleichsströme, die das Feld symmetrieren.

4.5.7 Nutungsharmonische der Durchflutungsgrundwelle

Obwohl der Ansatz nach (4.38), der ein quasihomogenes Feld voraussetzt, an sich nicht berechtigt ist, wenn der Einfluß der Nutung erfaßt werden soll, ist es üblich, eine entsprechende Leitwertsfunktion zu formulieren als

$$\Lambda(\gamma') = \Lambda_0(1 + b_1 \cos N\gamma' + b_2 \cos 2N\gamma' + \ldots)$$
$$= \Lambda_0 + \sum \Lambda_0 b_g \cos gN\gamma' \tag{4.89}$$

mit $g = 1, 2, 3, \ldots$.

Dabei wurde vorausgesetzt, daß nur ein Hauptelement genutet ist und $\gamma' = 0$ in der Mitte eines Zahns liegt. Man erhält auf diesem Wege sicher korrekte Aussagen über das Spektrum auftretender Harmonischer, aber nicht über deren Amplitude. Es muß dann damit gerechnet werden, daß sich die b_g in (4.89) in Abhängigkeit von der Ordnungszahl der erregenden Durchflutungswelle ändern. Die Leitwertsfunktion nach (4.89) liefert mit der Durchflutungsgrundwelle nach (4.86) wegen $kN \neq p$ über (4.70) unter Beachtung von (4.80)

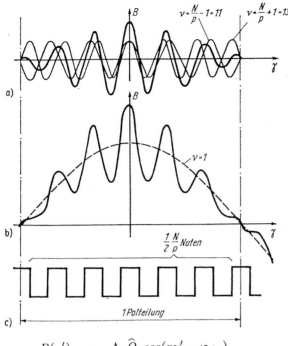

Bild 4.19
Nutungsoberwellen
der Durchflutungsgrundwelle
für $N/p = 12$ *im Koordinaten-*
system γ
a) das Paar der Nutungsharmonischen
   mit den Ordnungszahlen $\nu = (N/p)+1 = 13$ und $\nu = (N/p)-1 = 11$ und seine Überlagerung
b) Überlagerung der Nutungsharmonischen mit dem Grundwellenfeld
c) zugeordnete Nutung des betrachteten Hauptelements

$$B(\gamma') = \Lambda_0 \widehat{\Theta}_1 \cos(p\gamma' - \varphi_{\Theta 1}) \tag{4.90}$$

$$+ \sum \frac{\Lambda_0 b_g \widehat{\Theta}_1}{2} \left\{ \cos[(gN + p)\gamma' - \varphi_{\Theta 1}] + \cos[(gN - p)\gamma' + \varphi_{\Theta 1}] \right\} .$$

Man erhält außer der Grundwelle Oberwellenpaare mit jeweils gleicher Amplitude und den Ordnungszahlen

$$\nu' = gn \pm p \quad \text{bzw.} \quad \nu = gN/p \pm 1 \quad \text{mit} \quad g = 1, 2, 3, \ldots \tag{4.91}$$

Das sind die sog. *Nutungsharmonischen.*

Ein derartiges Oberwellenpaar überlagert sich zu einer Induktionsverteilung, die im Bereich einer Polteilung eine Wellenlänge entsprechend der Nutteilung aufweist, nach Maßgabe der Polpaarzahl moduliert ist und den Phasensprung an der Stelle des Nulldurchgangs der Hauptwelle richtig wiedergibt. Die Verhältnisse werden im Bild 4.19 veranschaulicht.

4.6 Durchflutungsverteilungen von Wicklungselementen, Wicklungssträngen und Wicklungen

4.6.0 Ausgangsüberlegungen

Die Durchflutungsverteilung einer Wicklung läßt sich stets unmittelbar durch Anwendung von (4.41) bestimmen. Dabei ändert sich $\Theta(\gamma')$ jeweils um den Gesamtstrom einer Nut, wenn der Integrationsweg über den Nutschlitz an der Stelle γ' weiterrückt. Man erhält für $\Theta(\gamma')$ eine Treppenkurve mit periodischem Charakter. Sie läßt sich mit Hilfe der harmonischen Analyse als Spektrum von Durchflutungsharmonischen darstellen. Dabei interessiert in erster Linie die Hauptwelle mit der Ordnungszahl $\nu' = p$ bzw., auf die Polpaarteilung bezogen, die Grundwelle mit $\nu = 1$. Aufgrund der Gültigkeit des Überlagerungsprinzips für $\Theta(\gamma')$ ist es zur Bestimmung des Spektrums der Durchflutungsharmonischen einfacher, wenn man die einzelnen Harmonischen der Elemente der betrachteten Wicklung, d.h. der Spulen, Spulengruppen usw., bestimmt und diese zur resultierenden Durchflutungsharmonischen überlagert (s. Abschnitt 4.5.2, (4.66)). Da die Durchflutungsverteilung nur durch die Lage der stromdurchflossenen Leiter und nicht durch die Art der Verbindung der Leiter im Wicklungskopf bestimmt wird, kann die tatsächliche Art dieser Verbindung auch durch eine andere, gleichwertige ersetzt gedacht werden, wenn dadurch die Feldbestimmung vereinfacht wird. In diesem Sinne empfiehlt es sich, die Spulen der Spulengruppen von Einschichtwicklungen, die gewöhnlich mit ungleichen Weiten ausgeführt werden, durch Spulen gleicher Weite ersetzt zu denken. Die Spulen dieser Weite bilden dann das Wicklungselement, aus dem die gesamte Wicklung aufgebaut ist. Im Bild 4.20 wird diese Überlegung am Beispiel einer Spulengruppe mit $Q = 3$ Spulen demonstriert.

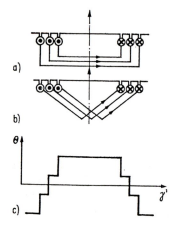

a)

b)

c)

Bild 4.20
Durchflutungsverteilung einer Spulengruppe
mit Q = 3 Spulen
a) Ausführung der Spulengruppen
    mit Spulen ungleicher Weite
b) Ausführung der Spulengruppen mit Spulen gleicher Weite
c) Durchflutungsverteilung

4.6.1 Durchflutungsverteilung einer einzelnen Spule

Die Spule stellt das für den Feldaufbau maßgebende Element einer Wicklung dar. Wenn die Durchflutungsverteilung einer Spule bekannt ist, kann davon ausgehend die Durchflutungsverteilung einer Spulengruppe oder eines Wicklungsstrangs oder einer Wicklung gewonnen werden. Es wird deshalb im folgenden zunächst diese Durchflutungsverteilung betrachtet. Dabei kann man nicht von vornherein voraussetzen, daß in jeder Polpaarteilung jeweils an der gleichen Stelle eine gleichartige Spule liegt, die vom gleichen Strom durchflossen wird. Dieser Fall tritt nur bei Ganzlochwicklungen auf, die sich hinsichtlich des Wicklungsaufbaus nach jeder Polpaarteilung wiederholen. Im Sinne einer allgemeinen Behandlung wird deshalb zunächst eine einzelne Spule betrachtet, deren Achse entsprechend Bild 4.21a an der Stelle γ'_{sp} liegt. Ihre Weite W ist im Fall einer ungesehnten Spule gleich der Polteilung der Hauptwelle, der bezogene Wert beträgt dann $\eta' = \pi/p$ und ihr *Wicklungsschritt* $y_{\varnothing} = N/2p$. Wenn eine gesehnte Spule mit einem Wicklungsschritt $y < y_{\varnothing}$ ausgeführt wird, erhält man für die bezogenen Spulenweiten

$$\eta' = \frac{y}{y_{\varnothing}} \frac{\pi}{p} \, . \tag{4.92}$$

Die Durchflutung $\Theta_{\mathrm{sp}}(\gamma')$ springt an den Stellen der Koordinaten der Nutschlitze, d.h. bei $\gamma'_{\mathrm{sp}} - \eta'/2$ und $\gamma'_{\mathrm{sp}} + \eta'/2$, um jeweils $w_{\mathrm{sp}} i_{\mathrm{sp}}$. Man erhält einen rechteckförmigen

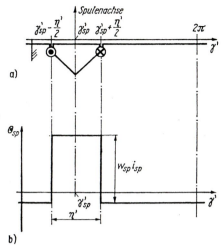

Bild 4.21
Durchflutungsverteilung
einer einzelnen Spule
a) untersuchte Anordnung; b) $\Theta_{\mathrm{sp}}(\gamma')$

Verlauf $\Theta_{\mathrm{sp}}(\gamma')$, wie ihn Bild 4.21b zeigt. Seine Harmonische Analyse liefert[1]

$$\Theta_{\mathrm{sp}}(\gamma') = \sum_{\nu'} \frac{4}{\pi} \frac{w_{\mathrm{sp}}}{2} \sin\left(\nu' \frac{\eta'}{2}\right) \frac{1}{\nu'} i_{\mathrm{sp}} \cos \nu'(\gamma' - \gamma'_{\mathrm{sp}}) \ . \tag{4.93}$$

Der Faktor $\sin \nu' \eta'/2$ in (4.93) wird als *Spulenfaktor*

$$\boxed{\xi_{\mathrm{sp},\nu} = \sin \nu' \frac{\eta'}{2} = \sin \nu \frac{\eta}{2}} \tag{4.94}$$

definiert. Er regelt das Vorzeichen der einzelnen Harmonischen und bringt den Einfluß der Sehnung gegenüber einer Spulenweite, die der Polteilung der Hauptwelle entspricht, zum Ausdruck. Aus den vorstehenden Untersuchungen folgt, daß die einzelne Spule praktisch alle Harmonischen bezüglich des Gesamtumfangs aufbaut, d.h., es existieren Harmonische der Ordnungszahlen

$$\nu' = 1, 2, 3, 4 \ldots$$

mit Ausnahme jener, für die der Spulenfaktor Null wird. Letzteres tritt entsprechend (4.94) mit (4.92) ein für

$$\nu' = g \frac{2p}{y/y_\varnothing} \qquad \text{mit} \quad g = 1, 2, 3, \ldots$$

Diese Ordnungszahlen entsprechen solchen Harmonischen, deren Wellenlänge ein ganzzahliger Teil der Spulenweite ist. Derartige Harmonische können entsprechend der Theorie der harmonischen Analyse in einer Rechteckwelle nicht enthalten sein. Um das Amplitudenspektrum der Harmonischen allgemein darzustellen, wird die Amplitude $\widehat{\Theta}_\nu$ der ν'-ten Harmonischen nach (4.93) auf die Amplitude $\widehat{\Theta}_{1\varnothing}$ der Hauptwelle mit $\nu' = p$ bezogen, die im Fall einer ungesehnten Spule mit der bezogenen Weite $\eta' = \pi/p$ auftritt. Unter Einführung von η' nach (4.92) erhält man

$$\frac{\widehat{\Theta}_\nu}{\widehat{\Theta}_{1\varnothing}(y/y_\varnothing)} = \frac{\pi}{2} \frac{\sin \dfrac{\nu'}{p} \dfrac{y}{y_\varnothing} \dfrac{\pi}{2}}{\dfrac{\nu'}{p} \dfrac{y}{y_\varnothing} \dfrac{\pi}{2}} = \frac{\pi}{2} \frac{\sin \nu \dfrac{y}{y_\varnothing} \dfrac{\pi}{2}}{\nu \dfrac{y}{y_\varnothing} \dfrac{\pi}{2}} \ . \tag{4.95}$$

---

[1]Die benötigten Fourier-Reihen sind im Anhang III zusammengestellt.

Die Einhüllende dieses normierten Spektrums folgt also in Abhängigkeit von der Ordnungszahl ν' der Funktion $\sin x/x$.

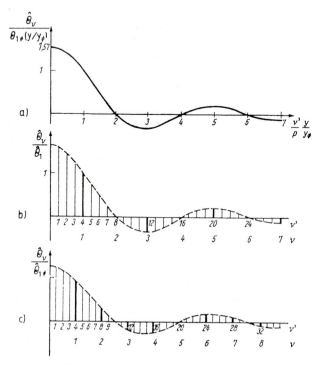

Bild 4.22
Durchflutungsharmonische
einer einzelnen Spule,
deren Spulenweite
der Hauptwelle
mit $\nu' = p$ zugeordnet
ist und im ungesehnten Fall
$\eta' = \pi/p$ sowie im gesehnten
$\eta' = \pi y/p y_\varnothing$ beträgt

a) Einhüllende des normierten Amplitudenspektrums $\hat{\Theta}_\nu / \hat{\Theta}_{1\varnothing}(y/y_\varnothing)$

b) normiertes Amplitudenspektrum $\hat{\Theta}_\nu / \hat{\Theta}_1$ für $p = 4$ und $y = y_\varnothing$

c) normiertes Amplitudenspektrum $\hat{\Theta}_\nu / \hat{\Theta}_{1\varnothing}$ für $p = 4$ und $y = 0,8 y_\varnothing$

Sie ist im Bild 4.22a dargestellt. Bild 4.22b zeigt das Spektrum der Durchflutungsamplituden, wenn eine ungesehnte Spule für $p = 4$, d.h. mit einer bezogenen Weite von $\eta' = \pi/4$, vorliegt. Man erkennt, daß außer der Hauptwelle mit $\nu' = p = 4$ und Oberwellen bezüglich der Hauptwelle weitere Harmonische auftreten, insbesondere solche mit $\nu' < p$. Wenn die Spule entsprechend $y/y_\varnothing = 0,8$ gesehnt wird, erhält man das Spektrum der Durchflutungsamplituden nach Bild 4.22c. Es weist aus, daß die Amplitude der Hauptwelle und in noch größerem Maß die dargestellten ungeradzahligen höheren Harmonischen bezüglich der Hauptwelle mit $\nu = 3, 5, 7 \ldots$ kleiner geworden sind. Im vorliegenden Beispiel verschwindet die Harmonische mit $\nu = 5$ sogar vollständig. Diese Verkleinerung der Oberwellen gegenüber der Hauptwelle ist letztlich der Effekt, den man durch die Sehnung erreichen will.

Bisher ist die Durchflutungsverteilung einer einzelnen Spule betrachtet worden. Sie ruft ein breites Band von Harmonischen hervor, wobei außer der erwünschten Hauptwelle mit $\nu' = p$ praktisch alle Harmonischen beginnend mit $\nu' = 1$ vorhanden sind. Wenn weitere Spulen den gleichen Strom führen und damit am Aufbau des Feldes beteiligt sind, überlagern sich die einzelnen Harmonischen ihrer Durchflutungsverteilungen jeweils zu einer resultierenden Harmonischen. Dabei ist zu beachten, daß die Harmonischen einer Ordnungszahl, die von den einzelnen Spulen herrühren, nach Maßgabe der Lage dieser Spulen gegeneinander verschoben sind. Dadurch bleibt die Amplitude der resultierenden Harmonischen stets kleiner als die Summe der Amplituden der entsprechenden Harmonischen der einzelnen Spulen. Insbesondere löschen sich solche Harmonischen gegenseitig aus, deren z Einzelwellen bei gleicher Amplitude um ein Vielfaches von $2\pi/z$, das aber kein Vielfaches von 2π sein darf, gegeneinander verschoben sind. Diesen Sachverhalt erkennt man unmittelbar aus der komplexen Darstellung entsprechend (4.17) bzw. (4.21) und der Addition in der komplexen Ebene nach (4.24). Er wird im Bild 4.23 für $z = 3$ und $z = 5$ erläutert.

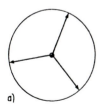 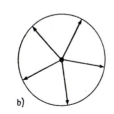

Bild 4.23
Komplexe Darstellung von z
Durchflutungswellen gleicher Amplitude,
die gegeneinander um ein Vielfaches
von $2\pi/z$, das kein Vielfaches von 2π ist,
verschoben sind
a) $z = 3$; b) $z = 5$

Die Synthese von Wicklungen muß das Ziel verfolgen, durch das Zusammenschalten geeigneter Spulen als resultierende Durchflutungsverteilung nur die geforderte Hauptwelle zu erhalten und alle anderen Harmonischen zum Verschwinden zu bringen. Selbstverständlich wird dieses Ziel nicht in vollem Umfang erreichbar sein.

4.6.2 Durchflutungsverteilung eines Satzes von p gleichmäßig am Umfang verteilten, hintereinandergeschalteten Spulen

Eine wesentliche Reduzierung der außer der Hauptwelle erregten Harmonischen ist zu erwarten, wenn in jedem Polpaar jeweils an der gleichen Stelle bezüglich der Polpaarteilung, d.h. gleichmäßig auf dem Gesamtumfang verteilt, je eine Spule des aufzubauenden Wicklungsstrangs untergebracht wird. Es sind dann p Spulen im Abstand von $\Delta\gamma' = 2\pi/p$ vorhanden, die der gleiche Strom durchfließt. Selbstverständlich werden auch die übrigen Spulen der Wicklung in Form derartiger Sätze von jeweils p Spulen zusammengeschaltet, so daß eine Stromverteilung entsteht, die sich in jedem Polpaar periodisch wiederholt. Diese Periodizität des Aufbaus und der Stromverteilung muß dann auch die Durchflutungsverteilung aufweisen, so daß als niedrigste Harmonische die Hauptwelle auftritt und darüber hinaus nur Harmonische bezüglich der Hauptwelle auftreten können, d.h. die Harmonischen der Ordnungszahlen $\nu = 2, 3, 4\ldots$ Es genügt, das Feld nur eines Polpaars zu betrachten. Die Unterbringung von p gleichmäßig am Umfang verteilten Spulen für einen aufzubauenden Wicklungsstrang erfordert, daß N/p eine ganze Zahl ist. Dieser Fall liegt bei allen Ganzlochwicklungen vor, bei denen die Lochzahl $q = N/2pm$ eine ganze Zahl ist. Auf diese Sonderstellung der Ganzlochwicklung wurde schon im Abschnitt 3.1.1 hingewiesen.

Im allgemeinen Fall stehen, entsprechend der vorliegenden Nutzahl, nicht jeweils p gleichmäßig verteilte Spulen zur Verfügung, d.h. N/p ist keine ganze Zahl. Eine an der gleichen Stelle der Polpaarteilung liegende Spule findet sich vielmehr erst nach jeweils p_u Polpaaren, zu denen dann die ganze Zahl von $N_\mathrm{u} = (N/p)p_\mathrm{u}$ Nuten gehören. Damit erhält man

$$t_\mathrm{u} = \frac{N}{N_\mathrm{u}} = \frac{p}{p_\mathrm{u}}$$

gleichmäßig am Umfang verteilte Spulen, die einem Strang zugeordnet werden können. Die Wicklung im Bereich der $N_\mathrm{u} = N/t_\mathrm{u}$ Nuten mit p_u Polpaaren bildet die sog. *Urwicklung* (s. Abschnitt 3.1.2). Bild 4.24 zeigt als Beispiel ein Hauptelement mit $p = 4$ und $t_\mathrm{u} = 2$. Die gleichmäßig verteilten Spulen sind um $\alpha_\mathrm{u} = 2\pi/t_\mathrm{u}$ gegeneinander versetzt. Wenn dieser allgemeine Fall betrachtet wird, erhält man, ausgehend von

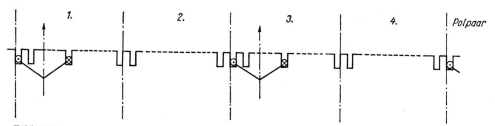

Bild 4.24
Hauptelement mit $p = 4$ und $(N/p) \notin$ ganze Zahl, aber $t_u = 2$, d.h. $(2N/p) \in$ ganze Zahl

(4.93), durch Überlagerung der Durchflutungswellen einer Ordnungszahl ν', die von den t_u Spulen erregt werden, in der komplexen Darstellung nach (4.17) bzw. (4.21)

$$\vec{\Theta}_{\mathrm{sp},\nu} = \frac{4}{\pi} \frac{w_{\mathrm{sp}}}{2} \sin \nu' \frac{\eta'}{2} \frac{1}{\nu'} i_{\mathrm{sp}} \underbrace{\sum_{\varrho=1}^{t_u} \mathrm{e}^{\mathrm{j}\nu'[\gamma'_{\mathrm{sp}}+(\varrho-1)\alpha_u]}}_{\vec{A}} \ . \tag{4.96}$$

Dabei stellen die Summanden der mit $\vec{A}$ bezeichneten Summe in der komplexen Ebene t_u Zeiger dar, die gegeneinander um $\nu'\alpha_u = \nu'(2\pi/t_u)$ gedreht sind, so daß sie sich gegenseitig aufheben, wenn nicht $\nu'(2\pi/t_u)$ selbst ein Vielfaches von 2π ist, da dann die t_u Zeiger gleichphasig werden. Es können also nur solche Harmonische auftreten, für die $\nu'(2\pi/t_u) = g2\pi$ gilt, d.h., es existieren die Harmonischen

$$\nu' = g t_u = g \frac{p}{p_u} \qquad \text{mit} \quad g = 1, 2, 3, \dots \tag{4.97}$$

oder ausgeschrieben

$$\nu' = \frac{p}{p_u}, \quad 2\frac{p}{p_u}, \quad 3\frac{p}{p_u}, \dots$$

Das Spektrum ist gegenüber dem Extremfall, daß nur eine Einzelspule erregt wurde, stark eingeschränkt. Für die existierenden Harmonischen sind alle Zeiger der Summe $\vec{A}$ in (4.96) gleichgerichtet, so daß die Summation unmittelbar liefert

$$\vec{A} = t_u \, \mathrm{e}^{\mathrm{j}\nu'\gamma'_{\mathrm{sp}}} \ .$$

Damit erhält man für die Durchflutungsharmonische der Ordnungszahl ν' unter Einführung des Spulenfaktors nach (4.94) und mit $t_u = p/p_u$

$$\Theta_{\mathrm{sp},\nu}(\gamma) = \frac{4}{\pi} \frac{w_{\mathrm{sp}}}{2} \frac{p}{p_u} \xi_{\mathrm{sp},\nu} \frac{1}{\nu'} i_{\mathrm{sp}} \cos \nu'(\gamma' - \gamma'_{\mathrm{sp}}) \ . \tag{4.98}$$

Im *Sonderfall der Ganzlochwicklung* stehen jeweils p gleichmäßig am Umfang verteilte Spulen zur Verfügung. Es ist also $p_u = 1$, und damit geht (4.98) über in

$$\Theta_{\mathrm{sp},\nu}(\gamma) = \frac{4}{\pi} \frac{w_{\mathrm{sp}}}{2} \xi_{\mathrm{sp},\nu} \frac{1}{\nu} i_{\mathrm{sp}} \cos \nu(\gamma - \gamma_{\mathrm{sp}}) \ . \tag{4.99}$$

Ungesehnte Einzelspulen haben eine bezogene Spulenweite $\eta = \pi$. Der Spulenfaktor nach (4.94) geht über in

$$\xi_{\mathrm{sp},\nu} = \sin \nu \frac{\pi}{2} \ .$$

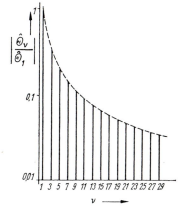

Bild 4.25
Amplitudenspektrum
der Durchflutungsverteilung eines Satzes von p
gleichmäßig verteilten, ungesehnten Einzelspulen
in einer Ganzlochwicklung
(logarithmische Darstellung)

Er verschwindet für alle geradzahligen Ordnungszahlen ν[1]. Damit erhält man für die Durchflutungsverteilung

$$\Theta_{\mathrm{sp}}(\gamma) \;=\; \frac{4}{\pi}\frac{w_{\mathrm{sp}}}{2}i\left\{\cos(\gamma-\gamma_{\mathrm{sp}})-\frac{1}{3}\cos 3(\gamma-\gamma_{\mathrm{sp}})+\frac{1}{5}\cos 5(\gamma-\gamma_{\mathrm{sp}})\right.$$

$$\left.-\frac{1}{7}\cos 7(\gamma-\gamma_{\mathrm{sp}})\pm\ldots\right\}\;.$$

Die Amplituden sämtlicher Harmonischen treten in der Spulenachse, also bei $\gamma = \gamma_{\mathrm{sp}}$ auf. Sie sind bei $i > 0$ für die Harmonischen der Ordnungszahlen $1, 5, 9$ usw. positiv und für die der Ordnungszahlen $3, 7, 11$ usw. negativ. Die Amplituden $\hat{\Theta}_{\nu}$ sind proportional $1/\nu$. Man erhält also, bezogen auf die Grundwellenamplitude,

$$\left|\frac{\hat{\Theta}_{\nu}}{\hat{\Theta}_{1}}\right| = \frac{1}{\nu}\;.$$

Das Spektrum ist im Bild 4.25 dargestellt; es hat hyperbolischen Verlauf.

Gesehnte Einzelspulen haben eine Spulenweite η, die um eine *Schrittverkürzung* $\eta_{\mathrm{v}} = \pi - \eta$ kleiner ist als die bezogene Polteilung. Wenn $\eta \neq \pi$ ist, wird der Spulenfaktor für die geradzahligen Harmonischen nicht Null, so daß diese Harmonischen auftreten. Andererseits werden die Harmonischen mit ungerader Ordnungszahl nach Maßgabe des Spulenfaktors verkleinert. Da die geradzahligen Harmonischen bei der Zusammenschaltung der Spulen zum Wicklungsstrang i.allg. wieder verschwinden, interessiert vor allem der zweite Einfluß. Mit seiner Hilfe können die stark ausgebildeten Oberwellen mit niedrigen Ordnungszahlen geschwächt bzw. einzelne Harmonische ganz zum Verschwinden gebracht werden. Um die Grundwelle durch die Sehnung möglichst wenig zu beeinflussen, darf η nur wenig kleiner als π gemacht werden, damit $\xi_{\mathrm{sp},1} \approx 1$ bleibt. Unter Einführung der Schrittverkürzung η_{v} kann untersucht werden, für welchen kleinsten Wert von η_{v} die gewünschte Schwächung der Oberwellen eintritt. Man erhält aus (4.94)

$$\xi_{\mathrm{sp},\nu} = \sin\left(\nu\frac{\pi}{2}-\nu\frac{\eta_{\mathrm{v}}}{2}\right) = \sin\nu\frac{\pi}{2}\cos\nu\frac{\eta_{\mathrm{v}}}{2} - \cos\nu\frac{\pi}{2}\sin\nu\frac{\eta_{\mathrm{v}}}{2}\;. \tag{4.100}$$

Für eine ungerade Ordnungszahl ν existiert wegen $\cos\nu\pi/2 = 0$ nur der erste Summand in (4.100), so daß $\xi_{\mathrm{sp},\nu} = 0$ wird, wenn $\nu(\eta_{\mathrm{v}}/2)$ die Werte $\nu(\eta_{\mathrm{v}}/2) = \pi/2, 3\pi/2$

---

[1]Dieses Ergebnis der Rechnung folgt auch unmittelbar aus Symmetrieuntersuchungen am Verlauf $\Theta(\gamma)$: Es ist $\Theta(\gamma + \pi) = -\Theta(\gamma)$, und damit verschwinden die geradzahligen Harmonischen.

usw. annimmt. Die kleinste Schrittverkürzung, bei der eine ungeradzahlige ν-te Harmonische verschwindet, ist demnach

$$\eta_{\mathrm{v}} = \frac{\pi}{\nu} \; . \tag{4.101}$$

Der erforderliche *Verkürzungsschritt* y_{v} beträgt dann

$$y_{\mathrm{v}} = \frac{y_{\varnothing}}{\nu}$$

und der auszuführende Wicklungsschritt

$$y = y_{\varnothing} - y_{\mathrm{v}} = \frac{\nu - 1}{\nu} y_{\varnothing} \; . \tag{4.102}$$

Die dritte Harmonische verschwindet also bei $y_{\mathrm{v}} = y_{\varnothing}/3$ bzw. $y = (2/3)y_{\varnothing}$, die fünfte bei $y_{\mathrm{v}} = y_{\varnothing}/5$ bzw. $y = (4/5)y_{\varnothing}$ usw. Voraussetzung ist, daß die entsprechenden Werte des Wicklungsschritts y ganzzahlig werden und damit überhaupt ausgeführt werden können. Wenn dies nicht der Fall ist, wählt man y als ausführbaren Wert zwischen jenen beiden Werten, die zur Unterdrückung der beiden Oberwellen mit den größten Amplituden erforderlich wären. Im Bild 4.26 ist das Spektrum für eine gesehnte Einzelspule mit $\eta = 0,8\pi$ bzw. $\eta_{\mathrm{v}} = 0,2\pi$, bezogen auf die Größe der Grundwellenamplitude $\hat{\Theta}_{1\varnothing}$ einer ungesehnten Spule, dargestellt. Die geradzahligen Harmonischen sind nur gestrichelt angedeutet, da sie im allgemeinen nicht interessieren. Man erkennt, daß die 5. und 15. Harmonische verschwinden und ihnen benachbarte Harmonische gegenüber dem ungesehnten Zustand verkleinert werden.

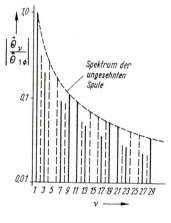

Bild 4.26
Amplitudenspektrum
der Durchflutungsverteilung eines Satzes von p
gleichmäßig verteilten, gesehnten Einzelspulen
mit $\eta = 0,8\pi$ bzw. $\eta_{\mathrm{v}} = 0,2\pi$
einer Ganzlochwicklung
(logarithmische Darstellung)

4.6.3 Durchflutungsverteilung eines Satzes von p gleichmäßig am Umfang verteilten Spulengruppen einer Ganzlochwicklung

Eine Spulengruppe einer Ganzlochwicklung besteht aus Q Spulen gleicher Windungszahl, die vom gleichen Strom durchflossen werden. Der Wicklungsstrang setzt sich aus einem Satz von p oder $2p$ gleichmäßig am Umfang verteilten derartigen Spulengruppen zusammen. Im Bild 4.27 ist eine Spulengruppe für Spulen gleicher Weite dargestellt. Der Abstand zwischen je zwei Spulen ist gleich der *bezogenen Nutteilung* und beträgt im Koordinatensystem γ

$$\alpha = \frac{\pi}{\tau_{\mathrm{p}}} \tau_{\mathrm{n}} = \frac{2\pi}{N} p \; .$$

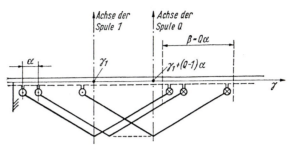

Bild 4.27
Lage der Spulen in einer Spulengruppe einer Ganzloch-
wicklung mit Q Einzelspulen
α bezogene Nutteilung, β bezogene Zonenbreite

Die Q nebeneinanderliegenden Spulenseiten belegen einen Bereich des Umfangs, der als *Zonenbreite* bezeichnet wird. Ihr bezogener Wert beträgt $\beta = Q\alpha$. Ausgehend von (4.99) für die ν-te Harmonische eines Satzes von gleichmäßig verteilten Einzelspulen, erhält man unter Verwendung der komplexen Darstellung entsprechend (4.17) bzw. (4.21) für die ν-te Durchflutungsharmonische eines Satzes von Spulengruppen

$$\vec{\Theta}_{\mathrm{gr},\nu} = \frac{4}{\pi} \frac{w_{\mathrm{sp}}}{2} \xi_{\mathrm{sp},\nu} \frac{1}{\nu} i_{\mathrm{sp}} \underbrace{\sum_{\varrho=1}^{Q} \mathrm{e}^{-\mathrm{j}\nu[\gamma_1+(\varrho-1)\alpha]}}_{\vec{A}} \ .$$

Die Summe $\vec{A}$ läßt sich darstellen als

$$\vec{A} = \mathrm{e}^{-\mathrm{j}\nu\gamma_1} \left(1 + \mathrm{e}^{-\mathrm{j}\nu\alpha} + \mathrm{e}^{-\mathrm{j}\nu 2\alpha} + \ldots + \mathrm{e}^{-\mathrm{j}\nu(Q-1)\alpha} \right) \ .$$

Dabei stellt der Klammerausdruck eine geometrische Reihe mit dem Anfangsglied 1 und dem Quotienten $\mathrm{e}^{-\mathrm{j}\nu\alpha}$ dar, die sich summieren läßt zu

$$1 + \mathrm{e}^{-\mathrm{j}\nu\alpha} + \ldots + \mathrm{e}^{-\mathrm{j}\nu(Q-1)\alpha} = \frac{\mathrm{e}^{-\mathrm{j}Q\nu\alpha} - 1}{\mathrm{e}^{-\mathrm{j}\nu\alpha} - 1} = \frac{\sin\nu Q\dfrac{\alpha}{2}}{\sin\nu\dfrac{\alpha}{2}} \mathrm{e}^{-\mathrm{j}\nu(Q-1)\alpha/2} \ . \quad (4.103)$$

Damit erhält man für die ν-te Durchflutungsharmonische eines Satzes von Spulengruppen

$$\Theta_{\mathrm{gr},\nu}(\gamma) = \frac{4}{\pi} \frac{w_{\mathrm{sp}} Q}{2} \xi_{\mathrm{sp},\nu} \xi_{\mathrm{gr},\nu} \frac{1}{\nu} i \cos\nu(\gamma - \gamma_{\mathrm{gr}}) \ , \quad (4.104)$$

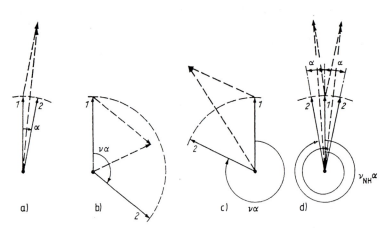

Bild 4.28 *Addition der Durchflutungsharmonischen zweier nebeneinanderliegender Spulen in der komplexen Ebene* a) für die Grundwelle; b) für $\nu > 1$ bei abnehmendem Gruppenfaktor; c) für $\nu > 1$ bei wieder zunehmendem Gruppenfaktor; d) für die Nutharmonischen

wenn der *Gruppenfaktor*

$$\xi_{\mathrm{gr},\nu} = \frac{\sin \nu Q \dfrac{\alpha}{2}}{Q \sin \nu \dfrac{\alpha}{2}} = \frac{\sin \nu \dfrac{\beta}{2}}{Q \sin \nu \dfrac{\alpha}{2}} \tag{4.105}$$

und die Koordinate

$$\gamma_{\mathrm{gr}} = \gamma_1 + (Q-1)\frac{\alpha}{2}$$

der Achse der Spulengruppe eingeführt werden. Die Amplitude einer Harmonischen der Spulengruppe beträgt nicht das Q-fache der Amplitude einer Einzelspule, sondern ist wegen der Verteilung der $Q w_{\mathrm{sp}}$ Windungen auf Q Einzelspulen um den Gruppenfaktor geringer. Für den Extremfall $Q = 1$ wird $\xi_{\mathrm{gr},\nu} = 1$, und (4.104) geht in (4.99) über. Wenn $Q > 1$ ist, hat der Gruppenfaktor für jede Harmonische einen anderen Wert und ändert sich, wie die folgenden Betrachtungen zeigen werden, periodisch mit ν.

Die Grundwellen der Durchflutungsverteilungen zweier nebeneinanderliegender Spulen sind um den bezogenen Wert $\alpha = 2\pi p/N$ gegeneinander verschoben. Da α klein ist, wird die resultierende Amplitude zweier benachbarter Durchflutungsgrundwellen entsprechend Bild 4.28a nahezu das Doppelte der Einzelamplituden, d.h., der Gruppenfaktor beträgt ungefähr 1. Mit wachsender Ordnungszahl ν wird die relative Verschiebung $\nu\alpha$ zwischen den zu überlagernden Durchflutungsharmonischen zweier nebeneinanderliegender Spulen größer. Die Folge davon ist, daß die resultierende Amplitude und damit der Gruppenfaktor zunächst kleiner werden (Bild 4.28b), um von einer bestimmten Ordnungszahl an wieder anzusteigen (Bild 4.28c). Schließlich gibt es Ordnungszahlen, für die $\nu\alpha$ in der Nähe von 2π oder einem Vielfachen davon liegt. Die entsprechenden Durchflutungsharmonischen sind also ungefähr oder genau um eine volle Wellenlänge gegeneinander versetzt. Die resultierende Amplitude wird wieder nahezu oder genau gleich dem Doppelten der Einzelamplitude; der Gruppenfaktor hat einen Wert um 1. Derartige Durchflutungsharmonische sind also besonders stark ausgebildet; sie werden als *Nutharmonische* bezeichnet. Für den hier betrachteten Fall der Ganzlochwicklung mit einer ganzen Zahl $q = N/2pm$ entfällt auf die Polteilung eine ganze Anzahl von Nuten und damit auf das Polpaar eine gerade Anzahl von N/p Nuten. Damit ist $2\pi/\alpha = N/p$ eine gerade Zahl. Zwei nebeneinanderliegende Einzelspulen müssen also entsprechend Bild 4.28d Paare von Durchflutungsharmonischen mit aufeinanderfolgenden ungeraden Werten der Ordnungszahl ν haben, die jeweils um $|\alpha|$ gegeneinander verschoben sind. Es besteht also für diese Harmonischen die gleiche Verschiebung wie für die Grundwellen (vgl. Bild 4.28a). Dann muß auch der Betrag ihres Gruppenfaktors gleich dem der Grundwelle sein. Die Ordnungszahlen der Nutharmonischen ν_{NH} bestimmen sich entsprechend Bild 4.28d aus der Bedingung $\nu_{\mathrm{NH}}\alpha = g2\pi \pm \alpha$ mit $g = 1, 2, 3, \ldots$

Daraus folgt

$$\boxed{\nu_{\mathrm{NH}} = g\frac{2\pi}{\alpha} \pm 1 = g\frac{N}{p} \pm 1} \ , \tag{4.106}$$

wobei das Wertepaar für $g = 1$ als Nutharmonische erster Ordnung, das für $g = 2$ als Nutharmonische zweiter Ordnung bezeichnet wird usw. Man beachte, daß die Ordnungszahlen der Nutharmonischen nach (4.106) identisch mit den Ordnungszahlen der Nutungsharmonischen nach (4.91) sind, die in der Induktionsverteilung unter dem Einfluß der Nutöffnungen auftreten. Setzt man (4.106) in die Beziehung (4.105) für den Gruppenfaktor ein, so erhält man

$$|\xi_{\mathrm{gr,NH}}| = \left| \frac{\sin Q\frac{\alpha}{2}}{Q\sin\frac{\alpha}{2}} \right| = |\xi_{\mathrm{gr},1}| \ . \tag{4.107}$$

Das Ergebnis der oben angestellten Überlegungen wird also formal bestätigt. Der Betrag des Gruppenfaktors einer Nutharmonischen ist gleich dem der Grundwelle. Man könnte versucht sein, die Nutharmonischen durch eine zweckmäßige Sehnung verkleinern zu wollen. Derartig geringe Sehnungen lassen sich jedoch nicht ausführen, da der Wicklungsschritt eine ganze Zahl bleiben muß. Außerdem erhält man durch Einführen von (4.106) in den Spulenfaktor nach (4.94) mit $\eta = y\alpha$

$$|\xi_{\mathrm{sp,NH}}| = \left| \sin \nu_{\mathrm{NH}}\frac{\eta}{2} \right| = \left| \sin y\frac{\alpha}{2} \right| = |\xi_{\mathrm{sp},1}| \ .$$

Der Betrag des Spulenfaktors einer Nutharmonischen ist also gleich dem der Grundwelle, unabhängig davon, was für eine Sehnung vorgenommen wird. Die einzige Möglichkeit, die Nutharmonischen klein zu halten, besteht darin, ihre Ordnungszahl durch große Werte von N/p hoch zu legen. Die entsprechenden Harmonischen erscheinen dann schon im Spektrum der Einzelspule mit kleiner Amplitude.

4.6.4 Durchflutungsverteilung eines Wicklungsstrangs einer Ganzlochwicklung

Die *vollständig bewickelte Einschicht-Ganzlochwicklung* besitzt je Strang und Polpaar eine Gruppe von $q = N/2pm$ ungesehnten Spulen (s. Abschnitt 3.1.1). Die ν-te Durchflutungsharmonische $\Theta_{\mathrm{str},\nu}$ eines Strangs dieser Wicklung folgt also unmittelbar aus der eines Satzes von p gleichmäßig verteilten Spulengruppen. Dabei ist im Fall der Hintereinanderschaltung aller Spulengruppen

$$w_{\mathrm{sp}}Q \ = \ w_{\mathrm{sp}}q = \frac{w}{p} \ , \tag{4.108}$$

w hintereinandergeschaltete Gesamtwindungszahl des Strangs

$$\gamma_{\text{str.}} = \gamma_{\text{gr}} \qquad \text{Koordinate der Achse des Strangs ,}$$

$$\xi_{\text{sp},\nu} = \sin \nu \pi/2 \quad \text{entsprechend } \eta = \pi \text{ und mit } (4.94) ,$$

so daß man aus (4.104) erhält

$$\Theta_{\text{str},\nu} = \frac{4}{\pi} \frac{w}{2p} \frac{1}{\nu} \sin \nu \frac{2}{\pi} \xi_{\text{gr},\nu} i \cos \nu (\gamma - \gamma_{\text{str}}) .$$

Diese Beziehung läßt sich auf die allgemeine Form für die ν-te Durchflutungsharmonische eines Wicklungsstrangs einer Ganzlochwicklung

$$\boxed{\Theta_{\text{str},\nu} = \frac{4}{\pi} \frac{w\xi_\nu}{2p} \frac{1}{\nu} i \cos \nu (\gamma - \gamma_{\text{str}})} \qquad (4.109)$$

bringen, wobei der *Wicklungsfaktor* ξ_ν eingeführt wurde.

Der Wicklungsfaktor ist im vorliegenden Fall der vollständig bewickelten Einschicht-Ganzlochwicklung mit (4.105) und $q = Q$ gegeben durch

$$\boxed{\xi_\nu = \sin \nu \frac{\pi}{2} \frac{\sin \nu q \frac{\alpha}{2}}{q \sin \nu \frac{\alpha}{2}}} \; . \qquad (4.110)$$

Der Faktor $\sin \nu (\pi/2)$ sorgt dafür, daß keine geradzahligen Harmonischen auftreten. Gegenüber dem Spektrum eines Satzes von p gleichmäßig verteilten ungesehnten Einzelspulen (s. Bild 4.26) sind die Harmonischen nach Maßgabe des Gruppenfaktors geschwächt.

Die Bilder 4.29a und b zeigen die Spektren der Wicklungsfaktoren und der Durchflutungsharmonischen für zwei dreisträngige Wicklungen mit einer Zonenbreite von $\beta = 60°$ und Lochzahlen $q = 2$ bzw. $q = 4$. Für $q = 2$ wird $N/p = 2qm = 12$, und man erhält die Ordnungszahlen der Nutharmonischen erster Ordnung nach (4.106) zu $\nu_{\text{NH}} = 11, 13$ und die zweiter Ordnung zu $\nu_{\text{NH}} = 23, 25$. Für $q = 4$ ist $N/p = 24$, und (4.106) liefert für die Ordnungszahlen der Nutharmonischen erster Ordnung $\nu_{\text{NH}} = 23, 25$. Die Nutharmonischen sind im Spektrum der Wicklungsfaktoren deutlich zu erkennen, da $|\xi_{\text{NH}}| = |\xi_1|$ ist. Im Spektrum der normierten Durchflutungsharmonischen $|\widehat{\Theta}_{\text{str},\nu}/\widehat{\Theta}_{\text{str},1}|$ erscheinen die Nutharmonischen in der gleichen Größe wie bei einer ungesehnten Einzelspule.

Die *vollständig bewickelte Zweischicht-Ganzlochwicklung* mit einfacher Zonenbreite besitzt je Polpaar zwei gleichartige Spulengruppen mit $Q = q = N/2pm$ Spulen, deren Achsen um eine Polteilung gegeneinander versetzt sind und die ungleichsinnig durchlaufen werden (s. Abschnitt 3.1.1 und Bild 3.3 bzw. Bild 3.5). Die Einzelspulen sind im allgemeinen Fall gesehnt. Die Durchflutungsharmonischen der beiden Gruppen erhält man mit Bild 4.30 unmittelbar aus (4.104) mit $w_{\text{sp}}Q = w/2p$, d.h. bei Hintereinanderschaltung aller Spulengruppen, zu

$$\Theta_{\text{I},\nu} = \frac{4}{\pi} \frac{w}{4p} \xi_{\text{sp},\nu} \xi_{\text{gr},\nu} \frac{1}{\nu} i \cos \nu (\gamma - \gamma_{\text{str}})$$

$$\Theta_{\text{II},\nu} = -\frac{4}{\pi} \frac{w}{4p} \xi_{\text{sp},\nu} \xi_{\text{gr},\nu} \frac{1}{\nu} i \cos \nu (\gamma - \gamma_{\text{str}} - \pi) .$$

Dabei wurde als Wicklungsachse des Strangs die Achse der positiv durchlaufenen Gruppe verwendet. Die resultierende Durchflutungsharmonische des Strangs erhält

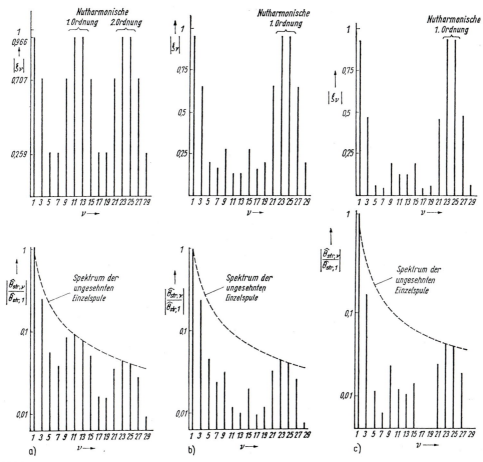

Bild 4.29
Spektren der Wicklungsfaktoren und der Durchflutungsharmonischen eines Strangs vollständig bewickelter Ganzlochwicklungen für $m = 3$ (logarithmische Darstellung)
a) Einschichtwicklung mit $q = 2$; b) Einschichtwicklung mit $q = 4$; c) Zweischichtwicklung mit $q = 4$ und $y_\nu = 2$

man über $\Theta_{\mathrm{str},\nu} = \Theta_{\mathrm{I},\nu} + \Theta_{\mathrm{II},\nu}$ mit den entsprechenden trigonometrischen Umformungen nach Anhang IV sowie unter Beachtung von $\sin \nu\pi = 0$ zu

$$\Theta_{\mathrm{str},\nu} = \frac{4}{\pi}\frac{w}{2p}\xi_{\mathrm{sp},\nu}\xi_{\mathrm{gr},\nu}\sin^2\nu\frac{\pi}{2}\,i\cos\nu(\gamma - \gamma_{\mathrm{str}})\;. \tag{4.111}$$

Aus dem Vergleich mit der allgemeinen Form für die ν-te Durchflutungsharmonische nach (4.109) folgt für den Wicklungsfaktor der vollständig bewickelten Zweischicht-Ganzlochwicklung mit einfacher Zonenbreite

$$\boxed{\xi_\nu = \xi_{\mathrm{sp},\nu}\xi_{\mathrm{gr},\nu}\sin^2\nu\frac{\pi}{2}}\;, \tag{4.112}$$

wobei für den Spulenfaktor (4.94) gilt. Der Faktor $\sin^2\nu\pi/2$ bringt zum Ausdruck, daß trotz der Sehnung keine geradzahligen Harmonischen auftreten. Das Spektrum enthält die ungeradzahligen Harmonischen, die im Vergleich zur Einschicht-Ganzlochwicklung

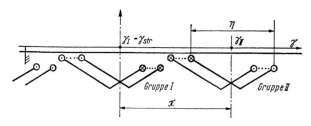

Bild 4.30
Schematische Darstellung
der beiden Spulengruppen
I und II einer Zweischicht-
Ganzlochwicklung mit
einfacher Zonenbreite
und gesehnten Spulen

durch eine zweckmäßige Sehnung verkleinert werden können (s. Abschnitt 4.6.1). Unter Berücksichtigung des Wegfalls der geradzahligen Harmonischen geht der Spulenfaktor entsprechend (4.100) über in $\xi_{\mathrm{sp},\nu} = \sin \nu \pi/2 \, \cos \nu \eta_{\mathrm{v}}/2$, und man erhält für den Wicklungsfaktor

$$\xi_\nu = \sin \nu \frac{\pi}{2} \xi_{\mathrm{gr},\nu} \cos \nu \frac{\eta_{\mathrm{v}}}{2} \; .$$

Dabei wird $\cos \nu \eta_{\mathrm{v}}/2$ als *Sehnungsfaktor* bezeichnet.

Im Bild 4.29c sind die Spektren der Wicklungsfaktoren und der bezogenen Durchflutungsharmonischen einer dreisträngigen Wicklung mit $p = 4$ bei Sehnung um 2 Nutteilungen dargestellt. Statt $y_\varnothing = N/2p = qm = 12$ ist also $y = 10$ bzw. $\eta = 0,833\pi$ ausgeführt worden. Der Vergleich mit den Spektren der zugeordneten Einschichtwicklung nach Bild 4.29b zeigt, daß die Wicklungsfaktoren und damit die Durchflutungsharmonischen durch die Sehnung im allgemeinen verkleinert werden. Das gilt besonders für die 5. und 7. Harmonischen, denn eine Sehnung um $\eta_{\mathrm{v}} = 0,167\pi$ liegt in der Nähe der Werte $\eta_{\mathrm{v}} = 0,2\pi$ bzw. $\eta_{\mathrm{v}} = 0,143\pi$, bei denen die 5. bzw. 7. Harmonischen zum Verschwinden gebracht würden. Unbeeinflußt von der Sehnung bleiben die Nutharmonischen.

4.6.5 Allgemeine Beziehung für die Durchflutungsharmonischen eines Wicklungsstrangs

Im allgemeinen Fall, der die Bruchlochwicklungen und unvollständig bewickelten Wicklungen sowie solche mit anderen Symmetriestörungen einschließt, wiederholt sich der Aufbau des Wicklungsstrangs erst nach mehreren Polpaaren oder gar erst nach einem vollständigen Umlauf, d.h. nach p Polpaaren. Es ist dann erforderlich, das Feld und damit die Durchflutungsverteilung im Koordinatensystem γ' zu beschreiben und ein Bezugspolpaar festzulegen, in dem der Ursprung dieses Koordinatensystems liegt (s. Bild 4.1). Der Strang soll nach wie vor w hintereinandergeschaltete Windungen besitzen. Wenn man sich diese gleichmäßig auf p am Umfang verteilte ungesehnte Einzelspulen verteilt denkt, erhält man für die Amplitude der ν'-ten Durchflutungsharmonischen einen Wert von $(4/\pi)(w/2)(1/\nu')i$. Die tatsächliche Durchflutungsamplitude $\widehat{\Theta}_{\mathrm{str},\nu}$ weicht davon durch folgende Einflüsse ab:

- Verteilung der w Windungen auf mehr als p Einzelspulen

- unterschiedliche Sehnung der Spulen

- unterschiedliche Anzahl von Spulen innerhalb der einzelnen Polpaare

- unterschiedliche Lage der Spulen eines Strangs innerhalb der einzelnen Polpaare

- unterschiedliche Windungszahlen der Spulen.

Man erhält die ν-te Durchflutungsharmonische eines Strangs, der aus n beliebigen Spulen besteht, ausgehend von (4.96), mit (4.94) zu

$$\Theta_{\mathrm{str},\nu} = \frac{4}{\pi} \frac{1}{2} \frac{1}{\nu'} i \operatorname{Re} \underbrace{\left\{ \sum_{\varrho=1}^{n} w_{\mathrm{sp}\varrho} \xi_{\mathrm{sp}\varrho,\nu}\, \mathrm{e}^{\mathrm{j}\nu\gamma'_{\mathrm{sp}\varrho}}\, \mathrm{e}^{-\mathrm{j}\nu'\gamma'} \right\}}_{\vec{A}} \;.$$

Die Summe $\vec{A}$ läßt sich unter Einführung eines Wicklungsfaktors in einer allgemeinen Definition, d.h. in weiterer Verallgemeinerung von (4.109) und mit $w = \sum_{\varrho=1}^{n} \mathrm{w}_{\mathrm{sp}\varrho}$, darstellen als

$$\vec{A} = \sum_{\varrho=1}^{n} w_{\mathrm{sp}\varrho} \xi_{\mathrm{sp}\varrho,\nu}\, \mathrm{e}^{\mathrm{j}\nu'\gamma'_{\mathrm{sp}\varrho}} = w\xi_\nu\, \mathrm{e}^{\mathrm{j}\nu'\gamma'_{\mathrm{str},\nu}} \;. \tag{4.113}$$

Damit erhält man als allgemeine Formulierung für die ν-te Durchflutungsharmonische

$$\boxed{\; \Theta_{\mathrm{str},\nu}(\gamma') = \frac{4}{\pi} \frac{w\xi_\nu}{2} \frac{1}{\nu'} i \cos \nu'(\gamma' - \gamma'_{\mathrm{str},\nu}) \;} \;. \tag{4.114}$$

Im Gegensatz zu (4.109) ist es jetzt aufgrund der fehlenden Symmetrie des Aufbaus erforderlich, für jede Harmonische eine andere Lage der Wicklungsachse des Strangs als $\gamma'_{\mathrm{str},\nu}$ einzuführen, die gleichzeitig die Lage des Durchflutungsmaximums innerhalb des Bezugspolpaars bestimmt. Das Vorzeichen von ξ_ν hängt dann davon ab, welche der möglichen Koordinaten $\gamma'_{\mathrm{str},\nu}$ zur Beschreibung der Durchflutungsharmonischen verwendet wurde.

Der Wicklungsfaktor ξ_ν einer beliebigen Wicklung kann über die harmonische Analyse der Durchflutungsverteilung und durch Vergleich mit (4.114) gewonnen werden. Es ist jedoch üblich, dazu eine Methode anzuwenden, die nicht vom Feldaufbau durch einen Wicklungsstrang, sondern von der Wirkung einer Feldwelle auf den Strang in Form der Spannungsinduktion ausgeht, und wobei – wie im Abschnitt 5 zu zeigen ist – wiederum der Wicklungsfaktor in Erscheinung tritt.

Meist interessieren nur die bezüglich der Hauptwelle vorhandenen Oberwellen. In diesem Fall geht (4.114) über in

$$\boxed{\; \Theta_{\mathrm{str},\nu}(\gamma) = \frac{4}{\pi} \frac{w\xi_\nu}{2p} \frac{1}{\nu} i \cos \nu(\gamma - \gamma_{\mathrm{str},\nu}) \;} \;. \tag{4.115}$$

Dabei läßt sich der Wicklungsfaktor ξ_ν, jedenfalls solange ein gewisser Grad der Symmetrie des Wicklungsaufbaus erhalten ist, ähnlich wie bei Ganzlochwicklungen durch Einzelfaktoren ausdrücken. Solange die Wicklung aus Spulen gleicher Weite besteht, ist einer dieser Faktoren der Spulenfaktor nach (4.94).

4.6.6 Durchflutungsverteilungen von Kommutatorwicklungen

4.6.6.0 Ausgangsüberlegungen

Die nachstehenden Betrachtungen zur Ermittlung der Durchflutungsverteilung von Kommutatorwicklungen werden unter folgenden Einschränkungen vorgenommen:

– Die Nutzahl je Polpaar N/p sei hinreichend groß, um mit $(N/p) \to \infty$ rechnen zu können, so daß die Schwankungen der Durchflutungsverteilung während der Bewegung des Ankers um eine Nutteilung von vornherein eliminiert werden.

- Die Lage der Bürsten soll sich in jedem Polpaar periodisch wiederholen, so daß es von vornherein genügt, ein Polpaar zu betrachten.
- Die Einzelspulen seien praktisch ungesehnt, so daß zu einem Bereich von Oberschichtspulenseiten ein um die Polteilung verschobener Bereich von Unterschichtspulenseiten gehört.

Die beiden Bürsten eines Bürstenpaars im betrachteten Polpaar sind jeweils mit den zugeordneten Bürsten gleicher Polarität der anderen Polpaare verbunden und liegen mit diesen an der entsprechenden Ankerzuleitung. Die beiden Ankerzuleitungen sind miteinander über einen äußeren Stromkreis verbunden und führen damit den gleichen Strom. Dieser teilt sich aufgrund der vorausgesetzten Symmetrie gleichmäßig auf die jeweils p Bürsten auf. Wenn der entsprechende Teilstrom die Kommutatorwicklung von der Eintrittsbürste zur Austrittsbürste durchfließt, stimmt die Stromrichtung in den einzelnen Spulenseiten mit der Richtung des Durchlaufsinns von der Eintritts- zur Austrittsbürste überein. Deshalb wird als positive Zählrichtung der Bürstenströme im folgenden stets der Durchlaufsinn von der Eintritts- zur Austrittsbürste gewählt. Aus jenen Zonen, in denen die Spulenseiten beim Verfolgen der Zusammenschaltung in ein und derselben Richtung durchlaufen wurden, entstehen Zonen, in denen der Strom in ein und derselben Richtung fließt.

Die beiden Bürsten eines Bürstenpaars haben im einfachsten Fall den Abstand einer Polteilung. Davon war auch bei der Behandlung der Kommutatorwicklungen im Abschnitt 3.2 ausgegangen worden. Im allgemeinen Fall trifft dies nicht mehr zu, so daß im folgenden mit einer beliebigen Bürstenweite gerechnet wird.

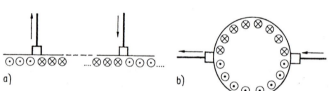

a)   b)

Bild 4.31
Vereinbarung
über die Zuordnung
des Durchlaufsinns
durch die äußere Zuleitung
und durch die Spulenseiten
des Kommutatorankers
a) allgemein; b) für die zweipolige Ausführung

Um eine einheitliche Betrachtungsweise sämtlicher Kommutatorwicklungen vornehmen zu können, sind zunächst einige Vorbetrachtungen erforderlich, in deren Verlauf verschiedene Darstellungsvereinbarungen getroffen werden. Bei der Behandlung der Kommutatorwicklungen im Abschnitt 3.2 war dazu übergegangen worden, die Wicklungen hinsichtlich der Leiterführung im Wicklungskopf so darzustellen, wie sie tatsächlich ausgeführt werden. Für die Beobachtung der elektromagnetischen Erscheinungen ist diese Darstellungsform unzweckmäßig. Sie läßt nicht unmittelbar erkennen, mit welchen Spulenseiten und Spulen jene Lamellen verbunden sind, auf denen die Bürsten sitzen. Es wird deshalb zu der Darstellungsform nach Bild 3.10a zurückgekehrt, von der die Entwicklung der Ausführungsformen von Kommutatorwicklungen ausgegangen war. Dazu werden nunmehr die präzisierten Vereinbarungen getroffen, daß in jeder Schicht einer Nut nur eine Spulenseite liegt und die Oberschichtspulenseiten ohne Abkröpfung mit ihren Kommutatorstegen verbunden sind. Wie in den bisherigen Darstellungen werden die linken Spulenseiten als Oberschichtspulenseiten angesehen. Die Umkehr der Durchlaufrichtung der Oberschichtspulenseiten ist unter Beachtung der sehr groß gedachten Nutzahl direkt durch die Lage der Bürsten festgelegt. Symbolisch kann man sich diese also auch unmittelbar auf die Ankeroberfläche gesetzt denken. Dann liegt links einer Bürste ein Gebiet, in dem die Oberschichtspulenseiten im entgegengesetzten Sinn durchlaufen werden wie im Gebiet rechts von

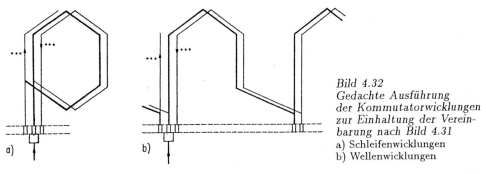

Bild 4.32
Gedachte Ausführung
der Kommutatorwicklungen
zur Einhaltung der Verein-
barung nach Bild 4.31
a) Schleifenwicklungen
b) Wellenwicklungen

der Bürste. Die zugeordneten Unterschichtspulenseiten mit entgegengesetzter Durchlaufrichtung sind durch die Spulenweite der Einzelspulen festgelegt, die vereinbarungsgemäß gleich der Polteilung ist. Außerdem werden die Wicklungen so ausgeführt gedacht, daß die entstehende pseudostationäre Spule rechtsgängig wird. Es muß also zwischen dem Durchlaufsinn durch die äußere Zuleitung und dem durch die Spulenseiten des Ankers eine Zuordnung bestehen, wie sie im Bild 4.31 dargestellt ist. Den getroffenen Vereinbarungen entsprechend, denkt man sich eine Schleifenwicklung als gekreuzte Wicklung mit einer Leiterführung nach Bild 4.32a und eine Wellenwicklung als ungekreuzte Wicklung mit einer Leiterführung nach Bild 4.32b ausgeführt.

Die beiden Bürsten eines Bürstenpaars sind im Abstand der *Bürstenweite* W_B bzw. der *bezogenen Bürstenweite*

$$\eta_B = \frac{\pi}{\tau_p} W_B$$

auf der Kommutatoroberfläche angeordnet. Es ist prinzipiell gleichgültig, welche der beiden Bürsten als Eintritts- und welche als Austrittsbürste angesehen wird. Um eine einheitliche Betrachtungsweise zu erhalten, soll jedoch vereinbart werden, daß die Eintrittsbürste stets bei größeren Werten von γ liegt als die Austrittsbürste. Damit gilt mit Bild 4.33

$$\gamma_{B\,ein} - \gamma_{B\,aus} = \eta_B \ .$$

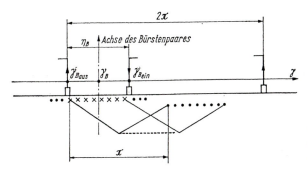

Bild 4.33
Festlegung der Koordinaten
der Bürsten

Als Achse des Bürstenpaars wird die Koordinate γ_B eingeführt. Dabei ergibt sich mit Bild 4.33

$$\gamma_{B\,aus} = \gamma_B - \frac{\eta_B}{2} \quad \text{und} \quad \gamma_{B\,ein} = \gamma_B + \frac{\eta_B}{2} \ .$$

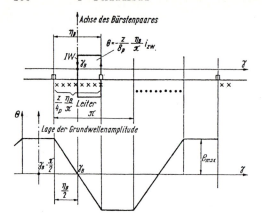

Bild 4.34
Stromverteilung
und Durchflutungsverteilung
der a parallelen Zweige, die einseitig
zwischen zwei Bürsten liegen
IW Integrationsweg

4.6.6.1 Durchflutungsverteilung der a parallelen Zweige, die einseitig zwischen zwei Bürsten liegen

Wenn insgesamt z Leiter auf dem Läufer untergebracht sind, entfallen auf den Bereich einer Polteilung $z/2p$ und auf jede Schicht dieser Polteilung $z/4p$ Leiter. In der Oberschicht zwischen zwei Bürsten mit der bezogenen Weite η_B liegen damit $(z/4p)(\eta_B/\pi)$ Leiter (Bild 4.34). Sie werden in a parallelen Zweigen durchlaufen, wobei a durch die vorliegende Wicklungsart bestimmt ist. Jeder Leiter in dem betrachteten Bereich führt den Zweigstrom i_{zw}. Die Beziehung zwischen den Bürstenströmen und diesem Zweigstrom kann nicht allgemein angegeben werden, da unbekannt ist, welche Ströme über weitere im Bild 4.34 nicht eingezeichnete Bürsten fließen. Der Bereich der Unterschichtspulenseiten ist um die Spulenweite π verschoben. Da der Einfluß der Nutung vernachlässigt werden soll, erhält man eine trapezförmige Durchflutungsverteilung, die im Bild 4.34 dargestellt ist. Ihr Maximalwert beträgt mit den oben ermittelten Leiterzahlen

$$\Theta_{\max} = \frac{z}{8p}\frac{\eta_B}{\pi}i_{zw} \ .$$

Ihre Grundwellenamplitude liegt bei $\gamma_B - \pi/2$ und hat den Betrag

$$\widehat{\Theta}_1 = \frac{8}{\pi}\frac{\Theta_{\max}}{\eta_B}\sin\frac{\eta_B}{2} \ .$$

Der Verlauf der Durchflutungsgrundwelle folgt damit der Beziehung

$$\Theta_1(\gamma) = \frac{1}{\pi^2}\frac{z}{p}\sin\frac{\eta_B}{2}i_{zw}\cos\left(\gamma - \gamma_B + \frac{\pi}{2}\right) \ . \tag{4.116}$$

4.6.6.2 Durchflutungsverteilung des gesamten Kommutatorankers, der über zwei Bürsten eingespeist wird

Über die beiden Bürsten fließt, bedingt durch das äußere Netzwerk, der gleiche Strom i. Er verteilt sich gleichmäßig auf die $2a$ parallelen Zweige der Wicklung, so daß der Zweigstrom $i_{zw} = i/2a$ wird. Dieser Zweigstrom fließt nicht nur in jenen a parallelen Zweigen, die im Abschnitt 4.6.6.1 betrachtet wurden, sondern auch in der zweiten Gruppe von a parallelen Zweigen, die sich in der anderen Richtung über den Anker schließen. Es entsteht die Stromverteilung nach Bild 4.35. Man erkennt, daß in den Gebieten, die bisher stromlos waren, Ströme fließen, die in Ober- und Unterschicht entgegengesetzt gerichtet sind. Die Wirkung dieser Ströme auf das Luftspaltfeld hebt sich auf. In den übrigen Gebieten hat sich die Größe des Strombelags verdoppelt. Man erhält die gleiche Form der Durchflutungsverteilung wie im Bild 4.34. Der Maximalwert $\Theta_{\max}$ beträgt jetzt

$$\Theta\max = \frac{z}{4p}\frac{\eta_B}{\pi}i_{zw} = \frac{z}{8pa}\frac{\eta_B}{\pi}i\;.$$

Die Durchflutungsgrundwelle wird damit beschrieben durch

$$\boxed{\Theta_1(\gamma) = \frac{1}{\pi^2}\frac{z}{pa}\sin\frac{\eta_B}{2}i\cos\left(\gamma - \gamma_B + \frac{\pi}{2}\right)}\;. \qquad (4.117)$$

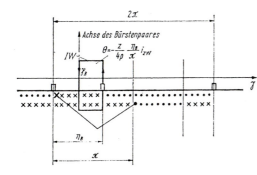

Bild 4.35
Stromverteilung
des gesamten Kommutatorankers,
der über zwei Bürsten eingespeist wird
IW Integrationsweg

4.6.6.3 Durchflutungsverteilung des gesamten Kommutatorankers, der über zwei Bürsten mit der Weite $\eta_B = \pi$ eingespeist wird

In vielen Maschinen sind die Bürsten im Abstand einer Polteilung, d.h. im bezogenen Abstand π, angeordnet. Die Bürsten befinden sich in der sog. *Durchmesserstellung*. Die Durchflutungsverteilung wird in diesem Fall eine Dreieckkurve, wie sie im Bild 4.36 dargestellt ist. Sie ergibt sich auch als Sonderfall von 4.6.6.2 mit $\eta_B = \pi$. Ihr Maximalwert beträgt also

$$\Theta_{\max} = \frac{z}{8pa}i\;,$$

und ihre Grundwelle ergibt sich zu

$$\boxed{\Theta_1(\gamma) = \frac{1}{\pi^2}\frac{z}{pa}i\cos\left(\gamma - \gamma_B + \frac{\pi}{2}\right)}\;. \qquad (4.118)$$

4.7 Feldaufbau mit Hilfe eines permanentmagnetischen Abschnitts im Magnetkreis

Ein permanentmagnetischer Abschnitt im Magnetkreis besteht aus einem hartmagnetischen Werkstoff, der so beansprucht ist, daß der spezifische Zusammenhang $B = B(H)$ der Ferromagnetika in Form der Hystereseschleife wirksam wird und damit auch bei der Feldbestimmung berücksichtigt werden muß. Dabei sind zwei prinzipielle Fälle zu unterscheiden:

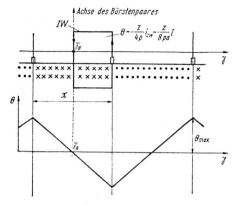

Bild 4.36
Stromverteilung und
Durchflutungsverteilung des gesamten
Kommutatorankers, der über zwei
Durchmesserbürsten eingespeist wird
IW Integrationsweg

1. **Fall:** Der Magnetisierungszustand des Magnetmaterials wird nach dem Aufmagnetisieren unter der Wirkung der betriebsmäßig in den verschiedenen Betriebszuständen der Maschine auftretenden Ströme bzw. der betriebsmäßig oder während der Montage auftretenden Änderungen der Geometrie des magnetischen Kreises nur so geringfügig geändert, daß die dabei durchlaufenen inneren Hystereseschleifen durch eine Gerade, die sog. *reversible Gerade* G_{rev}, angenähert werden können (s. Bild 4.37a). Dieser Fall liegt vor, wenn der permanentmagnetische Abschnitt eine gleichstromdurchflossene Erregerwicklung ersetzen soll, also z.B. bei permanentmagneterregten Gleichstrom- und Synchronmaschinen[1].

2. **Fall:** Das Magnetmaterial wird unter der Wirkung der betriebsmäßig in der Maschine fließenden Ströme zyklisch ummagnetisiert, d.h., es werden symmetrische Hystereseschleifen durchlaufen, die nach Maßgabe der Aussteuerung innerhalb der Grenzkurve liegen (s. Bild 4.37b). Dieser Fall liegt beim Hysteresemotor vor.

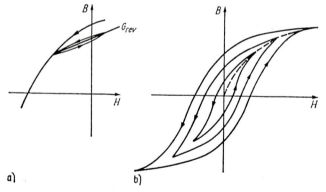

Bild 4.37
Extremfälle
der Änderung des
Magnetisierungszustands
a) die durchlaufenen inneren Schleifen entarten praktisch in eine Gerade, die reversible Gerade G_{rev}
b) es werden symmetrische Hystereseschleifen durchlaufen, die innerhalb der Grenzkurve liegen

Die weiteren Betrachtungen werden sich auf den 1. Fall konzentrieren. Das Einbeziehen der realen Eigenschaften der hartmagnetischen Werkstoffe in die Feldbestimmung bereitet erhebliche Schwierigkeiten. Ursache dafür ist einerseits der äußerst komplizierte Zusammenhang $B = B(H)$ und andererseits die vielfach hinzutretende Anisotropie dieser Werkstoffe. Deshalb lassen sich nur solche Magnetkreise einigermaßen überschaubar behandeln, bei denen der permanentmagnetische Abschnitt von einem homogenen Feld beansprucht wird. Dieser Fall liegt zumindest genähert dann vor,

---

[1] Bei Verwendung von hartmagnetischen Werkstoffen mit kleiner Koerzitivfeldstärke bzw. stark gekrümmter Magnetisierungskurve kann eine Demontage zu solchen Verschiebungen des Arbeitspunktes führen, daß die reversible Gerade verlassen wird.

wenn plattenförmige Magnetkörper eingesetzt werden und der übrige Magnetkreis aus weichmagnetischem Material aufgebaut wird. Im Bild 4.38 sind Beispiele derartiger Ausführungsformen permanenterregter Magnetkreise dargestellt. Dabei ist zu beachten, daß die permanentmagnetischen Abschnitte unter Wirkung der betriebsmäßig auftretenden Maschinenströme eine andere Beanspruchung erfahren können als bei der Aufmagnetisierung und im aufmagnetisierten Zustand. Im Bereich der Klein- und Kleinstmaschinen werden auch anders geformte Magnetkörper verwendet und dem Einsatzfall entsprechend magnetisiert. Im Bild 4.39 sind typische Beispiele dargestellt.

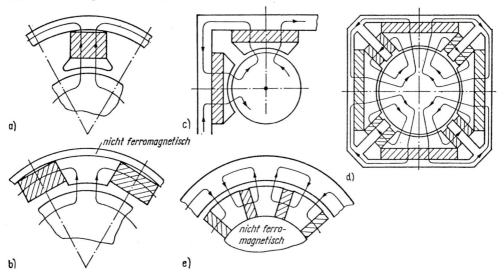

Bild 4.38   Ausführungsbeispiele von permanenterregten Magnetkreisen
mit plattenförmigen Magnetkörpern
a) Magnetkörper als Polkern, radial magnetisiert; b) Magnetkörper in der Pollücke, tangential magnetisiert; c) Ausführungsform mit quadratischem Gehäuse; d) Ausführungsform mit Pol- und Flankenmagneten; e) Läufer mit Magnetkörpern in der Pollücke, tangential magnetisiert

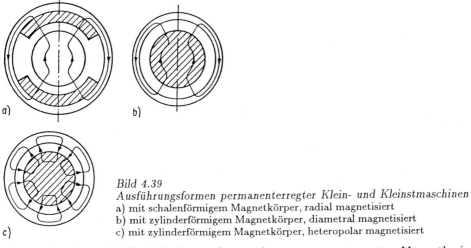

Bild 4.39
Ausführungsformen permanenterregter Klein- und Kleinstmaschinen
a) mit schalenförmigem Magnetkörper, radial magnetisiert
b) mit zylinderförmigem Magnetkörper, diametral magnetisiert
c) mit zylinderförmigem Magnetkörper, heteropolar magnetisiert

Im folgenden wird die Prinzipanordnung eines permanenterregten Magnetkreises nach Bild 4.40 untersucht. Er trägt eine Wicklung 1, in der betriebsmäßig ein Strom

i_1 fließt und den Magnetisierungszustand beeinflußt. Der Magnetkörper mit der Länge l_p und dem Querschnitt A_p wird von einem homogenen Magnetfeld beansprucht. Es existiert ein Luftspalt mit der Länge δ und dem wirksamen Querschnitt A_δ. Der permanentmagnetische Abschnitt wird mit einem Fluß belastet, der sich aus dem Luftspaltfluß BA_δ und dem Streufluß $\Phi_{p\sigma} = -\Lambda_{p\sigma}l_pH_p$ zusammensetzt. Im übrigen Magnetkreis wird $\mu_{Fe} = \infty$ angenommen. Das Durchflutungsgesetz liefert für den Integrationsweg IW im Bild 4.40 die Aussage

$$\frac{B}{\mu_0}\delta + H_pl_p = w_1i_1 \;,\tag{4.119}$$

und aus der Quellenfreiheit des Magnetfelds folgt

$$BA_\delta - \Lambda_{p\sigma}l_pH_p = B_pA_p \;.\tag{4.120}$$

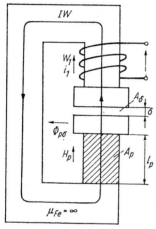

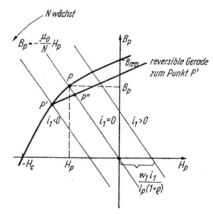

Bild 4.40
Prinzipanordnung
eines permanenterregten Magnetkreises

Bild 4.41 Ermittlung des Arbeitspunkts
auf der Entmagnetisierungskurve bzw.
der reversiblen Geraden eines permanentmagnetischen Abschnitts im Magnetkreis

Aus (4.119) und (4.120) erhält man als eine Beziehung zwischen Induktion B_p und Feldstärke H_p im permanentmagnetischen Abschnitt

$$\boxed{B_p = -\frac{\mu_0}{N}H_p + \frac{\mu_0}{\delta}\frac{A_\delta}{A_p}w_1i_1}\;,\tag{4.121}$$

wenn der sog. *Entmagnetisierungsfaktor*

$$N = \frac{\delta}{l_p}\frac{A_\delta}{A_p}\frac{1}{1+\varrho}\tag{4.122}$$

mit dem *Streufaktor*

$$\varrho = \frac{\Lambda_{p\sigma}\delta}{\mu_0 A_\delta}\tag{4.123}$$

eingeführt wird. Die zweite zur Ermittlung der beiden Feldgrößen B_p und H_p erforderliche Beziehung liegt in Form der Entmagnetisierungskurve bzw. der maßgebenden reversiblen Geraden vor. Damit bietet sich die grafische Lösung an, die Bild 4.41 zeigt.

Bei $i_1 = 0$ stellt sich der Arbeitspunkt P auf der Entmagnetisierungskurve ein. Wenn eine einmalige Entmagnetisierung durch einen entsprechenden Strom $i_1 = -I_1 < 0$ bis zum Punkt P' erfolgt ist, gilt für die weiteren Magnetisierungszustände mit $i_1 > -I_1$ die reversible Gerade zum Punkt P'. Der Arbeitspunkt wandert für $i_1 = 0$ in den Punkt P''. Je größer der Entmagnetisierungsfaktor N nach (4.122) wird, um so flacher verlaufen die Geraden nach (4.121), und um so weiter entfernen sich die Werte der Arbeitsinduktion B_p und der Remanenzinduktion B_{rem} voneinander. Wenn betriebsmäßig kein Strom fließt, der den Magnetisierungszustand beeinflußt, d.h. bei $i_1 = 0$, folgt aus (4.119) und (4.120)

$$B = -\frac{\mu_0}{\delta} l_p H_p \ , \tag{4.124}$$

$$B = \frac{A_p}{A_\delta} \frac{1}{1 + \varrho} B_p \ . \tag{4.125}$$

Daraus erhält man für die erforderliche Länge l_p des permanentmagnetischen Abschnitts

$$\boxed{l_p = -\frac{\delta}{\mu_0} \frac{B}{H_p}} \tag{4.126}$$

und für seinen Querschnitt

$$\boxed{A_p = (1 + \varrho) A_\delta \frac{B}{B_p}} \ . \tag{4.127}$$

Wenn die Geometrie des Luftspaltraums und die gewünschte Induktion B im Luftspalt festliegen, bestimmt die im permanentmagnetischen Abschnitt herrschende Feldstärke H_p dessen Länge l_p und die dort herrschende Induktion B_p dessen Querschnitt A_p.

Aus (4.124) und (4.125) folgt durch Multiplikation miteinander

$$B = \sqrt{\frac{\mu_0}{1 + \varrho} \frac{\mathfrak{V}_p}{\mathfrak{V}_\delta}} \sqrt{|B_p H_p|} \ . \tag{4.128}$$

Für gegebene Werte der Volumina $\mathfrak{V}_\delta = \delta A_\delta$ und $\mathfrak{V}_p = l_p A_p$ des Luftspaltraums und des permanentmagnetischen Abschnitts erhält man die maximal mögliche Luftspaltinduktion dann, wenn der Arbeitspunkt P im Bild 4.41 so gewählt wird, daß $|B_p H_p| = |B_p H_p|_{max}$ ist. Umgekehrt benötigt man in diesem Fall für ein gegebenes Volumen des Luftspaltraums und eine gewünschte Induktion B im Luftspalt das kleinste Volumen des Magnetkörpers. Das Produkt $|B_p H_p|$ verschwindet für $B_p = B_{rem}$ wegen $H_p = 0$ und für $H_p = -H_c$ wegen $B_p = 0$. Dazwischen durchläuft es ein Maximum $|B_p H_p|_{max}$. Diese für die Auslegung eines permanenterregten Magnetkreises bedeutsame Größe wird als *Energieprodukt* bezeichnet und zur Kennzeichnung eines Werkstoffs angegeben. Im Fall einer linearen Entmagnetisierungskurve liegt das Maximum des Produkts $|B_p H_p|$ bei $B_p = B_{rem}/2$ bzw. $H_p = -H_c/2$ und beträgt $|B_p H_p|_{max} = B_{rem} H_c/4$.

Aus (4.126) und (4.127) folgt, daß hartmagnetische Werkstoffe mit hoher Koerzitivfeldstärke, aber kleiner Remanenzinduktion – wie die Ferrite – auf kurze Magnetkörper mit großem Querschnitt führen (s. z.B. Bild 4.38c). Umgekehrt erhält man bei Werkstoffen mit kleiner Koerzitivfeldstärke, aber hoher Remanenzinduktion – z.B. den AlNiCo-Legierungen – lange Magnetkörper mit kleinem Querschnitt (s. z.B. Bild 4.38a).

Wenn betriebsmäßig Ströme in der Maschine fließen, die den Magnetisierungszustand des permanentmagnetischen Abschnitts beeinflussen, bewegt sich der Arbeitspunkt auf einer reversiblen Geraden, deren Lage durch den größten aufgetretenen entmagnetisierenden Strom bzw. die aufgetretene Änderung der Geometrie während der Montage gegeben ist.

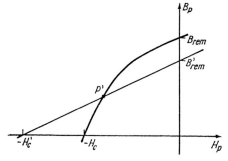

Bild 4.42
Einführung der Kenngrößen $B'_{\rm rem}$ und $H'_{\rm c}$
der reversiblen Geraden zum Punkt P'
auf der Entmagnetisierungskurve

Die reversible Gerade läßt sich mit Bild 4.42 darstellen als

$$B_{\rm p} = B'_{\rm rem} + \mu_0\mu_{\rm u}H_{\rm p} \, , \tag{4.129}$$

wobei die reversible Permeabilität $\mu_0\mu_{\rm u}$ gegeben ist durch

$$\mu_0\mu_{\rm u} = \frac{B'_{\rm rem}}{H'_{\rm c}}$$

und $B'_{\rm rem}$ bzw. $H'_{\rm c}$ die Koordinatenwerte der Schnittpunkte der reversiblen Geraden mit der Ordinate bzw. der Abzisse sind. Wenn man in der Geraden nach (4.121) die Hilfsgröße

$$\varepsilon = \mu_{\rm u}N = \mu_{\rm u}\frac{\delta}{l_p}\frac{A_{\rm p}}{A_\delta}\frac{1}{1+\varrho} \tag{4.130}$$

einführt, erhält man

$$B_{\rm p} = -\mu_0\mu_{\rm u}\frac{1}{\varepsilon}H_{\rm p} + \frac{\mu_0}{\delta}\frac{A_\delta}{A_{\rm p}}w_1i_1 \, . \tag{4.131}$$

Offensichtlich ist ε ein Maß für den Unterschied des Anstiegs der beiden Geraden nach (4.129) und (4.131). Es gilt mit Bild 4.43

$$\varepsilon = \frac{\tan\alpha}{\tan\beta} = \frac{H_{\rm b}}{H_{\rm a}} \, .$$

Im Fall von $\varepsilon = 1$ liegt der Arbeitspunkt bei $B_{\rm p} = B'_{\rm rem}/2$ und $H_{\rm p} = -H'_{\rm c}/2$. Er wandert für $\varepsilon < 1$ zu größeren Werten der Induktion und für $\varepsilon > 1$ zu kleineren.

Die Feldstärke $H_{\rm p}$ im Arbeitspunkt erhält man durch Gleichsetzen von (4.129) und (4.131) unmittelbar zu

$$H_{\rm p} = -\frac{B'_{\rm rem}}{\mu_0\mu_{\rm u}}\frac{\varepsilon}{1+\varepsilon} + \frac{1}{\delta\mu_{\rm u}}\frac{A_\delta}{A_{\rm p}}\frac{\varepsilon}{1+\varepsilon}w_1i_1 \, .$$

Damit liefern die Gleichungen (4.119), (4.120) und (4.131) für die Induktion im Luftspalt

$$B = \frac{B'_{\rm rem}}{1+\varepsilon}\frac{A_{\rm p}}{A_\delta}\frac{1}{1+\varrho} + \frac{\mu_0}{\delta}\left(1 - \frac{1}{1+\varepsilon}\frac{1}{1+\varrho}\right)w_1i_1 \, . \tag{4.132}$$

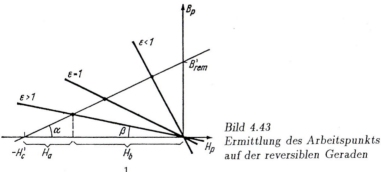

Bild 4.43
Ermittlung des Arbeitspunkts
auf der reversiblen Geraden

Dabei stellt $\delta \dfrac{1}{1-(1/1+\varepsilon)(1/1+\varrho)}$ offensichtlich den Ersatzluftspalt δ_{ers} dar, der für den vom Strom i_1 abhängigen Anteil des Feldes verantwortlich ist. Er läßt sich darstellen als

$$\delta_{\text{ers}} = \frac{\delta + \dfrac{\delta}{\varepsilon}}{1 + \dfrac{1}{\varepsilon}\dfrac{\varrho}{1+\varrho}} \; ; \tag{4.133}$$

wenn $\varrho = 0$ gesetzt wird, geht (4.133) über in

$$\delta_{\text{ers}} = \delta + \frac{\delta}{\varepsilon} \qquad \text{bzw. mit (4.130) in} \qquad \delta_{\text{ers}} = \delta + \frac{l_{\text{p}}}{\mu_{\text{u}}}\frac{A_{\delta}}{A_{\text{p}}}(1+\varrho) \; .$$

Daraus wird ersichtlich, daß der Ersatzluftspalt gegenüber dem geometrischen Luftspalt um einen Wert vergrößert ist, der in erster Linie durch die Länge des permanentmagnetischen Abschnitts und die reversible Permeabilität bestimmt wird.

Die Flußverkettungsgleichung der Wicklung *1* im Bild 4.40 beträgt unter Einführung eines Streuanteils

$$\psi_1 = L_{\sigma 1} i_1 + w_1 A_{\delta} B \; .$$

Durch Einführen der Beziehungen für die Luftspaltinduktion nach (4.132) und den Ersatzluftspalt nach (4.133) folgt daraus

$$\psi_1 \;=\; \frac{w_1}{(1+\varepsilon)(1+\varrho)} A_{\text{p}} B'_{\text{rem}} + \left(\mu_0 \frac{w_1^2}{\delta_{\text{ers}}} A_{\delta} + L_{\sigma}\right) i_1 \tag{4.134}$$

$$\;=\; \psi_{10} + L_1 i_1 \tag{4.135}$$

mit

$$L_1 = L_{1\sigma} + \mu_0 \frac{w_1^2}{\delta_{\text{ers}}} A_{\delta} \; . \tag{4.136}$$

Die Induktivität, die für das vom Strom i_1 abhängige Luftspaltfeld verantwortlich ist, wird durch den Ersatzluftspalt δ_{ers} nach (4.133) bestimmt.

5   Spannungsinduktion

5.1   Entwicklung der Spannungsgleichung aus dem Induktionsgesetz

Die Integralform des Induktionsgesetzes nach Gleichung (0.18) liefert, auf eine Spule aus linienhaften Leitern angewendet, mit den positiven Zählrichtungen entsprechend Bild 5.1a die Spannungsgleichung[1]

$$u = Ri + \frac{\mathrm{d}\psi}{\mathrm{d}t} = Ri - e \qquad . \qquad (5.1)$$

Dabei haben die einzelnen Größen folgende Bedeutung:

u Klemmenspannung
i Stromstärke
$\psi = \int \boldsymbol{B} \cdot \mathrm{d}\boldsymbol{A}$ Flußverkettung der Spule
R Widerstand der Spule
$e = \oint \boldsymbol{E}' \cdot \mathrm{d}\boldsymbol{s}$ induzierte Spannung in der Spule.

Der ohmsche Spannungsabfall Ri entsteht als Linienintegral $Ri = \int \boldsymbol{E}' \cdot \mathrm{d}\boldsymbol{s}$ entlang dem Leiter, die Klemmspannung als Linienintegral $\int \boldsymbol{E}' \cdot \mathrm{d}\boldsymbol{s}$ von Klemme zu Klemme durch den feldfrei gedachten Außenraum.

Wenn man das Umlaufintegral nicht in die beiden Linienintegrale u und Ri auflöst, folgt aus (0.18)

$$e = -\frac{\mathrm{d}\psi}{\mathrm{d}t} \qquad . \qquad (5.2)$$

Innerhalb der großen Gruppe rotierender elektrischer Maschinen, die wenigstens ein rotationssymmetrisches Hauptelement aufweisen, kann die Flußverkettung einer Spule bzw. eines beliebigen Wicklungselements oder einer Wicklung aufgeteilt werden in einen Anteil ψ_δ, der vom Luftspaltfeld herrührt, und einen Anteil ψ_σ, dessen Ursache die Streufelder sind (Bild 5.1a).

Es ist also

$$\psi = \psi_\delta + \psi_\sigma \qquad (5.3)$$

und dem zugeordnet entsprechend (5.2)

$$e = e_\delta + e_\sigma \qquad . \qquad (5.4)$$

Die Streuflußverkettung ψ_σ bzw. die von ihr induzierte Spannung e_σ rühren von den Feldern im Nut-, Wicklungskopf- und Zahnkopfraum bzw. im Polzwischenraum solcher Wicklungen her, die sich auf der gleichen Seite des Luftspalts befinden wie die

---

[1] s.a. Entwicklung der Gleichung (0.19) im Abschnitt 0.1.3.3 und Abschnitt 2.2, Gleichung (2.1)

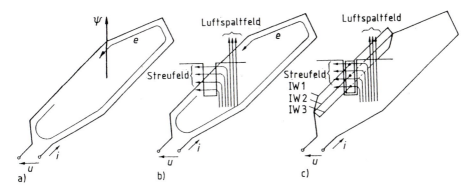

Bild 5.1   *Zur Entwicklung der Spannungsgleichung einer Spule*
a) Zuordnung der positiven Zählrichtungen von u, i, e und ψ; b) Spule aus linienhaften oder quasilinienhaften Leitern; c) Spule aus Leitern mit endlichem Querschnitt, so daß Strom- und Flußverdrängungserscheinungen auftreten

betrachtete Wicklung. Die Aufteilung entsprechend (5.3) oder (5.4) erfolgt nach den Überlegungen im Abschnitt 2.6 im Zusammenhang mit der Annahme, daß die Streuflußverkettungen unabhängig von der Relativbewegung zwischen Ständer und Läufer sind. Zwischen den Streuflußverkettungen und den maßgebenden Strömen vermitteln dann konstante *Streuinduktivitäten* L_σ entsprechend

$$\psi_\sigma = L_\sigma i .\tag{5.5}$$

Hinsichtlich der Flußverkettung ψ_δ mit dem Luftspaltfeld müssen i.allg. weitere vereinfachende Annahmen über den Verkettungsmechanismus zwischen Ständer und Läufer gemacht werden, um die Abhängigkeit von der Relativbewegung zwischen Ständer und Läufer erfassen zu können. Die wichtigste derartige Vereinfachung ist die Anwendung des Prinzips der Grundwellenverkettung (s. Abschnitt 2.7). Wenn der Verkettung mit der Grundwelle des Luftspaltfelds in diesem Fall die *Hauptflußverkettung* ψ_h zugeordnet und die zugehörige Spannung mit e_h bezeichnet wird, erhält man anstelle von (5.3) und (5.4):

$$\boxed{\psi = \psi_h + \psi_\sigma} .\tag{5.6}$$

$$\boxed{e = e_h + e_\sigma} .\tag{5.7}$$

Dabei sind in ψ_σ bzw. e_σ jetzt auch die Anteile Oberwellenstreuung enthalten (s. Abschnitt 2.7.1).

Die Gleichungen (5.1) bis (5.7) lassen sich auch dann noch auf die Wicklungen rotierender elektrischer Maschinen anwenden, wenn diese zwar aus Leitern mit einem endlichen Querschnitt bestehen, aber über diesem Querschnitt in allen betrachteten Betriebszuständen praktisch konstante Stromdichten herrschen. Dem entspricht, daß sich keine Strom- und Flußverdrängungserscheinungen bemerkbar machen. Die Wicklung besteht in diesem Fall aus quasilinienhaften Leitern. Da die Strom- und Flußverdrängungserscheinung i.allg. unerwünschte Folgen haben − vor allem in Form von zusätzlichen Verlusten −, werden die Wicklungen normalerweise so ausgelegt, daß man den Einfluß dieser Erscheinungen auf die Spannungsgleichung vernachlässigen kann[1].

Wenn die Leiterquerschnitte so groß werden, daß bei interessierenden Betriebs-zuständen merkliche *Strom- und Flußverdrängungserscheinungen* auftreten, bleiben die Gleichungen (5.1) bis (5.7) nicht uneingeschränkt gültig. Wie Bild 5.1c erkennen läßt, ändern sich in Abhängigkeit von der Lage des Integrationswegs im Leiter sowohl der Wert des Linienintegrals $\int \boldsymbol{E}' \cdot \mathrm{d}\boldsymbol{s} = \int (\boldsymbol{S}/\kappa) \cdot \mathrm{d}\boldsymbol{s}$ entlang dem Leiter nach Maßgabe der Stromdichteverteilung über dem Leiter als auch das Flächenintegral $\int \boldsymbol{B} \cdot \mathrm{d}\boldsymbol{A}$. Der Spannungsabfall $u_\mathrm{r} = Ri$ läßt sich nur noch über die Verluste P_v im Leiter entspre-chend $u_\mathrm{r} = P_\mathrm{v}/i$ einführen. Da das Linienintegral $\int \boldsymbol{E}' \cdot \mathrm{d}\boldsymbol{s}$ entlang dem Leiter für jeden Integrationsweg einen anderen Wert liefert, muß der Spannungsabfall $u_\mathrm{r} = Ri$ zum Teil auch in dem jeweiligen Wert für $\mathrm{d}/\mathrm{d}t \int \boldsymbol{B} \cdot \mathrm{d}\boldsymbol{A}$ enthalten sein. Der zugeordnete Widerstand $R = u_\mathrm{r}/i = P_\mathrm{v}/i^2$ in (5.1) ist damit vom augenblicklichen Betriebszustand abhängig und nicht mehr allein durch die Geometrie bestimmt. Seine Einführung ver-liert deshalb an sich ihre Berechtigung. Die Flußverkettung ψ in (5.1) ist nur noch durch diese Gleichung selbst über die Differenz zwischen der Klemmenspannung u und dem Spannungsabfall $u_\mathrm{r} = P_\mathrm{v}/i$ definiert. Eine Zuordnung zum Integrationsweg ist nicht mehr möglich.

Wenn das elektromagnetische Feld vollständig, d.h. also auch im Leiterinneren, be-kannt ist, indem die Feldgleichungen unter den vorliegenden Betriebs- und Randbedin-gungen integriert wurden, erhält man natürlich für jeden Integrationsweg die gleiche Klemmenspannung u als

$$u = -\oint \boldsymbol{E}' \cdot \mathrm{d}\boldsymbol{s} + \int_{\text{Leiter}} \boldsymbol{E}' \cdot \mathrm{d}\boldsymbol{s} = \frac{\mathrm{d}}{\mathrm{d}t} \int \boldsymbol{B} \cdot \mathrm{d}\boldsymbol{A} + \int_{\text{Leiter}} \boldsymbol{E}' \cdot \mathrm{d}\boldsymbol{s} \ . \qquad (5.8)$$

Im Zusammenhang mit dem Auftreten von Strom- und Flußverdrängungserscheinun-gen erweist sich die Aufteilung des Feldes in das Luftspaltfeld und die Streufelder ein weiteres Mal als nützlich. Wie man unmittelbar Bild 5.1c entnehmen kann, haben diese Erscheinungen keinen Einfluß auf die Flußverkettung ψ_δ mit dem Luftspaltfeld bzw. die Hauptflußverkettung ψ_h, sondern lediglich auf die Streuflußverkettung ψ_σ. Daraus folgt im Zusammenhang mit den weiter oben angestellten Überlegung zunächst, daß sich beim Wirksamwerden von Strom- und Flußverdrängungserscheinungen offenbar keine Widerstände R und Streuinduktivitäten L_σ mehr einführen lassen, die allein durch die Geometrie bestimmt sind. Für beliebig zeitlich veränderliche Vorgänge ver-lieren beide Größen ihre Berechtigung. Lediglich in dem Sonderfall, daß die Feldgrößen eingeschwungene Sinusgrößen darstellen, lassen sich Werte für R und L_σ angeben, die in den entsprechenden komplexen Spannungsgleichungen zwischen den eingeschwun-genen Sinusgrößen wirksam werden, aber außer von der Geometrie auch von der Fre-quenz abhängig sind[2]. Dadurch ist auch die Möglichkeit geschaffen, eine Spannungs-gleichung, die zunächst ohne Berücksichtigung der Strom- und Flußverdrängungser-scheinungen ermittelt wurde, nachträglich zu modifizieren. Man erhält z.B. für die Spannungsgleichung einer einzelnen Spule, wenn das Streufeld nur vom Strom dieser Spule herrührt,

$$\underline{u} = R(f)\underline{i} + \mathrm{j}\omega L_\sigma(f)\underline{i} + \mathrm{j}\omega \underline{\psi}_\delta \ . \qquad (5.9)$$

---

[1]Das gilt aber z.B. nicht für die Läuferkreise von Asynchronmaschinen mit Käfigläufern, da dort die Stromverdrängungserscheinungen bewußt genutzt werden, um das Anzugsmoment zu vergrößern.
[2]s. Band Berechnung, Abschnitt 8

5.2 Flußverkettung und induzierte Spannung einer einzelnen Spule, herrührend vom Luftspaltfeld

Das Luftspaltfeld wird durch die Induktionsverteilung $B(\gamma)$ bzw. $B(\gamma')$, bezogen auf die festgelegte positive Zählrichtung, beschrieben. Die w_{sp} Windungen einer einzelnen Spule, die in zwei Nuten mit unendlich schmal gedachten Nutschlitzen untergebracht ist, werden sämtlich vom gleichen Fluß Φ_{sp} durchsetzt. Die zu betrachtende Anordnung zeigt Bild 5.2a. Die Spulenachse liegt im Koordinatensystem γ' an der Stelle γ'_{sp}, und die Spulenweite beträgt η'. Damit erhält man die Flußverkettung $\psi_{\delta sp}$ der Spule mit dem Luftspaltfeld unter Beachtung von (4.7) zu

$$\psi_{\delta sp} = w_{sp}\Phi_{sp} = w_{sp}\frac{p}{\pi}\tau_p l_i \int_{\gamma'_{sp}-\eta'/2}^{\gamma'_{sp}+\eta'/2} B(\gamma',t)\,\mathrm{d}\gamma' \ . \tag{5.10}$$

In der Spule wird entsprechend (5.2) die Spannung

$$e_{\delta sp} = -\frac{\mathrm{d}\psi_{\delta sp}}{\mathrm{d}t} = -w_{sp}\frac{\mathrm{d}\Phi_{sp}}{\mathrm{d}t} \tag{5.11}$$

induziert.

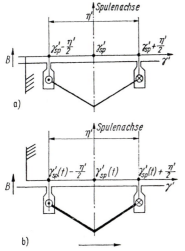

Bild 5.2
Koordinaten einer Spule, die
a) im Koordinatensystem γ' ruht
b) sich relativ zum Koordinatensystem γ' bewegt

Wenn das Feld in einem Koordinatensystem γ' beschrieben wird, in dem sich die Spule bewegt (Bild 5.2b), wird $\gamma'_{sp} = \gamma'_{sp}(t)$, und man erhält für den Fluß Φ_{sp}[1]

$$\Phi_{sp} = \frac{p}{\pi}\tau_p l_i \int_{\gamma'_{sp}(t)-\eta'/2}^{\gamma'_{sp}(t)+\eta'/2} B(\gamma',t)\,\mathrm{d}\gamma'$$

Es ist also $\Phi_{sp} = \Phi_{sp}[\gamma'_{sp}(t),t]$ und damit

$$\boxed{e_{\delta sp} = -w_{sp}\frac{\partial\Phi_{sp}}{\partial t} - w_{sp}\frac{\partial\Phi_{sp}}{\partial\gamma'_{sp}}\frac{\mathrm{d}\gamma'_{sp}}{\mathrm{d}t}} \ . \tag{5.12}$$

Die induzierte Spannung enthält einen *Anteil durch Transformation* und einen zweiten *Anteil durch Rotation*. Die bezogene Geschwindigkeit $\mathrm{d}\gamma'_{sp}/\mathrm{d}t$ ist gleich der bezogenen

---

[1] s. Band Grundlagen, Abschnitt 12.4.1

Geschwindigkeit $d\vartheta'/dt$ des Hauptelements, das die Spule trägt, gegenüber dem Koordinatensystem, in dem das Feld beschrieben wurde (s. Abschnitt 4.2.1). Für die Änderung $\partial\Phi_{sp}$ des Flusses durch die Spule bei einer Verschiebung um $\partial\gamma'_{sp}$ erhält man

$$\partial\Phi_{sp} = \frac{p}{\pi}\tau_p l_i \{B(\gamma'_{sp} + \eta'/2) - B(\gamma'_{sp} - \eta'/2)\}\partial\gamma'_{sp} .$$

Damit kann (5.12) unter Beachtung von (4.15) dargestellt werden als

$$e_{\delta sp} = -w_{sp}\frac{\partial\Phi_{sp}}{\partial t} - w_{sp}\frac{p}{\pi}\tau_p l_i \left\{ B\left(\gamma'_{sp} + \frac{\eta'}{2}\right) - B\left(\gamma'_{sp} - \frac{\eta'}{2}\right) \right\}\Omega_{mech} . \quad (5.13)$$

Gleichung (5.13) stellt die Ausgangsbeziehung zur allgemeinen Betrachtung der Spannungsinduktion im Kommutatoranker dar.

Um die Integration über das Luftspaltfeld entsprechend (5.10) geschlossen durchführen zu können, empfiehlt es sich, die einzelnen Harmonischen getrennt zu betrachten. Dazu wird von einer ν'-ten Induktionsharmonischen in Bezug auf den Gesamtumfang nach (4.4) bzw. (4.5)

$$B_\nu(\gamma',t) = \widehat{B}_\nu(t)\cos\nu'[\gamma' - \gamma'_{B,\nu}(t)] = \widehat{B}_\nu(t)\cos[\nu'\gamma' - \varphi_{B\nu}(t)] \quad (5.14)$$

ausgegangen, deren räumliche Amplituden $\widehat{B}_\nu(t)$ und deren Lage $\gamma'_{B,\nu}(t) = \frac{1}{\nu'}\varphi_{B\nu}(t)$ im Koordinatensystem γ', in dem die betrachtete Spule ruht, zunächst beliebige Funktionen der Zeit sind. Damit folgt aus (5.10) für die Flußverkettung mit dem Feld nach (5.14)

$$\psi_{\delta sp,\nu} = w_{sp}\frac{2}{\pi}\tau_p l_i \widehat{B}_\nu(t)\frac{p}{\nu'}\sin\nu'\frac{\eta'}{2}\cos[\varphi_{B\nu}(t) - \nu'\gamma'_{sp}] . \quad (5.15)$$

Dabei ist $(2/\pi)\tau_p l_i \widehat{B}_\nu(t)p/\nu' = (2/\pi)\tau_p l_i \widehat{B}_\nu(t)/\nu$ der Fluß einer Halbwelle der betrachteten Induktionsharmonischen. Außerdem erscheint in (5.15) der Spulenfaktor $\xi_{sp,\nu}$ nach (4.94), der bereits in der Beziehung für die entsprechende Durchflutungsharmonische auftrat. Wie dort regelt er das Vorzeichen und bringt den Einfluß der Sehnung zum Ausdruck. Eine Spule, deren Spulenfaktor für eine gewisse Harmonische verschwindet, baut also einerseits keine Durchflutungsharmonische dieser Ordnungszahl auf, besitzt aber andererseits auch keine Flußverkettung mit einer Induktionsharmonischen dieser Ordnungszahl. Die Betrachtungen im Abschnitt 5.4 werden zeigen, daß nicht nur der Spulenfaktor, sondern auch andere Faktoren, die den Einfluß der Verteilung der Spulenseiten auf die Nuten beschreiben und für die ν'-te bzw. ν-te Durchflutungsharmonische eingeführt wurden, gleichermaßen in der Flußverkettung der entsprechenden Anordnung mit einer ν'-ten bzw. ν-ten Induktionsharmonischen auftreten.

Die Integration entsprechend (5.10) für eine Feldwelle nach (5.14) kann elegant dadurch vorgenommen werden, daß die Feldwelle im betrachteten Zeitpunkt zerlegt wird in eine Komponente, deren Maximum an der Stelle der Spulenachse liegt, und eine zweite, die dort durch Null geht.

Man erhält aus (5.14)

$$\begin{aligned}
B_\nu(\gamma',t) &= \widehat{B}_\nu(t)\cos\nu'[\gamma' - \gamma'_{B,\nu}(t)] \\
&= \widehat{B}_\nu(t)\cos\nu'[\gamma'_{B,\nu}(t) - \gamma'_{sp}]\cos\nu'(\gamma' - \gamma'_{sp}) \\
&\quad + \widehat{B}_\nu(t)\sin\nu'[\gamma'_{B,\nu}(t) - \gamma'_{sp}]\sin\nu'(\gamma' - \gamma'_{sp})
\end{aligned}$$

Einen Beitrag zum Fluß durch die Spule, deren Spulenseiten bei $\gamma'_{sp} - \eta'/2$ und $\gamma'_{sp} + \eta'/2$ liegen, liefert nur der erste Anteil, und man erhält (5.15).

5.3 Flußverkettung eines Satzes von p gleichmäßig am Umfang verteilten, hintereinandergeschalteten Spulen

Im Fall der Ganzlochwicklung stehen zum Aufbau eines Wicklungsstrangs q oder $2q$ Sätze von p gleichmäßig am Umfang verteilten Spulen zur Verfügung. Die p Spulen eines derartigen Satzes sind also auf die p Polpaare verteilt und befinden sich jeweils an der gleichen Stelle innerhalb der Polpaarteilung. Im allgemeinen Fall, der die Bruchlochwicklungen einschließt, existieren nur Sätze mit $t_u < p$ gleichmäßig am Umfang verteilten Spulen. Sie sind um den Winkel $\alpha_u = 2\pi/t_u$ gegeneinander versetzt. Ein Bereich von $p_u = p/t_u$ Polpaaren bildet eine *Urwicklung* (vgl. Abschnitt 4.6.2). Im Extremfall ist $t_u = 1$ und damit $p_u = p$.

Die Flußverkettung eines Satzes von t_u gleichmäßig über den Umfang verteilten Spulen erhält man, ausgehend von (5.15), mit $\xi_{sp,\nu}$ nach (4.94) zu

$$\psi_{\delta sp,\nu} = w_{sp}\frac{2}{\pi}\tau_p l_i \widehat{B}_\nu(t)\frac{p}{\nu'}\xi_{sp,\nu}\,\mathrm{Re}\left\{\underbrace{\sum e^{-j\nu'(\gamma'_{sp}+(\varrho-1)\alpha_u)}}_{\vec{A}}\,e^{-j\varphi_{B\nu}(t)}\right\}\,. \qquad (5.16)$$

Die Summe $\vec{A}$ verschwindet, wenn nicht $\nu'\alpha_u = \nu'2\pi/t_u$ selbst ein ganzes Vielfaches von 2π ist (vgl. Abschnitt 4.6.2). Der Satz hintereinandergeschalteter Spulen besitzt also nur mit solchen Harmonischen eine Flußverkettung, für deren Ordnungszahlen gilt

$$\nu' = gt_u = g\frac{p}{p_u} \qquad \text{mit} \quad g = 1, 2, 3, \ldots$$

Diese Beziehung war bereits als (4.97) für die Durchflutungsharmonischen erhalten worden, die ein derartiger Satz von Spulen aufbaut. Hier offenbart sich ein zweites Mal das vollständig analoge Verhalten einer Leiteranordnung hinsichtlich der Durchflutungsharmonischen, die sie aufbaut, und den Induktionsharmonischen, auf die sie reagiert.

Im Sonderfall der Ganzlochwicklung ist $p_u = 1$ bzw. $t_u = p$ und damit $\nu' = gp$ bzw. $\nu = g$. Die Wicklung reagiert nur auf Harmonische bezüglich der Hauptwelle. Es genügt, die Wicklung im Bereich eines Polpaars zu betrachten. Für die Flußverkettung erhält man aus (5.16)

$$\psi_{\delta sp,\nu} = pw_{sp}\frac{2}{\pi}\tau_p l_i\frac{1}{\nu}\widehat{B}_\nu(t)\xi_{sp,\nu}\cos(\varphi_{B\nu}(t) - \nu\gamma_{sp})\,. \qquad (5.17)$$

5.4   Flußverkettung und induzierte Spannung eines Wicklungsstrangs, herrührend vom Luftspaltfeld

5.4.1   Unabhängigkeit der Flußverkettung eines Wicklungsstrangs von der Art der Hintereinanderschaltung der Spulenseiten

Im folgenden wird es sich als nützlich erweisen, eine Spule durch zwei Teilspulen zu ersetzen, die sich jeweils über den Rücken des betrachteten Hauptelements schließen und als *Nutenspulen* bezeichnet werden sollen. Grundlage dafür ist entsprechend Bild 5.3, daß der Fluß Φ_{sp} des Luftspaltfelds durch eine beliebige Spule, deren Spulenseiten die Nuten x und y belegen, wegen der Quellenfreiheit des magnetischen Feldes entsprechend

$$\Phi_{\mathrm{sp}} = \Phi_{\mathrm{r}y} - \Phi_{\mathrm{r}x} \tag{5.18}$$

durch die Rückenflüsse $\Phi_{\mathrm{r}x}$ und $\Phi_{\mathrm{r}y}$ des Luftspaltfelds an den Stellen der Nuten x und y ausgedrückt werden kann. Dabei wurden die Spulenachsen den Nutenspulen im Bild 5.3 in Richtung positiver Werte der Koordinate γ' gelegt, so daß der Umlaufzählsinn in der rechten Nutenspule mit dem in der tatsächlichen Spule übereinstimmt, während er in der linken Nutenspule diesem entgegengerichtet ist. Die Nutenspulen müssen dementsprechend so hintereinandergeschaltet gedacht sein, daß man die rechte Nutenspule beim Verfolgen der Zusammenschaltung in ihrem Umlaufzählsinn und die linke entgegengesetzt dazu durchläuft.

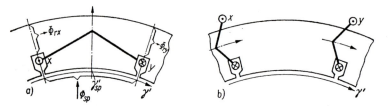

Bild 5.3   *Ersatz einer Spule in den Nuten x und y durch zwei Nutenspulen*
a) Einführung der Flüsse; b) Zuordnung der Nutenspulen x und y

Die Flußverkettung eines Wicklungsstrangs, der durch das Hintereinanderschalten von n beliebigen Spulen entsteht, läßt sich, ausgehend von (5.18), darstellen als

$$\psi_{\mathrm{str}} = \sum_{\varrho=1}^{n} w_{\mathrm{sp}\varrho}\,\Phi_{\mathrm{sp}\varrho} = \sum_{y=1}^{n} w_{\mathrm{sp}y}\,\Phi_{\mathrm{r}y} - \sum_{x=1}^{n} w_{\mathrm{sp}x}\,\Phi_{\mathrm{r}x} = \sum_{\varrho=1}^{2n} w_{\mathrm{sp}\varrho}\,\Phi_{\mathrm{r}\varrho}\;. \tag{5.19}$$

Die Flußverkettung des Wicklungsstrangs ist also allein durch die Summe der Flußverkettungen der Nutenspulen gegeben. Sie wird nicht von der Reihenfolge der Hintereinanderschaltung der Nutenspulen beeinflußt und ist damit unabhängig von der Art der Hintereinanderschaltung zugeordneten Spulenseiten zu einem Wicklungsstrang. Es liegt also auch in dieser Hinsicht das analoge Verhalten wie für die Durchflutungsverteilung vor. Man kann für die Analyse der Eigenschaften eines Wicklungsstrangs eine solche Zusammenschaltung annehmen, die sich bequem handhaben läßt.

5.4.2 Flußverkettung eines Wicklungsstrangs mit der ν'-ten Induktionsharmonischen des Luftspaltfelds

Die Flußverkettung eines allgemeinen Wicklungsstrangs, der im Abschnitt 4.6.5 definiert wurde und aus n beliebigen Spulen mit den Windungszahlen $w_{\mathrm{sp1}} \ldots w_{\mathrm{spn}}$ besteht, mit der ν'-ten Harmonischen des Luftspaltfelds nach (5.14) erhält man, ausgehend von (5.15), zu

$$\psi_{\mathrm{sp},\nu} = \frac{2}{\pi}\tau_{\mathrm{p}}l_{\mathrm{i}}\widehat{B}_{\nu}(t)\frac{p}{\nu'}\mathrm{Re}\underbrace{\left\{\sum_{\varrho=1}^{n}w_{\mathrm{sp}\varrho}\xi_{\mathrm{sp}\varrho,\nu}\,\mathrm{e}^{\mathrm{j}\nu'\gamma'_{\mathrm{sp}\varrho}}\right\}}_{\vec{A}}\mathrm{e}^{-\mathrm{j}\varphi_{B\nu}(t)}$$

Dabei tritt dieselbe Summe $\vec{A}$ in Erscheinung, die bei der Herleitung einer allgemeinen Formulierung für die ν'-te Durchflutungsharmonische im Abschnitt 4.6.5 zu einer allgemeinen Definition des Wicklungsfaktors geführt hatte. Wenn dieser entsprechend (4.113) eingeführt wird, nimmt die Flußverkettung des Wicklungsstrangs mit der bezüglich des Gesamtumfangs ν'-ten Induktionsharmonischen des Luftspaltfelds nach (5.14) die Form

$$\psi_{\mathrm{str},\nu} = \frac{2}{\pi}\tau_{\mathrm{p}}l_{\mathrm{i}}\widehat{B}_{\nu}(t)\frac{p}{\nu'}w\xi_{\nu}\cos(\varphi_{B\nu}(t) - \nu'\gamma'_{\mathrm{str},\nu}) \tag{5.20}$$

an. Damit verdeutlicht sich ein weiteres Mal das analoge Verhalten einer Leiteranordnung hinsichtlich der Durchflutungsharmonischen, die sie aufbaut, und der Induktionsharmonischen, auf die sie reagiert. In beiden Fällen wird der Einfluß der Verteilung der w Windungen auf mehrere unterschiedliche Spulen durch den Wicklungsfaktor ξ_{ν} beschrieben.

In (5.20) ist

$$\boxed{\Phi_{\nu} = \frac{2}{\pi}\tau_{\mathrm{p}}l_{\mathrm{i}}\frac{p}{\nu'}\widehat{B}_{\nu}(t)\cos(\varphi_{B\nu}(t) - \nu'\gamma'_{\mathrm{str},\nu})} \tag{5.21}$$

der Fluß der ν'-ten Induktionsharmonischen durch eine Spule, deren Weite gleich der Polteilung $D\pi/2\nu'$ für die ν'-te Harmonische ist und deren Achse bei $\gamma'_{\mathrm{str},\nu}$ liegt. Damit läßt sich (5.20) auch darstellen als

$$\boxed{\psi_{\mathrm{str},\nu} = w\xi_{\nu}\Phi_{\nu}} \,. \tag{5.22}$$

Insbesondere gilt für die Hauptwelle – bzw. die Grundwelle bezüglich der Polpaarteilung – mit $\Phi_{\mathrm{h}} = \Phi_1$ und $\psi_{\mathrm{str}} = \psi_{\mathrm{str},1}$

$$\boxed{\psi_{\mathrm{str}} = \psi_{\mathrm{h}} = w\xi_1\Phi_{\mathrm{h}}} \tag{5.23}$$

mit

$$\boxed{\Phi_{\mathrm{h}} = \frac{2}{\pi}\tau_{\mathrm{p}}l_{\mathrm{i}}\widehat{B}_1(t)\cos[\varphi_{B1}(t) - \gamma_{\mathrm{str},1}]} \,. \tag{5.24}$$

5.4.3   Spannungsinduktion in einem Wicklungsstrang, herrührend von einem Drehfeld

Wenn das Luftspaltfeld ein positiv umlaufendes Drehfeld ν'-ter Harmonischer bezüglich des Gesamtumfangs darstellt, das beschrieben wird durch

$$B(\gamma',t) = \widehat{B}_\nu \cos(\nu'\gamma' - \omega_\nu t - \varphi_{\mathrm{B}\nu}) \,, \tag{5.25}$$

so ist in (4.4) $\nu'\gamma'_{\mathrm{B},\nu}(t) = \omega_\nu t + \varphi_{\mathrm{B}\nu}$, und man erhält für die Flußverkettung $\psi_{\mathrm{str},\nu}$ des Wicklungsstrangs nach (5.20)

$$\psi_{\mathrm{str},\nu} = \frac{2}{\pi}\tau_{\mathrm{p}}l_{\mathrm{i}}\widehat{B}_\nu\frac{p}{\nu'}w\xi_\nu\cos(\omega_\nu t + \varphi_{\mathrm{B}\nu} - \nu'\gamma'_{\mathrm{str},\nu}) \,. \tag{5.26}$$

Die Flußverkettung $\psi_{\mathrm{str},\nu}$ ist zeitlich sinusförmig. Ihre Phasenlage hängt von der Lage $\gamma'_{\mathrm{str},\nu}$ der Strangachse für die ν'-te Harmonische ab. Bei Übergang zur komplexen Darstellung folgt aus (5.26)

$$\underline{\psi}_{\mathrm{str},\nu} = w\xi_\nu\widehat{\Phi}_\nu\,\mathrm{e}^{\mathrm{j}(\varphi_{\mathrm{B}\nu} - \nu'\gamma_{\mathrm{str},\nu})} \,. \tag{5.27}$$

Dabei ist

$$\widehat{\Phi}_\nu = \frac{2}{\pi}\tau_{\mathrm{p}}l_{\mathrm{i}}\widehat{B}_\nu\frac{p}{\nu'} \tag{5.28}$$

der Fluß einer Halbwelle des Drehfelds. Ausgehend von (5.27) erhält man für die induzierte Spannung des Wicklungsstrangs

$$\boxed{\underline{e}_{\mathrm{str},\nu} = -\mathrm{j}\omega_\nu\underline{\psi}_{\mathrm{str},\nu} = \omega_\nu w\xi_\nu\widehat{\Phi}_\nu\,\mathrm{e}^{\mathrm{j}(\varphi_{\mathrm{B}\nu} - \nu'\gamma'_{\mathrm{str},\nu} - \pi/2)}} \,. \tag{5.29}$$

Für den Sonderfall, daß ein Grundwellendrehfeld bezüglich der Polpaarteilung vorliegt, gilt bei Verzicht auf eine Kennzeichnung mit dem Index 1

$$\boxed{\begin{aligned} \underline{\psi}_{\mathrm{str}} &= w\xi_1\underline{\Phi}_{\mathrm{h}} \\ \underline{\Phi}_{\mathrm{h}} &= \frac{2}{\pi}\tau_{\mathrm{p}}l_{\mathrm{i}}\widehat{B}\,\mathrm{e}^{\mathrm{j}(\varphi_{\mathrm{B}} - \gamma_{\mathrm{str}})} \\ \underline{e}_{\mathrm{h\,str}} &= -\mathrm{j}\omega w\xi_1\underline{\Phi}_{\mathrm{h}} = \omega w\xi_1\widehat{\Phi}_{\mathrm{h}}\,\mathrm{e}^{\mathrm{j}(\varphi_{\mathrm{B}} - \gamma_{\mathrm{str}} - \pi/2)} \end{aligned}} \,. \tag{5.30}$$

5.4.4   Entwicklung des Nutenspannungssterns als Hilfsmittel zur Bestimmung des Wicklungsfaktors

Im Abschnitt 5.4.1 ist gezeigt worden, daß sich eine beliebige Spule durch zwei Nutenspulen ersetzen läßt, die sich jeweils über den Rücken des betrachteten Hauptelements schließen. Die induzierte Spannung eines Wicklungsstrangs ergibt sich dann, ausgehend von (5.19), als vorzeichenbehaftete Summe der induzierten Spannungen der Nutenspulen. Diese Spannungen werden als *Nutenspannungen* $e_{\mathrm{n}\varrho}$ bezeichnet.

Es ist also

$$e_{\mathrm{str}} = \sum_{\varrho=1}^{2n} e_{\mathrm{n}\varrho} \,. \tag{5.31}$$

Dabei ergibt sich das Vorzeichen durch die Übereinstimmung bzw. Nichtübereinstimmung des Umlaufzählsinns der Nutenspulen mit dem Durchlaufsinn durch den Wicklungsstrang. Die Flußverkettung $\psi_{\mathrm{r}\varrho,\nu}$ einer Nutenspule ϱ mit einer ν'-ten Harmonischen des Luftspaltfelds nach (5.14) ergibt sich mit Bild 5.4 zu

$$\psi_{\mathrm{r}\varrho,\nu} = w_{\mathrm{sp}\varrho}\frac{p}{\pi}\tau_{\mathrm{p}}l_{\mathrm{i}}\widehat{B}_{\nu}(t)\int_{\gamma'_{\mathrm{B},\nu}}^{\gamma_{\varrho}'}\cos\nu'[\gamma' - \gamma'_{\mathrm{B},\nu}(t)]\mathrm{d}\gamma'$$

$$= w_{\mathrm{sp}\varrho}\frac{p}{\pi}\tau_{\mathrm{p}}l_{\mathrm{i}}\widehat{B}_{\nu}(t)\frac{1}{\nu'}\sin\nu'[\gamma'_{\varrho} - \gamma'_{\mathrm{B},\nu}(t)] \ .$$

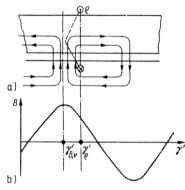

Bild 5.4
Zur Ermittlung der Flußverkettung
einer Nutenspule
mit der ν'-ten Harmonischen
des Luftspaltfelds

Für den Sonderfall, daß die ν'-te Induktionsharmonische ein Drehfeld nach (5.25) darstellt, d.h. für $\nu'\gamma'_{\mathrm{B},\nu}(t) = \omega_{\nu}t + \varphi_{\mathrm{B}\nu}$, folgt daraus unter Einführung von $\widehat{\Phi}_{\nu}$ entsprechend (5.28)

$$\psi_{\mathrm{r}\varrho,\nu} = w_{\mathrm{sp}\varrho}\frac{1}{2}\widehat{\Phi}_{\nu}\cos\left(\omega_{\nu}t - \nu'\gamma'_{\varrho} + \varphi_{\mathrm{B}\nu} + \frac{\pi}{2}\right) \ .$$

Daraus erhält man für die *Nutenspannung* $\underline{e}_{\mathrm{n}\varrho,\nu}$ der Nut ϱ in komplexer Darstellung

$$\underline{e}_{\mathrm{n}\varrho,\nu} = -\mathrm{j}\omega_{\nu}\underline{\psi}_{\mathrm{r}\varrho,\nu} = \omega_{\nu}w_{\mathrm{sp}\varrho}\frac{1}{2}\widehat{\Phi}_{\nu}\,\mathrm{e}^{\mathrm{j}(\varphi_{\mathrm{B}\nu} - \nu'\gamma'_{\varrho})} \ . \tag{5.32}$$

Die Nutenspannungen der einzelnen Nuten ϱ unterscheiden sich zunächst in der Phasenlage, wobei die Spannungen aufeinanderfolgender Nuten um den Winkel

$$\nu'\alpha' = \nu\alpha = \nu\frac{2\pi p}{N}$$

gegeneinander phasenverschoben sind. Die Nutenspannungen können sich im allgemeinen Fall außerdem nach Maßgabe ihrer Windungszahl $w_{\mathrm{sp}\varrho}$ unterscheiden. Die Zeigerdarstellung sämtlicher Nutenspannungen $\underline{e}_{\mathrm{n}\varrho,\nu}$ liefert den sog. *Nutenspannungsstern*. Die induzierte Spannung einer Spule erhält man als Differenz der zugeordneten Nutenspannungen, z.B. für die Spulen im Bild 5.3 als

$$\underline{e}_{\mathrm{sp},\nu} = \underline{e}_{\mathrm{n}y,\nu} - \underline{e}_{\mathrm{n}x,\nu} \ . \tag{5.33}$$

Die Zeigerdarstellung sämtlicher Spulenspannungen liefert den *Spulenspannungsstern*. Er zeigt, welche Spulen nach Betrag und Phase gleiche Spannung führen und damit unter dem Gesichtspunkt der Wirkung des betrachteten Drehfelds parallelgeschaltet werden können.

Die induzierte Spannung eines Wicklungsstrangs, herrührend von einem Drehfeld ν'-ter Harmonischer bezüglich des Gesamtumfangs, erhält man entsprechend (5.31) mit (5.32) zu

$$\underline{e}_{\mathrm{str},\nu} = \sum_{\mathrm{vzb}} \underline{e}_{\mathrm{n}\varrho,\nu} = \sum_{\mathrm{vzb}} \omega_\nu w_{\mathrm{sp}\varrho} \frac{1}{2} \widehat{\Phi}_\nu \, \mathrm{e}^{\mathrm{j}(\varphi_{\mathrm{B}\nu} - \nu' \gamma'_\varrho)} \;. \tag{5.34}$$

Dabei ist

$$\widehat{e}_{\mathrm{n}\varrho,\nu} = \frac{1}{2} \omega_\nu w_{\mathrm{sp}\varrho} \widehat{\Phi}_\nu$$

die Amplitude der in der Nutenspule ϱ induzierten Spannung, und es gilt wegen $\sum w_{\mathrm{sp}\varrho} = w$

$$\sum \widehat{e}_{\mathrm{n}\varrho,\nu} = \omega_\nu w \widehat{\Phi}_\nu \;. \tag{5.35}$$

Andererseits ist die in einem Wicklungsstrang, herrührend von einem Drehfeld ν'-ter Harmonischer induzierte Spannung durch (5.29) gegeben. Damit läßt sich der Wicklungsfaktor ξ_ν unter Beachtung von (5.34) ausdrücken als

$$\xi_\nu = \frac{\sum \underline{e}_{\mathrm{n}\varrho,\nu}}{\sum \widehat{e}_{\mathrm{n}\varrho,\nu}} \, \mathrm{e}^{-\mathrm{j}(\varphi_{\mathrm{B}\nu} - \nu' \gamma'_{\mathrm{str},\nu} - \pi/2)} \;. \tag{5.36}$$

Diese Beziehung weist einen eleganten Weg zur Ermittlung des Wicklungsfaktors ξ_ν für die ν'-te Harmonische eines beliebig ausgeführten Wicklungsstrangs. Man denkt sich über die zu untersuchende Wicklung ein positiv umlaufendes Drehfeld ν'-ter Ordnung laufen, ermittelt den Nutenspannungsstern und daraus über (5.36) den Wicklungsfaktor. Dabei entscheidet der Faktor $\mathrm{e}^{-\mathrm{j}(\varphi_{\mathrm{B}\nu} - \nu' \gamma'_{\mathrm{str},\nu} - \pi/2)}$ lediglich über das Vorzeichen des Wicklungsfaktors. Sein Betrag kann einfach als

$$|\xi_\nu| = \frac{|\sum \underline{e}_{\mathrm{n}\varrho,\nu}|}{\sum \widehat{e}_{\mathrm{n}\varrho,\nu}} \tag{5.37}$$

ermittelt werden, d.h. als das Verhältnis $\dfrac{\text{geometrische Summe der Nutenspannungen}}{\text{arithmetische Summe der Nutenspannungen}}$. Wenn alle Spulen die gleiche Windungszahl w_{sp} aufweisen, haben alle Nutenspannungen die gleiche Amplitude, und der Nutenspannungsstern besteht aus Zeigern gleicher Länge. Der Wicklungsfaktor wird dann nur durch die relative Phasenlage der Nutenspannungen bestimmt. Ihre Amplitude kann gleich eins gesetzt werden, bzw. es kann mit der Beziehung

$$\xi_\nu = \frac{w_{\mathrm{sp}}}{2w} \left(\sum \mathrm{e}^{-\mathrm{j}\nu' \gamma'_\varrho} \right) \mathrm{e}^{\mathrm{j}(\nu' \gamma'_{\mathrm{str},\nu} + \pi/2)} \tag{5.38}$$

gearbeitet werden, die man erhält, wenn Zähler und Nenner durch $\frac{1}{2}\omega_\nu w_{\mathrm{sp}} \widehat{\Phi}_\nu$ dividiert werden.

Die beschriebene Methode zur Ermittlung des Wicklungsfaktors, bei der man sich über die zu untersuchende Wicklung ein Drehfeld entsprechender Ordnungszahl laufen denkt, ist nicht daran gebunden, daß betriebsmäßig ein Drehfeld dieser Harmonischen auftritt. Andererseits findet diese Methode in der Berechnungspraxis weitgehend – und offenbar berechtigt – Anwendung. Vielfach wird der Wicklungsfaktor jedoch über (5.36) definiert, d.h. über die Spannungen, die von einem Drehfeld induziert werden. Eine derartige Definition verschleiert zunächst den Tatbestand, daß der Wicklungsfaktor der Geometrie einer Wicklung zugeordnet ist. Außerdem ist es dann nicht ohne weiteres gerechtfertigt, den Wicklungsfaktor bei der Ermittlung der Durchflutungsharmonischen oder bei der Bestimmung der Flußverkettung mit einer Induktionsharmonischen zu verwenden, die kein Drehfeld darstellt.

5.5 Spannungsinduktion in einem Kommutatoranker, herrührend vom Luftspaltfeld

Die induzierte Spannung in einem Zweig einer Kommutatorwicklung ist in jedem Augenblick durch die Summe der induzierten Spannungen jener Spulen gegeben, die in den betrachteten Zweig eingeschaltet sind. Es ist also eine Anordnung zu untersuchen, die mit den getroffenen Vereinbarungen über den Durchlaufsinn und die Lage der Eintritts- und Austrittsbürsten entsprechend Bild 4.33 im Bild 5.5 nochmals dargestellt ist. Dabei wurden die erste und die letzte Spule des betrachteten Zweigs sowie eine Spule an einer beliebigen Stelle angedeutet und der Umlaufzählsinn für die induzierte Spannung angegeben. Die Beschränkung auf ungesehne Spulen, die im Abschnitt 4.6.6 bei der Ermittlung der Durchflutungsverteilung vorgenommen wurde, wird weiterhin aufrechterhalten. Das gleiche gilt hinsichtlich der Voraussetzung eines bezüglich der Polpaarteilung periodischen Aufbaus, die es ermöglicht, sich auf die Betrachtung eines Polpaars zu beschränken. Entsprechend den Betrachtungen im Abschnitt 3.2 werden die Spulen eines Ankerzweigs zwischen zwei Bürsten bei der Bewegung des Ankers laufend ausgewechselt. Dabei bleibt aber, unter der Voraussetzung einer hinreichend großen Spulenzahl, jede Stelle des Bereichs zwischen den beiden Bürsten jederzeit besetzt.

Die Grenzen des Bereichs, innerhalb dessen die induzierten Spannungen der Einzelspulen summiert werden müssen, sind durch die Lage der Bürsten gegeben. Wenn die Spulenzahl hinreichend groß ist, kann die Summation durch eine Integration ersetzt werden. Die Lage der Bürsten bestimmt dann die Integrationsgrenzen. Diese sind offenbar dann keine Funktion der Zeit, wenn sie im Koordinatensystem γ_S des Ständers angegeben werden. Um die Integration in diesem Koordinatensystem durchführen zu können, müssen die induzierten Spannungen der Einzelspulen als Funktion der Ständerkoordinate ermittelt werden. Dazu ist es sinnvoll, das Luftspaltfeld von vornherein in diesem Koordinatensystem zu beschreiben. In diesem Fall erhält man die

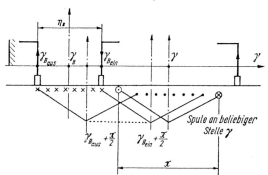

Bild 5.5
Ausgangsanordnung
zur Ermittlung
der induzierten Spannung
in einer Kommutatorwicklung

induzierte Spannung in einer Spule entsprechend den Überlegungen im Abschnitt 5.2 über (5.13).

Wenn die Bürsten im Abstand der Polteilung stehen, d.h. $\eta_B = \pi$ ist, haben alle Wicklungszweige die gleiche Windungszahl w. Ihre Größe folgt aus der Gesamtzahl z der Ankerleiter und der Anzahl $2a$ der parallelen Zweige der ausgeführten Wicklung zu

$$w = \frac{z}{2 \cdot 2a} \ . \tag{5.39}$$

Diese Windungszahl ist in einem Wicklungszweig innerhalb einer Zone der Breite π hintereinandergeschaltet. Auf einen Abschnitt $d\gamma_s$ entfallen davon $(w/\pi)d\gamma_s$ Windungen. Sie liegen bei Schleifenwicklungen im Bereich eines Polpaars; bei Wellenwicklungen sind sie über alle p Polpaare verteilt. Da Luftspaltfelder vorausgesetzt wurden, die periodisch bezüglich der Polpaarteilung sind, herrscht an den Stellen γ, $\gamma + 2\pi$, $\gamma + 4\pi$ usw. bzw. γ', $\gamma' + (2\pi/p)$, $\gamma' + (4\pi/p)$ usw. die gleiche Induktion. Unter dieser Voraussetzung bestehen hinsichtlich der Spannungsinduktion keine Unterschiede zwischen den beiden Wicklungsarten.

Die $(w/\pi)d\gamma_S$ Windungen, die auf dem Abschnitt $d\gamma_S$ liegen, liefern zur gesamten induzierten Spannung e_δ des betrachteten Zweigs zwischen den beiden Bürsten in bezug auf den Durchlaufsinn im Bild 5.5 den Beitrag

$$de_\delta = -\frac{w}{\pi} e_{\text{wdg}}(\gamma_S)\, d\gamma_S \ .$$

Dabei ist $e_{\text{wdg}}(\gamma_S)$ die in einer Windung an der Stelle γ_S in bezug auf die Rechtsschraubenzuordnung zur Windungsachse induzierte Spannung, die (5.13) mit $w_{\text{sp}} = 1$ und $\eta = \pi$ gehorcht. Durch Integration erhält man für die gesamte induzierte Spannung e_δ mit den Integrationsgrenzen aus Bild 5.5

$$e_\delta = -\frac{w}{\pi} \int_{\gamma_{\text{B aus}}+\pi/2}^{\gamma_{\text{B ein}}+\pi/2} e_{\text{wdg}}(\gamma_S)\, d\gamma_S \ .$$

Wenn für die induzierte Spannung einer Windung an der Stelle γ_S (5.13) mit $\eta = \pi$, $w_{\text{sp}} = 1$ und $p\Omega_{\text{mech}} = d\vartheta/dt$ eingesetzt wird, folgt daraus

$$e_\delta = \frac{w}{\pi}\frac{\partial}{\partial t} \int_{\gamma_{\text{B aus}}+\pi/2}^{\gamma_{\text{B ein}}+\pi/2} \Phi(\gamma_S)d\gamma_S \tag{5.40}$$

$$+ \frac{w}{\pi}\frac{1}{\pi}\tau_p l_i \left\{ \int_{\gamma_{\text{B aus}}+\pi/2}^{\gamma_{\text{B ein}}+\pi/2} B\left(\gamma_S + \frac{\pi}{2}\right) d\gamma_S - \int_{\gamma_{\text{B aus}}+\pi/2}^{\gamma_{\text{B ein}}+\pi/2} B\left(\gamma_S - \frac{\pi}{2}\right) d\gamma_S \right\} \frac{d\vartheta}{dt} \ .$$

Dabei ist $\Phi(\gamma_S)$ der Fluß durch eine ungesehnte Spule, deren Achse an der Stelle γ_S liegt. Er beträgt

$$\Phi(\gamma_S) = \frac{1}{\pi}\tau_p l_i \int_{\gamma_S-\pi/2}^{\gamma_S+\pi/2} B(\gamma_S)\, d\gamma_S \ . \tag{5.41}$$

Im ersten Summanden von (5.40) ist $-(w/\pi)\Phi(\gamma_s)d\gamma_s$ der Anteil an der Flußverkettung des Wicklungszweigs, den die $(w/\pi)d\gamma_s$ Windungen auf dem Element $d\gamma_s$ liefern. Das negative Vorzeichen erscheint dabei deshalb, weil die Windungen mit den Vorzeichenfestlegungen nach Bild 5.5 beim Fortschreiten von der Eintritts- zur Austrittsbürste entgegengesetzt zur Rechtsschraubenzuordnung in bezug auf die Windungsachsen durchlaufen werden. Die Flußverkettung ψ_B des gesamten Kommutatorankers als stationäre Wicklung mit dem Luftspaltfeld gewinnt man durch Integration zu

$$\psi_{\mathrm{B}} = -\frac{w}{\pi} \int_{\gamma_{\mathrm{B\,aus}}+\pi/2}^{\gamma_{\mathrm{B\,ein}}+\pi/2} \Phi(\gamma_{\mathrm{S}}) \, \mathrm{d}\gamma_{\mathrm{S}} \; . \tag{5.42}$$

Der zweite Summand in (5.40) läßt sich darstellen als

$$-\frac{w}{\pi}(\Phi_{\mathrm{B}} - \Phi_{\mathrm{B}}^{+})\frac{\mathrm{d}\vartheta}{\mathrm{d}t}$$

mit

$$\Phi_{\mathrm{B}} = \frac{1}{\pi}\tau_{\mathrm{p}}l_{\mathrm{i}} \int_{\gamma_{\mathrm{B\,aus}}+\pi/2}^{\gamma_{\mathrm{B\,ein}}+\pi/2} B\left(\gamma_{\mathrm{S}} - \frac{\pi}{2}\right) \mathrm{d}\gamma_{\mathrm{S}} = \frac{1}{\pi}\tau_{\mathrm{p}}l_{\mathrm{i}} \int_{\gamma_{\mathrm{B\,aus}}}^{\gamma_{\mathrm{B\,ein}}} B(\gamma_{\mathrm{S}}) \, \mathrm{d}\gamma_{\mathrm{S}} \tag{5.43}$$

und

$$\Phi_{\mathrm{B}}^{+} = \frac{1}{\pi}\tau_{\mathrm{p}}l_{\mathrm{i}} \int_{\gamma_{\mathrm{B\,aus}}+\pi/2}^{\gamma_{\mathrm{B\,ein}}+\pi/2} B\left(\gamma_{\mathrm{S}} + \frac{\pi}{2}\right) \mathrm{d}\gamma_{\mathrm{S}} = \frac{1}{\pi}\tau_{\mathrm{p}}l_{\mathrm{i}} \int_{\gamma_{\mathrm{B\,aus}}+\pi}^{\gamma_{\mathrm{B\,ein}}+\pi} B(\gamma_{\mathrm{S}}) \, \mathrm{d}\gamma_{\mathrm{S}} \; . \tag{5.44}$$

Φ_{B} nach (5.43) ist der Fluß, der zwischen $\gamma_{\mathrm{B\,aus}}$ und $\gamma_{\mathrm{B\,ein}}$ oder, anders gesagt, im Gebiet der Oberschichtspulenseiten des betrachteten Zweigs aus der Ankeroberfläche tritt. Analog dazu ist Φ_{B}^{+} nach (5.44) der Fluß, der den Anker zwischen $\gamma_{\mathrm{B\,aus}} + \pi$ und $\gamma_{\mathrm{B\,ein}} + \pi$, d.h. im Gebiet der Unterschichtspulenseiten des betrachteten Zweigs, verläßt.

Mit den Gleichungen (5.42), (5.43) und (5.44) geht (5.40) für die im Luftspaltfeld induzierte Spannung des Kommutatorankers über in

$$\boxed{e_{\delta} = -\frac{\partial \psi_{\mathrm{B}}}{\partial t} - \frac{w}{\pi}\left[\Phi_{\mathrm{B}} - \Phi_{\mathrm{B}}^{+}\right]\frac{\mathrm{d}\vartheta}{\mathrm{d}t}} \; . \tag{5.45}$$

Der erste Anteil der induzierten Spannung nach (5.45) wird – wie bei der Spannung der Einzelspule nach (5.13) – als *Anteil der Transformation* bezeichnet. Er tritt auf, wenn sich die Flußverkettung ψ_{B} zeitlich ändert, die der Anker als stationäre Wicklung mit dem Luftspaltfeld besitzt. Voraussetzung dafür ist, daß sich das Luftspaltfeld im Koordinatensystem des Ständers zeitlich ändert.

Der zweite Anteil in (5.45) wird – wiederum analog zu dem entsprechenden Anteil in der Spannung der Einzelspule nach (5.13) – als *Anteil der Rotation* bezeichnet. Er tritt auch dann auf, wenn das Luftspaltfeld im Koordinatensystem des Ständers zeitlich konstant ist. Dabei ist die Spannung proportional der Drehzahl und der Differenz der beiden Flüsse, die im Bereich der Oberschichtspulenseiten des betrachteten Zweigs und im Bereich seiner Unterschichtspulenseiten aus dem Anker treten (Bild 5.6).

Im allgemeinen besitzt das Luftspaltfeld die Symmetrieeigenschaft $B(\gamma_{\mathrm{S}} + \pi) = -B(\gamma_{\mathrm{S}})$. In diesem Fall folgt aus (5.43 und 5.44) $\Phi_{\mathrm{B}}^{+} = -\Phi_{\mathrm{B}}$ (s.a. Bild 5.6), und (5.45) geht über in

$$\boxed{e_{\delta} = -\frac{\partial \psi_{\mathrm{B}}}{\partial t} - 2\frac{w}{\pi}\Phi_{\mathrm{B}}\frac{\mathrm{d}\vartheta}{\mathrm{d}t}} \; . \tag{5.46}$$

Die Gleichungen (5.45) bzw. (5.46) für die induzierte Spannung im Kommutatoranker gelten allgemein, d.h. bei beliebigem Zeitverhalten und beliebiger Form des Luftspaltfelds, das lediglich periodisch in 2π sein muß. Dabei weisen die beiden Anteile der induzierten Spannung im allgemeinen Fall unterschiedliches Zeitverhalten auf.

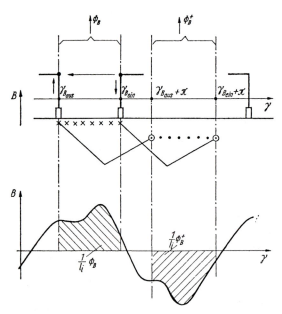

Bild 5.6
Deutung der Flüsse Φ_B und Φ_B^+,
die für die Rotationsspannung
des Kommutatorankers
verantwortlich sind

Für den Sonderfall, daß relativ zum Ständer ein Gleichfeld existiert, wird $\partial \psi_B / \partial t = 0$, und es tritt nur eine Rotationsspannung auf. Diese Rotationsspannung ist außerdem zeitlich konstant, stellt also eine Gleichspannung dar.

Wenn das Luftspaltfeld ein Wechselfeld oder ein Drehfeld ist, werden ψ_B sowie Φ_B und Φ_B^+ Wechselgrößen gleicher Frequenz. Man erhält für die beiden Anteile Wechselspannungen mit gleicher Frequenz, aber unterschiedlicher Frequenzabhängigkeit ihrer Amplituden. Dabei ist im Fall des Wechselfelds zu beachten, daß nicht notwendig beide Komponenten der induzierten Spannung in Erscheinung treten. Wenn das Feld symmetrisch zu γ_B ist, wird nach (5.42) $\psi_B = 0$, und es tritt keine transformatorische Spannung auf. Umgekehrt verschwindet der Rotationsanteil für ein Wechselfeld, das schiefsymmetrisch zu γ_B ist, da in diesem Fall die Flüsse Φ_B und Φ_B^+ nach (5.43) und (5.44) verschwinden. Ein Drehfeld kann man sich in zwei Wechselfelder zerlegt denken, von denen das eine symmetrisch und das andere schiefsymmetrisch zu γ_B ist. Damit treten in diesem Fall stets beide Anteile der induzierten Spannung auf.

5.6 Einfluß der Schrägung auf die Kopplung zwischen Ständer und Läufer

Bisher war bei der Ermittlung der Flußverkettung und damit der induzierten Spannung einer Spule stillschweigend angenommen worden, daß sowohl die Ständer- als auch die Läufernuten parallel zur Maschinenachse verlaufen und damit keine Schrägung vorliegt. In diesem Fall ist die Induktionsverteilung über einer Spule, wenn man von den Randeffekten absieht, keine Funktion einer Koordinate, die in Richtung der Spulenseiten bzw. der Nuten verläuft. Das gilt unabhängig davon, ob das Feld von jenem Hauptelement aus aufgebaut wird, auf dem sich die betrachtete Spule befindet, oder vom gegenüberliegenden. Die Ausgangsgleichung (5.10) zur Ermittlung der Flußverkettung einer Spule enthält also bereits die Einschränkung, daß keine Schrägung vorliegt. Das gleiche gilt für die Transformationsbeziehungen zwischen den Ständer- und den

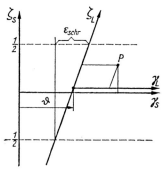

Bild 5.7
Zur Transformation
zwischen Ständer- und Läuferkoordinatensystem
unter dem Einfluß der Schrägung

Läuferkoordinaten nach (4.13).

Wenn die Ständernuten gegenüber den Läufernuten schräggestellt sind, muß bei der Integration der Induktionsverteilung berücksichtigt werden, daß die Luftspaltinduktion und die Integrationsgrenzen axiale Abhängigkeiten aufweisen. Es wird sich jedoch zeigen, daß die Schrägung auf die bisherigen Ergebnisse für die Flußverkettung einer Spule bzw. einer Wicklung lediglich dadurch Einfluß nimmt, daß ein zusätzlicher Faktor auftritt. Damit ist auch die nachträgliche Behandlung des Schrägungseinflusses gerechtfertigt.

Um die axiale Abhängigkeit des Luftspaltfelds bzw. der Integrationsgrenzen beschreiben zu können, ist es erforderlich, entsprechend Bild 5.7 bezogene Koordinaten ζ_S und ζ_L einzuführen, die in Richtung der Nuten bzw. der Spulenseiten verlaufen[1]. Dabei ist $\zeta = z/l_i$, so daß der Magnetkörper der gedachten Länge l_i von $\zeta = -1/2$ bis $\zeta = +1/2$ reicht. Die Schrägung der Läufernuten gegenüber den Ständernuten über die Länge l_i betrage τ_{schr}. Dann erhält man als bezogene Werte dieser Schrägung

$$\varepsilon_{schr} = \frac{\tau_{schr}}{\tau_p}\pi \, , \tag{5.47}$$

$$\varepsilon'_{schr} = \frac{\tau_{schr}}{\tau_p}\frac{\pi}{p} = \frac{\varepsilon_{schr}}{p} \, . \tag{5.48}$$

Die Transformationsbeziehungen zwischen den Koordinatensystemen lassen sich aus Bild 5.7 ablesen zu

$$\zeta_S = \zeta_L = \zeta \tag{5.49}$$

und

$$\gamma_S = \gamma_L + \vartheta + \varepsilon_{schr}\zeta \tag{5.50}$$

$$\gamma'_S = \gamma'_L + \vartheta' + \varepsilon'_{schr}\zeta \, . \tag{5.51}$$

Im folgenden ist, analog zum Vorgehen im Abschnitt 5.2, die Flußverkettung einer Spule mit dem Luftspaltfeld unter dem Einfluß der Schrägung zu bestimmen. Da das Luftspaltfeld jetzt nicht mehr in axialer Richtung über der Länge l_i konstant ist, folgt aus $\psi_{\delta sp} = w_{sp} \iint B \, dx \, dz$ anstelle von (5.10)

$$\psi_{\delta sp} = w_{sp}\frac{p}{\pi}\tau_p l_i \int_{-1/2}^{+1/2} \int_{\gamma'_{sp}-\eta'/2}^{\gamma'_{sp}+\eta'/2} B(\gamma',\zeta,t)\,d\gamma'\,d\zeta \, . \tag{5.52}$$

Um die Integration über das Luftspaltfeld geschlossen durchführen zu können, empfiehlt es sich wieder, die einzelnen Harmonischen getrennt zu betrachten. Außerdem

[1] Im Bild 5.7 ist der Läufer geschrägt und der Ständer achsenparallel angenommen worden. Maßgebend ist jedoch nur die relative Schrägung zwischen beiden Hauptelementen.

muß von einer Induktionsharmonischen ausgegangen werden, die vom anderen Haupt-element aufgebaut wird, damit sich der Schrägungseinfluß bemerkbar macht. Dement-sprechend wird angenommen, daß die Induktionsharmonische nach (5.14) im Ständer-koordinatensystem existiert, und die Flußverkettung einer Läuferspule betrachtet. Da-zu muß die Induktionsharmonische zunächst mit Hilfe der Transformationsbeziehung (5.51) im Koordinatensystem des Läufers beschrieben werden. Man erhält

$$B(\gamma'_L, \zeta, t) = \widehat{B}_\nu(t) \cos \nu'[\gamma'_L + \varepsilon'_{\mathrm{schr}}\zeta - \gamma_{BL,\nu}(t)] \; .$$

Dabei wurde die Koordinate der Lage des Maximums als $\gamma'_{BL,\nu}(t) = \gamma'_{B,\nu}(t) - \vartheta'(t)$ eingeführt.

Die Flußverkettung einer Läuferspule, deren Achse bei γ'_{Lsp} liegt und deren Weite η' beträgt, erhält man, ausgehend von (5.52), indem dieses Luftspaltfeld erst über γ'_L und anschließend über ζ integriert wird, mit $\varphi_{BL,\nu}(t) = \nu'\gamma_{BL\nu}(t)$ entsprechend (4.6) zu

$$\psi_{\delta\mathrm{sp},\nu} = w_{\mathrm{sp}} \frac{2}{\pi} \tau_{\mathrm{p}} l_i \widehat{B}_\nu(t) \frac{p}{\nu'} \sin \frac{\nu'\eta'}{2} \frac{\sin \dfrac{\nu'\varepsilon'_{\mathrm{schr}}}{2}}{\dfrac{\nu'\varepsilon'_{\mathrm{schr}}}{2}} \cos[\varphi_{BL\nu}(t) - \nu'\gamma'_{\mathrm{Lsp}}] \; . \qquad (5.53)$$

Ein Vergleich mit (5.15) zeigt, daß die Flußverkettung mit einer ν'-ten Induktionshar-monischen unter dem Einfluß der Schrägung um den *Schrägungsfaktor*

$$\boxed{\xi_{\mathrm{schr},\nu} = \frac{\sin \dfrac{\nu'\varepsilon'_{\mathrm{schr}}}{2}}{\dfrac{\nu'\varepsilon'_{\mathrm{schr}}}{2}} = \frac{\sin \dfrac{\nu\varepsilon_{\mathrm{schr}}}{2}}{\dfrac{\nu\varepsilon_{\mathrm{schr}}}{2}}} \qquad (5.54)$$

geändert wird. Solange $\nu\varepsilon_{\mathrm{schr}}/2 \ll 1$ ist, kann als Näherung mit

$$\xi_{\mathrm{schr},\nu} \approx 1 - \frac{(\nu\varepsilon_{\mathrm{schr}})^2}{24}$$

gerechnet werden. Insbesondere gilt für die Grundwelle, da $\varepsilon_{\mathrm{schr}}/2 \ll 1$ stets erfüllt ist,

$$\boxed{\xi_{\mathrm{schr}} \approx 1 - \frac{\varepsilon^2_{\mathrm{schr}}}{24}} \; . \qquad (5.55)$$

Der Schrägungsfaktor folgt in Abhängigkeit von $\nu\varepsilon_{\mathrm{schr}}/2$ der Funktion $\sin x/x$. Er verschwindet dementsprechend für

$$\nu'\varepsilon'_{\mathrm{schr}} = \nu\varepsilon_{\mathrm{schr}} = g2\pi$$

mit $g = 1, 2, 3, \ldots$ In diesem Fall besteht für die entsprechende Induktionsharmonische keine Kopplung zwischen Ständer und Läufer. Der kleinste Wert der Schrägung, für den diese Entkopplung auftritt, ergibt sich demnach zu

$$\varepsilon_{\mathrm{schr}} = \frac{2\pi}{\nu} \qquad (5.56)$$

bzw.

$$\tau_{\mathrm{schr}} = \frac{2\tau_{\mathrm{p}}}{\nu} \; .$$

Es muß also um die Polpaarteilung jener Harmonischen geschrägt werden, die keine Kopplung hervorrufen soll. Um die Entkopplung für die Nutharmonischen ν_{NH} erster Ordnung nach (4.106) zu erreichen, ist es mit $\nu_{\mathrm{NH}} \approx N/p$ erforderlich, um

$$\tau_{\mathrm{schr}} = \frac{2\tau_{\mathrm{p}}p}{N} = \tau_{\mathrm{n}}$$

zu schrägen, d.h. um eine Nutteilung jenes Hauptelements, das die Nutharmonischen hervorruft.

Es bleibt zu klären, wie sich die Schrägung auf die Flußverkettung einer Spule eines Hauptelements mit ausgeprägten Polen, herrührend vom Feld des gegenüberliegenden, rotationssymmetrischen Hauptelements, auswirkt. Die Frage ist allgemein, d.h. für eine beliebige Durchflutungsharmonische des rotationssymmetrischen Hauptelements, nicht ohne weiteres zu beantworten. Die folgenden Betrachtungen werden aber zeigen, daß der Einfluß quantitativ erfaßbar ist, wenn der Mechanismus der Grundwellenverkettung entsprechend Abschnitt 2.7.2 vorausgesetzt wird. Dabei wird angenommen, daß nur das Feld der Durchflutungsgrundwelle des rotationssymmetrischen Hauptelements zu Verkettungen mit dem anderen Hauptelement führt. Wenn man den Läufer als das rotationssymmetrische Hauptelement betrachtet, läßt sich dessen Durchflutungsgrundwelle darstellen als

$$\Theta_{\mathrm{L},1} = \widehat{\Theta}_{\mathrm{L},1}(t)\cos[\gamma_{\mathrm{L}} - \gamma_{\Theta\mathrm{L},1}(t)] \,.$$

Sie wird im Koordinatensystem des Ständers mit (5.50) beobachtet als

$$\Theta_{\mathrm{L},1} = \widehat{\Theta}_{\mathrm{L},1}(t)\cos[\gamma_{\mathrm{S}} - \gamma_{\Theta\mathrm{S},1}(t) - \varepsilon_{\mathrm{schr}}\zeta] \,, \tag{5.57}$$

wobei $\gamma_{\Theta\mathrm{S},1}(t) = \gamma_{\Theta\mathrm{L},1}(t) + \vartheta(t)$ eingeführt wurde.

Wenn man annimmt, daß sich die Induktionsverteilung für jeden Wert ζ so aufbaut, als ob die zugehörige Durchflutungsverteilung über der gesamten Maschinenlänge herrschen würde, ist es sinnvoll, die Durchflutungsverteilung nach (5.57) in Abhängigkeit von ζ in ihre Längs- und Querkomponente zu zerlegen. Man erhält

$$\Theta_{\mathrm{L},1} = \underbrace{\widehat{\Theta}_{\mathrm{L},1}(t)\cos[\gamma_{\Theta\mathrm{S},1}(t) + \varepsilon_{\mathrm{schr}}\zeta]}_{\widehat{\Theta}_{d,1}(t)}\cos\gamma_{\mathrm{S}}$$

$$- \underbrace{\widehat{\Theta}_{\mathrm{L},1}(t)\sin[\gamma_{\Theta\mathrm{S},1}(t) + \varepsilon_{\mathrm{schr}}\zeta]}_{\widehat{\Theta}_{q,1}(t)}\cos\left(\gamma_{\mathrm{S}} + \frac{\pi}{2}\right) \,.$$

Die Induktionsgrundwelle folgt dann mit Hilfe der Beziehungen von Tafel 4.2 zu

$$B_{\mathrm{L},1} = \frac{\mu_0}{\delta_{\mathrm{i}0}}C_{\mathrm{ad},1}\widehat{\Theta}_{d,1}(t)\cos\gamma_{\mathrm{S}} - \frac{\mu_0}{\delta_{\mathrm{i}0}}C_{\mathrm{aq},1}\widehat{\Theta}_{q,1}\cos\left(\gamma_{\mathrm{S}} + \frac{\pi}{2}\right) \,.$$

Die Flußverkettung einer Spule in der Längsachse, d.h. mit $\gamma_{\mathrm{Ssp}} = 0$, erhält man mit Hilfe von (5.52) zu

$$\psi_{\delta\mathrm{sp}} = w_{\mathrm{sp}}\frac{2}{\pi}\tau_{\mathrm{p}}l_{\mathrm{i}}\frac{\mu_0}{\delta_{\mathrm{i}0}}C_{\mathrm{ad},1}\widehat{\Theta}_{\mathrm{L},1}(t)\cos\gamma_{\Theta\mathrm{S},1}(t)\frac{\sin\dfrac{\varepsilon_{\mathrm{schr}}}{2}}{\dfrac{\varepsilon_{\mathrm{schr}}}{2}} \,. \tag{5.58}$$

Dabei liefert die Querkomponente der Induktionsgrundwelle von vornherein keinen Beitrag. Analog wäre für eine Spule in der Querachse kein Beitrag durch die Längskomponente der Induktionsgrundwelle zu erwarten. (5.58) weist aus, daß sich der Einfluß der Schrägung wiederum dadurch bemerkbar macht, daß die Flußverkettung um den Schrägungsfaktor verringert wird. Im vorliegenden Fall ist es natürlich der für die Grundwelle.

Aus den vorstehenden Betrachtungen kann verallgemeinernd zusammengefaßt werden, daß es berechtigt ist, die Flußverkettungsgleichungen einer Maschine zunächst ohne Berücksichtigung der Schrägung aufzustellen und den Einfluß der Schrägung durch Multiplikation mit dem entsprechenden Schrägungsfaktor nachträglich zu berücksichtigen. Dabei macht sich die Schrägung natürlich nur in jenen Anteilen der Flußverkettung einer Spule bemerkbar, die von den Wicklungen des anderen Hauptelements herrühren. Auf die Anteile der Flußverkettung einer Spule, die von den Strömen des gleichen Hauptelements herrühren, hat die Schrägung keinen Einfluß.

5.7   Flußverkettungen und induzierte Spannungen, herrührend von Streufeldern

Der Streuanteil ψ_σ der Flußverkettung einer Spule bzw. eines ganzen Wicklungsstrangs, der entsprechend der Aufteilung nach (5.3) bzw. (5.6) existiert, liefert die *durch Streufelder induzierte Spannung*

$$\boxed{e_\sigma = -\frac{\mathrm{d}\psi_\sigma}{\mathrm{d}t}} \ . \tag{5.59}$$

Die Streufelder werden vereinbarungsgemäß von den Strömen sämtlicher Wicklungen aufgebaut, die auf der gleichen Seite des Luftspalts liegen wie die betrachtete Spule bzw. der betrachtete Wicklungsstrang. Da die Feldlinien der Streufelder stets zu einem beträchtlichen Teil in nichtferromagnetischen Medien verlaufen, kann zwischen der Streuflußverkettung ψ_σ und diesen Strömen auch dann weitgehend Proportionalität angenommen werden, wenn die realen Eisseneigenschaften bei der Bestimmung des Luftspaltfelds Berücksichtigung finden müssen. Die vermittelnden Induktivitäten sind die *Streuinduktivitäten*. Die Streuflußverkettung besteht aus einem selbstinduktiven Anteil, der vom Strom in der betrachteten Spule bzw. im betrachteten Wicklungsstrang herrührt, und gegeninduktiven Anteilen, deren Ursache die Ströme benachbarter Spulen bzw. Wicklungsstränge sind. Eine derartige gegeninduktive Kopplung über Streufelder liegt z.B. zwischen Ober- und Unterstab eines Doppelkäfig-Kurzschlußläufers vor. Über Streufelder gegeninduktiv gekoppelt sind auch die Stränge dreisträngiger, gesehnter Zweischichtwicklungen, und zwar über die Nutstreufelder solcher Nuten, die von zwei Strängen belegt werden (s. Abschnitt 3.1.1)[1].

Eine symmetrische dreisträngige Wicklung weist hinsichtlich der Verkettungen der Stränge mit Streufeldern aufgrund der Symmetrie des Aufbaus die Besonderheit auf, daß

– die Selbstinduktivitäten $L_{\sigma\mathrm{s}}$ aller drei Stränge sowie

– die Gegeninduktivitäten $L_{\sigma\mathrm{g}}$ zwischen je zwei Strängen

[1] s.a. Band Grundlagen, Bild 12.19

gleich sind. Die Streuflußverkettungen der drei Stränge lassen sich dementsprechend darstellen als

$$
\begin{pmatrix} \psi_{\sigma a} \\ \psi_{\sigma b} \\ \psi_{\sigma c} \end{pmatrix} = \begin{pmatrix} L_{\sigma s} & L_{\sigma g} & L_{\sigma g} \\ L_{\sigma g} & L_{\sigma s} & L_{\sigma g} \\ L_{\sigma g} & L_{\sigma g} & L_{\sigma s} \end{pmatrix} \begin{pmatrix} i_a \\ i_b \\ i_c \end{pmatrix} .
\tag{5.60}
$$

Dabei hat $L_{\sigma g}$ i.allg. einen negativen Wert. Wenn am Sternpunkt kein Neutralleiter angeschlossen ist, d.h. Dreieckschaltung oder Sternschaltung mit stromlosem Sternpunkt vorliegt, gilt $i_a + i_b + i_c = 0$, und man erhält aus (5.60)

$$
\begin{pmatrix} \psi_{\sigma a} \\ \psi_{\sigma b} \\ \psi_{\sigma c} \end{pmatrix} = \begin{pmatrix} L_{\sigma} & & \\ & L_{\sigma} & \\ & & L_{\sigma} \end{pmatrix} \begin{pmatrix} i_a \\ i_b \\ i_c \end{pmatrix} .
\tag{5.61}
$$

Dabei soll

$$
L_{\sigma} = L_{\sigma s} - L_{\sigma g}
$$

als die *Streuinduktivität der Wicklung* bezeichnet werden.

5.8 Spannungsinduktion in einem Kommutatoranker, herrührend von Streufeldern

Die Spannungsinduktion durch Streufelder im Kommutatoranker soll im folgenden anhand der Nutstreuung untersucht werden. Es ist anzunehmen, daß im Stirnraum ähnliche, nur weniger übersichtliche Erscheinungen auftreten. Die Ergebnisse werden deshalb auf das gesamte Streufeld verallgemeinernd übertragen. Es soll zunächst der einfache Fall untersucht werden, daß nur ein Bürstenpaar vorhanden ist. Eine derartige Anordnung, wie sie Bild 5.8 in abgewickelter Darstellung zeigt, liegt bei den meisten Kommutatormaschinen vor. In der Oberschicht führen sämtliche Leiter, die sich in einem der Bereiche zwischen den beiden Bürsten befinden, den gleichen Strom. In der Unterschicht fließt der Strom in umgekehrter Richtung durch solche Leiter, die gegenüber der Oberschicht entsprechend der Spulenweite versetzt sind. Da die Bürstenweite im Bild 5.8 kleiner als die Polteilung gewählt wurde, heben sich in einem Teil der Nuten die Durchflutungen der Unter- und Oberschichtspulenseiten gegeneinander auf. Von den übrigen Spulenseiten werden zwei Wirbel des Nutstreufelds aufgebaut. Sie schließen sich über Zähne, die im Gebiet der Stromwendung liegen. Im Bild 5.8 ist das Nutstreufeld angedeutet. Gleichzeitig ist eine Spule angegeben, die sich im betrachteten Zeitpunkt zwischen den beiden Bürsten befindet. Solange sie in diesem Zweig eingeschaltet ist, bleibt ihre Flußverkettung mit dem Nutstreufeld in Abhängigkeit von der Läuferstellung konstant. Herrührend vom Nutstreufeld wird demnach keine Spannung durch Rotation in dem betrachteten Ankerzweig induziert. Eine Spannungsinduktion kann nur zustande kommen, wenn sich das Streufeld zeitlich ändert. Dazu ist es erforderlich, daß sich der Zweigstrom bzw. der Bürstenstrom zeitlich ändert. Unter Einführung einer Streuinduktivität L_{σ} wird

$$
\psi_{\sigma} = L_{\sigma} i_{zw}
$$

und damit

$$e_\sigma = -\frac{\mathrm{d}\psi_\sigma}{\mathrm{d}t} = -L_\sigma \frac{\mathrm{d}i_{\mathrm{zw}}}{\mathrm{d}t} \ . \tag{5.62}$$

Eine Rotationsspannung wird in solchen Spulen induziert, die den Wirbel des Nutstreufeldes verlassen oder in ihn eintreten. Diese Spulen befinden sich jedoch im Bild 5.8 gerade in der Stromwendung und sind demzufolge durch die Bürsten kurzgeschlossen. Ihre Spannungen erscheinen nicht als Anteil der induzierten Spannung des Zweigs zwischen den beiden Bürsten. Sie beeinflussen lediglich den Stromwendevorgang und werden dabei als *Stromwendespannung* angesprochen. Anders gestalten sich die Verhältnisse, wenn weitere Bürsten auf dem Kommutator sitzen. Derartige Anordnungen findet man bei *Drehstrom-Kommutatormaschinen*. Im Bild 5.9 ist gegenüber der Anordnung von Bild 5.8 eine dritte Bürste C vorgesehen. Über diese Bürste soll Strom fließen, während der betrachtete Bürstenzweig AB zur Vereinfachung stromlos gedacht ist. Es sind nur die stromdurchflossenen Spulenseiten angedeutet, die unmittelbar in der Nähe der dritten Bürste liegen, sowie die entsprechenden Unterschichtspulenseiten. Diese Spulenseiten rufen vier Wirbel des Nutstreufelds hervor, die sich im Gebiet der Spulenseiten des betrachteten Zweigs schließen. Im Bild 5.9a ist dieses Feld angedeutet. In jeder Spule des betrachteten Zweigs tritt eine Flußänderung auf, wenn sie von einem Wirbelpaar des Streufelds in das andere tritt. Es wird eine Spannung durch Rotation induziert. Diese Spannungsinduktion findet auch dann statt, wenn das Streufeld zeitlich konstant ist.

Auf den Mechanismus der Spannungsinduktion durch Rotation hat die Art des Feldverlaufs oberhalb der Spulenseiten keinen Einfluß. Die gleiche Spannung wird induziert, wenn man sich das Feld über den Luftspalt geschlossen denkt (Bild 5.9b). Zur quantitativen Ermittlung der Rotationsspannung, die durch Streufelder im betrachteten Zweig induziert wird, kann damit (5.45) verwendet werden. Unter Hinzufügen des transformatorischen Anteils erhält man

$$e_\sigma = -\frac{\mathrm{d}\psi_\sigma}{\mathrm{d}t} - \frac{w}{\pi}(\Phi_\sigma - \Phi_\sigma^+)\frac{\mathrm{d}\vartheta}{\mathrm{d}t} \ . \tag{5.63}$$

Zum transformatorischen Anteil liefert der betrachtete Ankerzweig einen selbstinduktiven Beitrag, während die anderen Ankerzweige gegeninduktive Komponenten beisteuern können. Der Rotationsanteil entsteht allein durch die Wirkung der anderen Ankerzweige.

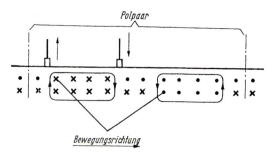

Bild 5.8
Zur Spannungsinduktion durch Streufelder im Kommutatoranker, wenn nur ein Bürstenpaar vorhanden ist

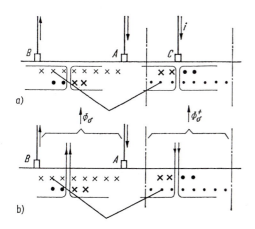

Bild 5.9
Zur Spannungsinduktion durch Streufelder
im Kommutatoranker,
wenn außer einem
betrachteten Bürstenpaar
weitere Bürsten aufsitzen
a) Stromverteilung und Wirbel des Streufelds
einer dritten Bürste C
b) Zuordnung eines äquivalenten Luftspaltfelds

6 Kräfte, Drehmomente und Bewegungsgleichungen

6.0 Ausgangsüberlegungen

Das Drehmoment entsteht als Folge der in Umfangsrichtung am Läufer – bzw. für das Reaktionsmoment am Ständer – angreifenden Kräfte. Diese wiederum werden als Kräfte auf freie Ladungsträger, als Grenzflächenkräfte und als innere Kräfte in ferromagnetischen Abschnitten entwickelt. Sie müssen von der vorliegenden Konstruktion einer rotierenden elektrischen Maschine beherrscht werden. Das gleiche gilt für solche Kräfte, die zwar nicht in Umfangsrichtung wirken, deren Entstehung aber unvermeidlich mit dem Prozeß der Energiewandlung einhergeht.

Die grundsätzlichen Beziehungen, mit deren Hilfe sich die Kräfte bzw. Drehmomente aus den Größen des elektromagnetischen Felds ermitteln lassen, sind im Abschnitt 0.2 der Einleitung erarbeitet worden. Hinsichtlich des Drehmoments erfordert die Anwendung von (0.39), daß auf einer Integrationsfläche im Luftspalt der Maschine sowohl die Normalkomponente als auch die Tangentialkomponente des Luftspaltfelds bekannt sind. Mit der Induktionsverteilung, wie sie im Abschnitt 4.2 eingeführt wurde, ist jedoch zunächst nur die Normalkomponente bekannt. Wenn man die Integrationsfläche auf die dem Luftspalt zugewendete Oberfläche des Ständers oder des Läufers legt und die Verteilung der stromdurchflossenen Leiter entsprechend den Überlegungen im Abschnitt 0.2.2.3 durch einen Strombelag ersetzt, bestimmt dieser entsprechend (0.42) unmittelbar die Tangentialkomponente der Feldstärke im Luftspalt, und man erhält das Drehmoment durch Anwendung von (0.43). Wenn ein konstanter Luftspalt vorliegt, ruft eine Strombelagswelle auf einem der Hauptelemente entsprechend den Überlegungen im Abschnitt 0.2.2.4 auf der Oberfläche dieses Hauptelements eine Tangentialkomponente der Feldstärke hervor, die mit ihr in Phase ist, und eine Normalkomponente der Induktion, die um eine viertel Wellenlänge versetzt ist. Diese beiden Feldwellen bilden aber miteinander kein Drehmoment. Dazu müssen offenbar vom anderen Hauptelement her Feldwellen der gleichen Ordnungszahl aufgebaut werden. Man kann dann davon sprechen, daß ein Drehmoment durch das Zusammenwirken einer Feldwelle des Ständers mit einer Feldwelle des Läufers entsteht. Das gilt nicht mehr, wenn parametrische Effekte wie die Wirkung ausgeprägter Pole oder die der Nutöffnungen in den Mechanismus der Drehmomentbildung einbegriffen sind. In diesem Fall ist die Tangentialkomponente der magnetischen Feldstärke auf einer Integrationsfläche im Luftspalt nicht ohne weiteres bereitstellbar. Unter allgemeinen Bedingungen kann dann nicht auf die Lösung des Feldproblems verzichtet werden. Dabei ist unter allgemeinen Bedingungen insbesondere zu verstehen, daß der entsprechende Beitrag zum Drehmoment in einem nichtstationären Betriebszustand bestimmt werden soll. Wenn dagegen ein stationärer Betriebszustand vorliegt und eine konstante Komponente des Drehmoments ermittelt werden soll, an deren Entstehung parametrische Effekte beteiligt sind, bietet sich der Weg über eine Energiebilanz als Alternative an.

Die Kräfte bzw. Drehmomente lassen sich natürlich generell auf dem Wege einer Energiebilanz bestimmen. Dieser Weg wird im Elektromaschinenbau häufig beschritten[1] Dabei gewinnt man die Kräfte bzw. Drehmomente relativ einfach. Es geht allerdings die physikalische Durchsichtigkeit der Drehmomentbildung verloren, und man erhält keinerlei Aussagen über die Verteilung der Kräfte.

Die elektrische Maschine ist stets Bestandteil eines elektromechanischen Systems. Sie bringt in dieses System ein Drehmoment und ein Massenträgheitsmoment ein. Die elektromagnetischen Vorgänge in der Maschine sind über den Bewegungsvorgang des Läufers mit den mechanischen Vorgängen verknüpft. Die elektrische Maschine läßt sich deshalb nur in Sonderfällen losgelöst vom elektromechanischen System betrachten. Zu diesen Sonderfällen gehört natürlich vor allem der stationäre Betrieb.

6.1 Methoden zur Ermittlung des Drehmoments

6.1.1 Ermittlung des Drehmoments aus den Feldgrößen des Luftspaltfelds

Das Drehmoment läßt sich entsprechend Abschnitt 0.2.2.1 nach Gleichung (0.39) aus den Feldgrößen des Luftspaltfelds bestimmen, indem das Produkt aus der normalen und der tangentialen Komponente der Feldstärke auf einer Kreiszylinderfläche im Luftspalt über diese Fläche integriert wird.

Wenn eines der beiden Hauptelemente rotationssymmetrisch ist und die Integrationsfläche auf die Oberfläche dieses Hauptelements gelegt wird, lassen sich dessen stromdurchflossene Leiter durch einen Strombelag ersetzen, und es gilt unter der Voraussetzung $\mu_{\mathrm{Fe}} = \infty$ die Gleichung (0.43). Dabei liefert diese Beziehung entsprechend der Herleitung im Abschnitt 0.2.2.3 und mit den Vorzeichenfestlegungen in den Bildern 0.10 bis 0.12 das Drehmoment auf jenes Hauptelement, das den Strombelag trägt. Wenn also die Integrationsfläche auf der Oberfläche der Ständerbohrung liegt und der Ständerstrombelag eingeführt wird, erhält man über (0.43) das Reaktionsmoment auf den Ständer. Um im weiteren unter dem Drehmoment stets jenes Drehmoment zu verstehen, das in Richtung der Koordinate x bzw. γ bzw. γ' auf den Läufer wirkt, ist es erforderlich, zwischen dem Ständerstrombelag A_{S} und dem Läuferstrombelag A_{L} zu unterscheiden. Wenn man gleichzeitig die bezogene Koordinate γ nach (4.7) bzw. γ' nach (4.3) einführt, folgt aus (0.43):

$$\boxed{m = \frac{1}{4}D^2 l_{\mathrm{i}} \int_0^{2\pi} B_{\mathrm{n}}(\gamma) A_{\mathrm{L}}(\gamma)\,\mathrm{d}\gamma = -\frac{1}{4}D^2 l_{\mathrm{i}} \int_0^{2\pi} B_{\mathrm{n}}(\gamma) A_{\mathrm{S}}(\gamma)\,\mathrm{d}\gamma} \tag{6.1}$$

$$\boxed{m = \frac{1}{4}D^2 l_{\mathrm{i}} \int_0^{2\pi} B_{\mathrm{n}}(\gamma') A_{\mathrm{L}}(\gamma')\,\mathrm{d}\gamma' = -\frac{1}{4}D^2 l_{\mathrm{i}} \int_0^{2\pi} B_{\mathrm{n}}(\gamma') A_{\mathrm{S}}(\gamma')\,\mathrm{d}\gamma'} \tag{6.2}$$

Dabei setzt die Anwendbarkeit von (6.1) voraus, daß Periodizität des Aufbaus und damit des Luftspaltfelds bezüglich der Polpaarteilung vorliegt.

Es muß außerdem nochmals daran erinnert werden, daß diese Beziehungen – wie bereits im Abschnitt 6.0 dargelegt wurde – dadurch entstanden sind, daß die Tangentialkomponente der magnetischen Feldstärke auf der Integrationsfläche im Luftspalt durch den Strombelag ausgedrückt wurde. Damit lassen sie sich auch nur in solchen Fällen anwenden, in denen der jeweilige Strombelag für die drehmomentbildende Tangentialkomponente des Luftspaltfelds verantwortlich ist. Das ist ein wichtiger Sonderfall.

---

[1]s. Band Grundlagen, Abschnitt 10.1.3

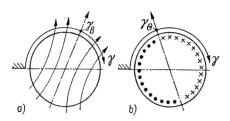

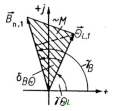

Bild 6.1 Ermittlung des Grundwellendrehmoments aus der Induktionsgrundwelle
und der Grundwelle des Ankerstrombelags
a) Lage des Grundwellenfelds
b) Lage der Grundwelle des Strombelags

Bild 6.2 Raumzeiger
der Induktionsgrundwelle
und der Durchflutungsgrundwelle
entsprechend Bild 6.1

Er liegt insbesondere dann vor, wenn das Drehmoment entwickelt werden soll, das
die Grundwelle der Induktionsverteilung mit den stromdurchflossenen Leitern einer
Wicklung bildet, denen eine Grundwelle des Strombelags zugeordnet werden kann.
Für diesen Fall werden innerhalb des vorliegenden Abschnitts aus (6.1) bzw. (6.2)
spezielle Beziehungen abgeleitet. Die Anwendbarkeit von (6.1) und (6.2) ist nicht gegeben, wenn parametrische Einflüsse wie z.B. Nutöffnungen und ausgeprägte Pole die
Tangentialkomponente hervorrufen.

Um die prinzipiellen Eigenschaften einer Maschine zu erkennen, genügt es, die
Grundwelle der Luftspaltinduktion bezüglich der Polpaarteilung

$$B_{n,1}(\gamma, t) = \widehat{B}_1(t) \cos[\gamma - \gamma_B(t)] \tag{6.3}$$

und die zugehörigen Grundwellen der Strombeläge

$$A_1(\gamma, t) = \widehat{A}_1(t) \cos[\gamma - \gamma_A(t)] \tag{6.4}$$

zu betrachten. Die Grundwelle eines Strombelags nach (6.4) ist der Durchflutungsgrundwelle

$$\Theta_1(\gamma, t) = \widehat{\Theta}_1(t) \cos[\gamma - \gamma_\Theta(t)] \tag{6.5}$$

der zugehörigen Wicklung zugeordnet. Dabei folgt aus (4.42) bzw. (4.43)

$$\gamma_\Theta(t) = \gamma_A(t) - \frac{\pi}{2} \, , \tag{6.6}$$

$$\widehat{\Theta}(t) = \frac{\tau_p}{\pi} \widehat{A}_1(t) = \frac{D}{2p} \widehat{A}_1(t) \, . \tag{6.7}$$

Bild 6.1 demonstriert die Lage einer Induktionsgrundwelle und der Grundwelle eines
Läuferstrombelags für den Fall einer zweipoligen Maschine unter Angabe der Koordinaten γ_B und γ_Θ. Die zugeordneten Raumzeiger

$$\vec{B}_{n1} = \widehat{B}_1(t) \, e^{j\gamma_B(t)} \, ; \tag{6.8}$$

$$\vec{\Theta}_{L1} = \widehat{\Theta}_{L1}(t) \, e^{j\gamma_{\Theta L}(t)} \tag{6.9}$$

entsprechend Abschnitt 4.2.2 sind im Bild 6.2 dargestellt. Dabei ist zu beachten, daß
die Raumzeiger in der komplexen Ebene spiegelbildlich zu den Achsen durch γ_B bzw.
γ_Θ im Bild 6.1 angeordnet erscheinen, da die mathematisch positive Umlaufrichtung
jener der Koordinate γ entgegengerichtet ist.

Die Integration von (6.1) liefert unter Einführung von (6.3) und (6.4) bzw. (6.5) mit

(6.6) und (6.7):

$$m = \frac{\pi}{4} D^2 l_{\mathrm{i}} \widehat{A}_{\mathrm{L},1}(t) \widehat{B}_{\mathrm{n},1}(t) \sin \delta_{B\Theta}(t) = -\frac{\pi}{4} D^2 l_{\mathrm{i}} \widehat{A}_{\mathrm{S},1}(t) \widehat{B}_{\mathrm{n},1}(t) \sin \delta_{B\Theta}(t) \qquad (6.10)$$

$$m = \frac{\pi}{2} D l_{\mathrm{i}} p \, \widehat{\Theta}_{\mathrm{L},1}(t) \widehat{B}_{\mathrm{n},1}(t) \sin \delta_{B\Theta}(t) = -\frac{\pi}{2} D l_{\mathrm{i}} p \, \widehat{\Theta}_{\mathrm{S},1}(t) \widehat{B}_{\mathrm{n},1}(t) \sin \delta_{B\Theta}(t) \qquad (6.11)$$

Dabei ist

$$\delta_{B\Theta} = \gamma_B - \gamma_\Theta \ . \qquad (6.12)$$

Mit den Raumzeigern $\vec{B}_{\mathrm{n},1}$ und $\vec{\Theta}_{\mathrm{L},1}$ bzw. $\vec{\Theta}_{\mathrm{S},1}$ entsprechend (6.8) und (6.9) läßt sich die Beziehung für das Drehmoment auch darstellen als

$$m = \frac{\pi}{2} D l_{\mathrm{i}} p \, \mathrm{Im}\{\vec{B}_{\mathrm{n},1} \, \vec{\Theta}_{\mathrm{L},1}^*\} = -\frac{\pi}{2} D l_{\mathrm{i}} p \, \mathrm{Im}\{\vec{B}_{\mathrm{n},1} \, \vec{\Theta}_{\mathrm{S},1}^*\} \ . \qquad (6.13)$$

Das Drehmoment einer gegebenen Maschine in einem betrachteten Betriebszustand ist also der Fläche des Dreiecks proportional, das von den Raumzeigern $\vec{B}_{\mathrm{n},1}$ und $\vec{\Theta}_{\mathrm{L},1}$ bzw. $\vec{\Theta}_{\mathrm{S},1}$ aufgespannt wird (s. Bild 6.2).

Entsprechend (6.10) bzw. (6.11) wird das Drehmoment, oder genauer gesagt das Grundwellendrehmoment, einer rotierenden elektrischen Maschine durch das Wertetripel $\widehat{A}_1(t)$, $\widehat{B}_{\mathrm{n},1}(t)$ und $\delta_{B\Theta}(t)$ bzw. das Wertetripel $\widehat{\Theta}_1(t)$, $\widehat{B}_{\mathrm{n},1}(t)$ und $\delta_{B\Theta}(t)$ bestimmt. Dabei sind die 3 Komponenten eines dieser Tripel im allgemeinen Fall eines nichtstationären Betriebszustands beliebige Zeitfunktionen, die sich aus dem inneren Mechanismus der Maschine und den äußeren Bedingungen an den elektrischen Klemmenpaaren und an der Welle ergeben.

Im stationären Betrieb, dessen einzelne Betriebspunkte partikuläre Lösungen des allgemeinen Gleichungssystems der Maschine darstellen, gilt prinzipiell das gleiche. Unter gegebenen äußeren Betriebsbedingungen gehört zu jedem Drehmoment ein Wertetripel $\widehat{A}_1$, $\widehat{B}_{\mathrm{n},1}$ und $\delta_{B\Theta}$ bzw. ein Wertetripel $\widehat{\Theta}_1$, $\widehat{B}_{\mathrm{n},1}$ und $\delta_{B\Theta}$, dessen Komponenten durch den inneren Mechanismus der Maschine bestimmt sind. Ein konstantes Drehmoment bzw. eine konstante Komponente des Drehmoments erhält man, wenn $\widehat{A}_1$, $\widehat{B}_{\mathrm{n},1}$ und $\delta_{B\Theta}$ zeitlich konstant sind oder wenn $\widehat{A}_1$ und $\widehat{B}_{\mathrm{n},1}$ bei $\delta_{B\Theta} = \mathrm{konst.}$ Sinusgrößen gleicher Frequenz darstellen. Der erste Fall liegt bei allen Drehfeldmaschinen sowie bei der Gleichstrommaschine vor. Auf ihn lassen sich auch die Verhältnisse bei den meisten Einphasenmaschinen zurückführen, indem man von der Möglichkeit der Zerlegung eines Wechselfelds in zwei gegenläufige Drehfelder Gebrauch macht [s. Abschnitt 4.3 und (4.32)]. Damit erfaßt er die Mehrzahl aller rotierenden elektrischen Maschinen. Der zweite Fall liegt in reiner Form nur bei Einphasen-Kommutatormaschinen vor. Er läßt sich zwar prinzipiell ebenfalls auf den ersten zurückführen, wird aber dadurch in der Behandlung nicht vereinfacht, da der Kommutatoranker im Drehfeld ein komplizierteres Verhalten aufweist als im Wechselfeld.

Aus den vorstehenden Betrachtungen läßt sich verallgemeinern, daß die Verhaltensweisen der einzelnen Maschinenarten hinsichtlich des von ihnen entwickelten Drehmoments im stationären und im nichtstationären Betrieb letztlich nur dadurch bedingt sind, daß sich die Komponenten des Wertetripels $\widehat{A}_1$, $\widehat{B}_{\mathrm{n},1}$ und $\delta_{B\Theta}$ unter den speziellen Betriebsbedingungen an den elektrischen Klemmenpaaren und an der Welle aufgrund des speziellen inneren Mechanismus der Maschine in bestimmter Weise einstellen. Wenn man die Speiseeinrichtung in Abhängigkeit von bestimmten Betriebsgrößen

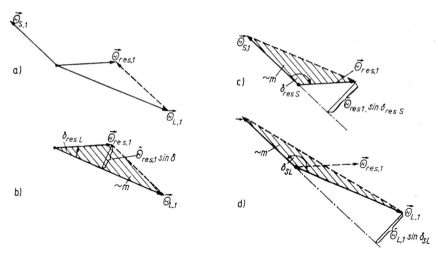

Bild 6.3 *Ermittlung des Drehmoments aus den Durchflutungsgrundwellen,*
wenn beide Hauptelemente rotationssymmetrisch sind
a) Darstellung der Durchflutungsgrundwellen in der komplexen Ebene
b) Drehmoment aus $\vec{\Theta}_{res,1}$ und $\vec{\Theta}_{L,1}$
c) Drehmoment aus $\vec{\Theta}_{res,1}$ und $\vec{\Theta}_{S,1}$ d) Drehmoment aus $\vec{\Theta}_{S,1}$ und $\vec{\Theta}_{L,1}$

der Maschine, z.B. der Drehzahl und der Läuferlage, steuert, werden offenbar zusätzliche Dimensionen möglicher Verhaltensweisen der einzelnen Maschinenarten eröffnet. Dieser Gedankengang ist im Zusammenhang mit der Anwendung moderner elektronischer und leistungselektronischer Baugruppen von außerordentlicher Bedeutung. Auf ihm beruht beispielsweise der *Elektronikmotor* bzw. der *Stromrichtermotor,* die vom Aufbau her Synchronmotoren sind, aber im Zusammenwirken mit der elektronischen Speiseeinrichtung und ihrer Beeinflussung durch die Läuferlage das Verhalten einer Gleichstrommaschine aufweisen.

Der Sonderfall, daß beide Hauptelemente rotationssymmetrisch sind, gestattet es, die Induktionsgrundwelle nach (6.3) durch die beiden Durchflutungsgrundwellen entsprechend

$$B_{n,1}(\gamma,t) = \frac{\mu_0}{\delta_i}\Theta_{res,1}(\gamma,t) = \frac{\mu_0}{\delta_i}[\Theta_{S,1}(\gamma,t) + \Theta_{L,1}(\gamma,t)] \tag{6.14}$$

auszudrücken. In diesem Fall liegt es nahe, auch den Strombelag mit Hilfe von (6.6) und (6.7) durch die zugeordneten Durchflutungsgrundwellen zu ersetzen. Damit erhält man aus (6.11)

$$\boxed{\begin{aligned} m &= \frac{\pi}{2}Dl_i p\frac{\mu_0}{\delta_i}\widehat{\Theta}_{L,1}(t)\,\widehat{\Theta}_{res,1}(t)\sin\delta_{res\,L} \\ m &= -\frac{\pi}{2}Dl_i p\frac{\mu_0}{\delta_i}\widehat{\Theta}_{S,1}(t)\,\widehat{\Theta}_{res,1}(t)\sin\delta_{res\,S} \end{aligned}} \tag{6.15}$$

mit

$$\delta_{res\,L} = \gamma_{\theta res} - \gamma_{\Theta L}\,, \qquad \delta_{res\,S} = \gamma_{\theta res} - \gamma_{\Theta L}\,, \tag{6.16}$$

Unter Einführung der komplexen Darstellung der Durchflutungsgrundwellen [siehe Abschnitt 4.2.2] kann man (6.15) auch schreiben als

$$m = \frac{\pi}{2}Dl_i p\frac{\mu_0}{\delta_i}\text{Im}\{\vec{\Theta}_{res,1}\,\vec{\Theta}_{L,1}^*\} = -\frac{\pi}{2}Dl_i p\frac{\mu_0}{\delta_i}\text{Im}\{\vec{\Theta}_{res,1}\,\vec{\Theta}_{S,1}^*\}\,. \tag{6.17}$$

Da $\vec{\Theta}_{\mathrm{res},1} = \vec{\Theta}_{\mathrm{S},1} + \vec{\Theta}_{\mathrm{L},1}$ und $\mathrm{Im}\{\vec{\Theta}_{\mathrm{S},1}\,\vec{\Theta}_{\mathrm{S},1}^{*}\} = \mathrm{Im}\{\vec{\Theta}_{\mathrm{L},1}\,\vec{\Theta}_{\mathrm{L},1}^{*}\} = 0$ ist, gilt auch

$$m = \frac{\pi}{2} D l_{\mathrm{i}} p \frac{\mu_0}{\delta_{\mathrm{i}}} \mathrm{Im}\{\vec{\Theta}_{\mathrm{S},1}\,\vec{\Theta}_{\mathrm{L},1}^{*}\} = \frac{\pi}{2} D l_{\mathrm{i}} p \frac{\mu_0}{\delta_{\mathrm{i}}} \widehat{\Theta}_{\mathrm{S},1} \widehat{\Theta}_{\mathrm{L},1} \sin \delta_{\mathrm{SL}} \qquad (6.18)$$

bzw.

$$m = -\frac{\pi}{2} D l_{\mathrm{i}} p \frac{\mu_0}{\delta_{\mathrm{i}}} \mathrm{Im}\{\vec{\Theta}_{\mathrm{L},1}\,\vec{\Theta}_{\mathrm{S},1}^{*}\} = -\frac{\pi}{2} D l_{\mathrm{i}} p \frac{\mu_0}{\delta_{\mathrm{i}}} \widehat{\Theta}_{\mathrm{L},1} \widehat{\Theta}_{\mathrm{S},1} \sin \delta_{\mathrm{LS}} \qquad (6.19)$$

$$\delta_{\mathrm{SL}} = -\delta_{\mathrm{LS}} = \gamma_{\Theta\mathrm{S}} - \gamma_{\Theta\mathrm{L}} \qquad (6.20)$$

Wie Bild 6.3 demonstriert, ist das Drehmoment jeweils der Fläche des Dreiecks proportional, das von $\vec{\Theta}_{\mathrm{res},1}$ und $\vec{\Theta}_{\mathrm{L},1}$ bzw. $\vec{\Theta}_{\mathrm{S},1}$ oder von $\vec{\Theta}_{\mathrm{L},1}$ und $\vec{\Theta}_{\mathrm{S},1}$ aufgespannt wird. Dabei müssen natürlich für einen gegebenen Satz von Durchflutungsgrundwellen Dreiecke mit gleichem Flächeninhalt entstehen.

6.1.2 Ermittlung des Drehmoments aus der Energiebilanz

6.1.2.1 Allgemeiner Fall

Der allgemeine Fall ist dadurch gekennzeichnet, daß die Energiebilanz für einen beliebigen, nichtstationären Betriebszustand aufzustellen ist. Dabei ändert sich die in der Maschine gespeicherte magnetische Energie W_{m}, so daß die Aussage des Energiesatzes für eine verlustlose Maschine die Form

$$\mathrm{d}W_{\mathrm{m}} = \sum_{j=1}^{n} u_j i_j \,\mathrm{d}t - m \,\mathrm{d}\vartheta' \qquad (6.21)$$

annimmt. In dieser Beziehung läßt sich die Klemmenspannung u_j der einzelnen elektrischen Kreise $j = 1 \ldots n$ aus quasilinienhaften Leitern mit Hilfe des Induktionsgesetzes als

$$u_j = \frac{\mathrm{d}\psi_j}{\mathrm{d}t}$$

ausdrücken. Da diese Formulierung des Induktionsgesetzes unabhängig vom vorliegenden Mechanismus der Spannungsinduktion ist, erhält man von vornherein Beziehungen für das Drehmoment, die unabhängig von der Art der zugeordneten Kräfte elektromagnetischen Ursprungs sind. Eine analog einheitliche Formulierung für die Bestimmung des Drehmoments aus den Feldgrößen wurde erst mit Hilfe des Maxwellschen Spannungstensors gefunden.

Die Untersuchungen zur Energiebilanz auf der Grundlage von (6.21) wurden im Band Grundlagen, Abschnitt 10.1.3, für einen elektromechanischen Wandler durchgeführt, der n elektrische Ausgänge in Form von Klemmenpaaren mit u_j und i_j sowie m mechanische Ausgänge mit F_i und x_i bzw. m_i und α_i besitzt[1]. Die daraus für die rotierenden elektrischen Maschinen mit einem mechanischen Freiheitsgrad abhebbaren Beziehungen sind in Tafel 6.1 nochmals zusammengestellt. Dabei sei daran erinnert,

---

[1]Eine ausführliche Darstellung findet sich auch in [58].

Tafel 6.1 Zusammenstellung der Beziehungen des Drehmoments aus der Energiebilanz

	Basis magnetische Energie	Basis magnetische Koenergie
Allgemeiner Fall nichtlinearer, aber eindeutiger magnetischer Verhältnisse	$$W_\mathrm{m} = \sum_{j=1}^{n} \int_0^{\psi_j} i_j(\psi_1, \psi_2, \ldots, \psi_{j-1}, \psi_j', 0 \ldots 0; \vartheta')\, d\psi_j'$$ $$i_j = \frac{\partial W_\mathrm{m}(\psi_1, \ldots, \psi_n, \vartheta')}{\partial \psi_j}$$ $$m = \frac{\partial W_\mathrm{m}(\psi_1, \ldots, \psi_n, \vartheta')}{\partial \vartheta'}$$	$$W_\mathrm{m}' = \sum_{j=1}^{n} \int_0^{i_j} \psi_j(i_1, i_2, \ldots, i_{j-1}, i_j', 0 \ldots 0; \vartheta')\, di_j'$$ $$\psi_j = -\frac{\partial W_\mathrm{m}'(i_1, \ldots, i_n, \vartheta')}{\partial i_j}$$ $$m = \frac{\partial W_\mathrm{m}'(i_1, \ldots, i_n, \vartheta')}{\partial \vartheta'}$$
Sonderfall linearer magnetischer Verhältnisse	$$W_\mathrm{m} = W_\mathrm{m}' = \frac{1}{2}\sum_{j=1}^{n}\sum_{k=1}^{n} L_{jk} i_j i_k$$ $$m = \frac{1}{2}\sum_{j=1}^{n}\sum_{k=1}^{n} i_j i_k \frac{\partial L_{jk}}{\partial \vartheta'} = \frac{1}{2}\sum_{j=1}^{n} i_j \frac{\partial \psi_j}{\partial \vartheta'}$$	

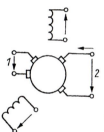

Bild 6.4
Beispiel einer allgemeinen Ausführung
einer Kommutatormaschine

daß die Energiebilanz zunächst auf die Flußverkettungen und den Drehwinkel ϑ' des Läufers als Systemvariable führt. Es tritt dann die gespeicherte magnetische Energie W_m als Zustandsgröße in Erscheinung. Der angestrebte Wechsel auf die Ströme und Drehwinkel als Systemvariable führt auf die *magnetische Koenergie* W_m' als zweckmäßig zugeordnete Zustandsgröße.

An dieser Stelle empfiehlt es sich, einige Betrachtungen zur Kommutatormaschine anzuschließen. Wenn sie mit Hilfe der Ergebnisse nach Tafel 6.1 in die Betrachtungen einbezogen werden soll, ist es erforderlich, die k Einzelspulen des Kommutatorankers und ihre Zusammenschaltung in Abhängigkeit von der Läuferstellung zu betrachten. Auf diese Weise würde man auch die Einflüsse der endlichen Spulenzahl des Kommutatorankers und der Nutung auf das Drehmoment erhalten. Dieses hohe Auflösungsvermögen der Analyse wird allerdings durch einen erheblichen Aufwand erkauft. Andererseits interessiert häufig in erster Linie das bezüglich dieser Einflüsse gemittelte Verhalten. Dem entspricht, daß man sich die Kommutatorstegzahl bzw. die Nutzahl unendlich groß denkt. Von dieser Überlegung war auch bereits bei der Ermittlung der im Kommutatoranker induzierten Spannung im Abschnitt 5.5 ausgegangen worden. Der Kommutatoranker bildet dann, über ein Bürstenpaar gesehen, jeweils eine pseudostationäre Wicklung. Ein derartiger Ankerkreis verhält sich hinsichtlich des Feldaufbaus wie eine stationäre Wicklung, aber in der Spannungsgleichung tritt entsprechend (5.45) außer dem Anteil $\partial\psi/\partial t$ eine Rotationsspannung auf. Es liegt nun nahe, in die Energiebilanz nach (6.21) nicht alle Einzelspulen des Ankers, sondern die den Bürstenpaaren zugeordneten Ankerkreise als pseudostationäre Wicklung einzubeziehen. Bild 6.4 zeigt eine allgemeine Ausführung einer Kommutatormaschine. Aufgrund der Rotationssymmetrie des Kommutatorankers sind alle Selbst- und Gegeninduktivitäten der Ständerwicklungen und der pseudostationären Wicklung des Läufers konstant. Aus dieser Sicht wird also kein Drehmoment entwickelt. In der Energiebilanz nach (6.21) wird durch die Anteile $\mathrm{d}\psi_j/\mathrm{d}t$ in den Spannungsgleichungen gerade die Änderung $\mathrm{d}W_\mathrm{m}$ der magnetischen Energie bestimmt. Damit verbleibt für die mechanisch abgegebene Energie $m\mathrm{d}\vartheta'$ in (6.21) jener Anteil in der elektrisch aufgenommenen Leistung, der von den Rotationsspannungen des Kommutatorankers herrührt. Es wird also mit (5.45) unter Beachtung von $\vartheta = p\vartheta'$

$$m = \sum_j p\frac{w}{\pi}i_j\left(\Phi_{\mathrm{B}j} - \Phi_{\mathrm{B}j}^+\right) \ . \tag{6.22}$$

Wenn das Magnetfeld die Symmetrieeigenschaft $B(\gamma+\pi) = -B(\gamma)$ besitzt, vereinfacht sich (6.22) zu

$$m = \sum_j pw\frac{2}{\pi}i_j\,\Phi_{\mathrm{B}j} \ . \tag{6.23}$$

6.1.2.2 Sonderfall des stationären Betriebs

Der stationäre Betrieb ist dadurch gekennzeichnet, daß über die elektrischen Klemmenpaare und die Welle Leistungen fließen, die zeitlich konstant sind bzw. um einen zeitlich konstanten Mittelwert pendeln. Das gleiche gilt dann für die Verlustleistungen, die als Wärmeströme aus der Maschine treten. Für diese mittleren Leistungen P findet keine Energiespeicherung statt, d.h., die vorzeichenbehaftete Summe der in ein geschlossenes Volumen fließenden Leistungen muß verschwinden. Es gilt also

$$\sum_{\text{vzb}} P = 0 \,, \tag{6.24}$$

wobei in diese Bilanz außer den elektrischen und mechanischen Leistungen auch die Wärmeströme einzubeziehen sind, die aus dem Volumen treten. Die aus (6.24) für eine rotierende elektrische Maschine unter Berücksichtigung sämtlicher Verlustleistungen P_v folgenden Beziehungen wurden bereits im Band Grundlagen, Abschnitt 10.2.3, hergeleitet und sind in Tafel 6.2 nochmals zusammengestellt. Der Leistungsfluß einer Maschine in einem betrachteten Betriebszustand läßt sich verfolgen, wenn die Beziehungen hinzugezogen werden, die den Mechanismus der Entstehung der Verluste beschreiben. Das gelingt relativ einfach für die Reibungsverluste P_{vrb} und die Stromwärmeverluste in den elektrischen Kreisen, wenn sie als $P_{\text{vw}j} = R_j \overline{i_j^2}$ formuliert werden können, d.h., wenn quasilinienhafte Leiter vorliegen. Das gelingt nicht ohne weiteres für solche Verluste, die im magnetischen Kreis auftreten, sowie für die zusätzlichen Verluste durch Wirbelströme in den elektrischen Kreisen. Wenn diese Verlustanteile in den Ständerverlusten P_{vS}' und den Läuferverlusten P_{vL}' vernachlässigt gedacht werden, erhält man die in Tafel 6.3 zusammengestellten Beziehungen, die ebenfalls bereits im Band Grundlagen, Abschnitt 10.2.3 hergeleitet wurden. Dabei wurden abweichend von der Darstellung im Band Grundlagen die Ständerkreise mit S_j und die Läuferkreise mit L_j gekennzeichnet. Diese Änderung ist erforderlich, da ν und μ zur Kennzeichnung der Ordnungszahlen von Feldwellen verwendet werden.

6.1.2.3 Sonderfall des stationären Betriebs einer Drehfeldmaschine bei Anwendung des Prinzips der Grundwellenverkettung

Wenn die betrachtete Maschine eine Drehfeldmaschine ist und der Leistungsfluß betrachtet wird, der an das Grundwellendrehfeld mit der Drehzahl n_0 geknüpft ist, lassen sich aus den Beziehungen nach Tafel 6.3 spezielle Aussagen ableiten, die in Tafel 6.4 zusammengefaßt sind. Ihre Ableitung erfolgte bereits in den Abschnitten 22.1 und 22.3 des Bandes Grundlagen. Sie gelten unter den Einschränkungen, die bereits im Abschnitt 6.1.2.2 für die Beziehungen in Tafel 6.3 fixiert wurden, und vernachlässigen darüber hinaus die Wirkung der Oberwellendrehfelder im Luftspaltfeld.

6.1.2.4 Komponenten der Luftspaltleistung im stationären Betrieb, herrührend von einzelnen Feldwellen

Die Beziehungen für die Luftspaltleistung P_δ und die mechanische Leistung P_{mech}' ohne Deckung der Reibungsverluste sowie für das zugehörige Drehmoment M' in Tafel 6.3

$$P_\delta \;=\; \sum \overline{e_{Sj} i_{Sj}} \tag{6.25}$$

$$P_{\text{mech}}' \;=\; -\sum \overline{e_{Sj} i_{Sj}} - \sum \overline{e_{Lj} i_{Lj}} \tag{6.26}$$

Tafel 6.2 *Leistungsfluß für die mittleren Leistungen P im stationären Betrieb allgemein*

Anordnung	Beziehung zwischen den Leistungen
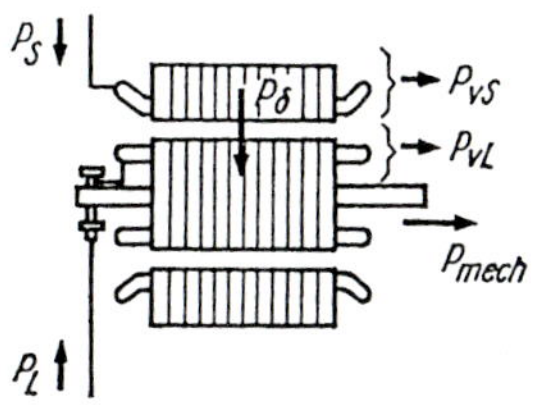	$$P_S = P_{vS} + P_\delta$$ $$P_L + P_\delta = P_{vL} + P_{mech}$$ $$P_S + P_L = P_v + P_{mech}$$ $$P_v = P_{vS} + P_{vL}$$ $$P_{mech} = 2\pi n M$$

P_S Leistungsaufnahme des Ständers
P_L Leistungsaufnahme des Läufers
P_δ Luftspaltleistung
P_{vS} Verlustleistung des Ständers
P_{vL} Verlustleistung des Läufers
P_{mech} abgegebene mechanische Leistung

Tafel 6.3 *Leistungsfluß für die mittleren Leistungen im stationären Betrieb einer Maschine ohne Ummagnetisierungs- und zusätzliche Verluste außerhalb der Wicklungen*

Anordnung	Beziehung zwischen den Leistungen
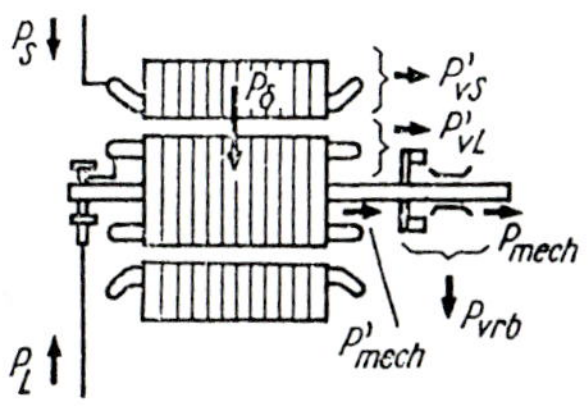	$$P_S = P'_{vS} + P_\delta$$ $$P_\delta + P_L = P'_{vL} + P'_{mech}$$ $$P'_{mech} = P_{vrb} + P_{mech}$$ $$P_S + P_L = P'_v + P_{mech}$$ $$P'_v = P'_{vS} + P'_{vL} + P_{vrb}$$ $$P_{mech} = 2\pi n M \ ; \quad P'_{mech} = 2\pi n M'$$
Beziehungen für P_δ und P'_{mech} :	$$P_\delta = -\sum \overline{e_{Sj} i_{Sj}}$$ $$P'_{mech} = -\sum \overline{e_{Sj} i_{Sj}} - \sum \overline{e_{Lj} i_{Lj}}$$

P_{vS} Verlustleistung des Ständers ohne Ummagnetisierungs- und Zusatzverluste
P_{vL} Verlustleistung des Läufers ohne Ummagnetisierungs-, Zusatz- und Reibungsverluste
P_{vrb} Reibungsverluste durch Lager-, Luft- und Bürstenreibung
P'_{mech} abgegebene mechanische Leistung ohne Deckung der Reibungsverluste
e_{Sj}, e_{Lj} induzierte Spannungen in den Ständerkreisen bzw. den Läuferkreisen
i_{Sj}, i_{Lj} Stromstärken in den Ständerkreisen bzw. den Läuferkreisen

Tafel 6.4 *Leistungsfluß einer Drehfeldmaschine ohne Ummagnetisierungs- und Zusatzverluste im stationären Betrieb auf der Basis der Wirkung allein des Grundwellendrehfelds, Ständer und Läufer dreisträngig*

Anordnung	Beziehungen zwischen den Leistungen und für das Drehmoment	Zeigerbild der Größen $\underline{E}_h$, $\underline{I}$ und $\underline{\Phi}_h$
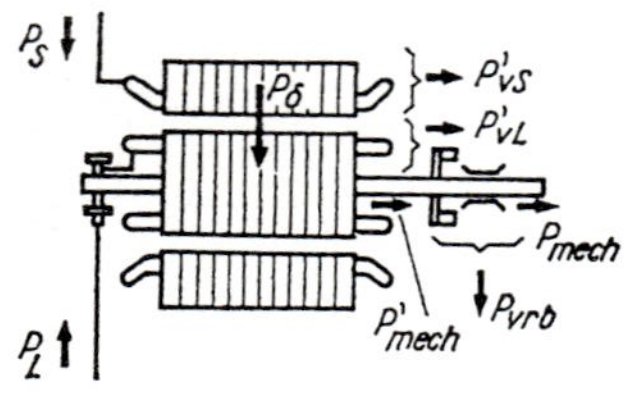	allgemein ($P_L \neq 0$) $\qquad$ bei kurzgeschlossenem Läufer ($P_L = 0$) $P_\delta = P_S - P'_{vS}$ $P_\delta - P'_{mech} = sP_\delta = P'_{vL} - P_L \qquad$ vereinfacht sich $\qquad P_\delta - P'_{mech} = sP_\delta = P'_{vL}$ $P'_{mech} = P_{mech} + P_{vrb}$ $P'_{mech} = 2\pi n M'$ $\qquad P_\delta = \dfrac{P'_{vL}}{s}$ $P_{mech} = 2\pi n M = 2\pi n (M' - M_b) \qquad M' = \dfrac{1}{2\pi n_0}\dfrac{P'_{vL}}{s}$ $P_\delta = 2\pi n_0 M'$ $M' = \dfrac{3p}{\sqrt{2}}(w\xi_1)_S\,\hat{\Phi}_h I_S \cos\varphi'_S \qquad$ gilt zusätzlich $\qquad M' = \dfrac{3p}{\sqrt{2}}(w\xi_1)_S\,\hat{\Phi}_h I_L \cos\varphi'_L$	

(s.a. Legenden Tafeln 6.2 und 6.3)

$n_0 = f/p$ synchrone Drehzahl, Drehfelddrehzahl

$s = (n_0 - n)/n_0$ Schlupf

$(w\xi_1)_S$, $(\xi_1)_L$ für die Grundwelle wirksame Windungszahlen des Ständers und des Läufers

$$M' = \frac{1}{2\pi n} P'_{\text{mech}} \tag{6.27}$$

gelten im stationären Betrieb allgemein. Sie können genutzt werden, um Komponenten des Leistungsflusses zu ermitteln, die mit einzelnen Feldwellen unabhängig von ihrem Entstehungsprozeß verbunden sind. Das gilt insbesondere auch für solche Feldwellen, die durch parametrische Effekte entstehen und für die es nicht ohne weiteres möglich ist, die zugehörige tangentiale Feldkomponente über einen Strombelag zu bestimmen. Dabei interessiert vor allem der Fall, daß der Läufer entweder unbewickelt oder mit in sich kurzgeschlossenen Wicklungen versehen ist bzw. betrieben wird. Dann ist $P_\text{L} = 0$, und damit wird

$$\sum \overline{e_{Lj} i_{Lj}} = \sum R_{Lj} \overline{i_{Lj}^2} = P'_{\text{vL}} \tag{6.28}$$

so daß (6.26) übergeht in

$$P'_{\text{mech}} = -\sum \overline{e_{sj} i_{sj}} - P'_{\text{vL}} \, . \tag{6.29}$$

Daraus erhält man mit (6.27) mit

$$M' = -\frac{1}{2\pi n} \sum \overline{e_{sj} i_{sj}} - \frac{P'_{\text{vL}}}{2\pi n} = \frac{1}{2\pi n} P_\delta - \frac{1}{2\pi n} P'_{\text{vL}} \, . \tag{6.30}$$

Die folgenden Überlegungen sollen die mögliche Vorgehensweise verdeutlichen.

Ein sinusförmiger Strom in einem Ständerstrang bzw. ein symmetrisches Dreiphasensystem der Strangströme mit positiver Phasenfolge und der Frequenz f_S ruft eine Folge von Feldwellen als Induktionsverteilung hervor. Diese Feldwellen entstehen unter dem Einfluß der Verteilung der Wicklung in den Ständernuten und deren Beeinflussung durch Polform, Nutung usw. sowie dadurch, daß die Ständerfelder Läuferströme verursachen, die ihrerseits Folgen von Feldwellen hervorrufen, die der gleichen Beeinflussung unterliegen. Es entsteht also eine Vielzahl von Feldwellen. Der Entstehungsmechanismus ist im Bild 6.5 schematisch dargestellt. Eine derartige Feldwelle liefert unabhängig vom Mechanismus ihrer Entstehung dann einen konstanten Beitrag zur Luftspaltleistung nach (6.25), wenn sie in der Ständerwicklung Spannungen induziert, die in Frequenz und Phasenfolge mit den Strömen der Ständerwicklung übereinstimmen. Zu diesem Beitrag zur Luftspaltleistung gehört dann über (6.30) auch ein Beitrag zum Drehmoment.

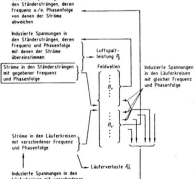

Bild 6.5
*Verkettungsmechanismus
über die Oberwellenfelder*

Für (6.30) ergibt sich folgende Deutung: Das innere Moment M' – das ist das Drehmoment, das durch den elektromagnetischen Prozeß hervorgerufen wird und an der Welle angreift – entsteht aus dem Luftspaltdrehmoment, vermindert um das Drehmoment $P'_{\text{vL}}/2\pi n$, das den Verlusten in der Läuferwicklung zugeordnet ist.

Wenn eine Feldwelle ν allein für eine induzierte Spannung bestimmter Frequenz im Läufer zuständig ist, kann man dieser Feldwelle ihre Läuferverluste $P'_{\mathrm{vL}\nu}$ zuordnen und unmittelbar M'_ν bestimmen als

$$M'_\nu = M_{\delta\nu} - \frac{P_{\mathrm{vL}\nu}}{2\pi n} \qquad (6.31)$$

mit

$$M_{\delta\nu} = -\frac{1}{2\pi n} P_{\delta\nu} \; . \qquad (6.32)$$

Das trifft z.B. für das Grundwellenfeld bei der Analyse des Leistungsflusses unter Anwendung des Prinzips der Grundwellenverkettung zu, so daß sich die Beziehungen nach Tafel 6.4 ergeben. Es ist dann

$$M_{\delta 1} = \frac{P_{\delta 1}}{2\pi n}$$

und

$$P_{\mathrm{vL}1} = s P_{\delta 1} \; ,$$

so daß man erhält

$$M'_1 = \frac{1}{2\pi n} \left(P_{\delta 1} - s P_{\delta 1} \right) = (1-s) \frac{P_{\delta 1}}{2\pi n} = \frac{P'_{\mathrm{vL}1}}{s 2\pi n_0} \; .$$

Wenn der Läufer unbewickelt ist, wie im Falle einer Reluktanzmaschine, oder wenn die betrachtete Feldwelle im Läufer bei der betrachteten Drehzahl keine Spannungen induziert, entstehen keine Läuferverluste, und man erhält unmittelbar

$$M'_\nu = M_{\delta\nu} \; . \qquad (6.33)$$

Im allgemeinen tragen alle Feldwellen zu den Läuferverlustsen bei. Es kann aber sein, daß mehrere Feldwellen in den Läuferkreisen Spannungen gleicher Frequenz und Phasenfolge induzieren, die sich in Abhängigkeit von ihrer relativen Phasenlage zu einer resultierenden Spannung überlagern. Diese treibt dann einen entsprechenden Strom an, der seinerseits Läuferverluste hervorruft, die sich aber nicht mehr den einzelnen Feldwellen zuordnen lassen. In diesem Fall kann man nur $M_{\delta\nu}$ nach (6.32) bestimmen. Die Summe aller Luftspaltdrehmoment in einem betrachteten Betriebszustand liefert das resultierende Luftspaltdrehmoment aus dem durch Abzug des den gesamten Läuferverlusten zugeordneten Drehmoments entsprechend (6.30) das innere Drehmoment M' entsteht.

6.2 Beziehungen zur Ermittlung der Kräfte auf Bauteile elektrischer Maschinen

Die Betrachtungen im Abschnitt 6.1 sind darauf ausgerichtet, das Drehmoment als Integralgröße des Wirkens aller Umfangskräfte elektromagnetischen Ursprungs zu erhalten. Dieses Drehmoment ist natürlich die in erster Linie interessierende mechanische Größe einer rotierenden elektrischen Maschine. Darüber hinaus werden jedoch Beziehungen benötigt, mit deren Hilfe sich die Kräfte auf einzelne Bauteile ermitteln lassen, um die mechanische Beanspruchung dieser Bauteile bzw. ihrer Befestigungselemente untersuchen zu können. Dabei ist zu beachten, daß auf die einzelnen Bauteile durchaus nicht nur solche Kräfte wirken, die einen Beitrag zum Drehmoment liefern.

Um die Kräfte aus den Feldgrößen zu bestimmen, muß auf die Beziehungen zurückgegriffen werden, die der Abschnitt 0.2 zur Verfügung stellt. Wenn das beanspruchte Bauteil als starrer Körper aufgefaßt werden kann und unter der Wirkung der zu ermittelnden Kraft eine Bewegung in einem Freiheitsgrad ausführt, lassen sich auch die Beziehungen verwenden, die aus der Energiebilanz gewonnen wurden und die Kraft durch die Induktivitätsänderung ausdrücken[1].

Die Kräfte auf stromdurchflossene Leiter oder Leiterbündel, wie sie z.B. im Wicklungskopf einer rotierenden elektrischen Maschine vorliegen, erhält man unmittelbar mit Hilfe von (0.22). Dabei empfiehlt es sich, die Volumendichte $f_{\mathfrak{V}}$ der Kraft von vornherein über die Fläche des Leiterquerschnitts A_l zu integrieren. Man erhält dann unmittelbar die Streckenlast f auf den Leiter an der betrachteten Stelle als

$$f = \int_{A_l} f_{\mathfrak{V}}\,\mathrm{d}A = \int_{A_l} S \times B \cdot \mathrm{d}A \ . \tag{6.34}$$

Wenn angenommen werden kann, daß die Induktion B über dem Leiterquerschnitt konstant ist, folgt daraus

$$\boxed{f = i\left(\frac{\mathrm{d}s}{\mathrm{d}s} \times B\right)} \ , \tag{6.35}$$

wobei $\mathrm{d}s$ das Wegelement in Richtung des Leiters ist. Die Verhältnisse sind im Bild 6.6 dargestellt. Der Betrag der Streckenlast folgt aus (6.35) zu

$$f = iB\sin\gamma = iB_\perp \ . \tag{6.36}$$

Dabei ist γ der Winkel zwischen $\mathrm{d}s$ und B; als $B_\perp$ wurde die Komponente der Induktion B eingeführt, die in der Ebene durch B und $\mathrm{d}s$ senkrecht auf $\mathrm{d}s$ steht.

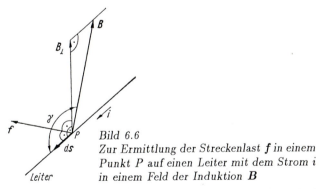

Bild 6.6
Zur Ermittlung der Streckenlast f in einem Punkt P auf einen Leiter mit dem Strom i in einem Feld der Induktion B

Die mechanische Beanspruchung eines Bauteils durch Kräfte an den Grenzflächen zwischen Medien mit verschiedener Permeabilität erhält man unmittelbar mit Hilfe des Maxwellschen Spannungstensors nach (0.36). Dazu ist es erforderlich, (0.32) auf ein Volumenelement anzuwenden, das entsprechend Bild 6.7 von der Grenzfläche geschnitten wird und senkrecht zur Grenzfläche verschwindend kleine Abmessungen aufweist. Die Koordinate x_1 soll in Richtung der Normalen zur Grenzfläche liegen, so daß sie mit der Richtung der Normalkomponente B_n der Induktion übereinstimmt. Die Koordinate x_2 liegt in der Grenzfläche in Richtung der Tangentialkomponente H_t der

[1] s. Band Grundlagen, Abschnitt 10.1.3, bzw. Tafel 6.1 des vorliegenden Bandes

Feldstärke. Oberhalb der Grenzfläche herrschen die Größen $\boldsymbol{B'}$, $\boldsymbol{H'}$ und μ' und unterhalb der Grenzfläche die Größen $\boldsymbol{B''}$, $\boldsymbol{H''}$ und μ''. Entsprechend den grundsätzlichen Eigenschaften des magnetischen Feldes an einer Grenzfläche gilt

$$B_{\mathrm{n}} = B'_{\mathrm{n}} = B''_{\mathrm{n}} \; ; \qquad H_{\mathrm{t}} = H'_{\mathrm{t}} = H''_{\mathrm{t}} \; .$$

Die Komponente $\mathrm{d}F_1$ der Kraft auf das Volumenelement in Richtung der Normalen zur Grenzfläche zum Medium mit μ' hin erhält man aus (0.32) zu

$$\mathrm{d}F_1 = [(T'_{11} - T''_{11}) + (T'_{21} - T''_{21})]\,\mathrm{d}A \; . \tag{6.37}$$

Daraus folgt für die Normalspannung σ in Richtung zum Medium mit μ' hin durch Einführen der Komponenten des Maxwellschen Spannungstensors aus (0.36)

$$\sigma = \frac{\mathrm{d}F_1}{\mathrm{d}A} = \frac{1}{2}\left(\frac{1}{\mu'} - \frac{1}{\mu''}\right)\left[B_{\mathrm{n}}^2 + \frac{\mu''}{\mu'}B_{\mathrm{t}}'^2\right] \; . \tag{6.38}$$

Dabei ist $T'_{21} - T''_{21} = \mu' H'_{\mathrm{n}} H'_{\mathrm{t}} - \mu'' H''_{\mathrm{n}} H''_{\mathrm{t}} = 0$, so daß der zweite Term in (6.37) keinen Beitrag liefert. Aus dem gleichen Grund verschwindet die Schubspannung entsprechend

$$\tau = \frac{\mathrm{d}F_2}{\mathrm{d}A} = (T'_{12} - T''_{12}) = 0 \; .$$

Unabhängig vom Verlauf der Feldlinien im Bereich der Grenzfläche bzw. unabhängig davon, ob eine Tangentialkomponente der Induktion vorhanden ist oder nicht, entsteht stets nur eine Normalkomponente der mechanischen Spannung an der Grenzfläche zwischen Medien mit verschiedener Permeabilität. Sie ist durch (6.38) gegeben.

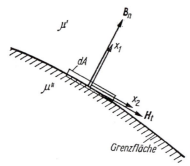

Bild 6.7
Zur Ermittlung der Kräfte
an der Grenzfläche zwischen Medien
mit verschiedenen μ

Für die Anwendung auf rotierende elektrische Maschinen interessieren ausschließlich Grenzflächen zwischen ferromagnetischen Stoffen und solchen mit $\mu = \mu_0$. Wenn das Gebiet unterhalb der Grenzfläche im Bild 6.7 als ferromagnetisch mit $\mu'' = \mu_{\mathrm{r}}\mu_0$ angesehen wird, geht (6.38) über in

$$\sigma = \frac{\mu_{\mathrm{r}} - 1}{2\mu_{\mathrm{r}}\mu_0}(B_{\mathrm{n}}^2 + \mu_{\mathrm{r}}B_{\mathrm{t}}^2) \; , \tag{6.39}$$

wobei B_{n} und B_{t} die Induktionswerte im Gebiet mit μ_0 sind. Dabei interessieren in erster Linie die beiden Sonderfälle, daß das Feld entweder senkrecht aus der betrachteten Grenzfläche austritt, die dann eine magnetische Potentialfläche darstellt, oder daß es parallel zur Grenzfläche verläuft. Im ersten Fall, d.h. mit $\boldsymbol{B} = \boldsymbol{B}_{\mathrm{n}}$, wird

$$\sigma = \frac{\mu_{\mathrm{r}} - 1}{2\mu_{\mathrm{r}}\mu_0}B_{\mathrm{n}}^2 \tag{6.40}$$

bzw., wenn mit $\mu_r \gg 1$ gerechnet werden kann,

$$\boxed{\sigma = \frac{1}{2\mu_0} B_n^2} \; .$$

(6.41)

Im zweiten Fall, d.h. mit $\boldsymbol{B} = \boldsymbol{B}_t$, folgt aus (6.39)

$$\sigma = \frac{\mu_r - 1}{2\mu_0} B_t^2$$

(6.42)

bzw., wenn mit $\mu_r \gg 1$ gerechnet werden kann,

$$\sigma = \frac{\mu_r}{2\mu_0} B_t^2 \; .$$

(6.43)

Für Routinerechnungen läßt sich der Ausdruck $B^2/2\mu_0$ als bezogene Größengleichung auf die Form

$$\frac{B^2}{2\mu_0} = 39,79(B/\text{T})^2 \frac{\text{N}}{\text{cm}^2}$$

(6.44)

bringen.

6.3 Drehmomente charakteristischer Ausführungsformen rotierender elektrischer Maschinen

6.3.0 Ausgangsüberlegungen

Mit Hilfe der Beziehungen, die im Abschnitt 6.1.1 bereitgestellt wurden, und einigen grundsätzlichen Kenntnissen über den inneren Mechanismus der einzelnen Ausführungsformen rotierender elektrischer Maschinen lassen sich, ausgehend von den Feldgrößen des Luftspaltfelds, grundsätzliche Aussagen über die Abhängigkeiten des Drehmoments unter bestimmten, charakteristischen Betriebsbedingungen gewinnen. Mit einem derartigen Vorgehen werden diese Zusammenhänge aus einem anderen Blickwinkel betrachtet, als es i.allg. üblich und zum Beispiel auch im Band Grundlagen erfolgt ist. Damit gewinnt man auf der anderen Seite zusätzliche Möglichkeiten für das Verständnis des Verhaltens von rotierenden elektrischen Maschinen anderer Ausführungsformen bzw. unter anderen Betriebsbedingungen. Entsprechend der Vorgehensweise im Abschnitt 6.1.1 beschränken sich die folgenden Betrachtungen auf solche Effekte, die mit den Grundwellenfeldern verbunden sind. Die erforderlichen grundlegenden Kenntnisse über die Luftspaltfelder werden aus den Betrachtungen im Band Grundlagen übernommen. Als Darstellungshilfsmittel finden die im Abschnitt 4.2.2 eingeführten Raumzeiger Verwendung. Auf die Kennzeichnung der Zuordnung zu den Grundwellenfeldern wird im Interesse einer besseren Überschaubarkeit verzichtet.

6.3.1 Gleichstrommaschine

Die Erregerwicklung baut ein Grundwellenfeld $\vec{B}_e$ auf, das im Ständerkoordinatensystem zeitlich konstant ist. Bei hinreichend großer Nut- bzw. Kommutatorstegzahl bildet der Läufer eine pseudostationäre Wicklung. Er verhält sich hinsichtlich des Feldaufbaus wie eine stationäre Wicklung, d.h., die Läuferdurchflutung $\vec{\Theta}_L$ ist im Ständerkoordinatensystem ebenfalls zeitlich konstant. Sie ist entsprechend der Bürstenstellung gegenüber dem Erregerfeld um eine halbe Polteilung verschoben, d.h., $\vec{B}_\mathrm{e}$ und $\vec{\Theta}_\mathrm{L}$ stehen senkrecht aufeinander. Wenn eine Kompensationswicklung vorhanden ist, wird die Ankerdurchflutung $\vec{\Theta}_\mathrm{L}$ bezüglich ihrer Rückwirkung auf das Luftspaltfeld durch die Durchflutung $\vec{\Theta}_\mathrm{K}$ der Kompensationswicklung kompensiert und damit $\vec{B} = \vec{B}_\mathrm{e}$. Man erhält das Zeigerbild der Raumzeiger der Luftspaltfelder nach Bild 6.8a. Falls die Kompensationswicklung fehlt, wird zwar das resultierende Feld $\vec{B}$ gegenüber dem Erregerfeld $\vec{B}_\mathrm{e}$ geändert, aber für das Drehmoment ist entsprechend (6.11) nur jene Komponente verantwortlich, die senkrecht auf $\vec{\Theta}_\mathrm{L}$ steht und dem Feld des Erregerstroms entspricht (Bild 6.8b). Das Drehmoment ist der Fläche des Dreiecks proportional, das von $\vec{B}_\mathrm{e}$ und $\vec{\Theta}_\mathrm{L}$ aufgespannt wird. Es ist aufgrund der Zeitunabhängigkeit dieser Felder zeitlich konstant. Aus den Bildern 6.8a und 6.8b folgt die wichtige Erkenntnis, daß Gleichstrommaschinen wegen $\delta_{\mathrm{Be}\Theta} = \pi/2$ in jedem Betriebszustand das maximale Drehmoment entwickeln, das mit dem jeweiligen Wertepaar B_e und Θ_L bzw. für eine betrachtete Maschine mit dem Wertepaar Erregerstrom und Ankerstrom möglich ist. Das gilt besonders auch im nichtstationären Betrieb. Wenn man durch Eingriff in das dem Anker vorgeschaltete Stellglied den Ankerstrom erhöht, wächst das Drehmoment unmittelbar proportional dieser Stromänderung (Bild 6.8c). Das ist die Ursache für die außerordentlich guten dynamischen Eigenschaften der Gleichstrommaschine.

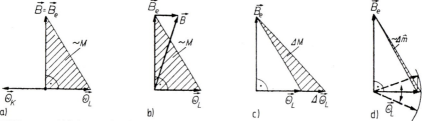

Bild 6.8 *Ableitung des Drehmomentverhaltens der Gleichstrommaschine aus der Betrachtung der Luftspaltfelder*
a) Maschine mit Kompensationswicklung; b) Maschine ohne Kompensationswicklung;
c) Drehmomentänderung aufgrund einer Änderung des Ankerstroms;
d) Amplitude der Drehmomentpulsation aufgrund von Pendelungen der Ankerdurchflutung Θ_L

Unter dem Einfluß einer endlichen Nut- bzw. Kommutatorstegzahl schwankt die Lage der Ankerdurchflutung mit der Nutfrequenz um die mittlere Lage senkrecht zur Induktionsgrundwelle $\vec{B}_\mathrm{e}$ des Erregerstroms. Dem entspricht, daß sich dem mittleren Drehmoment ein pulsierendes Drehmoment mit der Amplitude $\Delta\widehat{m}$ überlagert (Bild 6.8d).

6.3.2 Asynchronmaschine

Die Asynchronmaschine hat einen konstanten Luftspalt, so daß von vornherein mit den Durchflutungsgrundwellen gerechnet werden kann. Dabei überlagern sich die Durchflutungsgrundwellen $\vec{\Theta}_\mathrm{S}$ und $\vec{\Theta}_\mathrm{L}$ des Ständers und des Läufers zur resultierenden Durchflutungsgrundwelle $\vec{\Theta}_\mathrm{res}$ entsprechend

$$\vec{\Theta}_\mathrm{res} = \vec{\Theta}_\mathrm{S} + \vec{\Theta}_\mathrm{L} \tag{6.45}$$

[s. auch (6.14)]. Die Durchflutungsgrundwellen stellen im Koordinatensystem γ_S Drehwellen dar, die mit synchroner Drehzahl umlaufen. Die zugeordneten Raumzeiger $\vec{\Theta}$ haben konstante Länge und rotieren mit Netzfrequenz. In einem Koordinatensystem, das relativ zum Ständer mit synchronen Drehzahlen umläuft, beobachtet man zeitlich konstante Durchflutungsgrundwellen. Ihnen zugeordnet sind zeitlich konstante Raumzeiger $\vec{\Theta}$. Sie sind unmittelbar proportional den Strömen $\underline{i}_S$ und $\underline{i}_L$ der Stränge a von Ständer und Läufer und dem Magnetisierungsstrom $\underline{i}_\mu$ im Ständerstrang a in komplexer Darstellung. Für die Ströme gilt dementsprechend

$$\underline{i}_\mu(w\xi_1)_S = \underline{i}_S(w\xi_1)_S + \underline{i}_L(w\xi_1)_L$$

bzw.

$$\underline{i}_\mu = \underline{i}_S + \frac{(w\xi_1)_L}{(w\xi_1)_S}\underline{i}_S = \underline{i}_S + \underline{i}'_L\ . \tag{6.46}$$

Bei der Darstellung in der komplexen Ebene entspricht das Dreieck der Durchflutungen unter der Voraussetzung einer entsprechenden Maßstabswahl dem Dreieck der Ströme nach (6.46).

Bei Betrieb am Netz starrer Spannung durchlaufen die Ströme $\underline{i}_S$ und $\underline{i}_L$ und damit die Durchflutungen $\vec{\Theta}_S$ und $\vec{\Theta}_L$ in Abhängigkeit von der Drehzahl bzw. vom Schlupf bekanntermaßen einen Kreis (Bild 6.9). Das Drehmoment ist entsprechend (6.15) bzw. Bild 6.3 der Fläche des Dreiecks zwischen $\vec{\Theta}_S$, $\vec{\Theta}_L$ und $\vec{\Theta}_{res}$ proportional. Es ist charakteristisch für die Asynchronmaschine, daß diese Fläche wegen $\delta_{res\,S} \neq \pi/2$ bzw. $\delta_{res\,L} \neq \pi/2$ stets kleiner ist als mit den Wertepaaren $\hat{\Theta}_S$ und $\hat{\Theta}_{res}$ bzw. $\hat{\Theta}_L$ und $\hat{\Theta}_{res}$ prinzipiell erreichbar wäre. Man erkennt ferner aus Bild 6.9, daß die Fläche des Durchflutungsdreiecks in Abhängigkeit vom Schlupf einen Maximalwert durchläuft, dem das Kippmoment entspricht.

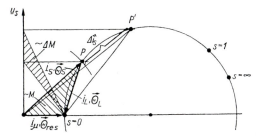

Bild 6.9
Ableitung des Drehmomentverhaltens
der Asynchronmaschine
bei Betrieb am Netz starrer Spannung
aus der Betrachtung
der Luftspaltfelder

Wenn die Asynchronmaschine an einem Frequenzstellglied betrieben und mit einer Frequenzerhöhung gleichzeitig die Spannung nachgeführt wird, um das resultierende Feld konstant zu halten, bleibt die Ortskurve nach Bild 6.9 erhalten. Die Maschine arbeitet unmittelbar nach einer plötzlichen Frequenzerhöhung bei einem vergrößerten Schlupf, der sich aus der neuen synchronen Drehzahl und der zunächst konstant gebliebenen Läuferdrehzahl ergibt. Dementsprechend bewegt sich der Arbeitspunkt im Bild 6.9 sprunghaft von P nach P'. Dabei fließen erheblich größere Ströme, aber die Erhöhung des Drehmoments und damit die Beschleunigung in Richtung auf die neue synchrone Drehzahl hin bleiben bescheiden. Es wird offensichtlich, daß die frequenzgestellte Asynchronmaschine ohne geeignete Regelung ein gegenüber der Gleichstrommaschine schlechteres dynamisches Verhalten aufweist.

6.3.3 Synchronmaschine

Wenn von vornherein eine Vollpolmaschine betrachtet wird, kann auch bei der Synchronmaschine unmittelbar mit den Durchflutungsgrundwellen gearbeitet werden, die

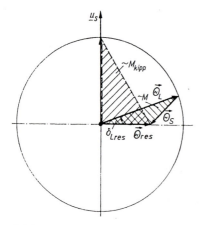

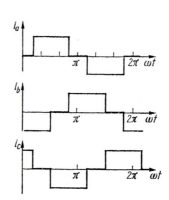

Bild 6.10 *Ableitung des Drehmoment-*
verhaltens der Synchronmaschine
bei Betrieb am Netz starrer Spannung
aus der Betrachtung der Luftspaltfelder

Bild 6.11 *Strangströme bei Betrieb der*
Synchronmaschine als Stromrichtermotor

sich entsprechend (6.45) überlagern und in einem synchron umlaufenden Koordinaten-system, d.h. in diesem Fall im Läuferkoordinatensystem, zeitlich konstant sind. Die Amplitude der Läuferdurchflutung und damit die Länge des Raumzeigers $\vec{\Theta}_L$ wird durch den Erregerstrom bestimmt und die Amplitude der Ständerdurchflutung und damit die Länge des Raumzeigers $\vec{\Theta}_S$ durch den Ständerstrom. Bei Betrieb am Netz starrer Spannung diktiert die Netzspannung das resultierende Feld und damit den Raumzeiger $\vec{\Theta}_{res}$. Wenn der Erregerstrom konstant gehalten wird, ist die Länge des Raumzeigers $\vec{\Theta}_L$ konstant, und $\vec{\Theta}_L$ und $\vec{\Theta}_S$ durchlaufen in Abhängigkeit von der Größe des Ständerstroms und damit der Länge des Raumzeigers $\vec{\Theta}_S$ Kreise (Bild 6.10). Dabei ändert sich das Drehmoment nach Maßgabe der Fläche des Durchflutungsdreiecks vom Wert Null bei $I = I_{min}$ bzw. bei $\delta_{Lres} = 0$ auf einen Maximalwert bei $\delta_{Lres} = \pi/2$, um bei noch größeren Werten von δ_{Lres} wieder abzufallen. Darin drückt sich der bekannte Sachverhalt aus, daß die Synchronmaschine am starren Netz ein Drehmoment entwickelt, das vom Winkel zwischen der resultierenden Durchflutung und der Läuferdurchflutung abhängt und als Maximalwert das Kippmoment durchläuft. Der Winkel δ_{Lres} entspricht unter der hier angenommenen Vereinfachung, daß das resultierende Luftspaltfeld unmittelbar die Klemmenspannung bestimmt und keine ohmschen Spannungsabfälle sowie keine von Streufeldern induzierten Spannungen wirksam sind, dem *Polradwinkel*, d.h. dem Winkel zwischen Klemmenspannung und Polradspannung[1].

Eine Synchronmaschine wird als sog. *Stromrichtermotor*[2] betrieben, wenn man sie mit Hilfe eines dem Anker vorgeschalteten Stromrichters aus einem Gleichstromkreis speist, indem die Stränge in Abhängigkeit von der Läuferstellung mit Gleichstrom wechselnder Polarität eingespeist werden. Der Stromrichter übernimmt also die Rolle des Kommutators der konventionellen Gleichstrommaschine. In den Strängen fließen Rechteckströme, wie sie Bild 6.11 zeigt. Diese Ströme rufen eine Durchflutungsgrundwelle mit konstanter Amplitude hervor, deren Lage im Koordinatensystem des Ankers

---

[1]s. Band Grundlagen, Abschnitt 33.4., bzw. Abschnitt 15.8.7 des vorliegenden Bandes
[2]s. Abschnitte 18.2 und 18.3

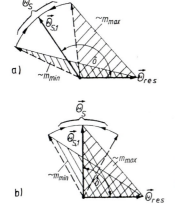

Bild 6.12
Zeigerbild der Raumzeiger $\vec{\Theta}_S$ *und* $\vec{\Theta}_{res}$
beim Stromrichtermotor
a) bei einem beliebigen Wert des mittleren Winkels
δ zwischen $\vec{\Theta}_S$ und $\vec{\Theta}_{res}$
b) bei einem Wert des mittleren Winkels δ
zwischen $\vec{\Theta}_S$ und $\vec{\Theta}_{res}$ von $\delta = \pi/2$

jeweils während $1/6$ Periodendauer konstant bleibt, um danach um $1/6$ der Polpaarteilung weiter zu springen. Im synchron umlaufenden Koordinatensystem bewegt sich die Ankerdurchflutung während der Zeit $T/6$ mit konstanter Winkelgeschwindigkeit um $\pi/3$ und springt dann in die Ausgangslage zurück. Bild 6.12a zeigt die komplexe Darstellung der Ständerdurchflutung und der resultierenden Durchflutung als Raumzeiger $\vec{\Theta}_S$ und $\vec{\Theta}_{res}$. Daraus ist ersichtlich, daß sich das Drehmoment während der Zeit $T/6$ merklich ändern kann. Es tritt neben dem Mittelwert ein pulsierendes Drehmoment mit der Frequenz $6f$ auf. Man erkennt ferner, daß der Mittelwert des Drehmoments bei gegebenen Amplituden der Ständerdurchflutung und der resultierenden Durchflutung um so größer und die Amplituden des Pendelmoments um so kleiner werden, je mehr sich der mittlere Winkel δ zwischen den beiden Durchflutungsgrundwellen dem Wert $\pi/2$ nähert. Diese Erkenntnisse sind für den Betrieb des Stromrichtermotors von außerordentlicher Bedeutung. Ein Vergleich mit der konventionellen Gleichstrommaschine zeigt, daß dort der mittlere Winkel zwischen den beiden Durchflutungen von vornherein aufgrund der Lage der Bürsten den Wert $\pi/2$ hat und der Pendelwinkel der Läuferdurchflutung und damit die Pendelmomente durch die große Nut- bzw. Kommutatorstegzahl wesentlich kleiner sind (vgl. Bild 6.8d).

6.3.4 Hysteresemotor

Der prinzipielle Aufbau eines Hysteresemotors in zweipoliger Ausführung ist im Bild 6.13 dargestellt. Der Ständer soll im vorliegenden Fall eine mehrsträngige Wicklung tragen, die ein Grundwellendrehfeld des Strombelags $A(\gamma, t)$ bzw. der Durchflutung $\Theta(\gamma, t)$ hervorruft. Auf dem Läufer befindet sich eine Schicht aus einem ferromagnetischen Material mit ausgeprägter Hysterese, die *Hystereseschicht*. Zur Vereinfachung wird im weiteren angenommen, daß für die übrigen ferromagnetischen Abschnitte des Magnetkreises im Ständer und im Läufer mit $\mu_{Fe} = \infty$ gerechnet werden kann. Die Durchflutung $\Theta(\gamma, t)$ der Ständerwicklung steht dann allein zur Verfügung, um den magnetischen Spannungsabfall über dem Luftspalt und der Hystereseschicht zu decken. Den Zusammenhang zwischen der Luftspaltinduktion B und dem magnetischen Spannungsabfall über Luftspalt und Hystereseschicht erhält man mit Hilfe der Überlegungen des Abschnitts 4.7, wenn angenommen wird, daß ein quasihomogenes Feld vorliegt und dementsprechend in einem schmalen Streifen der Breite $\Delta\gamma$ Homogenität voraus-

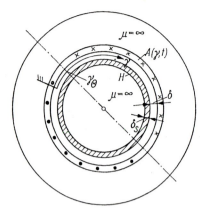

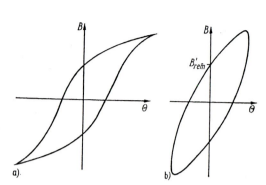

Bild 6.13 Prinzipieller Aufbau eines
Hysteresemotors in zweipoliger Ausführung
$A(\gamma, t)$ Ständerstrombelag H Hystereseschicht

Bild 6.14 Zusammenhang zwischen Luftspaltinduktion und Durchflutungsbedarf
für Luftspalt und Hystereseschicht
beim Hysteresemotor
a) tatsächlicher Verlauf
b) durch eine Ellipse angenäherter Verlauf

gesetzt werden kann. Es ist dann analog zu (4.119)

$$\Theta(\gamma) = \frac{B(\gamma)}{\mu_0}\delta + H_S(\gamma)\delta_S \ ,$$

wobei H_S die magnetische Feldstärke in der Hystereseschicht und δ_S die Dicke der Hystereseschicht bedeuten.

Zwischen H_S und der Induktion $B_S = B$ vermittelt die Hysteresekurve des Schichtmaterials, so daß der Zusammenhang zwischen der Luftspaltinduktion B und der Durchflutung Θ ebenfalls Hysteresecharakter aufweisen wird (Bild 6.14a). Mit Hilfe dieses Zusammenhangs erhält man für einen betrachteten Zeitpunkt an jeder Stelle γ, ausgehend von der sinusförmigen Durchflutungsverteilung $\Theta(\gamma, t)$, die Induktionsverteilung $B(\gamma, t)$. Diese wird aufgrund des nichtlinearen Zusammenhangs $B = B(\Theta)$ nichtsinusförmig. Wenn man sich nur für die Grundwelle der Induktionsverteilung interessiert, so entspricht dem, daß die Hysteresekurve $B(\Theta)$ durch eine Ellipse angenähert wird (Bild 6.14b). Von diesem Zusammenhang $B(\Theta)$ ausgehend, entsteht eine Induktionsgrundwelle $B_1(\gamma, t)$, die gegenüber der Durchflutungsgrundwelle um δ_{hyst} verschoben ist (Bild 6.15a). Das ist der für die Funktionsweise des Hysteresemotors entscheidende Einfluß der Hystereseschicht. Man erhält damit die für das Entstehen eines Drehmoments erforderliche Verschiebung zwischen der Strombelagswelle auf der Oberfläche der Ständerbohrung als Integrationsfläche bzw. der zugeordneten Durchflutungswelle und der Normalkomponente B_n des Luftspaltfelds. Die zunächst für einen Zeitpunkt angestellten Überlegungen gelten natürlich für jeden anderen Zeitpunkt ebenso. Damit ruft ein Grundwellendrehfeld der Durchflutung ein bezüglich der Umlaufrichtung um δ_{hyst} nacheilendes Grundwellendrehfeld der Induktion hervor. Dabei sind die Amplituden $\widehat{\Theta}$ und $\widehat{B}$ sowie die Verschiebung δ_{hyst} vollständig unabhängig von der Läuferdrehzahl, wenn man vom Sonderfall synchroner Drehzahl absieht.

Das Drehmoment, das unter dem Einfluß der Hystereseschicht im Läufer entsteht, wird als *Hysteresemoment* bezeichnet. Es ergibt sich, ausgehend von (6.11), mit $\widehat{\Theta}_S =$

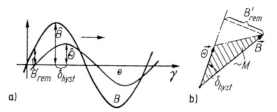

Bild 6.15
*Relative Lage der Grundwellendrehfelder
der Durchflutung und der Luftspaltinduktion
beim Hysteresemotor*
a) im Liniendiagramm
b) als Raumzeiger in der komplexen Ebene

$\widehat{\Theta}$ und $\delta_{\mathrm{B}\Theta} = -\delta_{\mathrm{hyst}}$ zu

$$M = \frac{\pi}{2} D l_{\mathrm{i}} p \widehat{\Theta} \widehat{B} \sin \delta_{\mathrm{hyst}} \ . \tag{6.47}$$

Dabei gilt mit Bild 6.15

$$\sin \delta_{\mathrm{hyst}} = \frac{B'_{\mathrm{rem}}}{\widehat{B}} \ ,$$

und man erhält aus (6.47), wenn außerdem die Durchflutungsamplitude mit Hilfe von (6.7) durch die Amplitude des Strombelags ausgedrückt wird,

$$M = \frac{\pi}{4} D^2 l_{\mathrm{i}} \widehat{A} B'_{\mathrm{rem}} \ . \tag{6.48}$$

Unter Vernachlässigung des Einflusses der ohmschen Spannungsabfälle und der von Streufeldern induzierten Spannungen diktiert die angelegte Spannung das Grundwellendrehfeld der Luftspaltinduktion hinsichtlich Amplitude und Umlaufgeschwindigkeit. Bei Betrieb am starren Netz erhält man demnach, unabhängig von der Drehzahl, stets die gleichen Verhältnisse hinsichtlich der Grundwellendrehfelder $B(\gamma, t)$ und $\Theta(\gamma, t)$. Daraus folgt, daß einerseits das Hysteresemoment, unabhängig von der Drehzahl, konstant ist und andererseits auch der Ankerstrom, der $\Theta(\gamma, t)$ aufbauen muß, nach Betrag und Phase konstant bleibt. Beim realen Hysteresemotor überlagern sich Erscheinungen, die durch Wirbelströme in der Hystereseschicht hervorgerufen werden und ein zusätzliches, drehzahlabhängiges asynchrones Drehmoment zur Folge haben.

6.3.5 Deutung der Entstehung des Reluktanzmoments über die Vorgänge im Luftspalt

Im Bild 6.16 ist der prinzipielle Aufbau einer zweipoligen Reluktanzmaschine dargestellt. Der Ständer soll wiederum eine mehrsträngige Wicklung tragen, die ein Grundwellendrehfeld des Ankerstrombelags $A(\gamma, t)$ bzw. der Durchflutung $\Theta(\gamma, t)$ hervorruft. Der Läufer ist nicht rotationssymmetrisch. Er setzt einem Luftspaltfeld, das symmetrisch zu seiner Längsachse (d-Achse) aufgebaut werden soll, einen kleinen magnetischen Widerstand entgegen, während ein Luftspaltfeld, das symmetrisch zur Querachse (q-Achse) aufgebaut werden soll, einen großen magnetischen Widerstand vorfindet.

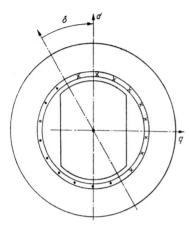

Bild 6.16
Prinzipieller Aufbau eines Reluktanz-
motors in zweipoliger Ausführung
d Längsachse, q Querachse

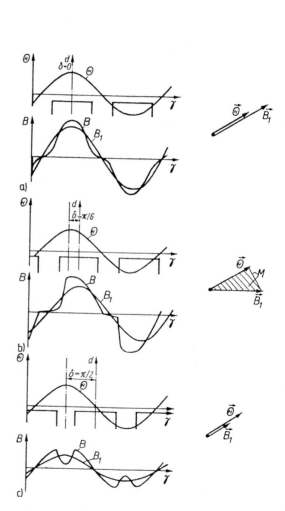

Bild 6.17
Zusammenhang zwischen
den Grundwellendrehfeldern
der Durchflutung und
der Luftspaltinduktion
beim Reluktanzmotor
a) $\delta = 0$; b) $\delta = \pi/6$; c) $\delta = \pi/2$

Wenn die Längsachse des Läufers mit der Symmetrieachse der erregenden Ständerdurchflutung übereinstimmt, wie im Bild 6.17a, entsteht eine Induktionsverteilung $B(\gamma, t)$ des Luftspaltfelds auf der Ständeroberfläche, deren Grundwelle keine Verschiebung gegenüber der Durchflutungsgrundwelle $\Theta(\gamma, t)$ aufweist. Es wird entsprechend (6.11) kein Drehmoment entwickelt. Sobald jedoch eine Verschiebung zwischen der Längsachse des Läufers und der Symmetrieachse der erregenden Ständerdurchflutung auftritt, wie im Bild 6.17b, wird das Luftspaltfeld verzerrt, und seine Grundwelle erhält eine Verschiebung gegenüber der Durchflutungsgrundwelle. Es wird ein Drehmoment entwickelt, das man als *Reluktanzmoment* bezeichnet. Dieses Drehmoment wird mit wachsender Verschiebung δ zunächst ansteigen. Wenn die Verschiebung einen Wert von $\delta = \pi/2$ erreicht hat, wie im Bild 6.17c, liegt die Querachse des Läufers in der Symmetrieachse der Ständerdurchflutung. Es entsteht eine Induktionsgrundwelle, die wieder keine Verschiebung gegenüber der Durchflutungsgrundwelle aufweist, so daß kein Drehmoment entwickelt wird. Daraus folgt, daß das Reluktanzmoment zwischen $\delta = 0$ und $\delta = \pi/2$ ein Maximum durchläuft.

6.4 Die elektrische Maschine im elektromechanischen System

6.4.1 Bewegungsgleichung

Die elektrische Maschine M ist entsprechend Bild 6.18 mit einer Arbeitsmaschine A gekuppelt. Zwischen beiden findet i.allg. ein Energieaustausch statt, d.h., in einem stationären oder nichtstationären Betriebszustand des elektromechanischen Systems fließt mechanische Leistung über die Kupplung. Dabei greift am Läufer der elektrischen Maschine ein Drehmoment m an, das durch Kräfte elektromagnetischen Ursprungs hervorgerufen wird. Die Arbeitsmaschine entwickelt an ihrem Läufer ein Drehmoment m_A, das im allgemeinen Fall von der Drehzahl n, dem Drehwinkel ϑ' und der Zeit abhängig sein wird. Wenn man annehmen kann, daß die Gesamtheit der rotierenden Teile in sich starr ist, erhält man als *Bewegungsgleichung* des Systems

$$\boxed{m + m_\mathrm{A} = J \frac{\mathrm{d}^2 \vartheta'}{\mathrm{d}t^2}} \; . \tag{6.49}$$

Dabei ist J das Massenträgheitsmoment der Gesamtheit der rotierenden Teile.

Bild 6.18
Elektromechanisches System, bestehend aus
elektrischer Maschine M und Arbeitsmaschine A

Für den Fall, daß in den Wellenstrang zwischen der elektrischen Maschine und der Arbeitsmaschine ein Getriebe eingeschaltet ist, stellen J und m_A die auf die Welle der elektrischen Maschine bezogenen Werte dar. Wenn keine Abhängigkeit vom Drehwinkel ϑ' vorliegt, kann von vornherein

$$\frac{\mathrm{d}^2 \vartheta'}{\mathrm{d}t^2} = \frac{\mathrm{d}\Omega}{\mathrm{d}t} = 2\pi \frac{\mathrm{d}n}{\mathrm{d}t}$$

gesetzt werden. Damit geht die Bewegungsgleichung über in

$$\boxed{m + m_\mathrm{A} = 2\pi J \frac{\mathrm{d}n}{\mathrm{d}t}} \;.$$ (6.50)

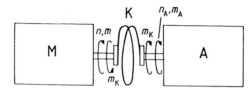

Bild 6.19
Elektromechanisches System mit elastischer Kupplung K

Eine genauere Betrachtung der Bewegungsvorgänge erfordert es, zwischen der elektrischen Maschine und der Arbeitsmaschine außer einem evtl. vorhandenen Getriebe eine Elastizität und gegebenenfalls auch ein Spiel zu berücksichtigen. Eine Elastizität entsteht durch die endliche Torsionssteifigkeit einer Kupplung oder eines längeren Wellenstrangs. Man erhält eine schematische Darstellung der zu betrachtenden Anordnung, wie sie Bild 6.19 zeigt. Dabei wurde das Drehmoment des elastischen Übertragungsglieds als

$$m_\mathrm{K} = c(\vartheta'_\mathrm{M} - \vartheta'_\mathrm{A})$$ (6.51)

eingeführt mit

c Federsteife
ϑ'_M Drehwinkel des Motors
ϑ'_A Drehwinkel der Arbeitsmaschine

An die Stelle der Bewegungsgleichung (6.49) treten die beiden über (6.51) miteinander gekoppelten Bewegungsgleichungen

$$m - m_\mathrm{K} = J_\mathrm{M}\frac{\mathrm{d}^2\vartheta'_\mathrm{M}}{\mathrm{d}t^2}$$ (6.52)

$$m_\mathrm{A} - m_\mathrm{K} = J_\mathrm{A}\frac{\mathrm{d}^2\vartheta'_\mathrm{A}}{\mathrm{d}t^2}$$ (6.53)

mit J_M Massenträgheitsmoment des Motors
        J_A Massenträgheitsmoment der Arbeitsmaschine

Im Falle von $m = 0$ und $m_\mathrm{A} = 0$ erhält man für den Eigenvorgang des Systems aus (6.51) bis (6.53)

$$c\left(\frac{1}{J_\mathrm{M}} + \frac{1}{J_\mathrm{A}}\right)\Delta\vartheta' + \frac{\mathrm{d}^2\Delta\vartheta'}{\mathrm{d}t^2} = 0$$ (6.54)

mit

$$\Delta\vartheta' = \vartheta'_\mathrm{M} - \vartheta'_\mathrm{A}\;.$$ (6.55)

Man erkennt, daß als Eigenvorgang eine ungedämpfte Schwingung mit der Kreisfrequenz

$$\omega_{\mathrm{d}} = \sqrt{c\left(\frac{1}{J_{\mathrm{M}}} + \frac{1}{J_{\mathrm{A}}}\right)} \tag{6.56}$$

auftritt, die natürlich in realen Anordnungen noch eine Dämpfung erfährt. Wenn sich die Massenträgheitsmomente merklich unterscheiden, bestimmt das kleinere die Eigenfrequenz. Der Läufer mit dem kleineren Massenträgheitsmoment schwingt dann gegenüber dem mit praktisch konstanter Drehzahl laufenden mit dem größeren Massenträgheitsmoment. Die Eigenfrequenz wird um so größer, je starrer die Kupplung, d.h. je größer die Federsteife c ist. Wenn die Kupplung so hinreichend starr und damit die Eigenfrequenz so hinreichend groß bzw. die Periodendauer des Eigenvorgangs so hinreichend klein bleibt, daß sie klein gegenüber einer charakteristischen Zeit im Übergangsvorgang des Systems aus elektrischer Maschine und Arbeitsmaschine ist, kann letzterer über (6.49) bzw. (6.50) betrachtet werden.

6.4.2 Herauslösbarkeit der elektrischen Maschine aus dem elektromechanischen System

Die Bewegungsgleichung (6.49) ist Bestandteil des Gleichungssystems, mit dem das elektromechanische System nach Bild 6.18 bei starrer Kupplung beschrieben wird. Zu diesem Gleichungssystem gehören weiterhin jene Beziehungen, die zwischen den elektrischen Größen an den Klemmen der elektrischen Maschine und den mechanischen Größen m und ϑ' an ihrer Welle vermitteln. Außerdem müssen strenggenommen jene Beziehungen hinzugezogen werden, die den inneren Mechanismus der Arbeitsmaschine erfassen und die zwischen deren Eingangsgrößen und den Ausgangsgrößen m_{A} und ϑ' an der Welle vermitteln. Diese Zusammenhänge sind gewöhnlich für den stationären Betrieb mit $n = $ konst. bekannt und werden dann auch bei quasistationären Vorgängen verwendet. Ihre Beeinflussung durch dynamische Vorgänge, d.h. durch Drehzahländerungen, ist zwar einerseits in vielen Fällen vernachlässigbar, aber andererseits auch wenig bekannt.

Die elektrische Maschine läßt sich offenbar dann aus dem elektromechanischen System herauslösen und losgelöst davon untersuchen, wenn die Vermittlung durch (6.49) nicht benötigt wird. Das ist dann der Fall, wenn eine konstante Drehzahl vorliegt. In diesem Fall können also auch nichtstationäre Vorgänge der elektrischen Maschine losgelöst vom elektromechanischen System untersucht werden. Man kann die Konstanz der Drehzahl für die rechnerische Untersuchung dadurch erzwingen, daß man sich das Massenträgheitsmoment unendlich groß denkt. Auf diese Weise lassen sich z.B. alle Kurzschlußvorgänge rotierender elektrischer Maschinen ohne Inanspruchnahme der Bewegungsgleichung betrachten. Die unter der Annahme $J \to \infty$ untersuchten elektromagnetischen Ausgleichsvorgänge rufen natürlich auch Drehmomente hervor, denen zwar das Drehmoment m_{A} der Arbeitsmaschine nicht das Gleichgewicht hält, die aber wegen der Annahme $J \to \infty$ zu keinen Drehzahländerungen führen. Diese Drehmomente können herangezogen werden, um über ihre Wirkung auf das tatsächliche Massenträgheitsmoment im Nachgang abzuschätzen, inwieweit die Annahme einer konstanten Drehzahl im betrachteten Fall berechtigt war.

Die vom elektromechanischen System losgelöst Behandlung der elektrischen Maschine ist in Strenge möglich, wenn ein stationärer Betrieb mit konstanter Drehzahl vorliegt. Die Beziehungen, die das elektromagnetische Verhalten der elektrischen Maschine beschreiben, liefern dann, ausgehend von den vorliegenden Bedingungen an den elektrischen Klemmenpaaren, eine Beziehung für das Drehmoment mit der Drehzahl als Parameter. Wenn im stationären Betrieb winkel- oder zeitabhängige Pendelmomente auftreten, erfordert die Annahme einer konstanten Drehzahl für den mittleren Energieumsatz wiederum, daß $J \to \infty$ vorausgesetzt wird. Andererseits kann unter Verwendung der auf diesem Wege ermittelten Pendelmomente Δm bzw. der Pendelmomente Δm_A der Arbeitsmaschine über

$$\Delta m + \Delta m_A = 2\pi J \frac{d\Delta n}{dt} \tag{6.57}$$

ermittelt werden, mit welchen Abweichungen von der konstanten Drehzahl gerechnet werden muß.

6.4.3 Sonderfall des stationären Betriebs

Wenn ein stationärer Betrieb mit konstanter Drehzahl vorliegt, der voraussetzt, daß weder im Drehmoment der elektrischen Maschine noch in dem der Arbeitsmaschine periodische Komponenten, d.h. Pendelanteile, enthalten sind, folgt aus (6.49)

$$\boxed{M + M_A = M - M_w = 0} \ . \tag{6.58}$$

Dabei wurde das sog. *Widerstandsmoment* $M_w = -M_A$ eingeführt, das in der elektrischen Antriebstechnik i.allg. Verwendung findet. Es ist dem Energiefluß von der elektrischen Maschine als Motor zur Arbeitsmaschine insofern angepaßt, als in diesem Fall, bezogen auf die Drehrichtung, sowohl $M > 0$ als auch $M_w > 0$ ist. Die beiden zeitlich konstanten Drehmomente M und M_w sind Funktionen der Drehzahl. Gleichung (6.58) bringt damit zum Ausdruck, daß sich als Arbeitspunkt des Antriebs jenes Wertepaar $M = M_w$ und n einstellt, das dem Schnittpunkt der beiden Drehzahl-Drehmoment-Kennlinien $M = M(n)$ und $M_w = M_w(n)$ entspricht (Bild 6.20). Eine Änderung der Lage des Arbeitspunkts und damit des sich einstellenden Wertepaars M und n tritt ein, wenn entweder die Drehzahl-Drehmoment-Kennlinie der Arbeitsmaschine oder die der elektrischen Maschine eine Änderung erfährt. Die Drehzahl-Drehmoment-Kennlinie der Arbeitsmaschine ändert sich, wenn Änderungen in der gekuppelten mechanischen Anordnung auftreten oder bewußt herbeigeführt werden. Bild 6.21 zeigt z.B. die Verschiebung des Arbeitspunkts eines Lüfterantriebs unter dem Einfluß einer Änderung des Strömungswiderstands im hydraulischen Kreis. Die Drehzahl-Drehmoment-Kennlinie der elektrischen Maschine kann durch verschiedene, vom Maschinentyp abhängige Eingriffsmöglichkeiten bewußt verändert werden. Bild 6.22 zeigt dies wiederum am Beispiel eines Lüfterantriebs. Man bezeichnet allgemein alle Eingriffsmöglichkeiten zur Veränderung der Lage der Drehzahl-Drehmoment-Kennlinie einer elektrischen Maschine als *Möglichkeiten zur Drehzahlstellung*. Die betrachteten Beispiele in den Bildern 6.21 und 6.22 machen aber deutlich, daß sich i.allg. durch Einflußnahme auf eine der beiden Drehzahl-Drehmoment-Kennlinien sowohl die Drehzahl als auch das Drehmoment ändern. Lediglich in dem Sonderfall, daß die Arbeitsmaschine eine ideale Reibungslast darstellt, d.h. bei $M_w = $ konst., bewirkt eine Veränderung der Drehzahl-Drehmoment-Kennlinie der elektrischen Maschine nur eine Drehzahländerung.

Eine offene Frage, die im folgenden Abschnitt zu behandeln sein wird, ist, ob jeder Arbeitspunkt, der sich als Schnittpunkt der Drehzahl-Drehmoment-Kennlinien einer elektrischen Maschine und einer Arbeitsmaschine ergibt, auch notwendigerweise stabil ist.

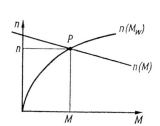

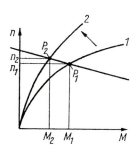

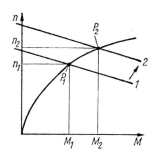

Bild 6.20
Der Arbeitspunkt P als
Schnittpunkt der Drehzahl-
Drehmoment-Kennlinien
der elektrischen Maschine
und der Arbeitsmaschine

Bild 6.21
Änderung der Lage
des Arbeitspunkts
in der n-M-Ebene
von P_1 nach P_2
durch Änderung der
Drehzahl-Drehmoment-
Kennlinien $n(M_w)$
der Arbeitsmaschine am
Beispiel eines Lüfterantriebs

Bild 6.22
Änderung der Lage
des Arbeitspunkts
in der n-M-Ebene
von P_1 nach P_2
durch Änderung der
Drehzahl-Drehmoment-
Kennlinie $n(M)$
der elektrischen Maschine
– Drehzahlstellung

6.4.4 Sonderfall des quasistationären Betriebs

Man spricht von quasistationärem Betrieb, wenn während einer Drehzahländerung
die stationären Drehzahl-Drehmoment-Kennlinien der elektrischen Maschine und der
Arbeitsmaschine durchlaufen werden. Die Bewegungsgleichung (6.50) geht damit über
in

$$M + M_A = M - M_w = 2\pi J \frac{dn}{dt} \; . \tag{6.59}$$

Die Differenz zwischen dem Drehmoment M der elektrischen Maschine und dem
Widerstandsmoment $M_w = -M_A$ der Arbeitsmaschine bei einer bestimmten Drehzahl bestimmt die Drehzahländerung bzw. die Winkelbeschleunigung des Läufers (s.
Bild 6.23). Ein quasistationärer Ausgleichsvorgang ist offenbar dann abgeschlossen,
wenn die Drehzahl in den Arbeitspunkt, d.h. den Schnittpunkt der beiden Drehzahl-
Drehmoment-Kennlinien, hineingelaufen ist. Die Differenz $M - M_w$ ist dann Null und
damit auch die Drehzahländerung. Es hat sich ein neuer stationärer Zustand eingestellt.

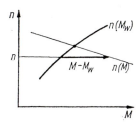

Bild 6.23
Deutung der Aussage der Bewegungsgleichung
nach (6.59) in der Drehzahl-Drehmoment-Ebene

Die Gültigkeit von (6.59) wird aus Sicht der elektrischen Maschine dadurch begrenzt, daß mit einem mechanischen Ausgleichsvorgang stets auch Änderungen des
elektromagnetischen Zustands der Maschine, z.B. in Form von Stromänderungen, ein-
hergehen. Sie bewirken, daß in den Wicklungen induzierte Spannungen auftreten, die
im stationären Betrieb fehlen. Dadurch werden schließlich während eines Übergangs-

vorgangs andere Drehmomente entwickelt als bei gleicher Drehzahl im stationären Betrieb. Die Gültigkeit der quasistationären Betrachtungsweise setzt also voraus, daß die Drehzahländerungen hinreichend langsam verlaufen, um in jedem Zeitpunkt einen elektromagnetischen Zustand zu erhalten, der dem des stationären Betriebs bei der jeweiligen Drehzahl entspricht.

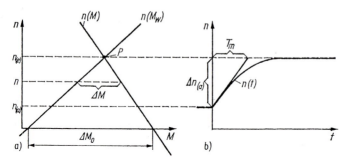

Bild 6.24
Quasistationärer
Übergangsvorgang
bei linearen Kennlinien
$n(M)$ und $n(M_\mathrm{w})$
a) Kennlinien in der
Drehzahl-Drehmoment-
Ebene
b) Übergangsvorgang
der Drehzahl $n(t)$

Wenn die beiden Drehzahl-Drehmoment-Kennlinien $n(M)$ und $n(-M_\mathrm{A}) = n(M_\mathrm{w})$ linear verlaufen, läßt sich das beschleunigende Drehmoment mit Bild 6.24a ausdrücken als

$$\Delta M = M + M_\mathrm{A} = M - M_\mathrm{w} = \Delta M_0 \frac{n_{(\mathrm{e})} - n}{n_{(\mathrm{e})}} = \Delta M_0 \frac{\Delta n}{n_{(\mathrm{e})}} \ . \tag{6.60}$$

Damit geht (6.59) über in

$$\frac{\Delta M_0}{n_{(\mathrm{e})}} \Delta n = 2\pi J \frac{\mathrm{d}\Delta n}{\mathrm{d}t} \ .$$

Das ist eine lineare gewöhnliche Differentialgleichung erster Ordnung für die Drehzahländerung. Sie hat die bekannte Lösung

$$\Delta n = \Delta n_{(\mathrm{a})} \mathrm{e}^{-t/T_\mathrm{m}} \tag{6.61}$$

mit der *elektromechanischen Zeitkonstanten*

$$T_\mathrm{m} = 2\pi J \frac{n_{(\mathrm{e})}}{\Delta M_0} \tag{6.62}$$

und der Ausgangsdrehzahl

$$n_{(\mathrm{a})} = n_{(\mathrm{e})} - \Delta n_{(\mathrm{a})} \ .$$

Gleichung (6.61) kann man unter Einführung der Drehzahlen anstelle der Drehzahländerungen auch darstellen als

$$n = n_{(\mathrm{e})} - [n_{(\mathrm{e})} - n_{(\mathrm{a})}] \mathrm{e}^{-t/T_\mathrm{m}} \ .$$

Im Fall linearer Kennlinien $n(M)$ und $n(M_\mathrm{w})$ durchläuft die Drehzahl den Bereich zwischen der Ausgangsdrehzahl $n_{(\mathrm{a})}$ und der stationären Enddrehzahl $n_{(\mathrm{e})}$ nach einer e-Funktion mit der Zeitkonstanten nach (6.62). Dabei ist zu beachten, daß diese Zeitkonstante nicht nur von der Lage der Kennlinie $n(M)$ der elektrischen Maschine abhängt, sondern auch von der Arbeitsmaschine. Wenn die elektromechanische Zeitkonstante als Maschinenparameter angegeben wird, geschieht dies stillschweigend unter der Voraussetzung, daß die Arbeitsmaschine ein von der Drehzahl unabhängiges Drehmoment hat.

Für den allgemeinen Fall nichtlinearer Kennlinien $n(M)$ und $n(M_\mathrm{w})$ läßt sich keine geschlossene Lösung angeben. Zur Aufbereitung für eine numerische Integration

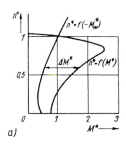 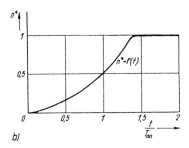

a)   b)

Bild 6.25 Ermittlung der Hochlaufkurve $n^* = f(t)$ mit Hilfe der quasistationären
Betrachtungsweise über (6.65)
a) Kennlinien $n^* = f(M^*)$ und $n^* = f(M_w^*)$; b) $n^* = f(t)$

empfiehlt es sich, (6.59) zu normieren. Dazu werden die Drehmomente auf das Be-
messungsdrehmoment M_n des Motors als $M^* = M/M_n$ und die Drehzahl auf seine
Bemessungsdrehzahl n_n als $n^* = n/n_n$ bezogen. Wenn gleichzeitig zur Darstellung als
Zustandsgleichung übergegangen wird, erhält man

$$\frac{\mathrm{d}n^*}{\mathrm{d}t} = \frac{M_n}{2\pi J n_n}(M^*(n^*) - M_w^*(n^*)) \, . \tag{6.63}$$

Aus (6.63) folgt, daß die Drehzahl bei $M(n^*) = 1$ und $M_w^*(n^*) = 0$ eine lineare
Funktion der Zeit wird und der Motor innerhalb der Zeit $2\pi J n_n/M_n$ von $n^* = 0$ auf
$n^* = 1$ beschleunigt wird. Diese Zeit wird als *Normalanlaufzeit*

$$T_{an} = \frac{2\pi J n_n}{M_n} \tag{6.64}$$

bezeichnet. Sie gibt offenbar die Zeit an, in der der Antrieb unter Einwirkung des
Bemessungsdrehmoments des Motors vom Stillstand auf die Bemessungsdrehzahl beschleunigt wird. Damit folgt aus (6.63)

$$\frac{\mathrm{d}n^*}{\mathrm{d}t} = \frac{1}{T_{an}}(M^*(n^*) - M_w(n^*)) = \frac{\Delta M^*(n^*)}{T_{an}} \, . \tag{6.65}$$

Im Bild 6.25 ist das Ergebnis der numerischen Berechnung des quasistationären Hoch-
laufvorgangs eines Asynchronmotors dargestellt, der auf einen Verdichter arbeitet.

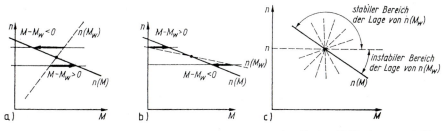

a)   b)   c)

Bild 6.26 Ermittlung des Bereichs für die Steigung der Drehzahl-Drehmoment-Kennlinie
$n(M_w)$ der Arbeitsmaschine, in dem bei fallender Kennlinie $n(M)$ der elektrischen Maschine
stabile Arbeitspunkte vorliegen
a) Kennlinienpaar mit stabilem Arbeitspunkt; b) Kennlinienpaar mit instabilem Arbeitspunkt;
c) stabiler und instabiler Bereich der Steigung der Drehzahl-Drehmoment-Kennlinien
der Arbeitsmaschine im betrachteten Arbeitspunkt

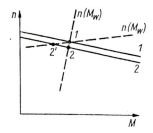

Bild 6.27
Änderung der Lage des Arbeitspunkts
bei Übergang der Drehzahl-Drehmoment-Kennlinie
der elektrischen Maschine von 1 nach 2 bei steilem
(1 → 2) und flachem (1 → 2') Schnittwinkel
mit der Kennlinie der Arbeitsmaschine

Mit Hilfe der quasistationären Betrachtungsweise läßt sich auch die Frage nach der Stabilität eines Arbeitspunkts beantworten. Ein Arbeitspunkt ist offenbar dann stabil, wenn die Einheit, bestehend aus der elektrischen Maschine und der Arbeitsmaschine, von einer Drehzahl außerhalb des Arbeitspunkts aus, die sich durch irgendeine vorübergehende Störung eingestellt hat, von selbst wieder in den Arbeitspunkt hineinläuft. Das erfordert, daß für Drehzahlen oberhalb des Arbeitspunkts $M - M_\mathrm{w} < 0$ und damit $\mathrm{d}n/\mathrm{d}t < 0$ und für Drehzahlen unterhalb des Arbeitspunkts $M - M_\mathrm{w} > 0$ und damit $\mathrm{d}n/\mathrm{d}t > 0$ wird. Diese Überlegung läßt sich auch durch die Forderung ausdrücken, daß im Arbeitspunkt

$$\frac{\mathrm{d}(M - M_\mathrm{w})}{\mathrm{d}n} = \frac{\mathrm{d}(M + M_\mathrm{A})}{\mathrm{d}n} < 0$$

bzw.

$$\left(\frac{\mathrm{d}M}{\mathrm{d}n}\right) < \left(\frac{\mathrm{d}M_\mathrm{w}}{\mathrm{d}n}\right) = \left(\frac{\mathrm{d} - M_\mathrm{A}}{\mathrm{d}n}\right) \tag{6.66}$$

herrschen muß. Wenn die Kennlinie der elektrischen Maschine abfällt, erhält man mit Bild 6.26 einen großen Bereich für die Steigung der Drehzahl-Drehmoment-Kennlinien der Arbeitsmaschine im Arbeitspunkt, in dem stabiler Betrieb vorliegt. Fallende Motorkennlinien bilden also mit den meisten Kennlinien der Arbeitsmaschine stabile Arbeitspunkte, besonders auch mit Kennlinien $M_\mathrm{w} = $ konst. und allen steigenden Kennlinien $n(M_\mathrm{w})$. Da derartige Kennlinien der Arbeitsmaschine dominieren, werden fallende Kennlinien der elektrischen Maschine oft von vornherein als stabile Kennlinien bezeichnet.

Wenn der Schnittwinkel zwischen den beiden Kennlinien sehr klein wird, nähert man sich offenbar der Stabilitätsgrenze. Kleine Verschiebungen einer Kennlinie führen dann zu großen Verlagerungen des Arbeitspunkts, d.h. zu großen Änderungen der Drehzahl oder des Drehmoments (Bild 6.27).

Wenn die Drehzahl-Drehmoment-Kennlinie der elektrischen Maschine ansteigt, erhält man mit Bild 6.28 einen kleinen Bereich für die Steigung der Drehzahl-Drehmoment-Kennlinien der Arbeitsmaschine im betrachteten Arbeitspunkt, in dem stabiler Betrieb vorliegt. Steigende Drehzahl-Drehmoment-Kennlinien der elektrischen Maschine bilden also mit den meisten Kennlinien der Arbeitsmaschine instabile Arbeitspunkte, besonders auch mit Kennlinien $M_\mathrm{w} = $ konst. Derartige Kennlinien oder Kennlinienäste der elektrischen Maschine werden deshalb oft von vornherein als instabil bezeichnet.

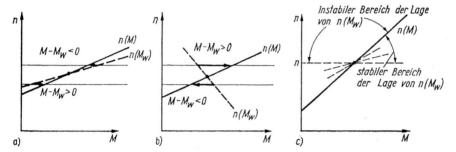

Bild 6.28 Ermittlung des Bereichs möglicher Steigungen der Drehzahl-Drehmoment-
Kennlinien $n(M_\text{w})$ der Arbeitsmaschine, die bei steigender Kennlinie $n(M)$
der elektrischen Maschine zu stabilen Arbeitspunkten führen
a) Kennlinienpaar mit stabilem Arbeitspunkt; b) Kennlinienpaar mit instabilem Arbeitspunkt;
c) stabiler und instabiler Bereich der Steigung der Drehzahl-Drehmoment-Kennlinien
der Arbeitsmaschine im betrachteten Arbeitspunkt

7 Allgemeine Behandlung der magnetisch linearen Maschine auf Basis der Grundwellenverkettung

7.1 Maschinen mit zwei rotationssymmetrischen Hauptelementen und Wicklungen mit ausgebildeten Strängen

7.1.1 Allgemeine Beziehungen

Eine Maschine mit zwei rotationssymmetrischen Hauptelementen und ausgebildeten Strängen in Ständer und Läufer weist im allgemeinen Fall hinsichtlich der Wicklungen folgenden Aufbau aus:

Der Ständer trägt m_S Stränge mit den Bezeichnungen a_S, b_S, c_S, $\ldots j_S$, $\ldots$, deren Achsen die beliebigen Lagen γ_{Sa}, γ_{Sb}, γ_{Sc}, $\ldots \gamma_{Sj}$, $\ldots$ im Koordinatensystem γ_S des Ständers einnehmen und deren bezüglich der Grundwelle wirksame Windungszahlen $(w\xi_1)_{Sa}$, $(w\xi_1)_{Sb}$, $(w\xi_1)_{Sc}$, $\ldots (w\xi_1)_{Sj}$, $\ldots$ sich voneinander unterscheiden.

Der Läufer weist m_L Stränge auf mit den Bezeichnungen a_L, b_L, c_L, $\ldots j_L$, $\ldots$, deren Achsen die beliebigen Lagen γ_{La}, γ_{Lb}, γ_{Lc}, $\ldots \gamma_{Lj}$, $\ldots$ im Koordinatensystem γ_L des Läufers einnehmen und deren bezüglich der Grundwelle wirksame Windungszahlen $(w\xi_1)_{La}$, $(w\xi_1)_{Lb}$, $(w\xi_1)_{Lc}$, $\ldots (w\xi_1)_{Lj}$, $\ldots$ sich voneinander unterscheiden.

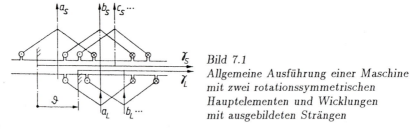

Bild 7.1
Allgemeine Ausführung einer Maschine mit zwei rotationssymmetrischen Hauptelementen und Wicklungen mit ausgebildeten Strängen

Die Stränge a von Ständer und Läufer werden im folgenden als Bezugsstränge verwendet. Das gilt z.B. bei der Einführung von Induktivitäten. Die beiden Koordinaten γ_S und γ_L sind über die Koordinatentransformation nach (4.13) miteinander verknüpft, wobei die Verschiebung ϑ im allgemeinen Fall eine beliebige Funktion der Zeit ist.

Die zu untersuchende Anordnung ist im Bild 7.1 dargestellt. Im folgenden wird gezeigt, wie für diese allgemeine Anordnung mit zwei rotationssymmetrischen Hauptelementen die beschreibenden Beziehungen auf Basis der Grundwellenverkettung gewonnen werden. Diese Beziehungen sind neben den Spannungsgleichungen, die unmittelbar durch (5.1) gegeben sind,

– die Flußverkettungsgleichungen und

– die resultierende Durchflutungsgrundwelle.

Davon ausgehend können die speziellen Beziehungen für jede zu betrachtende Anordnung entwickelt werden. In den Abschnitten 7.1.2 und 7.1.3 werden zwei Beispiele behandelt. Dabei betrifft das Beispiel 7.1.2 den wichtigen Fall, daß Ständer und Läufer wie bei der Dreiphasenasynchronmaschine mit Schleifringläufer je eine symmetrische dreisträngige Wicklung tragen.

Die Spannungsgleichung eines beliebigen Wicklungsstrangs j in Ständer oder Läufer ist durch (5.1) gegeben.

Die Flußverkettung eines Wicklungsstrangs setzt sich dabei entsprechend (5.6) aus der Hauptflußverkettung und der Streuflußverkettung zusammen.

Die Streuflußverkettung besteht entsprechend den allgemeinen Betrachtungen im Abschnitt 5.7 sowohl aus selbstinduktiven als auch aus gegeninduktiven Anteilen. Man erhält als allgemeine Formulierung

$$\psi_{\sigma j} = \sum_{k=a,\, b\, c,\dots} L_{\sigma j k} i_k \tag{7.1}$$

Dabei sind die Streuinduktivitäten $L_{\sigma j k}$ voraussetzungsgemäß unabhängig von der Lage des Läufers relativ zum Ständer. Der Sonderfall der symmetrischen dreisträngigen Wicklung war bereits im Abschnitt 5.7 behandelt worden. Gleichung (7.1) nimmt dabei die speziellen Formen von (5.60) bzw. (5.61) an.

Die Hauptflußverkettung $\psi_{\mathrm{h}j}$ besteht mit der resultierenden Grundwelle des Luftspaltfelds. Diese wird im folgenden auf der Basis der Vereinfachungen 2., 3., 5., 7. und 8. bestimmt, die im Abschnitt 4.1 erarbeitet wurden. Ausgang bilden die Durchflutungsgrundwellen der einzelnen Wicklungsstränge. Sie sind durch (4.115) gegeben, indem für die Ordnungszahl $\nu = 1$ eingeführt wird.

Die resultierende Durchflutungsgrundwelle erhält man durch Überlagerung der Durchflutungsgrundwellen aller Stränge von Ständer und Läufer. Sie beträgt im Koordinatensystem des Ständers unter Beachtung der Koordinatentransformation nach (4.13)

$$\Theta(\gamma_{\mathrm{S}}) = \sum_{\mathrm{S}j=\mathrm{S}a,\,\mathrm{S}b,\,\mathrm{S}c,\dots} \frac{4}{\pi} \frac{(w\xi_1)_{\mathrm{S}j}}{2p} i_{\mathrm{S}j} \cos(\gamma_{\mathrm{S}} - \gamma_{\mathrm{S}j})$$

$$+ \sum_{\mathrm{L}j=\mathrm{L}a,\,\mathrm{L}b,\,\mathrm{L}c,\dots} \frac{4}{\pi} \frac{(w\xi_1)_{\mathrm{L}j}}{2p} i_{\mathrm{L}j} \cos(\gamma_{\mathrm{S}} - \gamma_{\mathrm{L}j} - \vartheta) . \tag{7.2}$$

Ihre Beschreibung im Koordinatensystem γ_{L} des Läufers läßt sich mit Hilfe von (4.13) ebenfalls sofort angeben.

Die Grundwelle der Induktionsverteilung erhält man unter der Voraussetzung $\mu_{\mathrm{Fe}} = \infty$ entsprechend Tafel 4.2 zu

$$B(\gamma) = \frac{\mu_0}{\delta_i} \Theta(\gamma) . \tag{7.3}$$

Die Hauptflußverkettung eines Wicklungsstrangs folgt aus (5.23) mit Φ_{h} nach (5.24). Dabei ist $\varphi_{B1}(t) = \gamma_{B,1}(t)$ jetzt durch die Lage $\gamma_{B,1}(t)$ des Maximums der jeweiligen Durchflutungsgrundwelle gegeben, und $\gamma_{\mathrm{str},1}$ ist die Lage der Achse des Wicklungsstrangs, dessen Flußverkettung bestimmt werden soll. Für die Anteile der

Flußverkettung eines Wicklungsstrangs, die von den Strömen des anderen Hauptelements herrühren, muß entsprechend Abschnitt 5.6 der Einfluß der Schrägung zwischen Ständer und Läufer durch Multiplikation mit dem Schrägungsfaktor nach (5.54) berücksichtigt werden. Damit erhält man für die Hauptflußverkettung eines Ständerstrangs k

$$\psi_{\mathrm{h}Sk} = \sum_{Sj=Sa,\,Sb,\,Sc,\dots} (w\xi_1)_{Sk} \frac{2}{\pi}\tau_{\mathrm{p}}l_{\mathrm{i}}\frac{\mu_0}{\delta_{\mathrm{i}}}\frac{4}{\pi}\frac{(w\xi_1)_{Sj}}{2p} i_{Sj}\cos(\gamma_{Sj}-\gamma_{Sk}) \tag{7.4}$$

$$+ \sum_{Lj=La,\,Lb,\,Lc,\dots} (w\xi_1)_{Sk} \frac{2}{\pi}\tau_{\mathrm{p}}l_{\mathrm{i}}\frac{\mu_0}{\delta_{\mathrm{i}}}\frac{4}{\pi}\frac{(w\xi_1)_{Lj}}{2p} \xi_{\mathrm{schr}} i_{Lj}\cos(\gamma_{Lj}-\gamma_{Sk}+\vartheta)$$

Analog ergibt sich für einen Läuferstrang k

$$\psi_{\mathrm{h}Lk} = \sum_{Sj=Sa,\,Sb,\,Sc,\dots} (w\xi_1)_{Lk} \frac{2}{\pi}\tau_{\mathrm{p}}l_{\mathrm{i}}\frac{\mu_0}{\delta_{\mathrm{i}}}\frac{4}{\pi}\frac{(w\xi_1)_{Sj}}{2p} \xi_{\mathrm{schr}} i_{Sj}\cos(\gamma_{Sj}-\gamma_{Lk}-\vartheta)$$

$$+ \sum_{Lj=La,\,Lb,\,Lc,\dots} (w\xi_1)_{Lk} \frac{2}{\pi}\tau_{\mathrm{p}}l_{\mathrm{i}}\frac{\mu_0}{\delta_{\mathrm{i}}}\frac{4}{\pi}\frac{(w\xi_1)_{Lj}}{2p} i_{Lj}\cos(\gamma_{Lj}-\gamma_{Lk}) \tag{7.5}$$

Die Proportionalitätsfaktoren zwischen den Flußverkettungen und den Strömen stellen Induktivitäten dar, die dem Luftspaltfeld zugeordnet sind. Wenn man die dem Ständerstrang a zugeordnete Selbstinduktivität

$$L = \frac{\mu_0}{\delta_{\mathrm{i}}}\frac{4}{\pi}\frac{2}{\pi}\tau_{\mathrm{p}}l_{\mathrm{i}}\frac{(w\xi_1)_{Sa}^2}{2p} \tag{7.6}$$

als Bezugsgröße verwendet, geht (7.4) über in

$$\psi_{\mathrm{h}Sk} = \sum_{Sj=Sa,Sb,Sc,\dots} \frac{(w\xi_1)_{Sk}}{(w\xi_1)_{Sa}}\frac{(w\xi_1)_{Sj}}{(w\xi_1)_{Sa}} L\, i_{Sj}\cos(\gamma_{Sj}-\gamma_{Sk})$$
$$+ \sum_{Lj=La,\,Lb,\,Lc,\dots} \frac{(w\xi_1)_{Sk}}{(w\xi_1)_{Sa}}\frac{(w\xi_1)_{La}}{(w\xi_1)_{Sa}}\frac{(w\xi_1)_{Lj}}{(w\xi_1)_{La}} \xi_{\mathrm{schr}}L\, i_{Lj}\cos(\gamma_{Lj}-\gamma_{Sk}+\vartheta)$$

$$\tag{7.7}$$

Analog erhält man aus (7.5)

$$\psi_{\mathrm{h}Lk} = \sum_{Sj=Sa,Sb,Sc,\dots} \frac{(w\xi_1)_{Lk}}{(w\xi_1)_{La}}\frac{(w\xi_1)_{La}}{(w\xi_1)_{Sa}}\frac{(w\xi_1)_{Sj}}{(w\xi_1)_{Sa}} \xi_{\mathrm{schr}}L\, i_{Sj}\cos(\gamma_{Sj}-\gamma_{Lk}-\vartheta)$$
$$+ \sum_{Lj=La,\,Lb,\,Lc,\dots} \frac{(w\xi_1)_{Lk}}{(w\xi_1)_{La}}\frac{(w\xi_1)_{Lj}}{(w\xi_1)_{La}}\frac{(w\xi_1)_{La}^2}{(w\xi_1)_{Sa}^2} L\, i_{Lj}\cos(\gamma_{Lj}-\gamma_{Lk})$$

$$\tag{7.8}$$

Die Flußverkettungsgleichungen (7.7) und (7.8) bringen zum Ausdruck, daß die Gegeninduktivitäten zwischen einem Ständer- und einem Läuferstrang periodische Funktionen der Läuferlage ϑ sind. Dabei reduzieren sich diese periodischen Funktionen unter der Voraussetzung des Prinzips der Grundwellenverkettung auf die einfachste Form einer sinusförmigen Abhängigkeit.

7.1.2 Maschinen mit symmetrischen dreisträngigen Wicklungen in Ständer und Läufer

Der Sonderfall symmetrischer dreisträngiger Wicklungen in Ständer und Läufer trägt hinsichtlich der Wicklungsparameter folgende Kennzeichen:

$$\left.\begin{array}{l} m_{\mathrm{S}} = 3;\ (w\xi_1)_{\mathrm{S}j} = (w\xi_1)_{\mathrm{S}};\ \gamma_{\mathrm{S}a} = 0;\ \gamma_{\mathrm{S}b} = 2\pi/3;\ \gamma_{\mathrm{S}c} = 4\pi/3 \\ m_{\mathrm{L}} = 3;\ (w\xi_1)_{\mathrm{L}j} = (w\xi_1)_{\mathrm{L}};\ \gamma_{\mathrm{L}a} = 0;\ \gamma_{\mathrm{L}b} = 2\pi/3;\ \gamma_{\mathrm{L}c} = 4\pi/3. \end{array}\right\} \qquad (7.9)$$

Dabei wurde jetzt festgelegt, daß die Koordinaten γ_{S} und γ_{L} ihren Ursprung jeweils in der Achse des Strangs a haben. Die Anordnung der Wicklungsstränge in der schematischen zweipoligen Darstellung zeigt Bild 7.2.

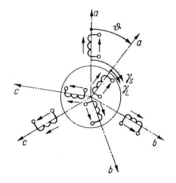

Bild 7.2
Schematische zweipolige Darstellung
einer Maschine mit symmetrischen
dreisträngigen Wicklungen in Ständer
und Läufer

Unter Beachtung der speziellen Wicklungsparameter nach (7.9) erhält man aus (5.6) mit den Streuflußverkettungen nach (5.60) und den allgemeinen Beziehungen für die Hauptflußverkettungen nach (7.7) und (7.8) für die Flußverkettungen der Ständer- und Läuferstränge:

$$\begin{pmatrix} \psi_{\mathrm{S}a} \\ \psi_{\mathrm{S}b} \\ \psi_{\mathrm{S}c} \end{pmatrix} = \begin{pmatrix} (L_{\sigma\mathrm{S}s} + L) & \left(L_{\sigma\mathrm{S}g} - \dfrac{L}{2}\right) & \left(L_{\sigma\mathrm{S}g} - \dfrac{L}{2}\right) \\ \left(L_{\sigma\mathrm{S}g} - \dfrac{L}{2}\right) & (L_{\sigma\mathrm{S}s} + L) & \left(L_{\sigma\mathrm{S}g} - \dfrac{L}{2}\right) \\ \left(L_{\sigma\mathrm{S}g} - \dfrac{L}{2}\right) & \left(L_{\sigma\mathrm{S}g} - \dfrac{L}{2}\right) & (L_{\sigma\mathrm{S}s} + L) \end{pmatrix} \begin{pmatrix} i_{\mathrm{S}a} \\ i_{\mathrm{S}b} \\ i_{\mathrm{S}c} \end{pmatrix} \qquad (7.10)$$

$$+ \frac{1}{\ddot{u}_{\mathrm{h}}}\xi_{\mathrm{schr}}L \begin{pmatrix} \cos\vartheta & \cos\left(\vartheta + \dfrac{2\pi}{3}\right) & \cos\left(\vartheta - \dfrac{2\pi}{3}\right) \\ \cos\left(\vartheta - \dfrac{2\pi}{3}\right) & \cos\vartheta & \cos\left(\vartheta + \dfrac{2\pi}{3}\right) \\ \cos\left(\vartheta + \dfrac{2\pi}{3}\right) & \cos\left(\vartheta - \dfrac{2\pi}{3}\right) & \cos\vartheta \end{pmatrix} \begin{pmatrix} i_{\mathrm{L}a} \\ i_{\mathrm{L}b} \\ i_{\mathrm{L}c} \end{pmatrix}$$

$$
\begin{pmatrix} \psi_{La} \\ \psi_{Lb} \\ \psi_{Lc} \end{pmatrix} = \frac{1}{\ddot{u}_h} \xi_{schr} L \begin{pmatrix} \cos\vartheta & \cos\left(\vartheta - \frac{2\pi}{3}\right) & \cos\left(\vartheta + \frac{2\pi}{3}\right) \\ \cos\left(\vartheta + \frac{2\pi}{3}\right) & \cos\vartheta & \cos\left(\vartheta - \frac{2\pi}{3}\right) \\ \cos\left(\vartheta - \frac{2\pi}{3}\right) & \cos\left(\vartheta + \frac{2\pi}{3}\right) & \cos\vartheta \end{pmatrix} \begin{pmatrix} i_{Sa} \\ i_{Sb} \\ i_{Sc} \end{pmatrix}
$$

$$
+ \begin{pmatrix} \left(L_{\sigma Ls} + \frac{L}{\ddot{u}_h^2}\right) & \left(L_{\sigma Lg} - \frac{L}{2\ddot{u}_h^2}\right) & \left(L_{\sigma Lg} - \frac{L}{2\ddot{u}_h^2}\right) \\ \left(L_{\sigma Lg} - \frac{L}{2\ddot{u}_h^2}\right) & \left(L_{\sigma Ls} + \frac{L}{\ddot{u}_h^2}\right) & \left(L_{\sigma Lg} - \frac{L}{2\ddot{u}_h^2}\right) \\ \left(L_{\sigma Lg} - \frac{L}{2\ddot{u}_h^2}\right) & \left(L_{\sigma Lg} - \frac{L}{2\ddot{u}_h^2}\right) & \left(L_{\sigma Ls} + \frac{L}{\ddot{u}_h^2}\right) \end{pmatrix} \begin{pmatrix} i_{La} \\ i_{Lb} \\ i_{Lc} \end{pmatrix} . (7.11)
$$

Dabei wurde das *Übersetzungsverhältnis*

$$
\ddot{u}_h = \frac{(w\xi_1)_S}{(w\xi_1)_L} \tag{7.12}
$$

eingeführt. Es ist zu beachten, daß die der gegenseitigen Kopplung zwischen den Strängen zugeordneten Streuinduktivitäten $L_{\sigma Sg}$ und $L_{\sigma Lg}$ i.allg. negative Werte haben.

In dem Sonderfall, daß kein Sternpunktleiter angeschlossen ist bzw. daß ein im Sternpunkt angeschlossener Leiter keinen Strom führt, gilt im Ständer und Läufer $i_a + i_b + i_c = 0$, d.h., es ist $i_b + i_c = -i_a$. Damit gehen die Beziehungen für die Streuflußverkettungen nach (5.60) über in (5.61), und man erhält für die Flußverkettungsgleichungen der Ständer- und Läuferstränge einer Maschine mit zwei symmetrischen dreisträngigen Wicklungen:

$$
\begin{pmatrix} \psi_{Sa} \\ \psi_{Sb} \\ \psi_{Sc} \end{pmatrix} = \begin{pmatrix} (L_{\sigma S} + L_h) & & \\ & (L_{\sigma S} + L_h) & \\ & & (L_{\sigma S} + L_h) \end{pmatrix} \begin{pmatrix} i_{Sa} \\ i_{Sb} \\ i_{Sc} \end{pmatrix}
$$

$$
+ \frac{1}{\ddot{u}_h} \xi_{schr} L_h \frac{2}{3} \begin{pmatrix} \cos\vartheta & \cos\left(\vartheta + \frac{2\pi}{3}\right) & \cos\left(\vartheta - \frac{2\pi}{3}\right) \\ \cos\left(\vartheta - \frac{2\pi}{3}\right) & \cos\vartheta & \cos\left(\vartheta + \frac{2\pi}{3}\right) \\ \cos\left(\vartheta + \frac{2\pi}{3}\right) & \cos\left(\vartheta - \frac{2\pi}{3}\right) & \cos\vartheta \end{pmatrix} \begin{pmatrix} i_{La} \\ i_{Lb} \\ i_{Lc} \end{pmatrix}
$$

$$
\tag{7.13}
$$

$$
\begin{pmatrix} \psi_{La} \\[2mm] \psi_{Lb} \\[2mm] \psi_{Lc} \end{pmatrix}
= \frac{1}{\ddot{u}_h} \xi_{\text{schr}} L_h \frac{2}{3}
\begin{pmatrix}
\cos\vartheta & \cos\left(\vartheta - \dfrac{2\pi}{3}\right) & \cos\left(\vartheta + \dfrac{2\pi}{3}\right) \\[3mm]
\cos\left(\vartheta + \dfrac{2\pi}{3}\right) & \cos\vartheta & \cos\left(\vartheta - \dfrac{2\pi}{3}\right) \\[3mm]
\cos\left(\vartheta - \dfrac{2\pi}{3}\right) & \cos\left(\vartheta + \dfrac{2\pi}{3}\right) & \cos\vartheta
\end{pmatrix}
\begin{pmatrix} i_{Sa} \\[2mm] i_{Sb} \\[2mm] i_{Sc} \end{pmatrix}
$$

$$
+ \begin{pmatrix}
\left(L_{\sigma L} + \dfrac{L_h}{\ddot{u}_h^2}\right) & & \\[3mm]
& \left(L_{\sigma L} + \dfrac{L_h}{\ddot{u}_h^2}\right) & \\[3mm]
& & \left(L_{\sigma L} + \dfrac{L_h}{\ddot{u}_h^2}\right)
\end{pmatrix}
$$

$$\tag{7.14}$$

Dabei wurde die Hauptinduktivität L_h [1] der Ständerwicklung als

$$
\boxed{\,L_h = \frac{3}{2} L = \frac{\mu_0}{\delta_i} \frac{3}{2} \frac{4}{\pi} \frac{2}{\pi} \tau_p l_i \frac{(w\xi_1)_S^2}{2p}\,} \ .
\tag{7.15}
$$

eingeführt. Sie ist der Wirkung des gemeinsamen Grundwellenfelds der drei Ständerströme in einem Strang zugeordnet.

7.1.3 Maschinen mit zwei unterschiedlichen Ständersträngen und einer symmetrischen dreisträngigen Wicklung im Läufer

Als zweiter Sonderfall soll ein solcher betrachtet werden, bei dem im Ständer eine unsymmetrische zweisträngige Wicklung vorliegt, während der Läufer eine symmetrische dreisträngige Wicklung trägt. Wie spätere Betrachtungen zeigen werden, kann diese durch eine äquivalente zweisträngige ersetzt oder als Ersatzwicklung einer beliebigen mehrsträngigen Wicklung einschließlich einer Käfigwicklung angesehen werden. Damit schließt der betrachtete Sonderfall die Einphasen-Asynchronmaschine mit Haupt- und Hilfsstrang im Ständer ein.

Der zu betrachtende Sonderfall trägt hinsichtlich der Wicklungsparameter folgende Kennzeichen:

$$
\left.
\begin{aligned}
& m_S = 2 \; ; \ \text{Hauptstrang } a \text{ mit } (w\xi_1)_{Sa} \text{ und } \gamma_{Sa} = 0 \\[2mm]
& \qquad\quad \text{Hilfsstrang } b \text{ mit } (w\xi_1)_{Sb} \text{ und } \gamma_{Sb} = \pi/2 \\[2mm]
& m_L = 3 \; ; \ (w\xi_1)_{Lj} = (w\xi_1)_L \; ; \ \gamma_{La} = 0 \; ; \ \gamma_{Lb} = 2\pi/3 \; ; \ \gamma_{Lc} = 4\pi/3 \ .
\end{aligned}
\right\}
\tag{7.16}
$$

Die Anordnung der Wicklungsstränge in der schematischen zweipoligen Darstellung zeigt Bild 7.3. Man erhält für die Flußverkettungsgleichungen, ausgehend von (7.7) und (7.8), unter Berücksichtigung der Streuflußverkettungen, wobei in der zweisträngigen Ständerwicklung keine gegeninduktive Kopplung über Streufelder existiert, folgende

---

[1] vgl. Band Grundlagen, Gl. (25.6)

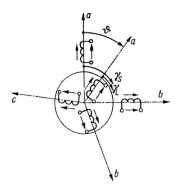

Bild 7.3
Schematische zweipolige Darstellung
einer Maschine mit zwei unterschiedlichen
Ständersträngen und einer symmetrischen
dreisträngigen Wicklung im Läufer

Gleichungen:

$$
\begin{pmatrix} \psi_{Sa} \\ \psi_{Sb} \end{pmatrix} = \begin{pmatrix} (L_{\sigma Sa} + L) & \\ & \left(L_{\sigma Sb} + \dfrac{L}{\ddot{u}_{ab}^2}\right) \end{pmatrix} \begin{pmatrix} i_{Sa} \\ i_{Sb} \end{pmatrix} + \frac{1}{\ddot{u}_{\mathrm{h}}} \xi_{\mathrm{schr}} L \tag{7.17}
$$

$$
\times \begin{pmatrix} \cos\vartheta & \cos\left(\vartheta + \dfrac{2\pi}{3}\right) & \cos\left(\vartheta + \dfrac{4\pi}{3}\right) \\ \dfrac{1}{\ddot{u}_{ab}}\cos\left(\vartheta - \dfrac{\pi}{2}\right) & \dfrac{1}{\ddot{u}_{ab}}\cos\left(\vartheta + \dfrac{2\pi}{3} - \dfrac{\pi}{2}\right) & \dfrac{1}{\ddot{u}_{ab}}\cos\left(\vartheta + \dfrac{4\pi}{3} - \dfrac{\pi}{2}\right) \end{pmatrix} \begin{pmatrix} i_{La} \\ i_{Lb} \\ i_{Lc} \end{pmatrix}
$$

$$
\begin{pmatrix} \psi_{La} \\ \psi_{Lb} \\ \psi_{Lc} \end{pmatrix} = \frac{1}{\ddot{u}_{\mathrm{h}}} \xi_{\mathrm{schr}} L \begin{pmatrix} \cos\vartheta & \dfrac{1}{\ddot{u}_{\mathrm{h}}}\cos\left(\vartheta - \dfrac{\pi}{2}\right) \\ \cos\left(\vartheta + \dfrac{2\pi}{3}\right) & \dfrac{1}{\ddot{u}_{\mathrm{h}}}\cos\left(\vartheta + \dfrac{2\pi}{3} - \dfrac{\pi}{2}\right) \\ \cos\left(\vartheta + \dfrac{4\pi}{3}\right) & \dfrac{1}{\ddot{u}_{\mathrm{h}}}\cos\left(\vartheta + \dfrac{4\pi}{3} - \dfrac{\pi}{2}\right) \end{pmatrix} \begin{pmatrix} i_{Sa} \\ i_{Sb} \end{pmatrix}
$$

$$
+ \begin{pmatrix} \left(L_{\sigma L} + \dfrac{3}{2}\dfrac{L}{\ddot{u}_{\mathrm{h}}^2}\right) & & \\ & \left(L_{\sigma L} + \dfrac{3}{2}\dfrac{L}{\ddot{u}_{\mathrm{h}}^2}\right) & \\ & & \left(L_{\sigma L} + \dfrac{3}{2}\dfrac{L}{\ddot{u}_{\mathrm{h}}^2}\right) \end{pmatrix} \begin{pmatrix} i_{La} \\ i_{Lb} \\ i_{Lc} \end{pmatrix} \tag{7.18}
$$

Dabei wurde das Übersetzungsverhältnis $\ddot{u}_{\mathrm{h}}$ zwischen der Ständer- und der Läuferwicklung jetzt als $\ddot{u}_{\mathrm{h}} = (w\xi_1)_{Sa}/(w\xi_1)_{L}$ eingeführt und zusätzlich als Übersetzungsverhältnis zwischen den Ständersträngen festgelegt

$$
\ddot{u}_{ab} = \frac{(w\xi_1)_{Sa}}{(w\xi_1)_{Sb}} \ . \tag{7.19}
$$

7.1.4 Ersatz einer dreisträngigen symmetrischen Wicklung durch eine äquivalente zweisträngige

Das Prinzip der Grundwellenverkettung geht davon aus, daß eine Wicklung mit der Grundwelle ihrer Durchflutungsverteilung auf das andere Hauptelement wirkt und mit der Grundwelle der Induktionsverteilung verkettet ist, die das andere Hauptelement aufbaut. Da die Durchflutungsgrundwelle durch zwei Bestimmungsstücke fixiert ist – ihre Amplitude und ihre räumliche Lage bzw. die Amplituden der Komponenten bezüglich zweier Achsen –, kann die Durchflutungsgrundwelle jeder beliebigen mehrsträngigen Wicklung offenbar durch eine zweisträngige Wicklung aufgebaut werden, deren Stränge unmittelbar die beiden Komponenten der Durchflutungsgrundwelle hervorrufen. Diese Überlegung führt auf den Gedanken der Ersetzbarkeit einer dreisträngigen Wicklung durch eine zweisträngige. Beide sind offenbar dann gleichwertig, wenn die wirksame Windungszahl $(w\xi_1)_{(2)}$, der Widerstand $R_{(2)}$ und die Streuinduktivität $L_{\sigma(2)}$ der Ersatzstränge so gewählt und ihre Spannungen so eingestellt werden, daß die Ersatzwicklung auf die gleiche Induktionsgrundwelle des Luftspaltfelds mit der gleichen Durchflutungsgrundwelle reagiert. Dem entspricht, daß einerseits die Beziehungen für die Durchflutungsgrundwelle und andererseits die Spannungsgleichungen ineinander überführbar sein müssen.

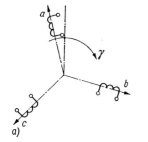
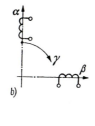

Bild 7.4
Zur Umformung
einer symmetrischen
dreisträngigen Wicklung
in eine äquivalente zweisträngige

a) dreisträngige Ausgangsanordnung in schematischer Darstellung
b) zweisträngige Ersatzanordnung in schematischer Darstellung

Es wird vereinbart, daß die zweisträngige Wicklung die Stränge α und β besitzt, deren Achsen bei $\gamma_\alpha = 0$ und $\gamma_\beta = \pi/2$ liegen (Bild 7.4b). Ihre Durchflutungsgrundwelle läßt sich dann darstellen als

$$\Theta = \widehat{\Theta}_\alpha \cos\gamma + \widehat{\Theta}_\beta \sin\gamma \ . \tag{7.20}$$

Die Durchflutungsgrundwelle der dreisträngigen Wicklung (Bild 7.4a) ist gegeben als

$$\Theta = \widehat{\Theta}_a \cos(\gamma - \gamma_a) + \widehat{\Theta}_b \cos(\gamma - \gamma_b) + \widehat{\Theta}_c \cos(\gamma - \gamma_c) \ .$$

Sie läßt sich in die Komponenten bezüglich der Achsen bei $\gamma = \gamma_\alpha = 0$ und $\gamma = \gamma_\beta = \pi/2$ zerlegen als

$$\begin{aligned} \Theta &= (\widehat{\Theta}_a \cos\gamma_a + \widehat{\Theta}_b \cos\gamma_b + \widehat{\Theta}_c \cos\gamma_c)\cos\gamma \\ &+ (\widehat{\Theta}_a \sin\gamma_a + \widehat{\Theta}_b \sin\gamma_b + \widehat{\Theta}_c \sin\gamma_c)\sin\gamma \ . \end{aligned} \tag{7.21}$$

Dabei ist

$$\gamma_b - \gamma_a = \gamma_c - \gamma_b = \gamma_a - \gamma_c = \frac{2\pi}{3} \ . \tag{7.22}$$

Aus dem Vergleich von (7.20) und (7.21) folgt unmittelbar

$$\left.\begin{aligned}
\widehat{\Theta}_\alpha &= \widehat{\Theta}_a \cos\gamma_a + \widehat{\Theta}_b \cos\gamma_b + \widehat{\Theta}_c \cos\gamma_c = \sum_{j=a,b,c} \widehat{\Theta}_j \cos\gamma_j \\
\widehat{\Theta}_\beta &= \widehat{\Theta}_a \sin\gamma_a + \widehat{\Theta}_b \sin\gamma_b + \widehat{\Theta}_c \sin\gamma_c = \sum_{j=a,b,c} \widehat{\Theta}_j \sin\gamma_j \;.
\end{aligned}\right\} \tag{7.23}$$

Umgekehrt lassen sich allerdings die Durchflutungsamplituden der Stränge a, b und c nicht ohne weiteres durch $\widehat{\Theta}_\alpha$ und $\widehat{\Theta}_\beta$ ausdrücken. Ursache dafür ist, daß die Durchflutungsgrundwelle im dreisträngigen System überbestimmt ist. Die drei Durchflutungsgrundwellen der Stränge a, b und c enthalten Anteile gleicher Amplitude, die sich in der Überlagerung gegeneinander aufheben. Dieses Ergebnis wird durch die formale Umformung von (7.23) quantifiziert. Man erhält unter Beachtung von (7.22)

$$\widehat{\Theta}_\alpha \cos\gamma_j + \widehat{\Theta}_\beta \sin\gamma_j = \frac{3}{2}\widehat{\Theta}_j - \frac{1}{2}\sum_{k=a,b,c}\widehat{\Theta}_k$$

und daraus

$$\widehat{\Theta}_j = \frac{2}{3}\widehat{\Theta}_\alpha \cos\gamma_j + \frac{2}{3}\widehat{\Theta}_\beta \sin\gamma_j + \widehat{\Theta}_0 \tag{7.24}$$

mit

$$\widehat{\Theta}_0 = \frac{1}{3}\sum_{k=a,b,c}\widehat{\Theta}_k \;. \tag{7.25}$$

Aus (7.23) erhält man mit (4.115) unmittelbar die Beziehungen zwischen den Strömen der Stränge α und β einerseits und denen der Stränge a, b und c andererseits als

$$\left.\begin{aligned}
i_\alpha &= \frac{(w\xi_1)_{(3)}}{(w\xi)_{(2)}}[i_a \cos\gamma_a + i_b \cos\gamma_b + i_c \cos\gamma_c] \\
i_\beta &= \frac{(w\xi_1)_{(3)}}{(w\xi)_{(2)}}[i_a \sin\gamma_a + i_b \sin\gamma_b + i_c \sin\gamma_c] \;.
\end{aligned}\right\} \tag{7.26}$$

Die Durchflutungsamplitude $\widehat{\Theta}_0$ ist entsprechend (7.25) der Summe $(i_a + i_b + i_c)$ der Ströme der dreisträngigen Anordnung proportional. Solange diese Summe Null ist, und dieser Fall soll im folgenden allein betrachtet werden, verschwindet $\widehat{\Theta}_0$. Das trifft zu, wenn bei Sternschaltung kein Neutralleiter angeschlossen ist bzw. ein vorhandener Sternpunktleiter keinen Strom führt. Es trifft auch zu, wenn die drei Stränge in Dreieck geschaltet sind, solange nicht eine homopolare Komponente des Luftspaltfelds existiert und berücksichtigt werden muß. Diese würde in den drei Strängen phasengleiche Spannungen induzieren, die einen Ausgleichsstrom innerhalb der Dreieckschaltung antreiben, d.h. eine Stromkomponente, die in allen drei Strängen gleich ist. Sie macht sich in den Strömen der äußeren Zuleitungen nicht bemerkbar. Für diese gilt $i_{L1} + i_{L2} + i_{L3} = 0$. Wenn $i_a + i_b + i_c = 0$ ist, erhält man aus (7.24) sofort die umgekehrten Zuordnungen zu (7.26) als

$$i_j = \frac{2}{3}\frac{(w\xi_1)_{(2)}}{(w\xi)_{(3)}}[i_\alpha \cos\gamma_j + i_\beta \sin\gamma_j] \;. \tag{7.27}$$

Die resultierende Grundwelle der Induktionsverteilung läßt sich unter Einführung der Komponenten bezüglich $\gamma = \gamma_\alpha = 0$ und $\gamma = \gamma_\beta = \pi/2$ darstellen als

$$B_{\text{res}} = \widehat{B}_{\text{res}}\cos(\gamma - \gamma_{\text{res}}) = \widehat{B}_\alpha \cos\gamma + \widehat{B}_\beta \sin\gamma \;. \tag{7.28}$$

Ein Strang eines beliebigen Wicklungsstrangs j besitzt mit dieser Induktionsgrundwelle entsprechend (5.23) und (5.24) die Hauptflußverkettung

$$\psi_{hj} = (w\xi_1)_{(3)} \frac{2}{\pi} \tau_p l_i \left(\widehat{B}_\alpha \cos\gamma_j + \widehat{B}_\beta \sin\gamma_j \right) \ . \tag{7.29}$$

Die Hauptflußverkettung der Ersatzstränge betragen demnach

$$\psi_{h\alpha} = (w\xi_1)_{(2)} \frac{2}{\pi} \tau_p l_i \widehat{B}_\alpha \ , \qquad \psi_{h\beta} = (w\xi_1)_{(2)} \frac{2}{\pi} \tau_p l_i \widehat{B}_\beta \ , \tag{7.30}$$

Damit läßt sich die Hauptflußverkettung eines beliebigen Strangs j der dreisträngigen Wicklung mit (7.29) durch die Hauptflußverkettungen der Stränge der zweisträngigen Ersatzwicklung ausdrücken als

$$\psi_{hj} = \frac{(w\xi_1)_{(3)}}{(w\xi)_{(3)}} \left(\psi_{h\alpha} \cos\gamma_j + \psi_{h\beta} \sin\gamma_j \right) \ . \tag{7.31}$$

Da mit (7.29) $\psi_{ha} + \psi_{hb} + \psi_{hc} = 0$ ist, erhält man aus (7.30) unmittelbar die umgekehrte Zuordnung als

$$\left.\begin{aligned}
\psi_{h\alpha} &= \frac{2}{3} \frac{(w\xi_1)_{(2)}}{(w\xi)_{(3)}} \sum_{j=a,b,c} \psi_{hj} \cos\gamma_j \\[2mm]
\psi_{h\beta} &= \frac{2}{3} \frac{(w\xi_1)_{(2)}}{(w\xi)_{(3)}} \sum_{j=a,b,c} \psi_{hj} \sin\gamma_j \ .
\end{aligned}\right\} \tag{7.32}$$

Für die Streuflußverkettungen der drei Stränge der Ausgangswicklung gilt (5.60). Damit lassen sich ihre Spannungsgleichungen, ausgehend von (5.1), darstellen als

$$u_j = R_{(3)} i_j + \frac{\mathrm{d}}{\mathrm{d}t} \left[\psi_{hj} + (L_{\sigma s} - L_{\sigma g}) i_j + L_{\sigma g}(i_a + i_b + i_c) \right] \ .$$

Um die Spannungsgleichungen der Ersatzstränge zu gewinnen, werden diese Gleichungen mit dem zugehörigen $\cos\gamma_j$ bzw. $\sin\gamma_j$ multipliziert und addiert. Unter Berücksichtigung von (7.26) und (7.32) erhält man, wenn jeweils mit $\dfrac{2}{3}\dfrac{(w\xi_1)_{(2)}}{(w\xi_1)_{(3)}}$ durchmultipliziert wird,

$$\left.\begin{aligned}
\frac{2}{3}\frac{(w\xi_1)_{(2)}}{(w\xi_1)_{(3)}} \sum_{j=a,b,c} u_j \cos\gamma_j &= \left[R_{(3)} + (L_{\sigma s} - L_{\sigma g}) \frac{\mathrm{d}}{\mathrm{d}t} \right] \frac{2}{3} \frac{(w\xi_1)_{(2)}^2}{(w\xi_1)_{(3)}^2} i_\alpha + \frac{\mathrm{d}\psi_{h\alpha}}{\mathrm{d}t} \\[2mm]
\frac{2}{3}\frac{(w\xi_1)_{(2)}}{(w\xi_1)_{(3)}} \sum_{j=a,b,c} u_j \sin\gamma_j &= \left[R_{(3)} + (L_{\sigma s} - L_{\sigma g}) \frac{\mathrm{d}}{\mathrm{d}t} \right] \frac{2}{3} \frac{(w\xi_1)_{(2)}^2}{(w\xi_1)_{(3)}^2} i_\beta + \frac{\mathrm{d}\psi_{h\beta}}{\mathrm{d}t} \ .
\end{aligned}\right\}$$

$$\tag{7.33}$$

Dabei ist entsprechend (5.61) $L_{\sigma(3)} = L_{\sigma s} - L_{\sigma g}$ die Streuinduktivität der dreisträngigen Wicklung. Die Gleichungen (7.33) stellen die Spannungsgleichungen der zweisträngigen Ersatzwicklung dar. Daraus gewinnt man als Beziehungen zwischen den Spannungen der Ersatzstränge und denen der Ausgangsstränge

$$u_\alpha = \frac{2}{3}\frac{(w\xi_1)_{(2)}}{(w\xi_1)_{(3)}} \sum_{j=a,b,c} u_j \cos\gamma_j \ , \qquad u_\beta = \frac{2}{3}\frac{(w\xi_1)_{(2)}}{(w\xi_1)_{(3)}} \sum_{j=a,b,c} u_j \sin\gamma_j \ . \tag{7.34}$$

Weiterhin ergeben sich Widerstand und Streuinduktivität der Ersatzstränge als

$$R_{(2)} = \frac{2}{3} \frac{(w\xi_1)^2_{(2)}}{(w\xi_1)^2_{(3)}} R_{(3)} , \tag{7.35}$$

$$L_{\sigma(2)} = \frac{2}{3} \frac{(w\xi_1)^2_{(2)}}{(w\xi_1)^2_{(3)}} L_{\sigma(3)} . \tag{7.36}$$

Damit ist es gelungen, die dreisträngige Ausgangsanordnung in eine zweisträngige Ersatzanordnung zu überführen. Man erkennt, daß offensichtlich zunächst Freizügigkeit bezüglich der Wahl der wirksamen Windungszahl $(w\xi_1)_{(2)}$ der Ersatzstränge herrscht. Um diese festzulegen, können verschiedene Gesichtspunkte herangezogen werden. Für die praktische Handhabung bietet es sich an, zu fordern, daß im stationären Betrieb

$$i_\alpha = i_a$$

wird. Mit $\underline{i}_a = \underline{i}$, $\underline{i}_b = \underline{i}\,\mathrm{e}^{-\mathrm{j}2\pi/3}$, $\underline{i}_c = \underline{i}\,\mathrm{e}^{-\mathrm{j}4\pi/3}$ folgt aus der ersten Gleichung (7.26)

$$\underline{i}_\alpha = \frac{(w\xi)_{(3)}}{(w\xi_1)_{(2)}} \frac{3}{2} \underline{i}_a .$$

Damit ist das Verhältnis der wirksamen Windungszahlen festgelegt zu

$$\boxed{\frac{(w\xi)_{(2)}}{(w\xi_1)_{(3)}} = \frac{3}{2}} , \tag{7.37}$$

und (7.35) und (7.36) gehen über in

$$\boxed{R_{(2)} = \frac{3}{2} R_{(3)}} , \tag{7.38}$$

$$\boxed{L_{\sigma(2)} = \frac{3}{2} L_{\sigma(3)}} . \tag{7.39}$$

Die Überführung einer dreisträngigen in eine zweisträngige Anordnung und umgekehrt ist insbesondere dann einfach, wenn die Stränge kurzgeschlossen sind, d.h. $u_j = 0$ herrscht. Das gilt in den meisten Betriebszuständen für den Läufer der Asynchronmaschine. Wie im Abschnitt 7.2.2 gezeigt wird, lassen sich auch Käfigwicklungen durch zweisträngige Wicklungen ersetzen. Diese wiederum kann man mit Hilfe der Gleichungen (7.37) bis (7.39) in dreisträngige Ersatzwicklungen überführen. Damit lassen sich die Ergebnisse von Untersuchungen irgendwelcher Betriebszustände, die für eine Maschine mit dreisträngigem Schleifringläufer gewonnen wurden, unmittelbar auf die Maschine mit Käfigläufer übertragen.

Im vorliegenden Abschnitt wurde gezeigt, daß sich einem symmetrischen dreisträngigen Wicklungssystem unter Voraussetzung der Gültigkeit des Prinzips der Grundwellenverkettung ein zweisträngiges System zuordnen läßt. Dabei wurden die Variablen des zweisträngigen Systems mit g_α und g_β bezeichnet, und es wurde deutlich, daß in einem allgemeinen Fall mit $g_a + g_b + g_c \neq 0$ eine weitere Variable g_0 hinzugefügt werden muß. Die Variablen g_α, g_β und g_0 des zweisträngigen Ersatzsystems entsprechen den sog. α-β-0-*Komponenten der Stranggrößen*, die später im Abschnitt 15.5 als formale Transformation eingeführt werden.

7.2 Maschinen mit zwei rotationssymmetrischen Hauptelementen und Käfigwicklungen im Läufer

7.2.0 Ausgangsüberlegungen

Die Ständer der Gruppe zu behandelnder elektrischer Maschinen tragen Wicklungen mit ausgebildeten Strängen. Für diese gelten die Betrachtungen des Abschnitts 7.1. Die Käfigwicklungen im Läufer können als Einfachkäfig oder als Doppelkäfig ausgeführt sein. Jeder derartige Einzelkäfig hat eine beliebige Zahl N_L gleichartiger Stäbe, die gleichmäßig am Umfang verteilt und in gleichen Nuten untergebracht sind. Die Widerstände sämtlicher Stäbe eines Einzelkäfigs und ebenso die Streuinduktivitäten der Nut- und Zahnkopfstreuung sind also untereinander gleich. Das gleiche gilt für die Widerstände und die Streuinduktivitäten der Stirnstreuung der Ringsegmente zwischen jeweils zwei benachbarten Stäben.

7.2.1 Allgemeine Beziehungen eines Einzelkäfigs

7.2.1.1 Durchflutungsverteilung

Jeden Einzelkäfig kann man als mehrsträngige Wicklung auffassen, wobei die Stränge durch die Käfigmaschen gebildet werden, die aus benachbarten Stäben und den sie verbindenden Ringsegmenten bestehen. Da i.allg. auf eine Polpaarteilung keine ganze Zahl von Stäben entfällt, ist es erforderlich, von vornherein die Durchflutungsverteilung des gesamten Käfigs, d.h. aller N_L Stabströme $i_{s\varrho}$, zu ermitteln. Dementsprechend empfiehlt es sich, die Vorgänge im Koordinatensystem γ' nach (4.3) bzw. (4.7) zu betrachten. Hinsichtlich des Koordinatenursprungs und der Kennzeichnung der Stabkoordinaten wird mit Bild 7.5 folgendes vereinbart:

– der Stab ϱ hat die Koordinate $\gamma'_\varrho + \pi/2p$

– der Ursprung der Koordinate γ' wird so gelegt, daß $\gamma'_1 = 0$ wird.

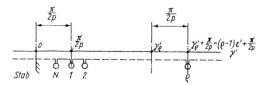

Bild 7.5
Festlegung des Koordinatenursprungs und der Koordinate eines Stabes ϱ im Koordinatensystem γ' des Läufers

Die bezogene Nullteilung bzw. die bezogene Weite einer Masche, die aus benachbarten Stäben und den sie verbindenden Ringsegmenten gebildet wird, beträgt

$$\varepsilon' = \frac{2\pi}{N_L} = \frac{\varepsilon}{p} \ . \tag{7.40}$$

Mit der zweiten Vereinbarung über den Ursprung des Koordinatensystems γ' wird dann

$$\gamma'_\varrho = (\varrho - 1)\varepsilon' \ . \tag{7.41}$$

Die Durchflutungsverteilung $\Theta(\gamma')$ ist unter der Annahme unendlich schmaler Nutschlitze entsprechend Abschnitt 4.5.2 eine Treppenkurve, deren Funktionswert mit den positiven Zählrichtungen nach Bild 7.6 im Bereich zwischen den Stäben ϱ und $\varrho+1$ um $-\sum i_{s\varrho}$ größer ist als bei $\gamma' = \pi/2p - \varepsilon'/2$. Da die Summe aller N_L Stabströme verschwindet, schließt sich die Treppenkurve der Durchflutungsverteilung $\Theta(\gamma')$ nach einem Umlauf. Sie hat dabei ebenso viele Bereiche mit positiven und negativen Funktionswerten durchlaufen, wie die Wicklung auf dem anderen Hauptelement Polpaare erregt. Die ν'-te Harmonische der Durchflutungsverteilung $\Theta(\gamma')$ erhält man entsprechend Anhang III allgemein als

$$\Theta_\nu(\gamma') = \frac{1}{\pi} \cos\nu'\gamma' \int_0^{2\pi} \Theta(\gamma')\cos\nu'\gamma'\, d\gamma' + \frac{1}{\pi}\sin\nu'\gamma' \int_0^{2\pi} \Theta(\gamma')\sin\nu'\gamma'\, d\gamma' \ .$$

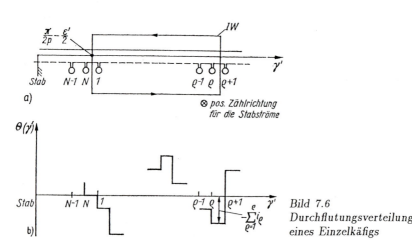

Bild 7.6
Durchflutungsverteilung
eines Einzelkäfigs

Daraus folgt durch abschnittsweises Einführen der Funktionswerte der Treppenkurve $\Theta(\gamma')$ unter Beachtung von $\sum_{\varrho=1}^{N_L} i_{s\varrho} = 0$

$$
\begin{aligned}
\Theta_\nu(\gamma') &= \frac{1}{\pi}\cos\nu'\gamma' \sum_{\varrho=1}^{N_L} \int_{\gamma'_\varrho+(\pi/2p)}^{\gamma'_{\varrho+1}+(\pi/2p)} \left(-\sum_1^\varrho i_{s\varrho}\right)\cos\nu'\gamma'\, d\gamma' \\
&+ \frac{1}{\pi}\sin\nu'\gamma' \sum_{\varrho=1}^{N_L} \int_{\gamma'_\varrho+(\pi/2p)}^{\gamma'_{\varrho+1}+(\pi/2p)} \left(-\sum_1^\varrho i_{s\varrho}\right)\sin\nu'\gamma'\, d\gamma' \\
&= \frac{1}{\pi\nu'} \sum_{\varrho=1}^{N_L} i_{s\varrho}\sin\nu'\left(\gamma'_\varrho + \frac{\pi}{2p}\right)\cos\nu'\gamma' \\
&- \frac{1}{\pi\nu'} \sum_{\varrho=1}^{N_L} i_{s\varrho}\cos\nu'\left(\gamma'_\varrho + \frac{\pi}{2p}\right)\sin\nu'\gamma' \ .
\end{aligned}
\tag{7.42}
$$

Insbesondere gilt also für die Grundwelle mit $\nu' = p$ bei Übergang zum Koordinatensystem $\gamma = p\gamma'$

$$\Theta_1(\gamma) = \frac{1}{\pi p} \sum_{\varrho=1}^{N_{\mathrm{L}}} i_{\mathrm{s}\varrho} \cos\gamma_\varrho \cos\gamma + \frac{1}{\pi p} \sum_{\varrho=1}^{N_{\mathrm{L}}} i_{\mathrm{s}\varrho} \sin\gamma_\varrho \sin\gamma \; . \tag{7.43}$$

Dabei wird die Durchflutungsgrundwelle des Einzelkäfigs bereits durch ihre Komponenten bezüglich $\gamma = 0$ und $\gamma = \pi/2$ beschrieben, die bei Einführung einer zweisträngigen Ersatzwicklung unmittelbar von deren Wicklungssträngen aufzubauen sind. Für die Amplituden der beiden Komponenten folgt aus (7.43)

$$\widehat{\Theta}_\alpha = \frac{1}{\pi p} \sum_{\varrho=1}^{N_{\mathrm{L}}} i_{\mathrm{s}\varrho} \cos\gamma_\varrho \; , \qquad \widehat{\Theta}_\beta = \frac{1}{\pi p} \sum_{\varrho=1}^{N_{\mathrm{L}}} i_{\mathrm{s}\varrho} \sin\gamma_\varrho \; . \tag{7.44}$$

Die Durchflutungsgrundwelle mit ihren zwei Bestimmungsstücken ist offenbar durch die N_{L} Stabströme mehrfach überbestimmt. Dem entspricht, daß in Analogie zu (7.24) und (7.25) in der umgekehrten Zuordnung mehrere Nullsysteme auftreten müßten. Da die Stabströme jedoch durch Induktionswirkung der resultierenden Grundwelle der Induktionsverteilung des Luftspaltfelds entstehen, enthalten sie keine Komponenten, die nicht ihrerseits zum Aufbau eines Grundwellenfelds beitragen. Dem entspricht, daß sich die Stabströme in der umgekehrten Zuordnung zu (7.44) allein durch die Amplituden $\widehat{\Theta}_\alpha$ und $\widehat{\Theta}_\beta$ der Komponenten der Durchflutungsgrundwelle ausdrücken lassen müssen. In Analogie zu (7.24) wird der Ansatz

$$i_{\mathrm{s}\varrho} = C(\widehat{\Theta}_\alpha \cos\gamma_\varrho + \widehat{\Theta}_\beta \sin\gamma_\varrho) \tag{7.45}$$

gemacht und die Konstante C durch Einsetzen von (7.45) in (7.44) bestimmt. Unter Beachtung von

$$\gamma_{\varrho+1} - \gamma_\varrho = \gamma_\varrho - \gamma_{\varrho-1} = \varepsilon \tag{7.46}$$

und folglich $\sum_{\varrho=1}^{N_{\mathrm{L}}} \cos 2\gamma_\varrho = 0$ bzw. $\sum_{\varrho=1}^{N_{\mathrm{L}}} \sin 2\gamma_\varrho = 0$ erhält man $C = 2\pi p/N_{\mathrm{L}}$. Damit geht (7.45) über in

$$i_{\mathrm{s}\varrho} = \frac{2\pi p}{N_{\mathrm{L}}} (\widehat{\Theta}_\alpha \cos\gamma_\varrho + \widehat{\Theta}_\beta \sin\gamma_\varrho) \; . \tag{7.47}$$

Damit zeichnet sich bereits ab, daß die N_{L} Stabströme auf zwei Variable zurückführbar sind. Das sind in (7.47) die Durchflutungsamplituden $\widehat{\Theta}_\alpha$ und $\widehat{\Theta}_\beta$, denen im Abschnitt 7.2.2 die Ströme der Ersatzstränge zugeordnet werden.

7.2.1.2 Hauptflußverkettung

Die Hauptflußverkettung, d.h. die Flußverkettung mit der resultierenden Grundwelle der Induktionsverteilung, läßt sich bei einem Einzelkäfig für jede geschlossene Masche angeben, die von irgendwelchen Stäben und den sie verbindenden Ringsegmenten gebildet wird. Es liegt an sich nahe, derartige Maschen aus jeweils zwei unmittelbar benachbarten Stäben zu bilden.

Wie bei der Aufstellung der Spannungsgleichungen deutlich werden wird, empfiehlt es sich jedoch, die Masche so zu wählen, daß drei aufeinanderfolgende Stäbe entsprechend Bild 7.7 in Form einer 8 durchlaufen werden. Es treten dann von vornherein keine Anteile in Erscheinung, die von den Ringströmen herrühren. Die Hauptflußverkettung einer allgemeinen Masche der beschriebenen Art, die den Stab ϱ als Mittelstab besitzt, ergibt sich in bezug auf die Rechtschraubenzuordnung zu dem im Bild 7.7 eingetragenen Umlaufsinn zu

$$\psi_{h\varrho} = \frac{1}{\pi} \tau_p l_i \left\{ \int_{\gamma_{\varrho-1}+\pi/2}^{\gamma_\varrho+\pi/2} B_{res}(\gamma)\, d\gamma - \int_{\gamma_\varrho+\pi/2}^{\gamma_{\varrho+1}+\pi/2} B_{res}(\gamma)\, d\gamma \right\} . \tag{7.48}$$

Wenn die resultierende Induktionsgrundwelle entsprechend (7.28) durch die Komponenten bezüglich $\gamma = 0$ und $\gamma = \pi/2$ ausgedrückt wird, erhält man aus (7.48) unter Beachtung von (7.46) sowie mit $1 - \cos\varepsilon = 2\sin^2\varepsilon/2$

$$\psi_{h\varrho} = \frac{1}{\pi} \tau_p l_i 4 \sin^2 \frac{\varepsilon}{2} (\widehat{B}_\alpha \cos\gamma_\varrho + \widehat{B}_\beta \sin\gamma_\varrho) . \tag{7.49}$$

7.2.1.3 Streuflußverkettung durch Oberwellenstreuung

Die Streuflußverkettung durch Oberwellenstreuung rührt von sämtlich Harmonischen der Durchflutungsverteilung nach (7.42) her, die über die Grundwelle hinausgehend vorhanden sind. Dabei kann die Induktionsverteilung der einzelnen Durchflutungsharmonischen aufgrund des konstanten Luftspalts gemäß Tafel 4.2 mit $\mu_{Fe} = \infty$ unmittelbar als $B(\gamma) = (\mu_0/\delta_i)\Theta(\gamma)$ ermittelt werden.

In (7.42) lassen sich die N_L Stabströme mit Hilfe von (7.47) durch die beiden Durchflutungsamplituden ausdrücken. Man erhält

$$\Theta_\nu(\gamma') = \frac{2p}{N_L \nu'} \tag{7.50}$$

$$\times \left\{ \left[\underbrace{\widehat{\Theta}_\alpha \sum_{\varrho=1}^{N_L} \sin\nu' \left(\gamma'_\varrho + \frac{\pi}{2p}\right) \cos\gamma_\varrho}_{S_1} + \underbrace{\widehat{\Theta}_\beta \sum_{\varrho=1}^{N_L} \sin\nu' \left(\gamma'_\varrho + \frac{\pi}{2p}\right) \sin\gamma_\varrho}_{S_2} \right] \cos\nu'\gamma' \right.$$

$$\left. - \left[\underbrace{\widehat{\Theta}_\alpha \sum_{\varrho=1}^{N_L} \cos\nu' \left(\gamma'_\varrho + \frac{\pi}{2p}\right) \cos\gamma_\varrho}_{S_3} + \underbrace{\widehat{\Theta}_\beta \sum_{\varrho=1}^{N_L} \cos\nu' \left(\gamma'_\varrho + \frac{\pi}{2p}\right) \sin\gamma_\varrho}_{S_4} \right] \sin\nu'\gamma' \right\} .$$

Da über (7.47) Bedingungen eingeführt werden, die zwischen den Stabströmen existieren, wird sich herausstellen, daß der Einzelkäfig in seinem Zusammenwirken mit einer resultierenden Induktionsgrundwelle des Luftspaltfelds nur ganz bestimmte Durchflutungsharmonische aufbaut. Um diese zu ermitteln, ist es erforderlich, die Summen $S_1 \dots S_4$ in (7.50) zu untersuchen.

Durch Einführen von (7.41) erhält man für die erste dieser Summen unter Verwendung der entsprechenden trigonometrischen Umformung (s. Anhang IV)

$$S_1 = \sum_{\varrho=1}^{N_L} \sin\nu' \left[(\varrho-1)\varepsilon' + \frac{\pi}{2p} \right] \cos p(\varrho-1)\varepsilon'$$

$$= \frac{1}{2} \sum_{\varrho=1}^{N_L} \sin \left[(\varrho-1)\varepsilon'(\nu'+p) + \frac{\nu'\pi}{2p} \right]$$

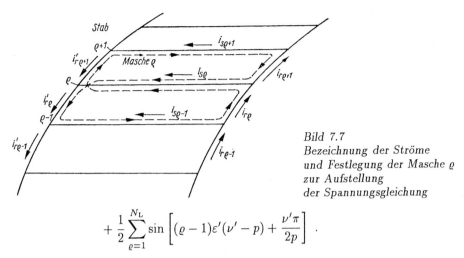

Bild 7.7
*Bezeichnung der Ströme
und Festlegung der Masche ϱ
zur Aufstellung
der Spannungsgleichung*

$$+ \frac{1}{2} \sum_{\varrho=1}^{N_L} \sin \left[(\varrho - 1)\varepsilon'(\nu' - p) + \frac{\nu'\pi}{2p} \right] .$$

Mit $\varepsilon' = 2\pi/N_L$ stellen beide Anteile dieser Beziehung Summen von N_L Sinusgrößen dar, die um ein Vielfaches von $2\pi/N_L$ gegeneinander verschoben sind. Eine derartige Summe verschwindet, wenn nicht der Differenzwinkel zwischen zwei aufeinanderfolgenden Gliedern der Summe bereits ein ganzes Vielfaches von 2π ist. In diesem Fall erhält man N_L gleiche Sinusgrößen, deren Summe die N_L-fache Amplitude der Einzelgröße besitzt. Ausgehend von diesen Überlegungen wird

$$S_1 = +\frac{N_L}{2} \sin \frac{\nu'\pi}{2p}$$

für $\varepsilon'(\nu' + p) = g2\pi$ und für $\varepsilon'(\nu' - p) = g2\pi$.

Die Untersuchung der anderen Summen erfolgt analog. Man erhält zusammenfassend für $\varepsilon(\nu' + p) = g2\pi$, d.h.

$$\nu' = gN_L - p \qquad \text{bzw.} \quad \nu = g\frac{N_L}{p} - 1 \; : \tag{7.51}$$

$$S_1 = S_4 = \frac{N_L}{2} \sin \frac{\nu'\pi}{2p} \; , \qquad S_2 = -S_3 = -\frac{N_L}{2} \cos \frac{\nu'\pi}{2p} \; . \tag{7.52}$$

Analog ergibt sich für $\varepsilon'(\nu' - p) = g2\pi$, d.h.,

$$\nu' = gN_L + p \qquad \text{bzw.} \quad \nu = g\frac{N_L}{p} + 1 \; : \tag{7.53}$$

$$S_1 = -S_4 = \frac{N_L}{2} \sin \frac{\nu'\pi}{2p} \; , \qquad S_2 = S_3 = \frac{N_L}{2} \cos \frac{\nu'\pi}{2p} \; . \tag{7.54}$$

(7.51) und (7.53) lassen erkennen, daß im allgemeinen Fall mit $N/p \neq$ ganze Zahl Harmonische auftreten, die nicht als höhere Harmonische bezüglich der Hauptwelle mit $\nu' = p$ angesehen werden können.

Durch Einsetzen von (7.52) bzw. (7.54) in (7.50) erhält man unter Beachtung der entsprechenden trigonometrischen Umformungen (s. Anhang IV)

$$\Theta_\nu(\gamma') = -\left(\frac{p}{\nu'}\right)\left[\widehat{\Theta}_\alpha \sin\nu'\left(\gamma' - \frac{\pi}{2p}\right) \pm \widehat{\Theta}_\beta \cos\nu'\left(\gamma' - \frac{\pi}{2p}\right)\right] . \tag{7.55}$$

Dabei gilt das positive Vorzeichen für Harmonische der Ordnungszahlen $\nu' = gN - p$ und das negative für solche mit $\nu' = gN + p$. Unter Einführung von

$$\lambda' = kN_\mathrm{L} + p \qquad \text{mit} \quad k = 0, \pm1, \pm2, \ldots \tag{7.56}$$

erhält man aus (7.55) als gemeinsame Darstellungsform der Durchflutungsharmonischen der Ordnungszahl $\nu' = |\lambda'|$

$$\Theta_\nu(\gamma') = -\left(\frac{p}{\lambda'}\right)\left[\widehat{\Theta}_\alpha \sin\lambda'\left(\gamma' - \frac{\pi}{2p}\right) - \widehat{\Theta}_\beta \cos\lambda'\left(\gamma' - \frac{\pi}{2p}\right)\right] . \tag{7.57}$$

Die Flußverkettung $\psi_{\sigma o\varrho}$ mit den Oberwellenfeldern für die Masche entsprechend Bild 7.7 ergibt sich mit $B_\nu = (\mu_0/\delta_\mathrm{i})\Theta_\nu$ analog (7.48) zu

$$\psi_{\sigma o\varrho} = \frac{\mu_0}{\delta_\mathrm{i}}\frac{p}{\pi}\tau_\mathrm{p}l_\mathrm{i}\sum_{\lambda'\neq p}\left\{\int_{\gamma'_{\varrho-1}+\pi/2p}^{\gamma'_\varrho+\pi/2p}\Theta_\nu(\gamma')\,\mathrm{d}\gamma' - \int_{\gamma'_\varrho+\pi/2p}^{\gamma'_{\varrho+1}+\pi/2p}\Theta_\nu(\gamma')\,\mathrm{d}\gamma'\right\} . \tag{7.58}$$

Daraus erhält man durch Einsetzen von (7.57) und Ausführen der Integration unter Beachtung von (7.46)

$$\psi_{\sigma o\varrho} = \frac{\mu_0}{\delta_\mathrm{i}}\frac{2}{\pi}\tau_\mathrm{p}l_\mathrm{i}\sum\left(\frac{p}{\lambda'}\right)^2(1 - \cos\lambda'\varepsilon')[\widehat{\Theta}_\alpha \cos\lambda'\gamma'_\varrho + \widehat{\Theta}_\beta \sin\lambda'\gamma'_\varrho] .$$

Mit Hilfe von (7.40), (7.41) und (7.56) folgt $\cos\lambda'\varepsilon' = \cos\varepsilon$, $\cos\lambda'\gamma'_\varrho = \cos\gamma_\varrho$ und $\sin\lambda'\gamma'_\varrho = \sin\gamma_\varrho$. Außerdem gilt $1 - \cos\varepsilon = 2\sin^2\varepsilon/2$ (s. Anhang IV). Damit wird

$$\psi_{\sigma o\varrho} = \frac{\mu_0}{\delta_\mathrm{i}}\frac{2}{\pi}\tau_\mathrm{p}l_\mathrm{i}\sigma_\mathrm{o}\,2\sin^2\frac{\varepsilon}{2}\,[\widehat{\Theta}_\alpha \cos\gamma_\varrho + \widehat{\Theta}_\beta \sin\gamma_\varrho] . \tag{7.59}$$

Dabei wurde als σ_o der *Streukoeffizient der Oberwellenstreuung* des Käfigs

$$\sigma_\mathrm{o} = \sum_{\lambda'\neq p}\left(\frac{p}{\lambda'}\right)^2 = \sum_{k=\pm1,\pm2,\ldots}\frac{1}{\left(k\dfrac{N}{p} + 1\right)^2} \tag{7.60}$$

eingeführt. Die Summation läßt sich näherungsweise durchführen und liefert

$$\sigma_\mathrm{o} \approx \frac{1}{3}\left(\frac{\pi p}{N_\mathrm{L}}\right)^2 = \frac{\varepsilon^2}{12} . \tag{7.61}$$

7.2.1.4 Beziehung zwischen den Stab- und Ringströmen

Die Bezeichnungen der Ströme in den Stäben und Ringsegmenten sowie ihre positiven Zählrichtungen sind im Bild 7.7 angegeben. Davon ausgehend erhält man aus der Quellenfreiheit der elektrischen Strömung die Aussagen

$$i_{\mathrm{s}\varrho} = i_{\mathrm{r}\varrho} - i_{\mathrm{r}\varrho+1} = i'_{\mathrm{r}\varrho} - i'_{\mathrm{r}\varrho+1} \tag{7.62}$$

7.2.1.5 Spannungsgleichung der Masche

Die Spannungsgleichung ist für eine Masche ϱ aufzustellen, die im Bild 7.7 unter Angabe des Umlaufzählsinns gekennzeichnet ist und für die auch bereits die Hauptflußverkettung $\psi_{h\varrho}$ als (7.49) und die Streuflußverkettung $\psi_{\sigma o\varrho}$ der Oberwellenstreuung als (7.59) ermittelt wurden. Wenn dabei die Ringströme mit Hilfe von (7.62) eliminiert werden, erhält man

$$
\frac{\mathrm{d}\psi_{h\varrho}}{\mathrm{d}t} + \left(R_s + L_{\sigma s}\frac{\mathrm{d}}{\mathrm{d}t} \right)(-i_{s\varrho+1} + 2i_{s\varrho} - i_{s\varrho-1})
$$
$$
+ 2\left(R_r + L_{\sigma r}\frac{\mathrm{d}}{\mathrm{d}t} \right)i_{s\varrho} + \frac{\mathrm{d}\psi_{\sigma o\varrho}}{\mathrm{d}t} = 0 \qquad (7.63)
$$

mit

R_s Widerstand eines Stabs
$L_{\sigma s}$ Streuinduktivität eines Stabs entsprechend der Nut- und Zahnkopfstreuung
R_r Widerstand eines Ringsegments zwischen benachbarten Stäben
$L_{\sigma r}$ Streuinduktivität eines Ringsegments zwischen benachbarten Stäben
       entsprechend der Stirnstreuung.

Es existieren N_L Spannungsgleichungen entsprechend (7.63). Da sich jedoch alle $\psi_{h\varrho}$ durch die Amplituden $\widehat{B}_\alpha$ und $\widehat{B}_\beta$ der Komponenten der resultierenden Induktionsgrundwelle und alle $i_{s\varrho}$ sowie $\psi_{\sigma o\varrho}$ durch die Amplituden $\widehat{\Theta}_\alpha$ und $\widehat{\Theta}_\beta$ der Komponenten der Durchflutungsgrundwelle des Einfachkäfigs ausdrücken lassen, wird offenbar, daß nur zwei dieser N_L Gleichungen voneinander unabhängig sind. Es genügt also, zwei Spannungsgleichungen nach (7.63) für zwei beliebige Stäbe ϱ als Mittelstab der Masche nach Bild 7.7 zu betrachten. Damit wird bereits deutlich, daß es möglich sein muß, den Einzelkäfig unter Voraussetzung der Gültigkeit des Prinzips der Grundwellenverkettung auch unter beliebigen Betriebsbedingungen in eine zweisträngige Ersatzwicklung zu überführen. Die Umformung wird im folgenden Abschnitt vorgenommen.

7.2.2 Zweisträngige Ersatzwicklung eines Einzelkäfigs

Die Amplituden $\widehat{\Theta}_\alpha$ und $\widehat{\Theta}_\beta$ der Komponenten der Durchflutungsgrundwelle für die zweisträngige Wicklung folgen aus (4.115) mit $\nu = 1$ zu

$$
\widehat{\Theta}_\alpha = \frac{4}{\pi}\frac{(w\xi_1)_{(2)}}{2p}i_\alpha , \qquad \widehat{\Theta}_\beta = \frac{4}{\pi}\frac{(w\xi_1)_{(2)}}{2p}i_\beta \qquad (7.64)
$$

und sind für den Einzelkäfig durch die Gleichungen (7.44) gegeben. Der Einzelkäfig kann offenbar hinsichtlich der Durchflutungsgrundwelle, mit der er auf die resultierende Induktionsgrundwelle im Luftspalt einwirkt, dann durch eine zweisträngige Wicklung ersetzt werden, wenn diese die gleiche Durchflutungsgrundwelle aufbaut. Damit folgt aus den Gleichungen (7.64) und (7.44)

$$
i_\alpha = \frac{1}{2(w\xi_1)_{(2)}}\sum i_{s\varrho}\cos\gamma_\varrho , \qquad i_\beta = \frac{1}{2(w\xi_1)_{(2)}}\sum i_{s\varrho}\sin\gamma_\varrho . \qquad (7.65)
$$

Die Hauptflußverkettungen $\psi_{h\alpha}$ und $\psi_{h\beta}$ der zweisträngigen Wicklung mit der resultierenden Induktionsgrundwelle nach (7.28) sind durch (7.30) gegeben. Das gleiche Luftspaltfeld liefert für die Masche ϱ des Einzelkäfigs nach Bild 7.7 die Hauptflußverkettung $\psi_{h\varrho}$ nach (7.49). Diese läßt sich damit durch die Hauptflußverkettungen der zweisträngigen Anordnung ausdrücken als

$$\psi_{h\varrho} = \frac{2\sin^2(\varepsilon/2)}{(w\xi_1)_{(2)}}\left(\psi_{h\alpha}\cos\gamma_\varrho + \psi_{h\beta}\sin\gamma_\varrho\right) . \tag{7.66}$$

Die umgekehrte Zuordnung erhält man, indem (7.66) mit $\cos\gamma_\varrho$ bzw. mit $\sin\gamma_\varrho$ multipliziert und danach über alle ϱ von $\varrho = 1$ bis $\varrho = N_L$ summiert wird zu

$$\left.\begin{aligned}
\psi_{h\alpha} &= \frac{(w\xi_1)_{(2)}}{N_L \sin^2\frac{\varepsilon}{2}}\sum_{\varrho=1}^{N_L}\psi_{h\varrho}\cos\gamma_\varrho , \\[2ex]
\psi_{h\beta} &= \frac{(w\xi_1)_{(2)}}{N_L \sin^2\frac{\varepsilon}{2}}\sum_{\varrho=1}^{N_L}\psi_{h\varrho}\sin\gamma_\varrho .
\end{aligned}\right\} \tag{7.67}$$

Die Streuflußverkettung $\psi_{\sigma o\varrho}$ der Oberwellenstreuung für die Masche ϱ nach (7.59) läßt sich mit Hilfe von (7.64) durch die Ströme i_α und i_β der Ersatzstränge ausdrücken. Man erhält

$$\psi_{\sigma o\varrho} = \frac{\mu_0}{\delta_i}\frac{2}{\pi}\tau_p l_i \sigma_o 2\sin^2\frac{\varepsilon}{2}\frac{4}{\pi}\frac{(w\xi_1)_{(2)}}{2p}\left(i_\alpha\cos\gamma_\varrho + i_\beta\sin\gamma_\varrho\right) . \tag{7.68}$$

Die Spannungsgleichungen der zweisträngigen Ersatzwicklung müssen nunmehr, analog dem Vorgehen im Abschnitt 7.1.4, aus den Spannungsgleichungen der Maschen ϱ nach (7.63) entwickelt werden. Dazu ist es erforderlich, diese Gleichung mit $\cos\gamma_\varrho$ bzw. $\sin\gamma_\varrho$ zu multiplizieren und danach von $\varrho = 1$ bis $\varrho = N_L$ zu summieren, um die Hauptflußverkettungen $\psi_{h\alpha}$ bzw. $\psi_{h\beta}$ nach (7.67) und die Ströme i_α bzw. i_β nach (7.65) einzuführen. Damit diese Operation nur einmal durchgeführt werden muß, erfolgt die Multiplikation zunächst mit $\cos(\gamma_\varrho + \delta)$, und für δ wird nach Durchführung der Rechnung einmal $\delta = 0$ und zum anderen $\delta = -\pi/2$ gesetzt. Im ersten Fall erhält man die Beziehungen für den Strang α und im zweiten jene für den Strang β der zweisträngigen Ersatzwicklung. Die geschilderte Vorgehensweise führt auf

$$\frac{d}{dt}\sum_{\varrho=1}^{N_L}\psi_{h\varrho}\cos(\gamma_\varrho + \delta)$$

$$+ \left(R_s + L_{\sigma s}\frac{d}{dt}\right)\underbrace{\sum_{\varrho=1}^{N_L}i_{s\varrho}\left[-\cos(\gamma_{\varrho+1} + \delta) + 2\cos(\gamma_\varrho + \delta) - \cos(\gamma_{\varrho-1} + \delta)\right]}_{A}$$

$$+ 2\left(R_r + L_{\sigma r}\frac{d}{dt}\right)\sum_{\varrho=1}^{N_L}i_{s\varrho}\cos(\gamma_\varrho + \delta) + \frac{d}{dt}\sum_{\varrho=1}^{N_L}\psi_{\sigma o\varrho}\cos(\gamma_\varrho + \delta) = 0 . \tag{7.69}$$

Dabei entsteht der Ausdruck A durch Zusammenführen aller Glieder in der Summe, in denen der Strom $i_{s\varrho}$ auftritt und die von den Spannungsgleichungen der benachbarten Maschen $\varrho - 1$, ϱ und $\varrho + 1$ herrühren. Dieser Ausdruck läßt sich unter Beachtung von (7.46) und unter Verwendung der entsprechenden trigonometrischen Umformungen (s. Anhang IV) überführen in

$$\begin{aligned}
A &= \sum i_{s\varrho}\left[-\cos(\gamma_\varrho + \delta)\cos\varepsilon + 2\cos(\gamma_\varrho + \delta) - \cos(\gamma_\varrho + \delta)\cos\varepsilon\right] \\[1ex]
&= \sum i_{s\varrho}4\sin^2\frac{\varepsilon}{2}\cos(\gamma_\varrho + \delta) .
\end{aligned}$$

Wenn gleichzeitig durch $\dfrac{N_{\mathrm{L}} \sin^2 \varepsilon/2}{(w\xi_1)_{(2)}}$ dividiert wird, geht (7.69) damit über in

$$\frac{\mathrm{d}}{\mathrm{d}t} \sum_{\varrho=1}^{N_{\mathrm{L}}} \frac{(w\xi_1)_{(2)}}{N_{\mathrm{L}} \sin^2 \dfrac{\varepsilon}{2}} \psi_{\mathrm{h}\varrho} \cos(\gamma_\varrho + \delta)$$

$$+ \left[\left(R_{\mathrm{s}} + \frac{R_{\mathrm{r}}}{2\sin^2 \dfrac{\varepsilon}{2}} \right) + \left(L_{\sigma\mathrm{s}} + \frac{L_{\sigma\mathrm{r}}}{2\sin^2 \dfrac{\varepsilon}{2}} \right) \frac{\mathrm{d}}{\mathrm{d}t} \right] \frac{8(w\xi_1)^2_{(2)}}{N_{\mathrm{L}}}$$

$$\times \sum_{\varrho=1}^{N_{\mathrm{L}}} \frac{1}{2(w\xi_1)_{(2)}} i_{\mathrm{s}\varrho} \cos(\gamma_\varrho + \delta)$$

$$+ \frac{\mathrm{d}}{\mathrm{d}t} \sum_{\varrho=1}^{N_{\mathrm{L}}} \frac{(w\xi_1)_{(2)}}{N_{\mathrm{L}} \sin^2 \dfrac{\varepsilon}{2}} \psi_{\sigma\mathrm{o}\varrho} \cos(\gamma_\varrho + \delta) = 0 \; .$$

Daraus folgt mit $\delta = 0$ und (7.65), (7.67) und 7.68)

$$\frac{\mathrm{d}\psi_{\mathrm{h}\alpha}}{\mathrm{d}t} + \left(R_{\mathrm{s}} + \frac{R_{\mathrm{r}}}{2\sin^2 \dfrac{\varepsilon}{2}} \right) \frac{8(w\xi_1)^2_{(2)}}{N_{\mathrm{L}}} i_\alpha$$

$$+ \left[\left(L_{\sigma\mathrm{s}} + \frac{L_{\sigma\mathrm{r}}}{2\sin^2 \dfrac{\varepsilon}{2}} \right) \frac{8(w\xi_1)^2_{(2)}}{N_{\mathrm{L}}} + \frac{\mu_0}{\delta_{\mathrm{i}}} \frac{2}{\pi} \tau_{\mathrm{p}} l_{\mathrm{i}} \frac{(w\xi_1)^2_{(2)}}{2p} \sigma_{\mathrm{o}} \right] \frac{\mathrm{d}i_\alpha}{\mathrm{d}t} = 0 \; . \quad (7.70)$$

Mit $\delta = -\pi/2$ erhält man den analogen Ausdruck für den Strang β. Damit sind die Spannungsgleichungen der Ersatzstränge, ausgehend von den Spannungsgleichungen der Käfigmaschen, entwickelt worden. Sie lassen sich allgemein darstellen als

$$\left. \begin{aligned} R_{(2)}i_\alpha + L_{\sigma(2)} \frac{\mathrm{d}i_\alpha}{\mathrm{d}t} + \frac{\mathrm{d}\psi_{\mathrm{h}\alpha}}{\mathrm{d}t} &= 0 \\[2mm] R_{(2)}i_\beta + L_{\sigma(2)} \frac{\mathrm{d}i_\beta}{\mathrm{d}t} + \frac{\mathrm{d}\psi_{\mathrm{h}\beta}}{\mathrm{d}t} &= 0 \end{aligned} \right\} . \qquad (7.71)$$

wobei die Glieder wieder in der bisher üblichen Reihenfolge geordnet wurden.

Der Widerstand $R_{(2)}$ und die Streuinduktivität $L_{\sigma(2)}$ der Ersatzstränge folgen aus einem Vergleich mit (7.70) zu

$$\left. \begin{aligned} R_{(2)} &= \left(R_{\mathrm{s}} + \frac{R_{\mathrm{r}}}{2\sin^2 \dfrac{\varepsilon}{2}} \right) \frac{8(w\xi_1)^2_{(2)}}{N_{\mathrm{L}}} \\[3mm] L_{\sigma(2)} &= \left(L_{\sigma\mathrm{s}} + \frac{L_{\sigma\mathrm{r}}}{2\sin^2 \dfrac{\varepsilon}{2}} \right) \frac{8(w\xi_1)^2_{(2)}}{N_{\mathrm{L}}} + L_{\mathrm{h}(2)}\sigma_{\mathrm{o}} \end{aligned} \right\} , \qquad (7.72)$$

wobei

$$L_{h(2)} = \frac{\mu_0}{\delta_i} \frac{2}{\pi} \tau_p l_i \frac{4}{\pi} \frac{(w\xi_1)_{(2)}^2}{2p} \qquad (7.73)$$

die Hauptinduktivität der zweisträngigen Ersatzwicklung darstellt und σ_o durch (7.60) bzw. (7.61) gegeben ist.

Wie beim Ersatz einer dreisträngigen Wicklung durch eine zweisträngige, der im Abschnitt 7.1.4 vorgenommen wurde, besteht zunächst Freizügigkeit bezüglich der Wahl der wirksamen Windungszahl $(w\xi_1)_{(2)}$. In Analogie zum Vorgehen in jenem Abschnitt soll $(w\xi_1)_{(2)}$ so festgelegt werden, daß im stationären Betrieb der Strom im Ersatzstrang α gleich dem Strom im tatsächlichen Stab 1 wird. Die Stabströme sind im stationären Betrieb eingeschwungene Sinusgrößen, die gegeneinander um den Winkel ε phasenverschoben sind[1]. Es ist also $\underline{i}_{s\varrho} = \underline{i}_{s1} e^{-j(\varrho - 1)\varepsilon}$. Damit liefert (7.65) unter Beachtung von $\gamma_\varrho = (\varrho - 1)\varepsilon$, entsprechend (7.41), und $\cos\alpha = (e^{j\alpha} + e^{-j\alpha})/2$

$$\underline{i}_\alpha = \frac{1}{2(w\xi_1)_{(2)}} \sum_{\varrho=1}^{N_L} \underline{i}_{s1} e^{-j(\varrho - 1)\varepsilon} \cos(\varrho - 1)\varepsilon = \frac{N_L}{4(w\xi_1)_{(2)}} \underline{i}_{s1} \ .$$

Die Forderung $\underline{i}_\alpha = \underline{i}_{s1}$ legt die wirksame Windungszahl der zweisträngigen Ersatzwicklung fest zu

$$(w\xi_1)_{(2)} = \frac{N_L}{4} \ . \qquad (7.74)$$

Die Überführung eines Einzelkäfigs in eine zweisträngige Ersatzanordnung wurde im vorliegenden Abschnitt unter Voraussetzung der Gültigkeit des Prinzips der Grundwellenverkettung, aber ohne Einschränkungen hinsichtlich des Betriebszustands der Maschine vorgenommen. Damit ist die Möglichkeit gegeben, bei der Untersuchung beliebiger – vor allem also auch nichtstationärer – Betriebszustände zunächst eine Maschine mit Schleifringläufer zu betrachten und die erhaltenen Ergebnisse auf eine Maschine mit Einfachkäfigläufer zu übertragen.

7.2.3 Dreisträngige Ersatzwicklungen für Einfach- und Doppelkäfigläufer

Bei der Behandlung der Asynchronmaschine, die in den Abschnitten 8, 9, 10, 12 und 13 auf Basis der Grundwellenverkettung erfolgt, wird von einer Maschine mit einem dreisträngigen Schleifringläufer ausgegangen, dessen Stränge in Stern geschaltet sind, ohne daß ein Neutralleiter angeschlossen ist. Es ist deshalb erforderlich, den Käfiganordnungen dreisträngige Ersatzwicklungen zuzuordnen. Die zweisträngige Ersatzwicklung für einen Einfachkäfig ist im Abschnitt 7.2.2 vollständig abgeleitet worden. Ihre Überführung in eine dreisträngige Ersatzwicklung kann mit Hilfe des Abschnitts 7.1.4 erfolgen. Als Ergebnis erhält man eine dreisträngige Ersatzwicklung, deren Parameter in Tafel 7.1 festgehalten sind. Dabei wurde hinsichtlich der Kennzeichnung der Größen davon ausgegangen, daß bei der Behandlung der Asynchronmaschine den Ständergrößen der Index 1 und den Läufergrößen des Schleifringläufers bzw. des Einfachkäfigläufers der Index 2 zugeordnet wird. Wenn ein Doppelkäfigläufer vorliegt,

[1] vgl. Band Grundlagen, Abschnitt 26, bzw. Abschnitt 8.7 des vorliegenden Bandes

werden die Größen des Außenkäfigs durch Index I und die des Innenkäfigs durch Index II gekennzeichnet; die Größen der zugeordneten Ersatzwicklungen erhalten den Index 2 bzw. 3.

Die Spannungsgleichung eines Strangs j der dreisträngigen Ersatzwicklung eines Einfachkäfigs lautet damit

$$\boxed{R_2 i_{2j} + L_{\sigma 2} \frac{\mathrm{d}i_{2j}}{\mathrm{d}t} + \frac{\mathrm{d}\psi_{\mathrm{h}2j}}{\mathrm{d}t} = 0} \ . \tag{7.75}$$

Die Ermittlung der Parameter der Ersatzwicklungen für die beiden Einzelkäfige des Doppelkäfigläufers erfolgt vollständig analog zum Vorgehen im Abschnitt 7.2.2[1]. Auf die vollständige Durchführung der Rechnung muß verzichtet werden; die Ergebnisse sind in Tafel 7.1 zusammengefaßt. Man erhält zunächst zwei Gleichungspaare analog (7.44) für die Amplituden der Durchflutungskomponenten der beiden Käfige I und II. Aus beiden ergeben sich jeweils die Beziehungen zwischen den Strömen der Käfigstäbe und denen der Ersatzstränge analog zu (7.65). Dabei ist zu beachten, daß $\gamma_{\varrho I} = \gamma_{\varrho II}$ ist, da die Stäbe beider Käfige gemeinsame Nuten benutzen. Die wirksamen Windungszahlen der Ersatzstränge sind im Prinzip wiederum frei wählbar. Da sie jedoch für beide Käfige nach gleichen Gesichtspunkten festgelegt werden und beide Käfige die gleiche Stabzahl aufweisen, wird

$$(w\xi_1)_{(2)2} = (w\xi)_{(2)3} \ .$$

Damit gelten die Beziehungen für die Hauptflußverkettungen nach (7.66) und (7.67) für beide Käfige; es ist entsprechend (7.30) $\psi_{\mathrm{h}2\alpha} = \psi_{\mathrm{h}3\alpha} = \psi_{\mathrm{h}\alpha}$ und $\psi_{\mathrm{h}2\beta} = \psi_{\mathrm{h}3\beta} = \psi_{\mathrm{h}\beta}$ sowie entsprechend (7.49) $\psi_{\mathrm{h}I\varrho} = \psi_{\mathrm{h}II\varrho} = \psi_{\mathrm{h}\varrho}$. Weiterhin sind beide Käfige mit den gleichen Oberwellenfeldern verkettet, die allerdings auch unter der gemeinsamen Wirkung beider Käfige aufgebaut werden. Es ist also $\psi_{\sigma oI\varrho} = \psi_{\sigma oII\varrho} = \psi_{\sigma o\varrho}$, und in (7.68) tritt an die Stelle von i_α die Summe $(i_{2\alpha} + i_{3\alpha})$ sowie an die Stelle von i_β die Summe $(i_{2\beta} + i_{3\beta})$. Anstelle der Spannungsgleichung (7.63) der Masche ϱ des Einzelkäfigs erhält man zwei Spannungsgleichungen für die übereinanderliegenden Maschen ϱ der Käfige I und II. In diesen Spannungsgleichungen treten Anteile auf, die der gegeninduktiven Kopplung der beiden Käfige über Streufelder im Nut- und Stirnraum sowie ihrer galvanischen Kopplung über gemeinsame Stirnringe zugeordnet sind. Die Bezeichnungen der Widerstände sowie der Streuinduktivitäten der Stäbe und der Ringsegmente zwischen zwei Stäben gehen aus Tafel 7.1 hervor. Die Zuordnung der Spannungsgleichungen der Ersatzstränge erfolgt analog dem Vorgehen im Abschnitt 7.2.2 dadurch, daß für beide Käfige die (7.69) entsprechenden Beziehungen gebildet werden. Man erhält schließlich zwei Gleichungen für die Stränge der Ersatzwicklungen, die (7.70) entsprechen. Dabei müssen Glieder auftreten, die der Kopplung zwischen den Einzelkäfigen zugeordnet sind. Beim Übergang von der zweisträngigen zur dreisträngigen Ersatzanordnung ergeben sich für die Koppelwiderstände bzw. Koppelinduktivitäten zwischen den beiden Wicklungssystemen bei analogem Vorgehen wie im Abschnitt 7.1.4 aufgrund der gleichen wirksamen Windungszahlen für beide Ersatzwicklungen die gleichen Umrechnungen wie für die Widerstände und Streuinduktivitäten der Stränge selbst. Wenn nunmehr analog zu (7.75) darauf verzichtet wird, die Parameter der Ersatzwicklungen besonders als die einer dreisträngigen Anordnung zu kennzeichnen, erhält man für die

---

[1] Die vollständige Ableitung ist in [39] gegeben.

Tafel 7.1   Parameter der dreisträngigen Ersatzwicklungen für Einfach- und Doppelkäfigläufer

Käfiganordnung und Käfigparameter	Dreisträngige Ersatzwicklung (Sternschaltung ohne Sternpunktleiter)		
	wirksame Windungszahl der Ersatzstränge	Widerstände der Ersatzstränge	Streuinduktivitäten der Ersatzstränge
Einfachkäfig 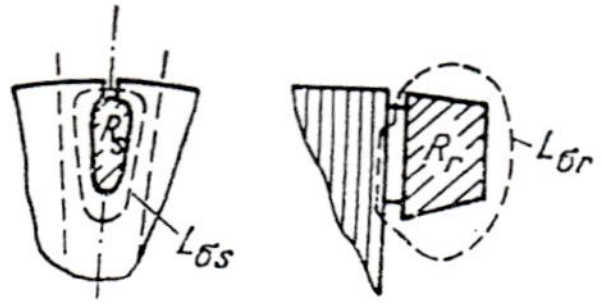	$(w\xi_1)_2 = (w\xi_1)_{ers} = \dfrac{N_2}{6}$	$R_2 = \dfrac{N_2}{3}(R_s + \delta R_r)$	$L_{\sigma 2} = \dfrac{N_2}{3}(L_{\sigma s} + \delta L_{\sigma r}) + L_h \sigma_o$ $\approx \dfrac{N_2}{3} L_{\sigma s} + L_h \sigma_o$
Doppelkäfig mit getrennten Stirnringen 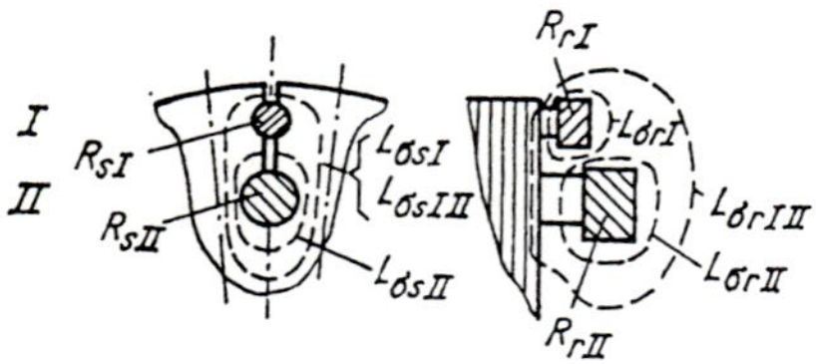	$(w\xi_1)_2 = (w\xi_1)_3 = (w\xi_1)_{ers} = \dfrac{N_2}{6}$	$R_2 = \dfrac{N_2}{3}(R_{sI} + \delta R_{rI})$ $R_3 = \dfrac{N_2}{3}(R_{sII} + \delta R_{rII})$	$L_{\sigma 2} = \dfrac{N_2}{3}(L_{\sigma sI} + \delta L_{\sigma rI}) + L_h \sigma_o$ $\approx \dfrac{N_2}{3} L_{\sigma sI} + L_h \sigma_o$ $L_{\sigma 3} = \dfrac{N_2}{3}(L_{\sigma sII} + \delta L_{\sigma rII}) + L_h \sigma_o$ $\approx \dfrac{N_2}{3} L_{\sigma sII} + L_h \sigma_o$ $L_{\sigma 23} = \dfrac{N_2}{3}(L_{\sigma sIII} + \delta L_{\sigma rIII}) + L_h \sigma_o$ $\approx \dfrac{N_2}{3} L_{\sigma sIII} + L_h \sigma_o$

Doppelkäfig mit gemeinsamen Stirnringen			
	$(w\xi_1)_2 = (w\xi_1)_3 = (w\xi_1)_{\rm ers} = \dfrac{N_2}{6}$	$R_2 = \dfrac{N_2}{3}\left(R_{\rm sI} + \delta R_{\rm r}\right)$ $R_3 = \dfrac{N_2}{3}\left(R_{\rm sII} + \delta R_{\rm r}\right)$ $R_{2\,3} = \dfrac{N_2}{3}\delta R_{\rm r}$	$L_{\sigma 2} = \dfrac{N_2}{3}\left(L_{\sigma sI} + \delta L_{\sigma r}\right) + L_{\rm h}\sigma_{\rm o}$ $\approx \dfrac{N_2}{3}L_{\sigma sI} + L_{\rm h}\sigma_{\rm o}$ $L_{\sigma 3} = \dfrac{N_2}{3}\left(L_{\sigma sII} + \delta L_{\sigma r}\right) + L_{\rm h}\sigma_{\rm o}$ $\approx \dfrac{N_2}{3}L_{\sigma sII} + L_{\rm h}\sigma o$ $L_{\sigma 23} = \dfrac{N_2}{3}\left(L_{\sigma sIII} + \delta L_{\sigma r}\right) + L_{\rm h}\sigma_{\rm o}$ $\approx \dfrac{N_2}{3}L_{\sigma sIII} + L_{\rm h}\sigma_{\rm o}$
Hilfsgrößen	$\delta = \dfrac{1}{2\sin^2\varepsilon/2} \approx \dfrac{2}{\varepsilon^2} = 1,83\,q^2$ mit $\quad \varepsilon = \dfrac{2\pi p}{N_2}$ $\qquad q = \dfrac{N_2}{6p}$	$\sigma_{\rm o} = \displaystyle\sum_{k=\pm 1,\pm 2,\ldots} \dfrac{1}{\left(k\dfrac{N_2}{p}+1\right)^2} \approx \dfrac{\varepsilon^2}{12}$ $L_{\rm h} = \dfrac{\mu_0}{\delta_i}\dfrac{3}{2}\dfrac{4}{\pi}\dfrac{2}{\pi}\tau_{\rm p}l_i\dfrac{(w\xi_1)^2_{\rm ers}}{2p} = \dfrac{3}{2}L_{\rm h(2)}$	s. (7.60)/(7.61) $L_{\rm h(2)}$ nach (7.73)

Spannungsgleichungen der Stränge j der beiden dreisträngigen Ersatzwicklungen

$$
\begin{aligned}
R_2 i_{2j} + R_{23} i_{3j} + L_{\sigma 2}\frac{\mathrm{d}i_{2j}}{\mathrm{d}t} + L_{\sigma 23}\frac{\mathrm{d}i_{3j}}{\mathrm{d}t} + \frac{\mathrm{d}\psi_{\mathrm{h}2j}}{\mathrm{d}t} &= 0 \\[2mm]
R_3 i_{3j} + R_{23} i_{2j} + L_{\sigma 3}\frac{\mathrm{d}i_{3j}}{\mathrm{d}t} + L_{\sigma 23}\frac{\mathrm{d}i_{2j}}{\mathrm{d}t} + \frac{\mathrm{d}\psi_{\mathrm{h}3j}}{\mathrm{d}t} &= 0
\end{aligned}
\tag{7.76}
$$

Die Widerstände und Streuinduktivitäten sind in Tafel 7.1 für die beiden Ausführungs-formen des Doppelkäfigläufers mit gemeinsamen und getrennten Stirnringen zusammengestellt.

7.3 Maschinen mit ausgeprägten Polen in einem Hauptelement

7.3.1 Allgemeine Beziehungen

Die zu betrachtende Anordnung ist im Bild 7.8 dargestellt. Sie hat folgende Kennzeichen:

- Das Hauptelement mit ausgeprägten Polen wird als Läufer angenommen.
- Der Aufbau des Läufers ist symmetrisch zur Längsachse (d-Achse) in Polmitte bzw. auch symmetrisch zur Querachse (q-Achse) in der Mitte der Pollücke.
- Der Läufer trägt zwei Gruppen von Wicklungen mit konzentrierten Spulen, wobei die Spulenachsen der ersten Gruppe in der Längs- und die der zweiten Gruppe in der Querachse liegen. Sie werden im Bild 7.8 von den Maschen des Dämpferkäfigs und der Erregerwicklung fd gebildet.
- Die Läuferkoordinate γ_{L} beginnt in der Längsachse, die Querachse liegt bei $\gamma_{\mathrm{L}} = \pi/2$.
- Der Ständer ist rotationssymmetrisch und trägt m_{S} Stränge mit den Bezeichnungen $a_{\mathrm{S}}, b_{\mathrm{S}}, c_{\mathrm{S}}, \ldots j_{\mathrm{S}}, \ldots$, deren Achsen die beliebigen Lagen $\gamma_{Sa}, \gamma_{Sb}, \gamma_{Sc}, \ldots \gamma_{Sj}, \ldots$ im Koordinatensystem γ_{S} des Ständers einnehmen und deren wirksame Windungszahlen $(w\xi_1)_{Sa}, (w\xi_1)_{Sb}, (w\xi_1)_{Sc}, \ldots (w\xi_1)_{Sj}, \ldots$ sich voneinander unterscheiden.

Der mit dem Prinzip der Grundwellenverkettung im vorliegenden Fall verbundene Verkettungsmechanismus wurde im Abschnitt 2.7.2 behandelt und ist im Bild 2.6 dargestellt. Die Koordinatentransformation ist durch (4.13) gegeben. Die Spannungsgleichung eines Ständerwicklungsstrangs entspricht (5.1), wobei sich die Flußverkettung nach (5.6) in die Haupt- und Streuflußverkettung aufteilt. Für die Streuflußverkettungen wird angenommen, daß die zugeordneten Streuinduktivitäten weiterhin unabhängig von der Läuferlage sind, so daß (7.1) gilt. Die Hauptflußverkettungen der Ständerstränge bestehen mit der resultierenden Grundwelle des Luftspaltfelds. Diese wird im folgenden auf Basis der Vereinfachungen 3., 5. und 7. des Abschnitts 4.1 sowie durch Zerlegen der Durchflutungsgrundwelle des Ständers in eine Längs- und eine Querkomponente ermittelt (s. Tafel 4.2).

Die Spannungsgleichung einer Wicklung xd der Längsachse des Läufers ist unmittelbar durch (5.1) gegeben, solange die Wicklungen xd nicht galvanisch miteinander gekoppelt sind. Derartige galvanische Kopplungen bestehen jedoch zwischen den Maschen des Dämpferkäfigs. In diesem Fall wirken – entsprechend der allgemeinen Form der Spannungsgleichung, die durch die Integralform des Induktionsgesetzes nach (0.18)

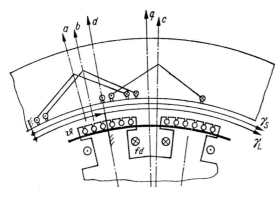

Bild 7.8
Allgemeine Ausführung einer
Maschine mit ausgeprägten Polen
im Läufer und einer beliebigen
mehrsträngigen Wicklung im
rotationssymmetrischen Ständer

gegeben ist – in jeder der Maschen des Käfigs, die einer Achse zugeordnet sind, Spannungsabfälle der anderen Maschenströme.

Im Bild 7.9 werden die Verhältnisse für die Dämpferkreise der Längsachse erläutert. In einem Kreis xd wird, herrührend vom Strom i_{xd}, ein Spannungsabfall $R_{xxd}i_{xd}$ hervorgerufen. Dabei ist R_{xxd} dem Widerstand der gesamten Masche zugeordnet. Ein Strom i_{yd} hat in dem Kreis xd einen Spannungsabfall $R_{xyd}i_{yd}$ zur Folge, wobei R_{xyd} dem Widerstand der gemeinsam benutzten Stirnringteile zugeordnet ist. Der gleiche Widerstand vermittelt zwischen dem Strom i_{xd} und seinem Spannungsabfall im Kreis yd; es gilt also $R_{xyd} = R_{yxd}$. Die Spannungsabfälle der Ströme i_{xq} der beiden Querkreise xq im Kreis xd heben sich heraus. Eine galvanische Kopplung besteht demnach nur zwischen den Kreisen einer Achse. Damit erhält man als Spannungsgleichung eines Längskreises xd

$$0 = R_{x1d}i_{1d} + \ldots + R_{xxd}i_{xd} + \ldots + R_{xmd}i_{md} + \frac{\mathrm{d}\psi_{xd}}{\mathrm{d}t} \quad . \tag{7.77}$$

Für die Erregerwicklung fd entfällt die galvanische Kopplung, d.h., es ist $R_{yfd} = 0$. Für die Wicklungen der Querachse erhält man analoge Beziehungen.

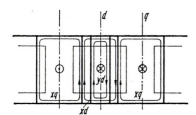

Bild 7.9
Zur Ermittlung der Spannungsgleichungen
der Dämpferkreise in der Längsachse

Die *Flußverkettung* ψ_{xd} (und analog ψ_{xq}) einer Läuferwicklung läßt sich aufteilen entsprechend

$$\psi_{xd} = \psi_{\sigma xd} + \psi_{\delta xd} \quad . \tag{7.78}$$

Dabei rühren die Luftspaltflußverkettungen $\psi_{\delta xd}$ bzw. $\psi_{\delta xq}$ von der Induktionsverteilung her, die von den Läuferströmen sowie der Durchflutungsgrundwelle der Ständer-
ströme aufgebaut wird. Die Streuflußverkettungen $\psi_{\sigma xd}$ bzw. $\psi_{\sigma xq}$ bestehen dann mit
den Feldern im Nut-, Wicklungskopf- und Zahnkopfraum bzw. im Polzwischenraum des
Läufers. Sie beinhalten keine Anteile der Oberwellenstreuung und sind damit anders
definiert als bei den Wicklungssträngen auf rotationssymmetrischen Hauptelementen.

Die *Durchflutungsgrundwelle der Ständerstränge* ist durch die erste Summe in (7.2)
gegeben. Sie muß, dem Verkettungsmechanismus im Bild 2.6 folgend, in ihre Komponenten bezüglich der magnetischen Symmetrieachse des Läufers zerlegt und dazu in
das Koordinatensystem des Läufers transformiert werden. Man erhält mit $\gamma_S = \gamma_L + \vartheta$
nach (4.13) unter Verwendung der entsprechenden trigonometrischen Umformung (s.
Anhang IV)

$$\Theta_S(\gamma_L) = \sum_{j=a,b,c,\ldots} \widehat{\Theta}_{Sj} \cos(\vartheta - \gamma_{Sj}) \cos\gamma_L - \sum_{j=a,b,c,\ldots} \widehat{\Theta}_{Sj} \sin(\vartheta - \gamma_{Sj})$$

$$\times \cos\left(\gamma_L - \frac{\pi}{2}\right) = \widehat{\Theta}_{d,1}\cos\gamma_L + \widehat{\Theta}_{q,1}\cos\left(\gamma_L - \frac{\pi}{2}\right) \qquad (7.79)$$

mit

$$
\left.
\begin{aligned}
\widehat{\Theta}_{d,1} &= \sum_{j=a,b,c,\ldots} \widehat{\Theta}_{Sj}\cos(\vartheta - \gamma_{Sj}) \\
&= \sum_{j=a,b,c,\ldots} \frac{4}{\pi}\frac{(w\xi_1)_{Sj}}{2p} i_{Sj}\cos(\vartheta - \gamma_{Sj}) \\
\widehat{\Theta}_{q,1} &= -\sum_{j=a,b,c,\ldots} \widehat{\Theta}_{Sj}\sin(\vartheta - \gamma_{Sj}) \\
&= -\sum_{j=a,b,c,\ldots} \frac{4}{\pi}\frac{(w\xi_1)_{Sj}}{2p} i_{Sj}\sin(\vartheta - \gamma_{Sj}) \; .
\end{aligned}
\right\}
\qquad (7.80)
$$

Die beiden Komponenten der Durchflutungsgrundwelle rufen Komponenten der Induktionsgrundwelle hervor. Die entsprechenden Beziehungen wurden bereits in Tafel
4.2 zusammengestellt. Dazu kommen Komponenten der Wicklungen in der Längsachse
des Läufers mit den Amplituden

$$\widehat{B}_{xd,1} = \frac{\mu_0}{\delta_{i0}} C_{xd,1} w_{xd} i_{xd}$$

sowie solche in der Querachse des Läufers mit den Amplituden

$$\widehat{B}_{xq,1} = \frac{\mu_0}{\delta_{i0}} C_{xq,1} w_{xq} i_{xq} \; .$$

Dabei wurden die Polformkoeffizienten $C_{xd,1}$ und $C_{xq,1}$ eingeführt. Sie sind definiert
als das Verhältnis der Grundwellenamplitude der tatsächlichen Induktionsverteilung
der betrachteten Läuferwicklung zur Amplitude $(\mu_0/\delta_{i0})w_x i_x$, die von dieser Wicklung
bei gleichem Strom, aber einem konstanten Luftspalt δ_{i0} aufgebaut würde. Damit läßt
sich die resultierende Induktionsgrundwelle nunmehr darstellen als

$$B_1(\gamma_L) = \widehat{B}_{d,1}\cos\gamma_L + \widehat{B}_{q,1}\cos\left(\gamma_L - \frac{\pi}{2}\right) \qquad (7.81)$$

mit

$$
\left.\begin{aligned}
\widehat{B}_{d,1} &= \frac{\mu_0}{\delta_{i0}}[C_{ad,1}\widehat{\Theta}_{d,1} + \sum C_{xd,1}w_{xd}i_{xd}] \\
\widehat{B}_{q,1} &= \frac{\mu_0}{\delta_{i0}}[C_{aq,1}\widehat{\Theta}_{q,1} + \sum C_{xq,1}w_{xq}i_{xq}] \, .
\end{aligned}\right\}
\tag{7.82}
$$

Um *die Hauptflußverkettung eines Ständerstrangs* j_S bestimmen zu können, muß zunächst wieder in das Ständerkoordinatensystem zurückgegangen werden. Man erhält aus (7.81) mit $\gamma_S = \gamma_L + \vartheta$ nach (4.13)

$$
B_1(\gamma_S) = \widehat{B}_{d,1}\cos(\gamma_S - \vartheta) + \widehat{B}_{q,1}\cos\left(\gamma_S - \vartheta - \frac{\pi}{2}\right) \, .
\tag{7.83}
$$

Nunmehr läßt sich $\psi_{hS\mu}$ über (5.23) mit Φ_h nach (5.24) bestimmen, wobei, entsprechend einem Vergleich zwischen (7.83), (5.24) und (5.14) $\varphi_{B1} = \vartheta$ bzw. $\varphi_{B1} = \vartheta + \pi/2$ ist und für γ_{str1} die Lage γ_{Sj} des betrachteten Wicklungsstrangs einzusetzen ist. Es bleibt noch zu berücksichtigen, daß die Anteile der Flußverkettung eines Ständerstrangs, die von den Läuferströmen herrühren, entsprechend Abschnitt 5.6 mit dem Schrägungsfaktor nach (5.54) zu multiplizieren sind. Damit erhält man die Hauptflußverkettung eines Ständerstrangs j zu

$$
\begin{aligned}
\psi_{hSj} = \ & (w\xi_1)_{Sj}\frac{2}{\pi}\tau_p l_i\frac{\mu_0}{\delta_{i0}}\left[\sum_k \frac{4}{\pi}\frac{(w\xi_1)_{Sk}}{2p}C_{ad,1}i_{Sk}\cos(\vartheta - \gamma_{Sk})\right. \\
& \left. + \sum_{xd}C_{xd,1}w_{xd}\xi_{schr}i_{xd}\right]\cos(\vartheta - \gamma_{Sj}) \\
& - (w\xi_1)_{Sj}\frac{2}{\pi}\tau_p l_i\frac{\mu_0}{\delta_{i0}}\left[-\sum_k \frac{4}{\pi}\frac{(w\xi_1)_{Sk}}{2p}C_{aq,1}i_{Sk}\sin(\vartheta - \gamma_{Sk})\right. \\
& \left. + \sum_{xq}C_{xq,1}w_{xq}\xi_{schr}i_{xq}\right]\sin(\vartheta - \gamma_{Sj}) \, .
\end{aligned}
\tag{7.84}
$$

In (7.84) stellen die Proportionalitätsfaktoren zwischen der Hauptflußverkettung eines Strangs j und den Strömen der Stränge sowie den Strömen der Läuferkreise Induktivitäten dar, die dem Luftspaltfeld zugeordnet sind. Sie hängen von der Lage ϑ des Läufers ab. Dabei bestehen die Induktivitäten, die zwischen den Flußverkettungen und den Strömen der Ständerstränge vermitteln, entsprechend

$$
\cos(\vartheta - \gamma_{Sk})\cos(\vartheta - \gamma_{Sj}) = \frac{1}{2}\cos(\gamma_{Sk} - \gamma_{Sj}) + \frac{1}{2}\cos(2\vartheta - \gamma_{Sk} - \gamma_{Sj})
$$

nach (7.84) aus einem konstanten Anteil und einem zweiten Anteil, der sich sinusförmig mit 2ϑ ändert. Ursache des zweiten Anteils ist die magnetische Asymmetrie des Läufers. Für die Ständerstränge herrschen jeweils dann gleiche magnetische Verhältnisse, wenn sich der Läufer um eine Polteilung weiterbewegt hat. Es werden also während der Bewegung des Läufers um ein Polpaar zwei Perioden der Induktivitätsänderung durchlaufen. Die Gegeninduktivitäten zwischen einem Ständerstrang und einem Läuferkreis ändern sich sinusförmig mit ϑ.

Wenn man das Prinzip der Grundwellenverkettung verläßt, treten in den Verläufen $L(\vartheta)$ höhere Harmonische in Erscheinung. Die tatsächlichen Abhängigkeiten $L(\vartheta)$ werden also unter dem Einfluß des Prinzips der Grundwellenverkettung auf die einfachste Form reduziert. Im Bild 7.10 werden diese Überlegungen an einem einfachen Beispiel einer zweipoligen Maschine demonstriert.

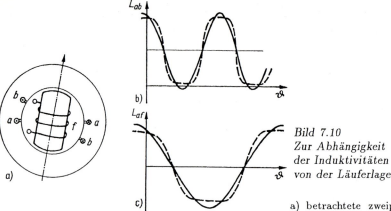

Bild 7.10
Zur Abhängigkeit
der Induktivitäten
von der Läuferlage

a) betrachtete zweipolige Anordnung

b) Verlauf der Gegeninduktivität zwischen zwei Ständersträngen als Funktion der Läuferlage

c) Verlauf der Gegeninduktivität zwischen einem Ständerstrang und einer Läuferwicklung als Funktion der Läuferlage

——— Verlauf $L(\vartheta)$ auf Basis des Prinzips der Grundwellenverkettung

– – – – – tatsächlicher Verlauf $L(\vartheta)$

Für die Streuflußverkettungen der Ständerstränge gilt – wie bereits erwähnt – nach wie vor (7.1).

Die Flußverkettungsgleichungen der Läuferkreise können unmittelbar niedergeschrieben werden. Ihre Verkettungen untereinander sind unabhängig von der Lage ϑ des Läufers, da dem Läufer mit ausgeprägten Polen ein rotationssymmetrischer Ständer gegenübersteht. Es lassen sich von vornherein konstante Induktivitäten einführen. Außerdem existieren aufgrund der Symmetrie des Aufbaus keine Kopplungen zwischen Wicklungen der Längsachse und solchen der Querachse. Die Gegeninduktivität zwischen der Flußverkettung ψ_x einer Läuferwicklung x und dem Strom i_j eines Ständerstrangs j ist wegen der Linearität des betrachteten Systems und der dann gegebenen Reziprozität der Gegeninduktivitäten gleich der Gegeninduktivität, die zwischen der Flußverkettung ψ_{hj} eines Ständerstrangs j und dem Strom i_x einer Läuferwicklung x vermittelt. Auf der Grundlage dieser Überlegungen erhält man für die Flußverkettung ψ_{xd} einer Wicklung xd der Längsachse unter Beachtung von (7.84)

$$\psi_{xd} = w_{xd} C_{xd,\,1} \xi_{\text{schr}} \frac{2}{\pi} \tau_{\text{p}} l_{\text{i}} \frac{\mu_0}{\delta_{\text{i}}} \sum_j (w\xi_1)_{\text{S}j}\, i_{\text{S}j} \cos(\vartheta - \gamma_{\text{S}j}) + \sum_{yd} L_{xyd}\, i_{yd} \ . \qquad (7.85)$$

Analog ergibt sich für die Flußverkettung ψ_{xq} einer Wicklung xq in der Querachse des Läufers

$$\psi_{xq} = -w_{xq} C_{xq,\,1} \xi_{\text{schr}} \frac{2}{\pi} \tau_{\text{p}} l_{\text{i}} \frac{\mu_0}{\delta_{\text{i}}} \sum_j (w\xi_1)_{\text{S}j}\, i_{\text{S}j} \sin(\vartheta - \gamma_{\text{S}j}) + \sum_{yq} L_{xyq}\, i_{yq} \ . \qquad (7.86)$$

7.3.2   Maschinen mit symmetrischer dreisträngiger Wicklung im Ständer

Der Sonderfall einer symmetrischen dreisträngigen Wicklung im Ständer führt auf die übliche Form der Innenpolausführung einer Dreiphasen-Synchronmaschine mit Schenkelpolen. Er ist hinsichtlich der Wicklungsparameter durch die erste Gleichung (7.9) gekennzeichnet. Unter Berücksichtigung der dem Sonderfall zugeordneten Beziehungen für die Streuflußverkettungen nach (5.60) erhält man für die Flußverkettungen der Ständerstränge, ausgehend von den allgemeinen Gleichungen (7.84) für die Hauptflußverkettungen, wenn auf den Index S zur Kennzeichnung der Zugehörigkeit zum Ständer jetzt verzichtet wird:

$$
\begin{pmatrix} \psi_a \\ \psi_b \\ \psi_c \end{pmatrix} = \begin{pmatrix} L_{\sigma s} & L_{\sigma g} & L_{\sigma g} \\ L_{\sigma g} & L_{\sigma s} & L_{\sigma g} \\ L_{\sigma g} & L_{\sigma g} & L_{\sigma s} \end{pmatrix} \begin{pmatrix} i_a \\ i_b \\ i_c \end{pmatrix}
$$

$$
+ (w\xi_1)\frac{2}{\pi}\tau_{\mathrm{p}}l_{\mathrm{i}}\frac{\mu_0}{\delta_{\mathrm{i}0}}\left\{ \frac{4}{\pi}\frac{(w\xi_1)}{2p}C_{ad,\,1}\left[i_a\cos\vartheta + i_b\cos\left(\vartheta - \frac{2\pi}{3}\right)\right.\right.
$$

$$
\left.\left. + i_c\cos\left(\vartheta - \frac{4\pi}{3}\right)\right] + \sum_{xd}C_{xd,\,1}w_{xd}\xi_{\mathrm{schr}}i_{xd}\right\} \begin{pmatrix} \cos\vartheta \\ \cos\left(\vartheta - \dfrac{2\pi}{3}\right) \\ \cos\left(\vartheta - \dfrac{4\pi}{3}\right) \end{pmatrix}
$$

$$
- (w\xi_1)\frac{2}{\pi}\tau_{\mathrm{p}}l_{\mathrm{i}}\frac{\mu_0}{\delta_{\mathrm{i}0}}\left\{ \frac{4}{\pi}\frac{(w\xi_1)}{2p}C_{aq,\,1}\left[-i_a\sin\vartheta - i_b\sin\left(\vartheta - \frac{2\pi}{3}\right)\right.\right.
$$

$$
\left.\left. - i_c\sin\left(\vartheta - \frac{4\pi}{3}\right)\right] + \sum_{xq}C_{xq,\,1}w_{xq}\xi_{\mathrm{schr}}i_{xq}\right\} \begin{pmatrix} \sin\vartheta \\ \sin\left(\vartheta - \dfrac{2\pi}{3}\right) \\ \sin\left(\vartheta - \dfrac{4\pi}{3}\right) \end{pmatrix} \tag{7.87}
$$

In (7.87) lassen sich folgende Induktivitäten einführen:

$$
\begin{aligned}
L_{ad} &= \frac{\mu_0}{\delta_{\mathrm{i}0}}\frac{3}{2}\frac{4}{\pi}\frac{2}{\pi}\tau_{\mathrm{p}}l_{\mathrm{i}}\frac{(w\xi_1)^2}{2p}C_{ad,\,1} \\[2mm]
L_{aq} &= \frac{\mu_0}{\delta_{\mathrm{i}0}}\frac{3}{2}\frac{4}{\pi}\frac{2}{\pi}\tau_{\mathrm{p}}l_{\mathrm{i}}\frac{(w\xi_1)^2}{2p}C_{aq,\,1} \\[2mm]
L_{axd} &= \frac{\mu_0}{\delta_{\mathrm{i}0}}\frac{2}{\pi}\tau_{\mathrm{p}}l_{\mathrm{i}}(w\xi_1)w_{xd}C_{xd,\,1}\xi_{\mathrm{schr}} \\[2mm]
L_{axq} &= \frac{\mu_0}{\delta_{\mathrm{i}0}}\frac{2}{\pi}\tau_{\mathrm{p}}l_{\mathrm{i}}(w\xi_1)w_{xq}C_{xq,\,1}\xi_{\mathrm{schr}}
\end{aligned}
\tag{7.88}
$$

Der Faktor 3/2 in den Beziehungen für L_{ad} und L_{aq} sorgt dafür, daß die Reaktanzen ωL_{ad} und ωL_{aq} mit den Ausdrücken übereinstimmen, die für die Reaktanzen X_{ad}

und X_{aq} der Ankerrückwirkung der Synchronmaschine bei der Behandlung des stationären Betriebs auftreten[1]. Die Gegeninduktivitäten L_{axd} und L_{axq} in (7.88) sind so eingeführt, daß sie zwischen der Flußverkettung eines Ständerstrangs und dem Strom einer Läuferwicklung vermitteln, wenn die beiden Wicklungsachsen übereinstimmen. Durch eine Umformung von (7.87) soll erreicht werden, daß anstelle der Induktivitäten L_{ad} und L_{aq} die synchronen Induktivitäten

$$\boxed{L_d = L_\sigma + L_{ad} \, , \qquad L_q = L_\sigma + L_{aq}}$$

(7.89)

der Längs- bzw. der Querachse auftreten[2]. Dazu wird zu (7.87)

$$\pm \frac{2}{3}(L_{\sigma s} - L_{\sigma g})$$

$$\times \left\{ \left[i_a \cos\vartheta + i_b \cos\left(\vartheta - \frac{2\pi}{3}\right) + i_c \cos\left(\vartheta - \frac{4\pi}{3}\right) \right] \begin{pmatrix} \cos\vartheta \\ \cos\left(\vartheta - \dfrac{2\pi}{3}\right) \\ \cos\left(\vartheta - \dfrac{4\pi}{3}\right) \end{pmatrix} \right.$$

$$\left. + \left[i_a \sin\vartheta + i_b \sin\left(\vartheta - \frac{2\pi}{3}\right) + i_c \sin\left(\vartheta - \frac{4\pi}{3}\right) \right] \begin{pmatrix} \sin\vartheta \\ \sin\left(\vartheta - \dfrac{2\pi}{3}\right) \\ \sin\left(\vartheta - \dfrac{4\pi}{3}\right) \end{pmatrix} \right\}$$

(7.90)

hinzugefügt. Die positiven Glieder werden mit L_{ad} bzw. L_{aq} zu L_d bzw. L_q zusammengeführt und die negativen ausmultipliziert. Damit und unter Einführung von (7.88) sowie mit $L_\sigma = L_{\sigma s} - L_{\sigma g}$ geht (7.87) über in

$$\begin{pmatrix} \psi_a \\ \psi_b \\ \psi_c \end{pmatrix} = L_0 \frac{1}{3}[i_a + i_b + i_c]$$

$$+ \left\{ L_d \frac{2}{3} \left[i_a \cos\vartheta + i_b \cos\left(\vartheta - \frac{2\pi}{3}\right) + i_c \cos\left(\vartheta - \frac{4\pi}{3}\right) \right] \right.$$

$$\left. + \sum_{xd} L_{axd} i_{xd} \right\} \begin{pmatrix} \cos\vartheta \\ \cos\left(\vartheta - \dfrac{2\pi}{3}\right) \\ \cos\left(\vartheta - \dfrac{4\pi}{3}\right) \end{pmatrix}$$

---

[1] vgl. Band Grundlagen, Abschnitt 34.2, Gln. (34.29) und (34.30)

[2] Die synchronen Induktivitäten sind über $X_d = \omega_{\mathrm{n}} L_d$ und $X_q = \omega_{\mathrm{n}} L_q$ den synchronen Reaktanzen zugeordnet, wie sie von der Betrachtung des stationären Betriebs her bekannt sind. Vgl. Band Grundlagen, Abschnitt 34.2, Gln. (34.34) und (34.35).

$$-\left\{L_q \frac{2}{3}\left[-i_a \sin\vartheta - i_b \sin\left(\vartheta - \frac{2\pi}{3}\right) - i_c \sin\left(\vartheta - \frac{4\pi}{3}\right)\right]\right.$$

$$\left. + \sum_{xq} L_{axq}i_{xq}\right\} \begin{pmatrix} \sin\vartheta \\ \sin\left(\vartheta - \dfrac{2\pi}{3}\right) \\ \sin\left(\vartheta - \dfrac{4\pi}{3}\right) \end{pmatrix}. \qquad (7.91)$$

Dabei wurde die sog. *Nullinduktivität*

$$\boxed{L_0 = L_{\sigma s} + 2L_{\sigma g}} \qquad (7.92)$$

eingeführt.

Die Flußverkettungsgleichungen (7.85) und (7.86) der Läuferwicklungen gehen für den betrachteten Sonderfall einer symmetrischen dreisträngigen Wicklung im Ständer unter Einführung der Induktivitäten nach (7.88) über in

$$\boxed{\psi_{xd} = L_{xad}\left[i_a \cos\vartheta + i_b \cos\left(\vartheta - \frac{2\pi}{3}\right) + i_c \cos\left(\vartheta - \frac{4\pi}{3}\right)\right] + \sum_{yd} L_{xyd}i_{yd}} \qquad (7.93)$$

$$\boxed{\psi_{xq} = L_{xaq}\left[-i_a \sin\vartheta - i_b \sin\left(\vartheta - \frac{2\pi}{3}\right) - i_c \sin\left(\vartheta - \frac{4\pi}{3}\right)\right] + \sum_{yq} L_{xyq}i_{yq}} \qquad (7.94)$$

mit $L_{xad} = L_{axd}$ und $L_{xaq} = L_{axq}$.

Eine Betrachtung von (7.91), (7.93) und (7.94) zeigt, daß die Ströme der Ständerstränge in sämtlichen Flußverkettungsgleichungen in drei Kombinationen auftreten, die jeweils durch eckige Klammern hervorgehoben wurden. Diesen Ausdrücken entsprechen die sog. *d-q-0-Komponenten* der Stranggrößen, die später im Abschnitt 15.2 als formale Transformation eingeführt werden. In ähnlicher Weise war bei der Einführung der zweisträngigen Ersatzwicklung für eine symmetrische dreisträngige Wicklung im Abschnitt 7.1.4 darauf hingewiesen worden, daß die Variablen des zweisträngigen Ersatzsystems den später formal einzuführenden α-β-0-Komponenten der Stranggrößen entsprechen.

8 Modelle der Dreiphasen-Asynchronmaschine mit Schleifringläufer oder stromverdrängungsfreiem Einfachkäfigläufer auf Basis der Grundwellenverkettung

8.1 Ausgangsüberlegungen

Der Einfachkäfigläufer läßt sich, entsprechend den Untersuchungen in den Abschnitten 7.2.2 und 7.2.3, auf den dreisträngigen Schleifringläufer zurückführen. Die Beziehungen zwischen den Parametern des Käfigs und denen der dreisträngigen Ersatzwicklung wurden in Tafel 7.1 zusammengestellt, wobei vorausgesetzt war, daß der Strom im Ersatzstrang a im stationären Betrieb unter symmetrischen Betriebsbedingungen gleich dem im Stab 1 des tatsächlichen Käfigs ist. Damit genügt es im folgenden, eine Maschine zu betrachten, die im Ständer und Läufer dreisträngige, symmetrische Wicklungen trägt, also eine Maschine mit Schleifringläufer darstellt. Ihre schematische, zweipolige Darstellung war bereits als Bild 7.2 angegeben worden. Es wird vereinfachend vorausgesetzt, daß keine Neutralleiter vorhanden sind, so daß sowohl im Ständer als auch im Läufer

$$i_a + i_b + i_c = 0 \qquad (8.1)$$

ist. Damit gelten unmittelbar die Flußverkettungsgleichungen (7.13) und (7.14), die im Abschnitt 7.1.2 für den vorliegenden Sonderfall aus den allgemeinen Beziehungen des Abschnitts 7.1 entwickelt wurden. Die Funktionen von Ständer und Läufer der Asynchronmaschine sind vertauschbar. Um diesen Sachverhalt in die weiteren Betrachtungen einzubeziehen, werden die Hauptelemente, wie auch bereits im Abschnitt 7.2.3, im weiteren nicht mehr durch S und L gekennzeichnet, sondern durch 1 und 2.

Die Beziehung (8.1) zwischen den Strangströmen ist lediglich dann nicht erfüllt, wenn der Ständer in Sternschaltung ausgeführt ist und der am Sternpunkt angeschlossene Neutralleiter einen Strom führt. Im Fall der Dreieckschaltung des Ständers oder des Läufers ist jeweils die Summe der Ströme in den äußeren Zuleitungen Null. Die Summe der Strangströme kann dann von Null abweichen, wenn in der Dreieckschaltung ein Kreisstrom fließt. Dieser müßte von außen her durch Induktionswirkung zustande kommen. Beide Wicklungen sind aber vereinbarungsgemäß von außen her nur über das resultierende Luftspaltgrundwellenfeld erreichbar. Mit diesem ist jedoch die Flußverkettung der in Reihe geschalteten Stränge stets Null, und damit kann vom Grundwellenfeld herrührend keine Spannung induziert werden, die einen Kreisstrom in der Dreieckschaltung antreibt. Dabei sind Verkettungen mit einer homopolaren Komponente des Luftspaltfelds vernachlässigt worden, die bei Symmetriestörungen in der Maschine auftreten können. Diese durch das Prinzip der Grundwellenverkettung als ohnehin eliminiert anzusehen wäre eine formale Begründung, denn die Verkettung der Stränge mit einer homopolaren Feldkomponente ist natürlich im Gegensatz zu der mit einem Oberwellenfeld ausgesprochen gut. Alle Symmetriestörungen, die durch die endliche Fertigungsgenauigkeit entstehen, können im Zusammenhang mit der Untersuchung nichtstationärer Betriebszustände außer acht gelassen werden, und für konstruktiv bedingte muß die Vereinfachung gelten.

Der Fall, daß der Neutralleiter zum Sternpunkt Strom führt, ist bei Asynchronmaschinen selten. Deshalb wird die folgende Entwicklung unter der Annahme der Gültigkeit von (8.1) vorgenommen.Darauf war auch bereits bei der Entwicklung der Flußverkettungsgleichungen hingearbeitet worden (s.(7.13) und (7.14)). Bei der Entwicklung der Modelle der Synchronmaschine im Abschnitt 15 kann allerdings nicht darauf verzichtet werden, den Fall eines stromführenden Neutralleiters einzubeziehen. Dabei wird sich herausstellen, daß es erforderlich wird, ein sog. Nullsystem der Ströme, Spannungen und Flußverkettungen zusätzlich mitzuführen. Falls erforderlich, können die dort zu entwickelnden Beziehungen für die Stranggrößen auch für die Behandlung von Betriebszuständen der Asynchronmaschine übernommen werden.

8.2   Allgemeine Form der Spannungs- und Flußverkettungsgleichungen

Eine Betrachtung der Flußverkettungsgleichungen (7.13) und (7.14) zeigt, daß es sich anbietet, zur Vereinfachung folgende Induktivitäten einzuführen:

$$
\boxed{
\begin{aligned}
L_{11} &= L_{\sigma 1} + L_{\mathrm{h}} \\[2mm]
L_{12} &= \frac{(w\xi_1)_2}{(w\xi_1)_1}\xi_{\mathrm{schr}}L_{\mathrm{h}} \\[2mm]
L_{22} &= L_{\sigma 2} + \frac{(w\xi_1)_2^2}{(w\xi_1)_1^2}L_{\mathrm{h}}
\end{aligned}
}
\qquad (8.2)
$$

Dabei ist die Hauptinduktivität L_{h} durch (7.15) gegeben, $L_{\sigma 1}$ bzw. $L_{\sigma 2}$ sind die Streuinduktivitäten der Ständer- bzw. Läuferwicklung nach (5.61). Die Induktivitäten nach (8.2) entsprechen unmittelbar den zugeordneten Reaktanzen, wie sie bei der Behandlung des stationären Betriebs gewöhnlich eingeführt werden[1]. Im Fall der Maschine mit Käfigläufer sind $(w\xi_1)_2$ und $L_{\sigma 2}$ über die Beziehungen in Tafel 7.1 an die Parameter des Käfigs angebunden.

Die Spannungsgleichungen der Ständerstränge sind gegeben als

$$
\boxed{u_{1j} = R_1 i_{1j} + \frac{\mathrm{d}\psi_{1j}}{\mathrm{d}t}}\, ,
\qquad (8.3)
$$

die der Läuferstränge als

$$
\boxed{u_{2j} = R_2 i_{2j} + \frac{\mathrm{d}\psi_{2j}}{\mathrm{d}t}}\, .
\qquad (8.4)
$$

[1]s. z.B. Band Grundlagen, Abschnitt 25.1, Gl. (25.8)

Die Flußverkettungsgleichungen (7.13) und (7.14) gehen unter Einführung der Induktivitäten nach (8.2) in ausgeschriebener Form über in:

$$
\begin{aligned}
\psi_{1a} &= L_{11}i_{1a} + L_{12}\frac{2}{3}\left[i_{2a}\cos\vartheta + i_{2b}\cos\left(\vartheta + \frac{2\pi}{3}\right) + i_{2c}\cos\left(\vartheta - \frac{2\pi}{3}\right)\right] \\
\psi_{1b} &= L_{11}i_{1b} + L_{12}\frac{2}{3}\left[i_{2a}\cos\left(\vartheta - \frac{2\pi}{3}\right) + i_{2b}\cos\vartheta + i_{2c}\cos\left(\vartheta + \frac{2\pi}{3}\right)\right] \\
\psi_{1c} &= L_{11}i_{1c} + L_{12}\frac{2}{3}\left[i_{2a}\cos\left(\vartheta + \frac{2\pi}{3}\right) + i_{2b}\cos\left(\vartheta - \frac{2\pi}{3}\right) + i_{2c}\cos\vartheta\right]
\end{aligned}
\tag{8.5}
$$

$$
\begin{aligned}
\psi_{2a} &= L_{22}i_{2a} + L_{12}\frac{2}{3}\left[i_{1a}\cos\vartheta + i_{1b}\cos\left(\vartheta - \frac{2\pi}{3}\right) + i_{1c}\cos\left(\vartheta + \frac{2\pi}{3}\right)\right] \\
\psi_{2b} &= L_{22}i_{2b} + L_{12}\frac{2}{3}\left[i_{1a}\cos\left(\vartheta + \frac{2\pi}{3}\right) + i_{1b}\cos\vartheta + i_{1c}\cos\left(\vartheta - \frac{2\pi}{3}\right)\right] \\
\psi_{2c} &= L_{22}i_{2c} + L_{12}\frac{2}{3}\left[i_{1a}\cos\left(\vartheta - \frac{2\pi}{3}\right) + i_{1b}\cos\left(\vartheta + \frac{2\pi}{3}\right) + i_{1c}\cos\vartheta\right]
\end{aligned}
\tag{8.6}
$$

Die Gleichungen (8.3) bis (8.6) beschreiben die elektromagnetischen Vorgänge der Dreiphasen-Asynchronmaschine mit Schleifringläufer oder Einfachkäfigläufer allgemein, d.h. in beliebigen Betriebszuständen unter der Voraussetzung, daß kein Neutralleiter zum Sternpunkt der Ständerwicklung geführt ist und Strom führt. In ihnen tritt als Variable die bezogene Verschiebung ϑ zwischen den Achsen der Stränge a von Ständer und Läufer auf (s. Bild 7.2), die im allgemeinen Fall eine beliebige Funktion der Zeit ist. Die Lösung des Gleichungssystems erfordert deshalb, daß die Bewegungsgleichung hinzugezogen wird. Sie ist durch (6.49) gegeben, wobei die spezielle Beziehung für das Drehmoment m der vorliegenden Anordnung im Abschnitt 8.3.4 entwickelt wird.

8.3 Spannungs- und Flußverkettungsgleichungen unter Einführung komplexer Augenblickswerte

8.3.1 Definition und Interpretation der komplexen Augenblickswerte

In den Flußverkettungsgleichungen (8.5) und (8.6) treten Kombinationen der Strangströme in Erscheinung, die eine einfache Darstellung des Gleichungssystems der Maschine erwarten lassen, wenn man folgende komplexe Augenblickswerte für die Ströme, Spannungen und Flußverkettungen der beiden Wicklungssysteme einführt:

$$
\vec{g}_1^{\,\mathrm{S}} = \frac{2}{3}(g_{1a} + ag_{1b} + a^2 g_{1c})
\tag{8.7}
$$

$$
\vec{g}_2^{\,\mathrm{L}} = \frac{2}{3}(g_{2a} + ag_{2b} + a^2 g_{2c})
\tag{8.8}
$$

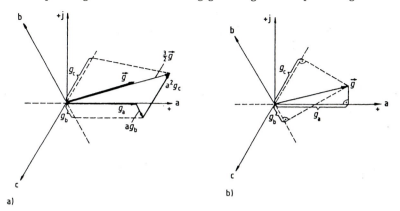

Bild 8.1 Komplexer Augenblickswert
a) Konstruktion von $\vec{g}$ aus den Augenblickswerten g_a, g_b und g_c der Stranggrößen;
b) Gewinnung der Augenblickswerte der Stranggrößen aus $\vec{g}$

mit

$$a = \mathrm{e}^{\mathrm{j}2\pi/3} = -\frac{1}{2} + \mathrm{j}\frac{1}{2}\sqrt{3}\,, \qquad a^2 = \mathrm{e}^{-\mathrm{j}2\pi/3} = -\frac{1}{2} - \mathrm{j}\frac{1}{2}\sqrt{3}\,. \tag{8.9}$$

Der Superskript S in (8.7) weist darauf hin, daß dieser komplexe Augenbblickswert im Koordinatensystem des Ständers dargestellt ist. Analog dazu zeigt der Superskript L in (8.8) an, daß hier eine Beschreibung im Koordinatensystem des Läufers vorliegt. Die Zweckmäßigkeit dieser Kennzeichnung wird deutlich werden, wenn der Bezug zwischen dem komplexen Augenblickswert der Ströme einer Wicklung und der komplexen Darstellung ihrer Durchflutungsgrundwelle herausgearbeitet und der in diesem Zusammenhang plausible Wechsel des für die Beschreibung genutzten Koordinatensystems betrachtet wird. Man kann das Anbringen des Superskripts aber zunächst auch als formalen Akt ansehen, der sichert, daß eine aus (8.7) und (8.8) duch eine zweckmäßige Transformation abgeleitete Größe eine andere Kennzeichnung erhalten kann.

Im Bild 8.1a ist die Konstruktion eines komplexen Augenblickswerts nach (8.7) bzw. (8.8) aus gegebenen Augenblickswerten der Stranggrößen des Ständers oder des Läufers dargestellt. Der komplexe Augenblickswert $\vec{g}$ verändert seine Lage und Größe in der komplexen Ebene nach Maßgabe des beliebigen Zeitverhaltens der Stranggrößen.

Mit Hilfe von (8.7) und (8.8) lassen sich die Kombinationen der Strangströme in (8.5) und (8.6), die als Faktoren bei L_{12} stehen, unter Berücksichtigung von $\cos\alpha = \frac{1}{2}(\mathrm{e}^{\mathrm{j}\alpha} + \mathrm{e}^{-\mathrm{j}\alpha})$ durch die komplexen Augenblickswerte $\vec{i}_1^{\mathrm{S}}$ und $\vec{i}_2^{\mathrm{L}}$ ausdrücken. Man erhält z.B. für die Kombination der Strangströme i_{1a}, i_{1b} und i_{1c} in der ersten Gleichung $\frac{1}{2}\vec{i}_1^{\mathrm{S}}\mathrm{e}^{\mathrm{j}\vartheta} + \frac{1}{2}\vec{i}_1^{\mathrm{S}*}\mathrm{e}^{-\mathrm{j}\vartheta}$, wobei $\vec{i}_1^{\mathrm{S}*}$ die konjugierte komplexe Größe zu $\vec{i}_1^{\mathrm{S}}$ ist. Ähnliche Ausdrücke liefern die Kombinationen der Strangströme in den anderen Flußverkettungsgleichungen.

Die *Beziehung zwischen dem komplexen Augenblickswert $\vec{g}$ und dem Augenblickswert* g_a der Größe des Strangs a folgt in dem betrachteten Sonderfall mit $g_a + g_b + g_c = 0$ unter Beachtung von (8.9) aus

$$\vec{g} = \frac{2}{3}(g_a + a g_b + a^2 g_c) = g_a + \mathrm{j}\frac{1}{2}\sqrt{3}(g_b - g_c)$$

zu

$$\boxed{g_a = \mathrm{Re}\{\vec{g}\}}\,. \tag{8.10}$$

Analog erhält man für die Größen der Stränge b und c

$$\boxed{g_b = \mathrm{Re}\left\{\boldsymbol{a}^2\vec{g}\right\}}\,,\qquad (8.11)$$

$$\boxed{g_a = \mathrm{Re}\left\{\boldsymbol{a}\vec{g}\right\}}\,.\qquad (8.12)$$

Nach (8.10) erhält man den Augenblickswert g_a einer Größe im Strang a als Projektion des komplexen Augenblickswerts $\vec{g}$ auf die reelle Achse. Analog ergibt sich g_b entsprechend (8.11) als Projektion von $\boldsymbol{a}^2\vec{g}$ und g_c als die von $\boldsymbol{a}\vec{g}$ auf die reelle Achse. Statt $\vec{g}$ um $-2\pi/3$ zu drehen, um $\boldsymbol{a}^2\vec{g}$ zu erhalten, bzw. um $+2\pi/3$ zur Gewinnung von $\boldsymbol{a}\vec{g}$, kann man sich das Koordinatensystem in der umgekehrten Richtung, d.h. um $+2\pi/3$ bzw. um $-2\pi/3$ gedreht denken und erhält g_b als Projektion auf die Achse b bei $+2\pi/3$ und g_c als Projektion auf die Achse c bei $-2\pi/3$. Im Bild 8.1b wird gezeigt, wie die Stranggrößen aus den komplexen Augenblickswerten gewonnen werden. Dabei wurde von $\vec{g}$ aus Bild 8.1a ausgegangen. Wenn $g_a + g_b + g_c = 0$ erfüllt ist, kann der Zusammenhang nach Bild 8.1b benutzt werden, um $\vec{g}$ ausgehend von zwei der drei Stranggrößen zu konstruieren.

8.3.2 Spannungs- und Flußverkettungsgleichungen

Im folgenden werden die komplexen Augenblickswerte, die durch (8.7) und (8.8) gegeben sind, in das allgemeine Gleichungssystem der Maschine nach Abschnitt 8.2 eingeführt. Dabei erfolgt die Beschreibung der Ständergrößen $\vec{g}_1^{\mathrm{S}}$ im Koordinatensystem des Ständers und die der Läufergrößen $\vec{g}_2^{\mathrm{L}}$ in dem des Läufers. Der Übergang auf die Beschreibung aller Größen in einem gemeinsamen Koordinatensystem wird im Abschnitt 8.4 vorgenommen. Die Spannungsgleichungen für die komplexen Augenblickswerte werden erhalten, indem man die komplexen Spannungen $\vec{u}_1^{\mathrm{S}}$ und $\vec{u}_2^{\mathrm{L}}$ entsprechend (8.7) bzw. (8.8) bildet, für die Strangspannungen die Spannungsgleichungen (8.3) bzw. (8.4) einsetzt und die Ströme zu $\vec{i}_1^{\mathrm{S}}$ bzw. $\vec{i}_2^{\mathrm{L}}$ sowie die Flußverkettung zu $\vec{\psi}_1^{\mathrm{S}}$ bzw. $\vec{\psi}_2^{\mathrm{L}}$ zusammenfaßt. Man erhält

$$\boxed{\vec{u}_1^{\mathrm{S}} = R_1\vec{i}_1^{\mathrm{S}} + \frac{\mathrm{d}\vec{\psi}_1^{\mathrm{S}}}{\mathrm{d}t}\,,\qquad \vec{u}_2^{\mathrm{L}} = R_2\vec{i}_2^{\mathrm{L}} + \frac{\mathrm{d}\vec{\psi}_2^{\mathrm{L}}}{\mathrm{d}t}}\,.\qquad (8.13)$$

Die Flußverkettungsgleichungen für die komplexen Augenblickswerte werden analog gewonnen. Dabei empfiehlt es sich, wie im Abschnitt 8.3.1 bereits angedeutet, die Kombinationen der Strangströme in (8.5) und (8.6) bereits vor deren Einführung in die entsprechend (8.7) bzw. (8.8) zu bildenden komplexen Flußverkettungen $\vec{\psi}_1^{\mathrm{S}}$ und $\vec{\psi}_2^{\mathrm{L}}$ durch die komplexen Ströme $\vec{i}_1^{\mathrm{S}}$ und $\vec{i}_2^{\mathrm{L}}$ zu ersetzen. Damit erhält man schließlich:

$$\boxed{\begin{aligned}\vec{\psi}_1^{\mathrm{S}} &= L_{11}\vec{i}_1^{\mathrm{S}} + L_{12}\vec{i}_2^{\mathrm{L}}\mathrm{e}^{\mathrm{j}\vartheta} \\ \vec{\psi}_2^{\mathrm{L}} &= L_{12}\vec{i}_1^{\mathrm{S}}\,\mathrm{e}^{-\mathrm{j}\vartheta} + L_{12}\vec{i}_2^{\mathrm{L}}\end{aligned}}\,.\qquad (8.14)$$

Die Gleichungen (8.13) und (8.14) bilden das allgemeine Gleichungssystem für die elektromagnetischen Vorgänge der Dreiphasen-Asynchronmaschine mit Schleifringläufer oder Einfachkäfigläufer unter Verwendung komplexer Augenblickswerte. Dabei sind die Ständergrößen im Koordinatensystem des Ständers und die Läufergrößen in dem des Läufers beschrieben.

8.3.3   Interpretation der komplexen Augenblickswerte

Die entsprechend (8.7) bzw. (8.8) gebildeten komplexen Ströme $\vec{i}_1^{\mathrm{S}}$ und $\vec{i}_2^{\mathrm{L}}$ sind einer anschaulichen Interpretation zugänglich. Man erhält die Durchflutungsgrundwelle der Ständerstränge im Koordinatensystem γ_{S} des Ständers, ausgehend von (7.2), unter Beachtung der speziellen Parameter der vorliegenden Anordnung nach (7.9) zu

$$\Theta_1(\gamma_{\mathrm{S}}) = \sum_{j=a,b,c} \Theta_{1j}(\gamma_{\mathrm{S}}) = \frac{3}{2}\frac{4}{\pi}\frac{(w\xi_1)_1}{2p}\,\mathrm{Re}\left\{\vec{i}_1^{\mathrm{S}}\mathrm{e}^{-\mathrm{j}\gamma_{\mathrm{S}}}\right\}\ . \tag{8.15}$$

Analog ergibt sich für die Durchflutungsgrundwelle der Läuferstränge im Koordinatensystem γ_{L} des Läufers

$$\Theta_2(\gamma_{\mathrm{L}}) = \sum_{j=a,b,c} \Theta_{2j}(\gamma_{\mathrm{L}}) = \frac{3}{2}\frac{4}{\pi}\frac{(w\xi_1)_2}{2p}\mathrm{Re}\left\{\vec{i}_2^{\mathrm{L}}\mathrm{e}^{-\mathrm{j}\gamma_{\mathrm{L}}}\right\}\ . \tag{8.16}$$

Die beiden Durchflutungsgrundwellen lassen sich in der komplexen Darstellung ihrer räumlichen Abhängigkeit, die im Abschnitt 4.2.2 eingeführt wurde, entsprechend (4.20) und (4.21) darstellen als

$$\Theta_1(\gamma_{\mathrm{S}}) = \mathrm{Re}\left\{\vec{\Theta}_1^{\mathrm{S}}\mathrm{e}^{-\mathrm{j}\gamma_{\mathrm{S}}}\right\}\ , \tag{8.17}$$

$$\Theta_2(\gamma_{\mathrm{L}}) = \mathrm{Re}\left\{\vec{\Theta}_2^{\mathrm{L}}\mathrm{e}^{-\mathrm{j}\gamma_{\mathrm{L}}}\right\}\ . \tag{8.18}$$

Dabei beinhalten die als *Raumzeiger* bezeichneten komplexen Größen $\vec{\Theta}_1^{\mathrm{S}}$ und $\vec{\Theta}_2^{\mathrm{L}}$ entsprechend $\vec{\Theta} = \hat{\Theta}\mathrm{e}^{\mathrm{j}\gamma_{\Theta}}$ die Aussagen über Amplitude $\hat{\Theta}$ und Lage γ_{Θ} der Durchflutungsgrundwelle. Ein Vergleich zwischen (8.15) und (8.17) bzw. zwischen (8.16) und (8.18) zeigt, daß die komplexen Ströme $\vec{i}_1^{\mathrm{S}}$ und $\vec{i}_2^{\mathrm{L}}$ unmittelbar den Raumzeigern $\vec{\Theta}_1^{\mathrm{S}}$ und $\vec{\Theta}_2^{\mathrm{L}}$ der Durchflutungsgrundwellen zugeordnet sind als

$$\boxed{\vec{\Theta}_1^{\mathrm{S}} = \frac{3}{2}\frac{4}{\pi}\frac{(w\xi_1)_1}{2p}\vec{i}_1^{\mathrm{S}}\ , \qquad \vec{\Theta}_2^{\mathrm{L}} = \frac{3}{2}\frac{4}{\pi}\frac{(w\xi_1)_2}{2p}\vec{i}_2^{\mathrm{L}}}\ . \tag{8.19}$$

Ein komplexer Augenblickswert $\vec{i}$ des Stroms charakterisiert Amplitude und räumliche Lage der zugehörigen Durchflutungsgrundwelle in einem betrachteten Zeitpunkt, wie Bild 8.2 demonstriert.

Eine zweite Möglichkeit einer anschaulichen Interpretation eines komplexen Augenblickswerts erhält man ausgehend von der resultierenden Induktionsgrundwelle

$$B_{\mathrm{res}} = \hat{B}_{\mathrm{res}}\cos(\gamma_{\mathrm{S}} - \gamma_{SB}). \tag{8.20}$$

Sie lautet in komplexer Darstellung entsprechend (4.18)

$$B_{\mathrm{res}} = \mathrm{Re}\left\{\hat{B}_{\mathrm{res}}\mathrm{e}^{\mathrm{j}\gamma_{SB}}\mathrm{e}^{-\mathrm{j}\gamma_{\mathrm{S}}}\right\} = \mathrm{Re}\left\{\vec{B}_{\mathrm{res}}\mathrm{e}^{-\mathrm{j}\gamma_{\mathrm{S}}}\right\}\ . \tag{8.21}$$

Die Hauptflußverkettung eines Ständerstrangs j, dessen Achse an der Stelle γ_{Sj} liegt, mit der Induktionsgrundwelle nach (8.20), ergibt sich mit (5.23) und Bild 8.3 zu

$$\psi_{\mathrm{h}1j} = (w\xi_1)_1\frac{2}{\pi}\tau_{\mathrm{p}}l_{\mathrm{i}}\hat{B}_{\mathrm{res}}\cos(\gamma_{SB} - \gamma_{Sj})\ . \tag{8.22}$$

Dabei ist $\gamma_{Sa} = 0$, $\gamma_{Sb} = 2\pi/3$ und $\gamma_{Sc} = 4\pi/3$. Damit erhält man für den komplexen Augenblickswert der Hauptflußverkettung des Ständers entsprechend (8.7) unter

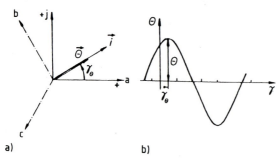

a)   b)

Bild 8.2   Zuordnung des komplexen Augenblickswerts $\vec{i}$ einer Stromkombination i_a, i_b, i_c zu deren Durchflutungsgrundwelle

a) *Komplexer Augenblickswert des Stroms und komplexe Darstellung der zugehörigen Durchflutungsgrundwelle in der komplexen Ebene*
b) *Liniendiagramm $\Theta(\gamma)$ der Durchflutungsgrundwelle*

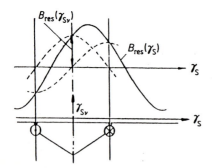

Bild 8.3   Zur Ermittlung der Hauptflußverkettung des Ständerstrangs j

Beachtung von $\cos x = (\mathrm{e}^{\mathrm{j}x} + \mathrm{e}^{-\mathrm{j}x})/2$

$$\vec{\psi}_{\mathrm{h}1}^{\mathrm{S}} = \frac{2}{3}\left(\psi_{\mathrm{h}1a} + a\psi_{\mathrm{h}1b} + a^2\psi_{\mathrm{h}1c}\right) = (w\xi_1)_1\frac{2}{\pi}\tau_{\mathrm{p}}l_{\mathrm{i}}\vec{B}_{\mathrm{res}}^{\mathrm{S}} \ . \tag{8.23}$$

Analog ergibt sich der komplexe Augenblickswert der Hauptflußverkettung des Läufers zu

$$\vec{\psi}_{\mathrm{h}2}^{\mathrm{L}} = (w\xi_1)_2\frac{2}{\pi}\tau_{\mathrm{p}}l_{\mathrm{i}}\vec{B}_{\mathrm{res}}^{\mathrm{L}} \ . \tag{8.24}$$

Die komplexen Augenblickswerte der Ströme liefern unmittelbar die Information über Amplitude und Lage der Durchflutungsgrundwelle, die sie aus Sicht des jeweiligen Koordinatensystems aufbauen. Die komplexen Augenblickswerte der Hauptflußverkettungen sind ein Abbild der Amplitude und Lage der resultierenden Induktionsgrundwelle im jeweiligen Koordinatensystem. Das hat dazu geführt, daß die komplexen Augenblickswerte in der Literatur vielfach auch als *Raumzeiger* bezeichnet werden. Es muß aber darauf hingewiesen werden, daß eine derartige räumliche Interpretation für die komplexen Augenblickswerte anderer Größen nicht möglich ist. Das gilt vor allem für die Spannungen, aber auch für Gesamtflußverkettungen und Streuflußverkettungen.

8.3.4 Drehmoment und Bewegungsgleichung

Das Drehmoment m der Maschine läßt sich unter Verzicht auf den Einfluß der Ummagnetisierungs-, Reibungs- und Zusatzverluste über eine allgemeine Energiebilanz gewinnen. Die entsprechenden Überlegungen wurden im Abschnitt 6.1.2 zusammenfassend und anknüpfend an die Darlegungen im Band Grundlagen[1] dargestellt. Unter der gegebenen Voraussetzung linearer magnetischer Verhältnisse entnimmt man Tafel 6.1 mit $\vartheta = p\vartheta'$ als allgemeine Beziehung für das von der Maschine entwickelte Drehmoment

$$m = \frac{p}{2} \sum_{j=1}^{n} i_j \frac{\mathrm{d}\psi_j}{\mathrm{d}\vartheta} \ . \tag{8.25}$$

Dabei ist die Summe über alle elektrischen Kreise der Maschine zu erstrecken, im vorliegenden Fall also über die drei Ständerstränge und die drei Läuferstränge. Dazu müssen die Flußverkettungsgleichungen (8.5) und (8.6) in (8.25) eingeführt werden. Um die Rechnung zu vereinfachen, empfiehlt es sich, die Kombinationen der Strangströme, die in (8.5) und (8.6) als Faktoren vor L_{12} stehen, durch die komplexen Augenblickswerte auszudrücken. Das ergibt für die Flußverkettung des Ständerstrangs a

$$\psi_{1a} = L_{11} i_{1a} + L_{12} \operatorname{Re}\left\{\vec{i}_2^L e^{j\vartheta}\right\} \ .$$

Für die Flußverkettungen der anderen Stränge von Ständer und Läufer erhält man ähnliche Ausdrücke. Damit folgt aus (8.25)

$$m = \frac{p}{2} L_{12} \operatorname{Re}\left\{\vec{i}_2^L e^{j\vartheta}(i_{1a} + a^2 i_{1b} + a i_{1c}) - j\vec{i}_1^S e^{-j\vartheta}(i_{2a} + a^2 i_{2b} + a i_{2c})\right\} \ .$$

Daraus folgt mit $\vec{g}^* = \frac{3}{2}(g_a + a^2 g_b + a g_c)$ aus (8.7) bzw. (8.8) und $\operatorname{Re}\{ja\} = -\operatorname{Im}\{a\}$

$$m = -\frac{3}{2} p \operatorname{Im}\left\{L_{12}\vec{i}_2^L e^{j\vartheta}\vec{i}_1^{S*}\right\} = \frac{3}{2} p \operatorname{Im}\left\{L_{12}\vec{i}_1^S e^{-j\vartheta}\vec{i}_2^{L*}\right\} \ . \tag{8.26}$$

Nach der ersten Gleichung (8.14) ist

$$\operatorname{Im}\left\{L_{12}\vec{i}_2^L e^{j\vartheta}\vec{i}_1^{S*}\right\} = \operatorname{Im}\left\{(\vec{\psi}_1^S - L_{11}\vec{i}_1^S)\vec{i}_1^{S*}\right\} = \operatorname{Im}\left\{\vec{\psi}_1^S \vec{i}_1^{S*}\right\} \ .$$

Damit erhält man schließlich für das Drehmoment

$$\boxed{m = -\frac{3}{2} p \operatorname{Im}\left\{\vec{\psi}_1^S \vec{i}_1^{S*}\right\}} \ . \tag{8.27}$$

(8.26) läßt sich mit Hilfe der zweiten Gleichung (8.14) auch überführen in

$$\boxed{m = \frac{3}{2} p \operatorname{Im}\left\{\vec{\psi}_2^L \vec{i}_2^{L*}\right\}} \ . \tag{8.28}$$

Diese Beziehung wird sich aber, im Gegensatz zu (8.27), für Maschinen, die keinen Schleifring- bzw. Einfachkäfigläufer besitzen, nicht bestätigen lassen und ist daher von untergeordneter Bedeutung.

---

[1] s. Band Grundlagen, Abschnitt 10.1

Die Bewegungsgleichung kann unmittelbar aus Abschnitt 6.4.1 übernommen werden. Man erhält aus (6.49) mit $\vartheta = p\vartheta'$

$$\boxed{m + m_\mathrm{A} = \frac{J}{p}\frac{\mathrm{d}^2\vartheta}{\mathrm{d}t^2}}\,. \tag{8.29}$$

8.4 Beschreibung allgemeiner Betriebszustände in einem gemeinsamen Koordinatensystem

8.4.1 Ausgangsüberlegungen

Die Flußverkettungsgleichungen, die nach Einführung komplexer Augenblickswerte entstanden und durch (8.14) gegeben sind, erscheinen bereits wesentlich einfacher handhabbar als die Ausgangsbeziehungen für die Stranggrößen nach (8.5) und (8.6). Als weitere Vereinfachung ist anzustreben, die Produkte $\vec{i}_2^{\,\mathrm{L}}\mathrm{e}^{\mathrm{j}\vartheta}$ und $\vec{i}_1^{\,\mathrm{S}}\mathrm{e}^{-\mathrm{j}\vartheta}$ zu eliminieren. Das kann – wie die folgenden Betrachtungen zeigen werden – dadurch geschehen, daß neue Variable eingeführt werden. Diese Einführung neuer Variablen läßt sich als ein Wechsel des Koordinatensystems deuten. Das ist am augenfälligsten, für solche komplexe Augenblickswerte, die ohnehin einer räumlichen Interpretation zugänglich sind, also z.B. für die Ströme.

Mit Hilfe der Transformationsbeziehung $\gamma_\mathrm{S} = \gamma_\mathrm{L} + \vartheta$ nach (4.13) läßt sich die Durchflutungsgrundwelle der Läuferströme nach (8.16) und (8.18) im Koordinatensystem γ_S des Ständers beschreiben als

$$\Theta_2(\gamma_\mathrm{S}) = \mathrm{Re}\left\{\vec{\Theta}_2^{\,\mathrm{L}}\mathrm{e}^{\mathrm{j}\vartheta}\mathrm{e}^{-\mathrm{j}\gamma_\mathrm{S}}\right\} = \frac{3}{2}\frac{4}{\pi}\frac{(w\xi_1)_2}{2p}\,\mathrm{Re}\left\{\vec{i}_2^{\,\mathrm{L}}\mathrm{e}^{\mathrm{j}\vartheta}\mathrm{e}^{-\mathrm{j}\gamma_\mathrm{S}}\right\} = \mathrm{Re}\left\{\vec{\Theta}_2^{\,\mathrm{S}}\mathrm{e}^{-\mathrm{j}\gamma_\mathrm{S}}\right\}\,. \tag{8.30}$$

Dabei ist $\vec{\Theta}_2^{\,\mathrm{S}}$ die komplexe Darstellung bzw. der Raumzeiger der Durchflutungsgrundwelle der Läuferströme im Koordinatensystem des Ständers, dem sich offenbar analog (8.19) ein komplexer Läuferstrom im Koordinatensystem des Ständers entsprechend

$$\vec{i}_2^{\,\mathrm{S}} = \vec{i}_2^{\,\mathrm{L}}\mathrm{e}^{\mathrm{j}\vartheta}$$

zuordnen läßt. In der Verallgemeinerung erhält man für eine komplexe Läufergröße $\vec{g}_2^{\,\mathrm{L}}$, wenn sie im Koordinatensystem des Ständers beobachtet wird,

$$\boxed{\vec{g}_2^{\,\mathrm{S}} = \vec{g}_2^{\,\mathrm{L}}\mathrm{e}^{\mathrm{j}\vartheta}}\,. \tag{8.31}$$

Umgekehrt kann man natürlich auch die Durchflutungsgrundwelle der Ständerströme nach (8.15) und (8.17) mit (4.13) im Koordinatensystem des Läufers beschreiben als

$$\Theta_1(\gamma_\mathrm{L}) = \mathrm{Re}\left\{\vec{\Theta}_1^{\,\mathrm{S}}\mathrm{e}^{-\mathrm{j}\vartheta}\mathrm{e}^{-\mathrm{j}\gamma_\mathrm{L}}\right\} = \frac{3}{2}\frac{4}{\pi}\frac{(w\xi_1)_1}{2p}\,\mathrm{Re}\left\{\vec{i}_1^{\,\mathrm{S}}\mathrm{e}^{-\mathrm{j}\vartheta}\mathrm{e}^{-\mathrm{j}\gamma_\mathrm{L}}\right\} = \mathrm{Re}\left\{\vec{\Theta}_1^{\,\mathrm{L}}\mathrm{e}^{-\mathrm{j}\gamma_\mathrm{L}}\right\}\,. \tag{8.32}$$

Es läßt sich also ein komplexer Augenblickswert des Ständerstroms im Koordinatensystem des Läufers einführen als

$$\vec{i}_1^{\,\mathrm{L}} = \vec{i}_1^{\,\mathrm{S}}\mathrm{e}^{-\mathrm{j}\vartheta}\,, \tag{8.33}$$

und daraus folgt die allgemeine Transformationsbeziehung für die Darstellung der Ständergrößen im Koordinatensystem des Läufers als

$$\boxed{\vec{g}_1^{\mathrm{L}} = \vec{g}_1^{\mathrm{S}} \mathrm{e}^{-\mathrm{j}\vartheta}} \quad . \tag{8.34}$$

8.4.2 Sonderfall der Beschreibung im Ständerkoordinatensystem

Das bisher entwickelte Gleichungssystem unter Einführung komplexer Augenblickswerte ist gegeben durch die Spannungsgleichungen (8.13), die Flußverkettungsgleichungen (8.14), die Beziehung für das Drehmoment nach (8.27) bzw. (8.28) sowie die Bewegungsgleichung (8.29). In diesem Gleichungssystem sind nunmehr entsprechend (8.31) alle Läufergrößen im Ständerkoordinatensystem darzustellen, in dem die Ständergrößen bereits angegeben sind. Bei der Durchführung der Transformation muß in der Spannungsgleichung des Läufers die zeitliche Ableitung der im Läuferkoordinatensystem beschriebenen Flußverkettungen gebildet werden. Für die Ableitung einer im Läuferkoordinatensystem dargestellten Größe bei Übergang zum Ständerkoordinatensystem erhält man allgemein mit (8.31)

$$\frac{\mathrm{d}\vec{g}_2^{\mathrm{L}}}{\mathrm{d}t} = \frac{\mathrm{d}\vec{g}_2^{\mathrm{S}}\mathrm{e}^{-\mathrm{j}\vartheta}}{\mathrm{d}t} = \frac{\mathrm{d}\vec{g}_2^{\mathrm{S}}}{\mathrm{d}t}\mathrm{e}^{-\mathrm{j}\vartheta} - \mathrm{j}\frac{\mathrm{d}\vartheta}{\mathrm{d}t}\vec{g}_2^{\mathrm{S}}\mathrm{e}^{-\mathrm{j}\vartheta} \quad . \tag{8.35}$$

Die Durchführung der Transformation liefert damit:

$$\left.\begin{aligned} \vec{u}_1^{\mathrm{S}} &= R_1 \vec{i}_1^{\mathrm{S}} + \frac{\mathrm{d}\vec{\psi}_1^{\mathrm{S}}}{\mathrm{d}t} \\[2mm] \vec{u}_2^{\mathrm{S}} &= R_2 \vec{i}_2^{\mathrm{S}} + \frac{\mathrm{d}\vec{\psi}_2^{\mathrm{S}}}{\mathrm{d}t} - \mathrm{j}\frac{\mathrm{d}\vartheta}{\mathrm{d}t}\vec{\psi}_2^{\mathrm{S}} \end{aligned}\right\} \tag{8.36}$$

$$\left.\begin{aligned} \vec{\psi}_1^{\mathrm{S}} &= L_{11}\vec{i}_1^{\mathrm{S}} + L_{12}\vec{i}_2^{\mathrm{S}} \\[2mm] \vec{\psi}_2^{\mathrm{S}} &= L_{22}\vec{i}_2^{\mathrm{S}} + L_{12}\vec{i}_1^{\mathrm{S}} \end{aligned}\right\} \tag{8.37}$$

$$m = -\frac{3}{2}p\,\mathrm{Im}\left\{\vec{\psi}_1^{\mathrm{S}}\vec{i}_1^{\mathrm{S}*}\right\} = \frac{3}{2}p\,\mathrm{Im}\left\{\vec{\psi}_2^{\mathrm{S}}\vec{i}_2^{\mathrm{S}*}\right\} \tag{8.38}$$

Die Bewegungsgleichung bleibt erhalten und wird deshalb hier nicht mitgeführt.

Man erkennt, daß die angestrebten Vereinfachungen der Flußverkettungsgleichungen tatsächlich eingetreten sind. Wenn die Läufergrößen im Ständerkoordinatensystem beschrieben werden, in dem auch die Ständergrößen dargestellt sind, erhält man zwischen den komplexen Augenblickswerten der Flußverkettungen und der Ströme Beziehungen wie für die stationäre Zweiwicklungsanordnung. Das ist der entscheidende Gewinn durch die Transformation. Er hat seinen Preis darin, daß in den Spannungsgleichungen des Läufers als zusätzliche Komponente eine Bewegungsspannung $-\mathrm{j}\dfrac{\mathrm{d}\vartheta}{\mathrm{d}t}\vec{\psi}_2^{\mathrm{S}}$ auftritt.

Diese stellt eine Nichtlinearität dar, da im allgemeinen Fall sowohl $\mathrm{d}\vartheta/\mathrm{d}t$ als auch $\vec{\psi}_2^{\mathrm{S}}$ Variable mit beliebigem Zeitverhalten darstellen. Diese Nichtlinearität tritt an die Stelle der beiden, die in den ursprünglichen Flußverkettungsgleichungen (8.14) enthalten waren.Wenn man eine allgemeine Anordnung mit vielen Läuferkreisen zu untersuchen hat, würden in der ursprünglichen Form der Flußverkettungsgleichungen eine große

Anzahl von Produkten $\vec{i}e^{j\vartheta}$ bzw. $\vec{i}e^{-j\vartheta}$ auftreten,die alle bei Übergang in das Ständer-koordinatensystem verschwinden – allerdings um den Preis, daß ein zusätzliches Glied in den Spannungsgleichungen jedes Läuferkreises auftritt.

Die Komponenten eines komplexen Augenblickswerts $\vec{g}^{\mathrm{S}}$ in Ständerkoordinaten werden eingeführt entsprechend

$$\vec{g}^{\mathrm{S}} = g_\alpha + jg_\beta \ . \tag{8.39}$$

Dabei ist es üblich, bei Ständergrößen auf die zusätzliche Kennzeichnung mit dem Index 1 zu verzichten. Es ist dann

$$\vec{g}_1^{\mathrm{S}} = g_{1\alpha} + jg_{1\beta} = g_\alpha + jg_\beta \tag{8.40}$$

8.4.3 Sonderfall der Beschreibung im Läuferkoordinatensystem

Wenn in dem ursprünglichen System der Gleichungen (8.13), (8.14), (8.27), (8.28) die Ständergrößen mit Hilfe von (8.34) im Läuferkoordinatensystem beschrieben werden, erhält man unter Beachtung von

$$\frac{d\vec{g}_1^{\mathrm{S}}}{dt} = \frac{d\vec{g}_1^{\mathrm{L}}e^{j\vartheta}}{dt} = \frac{d\vec{g}_1^{\mathrm{L}}}{dt}e^{j\vartheta} + j\frac{d\vartheta}{dt}\vec{g}_1^{\mathrm{L}}e^{j\vartheta} \tag{8.41}$$

als neues Gleichungssystem:

$$\left.\begin{aligned} \vec{u}_1^{\mathrm{L}} &= R_1\vec{i}_1^{\mathrm{L}} + \frac{d\vec{\psi}_1^{\mathrm{L}}}{dt} + j\frac{d\vartheta}{dt}\vec{\psi}_1^{\mathrm{L}} \\ \vec{u}_2^{\mathrm{L}} &= R_2\vec{i}_2^{\mathrm{L}} + \frac{d\psi_2^{\mathrm{L}}}{dt} \end{aligned}\right\} \tag{8.42}$$

$$\left.\begin{aligned} \vec{\psi}_1^{\mathrm{L}} &= L_{11}\vec{i}_1^{\mathrm{L}} + L_{12}\vec{i}_2^{\mathrm{L}} \\ \vec{\psi}_2^{\mathrm{L}} &= L_{22}\vec{i}_2^{\mathrm{L}} + L_{12}\vec{i}_1^{\mathrm{L}} \end{aligned}\right\} \tag{8.43}$$

$$m = -\frac{3}{2}p\,\mathrm{Im}\left\{\vec{\psi}_1^{\mathrm{L}}\vec{i}_1^{\mathrm{L}*}\right\} = \frac{3}{2}p\,\mathrm{Im}\left\{\vec{\psi}_2^{\mathrm{L}}\vec{i}_2^{\mathrm{L}*}\right\} \tag{8.44}$$

Die Komponenten eines komplexen Augenblickswerts $\vec{g}^{\mathrm{L}}$ in Läuferkoordinaten werden eingeführt als

$$\vec{g}^{\mathrm{L}} = g_{\mathrm{d}} + jg_{\mathrm{q}} \ . \tag{8.45}$$

Dabei verweist der Index d auf die Längsachse und der Index q auf die Querachse mit Rücksicht auf die Ausführungsform des Läufers mit ausgeprägten Polen. Es ist üblich, bei Ständergrößen auf die zusätzliche Kennzeichnung mit dem Index 1 zu verzichten. Es gilt dann

$$\vec{g}_1^{\mathrm{L}} = g_{1\mathrm{d}} + jg_{1\mathrm{q}} = g_{\mathrm{d}} + jg_{\mathrm{q}} \tag{8.46}$$

8.4.4 Beschreibung in einem allgemeinen Koordinatensystem

Bisher wurde die Durchflutungsgrundwelle eines Wicklungssystems entweder im Ko-ordinatensystem des Ständers oder in dem des Läufers beobachtet. Die vorstehenden Betrachtungen haben gezeigt, daß sich, zugeordnet zur Wahl des Koordinatensystems,

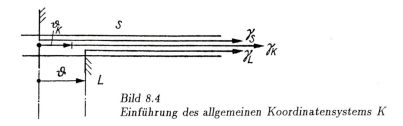

Bild 8.4
Einführung des allgemeinen Koordinatensystems K

komplexe Augenblickswerte einführen lassen, die der Beschreibung des Feldes in diesem Koordinatensystem entsprechen. Im allgemeinen Fall kann ein Feld in einem Koordinatensystem K beschrieben werden, das relativ zum Ständerkoordinatensystem eine beliebige, vom Läufer unabhängige Lage einnimmt. Bild 8.4 zeigt die Anordnung der Koordinaten im Luftspalt der Maschine in Anlehnung an Bild 7.1, wenn zusätzlich eine derartige Koordinate γ_K eingeführt wird. Der Darstellung lassen sich in Erweiterung von (4.13) folgende Beziehungen entnehmen:

$$\boxed{\gamma_S = \gamma_K + \vartheta_K} \tag{8.47}$$

$$\boxed{\gamma_L = \gamma_S - \vartheta = \gamma_K + (\vartheta_K - \vartheta)} \; . \tag{8.48}$$

Die Durchflutungsgrundwelle der Ständerstränge nach (8.17) wird mit (8.47) im Koordinatensystem K beobachtet als

$$\Theta_1(\gamma_K) = \mathrm{Re}\left\{\vec{\Theta}_1^S e^{-j\vartheta_K} e^{-j\gamma_K}\right\} = \mathrm{Re}\left\{\vec{\Theta}_1^K e^{-j\gamma_K}\right\} \; . \tag{8.49}$$

Dabei ist $\vec{\Theta}_1^K$ die komplexe Darstellung bzw. der Raumzeiger der Durchflutungsgrundwelle im Koordinatensystem K. Analog erhält man für die Durchflutungsgrundwelle der Läuferstränge nach (8.18) mit (8.48)

$$\Theta_2(\gamma_K) = \mathrm{Re}\left\{\vec{\Theta}_2^L e^{-j(\vartheta_K - \vartheta)} e^{-j\gamma_K}\right\} = \mathrm{Re}\left\{\vec{\Theta}_2^K e^{-j\gamma_K}\right\} \; , \tag{8.50}$$

wobei wiederum $\vec{\Theta}_2^K$ der zugeordnete Raumzeiger ist. Aufgrund der bestehenden Beziehungen zu den komplexen Strömen, die durch (8.19) gegeben sind, ergeben sich die im allgemeinen Koordinatensystem K beschriebenen Ströme zu

$$\boxed{\vec{i}_1^K = \vec{i}_1^S e^{-j\vartheta_K} \; , \qquad \vec{i}_2^K = \vec{i}_2^L e^{-j(\vartheta_K - \vartheta)}} \; . \tag{8.51}$$

In Verallgemeinerung von (8.51) lassen sich die komplexen Augenblickswerte für die Ströme, Spannungen und Flußverkettungen, wenn sie in einem allgemeinen Koordinatensystem K beobachtet werden, einführen als

$$\boxed{\begin{aligned} \vec{g}_1^K &= \vec{g}_1^S e^{-j\vartheta_K} = \frac{2}{3}(g_{1a} + a g_{1b} + a^2 g_{1c}) e^{-j\vartheta_K} \\[2mm] \vec{g}_2^K &= \vec{g}_2^L e^{-j(\vartheta_K - \vartheta)} = \frac{2}{3}(g_{2a} + a g_{2b} + a^2 g_{2c}) e^{-j(\vartheta_K - \vartheta)} \end{aligned}} \left.\rule{0pt}{10mm}\right\} \; . \tag{8.52}$$

Die Komponenten eines komplexen Augenblickswerts $\vec{g}^K$ im allgemeinen Koordinatensystem werden eingeführt entsprechend

$$\vec{g}^K = g_x + j g_y \; . \tag{8.53}$$

Die Spannungs- und Flußverkettungsgleichungen im Koordinatensystem K entstehen aus (8.13) und (8.14), indem die Veränderlichen $\vec{g}_1^{\mathrm{S}}$ mit Hilfe von (8.52) durch $\vec{g}_1^{\mathrm{K}}$ und die Veränderlichen $\vec{g}_2^{\mathrm{L}}$ mit Hilfe von (8.52) durch $\vec{g}_2^{\mathrm{K}}$ ausgedrückt werden. Dabei ist zu beachten, daß sowohl ϑ als auch ϑ_{K} beliebige Zeitfunktionen darstellen. Dadurch entstehen beim Bilden der Ableitungen $\mathrm{d}\vec{\psi}_1^{\mathrm{S}}/\mathrm{d}t$ und $\mathrm{d}\vec{\psi}_2^{\mathrm{L}}/\mathrm{d}t$ zusätzliche Glieder. Damit erhält man aus (8.13) für die *Spannungsgleichungen im gemeinsamen Koordinatensystem* K:

$$
\begin{aligned}
\vec{u}_1^{\mathrm{K}} &= R_1 \vec{i}_1^{\mathrm{K}} + \frac{\mathrm{d}\vec{\psi}_1^{\mathrm{K}}}{\mathrm{d}t} + \mathrm{j}\frac{\mathrm{d}\vartheta_{\mathrm{K}}}{\mathrm{d}t}\vec{\psi}_1^{\mathrm{K}} \\
\vec{u}_2^{\mathrm{K}} &= R_2 \vec{i}_2^{\mathrm{K}} + \frac{\mathrm{d}\vec{\psi}_2^{\mathrm{K}}}{\mathrm{d}t} + \mathrm{j}\left(\frac{\mathrm{d}\vartheta_{\mathrm{K}}}{\mathrm{d}t} - \frac{\mathrm{d}\vartheta}{\mathrm{d}t}\right)\vec{\psi}_2^{\mathrm{K}}
\end{aligned}
\tag{8.54}
$$

Die *Flußverkettungsgleichungen* (8.14) gehen bei der Beschreibung *im gemeinsamen Koordinatensystem* K über in:

$$
\begin{aligned}
\vec{\psi}_1^{\mathrm{K}} &= L_{11}\vec{i}_1^{\mathrm{K}} + L_{12}\vec{i}_2^{\mathrm{K}} \\
\vec{\psi}_2^{\mathrm{K}} &= L_{12}\vec{i}_1^{\mathrm{K}} + L_{22}\vec{i}_2^{\mathrm{K}}
\end{aligned}
\tag{8.55}
$$

Wenn alle Größen in einem gemeinsamen Koordinatensystem beschrieben werden, haben die Flußverkettungsgleichungen stets die einfache Form von (8.55), unabhängig davon, welches Koordinatensystem für die Beschreibung verwendet wird. Demgegenüber nehmen die Spannungsgleichungen für die einzelnen Koordinatensysteme unterschiedliche Formen an, die aus (8.54) folgen und in Tafel 8.1 nochmals zusammengestellt sind.

Für das Drehmoment erhält man aus (8.27) und (8.28)

$$
m = -\frac{3}{2}p\,\mathrm{Im}\left\{\vec{\psi}_1^{\mathrm{K}}\vec{i}_1^{\mathrm{K}*}\right\} = \frac{3}{2}p\,\mathrm{Im}\left\{\vec{\psi}_2^{\mathrm{K}}\vec{i}_2^{\mathrm{K}*}\right\} .
\tag{8.56}
$$

Die Beziehung für das Drehmoment ist also unabhängig von der Wahl des Koordinatensystems. Man vergleiche dazu auch (8.38) und (8.44).

8.4.5 Einführung transformierter Läufergrößen auf Basis des Übersetzungsverhältnisses $\ddot{u}_{\mathrm{h}}$

Die Transformation der Läufergrößen wurde bereits im Band Grundlagen für den Sonderfall des stationären Betriebs und die dort vorliegende vereinfachte Betrachtungsweise (keine Schrägung) eingeführt. Sie wird jetzt auf die allgemeinen Gleichungen (8.54) und (8.55) angewendet, die für beliebige Betriebszustände gelten. Damit wird zunächst das Ziel verfolgt, diese Gleichungen so aufzubereiten, daß sie bequem für eine quantitative Anwendung handhabbar werden. Das äußert sich dann in der Möglichkeit, Ersatzschaltbilder zuzuordnen, deren Parameter der Berechnung leicht zugänglich sind. Zum anderen gewinnt man eine elegante Möglichkeit für die nachträgliche Berücksichtigung von Sättigungserscheinungen, wenn man annimmt, daß nur das von der resultierenden Durchflutungsgrundwelle aufgebaute Hauptfeld der Sättigung unterliegt. Ausgehend von (8.54) und (8.55) bieten sich unter Beachtung von (8.2) folgende Transformationen

Tafel 8.1 *Spannungsgleichungen der Asynchronmaschine mit Schleifringläufer oder Einfachkäfigläufer für komplexe Augenblickswerte bei Beschreibung in einem gemeinsamen Koordinatensystem*

Koordinatensystem	Spannungsgleichungen des Ständers (1)	Spannungsgleichungen des Läufers (2)
Allgemeines Koordinatensystem K	$\vec{u}_1^K = R_1 \vec{i}_1^K + \dfrac{\mathrm{d}\vec{\psi}_1^K}{\mathrm{d}t}$ $+ \mathrm{j}\dfrac{\mathrm{d}\vartheta_K}{\mathrm{d}t}\vec{\psi}_1^K$	$\vec{u}_2^K = R_2 \vec{i}_2^K + \dfrac{\mathrm{d}\vec{\psi}_2^K}{\mathrm{d}t}$ $+ \mathrm{j}\left(\dfrac{\mathrm{d}\vartheta_K}{\mathrm{d}t} - \dfrac{\mathrm{d}\vartheta}{\mathrm{d}t}\right)\vec{\psi}_2^K$
Koordinatensystem des Ständers (1) $\vartheta_K = 0$	$\vec{u}_1^S = R_1 \vec{i}_1^S + \dfrac{\mathrm{d}\vec{\psi}_1^S}{\mathrm{d}t}$	$\vec{u}_2^S = R_2 \vec{i}_2^S + \dfrac{\mathrm{d}\vec{\psi}_2^S}{\mathrm{d}t} - \mathrm{j}\dfrac{\mathrm{d}\vartheta}{\mathrm{d}t}\vec{\psi}_2^S$
Koordinatensystem des Läufers (2) $\vartheta_K = \vartheta$	$\vec{u}_1^L = R_1 \vec{i}_1^L + \dfrac{\mathrm{d}\vec{\psi}_1^L}{\mathrm{d}t}$ $+ \mathrm{j}\dfrac{\mathrm{d}\vartheta}{\mathrm{d}t}\vec{\psi}_1^L$	$\vec{u}_2^L = R_2 \vec{i}_2^L + \dfrac{\mathrm{d}\vec{\psi}_2^L}{\mathrm{d}t}$

an:

$$\begin{aligned}
\vec{u}_2'^K &= \ddot{u}_h \vec{u}_2^K \\
\vec{i}_2'^K &= \frac{1}{\ddot{u}_h}\vec{i}_2^K \\
\vec{\psi}_2'^K &= \ddot{u}_h \vec{\psi}_2^K
\end{aligned} \qquad (8.57)$$

mit $\ddot{u}_h = \dfrac{(w\xi_1)_1}{(w\xi_1)_2}$ nach (7.12).

Damit erhält man aus den Spannungsgleichungen (8.54)

$$\begin{aligned}
\vec{u}_1^K &= R_1 \vec{i}_1^K + \frac{\mathrm{d}\vec{\psi}_1^K}{\mathrm{d}t} + \mathrm{j}\frac{\mathrm{d}\vartheta_K}{\mathrm{d}t}\vec{\psi}_1^K \\
\vec{u}_2'^K &= R_2' \vec{i}_2'^K + \frac{\mathrm{d}\vec{\psi}_2'^K}{\mathrm{d}t} + \mathrm{j}\left(\frac{\mathrm{d}\vartheta_K}{\mathrm{d}t} - \frac{\mathrm{d}\vartheta}{\mathrm{d}t}\right)\vec{\psi}_2'^K
\end{aligned} \qquad (8.58)$$

mit

$$R_2' = \ddot{u}_h^2 R_2 . \qquad (8.59)$$

Die Flußverkettungsgleichungen (8.55) gehen unter Einführung der transformierten Läufergrößen über in eine erste Form

$$\left.\begin{aligned}
\vec{\psi}_1^K &= L_{11}\vec{i}_1^K + L_{12}'\vec{i}_2'^K \\
\vec{\psi}_2'^K &= L_{22}'\vec{i}_2'^K + L_{12}'\vec{i}_1^K .
\end{aligned}\right\} \qquad (8.60)$$

Dabei wurden als transformierte Induktivitäten eingeführt

$$\left.\begin{aligned} L'_{12} &= \ddot{u}_h L_{12} \\ L'_{22} &= \ddot{u}_h^2 L_{22} \, , \end{aligned}\right\} \tag{8.61}$$

für die man unter Beachtung von (8.2) erhält

$$\left.\begin{aligned} L'_{12} &= \xi_{schr} L_h \\ L'_{22} &= \ddot{u}_h^2 L_{\sigma 2} + L_h = L'_{\sigma 2} + L_h \, . \end{aligned}\right\} \tag{8.62}$$

Mit (8.62) gewinnt man aus (8.34) als eine zweite Form der Flußverkettungsgleichungen

$$\left.\begin{aligned} \vec{\psi}_1^K &= \tilde{L}_{\sigma 1}\vec{i}_1^K + \tilde{L}_h(\vec{i}_1^K + \vec{i}_2'^K) = \tilde{L}_{\sigma 1}\vec{i}_1^K + \tilde{L}_h\vec{i}_\mu^K = \tilde{L}_{\sigma 1}\vec{i}_1^K + \vec{\psi}_h^K \\ \vec{\psi}_2'^K &= \tilde{L}'_{\sigma 2}\vec{i}_2'^K + \tilde{L}_h(\vec{i}_1^K + \vec{i}_2'^K) = \tilde{L}'_{\sigma 2}\vec{i}_2'^K + \tilde{L}_h\vec{i}_\mu^K = \tilde{L}'_{\sigma 2}\vec{i}_2'^K + \vec{\psi}_h^K \end{aligned}\right\} \tag{8.63}$$

bzw. in Matrizendarstellung

$$\begin{pmatrix} \vec{\psi}_1^K \\ \vec{\psi}_2'^K \end{pmatrix} = \begin{pmatrix} \tilde{L}_{\sigma 1} + \tilde{L}_h & \tilde{L}_h \\ \tilde{L}_h & \tilde{L}'_{\sigma 2} + \tilde{L}_h \end{pmatrix} \begin{pmatrix} \vec{i}_1^K \\ \vec{i}_2'^K \end{pmatrix} \, .$$

Dabei ist

$$\vec{i}_\mu^K = \vec{i}_1^K + \vec{i}_2'^K \tag{8.64}$$

sowie

$$\vec{\psi}_h^K = L_h \vec{i}_\mu^K \tag{8.65}$$

und wurden folgende Größen eingeführt:

$$\left.\begin{aligned} \tilde{L}_{\sigma 1} &= L_{\sigma 1} + (1 - \xi_{schr})L_h \\ \tilde{L}'_{\sigma 2} &= \ddot{u}_h^2 L_{\sigma 2} + (1 - \xi_{schr})L_h = L'_{\sigma 2} + (1 - \xi_{schr})L_h \\ \tilde{L}_h &= \xi_{schr} L_h \, . \end{aligned}\right\} \tag{8.66}$$

Die Gleichungen (8.63) werden durch das Ersatzschaltbild nach Bild 8.5 interpretiert.

Die komplexen Augenblickswerte der Ströme und Flußverkettungen in ihrer Verknüpfung entsprechend (8.63) sind im Bild 8.6 für einen typischen Betriebszustand der Maschine dargestellt. Dieser ist dadurch gekennzeichnet, daß sich die Durchflutungen von Ständer und Läufer und dementsprechend die Ströme $\vec{i}_1^K$ und $\vec{i}_2'^K$ gegenseitig nahezu aufheben. Dieser Fall liegt z.B. auch im normalen stationären Betrieb vor.

Die Darstellung mit transformierten Läufergrößen ist offensichtlich mit folgenden Vorteilen verbunden:

- Die Flußverkettungen $\vec{\psi}_1^K$, $\vec{\psi}_h^K$ und $\vec{\psi}_2'^K$ unterscheiden sich nur nach Maßgabe des Einflusses der Streuung.
- Die Ströme $\vec{i}_1^K$ und $\vec{i}_2'^K$ unterscheiden sich nur nach Maßgabe des Durchflutungsbedarfs für das resultierende Luftspaltfeld, der durch $\vec{i}_\mu^K$ repräsentiert wird.

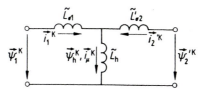

Bild 8.5
Ersatzschaltbild für die Flußverkettungsgleichungen unter Verwendung
komplexer Augenblickswerte
und transformierter Läufergrößen nach (8.63)

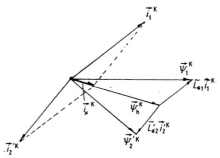

Bild 8.6
Darstellung der komplexen Augenblickswerte der Ströme und Flußverkettungen
unter Verwendung
transformierter Läufergrößen entsprechend
(8.63) für einen typischen Betriebszustand

Außerdem gewinnt man die Chance – vor allem im Zusammenhang mit der Anwendung der numerischen Simulation – die Nichtlinearität des Magnetkreises plausibel zu berücksichtigen, indem die Sättigung auf den Wegen der Wirbel, die sich über den Luftspalt schließen, mit

$$\left.\begin{array}{l} \tilde{L}_{\mathrm{h}} = \tilde{L}_{\mathrm{h}}(\hat{i}_\mu) \qquad \text{bzw.} \\[2mm] \tilde{L}_{\mathrm{h}} = \tilde{L}_{\mathrm{h}}(\hat{\psi}_{\mathrm{h}}) \end{array}\right\} \tag{8.67}$$

und die auf den Wegen der Wirbel der Streufelder mit

$$\left.\begin{array}{l} \tilde{L}_{\sigma 1} = \tilde{L}_{\sigma 1}(\hat{i}_1) \qquad \text{bzw.} \\[2mm] \tilde{L}'_{\sigma 2} = \tilde{L}'_{\sigma 2}(\hat{i}'_2) \end{array}\right\} \tag{8.68}$$

Berücksichtigung finden.

8.4.6 Eliminierung der Ströme eines Hauptelements

Die Flußverkettungsgleichungen in den Formulierungen nach (8.55) sind unmittelbarer Ausdruck des physikalischen Mechanismus. Die Ströme der einzelnen Wicklungen bauen das Feld auf; mit dem Feld besitzt eine Wicklung eine Flußverkettung, zu der jede

Wicklung einen stromproportionalen Anteil liefert. In manchen Fällen sind Flußverkettungsgleichungen nützlich, bei denen die Flußverkettung einer der beiden Wicklungen durch deren Strom und die Flußverkettung der anderen Wicklung ausgedrückt wird. Dazu ist es erforderlich, den Strom der anderen Wicklung mit Hilfe ihrer Flußverkettung zu eliminieren.

Aus der Flußverkettungsgleichung des Läufers in (8.55) erhält man den Läuferstrom zu

$$\vec{i}_2^{\mathrm{K}} = \frac{1}{L_{22}}\vec{\psi}_2^{\mathrm{K}} - \frac{L_{12}}{L_{22}}\vec{i}_1^{\mathrm{K}} \ .$$

Wenn dieser in die Flußverkettungsgleichung des Ständers eingesetzt wird, folgt daraus

$$\vec{\psi}_1^{\mathrm{K}} = \left(L_{11} - \frac{L_{12}^2}{L_{22}}\right)\vec{i}_1^{\mathrm{K}} + \frac{L_{12}}{L_{22}}\vec{\psi}_2^{\mathrm{K}} = \sigma L_{11}\vec{i}_1^{\mathrm{K}} + \frac{L_{12}}{L_{22}}\vec{\psi}_2^{\mathrm{K}} \ . \tag{8.69}$$

Dabei ist σL_{11} die von der Ständerseite her beobachtbare Gesamtstreuinduktivität, die in Anlehnung an $X_i = \sigma X_{11}$[1]) als

$$L_{\mathrm{i}} = \sigma L_{11} = \left(1 - \frac{L_{12}^2}{L_{11}L_{22}}\right)L_{11} \tag{8.70}$$

eingeführt werden kann. In analoger Weise geht die Flußverkettungsgleichung des Läufers in (8.55), wenn man aus der ersten Gleichung den Ständerstrom ermittelt und einsetzt, über in

$$\vec{\psi}_2^{\mathrm{K}} = \left(L_{22} - \frac{L_{12}^2}{L_{11}}\right)\vec{i}_2^{\mathrm{K}} + \frac{L_{12}}{L_{11}}\vec{\psi}_1^{\mathrm{K}} = \sigma L_{22}\vec{i}_2^{\mathrm{K}} + \frac{L_{12}}{L_{11}}\vec{\psi}_1^{\mathrm{K}} \ . \tag{8.71}$$

Wenn man die gleiche Prozedur ausgehend von den Flußverkettungsgleichungen bei Einführung transformierter Läufergrößen nach (8.60) durchführt, erhält man

$$\left.\begin{array}{l} \vec{\psi}_1^{\mathrm{K}} = \sigma L_{11}\vec{i}_1^{\mathrm{K}} + k_2\vec{\psi}_2'^{\mathrm{K}} \\[2mm] \vec{\psi}_2'^{\mathrm{K}} = \sigma L_{22}'\vec{i}_2^{\mathrm{K}} + k_1\vec{\psi}_1^{\mathrm{K}} \ . \end{array}\right\} \tag{8.72}$$

Dabei sind die Koppelfaktoren k_1 und k_2 unter Beachtung von (8.2) und (8.62) gegeben als

$$k_1 = \frac{L_{12}'}{L_{11}} = \xi_{\mathrm{schr}}\frac{1}{1 + \dfrac{L_{\sigma 1}}{L_{\mathrm{h}}}} \tag{8.73}$$

$$k_2 = \frac{L_{12}'}{L_{22}'} = \xi_{\mathrm{schr}}\frac{1}{1 + \dfrac{L_{\sigma 2}'}{L_{\mathrm{h}}}} \ . \tag{8.74}$$

Sie sind also stets etwas kleiner als 1.

Unter Beachtung der Beziehungen für die Flußverkettungen nach (8.72) erweitert sich die Darstellung der Ströme und Flußverkettungen nach Bild 8.6 für einen typischen Betriebszustand entsprechend Bild 8.7.

Die Beziehungen (8.69) und (8.71) bzw. die Beziehungen (8.72) werden im folgenden Abschnitt benutzt, um die Ströme bei Kenntnis der Flußverkettungen zu bestimmen. Sie sind außerdem nützlich, wenn auf der Grundlage der Anwendung des Prinzips der

---

[1])s. Band Grundlagen, Abschnitt 27.1, Gl. (27.4)

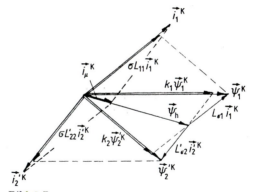

Bild 8.7
Ergänzung der Darstellung der komplexen
Augenblickswerte der Ströme
und Flußverkettungen unter Verwendung
transformierter Läufergrößen entsprechend
(8.63) durch die Beziehungen nach (8.72)

Flußkonstanz über eine der beiden Flußverkettungen oder auch über beide von vornherein Aussagen gemacht werden können. Das wird z.B. im Abschnitt 13.2 geschehen, indem angenommen wird, daß sich die Läuferflußverkettung des Kurzschlußläufers bzw. des kurzgeschlossenen Schleifringläufers im Zeitraum unmittelbar nach einer Störung entsprechend dem Prinzip der Flußkonstanz nicht oder nur unwesentlich ändert.

8.4.7 Gewinnung der Ströme aus den Flußverkettungen

Die Flußverkettungsgleichungen (8.55) , die nach Einführung transformierter Läufergrößen übergehen in (8.60) bzw. (8.63), formulieren die Flußverkettungen als Funktion der Ströme. Das entspricht – wie bereits im Abschnitt 8.4.6 nochmals gesagt wurde – der physikalischen Wirkungsrichtung. Da die Flußverkettungsgleichungen jedoch stets, d.h. auch bei Vorhandensein von mehr als zwei miteinander verketteten Wicklungssystemen, ein lineares Gleichungssystem darstellen, muß sich auch die umgekehrte Zuordnung formulieren lassen. Das ist dann eine mathematisch gewonnene Aussage. Man erhält sie unmittelbar aus den Flußverkettungsgleichungen, die im Abschnitt 8.4.6 entwickelt wurden und bei denen jeweils der Strom der anderen Wicklung mit Hilfe von deren Flußverkettungsgleichung eliminiert wurde, indem man sie nach den Strömen auflöst.

Für die Darstellungsform mit den tatsächlichen Läufergrößen gewinnt man aus (8.69) und (8.71)

$$
\left.
\begin{aligned}
\vec{i}_1^{\,\mathrm{K}} &= \frac{1}{\sigma L_{11}} \left(\vec{\psi}_1^{\,\mathrm{K}} - \frac{L_{12}}{L_{22}} \vec{\psi}_2^{\,\mathrm{K}} \right) \\
\vec{i}_2^{\,\mathrm{K}} &= \frac{1}{\sigma L_{22}} \left(\vec{\psi}_2^{\,\mathrm{K}} - \frac{L_{12}}{L_{11}} \vec{\psi}_1^{\,\mathrm{K}} \right)
\end{aligned}
\right\}
\tag{8.75}
$$

Ausgehend von der Darstellungsform mit transformierten Läufergrößen nach (8.72) ergibt sich

$$\left.\begin{aligned}\vec{i}_1^{\mathrm{K}} &= \frac{1}{\sigma L_{11}}\left(\vec{\psi}_1^{\mathrm{K}} - k_2\vec{\psi}_2'^{\mathrm{K}}\right)\\[2mm]\vec{i}_2'^{\mathrm{K}} &= \frac{1}{\sigma L_{22}'}\left(\vec{\psi}_2'^{\mathrm{K}} - k_1\vec{\psi}_1^{\mathrm{K}}\right)\end{aligned}\right\}\tag{8.76}$$

bzw. in Matrizendarstellung

$$\begin{pmatrix}\vec{i}_1^{\mathrm{K}}\\[3mm]\vec{i}_2'^{\mathrm{K}}\end{pmatrix} = \begin{pmatrix}\dfrac{1}{\sigma L_{11}} & -\dfrac{k_2}{\sigma L_{11}}\\[4mm]-\dfrac{k_2}{\sigma L_{22}'} & \dfrac{1}{\sigma L_{22}'}\end{pmatrix}\begin{pmatrix}\vec{\psi}_1^{\mathrm{K}}\\[3mm]\vec{\psi}_2'^{\mathrm{K}}\end{pmatrix}$$

$$= \begin{pmatrix}\dfrac{1}{\widetilde{L}_{\sigma 1} + k_2\widetilde{L}_{\sigma 2}'} & -\dfrac{k_2}{\widetilde{L}_{\sigma 1} + k_2\widetilde{L}_{\sigma 2}'}\\[4mm]-\dfrac{k_1}{\widetilde{L}_{\sigma 2}' + k_1\widetilde{L}_{\sigma 1}} & \dfrac{1}{\widetilde{L}_{\sigma 2}' + k_1\widetilde{L}_{\sigma 1}}\end{pmatrix}\begin{pmatrix}\vec{\psi}_1^{\mathrm{K}}\\[3mm]\vec{\psi}_2'^{\mathrm{K}}\end{pmatrix}$$

Diese Beziehungen bringen den wichtigen Sachverhalt zum Ausdruck, daß die Ströme bei Vorgabe der Flußverkettungen durch die jeweilige Gesamtstreuinduktivität bestimmt werden.

Die Bestimmung der Ströme aus den Flußverkettungen ist z.B. erforderlich, wenn bei der Anwendung der numerischen Simulation zunächst mit Hilfe der Zustandsform der Spannungsgleichungen die Flußverkettungen am Ende eines Zeitschritts, ausgehend von ihren Werten vor diesem Zeitschritt, ermittelt werden und anschließend die zu den neuen Flußverkettungen gehörenden Ströme zu bestimmen sind.

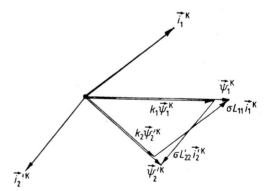

Bild 8.8
Gewinnung der Ströme ausgehend von den
Flußverkettungen auf der Grundlage
der Beziehungen (8.72) und daraus (8.76)

Im Bild 8.8 ist ausgehend von Bild 8.7 gezeigt, wie sich aus $\vec{\psi}_1$ und $\vec{\psi}_2'$ bei Kenntnis von k_1 sowie k_2 und damit $k_1\vec{\psi}_1$ sowie $k_2\vec{\psi}_2'$ die Ströme bestimmen lassen.

8.4.8   Feldorientierte Beschreibung

Zur Analyse der sog. feldorientierten Regelverfahren, die im Zusammenhang mit dem Einsatz von Drehfeldmaschinen für drehzahlvariable Antriebe entwickelt wurden, emp-

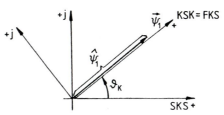

Bild 8.9
Einführung des Feldkoordinatensystems

fiehlt es sich, eine feldorientierte Beschreibung des Betriebsverhaltens einzuführen. Dabei wird das allgemeine Koordinatensystem so geführt, daß eine der Flußverkettungen $\vec{\psi}_1^{\mathrm{K}}$ oder $\vec{\psi}_{\mathrm{h}}^{\mathrm{K}}$ oder $\vec{\psi}_2^{\mathrm{K}}$ bzw. $\vec{\psi}_2'^{\mathrm{K}}$ stets in der reellen Achse liegt. Im Bild 8.9 ist dies als Beispiel unter Verwendung der Ständerflußverkettung geschehen. $\vec{\psi}_1^{\mathrm{K}}$ verändert sich im Ständerkoordinatensystem hinsichtlich seines Betrags und seiner Lage beliebig. Das Feldkoordinatensystem FKS wird über ϑ_{K} so geführt, daß stets

$$\vec{\psi}_1^{\mathrm{F}} = |\vec{\psi}_1^{\mathrm{F}}| = \widehat{\psi}_1 \tag{8.77}$$

ist. Die Komponenten eines beliebigen komplexen Augenblickswerts im Feldkoordinatensystem werden eingeführt entsprechend

$$\vec{g}^{\mathrm{F}} = g_{\mathrm{f}} + \mathrm{j}g_{\mathrm{m}} \, . \tag{8.78}$$

Damit läßt sich (8.77) auch darstellen als

$$\vec{\psi}_1^{\mathrm{F}} = \psi_{1\mathrm{f}} \, . \tag{8.79}$$

Wenn man entsprechend (8.78) für den komplexen Augenblickswert des Ständerstroms

$$\vec{i}_1^{\mathrm{F}} = i_{1\mathrm{f}} + \mathrm{j}i_{1\mathrm{m}} \tag{8.80}$$

einführt, ergibt sich das Drehmoment aus (8.56) mit (8.79) und (8.80) zu

$$m = -\frac{3}{2}p\,\mathrm{Im}\left\{\vec{\psi}_1^{\mathrm{F}}\vec{i}_1^{\mathrm{F}*}\right\} = \frac{3}{2}p\psi_{1\mathrm{f}}i_{1\mathrm{m}} \, . \tag{8.81}$$

Das Drehmoment wird allein durch die Komponente $i_{1\mathrm{m}}$ des Ständerstroms bestimmt. Daraus erwächst der Gedanke der feldorientierten Regelung. Bild 8.10 erläutert die Zusammenhänge.

8.4.9 Einführung bezogener Größen

Die Verwendung bezogener Größen (per-unit-Größen) ist im Zusammenhang mit der Darlegung der Theorie der Synchronmaschine weit verbreitet und wird im Abschnitt 15.3 des vorliegenden Buchs unter Beachtung der Spezifika dieser Maschinenart entwickelt. Bei der Asynchronmaschine hat sich diese Methode der Darstellung bisher nicht im gleichen Maße durchgesetzt. Sie wird im folgenden entwickelt, da es im Zusammenhang mit der Anwendung numerischer Verfahren vorteilhaft ist, mit dimensionslosen Variablen zu arbeiten. Die Einführung bezogener Größen bietet außerdem den Vorteil, daß sich die zugeordneten Maschinenparameter in Abhängigkeit von der Baugröße nur wenig und in Abhängigkeit von den Bemessungswerten von Strom und Spannung praktisch überhaupt nicht ändern.

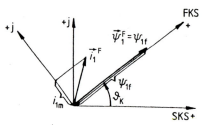

Bild 8.10
Maßgebende Komponente des Ständerstroms
für das Drehmoment
im feldorientierten Koordinatensystem

Die bezogenen Werte der Variablen werden im Zuge der Ableitung eingeführt entsprechend

$$g = \underset{\sim}{g}\, g_0 \, . \tag{8.82}$$

Dabei hat die Bezugsgröße g_0 dieselbe Dimension wie die physikalische Größe g, so daß die bezogene Größe $\underset{\sim}{g}$ dimensionslos wird. Nachdem der Prozeß der Einführung abgeschlossen ist, kann auf die besondere Kennzeichnung der Variablen als bezogene Größen verzichtet werden, da die Darstellung der Parameter erkennen lassen wird, daß es sich um eine Beziehung für bezogene Größen handelt.

Wenn die Einführung unter dem Aspekt der Anwendung numerischer Methoden erfolgt, ist es naheliegend, von einer Formulierung des Gleichungssystems auszugehen, das es ermöglicht, die Sättigungseinflüsse zu berücksichtigen. Deshalb wird von dem Gleichungssystem unter Verwendung transformierter Läufergrößen ausgegangen, das im Abschnitt 8.4.5 entwickelt wurde. Da die Läufergrößen durch den Transformationsprozeß ohnehin entsprechend den Strom-Spannungs-Verhältnissen des Ständers ausgedrückt werden, bietet es sich an, für die Ständer- und die Läufergrößen jeweils gleiche Bezugsgrößen zu verwenden.

Entsprechend allgemein – vor allem bei der Synchronmaschine – üblicher Praxis, werden die folgenden Grundbezugsgrößen eingeführt:

$$I_{a0} = \sqrt{2}\,I_{str\,n} \qquad \text{für alle Strangströme sowie die komplexen}$$
Augenblickswerte der Ströme und deren Komponenten

$$U_{a0} = \sqrt{2}\,U_{str\,n} \qquad \text{für alle Strangspannungen sowie die komplexen}$$
Augenblickswerte der Spannungen
und deren Komponenten

$$\psi_{a0} = \frac{U_{a0}}{\omega_n} = \frac{\sqrt{2}\,U_{str\,n}}{\omega_n} \qquad \text{für alle Flußverkettungen der Stränge}$$

sowie die komplexen Augenblickswerte
der Flußverkettungen und deren Komponenten

$$P_0 = 3U_{str\,n}I_{str\,n} = \sqrt{3}\,U_n I_n \qquad \text{für alle Leistungen}$$

$$M_0 = \frac{3U_{str\,n}I_{str}}{\omega_n}p = \frac{\sqrt{3}\,U_n I_n}{\omega_n}p \qquad \text{für das Drehmoment}$$

$$X_{a0} = \frac{U_{a0}}{I_{a0}} \qquad \text{als Bezugsimpedanz}$$

$$L_{a0} = \frac{X_{a0}}{\omega_n} = \frac{U_{a0}}{\omega_n I_{a0}} = \frac{\psi_{a0}}{I_{a0}} \qquad \text{als Bezugsinduktivität}$$

$$\left.\right\} \tag{8.83}$$

Dabei ist es üblich, die Ständerwicklung als in Stern geschaltet zu betrachten. Es wird

Tafel 8.2   Das allgemeine Gleichungssystem der Asynchronmaschine nach Einführung bezogener Größen

$$\vec{u}_1^{\mathrm{K}} = r_1 \vec{i}_1^{\mathrm{K}} + T_0 \frac{\mathrm{d}\vec{\psi}_1^{\mathrm{K}}}{\mathrm{d}t} + \mathrm{j}n_{\mathrm{K}}\vec{\psi}_1^{\mathrm{K}}$$

$$\vec{u}_2^{\mathrm{K}} = r_2 \vec{i}_2^{\mathrm{K}} + T_0 \frac{\mathrm{d}\vec{\psi}_2^{\mathrm{K}}}{\mathrm{d}t} + \mathrm{j}(n_{\mathrm{K}} - n)\vec{\psi}_2^{\mathrm{K}}$$

$$\vec{\psi}_1^{\mathrm{K}} = x_{11}\vec{i}_1^{\mathrm{K}} + x_{12}\vec{i}_2^{\mathrm{K}} = x_{\sigma 1}\vec{i}_1^{\mathrm{K}} + \vec{\psi}_{\mathrm{h}}^{\mathrm{K}} = x_{\sigma 1}\vec{i}_1^{\mathrm{K}} + x_{\mathrm{h}}\left(\vec{i}_1^{\mathrm{K}} + \vec{i}_2^{\mathrm{K}}\right)$$

$$= \sigma x_{11}\vec{i}_1^{\mathrm{K}} + k_2 \vec{\psi}_2^{\mathrm{K}}$$

$$\vec{\psi}_2^{\mathrm{K}} = x_{22}\vec{i}_2^{\mathrm{K}} + x_{12}\vec{i}_1^{\mathrm{K}} = x_{\sigma 2}\vec{i}_2^{\mathrm{K}} + \vec{\psi}_{\mathrm{h}}^{\mathrm{K}} = x_{\sigma 2}\vec{i}_2^{\mathrm{K}} + x_{\mathrm{h}}\left(\vec{i}_1^{\mathrm{K}} + \vec{i}_2^{\mathrm{K}}\right)$$

$$= \sigma x_{22}\vec{i}_2^{\mathrm{K}} + k_1 \vec{\psi}_1^{\mathrm{K}}$$

$$m = -\mathrm{Im}\left\{\vec{\psi}_1^{\mathrm{K}}\vec{i}_1^{\mathrm{K}*}\right\}$$

$$m + m_{\mathrm{A}} = m - m_{\mathrm{w}} = 2H\frac{\mathrm{d}n}{\mathrm{d}t}$$

dann

$$\left.\begin{array}{l} U_{\mathrm{str\,n}} = U_{\mathrm{n}}/\sqrt{3} \\[2mm] I_{\mathrm{str\,n}} = I_{\mathrm{n}} \end{array}\right\} \tag{8.84}$$

Als Bezugswert für die Zeit wird manchmal

$$t_0 = \frac{1}{\omega_{\mathrm{n}}} \tag{8.85}$$

eingeführt. Im Zusammenhang mit der Anwendung verfügbarer Simulationsprogramme und mit Rücksicht auf die leichtere Interpretierbarkeit erhaltener Ergebnisse ist es aber sinnvoll, einen anderen Zeitwert zu verwenden, z.B. die Sekunde.

Weitere Festlegungen von Bezugsgrößen ergeben sich aus dem Entwicklungsprozeß. Die bezogenen Widerstände werden mit r und die bezogenen Induktivitäten mit x bezeichnet. Es ist üblich, letztere als Reaktanzen anzusprechen. Die Spannungsgleichung eines beliebigen Wicklungsstranges (z.B. entsprechend (8.3) bzw. (8.4) nach Einführung transformierter Läufergrößen) geht unter Verwendung bezogener Größen nach (8.82) und der Bezugsgrößen nach (8.83) über in

$$\underset{\sim}{u} = \frac{u}{U_{\mathrm{a}0}} = R\frac{I_{\mathrm{a}0}}{U_{\mathrm{a}0}}\underset{\sim}{i} + \frac{\psi_{\mathrm{a}0}}{U_{\mathrm{a}0}}\frac{\mathrm{d}\underset{\sim}{\psi}}{\mathrm{d}t} = r\underset{\sim}{i} + T_0\frac{\mathrm{d}\underset{\sim}{\psi}}{\mathrm{d}t}\,. \tag{8.86}$$

Dabei wurde eingeführt

$$T_0 = \frac{1}{\omega_{\mathrm{n}}}\,. \tag{8.87}$$

In analoger Weise lassen sich alle Gleichungen des allgemeinen Gleichungssystems der Asynchronmaschine mit transformierten Läufergrößen in die bezogene Form überführen. Man erhält – ausgehend von den Spannungsgleichungen nach (8.58), den Flußverkettungsgleichungen nach (8.60) bzw. (8.63) sowie der Beziehung für das Drehmoment nach (8.56) und der Bewegungsgleichung (8.29) – die Beziehungen, die in

$$r_1 = \frac{R_1}{X_{a0}} \qquad r_2 = \frac{R_2'}{X_{a0}}$$

$$x_{11} = \frac{L_{11}}{L_{a0}} \qquad x_{12} = \frac{L_{12}'}{L_{a0}} \qquad x_{22} = \frac{L_{22}'}{L_{a0}}$$

$$x_{\sigma 1} = \frac{\widetilde{L}_{\sigma 1}}{L_{a0}} \qquad x_{\sigma 2} = \frac{\widetilde{L}_{\sigma 2}'}{L_{a0}} \qquad x_{h} = \frac{\widetilde{L}_{h}}{L_{a0}}$$

Tafel 8.3
Parameter des allgemeinen Gleichungs-systems der Asynchronmaschine nach Einführung bezogener Größen

Tafel 8.2 zusammengestellt sind. Die Parameter, die in der bezogenen Darstellung in Erscheinung treten, sind in Tafel 8.3 zusammengefaßt.

Mit Rücksicht auf die numerische Simulation empfiehlt es sich, für die Größen $\frac{d\vartheta}{dt}$ bzw. $\frac{d\vartheta_K}{dt}$ bezogene Drehzahlen $\underset{\sim}{n}$ bzw. $\underset{\sim K}{n}$ mit folgenden Definitionen einzuführen:

$$\frac{d\vartheta}{dt} = 2\pi p n_0 \frac{n}{n_0} = \omega_n \underset{\sim}{n} = \frac{1}{T_0}\underset{\sim}{n} . \tag{8.88}$$

Für $\frac{d\vartheta_K}{dt}$ gilt dann eine analoge Beziehung. Dabei wurde als *Bezugsdrehzahl* eingeführt

$$n_0 = \frac{\omega_n}{2\pi p} = \frac{f_n}{p} , \tag{8.89}$$

d.h. die synchrone Drehzahl der Maschine bei Bemessungsfrequenz. In der Bewegungs-gleichung tritt als Parameter die sog. *Trägheitskonstante H* auf. Sie ist definiert als

$$H = \frac{J\omega_n^2}{2p^2}\frac{1}{3U_{str\,n}I_{str\,n}} = \frac{\text{kinetische Energie bei der Bezugsdrehzahl}}{\text{Scheinleistung im Bemessungsbetrieb}} \tag{8.90}$$

Dabei ist J das Massenträgheitsmoment des gesamten Läuferkörpers. Die Trägheits-konstante hat die Dimension einer Zeit und liegt je nach der Maschinengröße und der Größe des Massenträgheitsmoments der Arbeitsmaschine im Bereich von einigen Sekunden.

8.5 Komplexe Augenblickswerte stationärer symmetrischer Dreiphasensysteme

Im stationären Betrieb stellen die Stranggrößen eingeschwungene Wechselgrößen dar. Dabei bilden die drei Spannungen bzw. die drei Ströme bzw. die drei Flußverkettun-gen eines Hauptelements im Sonderfall des Betriebs unter symmetrischen Betriebs-bedingungen ein symmetrisches Dreiphasensystem positiver Phasenfolge. Es läßt sich darstellen als:

$$\left.\begin{array}{l} g_a = \widehat{g}\cos(\omega t + \varphi_g) \\ g_b = \widehat{g}\cos(\omega t + \varphi_g - 2\pi/3) \\ g_c = \widehat{g}\cos(\omega t + \varphi_g - 4\pi/3) . \end{array}\right\} \tag{8.91}$$

In diesem Fall genügt es offensichtlich, die Größen nur eines Strangs zu betrachten. Es ist üblich, als diesen Bezugsstrang den Strang *a* zu verwenden und auf die Kennzeichnung der Zuordnung der Größen zu diesem Strang a zu verzichten. Die komplexe Darstellung der Größen des Strangs a ist dann gegeben als

$$\underline{g} = \underline{g}_a = \widehat{g}\mathrm{e}^{\mathrm{j}\varphi_g} \ . \tag{8.92}$$

Um den komplexen Augenblickswert für das symmetrische Dreiphasensystem nach (8.91) zu erhalten, müssen die Stranggrößen in (8.7) bzw. (8.8) eingesetzt werden. Dabei empfiehlt es sich, die Beziehung $\cos\alpha = \frac{1}{2}(\mathrm{e}^{\mathrm{j}\alpha} + \mathrm{e}^{-\mathrm{j}\alpha})$ zu nutzen. Man erhält

$$\vec{g} = \widehat{g}\mathrm{e}^{\mathrm{j}(\omega t + \varphi_g)}$$

und damit durch Vergleich mit (8.92)

$$\boxed{\vec{g} = \underline{g}\mathrm{e}^{\mathrm{j}\omega t}} \ . \tag{8.93}$$

Dabei ist $\vec{g} = \vec{g}^{\,\mathrm{S}}$, wenn die Größen nach (8.91) den Ständersträngen zugeordnet sind, und $\vec{g} = \vec{g}^{\,\mathrm{L}}$, wenn es sich um Läufergrößen handelt.

Im allgemeinen Fall ist das Dreiphasensystem der Stranggrößen g_a, g_b, g_c nicht symmetrisch bzw. existiert außer dem symmetrischen System mit positiver Phasenfolge – dem *Mitsystem* – ein symmetrisches System mit negativer Phasenfolge – das *Gegensystem*. Für das symmetrische Dreiphasensystem mit negativer Phasenfolge gilt

$$\left.\begin{aligned}
g_a &= \widehat{g}\cos(\omega t + \varphi_g) \\
g_b &= \widehat{g}\cos(\omega t + \varphi_g + 2\pi/3) \\
g_c &= \widehat{g}\cos(\omega t + \varphi_g + 4\pi/3) \ .
\end{aligned}\right\} \tag{8.94}$$

und man erhält durch Einsetzen in (8.7) bzw. (8.8)

$$\vec{g} = \widehat{g}\mathrm{e}^{-\mathrm{j}(\omega t + \varphi_g)} \ .$$

Der Vergleich mit der komplexen Darstellung der Größen des Strangs a nach (8.92) liefert in diesem Fall

$$\boxed{\vec{g} = \underline{g}^*\mathrm{e}^{-\mathrm{j}\omega t}} \ . \tag{8.95}$$

Mit Hilfe von (8.93) und (8.95) lassen sich aus den allgemeinen Gleichungssystemen des Abschnitts 8.4, die für beliebige Betriebszustände gelten, unmittelbar solche für den stationären Betrieb gewinnen. Davon wird im Abschnitt 8.6 Gebrauch gemacht werden. (8.93) und (8.95) sind außerdem dafür geeignet, äußere Betriebsbedingungen für die Stranggrößen, die auch bei beliebigen, nichtstationären Betriebszuständen der Maschine symmetrische Dreiphasensysteme darstellen können, sofort als komplexe Augenblickswerte auszudrücken. Das gilt besonders für das starre, symmetrische Netz.

8.6 Allgemeine Form der Spannungsgleichungen für den stationären Betrieb am symmetrischen Netz

Im stationären Betrieb unter symmetrischen Betriebsbedingungen, d.h. am symmetrischen Netz, bilden die Ständergrößen symmetrische Dreiphasensysteme positiver Phasenfolge mit der Kreisfrequenz ω, die durch die Netzfrequenz gegeben ist [s. (8.91)]. Die resultierende Induktionsgrundwelle B_{res} des Luftspaltfelds stellt ein positiv umlaufendes Drehfeld dar, das sich, ausgehend von (4.27) und (4.28), im Koordinatensystem γ'_S des Ständers darstellen läßt als

$$B_{res}(\gamma'_{res}) = \widehat{B}_{res} \cos(p\gamma'_S - \omega t - \varphi_0) \ . \tag{8.96}$$

Der Läufer bewegt sich mit einer Drehzahl, die nach Maßgaben des *Schlupfs s* unter der synchronen Drehzahl liegt, die als $n_0 = f/p$ durch die Netzfrequenz gegeben ist. Damit gilt

$$\vartheta = (1-s)\omega t - \vartheta_0 \ , \tag{8.97}$$

wobei ϑ_0 die Verschiebung zwischen den Koordinatensystemen des Ständers und des Läufers in solchen Zeitpunkten angibt, für die $(1-s)\omega t = 0, 2\pi, 4\pi, \dots$ ist. Mit (8.97) geht die Transformationsbeziehung zwischen den Koordinaten γ'_S und γ'_L nach (4.13) über in

$$\gamma'_S = \gamma'_L + (1-s)\frac{\omega t}{p} + \vartheta'_0 \ . \tag{8.98}$$

Damit beobachtet man die resultierende Induktionsgrundwelle B_{res} relativ zum Läufer als

$$B_{res}(\gamma'_L) = \widehat{B}_{res} \cos(p\gamma'_L - s\omega t - \varphi_0 - \vartheta_0) \ . \tag{8.99}$$

Das ist ein Drehfeld, das mit der bezogenen Geschwindigkeit $\dfrac{\mathrm{d}\gamma'_L}{\mathrm{d}t} = s\dfrac{\omega}{p} = s2\pi n_0$ umläuft. Es bewegt sich also bei positivem Schlupf in Richtung und bei negativem Schlupf in Gegenrichtung zur Läuferkoordinate. Da die Läufergrößen durch Induktionswirkung des Drehfelds nach (8.99) entstehen, bilden sie symmetrische Mehrphasensysteme mit der Kreisfrequenz $s\omega$ bzw. der Frequenz sf. Dabei kehrt sich die Phasenfolge beim Übergang von positiven zu negativen Werten des Schlupfs um. Darauf wird im Abschnitt 8.7 nochmals eingegangen.

Die komplexen Augenblickswerte für die Ständer- und Läufergrößen erhält man aus (8.93) zu

$$\vec{g}_1^S = \underline{g}_1 \mathrm{e}^{j\omega t} \ , \qquad \vec{g}_2^L = \underline{g}_2 \mathrm{e}^{js\omega t} \ .$$

Wenn sowohl die Ständer- als auch die Läufergrößen in einem Koordinatensystem N beobachtet werden, das mit der bezogenen Geschwindigkeit ω umläuft, d.h. synchron mit der Speisefrequenz, folgt mit $\vartheta_K = \vartheta_N = \omega t$ unter Beachtung von $\vartheta_K - \vartheta = s\omega t - \vartheta_0$ aus (8.52)

$$\vec{g}_1^N = \underline{g}_1 \ , \qquad \vec{g}_2^N = \underline{g}_2 \mathrm{e}^{j\vartheta_0} \ . \tag{8.100}$$

Dabei verweist der Index N auf die vielfach übliche Formulierung, daß die Beschreibung in *Netzkoordinaten* erfolgt. Diese führt also im stationären Betrieb am symmetrischen Netz auf zeitlich konstante Variable. Das entspricht dem Sachverhalt, daß in einem derartigen Koordinatensystem alle Komponenten der Grundwelle des Luftspaltfelds zeitlich konstant sind. Damit entfallen in den Spannungsgleichungen (8.54) die Glieder $\mathrm{d}\vec{\psi}^K/\mathrm{d}t$. Man erhält unter Einführung der Flußverkettungsgleichungen (8.55) mit $\mathrm{d}\vartheta_K/\mathrm{d}t = \omega$ und $(\mathrm{d}\vartheta_K/\mathrm{d}t - \mathrm{d}\vartheta/\mathrm{d}t) = s\omega$ sowie mit $\omega L = X$:

$$\boxed{\begin{aligned} \underline{u}_1 &= R_1\underline{i}_1 + jX_{11}\underline{i}_1 + jX_{12}\underline{i}_2 \mathrm{e}^{j\vartheta_0} \\ \underline{u}_2 &= R_2\underline{i}_2 + jsX_{22}\underline{i}_2 + jsX_{12}\underline{i}_1 \mathrm{e}^{-j\vartheta_0} \end{aligned}} \ . \tag{8.101}$$

Dabei wurde von vornherein die komplexe Darstellung $\underline{g}$ der Größen der Stränge a eingeführt. Man erhält die üblichen Beziehungen für den stationären Betrieb der Dreiphasen-Asynchronmaschine. Sie wurden auch im Band Grundlagen entwickelt [1]. Dort war allerdings – wie vielfach in der Literatur – von vornherein $\vartheta_0 = 0$ gesetzt worden. Ein derartiges Vorgehen ist gerechtfertigt, wenn der Läufer direkt oder über passive Elemente kurzgeschlossen ist. Dann sind die mit $\vartheta_0 = 0$ berechneten Ströme und Spannungen des Läufers gegenüber den tatsächlich auftretenden um den Winkel ϑ_0 phasenverschoben. Die Vereinfachung $\vartheta_0 = 0$ kann jedoch nicht vorgenommen werden, wenn die Läuferwicklung mit einer Einrichtung zusammenarbeitet, die ihrerseits wieder mit dem Ständernetz verbunden ist [2].

8.7 Spannungsgleichungen für den stationären Betrieb am symmetrischen Netz ohne Einführung einer dreisträngigen Ersatzwicklung für den Käfig

Die allgemeinen Spannungsgleichungen für den stationären Betrieb auf Basis der Grundwellenverkettung wurden im Abschnitt 8.6 als Sonderfall aus den Beziehungen für beliebige Betriebszustände der Maschine mit dreisträngigem Schleifringläufer gewonnen. Sie gelten auch für die Maschine mit Einfachkäfigläufer, wenn von der Möglichkeit Gebrauch gemacht wird, diesem eine dreisträngige Ersatzanordnung zuzuordnen (s. Abschnitt 7.2.3). Wenn später in Abschnitt 11 der Einfluß der Oberwellen des Luftspaltfelds auf das Betriebsverhalten betrachtet werden soll, muß das Prinzip der Grundwellenverkettung fallengelassen werden. Die Analyse des Betriebsverhaltens muß dann von der tatsächlich vorliegenden Käfigwicklung ausgehen. Um den Anschluß dieser Untersuchungen an die Analyse auf Basis der Grundwellenverkettung zu sichern, werden die Spannungsgleichungen (8.101) im folgenden so umgeformt, daß sie die Parameter des Käfigs nach Tafel 7.1 und den Strom im Stab 1 bzw. in der Masche 1 des Käfigs enthalten. Sie bilden dann das Paar voneinander unabhängiger Spannungsgleichungen in Form der Spannungsgleichung des Ständerstrangs a und der des Stabs 1 bzw. der Masche 1 des Läufers.

Die zu betrachtende Anordnung ist im Bild 8.11 dargestellt (vgl. auch Bild 7.5). Die resultierende Induktionsgrundwelle nach (8.99) durchsetzt die Masche ϱ des Käfigs, die von den Stäben $\varrho-1$ und ϱ gebildet wird und deren Achse entsprechend Bild 8.11 bei $\gamma'_{\mathrm{M}\varrho} = (\varrho-1)\varepsilon' + \pi/2p - \varepsilon'/2$ liegt, mit dem Fluß

$$\Phi_{\mathrm{hM}\varrho} = \frac{1}{\pi}\tau_{\mathrm{p}}l_{\mathrm{i}}p \int_{\gamma'_{\mathrm{M}\varrho}-\varepsilon'/2}^{\gamma'_{\mathrm{M}\varrho}+\varepsilon'/2} B_{\mathrm{res}}(\gamma'_{\mathrm{L}})\mathrm{d}\gamma'_{\mathrm{L}} = \frac{2}{\pi}\tau_{\mathrm{p}}l_{\mathrm{i}}\widehat{B}_{\mathrm{res}}\sin\frac{\varepsilon}{2}$$

$$\times \cos\left[s\omega t + \varphi_0 + \vartheta_0 + \frac{\varepsilon}{2} - \frac{\pi}{2} - (\varrho-1)\varepsilon\right] . \tag{8.102}$$

In komplexer Darstellung läßt sich der Fluß $\Phi_{\mathrm{hM}\varrho}$ durch den Fluß $\underline{\Phi}_{\mathrm{hM1}}$, der die Masche 1 durchsetzt, ausdrücken als

$$\underline{\Phi}_{\mathrm{hM}\varrho} = \underline{\Phi}_{\mathrm{hM1}}\mathrm{e}^{-\mathrm{j}(\varrho-1)\varepsilon} . \tag{8.103}$$

---

[1] s. Band Grundlagen, Abschnitt 25.1, Gl. (25.9)
[2] Das trifft z.B. für die Gleichlaufschaltungen zu, die im Abschnitt 12.4 behandelt werden.

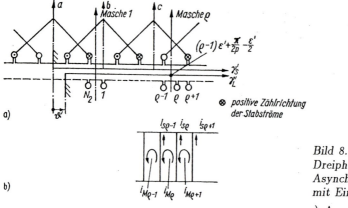

Bild 8.11
Dreiphasen-
Asynchronmaschine
mit Einfachkäfigläufer

a) Anordnung
der Ständerstränge und der
Käfigstäbe
b) positive Zählrichtung der
Stabströme $i_{s\varrho}$ und der Maschenströme $i_{M\varrho}$

Insbesondere ist $\underline{\Phi}_{hM2} = \underline{\Phi}_{hM1}e^{-j\varepsilon}$, und mit $\varepsilon = 2\pi p/N_2$ erhält man $\underline{\Phi}_{hMN2} = \underline{\Phi}_{hM1}e^{j\varepsilon}$. Die N_2 Flüsse durch die Käfigmaschen bilden also ein symmetrisches Mehr-phasensystem. Dasselbe muß dann, aufgrund der Symmetrie des Aufbaus, auch für die Maschen- und Stabströme gelten. Es ist also

$$\underline{i}_{M\varrho} = \underline{i}_{M1}e^{-j(\varrho-1)\varepsilon} \tag{8.104}$$

$$\underline{i}_{s\varrho} = \underline{i}_{s1}e^{-j(\varrho-1)\varepsilon} \ . \tag{8.105}$$

Dabei wurden als Bezugsstab der Stab 1 und als Bezugsmasche die Masche 1 ver-wendet. Um die Übersichtlichkeit der Darstellung zu erhöhen, wird im weiteren, ana-log dem Vorgehen bei symmetrischen Dreiphasensystemen im Abschnitt 8.5, auf die Kennzeichnung der Zuordnung der Größen zum Bezugsstab bzw. zur Bezugsmasche verzichtet. Damit gilt

$$i_M = i_{M1} = \hat{i}_M \cos(s\omega t + \varphi_{iM}) = \mathrm{Re}\{\underline{i}_M e^{js\omega t}\} \tag{8.106}$$

$$i_s = i_{s1} = \hat{i}_s \cos(s\omega t + \varphi_{is}) = \mathrm{Re}\{\underline{i}_s e^{js\omega t}\} \ . \tag{8.107}$$

Die grafischen Darstellungen der N_2 Zeiger der Flüsse bzw. der Ströme nach (8.103) bis (8.105) bilden je einen symmetrischen Stern. Bild 8.12 zeigt als Teil eines derartigen Sterns die Zeiger $\underline{g}_{\varrho-1}$, $\underline{g}_{\varrho}$ und $\underline{g}_{\varrho+1}$ einer allgemeinen Läufergröße g, deren Phasenlagen in Verallgemeinerung von (8.103) bis (8.105) gegeben sind durch

$$\underline{g}_{\varrho} = \underline{g}_1 e^{-j(\varrho-1)\varepsilon} \ . \tag{8.108}$$

Dieses Zeigerbild ist offensichtlich unabhängig davon, ob der Schlupf positive oder ne-gative Werte annimmt. Es ist aber zu beachten, daß zwischen dem Augenblickswert g und der komplexen Darstellung $\underline{g}$ einer Läufergröße die Beziehung $g = \mathrm{Re}\{\underline{g}e^{js\omega t}\}$ besteht. Demnach ändert sich der Umlaufsinn des rotierenden Zeigers $\underline{g}e^{js\omega t}$ beim Übergang von positiven zu negativen Werten des Schlupfs. Damit wird $\underline{g}_{\varrho+1}$ vorei-lend gegenüber $\underline{g}_{\varrho}$ und dieses voreilend gegenüber $\underline{g}_{\varrho-1}$. Die Phasenfolge kehrt sich um. Diese Umkehr der Bewertung der relativen Phasenlage zwischen zwei beliebigen Läufergrößen beim Übergang von $s > 0$ auf $s < 0$ gilt natürlich ganz allgemein.

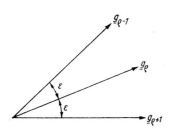

Bild 8.12 Darstellung der Zeiger $\underline{g}_{\varrho-1}, \underline{g}_{\varrho}$ und $\underline{g}_{\varrho+1}$ einer allgemeinen Läufergröße g entsprechend (8.108)

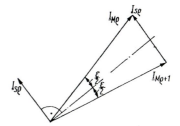

Bild 8.13 Zeigerbild der Maschen-ströme $\underline{I}_{\mathrm{M}\varrho}$ und $\underline{I}_{\mathrm{M}\varrho+1}$ und des Stabstroms $\underline{I}_{\mathrm{s}\varrho}$

Aus Bild 8.11 erhält man als Beziehung zwischen dem Stabstrom $i_{\mathrm{s}\varrho}$ und den Maschenströmen $i_{\mathrm{M}\varrho}$ und $i_{\mathrm{M}\varrho+1}$

$$i_{\mathrm{s}\varrho} = i_{\mathrm{M}\varrho} - i_{\mathrm{M}\varrho+1} \ .$$

Daraus folgt mit (8.104)

$$\underline{i}_{\mathrm{s}\varrho} = \underline{i}_{\mathrm{M}\varrho}(1 - \mathrm{e}^{-\mathrm{j}\varepsilon}) = \underline{i}_{\mathrm{M}\varrho} \cdot 2\sin\frac{\varepsilon}{2}\mathrm{e}^{\mathrm{j}(\pi/2-\varepsilon/2)} \ . \tag{8.109}$$

Im Bild 8.13 ist das entsprechende Zeigerbild dargestellt. Aus (8.109) erhält man die bekannte Beziehung zwischen den Amplituden bzw. Effektivwerten der Stabströme und denen der Maschen- bzw. Ringströme,

$$\boxed{\frac{\widehat{i}_{\mathrm{s}}}{\widehat{i}_{\mathrm{M}}} = \frac{I_{\mathrm{s}}}{I_{\mathrm{M}}} = 2\sin\frac{\varepsilon}{2}} \ . \tag{8.110}$$

Da die Parameter der dreisträngigen Ersatzwicklung des Käfigs, die in Tafel 7.1 festgehalten sind, unter der Bedingung eingeführt wurden, daß im stationären Betrieb der Strom im Strang a der Ersatzwicklung gleich dem im Stab 1 des tatsächlichen Käfigs ist, gilt $\underline{i}_{\mathrm{s}} = \underline{i}_{\mathrm{s}1} = \underline{i}_2$. Ferner ist nach Tafel 7.1 $(w\xi_1)_2 = N_2/6$.

Damit geht die Spannungsgleichung des Ständerstrangs a über in

$$\underline{u}_1 = R_1\underline{i}_1 + \mathrm{j}X_{11}\underline{i}_1 + \mathrm{j}X_{\mathrm{h}}\frac{N_2}{6(w\xi_1)_1}\xi_{\mathrm{schr}}\underline{i}_{\mathrm{s}}\mathrm{e}^{\mathrm{j}\vartheta_0} \ . \tag{8.111}$$

Aus der Spannungsgleichung des Strangs a der dreisträngigen Ersatzwicklung des Läufers folgt mit R_2 und $X_{\sigma 2} = \omega L_{\sigma 2}$ aus Tafel 7.1 nach Division mit $N_2/3$

$$\left\{\frac{1}{s}\left(R_{\mathrm{s}} + \frac{R_{\mathrm{r}}}{2\sin^2\frac{\varepsilon}{2}}\right) + \mathrm{j}\left(X_{\sigma\mathrm{s}} + \frac{X_{\sigma\mathrm{r}}}{2\sin^2\frac{\varepsilon}{2}}\right) + \mathrm{j}X_{\mathrm{h}}\frac{N_2}{12(w\xi_1)_1^2}\sigma_0 + \mathrm{j}X_{\mathrm{h}}\frac{N_2}{12(w\xi_1)_1^2}\right\}\underline{i}_{\mathrm{s}}$$

$$+ \mathrm{j}X_{\mathrm{h}}\frac{1}{2(w\xi_1)_1}\xi_{\mathrm{schr}}\underline{i}_1\mathrm{e}^{-\mathrm{j}\vartheta_0} = 0 \ . \tag{8.112}$$

Die Gleichungen (8.111) und (8.112) beschreiben das Betriebsverhalten der Dreiphasen-Asynchronmaschine mit Einfachkäfigläufer im stationären Betrieb am symmetrischen Netz, wenn als Ständergrößen die des Strangs a und als Läufergrößen die des Stabs 1 Verwendung finden.

Die Interpretation der Spannungsgleichung des Läufers wird erleichtert, wenn man anstelle des Stroms im Stab 1 den in der Masche 1 einführt. Dabei gilt mit (8.109) $\underline{i}_s = \underline{i}_M 2 \sin(\varepsilon/2) e^{j(\pi/2 - \varepsilon/2)}$, und man erhält aus (8.111) für die Spannungsgleichung des Ständerstrangs a

$$\underline{u}_1 = R_1 \underline{i}_1 + jX_{11}\underline{i}_1 + jX_{\mathrm{h}} \frac{N_2}{3(w\xi_1)_1} \sin \frac{\varepsilon}{2} \xi_{\mathrm{schr}} \underline{i}_M e^{j(\vartheta_0 + \pi/2 - \varepsilon/2)} \ . \tag{8.113}$$

Aus (8.112) folgt, wenn gleichzeitig mit $s \sin(\varepsilon/2) e^{-j(\pi/2 - \varepsilon/2)}$ multipliziert wird,

$$\left[2(R_{\mathrm{s}} + jsX_{\sigma s}) \sin^2 \frac{\varepsilon}{2} + (R_{\mathrm{r}} + jsX_{\sigma r}) + jsX_{\mathrm{h}} \frac{N_2}{6(w\xi_1)_1^2} \sin^2 \frac{\varepsilon}{2} \sigma_{\mathrm{o}} \right.$$

$$\left. + jsX_{\mathrm{h}} \frac{N_2}{6(w\xi_1)_1^2} \sin^2 \frac{\varepsilon}{2} \right] \underline{i}_M + jsX_{\mathrm{h}} \frac{1}{2(w\xi_1)_1} \sin \frac{\varepsilon}{2} \xi_{\mathrm{schr}} \underline{i}_1 e^{-j(\vartheta_0 + \pi/2 - \varepsilon/2)} = 0 \ .$$

Daraus erhält man mit $2 \sin^2 \varepsilon/2 = 1 - \cos \varepsilon = 1 - \frac{1}{2} e^{j\varepsilon} - \frac{1}{2} e^{-j\varepsilon}$

$$2 \left[R_{\mathrm{s}} + R_{\mathrm{r}} + js(X_{\sigma s} + X_{\sigma r}) \right] \underline{i}_M - (R_{\mathrm{s}} + jsX_{\sigma s})(\underline{i}_M e^{j\varepsilon} + \underline{i}_M e^{-j\varepsilon})$$

$$+ jsX_{\mathrm{h}} \frac{N_2}{3(w\xi_1)_1^2} \sin^2 \frac{\varepsilon}{2} \sigma_{\mathrm{o}} \underline{i}_M + jsX_{\mathrm{h}} \frac{N_2}{3(w\xi_1)_1^2} \sin^2 \frac{\varepsilon}{2} \underline{i}_M$$

$$+ jsX_{\mathrm{h}} \frac{\sin \frac{\varepsilon}{2}}{(w\xi_1)_1} \xi_{\mathrm{schr}} \underline{i}_1 e^{-j(\vartheta_0 + \pi/2 - \varepsilon/2)} = 0 \ .$$

Diese Gleichung läßt sich hinsichtlich der ohmschen Spannungsabfälle und der Spannungen, die durch Streufelder im Nut- und Zahnkopfraum bzw. im Stirnraum induziert werden, sofort als Spannungsgleichung der Masche 1 des Käfigs deuten. Dabei sind $(R_{\mathrm{s}} + jsX_{\sigma s})\underline{i}_M e^{j\varepsilon}$ und $(R_{\mathrm{s}} + jsX_{\sigma s})\underline{i}_M e^{-j\varepsilon}$ die Beiträge der Ströme der Nachbarmaschen 2 und N_2 (s. Bild 8.11).

Die Spannungsgleichung der Masche 1 des Käfigs läßt sich mit σ_{o} nach (7.61) auf die Form

mit

$$\left(\frac{R_{\mathrm{M}}}{s} + jX_{\mathrm{M}} \right) \underline{i}_M + jX_{\mathrm{h}} \frac{1}{(w\xi_1)_1} \sin \frac{\varepsilon}{2} \xi_{\mathrm{schr}} \underline{i}_1 e^{-j(\vartheta_0 + \pi/2 - \varepsilon/2)} = 0$$

$$R_{\mathrm{M}} = 4R_{\mathrm{s}} \sin^2 \frac{\varepsilon}{2} + 2R_{\mathrm{r}}$$

$$X_{\mathrm{M}} = 4X_{\sigma s} \sin^2 \frac{\varepsilon}{2} + 2X_{\sigma r} + X_{\mathrm{h}} \frac{N_2}{3(w\xi_1)_1} \left(\frac{\varepsilon}{2} \right)^2 \tag{8.114}$$

bringen. Dabei ist

$$X_{\mathrm{h}} \frac{N_2}{3(w\xi_1)_1} = \omega \frac{\mu_0}{\delta_{\mathrm{i}}} \frac{D\pi}{N_2} l_{\mathrm{i}}$$

die dem gesamten Luftspaltfeld des Maschenstroms zugeordnete Reaktanz.

8.8 Spannungsgleichungen für den stationären Betrieb am symmetrischen Netz unter Einführung transformierter Läufergrößen

8.8.0 Ausgangsüberlegungen

Als Hilfsmittel zur Berechnung der Ströme lassen sich für den stationären Betrieb eine Reihe von Ersatzschaltbildern angeben. Dabei ist es aus verschiedenen Gründen sinnvoll, die Läufergrößen zunächst einer Transformation zu unterwerfen. Dadurch wird in erster Linie erreicht, daß der Einfluß des Verhältnisses der wirksamen Windungszahlen $(w\xi_1)_1$ und $(w\xi_1)_2$ von Ständer und Läufer verschwindet. Als Folge davon erscheinen im Ersatzschaltbild Reaktanzen, die im wesentlichen den Streufeldern, und solche, die im wesentlichen dem Hauptfeld zugeordnet sind. Außerdem läßt sich der Einfluß des Winkels ϑ_0 in den Gleichungen (8.101) eliminieren. Schließlich kann man durch geeignete Transformationsbeziehungen Spannungsgleichungen gewinnen, die es gestatten, das Betriebsverhalten einfach zu verfolgen.

8.8.1 Einführung des reellen Übersetzungsverhältnisses $\ddot{u}_h$

Die Transformation wurde bereits im Abschnitt 8.4.5 auf die allgemeinen Gleichungen zwischen komplexen Augenblickswerten angewendet, die für beliebige Betriebszustände gelten. Ausgehend von (8.101) bieten sich unter Beachtung von (8.2) für den stationären Betrieb die Transformationen

$$\boxed{\underline{u}_2' = \ddot{u}_h e^{j\vartheta_0} \underline{u}_2 \,, \qquad \underline{i}_2' = \frac{1}{\ddot{u}_h} e^{j\vartheta_0} \underline{i}_2}$$

(8.115)

mit $\ddot{u}_h = (w\xi_1)_1/(w\xi_1)_2$ entsprechend (7.12) an. Diese Beziehungen lassen sich auch aus (8.57) gewinnen, indem die Zusammenhänge zwischen den komplexen Augenblickswerten und der komplexen Darstellung der eingeschwungenen Wechselgrößen nach (8.93) verwendet werden. Die Leistung ist entsprechend $\underline{u}_2' \underline{i}_2'^* = \underline{u}_2 \underline{i}_2^*$ invariant gegenüber der Transformation nach (8.115).

Die Spannungsgleichungen (8.101) gehen unter Einführung der Transformation nach (8.115) und unter Beachtung von (8.2) über in

$$\boxed{\begin{aligned}\underline{u}_1 &= R_1 \underline{i}_1 + j\widetilde{X}_{\sigma 1} \underline{i}_1 + j\widetilde{X}_h(\underline{i}_1 + \underline{i}_2') \\ \frac{\underline{u}_2'}{s} &= \frac{R_2'}{s} \underline{i}_2' + j\widetilde{X}_{\sigma 2}' \underline{i}_2' + j\widetilde{X}_h(\underline{i}_1 + \underline{i}_2')\end{aligned}}$$

(8.116)

Dabei wurden folgende Größen eingeführt [vgl. (8.59) und (8.66)]:

$$\boxed{\begin{aligned}R_2' &= \ddot{u}_h^2 R_2 \\ \widetilde{X}_{\sigma 1} &= X_{\sigma 1} + (1 - \xi_{\text{schr}})X_h \\ \widetilde{X}_{\sigma 2}' &= \ddot{u}_h^2 X_{\sigma 2} + (1 - \xi_{\text{schr}})X_h = X_{\sigma 2}' + (1 - \xi_{\text{schr}})X_h \\ \widetilde{X}_h &= \xi_{\text{schr}} X_h\end{aligned}}$$

(8.117)

Die Gleichungen (8.116) befriedigen das Ersatzschaltbild nach Bild 8.14[1].

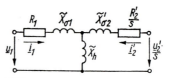

Bild 8.14
Ersatzschaltbild der Asynchronmaschine
mit Schleifringläufer oder Einfachkäfigläufer
auf Basis des reellen Übersetzungsverhältnisses $\ddot{u}_\text{h}$

Es sollen nunmehr die Transformationsbeziehungen für die Käfiggrößen ermittelt werden, mit deren Hilfe die Spannungsgleichungen (8.111) und (8.112) in (8.116) übergehen. Dazu ist es zunächst erforderlich, daß in (8.111) anstelle von $jX_\text{h}\dfrac{N_2}{6(w\xi_1)_1}\xi_\text{schr}\underline{i}_\text{s}\mathrm{e}^{j\vartheta_0}$ der Ausdruck $jX_\text{h}\xi_\text{schr}\underline{i}'_2$ erscheint. Das erfordert als Transformationsbeziehung für den Stabstrom

$$\underline{i}'_2 = \frac{N_2}{6(w\xi_1)_1}\mathrm{e}^{j\vartheta_0}\underline{i}_\text{s} \ . \tag{8.118}$$

Um zu erreichen, daß in (8.112) wie in (8.116) vor dem Strom $\underline{i}_1$ der Faktor $jX_\text{h}\xi_\text{schr}$ erscheint, muß zunächst mit $2(w\xi_1)_1\mathrm{e}^{j\vartheta_0}$ durchmultipliziert werden. Danach ist $\underline{i}_\text{s}$ mit Hilfe von (8.118) durch $\underline{i}'_2$ zu ersetzen. Damit erhält man aus dem Vergleich der Faktoren vor $\underline{i}'_2$ für die transformierten Größen des Widerstands und der Streureaktanz des Läufers:

$$\left.\begin{aligned}
R'_2 &= \left(R_\text{s} + R_\text{r}\frac{1}{2\sin^2\dfrac{\varepsilon}{2}}\right)\frac{N_2}{3}\left(\frac{6(w\xi_1)_1}{N_2}\right)^2 \\[2ex]
X'_{\sigma 2} &= \left(X_{\sigma\text{s}} + X_{\sigma\text{r}}\frac{1}{2\sin^2\dfrac{\varepsilon}{2}}\right)\frac{N_2}{3}\left(\frac{6(w\xi_1)_1}{N_2}\right)^2 + \sigma_0 X_\text{h} \ .
\end{aligned}\right\} \tag{8.119}$$

8.8.2   Einführung des komplexen Übersetzungsverhältnisses $\underline{\ddot{u}}$

Das Ersatzschaltbild nach Bild 8.14 hat den Nachteil, daß sein Querzweig nicht unmittelbar an der Spannung $\underline{u}_1$, sondern an der Spannung $\underline{u}_1 - (R_1 + j\tilde{X}_{\sigma 1})\underline{i}_1$ liegt. Dadurch ist der Strom durch den Querzweig vom Spannungsabfall über den Längsgliedern abhängig. Im folgenden wird deshalb, ausgehend von den allgemeinen Spannungsgleichungen (8.101), ein Ersatzschaltbild entwickelt, dessen Querzweig unmittelbar an der Spannung $\underline{u}_1$ liegt. Die entsprechende Form der Spannungsgleichungen und das zugehörige Ersatzschaltbild wurden zuerst von *Nürnberg* [46] angegeben. Die erste Gleichung (8.101) läßt sich auf die Form

$$\underline{u}_1 = (R_1 + jX_{11})\left(\underline{i}_1 + \frac{jX_{12}}{R_1 + jX_{11}}\mathrm{e}^{j\vartheta_0}\underline{i}_2\right)$$

[1]s. Band Grundlagen, Abschnitt 25.2, Bild 25.1

bringen. Damit bietet es sich an, als *komplexes Übersetzungsverhältnis*

$$\boxed{\underline{\ddot{u}} = \frac{R_1 + jX_{11}}{jX_{12}}} \tag{8.120}$$

und als transformierten Läuferstrom

$$\boxed{\underline{i}_2^+ = \frac{1}{\underline{\ddot{u}}} e^{j\vartheta_0} \underline{i}_2} \tag{8.121}$$

einzuführen. Die erste Gleichung (8.101) nimmt damit die einfache Form

$$\underline{u}_1 = (R_1 + jX_{11})(\underline{i}_1 + \underline{i}_2^+) \tag{8.122}$$

an. Der Gesichtspunkt der Leistungsinvarianz erfordert, daß als Transformationsbeziehung für die Läuferspannung

$$\boxed{\underline{u}_2^+ = \underline{\ddot{u}}^* e^{j\vartheta_0} \underline{u}_2} \tag{8.123}$$

Verwendung findet. Es ist dann $\underline{u}_2^+ \underline{i}_2^{+*} = \underline{u}_2 \underline{i}_2^*$. Wenn nunmehr $\underline{u}_2^+$ nach (8.123) in die zweite Gleichung (8.101) eingeführt und die ganze Gleichung mit $\underline{\ddot{u}}^*$ durchmultipliziert wird, erhält man

$$\frac{u_2^+}{s} = \left(\frac{R_2^+}{s} + jX_{22}^+ \right) \underline{i}_2^+ + (R_1 + jX_{11}) \frac{\underline{\ddot{u}}^*}{\underline{\ddot{u}}} \underline{i}_1 \ . \tag{8.124}$$

Dabei wurden folgende Größen eingeführt:

$$\boxed{R_2^+ = \ddot{u}^2 R_2} \ , \tag{8.125}$$

$$\boxed{X_{22}^+ = \ddot{u}^2 X_{22}} \tag{8.126}$$

mit

$$\ddot{u}^2 = \underline{\ddot{u}} \, \underline{\ddot{u}}^* = \frac{R_1^2 + X_{11}^2}{X_{12}^2} \ . \tag{8.127}$$

Für den Ausdruck $\underline{\ddot{u}}^*/\underline{\ddot{u}}$ in (8.124) liefert (8.120)

$$\frac{\underline{\ddot{u}}^*}{\underline{\ddot{u}}} = -\frac{R_1 - jX_{11}}{R_1 + jX_{11}} = \frac{X_{11} + jR_1}{X_{11} - jR_1} = e^{j2\alpha_0} \tag{8.128}$$

mit

$$\tan \alpha_0 = \frac{R_1}{X_{11}} \ . \tag{8.129}$$

Unter Beachtung von (8.128) und mit $\underline{i}_1(R_1 + jX_{11})$ aus (8.122) geht (8.124) über in

$$\underline{u}_1 e^{j2\alpha_0} - \frac{u_2^+}{s} = - \left[\frac{R_2^+}{s} + R_1 + j(X_{22}^+ - X_{11}) \right] \underline{i}_2^+ \ . \tag{8.130}$$

Die Reaktanz $(X_{22}^+ - X_{11})$ bestimmt, wie spätere Betrachtungen zeigen werden, den Durchmesser der kreisförmigen Ortskurve des Ständerstroms; sie wird deshalb als *Durchmesserreaktanz*

$$X_{\varnothing} = X_{22}^+ - X_{11} \tag{8.131}$$

bezeichnet. Damit nehmen die beiden Spannungsgleichungen der Asynchronmaschine mit Schleifringläufer bzw. Einfachkäfigläufer auf Basis des komplexen Übersetzungsverhältnisses $\underline{\ddot{u}}$ die endgültige Form

$$
\boxed{
\begin{aligned}
\underline{u}_1 &= (R_1 + \mathrm{j}X_{11})(\underline{i}_1 + \underline{i}_2^+) \\
\underline{u}_1 \mathrm{e}^{\mathrm{j}2\alpha_0} - \frac{\underline{u}_2^+}{s} &= -\left(R_1 + \frac{R_2^+}{s} + \mathrm{j}X_\varnothing\right)\underline{i}_2^+
\end{aligned}
}
\tag{8.132}
$$

an. Sie befriedigen das Ersatzschaltbild im Bild 8.15a. Dabei ist es Aufgabe der zusätzlichen Spannungsquelle, die Spannung $\underline{u}_1$ um den Winkel $2\alpha_0$ zu drehen. Die Vorteile von (8.132) und ihres Ersatzschaltbilds kommen vor allem bei der Untersuchung des Betriebs mit $\underline{u}_2 = 0$ zum Tragen. Das zugehörige Ersatzschaltbild ist deshalb im Bild 8.15b gesondert dargestellt. Die Gleichungen (8.132) werden bei der Behandlung des Betriebsverhaltens zur eleganten Ableitung benötigter Beziehungen herangezogen werden.

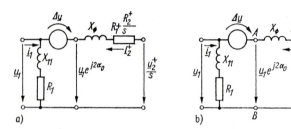

Bild 8.15 *Ersatzschaltbild der Asynchronmaschine mit Schleifringläufer oder Einfachkäfigläufer auf Basis des komplexen Übersetzungsverhältnisses $\underline{\ddot{u}}$*
a) allgemein; b) für den Sonderfall des kurzgeschlossenen Läufers, d.h. für $\underline{u}_2 = 0$

Das komplexe Übersetzungsverhältnis $\underline{\ddot{u}}$ wird auch als *natürliches Übersetzungsverhältnis* bezeichnet. Diese Bezeichnung rührt daher, daß $\underline{\ddot{u}}$ bei Stillstand und offenen Läufersträngen die Beziehung zwischen der Ständerspannung und der Läuferspannung festlegt. Aus (8.132) folgt mit $\underline{i}_2 = 0$ und $s = 1$

$$
\underline{u}_2^+ = \underline{u}_1 \mathrm{e}^{\mathrm{j}2\alpha_0} \qquad \text{bzw.} \qquad \frac{\underline{u}_2}{\underline{u}_1} = \frac{1}{\underline{\ddot{u}}}\mathrm{e}^{-\mathrm{j}\vartheta_0} \;.
$$

8.8.3 Modifizierte Form der Spannungsgleichungen bei Einführung des reellen Übersetzungsverhältnisses $\ddot{u}_{\mathrm{h}}$

Die Überlegungen, die im Abschnitt 8.8.2 auf die allgemeinen Spannungsgleichungen (8.101) für den stationären Betrieb am symmetrischen Netz angewendet wurden, um ein Ersatzschaltbild zu erhalten, dessen Querzweig unmittelbar an der Spannung $\underline{u}_1$ liegt, können natürlich auch auf die Gleichungen (8.116) übertragen werden. Man erhält aus der ersten Gleichung (8.116)

$$\boxed{\underline{u}_1 = j\widetilde{X}_{\mathrm{h}}\underline{C}\left(\underline{i}_1 + \frac{1}{\underline{C}}\underline{i}'_2\right)} \qquad (8.133)$$

mit

$$\underline{C} = \frac{R_1 + j(\widetilde{X}_{\mathrm{h}} + \widetilde{X}_{\sigma 1})}{j\widetilde{X}_{\mathrm{h}}} = \frac{R_1 + jX_{11}}{j\widetilde{X}_{\mathrm{h}}} \ . \qquad (8.134)$$

Die zweite Gleichung (8.116) kann durch Multiplikation mit $\underline{C}$ auf die Form

$$\frac{\underline{u}'_2}{s}\underline{C} = \left[\left(\frac{R'_2}{s} + j\widetilde{X}'_{\sigma 2}\right)\underline{C}^2 + j\widetilde{X}_{\mathrm{h}}\underline{C}^2\right]\frac{\underline{i}'_2}{\underline{C}} + j\widetilde{X}_{\mathrm{h}}\underline{C}\,\underline{i}_1$$

gebracht werden. Daraus folgt, wenn für $j\widetilde{X}_{\mathrm{h}}\underline{C}$ entsprechend (8.134) $(R_1 + j\widetilde{X}_{\mathrm{h}} + j\widetilde{X}_{\sigma 1})$ eingeführt wird,

$$\boxed{\frac{\underline{u}'_2}{s}\underline{C} = \left[\left(\frac{R'_2}{s} + j\widetilde{X}'_{\sigma 2}\right)\underline{C}^2 + (R_1 + j\widetilde{X}_{\sigma 1})\underline{C}\right]\frac{1}{\underline{C}}\underline{i}'_2 + j\widetilde{X}_{\mathrm{h}}\underline{C}\left(\underline{i}_1 + \frac{1}{\underline{C}}\underline{i}'_2\right)} \ . \qquad (8.135)$$

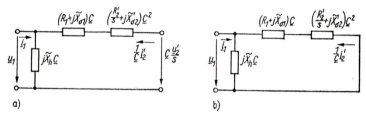

a)   b)

Bild 8.16 *Ersatzschaltbild der Asynchronmaschine mit Schleifringläufer oder Einfachkäfigläufer, entsprechend der modifizierten Form der Spannungsgleichungen auf Basis des reellen Übersetzungsverhältnisses $\ddot{u}_{\mathrm{h}}$*
a) allgemein; b) für den Sonderfall des kurzgeschlossenen Läufers, d.h. für $\underline{u}_2 = 0$

Die Gleichungen (8.133) und (8.135) befriedigen das Ersatzschaltbild nach Bild 8.16. Dabei ist zu beachten, daß im Zweig 2 des Ersatzschaltbilds der Strom $\underline{i}'_2/\underline{C}$ fließt und über den Klemmen 2 die Spannung $\underline{C}\,\underline{u}_2/s$ liegt. Bei $\underline{u}_2 = 0$, d.h. kurzgeschlossenen Läufersträngen bzw. Vorliegen eines Kurzschlußläufers, nimmt das Ersatzschaltbild die Gestalt von Bild 8.16b an. Die Schaltelemente des Ersatzschaltbilds sind komplexe Widerstände.

Die komplexe Größe $\underline{C}$ nach (8.134) nimmt mit $R_1 \ll \widetilde{X}_{\mathrm{h}}$ und $\widetilde{X}_{\sigma 1} \ll \widetilde{X}_{\mathrm{h}}$ den Wert $\underline{C} \approx 1$ an. Mit der Näherung $\underline{C} = 1$ gehen (8.133) und (8.135) über in

$$\boxed{\begin{aligned}\underline{u}_1 &= j\widetilde{X}_{\mathrm{h}}(\underline{i}_1 + \underline{i}'_2) \\ \underline{u}_1 - \frac{\underline{u}'_2}{s} &= -\left[R_1 + \frac{R'_2}{s} + j(\widetilde{X}_{\sigma 1} + \widetilde{X}_{\sigma 2})\right]\underline{i}'_2\end{aligned}} \ . \qquad (8.136)$$

Das sind die Näherungsbeziehungen, auf die bereits im Band Grundlagen hingearbeitet worden war, und die dort auch Basis der Untersuchung des Betriebsverhaltens waren[1]. Das zugehörige Ersatzschaltbild ist im Bild 8.17 nochmals dargestellt.

---

[1]s. Band Grundlagen, Abschnitt 25.3

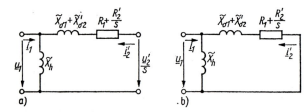

*Bild 8.17   Vereinfachtes Ersatzschaltbild der Asynchronmaschine mit Schleifringläufer
oder Einfachkäfigläufer auf Basis des reellen Übersetzungsverhältnisses $\ddot{u}_h$
a) allgmein; b) für den Sonderfall des kurzgeschlossenen Läufers, d.h. für $\underline{u}_2 = 0$*

9 Modelle für Dreiphasen-Asynchronmaschinen mit Stromverdrängungsläufer auf Basis der Grundwellenverkettung

9.1 Ausgangsüberlegungen

Als Stromverdrängungsläufer sollen im folgenden solche Käfigläufer verstanden werden, bei denen unter den interessierenden Betriebsbedingungen nicht mehr mit einer gleichmäßigen Stromverteilung über dem gesamten Käfigquerschnitt gerechnet werden kann. Wenn man den stationären Betrieb zwischen Leerlauf und Stillstand betrachtet, gilt dies für alle Doppelkäfigläufer und Hochstabläufer. Dabei kann beim Doppelkäfigläufer zunächst davon ausgegangen werden, daß innerhalb eines der beiden Käfige jeweils eine gleichmäßige Stromverteilung vorliegt. Wenn dies der Fall ist, lassen sich den Stäben und Ringsegmenten jedes der beiden Käfige Widerstände und Streuinduktivitäten zuordnen, die nur von der Geometrie abhängig sind. Auf diese Weise ist auch bei der Behandlung des stromverdrängungsfreien Einfachkäfigläufers im Abschnitt 8.7 bzw. bei der Einführung einer zwei- bzw. dreisträngigen Ersatzwicklung für Einfach- und Doppelkäfigläufer in den Abschnitten 7.2.2 und 7.2.3 vorgegangen worden. Streng genommen treten aufgrund der endlichen Stababmessungen stets Stromverdrängungserscheinungen auf. Sie lassen sich im Falle des stationären Betriebs nachträglich dadurch berücksichtigen, daß frequenz- bzw. schlupfabhängige Widerstände und Streureaktanzen für die Stäbe eingeführt werden. Für nichtstationäre Vorgänge ist dieser Weg nicht gangbar.

9.2 Allgemeine Form der Beziehung für das Drehmoment und die Bewegungsgleichung

Im Abschnitt 8.3.4 war für die Maschine mit Schleifringläufer bzw. mit stromverdrängungsfreiem Einfachkäfigläufer als (8.27) die allgemeine Beziehung für das Drehmoment

$$m = -\frac{3}{2}p\operatorname{Im}\{\vec{\psi}_1^{\mathrm{S}}\vec{i}_1^{\mathrm{S}*}\}$$

entwickelt worden. Im allgemeinen Koordinatensystem (KSK) bleibt die Form der Beziehung erhalten; es ist gemäß (8.56)

$$m = -\frac{3}{2}p\operatorname{Im}\{\vec{\psi}_1^{\mathrm{K}}\vec{i}_1^{\mathrm{K}*}\} \ . \tag{9.1}$$

Das Drehmoment wird in dieser Formulierung allein durch die komplexen Augenblickswerte von Flußverkettung und Strom der Ständerwicklung bestimmt. Die Vorgänge im

Läufer kommen offensichtlich durch deren Rückwirkung auf die Ständerwicklung zum Ausdruck. Diese Rückwirkung erfolgt über die Durchflutungsgrundwelle der Läuferströme. Andererseits haben die Betrachtungen im Abschnitt 6.1 gezeigt, daß entsprechend (6.13) die gleiche Durchflutungsgrundwelle des Läufers das gleiche Drehmoment zur Folge hat, unabhängig davon ob diese Durchflutungsgrundwelle von einem Einfachkäfig oder von der gemeinsamen Wirkung mehrerer Käfige hervorgerufen wird. Die gleiche Durchflutungsgrundwelle des Läufers wirkt aber auch in gleicher Weise auf die Ständerwicklung zurück, so daß $\vec{\psi}_1^{\mathrm{K}}$ und $\vec{i}_1^{\mathrm{K}}$ in gleicher Weise beeinflußt werden. Aus diesen Überlegungen wird offensichtlich, daß (9.1) die allgemeine Beziehung für das Drehmoment ist, unabhängig davon, wie der Läufer ausgeführt ist. Das gleiche trifft für die Bewegungsgleichung zu; es gilt (8.29).

9.3   Dreiphasen-Asynchronmaschine mit Doppelkäfigläufer

9.3.1   Allgemeine Form der Spannungs- und Flußverkettungsgleichungen

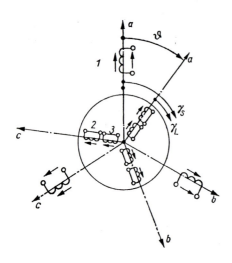

Bild 9.1
Schematische, zweipolige Darstellung einer Maschine mit einer symmetrischen dreisträngigen Wicklung im Ständer und zwei dreisträngigen Wicklungen im Läufer, die Ersatzwicklungen für einen Doppelkäfig darstellen

Der Doppelkäfig kann entsprechend den Untersuchungen in den Abschnitten 7.2.2 und 7.2.3 durch zwei symmetrische dreisträngige Wicklungen ersetzt werden. Ihre Parameter sind in Tafel 7.1 enthalten. Dabei ist daran zu erinnern, daß diese beiden Wicklungen die gleiche wirksame Windungszahl besitzen und nicht nur über das Luftspaltfeld, sondern auch über Streufelder miteinander verkettet sind. Die schematische Darstellung der zu betrachtenden Anordnung zeigt Bild 9.1. Die Läuferstränge werden von vornherein als kurzgeschlossen angesehen. Die Spannungsgleichungen sind grundsätzlich durch die allgemeine Gleichung (5.1) gegeben. Es ist lediglich zu beachten, daß die beiden Läuferwicklungen galvanisch gekoppelt sind, wenn die beiden Käfige gemeinsame Stirnringe besitzen[1]). Damit erhält man für die *Spannungsgleichungen der Stränge a*:

$$\left.\begin{aligned}
u_{1a} &= R_1 i_{1a} + \frac{\mathrm{d}\psi_{1a}}{\mathrm{d}t} \\[2ex]
0 &= R_2 i_{2a} + R_{23} i_{3a} + \frac{\mathrm{d}\psi_{2a}}{\mathrm{d}t} \\[2ex]
0 &= R_3 i_{3a} + R_{23} i_{2a} + \frac{\mathrm{d}\psi_{3a}}{\mathrm{d}t}\;.
\end{aligned}\right\} \tag{9.2}$$

Die Spannungsgleichungen der Stränge *b* und *c* sind analog aufgebaut.

Die Flußverkettungsgleichungen erhält man aus den allgemeinen Beziehungen (7.7) und (7.8) unter Berücksichtigung der speziellen Eigenschaften der vorliegenden Anordnung. Diese sind dadurch gekennzeichnet, daß im Läufer zwei dreisträngige Wicklungen 2 und 3 untergebracht sind, deren Strangachsen zusammenfallen und deren wirksame Windungszahlen den gleichen Wert $(w\xi_1)_{\mathrm{ers}}$ haben. Davon ausgehend, sind die analogen Entwicklungen durchzuführen wie im Abschnitt 8.2 für die Maschine mit einer symmetrischen dreisträngigen Wicklung im Läufer. Dabei erkennt man sofort, daß die Ständerstränge in gleicher Weise mit den Strängen der Wicklung 3 verkettet sind wie mit denen der Wicklung 2. Außerdem besteht zwischen den beiden Läuferwicklungen eine Kopplung über Streufelder, der die Streuinduktivität $L_{\sigma 23}$ zugeordnet ist. Damit lassen sich in Erweiterung von (8.2) folgende Induktivitäten einführen:

$$\left.\begin{aligned}
L_{11} &= L_{\sigma 1} + L_{\mathrm{h}} \\[2ex]
L_{12} &= L_{13} = \frac{(w\xi_1)_{\mathrm{ers}}}{(w\xi_1)_1}\xi_{\mathrm{schr}} L_{\mathrm{h}} \\[2ex]
L_{23} &= L_{\sigma 23} + \frac{(w\xi_1)^2_{\mathrm{ers}}}{(w\xi_1)^2_1} L_{\mathrm{h}} \\[2ex]
L_{22} &= L_{\sigma 2} + \frac{(w\xi_1)^2_{\mathrm{ers}}}{(w\xi_1)^2_1} L_{\mathrm{h}} \\[2ex]
L_{33} &= L_{\sigma 3} + \frac{(w\xi_1)^2_{\mathrm{ers}}}{(w\xi_1)^2_1} L_{\mathrm{h}}
\end{aligned}\right\}. \tag{9.3}$$

---

[1])s. Gl. (7.76)

Unter Verwendung dieser Induktivitäten erhält man für die *Flußverkettungsgleichungen der Stränge a*:

$$
\begin{aligned}
\psi_{1a} &= L_{11}i_{1a} + L_{12}\frac{2}{3}\left[i_{2a}\cos\vartheta + i_{2b}\cos\left(\vartheta + \frac{2\pi}{3}\right) + i_{2c}\cos\left(\vartheta - \frac{2\pi}{3}\right)\right] \\
&\quad + L_{12}\frac{2}{3}\left[i_{3a}\cos\vartheta + i_{3b}\cos\left(\vartheta + \frac{2\pi}{3}\right) + i_{3c}\cos\left(\vartheta - \frac{2\pi}{3}\right)\right] \\
\psi_{2a} &= L_{22}i_{2a} + L_{23}i_{3a} + L_{12}\frac{2}{3}\left[i_{1a}\cos\vartheta + i_{1b}\cos\left(\vartheta - \frac{2\pi}{3}\right)\right. \\
&\quad \left. + i_{1c}\cos\left(\vartheta + \frac{2\pi}{3}\right)\right] \\
\psi_{3a} &= L_{33}i_{3a} + L_{23}i_{2a} + L_{12}\frac{2}{3}\left[i_{1a}\cos\vartheta + i_{1b}\cos\left(\vartheta - \frac{2\pi}{3}\right)\right. \\
&\quad \left. + i_{1c}\cos\left(\vartheta + \frac{2\pi}{3}\right)\right]
\end{aligned}
\tag{9.4}
$$

Die Flußverkettungsgleichungen der Stränge b und c sind in Anlehnung an (8.5) bzw. (8.6) analog aufgebaut.

Die komplexen Augenblickswerte werden in analoger Weise eingeführt wie bei der Maschine mit Schleifringläufer bzw. Einfachkäfigläufer [(8.7) und (8.8)]. Für die Wicklung 3, die dem Innenkäfig II zugeordnet ist, gilt

$$
\vec{g}_3^{\mathrm{L}} = \frac{2}{3}(g_{3a} + \boldsymbol{a}g_{3b} + \boldsymbol{a}^2 g_{3c})
\tag{9.5}
$$

bzw. bei Beobachtung im allgemeinen Koordinatensystem K

$$
\vec{g}_3^{\mathrm{K}} = \vec{g}_3^{\mathrm{L}}\,\mathrm{e}^{-\mathrm{j}(\vartheta_{\mathrm{K}}-\vartheta)} = \frac{2}{3}(g_{3a} + \boldsymbol{a}g_{3b} + \boldsymbol{a}^2 g_{3c})\,\mathrm{e}^{-\mathrm{j}(\vartheta_{\mathrm{K}}-\vartheta)}\ .
\tag{9.6}
$$

Damit erhält man für die Spannungsgleichungen, ausgehend von (9.2) unter Hinzunahme der entsprechenden Beziehungen für die Stränge b und c:

$$
\begin{aligned}
\vec{u}_1^{\mathrm{S}} &= R_1\vec{i}_1^{\mathrm{S}} + \frac{\mathrm{d}\vec{\psi}_1^{\mathrm{S}}}{\mathrm{d}t} \\
0 &= R_2\vec{i}_2^{\mathrm{L}} + R_{23}\vec{i}_3^{\mathrm{L}} + \frac{\vec{\psi}_2^{\mathrm{L}}}{\mathrm{d}t} \\
0 &= R_3\vec{i}_3^{\mathrm{L}} + R_{23}\vec{i}_2^{\mathrm{L}} + \frac{\vec{\psi}_3^{\mathrm{L}}}{\mathrm{d}t}
\end{aligned}
\tag{9.7}
$$

Die entsprechenden Beziehungen für die Maschine mit Schleifringläufer bzw. mit Einfachkäfigläufer waren als (8.13) entwickelt worden. Die Flußverkettungsgleichungen, die für die Maschine mit Schleifringläufer als (8.14) abgeleitet wurden, folgen aus

(9.4) unter Hinzunahme der entsprechenden Beziehungen für die Stränge b und c zu:

$$\begin{aligned}
\vec{\psi}_1^{\mathrm{S}} &= L_{11}\vec{i}_1^{\mathrm{S}} + L_{12}\vec{i}_2^{\mathrm{L}}\,\mathrm{e}^{\mathrm{j}\vartheta} + L_{12}\vec{i}_3^{\mathrm{L}}\,\mathrm{e}^{\mathrm{j}\vartheta} \\
\vec{\psi}_2^{\mathrm{L}} &= L_{12}\vec{i}_1^{\mathrm{S}}\,\mathrm{e}^{-\mathrm{j}\vartheta} + L_{22}\vec{i}_2^{\mathrm{L}} + L_{23}\vec{i}_3^{\mathrm{L}} \\
\vec{\psi}_3^{\mathrm{L}} &= L_{12}\vec{i}_1^{\mathrm{S}}\,\mathrm{e}^{-\mathrm{j}\vartheta} + L_{23}\vec{i}_2^{\mathrm{L}} + L_{33}\vec{i}_3^{\mathrm{L}}
\end{aligned} \qquad (9.8)$$

Im gemeinsamen Koordinatensystem K nehmen die Spannungs- und Flußverkettungsgleichungen nach (9.7) und (9.8) unter Beachtung von (8.52) und (9.6) folgende Form an:

$$\begin{aligned}
\vec{u}_1^{\mathrm{K}} &= R_1\vec{i}_1^{\mathrm{K}} + \frac{\mathrm{d}\vec{\psi}_1^{\mathrm{K}}}{\mathrm{d}t} + \mathrm{j}\frac{\mathrm{d}\vartheta_{\mathrm{K}}}{\mathrm{d}t}\vec{\psi}_1^{\mathrm{K}} \\[2mm]
0 &= R_2\vec{i}_2^{\mathrm{K}} + R_{23}\vec{i}_3^{\mathrm{K}} + \frac{\mathrm{d}\vec{\psi}_2^{\mathrm{K}}}{\mathrm{d}t} + \mathrm{j}\left(\frac{\vartheta_{\mathrm{K}}}{\mathrm{d}t} - \frac{\mathrm{d}\vartheta}{\mathrm{d}t}\right)\vec{\psi}_2^{\mathrm{K}} \\[2mm]
0 &= R_3\vec{i}_3^{\mathrm{K}} + R_{23}\vec{i}_2^{\mathrm{K}} + \frac{\mathrm{d}\vec{\psi}_3^{\mathrm{K}}}{\mathrm{d}t} + \mathrm{j}\left(\frac{\vartheta_{\mathrm{K}}}{\mathrm{d}t} - \frac{\mathrm{d}\vartheta}{\mathrm{d}t}\right)\vec{\psi}_3^{\mathrm{K}}
\end{aligned} \qquad (9.9)$$

$$\begin{aligned}
\vec{\psi}_1^{\mathrm{K}} &= L_{11}\vec{i}_1^{\mathrm{K}} + L_{12}\vec{i}_2^{\mathrm{K}} + L_{12}\vec{i}_3^{\mathrm{K}} \\
\vec{\psi}_2^{\mathrm{K}} &= L_{12}\vec{i}_1^{\mathrm{K}} + L_{22}\vec{i}_2^{\mathrm{K}} + L_{23}\vec{i}_3^{\mathrm{K}} \\
\vec{\psi}_3^{\mathrm{K}} &= L_{12}\vec{i}_1^{\mathrm{K}} + L_{23}\vec{i}_2^{\mathrm{K}} + L_{33}\vec{i}_3^{\mathrm{K}}
\end{aligned} \qquad (9.10)$$

9.3.2 Spannungs- und Flußverkettungsgleichungen bei Einführung transformierter Läufergrößen

Da die beiden dreisträngigen Ersatzwicklungen des Läufers entsprechend Abschnitt 7.2.3 die gleiche wirksame Windungszahl $(w\xi_1)_{\mathrm{ers}} = N_2/6$ aufweisen, werden in Erweiterung von (8.57) die Transformationsbeziehungen

$$\vec{i}_2'^{\mathrm{K}} = \frac{1}{\ddot{u}_{\mathrm{h}}}\vec{i}_2^{\mathrm{K}}\,, \qquad \vec{i}_3'^{\mathrm{K}} = \frac{1}{\ddot{u}_{\mathrm{h}}}\vec{i}_3^{\mathrm{K}} \qquad (9.11)$$

$$\vec{\psi}_2'^{\mathrm{K}} = \ddot{u}_{\mathrm{h}}\vec{\psi}_2^{\mathrm{K}}\,, \qquad \vec{\psi}_3'^{\mathrm{K}} = \ddot{u}_{\mathrm{h}}\vec{\psi}_3^{\mathrm{K}} \qquad (9.12)$$

mit

$$\ddot{u}_{\mathrm{h}} = \frac{(w\xi_1)_1}{(w\xi_1)_{\mathrm{ers}}} = \frac{(w\xi_1)_1}{N_2}6 \qquad (9.13)$$

eingeführt. Damit erhält man aus den Spannungsgleichungen (9.9)

$$
\boxed{
\begin{aligned}
\vec{u}_1^{\mathrm{K}} &= R_1\vec{i}_1^{\mathrm{K}} + \frac{\mathrm{d}\vec{\psi}_1^{\mathrm{K}}}{\mathrm{d}t} + \mathrm{j}\frac{\mathrm{d}\vartheta_{\mathrm{K}}}{\mathrm{d}t}\vec{\psi}_1^{\mathrm{K}} \\
0 &= R_2'\vec{i}_2'^{\mathrm{K}} + R_{23}'\vec{i}_3'^{\mathrm{K}} + \frac{\mathrm{d}\vec{\psi}_2'^{\mathrm{K}}}{\mathrm{d}t} + \mathrm{j}\left(\frac{\vartheta_{\mathrm{K}}}{\mathrm{d}t} - \frac{\mathrm{d}\vartheta}{\mathrm{d}t}\right)\vec{\psi}_2'^{\mathrm{K}} \\
0 &= R_3'\vec{i}_3'^{\mathrm{K}} + R_{23}'\vec{i}_2'^{\mathrm{K}} + \frac{\mathrm{d}\vec{\psi}_3'^{\mathrm{K}}}{\mathrm{d}t} + \mathrm{j}\left(\frac{\vartheta_{\mathrm{K}}}{\mathrm{d}t} - \frac{\mathrm{d}\vartheta}{\mathrm{d}t}\right)\vec{\psi}_3'^{\mathrm{K}}
\end{aligned}
}
\qquad (9.14)
$$

mit

$$
\left.
\begin{aligned}
R_2' &= \ddot{u}_{\mathrm{h}}^2 R_2 \\
R_{23}' &= \ddot{u}_{\mathrm{h}}^2 R_{23} \\
R_3' &= \ddot{u}_{\mathrm{h}}^2 R_3
\end{aligned}
\right\}
\qquad (9.15)
$$

Die Flußverkettungsgleichungen (9.10) gehen unter Einführung transformierter Läufergrößen und mit den Beziehungen für die Induktivitäten nach (9.3) sowie mit $\ddot{u}_{\mathrm{h}}$ nach (9.13) über in

$$
\left.
\begin{aligned}
\vec{\psi}_1^{\mathrm{K}} &= \tilde{L}_{\sigma1}\vec{i}_1^{\mathrm{K}} + \tilde{L}_{\mathrm{h}}(\vec{i}_1^{\mathrm{K}} + \vec{i}_2'^{\mathrm{K}} + \vec{i}_3'^{\mathrm{K}}) = \tilde{L}_{\sigma1}\vec{i}_1^{\mathrm{K}} + \tilde{L}_{\mathrm{h}}\vec{i}_\mu^{\mathrm{K}} = \tilde{L}_{\sigma1}\vec{i}_1^{\mathrm{K}} + \vec{\psi}_{\mathrm{h}}^{\mathrm{K}} \\[4pt]
\vec{\psi}_2'^{\mathrm{K}} &= \tilde{L}_{\sigma2}'\vec{i}_2'^{\mathrm{K}} + \tilde{L}_{\sigma23}'\vec{i}_3'^{\mathrm{K}} + L_{\mathrm{h}}(\vec{i}_1^{\mathrm{K}} + \vec{i}_2'^{\mathrm{K}} + \vec{i}_3'^{\mathrm{K}}) = \tilde{L}_{\sigma2}'\vec{i}_2'^{\mathrm{K}} + \tilde{L}_{\sigma23}'\vec{i}_3'^{\mathrm{K}} + \tilde{L}_{\mathrm{h}}\vec{i}_\mu^{\mathrm{K}} \\[4pt]
&= \tilde{L}_{\sigma2}'\vec{i}_2'^{\mathrm{K}} + \tilde{L}_{\sigma23}'\vec{i}_3'^{\mathrm{K}} + \vec{\psi}_{\mathrm{h}}^{\mathrm{K}} \\[4pt]
\vec{\psi}_3'^{\mathrm{K}} &= \tilde{L}_{\sigma3}'\vec{i}_3'^{\mathrm{K}} + \tilde{L}_{\sigma23}'\vec{i}_2'^{\mathrm{K}} + L_{\mathrm{h}}(\vec{i}_1^{\mathrm{K}} + \vec{i}_2'^{\mathrm{K}} + \vec{i}_3'^{\mathrm{K}}) = \tilde{L}_{\sigma2}'\vec{i}_2'^{\mathrm{K}} + \tilde{L}_{\sigma23}'\vec{i}_2'^{\mathrm{K}} + \tilde{L}_{\mathrm{h}}\vec{i}_\mu^{\mathrm{K}} \\[4pt]
&= \tilde{L}_{\sigma3}'\vec{i}_3'^{\mathrm{K}} + \tilde{L}_{\sigma23}'\vec{i}_2'^{\mathrm{K}} + \vec{\psi}_{\mathrm{h}}^{\mathrm{K}}
\end{aligned}
\right\}
\qquad (9.16)
$$

bzw. in Matrizendarstellung

$$
\begin{pmatrix}
\vec{\psi}_1^{\mathrm{K}} \\[4pt]
\vec{\psi}_2'^{\mathrm{K}} \\[4pt]
\vec{\psi}_3'^{\mathrm{K}}
\end{pmatrix}
=
\begin{pmatrix}
\tilde{L}_{\mathrm{h}} + \tilde{L}_{\sigma1} & \tilde{L}_{\mathrm{h}} & \tilde{L}_{\mathrm{h}} \\[4pt]
\tilde{L}_{\mathrm{h}} & \tilde{L}_{\mathrm{h}} + \tilde{L}_{\sigma2}' & \tilde{L}_{\mathrm{h}} + \tilde{L}_{\sigma23}' \\[4pt]
\tilde{L}_{\mathrm{h}} & \tilde{L}_{\mathrm{h}} + \tilde{L}_{\sigma23}' & \tilde{L}_{\mathrm{h}} + \tilde{L}_{\sigma3}'
\end{pmatrix}
\begin{pmatrix}
\vec{i}_1^{\mathrm{K}} \\[4pt]
\vec{i}_2'^{\mathrm{K}} \\[4pt]
\vec{i}_3'^{\mathrm{K}}
\end{pmatrix}
\qquad (9.17)
$$

Dabei ist

$$
\vec{i}_\mu^{\mathrm{K}} = (\vec{i}_1^{\mathrm{K}} + \vec{i}_2'^{\mathrm{K}} + \vec{i}_3'^{\mathrm{K}})
\qquad (9.18)
$$

sowie

$$
\vec{\psi}_{\mathrm{h}}^{\mathrm{K}} = \tilde{L}_{\mathrm{h}}\vec{i}_\mu^{\mathrm{K}}
\qquad (9.19)
$$

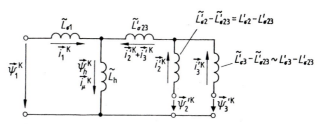

Bild 9.2
Ersatzschaltbild für die Flußverkettungs-
gleichungen der Asynchronmaschine
mit Doppelkäfigläufer unter Verwendung
komplexer Augenblickswerte
und transformierter Läufergrößen

Außerdem wurden $\widetilde{L}_{\sigma 1}$, $\widetilde{L}'_{\sigma 2}$ und $\widetilde{L}_{\mathrm{h}}$ entsprechend (8.66) eingeführt und

$$
\left.
\begin{aligned}
\widetilde{L}'_{\sigma 3} &= \ddot{u}_{\mathrm{h}}^2 L_{\sigma 3} + (1 - \xi_{\mathrm{schr}})L_{\mathrm{h}} = L'_{\sigma 3} + (1 - \xi_{\mathrm{schr}})L_{\mathrm{h}} \\
\widetilde{L}'_{\sigma 23} &= \ddot{u}_{\mathrm{h}}^2 L_{\sigma 23} + (1 - \xi_{\mathrm{schr}})L_{\mathrm{h}} = L'_{\sigma 23} + (1 - \xi_{\mathrm{schr}})L_{\mathrm{h}} \quad .
\end{aligned}
\right\}
\tag{9.20}
$$

Die Gleichungen (9.16) bzw. (9.17) befriedigen das Ersatzschaltbild nach Bild 9.2. Hinsichtlich der Vorteile, die mit der Einführung transformierter Läufergrößen verbunden sind, gelten weiterhin die Überlegungen, die im Abschnitt 8.4.5 für die Maschine mit Schleifringläufer bzw. mit Einfachkäfigläufer angestellt wurden.

9.3.3 Einführung bezogener Größen

Im Abschnitt 8.4.9 waren bezogene Größen für die Maschine mit Schleifringläufer bzw. mit stromverdrängungsfreiem Einfachkäfigläufer, ausgehend von den Beziehungen mit transformierten Läufergrößen, eingeführt worden. Das ist unter dem Gesichtspunkt geschehen, daß die Verwendung bezogener Größen vor allem im Zusammenhang mit der Anwendung numerischer Methoden interessant ist und dabei wiederum eine Darstellung benutzt werden sollte, die eine nachträgliche Berücksichtigung der Sättigungserscheinungen ermöglicht.

$$
\vec{u}_1^{\mathrm{K}} = r_1 \vec{i}_1^{\mathrm{K}} + \frac{\mathrm{d}\vec{\psi}_1^{\mathrm{K}}}{\mathrm{d}t} + \mathrm{j}\frac{\mathrm{d}\vartheta_{\mathrm{K}}}{\mathrm{d}t}\vec{\psi}_1^{\mathrm{K}}
$$

$$
0 = r_2 \vec{i}_2^{\mathrm{K}} + r_{23}\vec{i}_3^{\mathrm{K}} + \frac{\mathrm{d}\vec{\psi}_2^{\mathrm{K}}}{\mathrm{d}t} + \mathrm{j}\left(\frac{\mathrm{d}\vartheta_{\mathrm{K}}}{\mathrm{d}t} - \frac{\mathrm{d}\vartheta}{\mathrm{d}t}\right)\vec{\psi}_2^{\mathrm{K}}
$$

$$
0 = r_3 \vec{i}_3^{\mathrm{K}} + r_{23}\vec{i}_2^{\mathrm{K}} + \frac{\mathrm{d}\vec{\psi}_3^{\mathrm{K}}}{\mathrm{d}t} + \mathrm{j}\left(\frac{\mathrm{d}\vartheta_{\mathrm{K}}}{\mathrm{d}t} - \frac{\mathrm{d}\vartheta}{\mathrm{d}t}\right)\vec{\psi}_3^{\mathrm{K}}
$$

$$
\vec{\psi}_1^{\mathrm{K}} = x_{\sigma 1}\vec{i}_1^{\mathrm{K}} + x_{\mathrm{h}}\left(\vec{i}_1^{\mathrm{K}} + \vec{i}_2^{\mathrm{K}} + \vec{i}_3^{\mathrm{K}}\right)
$$

$$
\vec{\psi}_2^{\mathrm{K}} = x_{\sigma 2}\vec{i}_2^{\mathrm{K}} + x_{\sigma 23}\vec{i}_3^{\mathrm{K}} + x_{\mathrm{h}}\left(\vec{i}_1^{\mathrm{K}} + \vec{i}_2^{\mathrm{K}} + \vec{i}_3^{\mathrm{K}}\right)
$$

$$
\vec{\psi}_3^{\mathrm{K}} = x_{\sigma 3}\vec{i}_3^{\mathrm{K}} + x_{\sigma 23}\vec{i}_2^{\mathrm{K}} + x_{\mathrm{h}}\left(\vec{i}_1^{\mathrm{K}} + \vec{i}_2^{\mathrm{K}} + \vec{i}_3^{\mathrm{K}}\right)
$$

Tafel 9.1

Das allgemeine Gleichungssystem der Asynchronmaschine mit Doppelkäfigläufer nach Einführung bezogener Größen

$$r_1 = \frac{R_1}{X_{a0}} \quad r_2 = \frac{R_2'}{X_{a0}} \quad r_3 = \frac{R_3'}{X_{a0}} \quad r_{23} = \frac{R_{23}'}{X_{a0}}$$

$$x_{\sigma 1} = \frac{\widetilde{L}_{\sigma 1}}{L_{a0}} \quad x_{\sigma 2} = \frac{\widetilde{L}_{\sigma 2}'}{L_{a0}} \quad x_{\sigma 3} = \frac{\widetilde{L}_{\sigma 3}'}{L_{a0}} \quad x_{\sigma 23} = \frac{\widetilde{L}_{\sigma 23}'}{L_{a0}}$$

Tafel 9.2
Parameter des allgemeinen Gleichungssystems der Asynchronmaschine mit Doppelkäfigläufer nach Einführung bezogener Größen

Bei analogem Vorgehen wie im Abschnitt 8.4.9 und wenn die dort erhaltenen Ergebnisse entsprechend erweitert werden, erhält man für die Maschine mit Doppelkäfigläufer die in Tafel 9.1 zusammengestellten Beziehungen. Es ist lediglich nachzutragen, daß der Bezugsstrom I_{a0} auch für den Strom $\vec{i}_3^{\prime K}$ Verwendung findet. Die Parameter in der bezogenen Darstellung sind in Tafel 9.2 ausgehend von denen in Tafel 8.3 und bei entsprechender Ergänzung dargestellt. Für X_{a0} und L_{a0} gelten weiterhin die Beziehungen im Abschnitt 8.4.9.

9.3.4 Spannungsgleichungen für den stationären Betrieb am symmetrischen Netz

9.3.4.1 Ausgangsform

Das Gleichungssystem für den stationären Betrieb am symmetrischen Netz läßt sich, ausgehend von der allgemeinen Beziehung nach Abschnitt 9.3.1, in Analogie zu den Betrachtungen im Abschnitt 8.6 gewinnen. Es ist lediglich zu beachten, daß für die Wicklung 3 eine analoge Beziehung zwischen den komplexen Augenblickswerten $\vec{g}_3^K = \vec{g}_3^N$ im synchron umlaufenden Koordinatensystem und der komplexen Darstellung $\underline{g}_3$ der eingeschwungenen Wechselgrößen besteht wie für die Wicklung 2. Es gelten also die Gleichungen (8.100) sowie

$$\vec{g}_3^N = \underline{g}_3\, \mathrm{e}^{\mathrm{j}\vartheta_0} \;. \tag{9.21}$$

Damit erhält man aus den Gleichungen (9.9) und (9.10) mit $\mathrm{d}\vec{\psi}_j^N/\mathrm{d}t = 0$:

$$\underline{u}_1 = R_1\underline{i}_1 + \mathrm{j}X_{11}\underline{i}_1 + \mathrm{j}X_{12}\underline{i}_2\,\mathrm{e}^{\mathrm{j}\vartheta_0} + \mathrm{j}X_{12}\underline{i}_3\,\mathrm{e}^{\mathrm{j}\vartheta_0}$$

$$0 = R_2\underline{i}_2 + R_{23}\underline{i}_3 + \mathrm{j}sX_{12}\underline{i}_1\,\mathrm{e}^{-\mathrm{j}\vartheta_0} + \mathrm{j}sX_{22}\underline{i}_2 + \mathrm{j}sX_{23}\underline{i}_3 \quad . \tag{9.22}$$

$$0 = R_3\underline{i}_3 + R_{23}\underline{i}_2 + \mathrm{j}sX_{12}\underline{i}_1\,\mathrm{e}^{-\mathrm{j}\vartheta_0} + \mathrm{j}sX_{23}\underline{i}_2 + \mathrm{j}sX_{33}\underline{i}_3$$

Dabei sind die Reaktanzen über $X_{\nu\mu} = \omega L_{\nu\mu}$ durch (9.3) gegeben. Der Winkel ϑ_0 könnte prinzipiell von vornherein Null gesetzt werden, da die Läufergrößen beim Kurzschlußläufer in keiner weiteren Beziehung zu den Größen des Ständernetzes stehen und damit ihre tatsächliche Phasenlage bedeutungslos ist.

Im folgenden werden, ausgehend von (9.22), analog zum Vorgehen bei der Maschine mit Schleifringläufer bzw. mit Einfachkäfigläufer, Spannungsgleichungen mit transformierten Läufergrößen abgeleitet und die zugehörigen Ersatzschaltbilder angegeben.

9.3.4.2 Einführung des reellen Übersetzungsverhältnisses $\ddot{u}_h$

Die Transformation wurde bereits im Abschnitt 9.3.2 auf die Gleichungen zwischen den komplexen Augenblickswerten angewendet. Aus den allgemeinen Transformationsbeziehungen für die Ströme nach (9.11) erhält man unter Beachtung der Zusammenhänge

zwischen den komplexen Augenblickswerten und der komplexen Darstellung der eingeschwungenen Wechselgrößen nach (8.93)

$$\underline{i}'_2 = \frac{1}{\ddot{u}_\mathrm{h}}\,\mathrm{e}^{\mathrm{j}\vartheta_0}\underline{i}_2 \; ; \qquad \underline{i}'_3 = \frac{1}{\ddot{u}_\mathrm{h}}\,\mathrm{e}^{\mathrm{j}\vartheta_0}\underline{i}_3 \tag{9.23}$$

mit $\ddot{u}_\mathrm{h}$ nach (9.13). Damit gehen die Gleichungen (9.22) unter Beachtung von (9.3)
und mit $X_\mathrm{j} = \omega L_\mathrm{j}$ über in:

$$\left.\begin{aligned}
\underline{u}_1 &= R_1\underline{i}_1 + \mathrm{j}(X_{\sigma 1} + X_\mathrm{h})\underline{i}_1 + \mathrm{j}X_\mathrm{h}\xi_\mathrm{schr}\underline{i}'_2 + \mathrm{j}X_\mathrm{h}\xi_\mathrm{schr}\underline{i}'_3 \\[2mm]
0 &= \frac{R'_2}{s}\underline{i}'_2 + \frac{R'_{23}}{s}\underline{i}'_3 + \mathrm{j}X_\mathrm{h}\xi_\mathrm{schr}\underline{i}_1 + \mathrm{j}(X'_{\sigma 2} + X_\mathrm{h})\underline{i}'_2 + \mathrm{j}(X'_{\sigma 23} + X_\mathrm{h})\underline{i}'_3 \\[2mm]
0 &= \frac{R'_3}{s}\underline{i}'_3 + \frac{R'_{23}}{s}\underline{i}'_2 + \mathrm{j}X_\mathrm{h}\xi_\mathrm{schr}\underline{i}_1 + \mathrm{j}(X'_{\sigma 23} + X_\mathrm{h})\underline{i}'_2 + \mathrm{j}(X'_{\sigma 3} + X_\mathrm{h})\underline{i}'_3 \; .
\end{aligned}\right\} \tag{9.24}$$

Dabei wurden in Übereinstimmung mit (9.15) und (9.20) folgende Abkürzungen eingeführt:

$$\boxed{\begin{aligned}
R'_2 &= \ddot{u}_\mathrm{h}^2 R_2 \,, & R'_3 &= \ddot{u}_\mathrm{h}^2 R_3 \,, & R'_{23} &= \ddot{u}_\mathrm{h}^2 R_{23} \\[2mm]
X'_{\sigma 2} &= \ddot{u}_\mathrm{h}^2 X_{\sigma 2} \,, & X'_{\sigma 23} &= \ddot{u}_\mathrm{h}^2 X_{\sigma 23} \,, & X'_{\sigma 3} &= \ddot{u}_\mathrm{h}^2 X_{\sigma 3}
\end{aligned}} \; . \tag{9.25}$$

Die Gleichungen (9.24) lassen sich in Analogie zum Übergang von (8.101) auf (8.116)
mit $\widetilde{X}_{\sigma 1}$ und $\widetilde{X}_\mathrm{h}$ nach (8.117) auf folgende Form bringen:

$$\boxed{\begin{aligned}
\underline{u}_1 &= R_1\underline{i}_1 + \mathrm{j}\widetilde{X}_{\sigma 1}\underline{i}_1 + \mathrm{j}\widetilde{X}_\mathrm{h}(\underline{i}_1 + \underline{i}'_2 + \underline{i}'_3) \\[2mm]
0 &= \left[\left(\frac{R'_2}{s} - \frac{R'_{23}}{s}\right) + \mathrm{j}(X'_{\sigma 2} - X'_{\sigma 23})\right]\underline{i}'_2 \\[2mm]
&\quad + \left[\frac{R'_{23}}{s} + \mathrm{j}\widetilde{X}'_{\sigma 23}\right](\underline{i}'_2 + \underline{i}'_3) + \mathrm{j}\widetilde{X}_\mathrm{h}(\underline{i}_1 + \underline{i}'_2 + \underline{i}'_3) \\[2mm]
0 &= \left[\left(\frac{R'_3}{s} - \frac{R'_{23}}{s}\right) + \mathrm{j}(X'_{\sigma 3} - X'_{\sigma 23})\right]\underline{i}'_3 \\[2mm]
&\quad + \left[\frac{R'_{23}}{s} + \mathrm{j}\widetilde{X}'_{\sigma 23}\right](\underline{i}'_2 + \underline{i}'_3) + \mathrm{j}\widetilde{X}_\mathrm{h}(\underline{i}_1 + \underline{i}'_2 + \underline{i}'_3)
\end{aligned}} \; . \tag{9.26}$$

Diese Gleichungen befriedigen das Ersatzschaltbild nach Bild 9.3, das sich aus dem
nach Bild 9.2 entwickelt.

In der zweiten Gleichung (9.26) tritt die Differenz der Streureaktanzen $X'_{\sigma 2}$ und
$X'_{\sigma 23}$ auf. Beide unterscheiden sich entsprechend (9.25) und den Angaben in Tafel
7.1 nur durch die etwas abweichende Verkettung, die der Außenkäfig gegenüber dem
Innenkäfig mit jenem Feldanteil des Außenkäfigs besitzt, der im Bereich des Oberstabs
durch die Nut tritt. Da dieser Anteil im allgemeinen klein gegenüber jenem ist, der
dem Feld im Nutschlitz oberhalb des Oberstabs zugeordnet ist, wird

$$X'_{\sigma 2} - X'_{\sigma 23} = \ddot{u}_\mathrm{h}^2(X_{\sigma 2} - X_{\sigma 23}) \approx 0 \; . \tag{9.27}$$

Weiterhin tritt in der dritten Gleichung (9.26) die Differenz der Streureaktanzen $X'_{\sigma 3}$
und $X'_{\sigma 23}$ auf. Diese Differenz entspricht nach (9.25) und den Angaben in Tafel 7.1 im

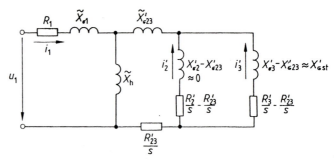

Bild 9.3
*Ersatzschaltbild für den stationären Betrieb
der Asynchronmaschine
mit Doppelkäfigläufer unter Verwendung
transformierter Läufergrößen*

wesentlichen dem Feld des Innenkäfigs im Bereich des Streustegs zwischen den beiden Stäben. Es wird deshalb eingeführt

$$X'_{\sigma\text{st}} = (X'_{\sigma 3} - X'_{\sigma 23}) = \ddot{u}_{\text{h}}^2 X_{\sigma\text{st}} = \ddot{u}_{\text{h}}^2 (X_{\sigma 3} - X_{\sigma 23}) \; . \tag{9.28}$$

9.3.4.3   Einführung des komplexen Übersetzungsverhältnisses $\underline{\ddot{u}}$

Die folgende Entwicklung entspricht dem Vorgehen bei der Maschine mit Schleifringläufer bzw. mit Einfachkäfigläufer im Abschnitt 8.8.2. Wie dort besteht das Ziel, ein Ersatzschaltbild zu entwickeln, dessen Querzweig unmittelbar an der Spannung $\underline{u}_1$ liegt.

Aus der ersten Gleichung (9.22) erhält man

$$\underline{u}_1 = (R_1 + jX_{11}) \left[\underline{i} + \frac{jX_{12}}{R_1 + jX_{11}} e^{j\vartheta_0} (\underline{i}_2 + \underline{i}_3) \right] \; .$$

Damit bietet es sich an, als transformierte Läuferströme

$$\boxed{ \underline{i}_2^+ = \frac{1}{\underline{\ddot{u}}} e^{j\vartheta_0} \underline{i}_2 \; , \qquad \underline{i}_3^+ = \frac{1}{\underline{\ddot{u}}} e^{j\vartheta_0} \underline{i}_3 } \tag{9.29}$$

einzuführen. In diesen Beziehungen tritt das komplexe Übersetzungsverhältnis $\underline{\ddot{u}}$ in Erscheinung, das bereits bei der Behandlung der Maschine mit Schleifringläufer als (8.120) eingeführt wurde. Die erste Gleichung (9.22) geht damit über in

$$\boxed{ \underline{u}_1 = (R_1 + jX_{11})(\underline{i}_1 + \underline{i}_2^+ + \underline{i}_3^+) } \; . \tag{9.30}$$

Aus der zweiten und dritten Gleichung (9.22) erhält man durch Einführen von $\underline{i}_2^+$ und $\underline{i}_3^+$, entsprechend (9.29), und nach Division mit s

$$0 = \frac{R_2}{s} \underline{\ddot{u}}\, \underline{i}_2^+ + \frac{R_{23}}{s} \underline{\ddot{u}}\, \underline{i}_3^+ + jX_{12} \underline{i}_1 + jX_{22} \underline{\ddot{u}}\, \underline{i}_2^+ + jX_{23} \underline{\ddot{u}}\, \underline{i}_3^+ \; ,$$

$$0 = \frac{R_3}{s} \underline{\ddot{u}}\, \underline{i}_3^+ + \frac{R_{23}}{s} \underline{\ddot{u}}\, \underline{i}_2^+ + jX_{12} \underline{i}_1 + jX_{23} \underline{\ddot{u}}\, \underline{i}_2^+ + jX_{33} \underline{\ddot{u}}\, \underline{i}_3^+ \; ,$$

Wenn diese Gleichung mit $\underline{\ddot{u}}^* = -(R_1 - jX_{11})/jX_{12}$ multipliziert werden und $\underline{i}_1$ mit

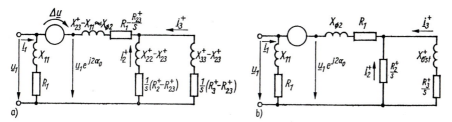

Bild 9.4 *Ersatzschaltbild der Asynchronmaschine mit Doppelkäfigläufer auf Basis des komplexen Übersetzungsverhältnisses $\underline{\ddot{u}}$*
a) allgemein, entsprechend (9.30) bis (9.32);
b) vereinfacht unter Berücksichtigung von (9.34) bis (9.36)

Hilfe von (9.30) eliminiert wird, gewinnt man nach einigen Umformungen unter Beachtung von $\underline{\ddot{u}}^*/\underline{\ddot{u}} = \mathrm{e}^{\mathrm{j}2\alpha_0}$ nach (8.128):

$$-\underline{u}_1\,\mathrm{e}^{\mathrm{j}2\alpha_0} = \left[\frac{R_2^+}{s} - \frac{R_{23}^+}{s} + \mathrm{j}(X_{22}^+ - X_{23}^+)\right]\underline{i}_2^+ + \left[R_1 - \frac{R_{23}^+}{s} + \mathrm{j}(X_{23}^+ - X_{11})\right]$$
$$\times\,(\underline{i}_2^+ + \underline{i}_3^+)$$

$$(9.31)$$

$$-\underline{u}_1\,\mathrm{e}^{\mathrm{j}2\alpha_0} = \left[\frac{R_3^+}{s} - \frac{R_{23}^+}{s} + \mathrm{j}(X_{33}^+ - X_{23}^+)\right]\underline{i}_3^+ + \left[R_1 - \frac{R_{23}^+}{s} + \mathrm{j}(X_{23}^+ - X_{11})\right]$$
$$\times\,(\underline{i}_2^+ + \underline{i}_3^+)$$

$$(9.32)$$

Dabei wurden folgende Abkürzungen eingeführt:

$$\begin{aligned} R_2^+ &= \ddot{u}^2 R_2\,, & R_{23}^+ &= \ddot{u}^2 R_{23}\,, & R_3^+ &= \ddot{u}^2 R_3 \\ X_{22}^+ &= \ddot{u}^2 X_{22}\,, & X_{33}^+ &= \ddot{u}^2 X_{33}\,, & X_{23}^+ &= \ddot{u}^2 X_{23} \end{aligned}$$

$$(9.33)$$

Die Gleichungen (9.30) bis (9.32) befriedigen das Ersatzschaltbild der Maschine mit Doppelkäfigläufer nach Bild 9.4a. Dieses Ersatzschaltbild entspricht dem für die Maschine mit Schleifringläufer bzw. Einfachkäfigläufer nach Bild 8.15. Die eingefügte Spannungsquelle dient wiederum zur Phasendrehung der Spannung $\underline{u}_1$ um den Winkel $2\alpha_0$.

Wenn man den Einfluß der galvanischen Kopplung zwischen den Käfigen vernachlässigt, wird $R_{23} = 0$. Ferner gilt unter Beachtung von (9.27) mit (9.3)

$$X_{22}^+ - X_{23}^+ = X_{\sigma 2}^+ - X_{\sigma 23}^+ = \ddot{u}^2(X_{\sigma 2} - X_{\sigma 23}) \approx 0\,.$$

$$(9.34)$$

Mit diesen Näherungen erhält man das vereinfachte Ersatzschaltbild nach Bild 9.4b. Das Schaltelement $(X_{23}^+ - X_{11})$ läßt sich mit (9.3) darstellen als

$$X_{23}^+ - X_{11} = (X_{22}^+ - X_{11}) - (X_{\sigma 2}^+ - X_{\sigma 23})^+) \approx X_{22}^+ - X_{11} \ .$$

Dabei ist $(X_{22}^+ - X_{11})$ nach (8.131) die Durchmesserreaktanz für den Außenkäfig. Damit wird

$$(X_{23}^+ - X_{11}) \approx X_{\varnothing 2} = X_{22}^+ - X_{11} \ . \tag{9.35}$$

Das Schaltelement $(X_{33}^+ - X_{23}^+)$ läßt sich mit (9.28) und (9.3) ausdrücken als

$$X_{33}^+ - X_{23}^+ = X_{\sigma 3}^+ - X_{\sigma 23}^+ = \ddot{u}^2 (X_{\sigma 3} - X_{\sigma 23}) \approx \ddot{u}^2 X_{\sigma st} = X_{\sigma st}^+ \ , \tag{9.36}$$

wobei $X_{\sigma st}$ die Streureaktanz ist, die dem Feld im Streusteg zwischen Ober- und Unterstab zugeordnet ist.

9.4 Dreiphasen-Asynchronmaschine mit Hochstabläufer

9.4.1 Rückführung der Beschreibung des stationären Betriebs am symmetrischen Netz auf die für den stromverdrängungsfreien Einfachkäfigläufer

Im stationären Betrieb fließen in den Läuferkreisen eingeschwungene Wechselströme mit Schlupffrequenz. In Abhängigkeit von den Abmessungen des Käfigs kommt es dabei zu schlupfabhängigen Stromverdrängungserscheinungen vor allem in den Stäben, die sich quantitativ erfassen lassen. Dadurch treten bei der Aufstellung der Spannungsgleichungen für die Käfigmaschen entsprechend Abschnitt 8.7 bzw. bei der Gewinnung der Parameter der dreisträngigen Ersatzwicklung im Abschnitt 7.2 an die Stelle der allein durch die Geometrie bestimmten Werte des Widerstands und der Streureaktanz eines Stabes schlupfabhängige Größen $R_s(s)$ und $X_{\sigma s}(s)$. Damit erhält man in den Spannungsgleichungen für den stationären Betrieb unter Einführung transformierter Läufergrößen nach Abschnitt 8.8.1 über (8.119)

$$\left. \begin{array}{l} R_2' = R_2'(s) \\[2mm] X_{\sigma 2}' = X_{\sigma 2}'(s) \end{array} \right\} \tag{9.37}$$

und damit über (8.117)

$$\widetilde{X}_{\sigma 2}' = \widetilde{X}_{\sigma 2}'(s) \tag{9.38}$$

Das Ersatzschaltbild nach Bild 8.14 geht über in Bild 9.5.

9.4.2 Allgemeine Form der Spannungs- und Flußverkettungsgleichungen eines durch Diskretisierung des Hochstabläufers entstandenen Vielfachkäfigs

Die Vorgehensweise im Abschnitt 9.4.1 zur Behandlung des Hochstabläufers ist zunächst nur für den stationären Betrieb zulässig und kann bei quasistationären Bewegungsvorgängen, d.h. bei hinreichend langsamen Drehzahländerungen, näherungsweise

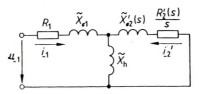

Bild 9.5
Ersatzschaltbild für den stationären
Betrieb der Asynchronmaschine
mit Hochstabläufer auf Basis
des reellen Übersetzungsverhältnisses $\ddot{u}_h$

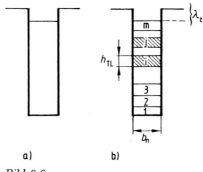

a)   b)

Bild 9.6
Hochstab
a) reelle Anordnung;
b) Ersatzanordnung mit m Teilstäben

noch verwendet werden. Bei schnellen Drehzahländerungen ist eine quasistationäre Betrachtung nicht mehr zulässig – und damit auch nicht die Vorgehensweise im Abschnitt 9.4.1.

Da die erforderliche Feldbeschreibung der Vorgänge in den Stäben auf kaum auswertbare Beziehungen führen würde, bietet sich als Ausweg der einer Diskretisierung an. Dazu wird der Hochstab in m übereinanderliegende Teilleiter aufgelöst. Dem entspricht, daß ein m-fach Käfig betrachtet wird. Die Teilleiterhöhe h_T soll dabei so klein sein, daß auch bei sehr schnellen Stromänderungen mit einer gleichmäßigen Verteilung des Stroms im Teilleiter gerechnet werden kann. Damit sind die Widerstände und Streuinduktivitäten der Teilleiter nur noch von der Geometrie abhängig. Da schnelle nichtstationäre Vorgänge ohnehin nur mit den Mitteln der numerischen Simulation behandelt werden können, kann auch die Anzahl der Teilkäfige hinreichend groß gemacht werden, um die Teilkäfige selbst als stromverdrängungsfrei annehmen zu können.

Im Bild 9.6 ist die tatsächliche Anordnung eines Hochstabs als Rechteckstab und die zugeordnete Ersatzanordnung dargestellt. Man erhält m übereinanderliegende Käfige, die streng genommen über die Stirnringe galvanisch miteinander gekoppelt sind. Sie liefern in der Darstellung mit komplexen Augenblickswerten und nach Einführung dreisträngiger Ersatzwicklungen m Spannungsgleichungen für den Läufer nach Art der in (8.58), d.h. für den Teilkäfig i bzw. die Wicklung $i+1$ gilt

$$0 = R'_{\text{ers}}\vec{i}'^{\text{K}}_{i+1} + \frac{d\vec{\psi}'^{\text{K}}_{i+1}}{dt} + j\left(\frac{d\vartheta_{\text{K}}}{dt} - \frac{d\vartheta}{dt}\right)\vec{\psi}'^{\text{K}}_{i+1} \ .$$

In den m Flußverkettungsgleichungen treten außer den Verkettungen über das gemeinsame Hauptfeld solche über das Nutstreufeld auf. Dabei ist jeder Teilkäfig auch über das Nutstreufeld mit jedem anderen Teilkäfig gekoppelt. Man erhält für die dem Streufeld eines Stabes i zugeordnete Selbstinduktivität $L_{\sigma si}$

$$L_{\sigma si} = \mu_0 l\left[\frac{h_{\text{T}}}{3b_{\text{n}}} + (m-i)\frac{h_{\text{T}}}{b_{\text{n}}} + \lambda_z\right] \tag{9.39}$$

und für die Gegeninduktivität zwischen einem Stab i und einem Stab j

$$L_{\sigma sij} = \mu_0 l\left[\frac{h_{\text{T}}}{2b_{\text{n}}} + (m-j)\frac{h_{\text{T}}}{b_{\text{n}}} + \lambda_z\right] \tag{9.40}$$

wobei λ_z dem Beitrag des Nutstreufelds im Gebiet des Zahnkopfs zugeordnet ist.

Damit nehmen die Flußverkettungsgleichungen mit $L'_{\sigma i+1}$ entsprechend Tafel 7.1 in Erweiterung von (9.17) die folgende Form an:

$$\begin{pmatrix} \vec{\psi}^{\text{K}}_1 \\ \vec{\psi}'^{\text{K}}_2 \\ \vdots \\ \vec{\psi}'^{\text{K}}_{i+1} \\ \vdots \\ \vec{\psi}'^{\text{K}}_{m+1} \end{pmatrix} = \begin{pmatrix} \widetilde{L}_{\sigma 1} + \widetilde{L}_{\text{h}} & \widetilde{L}_{\text{h}} & \dots & \widetilde{L}_{\text{h}} \\ \widetilde{L}_{\text{h}} & \widetilde{L}'_{\sigma 2} + \widetilde{L}_{\text{h}} & \dots & \widetilde{L}'_{\sigma 2\,m+1} + \widetilde{L}_{\text{h}} \\ \vdots & \vdots & \vdots & \vdots \\ \widetilde{L}_{\text{h}} & \widetilde{L}'_{\sigma 2\,i+1} + \widetilde{L}_{\text{h}} & \dots & \widetilde{L}'_{\sigma 2\,i+1\,m+1} + \widetilde{L}_{\text{h}} \\ \vdots & \vdots & \vdots & \vdots \\ \widetilde{L}_{\text{h}} & \widetilde{L}'_{\sigma 2\,m+1} + \widetilde{L}_{\text{h}} & \dots & \widetilde{L}'_{\sigma 2\,m+1} + \widetilde{L}_{\text{h}} \end{pmatrix}\begin{pmatrix} \vec{i}^{\text{K}}_1 \\ \vec{i}'^{\text{K}}_2 \\ \vdots \\ \vec{i}'^{\text{K}}_{i+1} \\ \vdots \\ \vec{i}'^{\text{K}}_{m+1} \end{pmatrix} \tag{9.41}$$

10 Stationäres Betriebsverhalten der Dreiphasen-Asynchronmaschine am starren symmetrischen Netz sinusförmiger Spannungen auf Basis der Grundwellenverkettung

10.1 Maschine mit Schleifringläufer oder Einfachkäfigläufer

10.1.0 Ausgangsüberlegungen

Die Wirkungsweise und das Betriebsverhalten der Maschine mit Schleifringläufer oder mit Einfachkäfigläufer bei Betrieb am starren symmetrischen Netz sinusförmiger Spannungen wurden bereits im Band Grundlagen[1] behandelt, allerdings auf einfachen Näherungsebenen. Insbesondere ist dabei die Ortskurve des Ständerstroms, ausgehend von (8.136), entwickelt worden. Die folgenden Betrachtungen nehmen als Ausgang die allgemeinen Gleichungen (8.101) bzw. die daraus abgeleiteten Gleichungen mit transformierten Läufergrößen, und zwar (8.116) mit $\ddot{u}_h$ und (8.132) mit $\underline{\ddot{u}}$.

Die Läuferwicklung des Schleifringläufers ist direkt oder über äußere Widerstände R_z kurzgeschlossen. Es ist also $\underline{u}_2 = 0$ und eventuell $(R_2 + R_z) \Rightarrow R_2$ zu setzen. Das starre Netz legt die Spannung $\underline{u}_1$ des Bezugsstrangs a fest. Es wird zur Vereinfachung der Schreibweise angenommen, daß $\underline{u}_1 = \widehat{u}_1$, d.h. $\varphi_{u1} = 0$ ist.

10.1.1 Ströme und charakteristische Reaktanzen

Aus den allgemeinen Spannungsgleichungen (8.101) erhält man mit $\underline{u}_2 = 0$ und $\underline{u}_1 = \widehat{u}_1$ für den Ständerstrom

$$\underline{i}_1 = \cfrac{\widehat{u}_1}{R_1 + jX_{11} + \cfrac{X_{12}^2}{\cfrac{R_2}{s} + jX_{22}}} = \frac{\widehat{u}_1}{\underline{Z}(s)} \, . \tag{10.1}$$

Dabei ist der komplexe Eingangswiderstand $\underline{Z}(s)$ gegeben als

$$\underline{Z}(s) = R_1 + jX_{11} + \cfrac{X_{12}^2}{\cfrac{R_2}{s} + jX_{22}} \, . \tag{10.2}$$

Im Synchronismus, d.h. bei $s = 0$, fließt der *ideelle Leerlaufstrom*

$$\boxed{\underline{i}_{11} = \widehat{u}_1 / (R_1 + jX_{11})} \tag{10.3}$$

[1] s. Band Grundlagen, Abschnitte 24.1, 24.2 und 27

und bei $s = \infty$ der *ideelle Kurzschlußstrom*

$$\underline{i}_{1ki} = \widehat{u}_1 / [R_1 + j(X_{11} - X_{12}^2 / X_{22})] = \widehat{u}_1 / (R_1 + jX_i)$$. (10.4)

Dabei ist die *ideelle Kurzschlußreaktanz* bzw. *Gesamtstreureaktanz* X_i definiert als

$$X_i = X_{11} - \frac{X_{12}^2}{X_{22}} = \sigma X_{11}$$ (10.5)

mit dem *Streukoeffizienten der Gesamtstreuung*

$$\sigma = 1 - \frac{X_{12}^2}{X_{11} X_{22}}$$. (10.6)

Wenn man die Beziehungen für die Reaktanzen entsprechend (8.2) in (10.5) einführt, erhält man als Bestimmungsgleichung für die Gesamtstreureaktanz[1])

$$X_i = X_{\sigma 1} + X_h - \frac{X_h \xi_{schr}^2}{1 + \dfrac{X_{\sigma 2}'}{X_h}} \approx X_{\sigma 1} + X_{\sigma 2}' + \sigma_{schr} X_h$$ (10.7)

mit

$$X_{\sigma 2}' = \ddot{u}_h^2 X_{\sigma 2}$$ (10.8)

$$\sigma_{schr} = 1 - \xi_{schr}^2$$. (10.9)

Die Gesamtstreureaktanz setzt sich aus den Streureaktanzen entsprechend der Streuung durch die Nut-, Zahnkopf-, Wickelkopf- und Oberwellenfelder des Ständers und des Läufers sowie einem Anteil der Schrägungsstreuung zusammen. Die Schrägungsstreuung existiert nur als Anteil der Gesamtstreuung, sie läßt sich nicht dem Ständer oder dem Läufer zuordnen.

Gleichung (10.7) kann unter Beachtung von $\xi_{schr} \approx 1 - \sigma_{schr}/2$ auch aus dem Ersatzschaltbild 8.14 abgelesen werden.

Aus den Spannungsgleichungen (8.132) mit transformierten Läufergrößen auf der Grundlage des komplexen Übersetzungsverhältnisses $\underline{\ddot{u}}$ erhält man mit $\underline{u}_2 = 0$ und $\underline{u}_1 = \widehat{u}_1$ für den Läuferstrom

$$\underline{i}_2^+ = - \frac{\widehat{u}_1 \, e^{j2\alpha_0}}{R_1 + \dfrac{R_2^+}{s} + jX_\varnothing}$$ (10.10)

und für den Ständerstrom unter Beachtung von (10.3)

$$\underline{i}_1 = \frac{\widehat{u}_1}{R_1 + jX_{11}} - \underline{i}_2^+ = \underline{i}_{11} - \underline{i}_2^+ = \underline{i}_{11} + \frac{\widehat{u}_1 \, e^{j2\alpha_0}}{R_1 + \dfrac{R_2^+}{s} + jX_\varnothing}$$. (10.11)

---

[1])Die entsprechende Beziehung im Band Grundlagen, Gl. (27.5), enthält keinen Anteil der Schrägungsstreuung, da die Schrägung dort vernachlässigt wurde.

Daraus folgt $-\underline{i}_2 = \underline{\ddot{u}}\,\mathrm{e}^{-\mathrm{j}\vartheta_0}(\underline{i}_1 - \underline{i}_{11})$ und damit

$$\widehat{i}_2 = \ddot{u}|\underline{i}_1 - \underline{i}_{11}| = \ddot{u}\,\widehat{i}_2^{+} \ . \tag{10.12}$$

Gleichung (10.11) wird sich in den folgenden Betrachtungen als günstige Ausgangsbeziehung zur Ableitung verschiedener Beziehungen erweisen. Die darin auftretende *Durchmesserreaktanz* $X_{\varnothing}$ ist durch (8.131) definiert. Mit $X_{22}^{+} = \ddot{u}^2 X_{22} = (R_1^2 + X_{11}^2)X_{22}/X_{12}^2$ entsprechend (8.127) und der Beziehung für X_i nach (10.5) erhält man aus (8.131)

$$X_{\varnothing} = X_{22}^{+} - X_{11} = \frac{R_1^2 + X_{11}X_i}{X_{11} - X_i} = X_i\,\frac{1 + \dfrac{R_1^2}{X_{11}X_i}}{1 - \dfrac{X_i}{X_{11}}} \ . \tag{10.13}$$

Daraus ergibt sich mit $R_1^2/X_{11}X_i \ll 1$ in guter Näherung

$$X_{\varnothing} = \frac{X_i X_{11}}{X_{11} - X_i} \qquad \text{bzw.} \qquad \frac{1}{X_{\varnothing}} = \frac{1}{X_i} - \frac{1}{X_{11}} \ . \tag{10.14}$$

10.1.2 Ortskurve des Ständerstroms

Die Ortskurve des Ständerstroms $\underline{I}_1(s)$ bei $\underline{U}_1 = U_1 = $ konst. soll zunächst ausgehend von (10.1) entwickelt werden. Das geschieht, um eine Reihe von Einflüssen auf die Lage der Ortskurve und ihre Schlupfbezifferung herauszuarbeiten. Der Weg zur routinemäßigen Aufzeichnung wird daran anschließend, ausgehend von (10.11), entwickelt.

Die Ortskurve $\underline{I}_1(s)$ gewinnt man aus der Ortskurve $\underline{Z}(s)$ des Eingangswiderstands durch Inversion und Multiplikation mit U_1. Um die Ortskurve $\underline{Z}(s)$ nach (10.2) zu erhalten, wird als erster Schritt die Ortskurve $(R_2/s + \mathrm{j}X_{22})$ ermittelt. Das ist eine Gerade mit dem konstanten Imaginärteil X_{22} und einem variablen Realteil, der für $s = \infty$ verschwindet und für $s = 0$ unendlich wird (Bild 10.1a). Als zweiter Schritt wird die Ortskurve $X_{12}^2/(R_2/s + \mathrm{j}X_{22})$ gewonnen. Dazu ist es erforderlich, die Gerade $(R_2/s + \mathrm{j}X_{22})$ zu invertieren. Es entsteht ein Ursprungkreis, dessen Funktionswerte mit X_{12}^2 zu multiplizieren sind. Bei der Inversion bildet sich der unendlich ferne Punkt auf der Geraden in den Ursprung ab, so daß der Kreis dort die Schlupfbezifferung $s = 0$ trägt. Der kleinste Abstand der Geraden vom Ursprung beträgt $\mathrm{j}X_{22}$ und liegt an der Stelle mit der Schlupfbezifferung $s = \infty$. Dieser Punkt geht in den Punkt $-\mathrm{j}X_{12}^2/X_{22}$ auf dem Kreis über, der den Kreisdurchmesser festlegt (Bild 10.1a). Einander zugeordnete Punkte gleichen Schlupfs auf dem Kreis und auf der Geraden liegen unter Winkeln mit gleichem Betrag, aber entgegengesetzten Vorzeichen in der komplexen Ebene.

In einem dritten Schritt der Entwicklung der Ortskurve muß der Kreis $X_{12}^2/(R_2/s + \mathrm{j}X_{22})$ entsprechend (10.2) um $R_1 + \mathrm{j}X_{11}$ verschoben werden. Dabei wandert er vollständig in das Gebiet positiver Imaginärteile. Der Punkt für $s = \infty$ hat von der reellen Achse entsprechend (10.5) den Abstand X_i (Bild 10.1b).

Die Ortskurve $\underline{I}_1(s)$ wird schließlich erhalten, indem man als letzten Schritt der Entwicklung den Kreis $\underline{Z}(s)$ invertiert. Dabei ist der Maßstab für den Strom unter Berücksichtigung der Multiplikation mit U_1 festzulegen. Da die Inversion eines Kreises, der nicht durch den Ursprung verläuft, wiederum einen Kreis ergibt, erhält man als Ortskurve $\underline{I}(s)$ einen Kreis, den sog. *Ossanna-Kreis*. Er liegt in Korrespondenz zur Lage von $\underline{Z}(s)$ vollständig im Gebiet negativer Imaginärteile. Um seine Lage zu fixieren, werden im folgenden anhand von Bild 10.2 einige Zwischenüberlegungen angestellt.

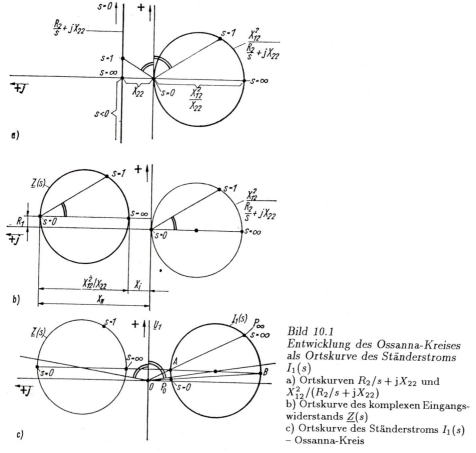

Bild 10.1
Entwicklung des Ossanna-Kreises als Ortskurve des Ständerstroms $I_1(s)$
a) Ortskurven $R_2/s + jX_{22}$ und $X_{12}^2/(R_2/s + jX_{22})$
b) Ortskurve des komplexen Eingangswiderstands $\underline{Z}(s)$
c) Ortskurve des Ständerstroms $I_1(s)$
– Ossanna-Kreis

Der kleinste Abstand a und der größte Abstand b des zu invertierenden Kreises $\underline{K}$ vom Ursprung sowie auch der Mittelpunkt dieses Kreises liegen auf einer Ursprungsgeraden $\underline{G}$, die unter dem Winkel φ in der komplexen Ebene verläuft. Durch die Inversion geht der Abstand a in den größten Abstand $1/a$ des invertierten Kreises über, während $1/b$ den kleinsten Abstand vom Ursprung bildet. Beide befinden sich auf einer Ursprungsgeraden $\underline{G}'$, die unter dem Winkel $\varphi' = -\varphi$ in der komplexen Ebene liegt. Diese Gerade muß auch den Mittelpunkt des invertierten Kreises tragen. Das Verhältnis des größten Abstands $1/a$ zum kleinsten Abstand $1/b$ beträgt für den invertierten Kreis $(1/a) : (1/b) = b/a$. Das ist der gleiche Wert wie für den Ausgangskreis $\underline{K}$. Durch entsprechende Wahl des Maßstabs für den invertierten Kreis $1/\underline{K}$ ist also zu erreichen, daß $\underline{K}$ und $1/\underline{K}$ spiegelbildlich zur reellen Achse liegen. Dieser Kreis $1/\underline{K}$ ist im Bild 10.2 gestrichelt eingetragen.

Im Bild 10.1c ist der Kreis $\underline{I}_1(s) = U_1/\underline{Z}(s)$, entsprechend den oben angestellten Überlegungen, bereits als der an der reellen Achse gespiegelte Kreis $\underline{Z}(s)$ eingezeichnet worden. Unter Berücksichtigung der Winkelbeziehung $\varphi_Y = -\varphi_Z$ mußt der Punkt P_∞ für $s = \infty$ auf dem Schnittpunkt des Kreises $\underline{I}_1(s)$ mit der verlängerten Geraden $\overline{OA}$

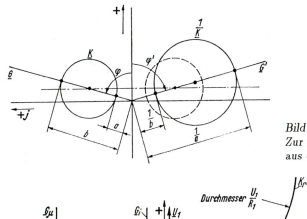

Bild 10.2
Zur Ermittlung der Ortskurve $\underline{I}_1(s)$
aus der Ortskurve $\underline{Z}(s)$

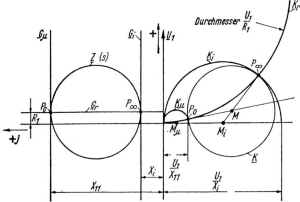

Bild 10.3 Zur Ermittlung des Einflusses von R_1, X_{11} und X_i auf die Lage des Ossanna-Kreises sowie auf die Lage der Punkte P_0 und P_∞
M_μ, M_1 Mittelpunkt der Hilfskreise $\underline{K}_\mu$, $\underline{K}_i$; M Mittelpunkte des Ossanna-Kreises $\underline{K}$

liegen. Ebenso ergibt sich der Punkt P_0 für $s=0$ als Schnittpunkt des Kreises $\underline{I}_1(s)$ mit der Geraden $\overline{OB}$. Die zweiten Schnittpunkte der Ursprungsgeraden durch P_0 und P_∞ mit dem Kreis liegen demnach auf dem horizontalen Kreisdurchmesser $\overline{AB}$.

Die vorstehende Entwicklung des Ossanna-Kreises vermittelt Lage und Größe des Kreises sowie auch die Schlupfbezifferung. Für die routinemäßige Aufzeichnung des Kreises ist sie, wie bereits gesagt, weniger geeignet. Sie kann jedoch als Ausgangspunkt von Betrachtungen darüber dienen, welche Parameter Lage und Größe des Kreises fixieren und wie die Änderung dieser Parameter den Kreis beeinflußt. Dazu werden in die Ortskurve $\underline{Z}(s)$ des Eingangswiderstands entsprechend Bild 10.3 folgende drei Geraden eingezeichnet: $\underline{G}_r$ mit Re$\{\underline{G}_r\} = R_1 =$ konst., G_i mit Im$\{\underline{G}_i\} = X_i =$ konst. und $\underline{G}_\mu$ mit Im$\{\underline{G}_\mu\} = X_{11} =$ konst. Die Geraden $\underline{G}_r$ und $\underline{G}_i$ schneiden sich im Punkt P_∞ und die Geraden $\underline{G}_r$ und $\underline{G}_\mu$ im Punkt P_0. Die Inversion der drei Geraden liefert drei Kreise. Dabei wird bei der Festlegung des Maßstabs wiederum die Multiplikation mit U_1 berücksichtigt. Der Schnittpunkt der Kreise $U_1/\underline{G}_r = \underline{K}_r$ und $U_1/\underline{G}_i = \underline{K}_i$ liefert als Abbildung des Schnittpunkts der Geraden $\underline{G}_r$ und $\underline{G}_i$ den Punkt P_∞ des Ossanna-Kreises. Ebenso erhält man als Schnittpunkt der Kreise $\underline{K}_r$ und $U_1/\underline{G}_\mu = \underline{K}_\mu$ den Punkt P_0 des Ossanna-Kreises. Da die Schnittwinkel bei einer Inversion erhalten bleiben und der Widerstandskreis $\underline{Z}(s)$ die Gerade $\underline{G}_r$ senkrecht schneidet, muß der Ossanna-Kreis den Kreis $\underline{K}_r$ ebenfalls senkrecht schneiden. Da die Geraden $\underline{G}_r$ und $\underline{G}_\mu$ sowie die Geraden $\underline{G}_r$ und $\underline{G}_i$ senkrecht aufeinanderstehen, schneidet der Kreis $\underline{K}_r$ die

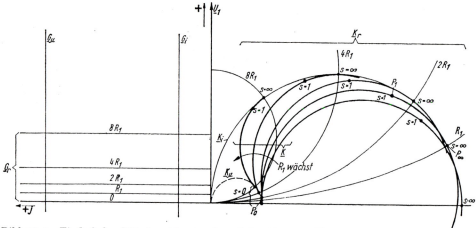

Bild 10.4 *Einfluß des Ständerwiderstands auf den Ossanna-Kreis*

Kreise $\underline{K}_i$ und $\underline{K}_\mu$ ebenfalls senkrecht. Dadurch tangiert der Ossanna-Kreis im Punkt P_0 an den Kreis $\underline{K}_\mu$ und im Punkt P_∞ an den Kreis $\underline{K}_i$. Der Mittelpunkt M des Ossanna-Kreises ist also der Schnittpunkt der Geraden, die, vom Mittelpunkt M_μ des Kreises $\underline{K}_\mu$ ausgehend, durch P_0 verläuft, und der Geraden, die den Mittelpunkt M_i des Kreises $\underline{K}_i$ mit dem Punkt P_∞ verbindet (Bild 10.3). Die Lage des Kreises sowie die Lage der beiden Punkte P_0 und P_∞ werden also allein durch die drei Parameter X_{11}, X_i und R_1 festgelegt. Diese Parameter bestimmen die Durchmesser U_1/R_1, U_1/X_i und U_1/X_{11} der drei Hilfskreise, die den Ossanna-Kreis fixieren. Spätere Betrachtungen werden zeigen, daß die vollständige Schlupfbezifferung erst durch die Angabe von R_2 festgelegt ist.

Durch *Veränderung des Ständerwiderstands* R_1 wird die Gerade $\underline{G}_r$ verschoben und damit der Durchmesser des Hilfskreises $\underline{K}_r$ verändert (Bild 10.4). Dadurch wandert der Ossanna-Kreis mit wachsenden R_1 immer weiter in den Zwickel hinein, der von den beiden Hilfskreisen $\underline{K}_i$ und $\underline{K}_\mu$ gebildet wird. Mit abnehmendem R_1 bewegt sich der Mittelpunkt M des Kreises in Richtung auf die imaginäre Achse, die er im Extremfall mit $R_1 = 0$ erreicht. Sein Durchmesser beträgt in diesem Fall $U_1(1/X_i - 1/X_{11})$.

Durch *Veränderung der Gesamtstreuung* wird die Gerade $\underline{G}_i$ verschoben und damit der Durchmesser des Hilfskreises $\underline{K}_i$ beeinflußt. Je kleiner die Streuung und damit X_i ist, desto größer wird der Durchmesser U_1/X_i des Hilfskreises $\underline{K}_i$ (Bild 10.5). Im gleichen Maß wächst bei gegebenen R_1 und X_{11} der Durchmesser des Ossanna-Kreises. Dementsprechend erhält man bei kleiner Streuung im Gebiet großer Schlupfwerte großer Ströme. Mit abnehmendem Schlupf wird der Einfluß der Streuung auf den Strom $\underline{I}_1$ geringer und verschwindet bei $s = 0$.

Die Ständerreaktanz X_{11} bestimmt die Lage der Geraden $\underline{G}_\mu$ und damit den Durchmesser des Hilfskreises $\underline{K}_\mu$. Je größer X_{11} ist, um so kleiner wird dessen Durchmesser, und um so näher liegt der Punkt P_0 dem Koordinatenursprung. Im gleichen Maß wird der Leistungsfaktor der Maschine im Bemessungsbetrieb verbessert.

10.1.3 Herleitung eines Routineverfahrens zum Aufzeichnen der Ortskurve des Ständerstroms

Wie bereits erwähnt, ist die im Abschnitt 10.1.2 vorgestellte Entwicklung der Ortskurve des Ständerstroms für die routinemäßige Aufzeichnung wenig geeignet. Vorteilhafter ist eine Entwicklung, die von den Spannungsgleichungen (8.132) mit transformierten Läufergrößen auf der Grundlage des komplexen Übersetzungsverhältnisses $\underline{\ddot{u}}$ bzw. der daraus folgenden Beziehung (10.11) für die Ströme ausgeht. Man erhält für den Ständerstrom entsprechend (10.11) unter Einführung von Effektivwertzeigern

$$\underline{I}_1 = \underline{I}_{11} - \underline{I}_2^+ \ . \tag{10.15}$$

Dabei ist $\underline{I}_{11}$ der ideelle Leerlaufstrom nach (10.3) und $\underline{I}_2^+$ der transformierte Läuferstrom entsprechend (10.10). Der Strom $\underline{I}_2^+$ läßt sich nach (10.15) unmittelbar dem Kreisdiagramm entnehmen (s. Bild 10.6). Der Effektivwert des Läuferstroms folgt aus (10.12) zu

$$I_2 = \ddot{u} I_2^+ \ . \tag{10.16}$$

Dabei ist $\ddot{u} = \sqrt{(X_{11}^2 + R_1^2)/X_{22}^2}$ oder mit $X_\varnothing$ nach (10.13) und unter Beachtung von (8.2) mit $X_\nu = \omega L_\nu$

$$\ddot{u} = \sqrt{\frac{X_{11}}{X_{22}}\left(1 + \frac{X_\varnothing}{X_{11}}\right)} \approx \frac{(w\xi_1)_1}{(w\xi_1)_2}\left(1 + \frac{1}{2}\frac{X_\varnothing}{X_{11}}\right) \ . \tag{10.17}$$

Wenn man den *Strommaßstab* m_I entsprechend

$$I_1 = m_\mathrm{I}\, x_{\mathrm{I}1}$$

einführt, wobei $x_{\mathrm{I}1}$ die dem Strom I_1 in der Ortskurve entsprechende Strecke darstellt, kann man den Strom I_2^+ bestimmen als

$$I_2^+ = m_\mathrm{I}\, x_{\mathrm{I}2} \ , \tag{10.18}$$

wobei $x_{\mathrm{I}2}$ die dem Strom $\underline{I}_2^+$ im Kreisdiagramm entsprechende Strecke ist. Für den Strom I_2 erhält man dann mit (10.16)

$$I_2 = \ddot{u}\, m_\mathrm{I}\, x_{\mathrm{I}2} \ . \tag{10.19}$$

Eine Ständerleistung ergibt sich mit $U_1 = \mathrm{konst.}$ zu

$$P_1 = 3U_1 I_1 = 3U_1\, m_\mathrm{I}\, x_{\mathrm{I}1} = m_\mathrm{p} x_\mathrm{p} \ , \tag{10.20}$$

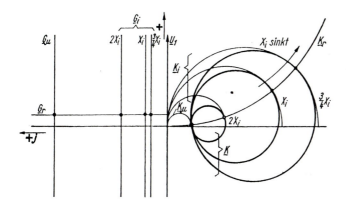

Bild 10.5
Einfluß der Gesamtstreuung
auf den Ossanna-Kreis

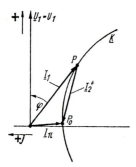

Bild 10.6
Die Entnahme des Läuferstromes $\underline{I}_2^+$
aus dem Kreisdiagramm

wobei x_p die zugehörige Strecke im Kreisdiagramm darstellt und der *Leistungsmaßstab*

$$m_\mathrm{p} = 3U_1 m_\mathrm{I} \tag{10.21}$$

eingeführt wurde.

Zur Herleitung des Routineverfahrens für die Konstruktion der Ortskurve wird als erster Schritt der Strom $-\underline{I}_2^+ \mathrm{e}^{-\mathrm{j}2\alpha_0}$ betrachtet, der unmittelbar aus (10.10) folgt. Dabei ist die Nennerfunktion

$$R_1 + \frac{R_2^+}{s} + \mathrm{j}X_\varnothing = f(s)$$

eine Gerade mit dem konstanten Imaginärteil $X_\varnothing$ und einem variablen Realteil (Bild 10.7). Für $s = \infty$ nimmt der Realteil den Wert R_1 und für $s = 1$ den Wert $R_1 + R_2^+$ an. Für einen beliebigen Wert des Schlupfes beträgt er $R_1 + R_2^+/s$.

Die Gerade ist also linear in $1/s$ geteilt; für $s = 0$ verläuft sie im Unendlichen. Ihre Inversion liefert nach Multiplikation mit U_1 den Ursprungskreis $-\underline{I}_2^+ \mathrm{e}^{-\mathrm{j}2\alpha_0}$ mit dem Durchmesser $I_\varnothing = U_1/X_\varnothing$. Der Punkt P_0 für $s = 0$ liegt im Ursprung des Koordinatensystems. Die Punkte P_∞, P_1 und P bilden sich entsprechend der Winkelbeziehung $\varphi_Y = -\varphi_Z$ ab. Ihre Lage kann unmittelbar vom Kreis ausgehend ermittelt werden, indem man eine Senkrechte, die im Punkt $P_\varnothing$ auf dem Kreisdurchmesser errichtet wird, entsprechend teilt. Man erhält aus der Gleichheit der Winkel α_ν im Bild 10.7:

$$\left. \begin{aligned}
m_\mathrm{I} \overline{P_\varnothing P'_\infty} &= \frac{U_1}{X_\varnothing^2} R_1 \\[2mm]
m_\mathrm{I} \overline{P_\varnothing P'_1} &= \frac{U_1}{X_\varnothing^2} (R_1 + R_2^+) \\[2mm]
m_\mathrm{I} \overline{P_\varnothing P'} &= \frac{U_1}{X_\varnothing^2} \left(R_1 + \frac{R_2^+}{s} \right) .
\end{aligned} \right\} \tag{10.22}$$

Das sind Ströme, die sich nicht ohne weiteres interpretieren lassen. Es erweist sich als vorteilhaft, den Strecken $\overline{P_\varnothing P'_\nu}$ Leistungen zuzuordnen, indem man sie statt mit dem Strommaßstab mit dem Leistungsmaßstab nach (10.21) multipliziert. Wenn gleichzeitig die Differenzen von (10.22) gebildet werden, erhält man aus den ersten beiden Gleichungen (10.22)

$$\left. \begin{aligned}
m_\mathrm{p} \overline{P_\varnothing P'_\infty} &= 3 \frac{U_1^2}{X_\varnothing} R_1 = 3 I_\varnothing^2 R_1 \\[2mm]
m_\mathrm{p} \overline{P'_\infty P'_1} &= 3 \frac{U_1^2}{X_\varnothing} R_2^+ = 3 I_\varnothing^2 R_2^+ .
\end{aligned} \right\} \tag{10.23}$$

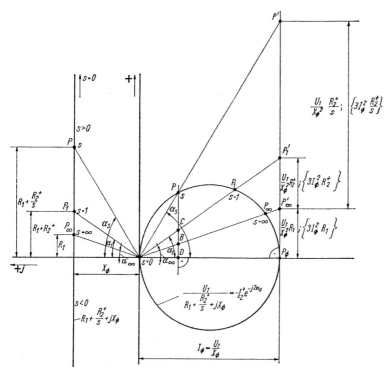

Bild 10.7 *Die Ortskurven* $(R_1 + R_2^+/s + \mathrm{j}X_\varnothing)$ *und* $-\underline{I}_2^+ \mathrm{e}^{-\mathrm{j}2\alpha_0}$ *als Vorstufen zur Entwicklung eines vorteilhaften Verfahrens zur praktischen Aufzeichnung des Kreisdiagramms*

Das sind die Verluste, die der Strom $I_\varnothing = U_1/X_\varnothing$ in R_1 bzw. R_2^+ hervorruft. Aus der dritten Gleichung (10.22) folgt weiterhin

$$m_\mathrm{p}\overline{P_\infty' P'} = 3\frac{U_1^2}{X_\varnothing}\frac{R_2^+}{s} = 3I_\varnothing^2\,\frac{R_2^+}{s}\ . \tag{10.24}$$

Zur Unterscheidung von den zugehörigen Strömen sind diese Leistungen im Bild 10.7 in geschweiften Klammern angegeben.

Die Ortskurve $-\underline{I}_2^+(s)$ erhält man, indem die Ortskurve nach Bild 10.7 um den Winkel $2\alpha_0$ gedreht wird.

Die Ortskurve des Ständerstroms $\underline{I}_1(s)$ schließlich gewinnt man, indem die Ortskurve $-\underline{I}_2^+(s)$ entsprechend (10.15) um $\underline{I}_{11}$ nach (10.3) verschoben wird. Der Ursprung des bisherigen Kreises geht dadurch in den Punkt P_0 über. Dieser Punkt liegt entsprechend Bild 10.3 auf dem Kreis $\underline{K}_\mu$ mit dem Durchmesser $I_\mu = U_1/X_{11}$ und auf der Verbindung des Mittelpunktes M_μ dieses Kreises mit dem Mittelpunkt M des Ossanna-Kreises. Dementsprechend muß die unter dem Winkel $2\alpha_0$ ansteigende Mittelpunktsgerade $\overline{P_0 P_\varnothing}$ in ihrer Verlängerung über P_0 hinaus die imaginäre Achse bei $I_\mu/2$ schneiden (Bild 10.8). Darüber hinaus liegt der Punkt P_0 von diesem Schnittpunkt M_μ aus im Abstand von wiederum $I_\mu/2$ auf der Mittelpunktsgeraden $\overline{P_0 P_\varnothing}$.

Die Konstruktion des Kreisdiagramms ist im Bild 10.9 zusammenfassend dargestellt. Eine nachträgliche, genäherte Berücksichtigung der Ummagnetisierungsverluste ist dadurch möglich, daß der Kreis nach Maßgabe der Höhe dieser Verluste parallel zur reellen Achse verschoben wird.

Die Schritte zur Aufzeichnung des Kreisdiagramms sind in Tafel 10.1 nochmals zusammengestellt. Zu seiner Auswertung sind im Bild 10.9 folgende Hilfslinien eingetragen

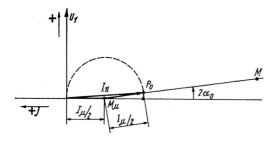

Bild 10.8
Zur Bestimmung der Lage
des Kreismittelpunktes M
und des Punktes P_0 mit Hilfe
des Winkels $2\alpha_0$ und des Stroms I_μ

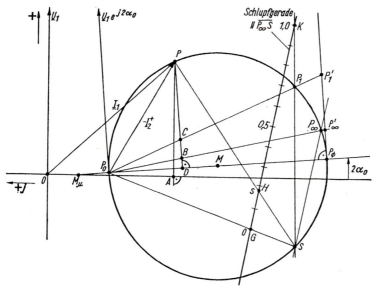

Bild 10.9   Das vollständige Kreisdiagramm

worden:

- eine allgemeine (linear in s geteilte) Schlupfgerade als Parallele zu $\overline{P_\infty S}$, wobei S ein beliebiger Punkt auf dem Kreis ist[1])

- die Hilfslinie $\overline{PD}$, als Senkrechte auf $\overline{P_0 P_\varnothing}$ durch P.

Die Auswertung des Kreisdiagramms liefert für einen beliebigen Punkt P auf dem Kreis unmittelbar folgende Größen:

Ständerstrom	I_1 =	$m_I \overline{OP}$
Läuferstrom	I_2 =	$m_I \ddot{u} \overline{P_0 P}$
Wirkleistung	P_1 =	$3U_1 I_{1\mathrm{w}} = 3U_1 m_I \overline{AP} = m_\mathrm{p} \overline{AP}$

[1])Die Ableitung wurde im Band Grundlagen, Abschnitt 27.2.2, gegeben.

Tafel 10.1 *Schritte zum Aufzeichnen des Kreisdiagramms*

1. Festlegen von M_μ mit $\overline{OM_\mu} = \dfrac{1}{m_{\mathrm{I}}} \dfrac{I_\mu}{2}$

2. Antragen von $2\alpha_0$ in M_μ mit $\tan 2\alpha_0 = \dfrac{2}{\dfrac{X_{11}}{R_1} - \dfrac{R_1}{X_{11}}}$ aus $\tan \alpha_0 = \dfrac{R_1}{X_{11}}$

3. Festlegen von P_0 mit $\overline{M_\mu P_0} = \overline{OM_\mu} = \dfrac{1}{m_{\mathrm{I}}} \dfrac{I_\mu}{2}$

4. Festlegen von M und $P_\varnothing$ mit $\overline{P_0 M} = \overline{M P_\varnothing} = \dfrac{1}{m_{\mathrm{I}}} \dfrac{I_\varnothing}{2}$

5. Einzeichnen des Kreises $\underline{K}$

6. Errichten der Senkrechten auf $\overline{P_0 P_\varnothing}$ durch $P_\varnothing$

7. Festlegen von P'_∞ mit $\overline{P_\varnothing P'_\infty} = \dfrac{1}{m_{\mathrm{p}}} 3 R_1 I_\varnothing^2$

8. $\overline{P_0 P'_\infty}$ schneidet $\underline{K}$ in P_∞

9. Festlegen von P'_1 mit $\overline{P'_\infty P'_1} = \dfrac{1}{m_{\mathrm{p}}} 3 R_2^+ I_\varnothing^2$

10. $\overline{P_0 P'_1}$ schneidet $\underline{K}$ in P_1

11. Einzeichnen der Schlupfgeraden als Parallele zu $\overline{P_\infty S}$ für den beliebigen Punkt S

Aus Bild 10.7, in das die Hilfslinie $\overline{PD}$ eingezeichnet wurde, entnimmt man die Beziehungen

$$\frac{\overline{PB}}{\overline{BD}} = \frac{R_2^+}{sR_1} \; ; \tag{10.25}$$

$$\frac{\overline{PC}}{\overline{PB}} = \frac{\dfrac{1}{s} - 1}{\dfrac{1}{s}} = 1 - s \; . \tag{10.26}$$

Aus dem Ersatzschaltbild 8.15b erhält man für die Wirkleistung P'_2, die in dem Kreis hinter den Klemmen AB umgesetzt wird,

$$P'_2 = 3\mathrm{Re}\{-\underline{U}_1 \, \mathrm{e}^{\mathrm{j}2\alpha_0} \underline{I}_2^{+*}\} \; .$$

Das ist die Leistung der Wirkkomponente $I_{2\mathrm{w}}^+$ des Stroms $-I_2^+$ bezüglich der Spannung $\underline{U}_1 \mathrm{e}^{\mathrm{j}2\alpha_0}$. Diese Wirkkomponente läßt sich dem Kreisdiagramm als $I_{2\mathrm{w}}^+ = m_{\mathrm{I}} \overline{PD}$ entnehmen (s. Bild 10.9). Damit erhält man für die zugehörige Leistung $P'_2 = 3m_{\mathrm{I}} U_1 \overline{PD}$ $= m_{\mathrm{p}} \overline{PD}$. Andererseits kann diese Leistung als $P'_2 = 3I_2^{+2}(R_2^+/s + R_1)$ ausgedrückt werden, so daß unter Beachtung von (10.25) gilt

$$\frac{P_{\mathrm{v}2}}{s} = \frac{3I_2^{+2} R_2^+}{s} = m_{\mathrm{p}} \frac{\overline{PD}}{1 + (\overline{BD}/\overline{PB})} = m_{\mathrm{p}} \overline{PB} \; .$$

Damit lassen sich dem Kreisdiagramm unter Beachtung der bekannten Beziehungen für den Leistungsfluß der Dreiphasen-Asynchronmaschine nach Tafel 6.4 sowie mit

(10.26) folgende Größen entnehmen:

$$
\begin{array}{lll}
\text{Luftspaltleistung} & P_\delta = \dfrac{P_{\mathrm{v2}}}{s} = m_{\mathrm{p}}\overline{PB} & \\[2ex]
\text{Drehmoment} & M = \dfrac{P_\delta}{2\pi n_0} = \dfrac{m_{\mathrm{p}}}{2\pi n_0}\overline{PB} = m_{\mathrm{M}}\overline{PB} & \\[2ex]
\text{mechanische Leistung} & P_{\mathrm{mech}} = (1-s)P_\delta = m_{\mathrm{p}}\overline{PC} & \\[2ex]
\text{Läuferverluste} & P_{\mathrm{v2}} = sP_\delta = P_\delta - P_{\mathrm{mech}} = m_{\mathrm{p}}\overline{BC} &
\end{array}
\qquad (10.27)
$$

Dabei wurde der *Drehmomentmaßstab* m_{M} eingeführt als

$$
m_{\mathrm{M}} = \frac{1}{2\pi n_0} m_{\mathrm{p}} \; .
$$

Den Schlupf erhält man als [1])

$$
s = \frac{\overline{GH}}{\overline{GK}} \; . \qquad\qquad (10.28)
$$

Das Kreisdiagramm ist ein anschauliches Hilfsmittel zur Deutung des stationären Betriebsverhaltens der Asynchronmaschine bei Betrieb am starren Netz. Es gibt dieses Verhalten zunächst qualitativ und im Zusammenhang mit den entwickelten Auswertebeziehungen auch quantitativ wieder. Dabei wird die Lage des Kreises und seine Größe sowie die Lage von Punkten für ausgezeichnete Werte des Schlupfs und schließlich die gesamte Schlupfbezifferung durch wenige Parameter festgelegt, die sowohl der Vorausberechnung als auch der Messung zugänglich sind. Sie finden sich auch in den Parametern des allgemeinen Gleichungssystems bzw. lassen sich aus den dort eingeführten Parametern entwickeln. Es kann natürlich nicht übersehen werden, daß die Ortskurve des Ständerstroms einer ausgeführten Maschine gegenüber dem Ossanna-Kreis Abweichungen aufweisen wird. Diese Abweichungen entstehen durch Erscheinungen der Sättigung der Haupt- und vor allem auch der Streuwege und durch solche der Stromverdrängung. Um das Hilfsmittel Kreisdiagramm trotzdem verwenden zu können, kann man für ausgewählte Werte des Schlupfs gesonderte Kreise konstruieren und die tatsächliche Ortskurve als Übergang von einem derartigen Kreis zum nächsten gewinnen bzw. die quantitative Auswertung nur für diesen Schlupfwert vornehmen.

10.1.4 Drehzahl-Drehmoment-Kennlinie

Das Drehmoment kann für jeden Wert des Schlupfs s, entsprechend der zweiten Gleichung (10.27), aus dem Kreisdiagramm nach Bild 10.9 entnommen werden. Man erhält den bekannten Zusammenhang zwischen Schlupf bzw. Drehzahl und Drehmoment, bei dem sowohl im Motorbereich als auch im Generatorbereich Extremwerte des Drehmoments durchlaufen werden. Eine geschlossene Beziehung für das Drehmoment läßt sich entsprechend den Aussagen zum Leistungsfluß in Tafel 6.4 über

$$
M = \frac{1}{2\pi n_0}\frac{P_{\mathrm{v2}}}{s} = \frac{p}{\omega}\frac{P_{\mathrm{v2}}}{s}
$$

---

[1])s. Fußnote 1), S. 260

ermitteln, wenn die Läuferverluste als $P_{v2} = 3I_2^{+2}R_2^+$ mit I_2^+ nach (10.10) berechnet werden. Man erhält[1]

$$M = \frac{3p}{\omega}U_1^2 \frac{1}{\dfrac{X_{\varnothing}^2 + R_1^2}{R_2^+}s + \dfrac{R_2^+}{s} + 2R_1} \,. \tag{10.29}$$

Aus einer Extremwertbetrachtung folgt für den *Kippschlupf*

$$s_{\text{kipp}} = \pm \frac{R_2^+}{\sqrt{X_{\varnothing}^2 + R_1^2}} \tag{10.30}$$

und für das *Kippmoment*

$$M_{\text{kipp}} = \frac{3pU_1^2}{2\omega} \frac{s_{\text{kipp}}}{R_2^+} \frac{1}{1 + \dfrac{R_1}{R_2^+}s_{\text{kipp}}} \,. \tag{10.31}$$

Dabei ist für das Kippmoment im Bereich des Motorbetriebs der positive und für das im Bereich des Generatorbetriebs der negative Wert des Kippschlupfs nach (10.30) einzuführen. Daraus folgt, daß das generatorische Kippmoment größer ist als das motorische. Diesen Sachverhalt spiegelt auch das Kreisdiagramm wider. Durch Einführen von (10.30) und (10.31) erhält man aus (10.29) die normierte Darstellung

$$\frac{M}{M_{\text{kipp}}} = \frac{2\left(1 + \dfrac{R_1}{R_2^+}s_{\text{kipp}}\right)}{\dfrac{s}{s_{\text{kipp}}} + \dfrac{s_{\text{kipp}}}{s} + 2\dfrac{R_1}{R_2^+}s_{\text{kipp}}} \,. \tag{10.32}$$

Sie geht für $R_1 \to 0$ in die bekannte *Klosssche Beziehung* über[2]. Den prinzipiellen Verlauf der Schlupf-Drehmoment- bzw. Drehzahl-Drehmoment-Kennlinie nach (10.32) gibt Bild 10.10 wieder.

10.1.5 Einfluß der Stromverdrängung

Unter dem Einfluß der Stromverdrängung in den Käfigstäben vergrößert sich mit wachsender Läuferfrequenz, d.h. wachsendem Schlupf, der wirksame Läuferwiderstand R_2 und verkleinert sich die wirksame Läuferstreureaktanz $X_{\sigma2}$ und damit die Gesamtstreureaktanz X_i bzw. die Durchmesserreaktanz $X_{\varnothing}$. Es werden

$$R_2^+ = R_2^+(s) \,, \qquad X_{\varnothing} = X_{\varnothing}(s) \,.$$

Die bewußte Ausnutzung dieser Erscheinung führt auf den *Hochstabläufer*. Dabei darf die Stromverdrängung bei einer vernünftigen Auslegung des Käfigs erst außerhalb des Betriebsbereichs zwischen Leerlauf und Bemessungsbetrieb in Erscheinung treten. In diesem Bereich gelten deshalb die Aussagen der Abschnitte 10.1.1 bis 10.1.4 uneingeschränkt. Besonders erhält man für die Parameter X_{11}, R_1, $R_2^+(0)$ und $X_i(0)$ bzw. $X_{\varnothing}(0)$ einen sog. *Betriebskreis* $\underline{K}_0$ als Stromortskurve, an den sich die tatsächliche

[1]Im Band Grundlagen, Abschnitt 27.3., wurde die Beziehung, ausgehend von den vereinfachten Spannungsgleichungen (8.136), abgeleitet.
[2]s. Band Grundlagen, Abschnitt 27.3, Gl. (27.24)

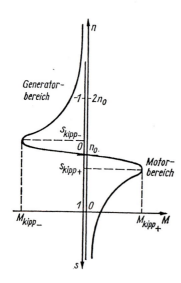

Bild 10.10
Drehzahl-Drehmoment-
bzw. Schlupf-Drehmoment-Kennlinie

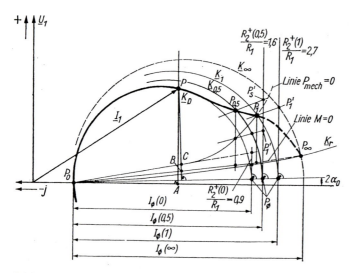

Bild 10.11   Ortskurve des Ständerstroms der Maschine mit Einfachkäfigläufer
unter dem Einfluß einer merklichen Stromverdrängung (Hochstabläufer)
$\underline{K}_0$ Betriebskreis
$\underline{K}_{0,5}, \underline{K}_1, \underline{K}_\infty$ fiktive Kreisdiagramme für $s = 0, 5; 1; \infty$ zur punktweisen Konstruktion der Ortskurve

Ortskurve für kleine Werte des Schlupfs s anschmiegt (Bild 10.11). Die tatsächliche Ortskurve weitet sich, entsprechend der Verkleinerung von X_i bzw. $X_\varnothing$ gegenüber dem Betriebskreis bei höheren Werten des Schlupfs auf. Gleichzeitig verschiebt sich die Schlupfbezifferung wegen der Vergrößerung von R_2^+ in Richtung auf den Leerlaufpunkt hin. Durch diesen Einfluß wächst das Anzugsmoment und sinkt der Anzugsstrom. Im Extremfall sehr großer Schlupfwerte wirkt $X_i(\infty)$ bzw. $X_\varnothing(\infty)$ und legt zusammen mit dem unveränderten Leerlaufpunkt P_0 einen Kreis $\underline{K}_\infty$ fest, der den Bereich des Verlaufs der tatsächlichen Ortskurve nach außen begrenzt. Um diesen Verlauf für größere Werte des Schlupfs genauer zu fixieren, zeichnet man fiktive Kreisdiagramme $\underline{K}_s$ für die interessierenden Schlupfwerte s unter Verwendung der entsprechenden Parameter $R_2^+(s)$ und $X_\varnothing(s)$ und bestimmt die zum jeweiligen Schlupf gehörenden Punkte auf der Ortskurve und auf den Linien $M =$ konst. und $P_{\mathrm{mech}} =$ konst. Diese stellen dann auch Punkte auf den entsprechenden Kurvenzügen der tatsächlichen Ortskurve dar. Die Punkte P_∞ liegen auf dem $\underline{K}_r$-Kreis nach Bild 10.3, die Mittelpunkte aller Kreise $\underline{K}_0 \ldots \underline{K}_s \ldots \underline{K}_\infty$ auf der unter $2\alpha_0$ ansteigenden Geraden durch den Punkt M_μ. Für die einzelnen fiktiven Kreisdiagramme gelten die Konstruktionsschritte, die in Tafel 10.1 für die Konstruktion nach Bild 10.9 zusammengefaßt wurden. Das Verhältnis der Strecken $\overline{P'_\infty P'_1}$ und $\overline{P_\varnothing P'_\infty}$ beträgt dabei jeweils

$$\frac{\overline{P'_\infty P'_1}}{\overline{P_\varnothing P'_\infty}} = \frac{R_2^+(s)}{R_1} = \left(\frac{R_2^+(0)}{R_1} \right) \left(\frac{R_2^+(s)}{R_2^+(0)} \right) ,$$

und dementsprechend ist

$$\frac{\overline{P'_\infty P'_s}}{\overline{P_\varnothing P'_\infty}} = \frac{1}{s} \left(\frac{R_2^+(0)}{R_1} \right) \left(\frac{R_2^+(s)}{R_2^+(0)} \right) . \tag{10.33}$$

Im Bild 10.11 ist die Entwicklung der Ortskurve des Ständerstroms für eine Maschine mit Einfachkäfigläufer bei merklichem Einfluß der Stromverdrängung dargestellt. Dabei wurden die fiktiven Kreisdiagramme für $s = 0{,}5$ und $s = 1$ eingezeichnet, wobei die Punkte P'_∞ und P_∞ aus Darstellungsgründen nicht angegeben werden konnten.

10.2 Maschine mit Doppelkäfigläufer

10.2.0 Ausgangsüberlegungen

Die allgemeinen Spannungsgleichungen des Ständers und der beiden dreisträngigen Ersatzwicklungen des Läufers sind im Abschnitt 9.3.4 als Gleichungen (9.22) hergeleitet worden. Aus (9.22) wurden analog zur Betrachtungsweise der Maschine mit Schleifringläufer bzw. mit Einfachkäfigläufer die Gleichungen (9.26) mit transformierten Läufergrößen auf Basis des reellen Übersetzungsverhältnisses $\underline{ü}_{\mathrm{h}}$ und die Gleichungen (9.30) bis (9.32) mit solchen auf Basis des komplexen Übersetzungsverhältnisses $\underline{ü}$ gewonnen. Diesen Spannungsgleichungen sind die Ersatzschaltbilder 9.3 und 9.4 zugeordnet. Für numerische Rechnungen wird das eine oder das andere Gleichungssystem bzw. das eine oder andere Ersatzschaltbild verwendet. Für allgemeine Untersuchungen sind die Spannungsgleichungen mit transformierten Läufergrößen auf der Basis des komplexen Übersetzungsverhältnisses bzw. die Ersatzschaltbilder nach Bild 9.4 besonders geeignet. Sie bilden deshalb den Ausgang der folgenden Betrachtungen. Dabei wird, wie im Ersatzschaltbild 9.4b bereits vorausgesetzt, mit den Näherungen $R_{23} = 0$ und $X_{\sigma 23} \approx X_{\sigma 2}$ gearbeitet.

10.2.1 Ströme

Aus (9.30) erhält man mit $\underline{u}_1 = \widehat{u}_1$ für den Ständerstrom

$$\boxed{\underline{i}_1 = \frac{\widehat{u}_1}{R_1 + \mathrm{j}X_{11}} - (\underline{i}_2^+ + \underline{i}_3^+) = \underline{i}_{11} - (\underline{i}_2^+ + \underline{i}_3^+)} \ . \tag{10.34}$$

Da die Ströme $\underline{i}_2^+$ und $\underline{i}_3^+$ im Synchronismus verschwinden, ist $\widehat{u}_1/(R_1 + \mathrm{j}X_{11})$ wie bei der Maschine mit Schleifringläufer bzw. Einfachkäfigläufer der ideelle Leerlaufstrom $\underline{i}_{11}$ nach (10.3). Den Strom $-(\underline{i}_2^+ + \underline{i}_3^+)$, der die Rückwirkung des Läufers zum Ausdruck bringt, erhält man aus (9.31) und (9.32) unter Beachtung der Vereinfachungen durch die vorausgesetzten Näherungen [s. (9.34) bis (9.36)] bzw. unmittelbar aus dem zugeordneten Ersatzschaltbild 9.4b zu

$$\boxed{-(\underline{i}_2^+ + \underline{i}_3^+) = \frac{\widehat{u}_1\,\mathrm{e}^{\mathrm{j}2\alpha_0}}{R_1 + \mathrm{j}X_{\varnothing 2} + \dfrac{\dfrac{R_2^+}{s}\left(\dfrac{R_3^+}{s} + \mathrm{j}X_{\sigma\mathrm{st}}^+\right)}{\dfrac{R_2^+ + R_3^+}{s} + \mathrm{j}X_{\sigma\mathrm{st}}^+}} = \frac{\widehat{u}_1\,\mathrm{e}^{\mathrm{j}2\alpha_0}}{\underline{Z}(s)}} \ . \tag{10.35}$$

mit

$$\underline{Z}(s) = R_1 + \mathrm{j}X_{\varnothing 2} + \frac{\dfrac{R_2^+}{s}\left(\dfrac{R_3^+}{s} + \mathrm{j}X_{\sigma\mathrm{st}}^+\right)}{\dfrac{R_2^+ + R_3^+}{s} + \mathrm{j}X_{\sigma\mathrm{st}}^+} \ . \tag{10.36}$$

Auf dem gleichen Weg gewinnt man für die Aufteilung des Stroms $(\underline{i}_2^+ + \underline{i}_3^+)$ in die beiden Anteile $\underline{i}_2^+$ und $\underline{i}_3^+$ die Ausdrücke

$$\frac{\underline{i}_2^+}{\underline{i}_2^+ + \underline{i}_3^+} = \frac{\dfrac{R_3^+}{s} + \mathrm{j}X_{\sigma\mathrm{st}}^+}{\dfrac{R_2^+ + R_3^+}{s} + \mathrm{j}X_{\sigma\mathrm{st}}^+} \ , \tag{10.37}$$

$$\frac{\underline{i}_3^+}{\underline{i}_2^+ + \underline{i}_3^+} = \frac{\dfrac{R_2^+}{s}}{\dfrac{R_2^+ + R_3^+}{s} + \mathrm{j}X_{\sigma\mathrm{st}}^+} \ . \tag{10.38}$$

10.2.2 Ortskurve des Ständerstroms

Für die Darstellung der Ortskurve $\underline{I}_1(s)$ wird wie bei der Maschine mit Schleifringläufer bzw. Einfachkäfigläufer $\underline{U}_1 = U_1$ gesetzt. Der Ständerstrom setzt sich entsprechend (10.34) aus dem ideellen Leerlaufstrom nach (10.3) und einer Komponente zusammen, die der Summe der beiden Läuferströme zugeordnet und durch (10.35) gegeben ist. Nur diese zweite Komponente ist vom Schlupf s abhängig. Diese Abhängigkeit läßt sich durch Umformen von (10.35) auf die Form $\dfrac{as^2 + bs}{cs^2 + ds + e}$ bringen. Sie liefert als Ortskurve keinen Kreis, sondern eine *bizirkulare Quartik.* Die folgenden Betrachtungen dienen dazu, den Veraluf dieser Ortskurve zu fixieren und ihre Abhängigkeit von den

Maschinenparametern deutlich zu machen. Dazu werden zunächst die Grenzfälle $R_3^+ = \infty$ und $R_2^+ = \infty$ untersucht.

Im Falle $R_3^+ = \infty$ verschwindet die Wirkung des Innenkäfigs; es ist allein der Außenkäfig wirksam. Man erhält für den Ständerstrom aus (10.34 und (10.35)

$$\underline{i}_1 = \underline{i}_{11} + \frac{\widehat{u}_1 \, e^{j2\alpha_0}}{R_1 + \dfrac{R_2^+}{s} + j X_{\varnothing 2}} \quad . \tag{10.39}$$

Das ist – wie ein Vergleich mit (10.11) erkennen läßt – tatsächlich die Beziehung für den Ständerstrom einer Maschine mit Einfachkäfigläufer. Dabei wirkt als Käfig der Außenkäfig des betrachteten Doppelkäfigläufers. Gleichung (10.39) liefert als Ortskurve $\underline{I}_1(s)$ einen Kreis $\underline{K}_2$.

Im Fall $R_2^+ = 0$ erhält man aus (10.34) und (10.35)

$$\underline{i}_1 = \underline{i}_{11} + \frac{\widehat{u}_1 \, e^{j2\alpha_0}}{R_1 + \dfrac{R_3^+}{s} + j(X_{\varnothing 2} + X_{\sigma\mathrm{st}}^+)} \quad . \tag{10.40}$$

Das ist wiederum eine Beziehung für den Ständerstrom einer Maschine mit Einfachkäfigläufer, wobei der Käfig in diesem Fall vom Innenkäfig des betrachteten Doppelkäfigläufers gebildet wird. Sie liefert als Ortskurve $\underline{I}_1(s)$ einen kreis $\underline{K}_3$.

Die beiden Kreise $\underline{K}_2$ und $\underline{K}_3$ sind im Bild 10.12 dargestellt. Sie besitzen den gleichen Leerlaufpunkt P_0; ihre Mittelpunkte M_{K2} und M_{K3} liegen wegen des gleichen Wertes für $\alpha_0 = \arctan R_1/X_{11}$ auf der gleichen Geraden durch M_μ und P_0. Sie unterscheiden sich jedoch im Durchmesser, denn für den Außenkäfig wirkt entsprechend (10.39) als Durchmesserreaktanz $X_{\varnothing 2}$ und für den Innenkäfig entsprechend (10.40) $X_{\varnothing 2} + X_{\sigma\mathrm{st}}^+$. Die Streuung des Innenkäfigs ist um den Anteil $X_{\sigma\mathrm{st}}^+$ des Streustegs zwischen Ober- und Unterstab größer als die des Außenkäfigs. Dementsprechend hat der Kreis $\underline{K}_3$ einen kleineren Durchmesser $\left(I_{\varnothing 3} = \dfrac{U_1}{X_{\varnothing 2} + X_{\sigma\mathrm{st}}^+}\right)$ als der Kreis $\underline{K}_2 \left(I_{\varnothing 2} = \dfrac{U_1}{X_{\varnothing 2}}\right)$. Es ist zu erwarten, daß die Ortskurve $\underline{I}_1(s)$ des Doppelkäfigläufers im Gebiet zwischen den Kreisen $\underline{K}_2$ und $\underline{K}_3$ verläuft.

Um den Verlauf der Ortskurve des Ständerstroms für den Doppelkäfigläufer zu ermitteln, wird zunächst die Ortskurve des komplexen Widerstands $\underline{Z}(s)$ nach (10.36) betrachtet. Wenn man in der Beziehung für $\underline{Z}(s)$ im Zähler des Bruchs für $jX_{\sigma\mathrm{st}}^+$ den Ausdruck

$$j X_{\sigma\mathrm{st}}^+ \frac{R_2^+}{R_2^+ + R_3^+} + j X_{\sigma\mathrm{st}}^+ \frac{R_3^+}{R_2^+ + R_3^+}$$

einführt und $\pm X_{\sigma\mathrm{st}}^{+2} \left(\dfrac{R_2^+}{R_2^+ + R_3^+}\right)$ hinzufügt, ergibt sich bei zweckmäßigem Zusammenfassen der Glieder

$$\underline{Z}(s) = R_1 + j X_{\varnothing 2} + j X_{\sigma\mathrm{st}}^+ \left(\frac{\varepsilon}{1+\varepsilon}\right)^2 + R_3^+ \left(\frac{\varepsilon}{1+\varepsilon}\right)\frac{1}{s} + \frac{X_{\sigma\mathrm{st}}^{+2}\left(\dfrac{\varepsilon}{1+\varepsilon}\right)^2}{R_3^+(1+\varepsilon)\dfrac{1}{s} + j X_{\sigma\mathrm{st}}^+} \quad .$$

$$\tag{10.41}$$

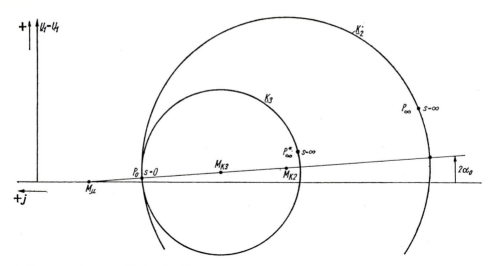

Bild 10.12 *Ossanna-Kreise der Einzelkäfige des Doppelkäfigläufers ohne Angabe der Schlupfbezifferung*
$\underline{K}_2$ Kreis des Außenkäfigs; $\underline{K}_3$ Kreis des Innenkäfigs

Dabei wurde für das Verhältnis der Käfigwiderstände R_2^+ und R_3^+ die Abkürzung

$$\varepsilon = \frac{R_2^+}{R_3^+}$$

eingeführt. Bei ausgeführten Maschinen liegt ε im Bereich $\varepsilon = 3 \ldots 10$. Die ersten vier Glieder von (10.41) liefern als Ortskurve in Abhängigkeit vom Schlupf eine Gerade $\underline{G}_0$. Sie gehorcht der Beziehung

$$\underline{Z}_0 = R_1 + jX_{\varnothing 2} + jX_{\sigma \mathrm{st}}^+ \left(\frac{\varepsilon}{1+\varepsilon}\right)^2 + R_3^+ \left(\frac{\varepsilon}{1+\varepsilon}\right)\frac{1}{s} \tag{10.42}$$

und ist im Bild 10.14 enthalten. Das letzte Glied in (10.41) gehorcht der Beziehung

$$\underline{Z}_2 = \frac{X_{\sigma \mathrm{st}}^{+2}\left(\dfrac{\varepsilon}{1+\varepsilon}\right)^2}{R_3^+(1+\varepsilon)\dfrac{1}{s} + jX_{\sigma \mathrm{st}}^+} \tag{10.43}$$

und liefert als Ortskurve einen Ursprungskreis. Er entsteht durch Inversion der Geraden $R_3^+(1+\varepsilon)/s + jX_{\sigma \mathrm{st}}^+$ (Bild 10.13). Man erhält einen Kreis, der symmetrisch zur imaginären Achse und vollständig im Gebiet negativer Imaginärteile liegt. Sein Durchmesser beträgt $X_{\sigma \mathrm{st}}^+ \varepsilon^2/(1+\varepsilon)^2$. Der Punkt für $s = 0$ ist der Ursprung, und $s = \infty$ herrscht im zweiten Schnittpunkt mit der imaginären Achse. Ein beliebiger Punkt mit dem Schlupf s liegt unter dem Winkel $-\varphi$ zur reellen Achse, wobei für φ aus der Geraden $R_3^+(1+\varepsilon)/s + jX_{\sigma \mathrm{st}}^+$ unter Beachtung von $\varphi_Y = -\varphi_Z$ folgt

$$\tan \varphi = \frac{X_{\sigma \mathrm{st}}}{R_3^+(1+\varepsilon)}s \ . \tag{10.44}$$

Im Bild 10.14 ist der Kreis nach (10.43) nochmals und nunmehr gemeinsam mit der Geraden $\underline{G}_0$ nach (10.42) dargestellt. Durch Addition der zum gleichen Schlupf s gehörenden Zeiger $\underline{Z}_0$ und $\underline{Z}_2$ erhält man als $\underline{Z}(s) = \underline{Z}_0 + \underline{Z}_2$ einen Punkt der gesuchten

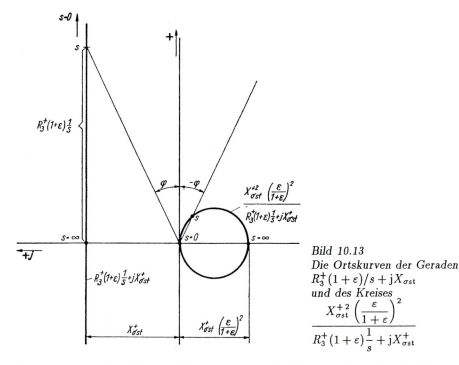

Bild 10.13
Die Ortskurven der Geraden
$R_3^+(1+\varepsilon)/s + jX_{\sigma\mathrm{st}}$
und des Kreises

$$\frac{X_{\sigma\mathrm{st}}^{+\,2}\left(\dfrac{\varepsilon}{1+\varepsilon}\right)^2}{R_3^+(1+\varepsilon)\dfrac{1}{s} + jX_{\sigma\mathrm{st}}^+}$$

Ortskurve. Aus der Konstruktion läßt sich ein Weg zur eleganten Bestimmung des gesamten Verlaufs $\underline{Z}(s)$ ableiten. Die Verlängerung des Zeigers $\underline{Z}_2$, der im Endpunkt von $\underline{Z}_0$ angetragen ist, schneidet die Gerade $\underline{G}_\mathrm{r}$ (vgl. Bild 10.3) im Punkt S. Der Abstand dieses Punktes von der Geraden $\underline{G}_0$ beträgt unter Beachtung von (10.44)

$$R_3^+\left(\frac{\varepsilon}{1+\varepsilon}\right)\frac{1}{s}\tan\varphi = R_3^+\left(\frac{\varepsilon}{1+\varepsilon}\right)\frac{1}{s}\frac{X_{\sigma\mathrm{st}}^+}{R_3^+(1+\varepsilon)}s = X_{\sigma\mathrm{st}}^+\frac{\varepsilon}{(1+\varepsilon)^2}\;.$$

Er ist keine Funktion des Schlupfs, d.h., die Lage des Punkts S ist unabhängig von s. Sein Abstand von der reellen Achse beträgt mit Bild 10.14

$$X_{\varnothing 2} + X_{\sigma\mathrm{st}}^+\left(\frac{\varepsilon}{1+\varepsilon}\right)^2 + X_{\sigma\mathrm{st}}^+\frac{\varepsilon}{(1+\varepsilon)^2} = X_{\varnothing 2} + X_{\sigma\mathrm{st}}^+\left(\frac{\varepsilon}{1+\varepsilon}\right)\;. \qquad (10.45)$$

Jeder Punkt der Ortskurve $\underline{Z}(s)$ muß, entsprechend den oben angestellten Überlegungen, auf einer Geraden liegen, die vom Punkt S ausgeht und durch jenen Punkt auf der Geraden $\underline{G}_0$ verläuft, der zum betrachteten Schlupf s gehört. Den Abschnitt auf dieser Geraden, der zwischen $\underline{G}_0$ und dem gesuchten Punkt P_s der Ortskurve $\underline{Z}(s)$ liegt, liefert der Kreis als die Länge des Zeiger $\underline{Z}_2$, der zum gleichen Winkel φ gehört. Es ist sinnvoll, den Kreis zur Konstruktion der Ortskurve aus dem Ursprung in den Punkt S zu verschieben. Im Bild 10.15 ist dies geschehen und gleichzeitig die Konstruktion der Ortskurve $\underline{Z}(s)$ durchgeführt worden. Man erkennt, daß $\underline{Z}(s)$ für kleine Werte des Schlupfs s in die aus Bild 10.14 übernommene Gerade $\underline{G}_0$ übergeht. $\underline{G}_0$ ist also Asymptote der Ortskurve $\underline{Z}(s)$. Für große Werte von s schmiegt sich $\underline{Z}(s)$ offensichtlich an einen Kreis an. Um die Parameter dieses Kreises zu bestimmen, wird die Ortskurve mit dem Punkt $s = \infty$ in den Ursprung verschoben. Diese in den Ursprung

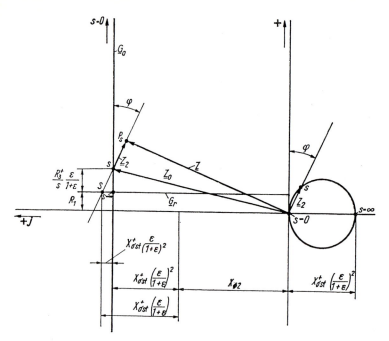

Bild 10.14 *Ermittlung eines Punkts der Ortskurve $\underline{Z}(s)$ aus der Geraden $\underline{G}_0$ und dem Kreis nach Bild 10.13*

verschobene Ortskurve gehorcht, ausgehend von (10.36) und Bild 10.15, der Beziehung

$$\underline{Z}(s) - (R_1 + jX_{\varnothing 2}) = \frac{\dfrac{R_2^+}{s}\left(\dfrac{R_3^+}{s} + X_{\sigma \mathrm{st}}^+\right)}{\dfrac{R_2^+}{s} + \dfrac{R_3^+}{s} + jX_{\sigma \mathrm{st}}^+} = \frac{1}{\dfrac{1}{\dfrac{R_2^+}{s}} + \dfrac{1}{\dfrac{R_3^+}{s} + jX_{\sigma \mathrm{st}}^+}} . \qquad (10.46)$$

Sie entsteht also durch Inversion der Ortskurve

$$\underline{Y}(s) = \frac{1}{\dfrac{R_3^+}{s} + jX_{\sigma \mathrm{st}}^+} + \frac{1}{\dfrac{R_2^+}{s}} . \qquad (10.47)$$

Der erste Summand von $\underline{Y}(s)$ liefert einen Kreis, der für $s = \infty$ durch den Punkt $-j(1/X_{\sigma \mathrm{st}}^+)$ geht, und der zweite eine Gerade, die für $s = \infty$ im Unendlichen verläuft. Damit schmiegt sich die Ortskurve von $\underline{Y}(s)$ nach (10.47) für große Werte von s an die Asymptotengerade $-j\dfrac{1}{X_{\sigma \mathrm{st}}^+} + \dfrac{1}{R_2^+}s$ an. Ihre Inversion liefert den Schmiegungskreis der Ortskurve von $\underline{Z}(s) - (R_1 + jX_{\varnothing 2})$ nach (10.46) im Punkt für $s = \infty$. Der Schmiegungskreis an die Ortskurve $\underline{Z}(s)$ gehorcht demnach der Beziehung

$$\underline{K}'_\infty = R_1 + jX_{\varnothing 2} + \frac{1}{\dfrac{1}{R_2^+}s - j\dfrac{1}{X_{\sigma \mathrm{st}}^+}}$$

Er ist im Bild 10.15 eingetragen. Sein Durchmesser beträgt $X_{\sigma \mathrm{st}}^+$. Weiterhin enthält Bild 10.15 die Geraden $\underline{G}_2 = R_1 + (R_2^+/s) + jX_{\varnothing 2}$ und $\underline{G}_3 = R_1 + (R_3^+/s) + j(X_{\varnothing 2} + X_{\sigma \mathrm{st}}^+)$, deren Inversion nach (10.39) und (10.40) die Kreise $\underline{K}_2$ und $\underline{K}_3$ des Außen-

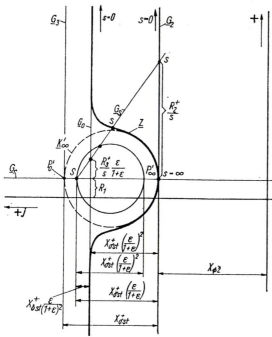

Bild 10.15
Konstruktion der Ortskurve $\underline{Z}(s)$

und des Innenkäfigs liefert, sowie die Gerade $\underline{G}_\mathrm{r}$ mit konstantem Realteil R_1, die bereits zur Fixierung der Ortskurve der Maschinen mit Einfachkäfigläufer eingeführt wurde (s. Bild 10.3). Durch den Punkt S auf dieser Geraden verläuft die Gerade $\underline{G}_\mathrm{s}$ in Richtung von $\underline{Z}_2$ nach Bild 10.14 und schneidet die Gerade $\underline{G}_0$ und die Ortskurve $\underline{Z}(s)$ in den Punkten mit der Schlupfbezifferung sowie die Gerade $\underline{G}_3$ in dem mit der Schlupfbezifferung $-s$, denn es ist

$$\frac{R_2^+}{s} : \frac{R_3^+}{s}\left(\frac{\varepsilon}{1+\varepsilon}\right) = X_{\sigma\mathrm{st}}^+ \left(\frac{\varepsilon}{1+\varepsilon}\right) : X_{\sigma\mathrm{st}}^+ \frac{\varepsilon}{(1+\varepsilon)^2} \ .$$

Die Inversion der Ortskurve $\underline{Z}(s)$ liefert mit $\underline{U}_1 = U_1$ die Ortskurve des Stroms $-(\underline{I}_2^+ + \underline{I}_3^+)\mathrm{e}^{-\mathrm{j}2\alpha_0}$. Sie ist später entsprechend (10.34) und (10.35) um den Winkel $2\alpha_0$ zu drehen, um durch Hinzufügen von $\underline{I}_{11}$ die Ortskurve des Ständerstroms $\underline{I}_1(s)$ zu erhalten. Bei der Inversion von $\underline{Z}(s)$ entsteht eine bizirkulare Quartik, die sich in den Punkten P_0 für $s = 0$ und P_∞ für $s = \infty$ an je einen Kreis anschmiegt. Diese Schmiegungskreise erhält man durch Inversion der Geraden $\underline{G}_0$ von Bild 10.15 zum Schmiegungskreis $\underline{K}_0$ im Punkt P_0 und durch Inversion des Kreises $\underline{K}_\infty'$ von Bild 10.15 zum Schmiegungskreis $\underline{K}_\infty$ im Punkt P_∞. Aus der Lage der Geraden $\underline{G}_0$ im Bild 10.15 läßt sich die Lage des Schmiegungskreises $\underline{K}_0$ sofort ablesen. Er liegt symmetrisch zur imaginären Achse vollständig im Gebiet negativer Imaginärteile und hat den Durchmesser $\dfrac{U_1}{X_{\varnothing 2} + X_{\sigma\mathrm{st}}^+ \varepsilon^2/(1+\varepsilon)^2}$. Da stets $\varepsilon/(1+\varepsilon) < 1$ gilt, wird der Durchmesser des Schmiegungskreises $\underline{K}_0$ größer als der des Ossanna-Kreises $\underline{K}_3$ für den Innenkäfig, dessen Durchmesser entsprechend (10.40) $U_1/(X_{\varnothing 2} + X_{\sigma\mathrm{st}}^+)$ ist. Die Lage des Schmiegungskreises $\underline{K}_\infty$ für den Punkt P_∞, d.h. die Inversion des Kreises $\underline{K}_\infty'$, findet man, ausgehend von Bild 10.15, durch die folgenden Überlegungen. Die Inversion der Geraden $\underline{G}_2$ liefert den Kreis $\underline{K}_2$ des Außenkäfigs. Die Inversion der Geraden $\underline{G}_\mathrm{r}$, die den Kreis K_∞' in den Punkten P_∞' und P_0' senkrecht schneidet, führt auf einen Ursprungskreis, dessen Durchmesser U_1/R_1 auf der positiv reellen Achse liegt (vgl. Bild 10.3). Sein Schnittpunkt mit dem Kreis $\underline{K}_3$ liefert den Punkt P_0^* für $s = 0$ des Schmiegungskreises $\underline{K}_\infty$ und sein Schnittpunkt mit dem Kreis $\underline{K}_2$ den Punkt für $s = \infty$ des Schmiegungskreises, der gleichzeitig der Punkt P_∞ der Ortskurve $\underline{Z}(s)$ ist. Da der Kreis $\underline{K}'_\infty$ im Punkt P'_∞ an die Gerade $\underline{G}_2$ tangiert, muß der Kreis $\underline{K}_\infty$ im Punkt P_∞ an den Kreis $\underline{K}_2$ tangieren. Der Mittelpunkt $M_{K\infty}$ des Kreises $\underline{K}_\infty$ liegt demnach auf der Geraden $\overline{M_{K2}P_\infty}$, die vom Mittelpunkt des Kreises $\underline{K}_2$ zum Punkt P_∞ verläuft. Aus dem gleichen Grund muß sich $M_{K\infty}$ auf der Verlängerung der Geraden $\overline{M_{K3}P_0^*}$ befinden, die vom Mittelpunkt des Kreises K_3 zum Punkt P_0^* verläuft. Damit kann der Schmiegungskreis eingezeichnet werden. Im Bild 10.16 werden die vorstehenden Überlegungen demonstriert. Die Ortskurve $U_1/\underline{Z}(s) = -(\underline{I}_2^+ + \underline{I}_3^+)\,\mathrm{e}^{-\mathrm{j}2\alpha_0}$ schmiegt sich im Bereich kleiner Schlupfwerte an den Kreis $\underline{K}_0$ und im Bereich großer Schlupfwerte an den Kreis $\underline{K}_\infty$ an. Ihr genauer Verlauf, vor allem im Übergangsgebiet zwischen den beiden Schmiegungskreisen, kann nur durch Bestimmung einzelner Punkte festgelegt werden.

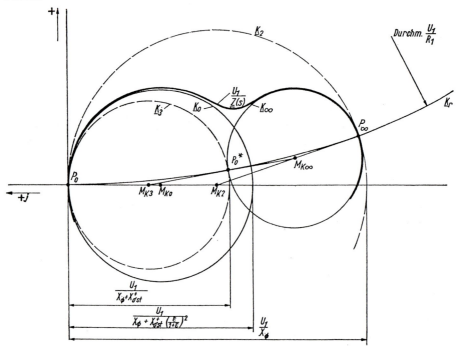

Bild 10.16 *Die Gewinnung der Ortskurve $U_1/\underline{Z}(s) = -(\underline{I}_2^+ + \underline{I}_3^+)\,\mathrm{e}^{-\mathrm{j}2\alpha_0}$ aus der Inversion der Ortskurven $\underline{Z}(s)$ nach Bild 10.15*
$\underline{K}_2$ *Kreis des Außenkäfigs*; $\underline{K}_3$ *Kreis des Innenkäfigs*; $\underline{K}_0$ *Schmiegungskreis im Punkt P_0*;
$\underline{K}_\infty$ *Schmiegungskreis im Punkt P_∞*; $\underline{K}_r$ *Ursprungskreis mit Durchmesser U_1/R_1,*
dessen Mittelpunkt auf der reellen Achse liegt

Die Ortskurve $\underline{I}_1 = f(s)$ erhält man nunmehr, indem die Ortskurve $U_1/\underline{Z}(s)$ nach Bild 10.16 um den Winkel $2\alpha_0$ gedreht und der ideelle Leerlaufstrom I_{11} hinzugefügt wird. Dem entspricht, daß Bild 10.16 in Bild 10.12 eingebaut wird, wobei die Punkte P_0 und P_∞ zur Deckung gebracht werden müssen. Im Bild 10.17 ist die vollständige Ortskurve gezeigt. In die Darstellung sind die Ossanna-Kreise des Außenkäfigs $(\underline{K}_2)$ und des Innenkäfigs $(\underline{K}_3)$ sowie die Schmiegungskreise $\underline{K}_0$ und $\underline{K}_\infty$ aufgenommen worden. Die Auswertung der Ortskurve liefert unmittelbar den Ständerstrom I_1 als

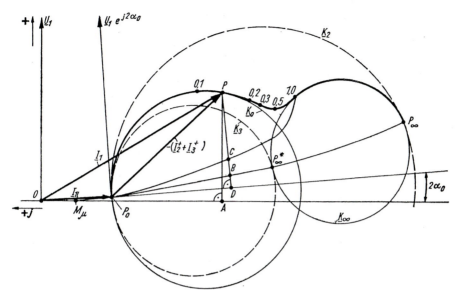

Bild 10.17 *Die Ortskurve des Ständerstromes* $\underline{I}_1 = f(s)$ *einer Maschine mit Doppelkäfigläufer*

$I_1 = m_I \overline{OP}$ und den Summenstrom $|\underline{I}_2 + \underline{I}_3|$ als $|\underline{I}_2 + \underline{I}_3| = m_I \ddot{u} \overline{P_0 P}$. Die Aufteilung dieses Stroms in seine beiden Komponenten, d.h. in die Stabströme, kann mit Hilfe von (10.37) und (10.38) erfolgen. Die aufgenommene Wirkleistung der Maschine gewinnt man als

$$P = m_p \overline{PA} \, .$$

Wenn die Linien $M = 0$ und $P_{\text{mech}} = 0$ in das Diagramm eingezeichnet werden, folgt das Drehmoment zu

$$M = m_M \overline{PB}$$

und die mechanische Leistung zu

$$P_{\text{mech}} = m_p \overline{PC} \, .$$

Die Linien $M = 0$ und $P_{\text{mech}} = 0$ sind allerdings keine Geraden mehr, wie das bei der Maschine mit Schleifringläufer bzw. Einfachkäfigläufer der Fall war. Ihr Verlauf muß punktweise bestimmt werden. Die Überlegungen dazu sind die gleichen, wie sie im Abschnitt 10.1.3 für die Maschine mit Einfachkäfigläufer angestellt wurden. Aus dem Ersatzschaltbild 9.4 folgt, daß die Leistung $m_p \overline{PD} = 3 \,\mathrm{Re}\{-\underline{U}_1 \mathrm{e}^{\mathrm{j}2\alpha_0}(\underline{I}_2^{+*} + \underline{I}_3^{+*})\}$ außer der Leistung

$$3R_2 \frac{I_2^2}{s} + 3R_3 \frac{I_3^2}{s} = \frac{P_{\text{vL}}}{s} = P_\delta = 2\pi n_0 M$$

die Verluste von $(\underline{I}_2^+ + \underline{I}_3^+)$ in dem vorgeschalteten Widerstand R_1 in Höhe von $3R_1 |\underline{I}_2^+ + \underline{I}_3^+|^2$ deckt. R_1 ist bekannt, und $(\underline{I}_2^+ + \underline{I}_3^+)$ kann für einen Punkt P auf der Ortskurve als $m_I \overline{P_0 P}$ bestimmt werden, so daß die Strecke

$$\overline{BD} = \frac{1}{m_p} 3R_1 |\underline{I}_2^+ + \underline{I}_3^+|^2$$

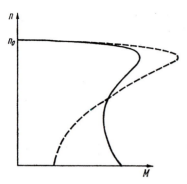

Bild 10.18
Drehzahl-Drehmoment-Kennlinie
einer Maschine mit Doppelkäfigläufer (————)
und einer vergleichbaren Maschine
mit Einfachkäfigläufer (— — —)

ausgerechnet und eingetragen werden kann. Den Punkt C erhält man mit $P_{\mathrm{mech}}/P_\delta = 1 - s$ als $\overline{BC} = \overline{BP}\,s$. Die auf diese Weise gewonnenen Linien $M = 0$ und $P_{\mathrm{mech}} = 0$ sind im Bild 10.17 eingetragen. Für kleine Schlupfwerte schmiegen sie sich an die entsprechenden Geraden des Schmiegungskreises $\underline{K}_0$ an.

10.2.3   Drehzahl-Drehmoment-Kennlinie

Für die Drehzahl-Drehmoment-Kennlinie der Maschine mit Doppelkäfigläufer läßt sich keine einfache geschlossene Beziehung angeben. Nachdem die Linie $M = 0$ in die Ortskurve des Ständerstroms eingezeichnet ist, können jedoch aus den Betrachtungen des Abschnitts 10.2.2 quantitative Aussagen über den Momentenverlauf gewonnen werden.

Im Gebiet kleinen Schlupfs verteilt sich der Läuferstrom nach Maßgabe der Stabwiderstände auf die beiden Käfige. Das relativ große Streufeld des unteren Stabs vergrößert die wirksame Gesamtstreuung der Maschine gegenüber dem Fall, daß nur der Außenkäfig in Funktion ist, wesentlich. Dementsprechend hat der Schmiegungskreis $\underline{K}_0$ für $s = 0$ einen kleineren Durchmesser als der Kreis $\underline{K}_2$ des Außenkäfigs. Man erhält, bezogen auf die Maschine, die hinsichtlich der Streuung nur den Außenkäfig besitzt, ein kleineres Kippmoment. Im Gebiet großen Schlupfs, also besonders im Anzugspunkt mit $s = 1$, überwiegt im Innenkäfig die vom Streufeld zwischen den Stäben induzierte Spannung gegenüber dem ohmschen Spannungsabfall. Die Ströme der beiden Käfige sind dadurch stark gegeneinander phasenverschoben. Infolgedessen werden besonders im Außenkäfig, der mit großem ohmschem Widerstand ausgeführt wird, wesentlich größere Verluste hervorgerufen als beim vergleichbaren Einfachkäfigläufer. Man erhält große Werte des Anzugsmoments. Eine typische Drehzahl-Drehmoment-Kennlinie eines Doppelkäfigläufers ist im Bild 10.18 dargestellt. Die Ortskurve im Bild 10.17 spiegelt die eben angestellten Überlegungen wider. Das Kippmoment wird verkleinert, während das Anzugsmoment fast die Größe des Kippmoments annimmt. In Übereinstimmung mit dem Verlauf der Ortskurve durchläuft das Drehmoment zwischen $n = 0$ und dem Kippunkt ein Minimum, das sog. *Sattelmoment*. Die Ortskurve bringt auch die unvermeidliche Verschlechterung des Leistungsfaktors gegenüber einer Maschine mit nur einem Käfig, der die Streuung des Außenkäfigs besitzt, zum Ausdruck. Diese Erscheinung ist an das zusätzliche Streufeld gebunden, das der Strom des Unterstabs im Bereich des Streustegs aufbaut.

10.3 Einfluß der Sättigung

Wenn die Annahme $\mu_{\mathrm{Fe}} = \infty$ fallengelassen wird und die nichtlinearen Eiseneigenschaften Berücksichtigung finden sollen, verlieren die bisherigen Betrachtungen im Kapitel 10, die lineare Eigenschaften des magnetischen Kreises voraussetzen, streng genommen ihre Gültigkeit. Andererseits bieten die dabei entstandenen linearen Gleichungen und die daraus abgeleiteten Ersatzschaltbilder für die Untersuchung des Betriebsverhaltens und die Berechnungspraxis solche Vorteile, daß man bemüht sein muß, sie beizubehalten und lediglich zweckmäßig korrigierte Reaktanzen einzuführen.

Im Leerlauf führen die Ständerstränge ihre Magnetisierungsströme, der Läufer ist stromlos. Die Durchflutungsgrundwelle der Magnetisierungsströme baut eine Induktionsverteilung auf, die unter dem Einfluß des magnetischen Spannungsabfalls im Eisen, der sich nicht notwendig sinusförmig mit der Lage des Integrationswegs ändert, nicht mehr sinusförmig ist. Sie wird unter dem i.allg. dominierenden Einfluß des Spannungsabfalls in den Zahngebieten abgeplattet. Für einen Integrationsweg, der durch den Maximalwert B_{max} der Induktionsverteilung verläuft, erhält man den gesamten magnetischen Spannungsabfall V_{max}, der von der Amplitude $\widehat{\Theta}_1$ der Durchflutungsgrundwelle gedeckt werden muß (s. Bild 4.6). Die Amplitude $\widehat{B}_1$ der Induktionsgrundwelle ist nicht gleich B_{max}, sondern wird wegen der Abplattung größer. Mit der Formulierung

$$\widehat{B}_1 = \frac{\pi}{2}\frac{B_{\mathrm{max}}}{\alpha} \tag{10.48}$$

beträgt der *Abplattungsfaktor* α für die ungesättigte Maschine $\alpha = \pi/2$ und nimmt unter zunehmendem Einfluß der Zahnsättigung ab[1]. Unter dem Einfluß des Spannungsabfalls in den Rückengebieten wird die Abplattung verringert. Im Extremfall des Dominierens der Spannungsabfälle im Rücken kann es zu einer gegenüber der Grundwelle spitzer verlaufenden Induktionsverteilung kommen.

Der Grundwellenfluß $\widehat{\Phi}_{\mathrm{h}}$ des Luftspaltfelds wird in guter Näherung durch die angelegte Spannung diktiert, entsprechend

$$U_1 \approx E_{\mathrm{h}\,1} = \frac{1}{\sqrt{2}}\omega_1(w\xi_1)_1\widehat{\Phi}_{\mathrm{h}} \,.$$

Der Grundwellenfluß seinerseits legt über $\widehat{\Phi}_{\mathrm{h}} = (2/\pi)\tau_{\mathrm{p}}l_{\mathrm{i}}\widehat{B}_1$ die Amplitude $\widehat{B}_1$ des Grundwellenfeldes fest. Dazu erhält man mit (10.48) den Maximalwert B_{max} der Luftspaltinduktion und damit den Spannungsabfall V_{max} für einen Integrationsweg durch B_{max}. Andererseits beträgt die Amplitude der Durchflutungsgrundwelle der Magnetisierungsströme mit dem Effektivwert I_μ

$$\widehat{\Theta}_1 = \frac{3}{2}\frac{4}{\pi}\frac{(w\xi_1)_1}{2p}\sqrt{2}I_\mu \,.$$

Damit erhält man als modifizierten Wert der Hauptreaktanz[2] in (8.116) und (8.117)

$$\boxed{X_{\mathrm{h}} = \frac{E_{\mathrm{h}}}{I_\mu} = \frac{3\omega_1(w\xi_1)_1^2\widehat{\Phi}_{\mathrm{h}}}{\pi p V_{\mathrm{max}}} \approx \frac{U}{I_\mu}} \,. \tag{10.49}$$

Im Gebiet des Bemessungsbetriebs kann angenommen werden, daß der magnetische Kreis im gleichen Maß beansprucht wird wie im Leerlauf. Dann gehört zum gleichen

---

[1] s. Band Berechnungen, Abschnitt 5.5.4
[2] Es ist üblich, dann von einer „gesättigten" Reaktanz zu sprechen.

Fluß $\widehat{\Phi}_{\mathrm{h}}$ der gleiche Spannungsabfall $V_{\max}$, und man kann mit X_{h} nach (10.49) arbeiten. Auf der anderen Seite sind die Ströme in Ständer und Läufer noch nicht so groß, daß Sättigungserscheinungen auf den Streuwegen auftreten. Die Streureaktanzen können deshalb als ungesättigt angesehen werden.

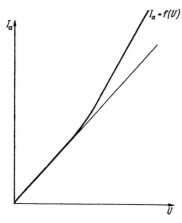

Bild 10.19
Die Kennline $I_{\mathrm{a}} = f(U)$ unter dem Einfluß
der Sättigung der Streuwege

Im Kurzschlußgebiet ($s \approx 1$) ist das Luftspaltfeld so klein, daß X_{h} nicht durch die Sättigung des Eisens beeinflußt wird. Da die Hauptreaktanz jedoch in diesem Bereich kaum Einfluß auf das Betriebsverhalten ausübt, kann auch der Wert nach (10.49) weiterverwendet werden. Andererseits aber nehmen die Ströme in Ständer und Läufer jetzt so große Werte an, daß mit Sättigungserscheinungen im Bereich der Streufelder zu rechnen ist. Die Erscheinungen treten vor allem in den Zahnköpfen von halbgeschlossenen Nuten auf, so daß diese wie offene Nuten wirken. Es kommt zu einer Verkleinerung der zugeordneten Streureaktanzen und damit der Gesamtstreureaktanz. Dadurch wird der Anzugstrom $I_{\mathrm{a}} = I_{s=1}$ vergrößert. In der Kennlinie $I_{\mathrm{a}} = f(U)$ tritt ein Knick auf (Bild 10.19).

Die Induktionsverteilung wird unter dem Einfluß der Sättigung verzerrt (s. Bild 4.6). Es entstehen die sog. *Sättigungsharmonischen.* Dabei ist besonders die dritte Harmonische ausgeprägt. Ihre Lage relativ zur Grundwelle bleibt stets unverändert. Man erhält, ausgehend von der Durchflutungsgrundwelle $\widehat{\Theta}_1 \cos(\gamma_1 - \omega_1 t - \gamma_\Theta)$, für die dritte Sättigungsharmonische

$$B_{\mathrm{sätt},3} = \widehat{B}_{\mathrm{sätt},3} \cos 3(\gamma_1 - \omega_1 t - \gamma_\Theta) \, .$$

11 Oberwellenerscheinungen im stationären Betrieb der Dreiphasen-Asynchronmaschine

11.1 Oberwellenspektrum ohne Berücksichtigung des Einflusses der Nutung

11.1.0 Ausgangsüberlegungen

Der stationäre Betrieb der Asynchronmaschine auf Basis der Grundwellenverkettung wurde im Kapitel 10, ausgehend von den allgemeinen Spannungsgleichungen, behandelt. Aufgrund dieser Vorgehensweise war es bisher nicht erforderlich, die im stationären Betrieb auftretenden Lufspaltfelder zu betrachten[1]. Diese Position muß verlassen werden, wenn nunmehr der Einfluß der Kopplung zwischen Ständer und Läufer über Oberwellen des Luftspaltfelds untersucht werden soll. Dabei wird von folgenden Voraussetzungen ausgegangen[2]:

– Der Ständer trägt eine symmetrische dreisträngige Ganzlochwicklung.

– Der Läufer ist mit einem symmetrischen Einfachkäfig ausgerüstet.

– Zwischen Ständer und Läufer herrscht eine Schrägung um $\varepsilon_{\text{schr}}$ entsprechend Bild 5.7.

– Die drei Ständerströme bilden ein symmetrisches Dreiphasensystem positiver Phasenfolge mit der Kreisfrequenz ω_1[3] entsprechend

$$
\left.
\begin{aligned}
i_{1a} &= \widehat{i_1} \cos(\omega_1 + +\varphi_{i1}) \\[2mm]
i_{1b} &= \widehat{i_1} \cos\left(\omega_1 t + \varphi_{i1} - \frac{2\pi}{3}\right) \\[2mm]
i_{1c} &= \widehat{i_1} \cos\left(\omega_1 t + \varphi_{i1} - \frac{4\pi}{3}\right)
\end{aligned}
\right\}
\tag{11.1}
$$

– Als allgemeine Ordnungszahlen für die Feldwellen wird eingeführt

  • für den Ständer ν' bezüglich des Gesamtumfangs und ν bezüglich der Polpaarteilung,
  • für den Läufer μ' bezüglich des Gesamtumfangs und μ bezüglich der Polpaarteilung.

---

[1] vgl. Band Grundlagen, Kapitel 21 und 25.

[2] Ausführliche Untersuchungen finden sich z.B. in [19], [23], [24], [25].

[3] Die Kennzeichnung der Kreisfrequenz der Ständergrößen mit dem Index 1 ist im folgenden zur Wahrung der Übersichtlichkeit erforderlich. Im Kapitel 10 war darauf verzichtet worden.

– Die Anordnung der Ständerstränge und der Käfigmaschen ist durch Bild 8.11 gegeben, d.h., die Strangachsen des Ständers liegen bei

$$\gamma_{\text{str }a} = 0 \, , \qquad \gamma_{\text{str }b} = 2\pi/3 \, , \qquad \gamma_{\text{str }c} = 4\pi/3 \, . \tag{11.2}$$

Um die Durchsichtigkeit zu wahren, werden im folgenden zunächst jene Oberwellenfelder betrachtet, die bei unendlich schmal gedachten Nutschlitzen erregt werden und allein von der Lage der Leiter und ihren Strömen abhängen. Der Einfluß der Nutung wird in einem zweiten Betrachtungsschritt einbezogen.

In Anlehnung an die Vorgehensweise im Kapitel 8 werden im folgenden die der Ständerwicklung zugeordneten Größen mit Index 1 und die der Läuferwicklung zugeordneten mit Index 2 gekennzeichnet. Das ist deshalb sinnvoll, weil dann eine Erweiterung auf Maschinen mit mehreren Läuferwicklungen bzw. Käfigen ohne weiteres möglich ist. Außerdem wird dem Rechnung getragen, daß die Funktion von Ständer und Läufer prinzipiell vertauscht sein können. Schließlich wird mit einem derartigen Vorgehen die Übereinstimmung mit der Handhabung im Kapitel 8 hergestellt.

11.1.1   Feldwellen der Ständerströme

Die ν-te Durchflutungsharmonische der Ständerströme erhält man durch Überlagerung der Durchflutungsharmonischen der drei Stränge, ausgehend von (4.109), mit der Gleichungen (11.1) und (11.2 sowie unter Anwendung der trigonometrischen Umformung nach Anhang IV zu

$$\begin{aligned}
\Theta_{1,\nu} = {} & \frac{1}{2}\frac{4}{\pi}\frac{w_1 \xi_{1,\nu}}{2p}\frac{1}{\nu}\widehat{i}_1 \Bigg\{ \cos[\nu\gamma_{\text{S}} + \omega_1 t + \varphi_{i1}] \\
& + \cos\left[\nu\gamma_{\text{S}} + \omega_1 t + \varphi_{i1} - (\nu+1)\frac{2\pi}{3}\right] \\
& + \cos\left[\nu\gamma_{\text{S}} + \omega_1 t + \varphi_{i1} - (\nu+1)\frac{4\pi}{3}\right] \Bigg\} \\
& + \frac{1}{2}\frac{4}{\pi}\frac{w_1 \xi_{1,\nu}}{2p}\frac{1}{\nu}\widehat{i}_1 \Bigg\{ \cos[\nu\gamma_{\text{S}} - \omega_1 t - \varphi_{i1}] \\
& + \cos\left[\nu\gamma_{\text{S}} - \omega_1 t - \varphi_{i1} - (\nu-1)\frac{2\pi}{3}\right] \\
& + \cos\left[\nu\gamma_{\text{S}} - \omega_1 t - \varphi_{i1} - (\nu-1)\frac{4\pi}{3}\right] \Bigg\} \, .
\end{aligned} \tag{11.3}$$

Dabei stellt der erste Anteil die Summe von drei negativ umlaufenden und der zweite die von drei positiv umlaufenden Durchflutungswellen dar. Diese Summen sind i.allg. Null, da sie von drei Sinusgrößen gebildet werden, die um ein Vielfaches von $2\pi/3$ gegeneinander verschoben sind. Lediglich dann, wenn dieses Vielfache von $2\pi/3$ gerade auf ein Vielfaches von 2π führt, sind die drei Sinusgrößen phasengleich, so daß sie sich zu einer Sinusgröße mit der dreifachen Amplitude überlagern. Dementsprechend erhält man nach (11.3) eine positiv umlaufende Welle, wenn $\frac{1}{3}(\nu-1)$ eine ganze Zahl ist, während sich eine negativ umlaufende Welle bei einem ganzzahligen Wert von $\frac{1}{3}(\nu+1)$ ergibt. Beide Fälle lassen sich auf folgende gemeinsame Darstellungsform bringen:

$$\Theta_{1,\nu} = \frac{3}{2}\frac{4}{\pi}\frac{w_1 \xi_{1,\nu}}{2p}\frac{1}{\nu}\widehat{i}_1 \cos(\lambda_1 \gamma_{\text{S}} - \omega_1 t - \varphi_{i1}) \tag{11.4}$$

mit

$$\lambda_1 = 3g_1 + 1 \, , \qquad g_1 = 0, \pm 1, \pm 2, \dots \, , \qquad \nu = |\lambda_1| \, . \tag{11.5}$$

Harmonische, deren Ordnungszahl durch 3 teilbar ist, löschen sich aus. Im Zusammenhang damit, daß sich der Aufbau des Läuferkäfigs nach einer Polpaarteilung i.allg. nicht wiederholt, da N_2/p nicht notwendig eine ganze Zahl ist, empfiehlt es sich, die Koordinaten $\gamma_S' = \gamma_S/p$ und $\gamma_L' = \gamma_L/p$ zu verwenden. (11.4) und (11.5) gehen damit über in:

$$\boxed{\Theta_{1,\nu} = \widehat{\Theta}_{1,1} \frac{\xi_{1,\nu}}{\xi_{1,1}} \frac{1}{\nu} \cos(\lambda_1' \gamma_S' - \omega_1 t - \varphi_{i1})} \tag{11.6}$$

mit

$$\lambda_1' = 3pg_1 + p \, , \qquad g_1 = 0, \pm 1, \pm 2, \dots \, , \qquad \nu' = |\lambda_1'| = p\nu \, . \tag{11.7}$$

Dabei ist $\widehat{\Theta}_{1,1}$ die Durchflutungsamplitude der Arbeitswelle des Ständers mit $\nu' = p$ bzw. der Grundwelle bezüglich der Polpaarteilung. Es ist entsprechend (11.4)

$$\widehat{\Theta}_{1,1} = \frac{3}{2} \frac{4}{\pi} \frac{w_1 \xi_{1,1}}{2p} \widehat{i}_1 \, . \tag{11.8}$$

Im Spektrum der Durchflutungswellen treten Wellen mit geradzahliger Ordnungszahl ν in den meisten Fällen nicht auf, da ihr Wicklungsfaktor verschwindet [vgl. (4.110) und (4.112)]. Auf der anderen Seite sind die sog. *Nutharmonischen* wegen $|\xi_{1,\text{NH}}| = |\xi_{1,1}|$ besonders stark ausgeprägt. Für sie gilt in den gemeinsamen Darstellungsformen nach (11.5) bzw. (11.7), ausgehend von (4.106)

$$\lambda_{1,\text{NH}} = k_1 \frac{N_1}{p} + 1 \qquad \text{bzw.} \qquad \lambda_{1,\text{NH}}' = k_1 N_1 + p \tag{11.9}$$

mit

$$k_1 = \pm 1, \pm 2, \dots$$

Im Bild 11.1 ist das Spektrum der resultierenden Durchflutungsverteilung jener Wicklung dargestellt, deren einzelne Stränge ein Spektrum nach Bild 4.29a liefern. Man erkennt, daß Wellen mit durch 3 teilbarer Ordnungszahl verschwinden. Außerdem wird ein weiteres Mal die Sonderstellung der Nutharmonischen deutlich.

Die Winkelgeschwindigkeit einer Welle $\Theta_{1,\nu}(\gamma_S')$ nach (11.6) im Koordinatensystem γ_S' des Ständers beträgt

$$\frac{\mathrm{d}\gamma_S'}{\mathrm{d}t} = \frac{\omega_1}{\lambda_1'} \tag{11.10}$$

und damit ihre Drehzahl

$$n_{0\nu} = \frac{1}{2\pi} \frac{\mathrm{d}\gamma_S'}{\mathrm{d}t} = \frac{f_1}{\lambda_1'} = \frac{n_0}{\lambda_1} \, , \tag{11.11}$$

wobei $n_0 = f_1/p$ die Drehzahl der Arbeitswelle relativ zum Ständer ist. Negative Werte von λ_1 liefern Wellen, die im Koordinatensystem γ_S in Richtung $\gamma_S < 0$, d.h. negativ, umlaufen, während positive Werte von λ_1 positiv umlaufende Wellen zur Folge haben.

Die ν-te Harmonische nach (11.4) bewegt sich mit dem ν-ten Teil der Geschwindigkeit der Arbeitswelle. An einer beliebigen Stelle γ_S des Ständers ändert sich ihre

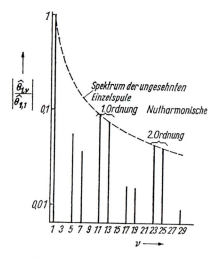

Bild 11.1
Spektrum der Durchflutungsharmonischen
einer dreisträngigen Einschichtwicklung
mit $q = 2$ (vgl. Bild 4.29a)

Durchflutung deshalb mit der gleichen Frequenz wie die der Arbeitswelle. Damit rufen Oberwellenfelder der Ständerströme Flußverkettungsanteile in den Strängen hervor, die die gleiche Frequenz wie die Ströme aufweisen. Das ist auch deshalb nicht anders zu erwarten, weil die betrachtete Anordnung ein lineares System darstellt.

Es bietet sich an, analog zum Schlupf s, der die Drehzahl des Grundwellenfelds relativ zum Läufer als $s = (n_0 - n)/n_0$ kennzeichnet, einen Schlupf s_ν für das Oberwellenfeld des Ständers mit der Ordnungszahl ν einzuführen als

$$s_\nu = \frac{n_{0\nu} - n}{n_{0\nu}} \, .$$

Damit erhält man unter Beachtung von (11.11)

$$s_\nu = 1 - \frac{n}{n_{0\nu}} = 1 - \lambda_1 \frac{n}{n_0} = 1 - \lambda_1' \frac{\Omega}{\omega_1} = 1 - \lambda_1 (1 - s) \, , \tag{11.12}$$

wenn als $\Omega = 2\pi n$ die Winkelgeschwindigkeit des Läufers eingeführt wird.

Um die Durchflutungswelle nach (11.6) im Koordinatensystem γ_L' des Läufers zu beschreiben, muß die Koordinatentransformation nach (5.51) eingeführt werden. Diese nimmt mit $\vartheta' = \Omega t + \vartheta_0'$ die Form

$$\gamma_S' = \gamma_L' + \Omega t + \vartheta_0' + \varepsilon_{\mathrm{schr}}' \zeta \tag{11.13}$$

an. Bei der Behandlung des stationären Betriebs auf Basis des Mechanismus der Grundwellenverkettung wird ϑ_0' bzw. ϑ_0 vielfach Null gesetzt. Das hat zur Folge, daß alle Läufergrößen gegenüber den tatsächlich auftretenden um den gleichen Winkel phasenverschoben sind. Solange die Läufergrößen nicht auf einem anderen Wege mit den Ständergrößen in Berührung kommen spielt dies keine Rolle. Andererseits ist es unerläßlich, ϑ_0 einzuführen, wenn die Läufergrößen in irgendeiner Form mit dem Ständernetz in Beziehung stehen, wie dies z.B. bei der elektrischen Welle der Fall ist, die im Abschnitt 12.4 behandelt wird. Wenn man den Grundwellenmechanismus verläßt und das Zusammenwirken der Oberwellenfelder untersucht werden soll, kann ϑ_0 ebenfalls nicht Null gesetzt werden, da die relative Lage zweier Feldwellen zueinander – und damit das Drehmoment, das durch dieses Zusammenwirken entsteht – von ϑ_0 abhängen kann.

Mit (11.13) erhält man für die Durchflutungswelle nach (11.6) im Koordinatensystem des Läufers

$$\Theta_{1,\nu}(\gamma_L') = \widehat{\Theta}_{1,1} \frac{\xi_{1,\nu}}{\xi_{1,1}} \frac{1}{\nu} \cos[\lambda_1' \gamma_L' - s_\nu \omega_1 t + \lambda_1' \varepsilon_{schr}' \zeta - \varphi_{i1} + \lambda_1' \vartheta_0']. \qquad (11.14)$$

Dabei steht $s_\nu \omega_1$ mit (11.12) für

$$s_\nu \omega_1 = \omega_1 - \lambda_1' \Omega . \qquad (11.15)$$

Die Winkelgeschwindigkeit der Durchflutungswelle relativ zum Läufer beträgt demnach

$$\frac{d\gamma_L'}{dt} = \frac{1}{\lambda_1'} s_\nu \omega_1 = s_\nu \frac{d\gamma_S'}{dt} = \frac{1}{\lambda_1'}(\omega_1 - \lambda_1' \Omega) = \frac{\omega_1}{\lambda_1'} - \Omega . \qquad (11.16)$$

Diese Aussage ergibt sich natürlich auch aus (11.13) mit $d\gamma_S'/dt$ nach (11.10).

Die Durchflutungswelle nach (11.6) liefert unter Vernachlässigung des Einflusses der Nutung mit $B = (\mu_0/\delta_i)\Theta$, entsprechend Tafel 4.2, die zugeordnete Induktionswelle zu

$$\begin{aligned} B_{1,\nu}(\gamma_S') &= \frac{\mu_0}{\delta_i} \widehat{\Theta}_{1,1} \frac{\xi_{1,\nu}}{\xi_{1,1}} \frac{1}{\nu} \cos[\lambda_1' \gamma_S' - \omega_1 t - \varphi_{i1}] \\ &= \widehat{B}_{1,\nu} \cos[\lambda_1' \gamma_S' - \omega_1 t - \varphi_{i1}] . \end{aligned} \qquad (11.17)$$

Analog erhält man im Koordinatensystem des Läufers, ausgehend von (11.14),

$$B_{1,\nu}(\gamma_L') = \widehat{B}_{1,\nu} \cos[\lambda_1' \gamma_L' - (\omega_1 - \lambda_1' \Omega)t + \lambda_1' \varepsilon_{schr}' \zeta - \varphi_{i1} + \lambda_1' \vartheta_0'] . \qquad (11.18)$$

Alle Induktionswellen haben relativ zum Ständer die gleiche Kreisfrequenz ω_1 und werden mit (11.12) relativ zum Läufer mit der Kreisfrequenz

$$\omega_{2,\nu} = |\omega_1 - \lambda_1' \Omega| = \omega_1 |1 - (1 - s)\lambda_1| = |s_\nu| \omega_1 \qquad (11.19)$$

beobachtet, wobei $s = 1 - (n/n_0) = (n_0 - n)/n_0$ der Schlupf des Läufers gegenüber der Arbeitswelle ist. Der Zusammenhang zwischen dem Schlupf s_ν der Induktionswelle mit λ_1' bzw. λ_1 und der Winkelgeschwindigkeit Ω des Läufers ist im Bild 11.2 dargestellt. Für $\Omega = \omega_1/\lambda_1'$ herrscht entsprechend (11.18) Synchronismus zwischen der betrachteten Induktionswelle und dem Läufer, es ist nach (11.12) $s_\nu = 0$. Dabei ist $|\omega_1/\lambda_1'|$ stets wesentlich kleiner als ω_1/p, so daß die Frequenz der Läufergrößen, die von der Induktionswelle nach (11.18) herrühren, außerhalb des Synchronismus rasch mit der Änderung von Ω ansteigt. Eine Induktionswelle, die auf den Energieumsatz in der Maschine Einfluß nehmen soll, muß relativ zum Ständer die Kreisfrequenz ω_1 der Netzgrößen aufweisen. Damit stellt (11.17) die allgemeine Formulierung einer derartigen Induktionswelle im Koordinatensystem des Ständers und (11.18) ihr Abbild im Läuferkoordinatensystem dar, wobei an die Stelle von φ_{i1} ein anderer Phasenwinkel treten kann. Andere Wellen können am Energieumsatz nicht beteiligt sein.

11.1.2 Flüsse und Ströme der Käfigmaschen, herrührend von einer allgemeinen Induktionswelle der Ständerströme

Im folgenden sind die Überlegungen, die im Abschnitt 8.7 für die Arbeitswelle angestellt wurden, auf eine allgemeine Induktionswelle der Ständerströme nach (11.17)

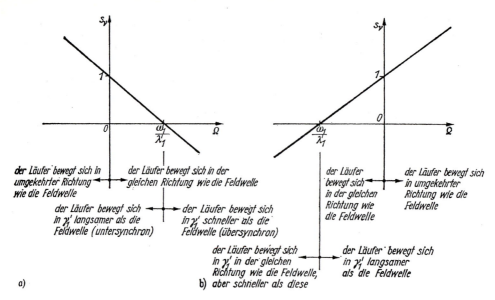

Bild 11.2   Schlupf s_ν für eine Induktionswelle nach (11.18) als Funktion der Winkelgeschwindigkeit Ω des Läufers
a) für $\lambda_1' > 0$; b) für $\lambda_1' < 0$

bzw. (11.18) auszudehnen. Dazu wird in der Anordnung nach Bild 8.11 die Masche ϱ des Läuferkäfigs betrachtet.

Der Parameter λ_1' (bzw. λ_1) der Induktionswelle, deren Einwirkung auf den Läufer zu untersuchen ist, wird im folgenden mit $\lambda_1'^*$ (bzw. λ_1^*) gekennzeichnet. Das ist deshalb erforderlich, weil von jeder Ständerwelle eine charakteristische Folge von Läuferwellen λ_2' hervorgerufen wird und bei der späteren Untersuchung des Zusammenwirkens zwischen einer Ständerwelle λ_1' und einer Läuferwelle λ_2' bekannt sein muß, welche Ständerwelle $\lambda_1'^*$ diese Läuferwelle verursacht hat, wobei im allgemeinen Fall $\lambda_1'^* \neq \lambda_1'$ ist.

Um die weitere Entwicklung möglichst durchsichtig zu gestalten, wird der Ursprung des Läuferkoordinatensystems im folgenden entgegen Bild 8.11 in die Achse der Masche 1 gelegt, so daß $\gamma'_{M\varrho} = (\varrho - 1)\varepsilon'$ ist. Damit erhält man unter Berücksichtigung der Schrägung für den Fluß $\Phi_{M\nu\varrho}$ durch die Masche ϱ[1]

$$
\begin{aligned}
\Phi_{M\nu\varrho} &= \frac{p}{\pi}\tau_p l_i \int_{-1/2}^{+1/2} \int_{\gamma'_{M\varrho}-\varepsilon'/2}^{\gamma'_{M\varrho}+\varepsilon'/2} \widehat{B}_{1,\nu} \\
&\quad \times \cos[\lambda_1'^*\gamma'_L - s_{\nu*}\omega_1 t + \lambda_1'^*\varepsilon'_{\text{schr}}\zeta - \varphi_{i1} + \lambda_1'^*\vartheta_0'] \, d\gamma'_L \, d\zeta \\
&= \tau_{n2} l_i \xi_{K,\nu}\xi_{\text{schr},\nu}\widehat{B}_{1,\nu}\cos[s_{\nu*}\omega_1 t + \varphi_{i1} - (\varrho-1)\lambda_1'^*\varepsilon_0' - \lambda_1'^*\vartheta_0'] \, .
\end{aligned}
\tag{11.20}
$$

Dabei wurde der Kopplungsfaktor $\xi_{K,\nu}$ des Käfigs für eine Harmonische der Ordnungszahl ν bzw. ν' als

$$
\xi_{K,\nu} = \frac{\sin\dfrac{\lambda_1'^*\varepsilon'}{2}}{\dfrac{\lambda_1'^*\varepsilon'}{2}} = \frac{\sin\dfrac{\nu'\varepsilon'}{2}}{\dfrac{\nu'\varepsilon'}{2}} = \frac{\sin\dfrac{\nu\varepsilon}{2}}{\dfrac{\nu\varepsilon}{2}}
\tag{11.21}
$$

[1] vgl. (5.52)

eingeführt. Er hat eine ähnliche Funktion wie der Wicklungsfaktor bei Wicklungen mit ausgebildeten Strängen, indem er das Vorzeichen regelt und den Einfluß der Maschenweite bzw. der Nutteilung τ_{n2} auf die Flußamplitude beschreibt. Die Flußamplitude verschwindet, und damit wird $\xi_{K,\nu} = 0$, wenn die Maschenweite $\tau_{n2} = D\pi/N_2 = \varepsilon' D/2$ ein ganzes Vielfaches der Polpaarteilung $D\pi/\nu'$ der betrachteten Feldwelle beträgt, d.h. für $\nu'\varepsilon'/2 = g\pi$. Die Flußamplitude ist gleich dem Fluß der konstanten Induktion $\hat{B}_{1,\nu}$ über der Maschenfläche $\tau_{n2}l_i$, und damit wird $\xi_{K,\nu} = 1$, wenn $\tau_{n2} \ll D\pi/\nu'$ ist, d.h. für $\nu'\varepsilon'/2 \to 0$. Den vollständigen Verlauf von $\xi_{K,\nu}$ als Funktion von $\nu'\varepsilon'/2$ bzw. von $\nu' = \nu'\varepsilon' N_2/2\pi$ zeigt Bild 11.3.

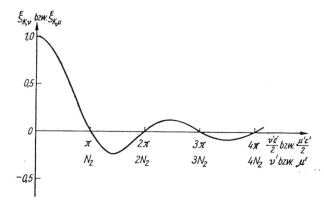

Bild 11.3
Kopplungsfaktor $\xi_{K,\nu}$ bzw. $\xi_{K,\mu}$ nach (11.21) als Funktion von $\nu'\varepsilon'/2$ bzw. $\mu'\varepsilon'/2$ oder von $\nu' = (\nu'\varepsilon'/2)N_2/\pi$ bzw. $(\mu'\varepsilon'/2)N_2/\pi$

Die Flüsse $\Phi_{M\nu 1} \ldots \Phi_{M\nu N_2}$ nach (11.20) bilden ein symmetrisches Mehrphasensystem. Man erhält in komplexer Darstellung

$$\underline{\Phi}_{M\nu\varrho} = \underline{\Phi}_{M\nu 1}\, e^{-j(\varrho-1)\lambda_1^{'*}\varepsilon'} = \underline{\Phi}_{M\nu}\, e^{-j(\varrho-1)\lambda_1^{'*}\varepsilon'} \,, \tag{11.22}$$

wenn als Bezugsmasche wiederum die Masche 1 verwendet und auf den Index 1 zu ihrer Kennzeichnung verzichtet wird. Dabei ist

$$\Phi_{M\nu\varrho} = \mathrm{Re}\left\{\underline{\Phi}_{M\nu\varrho}\, e^{j s_\nu \omega_1 t}\right\} = \mathrm{Re}\left\{\underline{\Phi}_{M\nu 1}\, e^{j[s_\nu\omega_1 t - (\varrho-1)\lambda_1^{'*}\varepsilon']}\right\} \tag{11.23}$$

mit

$$\underline{\Phi}_{M\nu 1} = \underline{\Phi}_{M\nu} = \tau_{n2}l_i\,\xi_{K,\nu}\,\xi_{schr,\nu}\,\hat{B}_{1,\nu}\, e^{j(\varphi_{i1} - \lambda_1^{'*}\vartheta_0')} \,. \tag{11.24}$$

Man erkennt aus (11.23), daß die Phasenfolge der Maschenflüsse durch das Vorzeichen des Schlupfs s_ν bestimmt wird. Bei positiven Werten des Schlupfs ist sie positiv, und die von den Maschenflüssen durch Induktionswirkung hervorgerufenen Stöme werden ihrerseits eine relativ zum Läufer positiv umlaufende Feldwelle der Ordnungszahl ν aufbauen. Bei negativen Werten von s_ν erhält man eine relativ zum Läufer negativ umlaufende Feldwelle. In beiden Fällen entspricht der Umlaufsinn der erregten Feldwelle dem der verursachenden.

In der Zeigerdarstellung folgt auf den Zeiger des Flusses $\underline{\Phi}_{M\nu\varrho}$ der Zeiger des Flusses $\underline{\Phi}_{M\nu\varrho+1}$, im mathematisch negativen Sinn um $\lambda_1^{'*}\varepsilon'$ verschoben. Dem entspricht, daß $\underline{\Phi}_{M\nu\varrho+1}$ gegenüber $\underline{\Phi}_{M\nu\varrho}$ nacheilt, solange $s_{\nu*} > 0$ ist. Wenn $s_{\nu*} < 0$ wird, kehrt sich der Umlaufsinn der zugeordneten rotierenden Zeiger um. Damit ändert sich auch die Bewertung der relativen Phasenlage zweier Zeiger zueinander hinsichtlich Vor-

und Nacheilens bzw. Phasenfolge. In diesem Fall eilt der Fluß $\underline{\Phi}_{\mathrm{M}\nu\varrho+1}$ gegenüber dem Fluß $\underline{\Phi}_{\mathrm{M}\nu\varrho}$ vor, obwohl sich an der Darstellung der ruhenden Zeiger $\underline{\Phi}_{\mathrm{M}\nu\varrho+1}$ und $\underline{\Phi}_{\mathrm{M}\nu\varrho}$ nichts ändert.

Die Flüsse nach (11.20) induzieren in den Käfigmaschen Spannungen, die ihrerseits Ströme antreiben. Aufgrund der Symmetrie der Anordnung bilden diese Maschenströme ebenfalls ein symmetrisches Mehrphasensystem. Sie lassen sich demnach in Analogie zu (11.20) formulieren als

$$i_{\mathrm{M}\nu\varrho} = \widehat{i}_{\mathrm{M}\nu}\cos[s_{\nu*}\omega_1 t + \varphi_{i\mathrm{M}\nu} - (\varrho-1)\lambda_1'^{*}\varepsilon'] \tag{11.25}$$

und ergeben sich damit in komplexer Darstellung zu

$$\underline{i}_{\mathrm{M}\nu\varrho} = \underline{i}_{\mathrm{M}\nu 1}\,\mathrm{e}^{-\mathrm{j}(\varrho-1)\lambda_1'^{*}\varepsilon'} = \underline{i}_{\mathrm{M}\nu}\,\mathrm{e}^{-\mathrm{j}(\varrho-1)\lambda_1'^{*}\varepsilon'} \ . \tag{11.26}$$

Als Beziehung zwischen den Stab- und Maschen- bzw. Ringströmen erhält man, ausgehend von Bild 8.11, durch Einführen von (11.26)

$$\underline{i}_{\mathrm{s}\nu\varrho} = \underline{i}_{\mathrm{M}\nu\varrho} - \underline{i}_{\mathrm{M}\nu\varrho+1} = 2\sin\frac{\lambda_1'^{*}\varepsilon'}{2}\widehat{i}_{\mathrm{M}\nu}\,\mathrm{e}^{\mathrm{j}[\varphi_{i\mathrm{M}\nu}+\pi/2 - /\varrho-1)\lambda_1'^{*}\varepsilon']}$$

bzw. für die Beträge

$$\boxed{I_{\mathrm{s}\nu} = 2\sin\frac{\nu\varepsilon}{2}I_{\mathrm{M}\nu}} \ . \tag{11.27}$$

11.1.3 Das Spektrum der Durchflutungsoberwellen des Einfachkäfigläufers

Im folgenden wird die resultierende Durchflutungsverteilung des Käfigs aus der Überlagerung der Durchflutungsverteilungen der einzelnen Maschenströme nach (11.25) gewonnen. Es wird also analog vorgegangen wie im Abschnitt 11.1.1 bei der Ermittlung der Durchflutungsverteilung der dreisträngigen Ständerwicklung. Wie dort werden von vornherein die einzelnen Durchflutungswellen betrachtet. Die Durchflutungsverteilung der Masche ϱ ist im Bild 11.4 dargestellt. Ihre harmonische Analyse liefert mit Anhang III als μ'-te Harmonische bezüglich des Umfangs

$$\begin{aligned}\Theta_{\mathrm{M}\nu\varrho,\mu} \quad &= \quad \frac{2}{\pi}\frac{1}{\mu'}\sin\frac{\mu'\varepsilon'}{2}\widehat{i}_{\mathrm{M}\nu}\cos[s_{\nu*}\omega_1 t + \varphi_{i\mathrm{M}\nu} - (\varrho-1)\lambda_1'^{*}\varepsilon']\\ &\quad \times \cos[\mu'\gamma_{\mathrm{L}}' - (\varrho-1)\mu'\varepsilon'] \ .\end{aligned}$$

Wenn dieses Wechselfeld in bekannter Weise in zwei gegenläufige Drehfelder zerlegt wird (s. trigon. Umformungen im Anhang IV) und gleichzeitig die Komponenten aller N_2 Maschen des Käfigs überlagert werden, erhält man

$$\begin{aligned}\Theta_{2\nu,\mu} = &\frac{1}{\pi}\frac{1}{\mu'}\sin\frac{\mu'\varepsilon'}{2}\widehat{i}_{\mathrm{M}\nu}\sum_{\varrho=1}^{N_2}\cos\left[\mu'\gamma_{\mathrm{L}}' + s_{\nu*}\omega_1 t + \varphi_{i\mathrm{M}\nu} - (\varrho-1)\varepsilon'(\mu'+\lambda_1'^{*})\right]\\ &+ \frac{1}{\pi}\frac{1}{\mu'}\sin\frac{\mu'\varepsilon'}{2}\widehat{i}_{\mathrm{M}\nu}\sum_{\varrho=1}^{N_2}\cos\left[\mu'\gamma_{\mathrm{L}}' - s_{\nu*}\omega_1 t - \varphi_{i\mathrm{M}\nu} - (\varrho-1)\varepsilon'(\mu'-\lambda_1'^{*})\right] \ .\end{aligned}$$

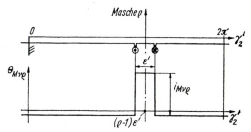

Bild 11.4
Durchflutungsverteilung des Maschenstroms
$i_{\mathrm{M}\nu\varrho}$ *in der Masche ϱ des Käfigläufers*
für einen beliebigen Zeitpunkt

Eine resultierende positiv umlaufende Welle kann nur entstehen, wenn

$$\varepsilon'(\mu' - \lambda_1'^*) = \varepsilon(\mu - \lambda_1^*) = g2\pi \,, \qquad \text{d.h. mit} \quad \varepsilon' = \frac{2\pi}{N_2} = \frac{\varepsilon}{p}$$

$$\mu' = gN_2 + \lambda_1'^* \qquad \text{bzw.} \quad \mu = g\frac{N_2}{p} + \lambda_1^*$$

mit $g = 0, 1, 2 \ldots$

ist. Eine resultierende negativ umlaufende Welle setzt voraus, daß

$$\varepsilon'(\mu' + \lambda_1'^*) = \varepsilon(\mu + \lambda_1^*) = 2g\pi \,, \qquad \text{d.h.} \quad \mu' = gN_2 - \lambda_1'^* \qquad \text{bzw.} \quad \mu = g\frac{N_2}{p} - \lambda_1^*$$

ist. Man erhält als einheitliche Darstellungsform für eine Durchflutungsharmonische der Käfigströme, die von einer Induktionswelle der Ständerströme mit $\nu = |\lambda_1^*|$ nach (11.17) bzw. (11.18) herrührt:

$$\Theta_{2\nu,\mu} = \xi_{\mathrm{K},\mu} \widehat{i}_{\mathrm{M}\nu} \cos[\lambda_2' \gamma_{\mathrm{L}}' - s_{\nu *}\omega_1 t - \varphi_{i\mathrm{M}\nu}] \tag{11.28}$$

mit

$$\left.\begin{array}{l} \lambda_2' = k_2 N_2 + \lambda_1'^* \qquad \mu' = |\lambda_2'| \\[2mm] \text{bzw.} \\[2mm] \lambda_2 = k_2 \dfrac{N_2}{p} + \lambda_1^* \qquad \mu = |\lambda_2| \\[2mm] k_2 = 0; \pm 1; \pm 2; \ldots \end{array}\right\} \cdot \tag{11.29}$$

Dabei tritt wiederum der Kopplungsfaktor nach (11.21) auf, jetzt allerdings für das Argument $\mu'\varepsilon'/2 = \mu\varepsilon/2$. Das ist die gleiche Erscheinung, die auch bei der Betrachtung der Wicklungen mit ausgebildeten Strängen beobachtet wurde. Eine Wicklung, die keine Verkettung mit einer bestimmten Harmonischen des Luftspaltfelds besitzt, kann diese Harmonische auch nicht aufbauen.

Die Winkelgeschwindigkeit der Welle nach (11.28) beträgt im Koordinatensystem γ'_L des Läufers

$$\frac{\mathrm{d}\gamma'_L}{\mathrm{d}t} = \frac{1}{\lambda'_2} s_{\nu*}\omega_1 = \frac{1}{\lambda'_2}(\omega_1 - \lambda'^*_1 \Omega) \ . \tag{11.30}$$

Im Koordinatensystem γ'_S hat sie unter Beachtung von (11.13) die Größe

$$\frac{\mathrm{d}\gamma'_S}{\mathrm{d}t} = \frac{\mathrm{d}\gamma'_L}{\mathrm{d}t} + \Omega = \frac{1}{\lambda'_2}s_{\nu*}\omega_1 + \Omega = \frac{\omega_1}{\lambda'_2} - \frac{\lambda'^*_1}{\lambda'_2}\Omega + \Omega = \frac{1}{\lambda'_2}[\omega_1 + (\lambda'_2 - \lambda'^*_1)\Omega] \ . \tag{11.31}$$

Damit erhält man ihre Drehzahl zu

$$n_{0\mu} = \frac{1}{2\pi}\frac{\mathrm{d}\gamma'_S}{\mathrm{d}t} = \frac{1}{\lambda_2}[n_0 + (\lambda_2 - \lambda^*_1)n] \ . \tag{11.32}$$

Da N_2/p bei einem Käfigläufer keine ganze Zahl zu sein braucht, können bezüglich der Polpaarteilung Harmonische mit gebrochenen Ordnungszahlen μ auftreten. In bezug auf den gesamten Umfang gibt es selbstverständlich nur Harmonische mit ganzzahligen Ordnungszahlen μ'.

Im Koordinatensystem des Ständers beobachtet man die Durchflutungsharmonische der Käfigströme nach (11.28) mit (11.13) und (11.12) als

$$\Theta_{2\nu,\mu} = \xi_{\mathrm{K},\mu}\widehat{i}_{\mathrm{M}\mu}\cos[\lambda'_2\gamma'_S - [\omega_1 + (\lambda'_2 - \lambda'^*_1)\Omega]t - \lambda'_2\varepsilon'_{\mathrm{schr}}\zeta - \lambda'_2\vartheta'_0 - \varphi_{i\mathrm{M}\nu}] \ . \tag{11.33}$$

Man erkennt, daß die Feldwellen der Käfigströme relativ zum Ständer im allgemeinen Falle mit einer Frequenz zu beobachten sind, die nicht mit der Frquenz f_1 der Ständerströme nach (11.1) übereinstimmt. Es kommt also nicht in jedem Falle, d.h. nicht herrührend von jeder Feldwelle des Käfigs und nicht bei jeder Drehzahl des Läufers zu einem Energieumsatz. Voraussetzung für einen Energieumsatz ist vielmehr, daß eine betrachtete Feldwelle in den Ständersträngen Spannungen induziert, die in Frequenz und Phasenfolge mit denen der Ströme nach (11.1) übereinstimmen.

Jede Ständerwelle mit $\lambda'_1 = \lambda'^*_1$ ruft eine Folge von Läuferwellen mit λ'_2 nach (11.29) hervor. Dabei treten außer einer Welle mit der Ordnungszahl $|\lambda'_2| = |\lambda'^*_1|$ der erregenden Ständerwelle sowohl Wellen mit höherer als auch solche mit niedrigerer Ordnungszahl auf. Sie ergeben sich aus der spezifischen Form der Treppenkurve der Durchflutungsverteilung, die von den Maschenströmen der Käfigmaschen aufgebaut wird und davon abhängt, welche Phasenverschiebung $\lambda'^*_1\varepsilon'$ zwischen den Strömen aufeinanderfolgender Maschen besteht. In Tafel 11.1 sind die λ'^*_1 bzw. λ^*_1 der Ständerwellen eines dreisträngigen Ständers mit $N_1 = 36$ Nuten bei $p = 2$ Polpaaren und die λ'_2 der zugehörigen Folgen von Läuferwellen eines Einfachkäfigläufers mit $N_2 = 28$ Nuten jeweils bis zu den zweiten Nutharmonischen zusammengestellt.

Jeder Durchflutungsharmonischen nach (11.28) läßt sich über (4.43) eine Harmonische des Strombelags zuordnen. Sie ergibt sich zu

$$A_{2\nu,\mu} = -\frac{2}{D}\frac{\mathrm{d}\Theta_{2\nu,\mu}}{\mathrm{d}\gamma'_L} = \frac{2}{D}\lambda'_2\xi_{\mathrm{K},\mu}\widehat{i}_{\mathrm{M}\nu}\cos\left[\lambda'_2\gamma'_L - s_{\nu*}\omega_1 t - \varphi_{i\mathrm{M}\nu} - \frac{\pi}{2}\right] \ . \tag{11.34}$$

Vom Ständer aus wird die Strombelagswelle mit (11.13) und (11.12) beobachtet als

Ständerwellen		Läuferwellen					
$\lambda_1 = 3g_1 + 1$	$\lambda_1' = p\lambda_1$	$\lambda_2' = k_2 N_2 + \lambda_1'^* = k_2 28 + \lambda_1'^*$					
		$k_2 = 0$	$+1$	-1	$+2$	-2
1	2	2	$+30$	-26	$+58$	-54
-5	-10	-10	$+18$	-38	$+46$	-66
$+7$	$+14$	$+14$	$+42$	-14	$+70$	-42
-11	-22	-22	$+6$	-50	$+34$	-78
$+13$	$+26$	$+26$	$+54$	-2	$+82$	-30
-17 ⎫ 1. NH	-34	-34	-6	-62	-22	-90
$+19$ ⎭	$+38$	$+38$	$+66$	$+10$	$+94$	$+18$
-23	-46	-46	-18	-74	$+10$	-102
$+25$	$+50$	$+50$	$+78$	$+22$	$+106$	-6
-29	-58	-58	-30	-86	-2	-114
$+31$	$+62$	$+62$	$+90$	$+34$	$+118$	$+6$
-35 ⎫ 2. NH	-70	-70	-42	-98	-14	-126
$+37$ ⎭	$+74$	$+74$	$+102$	$+46$	$+130$	$+18$

*Tafel 11.1
Die Werte von λ_1' und λ_2'
für die Kombination
dreisträngiger Ständer
$N_1 = 36$, $2p = 4$ und
Käfigläufer mit $N_2 = 28$*

$$A_{2\nu,\mu} = \frac{2}{D}\lambda_2'\xi_{K,\mu}\widehat{i}_{M\nu}$$

$$\times \cos\left[\lambda_2'\gamma_S' - [\omega_1 - (\lambda_2' - \lambda_1'^*)\Omega]t - \lambda_2'\varepsilon_{schr}'\zeta - \lambda_2'\vartheta_0' - \varphi_{iM\nu} - \frac{\pi}{2}\right] \quad . \quad (11.35)$$

Nach dem Grundwellenmechanismus, wie er den Betrachtungen in den Kapiteln 8 und 9 zugrunde lag, reagiert der Läufer auf die Arbeitswelle des Ständers ($\nu = 1$, $\nu' = p$) mit einer Arbeitswelle des Läufers ($\mu = 1$, $\mu' = p$). Dabei fließen in den Käfigmaschen schlupffrequente Ströme mit der Amplitude $\widehat{i}_M$ und der Phasenlage φ_{iM} in der Masche 1. Der Kopplungsfaktor nach (11.21) geht über in $\xi_{K,1} = \dfrac{\sin\varepsilon/2}{\varepsilon/2}$, und man erhält mit $\varepsilon = 2\pi p/N_2$ aus (11.28)

$$\Theta_{21,1} = \Theta_{2,1} = \frac{N_2}{\pi p}\sin\frac{\varepsilon}{2}\widehat{i}_M \cos[p\gamma_L' - s\omega_1 t - \varphi_{iM}]$$

$$= \widehat{\Theta}_{2,1}\cos[p\gamma_L' - s\omega_1 t - \varphi_{iM}] \quad . \quad (11.36)$$

Dabei ist

$$\widehat{\Theta}_{2,1} \approx \widehat{\Theta}_{1,1} \quad .$$

11.2   Entstehung der Oberwellendrehmomente

In Verallgemeinerung der Ergebnisse des Abschnitts 11.1 existiert im Luftspalt der Maschine eine Folge von Induktionswellen, die sich ausgehend von (11.18) im Koordinatensystem γ'_L des Läufers darstellen lassen als

$$B_\nu = \widehat{B}_\nu \cos[\lambda'_B \gamma'_L - \omega_{B\nu} t + \lambda'_B \varepsilon'_{schr} \zeta - \varphi_{B\nu}] \tag{11.37}$$

mit $\nu' = |\lambda'_B|$ bzw. $\nu = |\lambda_B|$.

Dabei tritt das Glied $\lambda'_B \varepsilon'_{schr} \zeta$ nur bei solchen Induktionswellen in Erscheinung, die vom Ständer herrühren. Andererseits sind auch nur diese in der Lage, mit dem Läuferstrombelag ein Drehmoment zu bilden, wenn man vom Einfluß der Nutung absieht (s. auch Abschnitt 0.2.2.4). Eine Induktionswelle nach (11.37) ruft in den Käfigmaschen durch Induktionswirkung Ströme hervor, die jeweils eine Folge von Durchflutungswellen erzeugen. Jeder derartigen Durchflutungswelle läßt sich über (4.43) eine Strombelagswelle zuordnen. Diese läßt sich in Verallgemeinerung von (11.34) darstellen als

$$A_\mu = \widehat{A}_\mu \cos(\lambda'_A \gamma'_L - \omega_{A\mu} t - \varphi_{A\mu}) \; . \tag{11.38}$$

Die Drehzahl der Induktionswelle nach (11.37) relativ zum Ständer beträgt

$$n_{B\nu} = \frac{\omega_{B\nu}}{2\pi \lambda'_B} + n \tag{11.39}$$

und die der Strombelagswelle nach (11.38)

$$n_{A\nu} = \frac{\omega_{A\nu}}{2\pi \lambda'_A} + n \; . \tag{11.40}$$

Dabei muß beachtet werden, daß $\omega_{B\nu}$ und $\omega_{A\mu}$ hier als Abkürzungen für Ausdrücke zu verstehen sind wie z.B. in (11.35) und deshalb auch negative Werte annehmen können.

Die Induktionswelle nach (11.37) und die Strombelagswelle nach (11.38) liefern über (6.2) eine Komponente Δm des Drehmoments. Dabei ist es zur Berücksichtigung der Schrägung erforderlich, zusätzlich über ζ zu integrieren[1]. Man erhält aus

$$\Delta m = \frac{1}{4} D^2 l_i \int_0^{2\pi} \int_{-1/2}^{+1/2} B_\nu A_\mu \, d\zeta \, d\gamma'_L$$

unter Einführung des Schrägungsfaktors nach (5.54)

$$\Delta m = \frac{1}{8} D^2 l_i \widehat{B}_\nu \widehat{A}_\mu \xi_{schr,\nu} \int_0^{2\pi} \bigg\{ \cos[(\lambda'_B + \lambda'_A)\gamma'_L - (\omega_{B\nu} + \omega_{A\mu})t - \varphi_{B\nu} - \varphi_{A\mu}]$$

$$+ \cos[(\lambda'_B - \lambda'_A)\gamma'_L - (\omega_{B\nu} - \omega_{A\mu})t - \varphi_{B\nu} + \varphi_{A\mu}] \bigg\} d\gamma'_L \; .$$

Das Integral liefert nur dann einen von Null verschiedenen Wert, wenn entweder $\lambda'_B + \lambda'_A = 0$ oder $\lambda'_B - \lambda'_A = 0$ ist. Man erhält für $\lambda'_B + \lambda'_A = 0$, d.h. $\lambda'_A = -\lambda'_B$,

$$\Delta m = \frac{\pi}{4} D^2 l_i \widehat{B}_\nu \widehat{A}_\mu \xi_{schr,\nu} \cos[(\omega_{B\nu} + \omega_{Au})t + \varphi_{B\nu} + \varphi_{A\mu}] \tag{11.41}$$

und für $\lambda'_B - \lambda'_A = 0$, d.h. $\lambda'_A = \lambda'_B$,

$$\Delta m = \frac{\pi}{4} D^2 l_i \widehat{B}_\nu \widehat{A}_\mu \xi_{schr,\nu} \cos[(\omega_{B\nu} - \omega_{Au})t + \varphi_{B\nu} - \varphi_{A\mu}] \; . \tag{11.42}$$

---

[1] Das ist das analoge Vorgehen wie bei der Ermittlung der Flußverkettung, die im Fall des Vorhandenseins einer Schrägung über (5.32) anstelle über (5.10) erfolgen muß.

Ein endlicher Wert des Drehmoments entsteht also nur aus dem Zusammenwirken einer Induktionswelle mit einer Strombelagswelle gleicher Ordnungszahl ($\mu = \nu$). Diese Erkenntnis war bereits im Abschnitt 0.2.2.2 der Einleitung gewonnen worden. Aus (11.41) und (11.42) folgt weiterhin, daß aus diesem Zusammenwirken zunächst ein Pendelmoment entsteht. Seine Frequenz erhält man mit (11.39) und (11.40) in beiden Fällen zu

$$f_{\mathrm{m}} = |\lambda'_{\mathrm{B}}(n_{\mathrm{B}\nu} - n_{\mathrm{A}\mu})| \,, \tag{11.43}$$

sie ist also durch die Relativgeschwindigkeit zwischen den beiden Wellen gegeben. Lediglich dann, wenn die beiden Wellen mit der gleichen Drehzahl $n_{\mathrm{B}\nu} = n_{\mathrm{A}\mu}$ bzw. mit der gleichen Winkelgeschwindigkeit

$$\left(\frac{\mathrm{d}\gamma'_{\mathrm{L}}}{\mathrm{d}t}\right)_{\mathrm{B},\nu} = \left(\frac{\mathrm{d}\gamma'_{\mathrm{L}}}{\mathrm{d}t}\right)_{\mathrm{A}\mu} = \frac{\omega_{\mathrm{B}\nu}}{\lambda'_{\mathrm{B}}} = \frac{\omega_{\mathrm{A}\mu}}{\lambda'_{\mathrm{A}}} \tag{11.44}$$

relativ zum Läufer bzw. auch mit gleicher Winkelgeschwindigkeit relativ mit Ständer umlaufen, erhält man ein konstantes Drehmoment. Im Fall $\lambda'_{\mathrm{A}} = -\lambda'_{\mathrm{B}}$ beträgt es

$$\Delta m = \frac{\pi}{4} D^2 l_{\mathrm{i}} \widehat{B}_\nu \widehat{A}_\mu \xi_{\mathrm{schr},\nu} \cos(\varphi_{\mathrm{B}\nu} + \varphi_{\mathrm{A}\mu}) \tag{11.45}$$

und tritt bei $\omega_{\mathrm{A}\mu} = -\omega_{\mathrm{B}\nu}$ auf. Im Fall $\lambda'_{\mathrm{A}} = \lambda'_{\mathrm{B}}$ nimmt es den Wert

$$\Delta m = \frac{\pi}{4} D^2 l_{\mathrm{i}} \widehat{B}_\nu \widehat{A}_\mu \xi_{\mathrm{schr},\nu} \cos(\varphi_{\mathrm{B}\nu} - \varphi_{\mathrm{A}\mu}) \tag{11.46}$$

an und existiert bei $\omega_{\mathrm{A}\mu} = \omega_{\mathrm{B}\nu}$.

Hinsichtlich des Auftretens eines konstanten Drehmoments sind zwei Mechanismen zu unterscheiden, die im folgenden zunächst grundsätzlich und auf der Grundlage der im Abschnitt 11.1 entwickelten Induktionswellen des Ständers nach (11.18) und der von diesen hervorgerufenen Strombelagswellen des Läufers nach (11.34) betrachtet werden. Es ist also unter Beachtung von (11.15)

$$\omega_{\mathrm{B}\nu} = \omega_1 - \lambda'_1 \Omega \,, \qquad \lambda'_{\mathrm{B}} = \lambda'_1$$

$$\omega_{\mathrm{A}\mu} = \omega_1 - \lambda'^*_1 \Omega \,, \qquad \lambda'_{\mathrm{A}} = \lambda'_2$$

mit $\lambda'_2 = k_2 N_2 + \lambda'^*_1$ entsprechend (11.29). Damit folgt aus der Bedingung (11.44) für das Auftreten eines zeitlich konstanten Drehmoments

$$\Omega(\lambda'_2 - \lambda'^*_1) = \omega_1 \left(\frac{\lambda'_2}{\lambda'_1} - 1\right) \,. \tag{11.47}$$

Dabei muß entsprechend den oben angestellten Überlegungen, damit überhaupt ein Drehmoment entsteht, $\lambda'_2 = \pm \lambda'_1$ sein. Aus (11.47) folgt, daß die Bedingung nach gleicher Drehzahl der beiden Feldwellen bei $\lambda'_2 = \lambda'_1$ für alle Werte der Läuferdrehzahl erfüllt ist, wenn $\lambda'_2 = \lambda'^*_1$ ist. Die Strombelagswelle ist dabei jene, die als unmittelbare Rückwirkung des Läufers auf die verursachende Feldwelle des Ständers, d.h. mit $k_2 = 0$, entsteht.

Im Beispiel nach Tafel 11.1 sind dies die Strombelagswellen λ'_2, die in der ersten Spalte der Läuferwellen erscheinen. Dabei entsteht die Rückwirkung des Läufers dadurch, daß die Induktionswelle in den Käfigmaschen Spannungen induziert, die entsprechende Ströme antreiben. Das ist im Prinzip der gleiche Mechanismus, der zum asynchronen Drehmoment der Grundwelle führt. Man erhält ein *asynchrones Oberwellendrehmoment*. Die Frequenz der Läufergrößen ist durch die Relativgeschwindigkeit der Induktionswelle gegenüber dem Läufer nach (11.16) gegeben [s. auch (11.25)]. Damit ist hinsichtlich der Abhängigkeit eines asynchronen Oberwellendrehmoments von der Läuferdrehzahl ein ähnliches Verhalten zu erwarten, wie es vom Grundwellenfeld her bekannt ist. Insbesondere setzt der Mechanismus der Spannungsinduktion in den Käfigmaschen aus, wenn sich die Induktionswelle und der Läufer im Synchronismus befinden. Das ist entsprechend (11.16) bei $\Omega_{0\nu} = \omega_1/\lambda_1'$ bzw. bei $n_{0\nu} = n_0/\lambda_1$ der Fall. Da $|\lambda_{1\min}| = 5$ ist, liegen alle synchronen Drehzahlen der asynchronen Oberwellendrehmomente in der Nähe von $n = 0$. Hinsichtlich der Abhängigkeit eines Oberwellendrehmoments von der Drehzahl ist zu beachten, daß die verursachenden Induktionswellen vom Ständerstrom diktiert werden, der sich aus dem Grundwellenmechanismus ergibt, und nicht von der Spannung wie beim Grundwellenmechanismus selbst. Dadurch erhält man vor allem im Gebiet $s > 1$ bzw. $n < 0$ ausgeprägte Beiträge.

Wenn die Bedingung (11.44) zwischen den Geschwindigkeiten einer Induktionswelle und einer Strombelagswelle gleicher Ordnungszahlen nur bei einer bestimmten Läuferdrehzahl erfüllt ist, entsteht ein sog. *synchrones Oberwellendrehmoment*. Bei anderen Läuferdrehzahlen hat die Induktionswelle dann eine andere Geschwindigkeit als die Strombelagswelle, und man erhält ein pulsierendes Drehmoment. Seine Frequenz f_{m} ist durch (11.43) gegeben und wird offenbar um so kleiner, je mehr man sich der Läuferdrehzahl nähert, bei der $n_{\mathrm{B}\nu} = n_{\mathrm{A}\mu}$ ist (s. Bild 11.6). Ein synchrones Oberwellendrehmoment erscheint, entsprechend den bisherigen Betrachtungen, in der stationären Drehzahl-Drehmoment-Kennlinie als Momentenspitze, die nur bei einer bestimmten Drehzahl existiert. Die pulsierenden Drehmomente, in die das synchrone Oberwellendrehmoment außerhalb dieser Drehzahl übergeht, bilden sich in der stationären Drehzahl-Drehmoment-Kennlinie nicht ab. Ein synchrones Oberwellendrehmoment tritt entsprechend den Schlußfolgerungen aus (11.41) und (11.42) im Fall $\lambda_{\mathrm{A}}' = -\lambda_{\mathrm{B}}'$ bei jener Drehzahl auf, für die $\omega_{\mathrm{A}\mu} = -\omega_{\mathrm{B}\nu}$ ist, und im Fall $\lambda_{\mathrm{A}}' = \lambda_{\mathrm{B}}'$ bei jener, die $\omega_{\mathrm{A}\mu} = \omega_{\mathrm{B}\nu}$ erfüllt. Die gleiche Aussage folgt noch einmal aus (11.44), die die erforderliche Gleichheit der Umlaufgeschwindigkeiten der miteinander reagierenden Wellen zum Ausdruck bringt.

Im folgenden werden nähere Untersuchungen über das Auftreten synchroner Oberwellendrehmomente auf der Grundlage der Induktions- und Strombelagswellen angestellt, die im Abschnitt 11.1 ermittelt wurden. Der Einfluß der Nutung bleibt also unberücksichtigt. Dabei ist es erforderlich, die beiden Fälle $\lambda_{\mathrm{A}}' = \lambda_{\mathrm{B}}'$ bzw. $\lambda_2' = \lambda_1'$ und $\lambda_{\mathrm{A}}' = -\lambda_{\mathrm{B}}'$ bzw. $\lambda_2' = -\lambda_1'$ getrennt zu betrachten.

Da alle Läuferwellen mit $\lambda_2' = \lambda_1'^*$ – d.h. solche , die sich mit $k_2 = 0$ ergeben, und damit von der gleichen Feldwelle verursacht werden, mit der sie ein Drehmoment bilden – auf eine asynchrones Oberwellenmoment führen, können synchrone Oberwellenmomente offensichtlich nur aus dem Zusammenwirken einer Ständerwelle mit einer Läuferwelle entstehen, die von einer anderen Ständerwelle verursacht wird, d.h. für die $\lambda_2' \neq \lambda_1'^*$ ist.

Im Falle $\lambda_2' = \lambda_1'$ folgt aus (11.47)

$$\Omega(\lambda_2' - \lambda_1'^*) = 0 \,,$$

d.h. für Läuferwellen mit $\lambda_2' \neq \lambda_1'^*$ ist die Bedingung für die Entstehung eines zeitlich konstanten Drehmoments nur im Stillstand erfüllt. Synchrone Oberwellendrehmomente mit $\lambda_2' = \lambda_1'$ treten also nur im Stillstand der Maschine auf. Sie verursachen das sog. *Kleben*. Im Bild 11.5 ist ein derartiges Oberwellendrehmoment in die Drehzahl-Drehmoment-Kennlinie eingetragen worden.

Wenn man sich auf das Zusammenwirken der Nutharmonischen des Ständers mit jenen Läuferwellen beschränkt, die von der Hauptwelle ($\lambda_1'^* = p$) des Ständers herrühren,

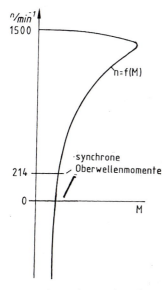

Bild 11.5
Drehzahl-Drehmoment-Kennlinie
einer vierpoligen Asynchronmaschine
mit synchronen Oberwellendrehmomenten
für $\lambda_2' = +\lambda_1'$ bei $n_{0\nu} = 0$ sowie
für $\lambda_2' = -\lambda_1'$ bei $n_{0\nu} = 214$ min^{-1}
(vgl. Tafel 11.2)

folgt aus $\lambda_2' = \lambda_1'$ mit (11.9) und (11.29)

$$\frac{k_2}{k_1} = \frac{N_1}{N_2} \ . \tag{11.48}$$

Dieser Bedingung müssen also die ganzzahligen Wertepaare k_2 und k_1 genügen, wenn die zugehörigen Wellen synchrone Oberwellendrehmomente im Stillstand hervorrufen sollen. Im Extremfall, daß man in Ständer und Läufer die gleiche Nutzahl wählt, folgt aus (11.48) $k_2 = k_1$, d.h., innerhalb der betrachteten Feldwellen liefern sämtliche auftretenden Oberwellenpaare gleicher Ordnungszahl ein synchrones Oberwellendrehmoment bei $n = 0$. Es empfiehlt sich ganz offensichtlich, dieses Nutzahlverhältnis zu vermeiden. Das erste Wertepaar k_1 und k_2, das (11.48) erfüllt, liegt offenbar bei um so größeren Werten, je kleiner der größte gemeinsame Teiler von N_1 und N_2 ist. Je größer aber die ersten in Frage kommenden Werte von k_1 und k_2 sind, um so kleiner sind die Amplituden der zugeordneten Wellen und um so weniger Wellen liefern ein synchrones Oberwellendrehmoment.

Im Falle $\lambda_2' = -\lambda_1'$ folgt aus (11.47)

$$\Omega(\lambda_2' - \lambda_1'^*) = -2\omega_1 \ .$$

Ein synchrones Oberwellenmoment tritt also bei

$$\Omega_{\text{syn}\nu} = -\frac{2\omega_1}{\lambda_2' - \lambda_1'^*} \tag{11.49}$$

auf, Daraus folgt für die Drehzahl $n_{\text{syn}\nu} = \Omega_{\text{syn}\nu}/2\pi$, bei der es beobachtet wird, mit $n_0 = \omega_1/2\pi p$

$$n_{\text{syn}\nu} = -\frac{2n_{0\nu*}}{\dfrac{\lambda_2}{\lambda_1^*} - 1} \ , \tag{11.50}$$

Tafel 11.2 Drehzahlen möglicher synchroner Oberwellendrehmomente für eine vierpolige Dreiphasen-Asynchronmaschine mit $N_2 = 28$ Läufernuten und zugehörige Feldwellen des Läufers, die von der Hauptwelle des Ständers herrühren

	$k_2 = -1$	$k_2 = +1$	$k_2 = -2$	$k_2 = +2$
$n_{0\nu}/\min^{-1}$	214	-214	107	-107
$\lambda_2 = k_2 \dfrac{N_2}{p} + 1$		-13	$+15$	-27	$+29$
$\lambda_1 = -\lambda_2$		$+13$	-15	$+27$	-29
$\lambda_1 = \lambda_{1,\mathrm{NH}}$ entsprechend $\Big\}$ $\Big\{$ $\lambda_{1,\mathrm{NH}} = \pm 6q + 1$ bei $\Big\}$	$\Big\{ \begin{array}{l} q = 2 \\ N_1 = 24 \end{array}$			$\Big\{ \begin{array}{l} q = 5 \\ N_1 = 60 \end{array}$

wobei

$$n_{0\nu*} = \frac{n_0}{\lambda_1^*}$$

ist. Damit erhält man unter Beachtung von (11.29) als aus Sicht der Ausführung des Läufers mögliche Drehzahlen für synchrone Oberwellenmomente

$$n_{\mathrm{syn}\nu} = -\frac{2pn_0}{k_2 N_2} = -\frac{n_0}{k_2 \dfrac{N_2}{2p}} \tag{11.51}$$

mit

$$k_2 = \pm 1; \pm 2; \ldots$$

Voraussetzung für das Auftreten eines derartigen synchronen Oberwellenmoments ist, daß die Ausführung des Ständers eine entsprechende Feldwelle $\lambda_1'^*$ zur Verfügung stellt.

Die Läuferwelle mit $\lambda_2' = \lambda_1'^*$, die sich für $k_2 = 0$ ergibt, liefert, wie oben gezeigt wurde, ein asynchrones Oberwellenmoment, das bei allen Drehzahlen existiert. Aus (11.51) folgt, daß die im Lauf auftretenden synchronen Oberwellenmomente im Bereich kleiner positiver und negativer Drehzahlen liegen. Dabei wird die Drehzahl vom Betrag her umso kleiner, je größer k_2 und damit die Ordnungszahlen der maßgebenden Feldwellen sind. In Tafel 11.2 und 11.3 sind die Drehzahlen möglicher synchroner Oberwellenmomente nach (11.51) für vierpolige Dreiphasen-Asynchronmaschinen und die zugehörigen Werte von λ_2 nach (11.29) für die Feldwellen des Läufers, die von der

Tafel 11.3 Drehzahlen möglicher synchroner Oberwellendrehmomente für eine vierpolige Dreiphasen-Asynchronmaschine mit $N_2 = 32$ Läufernuten und zugehörige Feldwellen des Läufers, die von der Hauptwelle des Ständers herrühren

	$k_2 = -1$	$k_2 = +1$	$k_2 = -2$	$k_2 = +2$
$n_{0\nu}/\min^{-1}$	$+187,5$	$-187,5$	$93,75$	$-93,75$
$\lambda_2 = k_2 \dfrac{N_2}{p} + 1$		-15	$+17$	-31	$+33$
$\lambda_1 = -\lambda_2$		$+15$	-17	$+31$	-33
$\lambda_1 = \lambda_{1,\mathrm{NH}}$ entsprechend $\Big\}$ $\lambda_{1,\mathrm{NH}} = \pm 6q + 1$ bei $\Big\}$		$\Big\{ \begin{array}{l} q = 3 \\ N_1 = 36 \end{array}$	$\Big\{ \begin{array}{l} q = 5 \\ N_1 = 60 \end{array}$	

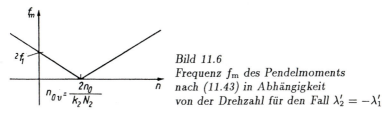

Bild 11.6
Frequenz f_m des Pendelmoments
nach (11.43) in Abhängigkeit
von der Drehzahl für den Fall $\lambda_2' = -\lambda_1'$

Hauptwelle des Ständers herrühren, für $N_2 = 28$ und $N_2 = 32$ angegeben. In die Tafeln wurde auch aufgenommen, bei welcher Ausführung des Ständers die entsprechend $\lambda_1 = -\lambda_2$ erforderlichen Feldwellen des Ständers eine erste Nutharmonische darstellen und deshalb besonders stark ausgeprägt sind.

Wenn man von vornherein nur die Nutharmonischen der Ständerwicklung nach (11.9) und die Läuferwellen, die von der Hauptwelle des Ständers herrühren, betrachtet, folgt aus $\lambda_2' = -\lambda_1'$ mit (11.29) und $\lambda_1'^* = p$

$$k_2 N_2 = -k_1 N_1 - 2p \ . \tag{11.52}$$

Die Nutharmonischen erster Ordnung des Ständers ($|k_1| = 1$) bilden also mit den Läuferoberwellen niedrigster Ordnungszahl ($|k_2| = 1$), die von der Hauptwelle des Ständers hervorgerufen werden, dann ein synchrones Oberwellenmoment, wenn

$$N_2 = N_1 \pm 2p \tag{11.53}$$

ist. Derartige Nutzahlrelationen sollten deshalb vermieden werden. In den Tafeln 11.2 und 11.3 wurden solche Läufernutzahlen gewählt, die im Zusammenwirken mit Ganzlochwicklungen im Ständer für bestimmte Lochzahlen q die Bedingung (11.53) erfüllen.

Zur Demonstration der Abhängigkeit der Frequenz des Pendelmoments von der Drehzahl ist im Bild 11.6 der Verlauf $f_\mathrm{m} = f(n)$ entsprechend (11.43) dargestellt, wie er sich aus (11.11) und (11.32) mit (11.29) ergibt zu

$$f_\mathrm{m} = |2f_1 + k_2 N_2 n| \ . \tag{11.54}$$

11.3   Maschenströme im Käfig, herrührend von einer Feldwelle der Ständerströme

Die allgemeine Induktionswelle des Ständers, die auf den Energiefluß in der Maschine Einfluß nehmen kann, ist entsprechend den Überlegungen im Abschnitt 11.1.1 durch (11.17) bzw. (11.18) gegeben. Dabei wird zunächst davon ausgegangen, daß die Nutöffnung keinen Einfluß auf die Induktionsverteilung ausübt. In diesem Fall ruft jede Durchflutungsharmonische nach (11.6) bzw. (11.14) über $B = (\mu_0/\delta_\mathrm{i})\Theta = \Lambda_0 \Theta$ nur eine Induktionsharmonische nach (11.17) bzw. (11.18) hervor. Man erhält einen Verkettungsmechanismus, wie ihn Bild 11.7 zeigt. Eine betrachtete Induktionsharmonische durchsetzt die Käfigmasche ϱ mit dem Fluß $\Phi_{\mathrm{M}\nu\varrho}$ nach (11.20) bzw. in komplexer Darstellung nach (11.22) mit (11.24). Dieser ruft durch Induktionswirkung den Maschenstrom $i_{\mathrm{M}\nu\varrho}$ hervor, der sich entsprechend (11.25), bzw. in komplexer Darstellung entsprechend (11.26), formulieren lassen muß. Dabei ist es jetzt erforderlich, die hinsichtlich der Wirkung auf den Käfig betrachtete Feldwelle des Ständers zu kennzeichnen, wie dies bereits im Abschnitt 11.1.2 geschehen war, in dem die dadurch hervorgerufene Folge von Feldwellen des Läufers ermittelt wurde.

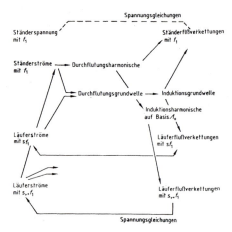

Bild 11.7
Verkettungsmechanismus unter Berücksichtigung
der Induktionsharmonischen des Ständers,
die über $B = \Lambda_0 \Theta$ von den Durchflutungs-
harmonischen des Ständers herrühren

Um quantitative Aussagen zu erhalten, ist es erforderlich, den Zusammenhang zwischen dem Fluß $\Phi_{M\nu\varrho}$ und dem Maschenstrom $i_{M\nu\varrho}$ zu ermitteln. Diesen Zusammenhang liefert die Spannungsgleichung der Käfigmasche. Dabei wird im folgenden von vornherein die Masche 1 betrachtet, die als Bezugsmasche dienen soll und deren Strom entsprechend (11.26) zur Vereinfachung der Schreibweise als $i_{M\nu}$ bezeichnet wird. Der zu betrachtende Ausschnitt des Käfigs ist im Bild 11.8 nochmals schematisch dargestellt (vgl. Bild 8.11).

Da die Flüsse durch eine Käfigmasche und die Maschenströme von keiner anderen Feldwelle des Ständers hervorgerufen werden als der mit $\lambda_1'^*$, ist es nicht erforderlich, diese mit dem Index ν^* statt ν zu versehen. So war auch bereits im Abschnitt 11.1 verfahren worden. Eine entsprechende Unterscheidung ist aber erforderlich für die Amplitude $\widehat{B}_{1,\nu*}$ der Ständerwelle und den Kopplungsfaktor $\xi_{K,\nu*}$ sowie den Schrägungsfaktor $\xi_{\text{schr},\nu*}$, da das Drehmoment – jedenfalls bei synchronen Oberwellenmomenten – mit einer anderen Feldwelle des Ständers gebildet wird. Deren Größen λ_1' und ν' bzw. ν erhalten keine besondere Kennzeichnung, und damit auch nicht die zugehörigen Größen $\widehat{B}_{1,\nu}$, $\xi_{K,\nu}$ und $\xi_{\text{schr},\nu}$. Die Unterscheidung wird aber beim Schlupf der die Läuferströme verursachenden Feldwelle vorgenommen, der damit als $s_{\nu*}$ zu bezeichnen ist.

Von der betrachteten Induktionswelle des Ständers her wird die Masche 1 von einem Fluß entsprechend (11.20) durchsetzt. Einen zweiten Anteil zum Fluß des Luftspaltfelds durch diese Masche liefert das Luftspaltfeld der Maschenströme $i_{M\nu\varrho}$. Dieser Anteil wurde bei der allgemeinen Betrachtung des Käfigläufers im Abschnitt 7.2.1

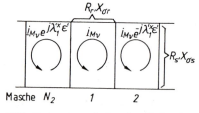

Bild 11.8 Ausschnitt des Käfigs im
Bereich der Masche 1 mit den
Maschenströmen entsprechend (11.26)

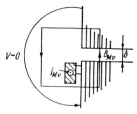

Bild 11.9 Integrationsweg zur Ermittlung
des vom Maschenstrom $i_{M\nu}$
aufgebauten Luftspaltfeldes

durch Summieren der Beiträge der einzelnen Läuferwellen gewonnen. In Analogie dazu müßte von den Durchflutungswellen nach (11.28) ausgegangen werden. Es ist jedoch eleganter, den im folgenden dargelegten Weg zu beschreiten: Da entsprechend den Überlegungen im Abschnitt 4.5.2 zwischen Ständer- und Läuferblechpaket über den Außenraum kein magnetischer Spannungsabfall existiert, erhält man die über der Maschenfläche herrschende Induktion mit Bild 11.9 unmittelbar zu

$$B_{\mathrm{M}\nu} = \frac{\mu_0}{\delta_{\mathrm{i}}} i_{\mathrm{M}\nu}$$

und damit als Beitrag zum Fluß durch die Masche 1

$$\underline{\Phi}_{\mathrm{M}\nu} = \frac{\mu_0}{\delta_{\mathrm{i}}} \tau_{\mathrm{n}2} l_{\mathrm{i}} \underline{i}_{\mathrm{M}\nu} \ . \tag{11.55}$$

Der Faktor vor $\underline{i}_{\mathrm{M}\nu}$ stellt offensichtlich die dem Luftspaltfeld zugeordnete Selbstinduktivität der Käfigmaschen dar. Damit läßt sich nunmehr die Spannungsgleichung der Käfigmasche aufstellen. Man erhält, ausgehend von Bild 11.8 mit (11.20) und (11.55), wenn die Frequenz der Läufergrößen entsprechend (11.19) bzw. (11.25) durch $s_\nu \cdot \omega_1$ mit s_{ν^*} nach (11.12) ausgedrückt wird,

$$2[R_{\mathrm{s}} + R_{\mathrm{r}} + \mathrm{j} s_{\nu^*}(X_{\sigma\mathrm{s}} + X_{\sigma\mathrm{r}})]\underline{i}_{\mathrm{M}\nu} - [R_{\mathrm{s}} + \mathrm{j} s_{\nu^*} X_{\sigma\mathrm{s}}]\underline{i}_{\mathrm{M}\nu}(\mathrm{e}^{\mathrm{j}\lambda_1^* \varepsilon} + \mathrm{e}^{-\mathrm{j}\lambda_1^* \varepsilon})$$
$$+ \mathrm{j} s_{\nu^*} \omega_1 \frac{\mu_0}{\delta_{\mathrm{i}}} \tau_{\mathrm{n}2} l_{\mathrm{i}} \underline{i}_{\mathrm{M}\nu} + \mathrm{j} s_{\nu^*} \omega_1 \tau_{\mathrm{n}2} l_{\mathrm{i}} \xi_{\mathrm{K},\nu^*} \xi_{\mathrm{schr},\nu^*} \widehat{B}_{1,\nu^*} \, \mathrm{e}^{\mathrm{j}(\varphi_{\mathrm{i}1} - \lambda_1'^* \vartheta_0')} = 0 \ .$$

Daraus folgt mit $2 - \mathrm{e}^{\mathrm{j}\lambda_1^* \varepsilon} - \mathrm{e}^{-\mathrm{j}\lambda_1^* \varepsilon} = 4\sin^2 \frac{\lambda_1^* \varepsilon}{2} = 4\sin^2 \frac{\nu^* \varepsilon}{2}$, wenn gleichzeitig durch s_{ν^*} dividiert wird:

$$\boxed{\left(\frac{R_{\mathrm{M}\nu}}{s_{\nu^*}} + \mathrm{j} X_{\mathrm{M}\nu}\right) \underline{i}_{\mathrm{M}\nu} + \mathrm{j}\omega_1 \tau_{\mathrm{n}2} l_{\mathrm{i}} \xi_{\mathrm{K},\nu^*} \xi_{\mathrm{schr}\nu^*} \widehat{B}_{1,\nu^*} \, \mathrm{e}^{\mathrm{j}(\varphi_{\mathrm{i}1} - \lambda_1'^* \vartheta_0')}} \tag{11.56}$$

mit

$$R_{\mathrm{M}\nu} = 4 R_{\mathrm{s}} \sin^2 \frac{\nu^* \varepsilon}{2} + 2 R_{\mathrm{r}} \tag{11.57}$$

$$X_{\mathrm{M}\nu} = \underbrace{4 X_{\sigma\mathrm{s}} \sin^2 \frac{\nu^* \varepsilon}{2} + 2 X_{\sigma\mathrm{r}}}_{X_{\sigma\mathrm{M}\nu^*}} + \underbrace{\omega_1 \frac{\mu_0}{\delta_{\mathrm{i}}} \tau_{\mathrm{n}2} l_{\mathrm{i}}}_{X_{\delta\mathrm{M}}} = X_{\sigma\mathrm{M}\nu^*} + X_{\delta\mathrm{M}} \tag{11.58}$$

Dabei sind Widerstand $R_{\mathrm{M}\nu^*}$ und Gesamtreaktanz $X_{\mathrm{M}\nu^*}$ der Masche wegen des Faktors $\sin^2 \nu^* \varepsilon/2$ von der Ordnungszahl ν^* der betrachteten Ständerwelle abhängig.

Aus (11.56) erhält man $\underline{i}_{\mathrm{M}\nu^*}$ als

$$\underline{i}_{\mathrm{M}\nu^*} = \omega_1 \tau_{\mathrm{n}2} l_{\mathrm{i}} \xi_{\mathrm{K},\nu^*} \xi_{\mathrm{schr},\nu^*} \widehat{B}_{1,\nu^*} \frac{1}{\widehat{Z}_{\mathrm{M}\nu^*}} \mathrm{e}^{\mathrm{j}(\varphi_{\mathrm{i}1} - \varphi_{Z\mathrm{M}\nu^*} + \pi/2 - \lambda_1^* \vartheta_0)} \tag{11.59}$$

mit

$$\underline{Z}_{\mathrm{M}\nu^*} = \widehat{Z}_{\mathrm{M}\nu^*} \, \mathrm{e}^{\mathrm{j}\varphi_{Z\mathrm{M}\nu^*}} = \frac{R_{\mathrm{M}\nu^*}}{s_{\nu^*}} + \mathrm{j} X_{\mathrm{M}\nu^*} \ . \tag{11.60}$$

Es wird deutlich, daß die Wirkung einer Induktionswelle B_{1,ν^*} des Ständers auf den Käfig entscheidend vom Kopplungsfaktor ξ_{K,ν^*} nach (11.21) bzw. Bild 11.3 sowie vom Schrägungsfaktor $\xi_{\mathrm{schr},\nu^*}$ nach (5.54) abhängt. Durch zweckmäßige Schrägung kann die Kopplung mit einer bestimmten Induktionswelle vollständig vermieden werden.

Um das für die ersten Nutharmonischen des Ständers zu erreichen, muß nach den Überlegungen im Abschnitt 5.6 um eine Ständernutteilung geschrägt werden. Das Wirksamwerden der Schrägung setzt allerdings voraus, daß der Käfig gegenüber dem Blechpaket isoliert ist. Anderenfalls schließen sich die Maschenströme teilweise über das Blechpaket und machen dadurch den Effekt der Schrägung rückgängig. Darauf wird im Abschnitt 11.4 nochmals einzugehen sein.

11.4   Asynchrone Oberwellenmomente

Die im Abschnitt 11.3 entwickelte Spannungsgleichung einer Käfigmasche für eine Feldwelle der Ständerströme läßt sich weiterentwickeln, wenn nur die asynchronen Oberwellenmomente Berücksichtigung finden. In diesem Fall wirken die Läuferströme, die eine Feldwelle des Ständers verursacht, mit einer Feldwelle auf den Ständer zurück, die die gleiche Ordnungszahl und die gleiche Umlaufgeschwindigkeit wie die verursachende Feldwelle des Ständers besitzt. Es ist $\lambda_2' = \lambda_1' = \lambda_1'^*$ bzw. $\nu' = \mu' = \nu'^*$. Eine Rückwirkung auf den Ständer durch Feldwellen der Läuferströme, deren Ordnungszahl und Umlaufgeschwindigkeit nicht gleich der der verursachenden Feldwelle des Ständers ist, findet nicht statt. Mit $\lambda_2' = \lambda_1' = \lambda_1'^*$ ist es im folgenden nicht mehr erforderlich, zwischen diesen Größen zu unterscheiden.Es wird stets mit λ_1' bzw. mit ν' gearbeitet.

Die weiteren Betrachtungen beschränken sich weiterhin zunächst auf den Fall, daß der Einfluß der Nutung vernachlässigbar ist. Dann erhält man $\widehat{B}_{1,\nu}$ aus (11.17) mit $\widehat{\Theta}_{1,1}$ nach (11.8), und (11.56) geht unter Einführung von $X_\mathrm{h} = \omega_1 L_\mathrm{h} = \omega_1 \dfrac{\mu_0}{\delta_\mathrm{i}} \dfrac{3}{2} \dfrac{4}{\pi} \dfrac{2}{\pi} \tau_\mathrm{p} l_\mathrm{i} \dfrac{(w\xi_1)_1^2}{2p}$ entsprechend (7.15) über in

$$\left(\frac{R_{\mathrm{M}\nu}}{s_\nu} + \mathrm{j} X_{\mathrm{M}\nu} \right) \underline{i}_{\mathrm{M}\nu} + \mathrm{j} \frac{1}{\nu^2} \frac{\xi_{1,\nu}^2}{\xi_{1,1}^2} X_\mathrm{h} \frac{1}{w_1 \xi_{1,\nu}} \frac{\pi p \nu}{N_2} \xi_{\mathrm{K},\nu} \xi_{\mathrm{schr},\nu} \underline{i}_1 \, \mathrm{e}^{-\mathrm{j}\lambda_1'^* \vartheta_0'} = 0 \; . (11.61)$$

Wie man sich leicht überzeugt, entspricht diese Beziehung der Spannungsgleichung (8.114) der Käfigmasche 1, die unter Voraussetzung des Prinzips der Grundwellenverkettung, d.h. also für die Hauptwelle mit $\nu' = p$ bzw. $\nu = 1$, abgeleitet wurde. Es ist lediglich zu beachten, daß jetzt der Ursprung des Läuferkoordinatensystems so gelegt werden muß, daß die Masche ϱ des Käfigs die Koordinate $(\varrho - 1)\varepsilon'$ erhält. Dadurch tritt jetzt ϑ_0 an die Stelle von $\vartheta_0 + \dfrac{\pi}{2} - \dfrac{\varepsilon}{2}$. Außerdem wurde der Kopplungsfaktor nach (11.21) eingeführt.

Im folgenden soll zunächst untersucht werden, wie sich die Spannungsgleichung der Käfigmasche für eine Induktionswelle λ_1 des Ständers in das Ersatzschaltbild einfügt, das unter Einführung transformierter Läufergrößen auf der Grundlage von $\ddot{u}_\mathrm{h} = (w\xi_1)_1/(w\xi_1)_2$ als Bild (8.14) ermittelt wurde. Es ist im Bild 11.10a nochmals dargestellt, wobei die ausführliche Kennzeichnung der Schaltelemente entsprechend (8.117) eingeführt und berücksichtigt wurde, daß $\underline{u}_2 = 0$ ist. Ferner wurde die Ständerstreureaktanz aufgelöst in die Streureaktanz $X_{\sigma\mathrm{nwz}1}$, die den Feldern im Nut, Wicklungskopf- und Zahnkopfraum zugeordnet ist, und eine Folge von Reaktanzen $X_{\mathrm{h}\nu}$, die den einzelnen Induktionsoberwellen der Ständerströme nach (11.17) zugeordnet sind und zusammen die Streureaktanz $X_{\sigma\mathrm{o}1}$ der Oberwellenstreuung des Ständers bilden. Man erhält $X_{\mathrm{h}\nu}$ mit (5.27) und (5.28) unter Einführung von (11.17) aus

$$X_{\mathrm{h}\nu} \underline{i}_1 = \omega_1 \frac{\mu_0}{\delta_\mathrm{i}} \frac{3}{2} \frac{4}{\pi} \frac{(w_1 \xi_{1,\nu})^2}{2p} \frac{2}{\pi} \tau_\mathrm{p} l_\mathrm{i} \frac{1}{\nu^2} \underline{i}_1 \; , \tag{11.62}$$

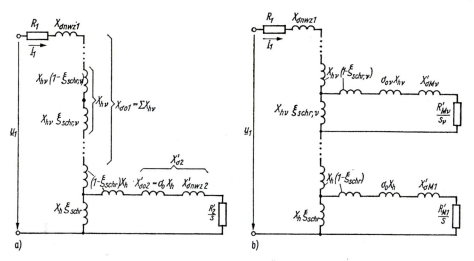

Bild 11.10 *Ersatzschaltbild auf Basis des reellen Übersetzungsverhältnisses $\ddot{u}_\mathrm{h}$ unter Einbeziehung der Kopplung der betrachteten Käfigmasche mit Oberwellenfeldern*
a) Ausgangsanordnung (vgl. Bild 8.14);
b) Ersatzschaltbild mit einer Masche für eine Ständeroberwelle ν

unter Einführung von X_h zu

$$X_{\mathrm{h}\nu} = \frac{1}{\nu^2}\frac{\xi_{1,\nu}^2}{\xi_{1,1}^2} X_\mathrm{h} \; . \tag{11.63}$$

Die Läuferströme liefern mit (5.27) und (5.28) als Rückwirkung auf die betrachtete Induktionswelle λ_1 des Ständers, ausgehend von $\Theta_{2\nu,\mu}$ nach (11.28) für $\lambda_2 = \lambda_1$ unter Beachtung der Schrägung als Beitrag zur Spannungsgleichung des Strangs a

$$\mathrm{j}\omega_1(w_1\xi_{1,\nu})\frac{2}{\pi}\tau_\mathrm{p} l_\mathrm{i} \frac{1}{\nu}\xi_{\mathrm{schr},\nu}\frac{\mu_0}{\delta_\mathrm{i}}\xi_{\mathrm{K},\nu}\underline{i}_{\mathrm{M},\nu} = \mathrm{j}X_{\mathrm{h}\nu}\xi_{\mathrm{schr},\nu}\frac{1}{w_1\xi_{1,\nu}}\frac{\pi p\nu}{3}\xi_{\mathrm{K},\nu}\underline{i}_{\mathrm{M}\nu} \; .$$

Wenn die Erweiterung des Ersatzschaltbilds für die einzelnen Ständerwellen analog aufgebaut sein soll wie die Masche für die Hauptwelle, muß entsprechend Bild 11.10a der gemeinsame Querzweig aus dem Schaltelement $X_{\mathrm{h}\nu}\xi_{\mathrm{schr},\nu}$ bestehen. Damit ist als transformierter Maschenstrom $\underline{i}'_{\mathrm{M}\nu}$ einzuführen

$$\underline{i}'_{\mathrm{M}\nu} = \frac{\pi p\nu}{3(w_1\xi_{1,\nu})}\xi_{\mathrm{K},\nu}\underline{i}_{\mathrm{M}\nu} \; . \tag{11.64}$$

Wenn man (11.61) mit dem gleichen Ziel umformt, erhält man unter Beachtung der Gleichungen (11.57), (11.58) und (11.63):

$$\boxed{\left(\frac{R'_{\mathrm{M}\nu}}{s_\nu} + \mathrm{j}X'_{\sigma\mathrm{M}\nu} + \mathrm{j}\sigma_{\mathrm{o}\nu}X_{\mathrm{h}\nu}\right)\underline{i}'_{\mathrm{M}\nu} + \mathrm{j}X_{\mathrm{h}\nu}\xi_{\mathrm{schr},\nu}(\underline{i}_1 + \underline{i}'_{\mathrm{M}\nu}) = 0} \tag{11.65}$$

mit

$$
\begin{aligned}
R'_{\mathrm{M}\nu} &= R_{\mathrm{M}\nu} \frac{(w_1\xi_{1,\nu})^2}{\sin^2 \dfrac{\nu\varepsilon}{2}} \frac{3}{N_2} = \frac{12}{N_2}(w_1\xi_{1,\nu})^2 \left(R_{\mathrm{s}} + \frac{R_{\mathrm{r}}}{2\sin^2 \dfrac{\nu\varepsilon}{2}} \right) \\[3ex]
X'_{\sigma\mathrm{M}\nu} &= X_{\sigma\mathrm{M}\nu} \frac{(w_1\xi_{1,\nu})^2}{\sin^2 \dfrac{\nu\varepsilon}{2}} \frac{3}{N_2} = \frac{12}{N_2}(w_1\xi_{1,\nu})^2 \left(X_{\sigma\mathrm{s}} + \frac{X_{\sigma\mathrm{r}}}{2\sin^2 \dfrac{\nu\varepsilon}{2}} \right)
\end{aligned}
\tag{11.66}
$$

$$
\sigma_{\mathrm{o}\nu} = \frac{1}{\xi_{\mathrm{K},\nu}^2} - 1
\tag{11.67}
$$

Die entsprechenden Beziehungen für die Hauptwelle des Ständerfelds ergeben sich aus (8.114) mit $\vartheta_0 + \pi/2 - \varepsilon/2 = 0$ zu

$$
i'_{\mathrm{M}} = \frac{N_2}{3w_1\xi_{1,1}} \sin \frac{\varepsilon}{2} i_{\mathrm{M}}
$$

sowie $R'_{\mathrm{M}} = R'_2$ und $X'_{\sigma\mathrm{M}} = X'_{\sigma 2} - \sigma_{\mathrm{o}}X_{\mathrm{h}}$ nach (8.119).

Im Bild 11.10b ist das erweiterte Ersatzschaltbild dargestellt. Dabei wurden in der Masche für die Hauptwelle, entsprechend den oben angestellten Überlegungen, die Läuferparameter $X'_{\sigma 2}$ und R'_2 durch die Maschengrößen nach (11.57) und (11.58) ersetzt. Dadurch wird deutlich, daß das Schaltelement $\sigma_{\mathrm{o}\nu}X_{\mathrm{h}\nu}$ der Oberwellenstreuung der Käfigmasche bezüglich ihres Zusammenwirkens mit einer Feldwelle $\nu = |\lambda_1|$ zugeordnet ist. Wenn man sich einen ungeschrägten Läufer ohne Nut-, Wicklungskopf- und Zahnkopfstreuung vorstellt, wird der Strom $i_{\mathrm{M}\nu}$ allein durch die Oberwellenstreuung nach Maßgabe von $\sigma_{\mathrm{o}\nu}X_{\mathrm{h}\nu}$ bestimmt. Im Bild 11.11 ist der Streukoeffizient $\sigma_{\mathrm{o}\nu}$ der Oberwellenstreuung nach (11.67) mit $\xi_{\mathrm{K},\nu}$ nach (11.21) als Funktion von

$$
\frac{\nu'\varepsilon'}{2} = \frac{\nu\varepsilon}{2} \quad \text{bzw. von} \quad \frac{\tau_{\mathrm{n}2}}{\tau_{\mathrm{p}\nu}} = \frac{\nu\varepsilon}{2}\frac{2}{\pi} \quad \text{bzw. von} \quad \nu' = \frac{\nu\varepsilon}{2}\frac{N_2}{\pi}
$$

dargestellt. Man erkennt, daß die Oberwellenstreuung für Ständerwellen mit $\nu' > N_2/2$ sehr groß wird, so daß $\sigma_{\mathrm{o}\nu}X_{\mathrm{h}\nu}$ in der zugeordneten Masche des Ersatzschaltbilds dominiert. Für eine gegebene Ordnungszahl ν ändert sich der Streukoeffizient der Oberwellenstreuung außerordentlich stark mit der Maschenweite der Läufermasche, d.h. mit der Läufernutteilung. Je kleiner die Läufernutteilung, d.h. je größer die Läufernutzahl ist, um so besser ist der Käfig offensichtlich mit einer betrachteten Ständerwelle verkettet.

Das Drehmoment erhält man mit Hilfe von (11.46). Wie in den bisherigen Betrachtungen des Kapitels 11 bleibt auch im folgenden bei der Ermittlung der Drehzahl-Drehmoment- bzw. Schlupf-Drehmoment-Kennlinie der Einfluß der Nutung zunächst unberücksichtigt. Die allgemeine Induktionswelle nach (11.37) ist dann durch (11.18) mit $\widehat{B}_{1,\nu}$ aus (11.17) und (11.4) gegeben, d.h., für ihre Bestimmungsgrößen gilt unter Beachtung von (11.19):

$$
\widehat{B}_\nu = \widehat{B}_{1,\nu} = \frac{\mu_0}{\delta_{\mathrm{i}}} \frac{3}{2} \frac{4}{\pi} \frac{w_1\xi_{1,\nu}}{2} \frac{1}{\nu'} \widehat{i}_1 \ .
$$

$$
\lambda'_{\mathrm{B}} = \lambda'_1 \ ; \qquad \omega_{\mathrm{B}\nu} = |s_\nu|\omega_1 \ ; \qquad \varphi_{\mathrm{B}\nu} = \varphi_{i1} \ .
$$

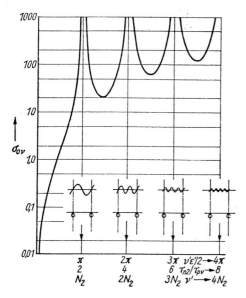

Bild 11.11
Streukoeffizient $\sigma_{\mathrm{o}\nu}$ der Oberwellenstreuung
eines Käfigläufers bezüglich
seines Zusammenwirkens
mit einer Ständerwelle $\nu = |\lambda_1|$
als Funktion von $\nu'\varepsilon'/2 = \nu\varepsilon/2$
bzw. von $\tau_{\mathrm{n}2}/\tau_{\mathrm{p}\nu} = (\nu\varepsilon/2)(2/\pi)$
bzw. von $\nu' = (\nu\varepsilon/2)(N_2/\pi)$

Sie ruft entsprechend den Betrachtungen im Abschnitt 11.1 eine Folge von Strombelagswellen nach (11.34) hervor, von denen jene mit $\lambda_2' = \lambda_1'$ mit der Ständerwelle ein asynchrones Drehmoment bildet. Für die Bestimmungsstücke der allgemeinen Strombelagswelle nach (11.38) gilt also mit (11.34):

$$\widehat{A}_\mu = \frac{2}{D}\lambda_1'\xi_{\mathrm{K},\nu}\widehat{i}_{\mathrm{M}\nu}$$

$$\omega_{\mathrm{A}\mu} = |s_\nu|\omega_1 \; ; \qquad \lambda_{\mathrm{A}}' = \lambda_1' \; ; \qquad \varphi_{\mathrm{A}\mu} = \varphi_{i\mathrm{M}\nu} + \pi/2 \; .$$

Damit liefert (11.42) für das Oberwellendrehmoment unter Einführung von $X_{\mathrm{h}\nu}$ aus (11.62)

$$M_\nu = \frac{\pi p\nu}{2\omega_1(w_1\xi_{1,\nu})}\lambda_1'\frac{X_{\mathrm{h}\nu}}{\omega_1(w_1\xi_{1,\nu})}\xi_{\mathrm{K},\nu}\xi_{\mathrm{schr},\nu}\,\mathrm{Im}\{\underline{i}_1\underline{i}_{\mathrm{M}\nu}^*\} \; . \qquad (11.68)$$

Für $\underline{i}_{\mathrm{M}\nu}^*$ erhält man aus (11.61) unter Einführung von $X_{\mathrm{h}\nu}$ nach (11.63) unmittelbar

$$\underline{i}_{\mathrm{M}\nu}^* = \mathrm{j}\frac{\pi p\nu}{N_2}\frac{X_{\mathrm{h}\nu}}{(w_1\xi_{1,\nu})}\xi_{\mathrm{K},\nu}\xi_{\mathrm{schr},\nu}\frac{\dfrac{R_{\mathrm{M}\nu}}{s_\nu}+\mathrm{j}X_{\mathrm{M}\nu}}{\left(\dfrac{R_{\mathrm{M}\nu}}{s_\nu}\right)^2 + X_{\mathrm{M}\nu}^2}\underline{i}_1^* \; .$$

Damit geht (11.68) über in

$$M_\nu = \frac{(\pi p\nu)^2}{N_2}\frac{\lambda_1'}{\omega_1}\frac{X_{\mathrm{h}\nu}^2\xi_{\mathrm{K},\nu}^2\xi_{\mathrm{schr},\nu}^2}{(w_1\xi_{1,\nu})^2X_{\mathrm{M}\nu}}\frac{I_1^2}{\dfrac{R_{\mathrm{M}\nu}}{X_{\mathrm{M}\nu}}\dfrac{1}{s_\nu}+\dfrac{X_{\mathrm{M}\nu}}{R_{\mathrm{M}\nu}}s_\nu} \; .$$

Das ist eine Beziehung, die der bekannten Klossschen Beziehung für das Drehmoment des Grundwellenfelds ähnelt [vgl. (10.32) mit $R_1 = 0$]. Man erhält in normierter Form

$$\frac{M_\nu}{M_{\mathrm{kipp}\nu}} = \frac{2}{\dfrac{s_{\mathrm{kipp}\nu}}{s_\nu} + \dfrac{s_\nu}{s_{\mathrm{kipp}\nu}}} .$$ (11.69)

Dabei beträgt das Kippmoment $M_{\mathrm{kipp}\nu}$ unter Einführung von $X_{\mathrm{h}\nu}$ nach (11.63) und $X_{\mathrm{M}\nu}$ nach (11.58)

$$M_{\mathrm{kipp}\nu} = \frac{3}{2}\frac{\lambda_1'}{\omega_1}\frac{X_{\mathrm{h}\nu}}{1 + \dfrac{X_{\sigma \mathrm{M}\nu}}{X_{\delta \mathrm{M}}}}\xi_{\mathrm{K},\nu}^2\xi_{\mathrm{schr},\nu}^2 I_1^2 \approx \frac{3}{2}\frac{\lambda_1'}{\omega_1}X_{\mathrm{h}\nu}\xi_{\mathrm{K},\nu}^2\xi_{\mathrm{schr},\nu}^2 I_1^2$$ (11.70)

und der Kippschlupf

$$s_{\mathrm{kipp}\nu} = \frac{R_{\mathrm{M}\nu}}{X_{\mathrm{M}\nu}} = \frac{R_{\mathrm{M}\nu}}{X_{\delta \mathrm{M}}}\frac{1}{1 + \dfrac{X_{\sigma \mathrm{M}\nu}}{X_{\delta \mathrm{M}}}} .$$ (11.71)

Der Unterschied zu den entsprechenden Beziehungen für das Grundwellendrehmoment [s. (10.30) bis (10.32) mit $R_1 = 0$] ist in erster Linie dadurch gegeben, daß für die Oberwellendrehmomente der Strom I_1 vorgegeben ist, während für das Grundwellendrehmoment die Spannung U_1 festliegt. Dabei wird der Strom I_1 weitgehend allein durch die mit dem Grundwellenfeld verknüpften Vorgänge bestimmt, die Rückwirkung der Oberwellenerscheinungen auf den Strom ist relativ gering. Durch den Betrieb mit konstantem Strom, wie er für die Oberwellendrehmomente, zumindest in der Nähe ihrer synchronen Drehzahl, praktisch vorliegt und wie er durch (11.70) wiedergegeben wird, ist für den Kippschlupf die Gesamtreaktanz der Masche und nicht ihre Streureaktanz maßgebend wie beim Betrieb an konstanter Spannung. Dadurch erhält man kleinere Werte des Kippschlupfs und damit spitze Drehmomentsättel.

Im normalen Arbeitsbereich der Asynchronmaschine zwischen Synchronismus und Bemessungsdrehzahl ist $s_\nu < 0$ bei $\lambda_1' > 0$ und $s_\nu > 0$ bei $\lambda_1' < 0$ (s. Bild 11.2). Damit liefern sämtliche Oberwellendrehmomente entsprechend (11.69) und (11.70) in diesem Bereich negative Beiträge. Im ersten Fall $[s_\nu < 0; \lambda_1' > 0]$ liegt für die Oberwelle übersynchroner Betrieb vor und im zweiten $[s_\nu > 0, \lambda_1' < 0]$ Gegenstrombremsbetrieb. Energetisch gesehen, rufen die Oberwellen im normalen Arbeitsbereich der Asynchronmaschine zusätzliche Verluste hervor. Im Bild 11.12 sind zur Demonstration der bisher erhaltenen Ergebnisse außer dem Grundwellendrehmoment asynchrone Oberwellendrehmomente für $\lambda_1 = -5$ und $\lambda_1 = 7$ in ihrem prinzipiellen Verlauf sowie die zugehörige resultierende Drehzahl-Drehmoment-Kennlinie dargestellt. Besondere Beachtung muß – wie bei allen Oberwellenerscheinungen – den Nutharmonischen geschenkt werden. Darauf wird im Zusammenhang mit der Behandlung des Nutungseinflusses näher einzugehen sein. Die Symmetrieeigenschaft $M_\nu(-s_\nu) = -M_\nu(s_\nu)$ in der Schlupf-Drehmoment-Kennlinie eines asynchronen Oberwellendrehmoments ist entsprechend (11.70) nur solange gewahrt, wie I_1 sich nicht wesentlich ändert. Unter dem Einfluß der Abhängigkeit $I_1(n)$ bzw. $I_1(s)$ (s. Bild 11.12) geht ein Oberwellendrehmoment im Bereich $n > n_{0\nu}$ schneller auf Null zurück als im Bereich $n < n_{0\nu}$. Diese Tendenz wird durch die Wirkung der Stromverdrängung verstärkt. Der wirksame Widerstand $R_{\mathrm{M}\nu}$ erhöht sich zwar für $+s_\nu$ und $-s_\nu$ im gleichen Maß, aber auf das Drehmoment hat die

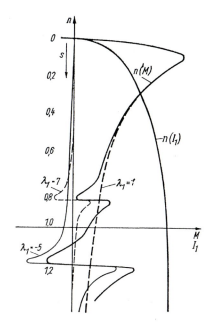

Bild 11.12
Drehzahl-Drehmoment-Kennlinie
einer Asynchronmaschine
mit asynchronen Oberwellendrehmomenten
für $\nu = 5$ und $\nu = 7$
sowie die Kennlinie $n(I_1)$

Widerstandserhöhung praktisch nur im Gebiet $n < n_{0\nu}$, in dem $I_1 \approx I_{1\mathrm{a}}$ ist, Einfluß. Das ist ein Grund dafür, daß die Drehzahl-Drehmoment-Kennlinien unter dem Einfluß asynchroner Oberwellendrehmomente vor allem im Gebiet $n < 0$ nachdrücklich beeinflußt werden. Im Bild 11.13 ist der prinzipielle Verlauf eines Oberwellendrehmoments unter Berücksichtigung der Stromverdrängung dargestellt. Bild 11.14 zeigt eine gemessene Drehzahl-Drehmoment-Kennlinie eines Motors mit den Daten $P = 8\,\mathrm{kW}$, $N_1 = 36$, $N_2 = 46$ und $2p = 4$ nach [23]. Dabei treten die asynchronen Oberwellendrehmomente der beiden ersten Nutharmonischen mit $\lambda_1 = -17$ und $\lambda_1 = +19$ bei $n_{0,17} = -88\,\mathrm{min}^{-1}$ und $n_{0,19} = 79\,\mathrm{min}^{-1}$ in Erscheinung.

Das Wirksamwerden eines asynchronen Oberwellendrehmoments auf die Drehzahl-Drehmoment-Kennlinie einer Maschine hängt von der Größe des Kippmoments nach (11.70) ab. Um seinen Einfluß unmittelbar abschätzen zu können, empfiehlt es sich, dieses Kippmoment auf das Anzugsmoment $M_{\mathrm{a}1}$ des Grundwellendrehmoments zu beziehen. Letzteres folgt aus (10.30) bis (10.32) mit $R_1 = 0$ zu

$$M_{\mathrm{a}1} \approx 2M_{\mathrm{kipp}}s_{\mathrm{kipp}} \approx \frac{3p}{\omega_1}\frac{U_1^2}{X_\varnothing}s_{\mathrm{kipp}} \ , \tag{11.72}$$

wobei der eventuell vorhandene Einfluß der Stromverdrängung in s_{kipp} berücksichtigt werden muß. Damit erhält man unter Beachtung von $I_{1\mathrm{a}} \approx U_1/X_\varnothing$ und $I_{1\mathrm{l}} \approx U_1/X_{\mathrm{h}}$ sowie mit $I_1 \approx I_{1\mathrm{a}}$ in (11.70)

$$\boxed{\frac{M_{\mathrm{kipp}\nu}}{M_{\mathrm{a}1}} \approx \frac{1}{2\lambda_1}\left(\frac{I_{1\mathrm{a}}}{I_{1\mathrm{l}}}\right)\left(\frac{\xi_{1,\nu}}{\xi_{1,1}}\right)^2 \xi_{\mathrm{K},\nu}^2\xi_{\mathrm{schr},\nu}^2\frac{1}{s_{\mathrm{kipp}}}} \ . \tag{11.73}$$

Gleichung (11.73) bringt zunächst zum Ausdruck, daß die Nutharmonischen wegen $|\xi_{1,\mathrm{NH}}| = |\xi_{1,1}|$ hinsichtlich der Entwicklung merklicher Oberwellendrehmomente eine Vorzugsstellung einnehmen. Weiterhin erkennt man den außerordentlich starken Ein-

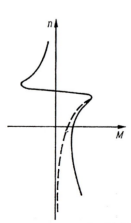

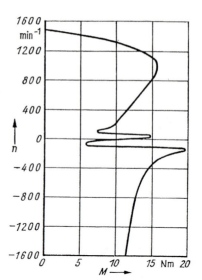

Bild 11.13 *Drehzahl-Drehmoment-*
Kennlinie eines asynchronen
Oberwellendrehmoments unter
dem Einfluß der Stromverdrängung

Bild 11.14 *Gemessene Drehzahl-Drehmoment-*
Kennlinie eines Asynchronmotors
mit den Daten:
$P = 8\,\mathrm{kW}$, $N_1 = 36$, $N_2 = 46$, $2p = 4$ [23]

fluß des Kopplungsfaktors $\xi_{\mathrm{K},\nu}$ nach (11.21). Das wird deutlich, wenn man, ausgehend von (11.67), $\xi_{\mathrm{K},\nu}^2 = 1/(\sigma_{\mathrm{o}\nu} + 1)$ setzt und $\sigma_{\mathrm{o}\nu}$ in Abhängigkeit von $(\tau_{\mathrm{n2}}/\tau_{\mathrm{p}})\nu$ nach Bild 11.11 betrachtet. Man erkennt, daß besonders für solche Harmonische eine gute Kopplung besteht und damit große Werte des Kopplungsfaktors $\xi_{\mathrm{K},\nu}$ wirksam werden, deren Ordnungszahlen ν' merklich kleiner als N_2 ist. Für den Fall, daß $N_2 > N_1$ ist [z.B. $N_1 = 36$, $N_2 = 46$ wie im Beispiel von Bild 11.14], wird N_2 größer als die Ordnungszahlen $\nu'_{\mathrm{NH}} = N_1 \pm p$ der ersten Nutharmonischen. Diese können deshalb große Oberwellendrehmomente hervorrufen. Aus diesem Grund vermeidet man nach Möglichkeit Nutzahlkombinationen mit $N_2 > N_1$. Als dritter Einfluß wird in (11.73) der der Schrägung deutlich. Demnach läßt sich ein Oberwellendrehmoment einer Ständerwelle durch zweckmäßige Schrägung klein halten oder ganz unterdrücken. Da im Spektrum der Ständerwelle die Nutharmonischen erster Ordnung besonders stark ausgeprägt sind, wird der Läufer i.allg. mit Rücksicht auf diese, entsprechend den Überlegungen im Abschnitt 5.6, um eine Ständernutteilung geschrägt. Der Effekt tritt allerdings meist nicht im gewünschten Maß auf, da die Betrachtungen stillschweigend einen gegen das Läuferblechpaket isolierten Käfig voraussetzen, gewöhnlich aber gegossene Käfige vorliegen. Solange keine Schrägung ausgeführt ist, spielt der endliche Übergangswiderstand zwischen den Käfigstäben und dem Blechpaket praktisch keine Rolle. Die Querströme durch das Blechpaket vergrößern lediglich die in diesem Fall ohnehin in Form regulärer Maschenströme vorhandene Rückwirkung des Läufers auf eine Ständerwelle geringfügig. Demgegenüber kommt es bei einem geschrägten Läufer, herrührend von den Querströmen durch das Blechpaket, auch dann zu einer Läuferreaktion mit einer Feldwelle des Ständers, wenn diese mit der Läufermasche als Ganzes gar nicht verkettet ist. Integrationswege, die sich entsprechend Bild 11.15 über das Blechpaket schließen und nur einen Teil der Käfigmasche erfassen, durchsetzt die betrachtete Ständerwelle mit einem endlichen Fluß. Die Läuferströme und damit das zugeordnete Oberwellendrehmoment hängen natürlich noch von der Größe des Übergangswiderstands zwischen Käfig und Blechpaket bzw. des längenbezogenen

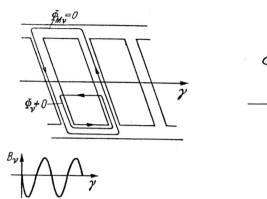

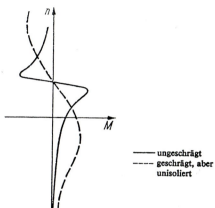

Bild 11.15   *Zur Entstehung von Querströmen über das Blechpaket, die trotz idealer Schrägung zu einer Läuferreaktion auf eine Ständerwelle führen*

Bild 11.16   *Drehzahl-Drehmoment-Kennlinie einer Ständerwelle unter dem Einfluß der Schrägung und der endlichen Querströme über das Läuferblechpaket [23]*

Querwiderstands zwischen benachbarten Stäben ab. Da der wirksame Widerstand auf alle Fälle größer wird als der einer regulären Käfigmasche, ergeben sich entsprechend (11.71) größere Werte des Kippschlupfs. Anstelle eines spitzen Drehmomentsattels, der ohne Schrägung entstehen würde, erhält man bei Schrägung wegen des Auftretens der Querströme einen breiten Sattel (Bild 11.16).

Da bei einem unisolierten, geschrägten Läuferkäfig auch vom Grundwellenfeld her Querströme über das Blechpaket fließen und damit die Wirkung der Schrägung praktisch aufheben, wird das Grundwellendrehmoment gegenüber dem Fall eines isolierten Käfigs vergrößert. Dieser Einfluß ist dem der ausbleibenden Unterdrückung von Oberwellendrehmomenten entgegengerichtet. Aufgrund dieses gegenläufigen Einflusses auf das Drehzahl-Drehmoment-Verhalten der Maschine gibt es einen günstigsten Wert des Querwiderstands. Bei einer gegebenen Maschine kann der Übergang zu einem isolierten Käfig oder auch nur zu einem größeren Übergangswiderstand zu einer Verschlechterung des Drehzahl-Drehmoment-Verhaltens führen.

Breite Drehmomentsättel entstehen weiterhin offensichtlich dadurch, daß die Induktionsoberwellen des Ständers im Läuferblechpaket Wirbelströme hervorrufen. Aufgrund des relativ großen Widerstands der Wirbelstrombahnen erhält man asynchrone Oberwellendrehmomente, die entsprechend (11.71) große Werte des Kippschlupfs aufweisen. Dadurch beobachtet man im gesamten Bereich $-n_0 < n < n_0$ Beiträge zum Drehmoment.

11.5   Synchrone Oberwellenmomente

Im Abschnitt 11.2 war erkannt worden, daß synchrone Oberwellenmomente auftreten, wenn die Bedingung der gleichen Umlaufgeschwindigkeit bzw. der gleichen Drehzahl einer Strombelagswelle des Läufers mit λ'_A und einer Induktionswelle des Ständers mit λ'_B bei gleicher Ordnungszahl beider, d.h. bei $|\lambda'_A| = |\lambda'_B|$, dadurch nur bei bestimmten Drehzahlen erfüllt ist, daß die Strombelagswelle des Läufers von einer anderen Induktionswelle des Ständers mit $\lambda'^*_B \neq \lambda'_B$ hervorgerufen wird. Man erhält das zugeordnete Drehmoment jeweils mit Hilfe von (11.45) bzw. (11.46). Dabei sind die Parameter der

Induktionswelle des Ständers, mit der die Strombelagswelle des Läufers das Drehmoment bildet, mit (11.18) gegeben als

$$
\left.
\begin{aligned}
\widehat{B}_\nu &= \widehat{B}_{1,\nu} \\[2mm]
\lambda'_B &= \lambda'_1 \\[2mm]
\varphi_{B\nu} &= \varphi_{i1} - \lambda'_1 \vartheta'_0 \;.
\end{aligned}
\right\}
\tag{11.74}
$$

Für die Strombelagswelle des Läufers gilt mit (11.34) und (11.29)

$$
\left.
\begin{aligned}
\widehat{A}_\mu &= \frac{2}{D} \lambda'_2 \xi_{K,\mu} \widehat{i}_{M\nu^*} \\[2mm]
\varphi_{A\mu} &= \varphi_{iM\nu^*} + \frac{\pi}{2} \\[2mm]
\lambda'_A &= \lambda'_2 = k_2 N_2 + \lambda'^*_1 \\[2mm]
\mu &= |\lambda_2| \;.
\end{aligned}
\right\}
\tag{11.75}
$$

Der Maschenstrom $\underline{i}_{M\nu^*} = \widehat{i}_{M\nu^*}\, e^{j\varphi_{iM\nu^*}}$, der von der Induktionswelle des Ständers mit λ'^*_1 hervorgerufen wird, ist durch (11.59) mit (11.60) gegeben. Es ist also

$$
\left.
\begin{aligned}
\widehat{i}_{M\nu^*} &= \omega_1 \tau_{n2} l_i \xi_{K,\nu^*} \xi_{schr,\nu^*} \widehat{B}_{1,\nu^*} \frac{1}{\widehat{Z}_{M\nu^*}} \\[2mm]
\varphi_{iM\nu^*} &= \varphi_{i1} - \varphi_{ZM\nu^*} + \frac{\pi}{2} - \lambda'^*_1 \vartheta'_0 \;.
\end{aligned}
\right\}
\tag{11.76}
$$

Entsprechend den Betrachtungen im Abschnitt 11.2 entsteht ein synchrones Oberwellenmoment $m_{syn\nu}$ durch das Zusammenwirken einer Induktionswelle des Ständers mit einer Strombelagswelle des Läufers der gleichen Ordnungszahl $\nu' = \mu' = |\lambda'_1| = |\lambda'_2|$ im Stillstand, wenn $\lambda'_2 = \lambda'_1$ ist. Man erhält aus (11.46) mit (11.74), (11.75) und (11.76)

$$
\begin{aligned}
m_{syn\nu} &= \frac{N_2}{2} \frac{\lambda'_1}{\omega_1} \frac{\omega_1^2 \tau_{n2}^2 l_i^2 \widehat{B}_{1,\nu} \widehat{B}_{1,\nu^*}}{\widehat{Z}_{M\nu^*}} \xi_{K,\nu}\xi_{K,\nu^*}\xi_{schr,\nu}\xi_{schr,\nu^*} \\[2mm]
&\quad \times \cos[(\lambda'_2 - \lambda'^*_1)\vartheta'_0 - \varphi_{ZM\nu^*} - \pi] \\[2mm]
&= M_{kipp\nu} \sin\left[(\lambda'_2 - \lambda'^*_1)\vartheta'_0 - \varphi_{ZM\nu^*} - \frac{\pi}{2}\right] \\[2mm]
&= M_{kipp\nu} \sin k_2 N_2 (\vartheta'_0 - \vartheta'_{00}) \\[2mm]
&= M_{kipp\nu} \sin k_2 N_2 \Delta\vartheta'_0 \;.
\end{aligned}
\tag{11.77}
$$

Für den Fall $\lambda'_2 = -\lambda'_1$ tritt ein synchrones Oberwellenmoment bei der Drehzahl $n_{syn\nu}$ nach (11.50) auf. In diesem Fall erhält man aus (11.45) mit (11.74), (11.75) und (11.76)

$$
\begin{aligned}
M_{syn\nu} &= M_{kipp\nu} \sin\left[(\lambda'_2 - \lambda'^*_1)\vartheta'_0 + 2\varphi_{i1} - \varphi_{ZM\nu^*} + \frac{\pi}{2}\right] \\[2mm]
&= M_{kipp\nu} \sin k_2 N_2 (\vartheta'_0 - \vartheta'_{0n}) \\[2mm]
&= M_{kipp\nu} \sin k_2 \Delta\vartheta'_0 \;.
\end{aligned}
\tag{11.78}
$$

Man erhält prinzipiell die gleiche Beziehung wie für den Fall $\lambda'_2 = \lambda'_1$. Ein synchrones Oberwellenmoment ändert sich periodisch mit ϑ'_0. Es verschwindet, wenn ϑ'_0 einen bestimmten Wert ϑ'_{00} bzw. ϑ'_{0n} annimmt und erreicht bei $\Delta\vartheta'_0 = \dfrac{\pi}{2k_2N_2}$ als Maximalwert das Kippmoment $M_{\text{kipp}\nu}$. Die Periodenlänge des synchronen Oberwellenmoments beträgt

$$\frac{2\pi}{k_2N_2} = \frac{\varepsilon'}{k_2} \ . \tag{11.79}$$

Dabei kommt der Wert von k_2 zur Wirkung, der für das über $\lambda'_2 = k_2N_2 + \lambda'^*_1$ miteinander verknüpfte Feldwellenpaar mit λ'_2 und λ'^*_1 maßgebend ist. Wenn $k_2 = 1$ ist, beträgt die Periodenlänge des synchronen Oberwellenmoments ε', ist also gleich dem räumlichen Winkel zwischen zwei Läufernuten. Das Kippmoment $M_{\text{kipp}\nu}$, das bei $\Delta\vartheta'_0 = \dfrac{\pi}{2k_2N_2}$ auftritt, folgt aus (11.77) zu

$$M_{\text{kipp}\nu} = \frac{N_2}{2} \frac{\lambda'_1}{\omega_1} \frac{\omega_1^2 \tau_{\text{n}2}^2 l_{\text{i}}^2 \widehat{B}_{1,\nu} \widehat{B}_{1,\nu^*}}{\widehat{Z}_{\text{M}\nu^*}} \xi_{\text{K},\nu} \xi_{\text{K},\nu^*} \xi_{\text{schr},\nu} \xi_{\text{schr},\nu^*} \ . \tag{11.80}$$

Dabei ist zu beachten, daß dieses sowohl positive als auch negative Werte annehmen kann. Seine Größe wird sowohl durch die Amplitude $\widehat{B}_{1,\nu}$ der Induktionswelle des Ständers, die mit der Strombelagswelle des Läufers das Drehmoment bildet, als auch von der Amplitude $\widehat{B}_{1,\nu^*}$ der Induktionswelle des Ständers bestimmt, die durch Induktionswirkung auf den Läufer die Strombelagswelle hervorruft. Außerdem gehen die Kopplungsfaktoren und die Schrägungsfaktoren sowohl der drehmomentbildenden Feldwelle mit der Ordnungszahl $\nu = \mu$ ein als auch die Kopplungsfaktoren und die Schrägungsfaktoren der Feldwelle mit der Ordnungszahl ν^*, die die Strombelagswelle hervorruft.

Ein Verlauf $m_{\text{syn}\nu} = f(\Delta\vartheta_0)$ ist im Bild 11.17 dargestellt. Dabei wurde angenommen, daß $M_{\text{kipp}\nu} > 0$ ist.

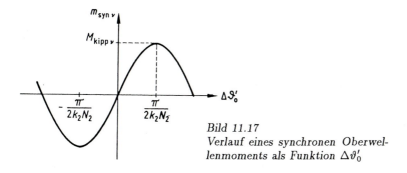

Bild 11.17
Verlauf eines synchronen Oberwellenmoments als Funktion $\Delta\vartheta'_0$

11.6 Einfluß der Nutung

Oberwellendrehmomente, die in gemessenen Drehzahl-Drehmoment-Kennlinien beobachtet werden, lassen sich zwar entsprechend ihrer Lage in der Drehzahl-Drehmoment-Ebene ohne weiteres den verursachenden Feldwellen zuordnen, sie weisen aber oft wesentlich größere Kippmomente auf, als die Rechnung nach Abschnitt 11.4 und Abschnitt 11.5 erwarten läßt. Ursache dieser Diskrepanz ist der Einfluß der Nutung im

Ständer und im Läufer auf das Luftspaltfeld. Die folgenden Betrachtungen haben zum Ziel, diesen Einfluß deutlich zu machen. Dabei wird zur Wahrung der Durchsichtigkeit ein möglichst einfaches Modell verwendet. Es ist besonders dadurch gekennzeichnet, daß bei der Betrachtung der Ständernutung der Läufer als ungenutet angesehen wird und umgekehrt. Dadurch entfallen die sog. Anteile durch gegenseitige Nutung, die aber keine prinzipiell neuartigen Erscheinungen auslösen. Weiterhin werden nur solche Induktionswellen in die Betrachtungen einbezogen, die innerhalb der vorliegenden Betrachtungsebene Einfluß auf den Energieumsatz nehmen. Das sind, entsprechend den Betrachtungen im Abschnitt 11.1.1 solche, die im Ständerkoordinatensystem die Kreisfrequenz ω_1 besitzen. Eine derartige Induktionswelle erscheint im Koordinatensystem des Läufers ausgehend von (11.37) bei Verzicht auf die Wiedergabe des Schrägungseinflusses, d.h. bei $\zeta = 0$, wenn – wie ein Vergleich mit (11.14) zeigt – $\omega_{B\nu}$ gegeben ist durch $\omega_{B\nu} = s_\nu \omega_1 = \omega_1 - \lambda'_1 \Omega$ als

$$B_\nu = \hat{B}_\nu \cos[\lambda'_B \gamma'_L - (\omega_1 - \lambda'_B \Omega)t - \varphi_{B\nu}] \ . \tag{11.81}$$

Als dritte vereinfachende Einschränkung wird der Einfluß der Nutung auf die Induktionsverteilung nur solcher Durchflutungswellen betrachtet, die von den Strömen $\underline{i}_1$ und $\underline{i}_M$ im Ständer und Läufer herrühren, wie sie durch den Grundwellenmechanismus bedingt sind.

Schließlich soll vorausgesetzt werden, daß der Ständer eine symmetrische dreisträngige Ganzlochwicklung trägt. Im speziellen Fall wird darüber hinaus angenommen, daß keine Sehnung vorliegt.

Der Einfluß der Nutung eines Hauptelements kann entsprechend Abschnitt 4.5.3 dadurch berücksichtigt werden, daß die Induktionsverteilung statt über $B(\gamma') = (\mu_0/\delta_i)\Theta(\gamma')$ bzw. $B(\gamma') = \Lambda_0 \Theta(\gamma')$ über $B(\gamma') = \Lambda(\gamma')\Theta(\gamma')$ mit $\Lambda(\gamma')$ nach (4.89) berechnet wird. Dabei genügt es für die folgenden Betrachtungen, jeweils nur die erste Harmonische der Leitwerksfunktion $\Lambda(\gamma')$ zu berücksichtigen. Dementsprechend wird für die Ständernutung mit

$$\Lambda_1(\gamma'_S) = \Lambda_0 + \Lambda_1 \cos N_1 \gamma'_S \tag{11.82}$$

und für die Läufernutung mit

$$\Lambda_2(\gamma'_L) = \Lambda_0 + \Lambda_2 \cos N_2 \gamma'_L \tag{11.83}$$

gerechnet. Dabei setzt (11.82) für die Leitwertsfunktion des Ständers voraus, daß bei $\gamma'_S = 0$ ein Ständerzahn liegt. Das ist für alle symmetrischen dreisträngigen Ganzlochwicklungen der Fall.

Unter dem *Einfluß der Ständernutung* liefert eine allgemeine Durchflutungswelle des Ständers nach (11.6) mit der Leitwertsfunktion nach (11.82) Induktionswellen nach (11.81) mit $\lambda'_B = \lambda'_1$, $\lambda'_B = \lambda'_1 + N_1$ und $\lambda'_B = \lambda'_1 - N_1$. Da $\lambda'_1 = 3pg_1 + p$ und, entsprechend der Voraussetzung einer Ganzlochwicklung, $N_1 = 6pq$ ist, wird $\lambda'_B = 3pg_1 + p \pm 6pq = 3pg'_1 + p$. Unter dem Einfluß der Nutung treten also keine Harmonischen auf, die nicht bereits im Spektrum der Durchflutungswellen enthalten sind. Die Durchflutungsoberwellen mit niedriger Ordnungszahl ($\lambda_1 = -5$, $+7, \ldots$) führen zu Nutungsoberwellen mit hohen Ordnungszahlen, die keine gute Kopplung mit dem Läuferkäfig haben (vgl. Bild 11.11). Die besonders stark ausgeprägten Nutharmonischen erster Ordnung der Durchflutungsverteilung des Ständers mit $\lambda'_1 = p + N_1$ und $\lambda'_1 = p - N_1$ nach (11.9) führen auf zwei Feldwellen mit $\lambda'_B = \pm p$, d.h. auf einen zusätzlichen Beitrag zum Grundwellenfeld mit $\lambda'_B = p$ und ein gegenläufiges Grundwellenfeld, sowie zwei Feldwellen mit wiederum hohen Ordnungszahlen [$\lambda'_B = p + 2N_1$, $\lambda'_B = p - 2N_1$]. Es bleibt zu untersuchen, wie die Durchflutungsgrundwelle mit $\lambda'_1 = p$ durch die Ständernutung beeinflußt wird. Man erhält Induktionsoberwellen mit $\lambda'_B = p + N_1$ und $\lambda'_B = p - N_1$, d.h. Wellen, die von der Ordnungszahl und der Umlaufgeschwindigkeit her mit den Nutharmonischen der Durchflutungsverteilung übereinstimmen bzw. mit den ihnen entsprechend $B = \Lambda_0 \Theta$ zugeordneten Induktionswellen. Das ist der erste wesentliche Einfluß, den die Nutung auf die Oberwellenerscheinungen ausübt. Man erhält je eine zusätzliche Komponente des Luftspaltfelds mit $\lambda'_B = p + N_1$ und mit $\lambda'_B = p - N_1$. Wenn sie quantitativ erfaßt werden sollen, muß allerdings beachtet werden, daß die Durchflutungsgrundwelle nicht allein vom Ständerstrom, sondern unter der gemeinsamen Wirkung der Ströme im Ständer und Läufer aufgebaut wird. Dem entspricht, daß für die zusätzlichen Komponenten in der Formulierung der Durchflutungsgrundwelle nach (11.6) mit $\lambda'_1 = p$ für den Strom der Magnetisierungsstrom oder genähert der Leerlaufstrom $\underline{i}_{i1} = \widehat{i}_{11} \mathrm{e}^{\mathrm{j}\varphi_{i11}}$ bzw. für die Durchflutungsamplitude die Amplitude $\widehat{\Theta}_{\mathrm{res},1}$ der resultierenden Durchflutungsgrundwelle einzusetzen ist. Damit erhält man für die Induktionswelle mit $\lambda'_B = p + N_1$ bzw. mit $\lambda_B = 1 + N_1/p$

$$\widehat{B}_{1+N_1/p} = \widehat{\Theta}_{1,1} \frac{\xi_{1,1+N_1/p}}{\xi_{1,1}} \frac{p}{N_1 + p} \cos[(p + N_1)\gamma'_S - \omega_1 t - \varphi_{i1}]$$
$$+ \widehat{\Theta}_{\mathrm{res},1} \frac{\Lambda_1}{2} \cos[(p + N_1)\gamma'_S - \omega_1 t - \varphi_{i11}] \, .$$

Dabei sind die Wicklungsfaktoren vom Betrag her gleich [s. Abschnitt 4.6.3], und es gilt im Fall der ungesehnten Wicklung $\xi_{1,1+N_1/p} = -\xi_{1,1}$[1]. Ferner folgt aus $\varphi_{i11} \approx \varphi_u - \pi/2$ und $\varphi_1 = \varphi_{u1} - \varphi_{i1}$ (s. z.B. Bild 10.6), daß $\varphi_{i1} - \varphi_{i11} = \pi/2 - \varphi_1$ ist. Damit erhält man unter Beachtung von $\widehat{\Theta}_{\mathrm{res},1}/\widehat{\Theta}_{1,1} = I_{1l}/I_1$ für die Amplitude der Induktionswelle

$$\widehat{B}_{1+N_1/p} = \Lambda_0 \widehat{\Theta}_{1,1} \frac{p}{N_1 + p}$$
$$\times \sqrt{1 - 2\sin\varphi_1 \frac{I_{1l}}{I_1} \frac{\Lambda_1}{2\Lambda_0} \frac{N_1 + p}{p} + \left(\frac{I_{1l}}{I_1} \frac{\Lambda_1}{2\Lambda_0} \frac{N_1 + p}{p}\right)^2} \, . \quad (11.84)$$

Analog ergibt sich für die Induktionswelle mit $\lambda'_B = p - N_1$ im Fall der ungesehnten Wicklung mit $\xi_{1,1-N_1/p} = \xi_{1,1}$

$$\widehat{B}_{1-N_1/p} = \Lambda_0 \widehat{\Theta}_{1,1} \frac{p}{N_1 - p}$$
$$\times \sqrt{1 + 2\sin\varphi_1 \frac{I_{1l}}{I_1} \frac{\Lambda_1}{2\Lambda_0} \frac{N_1 - p}{p} + \left(\frac{I_{1l}}{I_1} \frac{\Lambda_1}{2\Lambda_0} \frac{N_1 - p}{p}\right)^2} \, . \quad (11.85)$$

Die Induktionsamplituden werden also unter dem Einfluß der Nutung jeweils nach Maßgabe des Wurzelausdrucks größer.

Unter dem *Einfluß der Läufernutung* liefert eine allgemeine Durchflutungswelle des Ständers mit der Leitwertfunktion nach (11.83), ausgehend von (11.14) und $s_\nu \omega_1$ nach (11.15), die Induktionswellen

---

[1] Die Aussagen über das Vorzeichen des Wicklungsfaktors der Nutharmonischen erhält man aus (4.105) und (4.94), wie bereits im Abschnitt 4.6.3 angedeutet wurde.

$$\widehat{\Theta}_{1,1} \frac{\xi_{1,\nu}}{\xi_{1,1}} \frac{1}{\nu} \left\{ \Lambda_0 \cos[\lambda_1' \gamma_L' - (\omega_1 - \lambda_1' \Omega)t - \varphi_{i1}] \right.$$

$$\frac{1}{2} \Lambda_2 \cos[(\lambda_1' + N_2)\gamma_L' - (\omega_1 - \lambda_1' \Omega)t - \varphi_{i1}]$$

$$\left. \frac{1}{2} \Lambda_2 \cos[(\lambda_1' - N_2)\gamma_L' - (\omega_1 - \lambda_1' \Omega)t - \varphi_{i1}] \right\} . \tag{11.86}$$

Dabei ist die erste Komponente auch bei ungenutetem Läufer vorhanden, während die zweite und dritte Komponente erst unter dem Einfluß der Läufernutung entstehen. Alle drei Komponenten durchsetzen die Läufermaschen mit Flüssen der Kreisfrequenz $|\omega_1 - \lambda_1' \Omega|$. Alle drei Komponenten führen aber auch auf gleiche Werte der Phasenverschiebung $\lambda_1' \varepsilon'$ zwischen den Flüssen benachbarter Maschen, da $(\lambda_1' \pm N_2)\varepsilon' = (\lambda_1' \pm N_2)2\pi/N_2 = \lambda_1' \varepsilon' \pm 2\pi$ ist. Damit tragen auch alle drei Komponenten zum symmetrischen Mehrphasensystem der Maschenströme $i_{M\nu\varrho}$ bei, das für die Strombelagswellen des Läufers verantwortlich ist, die wiederum das Drehmoment bilden. Es bestehen jedoch für die einzelnen Komponenten in (11.86) aufgrund ihrer unterschiedlichen Ordnungszahlen wesentliche Unterschiede bezüglich der Kopplung mit dem Läuferkäfig. Da der Kopplungsfaktor nach (11.21) (s. auch Bild 11.3) für Feldwellen mit niedriger Ordnungszahl groß bzw. der Streukoeffizient der Oberwellenstreuung nach (11.67) (s. auch Bild 11.11) sehr klein ist, wird die Verkettung mit dem Läuferkäfig durch jene Feldoberwellen wesentlich vergrößert, für die $(\lambda_1' + N_2)$ bzw. $(\lambda_1' - N_2)$ klein werden. Insbesondere erhält man, herrührend von der Nutharmonischen erster Ordnung der Ständerdurchflutung mit $\lambda_1' = p + N_1$ und $\xi_{1,1+N_1/p} = -\xi_{1,1}$ – wie im Fall der ungesehnten Wicklung gilt –, eine Induktionswelle

$$-\widehat{\Theta}_{1,1} \frac{p}{N_1 + p} \frac{\Lambda_2}{2} \cos[(p + N_1 - N_2)\gamma_L' - (\omega_1 - (p + N_1)\Omega)t - \varphi_{i1}] \tag{11.87}$$

bzw., herrührend von der Durchflutungswelle mit $\lambda_1' = p - N_1$ und $\xi_{1,1-N_1/p} = \xi_{1,1}$, eine Induktionswelle

$$\widehat{\Theta}_{1,1} \frac{p}{N_1 - p} \frac{\Lambda_2}{2} \cos[(p - N_1 + N_2)\gamma_L' - (\omega_1 - (p - N_1)\Omega)t - \varphi_{i1}] . \tag{11.88}$$

Gleichartige Induktionswellen mit niedriger Ordnungszahl entstehen auch aus dem Zusammenwirken der ersten Durchflutungsoberwellen des Käfigläufers nach (11.28) mit $\lambda_2' = p + N_2$ und $\lambda_2' = p - N_2$, die vom Läuferstrom i_M, wie er durch den Grundwellenmechanismus ($\lambda_1'^* = p$) bedingt ist, hervorgerufen werden, mit den Leitwertsharmonischen der Ständernutung. Man erhält für die beiden Durchflutungswellen mit

$$\xi_{K,1+N_2/p} = -\frac{p}{N_2 + p}\xi_{K,1} , \qquad \xi_{K,1-N_2/p} = +\frac{p}{N_2 - p}\xi_{K,1} ,$$

entsprechend (11.21) sowie mit $\widehat{\Theta}_{2,1} \approx \widehat{\Theta}_{1,1}$ und $\varphi_{iM} \approx \varphi_{i1} + \pi$

$$\Theta_{21,1+N_2/p} = \widehat{\Theta}_{1,1} \frac{p}{N_2 + p} \cos[(p + N_2)\gamma_L' - (\omega_1 - p\Omega)t - \varphi_{i1}] \tag{11.89}$$

$$\Theta_{21,1-N_2/p} = -\widehat{\Theta}_{1,1} \frac{p}{N_2 - p} \cos[(p - N_2)\gamma_L' - (\omega_1 - p\Omega)t - \varphi_{i1}] . \tag{11.90}$$

Die Leitwertsfunktion des Ständers nach (11.82) beobachtet man im Koordinatensystem des Läufers mit $\gamma_S' = \gamma_L' + \Omega t$ als

$$\Lambda_1(\gamma_L') = \Lambda_0 + \Lambda_1 \cos N_1(\gamma_L' + \Omega t) .$$

Damit liefern (11.89) und (11.90) als Induktionswellen niedriger Ordnungszahl

$$\widehat{\Theta}_{1,1} \frac{p}{N_2 + p} \frac{\Lambda_1}{2} \cos[(p + N_2 - N_1)\gamma_L' - (\omega_1 - (p - N_1)\Omega)t - \varphi_{i1}]$$

$$- \widehat{\Theta}_{1,1} \frac{p}{N_2 - p} \frac{\Lambda_1}{2} \cos[(p - N_2 + N_1)\gamma_L' - (\omega_1 - (p + N_1)\Omega)t - \varphi_{i1}] .$$

Zusammen mit den Komponenten entsprechend (11.87) und (11.88) erhält man also unter dem Einfluß der Läufernutung auf die Nutharmonischen des Ständers und dem der Ständernutung auf die ersten Harmonischen des Käfigläufers folgende Induktionswellen niedriger Ordnungszahlen

$$B_{1+N_2/p-N_1/p} = \widehat{\Theta}_{1,1} \frac{p}{N_1 - p} \frac{\Lambda_2}{2} \left[1 + \frac{N_1 - p}{N_2 + p} \frac{\Lambda_1}{\Lambda_2} \right]$$

$$\times \cos[(p + N_2 - N_1)\gamma_L' - (\omega_1 - (p - N_1)\Omega)t - \varphi_{i1}] , \qquad (11.91)$$

$$B_{1-N_2/p+N_1/p} = -\widehat{\Theta}_{1,1} \frac{p}{N_1 + p} \frac{\Lambda_2}{2} \left[1 + \frac{N_1 + p}{N_2 - p} \frac{\Lambda_1}{\Lambda_2} \right]$$

$$\times \cos[(p - N_2 + N_1)\gamma_L' - (\omega_1 - (p + N_1)\Omega)t - \varphi_{i1}] . \qquad (11.92)$$

Diese Induktionswellen liefern Beiträge zum symmetrischen Mehrphasensystem der Maschenflüsse der Kreisfrequenz $|\omega_1 - (p - N_1)\Omega|$ und $|\omega_1 - (p + N_1)\Omega|$, wie sie auch von den Feldern der Ständernutharmonischen erster Ordnung hervorgerufen werden, wobei aber der Kopplungsfaktor $\xi_{K,\nu}$ jetzt, entsprechend den niedrigen Ordnungszahlen, groß ist [s. Bild 11.3]. Dadurch werden die entsprechenden Maschenströme im Käfig wesentlich verstärkt und damit die zugeordneten Drehmomente. Das ist der zweite wesentliche Einfluß, den die Nutung auf die Oberwellenerscheinungen ausübt. Die vorstehenden Betrachtungen machen gleichzeitig deutlich, daß die Oberwellendrehmomente der Nutharmonischen stark vom Sättigungszustand der Läuferzähne abhängen, da mit wachsender Sättigung Λ_2 größer wird. Dabei spielt besonders die Sättigung der Zahnköpfe eine Rolle.

12 Besondere stationäre Betriebszustände der Dreiphasen-Asynchronmaschine

12.0 Ausgangsüberlegungen

Im Abschnitt 10 ist das stationäre Betriebsverhalten der Dreiphasen-Asynchronmaschinen am starren symmetrischen Netz sinusförmiger Spannungen auf der Grundlage der in den Abschnitten 8.6 bis 8.8 erarbeiteten Spannungsgleichungen untersucht worden. Dieser normale stationäre Betrieb interessiert naturgegeben an erster Stelle. Im folgenden soll nunmehr das prinzipielle Verhalten der Dreiphasen-Asynchronmaschine in anderen stationären Betriebszuständen ermittelt werden. Die Betrachtungen werden dabei i.allg. auf die Ausführung mit Einfachkäfigläufer bzw. Schleifringläufer beschränkt. Die Ergebnisse werden sich aber in einer Reihe von Fällen auf Maschinen mit Doppelkäfigläufer übertragen lassen.

12.1 Betrieb der Dreiphasen-Asynchronmaschine am unsymmetrischen Spannungssystem und in unsymmetrischen Schaltungen

12.1.0 Ausgangsüberlegungen

Unsymmetrien im System der Strangspannungen u_{a1}, u_{b1}, u_{c1}, d.h. Abweichungen gegenüber einem symmetrischen Dreiphasensystem dieser Spannungen mit positiver Phasenfolge, können dadurch auftreten, daß

– Störungen der Symmetrie im speisenden Netz vorliegen

– unsymmetrische Schaltungen hergestellt werden, von denen man bestimmte Eigenschaften erwartet.

Die Untersuchung derartiger Betriebszustände läßt sich mit Hilfe der *Theorie der symmetrischen Komponenten* auf die Untersuchung von Betriebszuständen unter symmetrischen Betriebsbedingungen zurückführen[1]. Dabei gewährleistet der symmetrische Aufbau der Dreiphasen-Asynchronmaschine, wie die späteren Untersuchungen im einzelnen zeigen werden, daß keine Kopplungen zwischen den symmetrischen Komponenten untereinander auftreten. Damit ist die Voraussetzung für eine vorteilhafte Anwendung der Theorie der symmetrischen Komponenten gegeben. Als Grundlage dafür ist es erforderlich, zunächst das Verhalten der Dreiphasen-Asynchronmaschine gegenüber den einzelnen symmetrischen Komponenten der Strangspannungen und

---

[1] Siehe z.B. [28], [35]; eine Zusammenstellung der grundsätzlichen Beziehungen findet sich auch im Abschnitt 0.6 der Einleitung des Bandes Grundlagen.

Strangströme zu ermitteln. Dazu wird eine Maschine mit Käfigläufer bzw. mit kurzgeschlossenem Schleifringläufer betrachtet. Wenn dieser Kurzschluß nicht direkt, sondern über äußere passive Schaltelemente erfolgt, lassen sich deren Parameter in die Parameter der Läuferstränge einbeziehen. Damit kann in der Beziehung für die Koordinatentransformation [s. (8.98)] $\vartheta_0 = 0$ gesetzt werden. Dadurch vereinfachen sich die Spannungsgleichungen in den Abschnitten 8.6 bis 8.8 entsprechend $\mathrm{e}^{\mathrm{j}\vartheta_0} = \mathrm{e}^{-\mathrm{j}\vartheta_0} = 1$[1].

12.1.1 Verhalten der Dreiphasen-Asynchronmaschine gegenüber den symmetrischen Komponenten der Ströme und Spannungen

Zwischen den Größen $\underline{g}_{1a}$, $\underline{g}_{1b}$, $\underline{g}_{1c}$ der Ständerstränge und ihren symmetrischen Komponenten, d.h. dem Nullsystem $\underline{g}_0$, dem Mitsystem $\underline{g}_\mathrm{m}$ und dem Gegensystem $\underline{g}_\mathrm{g}$, vermitteln folgende Transformationsbeziehungen[2]

$$\begin{pmatrix} \underline{g}_{10} \\ \underline{g}_{1m} \\ \underline{g}_{1g} \end{pmatrix} = \frac{1}{3} \begin{pmatrix} 1 & 1 & 1 \\ 1 & a & a^2 \\ 1 & a^2 & a \end{pmatrix} \begin{pmatrix} \underline{g}_{1a} \\ \underline{g}_{1b} \\ \underline{g}_{1c} \end{pmatrix} \;;\; \begin{pmatrix} \underline{g}_{1a} \\ \underline{g}_{1b} \\ \underline{g}_{1c} \end{pmatrix} = \begin{pmatrix} 1 & 1 & 1 \\ 1 & a^2 & a \\ 1 & a & a^2 \end{pmatrix} \begin{pmatrix} \underline{g}_{10} \\ \underline{g}_{1m} \\ \underline{g}_{1g} \end{pmatrix} \tag{12.1}$$

mit $a = \mathrm{e}^{\mathrm{j}2\pi/3}$, $a^2 = \mathrm{e}^{-\mathrm{j}2\pi/3}$. Dabei sei daran erinnert, daß $\underline{g}_0$, $\underline{g}_\mathrm{m}$ und $\underline{g}_\mathrm{g}$ die dem Strang a zugeordneten Komponenten darstellen und in den Strängen b und c jeweils Komponenten gleicher Amplituden auftreten, die gegenüber der im Strang a nach Maßgabe der Phasenfolge phasenverschoben sind.

Ein *Mitsystem* $\underline{i}_{1m}$ der Strangströme ist ein symmetrisches Dreiphasensystem positiver Phasenfolge $[\underline{i}_{1am} = \underline{i}_{1m}; \underline{i}_{1bm} = a^2 \underline{i}_{1m}; \underline{i}_{1cm} = a\underline{i}_{1m}]$ und entspricht damit dem System der Strangströme, wie es im normalen stationären Betrieb vorliegt [s. (8.91)]. Es ruft ein Grundwellendrehfeld hervor, das im Ständerkoordinatensystem mit der Drehzahl n_0 umläuft, sowie Oberwellendrehfelder, deren Drehzahl und Drehrichtung dem Grundwellendrehfeld in Abhängigkeit von der Ordnungszahl zugeordnet sind (s. Abschnitt 11). Das Grundwellendrehfeld bewegt sich relativ zum Läufer mit der Drehzahl $n_0 - n$, zu deren Kennzeichnung der Schlupf s als $s = (n_0 - n)/n_0$ eingeführt wurde, so daß $n_0 - n = sn_0$ ist. Durch Induktionswirkung des Grundwellendrehfelds entsteht in den Läuferkreisen ein symmetrisches Mehrphasensystem der Ströme mit der Frequenz $|s| f_1$ und dem Betrag I_{2m} in der dreisträngigen Ersatzwicklung, dessen Grundwellendrehfeld sich mit dem des Ständers zum resultierenden Grundwellendrehfeld überlagert. Unter der Wirkung des resultierenden Grundwellendrehfelds sowie der Streufelder und der ohmschen Spannungsabfälle der Ständerströme erhält man ein symmetrisches Dreiphasensystem positiver Phasenfolge für die Strangspannungen $\underline{u}_{1m}$ $[\underline{u}_{1am} = \underline{u}_{1m}; \underline{u}_{1bm} = a^2 \underline{u}_{1m}; \underline{u}_{1cm} = a\underline{u}_{1m}]$. Die Maschine verhält sich gegenüber dem Mitsystem der Strangströme und Strangspannungen wie beim Betrieb am starren symmetrischen Netz positiver Phasenfolge, wie er im Abschnitt 10 auf der Grundlage der

---

[1] Diese Vereinfachung erleichtert besonders die Ableitung des Verhaltens gegenüber einem Gegensystem der Strangspannungen und Strangströme.

[2] Die Bezeichung der symmetrischen Komponenten mit $\underline{g}_0$, $\underline{g}_\mathrm{m}$, $\underline{g}_\mathrm{g}$ anstelle wie oft üblich mit $\underline{g}_0$, $\underline{g}_1$, $\underline{g}_2$ wurde gewählt, um die Übersichtlichkeit im Zusammenhang mit der Kennzeichnung der Ständergrößen mit $\underline{g}_1$ und der Läufergrößen mit $\underline{g}_2$ zu wahren.

Spannungsgleichungen der Abschnitte 8.6 bis 8.8 behandelt wurde. Insbesondere tritt also aufgrund der Symmetrie des Aufbaus der Maschine als Reaktion auf ein Mitsystem der Ströme nur ein Mitsystem der Spannungen auf und umgekehrt. Das heißt, es besteht keine Kopplung zwischen diesem Mitsystem und dem Gegensystem bzw. dem Nullsystem. Es gelten die Spannungsgleichungen (8.101) bzw. die im Abschnitt 8.8 daraus abgeleiteten Spannungsgleichungen und die zugeordneten Ersatzschaltbilder. Als Beziehung zwischen Strom und Spannung erhält man

$$\underline{i}_{1m} = \underline{Y}_m(s)\underline{u}_{1m} \qquad \text{bzw.} \qquad \underline{u}_{1m} = \underline{Z}_m(s)\underline{i}_{1m} \tag{12.2}$$

mit $\underline{Z}_m(s) = 1/\underline{Y}_m(s) = \underline{Z}(s)$ nach (10.2). Gleichermaßen lassen sich die im Abschnitt 10 abgeleiteten Ortskurven sowie die Aussagen über das Drehmoment $M(s)$ (s. Abschnitt 10.1.4) verwenden. Die entsprechenden Zusammenhänge können natürlich auch meßtechnisch gewonnen werden. In diesem Fall sind von vornherein die Einflüsse der Oberwellendrehfelder und der Stromverdrängung enthalten. Da sich alle Komponenten des Drehmoments quadratisch mit der Spannung ändern, erhält man als Drehmomentanteil $M_m(s)$ des Mitsystems

$$M_m(s) = \left(\frac{U_{1m}}{U_{str\,1n}}\right)^2 M_n(s) \,, \tag{12.3}$$

wobei $M_n(s)$ den Verlauf $M(s)$ bei Bemessungsbetrieb mit $U = U_{str\,1n}$ darstellt (s. Bild 12.1). Ausgehend von $M = (p/\omega_1)(P_{v2}/s)$ liefert der Strom I_{2m} in der dreisträngigen Ersatzwicklung des Läufers für das Drehmoment

$$M_m(s) = \frac{3p}{\omega_1} R_2 \frac{I_{2m}^2}{s} \,. \tag{12.4}$$

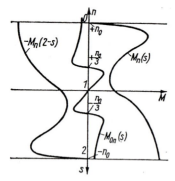

Bild 12.1
Drehzahl-Drehmoment- bzw.
Schlupf-Drehmoment-Kennlinien
der symmetrischen Komponenten
bei Bemessungsspannung

Ein *Gegensystem* $\underline{i}_{1g}$ der Strangströme ist ein symmetrisches Dreiphasensystem mit negativer Phasenfolge [$\underline{i}_{1ag} = \underline{i}_{1g}$; $\underline{i}_{1bg} = a\underline{i}_{1g}$; $\underline{i}_{1cg} = a^2\underline{i}_{1g}$; s. auch (8.94)]. Es ruft ein Grundwellendrehfeld hervor, das im Ständerkoordinatensystem die Drehzahl $-n_0$ besitzt. Dieses Drehfeld bewegt sich relativ zum Läufer mit der Drehzahl $-(n_0 + n) = -(2 - s)n_0$. Es induziert in den Läuferkreisen Spannungen der Frequenz $\mid 2 - s \mid f_1$, deren Ströme – mit dem Betrag I_{2g} in der dreisträngigen Ersatzwicklung – ein Grundwellendrehfeld aufbauen, das sich mit dem der Ständerströme zu einem resultierenden Grundwellendrehfeld mit der Drehzahl $-n_0$ überlagert. Unter seiner Wirkung sowie der der Streuspannungen und der ohmschen Spannungsabfälle des Gegensystems der Strangströme erhält man ein symmetrisches Dreiphasensystem der Strangspannungen mit negativer Phasenfolge. Die Maschine verhält sich bei einer gegebenen Drehzahl n gegenüber einem Gegensystem der Ströme und Spannungen der Ständerstränge wie im stationären Betrieb am starren Netz bei einer Drehzahl $-n$. Es gelten die Spannungsgleichungen (8.101) bzw. die im Abschnitt 8.8 abgeleiteten Spannungsgleichungen und die zugeordneten Ersatzschaltbilder mit $2 - s \Rightarrow s$, wenn $\vartheta_0 = 0$ gesetzt wird. Als Beziehung zwischen Strom und Spannung erhält man

$$\underline{i}_{1g} = \underline{Y}_g(s)\underline{u}_{1g} \qquad \text{bzw.} \qquad \underline{u}_{1g} = \underline{Z}_g(s)\underline{i}_{1g} \tag{12.5}$$

mit $\underline{Z}_g(s) = 1/\underline{Y}_g(s) = \underline{Z}_1(2 - s)$ nach (10.2). Mit $2 - s \Rightarrow s$ lassen sich natürlich auch alle Ergebnisse des Abschnitts 10 übernehmen. Insbesondere erhält man unter Beachtung der quadratischen Abhängigkeit von den Spannungen sowie der Drehrichtung des gegenlaufenden Drehfelds und damit der Wirkungsrichtung seines Drehmoments

$$M_g(s) = -\left(\frac{U_{1g}}{U_{\text{str }1n}}\right)^2 M_n(2 - s) \tag{12.6}$$

Dabei ist der Verlauf $M_n(2 - s)$ der an $s = 1$ gespiegelte Verlauf von $M_n(s)$ (s. Bild 12.1). Ausgehend von der Energiebilanz der Dreiphasen- Asynchronmaschine auf der Grundlage des Grundwellenmechanismus erhält man für das Drehmoment des Gegensystems in Analogie zu (12.4)

$$M_g(s) = -\frac{3p}{\omega_1} R_2 \frac{I_{2g}^2}{2 - s} \tag{12.7}$$

Ein *Nullsystem* der Ströme besteht aus drei gleichen Strangströmen

$$\underline{i}_{10} = \underline{i}_{1a0} = \underline{i}_{1b0} = \underline{i}_{1c0} . \tag{12.8}$$

Die zugeordneten Grundwellenfelder der drei Stränge haben in jedem Augenblick die gleiche Amplitude und löschen sich aufgrund ihrer räumlichen Verschiebung gegeneinander aus. Auf der Grundlage des Mechanismus der Grundwellenverkettung besteht deshalb keine Kopplung zwischen Ständer und Läufer. Damit kann auch kein Grundwellendrehmoment entwickelt werden. Die Strangströme rufen lediglich Streufelder im Nut-, Wicklungskopf- und Zahnkopfraum sowie Oberwellenfelder hervor, die nicht mit dem Läufer verkettet sind. Für die Flußverkettungen der Stränge gilt (5.60), und daraus folgt

$$\underline{\psi}_{10} = \underline{\psi}_{1a0} = \underline{\psi}_{\sigma1a0} = (L_{\sigma s} + 2L_{\sigma g})\underline{i}_{1a0} = (L_{\sigma s} + 2L_{\sigma g})\underline{i}_{10} = L_0\underline{i}_{10} ,$$

wobei die *Nullinduktivität*

$$L_0 = (L_{\sigma s} + 2L_{\sigma g}) \tag{12.9}$$

eingeführt wurde. Unter Berücksichtigung des ohmschen Spannungsabfalls erhält man für die Strangspannungen mit $X_0 = \omega_1 L_0$

$$\underline{u}_{10} = \underline{u}_{1a0} = \underline{u}_{1b0} = \underline{u}_{1c0} = (R_1 + jX_0)\underline{i}_{10} . \tag{12.10}$$

Eine genauere Analyse des Verhaltens der Dreiphasen-Asynchronmaschine gegenüber einem Nullsystem der Ströme und Spannungen des Ständers erfordert eine tiefergehende Betrachtung der Verkettungsverhältnisse zwischen Ständer und Läufer. Ausgehend von den allgemeinen Beziehungen für die Durchflutungsharmonischen eines Wicklungsstrangs nach (4.115), erhält man mit $\gamma_{\mathrm{str},a} = 0$, $\gamma_{\mathrm{str},b} = 2\pi/3$, $\gamma_{\mathrm{str},c} = -2\pi/3$ und den Strömen nach (12.8) die allgemeine Aussage, daß sich alle Durchflutungsharmonischen auslöschen, deren Ordnungszahl nicht durch 3 teilbar ist. In erster Linie tritt also eine dritte Harmonische bezüglich der Polpaarteilung in Erscheinung. Sie ergibt sich zu

$$\Theta_{1,3}(\gamma) = \frac{4}{\pi}\frac{w_1\xi_{1,3}}{2p}\hat{i}_{10}\cos(\omega_1 t + \varphi_{i10})\cos 3\gamma_{\mathrm{S}}$$

$$= \frac{4}{\pi}\frac{w_1\xi_{1,3}}{2p}\hat{i}_{10}\frac{1}{2}\left[\cos(3\gamma_{\mathrm{S}} - \omega_1 t - \varphi_{i10}) + \cos(3\gamma_{\mathrm{S}} + \omega_1 t + \varphi_{i10})\right] \ .$$

Das ist ein Wechselfeld dritter Harmonischer. Es läßt sich in zwei gegenläufige Drehfelder zerlegen, die mit der bezogenen Geschwindigkeit $\mathrm{d}\gamma_{\mathrm{S}}/\mathrm{d}t = \pm\omega_1/3$ bzw. der Drehzahl $\pm n_0/3$ umlaufen. Der Läufer reagiert – vor allem wenn er als Käfigläufer ausgeführt ist – mit diesem Feld. Man erhält bei gegebener Spannung des Nullsystems eine Drehzahl-Drehmoment-Kennlinie, wie sie eine Einphasenmaschine der dreifachen Polpaarzahl besitzt (s. Bild 12.1). Unter dem Einfluß einer endlichen Kopplung zwischen Ständer und Läufer muß sich natürlich auch die Beziehung zwischen Strom und Spannung des Nullsystems ändern. Man erhält anstelle von (12.10) verallgemeinert

$$\underline{i}_{10} = \underline{Y}_0(s)\underline{u}_{10} \qquad \text{bzw.} \qquad \underline{u}_{10} = \underline{Z}_0(s)\underline{i}_{10} \ . \tag{12.11}$$

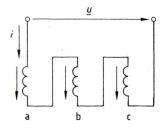

Bild 12.2
Nullschaltung zur experimentellen Ermittlung von $\underline{Z}_0(s)$ bzw. $\underline{Y}_0(s)$ und $M_{0\mathrm{n}}(s)$

Sowohl $\underline{Y}_0(s)$ bzw. $\underline{Z}_0(s)$ als auch das Drehmoment werden zweckmäßig meßtechnisch bestimmt. Wenn dabei die sog. *Nullschaltung* nach Bild 12.2 Verwendung findet, erhält man unter Beachtung von (12.1)

$$\underline{i}_{10} = \underline{i} \ , \qquad \underline{u}_{10} = \frac{1}{3}\underline{u}$$

und damit

$$\underline{Z}_0(s) = \frac{1}{\underline{Y}_{0(s)}} = \frac{1}{3}\frac{\underline{u}}{\underline{i}} \tag{12.12}$$

sowie für $U = U_{\text{str 1n}}$, d.h. $U_{10} = \frac{1}{3}U_{\text{str 1n}}$, das Drehmoment $M_{0\text{n}}(s)$. Für eine beliebige Spannung des Nullsystems folgt daraus

$$M_0(s) = \left(\frac{U_{10}}{U_{\text{str 1n}}}3\right)^2 M_{0\text{n}}(s) \,. \tag{12.13}$$

12.1.2 Behandlungsmethodik für unsymmetrische Betriebszustände

Wenn die Maschine in der betriebsmäßig vorgesehenen Schaltung, d.h. in Stern- oder Dreieckschaltung, betrieben wird und die Symmetrie der Netzspannung gestört ist, erhält man unmittelbar aus den vom Netz festgelegten Strangspannungen die zugeordnete symmetrische Komponente mit Hilfe der Gleichungen (12.1). Die Gleichungen (12.2), (12.5) und (12.11) liefern dann die symmetrische Komponente der Ströme, aus denen sich durch Rücktransformation über (12.1) die Strangströme bestimmen lassen.

Wenn die Maschine in einer unsymmetrischen Schaltung betrieben wird, legt diese zusammen mit den gegebenen Spannungen des äußeren Netzes die Betriebsbedingungen als Beziehungen zwischen den Spannungen und als Beziehungen zwischen den Strömen fest. Diese liefern über (12.1) Beziehungen zwischen den symmetrischen Komponenten der Spannungen und solche zwischen denen der Ströme. Mit Hilfe von (12.2), (12.5) und (12.11) erhält man den vollständigen Satz der symmetrischen Komponenten der Ströme und Spannungen. Aus diesen bestimmt sich durch Rücktransformation mit (12.1) der vollständige Satz der Ströme und Spannungen der Stränge.

Mit Kenntnis der symmetrischen Komponente $U_{1\text{m}}$, $U_{1\text{g}}$, U_{10} der Strangspannungen läßt sich das Drehmoment entsprechend (12.3), (12.6) und (12.13) bestimmen als

$$\begin{aligned} M(s) &= M_{\text{m}}(s) + M_{\text{g}}(s) + M_0(s) \\ &= \left(\frac{U_{1\text{m}}}{U_{\text{str 1n}}}\right)^2 M_{\text{n}}(s) - \left(\frac{U_{1\text{g}}}{U_{\text{str 1n}}}\right)^2 M_{\text{n}}(2-s) + \left(\frac{U_{10}}{U_{\text{str 1n}}}3\right)^2 M_{0\text{n}}(s) \end{aligned} \tag{12.14}$$

Wenn Grundwellenmechanismus vorausgesetzt wird, kann das Drehmoment des Mit- und des Gegensystems auch aus (12.4) und (12.7) als

$$M(s) = \frac{3p}{\omega_1}R_2\left(\frac{I_{2\text{m}}^2}{s} - \frac{I_{2\text{g}}^2}{2-s}\right) \tag{12.15}$$

bestimmt werden.

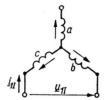

Bild 12.3
Schaltung der Dreiphasen-Asynchronmaschine im Einphasenbetrieb über die Stränge b–c

Zur Demonstration der Methodik wird im folgenden die Formulierung der Betriebsbedingungen im Bereich der symmetrischen Komponenten für den *Einphasenbetrieb der Dreiphasen-Asynchronmaschine* ermittelt[1]. Die betrachtete Anordnung ist im Bild 12.3 dargestellt. Man erhält als Betriebsbedingungen für die Stranggrößen

$$\underline{i}_{1I} = \underline{i}_{1b} = -\underline{i}_{1c} , \qquad \underline{i}_{1a} = 0 , \tag{12.16}$$

$$\underline{u}_{1I} = \underline{u}_{1b} - \underline{u}_{1c} . \tag{12.17}$$

Daraus folgen über (12.1) als Betriebsbedingungen für die symmetrischen Komponenten

$$\left.\begin{aligned}
\underline{i}_{1m} &= \frac{1}{3}(a - a^2)\underline{i}_{1I} = \mathrm{j}\frac{1}{\sqrt{3}}\underline{i}_{1I} \\
\underline{i}_{1g} &= \frac{1}{3}(a^2 - a)\underline{i}_{1I} = -\mathrm{j}\frac{1}{\sqrt{3}}\underline{i}_{1I}
\end{aligned}\right\} \tag{12.18}$$

$$\underline{i}_{10} = 0$$

$$\underline{u}_{1I} = (a^2 - a)\underline{u}_{1m} + (a - a^2)\underline{u}_{1g} = -\mathrm{j}\sqrt{3}\underline{u}_{1m} + \mathrm{j}\sqrt{3}\underline{u}_{1g} . \tag{12.19}$$

Im Stillstand liegen gleiche Verhältnisse für das Mit- und das Gegensystem vor. Es ist $\underline{Y}_m(1) = \underline{Y}_g(1) = \underline{Y}(1)$, und man erhält bei gleicher Spannung gleiche Beträge des Drehmoments (s. Bild 12.1). Da ferner das Nullsystem im Stillstand keinen Beitrag liefert, gewinnt man aus (12.14) für das Anzugsmoment

$$\boxed{M_a = M_m(1) + M_g(1) = \frac{M_n(1)}{U_{\mathrm{str\,1n}}^2}(U_{1m}^2 - U_{1g}^2)} . \tag{12.20}$$

Daraus folgt

$$\frac{M_a}{M_n(1)} = \frac{M_a}{M_{an}} = \frac{U_{1m}^2 - U_{1g}^2}{U_{\mathrm{str\,1n}}^2} .$$

Da die Flächen der von den Strangspannungen eines symmetrischen Dreiphasensystems aufgespannten Dreiecke proportional U^2 sind, gilt auch

$$\frac{M_a}{M_{an}} = \frac{A_m - A_g}{A_0} ,$$

wobei $A_m = k\frac{3}{4}\sqrt{3}U_{1m}^2$, $A_g = k\frac{3}{4}\sqrt{3}U_{1g}^2$ und $A_0 = k\frac{3}{4}\sqrt{3}U_{\mathrm{str1n}}^2$ ist (Bild 12.4).

Durch die folgende Rechnung läßt sich zeigen, daß die Fläche A des von den tatsächlichen Strangspannungen aufgespannten Dreiecks gleich der Fläche $A_m - A_g$ ist. Die Fläche A läßt sich mit Bild 12.4d ermitteln als

$$A = k\frac{1}{2}U_{cb}U_{ab}\sin(\varphi_{ucb} - \varphi_{uab}) = k\frac{1}{2}\,\mathrm{Re}\left\{-\mathrm{j}(\underline{U}_{1c} - \underline{U}_{1b})(\underline{U}_{1a} - \underline{U}_{1b})^*\right\} .$$

Dabei ist entsprechend (12.1) $\underline{U}_{1c} - \underline{U}_{1b} = \mathrm{j}\sqrt{3}(\underline{U}_{1m} - \underline{U}_{1g})$ und $\underline{U}_{1a} - \underline{U}_{1b} = \sqrt{3}(\underline{U}_{1m}\,\mathrm{e}^{\mathrm{j}\pi/6} + \underline{U}_{1g}\,\mathrm{e}^{-\mathrm{j}\pi/6})$.

Damit erhält man unter Beachtung von $\mathrm{Re}\{\underline{U}_{1m}\underline{U}_{1g}^*\,\mathrm{e}^{\mathrm{j}\pi/6} - \underline{U}_{1g}\underline{U}_{1m}^*\,\mathrm{e}^{-\mathrm{j}\pi/6}\} = 0$ für die Fläche $A = k\frac{3}{4}\sqrt{3}(U_{1m}^2 - U_{1g}^2)$, und es folgt

$$\boxed{\frac{M_a}{M_{an}} = \frac{A}{A_0}} . \tag{12.21}$$

---

[1] Die Behandlung des Einphasenbetriebs der Dreiphasen-Asynchronmaschine erfolgt im Abschnitt 12.5.

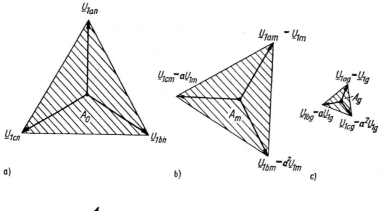

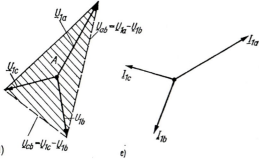

Bild 12.4 *Anzugsmoment und Anzugsströme unter unsymmetrischen Betriebsbedingungen*
a) symmetrisches Dreiphasensystem der Strangspannungen bei Bemessungsbetrieb; b) Mitsystem der Strangspannungen des unsymmetrischen Spannungsterms nach d); c) Gegensystem der Strangspannungen des unsymmetrischen Spannungsterms nach d; d) unsymmetrisches System der Strangspannungen; e) Strangströme im Fall der Strangspannungen nach d)
Alle Spannungen sind im gleichen Maßstab dargestellt

Daraus erkennt man unmittelbar, daß ein endliches Anzugsmoment nur dann entwickelt wird, wenn die Strangspannungen im betrachteten Betriebszustand mit $s = 1$ eine endliche Fläche aufspannen.

Die Ableitung macht weiterhin offenbar, daß sich das Vorzeichen des Anzugsmoments mit der Phasenfolge der Strangspannungen umkehrt. Die Richtung des Anzugsmoments wird also durch die Phasenfolge der Strangspannungen im Stillstand bestimmt.

Für die symmetrischen Komponenten der Ströme gilt im Stillstand, ausgehend von (12.2) und (12.5)

$$\underline{i}_{1m}(1) = \underline{Y}_m(1)\underline{u}_{1m}(1) = \underline{Y}(1)\underline{u}_{1m}(1) \ ,$$
$$\underline{i}_{1g}(1) = \underline{Y}_g(1)\underline{u}_{1g}(1) = \underline{Y}(1)\underline{u}_{1g}(1) \ .$$

Daraus folgt für den Fall, daß kein Nullsystem vorhanden ist,

$$\boxed{\begin{aligned} \underline{i}_{1a}(1) &= \underline{Y}(1)\underline{u}_{1a}(1) \\ \underline{i}_{1b}(1) &= \underline{Y}(1)\underline{u}_{1b}(1) \\ \underline{i}_{1c}(1) &= \underline{Y}(1)\underline{u}_{1c}(1) \end{aligned}}$$ (12.22)

Das Zeigerbild der Strangströme ist dem der Strangspannungen ähnlich, allerdings um den Winkel von $\underline{Y}(1)$ gedreht (s. Bild 12.4e). Insbesondere wird also eine Strangspannung im Stillstand Null, wenn dieser Strang stromlos, d.h. nicht angeschlossen ist.

Die Beziehungen (12.22) gelten näherungsweise im gesamten Schlupfbereich $s = 0,5\ldots\infty$, da sich in diesem Bereich $\underline{Y}_\mathrm{m}(s)$ und $\underline{Y}_\mathrm{g}(s)$ nur wenig ändern.

12.2 Betrieb am Netz mit variabler Frequenz

Eine Möglichkeit der Drehzahlstellung der Asynchronmaschine besteht darin, sie mit einer Spannung variabler Frequenz einzuspeisen. Damit wird entsprechend $n_0 = f_1/p$ unmittelbar auf die Drehzahl des Drehfelds bzw. die synchrone Drehzahl des Läufers Einfluß genommen. Diese *Frequenzstellung* der Asynchronmaschine wird durch die Entwicklung der Elektronik und vor allem der Leistungselektronik technisch realisierbar. Mit ihrer Hilfe lassen sich Umrichter ausführen, die aus dem Netz der Energieversorgung mit $U = $ konst. und $f = 50\,\mathrm{Hz} = $ konst. gespeist werden und Spannungen zur Verfügung stellen, die in Betrag und Frequenz veränderbar sind. Diese Spannungen sind allerdings i.allg. nicht sinusförmig, so daß außer der Frequenzänderung auch Einflüsse der Oberschwingungen der Spannungen und Ströme auftreten, die jedoch erst im Abschnitt 12.3 behandelt werden. Die folgenden Untersuchungen beschränken sich auf den Einfluß der Änderung der Frequenz der sinusförmigen Speisespannung.

Es wird ein Motor mit Einfachkäfigläufer vorausgesetzt, der zunächst auch stromverdrängungsfrei angenommen wird. Er ist für die Bemessungswerte der Strangspannung U_{str1n}, der Frequenz f_{1n} bzw. Kreisfrequenz ω_{1n} bzw. der Drehzahl $n_{\mathrm{0n}} = f_{\mathrm{1n}}/p$ des Drehfelds ausgelegt. Ausgang der Untersuchungen bilden die allgemeinen Spannungsgleichungen (8.101) für den stationären Betrieb, wobei $\underline{u}_2 = 0$ zu setzen ist. Damit kann auch $\vartheta_0 = 0$ angenommen werden, da die tatsächliche Phasenlage der Läufergrößen nicht interessiert. Um den Einfluß der Frequenz des speisenden Netzes deutlich zu machen, wird für $\omega_1 L_{\nu\mu}$ gesetzt

$$\omega_1 L_{\nu\mu} = \frac{\omega_1}{\omega_{\mathrm{1n}}} \cdot \omega_{\mathrm{1n}} L_{\nu\mu} = \gamma X_{\nu\mu} \; ,$$

wobei $X_{\nu\mu}$ die bei Bemessungsfrequenz auftretende Reaktanz ist und das *Frequenzverhältnis* $\gamma = \omega_1/\omega_{\mathrm{1n}}$ eingeführt wurde. Um den Einfluß der Frequenz auf das magnetische Feld in der Maschine deutlich zu machen, empfiehlt es sich, zur Spannungsgleichung des Ständerstrangs a nach (8.101) die allgemeine Form entsprechend (5.1) hinzuzufügen. Damit erhält man

$$\left.\begin{aligned} \underline{u}_1 &= R_1\underline{i}_1 + \mathrm{j}\gamma\omega_{\mathrm{1n}}\underline{\psi}_1 = R_1\underline{i}_1 + \mathrm{j}\gamma X_{11}\underline{i}_1 + \mathrm{j}\gamma X_{12}\underline{i}_2 \\ 0 &= \frac{R_2}{s}\underline{i}_2 + \mathrm{j}\gamma X_{22}\underline{i}_2 + \mathrm{j}\gamma X_{12}\underline{i}_1 \; . \end{aligned}\right\} \tag{12.23}$$

Dabei ist der Schlupf definitionsgemäß gegeben als

$$s = \frac{n_0 - n}{n_0} = 1 - \frac{n}{\gamma n_{\mathrm{0n}}} \; , \tag{12.24}$$

wobei $n_0 = f_1/p$ die synchrone Drehzahl bei der Frequenz $f_1 = \gamma f_{\mathrm{1n}}$ darstellt und n_{0n} die bei der Frequenz f_{1n}. Die Läuferfrequenz $f_2 = sf_1 = s\gamma f_{\mathrm{1n}}$ läßt sich mit (12.24) ausdrücken als

$$f_2 = (n_0 - n)p \; . \tag{12.25}$$

Die gleiche Läuferfrequenz erfordert also unabhängig von der Speisefrequenz die gleiche Drehzahländerung gegenüber der synchronen Drehzahl $n_0 = f_1/p$. Das Ergebnis nach (12.25) folgt auch unmittelbar aus der Überlegung, daß sich ein mit n_0 umlaufendes Drehfeld relativ zum Läufer mit der Drehzahl $n_0 - n$ bewegt und damit an einem Punkt der Läuferoberfläche eine Induktion mit der Frequenz $(n_0 - n)p$ beobachtet wird.

Aus der ersten Gleichung (12.23) erkennt man, daß die Spannungsamplitude etwa frequenzproportional geführt werden muß, um eine konstante Flußverkettung $\hat{\psi}_1$ und damit vergleichbare magnetische Beanspruchungen in der Maschine zu erhalten, z.B. bezüglich der Luftspaltinduktion. Unter Vernachlässigung des Widerstands der Ständerstränge muß die Spannungsamplitude proportional mit der Frequenz geführt werden. Man erhält in diesem Fall als *Steuerbedingung*

$$\boxed{\hat{u}_1 = \frac{\omega_1}{\omega_{1n}}\hat{u}_{1n} = \gamma\hat{u}_{1n}} \; . \tag{12.26}$$

Ausgehend vom Betrieb mit den Bemessungswerten von Frequenz und Spannung muß also die Spannung zurückgenommen werden, wenn die Frequenz erniedrigt wird. Sie muß umgekehrt erhöht werden, wenn man die Frequenz gegenüber ihrem Bemessungswert vergrößert. Da die Ausgangsspannung eines Umrichters, bedingt durch die festliegende Spannung des speisenden Netzes, nicht über einen bestimmten Maximalwert U_{1max} gesteigert werden kann, muß von einer bestimmten Frequenz an mit dieser konstanten Spannung U_{1max} gearbeitet werden. Dann wird die Flußverkettung $\hat{\psi}_1$ bei weiterer Steigerung der Frequenz abnehmen. Es stellt sich von allein eine *Feldschwächung* ein. Wenn der Umrichter ohne Zwischenschalten eines Transformators unmittelbar aus dem Netz gespeist wird, für dessen Spannung der Motor bei Bemessungsfrequenz ausgelegt ist, ist die maximal verfügbare Spannung U_{1max} des Umrichters etwa gleich der Netzspannung und damit der Bemessungsspannung des Motors. In diesem Fall setzt bereits oberhalb f_{1n} notwendigerweise Feldschwächung ein. Die Frequenz, bei der die Feldschwächung beginnt, läßt sich erhöhen, wenn ein Motor eingesetzt wird, der für den Netzbetrieb in Sternschaltung ausgelegt ist und im Umrichterbetrieb in Dreieckschaltung eingesetzt wird. Dann wird bei Bemessungsfrequenz eine Spannung benötigt, die um den Faktor $1/\sqrt{3}$ kleiner ist als die verfügbare Spannung des Umrichters. Dementsprechend läßt sich die Spannung bis zu einer Frequenz von $\sqrt{3}f_{1n}$, d.h. bei $f_{1n} = 50$ Hz bis 87 Hz, frequenzproportional erhöhen.

Unter Einführung der Steuerbedingung (12.26) liefern die Spannungsgleichungen (12.23) für den Ständerstrom mit $\underline{u}_1 = \hat{u}_1$

$$\underline{i}_1 = \frac{\hat{u}_{1n}}{\dfrac{R_1}{\gamma} + jX_{11} + \dfrac{X_{12}^2}{\dfrac{R_2}{\gamma}\dfrac{1}{s} + jX_{22}}} \; . \tag{12.27}$$

Für $\gamma = 1$, d.h. $\omega_1 = \omega_{1n}$, geht diese Beziehung in (10.1) für den Ständerstrom am Netz starrer Spannung mit der Frequenz f_{1n} über. Unter der Wirkung der Steuerbedingung nach (12.26) kommt es bei einer Frequenzänderung um den Faktor γ zu einer scheinbaren Änderung der Ständer- und Läuferwiderstände um den Faktor $1/\gamma$. Die Widerstände treten offensichtlich um so mehr betriebsbestimmend in Erscheinung, je kleiner die Frequenz gemacht wird.

Für eine bestimmte Frequenz, d.h. einen bestimmten Wert von γ, liefert (12.27) als Ortskurve $\underline{I}_1(s)$ einen Ossanna-Kreis. Die Lage des Ossanna-Kreises wird entsprechend Abschnitt 10.1.2 durch den Läuferwiderstand nicht beeinflußt. Sie ändert sich bei Änderung der Frequenz lediglich nach Maßgabe der dadurch bedingten scheinbaren Veränderung des Ständerwiderstands. Und zwar gleitet der Kreis $\underline{I}_1(s)$ mit abnehmender Frequenz und damit zunehmendem R_1/γ mehr und mehr in den Zwickel hinein, der von den Kreisen $\underline{K}_i$ und $\underline{K}_\mu$ gebildet wird (vgl. Bild 10.4). Entsprechend der scheinbaren Vergrößerung des Läuferwiderstands verschiebt sich die Schlupfbezifferung auf dem Kreis mit abnehmender Frequenz in Richtung auf den Punkt P_0 hin. Im Bild 12.5 ist eine Schar von Ossanna-Kreisen für verschiedene Werte der Frequenz $f_1 = \gamma f_{1n}$ unter Einhaltung der Steuerbedingung nach (12.26) dargestellt. Dabei wurden außer den Punkten P_0 und P_∞, die sich aus den Schnittpunkten der Kreise $\underline{K}_r$ mit den Kreisen $\underline{K}_\mu$ und $\underline{K}_i$ ergeben, die Punkte P_1 eingetragen, deren Lage durch R_2/γ bestimmt wird. Man erkennt, daß sich dieser Punkt mit abnehmender Frequenz dem Punkt P_0 nähert.

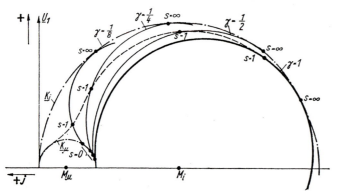

Bild 12.5 Ortskurven des Ständerstroms $\underline{I}_1 = f(s)$ bei variabler Frequenz unter Einhaltung der Steuerbedingung nach (12.26), d.h. für $U_1/\omega_{1n} = U_{1n}/\omega_{1n} =$ konst.
$\gamma = \omega_1/\omega_{1n}$ Frequenzverhältnis; – – – geometrischer Ort aller Punkte P_1

Die Ortskurvenschar von Bild 12.5 läßt bereits den prinzipiellen Einfluß auf das Drehzahl-Drehmoment-Verhalten bei Einhaltung der Steuerbedingung nach (12.26) erkennen. Auf den Drehmomentmaßstab hat die Frequenzänderung keinen Einfluß (s. Abschnitt 10.1.3). Damit entnimmt man Bild 12.5, daß das Kippmoment mit abnehmender Frequenz zurückgeht. Verantwortlich dafür ist der Einfluß des Ständerwiderstands, der bei der Entwicklung der Steuerbedingung nach (12.26) vernachlässigt wurde und sich umso mehr bemerkbar macht, je niedriger die Frequenz ist. Um den Rückgang des Kippmoments zu vermeiden, muß die Spannung offensichtlich weniger als frequenzproportional zurückgenommen werden.

Bild 12.5 läßt aber auch erkennen, daß sich das Kippmoment zu größeren Werten des Schlupfs nach (12.24) verschiebt. Die Maschine wird, bezogen auf die synchrone Drehzahl n_0, weicher. Das ist auch Ausdruck der energetischen Verhältnisse. Die Luftspaltleistung sinkt bei konstantem Drehmoment proportional mit der Drehfeld-Drehzahl und damit etwa proportional mit der Frequenz. Die Wicklungsverluste bleiben aber bei gleichen Strömen konstant, so daß die relativen Verluste anwachsen. Die relativen Läuferwicklungsverluste bestimmen aber entsprechend $s = P_{v2}/P_\delta$ den Schlupf. Geht man davon aus, daß bei gleichem Drehmoment M gleiche Läuferwicklungsverluste auftreten, so ist mit $P_\delta = 2\pi n_0 M$ zu erwarten, daß $sn_0 = n - n_0$ konstant ist und damit bei gleichem Drehmoment die gleiche absolute Drehzahländerung gegenüber der synchronen Drehzahl auftritt. Zur gleichen Aussage gelangt man über (12.25). Das gleiche Drehmoment erfordert den gleichen Strom. Um diesen anzutreiben, wird die gleiche

Spannung benötigt. Dazu ist die gleiche Läuferfrequenz erforderlich, und das wiederum setzt voraus, daß sich entsprechend (12.25) die gleiche Drehzahländerung gegenüber der synchronen Drehzahl einstellt.

Aus der geschlossenen Beziehung für die Schlupf-Drehmoment-Kennlinie nach Abschnitt 10.1.4 erhält man durch Einführen von $R_2^+/\gamma \Rightarrow R_2^+$ und $R_1/\gamma \Rightarrow R_1$ aus (10.30) für den Kippschlupf im Bereich des Motorbetriebs

$$s_{\text{kipp}} = s_{\text{kipp}\,0}\,\frac{1}{\gamma}\,\frac{1}{\sqrt{1 + \left(\dfrac{R_1}{X_\varnothing}\dfrac{1}{\gamma}\right)^2}}\;, \tag{12.28}$$

wobei $s_{\text{kipp}0} = R_2^+/X_\varnothing$ der Kippschlupf ist, der unter Vernachlässigung des Ständerwiderstands bei $\gamma = 1$ wirkt. Für das Kippmoment $M_{\text{kipp}+}$ im Motorbereich folgt aus (10.31) unter Beachtung der Steuerbedingung nach (12.26) durch die analogen Übergänge

$$M_{\text{kipp}+} = M_{\text{kipp}\,0}\,\frac{1}{\sqrt{1 + \left(\dfrac{R_1}{X_\varnothing}\dfrac{1}{\gamma}\right)^2} + \dfrac{R_1}{X_\varnothing}\dfrac{1}{\gamma}}\;. \tag{12.29}$$

Dabei ist

$$M_{\text{kipp}\,0} = \frac{3p}{\omega_{1\text{n}}}\,\frac{U_{1\text{n}}^2}{2X_\varnothing}$$

das Kippmoment, das bei Vernachlässigung des Ständerwiderstands wirkt und das offensichtlich unter Wirkung der Steuerbedingung nach (12.26) keine Funktion der Speisefrequenz ist. Die normierte Form der Schlupf-Drehmoment-Kennlinie nach (10.32) geht für den Motorbereich über in

$$\frac{M}{M_{\text{kipp}+}} = \frac{2\left(1 + \dfrac{R_1}{R_2^+}\,s_{\text{kipp}}\right)}{\dfrac{s_{\text{kipp}}}{s} + \dfrac{s}{s_{\text{kipp}}} + 2\dfrac{R_1}{R_2^+}\,s_{\text{kipp}}} \tag{12.30}$$

mit $M_{\text{kipp}+}$ nach (12.29) und s_{kipp} nach (12.28). Im Bild 12.6 ist der Verlauf $M_{\text{kipp}+}/M_{\text{kipp}0} = f(\gamma/(R_1/X_\varnothing))$ dargestellt. Das Kippmoment wird mit abnehmender Frequenz kleiner, wobei der Einfluß praktisch vernachlässigbar bleibt, solange $\gamma \gg R_1/X_\varnothing$ ist. Es verschwindet für $\gamma \to 0$.

Der Kippschlupf nach (12.28) wächst mit abnehmender Frequenz. Im Bild 12.7 ist der Verlauf

$$s_{\text{kipp}}\frac{R_1}{R_2^+} = \frac{R_1}{X_\varnothing}\frac{1}{\gamma}\,\frac{1}{\sqrt{1 + \left(\dfrac{R_1}{X_\varnothing}\dfrac{1}{\gamma}\right)^2}} = f\left(\frac{\gamma}{R_1/X_\varnothing}\right)$$

dargestellt. Im Falle der Vernachlässigung des Ständerwiderstands wird

$$s_{\text{kipp}} = \frac{R_2^+}{X_\varnothing}\frac{1}{\gamma} = s_{\text{kipp}\,0}\frac{1}{\gamma}\;. \tag{12.31}$$

Der Kippschlupf nimmt – wie zu erwarten war – umso größere Werte an, je kleiner die Speisefrequenz ist.

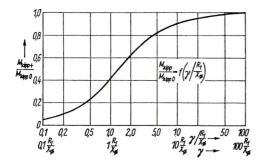

Bild 12.6
Einfluß des Frequenzverhältnisses
$\gamma = \omega_1/\omega_{1n}$
und des Ständerwiderstandes R_1
auf das Kippmoment unter Einhaltung
der Steuerbedingung nach (12.26), d.h.
für $U_1/\omega_1 = U_{1n}/\omega_{1n} =$ konst.
als $M_{\text{kipp}+}/M_{\text{kipp}\,0} = f(\gamma/(R_1/X_\varnothing))$
$M_{\text{kipp}\,0}$ Kippmoment bei $R_1 = 0$ und
Bemessungsspannung

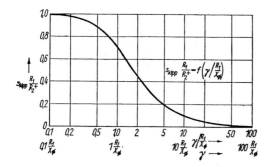

Bild 12.7
Einfluß des Frequenzverhältnisses
$\gamma = \omega_1/\omega_{1n}$
und des Ständerwiderstandes R_1
auf den Kippschlupf bei Einhaltung
der Steuerbedingung nach (12.26), d.h.
für $U_1/\omega_1 = U_{1n}/\omega_{1n} =$ konst.
als $s_{\text{kipp}}(R_1/R_2^+) = f(\gamma/(R_1/X_\varnothing))$
mit $s_{\text{kipp}} = 1 - n_{\text{kipp}}/n_0$ und
$n_0 = f_1/p = \gamma n_{0n}$

Für $\gamma \to 0$ wird $s_{\text{kipp}} = R_2^+/R_1$, liegt also in der Nähe von 1. Für die Drehzahldifferenz $n_0 - n_{\text{kipp}}$ zwischen der synchronen Drehzahl $n_0 = \gamma n_{0n}$ und der Kippdrehzahl $n_{\text{kipp}} = (1 - s_{\text{kipp}})n_0$ erhält man

$$n_0 - n_{\text{kipp}} = n_0 s_{\text{kipp}} = n_{0n} s_{\text{kipp}0} \frac{1}{\sqrt{1 + \left(\dfrac{R_1}{X_\varnothing}\dfrac{1}{\gamma}\right)^2}}. \tag{12.32}$$

Die Drehzahldifferenz ändert sich, wie das bereits weiter oben erkannt wurde, zunächst relativ wenig mit γ. Da das gleiche für das Kippmoment gilt, erhält man durch Frequenzänderung bei Einhaltung der Steuerbedingung nach (12.26) Drehzahl-Drehmoment-Kennlinien, die zumindest in der Nähe der synchronen Drehzahl parallel zueinander verschoben sind. Im Bild 12.8 ist eine Schar vollständiger Drehzahl-Drehmoment-Kennlinien für verschiedene Werte von γ dargestellt. Man erkennt, daß die Maschine unter dem Einfluß der Steuerbildung nach (12.26) unterhalb eines bestimmten Wertes der Frequenz f_1 bzw. des Wertes von γ nicht mehr in der Lage ist, ein bestimmtes Drehmoment – z.B. das Bemessungsmoment – aufzubringen. Diese Schwierigkeit wird behoben, wenn man die Steuerbedingung dahingehend ändert, daß

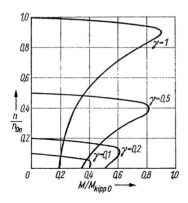

Bild 12.8
Drehzahl-Drehmoment-Kennlinien in der Form
$n/n_0 = f(M/M_{\text{kipp}\,0})$ für verschiedene Werte
des Frequenzverhältnisses $\gamma = \omega_1/\omega_{1\text{n}}$ bei
Einhaltung der Steuerbedingung nach (12.26),
d.h. für $U_1/\omega_1 = U_{1\text{n}}/\omega_{1\text{n}} = $ konst.
$n_{0\text{n}}$ synchrone Drehzahl bei Bemessungsfrequenz,
$M_{\text{kipp}\,0}$ Kippmoment bei $R_1 = 0$,
$R_1/R_2^+ = 1$,
$R_1/X_\varnothing = 0,1$

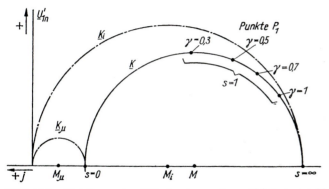

Bild 12.9   Ortskurve des Ständerstroms $\underline{I}_1 = f(s)$ bei variabler Frequenz unter Einhaltung
der Steuerbedingung nach (12.33), d.h. für $\widehat{\psi}_1 = \widehat{\psi}_{1\text{n}} = (\widehat{u}_{1\text{n}}/\omega_{1\text{n}}) = $ konst.
unter Angabe der Punkte P_1 für verschiedene Werte des Frequenzverhältnisses $\gamma = \omega_1/\omega_{1\text{n}}$

nicht $\widehat{u}_1/\omega_1$ konstant bleibt, sondern tatsächlich die Ständerflußverkettung $\widehat{\psi}_1$.

Als Steuerbedingung zur Aufrechterhaltung einer konstanten Ständerflußverkettung
erhält man aus der ersten Gleichung (12.23)

$$\left| \frac{u_1}{\gamma} - \frac{R_1}{\gamma} i_1 \right| = \omega_{1\text{n}} \widehat{\psi}_{1\text{n}} = \widehat{u}'_{1\text{n}} \;. \tag{12.33}$$

Unter dieser Steuerbedingung ergibt sich offensichtlich ein Verhalten, das dem mit
$R_1 = 0$ entspricht. Insbesondere geht (12.27) für den Ständerstrom über in

$$i_1 = \frac{\widehat{u}'_{1\text{n}}}{jX_{11} + \dfrac{X_{12}^2}{\dfrac{R_2}{\gamma}\dfrac{1}{s} + jX_{22}}} \;. \tag{12.34}$$

Die Ortskurve $\underline{I}_1(s)$ wird hinsichtlich ihrer Lage unabhängig von der Frequenz f_1. Ihr
Mittelpunkt liegt auf der negativ imaginären Achse. In Abhängigkeit von der Frequenz

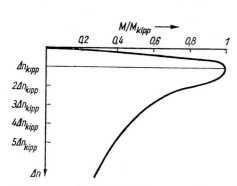

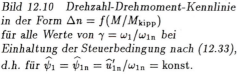

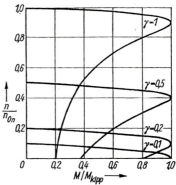

Bild 12.10   Drehzahl-Drehmoment-Kennlinie
in der Form $\Delta n = f(M/M_{\mathrm{kipp}})$
für alle Werte von $\gamma = \omega_1/\omega_{1\mathrm{n}}$ bei
Einhaltung der Steuerbedingung nach (12.33),
d.h. für $\widehat{\psi}_1 = \widehat{\psi}_{1\mathrm{n}} = \widehat{u}'_{1\mathrm{n}}/\omega_{1\mathrm{n}} = \mathrm{konst.}$

Bild 12.11   Drehzahl-Drehmoment-
Kennlinien in der Form $n/n_{0\mathrm{n}} = f(M/M_{\mathrm{kipp}})$
für verschiedene Werte des Frequenzverhält-
nisses $\gamma = \omega_1/\omega_{1\mathrm{n}}$ bei Einhaltung der
Steuerbedingung nach (12.33), d.h. für
$\widehat{\psi}_1 = \widehat{\psi}_{1\mathrm{n}} = \widehat{u}'_{1\mathrm{n}}/\omega_{1\mathrm{n}} = \mathrm{konst.}$
$n_{0\mathrm{n}}$ synchrone Drehzahl
bei Bemessungsfrequenz;
$R_2^+/X_\varnothing = 0,1$ (vgl. Bild 12.8)

f_1 ändert sich lediglich die Schlupfbezifferung. Sie verschiebt sich mit abnehmender
Frequenz mehr und mehr in Richtung auf den Leerlaufpunkt P_0 hin. Im Bild 12.9
ist die Ortskurve dargstellt. Daraus läßt sich bereits ablesen, daß der Motor jetzt –
unabhängig von der Frequenz – ein konstantes Kippmoment entwickelt. Weiterhin wird
deutlich, daß zum gleichen Drehmoment die gleichen Ströme in Ständer und Läufer,
aber mit abnehmender Frequenz f_1 größere Werte des Schlupfs s gehören. Das ist –
wie bereits bei der Erörterung der Ortskurve unter dem Wirken der Steuerbedingung
nach (12.26) erkannt wurde – schon aus energetischen Gründen erforderlich.

Die Beziehungen zur Beschreibung der Drehmoment-Schlupf-Kennlinie erhält man,
ausgehend von den allgemeinen Beziehungen im Abschnitt 10.1.4 als Sonderfälle mit
$R_1 = 0$ aus (12.28) bis (12.32) zu

$$s_{\mathrm{kipp}} = s_{\mathrm{kipp\,0}}/\gamma \tag{12.35}$$

$$M_{\mathrm{kipp}} = M_{\mathrm{kipp\,0}} = \frac{3p}{\omega_{1\mathrm{n}}} \frac{U_{1\mathrm{n}}'^2}{2X_\varnothing}\ , \tag{12.36}$$

$$\frac{M}{M_{\mathrm{kipp}}} = \frac{2}{\dfrac{s}{s_{\mathrm{kipp}}} + \dfrac{s_{\mathrm{kipp}}}{s}}\ , \tag{12.37}$$

$$n_0 - n_{\mathrm{kipp}} = n_0 s_{\mathrm{kipp}} = \Delta n_{\mathrm{kipp}} = n_{0\mathrm{n}} s_{\mathrm{kipp\,0}} = \Delta n_{\mathrm{kipp\,0}}\ . \tag{12.38}$$

Wenn man in (12.38) die Drehzahl-Differenz $n_0 - n$ zwischen der synchronen Drehzahl
und der Läuferdrehzahl entsprechend $n_0 - n = s n_0 = \Delta n$ einführt, folgt

$$\frac{s}{s_{\mathrm{kipp}}} = \frac{\Delta n}{\Delta n_{\mathrm{kipp}}}$$

und damit

$$\frac{M}{M_{\mathrm{kipp}}} = \frac{2}{\dfrac{\Delta n}{\Delta n_{\mathrm{kipp}}} + \dfrac{\Delta n_{\mathrm{kipp}}}{\Delta n}}\ . \tag{12.39}$$

Die Funktion $M/M_{\mathrm{kipp}} = f(\Delta n)$ ist keine Funktion der zur jeweiligen Frequenz gehörenden Leerlaufdrehzahl n_0, da sowohl Δn_{kipp} nach (12.38) als auch M_{kipp} nach (12.36) unabhängig von n_0 sind. Man erhält einen Verlauf, wie er im Bild 12.10 dargestellt ist. Die dem Bild 12.8 entsprechende Darstellung einer Schar von Drehzahl-Drehmoment-Kennlinien für verschiedene Werte von $\gamma = f_1/f_{1\mathrm{n}}$ zeigt Bild 12.11.

12.3 Betrieb mit nichtsinusförmigen Strömen und Spannungen

12.3.0 Ausgangsüberlegungen

Ein Betrieb am Netz nichtsinusförmiger Spannungen kann für jede Asynchronmaschine dadurch eintreten, daß die Netzspannung unter dem Einfluß benachbarter, leistungsstarker Stromrichteranlagen verzerrt wird. Ausgeprägte nichtsinusförmige Ströme und Spannungen sind für solche Asynchronmaschinen zu erwarten, die über einen Umrichter betrieben werden, um mit Hilfe der Frequenz die Drehzahl zu stellen. Das gleiche gilt, wenn ein Drehstromsteller vorgeschaltet wird, der bei kleinen Leistungen eine gewisse Drehzahlstellung durch Spannungsänderung ermöglicht. Dabei entstehen – je nach Art und Ausführung der vorgeschalteten Stromrichteranordnung – spezifische Verläufe der Ströme bzw. der Spannungen, die sich mit Hilfe der Fourier-Analyse in Folgen von Sinusgrößen zerlegen lassen. Durch die Stromrichteranordnung sind entweder die Spannungen oder die Ströme vorgegeben. Die Verläufe der jeweils anderen Größen werden durch das Verhalten der Asynchronmaschine bestimmt. Die prinzipiell durch das Vorhandensein nichtsinusförmiger Ströme und Spannungen auftretenden Erscheinungen sind unabhängig von der spezifischen Form der Verzerrung. Sie werden auf der Grundlage des Prinzips der Grundwellenverkettung weitgehend erfaßt. Damit gelten die allgemeinen Gleichungen der Asynchronmaschine, die im Abschnitt 8 entwickelt wurden. Insbesondere bietet es sich an, die Analyse des Betriebsverhaltens unter Verwendung komplexer Augenblickswerte durchzuführen. Die Erscheinungen, die von den räumlichen Oberwellen der zeitlichen Harmonischen herrühren, sind zunächst von zweiter Ordnung. Sie haben allerdings im Zusammenhang mit der Anregung magnetischer Geräusche Bedeutung.

12.3.1 Einführung komplexer Augenblickswerte der Veränderlichen

Der Verlauf einer Größe g_{1a} des Ständerstrangs a läßt sich allgemein darstellen als

$$g_{1a} = g_1(\omega_1 t) = \sum_{\nu=1}^{\infty} \widehat{g}_{1,\nu} \cos(\nu\omega_1 t + \varphi_{\mathrm{g}1,\nu}) \,. \tag{12.40}$$

Unter Voraussetzung symmetrischer Verhältnisse gilt dann für die zugeordneten Größen der Stränge b und c

$$\left. \begin{aligned} g_{1b} &= \sum_{\nu=1}^{\infty} \widehat{g}_{1,\nu}(\nu\omega_1 t + \varphi_{\mathrm{g}1,\nu} - \nu 2\pi/3) \\ g_{1c} &= \sum_{\nu=1}^{\infty} \widehat{g}_{1,\nu}(\nu\omega_1 t + \varphi_{\mathrm{g}1,\nu} - \nu 4\pi/3) \end{aligned} \right\} \tag{12.41}$$

Daraus leiten sich unmittelbar folgende Aussagen für die einzelnen Harmonischen ab[1]:

- Wenn ν durch 3 teilbar ist, sind die Harmonischen der drei Stränge phasengleich; ihre Summe ist in diesem Fall nicht Null, so daß derartige Harmonische nur dann auftreten können, wenn ein Sternpunkt vorhanden und angeschlossen ist.

- Wenn $(\nu - 1)$ durch 3 teilbar ist, bilden die Harmonischen der drei Stränge ein symmetrisches Dreiphasensystem positiver Phasenfolge.

- Wenn $(\nu + 1)$ durch 3 teilbar ist, erhält man ein symmetrisches Dreiphasensystem negativer Phasenfolge.

Darüber hinaus schränken die Symmetrieeigenschaften von $g_1(\omega_1 t)$ die auftretenden Ordnungszahlen ein. Insbesondere treten bei Vorliegen der Symmetrieeigenschaft $g_1(\omega_1 t + \pi) = -g_1(\omega_1 t)$ nur ungradzahlige Harmonische auf. Dieser Fall ist im allgemeinen gegeben, er wird deshalb im folgenden vorausgesetzt. Wenn gleichzeitig kein angeschlossener Sternpunkt vorhanden ist, treten nur Harmonische der Ordnungszahlen

$$\nu = 6g \genfrac{}{}{0pt}{}{+}{(-)} 1 \tag{12.42}$$

mit $g = 0, 1, 2, \ldots$ auf. Dabei liefert das positive Vorzeichen, entsprechend den oben angestellten Überlegungen, Harmonische, die ein Dreiphasensystem positiver Phasenfolge bilden, während das eingeklammerte, negative Vorzeichen auf Harmonische mit negativer Phasenfolge führt.

Der komplexe Augenblickswert einer Ständergröße, die in Ständerkoordinaten beschrieben wird, folgt aus (8.7) durch Einführen von (12.40) und (12.41) unter Beachtung der im Abschnitt 8.5 entwickelten Beziehungen unmittelbar zu

$$
\begin{aligned}
\vec{g}_1^{\mathrm{S}} &= \widehat{g}_{1,1}\, e^{j(\omega_1 t + \varphi_{g1,1})} + \widehat{g}_{1,5}\, e^{-j(5\omega_1 t + \varphi_{g1,5})} + \widehat{g}_{1,7}\, e^{-j(7\omega_1 t + \varphi_{g1,7})} + \cdots \\
&= \sum_{\nu=1}^{\infty} \vec{g}_{1,\nu}^{\mathrm{S}} = \sum_{\nu=1}^{\infty} \widehat{g}_{1,\nu}\, e^{\genfrac{}{}{0pt}{}{+}{(-)} j(\nu\omega_1 t + \varphi_{g1,\nu})} \ .
\end{aligned}
\tag{12.43}
$$

Dabei gilt das positive Vorzeichen für Harmonische mit positiver Phasenfolge und das eingeklammerte, negative für solche mit negativer Phasenfolge.

Wenn man als g_{1a}, g_{1b} und g_{1c} in (12.40) und (12.41) die Ströme der Ständerstränge betrachtet, erhält man über (12.43) den komplexen Augenblickswert $\vec{i}_1^{\mathrm{S}}$ der Ständerströme. Dieser ist entsprechend den Überlegungen im Abschnitt 8.3.3 unmittelbar proportional der komplexen Darstellung der Durchflutunggrundwelle des Ständers, wie sie im Abschnitt 4.2.2 eingeführt wurde. Damit erhält man mit (8.17) und (8.19) bzw. mit (8.15) für die Durchflutungsgrundwelle der nichtsinusförmigen Strangströme

$$\Theta_1(\gamma_{\mathrm{S}}) = \sum_{\nu=1}^{\infty} \frac{3}{2}\frac{4}{\pi} \frac{(w\xi_1)_1}{2p} \widehat{i}_{1,\nu} \cos\!\left(\gamma_{\mathrm{S}} \genfrac{}{}{0pt}{}{-}{(+)} \nu\omega_1 t \genfrac{}{}{0pt}{}{-}{(+)} \varphi_{i1,\nu}\right) \ , \tag{12.44}$$

d.h. eine Folge von Durchflutungsgrundwellen. Die ν-te Harmonische der Ströme ruft eine Durchflutungsgrundwelle hervor, die im Koordinatensystem des Ständers mit der bezogenen Geschwindigkeit $\nu\omega_1$ bzw. mit der Drehzahl νn_0 bei positiver Phasenfolge und mit der bezogenen Geschwindigkeit $-\nu\omega_1$ bzw. der Drehzahl $-\nu n_0$ bei negativer Phasenfolge umläuft.

Wenn man die Ständergrößen in Netzkoordinaten beschreibt, d.h. in einem Koordinatensystem, das entsprechend $\vartheta_{\mathrm{K}} = \omega_1 t$ mit der bezogenen Geschwindigkeit ω_1

---

[1]s. auch Band Grundlagen, Abschnitt 3.2.3

umläuft, erhält man aus (12.43) mit (8.52)

$$\begin{aligned}
\vec{g}_1^{\mathrm{N}} &= \widehat{g}_{1,1}\,\mathrm{e}^{\mathrm{j}\varphi_{g1,1}} + \widehat{g}_{1,5}\,\mathrm{e}^{-\mathrm{j}(6\omega_1 t + \varphi_{g1,5})} + \widehat{g}_{1,7}\,\mathrm{e}^{\mathrm{j}(6\omega_1 t + \varphi_{g1,7})} \\
&\quad + \widehat{g}_{1,11}\,\mathrm{e}^{-\mathrm{j}(12\omega_1 t + \varphi_{g1,11})} + \widehat{g}_{1,13}\,\mathrm{e}^{\mathrm{j}(12\omega_1 t + \varphi_{g1,13})} \\
&\quad + \dots \\
&= \sum_{\nu=1}^{\infty} \vec{g}_{1,\nu}^{\mathrm{N}} = \sum_{\nu=1}^{\infty} \widehat{g}_{1,\nu}\,\mathrm{e}^{\overset{+}{(-)}\mathrm{j}[(\nu\overset{-}{(+)}1)\omega_1 t + \varphi_{g1,\nu}]} \;.
\end{aligned} \tag{12.45}$$

Dabei gelten die eingeklammerten Vorzeichen wiederum für Harmonische mit negativer Phasenfolge, deren Ordnungszahlen sich aus (12.42) mit dem eingeklammerten Vorzeichen ergeben.

Schließlich erhält man als Darstellung in Läuferkoordinaten mit

$$\vartheta_{\mathrm{K}} = \vartheta = (1-s)\omega_1 t \;,\text{d.h. unter Voraussetzung } \vartheta_0 = 0$$

$$\begin{aligned}
\vec{g}_1^{\mathrm{L}} &= \widehat{g}_{1,1}\,\mathrm{e}^{\mathrm{j}\varphi_{g1,1}}\,\mathrm{e}^{\mathrm{j}s\omega_1 t} + \widehat{g}_{1,5}\,\mathrm{e}^{-\mathrm{j}[(6-s)\omega_1 t + \varphi_{g1,5}]} + \widehat{g}_{1,7}\,\mathrm{e}^{\mathrm{j}[(6+s)\omega_1 t + \varphi_{g1,7}]} \\
&\quad + \widehat{g}_{1,11}\,\mathrm{e}^{-\mathrm{j}[(12-s)\omega_1 t + \varphi_{g1,11}]} + \widehat{g}_{1,13}\,\mathrm{e}^{\mathrm{j}[(12+s)\omega_1 t + \varphi_{g1,13}]} \\
&\quad + \dots \\
&= \sum_{\nu=1}^{\infty} \vec{g}_{1,\nu}^{\mathrm{L}} = \sum_{\nu=1}^{\infty} \widehat{g}_{1,\nu}\,\mathrm{e}^{\overset{+}{(-)}\mathrm{j}[\nu\omega_1 t \overset{-}{(+)}(1-s)\omega_1 t + \varphi_{g1,\nu}]} \;.
\end{aligned} \tag{12.46}$$

12.3.2 Allgemeine Aussagen des Gleichungssystems für komplexe Augenblickswerte

Wenn die Variablen des Ständers und des Läufers im gleichen Koordinatensystem beschrieben werden, gelten die Spannungsgleichungen (8.54) und die Flußverkettungsgleichungen (8.55) unter Beachtung der vom gewählten Koordinatensystem abhängigen Beziehung für $\mathrm{d}\vartheta_{\mathrm{K}}/\mathrm{d}t$. Dieses Gleichungssystem ist linear. Daraus folgt als erste Erkenntnis, daß die Läufergrößen bei dieser Darstellung jeweils gleiche Komponenten hinsichtlich der Zeitabhängigkeit aufweisen müssen wie die Ständergrößen. Mit diesem Ansatz zerfällt das System der Spannungs- und Flußverkettungsgleichungen [(8.54) und (8.55)] durch Einführen der komplexen Veränderlichen nach (12.43) oder (12.45) oder (12.46) in je ein Gleichungssystem für die einzelnen Harmonischen. Das führt für die erste Harmonische auf das im Abschnitt 8.6 entwickelte Gleichungssystem [s. (8.101)]. Für die höheren Harmonischen erhält man analog aufgebaute Beziehungen.

Aus der Darstellung in Läuferkoordinaten nach (12.46) erkennt man, daß sich die Kreisfrequenz der Läufergrößen, herrührend von der ν-ten Harmonischen, im gesamten Bereich von Leerlauf ($s=0$) bis Stillstand ($s=1$) zwischen $(\nu-1)\omega_1$ und $\nu\omega_1$ bei positiver Phasenfolge und zwischen $(\nu+1)\omega_1$ und $\nu\omega_1$ bei negativer Phasenfolge ändert. Das folgt auch unmittelbar aus einer Betrachtung der zugeordneten Luftspaltfelder. Für die Harmonischen mit der niedrigsten Ordnungszahl von $\nu=5$ z.B. ändert sich die Läuferkreisfrequenz von $6\omega_1$ bei $s=0$ auf $5\omega_1$ bei $s=1$. Die relative Änderung wird mit zunehmender Ordnungszahl immer kleiner. Man kann daher in guter Näherung sagen, daß die Strom-Spannungs-Beziehungen für die höheren Harmonischen zwischen Leerlauf und Stillstand der Maschine unabhängig vom Schlupf sind und jenen Beziehungen entsprechen, die im Stillstand gelten.

Die Beziehungen für das Drehmoment sind allgemein durch die Gleichungen (8.27) und (8.28) bzw. (8.56) gegeben. Sie lassen erkennen, daß prinzipiell jede Harmonische entsprechend $\mathrm{Im}\{\vec{\psi}_{1,\nu}^{\mathrm{K}}\,\vec{i}_{1,\nu}^{\mathrm{K}*}\}$ bzw. $\mathrm{Im}\{\vec{\psi}_{2,\nu}^{\mathrm{K}}\,\vec{i}_{2,\nu}^{\mathrm{K}*}\}$ ein zeitlich konstantes asynchrones

Drehmoment liefert. Insbesondere erhält man aus den Komponenten der ersten Harmonischen das Drehmoment, das die Analyse des stationären Betriebs am symmetrischen Netz sinusförmiger Spannungen liefert. Außerdem ist zu erwarten, daß aus dem Zusammenwirken von Harmonischen der Flußverkettung und solchen des Stroms mit unterschiedlichen Ordnungszahlen Pendelmomente entstehen.

Die asynchronen Drehmomente der höheren Harmonischen liefern einen positiven Beitrag zum Drehmoment, wenn eine positive Phasenfolge vorliegt, und einen negativen Beitrag bei negativer Phasenfolge. Der Betrag der Drehmomentanteile ist zwischen Leerlauf und Stillstand der Maschine, entsprechend der Unveränderlichkeit der Läuferfrequenz, praktisch konstant. Ferner ist zu beachten, daß die Harmonischen stets Paare aufeinanderfolgender ungeradzahliger Ordnungszahlen mit einer positiven und einer negativen Phasenfolge bilden. Da sich deren Amplituden i.allg. nicht stark unterscheiden werden, ist zu erwarten, daß sich ihre Beiträge zum Drehmoment weitgehend gegeneinander aufheben.

Die höheren Harmonischen der Ströme und Spannungen liefern entsprechend den voranstehenden Überlegungen praktisch keinen Betrag zum mittleren Drehmoment. Dieses wird allein von den Grundschwingungsanteilen entwickelt. Die höheren Harmonischen der Ströme rufen jedoch in den Wicklungen von Ständer und Läufer zusätzliche Verluste hervor. Dabei ist zu beachten, daß entsprechend der hohen Frequenz dieser Harmonischen merkliche Stromverdrängungserscheinungen auftreten. Außerdem kommt es zu einer Vergrößerung der Ummagnetisierungsverluste sowie zu spezifischen Erhöhungen der Zusatzverluste. Bei Betrieb mit nichtsinusförmigen Strömen und Spannungen werden die Gesamtverluste in der Maschine deshalb größer als bei Betrieb am Netz sinusförmiger Spannungen. Um die Erwärmung in zulässigen Grenzen zu halten, kann es erforderlich sein, die Leistung herabzusetzen.

12.3.3 Sonderfall verschwindender Läuferflußverkettungen für die höheren Harmonischen

Aus der Spannungsgleichung des Läufers, d.h. aus der zweiten Gleichung (8.54), folgt bei der Darstellung in Läuferkoordinaten mit $\mathrm{d}\vartheta/\mathrm{d}t = \mathrm{d}\vartheta_\mathrm{K}/\mathrm{d}t$ unter Beachtung von $\vec{u}_2^\mathrm{L} = 0$

$$R_2\vec{i}_2^\mathrm{L} + \frac{\mathrm{d}\vec{\psi}_2^\mathrm{L}}{\mathrm{d}t} = 0 \ . \tag{12.47}$$

Wenn die Frequenz f_1 nicht zu klein ist, besitzen alle höheren Harmonischen der Läufergrößen entsprechend (12.46) im Arbeitsbereich zwischen Leerlauf und Stillstand so hohe Frequenzen, daß aus (12.47) für $\nu > 1$ folgt

$$\vec{\psi}_{2,\nu}^\mathrm{L} = 0 \qquad \text{bzw.} \quad \widehat{\psi}_{2,\nu} = 0 \ . \tag{12.48}$$

Damit erhält man für die Läuferflußverkettung in Netzkoordinaten

$$\vec{\psi}_2^\mathrm{N} = \widehat{\psi}_{2,1}\, \mathrm{e}^{\mathrm{j}\varphi_{\psi_{2,1}}} \ . \tag{12.49}$$

Die Spannungsgleichung des Ständerstrangs a für eine Harmonische der Ordnungszahl $\nu > 1$ erhält man, ausgehend von (8.54) und (8.55), mit $\vec{\psi}_{2,\nu}^\mathrm{L} = 0$ unter Beachtung der Beziehungen zur komplexen Darstellung der Stranggrößen, wie sie im Abschnitt 8.5

abgeleitet wurden, zu

$$
\begin{aligned}
\underline{u}_{1,\nu} &= R_1 \underline{i}_{1,\nu} + j\nu\omega_1 \left(L_{11} - \frac{L_{12}^2}{L_{22}} \right) \underline{i}_{1,\nu} \\
&= (R_1 + j\nu\gamma X_i)\underline{i}_{1,\nu} \approx j\nu\gamma X_i \underline{i}_{1,\nu}
\end{aligned}
\tag{12.50}
$$

Dabei wurde die Gesamtstreureaktanz $X_i = \omega_1 L_i$ entsprechend (10.5) eingeführt. Gleichung (12.50) bringt zum Ausdruck, daß sich die Asynchronmaschine in interessierenden Arbeitsbereichen ($s = 0 \ldots 1$) bei nicht zu kleiner Frequenz $f_1 = \gamma f_{1n}$ der Grundschwingung gegenüber allen Harmonischen im ideellen Kurzschluß befindet. Dem entspricht aus Sicht der Luftspaltfelder, daß der Läufer auf ein Grundwellenfeld des Ständers mit der Frequenz νf_1 mit einem genau entgegengerichteten Feld reagiert. Das Läuferfeld ist also gegenüber dem Ständerfeld um genau eine Polteilung verschoben. Es kommt zu keiner Verschiebung zwischen dem resultierenden Feld und dem Ständerfeld. Die dem Läuferfeld zugeordnete Strombelagswelle des Läufers ist gegenüber der resultierenden Induktionswelle um eine halbe Polteilung versetzt, so daß entsprechend (6.1) durch das Oberschwingungsfeld selbst kein Drehmoment entwickelt wird. Zum gleichen Ergebnis kommt man natürlich über (8.28) bzw. (8.56) mit $\vec{\psi}_{2,\nu}^{\mathrm{L}} = 0$.

Für das *Drehmoment* erhält man, ausgehend von (8.56), wenn $\vec{\psi}_2^{\mathrm{N}}$ mit Hilfe von (8.69) durch

$$
\vec{\psi}_1^{\mathrm{N}} = \left(L_{11} - \frac{L_{12}^2}{L_{22}} \right) \vec{i}_1^{\mathrm{N}} + \frac{L_{12}}{L_{22}} \vec{\psi}_2^{\mathrm{N}}
$$

ersetzt wird,

$$
m = -\frac{3}{2} p \frac{L_{12}}{L_{22}} \operatorname{Im}\{\vec{\psi}_2^{\mathrm{N}} \vec{i}_1^{\mathrm{N}*}\} \; .
$$

Dabei ist $\vec{\psi}_2^{\mathrm{N}}$ durch (12.49) gegeben, und $\vec{i}_1^{\mathrm{N}*}$ läßt sich entsprechend (12.45) darstellen. Damit wird

$$
m = \overset{+}{(-)} \frac{3}{2} p \frac{L_{12}}{L_{22}} \widehat{\psi}_{2,1} \sum_{\nu} \widehat{i}_{1,\nu} \sin[(\nu \overset{-}{(+)} 1)\omega_1 t + \varphi_{i1,\nu} \overset{}{(+)} \varphi_{\psi 2,1}] \; ,
\tag{12.51}
$$

wobei die eingeklammerten Vorzeichen wieder für die Ordnungszahlen der Harmonischen mit negativer Phasenfolge gelten. Ausgeschrieben erhält man für die ersten Glieder der Reihe:

$$
\begin{aligned}
m &= \frac{3}{2} p \frac{L_{12}}{L_{22}} \widehat{\psi}_{2,1} \widehat{i}_{1,1} \sin(\varphi_{i1,1} - \varphi_{\psi 2,1}) \\
&\quad - \frac{3}{2} p \frac{L_{12}}{L_{22}} \widehat{\psi}_{2,1} \widehat{i}_{1,5} \sin(6\omega_1 t + \varphi_{i1,5} + \varphi_{\psi 2,1}) \\
&\quad + \frac{3}{2} p \frac{L_{12}}{L_{22}} \widehat{\psi}_{2,1} \widehat{i}_{1,7} \sin(6\omega_1 t + \varphi_{i1,7} - \varphi_{\psi 2,1}) \\
&\quad \mp \cdots
\end{aligned}
$$

Es treten demnach außer dem zeitlich konstanten Drehmoment der Grundschwingung Pendelmomente der Frequenz

$$
f_{\mathrm{p}} = \nu_{\mathrm{p}} f_1
\tag{12.52}
$$

auf, wobei für die Ordnungszahl ν_p mit (12.42) gilt

$$\nu_p = 6g \ .$$

Diese Pendelmomente führen zu Drehzahlpendelungen, wenn sie Torsionseigenfrequenzen des Läufersystems anregen oder wenn die Frequenz f_1 der Grundschwingung sehr klein wird, so daß das Läufersystem als starrer Körper spürbare Pendelbewegungen ausführt. Dabei erhält man aufgrund der Sinusförmigkeit der Pendelmomente, ausgehend von (6.57), für die Amplitude der Drehzahlpendelung

$$\Delta\widehat{n} = \frac{\Delta\widehat{m}_{\nu p}}{2\pi J \nu_p \omega_1} \ . \tag{12.53}$$

Wenn die Frequenz f_1 der Grundschwingung nicht mehr als sehr klein angesehen werden kann, erhält man Pendelmomente mit großer Frequenz. Drehzahlpendelungen des Läufers als Ganzes sind dann entsprechend (12.53) nicht zu erwarten. Es muß aber daran gedacht werden, daß jedes Drehmoment über Umfangskräfte entsteht, die am Läufer angreifen. Dem Pendelmoment großer Frequenz sind also Umfangskräfte großer Frequenz zugeordnet. Derartige Kräfte werden auch an den Stäben des Kurzschlußkäfigs außerhalb des Blechpakets angreifen und können diese zu Schwingungen anregen. Dabei besteht die Gefahr, daß Resonanzerscheinungen auftreten.

12.4   Betrieb in Gleichlaufschaltungen

Wenn eine Asynchronmaschine mit Schleifringläufer ständerseitig an einem starren Netz mit den Parametern $\underline{u}_1$ und f_1 liegt und mit einer beliebigen Drehzahl $n = (1-s)n_0 = (1-s)f_1/p$ von außen her angetrieben wird, beobachtet man bei offenen Läuferklemmen über dem Läuferstrang a entsprechend (8.132) die Spannung

$$\underline{u}_{2I}^+ = s\underline{u}_1\,\mathrm{e}^{\mathrm{j}2\alpha_0}$$

mit Schlupffrequenz sf_1. Dabei wurde die Läuferspannung zusätzlich mit dem Index I versehen, da sie im weiteren mit der einer zweiten Maschine zu vergleichen ist. In nichttransformierter Form beträgt die Spannung des offenen Läuferstrangs a mit (8.123)

$$\underline{u}_{2I} = s\frac{u_1\,\mathrm{e}^{\mathrm{j}2\alpha_0}}{\underline{\ddot{u}}^*}\,\mathrm{e}^{-\mathrm{j}\vartheta_{0I}} \ .$$

In einer zweiten Maschine II vom gleichen Typ, die also gleiche Werte α_0, $\underline{\ddot{u}}$ usw. hat und deren Ständer an der gleichen Spannung $\underline{u}_1$ liegt, erhält man als Spannung des offenen Läuferstrangs a

$$\underline{u}_{2II} = s\frac{u_1\,\mathrm{e}^{\mathrm{j}2\alpha_0}}{\underline{\ddot{u}}^*}\,\mathrm{e}^{-\mathrm{j}\vartheta_{0II}} \ .$$

Bei gleicher Drehzahl beider Maschinen haben beide Spannungen gleiche Frequenz und gleiche Amplitude. Sie sind lediglich um einen gewissen Winkel $\varepsilon = \vartheta_{0I} - \vartheta_{0II}$ gegeneinander phasenverschoben. Diese Phasenverschiebung ist bedingt durch die unterschiedliche Lage der beiden Läuferstränge a relativ zu ihren Ständersträngen a. Entsprechend (8.97) beträgt die bezogene Verschiebung zwischen den Achsen der Stränge a von Ständer und Läufer für Maschine I (s.a. Bild 7.2) $\vartheta_I = (1-s)\omega_1 t + \vartheta_{0I}$ und für Maschine II $\vartheta_{II} = (1-s)\omega_1 t + \vartheta_{0II}$. Es ist also

$$\boxed{\vartheta_I - \vartheta_{II} = \vartheta_{0I} - \vartheta_{0II} = \varepsilon} \ . \tag{12.54}$$

Im Bild 12.12 werden diese Überlegungen erläutert. Dabei wurden die beiden Maschinen zur Erhöhung der Anschaulichkeit achsengleich hintereinandergestellt und in eine solche Lage gedreht, daß die beiden Ständerstränge a an der gleichen Stelle des Umfangs liegen.

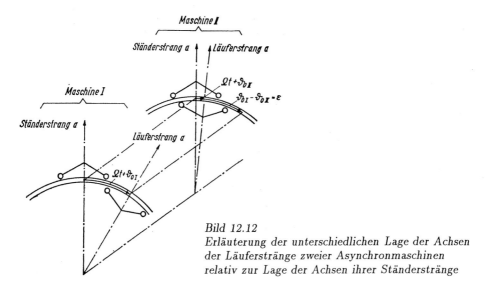

Bild 12.12
Erläuterung der unterschiedlichen Lage der Achsen der Läuferstränge zweier Asynchronmaschinen relativ zur Lage der Achsen ihrer Ständerstränge

Wenn dafür gesorgt wird, daß $\varepsilon = 0$ ist, können zusammengehörige Läuferstränge der Maschinen I und II miteinander verbunden werden, ohne daß Ströme fließen. In zusammengehörigen Läuftersträngen werden dann jeweils gleiche Spannungen induziert, die sich gegeneinander aufheben. Sobald sich jedoch eine der beiden Maschinen gegenüber der anderen zu beschleunigen oder zu verzögern sucht, wird $\varepsilon \neq 0$, und es entsteht eine Phasenverschiebung zwischen den induzierten Spannungen der Strangpaare. Dadurch wirken in den Läuferkreisen, die von den Strangpaaren gebildet werden, endliche induzierte Spannungen. Diese treiben Ströme an, und es ist zu erwarten, daß deren Drehmomente das weitere Auseinanderlaufen der beiden Maschinen zu verhindern suchen. Um ein bestimmtes Drehmoment zu entwickeln, werden bestimmte Ströme erforderlich sein, so daß die Relativbewegung zwischen den beiden Läufern bei einem bestimmten Wert von ε zum Stillstand kommt. Die Anordnung verhält sich also wie eine mechanische Welle, sie wird deshalb als *elektrische Welle* bezeichnet.

Bei der gebräuchlichsten Ausführungsform einer elektrischen Welle gleicht diese lediglich Unterschiede im Gleichlauf zweier Antriebe aus. Eine derartige Anordnung bezeichnet man als *elektrische Ausgleichswelle*. Ihr prinzipieller Aufbau ist im Bild 12.13 dargestellt. Die beiden Wellenmaschinen W_I und W_{II} verbinden zwei Antriebe, die jeweils aus einem Motor M und einer Arbeitsmaschine A bestehen. Der Leistungsfluß läßt sich mit Hilfe der allgemeinen Beziehungen für den Leistungfluß von Drehfeldmaschinen nach Tafel 6.4 ermitteln. Wenn die Verluste in den Wellenmaschinen für eine erste Näherung vernachlässigt werden, erhält man mit den Bezeichnungen von Bild 12.13

$$P_{1I} = P_{\delta I} = \frac{1}{s} P_2 \ , \qquad P_{1II} = P_{\delta II} = -\frac{1}{s} P_2 \ . \tag{12.55}$$

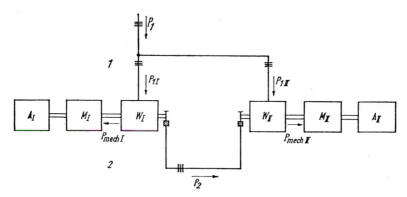

Bild 12.13 *Prinzipieller Aufbau einer elektrischen Ausgleichswelle*
W Wellenmaschine; M Motor; A Arbeitsmaschine

Es ist also $P_{1\text{II}} = -P_{1\text{I}}$ bzw. $P_1 = 0$, d.h. $P_{\text{mech II}} = -P_{\text{mech I}}$. Da die Wellenmaschinen gleiche Drehzahlen besitzen, folgt daraus für ihre Drehmomente

$$M_{\text{II}} = -M_{\text{I}} \ . \tag{12.56}$$

Die Wellenmaschinen transportieren die Leistung $P_{\text{mech II}}$ vom Antrieb I zum Antrieb II, ohne daß sie mit dem Netz Leistung austauschen. Dabei fließt entsprechend $P_{\text{mech}} = (1-s)P_\delta$ unter Beachtung der zweiten Gleichung (12.55) der Anteil $P_{1\text{II}}$ entsprechend

$$\frac{P_{1\text{II}}}{P_{\text{mech II}}} = \frac{1}{1-s} \tag{12.57}$$

über die Verbindungen zwischen den beiden Ständern der Wellenmaschinen und der Anteil P_2 entsprechend

$$\frac{P_2}{P_{\text{mech II}}} = -\frac{s}{1-s} \tag{12.58}$$

über die Verbindungen zwischen den beiden Läufern.

Die Wellenmaschinen können in verschiedenen Schlupfbereichen arbeiten. Im untersynchronen Betrieb bei Lauf mit dem Drehfeld, d.h. für $s = 0$ bis $s = 1$, folgt aus (12.57) und (12.58) $\dfrac{P_{1\text{II}}}{P_{\text{mech II}}} > 0$ und $\dfrac{P_2}{P_{\text{mech II}}} < 0$. Es findet also ein gewisser Energiekreislauf statt. Das gleiche gilt für den untersynchronen Betrieb bei Lauf gegen das Drehfeld, d.h. für $s > 1$. In diesem Fall wird $\dfrac{P_{1\text{II}}}{P_{\text{mech II}}} < 0$ und $\dfrac{P_2}{P_{\text{mech II}}} > 0$. Der Energiekreislauf ändert lediglich seinen Umlaufsinn. Es ist zu beachten, daß dem Energiefluß von I nach II bei Lauf mit dem Drehfeld positive Werte von ε und bei Lauf gegen das Drehfeld negative Werte von ε zugeordnet sind. Das rührt daher, daß eine Beschleunigungstendenz des Läufers I zu einem Energiefluß von I nach II führen muß und dabei im ersten Fall $\vartheta_{0\text{I}} > \vartheta_{0\text{II}}$ wird, während man im zweiten Fall $\vartheta_{0\text{I}} < \vartheta_{0\text{II}}$ erhält, da $(1-s) < 0$ ist. Der Energiekreislauf verschwindet, wenn im übersynchronen Gebiet, d.h. mit $s < 0$, gearbeitet wird. Dann fließt über jeden der beiden Verbindungswege ein Teil der Leistung. Um in diesen Bereich zu gelangen, muß jedoch die synchrone Drehzahl durchfahren werden. Dabei verschwinden die Drehmomente, die den Synchronlauf beider Wellenmaschinen erzwingen. Deshalb ist im allgemeinen Fall nicht damit zu rechnen, daß die Welle nach Durchlaufen der synchronen Drehzahl wieder synchronisiert. Aus diesem Grund wird stets im untersynchronen Gebiet gearbeitet.

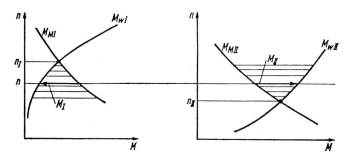

Bild 12.14   *Drehzahl-Drehmoment-Kennlinien zweier Antriebe I und II,*
die durch eine elektrische Ausgleichswelle miteinander verbunden sind
M_{wI}, M_{wII} Widerstandsmomente der Arbeitsmaschinen; M_{MI}, M_{MII} Drehmomente der Motoren
M_{I} und M_{II}; n_{II}, n_{I} Drehzahlen der beiden Antriebe, die sich ohne Wirken der elektrischen Welle
einstellen; n Drehzahl, die sich mit Wirken der verlustlosen elektrischen Welle einstellt

Solange die elektrische Welle nicht zur Wirkung kommt, indem die Wellenmaschinen
vom Netz getrennt sind, stellt sich entsprechend dem Zusammenspiel der Drehzahl-
Drehmoment-Kennlinien im Antrieb I eine Drehzahl n_I und im Antrieb II eine Drehzahl n_{II} ein (Bild 12.14). Wenn die elektrische Welle in Funktion ist, wird in beiden die gleiche Drehzahl n erzwungen. Bei dieser Drehzahl müssen die Wellenmaschinen W_I und W_{II} die Differenzdrehmomente aufbringen, die sich aus den Drehzahl-
Drehmoment-Kennlinien der beiden Antriebe nach Bild 12.14 ergeben. Wenn die Welle
verlustlos betrachtet wird, gilt entsprechend (12.56) $M_{II} = -M_I$, d.h., es stellt sich
eine Drehzahl ein, bei der die Beträge der Differenzmomente gleich sind (s. Bild 12.14).

Die Drehzahl n bestimmt den Schlupf, bei dem die Wellenmaschinen arbeiten. Wenn
sich die Belastung des einen oder des anderen Antriebs ändert, stellt sich eine neue
Drehzahl und damit auch ein anderer Schlupf ein.

Die Analyse des Betriebsverhaltens wird im folgenden auf der Grundlage der allgemeinen Spannungsgleichungen (8.101) durchgeführt. Wenn dabei zur Vereinfachung
der Darstellung die Abkürzungen $\underline{Z}_1 = R_1 + \mathrm{j}X_{11}$ und $\underline{Z}_2 = (R_2/s) + \mathrm{j}X_{22}$ eingeführt
werden, erhält man für die Wellenmaschine I

$$\underline{u}_{1\mathrm{I}} \quad = \quad \underline{Z}_1 \underline{i}_{1\mathrm{I}} + \mathrm{j}X_{12}\underline{i}_{2\mathrm{I}}\, \mathrm{e}^{\mathrm{j}\vartheta_{0\mathrm{I}}} \tag{12.59}$$

$$\frac{\underline{u}_{2\mathrm{I}}}{s} \quad = \quad \underline{Z}_2 \underline{i}_{2\mathrm{I}} + \mathrm{j}X_{12}\underline{i}_{1\mathrm{I}}\, \mathrm{e}^{-\mathrm{j}\vartheta_{0\mathrm{I}}} \tag{12.60}$$

und für die Wellenmaschine II

$$\underline{u}_{1\mathrm{II}} \quad = \quad \underline{Z}_1 \underline{i}_{1\mathrm{II}} + \mathrm{j}X_{12}\underline{i}_{2\mathrm{II}}\, \mathrm{e}^{\mathrm{j}\vartheta_{0\mathrm{II}}} \tag{12.61}$$

$$\frac{\underline{u}_{2\mathrm{II}}}{s} \quad = \quad \underline{Z}_2 \underline{i}_{2\mathrm{II}} + \mathrm{j}X_{12}\underline{i}_{1\mathrm{II}}\, \mathrm{e}^{-\mathrm{j}\vartheta_{0\mathrm{II}}} \tag{12.62}$$

Da beide Wellenmaschinen stets den gleichen Schlupf haben, kann dieser für die folgenden Betrachtungen als konstant angesehen werden. Durch die Zusammenschaltung

der Wellenmaschinen entsprechend Bild 12.13 sind als Betriebsbedingungen gegeben

$$\left.\begin{array}{rl} \underline{u}_{1\mathrm{II}} &= \underline{u}_{1\mathrm{I}} = \underline{u}_1 = \widehat{u}_1 \;, \\[2mm] \underline{u}_{2\mathrm{II}} &= \underline{u}_{2\mathrm{I}} = \underline{u}_2 \;, \\[2mm] \underline{i}_{2\mathrm{II}} &= -\underline{i}_{2\mathrm{I}} = \underline{i}_2 \;. \end{array}\right\} \tag{12.63}$$

Dabei wurde in Anlehnung an die Behandlung des stationären Betriebsverhaltens der Asynchronmaschine im Abschnitt 10 zur Vereinfachung $\underline{u}_1 = \widehat{u}_1$ gesetzt. Unter Beachtung von (12.63) erhält man durch Addition der beiden Läuferspannungsgleichungen (12.60) und (12.62)

$$\frac{\underline{u}_2}{s} = \mathrm{j}\frac{1}{2}X_{12}(\underline{i}_{1\mathrm{I}}\,\mathrm{e}^{-\mathrm{j}\vartheta_{0\mathrm{I}}} + \underline{i}_{1\mathrm{II}}\,\mathrm{e}^{-\mathrm{j}\vartheta_{0\mathrm{II}}}) \;. \tag{12.64}$$

Aus (12.60) folgt für den Ausdruck $\mathrm{j}X_{12}\underline{i}_{2\mathrm{I}}\,\mathrm{e}^{\mathrm{j}\vartheta_{0\mathrm{I}}}$ unter Beachtung von $\underline{u}_{2\mathrm{I}} = \underline{u}_2$ und (12.64)

$$\mathrm{j}X_{12}\underline{i}_{2\mathrm{I}}\,\mathrm{e}^{\mathrm{j}\vartheta_{0\mathrm{I}}} = \frac{\underline{u}_2}{s}\frac{\mathrm{j}X_{12}}{\underline{Z}_2}\,\mathrm{e}^{\mathrm{j}\vartheta_{0\mathrm{I}}} + \frac{X_{12}^2}{\underline{Z}_2}\underline{i}_{1\mathrm{I}} = -\frac{1}{2}\frac{X_{12}^2}{\underline{Z}_2}(\underline{i}_{1\mathrm{II}}\,\mathrm{e}^{\mathrm{j}\varepsilon} - \underline{i}_{1\mathrm{I}}) \;. \tag{12.65}$$

Dabei ist entsprechend (12.54) $\varepsilon - \vartheta_{0\mathrm{I}} - \vartheta_{0\mathrm{II}}$, und für $X_{12}^2/\underline{Z}_2$ kann durch Einführen des komplexen Eingangswiderstands $\underline{Z} = \underline{Z}_1 + X_{12}^2/\underline{Z}_2$ [s. (10.2)] $X_{12}^2/\underline{Z}_2 = \underline{Z} - \underline{Z}_1$ eingesetzt werden. Damit folgt aus (12.59) mit (12.65)

$$\widehat{u}_1 = \frac{1}{2}(\underline{Z} + \underline{Z}_1)\underline{i}_{1\mathrm{I}} - \frac{1}{2}(\underline{Z} - \underline{Z}_1)\,\mathrm{e}^{\mathrm{j}\varepsilon}\underline{i}_{1\mathrm{II}} \;. \tag{12.66}$$

Analog ergibt sich aus (12.62) mit $\underline{u}_2/s$ aus (12.64)

$$\mathrm{j}X_{12}\underline{i}_{2\mathrm{II}}\,\mathrm{e}^{\mathrm{j}\vartheta_{0\mathrm{II}}} = -\frac{1}{2}\frac{X_{12}^2}{\underline{Z}_2}(\underline{i}_{1\mathrm{I}}\,\mathrm{e}^{-\mathrm{j}\varepsilon} - \underline{i}_{1\mathrm{II}}) \;.$$

und damit aus (12.61)

$$\widehat{u}_1 = \frac{1}{2}(\underline{Z} + \underline{Z}_1)\underline{i}_{1\mathrm{II}} - \frac{1}{2}(\underline{Z} - \underline{Z}_1)\,\mathrm{e}^{-\mathrm{j}\varepsilon}\underline{i}_{1\mathrm{II}} \;. \tag{12.67}$$

Aus (12.66) und (12.67) gewinnt man nunmehr die Ständerströme der beiden Wellenmaschinen zu

$$\underline{i}_{1\mathrm{I}} = \frac{(\underline{Z} + \underline{Z}_1) + (\underline{Z} - \underline{Z}_1)\,\mathrm{e}^{\mathrm{j}\varepsilon}}{2\underline{Z}\underline{Z}_1}\widehat{u}_1 \;, \tag{12.68}$$

$$\underline{i}_{1\mathrm{II}} = \frac{(\underline{Z} + \underline{Z}_1) + (\underline{Z} - \underline{Z}_1)\,\mathrm{e}^{-\mathrm{j}\varepsilon}}{2\underline{Z}\underline{Z}_1}\widehat{u}_1 \;. \tag{12.69}$$

Beide Ströme haben als Ortskurve in Abhängigkeit von ε ein und denselben Kreis $\underline{K}_\mathrm{W}$. Dieser Kreis wird bei positivem ε vom Strom $\underline{i}_{1\mathrm{I}}$ im positiven und vom Strom $\underline{i}_{1\mathrm{II}}$ im negativen Sinn durchlaufen. Für $\varepsilon = 0$ wird

$$\underline{i}_{1\mathrm{I}} = \underline{i}_{1\mathrm{II}} = \frac{\widehat{u}_1}{\underline{Z}_1} \;.$$

Das sind die ideellen Leerlaufströme der beiden Wellenmaschinen, denen der Punkt P_0 auf dem Ossanna-Kreis $\underline{K}$ entspricht [vgl. (10.3)]. Für $\varepsilon = \pi$ wird

$$\underline{i}_{1\mathrm{I}} = \underline{i}_{1\mathrm{II}} = \frac{\widehat{u}_1}{\underline{Z}} \;.$$

Das sind die Ströme, die im Normalbetrieb mit kurzgeschlossenem Läufer auftreten, wenn der Schlupf s herrscht, der sich beim Betrieb der Gleichlaufschaltung einstellt. Diesen Strömen entspricht der Punkt P_s auf dem Ossanna-Kreis, der mit Hilfe einer Schlupfgeraden angegeben werden kann. Die Punkte P_0 für $\varepsilon = 0$ und P_s für $\varepsilon = \pi$ liegen entsprechend (12.68) und (12.69) auf einem Durchmesser des Kreises $\underline{K}_\mathrm{W}$. Damit kann dieser Kreis eingezeichnet werden. Das ist im Bild 12.15a für Betrieb mit dem Drehfeld ($s = 0,5$) und im Bild 12.15b für Betrieb gegen das Drehfeld ($s = 1,5$) geschehen. Der Leistungsfluß geht in beiden Fällen vom Antrieb I zum Antrieb II. Dementsprechend liegen im Bild 12.15b negative Werte von ε vor. Aus dem Verlauf der Ortskurven folgt, daß die Leistungen P_1 und P_2 der beiden Wellenmaschinen nicht beliebig groß werden können; die Welle hat ein endliches *Kippmoment*. Wenn es überschritten wird, geht der Synchronismus zwischen den beiden Antrieben verloren. Wie die Ortskurven weiterhin zeigen, kippt zuerst die generatorisch arbeitende Wellenmaschine. Gleichzeitig erkennt man, daß die Welle bei Betrieb gegen das Drehfeld stabiler ist, da der Kreis bei gleicher Drehzahl einen größeren Durchmesser hat und wesentlich weiter in das Gebiet des generatorischen Betriebs reicht. Normalerweise wird deshalb im Bereich des Betriebs gegen das Drehfeld gearbeitet.

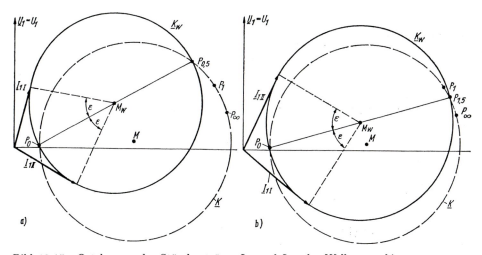

Bild 12.15 *Ortskurven der Ständerströme $\underline{I}_{1\mathrm{I}}$ und $\underline{I}_{1\mathrm{II}}$ der Wellenmaschinen einer elektrischen Ausgleichswelle*
a) bei Betrieb mit dem Drehfeld ($s = 0,5$); b) bei Betrieb gegen das Drehfeld ($s = 1,5$).
Die eingezeichneten Ströme entsprechen einem Leistungsfluß vom Antrieb I zum Antrieb II.
$\underline{K}$ Ossanna-Kreis der Wellenmaschinen

Wenn der Motor M_{II} kein Drehmoment entwickelt bzw. gar nicht vorhanden ist, muß die gesamte Leistung des Antriebs II über die elektrische Welle transportiert werden. Diese Ausführungsform der Welle wird als *Ferndreherwelle* bezeichnet. Die Wellenmaschinen haben dabei die gleiche Funktion wie bei der Ausgleichswelle. Sie sind lediglich für die Gesamtleistung des Antriebs II auszulegen, während bei der Ausgleichswelle nur die größte zu erwartende Ausgleichsleistung zugrunde gelegt werden muß.

Im allgemeinen werden als Antriebsmaschinen M_{I} und M_{II} Asynchronmotoren verwendet. Damit liegt der Gedanke nahe, diese gleichzeitig als Wellenmaschinen zu benutzen. Mit der bisher betrachteten Ausführungsform der elektrischen Welle nach Bild 12.13 ist das nicht möglich. Bei Wegfall der Motoren M_{I} und M_{II} würden sich die beiden Wellenmaschinen lediglich so lange gegeneinander verdrehen, bis die Läuferstränge relativ zu ihren Ständersträngen die gleiche Lage aufweisen und damit $\varepsilon = 0$ wird.

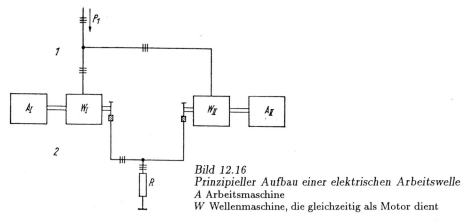

Bild 12.16
Prinzipieller Aufbau einer elektrischen Arbeitswelle
A Arbeitsmaschine
W Wellenmaschine, die gleichzeitig als Motor dient

Dann ist die gesamte im gemeinsamen Läuferkreis induzierte Spannung und damit der Strom $\underline{i}_2$ Null, so daß keine Drehmomente entwickelt werden. Damit die beiden Asynchronmaschinen, unabhängig von der relativen Lage ihrer Läufer zueinander, entsprechend dem Mechanismus der Entstehung asynchroner Drehmomente, einen Leistungsumsatz herbeiführen können, müssen sich ihre Läuferstränge im Kurzschluß befinden. Sie dürfen jedoch andererseits nicht vollständig kurzgeschlossen sein, damit ein Leistungsfluß zwischen den beiden Läufern stattfinden kann. Deshalb werden die Verbindungsleiter zwischen den beiden Läufern mit gemeinsamen Kurzschlußwiderständen R verbunden, die in Stern oder Dreieck geschaltet sind. Man erhält eine Anordnung nach Bild 12.16, die als *elektrische Arbeitswelle* bezeichnet wird. Das Verhalten dieser Welle kann auf dem gleichen Weg ermittelt werden wie das der Ausgleichswelle. Bei der Untersuchung des Leistungsflusses ist die Vernachlässigung der Verluste im gemeinsamen Kurzschlußwiderstand R natürlich nicht möglich. Die Ständerströme können aus (12.59) bis (12.63) bestimmt werden. An die Stelle der dritten Gleichung (12.63) tritt allerdings die Beziehung

$$\underline{i}_{2\text{II}} + \underline{i}_{2\text{I}} + \frac{u_2}{R} = 0 \ . \tag{12.70}$$

Dadurch wird die Rechnung etwas aufwendiger. Man erhält jedoch bei konstantem Schlupf als Ortskurve der Ständerströme wiederum einen Kreis, dessen Lage ausgehend vom Ossanna-Kreis der Einzelmaschine bestimmt werden kann.

12.5   Einphasenbetrieb

12.5.0   Ausgangsüberlegungen

Der Einphasenbetrieb der Dreiphasen-Asynchronmaschine kann einerseits durch Unterbrechung einer Zuleitung als Störung auftreten, er wird andererseits bewußt herbeigeführt, um eine Dreiphasenmaschine am Einphasennetz zu betreiben. Im zweiten Fall nutzt man das Vorhandensein von drei Wicklungssträngen, um das Betriebsverhalten mit Hilfe einer zusätzlichen Einspeisung über ein äußeres Schaltelement zu verbessern. Insbesondere lassen sich auf diese Weise endliche Werte des Anzugsmoments erzielen. Für die Analyse des Betriebsverhaltens bietet sich die Methode der symmetrischen Komponenten an (s. Abschnitt 12.1). Die folgenden Betrachtungen beschränken sich auf den wichtigen Fall, daß eine Maschine mit Kurzschlußläufer bzw. mit kurzgeschlossenem Schleifringläufer vorliegt.

12.5.1 Der reine Einphasenbetrieb

Die Betriebsbedingungen für den reinen Einphasenbetrieb im Fall der Sternschaltung und einer Unterbrechung der Zuleitung zum Strang a wurden bereits im Abschnitt 12.1.2, ausgehend von Bild 12.3, als (12.16) und (12.17) formuliert und als (12.18) und (12.19) in die entsprechenden Aussagen für die symmetrischen Komponenten überführt.

Die Spannungsgleichungen für das Mit- und das Gegensystem erhält man, entsprechend den Überlegungen im Abschnitt 12.1.1, unmittelbar aus denen für den normalen stationären Betrieb, wenn die unterschiedlichen Frequenzen der Läufergrößen Beachtung finden. Da Maschinen mit Kurzschlußläufer betrachtet werden, ist $\underline{u}_2 = 0$, und es kann mit $\vartheta_0 = 0$ gerechnet werden. Damit erhält man aus (8.101) für das Mitsystem

$$\left.\begin{aligned} \underline{u}_{1\mathrm{m}} &= R_1 \underline{i}_{1\mathrm{m}} + \mathrm{j}X_{11}\underline{i}_{1\mathrm{m}} + \mathrm{j}X_{12}\underline{i}_{2\mathrm{m}} \\ 0 &= \frac{R_2}{s}\underline{i}_{2\mathrm{m}} + \mathrm{j}X_{22}\underline{i}_{2\mathrm{m}} + \mathrm{j}X_{12}\underline{i}_{1\mathrm{m}} \ , \end{aligned}\right\} \tag{12.71}$$

und für das Gegensystem

$$\left.\begin{aligned} \underline{u}_{1\mathrm{g}} &= R_1 \underline{i}_{1\mathrm{g}} + \mathrm{j}X_{11}\underline{i}_{1\mathrm{g}} + \mathrm{j}X_{12}\underline{i}_{2\mathrm{g}} \\ 0 &= \frac{R_2}{2-s}\underline{i}_{2\mathrm{g}} + \mathrm{j}X_{22}\underline{i}_{2\mathrm{g}} + \mathrm{j}X_{12}\underline{i}_{1\mathrm{g}} \ . \end{aligned}\right\} \tag{12.72}$$

Die beiden Ständerspannungsgleichungen liefern als Spannungsgleichung der vorliegenden Hintereinanderschaltung der Stränge b und c nach Bild 12.3, entsprechend (12.19) unter Beachtung von (12.18)

$$\underline{u}_{1\mathrm{I}} = 2(R_1 + \mathrm{j}X_{11})\underline{i}_{1\mathrm{I}} + X_{12}\sqrt{3}(\underline{i}_{2\mathrm{m}} - \underline{i}_{2\mathrm{g}}) \ . \tag{12.73}$$

Die beiden Läuferspannungsgleichungen gehen unter Beachtung von (12.18) über in

$$\left.\begin{aligned} 0 &= \left(\frac{R_2}{s} + \mathrm{j}X_{22}\right)\underline{i}_{2\mathrm{m}} - X_{12}\frac{1}{\sqrt{3}}\underline{i}_{1\mathrm{I}} \\ 0 &= \left(\frac{R_2}{2-s} + \mathrm{j}X_{22}\right)\underline{i}_{2\mathrm{g}} + X_{12}\frac{1}{\sqrt{3}}\underline{i}_{1\mathrm{I}} \ . \end{aligned}\right\} \tag{12.74}$$

Aus (12.73) und (12.74) lassen sich die Spannungsgleichungen mit transformierten Läufergrößen auf Basis des reellen Übersetzungsverhältnisses $\ddot{u}_{\mathrm{h}} = (w\xi_1)_1/(w\xi_1)_2$ analog zum Vorgehen im Abschnitt 8.8.1 entwickeln. Mit $X_{11} = X_{\sigma 1} + X_{\mathrm{h}}$ und $X_{12} = (1/\ddot{u}_{\mathrm{h}})\xi_{\mathrm{schr}}X_{\mathrm{h}}$ entsprechend (8.2) sowie mit $\widetilde{X}_{\sigma 1} = X_{\sigma 1} + (1 - \xi_{\mathrm{schr}})X_{\mathrm{h}}$ und $\widetilde{X}_{\mathrm{h}} = \xi_{\mathrm{schr}}X_{\mathrm{h}}$ nach (8.117) erhält man aus (12.73)

$$\boxed{\underline{u}_{1\mathrm{I}} = 2(R_1 + \mathrm{j}\widetilde{X}_{\sigma 1})\underline{i}_{1\mathrm{I}} + \mathrm{j}\widetilde{X}_{\mathrm{h}}(\underline{i}_{1\mathrm{I}} + \underline{i}'_{2\mathrm{m}}) + \mathrm{j}\widetilde{X}_{\mathrm{h}}(\underline{i}_{1\mathrm{I}} + \underline{i}'_{2\mathrm{g}})} \ . \tag{12.75}$$

Dabei wurden die transformierten Läufergrößen eingeführt als

$$\boxed{\underline{i}'_{2\mathrm{m}} = -\mathrm{j}\frac{\sqrt{3}}{\ddot{u}_{\mathrm{h}}}\underline{i}_{2\mathrm{m}} \ , \qquad \underline{i}'_{2\mathrm{g}} = \mathrm{j}\frac{\sqrt{3}}{\ddot{u}_{\mathrm{h}}}\underline{i}_{2\mathrm{g}}} \ . \tag{12.76}$$

Damit gehen die beiden Läuferspannungsgleichungen (12.74) unter Beachtung von $X_{22} = X_{\sigma 2} + (1/\ddot{u}_{\mathrm{h}}^2)X_{\mathrm{h}}$ entsprechend (8.2) sowie mit $R_2' = \ddot{u}_{\mathrm{h}}^2 R_2$ und $\widetilde{X}_{\sigma 2}' = \ddot{u}_{\mathrm{h}}^2 X_{\sigma 2} + (1 - \xi_{\mathrm{schr}})X_{\mathrm{h}}$ nach (8.117) über in

$$
\begin{aligned}
0 &= \left(\frac{R_2'}{s} + \mathrm{j}\widetilde{X}_{\sigma 2}' \right) \underline{i}_{2\mathrm{m}}' + \mathrm{j}\widetilde{X}_{\mathrm{h}}(\underline{i}_{1\mathrm{I}} + \underline{i}_{2\mathrm{m}}') \\
0 &= \left(\frac{R_2'}{2-s} + \mathrm{j}\widetilde{X}_{\sigma 2}' \right) \underline{i}_{2\mathrm{g}}' + \mathrm{j}\widetilde{X}_{\mathrm{h}}(\underline{i}_{1\mathrm{I}} + \underline{i}_{2\mathrm{g}}')
\end{aligned}
\tag{12.77}
$$

Die Gleichungen (12.75) und (12.77) befriedigen das Ersatzschaltbild 12.17a. Für nicht zu kleine Werte des Schlupfs ($s > 0,1$) können die Querglieder $\widetilde{X}_{\mathrm{h}}$ näherungsweise auch unmittelbar an den Klemmen angeordnet werden. Man erhält das genäherte Ersatzschaltbild 12.17b, wobei entsprechend (10.7) die Gesamtstreureaktanz als $X_{\mathrm{i}} \approx \widetilde{X}_{\sigma 1} + \widetilde{X}_{\sigma 2}'$ eingeführt wurde.

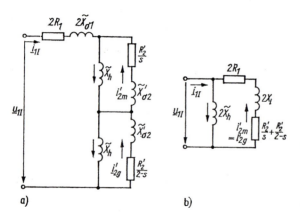

Bild 12.17
Ersatzschaltbild für
den reinen Einphasenbetrieb der
Dreiphasen-Asynchronmaschine
entsprechend den Spannungs-
gleichungen (12.75) und (12.77)
mit transformierten Läufergrößen
auf Basis des reellen
Übersetzungsverhältnisse $\ddot{u}_{\mathrm{h}}$
a) vollständige Form
b) vereinfachte Form für $s > 0,1$

Aus (12.75) und (12.77) bzw. mit Hilfe der zugeordneten Ersatzschaltbilder können die Ströme $\underline{i}_{1\mathrm{I}}$, $\underline{i}_{2\mathrm{m}}'$ und $\underline{i}_{2\mathrm{g}}'$ für einen gegebenen Schlupf s berechnet werden. Das Drehmoment erhält man unter Beachtung von (12.76) aus (12.15). Eine einfache geschlossene Beziehung für die Schlupf-Drehmoment-Kennlinie $M(s)$ läßt sich auf diesem Weg nicht gewinnen. Im folgenden werden deshalb einige Eigenschaften der Funktion $M(s)$ ermittelt.

Für $s = 1$ folgt aus (12.77) bzw. aus dem Ersatzschaltbild 12.17, daß $\underline{i}_{2\mathrm{m}}' = \underline{i}_{2\mathrm{g}}'$ und damit $I_{2\mathrm{m}} = I_{2\mathrm{g}}$ ist. Damit erhält man aus (12.15) die Aussage $M_{\mathrm{a}} = 0$, d.h., es wird kein Anzugsmoment entwickelt. Wenn die Maschine von außen auf eine gewisse Drehzahl $n > 0$, d.h. $s < 1$ gebracht wird, bleibt zwar zunächst $\underline{i}_{2\mathrm{g}}' \approx \underline{i}_{2\mathrm{m}}'$, es überwiegt jedoch die Wirkung der Mitkomponente des Stroms im Drehmoment nach (12.15), so daß die Maschine ein positives, d.h. in Richtung der eingeleiteten Drehbewegung wirkendes Drehmoment entwickelt. Für $s = 0$ verschwindet die Mitkomponente $\underline{i}_{2\mathrm{m}}'$ des Läuferstroms, während die Gegenkomponenten $\underline{i}_{2\mathrm{g}}'$ einen endlichen Wert behält. Dadurch wird bei synchroner Drehzahl ein negatives Drehmoment entwickelt. Der Verlauf $M = M(s)$, der unterhalb $s = 1$ positive Werte hat, muß demnach bei einem Schlupf zwischen $s = 1$ und $s = 0$ durch Null gehen. Praktisch geschieht dies in der

Nähe des Synchronismus, d.h. bei einem kleinen positiven Wert des Leerlaufschlupfs s_0. Zwischen $s = s_0$ und $s = 1$ bildet sich ein Kippmoment aus.

Quantitative Aussagen über den Verlauf der Schlupf-Drehmoment-Kennlinie lassen sich mit Hilfe von (12.14) ermitteln. Dazu ist es erforderlich, die Verhältnisse $U_{1m}/U_{\text{str }1n}$ und $U_{1g}/U_{\text{str }1n}$ zu bestimmen. Man erhält sie aus den Betriebsbedingungen für die symmetrischen Komponenten [(12.18) und (12.19)], die mit Hilfe der allgemeinen Beziehungen zwischen Strom und Spannung des Mitsystems nach (12.2) und jener des Gegensystems nach (12.5) übergehen in

$$\left.\begin{aligned}
\underline{u}_{1m} - \underline{u}_{1g} &= \mathrm{j}\frac{\underline{u}_{1\mathrm{I}}}{\sqrt{3}} \\
\underline{i}_{1m} + \underline{i}_{1g} &= \underline{Y}_m\underline{u}_{1m} + \underline{Y}_g\underline{u}_{1g} = 0 \ .
\end{aligned}\right\} \tag{12.78}$$

Daraus folgt unmittelbar

$$\left.\begin{aligned}
\underline{u}_{1m} &= \mathrm{j}\frac{\underline{u}_{1\mathrm{I}}}{\sqrt{3}}\frac{\underline{Y}_g}{\underline{Y}_m + \underline{Y}_g} = \mathrm{j}\frac{\underline{u}_{1\mathrm{I}}}{\sqrt{3}}\frac{\underline{Z}_m}{\underline{Z}_m + \underline{Z}_g} \\
\underline{u}_{1g} &= -\mathrm{j}\frac{\underline{u}_{1\mathrm{I}}}{\sqrt{3}}\frac{\underline{Y}_m}{\underline{Y}_m + \underline{Y}_g} = -\mathrm{j}\frac{\underline{u}_{1\mathrm{I}}}{\sqrt{3}}\frac{\underline{Z}_g}{\underline{Z}_m + \underline{Z}_g}
\end{aligned}\right\} \tag{12.79}$$

Bei Betrieb an Bemessungsspannung, d.h. für $U_{1\mathrm{I}} = \sqrt{3}U_{\text{str }1n}$ erhält man damit aus (12.14)

$$\boxed{M = \left|\frac{\underline{Z}_m}{\underline{Z}_m + \underline{Z}_g}\right|^2 M_n(s) - \left|\frac{\underline{Z}_g}{\underline{Z}_m + \underline{Z}_g}\right|^2 M_n(2 - s)} \ . \tag{12.80}$$

In der Nähe des Leerlaufs mit $s \approx 0$ gilt unter Einführung des Streukoeffizienten $\sigma = X_i/X_{11} \approx I_{1l}/I_{1ki} \approx I_\mu/I_a$ nach (10.5)

$$\left.\begin{aligned}
\frac{\underline{Z}_m}{\underline{Z}_m + \underline{Z}_g} &\approx \frac{X_{11}}{X_{11} + X_i} \approx 1 - \sigma \\
\frac{\underline{Z}_g}{\underline{Z}_m + \underline{Z}_g} &\approx \frac{X_i}{X_{11} + X_i} \approx \sigma \ .
\end{aligned}\right\} \tag{12.81}$$

Entsprechend (12.79) existiert also in der Nähe des Leerlaufs weitgehend nur das Mitsystem der Spannungen. Damit beobachtet man an den Maschinenklemmen nahezu das gleiche symmetrische Dreiphasensystem der Spannungen wie im normalen stationären Betrieb. Im Drehmoment nach (12.80) dominiert in diesem Bereich der Anteil des Mitsystems, d.h., man erhält dort etwa die gleiche Schlupf-Drehmoment-Kennlinie wie im normalen stationären Betrieb. Das Gegensystem der Spannungen führt auf eine gewisse negative Komponente des Drehmoments und ruft zusätzliche Läuferverluste hervor.

Im Stillstand ist mit $s = 1$ wegen $\underline{Z}_m = \underline{Z}_g$

$$\frac{\underline{Z}_m}{\underline{Z}_m + \underline{Z}_g} = \frac{\underline{Z}_g}{\underline{Z}_m + \underline{Z}_g} = \frac{1}{2} \ .$$

Damit gilt $U_{1m} = U_{1g} = U_{\text{str }1n}/2$, und aus (12.80) folgt, daß sich die beiden Komponenten des Drehmoments gegeneinander aufheben. Im Bild 12.18 ist die Entstehung der vollständigen Schlupf-Drehmoment-Kennlinie der Dreiphasenmaschine im Einphasenbetrieb, ausgehend von der Schlupf-Drehmoment-Kennlinie $M_n(s)$ im normalen stationären Betrieb bei Bemessungsspannung, gezeigt. Der Verlauf wird wesentlich davon geprägt, daß sich Mit- und Gegensystem der Spannungen in Abhängigkeit vom Schlupf gegenläufig stark ändern. Oft wird, von der Betrachtung des Stillstands ausgehend, angenommen, daß im gesamten Schlupfbereich $U_{1\mathrm{m}} = U_{1\mathrm{g}} = U_{\mathrm{str\,1n}}/2$ ist. Eine derartige Betrachtungsweise vernachlässigt den Einfluß der Ströme im mehrsträngigen symmetrischen Läufer auf das resultierende Grundwellendrehfeld. Sie führt – wie die Gleichungen (12.81) zeigen – im Bereich kleiner Schlupfwerte zu falschen Aussagen. Aus (12.81) bzw. Bild 12.18 folgt, daß Dreiphasen-Asynchronmaschinen mit Stromverdrängungsläufer für den Einphasenbetrieb aufgrund der großen Werte des Drehmoments $M_{\mathrm{n}}(s)$ in der Nähe von $s = 2$ schlecht geeignet sind. Man erkennt ferner, daß das Kippmoment im Einphasenbetrieb, aufgrund seiner Verminderung durch das Drehmoment des Gegensystems der Spannungen und dessen Abhängigkeit vom Läuferwiderstand, selbst eine Funktion des Läuferwiderstands wird.

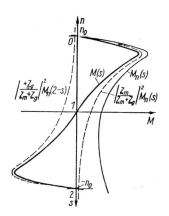

Bild 12.18
Ermittlung der Schlupf-Drehmoment-Kennlinie
für den Einphasenbetrieb
der Dreiphasen-Asynchronmaschine
aus der Schlupf-Drehmoment-Kennlinie $M_{\mathrm{n}}(s)$
des normalen stationären Betriebs bei Bemessungsspannung
unter Beachtung der Schlupfabhängigkeiten
des Mitsystems und des Gegensystems
der Ständerspannungen

Für den Strom $\underline{i}_{1\mathrm{I}}$ im Einphasenbetrieb erhält man, ausgehend von (12.1), mit $\underline{i}_{1\mathrm{g}} = -\underline{i}_{1\mathrm{m}}$ entsprechend (12.78)

$$\underline{i}_{1\mathrm{I}} = -a\underline{i}_{1\mathrm{m}} - a^2\underline{i}_{1\mathrm{g}} = (a^2 - a)\underline{i}_{1\mathrm{m}} = -\mathrm{j}\sqrt{3}\frac{u_{1\mathrm{m}}}{\underline{Z}_{\mathrm{m}}} \; .$$

Daraus folgt mit der ersten Gleichung (12.79)

$$\underline{i}_{1\mathrm{I}} = \frac{u_{1\mathrm{I}}}{\underline{Z}_{\mathrm{m}} + \underline{Z}_{\mathrm{g}}} \; . \tag{12.82}$$

In der Nähe des Leerlaufs ist $\underline{Z}_{\mathrm{m}} + \underline{Z}_{\mathrm{g}} \approx \underline{Z}_{\mathrm{m}}$, d.h., es wird

$$I_{1\mathrm{I}} \approx \frac{U_{1\mathrm{I}}}{Z_{\mathrm{m}}} = \sqrt{3}\frac{U_{\mathrm{str\,1n}}}{Z_{\mathrm{m}}} \; . \tag{12.83}$$

Der Strom ist also in diesem Bereich bei gleichem Schlupf um den Faktor $\sqrt{3}$ größer als im Dreiphasenbetrieb. Da andererseits, aufgrund der gleichen Schlupf-Drehmoment-Kennlinie, zum gleichen Drehmoment der gleiche Schlupf gehört wie im Dreiphasenbetrieb, erhält man bei gleichem Drehmoment einen um den Faktor $\sqrt{3}$ größeren Strom. Dieses Ergebnis folgt natürlich auch aus energetischen Überlegungen.

12.5.2 Einphasenbetrieb der Dreiphasen-Asynchronmaschine bei zusätzlicher Einspeisung über ein äußeres Schaltelement

Die beiden denkbaren Schaltungen für den Einphasenbetrieb der Dreiphasenmaschine bei zusätzlicher Einspeisung über ein äußeres Schaltelement sind im Bild 12.19 dargestellt. Als äußeres Schaltelement dient meist ein Kondensator; in diesem Fall wird $\underline{Z} = 1/j\omega C$. Es muß jene der beiden Schaltungen zum Einsatz kommen, bei der die Spannung $U_{1\mathrm{I}}$ des Einphasennetzes mit dem Bemessungswert der Strangspannung der Dreiphasen-Asynchronmaschine korrespondiert.

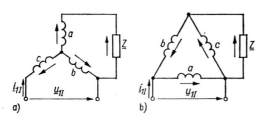

Bild 12.19
Einphasenbetrieb
der Dreiphasen-Asynchronmaschine
bei zusätzlichen Einspeisungen
über ein äußeres Schaltelement
a) Sternschaltung; b) Dreieckschaltung

Die Sternschaltung nach Bild 12.19a liefert als Betriebsbedingungen:

$$\left.\begin{array}{ll} \underline{u}_{1\mathrm{I}} = \underline{u}_{1b} - \underline{u}_{1c} & \underline{u}_Z = \underline{u}_{1a} - \underline{u}_{1b} \\[2mm] \underline{i}_{1\mathrm{I}} = -\underline{i}_{1c} & \underline{i}_Z = -\underline{i}_{1a} \, . \end{array}\right\} \tag{12.84}$$

Daraus folgt für die symmetrischen Komponenten nach (12.1) unter Beachtung von (12.2) und (12.5)

$$\left.\begin{array}{l} \underline{u}_{1\mathrm{I}} = -\mathrm{j}\sqrt{3}(\underline{u}_{1\mathrm{m}} - \underline{u}_{1\mathrm{g}}) \, , \\[2mm] \underline{u}_Z = (1-a^2)\underline{u}_{1\mathrm{m}} + (1-a)\underline{u}_{1\mathrm{g}} = -\underline{Z}\,\underline{i}_{1a} = -\underline{Z}(\underline{i}_{1\mathrm{m}} + \underline{i}_{1\mathrm{g}}) \\[2mm] \qquad = -\underline{Z}(\underline{Y}_{\mathrm{m}}\underline{u}_{1\mathrm{m}} + \underline{Y}_{\mathrm{g}}\underline{u}_{1\mathrm{g}}) \, . \end{array}\right\} \tag{12.85}$$

Die Gleichungen (12.85) liefern als Bestimmungsgleichungen für die symmetrischen Komponenten der Spannungen

$$\underline{u}_{1\mathrm{m}} - \underline{u}_{1\mathrm{g}} = \mathrm{j}\frac{1}{\sqrt{3}}\underline{u}_{1\mathrm{I}} \, ,$$

$$(1 - a^2 + \underline{Z}\,\underline{Y}_{\mathrm{m}})\underline{u}_{1\mathrm{m}} + (1 - a + \underline{Z}\,\underline{Y}_{\mathrm{g}})\underline{u}_{1\mathrm{g}} = 0 \, .$$

Daraus erhält man unmittelbar

$$\left.\begin{array}{ll} \dfrac{\underline{u}_{1\mathrm{m}}}{\underline{u}_{1\mathrm{I}}} = & \mathrm{j}\dfrac{1}{\sqrt{3}}\dfrac{(1-a)\underline{Y} + \underline{Y}_{\mathrm{g}}}{3\underline{Y} + \underline{Y}_{\mathrm{m}} + \underline{Y}_{\mathrm{g}}} \, , \\[5mm] \dfrac{\underline{u}_{1\mathrm{g}}}{\underline{u}_{1\mathrm{I}}} = & -\mathrm{j}\dfrac{1}{\sqrt{3}}\dfrac{(1-a^2)\underline{Y} + \underline{Y}_{\mathrm{m}}}{3\underline{Y} + \underline{Y}_{\mathrm{m}} + \underline{Y}_{\mathrm{g}}} \, . \end{array}\right\} \tag{12.86}$$

Für den Fall, daß die Spannung des Einphasennetzes $U_{1\mathrm{I}}$ mit dem Bemessungswert U_{str1n} der Strangspannung korrespondiert, d.h., daß $U_{1\mathrm{I}} = \sqrt{3}U_{\mathrm{str1n}}$ ist, liefert (12.14) mit den Gleichungen (12.86) für das Drehmoment

$$M = \left| \frac{(1-a^2)\underline{Y} + \underline{Y}_g}{3\underline{Y} + \underline{Y}_m + \underline{Y}_g} \right|^2 M_n(s) - \left| \frac{(1-a^2)\underline{Y} + \underline{Y}_m}{3\underline{Y} + \underline{Y}_m + \underline{Y}_g} \right|^2 M_n(2-s) . \qquad (12.87)$$

Im Stillstand, d.h. bei $s = 1$, ist $\underline{Y}_m = \underline{Y}_g$ sowie $M_n(s) = M_n(2-s) = M_n(1)$, und man erhält als Anzugsmoment, wenn gleichzeitig anstelle der komplexen Leitwerte die zugeordneten komplexen Widerstände entsprechend $\underline{Z} = 1/\underline{Y}$ eingeführt werden,

$$M_a = \frac{|(1-a)\underline{Z}_m(1) + \underline{Z}|^2 - |(1-a^2)\underline{Z}_m(1) + \underline{Z}|^2}{|2\underline{Z} + 3\underline{Z}_m(1)|^2} M_n(1) . \qquad (12.88)$$

Die Strangströme ergeben sich mit $\underline{i}_{1m} = \underline{Y}_m \underline{u}_{1m}$ und $\underline{i}_{1g} = \underline{Y}_g \underline{u}_{1g}$ aus (12.1) zu

$$\underline{i}_{1a} = \underline{i}_{1m} + \underline{i}_{1g} = -\frac{a\underline{Y}(a\underline{Y}_m + \underline{Y}_g)}{3\underline{Y} + \underline{Y}_m + \underline{Y}_g} \underline{u}_{1I} , \qquad (12.89)$$

$$\underline{i}_{1b} = a^2 \underline{i}_{1m} + a\underline{i}_{1g} = \frac{\underline{Y}_m \underline{Y}_g - a\underline{Y}(\underline{Y}_m + a\underline{Y}_g)}{3\underline{Y} + \underline{Y}_m + \underline{Y}_g} \underline{u}_{1I} , \qquad (12.90)$$

$$-\underline{i}_{1I} = \underline{i}_{1c} = a\underline{i}_{1m} + a^2 \underline{i}_{1g} = -\frac{(\underline{Y}_m + \underline{Y}_g)\underline{Y} + \underline{Y}_m \underline{Y}_g}{3\underline{Y} + \underline{Y}_m + \underline{Y}_g} \underline{u}_{1I} . \qquad (12.91)$$

Die Dreieckschaltung nach Bild 12.19b führt auf die Betriebsbedingungen:

$$\underline{u}_{1I} = \underline{u}_{1a} , \qquad \underline{u}_Z = \underline{u}_{1c} = \underline{Z}\,\underline{i}_Z ,$$

$$\underline{i}_{1I} = \underline{i}_{1a} - \underline{i}_{1b} \quad , \qquad \underline{i}_Z = \underline{i}_b - \underline{i}_c .$$

Ihre Formulierung mit Hilfe der symmetrischen Komponenten nach (12.1) lautet

$$\left.\begin{aligned} \underline{u}_{1I} &= \underline{u}_{1m} + \underline{u}_{1g} , \\ \underline{u}_{1c} &= a\underline{u}_{1m} + a^2 \underline{u}_{1g} = \underline{Z}\,\underline{i}_Z = \underline{Z}(\underline{i}_b - \underline{i}_c) = \underline{Z}(a^2 - a)(\underline{i}_{1m} - \underline{i}_{1g}) \\ &= -j\sqrt{3}\underline{Z}(\underline{Y}_m \underline{u}_{1m} - \underline{Y}_g \underline{u}_{1g}) . \end{aligned}\right\} \quad (12.92)$$

Dabei sind die symmetrischen Komponenten den Stranggrößen zugeordnet. Das ist zu beachten, wenn die komplexen Leitwerte $\underline{Y}_m$ und $\underline{Y}_g$ aus den gemessenen bzw. berechneten Beziehungen zwischen den Strömen und Spannungen in den äußeren Zuleitungen ermittelt werden. Aus (12.92) erhält man als Bestimmungsgleichungen für die symmetrischen Komponenten der Spannungen

$$\underline{u}_{1m} + \underline{u}_{1g} = \underline{u}_{1I}$$
$$\underline{u}_{1m}(a + j\sqrt{3}\underline{Z}\,\underline{Y}_m) + \underline{u}_{1g}(a^2 - j\sqrt{3}\underline{Z}\,\underline{Y}_g) = 0 .$$

Die Auflösung dieser Gleichungen liefert mit $\underline{Y} = 1/\underline{Z}$

$$
\left.
\begin{aligned}
\frac{\underline{u}_{1\mathrm{m}}}{\underline{u}_{1\mathrm{I}}} &= \frac{\underline{Y}\dfrac{1}{\sqrt{3}}\,\mathrm{e}^{-\mathrm{j}\pi/6} + \underline{Y}_{\mathrm{g}}}{\underline{Y} + \underline{Y}_{\mathrm{m}} + \underline{Y}_{\mathrm{g}}}\;, \\[2ex]
\frac{\underline{u}_{1\mathrm{g}}}{\underline{u}_{1\mathrm{I}}} &= \frac{\underline{Y}\dfrac{1}{\sqrt{3}}\,\mathrm{e}^{\mathrm{j}\pi/6} + \underline{Y}_{\mathrm{m}}}{\underline{Y} + \underline{Y}_{\mathrm{m}} + \underline{Y}_{\mathrm{g}}}\;.
\end{aligned}
\right\}
\tag{12.93}
$$

Damit liefert (12.14) für das Drehmoment, wenn ein Einphasennetz vorausgesetzt wird, dessen Spannung gleich dem Bemessungswert der Strangspannung der Dreiphasenmaschine ist, d.h. bei $U_{1\mathrm{I}} = U_{\mathrm{str\,1n}} = U_{1\mathrm{n}}$,

$$
\boxed{\;M(s) = \left|\frac{\underline{Y}\dfrac{1}{\sqrt{3}}\,\mathrm{e}^{-\mathrm{j}\pi/6} + \underline{Y}_{\mathrm{g}}}{\underline{Y} + \underline{Y}_{\mathrm{m}} + \underline{Y}_{\mathrm{g}}}\right|^{2} M_{\mathrm{n}}(s) - \left|\frac{\underline{Y}\dfrac{1}{\sqrt{3}}\,\mathrm{e}^{\mathrm{j}\pi/6} + \underline{Y}_{\mathrm{m}}}{\underline{Y} + \underline{Y}_{\mathrm{m}} + \underline{Y}_{\mathrm{g}}}\right|^{2} M_{\mathrm{n}}(2-s)\;.}
\tag{12.94}
$$

Für den Strom $\underline{i}_{1\mathrm{I}}$ in der äußeren Zuleitung erhält man unter Beachtung von (12.93)

$$
\underline{i}_{1\mathrm{I}} = \underline{i}_{1a} - \underline{i}_{1b} = (1 - \boldsymbol{a}^{2})\underline{i}_{1\mathrm{m}} + (1 - \boldsymbol{a})\underline{i}_{1\mathrm{g}} = \frac{3\underline{Y}_{\mathrm{m}}\underline{Y}_{\mathrm{g}} - \underline{Y}(\underline{Y}_{\mathrm{m}} + \underline{Y}_{\mathrm{g}})}{\underline{Y} + \underline{Y}_{\mathrm{m}} + \underline{Y}_{\mathrm{g}}}\,\underline{u}_{1\mathrm{I}}\;.
\tag{12.95}
$$

Wenn die zusätzliche Einspeisung mit Hilfe eines Kondensators erfolgt, so daß $\underline{u}_{\mathrm{Z}} = (1/\mathrm{j}\omega_{1}C)\underline{i}_{\mathrm{Z}}$ ist, kann für den Arbeitspunkt der Dreiphasenmaschine mit $\varphi_{u1} - \varphi_{i1} = \varphi_{1} = \varphi_{\mathrm{Zm}} = 60°$ vollständige Symmetrie im Einphasenbetrieb erzielt werden. Im Bild 12.20 sind die den Schaltungen nach Bild 12.19 zugeordneten Zeigerbilder der Ströme und Spannungen dargestellt. Dabei wurde davon ausgegangen, daß das Dreiphasensystem der Strangspannungen symmetrisch ist und ein symmetrisches Dreiphasensystem der Ströme mit $\varphi_{u1} - \varphi_{i1} = 60°$ hervorruft. Man erkennt, daß der Strom über die dritte Zuleitung in diesem Fall jeweils dadurch realisiert werden kann, daß die zusätzliche Einspeisung über einen Kondensator erfolgt. Für die Größe des Kondensators erhält man im Fall der Sternschaltung aus Bild 12.20a $C = I_{1}/\omega_{1}\sqrt{3}U_{1}$ und im Fall der Dreieckschaltung aus Bild 12.20b $C = \sqrt{3}I_{1}/\omega_{1}U_{1}$. Daraus folgt unter Einführung des Bemessungswerts $U_{1\mathrm{n}} = U_{\mathrm{n}}$ der Leiter-Leiter-Spannung sowie der Bemessungsscheinleistung P_{sn} des Motors für beide Fälle

$$
\boxed{\;C = \frac{P_{\mathrm{sn}}}{\sqrt{3}U_{\mathrm{n}}^{2}\omega_{\mathrm{n}}}\left(\frac{I}{I_{\mathrm{n}}}\right)\;.}
\tag{12.96}
$$

Für den wichtigen Sonderfall, daß $U_{\mathrm{n}} = 220\,\mathrm{V}$ und $f_{\mathrm{n}} = 50\,\mathrm{Hz}$ ist, folgt aus (12.96) die bezogene Größengleichung

$$
C/\mu\mathrm{F} = 38\,P_{\mathrm{sn}}/\mathrm{kVA}\left(\frac{I}{I_{\mathrm{n}}}\right)\;.
$$

Unter Beachtung des Wirkungsgrads und des Leistungsfaktors erhält man dann die bekannte Aussage, daß für Bemessungsbetrieb eine Kapazität von etwa 75 $\mu\mathrm{F}$ je kW Motorleistung erforderlich ist.

Die Zeigerbilder 12.20 bestätigen natürlich auch, daß die im Fall $\varphi_{1} = 60°$ aus dem Einphasennetz aufgenommene Wirkleistung $U_{1\mathrm{I}}I_{1\mathrm{I}}\cos\varphi_{\mathrm{I}} = U_{\mathrm{I}}I_{\mathrm{I}}\frac{1}{2}\sqrt{3}$ gleich der

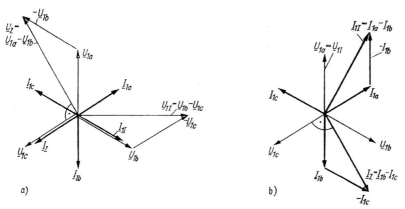

Bild 12.20 *Zeigerbild der Ströme und Spannungen für den Einphasenbetrieb der Dreiphasen-Asynchronmaschine bei zusätzlicher Einspeisung über einen Kondensator im Betriebspunkt mit $\varphi_{u1} - \varphi_{i1} = 60°$ und einer solchen Kapazität des Kondensators, daß vollständige Symmetrie herrscht*
a) Sternschaltung nach Bild 12.19a; b) Dreieckschaltung nach Bild 12.19b

Wirkleistung des symmetrischen Dreiphasensystems der Stranggrößen, entsprechend $3U_1 I_1 \cos\varphi_1 = 3U_1 I_1 \cdot \frac{1}{2}$ ist. Wenn von den Bemessungswerten der Stranggrößen ausgegangen wird, bedeutet dies, daß die zugeordnete Bemessungswirkleistung auch aus dem Einphasennetz aufgenommen wird und dabei keine Stromüberhöhungen auftreten. Die Ursache dieser Erscheinung ist darin zu suchen, daß der Kondensator zu einer Verbesserung des Leistungsfaktors $\cos\varphi_I$ am Einphaseneingang gegenüber dem Leistungsfaktor $\cos\varphi_1$ der Stranggrößen im Verhältnis $\cos\varphi_{1I}/\cos\varphi_1 = \sqrt{3}$ führt. Da allerdings normalerweise im Bemessungsbetrieb $\varphi_{u1} - \varphi_{i1} = \varphi_1 = \varphi_{Zm} > 60°$ bzw. $\cos\varphi_1 > 0,5$ ist, kann mit Hilfe eines Kondensators gar keine vollständige Symmetrie der Stranggrößen im Bemessungsbetrieb erzwungen werden. Der Motor läßt sich deshalb nur mit etwa 80 % seiner Bemessungsleistung betreiben.

12.6 Unsymmetrische Anlauf- und Bremsschaltungen

12.6.0 Ausgangsüberlegungen

Der Apparat, der im Abschnitt 12.1 entwickelt wurde, ist zur Analyse beliebiger unsymmetrischer Schaltungen der Dreiphasen-Asynchronmaschine geeignet. Derartige Schaltungen werden, abgesehen vom Betrieb am Einphasennetz (s. Abschnitt 12.5), hergestellt, um vorteilhafte Drehzahl-Drehmoment-Kennlinien für Anlauf- und Bremsvorgänge – vor allem zur Realisierung eines Sanftanlaufs bzw. einer Sanftbremsung – zu erhalten. Bei Bremsschaltungen besteht außerdem oft der Wunsch, daß im Stillstand kein Drehmoment wirkt, um ein Wiederhochlaufen in der umgekehrten Drehrichtung zu vermeiden. Im folgenden werden eine Reihe derartiger Schaltungen zur Demonstration der Methodik des Abschnitts 12.1 behandelt[1].

---

[1]Eine ausführliche Behandlung einer ganzen Reihe von unsymmetrischen Schaltungen findet sich in [28].

12.6.1   eh-Dreieckschaltung

Die eh-Dreieckschaltung[1] nach Bild 12.21 ist eine Bremsschaltung. Ihre Betriebsbedingungen sind durch folgende Aussagen über die Strangspannungen gegeben

$$\left. \begin{aligned} \underline{u}_{1a} &= \underline{u}_{L12} = \underline{u}_N \ , \\ \underline{u}_{1b} &= 0 \ , \\ \underline{u}_{1c} &= -\underline{u}_N \ , \end{aligned} \right\} \tag{12.97}$$

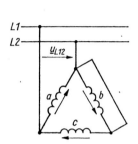

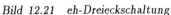

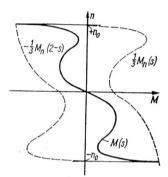

Bild 12.21   eh-Dreieckschaltung   Bild 12.22   Ermittlung der Drehzahl-Drehmoment-
Kennlinie für die eh-Dreieckschaltung

wobei $\underline{u}_{L12} = \underline{u}_N$ die Leiter-Leiter-Spannung zwischen den Zuleitungen $L1$ und $L2$ ist. Die Betriebsbedingungen für die symmetrischen Komponenten folgen aus (12.97) mit Hilfe von (12.1) zu

$$\begin{aligned} \underline{u}_{10} &= 0 \ , \\ \underline{u}_{1m} &= \frac{1}{3}(1 - a^2)\underline{u}_N = \frac{1}{3}\sqrt{3}\,e^{j\pi/6}\underline{u}_N \ , \\ \underline{u}_{1g} &= \frac{1}{3}(1 - a)\underline{u}_N = \frac{1}{3}\sqrt{3}\,e^{-j\pi/6}\underline{u}_N \ , \end{aligned}$$

Es ist also $U_{1m} = U_{1g} = \frac{1}{3}\sqrt{3}U_N$, und damit liefert (12.14) für das Drehmoment

$$\boxed{M(s) = \frac{1}{3}[M_n(s) - M_n(2 - s)]} \ . \tag{12.98}$$

Der Verlauf $M(s)$ ist im Bild 12.22 dargestellt. Ein bremsendes, d.h. negatives Drehmoment im Bereich $n = 0 \ldots n_0$ bzw. $s = 1 \ldots 0$ erfordert, daß $|M_n(2 - s)| > |M_n(s)|$ ist.

Diese Bedingung läßt sich bei Maschinen mit Schleifringläufer dadurch erfüllen, daß entsprechend große äußere Widerstände in die Läuferkreise geschaltet werden. Sie ist bei Kurzschlußläufermaschinen kleiner Leistung gewöhnlich durch das Wirken von Oberwellendrehmomenten erfüllt. Aus (12.98) bzw. Bild 12.22 ist erkennbar, daß das Bremsmoment der eh-Dreieckschaltung im Stillstand verschwindet.

---

[1] Die Abkürzung steht wahrscheinlich für einphasige Hebezeugschaltung.

12.6.2   J-K-Schaltung

Die sog. J-K-Schaltung[1] ist im Bild 12.23 dargestellt. Ihre Betriebsbedingungen folgen daraus zu

$$\left.\begin{aligned}
\underline{u}_{1a} &= \underline{u}_{L12} = \underline{u}_{N}\ , \\[2mm]
\underline{u}_{1b} &= \underline{u}_{1c} = \underline{u}_{L23} = a^{2}\underline{u}_{N}\ ,
\end{aligned}\right\} \qquad (12.99)$$

wobei wiederum $\underline{u}_{N} = \underline{u}_{L12}$ für die Leiter-Leiter-Spannung zwischen den äußeren Zuleitungen $L1$ und $L2$ eingeführt wurde. Die symmetrischen Komponenten der Betriebsbedingungen erhält man, ausgehend von (12.99), mit Hilfe von (12.1) zu

$$\underline{u}_{10} = \frac{1}{3}(1 + 2a^{2})\underline{u}_{N} = -j\frac{1}{3}\sqrt{3}\,\underline{u}_{N}\ ,$$

$$\underline{u}_{1m} = \frac{1}{3}(2 + a)\underline{u}_{N} = \frac{1}{3}\sqrt{3}\,e^{j\pi/6}\underline{u}_{N}\ ,$$

$$\underline{u}_{1g} = \frac{1}{3}(2 + a)\underline{u}_{N} = \frac{1}{3}\sqrt{3}\,e^{j\pi/6}\underline{u}_{N}\ .$$

Es ist also $U_{1m} = U_{1g} = U_{10} = \frac{1}{3}\sqrt{3}U_{N}$, und damit erhält man mit (12.14) für das Drehmoment

$$\boxed{M(s) = \frac{1}{3}M_{n}(s) - \frac{1}{3}M_{n}(2 - s) + 3M_{0n}(s)}\ . \qquad (12.100)$$

Der Verlauf nach Bild (12.22) wird also um den Anteil $3\,M_{0n}(s)$ ergänzt.

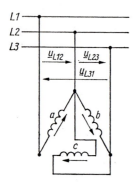

Bild 12.23   *J-K-Schaltung*

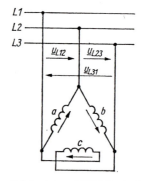

Bild 12.24   *BBC-Dreieckschaltung*

---

[1]Die Abkürzung steht für Jordan-Krebs-Schaltung (s. *Jordan, H.; Schmidt, W.*: Über Drehstrom-Asynchronmotoren mit unsymmetrischer Schaltung der Ständerwicklung. ETZ-A (1955) S. 124–136).

12.6.3 BBC-Dreieckschaltung

Die BBC-Dreieckschaltung nach Bild (12.24) besitzt die Betriebsbedingungen

$$
\left.
\begin{aligned}
\underline{u}_{1a} &= \underline{u}_{L12} = \underline{u}_N \, , \\
\underline{u}_{1b} &= \underline{u}_{L23} = a^2 \underline{u}_N \, , \\
\underline{u}_{1c} &= -\underline{u}_{L31} = -a \underline{u}_N \, .
\end{aligned}
\right\}
\tag{12.101}
$$

Daraus folgen unmittelbar die Betriebsbedingungen für die symmetrischen Komponenten mit Hilfe von (12.1) zu

$$
\underline{u}_{10} = \frac{1}{3}(1 + a^2 - a)\underline{u}_N = -\frac{2}{3} e^{j2\pi/3}\underline{u}_N \, ,
$$

$$
\underline{u}_{1m} = \frac{1}{3}\underline{u}_N \, ,
$$

$$
\underline{u}_{1g} = \frac{1}{3}(1 + a - a^2)\underline{u}_N = -\frac{2}{3} e^{-j2\pi/3}\underline{u}_N \, .
$$

Es ist also bei Betrieb an Bemessungsspannung $U_{10} = U_{1g} = \frac{2}{3}U_N$ und $U_{1m} = \frac{1}{3}U_N$, und man erhält für das Drehmoment nach (12.14)

$$
\boxed{ M(s) = \frac{1}{9}M_n(s) - \frac{4}{9}M_n(2 - s) + 4M_{0n}(s) }
\tag{12.102}
$$

Im Bild 12.25 ist der Verlauf $M(s)$ für einen Motor ermittelt, dessen Kennlinien im Bild 12.1 gegeben wurden. Man erkennt, daß in diesem Fall nicht im gesamten Drehzahlbereich zwischen $n = 0$ und $n = n_0$ bremsende, d.h. negative Drehmomente wirken.

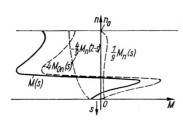

Bild 12.25 Ermittlung der Drehzahl-
Drehmoment-Kennlinie für die
BBC-Dreieckschaltung

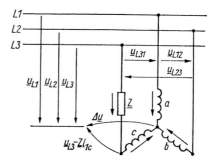

Bild 12.26 Kurzschluß-Sanftanlauf-
Schaltung (Kusa-Schaltung)

12.6.4   Kurzschluß-Sanftanlauf-Schaltung (Kusa-Schaltung)

Die sog. Kusa-Schaltung ist im Bild (12.26) dargestellt. Ihre Betriebsbedingungen folgen daraus zu

$$\left.\begin{aligned}
\underline{u}_{1a} - \underline{u}_{1b} = \underline{u}_{L12} &= \underline{u}_{N} \\
\underline{i}_{1c}\underline{Z} + \underline{u}_{1c} - \underline{u}_{1a} &= \underline{u}_{L31} = a\underline{u}_{N} \; .
\end{aligned}\right\} \tag{12.103}$$

Dabei läßt sich der Strangstrom $\underline{i}_{1c}$ mit Hilfe von (12.1) sowie (12.2) und (12.5) darstellen als $\underline{i}_{1c} = a\underline{Y}_{m}\underline{u}_{1m} + a^{2}\underline{Y}_{g}\underline{u}_{1g}$. Damit erhält man als Betriebsbedingungen für die symmetrischen Komponenten, ausgehend von (12.103),

$$(1 - a^{2})\underline{u}_{1m} + (1 - a)\underline{u}_{g} = \underline{u}_{N}$$
$$(1 - a^{2} + \underline{Y}_{m}\underline{Z})\underline{u}_{1m} + a(1 - a + \underline{Y}_{g}\underline{Z})\underline{u}_{1g} = \underline{u}_{N} \; .$$

Sie liefern mit $\underline{Y} = 1/\underline{Z}$ unmittelbar die symmetrischen Komponenten der Spannungen zu

$$\underline{u}_{1m} = \frac{1}{1 - a^{2}}\frac{3\underline{Y} + \underline{Y}_{g}}{3\underline{Y} + \underline{Y}_{g} + \underline{Y}_{m}}\underline{u}_{N} \; ,$$

$$\underline{u}_{1g} = \frac{1}{1 - a}\frac{\underline{Y}_{m}}{3\underline{Y} + \underline{Y}_{g} + \underline{Y}_{m}}\underline{u}_{N} \; .$$

Damit liefert (12.14) für das Drehmoment bei einem beliebigen Wert des Schlupfs

$$\boxed{M(s) = \left|\frac{3\underline{Y} + \underline{Y}_{g}}{3\underline{Y} + \underline{Y}_{m} + \underline{Y}_{g}}\right|^{2} M_{n}(s) - \left|\frac{\underline{Y}_{m}}{3\underline{Y} + \underline{Y}_{m} + \underline{Y}_{g}}\right|^{2} M_{n}(2 - s) \; .} \tag{12.104}$$

Dabei ist zu beachten, daß im vorliegenden Fall die Bemessungsstrangspannung $U_{N}/\sqrt{3}$ ist.

Die in erster Linie interessierende Einflußnahme des einem Strang vorgeschalteten Schaltelements $\underline{Z}$ auf das Anzugsmoment läßt sich gut überschaubar mit Hilfe von (12.21) zeigen, wenn es gelingt, den Einfluß dieses Schaltelements auf den Spannungsstern der Strangspannungen zu ermitteln. Mit $\underline{u}_{1j} = \underline{Z}_{k}\underline{i}_{1j}$ erhält man aus Bild 12.26 unter Beachtung von (12.22) mit $\underline{Z}_{k} = 1/\underline{Y}(1)$

$$\left.\begin{aligned}
\underline{u}_{L1} &= \underline{Z}_{k}\underline{i}_{1a} + \Delta\underline{u} \; , \\
\underline{u}_{L2} &= \underline{Z}_{k}\underline{i}_{1b} + \Delta\underline{u} \; , \\
\underline{u}_{L3} &= \underline{Z}_{k}\underline{i}_{1c} + \underline{Z}\,\underline{i}_{1c} + \Delta\underline{u} \; .
\end{aligned}\right\} \tag{12.105}$$

Daraus folgt durch Addition der drei Spannungsgleichungen unter Beachtung von $\underline{u}_{L1} + \underline{u}_{L2} + \underline{u}_{L3} = 0$, entsprechend der Symmetrie des Dreiphasensystems der Leiterspannungen, und $\underline{i}_{1a} + \underline{i}_{1b} + \underline{i}_{1c} = 0$, entsprechend der Aussage des Knotenpunktsatzes auf den Sternpunkt,

$$\Delta\underline{u} = -\frac{\underline{Z}}{3}\underline{i}_{1c} \; . \tag{12.106}$$

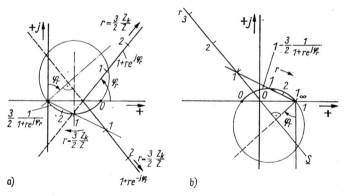

Bild 12.27 *Entwicklung der Ortskurve von* $\underline{f}(r) = 1 - 3/2(1 + r\,\mathrm{e}^{\mathrm{j}\varphi_r})$
als Funktion des Parameters r, *d.h. bei* $\varphi_r =$ *konst.*
a) Gerade $1 + r\,\mathrm{e}^{\mathrm{j}\varphi_r}$, konjugiert komplexe Gerade $1 + r\,\mathrm{e}^{-\mathrm{j}\varphi_r}$ und Kreis $3/2(1 + r\,\mathrm{e}^{\mathrm{j}\varphi_r})$
b) Kreis $1 - 3/2(1 + r\,\mathrm{e}^{\mathrm{j}\varphi_r})$

Der Strom $\underline{i}_{1c}$ läßt sich mit Hilfe der dritten Gleichung (12.105) und mit (12.106) ausdrücken als

$$\underline{i}_{1c} = \frac{\underline{u}_{\mathrm{L}3}}{\underline{Z}_{\mathrm{k}} + \dfrac{2}{3}\underline{Z}} \; .$$

Damit erhält man für die interessierende Spannung $\underline{u}_{\mathrm{L}3} - \underline{Z}\,\underline{i}_{1c} = \Delta\underline{u} + \underline{u}_{1c}$, d.h. die Spannung zwischen der Außenklemme des Strangs c und dem gedachten Neutralleiter,

$$
\begin{aligned}
\underline{u}_{\mathrm{L}3} - \underline{Z}\,\underline{i}_{1c} \;&=\; \Delta\underline{u} + \underline{u}_{1c} = \left(1 - \frac{3}{2}\,\frac{1}{1 + \dfrac{3}{2}\dfrac{\underline{Z}_{\mathrm{k}}}{\underline{Z}}} \right) \underline{u}_{\mathrm{L}3} \\[2ex]
&=\; \left(1 - \frac{3}{2}\,\frac{1}{1 + r\,\mathrm{e}^{\mathrm{j}\varphi_r}} \right) \underline{u}_{\mathrm{L}3} \; ,
\end{aligned}
$$

wenn eingeführt wird

$$r\,\mathrm{e}^{\mathrm{j}\varphi_r} = \frac{3}{2}\,\frac{\underline{Z}_{\mathrm{k}}}{\underline{Z}} \; .$$

Im Bild 12.27 ist die Ortskurve $\underline{f}(r) = \left(1 - \dfrac{3}{2}\,\dfrac{1}{1 + r\,\mathrm{e}^{\mathrm{j}\varphi_r}} \right)$ für den Parameter r, ausgehend von der Geraden $1 + r\,\mathrm{e}^{\mathrm{j}\varphi_r}$, in mehreren Schritten entwickelt worden. Aus der Ableitung ist ersichtlich, daß eine Senkrechte $\underline{S}$, die auf dem Kreisdurchmesser durch den Punkt $(1 + \mathrm{j}0)$ mit dem Parameter $r = \infty$ errichtet wird, von Geraden durch diesen Punkt $(1 + \mathrm{j}0)$ und einem allgemeinen Punkt auf dem Kreis mit dem Parameter r so geschnitten wird, daß auf $\underline{S}$ eine lineare Parameterverteilung entsteht. Außerdem erkennt man, daß diese Senkrechte $\underline{S}$ im Schnittpunkt mit der reellen Achse den Parameter $r = 0$ besitzt. Schließlich ergibt sich der Punkt auf $\underline{S}$ mit dem Parameter $r = 1$ als Schnittpunkt mit der Geraden durch den Punkt $(1 + \mathrm{j}0)$ und dem Kreispunkt mit dem größten Imaginärteil.

Im Bild 12.28 ist die Kreiskonstruktion nach Bild 12.27 unter Beachtung der Multiplikation mit $\underline{u}_{\mathrm{L}3}$ in das Zeigerbild der drei Leiterspannungen für den Fall $\varphi_r = 40°$ eingetragen. Man erkennt, wie sich die Spannung $\underline{u}_{\mathrm{L}3} - \underline{Z}\,\underline{i}_{1c}$ in Abhängigkeit von

$r = \frac{3}{2}(Z_{\mathrm{k}}/Z)$ von $\underline{u}_{\mathrm{L}3}$ für $r = \infty$ bis auf $-\underline{u}_{\mathrm{L}3}/2$ für $r = 0$ ändert. Die drei Strang-spannungen erhält man unter Beachtung von $\Delta \underline{u}$ nach (12.106). Das von den drei Strangspannungen aufgespannte Dreieck $\overline{ABC}$, dessen Fläche entsprechend (12.21) das Anzugsmoment bestimmt, läßt sich mit Kenntnis der Spannung $\underline{U}_{\mathrm{L}3} - \underline{Z}\,\underline{I}_{1\mathrm{c}}$ un-mittelbar angeben. Es ist im Bild 12.29 für den im Bild 12.28 betrachteten Zustand nochmals gesondert eingetragen. Dabei wurde gleichzeitig das Bezugsdreieck $\overline{ABC}_0$ der Leiterspannungen bzw. der Strangspannungen bei $Z = 0$ dargestellt. Man erkennt aus den Bildern 12.28 und 12.29, wie sich das Anzugsmoment – repräsentiert durch die Fläche des Dreiecks ABC – mit zunehmendem Z, d.h. abnehmendem r verringert, um im Fall $Z = \infty$, d.h. $r = 0$, ganz zu verschwinden.

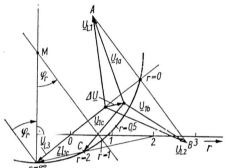

Bild 12.28 *Entwicklung der Ortskurve* $\underline{U}_{\mathrm{L}3} - \underline{Z}\underline{I}_{1c}$, *ausgehend von der Ortskurve* $\underline{f}(r)$ *nach Bild 12.27*

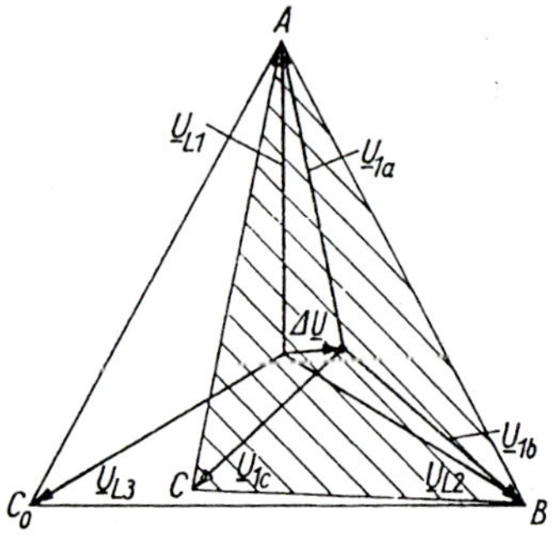

Bild 12.29 *Dreieck der Strangspannungen unter dem Einfluß der Wirkung des vorgeschalteten Schaltelements in einem Strang bei der Kusa-Schaltung*

12.7   Betrieb am Umrichter

Die Realisierung einer Drehzahlstellung der Asynchronmaschine mit Hilfe der Frequenz der Ständergrößen entsprechend Abschnitt 12.2 erfordert, daß zwischen dem Netz und der Maschine ein Umrichter eingefügt wird[1]. Derartige Umrichter lassen sich heute mit Hilfe der Leistungselektronik ausführen. Dabei kommen im oberen Leistungsbe-reich Umrichter auf der Basis von Thyristoren und im untersten Leistungsbereich solche auf der Basis von Transistoren zur Anwendung. Im mittleren Leistungsbereich kommen GTO-Thyristoren und IGBT-Ventile zum Einsatz. Wenn vom sog. Direkt-umrichter abgesehen wird, besteht jeder Umrichter aus einem netzseitigen und einem maschinenseitigen Stromrichter (Bild 12.30). Ersterer arbeitet bei Motorbetrieb der Asynchronmaschine als Gleichrichter (GR) und letzterer als Wechselrichter (WR). Die beiden Stromrichter sind über einen Zwischenkreis (ZK) miteinander verbunden, in dem Gleichgrößen herrschen.

Der Umrichter mit Spannungszwischenkreis nach Bild 12.30b ist als Thyristorum-richter ausgeführt und arbeitet mit einer von der Belastung unabhängigen Gleichspan-nung U_{ZK} im Zwischenkreis. Sie wird durch einen Kondensator C und eine Induktivität L geglättet. Aus dieser Gleichspannung werden durch entsprechendes Schalten der Ventile des Wechselrichters die dreiphasigen Maschinenspannungen der gewünschten

---

[1] Eine ausführliche Behandlung des Betriebs der Asynchronmaschine am Umrichter findet sich in [32] sowie in [74].

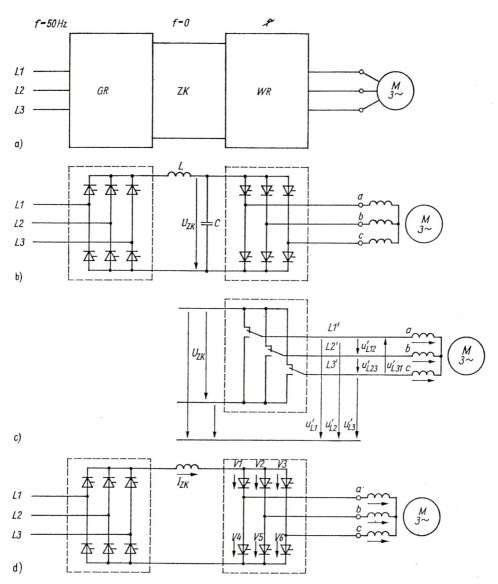

Bild 12.30 *Betrieb der Asynchronmaschine am Umrichter mit Zwischenkreis*
a) prinzipieller Aufbau eines Umrichters, *GR* netzseitiger Stromrichter (Gleichrichter),
WR maschinenseitiger Stromrichter (Wechselrichter), *ZK* Zwischenkreis; b) Umrichter
mit Spannungszwischenkreis als Thyristorumrichter; c) Mechanismus der Wechselrichtung;
d) Umrichter mit Stromzwischenkreis als Thyristorumrichter

Frequenz gewonnen. Zur Erläuterung des Mechanismus sind im Bild 12.30c anstelle der Ventile einfache Schalter vorgesehen. Sie werden nach jeweils einer Halbperi-
ode umgeschaltet und im Abstand von einem Drittel der Periodendauer nacheinander
betätigt. Man erhält die rechteckförmigen Leiterspannungen u'_{L1}, u'_{L2}, u'_{L3} nach Bild
12.31a. Sie liefern die Leiter-Leiter-Spannungen u'_{L12}, u'_{L23} und u'_{L31} entsprechend

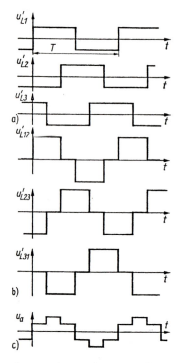

Bild 12.31
Entstehung der Wechselspannungen beim Umrichter mit Spannungszwischenkreis
a) Leiterspannungen am Ausgang des Umrichters
b) Leiter-Leiter-Spannungen am Ausgang des Umrichters
c) Strangspannung u_a der Asynchronmaschine

$u'_{L12} = u'_{L1} - u'_{L2}$ usw., die Bild 12.31b zeigt. Die Strangspannungen der Asynchronmaschine gewinnt man aus $u'_{L12} = u_a - u_b$, $u'_{L23} = u_b - u_c$ und $u'_{L31} = u_c - u_a$ unter Beachtung von $u_a + u_b + u_c = 0$ zu

$$\underline{u}_a = \frac{2}{3}\underline{u}'_{L12} + \frac{1}{3}\underline{u}'_{L23} .$$

Für die Spannungen u_b und u_c ergeben sich analoge Ausdrücke. Dabei folgt $u_a + u_b + u_c = 0$ aus $i_a + i_b + i_c = 0$, entsprechend dem Fehlen eines Sternpunktleiters. Der Verlauf für u_a ist im Bild 12.31c dargestellt.

Um die Steuerbedingung entsprechend (12.26) bzw. (12.33) einzuhalten, ist es erforderlich, die Spannungsamplitude in Abhängigkeit von der Frequenz zu verändern. Das kann auf zwei Wegen geschehen. Beim Umrichter mit veränderlicher Zwischenkreisspannung wird der netzseitige Stromrichter gesteuert. Demgegenüber arbeitet der Umrichter mit konstanter Zwischenkreisspannung mit einem ungesteuerten netzseitigen Stromrichter, und man verändert die Amplitude der Ausgangsspannung in Abhängigkeit von der Frequenz dadurch, daß der Wechselrichter als Pulswechselrichter ausgeführt wird. Die Halbwellen der Rechteckspannungen u'_{L1}, u'_{L2}, u'_{L3} werden dabei durch Impulsfolgen mit veränderlichem Tastverhältnis ersetzt. Im Bild 12.32 ist der Verlauf einer derartigen gepulsten Ausgangsspannung eines Umrichters dargestellt. Die Pulsung kann auch dazu genutzt werden, um eine bessere Annäherung an die Sinusform der Spannungen an den Maschinenklemmen und damit bei den Strangspannungen zu erhalten. Das geschieht dadurch, daß die Pulsbreite verändert wird; man spricht von einer *Pulsbreitenmodulation*.

Zweckmäßige Pulsmuster zur Ansteuerung der Ventile bei der Pulsbreitenmodulation lassen sich durch Betrachtung des komplexen Augenblickswerts der Ständerspan-

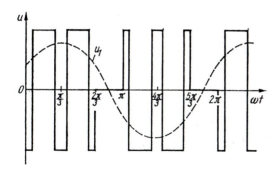

Bild 12.32
Ausgangsspannung
eines Pulswechselrichters
mit Spannungszwischenkreis

Tafel 12.1   Schaltzustände beim Umrichter mit
Spannungszwischenkreis nach Bild 12.30c

Schaltzustand Motorzuleitung	0	1	2	3	4	5	6	7
L_1'	L_-	L_+	L_-	L_-	L_-	L_-	L_+	L_+
L_2'	L_-	L_+	L_+	L_+	L_+	L_-	L_-	L_+
L_3'	L_-	L_-	L_-	L_-	L_+	L_+	L_+	L_+

nung gewinnen. Diese ist im anzustrebenden Sonderfall, daß die Strangspannungen ein symmetrisches Dreiphasensystem positiver Phasenfolge bilden, entsprechend (8.93) gegeben als

$$\vec{u}^{\,S}(t) = \widehat{u}\,\mathrm{e}^{\mathrm{j}(\omega t + \varphi_u)} \qquad\qquad (12.107)$$

Dabei wurde auf den Index 1 zur Kennzeichnung der Zuordnung zur Ständerwicklung hier verzichtet.

Mit Hilfe eines Umrichters mit Spannungszwischenkreis lassen sich in Abhängigkeit vom Schaltzustand der Ventile nur diskrete Werte $\vec{u}^{\,S}$ des komplexen Augenblickswerts der Spannung gewinnen. Wenn man davon ausgeht, daß die Zuleitungen $L1'$, $L2'$ und $L3'$ zur Maschine im Bild 12.30c stets entweder mit der Leitung L_+ oder mit der Leitung L_- des Gleichspannungszwischenkreises verbunden sein müssen und Kurzschlüsse nicht zulässig sind, ergeben sich 8 mögliche Schaltzustände, die in Tafel 12.1 charakterisiert sind. Dabei nehmen die Schaltzustände 0 und 7, bei denen alle Maschinenzuleitungen entweder mit L_+ oder mit L_- verbunden sind, eine gewisse Sonderstellung ein. Sie bewirken, daß die Spannungen an den Maschinenklemmen Null werden. Die Schaltzustände legen allgemein die Spannungen u_{L12}', u_{L23}' und u_{L31}' an den Maschinenklemmen fest. Sie sind in Tafel 12.2 für die Schaltzustände nach Tafel 12.1 und die positiven Zählrichtungen nach Bild 12.30c zusammengestellt. Man erhält den komplexen Augenblickswert der Ständerspannung im Ständerkoordinatensystem entsprechend (8.7) als

$$\vec{u}^{\,S} = \frac{2}{3}[u_a + a u_b + a^2 u_c] \ .$$

Daraus gewinnt man, um die Leiter-Leiter-Spannungen an den Maschinenklemmen

Tafel 12.2   *Spannungen an den Maschinenklemmen und komplexer Augenblickswert der Ständerspannung in den einzelnen Schaltzuständen des Umrichters nach Bild 12.30c*

Schaltzustand Spannung	0	1	2	3	4	5	6	7
U'_{L12}	0	$+U_{ZK}$	0	$-U_{ZK}$	$-U_{ZK}$	0	$+U_{ZK}$	0
U'_{L23}	0	0	$+U_{ZK}$	$+U_{ZK}$	0	$-U_{ZK}$	$-U_{ZK}$	0
U'_{L31}	0	$-U_{ZK}$	$-U_{ZK}$	0	$+U_{ZK}$	$+U_{ZK}$	0	0
$\vec{U}^S_1$	0	$\frac{2}{3}U_{ZK}$	$\frac{2}{3}U_{ZK}\,e^{j\pi/3}$	$\frac{2}{3}U_{ZK}\,e^{j2\pi/3}$	$\frac{2}{3}U_{ZK}\,e^{j\pi}$	$\frac{2}{3}U_{ZK}\,e^{j4\pi/3}$	$\frac{2}{3}U_{ZK}\,e^{j5\pi/3}$	0

einzuführen,

$$\vec{u}^S(1-a^2) = \frac{2}{3}[(u_a - u_b) + a(u_b - u_c) + a^2(u_c - u_a)]$$

bzw.

$$\vec{u}^S = \frac{2}{3}[u'_{L12} + au'_{L23} + a^2 u_{L31}] \, . \tag{12.108}$$

Damit kann man die diskreten Werte $\vec{u}^S_0, \ldots, \vec{u}^S_7$ des komplexen Augenblickswerts der Ständerspannung für die Schaltzustände 0 ... 7 bestimmen. Man erhält die in Tafel 12.2 für die einzelnen Schaltzustände angegebenen Werte. Sie sind im Bild 12.33 in der komplexen Ebene des Ständerkoordinatensystems dargestellt. Man erkennt, daß $\vec{u}^S(t)$ nach jeweils $T/6 = \pi/3\omega$ um $\pi/3$ weiterspringt. Dem entspricht im zeitlichen Verlauf der Strangspannungen, die Bild 12.31 zeigt, daß Oberschwingungen auftreten. Bei rein sinusförmigem Verlauf der Strangspannungen bewegt sich $\vec{u}^S(t)$ in der komplexen Ebene entsprechend (12.107) mit konstanter Winkelgeschwindigkeit auf einem Kreis mit der Amplitude $\hat{u}$ als Radius, wie im Bild 12.33 angedeutet.

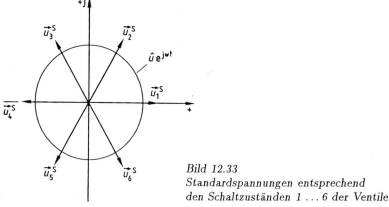

Bild 12.33
*Standardspannungen entsprechend
den Schaltzuständen 1 ... 6 der Ventile*

Wenn der Wechselrichter des Umrichters im Pulsbetrieb arbeitet, kann man während einer Pulsperiode T_p aufeinanderfolgend und für jeweils unterschiedliche Dauer drei Schaltzustände herstellen und damit als mittlere Spannung während dieser Pulsperiode Werte von $\vec{u}^S$ einstellen, die in einem gewissen Bereich der komplexen Ebene eine beliebige Lage und Amplitude aufweisen. Dabei ist es wichtig, daß die Möglichkeit besteht, während eines Teils der Pulsperiode die Spannung zu Null zu machen, indem die Schaltzustände 0 oder 7 hergestellt werden. Man spricht unter Verwendung des Begriffs Raumzeiger für die komplexen Augenblickswerte von *Raumzeigermodulation*. Dabei verwendet man jeweils die links und rechts von der gewünschten Spannung $\vec{u}^{\,S}$ liegenden Standardspannungen $\frac{2}{3}U_{ZK}\,\mathrm{e}^{j\varphi_l}$ und $\frac{2}{3}U_{ZK}\,\mathrm{e}^{j\varphi_r}$ und läßt sie während der Zeiten T_l und T_r wirken. Während des Rests der Zeit innerhalb einer Pulsperiode, der sich als $T_p - T_l - T_r$ ergibt, wird der Schaltzustand 0 oder 7 eingestellt, so daß in dieser Zeit $\vec{u}^{\,S} = 0$ wirkt. Man erhält die gewünschte Spannung $\vec{u}^{\,S}$ als die Summe einer Komponenten $\vec{u}_l^{\,S}$, die aus der linken Standardspannung gewonnen wird, und einer Komponente $\vec{u}_r^{\,S}$, die man aus der rechten Standardspannung ableitet, entsprechend

$$\vec{u}^{\,S} = \frac{2}{3}U_{ZK}\frac{T_l}{T_p}\,\mathrm{e}^{j\varphi_l} + \frac{2}{3}U_{ZK}\frac{T_r}{T_p}\,\mathrm{e}^{j\varphi_r} = \vec{u}_l^{\,S} + \vec{u}_r^{\,S} \ . \tag{12.109}$$

Im Bild 12.34 ist dargestellt , wie eine gewünschte Spannung im Sektor zwischen $\vec{u}_2^{\,S}$ und $\vec{u}_1^{\,S}$ gewonnen wird. Man erhält die erforderlichen Werte von $|\vec{u}_l|$ und $|\vec{u}_r|$ und damit die erforderlichen Zeiten T_l und T_r als

$$T_l = \frac{|\vec{u}_l|}{\frac{2}{3}U_{ZK}}T_p \ , \tag{12.110}$$

$$T_r = \frac{|\vec{u}_r|}{\frac{2}{3}U_{ZK}}T_p \ . \tag{12.111}$$

Da $T_l + T_r$ maximal T_p werden kann, ist der größte erreichbare Wert von $\vec{u}^{\,S}$ limitiert. Er beträgt $\frac{2}{3}U_{ZK}$,wenn die Lage von $\vec{u}^{\,S}$ mit der einer der Standardspannungen $\vec{u}_1^{\,S}$ ... $\vec{u}_6^{\,S}$ zusammenfällt. Er beträgt $\frac{1}{2}\sqrt{3}\,\frac{2}{3}U_{ZK}$,wenn $\vec{u}^{\,S}$ in der Mitte zwischen zwei dieser Spannungen liegt. Ein symmetrisches Dreiphasensystem der Strangspannungen kann deshalb maximal mit der Amplitude

$$\widehat{u}_{\max} = \frac{1}{\sqrt{3}}U_{ZK}$$

gewonnen werden.

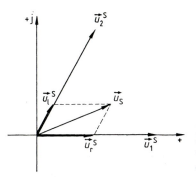

Bild 12.34
Gewinnung einer gemittelten Spannung $\vec{u}^{\,S}$ aus den Anteilen $\vec{u}_l^{\,S}$ und $\vec{u}_r^{\,S}$ entsprechend (12.109)

Um die Wirkungsweise der Raumzeigermodulation zu verdeutlichen, sei daran erinnert, daß der komplexe Augenblickswert $\vec{u}^{\,S}$ der Ständerspannung als Projektion auf die entsprechende Achse in der komplexen Ebene des Ständerkoordinatensystems die Augenblickswerte der Strangspannungen liefert (s. Bild 8.1b). Ein Schaltzustand der Ventile, der einen bestimmten Wert des komplexen Augenblickswerts $\vec{u}^{\mathrm{S}}$ realisiert, sorgt also dafür, daß die drei Strangspannungen in diesem Augenblick die jeweils gewünschten Werte annehmen.

Der Umrichter mit Stromzwischenkreis nach Bild 12.30d hat im Zwischenkreis eine Drosselspule, die hinreichend groß ist, um einen praktisch konstanten Zwischenkreisstrom I_{ZK} zu erzwingen. Die Ventile werden dabei so gesteuert, daß $V1$, $V2$ und $V3$ nacheinander während jeweils eines Drittels der Periodendauer den konstanten Zwischenkreisstrom I_{ZK} führen und ebenso die zugehörigen Ventile $V4$, $V5$ und $V6$, jedoch gegenüber ersteren um jeweils eine halbe Periode später. Man erhält die Ventilströme nach Bild 12.35a und daraus über $i_{1a} = i_{\mathrm{V1}} - i_{\mathrm{V4}}$, $i_{1b} = i_{\mathrm{V2}} - i_{\mathrm{V5}}$ sowie $i_{1c} = i_{\mathrm{V3}} - i_{\mathrm{V6}}$ die Strangströme nach Bild 12.35b. Dabei wurde angenommen, daß die Kommutierung der Ströme sprunghaft erfolgt. In Wirklichkeit wird für den Kommutierungsvorgang eine endliche Zeit benötigt. Es ist offensichtlich, daß dieser Vorgang, bei dem der Strom von einem Strang auf den folgenden übergeht, von den Parametern der Maschine beeinflußt wird (s. Abschnitt 13.7).

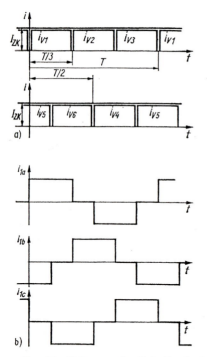

Bild 12.35
Entstehung der Wechselströme beim Umrichter
mit Stromzwischenkreis
a) Ventilströme; b) Strangströme i_{1a}, i_{1b}, i_{1c}

Zur Realisierung der Schalterfunktionen nach Bild 12.30c stehen – wie bereits gesagt – Thyristoren, GTO-Thyristoren, IGBT-Ventile und Transistoren zur Verfügung. Um das Ausschalten der Thyristoren zu erzwingen, sind entsprechende Löschschaltungen erforderlich, bei denen die Spannung über dem jeweils auszuschaltenden Thyristor mit Hilfe von Löschkondensatoren kurzzeitig negativ gemacht wird.

13 Nichtstationäre Betriebszustände der Dreiphasen-Asynchronmaschine

13.0 Allgemeines zum Auftreten und zur Behandlung nichtstationärer Betriebszustände

Nichtstationäre Betriebszustände der Asynchronmaschine treten aus Sicht ihres Einsatzes im Antrieb in Form von Einschalt- und Hochlaufvorgängen sowie als Beschleunigungs- und Bremsvorgänge auf. Im Netz, an dem die Asynchronmaschine betrieben wird, muß mit dem Auftreten von Kurzschlüssen gerechnet werden. Dadurch fließen in der Maschine Kurzschlußströme, die von ihr, vor allem hinsichtlich der dadurch bedingten Kräfte, beherrscht werden müssen. Auf der anderen Seite beeinflußt eine Asynchronmaschine ihrerseits die Kurzschlußströme im Netz in Abhängigkeit von ihrer Leistung und den vorliegenden Netzverhältnissen. Dieser Einfluß muß bei der Berechnung von Kurzschlußströmen und der daraus abgeleiteten Auslegung der Betriebsmittel des Netzes berücksichtigt werden. Schließlich treten nichtstationäre Betriebszustände bei Regelvorgängen auf, wenn die Asynchronmaschine über eine Frequenz- oder Spannungsstellung in einem Regelkreis betrieben wird.

Die analytische Behandlung nichtstationärer Vorgänge erfordert, daß die allgemeinen Gleichungssysteme angewendet werden, die in den Abschnitten 8.1 bis 8.5 für die Maschine mit Einfachkäfig- bzw. Schleifringläufer sowie im Abschnitt 9 für die Maschine mit Doppelkäfigläufer bzw. mit Hochstabläufer hergeleitet wurden. Dabei bewirkt die elektrische und magnetische Symmetrie der Dreiphasen-Asynchronmaschine, daß sich die Ströme, Spannungen und Flußverkettungen durchgängig als komplexe Augenblickswerte darstellen lassen [s. Tafel 8.1]. In dieser Hinsicht ist die Behandlung nichtstationärer Betriebszustände bei der Asynchronmaschine einfacher als bei der Synchronmaschine [s. Abschnitt 17]. Auf der anderen Seite interessiert das nichtstationäre Verhalten bei Asynchronmaschinen auch im Bereich kleiner Leistungen, die nicht im gleichen Maß Vereinfachungen erlauben wie bei großen Leistungen, die im Fall der Synchronmaschine im Vordergrund des Interesses stehen.

Als eine Möglichkeit der Vereinfachung , mit deren Hilfe geschlossene Lösungen noch möglich sind, bietet sich die Anwendung des Prinzips der Flußkonstanz vor allem auf die Läuferstränge bzw. Läuferkreise an. Davon wird innerhalb dieses Abschnitts Gebrauch gemacht. Dabei ist allerdings zu beachten, daß der Anwendung des Prinzips bei kleinen Maschinen dadurch Grenzen gesetzt sind, daß sich die Flußverkettung kurzgeschlossener Kreise gemessen an der Periodendauer der Netzspannung bzw. der Bemessungsfrequenz bzw. der Zeit, in der sich der Läufer um ein Polpaar weiterbewegt hat, doch schon merklich geändert haben kann.

Mit der numerischen Simulation ist eine Möglichkeit gegeben, die Gleichungssysteme, die in den Abschnitten 8 und 9 entwickelt wurden, unter beliebigen Betriebsbedingungen zu lösen. Dabei kann auch die Nichtlinearität des magnetischen Kreises berücksichtigt werden und besteht, wie im Abschnitt 9.4.2 gezeigt wurde, die Möglichkeit,

Hochstabläufer durch Läufer mit einem Mehrfachkäfig in ihrem Verhalten anzunähern. Es empfiehlt sich, bei der numerischen Simulation von dem Gleichungssystemen mit transformierten Läufergrößen auf Basis des reellen Übersetzungsverhältnisses auszugehen, wie sie in den Abschnitten 8.4.5 und 9.3.2 eingeführt wurden. Weiterhin ist es zweckmäßig, mit bezogenen Größen entsprechend den Abschnitten 8.4.9 und 9.3.3 zu arbeiten.

Für Hochlauf- und Bremsvorgänge ist die quasistationäre Betrachtungsweise verbreitete Praxis. Sie setzt voraus, daß das Massenträgheitsmoment der Gesamtheit der rotierenden Teile hinreichend groß ist, um die mechanischen Vorgänge in Zeiträumen stattfinden zu lassen, die groß gegenüber den elektromagnetischen Zeitkonstanten der Maschine sind.

13.1 Quasistationäre Drehzahländerungen bei Betrieb am starren Netz

Die quasistationäre Betrachtung von Drehzahländerungen hat bei der Asynchronmaschine insofern eine besondere Bedeutung, als mit ihrer Hilfe allgemeine Aussagen über den Energieumsatz in der Maschine gewonnen werden können. Ausgang dafür bildet zunächst der Zusammenhang zwischen den Wicklungsverlusten P_{v2} im Läufer und dem Schlupf s entsprechend[1]

$$P_{\text{v2}} = s P_\delta = s 2\pi n_0 M \ . \tag{13.1}$$

Die Wicklungsverluste P_{v1} im Ständer lassen sich durch die Wicklungsverluste im Läufer ausdrücken als

$$P_{\text{v1}} = \frac{R_1}{R_2^+(s)} \left(\frac{I_1(s)}{I_2^+(s)} \right)^2 P_{\text{v2}} \ . \tag{13.2}$$

Diese Beziehung geht mit $I_2^+ \approx I_1$ und

$$R_2^+(s) = k_{\text{r}}(s) R_2^+(0)$$

über in

$$P_{\text{v1}} \approx \frac{1}{k_{\text{r}}(s)} \frac{R_1}{R_2^+(0)} P_{\text{v2}} \ , \tag{13.3}$$

wobei

$k_{\text{r}}(s) = \dfrac{R_2^+(s)}{R_2^+(0)} \geq 1$ das Widerstandsverhältnis aufgrund der Stromverdrängung darstellt und $R_2^+(0)$ der Läuferwiderstand ohne Einfluß der Stromverdrängung ist.

Die Bewegungsgleichung (6.59) geht mit $n = (1-s)n_0$ über in

$$\boxed{ M(s) - M_{\text{w}}(s) = \Delta M(s) = M(s) \frac{1}{k_{\text{M}}(s)} = -2\pi J n_0 \frac{\text{d}s}{\text{d}t} } \ , \tag{13.4}$$

wobei $k_{\text{M}}(s) = \dfrac{M(s)}{M(s) - M_{\text{w}}(s)} = \dfrac{M(s)}{\Delta M(s)}$ entsprechend Bild 13.1 das Verhältnis des Motordrehmoments zum Beschleunigungsmoment darstellt. Es ist stets $k_{\text{M}}(s) \geq 1$, wobei der Grenzfall $k_{\text{M}}(s) = 1$ im Fall eines verschwindenden Widerstandsmoments, d.h. im mechanischen Leerlauf, gilt.

[1]s. Tafel 6.4

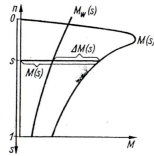

Bild 13.1
Anteile des Drehmoments
in der Bewegungsgleichung (13.4) –
Deutung des Faktors
$k_{\mathrm{M}}(s) = M(s)/\Delta M(s)$

Mit M aus (13.1) erhält man aus (13.4) für die während einer Drehzahländerung vom Schlupf $s_{(\mathrm{a})}$ auf den Schlupf $s_{(\mathrm{e})}$ in der Läuferwicklung umgesetzte Verlustenergie

$$\boxed{W_{\mathrm{v}2} = \int P_{\mathrm{v}2}\mathrm{d}t = 2W_{\mathrm{kin}\,0}\int_{s_{(\mathrm{e})}}^{s_{(\mathrm{a})}} k_{\mathrm{M}}(s)s\,\mathrm{d}s} \;, \tag{13.5}$$

wobei $W_{\mathrm{kin}\,0} = \dfrac{(2\pi n_0)^2 J}{2}$ die in der Gesamtheit der rotierenden Teile bei synchroner Drehzahl n_0 gespeicherte kinetische Energie ist.

Aus (13.5) folgt für den Sonderfall, daß die Drehzahländerung gegen kein äußeres Widerstandsmoment erfolgt, d.h. für $M_{\mathrm{w}} = 0$ bzw. $k_{\mathrm{M}}(s) = 1$,

$$\boxed{W_{\mathrm{v}20} = W_{\mathrm{kin}\,0}\big(s_{(\mathrm{a})}^2 - s_{(\mathrm{e})}^2\big)} \;. \tag{13.6}$$

Daraus wiederum erhält man die bekannte Aussage, daß im Fall des Leerhochlaufs, d.h. mit $s_{(\mathrm{a})} = 1$ und $s_{(\mathrm{e})} = 0$, in der Läuferwicklung eine Wärmemenge umgesetzt wird, die gleich der nach dem Hochlauf in der Gesamtheit der rotierenden Teile gespeicherten kinetischen Energie ist.

Im allgemeinen Fall, daß $k_{\mathrm{M}}(s) \neq 1$ ist, folgt aus (13.5) unter Beachtung von (13.6)

$$W_{\mathrm{v}2} = 2W_{\mathrm{kin}\,0}\int_{s_{(\mathrm{a})}}^{s_{(\mathrm{e})}} k_{\mathrm{M}}(s)s\,\mathrm{d}s = W_{\mathrm{kin}\,0}k_{\mathrm{M}}[s_{(\mathrm{a})}^2 - s_{(\mathrm{e})}^2] = k_{\mathrm{M}}W_{\mathrm{v}20} \;. \tag{13.7}$$

Dabei ist k_{M} ein durch (13.7) definierter Mittelwert von $k_{\mathrm{M}}(s)$, für den näherungsweise gilt

$$k_{\mathrm{M}} \approx \overline{k}_{\mathrm{M}} = \frac{1}{s_{(\mathrm{a})} - s_{(\mathrm{e})}}\int_{s_{(\mathrm{a})}}^{s_{(\mathrm{e})}} k_{\mathrm{M}}(s)\,\mathrm{d}s \;.$$

Die in der Ständerwicklung umgesetzte Verlustenergie erhält man aus (13.3), (13.1) und (13.5) zu

$$W_{\mathrm{v}1} = \int P_{\mathrm{v}1}\,\mathrm{d}t = 2W_{\mathrm{kin}\,0}\frac{R_1}{R_2^+(0)}\int_{s_{(\mathrm{e})}}^{s_{(\mathrm{a})}} \frac{k_{\mathrm{M}}(s)}{k_{\mathrm{r}}(s)}s\,\mathrm{d}s \;. \tag{13.8}$$

Wenn wiederum zunächst der Fall betrachtet wird, daß $M_w = 0$ bzw. $k_M(s) = 1$ ist, so folgt aus (13.8)

$$W_{v10} = 2W_{\text{kin}\,0}\frac{R_1}{R_2^+(0)}\int_{s_{(a)}}^{s_{(e)}}\frac{s}{k_r(s)}\,ds = W_{\text{kin}\,0}\frac{R_1}{R_2^+(0)}\frac{1}{k_r}[s_{(a)}^2 - s_{(e)}^2]\,. \tag{13.9}$$

Dabei ist der Mittelwert k_r durch (13.9) definiert, und es gilt näherungsweise

$$k_r \approx \overline{k}_r = \frac{1}{s_{(a)} - s_{(e)}}\int_{s_{(a)}}^{s_{(e)}} k_r(s)\,ds \geq 1\,.$$

Im allgemeinen Fall mit $k_M(s) \neq 1$ erhält man durch Einführen entsprechender Mittelwerte für $k_M(s)$ und $k_r(s)$

$$\boxed{\begin{aligned}W_{v1} &= W_{\text{kin}\,0}\frac{R_1}{R_2^+(0)}\frac{k_M}{k_r}[s_{(a)}^2 - s_{(e)}^2] \approx W_{\text{kin}\,0}\frac{R_1}{R_2^+(0)}\frac{\overline{k}_M}{\overline{k}_r}[s_{(a)}^2 - s_{(e)}^2]\\ &= \frac{R_1}{R_2^+(0)}\frac{1}{\overline{k}_r}W_{v2} = \frac{R_1}{R_2^+(0)}\frac{\overline{k}_M}{\overline{k}_r}W_{v20}\end{aligned}}\tag{13.10}$$

Die Verlustenergien W_{v1} und W_{v2} werden in den Wicklungen in Wärme umgesetzt. Man bezeichnet sie deshalb auch als *Schaltwärme*. Im Sonderfall des Hochlaufs von $s_{(a)} = 1$ auf $s_{(e)} \approx 0$ spricht man auch von *Anlaufwärme*.

Die Verlustenergie in der Ständerwicklung ist solange ungefähr gleich der in der Läuferwicklung, wie $R_2^+(0) \approx R_1$ ist und keine merkliche Stromverdrängung auftritt. Unter dem Einfluß der Stromverdrängung in den Läuferstäben, d.h. mit $k_r(s) > 1$ bzw. $\overline{k}_r > 1$, wird die Verlustenergie in der Ständerwicklung kleiner. Sie läßt sich außerdem von der Auslegung her verringern, indem $R_1/R_2^+(0) < 1$ gemacht, d.h. ein sog. *Widerstandsläufer* ausgeführt wird. Wenn man den Fall $M_w = 0$ betrachtet, so heben sich offenbar die gegenläufigen Einflüsse der Vergrößerung des Läuferwiderstands und der dadurch bedingten Verkleinerung der Ströme im Läufer hinsichtlich der Verlustenergie im Läufer gerade auf [s. (13.6)]. Demgegenüber sind mit den kleineren Läuferströmen, entsprechend $I_2^+ \approx I_1$, auch kleinere Ständerströme verbunden und rufen in den konstant gebliebenen Ständerwiderständen eine kleinere Verlustenergie hervor. Eine merkliche Reduzierung der in der Maschine umgesetzten Verlustenergie erhält man, wenn Motoren mit Schleifringläufer eingesetzt und während der zu untersuchenden Drehzahländerung mit Vorwiderständen in den Läuferkreisen betrieben werden. Wesentliche Teile der Schaltwärme des Läufers verlagern sich dann in die äußeren Widerstände, und außerdem wird die Schaltwärme des Ständers nach Maßgabe des kleineren Verhältnisses $R_1/R_2^+(0)$ der Widerstände verringert.

Die Schaltwärme führt zu einer Erwärmung der zugehörigen Wicklung, die in erster Näherung adiabatisch ist. Um den damit verbundenen Temperaturanstieg klein zu halten, werden die Käfige von Maschinen für Schweranlauf, d.h., wenn große Werte der Schaltwärme im Läufer zu beherrschen sind, aus Leitermaterial mit geringer elektrischer Leitfähigkeit (Bronze oder auch Messing) ausgeführt. Um die gleichen Verluste im Bemessungsbetrieb zu erhalten, sind dann entsprechend größere Querschnitte erforderlich, so daß man einen Käfig mit größerer Wärmekapazität erhält.

Die Anlaufwärme wird weitgehend durch die kinetische Energie bestimmt, die nach dem Hochlauf in der Gesamtheit der rotierenden Teile gespeichert ist. Sie ist bei gegebener Frequenz und Polpaarzahl dem Massenträgheitsmoment proportional, das seinerseits bei geometrisch ähnlicher Veränderung mit der fünften Potenz der Abmessungen wächst. Demgegenüber nimmt die Masse, die bei adiabatischer Erwärmung die Temperaturzunahme bestimmt, nur mit der dritten Potenz der Abmessungen zu. Daraus folgt, daß der Anlauf durch direktes Einschalten von Kurzschlußläufern, auch ohne daß eine Arbeitsmaschine gekuppelt ist, nur bis zu einer gewissen Leistung möglich ist.

Die vorstehenden Betrachtungen haben gezeigt, daß der Läuferwiderstand – am Beispiel des Hochlaufs vom Stillstand auf Leerlaufdrehzahl betrachtet – in zweifacher Hinsicht auf die Anlaufwärme im Läufer Einfluß nimmt. Mit wachsendem Läuferwiderstand werden einerseits die Läuferverluste bei gleichem Schlupf erhöht, aber andererseits wächst auch das Drehmoment im Bereich kleiner Drehzahlen, und damit verkürzt sich die Anlaufzeit. Für den Fall des Leerhochlaufs heben sich beide Einflüsse gegeneinander auf. Die Anlaufwärme ist dann unabhängig vom Läuferwiderstand und nur durch die kinetische Energie gegeben, die nach dem Hochlauf in der Gesamtheit der rotierenden Teile gespeichert ist. Die Anlaufwärme im Ständer wird bestimmt durch die vom Ständerwiderstand abhängigen Ständerwicklungsverluste und die Hochlaufzeit. Sie verringert sich offensichtlich, wenn die Hochlaufzeit dadurch verkleinert wird, daß ein größerer Läuferwiderstand zur Wirkung kommt. Das ist der physikalische Hintergrund dafür, daß in der Beziehung für die Anlaufwärme im Ständer das Verhältnis von Ständerwiderstand zu Läuferwiderstand auftritt.

Die Schaltwärme muß dann bezüglich ihres Einflusses auf die Temperatur bei Betriebsarten mit periodischem Betrieb berücksichtigt werden, wenn sie einen wesentlichen Anteil der während einer Periode (Spieldauer) insgesamt auftretenden Verlustenergie darstellt. Aus diesem Grund wurde die Betriebsart S 5 – Aussetzbetrieb mit Einfluß des Anlaufs und der Bremsung auf die Temperaturen – eingeführt. Im Extremfall des reinen Schaltbetriebs, d.h., wenn der Einfluß der Schaltwärme auf die Temperatur überwiegt, bestimmt diese die zulässige Schalthäufigkeit zu

$$z = P_{v\nu}/W_{v\nu} \ ,$$

wobei $P_{v\nu}$ die bei Dauerbetrieb in der Ständer- bzw. Läuferwicklung zulässigen Verluste sind und $W_{v\nu}$ die gesamte Schaltwärme darstellt, die während eines Spiels entsteht. Mit Rücksicht auf die Schaltwärme im Ständer wird man derartige Maschinen mit einem vergrößerten Verhältnis R_2^+/R_1 ausführen. Davon wird z.B. bei Rollgangsmotoren, Zentrifugenmotoren u.ä. Gebrauch gemacht.

Wenn in den zu untersuchenden Vorgang eine Polumschaltung eingeschlossen ist, muß die Schaltwärme für jeden Teilvorgang mit der jeweiligen Polpaarzahl getrennt ermittelt werden. Als Beispiel sei der in zwei Stufen erfolgende Leerhochlauf einer Maschine mit den Polpaarzahlen p_1 und $p_2 = \gamma p_1 > p_1$ betrachtet. Man erhält für den ersten Teilvorgang mit $n = 0 \ldots f/p_2$ bzw. $n = 0 \ldots (n_0/\gamma)$ sowie $s_{(a)} = 1$ und $s_{(e)} = 0$:

$$W'_{\text{kin}\,0} = W_{\text{kin}\,0} \frac{1}{\gamma^2} \ , \qquad W'_{v\,20} = W_{\text{kin}\,0} \frac{1}{\gamma^2} \ .$$

Für den zweiten Teilvorgang gilt $n = (n_0/\gamma) \ldots n_0$ sowie $s_{(a)} = 1 - 1/\gamma$ und $s_{(e)} = 0$, und damit wird

$$W''_{\text{kin}\,0} = W_{\text{kin}\,0} \ , \qquad W''_{v20} = W_{\text{kin}\,0} \left(1 - \frac{1}{\gamma}\right)^2 \ .$$

Man erhält also für die gesamte Schaltwärme

$$\boxed{W_{v20} = W'_{v20} + W''_{v20} = W_{\text{kin}\,0} \left(1 - \frac{2}{\gamma} + \frac{2}{\gamma^2}\right) \ .}$$

Im Sonderfall $\gamma = p_2/p_1 = 2$ wird $W_{v20} = \frac{1}{2} W_{kin\,0}$.

Das ist die Hälfte des Wertes, der bei direktem Hochlauf auftritt.

13.2 Allgemeine Näherungsbeziehungen auf der Grundlage der Anwendung des Prinzips der Flußkonstanz auf den Läufer

Die Läuferwicklung der Asynchronmaschine ist i.allg. direkt kurzgeschlossen. Das gilt für die Maschine mit Kurzschlußläufer von vornherein und für die Maschine mit Schleifringläufer, solange die Läuferstränge nicht mit einem äußeren Netz zusammenarbeiten. Dann folgt aus den Spannungsgleichungen der Läuferstränge mit $u_{2a} = u_{2b} = u_{2c} = 0$, solange der Einfluß der ohmschen Spannungsabfälle vernachlässigbar ist, $\psi_{2a} = \psi_{2a(a)}$, $\psi_{2b} = \psi_{2b(a)}$, $\psi_{2c} = \psi_{2c(a)}$. Die Läuferstränge halten unmittelbar nach einer Störung jene Flußverkettungen fest, die sie im Augenblick des Eintritts dieser Störung besitzen. Das ist das Prinzip der Flußkonstanz, das allgemein bereits im Abschnitt 2.9 hergeleitet wurde. In der Darstellung als komplexer Augenblickswert nach (8.8) erhält man

$$\boxed{\vec{\psi}_2^{\,L} = \frac{2}{3}(\psi_{2a(a)} + a\psi_{2b(a)} + a^2\psi_{2c(a)}) = \vec{\psi}_{2(a)}^{\,L}} \quad . \tag{13.11}$$

Die Läuferflußverkettung im Koordinatensystem des Läufers behält unmittelbar nach dem Einsetzen der Störung jenen komplexen Wert bei, der im Augenblick der Störung vorhanden ist. Gleichung (13.11) ergibt sich natürlich auch unmittelbar aus der Spannungsgleichung des Läufers in Läuferkoordinaten nach Tafel 8.1 bzw. (8.13) mit $\vec{u}_2^{\,L} = 0$ und $R_2 = 0$.

Die Behandlung spezieller nichtstationärer Betriebszustände auf der Grundlage der Anwendung des Prinzips der Flußkonstanz auf den Läufer erfordert

– die Formulierung des Gleichungssystems der Maschine, das unter Berücksichtigung von $\vec{\psi}_2^{\,L} = \vec{\psi}_{2(a)}^{\,L}$ unmittelbar nach der Störung gilt,

– die Ermittlung von $\vec{\psi}_{2(a)}^{\,L}$ aus dem vorangegangenen stationären Betriebszustand.

Im folgenden werden die entsprechenden Überlegungen entwickelt. Dabei wird auf eine Darstellung der Ständer- und Läufervariablen in einem gemeinsamen Koordinatensystem, wie sie im Abschnitt 8.4 hergeleitet wurde, verzichtet. Das ist deshalb vorteilhaft, weil die Formulierung des Prinzips der Flußkonstanz für den Läufer von den Beziehungen im Läuferkoordinatensystem ausgehen muß. Außerdem erfordert auch die Nutzung der Verbindung zur Behandlung des stationären Betriebs mit Hilfe der komplexen Wechselstromrechnung, wie sie durch (8.93) gegeben ist, daß die Variablen jeweils in ihrem Koordinatensystem beschrieben werden.

Entsprechend den eben angestellten Überlegungen gehen die weiteren Untersuchungen von den Spannungs- und Flußverkettungsgleichungen aus, die im Abschnitt 8.3.2 als (8.13) und (8.14) hergeleitet wurden. Um später die Aussagen über die Flußverkettung des Läufers entsprechend (13.11) einführen zu können, ist es zunächst erforderlich, den Läuferstrom in der Flußverkettungsgleichung des Ständers mit Hilfe der Flußverkettungsgleichung des Läufers durch die Läuferflußverkettung auszudrücken.

Man erhält aus der zweiten Gleichung (8.14)

$$\vec{i}_2^{\,\mathrm{L}} = \frac{1}{L_{22}}\vec{\psi}_2^{\,\mathrm{L}} - \frac{L_{12}}{L_{22}}\vec{i}_1^{\,\mathrm{S}}\,\mathrm{e}^{-\mathrm{j}\vartheta}\;.$$

Damit geht die erste Gleichung (8.14) über in $\vec{\psi}_1^{\,\mathrm{S}} = L_\mathrm{i}\vec{i}_1^{\,\mathrm{S}} + (L_{12}/L_{22})\vec{\psi}_2^{\,\mathrm{L}}\,\mathrm{e}^{\mathrm{j}\vartheta}$, und man erhält als System der Spannungs- und Flußverkettungsgleichungen

$$\boxed{\begin{aligned}
\vec{u}_1^{\,\mathrm{S}} &= R_1\vec{i}_1^{\,\mathrm{S}} + \frac{\mathrm{d}\vec{\psi}_1^{\,\mathrm{S}}}{\mathrm{d}t}\\[2mm]
\vec{\psi}_1^{\,\mathrm{S}} &= L_\mathrm{i}\vec{i}_1^{\,\mathrm{S}} + \frac{L_{12}}{L_{22}}\vec{\psi}_2^{\,\mathrm{L}}\,\mathrm{e}^{\mathrm{j}\vartheta}
\end{aligned}}\;. \tag{13.12}$$

Dabei wurde die vom Ständer her gesehene *Gesamtstreuinduktivität* $L_\mathrm{i} = L_{11}-L_{12}^2/L_{22}$ in Analogie zur Gesamtstreureaktanz X_i nach (10.5) eingeführt [vgl. auch (12.50)].

Unmittelbar nach Eintritt der Störung gilt $\vec{\psi}_2^{\,\mathrm{L}} = \vec{\psi}_{2(\mathrm{a})}^{\,\mathrm{L}}$ entsprechend (13.11). Damit wird das Verhalten der Maschine für den Zeitraum der Gültigkeit des Prinzips der Flußkonstanz beschrieben durch

$$\boxed{\begin{aligned}
\vec{u}_1^{\,\mathrm{S}} &= R_1\vec{i}_1^{\,\mathrm{S}} + \frac{\mathrm{d}\vec{\psi}_1^{\,\mathrm{S}}}{\mathrm{d}t}\\[4mm]
\vec{\psi}_1^{\,\mathrm{S}} &= L_\mathrm{i}\vec{i}_1^{\,\mathrm{S}} + \frac{L_{12}}{L_{22}}\vec{\psi}_{2(\mathrm{a})}^{\,\mathrm{L}}\,\mathrm{e}^{\mathrm{j}\vartheta}
\end{aligned}}\;. \tag{13.13}$$

Dabei können $\vec{u}_1^{\,\mathrm{S}}$, $\vec{i}_1^{\,\mathrm{S}}$, $\vec{\psi}_1^{\,\mathrm{S}}$ und ϑ beliebige Zeitfunktionen sein, während $\vec{\psi}_{2(\mathrm{a})}^{\,\mathrm{L}}$ eine konstante komplexe Größe darstellt.

Wenn zusätzlich der ohmsche Spannungsabfall in den Ständersträngen vernachlässigt wird, erhält man

$$\left.\begin{aligned}
\vec{u}_1^{\,\mathrm{S}} &= \frac{\mathrm{d}\vec{\psi}_1^{\,\mathrm{S}}}{\mathrm{d}t}\\[4mm]
\vec{\psi}_1^{\,\mathrm{S}} &= L_\mathrm{i}\vec{i}_1^{\,\mathrm{S}} + \frac{L_{12}}{L_{22}}\vec{\psi}_{2(\mathrm{a})}^{\,\mathrm{L}}\,\mathrm{e}^{\mathrm{j}\vartheta}\;.
\end{aligned}\right\} \tag{13.14}$$

Die Flußverkettung $\vec{\psi}_{2(\mathrm{a})}^{\,\mathrm{L}}$ ergibt sich aus dem Betriebszustand, der der Störung vorausgeht. Für die weiteren Betrachtungen wird vorausgesetzt, daß dies ein stationärer Betriebszustand ist. Seine Beschreibung erfolgt zweckmäßig mit Hilfe der Darstellung der komplexen Wechselstromrechnung. Die speziellen Werte der Variablen der Stränge a in dieser Darstellung sollen mit $\underline{g}_{1(\mathrm{a})}$ und $\underline{g}_{2(\mathrm{a})}$ bezeichnet werden. Zu den komplexen Augenblickswerten bestehen entsprechend (8.93) die allgemeinen Beziehungen

$$\vec{g}_1^{\,\mathrm{S}} = \underline{g}_1\,\mathrm{e}^{\mathrm{j}\omega_1 t}\;, \qquad \vec{g}_2^{\,\mathrm{L}} = \underline{g}_2\,\mathrm{e}^{\mathrm{j}s\omega_1 t}\;. \tag{13.15}$$

Ferner ist $\vartheta = (1-s)\omega_1 t + \vartheta_0$. Da die Störung zum Zeitpunkt $t = 0$ eintreten soll, beschreibt ϑ_0 die Lage des Läufers in diesem Augenblick. Damit erhält man als Spannungsgleichung des Strangs a aus (13.12) für den stationären Ausgangszustand

$$\underline{u}_{1(\mathrm{a})}\,\mathrm{e}^{\mathrm{j}\omega_1 t} = R_1\underline{i}_{1(\mathrm{a})}\,\mathrm{e}^{\mathrm{j}\omega_1 t} + \frac{\mathrm{d}}{\mathrm{d}t}\left[L_\mathrm{i}\underline{i}_{1(\mathrm{a})}\,\mathrm{e}^{\mathrm{j}\omega_1 t} + \frac{L_{12}}{L_{22}}\underline{\psi}_{2(\mathrm{a})}\,\mathrm{e}^{\mathrm{j}(\omega_1 t + \vartheta_0)}\right]$$

und damit

$$\underline{u}_{1(a)} = R_1 \underline{i}_{1(a)} + jX_i \underline{i}_{1(a)} + j\omega_1 \frac{L_{12}}{L_{22}} \underline{\psi}_{2(a)} e^{j\vartheta_0} \,,$$

$$\boxed{\underline{u}_{1(a)} = (R_1 + jX_i)\underline{i}_{1(a)} + \underline{u}'_{1(a)}} \,. \tag{13.16}$$

Dabei ist

$$\underline{u}'_{1(a)} = \widehat{u}'_{1(a)} e^{j\varphi'_{u1(a)}} = j\omega_1 \frac{L_{12}}{L_{22}} \underline{\psi}_{2(a)} e^{j\vartheta_0} \tag{13.17}$$

die sog. *Spannung hinter der Gesamtstreureaktanz* X_i im Strang *a*. Sie bestimmt, wie weiter unten gezeigt wird, $\vec{\psi}^{L}_{2(a)}$ in (13.13). Das (13.16) entsprechende Zeigerbild ist im Bild 13.2 dargestellt. Da alle Größen im stationären Betrieb symmetrische Mehrphasensysteme positiver Phasenlage bilden, gilt:

$$\left.\begin{aligned}
\underline{u}'_{1a(a)} &= \underline{u}'_{1(a)} \\
\underline{u}'_{1b(a)} &= \underline{u}'_{1(a)} e^{-j2\pi3} \\
\underline{u}'_{1c(a)} &= \underline{u}'_{1(a)} e^{-j4\pi3}
\end{aligned}\right\} \tag{13.18}$$

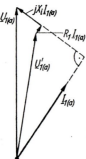

Bild 13.2
Zeigerbild für den stationären Ausgangszustand
entsprechend (13.16) zur Ermittlung von $\underline{U}'_{1(a)}$

Die Störung soll vereinbarungsgemäß zur Zeit $t = 0$ eintreten. Damit folgt aus (13.15) für die Anfangswerte der komplexen Augenblickswerte

$$\vec{g}^{S}_{1(a)} = \underline{g}_1 = \underline{g}_{1(a)} \,, \qquad \vec{g}^{L}_{2(a)} = \underline{g}_2 = \underline{g}_{2(a)} \,.$$

Sie sind identisch den komplexen Größen in der Darstellung der komplexen Wechselstromrechnung für den speziellen stationären Betriebszustand, der unmittelbar vor dem Eintritt der zu untersuchenden Störung vorliegt. Insbesondere gilt mit (13.17) für die Flußverkettung $\vec{\psi}^{L}_{2(a)}$ in (13.13)

$$\vec{\psi}^{L}_{2(a)} = \underline{\psi}_{2(a)} = \frac{\underline{u}'_{1(a)}L_{22}}{j\omega_1 L_{12}} e^{-j\vartheta_0} = \frac{\widehat{u}'_{1(a)}L_{22}}{\omega_1 L_{12}} e^{-j(\vartheta_0+\pi/2-\varphi'_{u1(a)})} \,. \tag{13.19}$$

Damit gehen die Gleichungen (13.12), die das Verhalten der Maschine nach der Störung beschreiben, über in

$$
\begin{aligned}
\vec{u}_1^{\mathrm{S}} &= R_1 \vec{i}_1^{\mathrm{S}} + \frac{\mathrm{d}\vec{\psi}_1^{\mathrm{S}}}{\mathrm{d}t} \\[2mm]
\vec{\psi}_1^{\mathrm{S}} &= L_{\mathrm{i}} \vec{i}_1^{\mathrm{S}} + \frac{\widehat{u}_{1(\mathrm{a})}'}{\omega_1} \, \mathrm{e}^{\mathrm{j}(\vartheta - \vartheta_0 + \varphi_{u1(\mathrm{a})}' - \pi/2)}
\end{aligned}
\tag{13.20}
$$

Dabei sind alle $\vec{g}_1^{\mathrm{S}}$ und ϑ beliebige Zeitfunktionen; $\widehat{u}_{1(\mathrm{a})}'$ und $\varphi_{u1(\mathrm{a})}'$ ergeben sich aus dem vorangehenden stationären Betriebszustand (s. Bild 13.2). Für den Sonderfall, daß die Läuferbewegung durch den nichtstationären Vorgang nicht beeinflußt wird, d.h. bei hinreichend großem Massenträgheitsmoment der Gesamtheit der rotierenden Teile, ist $\vartheta = (1 - s)\omega_1 t + \vartheta_0$, und man erhält

$$
\begin{aligned}
\vec{u}_1^{\mathrm{S}} &= R_1 \vec{i}_1^{\mathrm{S}} + \frac{\mathrm{d}\vec{\psi}_1^{\mathrm{S}}}{\mathrm{d}t} \\[2mm]
\vec{\psi}_1^{\mathrm{S}} &= L_{\mathrm{i}} \vec{i}_1^{\mathrm{S}} + \frac{\widehat{u}_{1(\mathrm{a})}'}{\omega_1} \, \mathrm{e}^{\mathrm{j}[(1-s)\omega_1 t + \varphi_{u1(\mathrm{a})}' - \pi/2)]}
\end{aligned}
\tag{13.21}
$$

Solange kein stromführender Neutralleiter an den Sternpunkt der Ständerwicklung angeschlossen ist, gilt für die Ständergrößen $g_{1a} + g_{1b} + g_{1c} = 0$, und damit bestehen zwischen den komplexen Augenblickswerten des Ständers und den Augenblickswerten der Stranggrößen g_{1a}, g_{1b} und g_{1c} die Beziehungen, die als (8.10) bis (8.12) im Abschnitt 8.3.1 hergeleitet wurden. Wenn man diese Beziehungen auf die Gleichungen (13.20) anwendet, läßt sich das Verhalten der Maschine nach der Störung unmittelbar mit Hilfe der Stranggrößen beschreiben. Für den Strang a ergibt sich

$$
\left.
\begin{aligned}
u_{1a} &= R_1 i_{1a} + \frac{\mathrm{d}\psi_{1a}}{\mathrm{d}t} \\[2mm]
\psi_{1a} &= L_{\mathrm{i}} i_{1a} + \frac{\widehat{u}_{1(\mathrm{a})}'}{\omega_1} \cos(\vartheta - \vartheta_0 + \varphi_{u1(\mathrm{a})}' - \pi/2) \,,
\end{aligned}
\right\}
\tag{13.22}
$$

bzw., wenn ψ_{1a} in die Spannungsgleichung eingesetzt wird,

$$
u_{1a} = R_1 i_{1a} + L_{\mathrm{i}} \frac{\mathrm{d}i_{1a}}{\mathrm{d}t} + \frac{\widehat{u}_{1(\mathrm{a})}'}{\omega_1} \frac{\mathrm{d}\vartheta}{\mathrm{d}t} \cos(\vartheta - \vartheta_0 + \varphi_{u1(\mathrm{a})}')
\tag{13.23}
$$

Für die Stränge b und c ergeben sich analoge Ausdrücke, es treten lediglich im Argument der Kosinusfunktion die Verschiebungen $-2\pi/3$ bzw. $-4\pi/3$ auf.

Im Sonderfall, daß der Bewegungsvorgang unbeeinflußt bleibt und damit die Gleichungen (13.21) gelten, erhält man für den Strang a

$$
\left.
\begin{aligned}
u_{1a} &= R_1 i_{1a} + \frac{\mathrm{d}\psi_{1a}}{\mathrm{d}t} \\[2mm]
\psi_{1a} &= L_{\mathrm{i}} i_{1a} + \frac{\widehat{u}_{1(\mathrm{a})}'}{\omega_1} \cos[(1-s)\omega_1 t + \varphi_{u1(\mathrm{a})}' - \pi/2] \,,
\end{aligned}
\right\}
\tag{13.24}
$$

bzw.

$$\boxed{u_{1a} = R_1 i_{1a} + L_\mathrm{i}\frac{\mathrm{d}i_{1a}}{\mathrm{d}t} + \widehat{u}'_{1(\mathrm{a})}(1-s)\cos[(1-s)\omega_1 t + \varphi'_{u1(\mathrm{a})}]}\ . \tag{13.25}$$

Die Ausdrücke für die Stränge *b* und *c* sind wiederum analog aufgebaut.

Das Drehmoment erhält man, ausgehend von den komplexen Augenblickswerten, mit Hilfe von (8.27) bzw. (8.28). Angepaßt an die Beschreibung der Vorgänge unter Verwendung der Läuferflußverkettung $\vec{\psi}_2^\mathrm{L}$ als Variable, die im Hinblick auf die Anwendung des Prinzips der Flußkonstanz auf den Läufer als (13.12) entwickelt wurde, empfiehlt es sich, eine Beziehung für das Drehmoment bereitzustellen, die $\vec{\psi}_2^\mathrm{L}$ enthält. Die zweite Gleichung (13.12) liefert für den Ständerstrom

$$\vec{i}_1^\mathrm{S} = \frac{1}{L_\mathrm{i}}\vec{\psi}_1^\mathrm{S} - \frac{L_{12}}{L_{22}L_\mathrm{i}}\vec{\psi}_2^\mathrm{L}\,\mathrm{e}^{\mathrm{j}\vartheta}\ ,$$

und damit folgt aus (8.27)

$$m = -\frac{3}{2}p\,\mathrm{Im}\{\vec{\psi}_1^\mathrm{S}\vec{i}_1^\mathrm{S*}\} = \frac{3}{2}p\frac{L_{12}}{L_{22}}\frac{1}{L_\mathrm{i}}\cdot\mathrm{Im}\left\{\vec{\psi}_1^\mathrm{S}\vec{\psi}_2^\mathrm{L*}\,\mathrm{e}^{-\mathrm{j}\vartheta}\right\}\ . \tag{13.26}$$

Unter Voraussetzung des Prinzips der Flußkonstanz folgt daraus

$$\boxed{m = \frac{3}{2}p\frac{L_{12}}{L_{22}}\frac{1}{L_\mathrm{i}}\cdot\mathrm{Im}\left\{\vec{\psi}_1^\mathrm{S}\vec{\psi}_{2(\mathrm{a})}^\mathrm{L*}\,\mathrm{e}^{-\mathrm{j}\vartheta}\right\}}\ . \tag{13.27}$$

Die vorstehenden Betrachtungen bedürfen einer gewissen Modifikation, wenn die zu untersuchende Störung einem unveränderten stationären Betriebszustand überlagert ist und der Bewegungszustand des Läufers von dem nichtstationären Vorgang nicht beeinflußt wird. Derartige Verhältnisse treten z.B. bei Stromrichterspeisung auf, wenn der Strom von einem Strang auf einen anderen kommutiert. Vom stationären Zustand her existieren Läuferflußverkettungen, die sich mit der Schlupffrequenz sf_1 ändern. Im üblichen Arbeitsbereich kleiner Werte des Schlupfs sind das sehr kleine Frequenzen. Das Prinzip der Flußkonstanz darf nicht auf diesen Anteil ausgedehnt werden, sonder gilt nur für jenen Anteil $\Delta\vec{\psi}_2^\mathrm{L}$ der Läuferflußverkettung, der vom überlagerten nichtstationären Zustand herrührt. Für diese macht es die Aussage $\Delta\vec{\psi}_2^\mathrm{L} = 0$. Damit erhält man für die Läuferflußverkettung unter Beachtung der zweiten Gleichung (13.15) insgesamt

$$\vec{\psi}_2^\mathrm{L} = \underline{\psi}_2\,\mathrm{e}^{\mathrm{j}s\omega_1 t}\ .$$

Diese Überlegungen korrespondieren mit jenen, die im Abschnitt 12.3.3 angestellt wurden, um das Verhalten der Maschine gegenüber den höheren Harmonischen bei Speisung mit nichtsinusförmigen Strömen und Spannungen im stationären Betrieb zu untersuchen.

Mit $\vec{\psi}_2^\mathrm{L} = \underline{\psi}_2\,\mathrm{e}^{\mathrm{j}s\omega_1 t}$ und $\vartheta = (1-s)\omega_1 t + \vartheta_0$ gehen die Gleichungen (13.12) über in

$$\left.\begin{aligned}
\vec{u}_1^\mathrm{S} &= R_1\vec{i}_1^\mathrm{S} + \frac{\mathrm{d}\vec{\psi}_1^\mathrm{S}}{\mathrm{d}t}\\[2mm]
\vec{\psi}_1^\mathrm{S} &= L_\mathrm{i}\vec{i}_1^\mathrm{S} + \frac{L_{12}}{L_{22}}\underline{\psi}_2\,\mathrm{e}^{\mathrm{j}(\omega_1 t + \vartheta_0)}\ .
\end{aligned}\right\} \tag{13.28}$$

Dabei gilt für den stationären Anteil unter Beachtung der Gleichungen (13.15), wenn die Flußverkettungsgleichung von vornherein in die Spannungsgleichung eingesetzt wird,

$$\underline{u}_1 = (R_1 + jX_i)\underline{i}_1 + j\omega_1 \frac{L_{12}}{L_{22}} \underline{\psi}_2 \, e^{j\vartheta_0} = (R_1 + jX_i)\underline{i}_1 + \underline{u}'_1 \; . \tag{13.29}$$

Mit Hilfe dieser Beziehung erhält man $\underline{u}'_1 = \hat{u}'_1 \, e^{j\varphi'_{u1}}$ und kann $\underline{\psi}_2$ durch $\underline{u}'_1$ ausdrücken. Die allgemeinen Gleichungen (13.28) führen damit auf

$$\boxed{\vec{u}_1^S = R_1 \vec{i}_1^S + L_i \frac{d\vec{i}_1^S}{dt} + \hat{u}'_1 \, e^{j(\omega_1 t + \varphi'_{u1})}} \; . \tag{13.30}$$

Daraus erhält man als Spannungsgleichung des Strangs a mit Hilfe von (8.10)

$$\boxed{u_{1a} = R_1 i_{1a} + L_i \frac{di_{1a}}{dt} + \hat{u}'_1 \cos(\omega_1 t + \varphi'_{u1})} \; . \tag{13.31}$$

Für die Stränge b und c ergeben sich analoge Beziehungen.

13.3   Einschalten der stillstehenden Maschine

13.3.0   Ausgangsüberlegungen

Die zu untersuchende Anordnung ist im Bild 13.3 dargestellt. Die Maschine befindet sich im Stillstand, es ist also $d\vartheta/dt$. Der stationäre Ausgangszustand ist weiterhin dadurch gekennzeichnet, daß alle Ströme, Spannungen und Flußverkettungen Null sind.

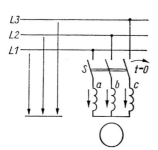

Bild 13.3
Betrachtete Anordnung
zur Untersuchung des Einschaltens
einer stillstehenden Asynchronmaschine

Der Übergangsvorgang wird eingeleitet, indem der Schalter S im Bild 13.3 zur Zeit $t = 0$ schließt. Damit werden die drei Stränge an ein symmetrisches Dreiphasensystem der Spannungen gelegt mit

$$\begin{aligned} u_{1a} &= \hat{u}_1 \cos(\omega_1 t + \varphi_{u1}) \qquad \text{usw. bzw. mit} \\ \vec{u}_1^S &= \hat{u}_1 \, e^{j(\omega_1 t + \varphi_{u1})} = \vec{u}_{10}^S \, e^{j\omega_1 t} \; . \end{aligned} \tag{13.32}$$

Im Augenblick des Einschaltens herrscht die Spannung $\vec{u}_{10}^S = \hat{u}_1 \, e^{j\varphi_{u1}}$.

13.3.1 Ermittlung des Anfangsverlaufs

Im folgenden werden die Anfangsverläufe der Ströme und Flußverkettungen des Ständers auf der Grundlage der Beziehungen ermittelt, die im Abschnitt 13.2 hergeleitet wurden. Im Bereich der komplexen Augenblickswerte gelten die Gleichungen (13.21) mit $s = 1$ oder (13.20) mit $\vartheta = \vartheta_0$ und für die Augenblickswerte des Strangs a die Gleichungen (13.24) bzw. (13.25) mit $s = 1$ bzw. (13.22) bzw. (13.23) mit $\vartheta = \vartheta_0$. Entsprechend dem vorangehenden stromlosen Zustand der Maschine ist $\vec{\psi}_{2(a)}^{\,\prime} = 0$ bzw. $\underline{u}_{1(a)}^{\prime} = 0$. Wenn zusätzlich zu den bereits vorgenommenen Vereinfachungen auch die ohmschen Spannungsabfälle in den Ständersträngen vernachlässigt werden, erhält man als beschreibendes Gleichungssystem

$$\vec{u}_1^{\,\mathrm{S}} = \frac{\mathrm{d}\vec{\psi}_1^{\,\mathrm{S}}}{\mathrm{d}t} \;, \qquad \vec{\psi}_1^{\,\mathrm{S}} = L_i \vec{i}_1^{\,\mathrm{S}} \;. \tag{13.33}$$

Die erste Gleichung (13.33) stellt eine Differentialgleichung dar, deren Lösung mit $\vec{u}_1^{\,\mathrm{S}}$ nach (13.32) gegeben ist als

$$\vec{\psi}_1^{\,\mathrm{S}} = \frac{\vec{u}_{10}^{\,\mathrm{S}}}{\mathrm{j}\omega_1}\,\mathrm{e}^{\mathrm{j}\omega_1 t} - \frac{\vec{u}_{10}^{\,\mathrm{S}}}{\mathrm{j}\omega_1}\;. \tag{13.34}$$

Dabei ist $(\vec{u}_{10}^{\,\mathrm{S}}/\mathrm{j}\omega_1)\mathrm{e}^{\mathrm{j}\omega_1} = \vec{u}_1^{\,\mathrm{S}}/\mathrm{j}\omega_1$ die stationäre Lösung als partikuläres Integral der vollständigen Differentialgleichung, und $-\vec{u}_{10}^{\,\mathrm{S}}/\mathrm{j}\omega_1$ bildet die allgemeine Lösung der homogenen Gleichung nach Anpassung an die Anfangsbedingung $\vec{\psi}_1^{\,\mathrm{S}}/_{t=0} = 0$. Aus (13.34) erhält man den Strom $\vec{i}_1^{\,\mathrm{S}}$ unmittelbar mit Hilfe der zweiten Gleichung (13.33) zu

$$\vec{i}_1^{\,\mathrm{S}} = \frac{\vec{u}_{10}^{\,\mathrm{S}}}{\mathrm{j}X_{\mathrm{i}}}\,\mathrm{e}^{\mathrm{j}\omega_1 t} - \frac{\vec{u}_{10}^{\,\mathrm{S}}}{\mathrm{j}X_{\mathrm{i}}}\;. \tag{13.35}$$

Dabei ist $(\vec{u}_{10}^{\,\mathrm{S}}/\mathrm{j}X_{\mathrm{i}})\mathrm{e}^{\mathrm{j}\omega_1 t} = \vec{u}_1^{\,\mathrm{S}}/\mathrm{j}X_{\mathrm{i}}$ wiederum die stationäre Lösung.

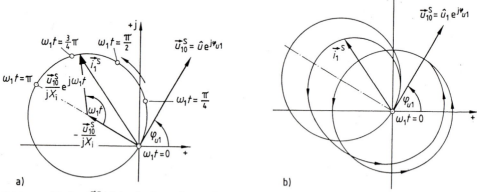

Bild 13.4 *Verlauf $\vec{i}_1^{\,\mathrm{S}}(t)$ in der komplexen Ebene beim Einschalten der stillstehenden Maschine*
a) Anfangsverlauf $\vec{i}_1^{\,\mathrm{S}}$;
b) realer Verlauf $\vec{i}_1^{\,\mathrm{S}}$ unter Berücksichtigung der Dämpfung des asymmetrischen Anteils

Die asymmetrischen Anteile in (13.34) und (13.35) sorgen dafür, daß sich die Flußverkettung bzw. der Strom zur Zeit $t = 0$ nicht sprunghaft ändern. Sie sind aufgrund der vereinfachenden Annahme $R_1 = 0$ zeitlich konstant. Unter dem Einfluß endlicher Wicklungswiderstände klingen sie als Funktion der Zeit ab. Dabei erhält man, entsprechend dem vorliegenden Zweiwicklungssystem, jeweils eine Komponente

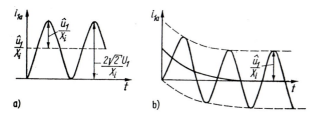

Bild 13.5 *Verlauf des Stroms i_a im Strang a beim Einschalten der stillstehenden Maschine für den Fall größter Asymmetrie ($\varphi_{u1} = -\pi/2$)*
a) Anfangsverlauf;
b) realer Verlauf unter Berücksichtigung der Dämpfung des asymmetrischen Anteils

mit einer großen und eine zweite mit einer kleinen Zeitkonstanten. Erstere ist dem Luftspaltfeld zugeordnet und letztere den Streufeldern.

Im Bild 13.4a ist der Verlauf $\vec{i}_1^S(t)$ nach (13.35) in der komplexen Ebene dargestellt. Im Bild 13.4b ist angedeutet, wie der Verlauf unter dem Einfluß endlicher Wicklungswiderstände in den stationären Verlauf übergeht, der einen Ursprungskreis darstellt. Den Augenblickswert des Stroms im Strang a erhält man aus (13.35) mit $g_{1a} = \text{Re}\{\vec{g}_1^S\}$ nach (8.10) und $\vec{u}_{10}^S = \hat{u}_1\,\mathrm{e}^{j\varphi_{u1}}$ zu

$$
i_{1a} = \frac{\hat{u}_1}{X_\mathrm{i}} \cos\left(\omega_1 t + \varphi_{u1} - \frac{\pi}{2}\right) - \frac{\hat{u}_1}{X_\mathrm{i}} \cos\left(\varphi_{u1} - \frac{\pi}{2}\right). \tag{13.36}
$$

Die gleiche Beziehung liefern natürlich die Gleichungen (13.23) bzw. (13.25). Die Größe des asymmetrischen Anteils richtete sich nach dem Schaltaugenblick, d.h. nach der Größe des Augenblickswerts der Spannung u_{1a} des Strangs a zur Zeit $t = 0$. Er erreicht ein Maximum, wenn $\varphi_{u1} = +\pi/2$ oder $-\pi/2$ ist, d.h., wenn im Spannungsnulldurchgang des betrachteten Strangs geschaltet wird. In diesem Fall tritt als größter Wert des Einschaltstromstoßes

$$
i_{1\,\text{max}} = \frac{2\sqrt{2}U_1}{X_\mathrm{i}}
$$

auf. Im Bild 13.5a ist der Anfangsverlauf des Einschaltstroms nach (13.36) für den Fall größter Asymmetrie dargestellt ($\varphi_{u1} = -\pi/2$). Bild 13.5b zeigt den tatsächlichen Verlauf unter dem Einfluß endlicher Werte des Wicklungswiderstands.

Für das *Drehmoment* erhält man auf der Grundlage der Gültigkeit des Prinzips der Flußkonstanz, ausgehend von (13.27) mit $\vec{\psi}_{2(a)}^\mathrm{L} = 0$, den Wert Null. Das widerspricht offensichtlich der Erfahrung, zumindest hätte man das Anzugsmoment als stationären Wert des Drehmoments erwartet. Andererseits ist bekannt, daß die Entstehung eines Drehmoments bei der Asynchronmaschine an das Vorhandensein endlicher Läuferwiderstände gebunden ist. Um Aussagen über das Drehmoment beim Einschaltvorgang zu erhalten, ist es offenbar erforderlich, die Analyse zu verfeinern.

13.3.2   Genäherte Berücksichtigung der Wicklungswiderstände

Im Abschnitt 13.3.1 war bereits erkannt worden, daß die extreme Vereinfachung in Form der Anwendung des Prinzips der Flußkonstanz auf Ständer und Läufer verlassen werden muß, wenn die Analyse Aussagen über das beim Einschaltvorgang entwickelte Drehmoment liefern soll. Es ist offensichtlich erforderlich, die endlichen Widerstände der Wicklungsstränge wenigstens genähert zu berücksichtigen. Vereinfachend wirkt sich aus, daß sich die Maschine nach wie vor im Stillstand befindet. Dadurch läßt sich der Stromverlauf auch unter Berücksichtigung der Wicklungswiderstände in bekannter Weise aus der Überlagerung des stationären Stroms und der flüchtigen Anteile ermitteln, deren Anfangswerte dafür sorgen, daß sich der Strom im Schaltaugenblick nicht sprunghaft ändert. Auf diese Weise erhält man zunächst einen Anfangsverlauf für den Strom, ohne daß über die Komponenten des flüchtigen Anteils und den Zeitverlauf quantitativ etwas ausgesagt zu werden braucht. Entsprechend dem prinzipiellen Charakter der Anordnung als Zweiwicklungssystem sind zwei Komponenten des flüchtigen Anteils zu erwarten, von denen eine dem Hauptfeld zugeordnet ist und dementsprechend eine große Zeitkonstante, die *Hauptfeldzeitkonstante* T_{h}, besitzt, während die andere mit dem Streufeld verknüpft ist und damit eine kleine Zeitkonstante, die *Streufeldzeitkonstante* T_{σ}, aufweist. Die stationäre Lösung ist in der Darstellung der komplexen Wechselstromrechnung als (10.1) für $\underline{u}_1 = \widehat{u}_1$ gegeben. Sie läßt sich nach Herstellen der allgemeinen Formulierung durch den Übergang $\underline{u}_1 \Rightarrow \widehat{u}_1$ mit Hilfe von (8.93) in die Darstellung mit komplexen Augenblickswerten überführen als

$$\vec{i}^{\mathrm{S}}_{1\,\mathrm{stat}} = \frac{\vec{u}^{\mathrm{S}}_1}{Z_{\mathrm{k}}\,\mathrm{e}^{\mathrm{j}\varphi_{\mathrm{k}}}} = \frac{\vec{u}^{\mathrm{S}}_{10}}{Z_{\mathrm{k}}\,\mathrm{e}^{\mathrm{j}\varphi_{\mathrm{k}}}}\,\mathrm{e}^{\mathrm{j}\omega_1 t}$$

wobei $\vec{u}^{\mathrm{S}}_{10} = \widehat{u}_1\,\mathrm{e}^{\mathrm{j}\varphi_{u1}}$ die Spannung im Zeitpunkt $t = 0$ des Einschaltens ist und $Z_{\mathrm{k}}\,\mathrm{e}^{\mathrm{j}\varphi_{\mathrm{k}}}$ der komplexe Eingangswiderstand $\underline{Z}(s)$ nach (10.2) für $s = 1$. Der flüchtige Anteil hat dafür zu sorgen, daß $\vec{i}^{\mathrm{S}}_1(0) = 0$ wird. Damit wird ohne Berücksichtigung jeglicher Dämpfung

$$\vec{i}^{\mathrm{S}}_1 = \frac{\vec{u}^{\mathrm{S}}_{10}}{Z_{\mathrm{k}}\,\mathrm{e}^{\mathrm{j}\varphi_{\mathrm{k}}}}\,\mathrm{e}^{\mathrm{j}\omega_1 t} - \frac{\vec{u}^{\mathrm{S}}_{10}}{Z_{\mathrm{k}}\,\mathrm{e}^{\mathrm{j}\varphi_{\mathrm{k}}}} = \frac{\vec{u}^{\mathrm{S}}_{10}}{Z_{\mathrm{k}}\,\mathrm{e}^{\mathrm{j}\varphi_{\mathrm{k}}}}\left(\mathrm{e}^{\mathrm{j}\omega_1 t} - 1\right)\,. \tag{13.37}$$

Die stationäre Ständerflußverkettung erhält man unter Beachtung von (13.37) unmittelbar aus der Spannungsgleichung [s. (13.12) bzw. (13.13)] zu

$$\vec{\psi}^{\mathrm{S}}_{1\,\mathrm{stat}} = \frac{\vec{u}^{\mathrm{S}}_{10}}{\mathrm{j}\omega_1}\left(1 - \frac{R_1}{Z_{\mathrm{k}}\,\mathrm{e}^{\mathrm{j}\varphi_{\mathrm{k}}}}\right)\mathrm{e}^{\mathrm{j}\omega_1 t}\,.$$

Damit wird unter Einführung eines flüchtigen Anteils, der für $\vec{\psi}^{\mathrm{S}}_1(0) = 0$ sorgt,

$$\vec{\psi}^{\mathrm{S}}_1 = \frac{\vec{u}^{\mathrm{S}}_{10}}{\mathrm{j}\omega_1}\left(1 - \frac{R_1}{Z_{\mathrm{k}}\,\mathrm{e}^{\mathrm{j}\varphi_{\mathrm{k}}}}\right)(\mathrm{e}^{\mathrm{j}\omega_1 t} - 1) = \frac{\vec{u}^{\mathrm{S}}_{10}}{\mathrm{j}\omega_1}(\mathrm{e}^{\mathrm{j}\omega_1 t} - 1) - \frac{R_1}{\mathrm{j}\omega_1}\vec{i}^{\mathrm{S}}_1 \tag{13.38}$$

Die Gleichungen (13.37) und (13.38) liefern mit Hilfe von (8.27) den Anfangsverlauf des Drehmoments, den man erhält, wenn die Zeitkonstanten der Komponenten des flüchtigen Anteils hinreichend groß sind. Die kleinere der beiden Zeitkonstanten ist jedoch i.allg. so klein, daß sich die entsprechende Komponente im Zusammenhang mit der Überlagerung der stationären Anteile im Drehmoment gar nicht bemerkbar macht.

In erster Linie liefern daher nur die Komponenten jener flüchtigen Anteile einen Beitrag zum Drehmoment, die sich mit der größeren, dem Hauptfeld zugeordneten Zeitkonstanten ändern. Der Schwierigkeit, die flüchtigen Anteile, ohne vollständige

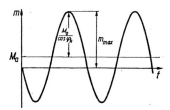

Bild 13.6
Anfangsverlauf des Drehmoments beim Einschalten
der stillstehenden Maschine unter Vernachlässigung
jener asymmetrischen Anteile der Ströme
und Flußverkettungen, die mit der dem Streufeld
zugeordneten Zeitkonstanten abklingen

Lösung der Differentialgleichung nicht in ihre Komponenten zerlegen zu können, läßt sich mit der folgenden Überlegung begegnen. Im Strom $\vec{i}_1^{\mathrm{S}}$ ist der Anteil $\vec{i}_1^{\prime\mathrm{S}} + \vec{i}_2^{\prime\mathrm{S}} = \vec{i}_\mu^{\mathrm{S}}$, der für den Aufbau des Hauptfelds verantwortlich ist, entsprechend (8.63) klein [s. auch Bild 8.6]. Dementsprechend ist zu erwarten, daß der flüchtige Anteil von $\vec{i}_1^{\mathrm{S}}$ praktisch nur eine Komponente mit der kleinen Zeitkonstante besitzt und damit keinen Beitrag zum Drehmoment liefert. Umgekehrt überwiegt in der Flußverkettung $\vec{\psi}_1^{\mathrm{S}}$ der Anteil des Luftspaltfelds, so daß ihr flüchtiger Anteil in erster Linie nur eine Komponente mit der größeren der beiden Zeitkonstanten aufweist. Wenn außerdem der Einfluß des Widerstands R_1 der Ständerwicklung vernachlässigt wird – und das dann natürlich auch in Z_k und vor allem in φ_k – erhält man für den Anfangsverlauf des Drehmoments, ausgehend von (8.27),

$$m = -\frac{3}{2} p \operatorname{Im}\{\vec{\psi}_1^{\mathrm{S}} \vec{i}_1^{\mathrm{S}*}\} = -\frac{3}{2} p \operatorname{Im}\left\{ \frac{\vec{u}_{10}^{\mathrm{S}}}{\mathrm{j}\omega_1}(\mathrm{e}^{\mathrm{j}\omega_1 t} - 1) \frac{\vec{u}_{10}^{\mathrm{S}*}}{Z_k} \mathrm{e}^{-\mathrm{j}(\omega_1 t - \varphi_k)} \right\} \, ,$$

$$\boxed{m = M_{\mathrm{a}} - \frac{M_{\mathrm{a}}}{\cos\varphi_k} \cos(\omega_1 t - \varphi_k)} \qquad (13.39)$$

mit dem stationären Anzugsmoment

$$M_{\mathrm{a}} = \frac{3}{2} p \frac{\widehat{u}_1^2}{\omega_1 Z_k} \cos\varphi_k = \frac{3p}{\omega_1} \frac{U_1^2}{Z_k} \cos\varphi_k \, . \qquad (13.40)$$

Der Verlauf $m(t)$ nach (13.39) ist im Bild 13.6 dargestellt. Der tatsächliche Verlauf wird davon, entsprechend den oben angestellten Überlegungen, abweichen, wobei aber kleinere Werte des Drehmoments zu erwarten sind, da das Hauptfeld erst aufgebaut werden muß. Der Wechselanteil klingt nach Maßgabe der dem Hauptfeld zugeordneten Zeitkonstanten ab. Der Maximalwert des Drehmoments beträgt mit (13.39) bzw. Bild 13.6

$$m_{\max} = M_{\mathrm{a}} \left(1 + \frac{1}{\cos\varphi_k} \right) \, .$$

Er erreicht, je nach der Größe von $\cos\varphi_k$, Werte zwischen dem 4- und 5fachen des Anzugsmoments.

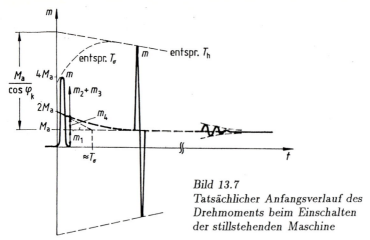

Bild 13.7
Tatsächlicher Anfangsverlauf des
Drehmoments beim Einschalten
der stillstehenden Maschine

Der tatsächliche Anfangsverlauf des Drehmoments ergibt sich, wenn man mit dem tatsächlichen Anfangsverlauf des Stroms nach (13.37) rechnet, d.h. dessen aperiodischen Anteil berücksichtigt, der nach der Streufeldzeitkonstante abklingt. Wenn der Einfluß des Ständerwiderstands auf die Flußverkettung in (13.38) weiterhin unberücksichtigt bleibt, erhält man ausgehend von (8.27) mit M_a nach (13 40)

$$
m = -\frac{3}{2} p \operatorname{Im}\{\vec{\psi}_1^{\mathrm{S}} \vec{i}_1^{\mathrm{S}*}\} = -\frac{3}{2} p \operatorname{Im}\left\{ \frac{\vec{u}_{10}^{\mathrm{S}}}{\mathrm{j}\omega_1}(\mathrm{e}^{\mathrm{j}\omega_1 t}-1)\frac{\vec{u}_{10}^{\mathrm{S}*}}{Z_\mathrm{k}}\mathrm{e}^{\mathrm{j}\varphi_\mathrm{k}}\big(\mathrm{e}^{-\mathrm{j}(\omega_1 t)}-1\big)\right\} ,
$$
$$
= 2M_\mathrm{a}(1 - \cos\omega_1 t) . \tag{13.41}
$$

Es entsteht offenbar außer dem stationären Anzugsmoment M_a eine aperiodische Komponente des Drehmoments von gleicher Größe und eine Wechselkomponente mit der Amplitude $2M_\mathrm{a}$. Der Übergang vom tatsächlichen Anfangsverlauf nach (13.41) zum Verlauf nach (13.39) erfolgt nach Maßgabe der Streufeldzeitkonstanten. Es erscheint dann nur noch ein Wechselanteil, der mit der Hauptfeldzeitkonstante abklingt. Im Bild 13.7 ist der tatsächliche Gesamtverlauf des Drehmoments dargestellt.

13.4   Einschalten einer umlaufenden Maschine

Es ist wiederum die Anordnung nach Bild 13.3 zu betrachten. Die Maschine soll jedoch im Augenblick des Einschaltens und während des folgenden Übergangsvorgangs eine endliche, konstante Drehzahl $n = n_{(\mathrm{a})} = (1 - s_{(\mathrm{a})})n_0$ besitzen. Der stationäre Ausgangszustand ist darüber hinaus wie im Abschnitt 13.3 dadurch gekennzeichnet, daß alle Ströme, Spannungen und Flußverkettungen der Maschine Null sind. Es ist also

$$
\vec{i}_{1(\mathrm{a})}^{\mathrm{S}} = 0 ; \quad \vec{i}_{2(\mathrm{a})}^{\mathrm{L}} = 0 ; \quad \vec{\psi}_{1(\mathrm{a})}^{\mathrm{S}} = 0 ; \quad \vec{\psi}_{2(\mathrm{a})}^{\mathrm{L}} = 0 .
$$

Zur Zeit $t = 0$ wird der Schalter S im Bild 13.3 geschlossen. Damit werden die drei Ständerstränge an ein symmetrisches Dreiphasensystem der Spannungen gelegt, d.h., es wird wie in (13.32)

$$
\vec{u}_1^{\mathrm{S}} = \vec{u}_{10}^{\mathrm{S}}\,\mathrm{e}^{\mathrm{j}\omega_1 t} . \tag{13.42}
$$

Zur Ermittlung des Anfangsverlaufs der Flußverkettungen und Ströme soll wiederum das Prinzip der Flußkonstanz herangezogen und der Einfluß des ohmschen Widerstands der Ständerstränge vernachlässigt werden. Aufgrund des Kurzschlusses der

Läuferstränge gilt also $\vec{\psi}_2^{\mathrm{L}} = \vec{\psi}_{2(\mathrm{a})}^{\mathrm{L}} = 0$ und damit $\underline{u}'_{1(\mathrm{a})} = 0$. Damit erhält man aus (13.21)

$$\vec{u}_1^{\mathrm{S}} = \frac{\mathrm{d}\vec{\psi}_1^{\mathrm{S}}}{\mathrm{d}t} \ , \qquad \vec{\psi}_1^{\mathrm{S}} = L_{\mathrm{i}}\vec{i}_1^{\mathrm{S}} \ . \tag{13.43}$$

Das sind dieselben Gleichungen, wie sie auch im Fall des Einschaltens der stillstehenden Maschine erhalten wurden [vgl. (13.33)]. Sie sind für $\vec{u}_1^{\mathrm{S}}$ nach (13.42) und unter der Anfangsbedingung $\vec{\psi}_1^{\mathrm{S}}/t=0 = 0$ zu lösen. Es liegen also die gleichen Beziehungen vor wie im Fall des Einschaltens der stillstehenden Maschine. Damit erhält man auch die gleichen Verläufe für $\vec{\psi}_1^{\mathrm{S}}$ [s. (13.34)] und $\vec{i}_1^{\mathrm{S}}$ [s. (13.35)] bzw. i_{1a} [s. (13.36)]. Hinsichtlich des Anfangsverlaufs der Ströme und Flußverkettungen beim Einschalten einer Asynchronmaschine bestehen also keine Unterschiede zwischen dem Fall der stillstehenden und dem der umlaufenden Maschine (s. Bilder 13.4 und 13.5). Das gilt allerdings nicht mehr für den weiteren Verlauf, da bei Berücksichtigung der Wicklungswiderstände im vorliegenden Fall mit $\mathrm{d}\vartheta/\mathrm{d}t \neq 0$ die allgemeinen Gleichungen (8.13) und (8.14) zur Lösung herangezogen werden müssen. Damit tritt eine Rotationsspannung in Erscheinung, und die allgemeine Lösung des Einschaltvorgangs läßt sich unter Berücksichtigung der Wicklungswiderstände nicht so elegant ermitteln wie im Abschnitt 13.3 für den Fall der stillstehenden Maschine.

13.5 Dreipoliger Stoßkurzschluß

Eine Asynchronmaschine gerät in den Kurzschluß, wenn in ihrer Nähe ein Netzkurzschluß auftritt, oder durch Fehler in der vorgeschalteten Elektronik (z.B. im Umrichter). Dabei kommt es zu zwei Erscheinungen. Einmal fließen in der Asynchronmaschine selbst Kurzschlußströme und rufen Kräfte elektromagnetischen Ursprungs hervor, die mechanisch beherrscht werden müssen. Zum anderen liefert die Asynchronmaschine im Fall des Netzkurzschlusses einen Beitrag zum Kurzschlußstrom über die Kurzschlußbahn bzw. über den Schalter, der den Kurzschluß schließlich unterbrechen muß. Im Bild 13.8 werden diese Überlegungen erläutert. Aus der ersten Sicht interessieren die Vorgänge beim plötzlichen Kurzschluß den Hersteller der elektrischen Maschine, aus der zweiten Sicht den Projektanten der Energieversorgungsanlage.

Im folgenden soll der einfache und in erster Linie interessierende Fall untersucht werden, daß die Asynchronmaschine zur Zeit $t = 0$ plötzlich dreipolig kurzgeschlossen wird. Die zu untersuchende Anordnung ist im Bild 13.9 dargestellt. Der Kurzschlußstrom von der Netzseite her wird durch die innere Induktivität des Netzes begrenzt. Die Maschine soll sich vor dem Kurzschluß im belasteten Zustand befinden. Falls zwischen dem Kurzschlußpunkt im Netz und der Maschine noch merkliche Netzinduktivitäten liegen, wie es z.B. bei der Anordnung nach Bild 13.8 denkbar wäre, vergrößern sich sämtliche vom Ständer der Asynchronmaschine her gesehenen Induktivitäten bzw. Reaktanzen entsprechend.

Die Betriebsbedingungen für den Kurzschlußvorgang lassen sich formulieren als

$$u_{1a} = u_{1b} = u_{1c} = 0 \ , \qquad \text{d.h.} \quad \vec{u}_1^{\mathrm{S}} = 0 \ , \tag{13.44}$$

und

$$\frac{\mathrm{d}\vartheta}{\mathrm{d}t} = (1 - s_{(\mathrm{a})})\omega_1 \ , \tag{13.45}$$

wobei angenommen wurde, daß ein hinreichend großes Massenträgheitsmoment der Gesamtheit der rotierenden Teile vorliegt, um die Drehzahl auch nach Eintritt

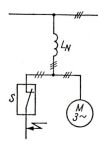

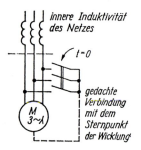

Bild 13.8 *Netzkurzschluß, der gleichzeitig zum Kurzschluß einer Asynchronmaschine führt, wobei der im Schalter S zu trennende Kurzschlußstrom einen Beitrag der Asynchronmaschine enthält* L_N innere Induktivität des vorgeschalteten Netzes

Bild 13.9 *Betrachtete Anordnung zur Untersuchung des dreipoligen Stoßkurzschlusses der Asynchronmaschine*

des Kurzschlusses konstant zu halten. Außerdem ist natürlich entsprechend dem Kurzschluß der Läuferkreise, der im vorangehenden normalen stationären Betriebszustand vorliegt,

$$u_{2a} = u_{2b} = u_{2c} = 0 , \qquad \text{d.d.} \quad \vec{u}_2^{\mathrm{L}} = 0 . \tag{13.46}$$

Der Kurzschluß tritt zur Zeit $t = 0$ ein, d.h. mit $\vartheta = (1 - s_{(a)})\omega_1 t + \vartheta_0$ zu einem Zeitpunkt, da der Strang a des Läufers um $\vartheta = \vartheta_0$ gegenüber dem des Ständers versetzt ist.

Um überschaubare Verhältnisse zu gewährleisten, beschränken sich die weiteren Betrachtungen auf die Ermittlung des Anfangsverlaufs der Kurzschlußströme. Dazu wird das Prinzip der Flußkonstanz auf die kurzgeschlossenen Wicklungsstränge angewendet. Damit gelten die Beziehungen, die im Abschnitt 13.2 allgemein für den Fall $\vec{\psi}_2^{\mathrm{L}} = \vec{\psi}_{2(a)}^{\mathrm{L}}$ abgeleitet wurden, insbesondere also für die komplexen Augenblickswerte die Gleichungen (13.21) und, da kein stromführender Neutralleiter zum Sternpunkt vorhanden ist, für die Augenblickswerte des Strangs a (13.22) bzw. (13.23). Dabei erhält man $\widehat{u}'_{1(a)}$ und $\varphi'_{u1(a)}$ als $\underline{u}'_{1(a)} = \widehat{u}'_{1(a)} \mathrm{e}^{\mathrm{j}\varphi'_{u1(a)}}$ aus dem vorangehenden stationären Betriebszustand mit Hilfe von (13.16) bzw. über das zugeordnete Zeigerbild (s. Bild 13.2). Aus (13.44) folgt unter Anwendung des Prinzips der Flußkonstanz auf den Ständer

$$\vec{\psi}_1^{\mathrm{S}} = \vec{\psi}_{1(a)}^{\mathrm{S}} \tag{13.47}$$

bzw. für den Strang a

$$\psi_{1a} = \psi_{1a(a)} . \tag{13.48}$$

Für $\vec{\psi}_{1(a)}^{\mathrm{S}}$ erhält man aus der zweiten Gleichung (13.21) mit $t = 0$

$$\vec{\psi}_{1(a)}^{\mathrm{S}} = L_i \vec{i}_{a(a)}^{\mathrm{S}} + \frac{\widehat{u}'_{1(a)}}{\omega_1} \mathrm{e}^{\mathrm{j}(\varphi'_{u1(a)} - \pi/2)} . \tag{13.49}$$

Damit liefern (13.45) und die zweite Gleichung (13.21) für $t > 0$

$$\vec{i}_1^{\mathrm{S}} = \vec{i}_{1(a)}^{\mathrm{S}} + \frac{\widehat{u}'_{1(a)}}{X_i} \mathrm{e}^{\mathrm{j}(\varphi'_{u1(a)} - \pi/2)} - \frac{\widehat{u}'_{1(a)}}{X_i} \mathrm{e}^{\mathrm{j}[(1 - s_{(a)})\omega_1 t + \varphi'_{u1(a)} - \pi/2]} \tag{13.50}$$

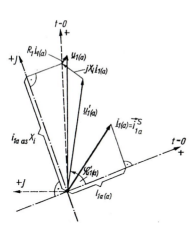

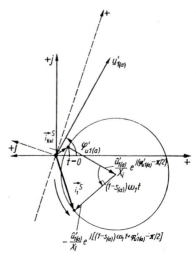

Bild 13.10 Zeigerbild
des stationären Ausgangszustands
mit einer beliebigen Lage
der Zeitachse ($-\cdot-\cdot-$)
zur Ermittlung der zugehörigen Werte
von $\varphi'_{u1(a)}$ und $i_{1a(a)}$
sowie eine Lage der Zeitachse ($---$),
für die keine asymmetrische Komponente
im Strom des Strangs a auftritt

Bild 13.11 Anfangsverlauf $\vec{i}_1^{\mathrm{S}}$
beim plötzlichen dreipoligen Kurzschluß
der Asynchronmaschine,
ausgehend von einem stationären
Betriebszustand nach Bild 13.10
(Der Strommaßstab wurde gegenüber
Bild 13.10 vergrößert.)

mit $X_i = \omega_1 L_i$. Zur Ermittlung des Augenblickswerts i_{1a} des Strangs a erhält man $\psi_{1a(a)}$ aus der zweiten Gleichung (13.22) für $t = 0$ zu

$$\psi_{1a(a)} = L_i i_{1a(a)} + \frac{\widehat{u}'_{1(a)}}{\omega_1} \cos\left(\varphi'_{u1(a)} - \frac{\pi}{2}\right)$$

und damit für $t > 0$ mit der zweiten Gleichung (13.22) und mit (13.48)

$$
\begin{aligned}
i_{1a} =\ & i_{1a(a)} + \frac{\widehat{u}'_{1(a)}}{X_i} \cos\left(\varphi'_{u1(a)} - \frac{\pi}{2}\right) \\
& - \frac{\widehat{u}'_{1(a)}}{X_i} \cos\left[(1 - s_{(a)})\omega_1 t + \varphi'_{u1(a)} - \frac{\pi}{2}\right]
\end{aligned}
\qquad (13.51)
$$

Es treten ein asymmetrischer Anteil und ein Wechselanteil der Frequenz $(1 - s_{(a)})f_1$ auf. Der Wechselanteil rührt von dem Feld her, das die kurzgeschlossenen Läuferkreise entsprechend $\vec{\psi}_2^{\mathrm{L}} = \vec{\psi}_{2(a)}^{\mathrm{L}}$ festhalten. Folglich ist die Frequenz des Wechselanteils durch die Läuferdrehzahl gegeben. Der Mechanismus entspricht dem der Synchronmaschine. Der asymmetrische Anteil in (13.51) sorgt dafür, daß sich der Strom zur Zeit $t = 0$ nicht sprunghaft ändert.

Die Anfangswerte $\varphi'_{u1(a)}$ und $i_{1a(a)}$ sind vom Schaltaugenblick abhängig. Im Bild 13.10 ist das Zeigerbild für den stationären Ausgangszustand nach Bild 13.2 nochmals dargestellt und eine beliebige Lage der Zeitachse eingetragen worden, so daß $\varphi'_{u1(a)}$ und $i_{1a(a)}$ entnommen werden können. Dabei wurde mit Rücksicht auf die Beziehungen zur

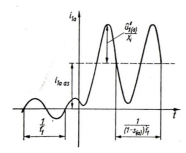

Bild 13.12
Anfangsverlauf $i_{1a}(t)$
beim plötzlichen dreipoligen Kurzschluß
der Asynchronmaschine, ausgehend
von einem stationären Betriebszustand
nach Bild 13.10

Darstellung der komplexen Augenblickswerte auf die Anwendung von Effektivwertzeigern verzichtet. Mit $\vec{i}_{1(a)}^{\mathrm{S}} = \underline{i}_{1(a)}$ erhält man, ausgehend von dem Zeigerbild 13.10, den Anfangsverlauf $\vec{i}_1^{\mathrm{S}}(t)$ nach (13.50) im Bild 13.11. Im Bild 13.12 ist der zugehörige Anfangsverlauf für den Strom im Strang a entsprechend (13.51) dargestellt. Er läßt sich aus Bild 13.11 als $i_{1a} = \mathrm{Re}\{\vec{i}_1^{\mathrm{S}}\}$ entnehmen. In dem gewählten Schaltaugenblick erhält man unter dem Einfluß des stationären Ausgangsstroms einen asymmetrischen Anteil, der größer als die Amplitude des Wechselanteils ist. Der asymmetrische Anteil ändert sich mit der Lage des Schaltaugenblicks, bzw., da dieser stets zur Zeit $t = 0$ liegt, mit $\varphi'_{u1(a)}$. Wenn $\varphi'_{u1(a)}$ den Wert hat, dem die im Bild 13.10 gestrichelt eingetragenen Achsen entsprechen, verschwindet der asymmetrische Anteil.

Der asymmetrische Anteil in (13.51) kann unmittelbar als

$$i_{1aas} = \frac{X_{\mathrm{i}}\widehat{i}_{1(a)}\cos\varphi_{1a(a)} + \widehat{u}'_{1(a)}\cos(\varphi'_{u1(a)} - \pi/2)}{X_{\mathrm{i}}}$$

dargestellt werden. Andererseits erhält man aus (13.16)

$$\underline{i}_{1(a)} + \frac{\underline{u}_{1(a)}}{X_{\mathrm{i}}}\,\mathrm{e}^{-\mathrm{j}\pi/2} = \frac{\underline{u}_{1(a)} - R_1\underline{i}_{1(a)}}{\mathrm{j}X_{\mathrm{i}}}$$

und damit

$$i_{1aas} = \mathrm{Re}\left\{\frac{\underline{u}_{1(a)} - R_1\underline{i}_{1(a)}}{\mathrm{j}X_{\mathrm{i}}}\right\} = \mathrm{Im}\left\{\frac{\underline{u}_{1(a)} - R_1\underline{i}_{1(a)}}{X_{\mathrm{i}}}\right\}\ . \tag{13.52}$$

Die Spannung $(\underline{u}_{1(a)} - R_1\underline{i}_{1(a)})$ kann unmittelbar dem Zeigerbild für den stationären Ausgangszustand entnommen werden. Ihr Imaginärteil bezüglich der Lage der Zeitachse, d.h. der reellen Achse im Augenblick des Kurzschlußeintritts, liefert die asym-

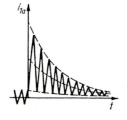

Bild 13.13
Tatsächlicher Gesamtverlauf des Stroms $i_{1a}(t)$
im Strang a beim plötzlichen dreipoligen Kurzschluß
der Asynchronmaschine

metrische Komponente des Kurzschlußstroms (s. Bild 13.10). Dabei zeigt sich auch hier, daß der Fall $i_{1aas} > \hat{u}'_{1(a)}/X_i$ eintreten kann.

Das Prinzip der Flußkonstanz gilt unmittelbar nach Eintritt des Kurzschlusses. Unter dem Einfluß der endlichen Widerstände der Ständerstränge verschwinden deren Flußverkettungen und damit die asymmetrischen Komponenten der Kurzschlußströme. Die endlichen Widerstände der Läuferstränge bewirken, daß die Läuferflußverkettungen allmählich auf Null abklingen und damit die Wechselkomponenten der Ständerströme. Dabei unterscheiden sich die Zeitkonstanten der beiden Vorgänge wenig. Der tatsächliche Gesamtverlauf des Kurzschlußstroms mit dem Anfangsverlauf nach Bild 13.12 ist im Bild 13.13 dargestellt.

13.6 Umschalten auf ein anderes Netz

Für wichtige Antriebe – z.B. für Kesselspeisepumpen in Wärmekraftwerken – stehen zwei voneinander möglichst unabhängige Versorgungsnetze zur Verfügung. Wenn das normalerweise benutzte Netz 1 ausfällt, wird der Motor von diesem getrennt und dem Netz 2 zugeschaltet.

Die zu untersuchende Anordnung ist im Bild 13.14 dargestellt. Die Maschine befindet sich zunächst im stationären Betrieb unter Belastung am Netz 1. Es gilt das Zeigerbild 13.2. Der Ausfall des Netzes 1 entspricht dem Öffnen des Schalters S_1 im Bild 13.14. Dadurch wird ein erster Ausgleichsvorgang eingeleitet. Um den Betrieb aufrechtzuerhalten, schließt man nach einer gewissen Zeit den Schalter S_2 und schaltet die Maschine damit an das Netz 2. Das Schließen dieses Schalters löst einen zweiten Ausgleichsvorgang aus.

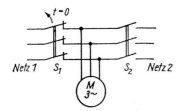

Bild 13.14
Betrachtete Anordnung zur Untersuchung
der Vorgänge beim Umschalten einer Asynchron-
maschine von einem Netz 1 auf ein Netz 2

Die Läuferstränge der Maschine sind stets kurzgeschlossen, da entweder ein Kurzschlußläufer vorliegt oder ein Schleifringläufer mit kurzgeschlossenen Schleifringen. Es ist also

$$u_{2a} = u_{2b} = u_{2c} = 0 \qquad \text{bzw.} \qquad \vec{u}_2^{\mathrm{L}} = 0 \ .$$

Die folgenden Betrachtungen werden zunächst auf Basis des Prinzips der Flußkonstanz durchgeführt. Mit $\vec{u}_2^{\mathrm{L}} = 0$ ist dann

$$\vec{\psi}_2^{\mathrm{L}} = \vec{\psi}_{2(a)}^{\mathrm{L}}$$

Es gelten die allgemeinen Beziehungen, die im Abschnitt 13.2 hergeleitet wurden. Dabei wird im folgenden zusätzlich angenommen, daß die Drehzahländerungen hinreichend langsam sind, um mit einem quasistationären Verhalten rechnen zu können. Dem entspricht, daß die zeitlichen Ableitungen der Drehzahl bzw. des Schlupfs Null gesetzt werden können. Damit bilden die Gleichungen (13.21) für komplexe Augenblickswerte bzw. (13.24) oder (13.25) für die Stranggrößen des Strangs a Grundlage der folgenden Analyse.

Die speziellen Betriebsbedingungen für den Ausgleichsvorgang, der durch Öffnen des Schalters S_1 eingeleitet wird, lauten

$$i_{1a} = i_{1b} = i_{1c} = 0 \qquad \text{bzw.} \quad \vec{i}_1^{\,\mathrm{S}} = 0 \;. \tag{13.53}$$

Dabei treten im Zusammenhang mit dem Unterbrechungsvorgang zusätzliche Erscheinungen in Form von kurzzeitigen Spannungsüberhöhungen auf, die hier nicht betrachtet werden. Mit $\vec{i}_1^{\,\mathrm{S}} = 0$ folgt aus (13.21)

$$\vec{u}_1^{\,\mathrm{S}} = (1 - s)\widehat{u}'_{1(\mathrm{a})}\, \mathrm{e}^{\mathrm{j}[(1-s)\omega_1 t + \varphi'_{u1(\mathrm{a})}]} \tag{13.54}$$

und aus (13.25) bzw. mit $u_{1a} = \mathrm{Re}\{\vec{u}_1^{\,\mathrm{S}}\}$

$$u_{1a} = (1 - s)\widehat{u}'_{1(\mathrm{a})} \cos[(1-s)\omega_1 t + \varphi'_{u1(\mathrm{a})}] \;. \tag{13.55}$$

Die Spannung an den Klemmen der Maschine springt also nach der Unterbrechung von $\widehat{u}_1$ auf $(1 - s_{(\mathrm{a})})\widehat{u}'_{1(\mathrm{a})}$ und die Frequenz von f_1 auf $(1 - s_{(\mathrm{a})})f_1$, wenn $s_{(\mathrm{a})}$ der Schlupf des vorangehenden stationären Betriebszustands ist. Die Spannung nach (13.55) entsteht durch Induktionswirkung, herrührend von dem Feld, das die kurzgeschlossenen Läuferstränge nach dem Öffnen des Schalters S_1, entsprechend dem vorangehenden stationären Betriebszustand, festhalten. Es liegt der Mechanismus einer Synchronmaschine vor. Wenn die komplexen Augenblickswerte in Netzkoordinaten mit der Kreisfrequenz ω_1 des Versorgungsnetzes 1 beschrieben werden, gilt entsprechend (8.52) und (8.100) mit $\vartheta_{\mathrm{K}} = \omega_1 t$

$$\vec{g}_1^{\,\mathrm{N}} = \vec{g}_1^{\,\mathrm{S}}\, \mathrm{e}^{-\mathrm{j}\omega_1 t} = \underline{g}_1 \;.$$

Für die Spannung der Maschine nach (13.54) folgt damit

$$\vec{u}_1^{\,\mathrm{N}} = \underline{u}_1 = (1 - s)\widehat{u}'_{1(\mathrm{a})}\, \mathrm{e}^{\mathrm{j}\varphi'_{u1(\mathrm{a})}}\, \mathrm{e}^{-\mathrm{j}s\omega_1 t} \;.$$

Man erhält einen gegenüber dem ruhenden Zeiger der Netzspannung $\vec{u}_{1(\mathrm{a})}^{\,\mathrm{N}}$ $= \widehat{u}_{1(\mathrm{a})}\mathrm{e}^{\mathrm{j}\varphi_{u1(\mathrm{a})}}$ mit der Winkelgeschwindigkeit $-s\omega_1$ umlaufenden Spannungszeiger.

Unter dem Einfluß des Widerstandsmoments der gekuppelten Arbeitsmaschine nimmt der Schlupf allmählich zu und strebt dem Wert 1 zu. Unter dem Einfluß der endlichen Widerstände der Läuferstränge baut sich das vom Läufer festgehaltene Feld nach und nach ab. Durch beide Erscheinungen sinken Amplitude und Frequenz der Spannung bis auf den Wert Null. Im Bild 13.15 ist der Verlauf $\underline{U}_1 = \underline{f}(t)$, der sich entsprechend den vorstehenden Überlegungen ergibt, dargestellt. Aus der Analyse der Vorgänge nach Öffnen des Schalters S_1 bzw. nach dem Ausfall des Netzes 1 folgt als wesentliche Erkenntnis, daß die Klemmenspannung der Asynchronmaschine erst allmählich auf den Wert Null absinkt und dabei die Phasenlage ständig ändert. Eine gewisse Zeit nach der Unterbrechung beobachtet man an den Maschinenklemmen die sog. *Restspannung.* Wenn die Maschine zu diesem Zeitpunkt an das Netz 2 geschaltet wird, löst dies einen zweiten Ausgleichsvorgang aus.

Die Betriebsbedingungen für den zweiten Ausgleichsvorgang, der durch das Schließen des Schalters S_2 eingeleitet wird, lauten

$$
\begin{aligned}
u_{1a} &= \widehat{u}_1^+ \cos(\omega_1^+ t + \varphi_{u1}^+) \\
u_{1b} &= \widehat{u}_1^+ \cos(\omega_1^+ t + \varphi_{u1}^+ - 2\pi/3) \\
u_{1c} &= \widehat{u}_1^+ \cos(\omega_1^+ t + \varphi_{u1}^+ - 4\pi/3)
\end{aligned}
$$

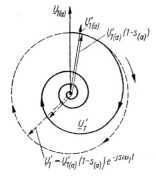

Bild 13.15
Verlauf der Klemmenspannung $\underline{U}_1 = \underline{f}(t)$
des Strangs a nach Öffnen des Schalters S_1
im Bild 13.14
--- Anfangsverlauf bei $s = s_{(a)} = $ konst., $U'_{1(a)} = $ konst.
——— tatsächlicher Verlauf

bzw.

$$\vec{u}_1^{\,S} = \hat{u}_1^+ \, e^{j(\omega_1^+ t + \varphi_{u1}^+)} \, ,$$

wobei die Parameter der Spannungen des Netzes 2 durch $+$ gekennzeichnet wurden.

Damit liefert (13.25) als Differentialgleichung für den Strom im Strang a, wenn voraussetzungsgemäß $R_1 = 0$ gesetzt wird,

$$L_i \frac{i_{1a}}{dt} = \hat{u}_1^+ \cos(\omega_1^+ t + \varphi_{u1}^+) - \hat{u}'_{1(a)}(1 - s_{(a)}) \cos[(1 - s_{(a)})\omega_1 t + \varphi'_{u1(a)}] \, .$$

Im Extremfall herrscht bei etwa gleichen Beträgen und etwa gleicher Frequenz gerade Phasenopposition der beiden Anteile. Dann wird mit $\omega_1^+ \approx (1 - s_{(a)})\omega_1$

$$L_i \frac{di_{1a}}{dt} = 2\hat{u}_1^+ \cos(\omega_1^+ t + \varphi_{u1}^+) \, . \tag{13.56}$$

Das ist die gleiche Differentialgleichung, wie sie beim Einschalten der Maschine gilt, (s. Abschnitt 13.3 und 13.4), es tritt lediglich die doppelte Spannungsamplitude auf. Damit erhält man einen Strom, wie er beim Einschalten der doppelten Bemessungsspannung auftritt. Sein Maximalwert beträgt im ungünstigen Schaltaugenblick entsprechend (13.36)

$$\boxed{\, i_{1\max} = \frac{4\sqrt{2}U_1^+}{X_i} \approx 4 \cdot \sqrt{2}I_a \,} \, .$$

Mit $I_a = (5\ldots 8)I_n$ wird also $i_{1\max} \approx (30\ldots 45)I_n$.

13.7   Kommutierung bei Betrieb am Umrichter mit Stromzwischenkreis

Wenn eine Asynchronmaschine am Umrichter[1] betrieben werden soll, muß man diesen – wie weiter unten noch zu zeigen ist – zwangskommutiert betreiben, d.h., das Umschalten der Wicklungsstränge (s. Bild 12.30c) muß von außen her gesteuert werden. Dazu ist es beim Einsatz von Thyristoren erforderlich, eine Löschschaltung aufzubauen, die

---

[1]Eine ausführliche Behandlung findet sich in [32] sowie in [74].

mit Hilfe vorher aufgeladener Löschkondensatoren kurzzeitig eine negative Spannung über dem jeweils abzuschaltenden Thyristor hervorruft, so daß dieser sperrt. Dieser Vorgang leitet im Fall des Umrichters mit Stromzwischenkreis die Kommutierung des konstanten Zwischenkreisstrom I_{ZK} von einem Strang der Asynchronmaschine auf den folgenden ein. Der Kommutierungsvorgang wird offensichtlich von den Parametern der Maschine beeinflußt und soll deshalb im folgenden näher behandelt werden.

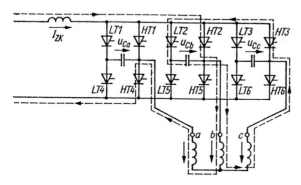

Bild 13.16
Untersuchung
des Kommutierungsvorgangs
vom Strang b auf den Strang c
beim Umrichter
mit Stromzwischenkreis
am Beispiel einer Löschschaltung
mit Einzellöschung
—— ▷ — Stromlauf im betrachteten
Ausgangszustand über die Hauptthyristoren $HT2$ und $HT4$ bzw. die Stränge
a und b
—— ▶ — Masche zur Aufstellung von
(13.60)

Im Bild (13.16) ist eine relativ leicht überschaubare Löschschaltung mit Einzellöschung dargestellt, die als Grundlage der weiteren Analyse dienen soll. Es wird von einem Zustand ausgegangen, bei dem der Strom über die Hauptthyristoren $HT2$ und $HT4$ und damit die Stränge a und b fließt. Alle anderen Hauptthyristoren sowie alle Löschthyristoren sind gesperrt. Der Löschkondensator für den Strang b mit der Spannung u_{Cb} sei von einem vorangegangenen Vorgang her auf eine negative Spannung $u_{Cb(a)} = -U_C < 0$ aufgeladen.

Der Aufladevorgang und die Größe der Spannung U_C werden später untersucht. Im folgenden wird zunächst die Kommutierung des Stroms I_{ZK} vom Strang b mit $i_{1b} = I_{ZK}$ auf den Strang c mit $i_{1c} = I_{ZK}$ verfolgt. Bei allen anderen Kommutierungsvorgängen treten analoge Erscheinungen auf. Der zu betrachtende Vorgang wird zur Zeit $t = 0$ dadurch ausgelöst, daß der Löschthyristor $LT2$ im Bild 13.16 zündet. Dadurch wird die Spannung über dem Hauptthyristor $HT2$ entsprechend $u_{HT2} = u_{LT2} + u_{Cb}$ negativ, so daß dieser sperrt und der Strom I_{ZK} über den Löschthyristor $LT2$ und den Löschkondensator des Strangs b weiterfließt. Dabei ändert sich die Spannung dieses Kondensators entsprechend

$$u_{Cb} = u_{Cb(a)} + \frac{1}{C} \int_0^t i_{1b}\, dt \; , \tag{13.57}$$

d.h., es findet mit $i_{1b} > 0$ und $u_{Cb(a)} = -U_C < 0$ ein Umladevorgang statt. Solange der eigentliche Kommutierungsvorgang noch nicht eingesetzt hat, ist $i_{1b} = I_{ZK}$, so daß die Kondensatorspannung linear als Funktion der Zeit ansteigt (s. Bild 13.18).

Gleichzeitig mit dem Zünden des Löschthyristors $LT2$ wird der Hauptthyristor $HT3$ durch einen entsprechenden Zündimpuls geöffnet und für die nächste Zeit geöffnet gehalten. Er kann jedoch den Strom zunächst nicht übernehmen, da über ihm durch die natürlichen Verhältnisse der Phasenlagen der Größen zueinander im betrachteten Zeitpunkt eine negative Spannung liegt. Das ist die Ursache dafür, daß der Umrichter zwangskommutiert betrieben, d.h. mit einer entsprechenden Löschschaltung versehen werden muß. Auf diese Erscheinungen wird im Laufe der weiteren Betrachtungen noch einmal zurückgekommen.

Die Kommutierungsvorgänge überlagern sich jenen Vorgängen, die mit dem stationären Betrieb der Maschine verbunden sind. Sie lassen sich, entsprechend der Überlegungen im Abschnitt 13.2, auf der Grundlage des Prinzips der Flußkonstanz untersuchen, indem man annimmt, daß die Läuferflußverkettungen, die von den Kommutierungsströmen herrühren, Null bleiben. Dann gilt für die komplexen Augenblickswerte (13.30). Hieraus erhält man als Spannungsgleichungen der Ankerstränge mit den Gleichungen (8.10) bis (8.12)

$$
\left.\begin{aligned}
u_{1a} &= R_1 i_{1a} + L_i \frac{di_{1a}}{dt} + \hat{u}_1' \cos(\omega_1 t + \varphi_{u1}') \\
&= R_1 i_{1a} + L_i \frac{di_{1a}}{dt} + u_{1a}' \\
u_{1b} &= R_1 i_{1b} + L_i \frac{di_{1b}}{dt} + \hat{u}_1' \cos\left(\omega_1 t + \varphi_{u1}' - \frac{2\pi}{3}\right) \\
&= R_1 i_{1b} + L_i \frac{di_{1b}}{dt} + u_{1b}' \\
u_{1c} &= R_1 i_{1c} + L_i \frac{di_{1c}}{dt} + \hat{u}_1' \cos\left(\omega_1 t + \varphi_{u1}' - \frac{4\pi}{3}\right) \\
&= R_1 i_{1c} + L_i \frac{di_{1c}}{dt} + u_{1c}' \,.
\end{aligned}\right\}
\tag{13.58}
$$

Die Spannungen u_{1a}', u_{1b}' und u_{1c}' sind, entsprechend den vorstehenden Überlegungen und (13.58), rein sinusförmig. Für die Klemmenspannungen wird das nicht mehr zutreffen. Deshalb übernehmen die Spannungen u_{1a}', u_{1b}' und u_{1c}' jetzt die Rolle, die von den Spannungen des starren Netzes bei der Untersuchung eines Stromrichters an diesem Netz eingenommen wird. Dabei sind diese Spannungen u_{1j}' durch den stationären Betriebszustand gegeben, dem sich die Kommutierungsvorgänge überlagern. Es gilt (13.29) bzw. das zugeordnete Zeigerbild 13.2. Der Einfluß der Widerstände der Ankerstränge kann in erster Näherung vernachlässigt werden ($R_1 = 0$).

An dieser Stelle ist es nun möglich, den Fall zu untersuchen, daß der Hauptthyristor $HT3$ geöffnet wird, ohne vorher den Löschthyristor $LT2$ zu zünden, d.h. ohne künstliches Sperren des Hauptthyristors $HT2$. Man erhält als Spannungsgleichung der Masche $HT2 - $ Strang $b - $ Strang $c - HT3$:

$$u_{HT3} - u_{HT2} = u_{1b} - u_{1c} \,.$$

Daraus folgt mit (13.58) unter Beachtung von $i_{1c} = 0$ und damit $di_{1c}/dt = 0$ sowie von $i_{1b} = I_{ZK}$ und damit $di_{1b}/dt = 0$ mit $R_1 = 0$

$$u_{HT3} - u_{HT2} = u_{1b}' - u_{1c}' \,. \tag{13.59}$$

Im Bild 13.17 sind die Spannungen u_{1b}' und u_{1c}' sowie der Strom i_{1b}, ausgehend von einer Phasenverschiebung von $\varphi' = \varphi_{u1}' - \varphi_{i1} \approx 25°$ entsprechend Zeigerbild 13.2, in ihrer relativen Phasenlage zueinander dargestellt. Man erkennt, daß im vorliegenden Fall und für alle Fälle, in denen i_1 gegenüber u_1' nacheilt, im Augenblick der erforderlichen Kommutierung des Stroms vom Hauptthyristor $HT2$ auf den Hauptthyristor $HT3$, d.h., wenn $i_{1b} = 0$ werden soll, $u_{1b}' - u_{1c}' < 0$ ist. Damit folgt aus (13.59) $u_{HT3} < u_{HT2}$ bzw. mit $u_{HT2} \approx 0$, denn der Hauptthyristor $HT2$ ist durchgezündet, $u_{HT3} < 0$. Es findet als keine durch die Maschinenspannungen ausgelöste Kommutierung statt, wenn der Hauptthyristor $HT3$ geöffnet wird. Da die beschriebene Situation hinsichtlich

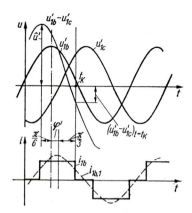

Bild 13.17
Ermittlung der Augenblickswerte
der Spannungen u'_{1b}, u'_{1c} und $u'_{1b} - u'_{1c}$
im Zeitpunkt t_K der Kommutierung
des Stroms vom Strang b auf den Strang c

der Phasenlage zwischen u'_1 und i_1 in allen Arbeitspunkten der Asynchronmaschine vorliegt, kann der Umrichter in Zusammenarbeit mit einer Asynchronmaschine nur zwangskommutiert betrieben werden. Es muß also eine entsprechende Löschschaltung vorgesehen werden.

Im folgenden ist nunmehr der Vorgang der Kommutierung vom Hauptthyristor $HT2$ auf den Hauptthyristor $HT3$ zu untersuchen, wie er unter dem Einfluß der Löschschaltung abläuft. Der eigentliche Kommutierungsvorgang setzt ein, nachdem der Löschthyristor $LT2$ gezündet worden ist und die Kondensatorspannung u_{Cb} einen solchen positiven Wert U_{C0} angenommen hat, daß die Spannung u_{HT3} beginnt positiv zu werden.

Da die Kommutierungsvorgänge nur relativ kurze Zeit dauern, kann man annehmen, daß die Spannungen u'_{1a}, u'_{1b} und u'_{1c} während dieser Zeit konstant bleiben. Nach dem Zünden des Löschthyristors $LT2$ und des Hauptthyristors $HT3$ gilt für die im Bild 13.16 gekennzeichnete Masche unter Verwendung von (13.58) mit $R_1 = 0$ und u_{Cb} nach (13.57) mit $u_{Cb(a)} = U_{C0}$

$$U_{C0} + \frac{1}{C} \int_0^t i_{1b}\,\mathrm{d}t + L_i \frac{\mathrm{d}i_{1b}}{\mathrm{d}t} + u'_{1b} - L_i \frac{\mathrm{d}i_{1c}}{\mathrm{d}t} - u'_{1c} = 0 \ . \tag{13.60}$$

Unmittelbar vor dem Beginn der Stromübernahme durch den Hauptthyristor $HT3$ gilt $u_{Cb} = U_{C0}$ und $i_{1b} = I_{ZK}$ sowie $i_{1c} = 0$, d.h. $\mathrm{d}i_{1b}/\mathrm{d}t = \mathrm{d}i_{1c}/\mathrm{d}t = 0$ und damit

$$U_{C0} + (u'_{1b} - u'_{1c})_{t=t_K} = 0 \ .$$

wenn t_K der Zeitpunkt ist, in dem dieser Zustand erreicht ist. Daraus erhält man die Spannung U_{C0}, auf die sich der Kondensator bei dem Vorgang nach (13.57) bis zu diesem Zeitpunkt umgeladen haben muß, zu

$$U_{C0} = -(u'_{1b} - u'_{1c})_{t=t_K} \ . \tag{13.61}$$

Die Spannung $(u'_{1b} - u'_{1c})_{t=t_K}$ läßt sich aus Bild 13.17 ablesen als

$$U_{C0} = -\widehat{u}' \cos\left(\varphi' + \frac{\pi}{2}\right) = \widehat{u}' \sin \varphi' \approx \widehat{u} \sin \varphi \ , \tag{13.62}$$

wobei $\widehat{u}'$ bzw. $\widehat{u}$ die Amplituden der Leiter-Leiter-Spannung sind.

Da die Spannungen u'_{1b} und u'_{1c} voraussetzungsgemäß während der Kommutierungsdauer als konstant angenommen werden, gilt in dieser Zeit weiterhin $U_{C0} + u'_{1b} - u'_{1c} = 0$

als Beziehung zwischen den zeitlich konstanten Gliedern, so daß aus (13.60) unter Beachtung von $i_{1b} + i_{1c} = I_{ZK}$ folgt

$$i_{1b} + 2L_i C \frac{\mathrm{d}^2 i_{1b}}{\mathrm{d}t^2} = 0 \,. \tag{13.63}$$

Die Lösung dieser Differentialgleichung liefert unter Anpassung der Anfangsbedingung $i_{1b}(t_K) = I_{ZK}$ für den abkommutierenden Strom bekanntermaßen

$$i_{1b} = I_{ZK} \cos \omega_K (t - t_K) \tag{13.64}$$

mit

$$\omega_K = \frac{1}{\sqrt{2L_i C}} \,. \tag{13.65}$$

Der Verlauf $i_{1b} = i_{1b}(t)$ ist im Bild 13.18a gemeinsam mit dem Verlauf $i_{1c}(t) = I_{ZK} - i_{1b}(t)$ dargestellt. Die Kommutierung ist offensichtlich beendet, wenn $i_{1b} = 0$ und $i_{1c} = I_{ZK}$ geworden ist. Damit ergibt sich die *Kommutierungsdauer* T_K aus (13.64) und (13.65) zu

$$\boxed{T_K = \frac{1}{4} \frac{2\pi}{\omega_K} = \frac{\pi}{2} \sqrt{2L_i C}} \,. \tag{13.66}$$

Mit Kenntnis des Verlaufs von i_{1b} nach (13.64) und der Kommutierungsdauer nach (13.66) erhält man nunmehr über $u_{Cb} = C \mathrm{d}i_{1b}/\mathrm{d}t$, ausgehend von der Kondensatorspannung $U_{C0} = \hat{u} \sin \varphi$ nach (13.62), die im Augenblick des Einsatzes der Stromübernahme durch den Hauptthyristor $HT3$ herrscht, die Kondensatorspannung U_C am Ende der Kommutierung als

$$\begin{aligned} U_C &= U_{C0} + \frac{1}{C} \int_0^{T_K} i_{1b} \, \mathrm{d}t \\ &= \hat{u} \sin \varphi + \frac{1}{C} \frac{I_{ZK}}{\omega_K} = \hat{u} \sin \varphi + I_{ZK} \sqrt{\frac{2L_i}{C}} \,. \end{aligned} \tag{13.67}$$

Diese Spannung bildet die Ausgangsspannung für den nächsten Umladevorgang des Kondensators, bei dem der Strom vom Hauptthyristor $HT5$ auf den Hauptthyristor $HT6$ kommutiert. Dieser Umladevorgang endet dann offensichtlich mit der Spannung $u_{Cb} = -U_C$, die ihrerseits den Anfangswert der Kondensatorspannung darstellt, die herrscht, wenn durch Zünden des Löschthyristors $LT2$ der Umladevorgang eingeleitet wird, der schließlich den Kommutierungsvorgang vom Hauptthyristor $HT2$ auf den Hauptthyristor $HT3$ bewirkt. Entsprechend den vorstehenden Überlegungen erhält man den vollständigen Verlauf der Kondensatorspannung nach Bild 13.18b. Dabei wurde die *Umladezeit* T_u eingeführt, in der sich die Kondensatorspannung von $u_{Cb} = -U_C$ auf $u_{Cb} = U_{C0}$ bei konstantem Strom $i_{1b} = I_{ZK}$ ändert. Man erhält die Zeit T_u aus $i_{Cb} = C(\mathrm{d}u/\mathrm{d}t)$ mit U_{C0} nach (13.62) und U_C nach (13.67) zu

$$\boxed{T_u = \frac{C}{I_{ZK}} (U_C + U_{C0}) = \frac{2\hat{u} \sin \varphi}{I_{ZK}} C + \sqrt{2L_i C}} \,.$$

Die Zeitdauer $T_u + T_K$ des Gesamtvorgangs vom Zünden des Löschthyristors bis zum Abschluß der Kommutierung begrenzt die erreichbare Frequenz der Ausgangsspannung bzw. im Fall des Pulsbetriebs die maximale Pulsfrequenz.

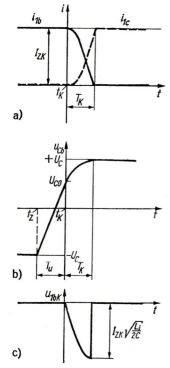

Bild 13.18
Kommutierungsvorgang
a) Verlauf der Ströme $i_{1b} = i_{1b}(t)$ und $i_{1c} = i_{1c}(t)$;
b) Verlauf der Kondensatorspannung $u_{Cb} = u_{Cb}(t)$ vom Augenblick t_Z der Zündung des Löschthyristors an bis zum Abschluß des Kommutierungsvorgangs; c) Verlauf der Kommutierungsspannung u_{1bK}, die sich der sinusförmigen Spannung u'_{1b} während des Kommutierungsvorgangs überlagert

Durch die rasche Änderung der Strangströme während der Kommutierungsvorgänge werden in den Wicklungssträngen zusätzliche Spannungen induziert. Für den betrachteten Vorgang der Kommutierung des Stroms vom Strang b auf den Strang c erhält man für die Spannung des Strangs b aus der zweiten Gleichung (13.58) mit $R_1 = 0$ und i_{1b} nach (13.64)

$$u_{1b} = u'_{1b} + u_{1bK} = u'_{1b} + L_i \frac{\mathrm{d}i_{1b}}{\mathrm{d}t} = u'_{1b} - \omega_K L_i I_{ZK} \sin \omega_K (t - T_K) \ .$$

Der Verlauf der *Kommutierungsspannung* u_{1bK} ist im Bild 13.18c dargestellt. Der Maximalwert u_{1Kmax} der Kommutierungsspannung u_{1bK} tritt am Ende des Kommutierungsvorgangs auf und beträgt mit ω_K nach (13.65)

$$u_{1K\,max} = I_{ZK} \sqrt{\frac{L_i}{2C}} \ .$$

Das Vorzeichen der Kommutierungsspannung ist entsprechend (13.58) davon abhängig, ob der jeweilige Strangstrom während des Kommutierungsvorgangs positives oder negatives $\mathrm{d}i/\mathrm{d}t$ aufweist. Man erhält Spannungsverläufe, wie sie im Bild 13.19 für die Spannung u_{1b} des Strangs b dargestellt sind. Dabei war es erforderlich, von einem realen Verlauf für den Strom i_{1b} mit endlicher Kommutierungszeit T_K auszugehen.

Die vorstehenden Betrachtungen zeigen, daß der Kommutierungsvorgang beim Umrichter mit Stromzwischenkreis wesentlich von der Größe der Gesamtstreuinduktivität L_i der Asynchronmaschine beeinflußt wird. Dabei sind offenbar kleine Werte von L_i

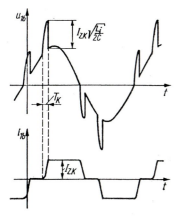

Bild 13.19
Verlauf der Spannung u_{1b}
des Strangs b unter dem Einfluß
der Kommutierungsspannung u_{1bK}

anzustreben, da dadurch sowohl die Zeitdauer $T_u + T_K$ des Kommutierungsvorgangs als auch der Maximalwert der Kommutierungsspannung u_{1Kmax} zu kleinen Werten hin beeinflußt werden.

Die Kapazität des Löschkondensators hat gegenläufigen Einfluß auf die Zeitdauer $T_u + T_K$ einerseits und die Kommutierungsspannung u_{1Kmax} andererseits. Kleine Kapazitäten führen auf schnelle Vorgänge, aber auf große Kommutierungsspannungen.

Die gewonnenen Beziehungen verlieren ihre Gültigkeit, wenn die Zeitdauer $T_u + T_K$ einen wesentlichen Teil der Stromflußdauer eines Ventils bzw. der Periodendauer der Ausgangsgrößen des Umrichters beträgt, da dann die Konstanz der Spannungen u'_{1a}, u'_{1b} und u'_{1c} während eines Kommutierungsvorgangs nicht mehr vorausgesetzt werden kann.

13.8   Feldorientierte Regelung

13.8.0   Ausgangsüberlegungen

Die guten dynamischen Eigenschaften von Gleichstromantrieben sind vor allem dadurch bedingt, daß der für das Drehmoment verantwortliche Ankerstrom der Gleichstrommaschine unabhängig von den Vorgängen in der Erregerwicklung und ohne Rückwirkung auf diese durch Eingriff in Stellmöglichkeiten des Ankerkreises regelbar ist. Andererseits erfolgt der Aufbau des für das Drehmoment maßgebenden Flusses allein durch die Erregerwicklung und läßt sich über entsprechende Stellmöglichkeiten im Erregerkreis regeln.

Analoge Verhältnisse sind bei der Asynchronmaschine von Natur aus nicht gegeben, da nur über die Ständerwicklung sowohl auf das Feld als auch auf die Ströme Einfluß genommen werden kann. Es liegt der Gedanke nahe, durch die Regelung bestimmter Komponenten der Ständerströme ein ähnliches Verhalten wie bei der Gleichstrommaschine zu erzielen. Das Herausarbeiten einer solchen Möglichkeit erfordert eine feldorientierte Beschreibung des Betriebsverhaltens[1].

---

[1] ausführliche Behandlung s. [5], [6], [7], [8], [16]

13.8.1 Feldorientierte Beschreibung des Betriebsverhaltens der Asynchronmaschine

Der Augenblickswert des Drehmoments der Asynchronmaschine bestimmt sich unter Verwendung komplexer Augenblickswerte nach Abschnitt 8.3, die in einem zunächst beliebigen Koordinatensystem K beschrieben werden, entsprechend (8.56) aus

$$m = -\frac{3}{2}p\,\mathrm{Im}\{\vec{\psi}_1^{\mathrm{K}}\,\vec{i}_1^{\mathrm{K}*}\}\ . \tag{13.68}$$

Dabei gelten für die komplexen Variablen die Spannungsgleichungen (8.54) und die Flußverkettungsgleichungen (8.55). Im Bild 13.20a sind $\vec{\psi}_1^{\mathrm{K}}$ und $\vec{i}_1^{\mathrm{K}}$ für einen beliebigen Zeitpunkt eines beliebigen Vorgangs in einem beliebigen Koordinatensystem K dargestellt. Entsprechend (13.68) ist für das Drehmoment, das aus $\vec{\psi}_1^{\mathrm{K}}$ und $\vec{i}_1^{\mathrm{K}}$ gewonnen wird, nur jene Komponente von $\vec{i}_1^{\mathrm{K}}$ verantwortlich, die senkrecht auf $\vec{\psi}_1^{\mathrm{K}}$ steht und im Bild 13.20a hervorgehoben wurde. Die Komponente von $\vec{i}_1^{\mathrm{K}}$ in Richtung von $\vec{\psi}_1^{\mathrm{K}}$ liefert lediglich einen Betrag zur Flußverkettung $\vec{\psi}_1^{\mathrm{K}}$ selbst. Es ist offenbar erforderlich, diese beiden Komponenten von $\vec{i}_1^{\mathrm{K}}$ einer getrennten Regelung zugänglich zu machen. Dazu wiederum muß von einer Beschreibung des Betriebsverhaltens ausgegangen werden, das diese Komponenten als Variable enthält.

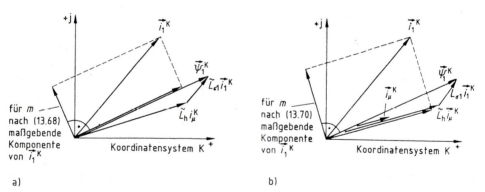

a)   b)

Bild 13.20   Darstellung der komplexen Ständerflußverkettung $\vec{\psi}_1^{\mathrm{K}}$
und des komplexen Ständerstroms $\vec{i}_1^{\mathrm{K}}$ für einen beliebigen Zeitpunkt
eines beliebigen Vorgangs in einem beliebigen Koordinatensystem K
a) Komponenten des Stroms $\vec{i}_1^{\mathrm{K}}$ bezüglich $\vec{\psi}_1^{\mathrm{K}}$; b) Komponenten des Stroms $\vec{i}_1^{\mathrm{K}}$ bezüglich $\vec{i}_\mu^{\mathrm{K}}$

In der Flußverkettung $\vec{\psi}_1^{\mathrm{K}}$ ist ein Anteil enthalten, der nur von $\vec{i}_1^{\mathrm{K}}$ selbst herrührt und allein den Streufeldern zugeordnet ist, die dieser Strom aufbaut. Das kommt unmittelbar in den Gleichungen (8.63) zum Ausdruck, die unter Einführung transformierter Läufergrößen auf Basis des reellen Übersetzungsverhältnisses $\ddot{u}_{\mathrm{h}}$ im Abschnitt 8.4.5 entwickelt wurden. Wenn die entsprechende Flußverkettungsgleichung des Ständers in Form der ersten Gleichung (8.63) in die Beziehung für das Drehmoment nach (13.68) eingesetzt wird, erhält man unter Einführung eines Magnetisierungsstroms

$$\vec{i}_\mu^{\mathrm{K}} = \vec{i}_1^{\mathrm{K}} + \vec{i}_2^{\prime\mathrm{K}}\ , \tag{13.69}$$

der für den vom Luftspaltfeld herrührenden Anteil der Flußverkettungen $\vec{\psi}_1^{\mathrm{K}}$ und $\vec{\psi}_2^{\prime\mathrm{K}}$ verantwortlich ist,

$$m = -\frac{3}{2}p\widetilde{L}_{\mathrm{h}}\,\mathrm{Im}\{\vec{i}_\mu^{\mathrm{K}}\,\vec{i}_1^{\mathrm{K}*}\}\ . \tag{13.70}$$

Die dem Bild 13.20a entsprechende Darstellung der komplexen Augenblickswerte zeigt Bild 13.20b. Der Strom $\vec{i}_1^K$ läßt sich wiederum in zwei Komponenten zerlegen. Die auf $\vec{i}_\mu^K$ senkrecht stehende Komponente, die im Bild 13.20b besonders hervorgehoben wurde, ist für das Drehmoment verantwortlich, das aus $\vec{i}_\mu^K$ und $\vec{i}_1^K$ gewonnen wird, während die mit $\vec{i}_\mu^K$ gleichgerichtete Komponente nur einen Beitrag zum Luftspaltfeld liefert.

Es gibt offensichtlich zwei plausible Möglichkeiten einer feldorientierten Beschreibung des Betriebsverhaltens. In der Literatur werden beide Wege beschritten. Im weiteren werden beide Wege der Einführung von Variablen, die Komponenten von $\vec{i}_1^K$ sind, nebeneinander verfolgt.

Um die Komponenten des Stroms $\vec{i}_1^K$ entsprechend Bild 13.20a in der analytischen Beschreibung der Maschine erscheinen zu lassen, ist es erforderlich, ein Koordinatensystem einzuführen, das fest mit einer der Flußverkettungen $\vec{\psi}_1^K$ oder $\vec{\psi}_2^K$ oder $\vec{\psi}_h^K$ bzw. $\vec{i}_\mu^K$ verbunden ist, d.h. es muß eine feldorientierte Beschreibung der Maschine eingeführt werden, wie sie schon im Abschnitt 8.4.8 vorgeschlagen wurde. In den folgenden Betrachtungen wird dies auf der Basis der Ständerflußverkettung $\vec{\psi}_1^K$ bzw. auf der von $\vec{i}_\mu^K$ geschehen. Für die feldorientierte Beschreibung eignet sich weder das Ständerkoordinatensystem noch das Läuferkoordinatensystem, da sich die komplexen Augenblickswerte der Variablen in beiden bereits im stationären Betrieb bewegen und im nichtstationären Betrieb zusätzlich relativ zueinander Änderungen nach Betrag und Lage erfahren. Aber auch das sog. Netzkoordinatensystem, das relativ zum Ständer mit der bezogenen Geschwindigkeit $d\vartheta_N/dt = \omega_1$ umläuft, die der Frequenz des speisenden Netzes entspricht, ist ungeeignet, da in diesem Fall zwar im stationären Betrieb zeitlich konstante komplexe Augenblickswerte vorliegen, aber im nichtstationären Betrieb sowohl $\vec{\psi}_1^K$ als auch $\vec{i}_1^K$ nach Betrag und Lage Änderungen durchlaufen. Es ist deshalb erforderlich, ein Koordinatensystem einzuführen, das mit F bezeichnet werden soll und in dem die Ständerflußverkettung, die jetzt als $\vec{\psi}_1^F$ bezeichnet wird, bzw. der Magnetisierungsstrom mit der Bezeichnung $\vec{i}_\mu^F$ stets reell bleiben. Beide ändern sich jedoch in einem beliebigen Betriebszustand hinsichtlich des Betrags. Das Koordinatensystem F wird relativ zum Ständer, d.h. hinsichtlich der bezogenen Verschiebung $\vartheta_F = \vartheta_K$ nach (8.47) entsprechend der augenblicklichen Lage der komplexen Ständerflußverkettung bzw. des komplexen Magnetisierungsstroms geführt. Die Komponenten einer Variablen $\vec{g}^F$ werden eingeführt als $\vec{g}^F = g_f + jg_m$. Im Ständerkoordinatensystem hat die Ständerflußverkettung in einem betrachteten Zeitpunkt die beliebige Lage ε_ψ bzw. der Magnetisierungsstrom die beliebige Lage ε_μ. Die Winkel ε_ψ bzw. ε_μ weisen beliebige Zeitfunktionen auf, lediglich im Sonderfall des stationären Betriebs gilt $d\varepsilon/dt = \omega_1$.

Das Koordinatensystem F soll so geführt werden, daß $\vec{\psi}_1^F$ bzw. $\vec{i}_\mu^F$ rein positiv reell bleiben. Es ist also

$$\left.\begin{aligned} \vec{\psi}_1^F &= |\vec{\psi}_1^F| = |\vec{\psi}_1| = \psi_{1f} \qquad \text{bzw.} \\ \vec{i}_\mu^F &= |\vec{i}_\mu^F| = |\vec{i}_\mu| = i_{\mu f} \end{aligned}\right\} \tag{13.71}$$

und

$$\vartheta_F = \varepsilon_\psi \qquad \text{bzw.} \qquad \vartheta_F = \varepsilon_\mu . \tag{13.72}$$

Dabei stellt ϑ_F entsprechend Bild 8.4 die bezogene Verschiebung des Koordinatensystems F gegenüber dem Ständerkoordinatensystem dar, das in der Achse des Strangs

a beginnt. Im Bild 13.21 ist die Einführung des Koordinatensystems F, ausgehend von der Betrachtung der Variablen im Ständerkoordinatensystem, dargestellt.

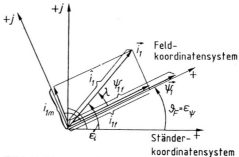

Bild 13.21
Einführung des Feldkoordinatensystems F

Die Komponenten des Ständerstroms $\vec{i}_1^F$ im Feldkoordinatensystem werden vereinbarungsgemäß entsprechend

$$\vec{i}_1^F = i_{1f} + j i_{1m} \tag{13.73}$$

eingeführt, wobei i_{1m} die drehmomentbildende Komponente und i_{1f} die zum Feld beitragende Komponente ist. Durch Einsetzen von (13.71) und (13.73) folgt aus (13.68) für das Drehmoment

$$\boxed{m = -\frac{3}{2}\operatorname{Im}\{\psi_{1f}(i_{1f} - j i_{1m})\} = \frac{3}{2}p\psi_{1f}i_{1m}} \,. \tag{13.74}$$

Das ist eine Abhängigkeit, die der bekannten Beziehung für das Drehmoment der Gleichstrommaschine ähnelt [vgl. (6.23) bzw. (19.13)]. Wenn ψ_{1f} konstant gehalten wird, bestimmt i_{1m} unmittelbar die Größe des Drehmoments. Damit läßt sich eine Strom- und Drehzahlregelung realisieren, die analog aufgebaut ist wie im Gleichstromantrieb.

Im stationären Betrieb ist $\vec{\psi}_1^F = \psi_{1f}$ zeitlich konstant. Das Feldkoordinatensystem bewegt sich mit der Winkelgeschwindigkeit ω_1 relativ zum Ständerkoordinatensystem. Damit werden, ausgehend von der bekannten Beziehung zwischen dem komplexen Augenblickswert und der Darstellung der zugeordneten Größe des Strangs a im Bereich der komplexen Wechselstromrechnung in der Form $\vec{g}_1^S = \underline{g}_1\,e^{j\omega_1 t}$ [s. (8.93)] und mit $\vec{g}_1^F = \vec{g}_1^S\,e^{-\vartheta_F} = \vec{g}_1^S\,e^{-j(\omega_1 t + \vartheta_{F0})}$, auch alle anderen Variablen im Koordinatensystem F zeitlich konstant. In diesem Fall besteht, wie bereits dargelegt wurde, Übereinstimmung mit einer Beschreibung in Netzkoordinaten. Im nichtstationären Betrieb ändert sich ψ_{1f} beliebig zeitlich, es bleibt aber stets $\vec{\psi}_1^F = \psi_{1f}$, während sich alle anderen Variablen hinsichtlich Betrag und Lage beliebig ändern können.

Das Gleichungssystem der Asynchronmaschine in Feldkoordinaten erhält man aus (8.54) und (8.55) mit $\vec{g}_1^F \Rightarrow \vec{g}_1^K$ und $\dfrac{d\vartheta_K}{dt} = \dfrac{d\vartheta_F}{dt} = \dot{\vartheta}_F$ sowie $\dfrac{d\vartheta}{dt} = \dot{\vartheta}$. Wenn der Fall vorliegt, daß der Umrichter den Strängen Ströme aufprägt und die dabei über den Strängen zu beobachtende Spannung nicht untersucht wird, braucht die Spannungsgleichung des Ständers nicht betrachtet zu werden. Anderseits ist es sinnvoll, in der Spannungsgleichung des Läufers alle Läufergrößen mit Hilfe von Ständergrößen zu eliminieren, um die Beziehungen zu ermitteln, die zwischen den feldorientierten Komponenten vermitteln. Man erhält aus den Flußverkettungsgleichungen des Ständers

$$\vec{i}_2^{\,\text{F}} = \frac{1}{L_{12}}\vec{\psi}_1^{\,\text{F}} - \frac{L_{11}}{L_{12}}\vec{i}_1^{\,\text{F}} \tag{13.75}$$

und damit für die Flußverkettung $\vec{\psi}_{2\text{F}}$ des Läufers

$$\vec{\psi}_2^{\,\text{F}} = \frac{L_{22}}{L_{12}}\vec{\psi}_1^{\,\text{F}} - \frac{L_{11}L_{22}}{L_{12}}\sigma\vec{i}_1^{\,\text{F}} \tag{13.76}$$

mit

$$\sigma = 1 - \frac{L_{12}L_{21}}{L_{11}L_{22}} \ . \tag{13.77}$$

Durch Einfügen von (13.75) und (13.76) geht die zweite Gleichung (8.54) als Spannungsgleichung des kurzgeschlossenen Läufers über in

$$
\begin{aligned}
0 \ = \ & \frac{R_2}{L_{12}}\vec{\psi}_1^{\,\text{F}} - \frac{L_{11}}{L_{12}}R_2\vec{i}_1^{\,\text{F}} - \frac{L_{11}L_{22}}{L_{12}}\sigma\frac{\mathrm{d}\vec{i}_1^{\,\text{F}}}{\mathrm{d}t} + \frac{L_{22}}{L_{12}}\frac{\mathrm{d}\vec{\psi}_1^{\,\text{F}}}{\mathrm{d}t} \\
& -\mathrm{j}(\dot{\vartheta}_{\text{F}} - \dot{\vartheta})\frac{L_{11}L_{22}}{L_{12}}\sigma\vec{i}_1^{\,\text{F}} + \mathrm{j}\frac{L_{22}}{L_{12}}(\dot{\vartheta}_{\text{F}} - \dot{\vartheta})\vec{\psi}_1^{\,\text{F}} \ .
\end{aligned}
$$

Daraus erhält man mit $\vec{\psi}_1^{\,\text{F}} = \psi_{1\text{f}}$ und $\vec{i}_1^{\,\text{F}} = i_{1\text{f}} + \mathrm{j}i_{1\text{m}}$ als die Beziehungen zwischen den Komponenten $\psi_{1\text{f}}$, $i_{1\text{f}}$ und $i_{1\text{m}}$

$$\boxed{\frac{1}{L_{11}}\left(\psi_{1\text{f}} + T_2\frac{\mathrm{d}\psi_{1\text{f}}}{\mathrm{d}t}\right) = i_{1\text{f}} + \sigma T_2\frac{\mathrm{d}i_{1\text{f}}}{\mathrm{d}t} - (\dot{\vartheta}_{\text{F}} - \dot{\vartheta})\sigma T_2 i_{1\text{m}}} \tag{13.78}$$

$$\boxed{i_{1\text{m}} + \sigma T_2\frac{\mathrm{d}i_{1\text{m}}}{\mathrm{d}t} = (\dot{\vartheta}_{\text{F}} - \dot{\vartheta})T_2\frac{1}{L_{11}}(\psi_{1\text{f}} - \sigma L_{11}i_{1\text{f}})} \ . \tag{13.79}$$

Aus (13.78) folgt, daß $\psi_{1\text{f}}$ nicht allein von $i_{1\text{f}}$ bestimmt wird, sondern auch von $i_{1\text{m}}$. Das ist ein Unterschied zur Gleichstrommaschine, deren Verhalten durch Regelung der feldorientierten Komponenten des Ankerstroms $\vec{i}_1^{\,\text{F}}$ nachgebildet werden soll. Um den Einfluß von $i_{1\text{m}}$ auf $\psi_{1\text{f}}$ nach (13.78) zu eliminieren, sind korrigierende Operationen in der Regelschaltung vorzusehen.

Für den Sonderfall des stationären Betriebs folgt aus (13.79) mit $\dot{\vartheta}_{\text{F}} = \omega_1$ und $\dot{\vartheta} = (1 - s)\omega_1$ sowie $\mathrm{d}i_{1\text{m}}/\mathrm{d}t = 0$

$$s = \frac{i_{1\text{m}}}{\omega_1 T_2 \dfrac{1}{L_{11}}(\psi_{1\text{f}} - \sigma L_{11}i_{1\text{f}})} \ . \tag{13.80}$$

Aus (13.78) ergibt sich im Fall des stationären Betriebs, wenn der Einfluß von $i_{1\text{m}}$ eliminiert ist,

$$\psi_{1\text{f}} = L_{11}i_{1\text{f}} \ . \tag{13.81}$$

Andererseits ist mit $\psi_{1\text{f}} = $ konst. entsprechend (13.74) $m \sim i_{1\text{m}}$. Damit erhält man aus (13.80) die Aussage, daß mit $\psi_{1\text{f}} = $ konst. und $i_{1\text{f}} = $ konst. ein Drehzahl-Drehmoment-Verhalten entsprechend $s \sim m$ entsteht. Die Abweichung von der synchronen Drehzahl bzw. von der Leerlaufdrehzahl ist proportional dem geforderten Drehmoment. Das ist das gleiche Verhalten, wie es von der Gleichstrommaschine her bekannt ist.

13.8.2 Realisierung der feldorientierten Regelung

Die Überlegungen im Abschnitt 13.8.1 hatten gezeigt, daß es vorteilhaft ist, die Regelung auf der Grundlage der Komponenten ψ_{1f}, i_{1f} und i_{1m} der komplexen Ständergrößen bei Beschreibung im Feldkoordinatensystem aufzubauen. Andererseits können die Istwerte der elektrischen Variablen des Motors a priori nur vom Ständer aus in Form der Augenblickswerte der Strangströme und Strangspannungen oder mit Hilfe geeigneter Sensoren auch die Bestimmungsstücke des Luftspaltfelds gemessen werden. Gleichermaßen lassen sich die oben genannten Komponenten nur durch Eingriff in die Einspeisung der einzelnen Ständerstränge beeinflussen. Es ist also erforderlich, ein erstes Mal nach der Istwerterfassung und ein zweites Mal hinter den Reglern bzw. vor den Steuersätzen der Stromrichter *Koordinatentransformationen* vorzunehmen, d.h. aus den Stranggrößen bzw. den Komponenten in Ständerkoordinaten die Komponenten in Feldkoordinaten zu ermitteln und umgekehrt. Die Transformation von Ständerkoordinaten in Feldkoordinaten erfordert die Kenntnis des Augenblickswerts der bezogenen Verschiebung ϑ_F. Diese erhält man mit Hilfe der Ständerflußverkettung in der Darstellung in Ständerkoordinaten bzw. mit Hilfe des Luftspaltfelds, das mit entsprechenden Sensoren – z.B. mit Hall-Generatoren – in seiner augenblicklichen Lage relativ zum Ständer gemessen wird. Im ersten Fall ist $\vartheta_F = \varepsilon_\psi$, wobei ε_ψ gegeben ist durch $\vec{\psi}_1^S = |\vec{\psi}_1^S| e^{j\varepsilon_\psi}$. Im zweiten Fall liefern entsprechend angeordnete Sensoren Signale, die unmittelbar den beiden Komponenten $i_{\mu\alpha}$ und $i_{\mu\beta}$ des dem resultierenden Luftspaltfeld zugeordneten Magnetisierungsstrom $\vec{i}_\mu^S = i_{\mu\alpha} + j i_{\mu\beta}$ in Ständerkoordinaten proportional sind. Man erhält aus der Feldmessung ϑ_F als $\vartheta_F = \varepsilon_\mu$, wobei ε_μ durch $\vec{i}_\mu^S = |\vec{i}_\mu^S| e^{j\varepsilon_\mu}$ gegeben ist (siehe Bild 13.20b).

Die Flußverkettungen ψ_{1j} der Wicklungsstränge j des Ständers sind der Messung nicht unmittelbar zugänglich. Sie lassen sich jedoch auf verschiedenen Wegen aus meßbaren Größen bestimmen. Eine erste Möglichkeit besteht darin, von der Beschreibung in Ständerkoordinaten auszugehen und die Flußverkettungen ψ_{1j} der einzelnen Ständerstränge, ausgehend von den Klemmenspannungen u_{1j} und den Strömen i_{1j}, über $d\psi_{1j}/dt = u_{1j} - R_1 i_{1j}$ mit Hilfe entsprechender Rechenschaltungen oder durch Rechnung selbst zu gewinnen. Im Bild 13.22a ist diese Teiloperation als Feldermittlung in Ständerkoordinaten (*FES*) bezeichnet worden. Eine weitere Möglichkeit, die Flußverkettung des Ständers bzw. ihre Komponenten zu bestimmen, besteht darin, die Strangströme in die zugeordneten Komponenten in Läuferkoordinaten zu überführen und mit deren Hilfe die Flußverkettungskomponenten zu bestimmen. Auf diese Möglichkeit wird weiter unten noch einmal eingegangen.

Bild 13.22 Prinzipschaltbild eines Antriebs mit feldorientierter Regelung bis zur Bereitstellung der Sollwerte $i_{1f\,soll}$ und $i_{1m\,soll}$ am Ausgang des Flußreglers und des Drehzahlreglers nach der Realisierung der Entkopplung

a) Orientierung des Feldkoordinatensystems an $\vec{\psi}_1^S$ und Ermittlung der Flußverkettungen ψ_{1j} aus u_{1j} und i_{1j}; b) Orientierung des Feldkoordinatensystems an $\vec{i}_\mu^S$, d.h. am resultierenden Luftspaltfeld, und Ermittlung von $\vec{i}_\mu^S$ aus dem Luftspaltfeld mit Hilfe entsprechender Sensoren; c) Orientierung des Feldkoordinatensystems an $\vec{\psi}_1^S$ und Ermittlung der Flußverkettung $\vec{\psi}_1^S$ aus den Ständerströmen und der Läuferlage

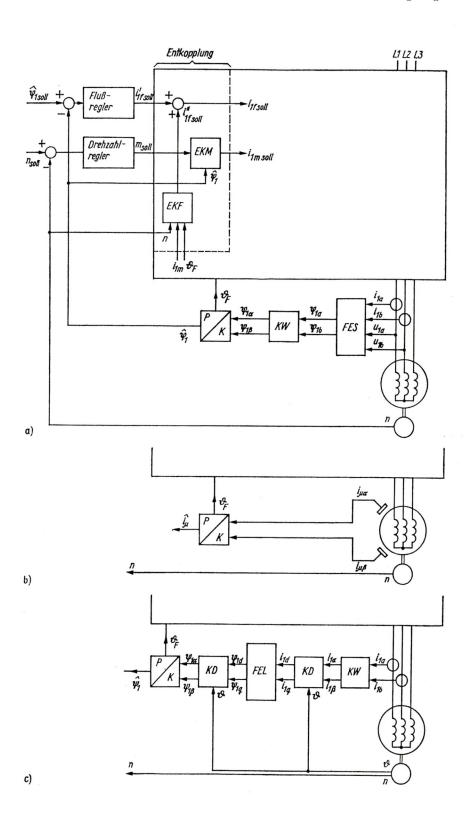

Die Komponenten der komplexen Augenblickswerte in Ständerkoordinaten werden entsprechend (8.39) eingeführt als

$$\vec{g}_1^{\,S} = g_{1\alpha} + \mathrm{j}g_{1\beta} \ . \tag{13.82}$$

Dabei erhält man die Komponenten, $g_{1\alpha}$ und $g_{1\beta}$ ausgehend von (8.7), da kein stromführender Neutralleiter mit dem Sternpunkt verbunden ist und damit $g_{1a} + g_{1b} + g_{1c} = 0$ gilt, als:

$$g_{1\alpha} = g_{1a} \ , \qquad g_{1\beta} = \frac{2}{\sqrt{3}}\left(\frac{1}{2}g_{1a} + g_{1b}\right) \ . \tag{13.83}$$

Es genügt also, zwei der drei Stranggrößen zu messen. Die Teiloperation des Übergangs von den Stranggrößen zu den Komponenten $g_{1\alpha}$ und $g_{1\beta}$ ist im Bild 13.22 als *Koordinatenwandlung* (KW) bezeichnet. Umgekehrt erhält man, ausgehend von den Komponenten $g_{1\alpha}$ und $g_{1\beta}$, die Stranggrößen für den Fall, daß $g_{1a} + g_{1b} + g_{1c} = 0$ ist, mit (8.10) bis (8.12) zu:

$$\left.\begin{aligned} g_{1a} &= g_{1\alpha} \\[4pt] g_{1b} &= -\frac{1}{2}g_{1\alpha} + \frac{1}{2}\sqrt{3}g_{1\beta} \\[4pt] g_{1c} &= -\frac{1}{2}g_{1\alpha} - \frac{1}{2}\sqrt{3}g_{1\beta} \ . \end{aligned}\right\} \tag{13.84}$$

Diese Beziehungen werden benötigt, wenn die Sollwerte für i_{1f} und i_{1m}, die am Ausgang des Flußreglers bzw. des Drehzahlreglers entstehen, in Sollwerte für die Stranggrößen überführt werden sollen, um dort die Stromregelung vorzunehmen.

Der Übergang von der Darstellung in kartesischen Koordinaten zu einer solchen in Polarkoordinaten liefert, ausgehend von (13.82), mit $\vec{g}_1^{\,S} = |\vec{g}_1^{\,S}|\,\mathrm{e}^{\mathrm{j}\varepsilon_g}$:

$$\left.\begin{aligned} |\vec{g}_1^{\,S}| &= \sqrt{g_{1\alpha}^2 + g_{1\beta}^2} \\[4pt] \cos\varepsilon_\mathrm{g} &= \frac{g_{1\alpha}}{|\vec{g}_1^{\,S}|} \ , \qquad \sin\varepsilon_\mathrm{g} = \frac{g_{1\beta}}{|\vec{g}_1^{\,S}|} \\[4pt] \varepsilon_\mathrm{g} &= \arccos\frac{g_{1\alpha}}{|\vec{g}_1^{\,S}|} = \arcsin\frac{g_{1\beta}}{|\vec{g}_1^{\,S}|} \ . \end{aligned}\right\} \tag{13.85}$$

Diese Operation ist im Bild 13.22 als *K-P-Wandlung* bezeichnet worden.

Für den Aufbau der Regelung wird als erstes die Lage ε_ψ der komplexen Ständerflußverkettung bzw. die Lage ε_μ des komplexen Magnetisierungsstroms in Ständerkoordinaten benötigt. ε_ψ bzw. ε_μ bestimmen als ϑ_F die augenblickliche Lage des Feldkoordinatensystems relativ zum Ständerkoordinatensystem. Man erhält sie und damit ϑ_F bzw. $\cos\vartheta_\mathrm{F}$ und $\sin\vartheta_\mathrm{F}$ nach (13.85) aus $\psi_{1\alpha}$ und $\psi_{1\beta}$ bzw. aus $i_{\mu\alpha}$ und $i_{\mu\beta}$ durch die Operation der *K-P-Wandlung*. Dabei fällt gleichzeitig der Betrag der Ständerflußverkettung $\widehat{\psi}_1 = |\vec{\psi}_1^{\,S}|$ bzw. des Magnetisierungsstroms $\widehat{i}_\mu = |\vec{i}_\mu^{\,S}|$ an. $\widehat{\psi}_1$ bzw. $\widehat{i}_\mu$ stellen die Istwerte der Flußregelung dar[1].

Im Bild 13.22 ist die Prinzipschaltung eines Antriebs mit feldorientierter Regelung bis zur Bereitstellung der Sollwerte für i_{1f} und i_{1m} dargestellt. Dabei wird in Analogie

---

[1] Die Einstellbarkeit der Flußverkettung $\widehat{\psi}_1$ ist erforderlich, um im Bereich hoher Frequenzen mit Rücksicht auf die maximal verfügbare Spannung des Umrichters mit vermindertem $\widehat{\psi}_1$ arbeiten zu können (Feldschwächung) und bei Anlaufvorgängen u.ä. eine kurzzeitige Erhöhung zu ermöglichen.

zum Gleichstromantrieb eine unterlagerte Stromregelung vorgesehen. Eine nähere Betrachtung der Entkopplung zwischen Fluß- und Drehzahlregelung erfolgt weiter unten. Im Bild 13.22a wird die Ständerflußverkettung aus den Strangströmen und Strangspannungen gewonnen, während im Bild 13.22b der Weg der Ermittlung von $\vec{i}_\mu^{\mathrm{S}}$ über die Messung des Luftspaltfelds dargestellt ist. Schließlich zeigt Bild 13.22c den Weg zur Gewinnung der Ständerflußverkettung aus den Strangströmen und der Läuferlage ϑ. Dabei wird davon ausgegangen, daß bei Darstellung in Läuferkoordinaten die Läuferspannungsgleichung (8.54) die Form

$$0 = R_2 \vec{i}_2^{\mathrm{L}} + \frac{\mathrm{d}\vec{\psi}_2^{\mathrm{L}}}{\mathrm{d}t} \tag{13.86}$$

annimmt. Daraus folgt durch Eliminieren des Läuferstroms und der Läuferflußverkettung mit Hilfe der Flußverkettungsgleichungen (8.55) über die zu (13.75) und (13.76) analogen Beziehungen

$$\left(\vec{\psi}_1^{\mathrm{L}} + T_2 \frac{\mathrm{d}\vec{\psi}_1^{\mathrm{L}}}{\mathrm{d}t} \right) = L_{11} \left(\vec{i}_1^{\mathrm{L}} + \sigma T_2 \frac{\mathrm{d}\vec{i}_1^{\mathrm{L}}}{\mathrm{d}t} \right) \ . \tag{13.87}$$

Wenn die Komponenten der komplexen Augenblickswerte entsprechend (8.46) als $\vec{g}_1^{\mathrm{L}} = g_{1d} + \mathrm{j}g_{1q}$ eingeführt werden, erhält man aus (13.87)

$$\left. \begin{aligned} \psi_{1d} + T_2 \frac{\mathrm{d}\psi_{1d}}{\mathrm{d}t} &= L_{11} \left(i_{1d} + \sigma T_2 \frac{\mathrm{d}i_{1d}}{\mathrm{d}t} \right) \\ \psi_{1q} + T_2 \frac{\mathrm{d}\psi_{1q}}{\mathrm{d}t} &= L_{11} \left(i_{1q} + \sigma T_2 \frac{\mathrm{d}i_{1q}}{\mathrm{d}t} \right) \end{aligned} \right\} \ . \tag{13.88}$$

Die entsprechende Teiloperation ist im Bild 13.22c als *Feldermittlung in Läuferkoordinaten (FEL)* bezeichnet.

Man erhält die komplexen Augenblickswerte in Läuferkoordinaten mit (8.52) zu

$$\vec{g}_1^{\mathrm{L}} = g_{1d} + \mathrm{j}g_{1q} = \vec{g}_1^{\mathrm{S}} \, \mathrm{e}^{-\mathrm{j}\vartheta} = (g_{1\alpha} + \mathrm{j}g_{1\beta}) \, \mathrm{e}^{-\mathrm{j}\vartheta}$$

und daraus

$$\left. \begin{aligned} g_{1d} &= g_{1\alpha} \cos\vartheta + g_{1\beta} \sin\vartheta \\ g_{1q} &= -g_{1\alpha} \sin\vartheta + g_{1\beta} \cos\vartheta \end{aligned} \right\} \ . \tag{13.89}$$

Diese Operation der *Koordinatendrehung* ist im Bild 13.22c als *KD* bezeichnet. Um sie durchzuführen, wird die augenblickliche Läuferlage ϑ benötigt. Bevor durch die Operation der Koordinatendrehung aus $i_{1\alpha}$ und $i_{1\beta}$ die Komponenten i_{1d} und i_{1q} gewonnen werden können, müssen aus den Strangströmen i_{1a} und i_{1b} durch eine Operation der Koordinatenwandlung *(KW)* die Komponenten $i_{1\alpha}$ und $i_{1\beta}$ ermittelt werden [s. (13.83)]. Das Ergebnis der Feldermittlung in Form der Komponenten ψ_{1d} und ψ_{1q} der Ständerflußverkettung muß mit Hilfe einer zweiten Operation der Koordinatendrehung in die entsprechenden Komponenten $\psi_{1\alpha}$ und $\psi_{1\beta}$ überführt werden, aus denen wiederum über eine Wandlung von kartesischen in Polarkoordinaten der Betrag $\widehat{\psi}_1$ der Ständerflußverkettung und der Winkel $\varepsilon_\psi = \vartheta_{\mathrm{F}}$ ermittelt werden.

Der Sollwert-Istwert-Vergleich für die Stromregelung kann unmittelbar auf der Ebene der Komponenten $i_{1\mathrm{f}}$ und $i_{1\mathrm{m}}$ oder auf der Ebene der Ströme in Ständerkoordinaten, d.h. mit den Komponenten $i_{1\alpha}$ und $i_{1\beta}$ bzw. mit $|\vec{i}_1^{\mathrm{S}}|$ und ε_{i}, oder auf der Ebene der Strangströme erfolgen. Die Entscheidung zwischen diesen Möglichkeiten hängt u.a. von der Art des eingesetzten Umrichters ab. Wenn der Sollwert-Istwert-Vergleich auf der Ebene der Komponenten der Ströme in Feldkoordinaten erfolgen soll (Bild 13.23a), müssen, ausgehend von den Istwerten der Strangströme, zunächst $i_{1\alpha}$ und $i_{1\beta}$ in Ständerkoordinaten und daraus die zugeordneten Komponenten i_{1f} und i_{1m} in Feldkoordinaten ermittelt werden. Mit

$$\vec{i}_1^S = \widehat{i_1}\, e^{j\varepsilon_i} = i_{1\alpha} + j i_{1\beta} \tag{13.90}$$

folgt, ausgehend von (8.52), mit $\vartheta_K = \vartheta_F$ für die Beschreibung in Feldkoordinaten

$$\vec{i}_1^F = i_{1f} + j i_{1m} = \widehat{i_1}\, e^{-j\lambda_i} = \vec{i}_1^S\, e^{-j\vartheta_F} = (i_{1\alpha} + j i_{1\beta})(\cos\vartheta_F - j\sin\vartheta_F)\;. \tag{13.91}$$

Es ist also eine Operation der Koordinatendrehung (KD) analog (13.89) vorzunehmen. Sie erfordert die Kenntnis der Komponenten $i_{1\alpha}$ und $i_{1\beta}$, die von der entsprechenden Operation der Koordinatenwandlung (KW) bereitgestellt werden, sowie $\sin\vartheta_F$ und $\cos\vartheta_F$, die als Ergebnis des Übergangs von kartesischen in Polarkoordinaten (K-P-Wandlung) für die Flußverkettung $\vec{\psi}_1^S$ bzw. den Magnetisierungsstrom $\vec{i}_\mu^S$ zur Verfügung stehen. Gleichung (13.74) für das Drehmoment der Maschine und (13.78), die den Zusammenhang zwischen der Flußverkettung ψ_{1f} und den Komponenten i_{1f} und i_{1m} des Ständerstroms in Feldkoordinaten widerspiegelt, zeigen, daß einerseits das Drehmoment nicht allein von i_{1m}, sondern auch von der Flußverkettung ψ_{1f} beeinflußt und andererseits die Flußverkettung ψ_{1f} ihrerseits nicht allein durch die Komponente i_{1f}, sondern auch durch die Komponente i_{1m} des Ständerstroms bestimmt wird. Um diese wechselseitigen Einflüsse zu eliminieren, muß für eine *Entkopplung* gesorgt werden.

Hinsichtlich des Einflusses von ψ_{1f} auf das Drehmoment kann die Entkopplung einfach dadurch geschehen, daß das Ausgangssignal m_{soll} des Drehzahlreglers durch die Flußverkettung ψ_{1f} dividiert und als $i_{1m\,\text{soll}} = m_{\text{soll}}/\psi_{1f}$ der Sollwert der drehmomentbildenden Komponente des Ständerstroms bereitgestellt wird.

Hinsichtlich des Einflusses von i_{1m} auf die Flußverkettung ψ_{1f} entsprechend (13.78) muß die Entkopplung durch eine geeignete Störgrößenaufschaltung vor der Bildung des Sollwerts $i_{1f\,\text{soll}}$ der feldbildenden Komponente des Ständerstroms erfolgen. Diese Störgrößenaufschaltung muß dafür sorgen, daß der Einfluß, den i_{1m} in der Maschine hervorruft, kompensiert wird. Sie kann dadurch erfolgen, daß dem Ausgangssignal $i'_{1f\,\text{soll}}$ des Flußreglers ein geeignet gewonnenes Signal $i''_{1f\,\text{soll}}$ hinzugefügt wird, das dafür sorgt, daß in der Beziehung zwischen dem Sollwert $i_{1f\,\text{soll}}$ und der Flußverkettung ψ_{1f} in der Maschine, die aus (13.78) mit $i_{1f} = i_{1f\,\text{soll}} = i'_{1f\,\text{soll}} + i''_{1f\,\text{soll}}$ entsteht, der Einfluß von i_{1m} verschwindet. Man erhält aus (13.78) im Unterbereich der Laplace-Transformation mit $i_{1f} = i'_{1f\,\text{soll}} + i''_{1f\,\text{soll}}$

$$\frac{1}{L_{11}}(1 + pT_2)\psi_{1f} = (1 + p\sigma T_2)i'_{1f\,\text{soll}} + (1 + p\sigma T_2)i''_{1f\,\text{soll}} - (\dot\vartheta_F - \dot\vartheta)\sigma T_2 i_{1m}\;.$$

Daraus folgt für das erforderliche Signal $i''_{1f\,\text{soll}}$, das den Einfluß von i_{1m} zum Verschwinden bringt,

$$i''_{1f\,\text{soll}} = \frac{(\dot\vartheta_F - \dot\vartheta)\sigma T_2}{1 + p\sigma T_2}\, i_{1m}\;. \tag{13.92}$$

Es müssen also die augenblicklichen Werte für ϑ_F bzw. $\dot\vartheta_F$, ϑ bzw. $\dot\vartheta$ bzw. n und i_{1m} zur Verfügung stehen, um daraus durch eine geeignete Rechenschaltung bzw. durch Rechnung entsprechend (13.92) $i''_{1f\,\text{soll}}$ zu ermitteln. Im Bild 13.22a sind die Teiloperationen EKM und EKF zur Realisierung der Entkopplung angegeben. Um i_{1m} zur Verfügung zu stellen, sind eventuell zusätzliche Operationen erforderlich. Im Beispiel nach Bild 13.23a, bei dem der Sollwert-Istwert-Vergleich auf der Ebene der Komponenten i_{1m} und i_{1f} erfolgt, steht i_{1m} von vornherein zur Verfügung. Wenn auf die Entkopplung verzichtet wird, liefern die Ausgangssignale des Reglers unmittelbar $i_{1f\,soll}$ und $i_{1m\,soll}$.

Im folgenden werden einige Ausführungsbeispiele für den Teil der Regelschaltung behandelt, der sich an die Sollwertermittlung für i_{1f} und i_{1m} im Bild 13.22a anschließt und dort lediglich als Black-box dargestellt wurde.

Bild 13.23a zeigt den Fall, daß ein ungepulster Umrichter mit Spannungszwischenkreis vorliegt und der Sollwert-Istwert-Vergleich der Ströme auf der Ebene der Komponenten i_{1f} und i_{1m} vorgenommen wird. Dazu müssen die Istwerte dieser Stromkomponenten über Koordinatenwandlung KW und Koordinatendrehung KD zur Verfügung gestellt werden. Die Ausgangssignale der Stromregler für i_{1m} und i_{1f} werden mit Hilfe des Übergangs von kartesischen in Polarkoordinaten (K-P-Wandlung) in die zugeordneten Signale für $\widehat{i}_1$ und λ_i entsprechend (13.91) überführt (s. auch Bild 13.21).

Proportional mit $\widehat{i}_1$ wird die Spannung des netzseitigen Stromrichters gesteuert. Der Winkel λ_i bestimmt die erforderliche Lage der Zündimpulse des maschinenseitigen, ungepulsten Stromrichters als $\varepsilon_i = \varepsilon_\psi + \lambda_i = \vartheta_F + \lambda_i$ (s. Bild 13.21).

Im Bild 13.23b wird ein Umrichter mit Stromzwischenkreis betrachtet und der Sollwert-Istwert-Vergleich für den Betrag $\widehat{i}_1$ des Stroms unmittelbar vor dem netzseitigen Stromrichter vorgenommen. Dazu werden, ausgehend von den Sollwerten von i_{1f} unf i_{1m}, zunächst durch Übergang von kartesischen in Polarkoordinaten (K-P-Wandlung) die entsprechenden Sollwerte für $\widehat{i}_1$ und λ_i ermittelt.

Ein weiterer innerer Regelkreis regelt den Zündwinkel des maschinenseitigen Stromrichters auf seinen Sollwert, der sich aus $\varepsilon_i = \varepsilon_\psi + \lambda_i = \vartheta_F + \lambda_i$ ergibt. Um den Istwert des Winkels ε_i bereitzustellen, ist es erforderlich, ausgehend von den Istwerten der Strangströme über Koordinatenwandlung (KW) die Komponenten $i_{1\alpha}$ und $i_{1\beta}$ und daraus durch Übergang von kartesischen in Polarkoordinaten (K-P-Wandlung) $\widehat{i}_1$ und ε_i zu ermitteln. Der dabei anfallende Istwert des Strombetrags $\widehat{i}_1$ wird im vorliegenden Fall nicht weiter benötigt.

Im Bild 13.23c schließlich wird ein Pulsumrichter mit Spannungszwischenkreis betrachtet, bei dem der Sollwert-Istwert-Vergleich auf der Ebene der Strangströme stattfindet. Dazu werden aus den Sollwerten der Ströme $i_{1f\,soll}$ und $i_{1m\,soll}$ in Feldkoordinaten mit Hilfe der Operation der Koordinatendrehung (KD) die zugeordneten Sollwerte $i_{1\alpha soll}$ und $i_{1\beta soll}$ und aus diesen über eine Koordinatenwandlung (KW) entsprechend (13.84) die Sollwerte der Strangströme gewonnen. Die Stromregler der einzelnen Strangströme sorgen zusammen mit dem jeweiligen Steuersatz dafür, daß in jedem Strang der geforderte Augenblickswert des Stroms durch ein entsprechendes Tastverhältnis der Pulsung eingestellt wird. Dem entspricht, daß mit dem Pulsumrichter

Tafel 13.1 *Einstellbare Stromkombination beim Umrichter mit Stromzwischenkreis und zugehörige Werte des komplexen Ständerstroms $\overrightarrow{i}_1^{\,S}$ in Ständerkoordinaten*

	1	2	3	4	5	6
i_{1a}	$+I_{ZK}$	$+I_{ZK}$		$-I_{ZK}$	$-I_{ZK}$	
i_{1b}	$-I_{ZK}$		$+I_{ZK}$	$+I_{ZK}$		$-I_{ZK}$
i_{1c}		$-I_{ZK}$	$-I_{ZK}$		$+I_{ZK}$	$+I_{ZK}$
$\overrightarrow{i}_1^{\,S}$	$\frac{2}{3}(1-a)I_{ZK}$	$\frac{2}{3}(1-a^2)I_{ZK}$	$\frac{2}{3}(a-a^2)I_{ZK}$	$\frac{2}{3}(a-1)I_{ZK}$	$\frac{2}{3}(a^2-1)I_{ZK}$	$\frac{2}{3}(a^2-a)I_{ZK}$

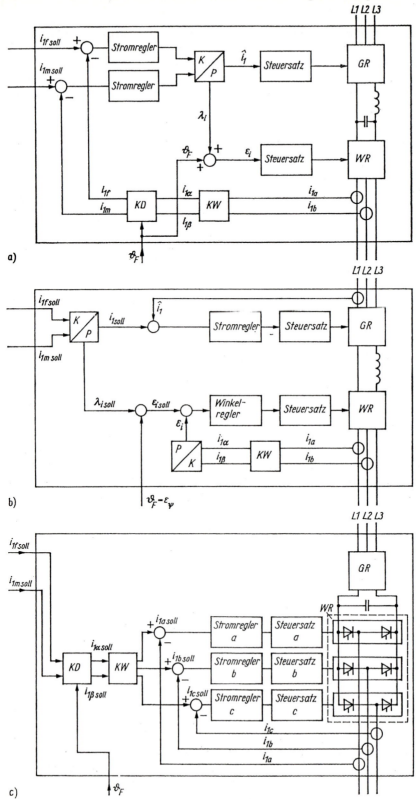

Bild 13.23 Ausführungsbeispiele für den Teil der Regelschaltung einer feldorientierten Regelung, der sich an die Ermittlung der Sollwerte $i_{1\text{f soll}}$ und $i_{1\text{m soll}}$ nach Bild 13.22 anschließt a) ungepulster Umrichter mit Spannungszwischenkreis und Sollwert-Istwert-Vergleich auf der Ebene der Feldkoordinaten mit $i_{1\text{f}}$ und $i_{1\text{m}}$; b) Umrichter mit Stromzwischenkreis mit Sollwert-Istwert-Vergleich für den Strom auf der Ebene der Ständerkoordinaten mit $\widehat{i_1}$ und ε_i; c) Pulsumrichter mit Spannungszwischenkreis mit Sollwert-Istwert-Vergleich auf der Ebene der Strangströme

---

jede beliebige Lage des Stroms $\vec{i}_1^{\,S}$ im Ständerkoordinatensystem eingestellt werden kann und damit auch in jedem Augenblick ein auf $\vec{\psi}_1^{\,S}$ bzw. $\vec{i}_\mu^{\,S}$ senkrecht stehender Strom, um das größtmögliche Drehmoment zu entwickeln. Im Fall des Umrichters mit Stromzwischenkreis lassen sich entsprechend Bild 12.30d und dem Stromverlauf nach Bild 12.35a lediglich die in Tafel 13.1 zusammengestellten Stromkombinationen in den Strängen einstellen. Diese Stromkombinationen ergeben entsprechend $\vec{i}_1^{\,S} = \frac{2}{3}(i_{1a}+ai_{1b}+a^2i_{1c})$ nach (8.7) sechs mögliche Lagen des komplexen Augenblickswerts im Ständerkoordinatensystem (Bild 13.24). In einem betrachteten Augenblick mit einer beliebigen Lage des komplexen Augenblickswerts der Ständerflußverkettung $\vec{\psi}_1^{\,S}$ bzw. des Magnetisierungsstroms $\vec{i}_\mu^{\,S}$ kann also die über den Steuersatz realisierte Stromkombination im Extremfall auf einen komplexen Augenblickswert $\vec{i}_1^{\,S}$ führen, der um 30° von der erforderlichen Lage senkrecht auf $\vec{\psi}_1^{\,S}$ abweicht. Man erhält bei konstanter Drehzahl eine pulsierende Komponente des Drehmoments, wenn nicht der Stromregler so schnell ist, daß er den Betrag $\widehat{i_1}$ entsprechend nachstellt. Die Anordnung nach Bild 13.23c, bei der die Augenblickswerte der Strangströme, entsprechend dem Ergebnis der Signalverarbeitung in der Regelschaltung, eingestellt werden, bietet die beste Möglichkeit zum Verständnis der Vorgänge bei der feldorientierten Regelung. Dazu soll davon ausgegangen werden, daß sich die Maschine mit $n_{\text{soll}} = 0$ und $\widehat{\psi}_{1\text{soll}} = \widehat{\psi}_{1\text{n}}$ im Stillstand befindet und dementsprechend $i_{1\text{m soll}} = 0$ ist und $i_{1\text{f soll}}$ einen bestimmten Wert besitzt. Nach Maßgabe von $i_{1\text{f soll}}$ fließen in den Wicklungssträngen Gleichströme und bauen das entsprechende Feld auf (Bild 13.25a). Wenn nunmehr ein Sprung Δn_{soll} des Drehzahlsollwerts aufgebracht wird, liefert der Drehzahlregler ein endliches Ausgangssignal $\Delta i_{1\text{m soll}}$. Dieses wird entsprechend der räumlichen Lage des Feldes in der Maschine bzw. der Lage $\varepsilon_\psi = \vartheta_F$ des komplexen Augenblickswerts $\vec{\psi}_1^{\,S}$ der Ständerflußverkettung so in Signale $\Delta i_{1\alpha\text{soll}}$ und $\Delta i_{1\beta\text{soll}}$ und damit in solche Signale $\Delta i_{1a\text{soll}}$,

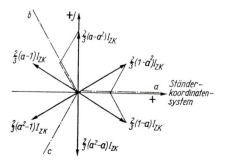

Bild 13.24
Mögliche Lage
des komplexen Augenblickswerts $\vec{i}_1^{\,S}$
entsprechend Tafel 13.1
in Ständerkoordinaten beim Umrichter
mit Stromzwischenkreis

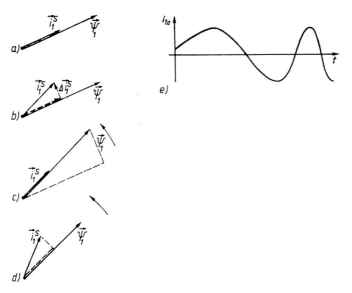

Bild 13.25 *Zur Erläuterung des inneren Mechanismus der feldorientierten Regelung am Beispiel des Aufprägens eines Sollwertsprungs Δn_{soll} bei Stillstand*

a) Gleichgrößen $\vec{\psi}_1^{\,\mathrm{S}}$ und $\vec{i}_1^{\,\mathrm{S}}$ vor Aufprägen des Sollwertsprungs Δn_{soll}

b) Entstehung der Stromkomponente $\Delta\vec{i}_1^{\,\mathrm{S}}$ als unmittelbare Folge des Sollwertsprungs Δn_{soll}

c) Drehstreckung von $\vec{\psi}_1^{\,\mathrm{S}}$ durch den von $\Delta\vec{i}_1^{\,\mathrm{S}}$ hervorgerufenen Feldaufbau

d) Nachstellen von $\vec{i}_1^{\,\mathrm{S}}$ auf der Grundlage der Istwerterfassung
   des Zustands entsprechend c) durch die Stromregler

e) Anfangsverlauf des Stroms im Ankerstrang a

$\Delta i_{1b\mathrm{soll}}$ und $\Delta i_{1c\mathrm{soll}}$ umgesetzt, daß die Stromregler Strangströme einstellen, die einen komplexen Augenblickswert $\Delta\vec{i}_1^{\,\mathrm{S}}$ zur Folge haben, der senkrecht auf $\vec{\psi}_1^{\,\mathrm{S}}$ steht (Bild 13.25b). Damit entwickelt die Maschine entsprechend (13.68) ein Drehmoment, das den größten Betrag aufweist, der mit den eingestellten Werten von $\widehat{\psi}_1$ und $\Delta\widehat{i}_1$ erreichbar ist. Es setzt ein Beschleunigungsvorgang ein. Gleichzeitig baut sich unter der Wirkung des Stroms $\Delta\vec{i}_1^{\,\mathrm{S}}$ ein Feld auf, das sich dem ursprünglich vorhandenen Feld überlagert, die Flußverkettung $\vec{\psi}_1^{\,\mathrm{S}}$ erfährt eine Drehstreckung (Bild 13.25c). Die Istwerterfassung stellt diese Drehstreckung fest, d.h. besonders den geänderten Wert von $\varepsilon_\phi = \vartheta_{\mathrm{F}}$, und, ausgehend von den konstant gebliebenen Sollwerten, werden schließlich Strangströme eingestellt, die den Betrag der Flußverkettung auf den geforderten Wert zurücksetzen und wiederum eine Komponente von $\vec{i}_1^{\,\mathrm{S}}$ entstehen lassen, die senkrecht auf $\vec{\psi}_1^{\,\mathrm{S}}$ steht. Dabei hat sich nunmehr auch der komplexe Augenblickswert $\vec{i}_1^{\,\mathrm{S}}$ des Ankerstroms um einen gewissen Winkel gedreht. Dieser Vorgang setzt sich fort, so daß eine stetig beschleunigte Drehbewegung der komplexen Augenblickswerte $\vec{\psi}_1^{\,\mathrm{S}}$ und $\vec{i}_1^{\,\mathrm{S}}$ zustande kommt. Einem Umlauf von $\vec{\psi}_1^{\,\mathrm{S}}$ bzw. $\vec{i}_1^{\,\mathrm{S}}$ entspricht, daß die zugeordneten Stranggrößen eine – zunächst verzerrte – Periode durchlaufen haben (Bild 13.25e). Es entsteht ein mit zunehmender Geschwindigkeit umlaufendes Drehfeld. Die Augenblickswerte der Strangströme werden durch den inneren Mechanismus der feldorientierten Regelung automatisch so geführt, daß quasisinusförmige Größen mit zunehmender Frequenz entstehen. Unter der Wirkung des nach Maßgabe von $\mathrm{Im}\{\vec{\psi}_1^{\,\mathrm{S}}\vec{i}_1^{\,\mathrm{S}*}\}$ entwickelten Drehmoments wird der Läufer beschleunigt. Er erreicht schließlich die Solldrehzahl

Δn_{soll}. Dann ist keine weitere Beschleunigung mehr erforderlich. Die Komponente $i_{1\text{m}}$ von $\vec{i}_1^{\text{S}}$, die für das Drehmoment verantwortlich ist, reduziert sich auf jenen Wert, der erforderlich ist, um die Konstanz der Drehzahl aufrechtzuerhalten. Das von der Maschine entwickelte Drehmoment ist gerade so groß wie das von der gekuppelten Arbeitsmaschine geforderte Drehmoment.

Wenn kein Pulsumrichter mit Regelung der Strangströme eingesetzt ist, erfolgt das Einstellen der Lage des Stroms $\vec{i}_1^{\text{S}}$ nicht kontinuierlich, sondern in Sprüngen zu jeweils 60° (s. Bild 13.24). Ansonsten verlaufen die Vorgänge analog.

14 Besondere Ausführungsformen von Asynchronmaschinen

14.1 Einphasen-Asynchronmaschinen

14.1.0 Ausgangsüberlegungen

Das Betriebsverhalten der Dreiphasen-Asynchronmaschine am Einphasennetz ist bereits im Abschnitt 12.5 behandelt worden. Dabei wurde davon ausgegangen, daß eine Dreiphasen-Asynchronmaschine aufgrund ihrer bekannten Vorzüge hinsichtlich Anschaffungskosten und Wartungsaufwand zum Einsatz kommen soll, aber nur ein Einphasennetz zur Verfügung steht. Wenn ein Motor von vornherein für den Betrieb am Einphasennetz auszulegen ist, liegt es nahe, ihn mit einer diesem Einsatz angepaßten Ständerwicklung auszurüsten. Im einfachsten Fall wird man also nur einen Wicklungsstrang vorsehen und erhält eine Maschine, die analog zur Dreiphasen-Asynchronmaschine im reinen Einphasenbetrieb, wie er im Abschnitt 12.5.1 behandelt wurde, kein Anzugsmoment entwickelt. Um analog zu Abschnitt 12.5.2 eine zusätzliche Einspeisung über ein äußeres Schaltelement zu ermöglichen und damit vor allem das Anlaufverhalten zu verbessern, wird außer dem *Hauptstrang* ein *Hilfsstrang* vorgesehen. Seine Wicklungsachse ist gegenüber der des Hauptstrangs um eine halbe Polteilung versetzt. Es werden Maschinen mit abschaltbarem und solche mit nichtabschaltbarem Hilfsstrang ausgeführt. Im ersten Fall dient der Hilfsstrang nur zur Erzeugung eines Anzugsmoments, im zweiten hat er in erster Linie die Aufgabe, das Verhalten im Bereich des Bemessungsbetriebs zu verbessern. In manchen Fällen bleibt der Hilfsstrang zwar ständig in Funktion, wird aber im Bereich des Bemessungsbetriebs über ein Schaltelement mit anderen Parametern eingespeist als beim Anlauf.

Die folgende Analyse ist als Beispiel eines Maschinenmodells auf Basis der Grundwellenverkettung unter Verwendung der allgemeinen Überlegungen in den Abschnitten 7.1 und 7.2 zu sehen.

Der Läufer der Einphasen-Asynchronmaschinen ist meist ein stromverdrängungsarmer Käfigläufer; in seltenen Fällen setzt man einen dreisträngigen Schleifringläufer ein. Für die analytische Behandlung wird der Käfigläufer entsprechend den Überlegungen im Abschnitt 7.2.3 durch einen dreisträngigen Schleifringläufer ersetzt, dessen Parameter in Tafel 7.1 zusammengestellt wurden. Die weiteren Untersuchungen sind deshalb auf eine Maschine zu erstrecken, die zwei unterschiedliche Stränge im Ständer und eine symmetrische dreisträngige Wicklung im Läufer aufweist. Die allgemeine Behandlung einer derartigen Maschine auf Basis der Grundwellenverkettung wurde bereits im Abschnitt 7.1.3 vorgenommen.

14.1.1 Allgemeine Behandlung des stationären Betriebs

Die zu betrachtende Anordnung ist im Bild 14.1 schematisch dargestellt (vgl. Bild 7.3). Dabei ist zu beachten, daß Hauptstrang a und Hilfsstrang b unterschiedlich ausgeführt sind. Es gelten die Flußverkettungsgleichungen (7.17) und (7.18), wobei im folgenden,

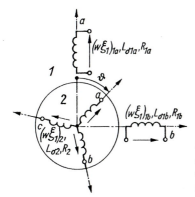

Bild 14.1
Schematische Darstellung
der Einphasen-Asynchronmaschine
mit Hauptstrang a und Hilfsstrang b

entsprechend der bisherigen Vorgehensweise bei der Behandlung der Asynchronmaschine, die Hauptelemente Ständer und Läufer nicht mehr mit S und L, sondern mit 1 und 2 bezeichnet werden. Eine Betrachtung von (7.17) und (7.18) zeigt, daß es sich anbietet, folgende Induktivitäten einzuführen:

$$
\begin{aligned}
L_{11a} &= L_{\sigma 1a} + L_{h1a} \\[2mm]
L_{11b} &= L_{\sigma 1b} + \frac{1}{\ddot{u}_{ab}^2} L_{h1a} \\[2mm]
L_{12a} &= \frac{1}{\ddot{u}_h}\xi_{\mathrm{schr}} L_{h1a} \\[2mm]
L_{12b} &= \frac{1}{\ddot{u}_{ab}}\frac{1}{\ddot{u}_h}\xi_{\mathrm{schr}} L_{h1a} \\[2mm]
L_{22} &= L_{\sigma 2} + \frac{3}{2}\frac{1}{\ddot{u}_h^2} L_{h1a}
\end{aligned}
\qquad . \tag{14.1}
$$

Dabei ist mit (7.15)

$$
L_{h1a} = \frac{\mu_0}{\delta_i}\frac{4}{\pi}\frac{2}{\pi}\tau_p l_i \frac{(w\xi_1)_{1a}^2}{2p} \tag{14.2}
$$

die dem Luftspaltfeld zugeordnete Selbstinduktivität des Hauptstrangs a[1], und für die Übersetzungsverhältnisse $\ddot{u}_h$ und $\ddot{u}_{ab}$ gilt entsprechend (7.12) und (7.19)

$$
\ddot{u}_h = \frac{(w\xi_1)_{1a}}{(w\xi_1)_2} , \tag{14.3}
$$

$$
\ddot{u}_{ab} = \frac{(w\xi_1)_{1a}}{(w\xi_1)_{1b}} . \tag{14.4}
$$

[1]Die dem Luftspaltfeld zugeordnete Selbstinduktivität L eines Stranges nach (14.2) steht zur Hauptinduktivität L_h einer zugeordneten symmetrischen dreisträngigen Wicklung nach (7.15) in der Beziehung $L_h = (3/2)L$.

Damit ergeben sich die im folgenden zusammengestellten Ausgangsgleichungen.

Spannungsgleichungen der Ständerstränge

– *Hauptstrang*

$$u_{1a} = R_{1a}i_{1a} + \frac{\mathrm{d}\psi_{1a}}{\mathrm{d}t} \ . \tag{14.5}$$

– *Hilfsstrang*

$$u_{1b} = R_{1b}i_{1b} + \frac{\mathrm{d}\psi_{1b}}{\mathrm{d}t} \ . \tag{14.6}$$

Spannungsgleichungen der Läuferstränge $(j = a, b, c)$

$$u_{2j} = R_2 i_{2j} + \frac{\mathrm{d}\psi_{2j}}{\mathrm{d}t} = 0 \ . \tag{14.7}$$

Flußverkettungsgleichungen der Ständerstränge

$$\left.\begin{aligned}
\psi_{1a} &= L_{11a}i_{1a} + L_{12a}\left[i_{2a}\cos\vartheta + i_{2b}\cos\left(\vartheta + \frac{2\pi}{3}\right)\right. \\
&\quad \left. + i_{2c}\cos\left(\vartheta - \frac{2\pi}{3}\right)\right] \ , \\
\psi_{1b} &= L_{11b}i_{1b} + L_{12b}\left[i_{2a}\cos\left(\vartheta - \frac{\pi}{2}\right) + i_{2b}\cos\left(\vartheta + \frac{2\pi}{3} - \frac{\pi}{2}\right)\right. \\
&\quad \left. + i_{2c}\cos\left(\vartheta - \frac{2\pi}{3} - \frac{\pi}{2}\right)\right] \ .
\end{aligned}\right\} \tag{14.8}$$

Flußverkettungsgleichungen der Läuferstränge

$$\left.\begin{aligned}
\psi_{2a} &= L_{22}i_{2a} + L_{12a}\cos\vartheta\, i_{1a} + L_{12b}\cos\left(\vartheta - \frac{\pi}{2}\right)i_{1b} \ , \\
\psi_{2b} &= L_{22}i_{2b} + L_{12a}\cos\left(\vartheta + \frac{2\pi}{3}\right)i_{1a} + L_{12b}\cos\left(\vartheta + \frac{2\pi}{3} - \frac{\pi}{2}\right)i_{1b} \ , \\
\psi_{2c} &= L_{22}i_{2c} + L_{12a}\cos\left(\vartheta - \frac{2\pi}{3}\right)i_{1a} + L_{12b}\cos\left(\vartheta - \frac{2\pi}{3} - \frac{\pi}{2}\right)i_{1b} \ .
\end{aligned}\right\} \tag{14.9}$$

Dabei muß zunächst von einem beliebigen Zeitverhalten der Variablen ausgegangen werden, da zwar nur der stationäre Betrieb betrachtet werden soll, aber noch keine Aussage darüber gemacht werden kann, ob sich einzelne Variable aus Komponenten unterschiedlicher Frequenz zusammensetzen.

Aufgrund der Symmetrie des Läufers bietet es sich an, komplexe Augenblickswerte für die Läufergrößen einzuführen, wie sie im Abschnitt 8.3.1 definiert wurden. Mit

$$\vec{\psi}_2^{\mathrm{L}} = \frac{2}{3}(\psi_{2a} + \boldsymbol{a}\psi_{2b} + \boldsymbol{a}^2\psi_{2c}) \ , \tag{14.10}$$

$$\vec{i}_2^{\mathrm{L}} = \frac{2}{3}(i_{2a} + \boldsymbol{a}i_{2b} + \boldsymbol{a}^2 i_{2c}) \tag{14.11}$$

nach (8.8) folgt aus (14.7) bis (14.9) unter Beachtung von $\cos x = \frac{1}{2}(\mathrm{e}^{\mathrm{j}x} + \mathrm{e}^{-\mathrm{j}x})$

$$\vec{u}_2^{\mathrm{L}} = 0 = R_2 \vec{i}_2^{\mathrm{L}} + \frac{\mathrm{d}\vec{\psi}_2^{\mathrm{L}}}{\mathrm{d}t} \ , \tag{14.12}$$

$$\left.\begin{aligned}
\psi_{1a} &= L_{11a}i_{1a} + \frac{3}{2}L_{12a}\operatorname{Re}\{\vec{i}_2^{\,\mathrm{L}}\,\mathrm{e}^{\mathrm{j}\vartheta}\} \;, \\
\psi_{1b} &= L_{11b}i_{1b} + \frac{3}{2}L_{12b}\operatorname{Re}\{\vec{i}_2^{\,\mathrm{L}}\,\mathrm{e}^{\mathrm{j}(\vartheta-\pi/2)}\} \;,
\end{aligned}\right\} \tag{14.13}$$

$$\vec{\psi}_2^{\,\mathrm{L}} = L_{22}\vec{i}_2^{\,\mathrm{L}} + L_{12a}i_{1a}\,\mathrm{e}^{-\mathrm{j}\vartheta} + L_{12b}i_{1b}\,\mathrm{e}^{-\mathrm{j}(\vartheta-\pi/2)} \;. \tag{14.14}$$

Es ist zu erwarten, daß das Drehmoment, entsprechend der Eigenart von Einphasenmaschinen, außer dem zeitlich konstanten Mittelwert ein Pendelmoment enthält, das mit der doppelten Frequenz des speisenden Netzes pulsiert. Auf die Rotationsbewegung des Läufers hat dieses Pendelmoment aufgrund der Höhe seiner Frequenz praktisch keinen Einfluß. Dementsprechend wird für die weiteren Betrachtungen vorausgesetzt, daß die Drehzahl konstant ist. Unter Einführung des Schlupfs s gegenüber dem mitlaufenden Drehfeld – d.h. gegenüber jenem Drehfeld, das sich in Richtung der positiven Drehrichtung des Läufers, also in Richtung der Läuferbewegung mit $\mathrm{d}\vartheta/\mathrm{d}t > 0$ bewegt – erhält man

$$\frac{\mathrm{d}\vartheta}{\mathrm{d}t} = (1-s)\,\omega_1 \tag{14.15}$$

und daraus, wenn $\vartheta_0 = 0$ gesetzt wird, da die Läuferkreise nicht auf elektrischem Weg mit den Ständerkreisen in Verbindung stehen,

$$\vartheta = (1-s)\,\omega_1 t \;. \tag{14.16}$$

Die elektrische und magnetische Symmetrie des Läufers bewirkt, daß er auf jede Feldkomponente des Ständers mit einer gleichartigen Feldkomponente reagiert. Daraus folgt die wichtige Erkenntnis, daß bei sinusförmigen Strömen in den Ständersträngen als Rückwirkung des Läufers in den Ständersträngen wiederum nur sinusförmige Spannungen der gleichen Frequenz induziert werden. Damit sind als weitere Schlußfolgerungen bei sinusförmiger Netzspannung die Ströme und Flußverkettungen der Ständerstränge sinusförmig und weisen Netzfrequenz auf. Ausgehend von den Formulierungen

$$\left.\begin{aligned}
i_{1a} &= \widehat{i}_{1a}\cos(\omega_1 t + \varphi_{i1a}) \;, \\
i_{1b} &= \widehat{i}_{1b}\cos(\omega_1 t + \varphi_{i1b}) \;,
\end{aligned}\right\} \tag{14.17}$$

erhält man mit $\cos x = \frac{1}{2}(\mathrm{e}^{\mathrm{j}x} + \mathrm{e}^{-\mathrm{j}x})$ für die Ausdrücke $i_{1a}\,\mathrm{e}^{-\mathrm{j}\vartheta}$ und $i_{1b}\,\mathrm{e}^{-\mathrm{j}(\vartheta-\pi/2)}$), die in (14.14) für den komplexen Augenblickswert der Läuferflußverkettung auftreten,

$$i_{1a}\,\mathrm{e}^{-\mathrm{j}\vartheta} = \frac{\widehat{i}_{1a}}{2}\left\{\mathrm{e}^{\mathrm{j}(s\omega_1 t + \varphi_{i1a})} + \mathrm{e}^{-\mathrm{j}[(2-s)\omega_1 t + \varphi_{i1a}]}\right\} \;, \tag{14.18}$$

$$i_{1b}\,\mathrm{e}^{-\mathrm{j}(\vartheta-\pi/2)} = \frac{\widehat{i}_{1b}}{2}\left\{\mathrm{e}^{\mathrm{j}(s\omega_1 t + \varphi_{i1b} + \pi/2)} + \mathrm{e}^{-\mathrm{j}[(2-s)\omega_1 t + \varphi_{i1b} - \pi/2]}\right\} \;. \tag{14.19}$$

Die Ständerströme rufen ein mitlaufendes und ein gegenlaufendes Drehfeld bezüglich der positiven Drehrichtung des Läufers hervor. Ersteres führt zu Läufergrößen $g_{2\mathrm{m}}$ mit der Kreisfrequenz $s\omega_1$ und letzteres zu Läufergrößen $g_{2\mathrm{g}}$ mit der Kreisfrequenz $(2-s)\omega_1$. Der komplexe Augenblickswert der Läuferflußverkettung nach (14.14) muß die gleichen Komponenten aufweisen, wie unter dem Einfluß der Ständerströme nach (14.18) und (14.19) entstehen. Das gleiche gilt dann entsprechend (14.12) für den komplexen Augenblickswert des Läuferstroms. Dieser läßt sich demnach formulieren als

$$\vec{i}_2^{\,\mathrm{L}} = \vec{i}_{2\mathrm{m}}^{\,\mathrm{L}} + \vec{i}_{2\mathrm{g}}^{\,\mathrm{L}} = \widehat{i}_{2\mathrm{m}}\,\mathrm{e}^{\mathrm{j}(s\omega_1 t + \varphi_{i2\mathrm{m}})} + \widehat{i}_{2\mathrm{g}}\,\mathrm{e}^{-\mathrm{j}[(2-s)\omega_1 t + \varphi_{i2\mathrm{g}}]}\;. \tag{14.20}$$

Für die in den Flußverkettungsgleichungen (14.13) der Ständerstränge auftretenden Ausdrücke $\vec{i}_2^{\,\mathrm{L}}\mathrm{e}^{\mathrm{j}\vartheta}$ und $\vec{i}_2^{\,\mathrm{L}}\mathrm{e}^{\mathrm{j}(\vartheta-\pi/2)})$ erhält man damit unter Beachtung von (14.16)

$$\left.\begin{aligned}
\vec{i}_2^{\,\mathrm{L}}\,\mathrm{e}^{\mathrm{j}\vartheta} &= \widehat{i}_{2\mathrm{m}}\,\mathrm{e}^{\mathrm{j}(\omega_1 t + \varphi_{i2\mathrm{m}})} + \widehat{i}_{2\mathrm{g}}\,\mathrm{e}^{-\mathrm{j}(\omega_1 t + \varphi_{i2\mathrm{g}})}\;,\\[2mm]
\vec{i}_2^{\,\mathrm{L}}\,\mathrm{e}^{\mathrm{j}\vartheta-\pi/2} &= \widehat{i}_{2\mathrm{m}}\,\mathrm{e}^{\mathrm{j}(\omega_1 t + \varphi_{i2\mathrm{m}}-\pi/2)} + \widehat{i}_{2\mathrm{g}}\,\mathrm{e}^{-\mathrm{j}(\omega_1 t + \varphi_{i2\mathrm{g}}+\pi/2)}\;.
\end{aligned}\right\} \tag{14.21}$$

Die Flußverkettungsgleichungen (14.13) der Ständerstränge nehmen damit unter Berücksichtigung von (14.17) folgende Form an:

$$\left.\begin{aligned}
\psi_{1a} &= L_{11a}\widehat{i}_{1a}\cos(\omega_1 t + \varphi_{i1a}) + \frac{3}{2}L_{12a}\widehat{i}_{2\mathrm{m}}\cos(\omega_1 t + \varphi_{i2\mathrm{m}})\\[2mm]
&\quad + \frac{3}{2}L_{12a}\widehat{i}_{2\mathrm{g}}\cos(\omega_1 t + \varphi_{i2\mathrm{g}})\\[3mm]
\psi_{1b} &= L_{11b}\widehat{i}_{1b}\cos(\omega_1 t + \varphi_{i1b}) + \frac{3}{2}L_{12b}\widehat{i}_{2\mathrm{m}}\cos(\omega_1 t + \varphi_{i2\mathrm{m}}-\pi/2)\\[2mm]
&\quad + \frac{3}{2}L_{12b}\widehat{i}_{2\mathrm{g}}\cos(\omega_1 t + \varphi_{12\mathrm{g}}+\pi/2)
\end{aligned}\right\} \tag{14.22}$$

Die Flußverkettungsgleichung (14.14) des Läufers geht mit (14.18) bis (14.20) über in

$$\vec{\psi}_2^{\,\mathrm{L}} = \vec{\psi}_{2\mathrm{m}}^{\,\mathrm{L}} + \vec{\psi}_{2\mathrm{g}}^{\,\mathrm{L}} = L_{22}\widehat{i}_{2\mathrm{m}}\,\mathrm{e}^{\mathrm{j}(s\omega_1 t + \varphi_{i2\mathrm{m}})} + L_{12a}\frac{\widehat{i}_{1a}}{2}\,\mathrm{e}^{\mathrm{j}(s\omega_1 t + \varphi_{i1a})}$$

$$+ L_{12b}\frac{\widehat{i}_{1b}}{2}\,\mathrm{e}^{\mathrm{j}(s\omega_1 t + \varphi_{i1b}+\pi/2)} + L_{22}\widehat{i}_{2\mathrm{g}}\,\mathrm{e}^{-\mathrm{j}[(2-s)\omega_1 t + \varphi_{i2\mathrm{g}}]}$$

$$+ L_{12a}\frac{\widehat{i}_{1a}}{2}\,\mathrm{e}^{-\mathrm{j}[(2-s)\omega_1 t + \varphi_{i1a}]} + L_{12b}\frac{\widehat{i}_{1b}}{2}\,\mathrm{e}^{-\mathrm{j}[(2-s)\omega_1 t + \varphi_{i1b}-\pi/2]}\;. \tag{14.23}$$

Damit erhält man aus der Spannungsgleichung (14.12) des Läufers

$$0 = R_2\vec{i}_{2\mathrm{m}}^{\,\mathrm{L}} + \mathrm{j}s\omega_1\vec{\psi}_{2\mathrm{m}}^{\,\mathrm{L}} + R_2\vec{i}_{2\mathrm{g}}^{\,\mathrm{L}} - \mathrm{j}(2-s)\omega_1\vec{\psi}_{2\mathrm{g}}^{\,\mathrm{L}}$$

$$= R_2\widehat{i}_{2\mathrm{m}}\,\mathrm{e}^{\mathrm{j}(s\omega_1 t + \varphi_{i2\mathrm{m}})} + \mathrm{j}s\omega_1 L_{22}\widehat{i}_{2\mathrm{m}}\,\mathrm{e}^{\mathrm{j}[s\omega_1 t + \varphi_{i2\mathrm{m}}]} + \mathrm{j}s\omega_1 L_{12a}\frac{\widehat{i}_{1a}}{2}\,\mathrm{e}^{\mathrm{j}(s\omega_1 t + \varphi_{i1a})}$$

$$+ \mathrm{j}s\omega_1 L_{12b}\frac{\widehat{i}_{1b}}{2}\,\mathrm{e}^{\mathrm{j}(s\omega_1 t + \varphi_{i1b}+\pi/2)}$$

$$+ R_2\widehat{i}_{2\mathrm{g}}\,\mathrm{e}^{-\mathrm{j}[(2-s)\omega_1 t + \varphi_{i2\mathrm{g}}]} - \mathrm{j}(2-s)\omega_1 L_{22}\widehat{i}_{2\mathrm{g}}\,\mathrm{e}^{-\mathrm{j}[(2-s)\omega_1 t + \varphi_{i2\mathrm{g}}]}$$

$$- \mathrm{j}(2-s)\omega_1 L_{12a}\frac{\widehat{i}_{1a}}{2}\,\mathrm{e}^{-\mathrm{j}[(2-s)\omega_1 t + \varphi_{i1a}]} - \mathrm{j}(2-s)\omega_1 L_{12b}\frac{\widehat{i}_{1b}}{2}$$

$$\times\,\mathrm{e}^{-\mathrm{j}[(2-s)\omega_1 t + \varphi_{i1b}-\pi/2]}\;. \tag{14.24}$$

Sie zerfällt in zwei Gleichungen für die beiden Komponenten hinsichtlich des Zeitverhaltens.

Die vorstehende Analyse weist aus, daß in den Ständersträngen eingeschwungene Sinusgrößen der Kreisfrequenz ω_1 herrschen und in den Läufersträngen jeweils zwei eingeschwungene Sinusgrößen mit den Kreisfrequenzen $s\omega_1$ und $(2-s)\omega_1$ auftreten. Damit kann nunmehr zur Darstellung der komplexen Wechselstromrechnung übergegangen werden, wobei im Ständer die beiden unterschiedlichen Stränge betrachtet werden müssen, während es im Läufer aufgrund seiner Symmetrie wiederum genügt, sich auf den Bezugsstrang a zu beschränken, da die Größen in den anderen Strängen entsprechend (8.10) bis (8.12) gegenüber denen des Strangs a lediglich phasenverschoben sind. Es existieren allerdings, ausgehend von (14.24), für den Läuferstrang a zwei Spannungsgleichungen, eine für die Größe mit der Kreisfrequenz $s\omega_1$ und eine zweite für jene mit der Kreisfrequenz $(2-s)\omega_1$.

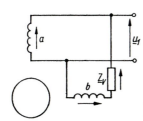

Bild 14.2
Schaltung der Ständerstränge

Die beiden Ständerstränge werden entsprechend Bild 14.2 an der gleichen Spannung $\underline{u}_1$ betrieben, wobei dem Hilfsstrang lediglich ein äußeres Schaltelement $\underline{Z}_\mathrm{v}$ vorgeschaltet ist. Es gilt also mit Bild 14.2

$$\underline{u}_{1a} = \underline{u}_1 \,, \qquad \underline{u}_{1b} = \underline{u}_1 - \underline{Z}_\mathrm{v}\underline{i}_{1b} \tag{14.25}$$

Damit erhält man, ausgehend von (14.5), (14.6) (14.22) und (14.24), in der Darstellung der komplexen Wechselstromrechnung folgendes System der Spannungsgleichungen:

$$\underline{u}_1 = \underline{u}_{1a} = R_{1a}\underline{i}_{1a} + \mathrm{j}X_{11a}\underline{i}_{1a} + \mathrm{j}\frac{3}{2}X_{12a}\underline{i}_{2\mathrm{m}} + \mathrm{j}\frac{3}{2}X_{12a}\underline{i}_{2\mathrm{g}} \tag{14.26}$$

$$\underline{u}_1 = \underline{u}_{1b} + \underline{Z}_\mathrm{v}\underline{i}_{1b} = \underline{Z}_\mathrm{v}\underline{i}_{1b} + R_{1b}\underline{i}_{1b} + \mathrm{j}X_{11b}\underline{i}_{1b} + \mathrm{j}\frac{3}{2}X_{12b}\underline{i}_{2\mathrm{m}}\,\mathrm{e}^{-\mathrm{j}(\pi/2)}$$

$$+ \mathrm{j}\frac{3}{2}X_{12b}\underline{i}_{2\mathrm{g}}\,\mathrm{e}^{\mathrm{j}(\pi/2)} \tag{14.27}$$

$$0 = \frac{R_2}{s}\underline{i}_{2\mathrm{m}} + \mathrm{j}X_{22}\underline{i}_{2\mathrm{m}} + \mathrm{j}\frac{1}{2}X_{12a}\underline{i}_{1a} + \mathrm{j}\frac{1}{2}X_{12b}\underline{i}_{1b}\,\mathrm{e}^{\mathrm{j}(\pi/2)} \tag{14.28}$$

$$0 = \frac{R_2}{2-s}\underline{i}_{2\mathrm{g}} + \mathrm{j}X_{22}\underline{i}_{2\mathrm{g}} + \mathrm{j}\frac{1}{2}X_{12a}\underline{i}_{1a} + \mathrm{j}\frac{1}{2}X_{12b}\underline{i}_{1b}\,\mathrm{e}^{-\mathrm{j}(\pi/2)} \tag{14.29}$$

Dabei sind alle Variablen in der üblichen Form als $\underline{g} = \hat{g}\,\mathrm{e}^{\mathrm{j}\varphi_g}$ eingeführt worden, besonders gilt also für die beiden Komponenten des Läuferstroms $\underline{i}_{2\mathrm{m}} = \hat{i}_{2\mathrm{m}}\,\mathrm{e}^{\mathrm{j}\varphi_{i2\mathrm{m}}}$ und $\underline{i}_{2\mathrm{g}} = \hat{i}_{2\mathrm{g}}\,\mathrm{e}^{\mathrm{j}\varphi_{i2\mathrm{g}}}$. Alle Reaktanzen ergeben sich als $X_\nu = \omega_1 L_\nu$ aus den zugeordneten Induktivitäten nach den Gleichungen (14.1).

Zur praktischen Anwendung des Systems der Gleichungen (14.26) bis (14.29) empfiehlt es sich, in Analogie zum Vorgehen bei der Dreiphasen-Asynchronmaschine im Abschnitt 8.8, transformierte Läufergrößen sowie hier zusätzlich transformierte Größen des Hilfsstrangs einzuführen. Dies soll hinsichtlich der transformierten Läufergröße auf Basis des reellen Übersetzungsverhältnisses $\ddot{u}_h$ nach (14.3) erfolgen. Es ist dementsprechend ähnlich vorzugehen wie im Abschnitt 8.8.1. Dabei sind ähnlich zusammengesetzte Ausdrücke für die auftretenden Reaktanzen zu erwarten. Man erhält aus (14.26) bis (14.29) unter Beachtung der (14.1) entsprechenden Beziehungen für die zugeordneten Reaktanzen:

$$\underline{u}_1 = \underline{u}_{1a} = (R_{1a} + j\widetilde{X}_{\sigma 1a})\underline{i}_{1a} + j\widetilde{X}_{h1a}\left[\underline{i}_{1a} + \frac{1}{2}(\underline{i}'_{2m} + \underline{i}'_{2g})\right] \tag{14.30}$$

$$\underline{u}'_1 = \underline{u}'_{1b} + \underline{Z}'_v\underline{i}'_{1b} = (R'_{1b} + j\widetilde{X}_{\sigma 1b} + \underline{Z}'_v)\underline{i}'_{1b} + j\widetilde{X}_{h1a}\left[\underline{i}'_{1b} + \frac{1}{2}(\underline{i}'_{2m} - \underline{i}'_{2g})\right] \tag{14.31}$$

$$0 = \left(\frac{R'_2}{s} + j\widetilde{X}'_{\sigma 2}\right)\underline{i}'_{2m} + j\frac{1}{2}\widetilde{X}_{h1a}[\underline{i}_{1a} + \underline{i}'_{1b} + \underline{i}'_{2m}] \tag{14.32}$$

$$0 = \left(\frac{R'_2}{2-s} + j\widetilde{X}'_{\sigma 2}\right)\underline{i}'_{2g} + j\frac{1}{2}\widetilde{X}_{h1a}[\underline{i}_{1a} - \underline{i}'_{1b} + \underline{i}'_{2g}] \ . \tag{14.33}$$

Dabei ist unter Beachtung von (14.3) und (14.4)

$$\left.\begin{aligned}
& \underline{i}'_{2m} = \frac{3}{\ddot{u}_h}\underline{i}_{2m} \ ; \qquad \underline{i}'_{2g} = \frac{3}{\ddot{u}_h}\underline{i}_{2g} \\[2mm]
& \underline{u}'_{1b} = j\ddot{u}_{ab}\underline{u}_{1b} \ ; \qquad \underline{u}'_1 = j\ddot{u}_{ab}\underline{u}_1 \\[2mm]
& \underline{i}'_{1b} = j\frac{1}{\ddot{u}_{ab}}\underline{i}_{1b} \ ,
\end{aligned}\right\} \tag{14.34}$$

$$\left.\begin{aligned}
& \widetilde{X}_{\sigma 1a} = X_{\sigma 1a} + (1 - \xi_{schr})X_{h1a} \ ; \qquad \widetilde{X}_{h1a} = \xi_{schr}X_{h1a} \\[2mm]
& R'_{1b} = \ddot{u}_{ab}^2 R_{1b} \ ; \qquad X'_{\sigma 1b} = \ddot{u}_{ab}^2 X_{\sigma 1b} \\[2mm]
& \widetilde{X}'_{\sigma 1b} = X'_{\sigma 1b} + (1 - \xi_{schr})X_{h1a} \\[2mm]
& R'_2 = \frac{\ddot{u}_h^3}{2}R_2 \ ; \qquad X'_{\sigma 2} = \frac{\ddot{u}_h^2}{3}X_{\sigma 2} \\[2mm]
& \widetilde{X}'_{\sigma 2} = X'_{\sigma 2} + (1 - \xi_{schr})\frac{1}{2}X_{h1a}
\end{aligned}\right\} \tag{14.35}$$

$$\underline{Z}'_v = \ddot{u}_{ab}^2\underline{Z}_v \ . \tag{14.36}$$

Für den allgemeinen Fall, daß sowohl der Hauptstrang als auch der Hilfsstrang in Funktion sind, empfiehlt es sich, entsprechend dem Auftreten der beiden Komponenten des Läuferstroms in (14.30) und (14.31) neue Variablen in der Form

$$\underline{i}'_{2,a} = \frac{1}{2}(\underline{i}'_{2m} + \underline{i}'_{2g}) \ , \qquad \underline{i}'_{2,b} = \frac{1}{2}(\underline{i}'_{2m} - \underline{i}'_{2g}) \ , \tag{14.37}$$

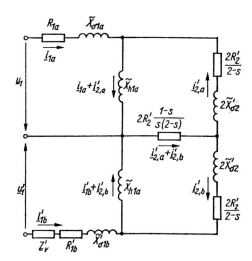

Bild 14.3
Ersatzschaltbild der
Einphasen-Asynchronmaschine
mit Haupt- und Hilfsstrang

einzuführen. Dabei wird $\underline{i}'_{2,a}$ entsprechend (14.30) durch die Größen des Ständerstrangs a und $\underline{i}'_{2,b}$ entsprechend (14.31) durch die des Ständerstrangs b bestimmt. Aus (14.37) folgt als umgekehrte Zuordnung

$$\underline{i}'_{2m} = \underline{i}'_{2,a} + \underline{i}'_{2,b} \ , \qquad \underline{i}'_{2g} = \underline{i}'_{2,a} - \underline{i}'_{2,b} \ . \tag{14.38}$$

Die Gleichungen (14.30) und (14.31) gehen mit (14.37) über in

$$\boxed{\underline{u}_1 = \underline{u}_{1a} = (R_{1a} + \mathrm{j}\widetilde{X}_{\sigma 1a})\underline{i}_{1a} + \mathrm{j}\widetilde{X}_{\mathrm{h}1a}(\underline{i}_{1a} + \underline{i}'_{2,a})} \tag{14.39}$$

$$\boxed{\underline{u}'_1 = \underline{u}'_{1b} + \underline{Z}'_{\mathrm{v}}\underline{i}'_{1b} = (R'_{1b} + \mathrm{j}\widetilde{X}'_{\sigma 1b} + \underline{Z}'_{\mathrm{v}})\underline{i}'_{1b} + \mathrm{j}\widetilde{X}_{\mathrm{h}1a}(\underline{i}'_{1b} + \underline{i}'_{2,b})} \ . \tag{14.40}$$

Um eine Läuferspannungsgleichung zu erhalten, in der das Glied $\mathrm{j}\widetilde{X}_{\mathrm{h}1a}(\underline{i}_{1a} + \underline{i}'_{2,a})$ auftritt, ist es erforderlich, (14.32) und (14.33) zu addieren und (14.37) bzw. (14.38) einzuführen. Analog erfordert das Auftreten eines Gliedes $\mathrm{j}\widetilde{X}_{\mathrm{h}1a}(\underline{i}_{1b} + \underline{i}'_{2,b})$, daß man (14.32) und (14.33) voneinander subtrahiert. Die Durchführung dieser Operationen liefert

$$\boxed{\left(\frac{2R'_2}{2-s} + \mathrm{j}2\widetilde{X}'_{\sigma 2}\right)\underline{i}'_{2,a} + 2R'_2\frac{1-s}{s(2-s)}(\underline{i}'_{2,a} + \underline{i}'_{2,b}) + \mathrm{j}\widetilde{X}_{\mathrm{h}1a}(\underline{i}_{1a} + \underline{i}'_{2,a}) = 0} \tag{14.41}$$

$$\boxed{\left(\frac{2R'_2}{2-s} + \mathrm{j}2\widetilde{X}'_{\sigma 2}\right)\underline{i}'_{2,b} + 2R'_2\frac{1-s}{s(2-s)}(\underline{i}'_{2,a} + \underline{i}'_{2,b}) + \mathrm{j}\widetilde{X}_{\mathrm{h}1a}(\underline{i}_{1b} + \underline{i}'_{2,b}) = 0} \ . \tag{14.42}$$

Die Gleichungen (14.39) bis (14.42) befriedigen das Ersatzschaltbild nach Bild 14.3.

Das Drehmoment erhält man unter der gegebenen Voraussetzung linearer magnetischer Verhältnisse aus Tafel (6.1) mit $\vartheta = p\vartheta'$ allgemein als

$$m = \frac{p}{2}\sum_{\nu=1}^{n} i_j \frac{\partial \psi_j}{\partial \vartheta} \ .$$

Dabei ist die Summe über alle elektrischen Kreise der Maschine zu erstrecken, im vorliegenden Fall also über Haupt- und Hilfsstrang des Ständers sowie die drei Läuferstränge. Man erhält durch Einführen von (14.13) und (14.14)

$$m = \frac{3}{2}p\,\mathrm{Re}\{i_{1a}L_{12a}\mathrm{j}\vec{i}_2^{\,\mathrm{L}}\,\mathrm{e}^{\mathrm{j}\vartheta} + i_{1b}L_{12b}\vec{i}_2^{\,\mathrm{L}}\,\mathrm{e}^{\mathrm{j}\vartheta}\}$$

$$= \frac{3}{2}\,p\,\mathrm{Re}\{\mathrm{j}(L_{12a}i_{1a} - \mathrm{j}L_{12b}i_{1b})\,\mathrm{e}^{\mathrm{j}\vartheta}\vec{i}_2^{\,\mathrm{L}}\}$$

und daraus mit $(\vec{\psi}_2^{\,\mathrm{L}} - L_{22}\vec{i}_2^{\,\mathrm{L}}) = (L_{12a}i_{1a} + \mathrm{j}L_{12b}i_{1b})\,\mathrm{e}^{-\mathrm{j}\vartheta}$ unter Beachtung von $\mathrm{Re}\{\mathrm{j}\vec{g}\} = -\mathrm{Im}\{\vec{g}\}$ und $\mathrm{Im}\{\vec{g}_1\vec{g}_2^*\} = -\mathrm{Im}\{\vec{g}_1^*\vec{g}_2\}$

$$m = \frac{3}{2}p\,\mathrm{Im}\{\vec{\psi}_2^{\,\mathrm{L}}\vec{i}_2^{\,\mathrm{L}*}\}\,. \tag{14.43}$$

Daraus folgt für den hier zu betrachtenden stationären Betrieb mit

$$\vec{\psi}_2^{\,\mathrm{L}} = \vec{\psi}_{2\mathrm{m}}^{\,\mathrm{L}} + \vec{\psi}_{2\mathrm{g}}^{\,\mathrm{L}} \qquad \text{[s. (14.23)]}$$

und

$$\vec{i}_2^{\,\mathrm{L}} = \vec{i}_{2\mathrm{m}}^{\,\mathrm{L}} + \vec{i}_{2\mathrm{g}}^{\,\mathrm{L}} \qquad \text{[s. (14.20)]}$$

sowie mit

$$\vec{\psi}_{2\mathrm{m}}^{\,\mathrm{L}} = -\frac{R_2}{\mathrm{j}s\omega_1}\vec{i}_{2\mathrm{m}}^{\,\mathrm{L}} \qquad \text{und} \qquad \vec{\psi}_{2\mathrm{g}}^{\,\mathrm{L}} = \frac{R_2}{\mathrm{j}(2-s)\omega_1}\vec{i}_{2\mathrm{g}}^{\,\mathrm{L}}$$

als Aussagen der beiden Gleichungen, in die (14.24) zerfällt,

$$\boxed{\begin{aligned}
m &= \frac{3p}{2\omega_1}\left(\frac{R_2}{s}\hat{i}_{2\mathrm{m}}^2 + \frac{R_2}{2-s}\hat{i}_{2\mathrm{g}}^2\right) + \frac{3p}{2\omega_1}\mathrm{Im}\left\{\mathrm{j}\left(\frac{R_2}{s} + \frac{R_2}{2-s}\right)\vec{i}_{2\mathrm{m}}^{\,\mathrm{L}}\vec{i}_{2\mathrm{g}}^{\,\mathrm{L}*}\right\} \\
&= \frac{3p}{2\omega_1}\left(\frac{R_2}{s}\hat{i}_{2\mathrm{m}}^2 - \frac{R_2}{2-s}\hat{i}_{2\mathrm{g}}^2\right) + \frac{3p}{\omega_1}\frac{R_2}{s(2-s)}\hat{i}_{2\mathrm{m}}\hat{i}_{2\mathrm{g}}\cos(2\omega_1 t + \varphi_{i2\mathrm{m}} + \varphi_{i2\mathrm{g}}) \\
&= M + \Delta\hat{m}\cos(2\omega_1 t + \varphi_\mathrm{m})
\end{aligned}}$$

$$\tag{14.44}$$

Das Drehmoment besteht, wie zu erwarten war, aus einem zeitlich konstanten Mittelwert sowie einem pulsierenden Anteil, der die doppelte Netzfrequenz besitzt. Der pulsierende Anteil verschwindet, wenn kein Anteil des Läuferstroms mit der Frequenz $(2-s)f_1$ vorhanden ist, d.h. $\hat{i}_{2\mathrm{g}}$ nicht existiert. Der zeitlich konstante Mittelwert des Drehmoments ist unter Einführung von Effektivwerten für die Ströme gegeben als

$$\boxed{M = \frac{3p}{\omega_1}\left(\frac{R_2}{s}I_{2\mathrm{m}}^2 - \frac{R_2}{2-s}I_{2\mathrm{g}}^2\right)}\,. \tag{14.45}$$

Er setzt sich aus zwei Anteilen zusammen, von denen in Übereinstimmung mit den Ergebnissen von Abschnitt 12.1 der erste von den Läuferströmen mit Schlupffrequenz sf_1 und der zweite von den Läuferströmen mit der Frequenz $(2-s)f_1$ herrührt [vgl. (12.15)]. Im normalen Arbeitsbereich des Motors, d.h. bei kleinen positiven Schlupfwerten, liefern die schlupffrequenten Läuferströme einen positiven Beitrag, der durch das negative Drehmoment der Läuferströme mit der Frequenz $(2 - s)f_1$ verkleinert wird. Unter Einführung transformierter Läufergrößen auf der Grundlage des reellen Übersetzungsverhältnisses $\ddot{u}_h$ erhält man mit (14.34) und (14.35)

$$M = \frac{p}{\omega_1}\left(\frac{R_2'}{s}I_{2m}'^2 - \frac{R_2'}{2-s}I_{2g}'^2\right) \ . \tag{14.46}$$

Auf der Grundlage der Variablen $\underline{i}_{2,a}'$ und $\underline{i}_{2,b}'$ folgt mit (14.38) durch Bilden von $\widehat{i_{2m}'^2} = \underline{i}_{2m}'\underline{i}_{2m}'^*$ bzw. $\widehat{i_{2g}'^2} = \underline{i}_{2g}'\underline{i}_{2g}'^*$:

$$\boxed{\begin{aligned} M = {}& \frac{p}{\omega_1}\frac{R_2'}{s}[I_{2,a}'^2 + I_{2,b}'^2 + 2I_{2,a}'I_{2,b}'\cos(\varphi_{i2,a} - \varphi_{i2,b})] \\ & - \frac{p}{\omega_1}\frac{R_2'}{2-s}[I_{2,a}'^2 + I_{2,b}'^2 - 2I_{2,a}'I_{2,b}'\cos(\varphi_{i2,a} - \varphi_{i2,b})] \end{aligned}} \tag{14.47}$$

Insbesondere erhält man das *Anzugsmoment* als Sonderfall mit $s = 1$ zu

$$\boxed{\begin{aligned} M_a = {}& \frac{4p}{\omega_1}R_2'I_{2,a}'I_{2,b}'\cos(\varphi_{i2,a} - \varphi_{i2,b}) \\ = {}& \frac{2p}{\omega_1}R_2'\,\mathrm{Re}\{\underline{i}_{2,a}'\underline{i}_{2,b}'^*\} \end{aligned}} \ . \tag{14.48}$$

14.1.2 Sonderfall der Einphasen-Asynchronmaschine ohne Hilfsstrang

Das Gleichungssystem der Einphasen-Asynchronmaschine ohne Hilfsstrang unter Verwendung der transformierten Läuferströme $\underline{i}_{2m}'$ und $\underline{i}_{2g}'$ auf Basis des reellen Übersetzungsverhältnisses $\ddot{u}_h$ erhält man aus den allgemeinen Gleichungen (14.30) bis (14.33) als Sonderfall mit $\underline{i}_{1b}' = 0$ zu

$$\boxed{\begin{aligned} \underline{u}_1 &= (R_{1a} + \mathrm{j}\widetilde{X}_{\sigma 1a})\underline{i}_{1a} + \mathrm{j}\frac{1}{2}\widetilde{X}_{h1a}(\underline{i}_{1a} + \underline{i}_{2m}') + \mathrm{j}\frac{1}{2}\widetilde{X}_{h1a}(\underline{i}_{1a} + \underline{i}_{2g}') \\ 0 &= \left(\frac{R_2'}{s} + \mathrm{j}\widetilde{X}_{\sigma 2}'\right)\underline{i}_{2m}' + \mathrm{j}\frac{1}{2}\widetilde{X}_{h1a}(\underline{i}_{1a} + \underline{i}_{2m}') \\ 0 &= \left(\frac{R_2'}{2-s} + \mathrm{j}\widetilde{X}_{\sigma 2}'\right)\underline{i}_{2g}' + \mathrm{j}\frac{1}{2}\widetilde{X}_{h1a}(\underline{i}_{1a} + \underline{i}_{2g}') \end{aligned}} \ . \tag{14.49}$$

Diesem Gleichungssystem ist das Ersatzschaltbild nach Bild 14.4 zugeordnet. Wenn der Schlupf s nicht zu kleine Werte annimmt ($s > 0, 1$), können die Unterschiede zwischen $\underline{i}_{2m}'$ und $\underline{i}_{2g}'$ vernachlässigt werden. Man erhält dann das genäherte Ersatzschaltbild nach Bild 14.4b. Auf das gleiche Ersatzschaltbild gelangt man, ausgehend von dem nach Bild 14.3, wenn der Parallelzweig zum Schaltelement $2R_2'\dfrac{1 - s}{s(2 - s)}$, in den der untere Teil der Schaltung mit $\underline{i}_{1b}' = 0$ entartet, vernachlässigt wird. In einer weiteren Näherungsstufe kann schließlich der Querzweig entsprechend Bild 14.4c unmittelbar an den Klemmen angeordnet werden.

Die Einphasenmaschine ohne Hilfsstrang entspricht dem reinen Einphasenbetrieb der Dreiphasen-Asynchronmaschine, wie er im Abschnitt 12.5.1 behandelt wurde. Die-

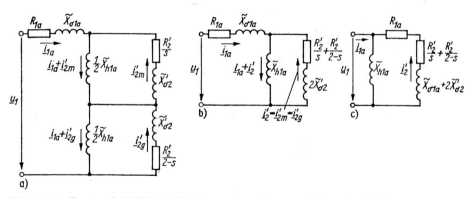

Bild 14.4 *Ersatzschaltbild der Einphasen-Asynchronmaschine ohne Hilfsstrang für transformierte Läufergrößen auf Basis des reellen Übersetzungsverhältnisses $\ddot{u}_h$, entsprechend den Spannungsgleichungen (14.49)*
a) exakte Form; b) genäherte Form für $s > 0,1$ mit $\underline{i}'_{2m} \approx \underline{i}'_{2g}$; c) genäherte Form für $s > 0,1$ mit $\underline{i}'_{2m} \approx \underline{i}'_{2g}$ und Anordnung des Querzweigs unmittelbar an den Klemmen

se Behandlung hatte auf die Spannungsgleichungen (12.75) und (12.77) geführt. Aus dem Vergleich dieser Spannungsgleichungen mit den Gleichungen (14.49) folgt die Zuordnung der Parameter nach Tafel 14.1. Für den prinzipiellen Verlauf der Drehzahl-Drehmoment- bzw. Schlupf-Drehmoment-Kennlinie gelten die Überlegungen, die im Abschnitt 12.5.1 zum reinen Einphasenbetrieb der Dreiphasen-Asynchronmaschine angestellt wurden. Insbesondere erkennt man aus (14.49) bzw. aus dem Ersatzschaltbild 14.4a, daß für $s = 1$ $\underline{i}'_{2m} = \underline{i}'_{2g}$ ist und damit entsprechend (14.46) kein Anzugsmoment entwickelt wird.

Im Synchronismus mit dem mitlaufenden Feld verschwindet, entsprechend der zweiten Gleichung (14.49), mit $s = 0$ der Strom $\underline{i}'_{2m}$, und man erhält ein negatives Drehmoment, herrührend vom Strom $\underline{i}'_{2g}$. Der Leerlaufpunkt mit $M = 0$ muß demnach bei einem kleinen positiven Wert des Schlupfs s liegen. Man erhält einen Verlauf, wie er im Bild 14.5 nochmals dargestellt ist. Seine quantitative Bestimmung kann punktweise mit Hilfe des Gleichungssystems (14.49) bzw. des Ersatzschaltbilds 14.4 sowie (14.46) erfolgen. Prinzipiell ist auch der Weg gangbar, daß man $\underline{Z}_m(s)$ und $\underline{Z}_g(s)$ der zugeordneten Dreiphasenmaschine über die Zuordnung der Parameter nach Tafel 14.1 und mit Hilfe der Überlegungen im Abschnitt 12.1.1 gewinnt und, davon ausgehend, das

Tafel 14.1 *Zuordnung der Parameter der Dreiphasenmaschine im Einphasenbetrieb und der der Einphasenmaschine*

Dreiphasenmaschine					Einphasenmaschine		
im Dreiphasenbetrieb für einen Strang			im Einphasenbetrieb über zwei Stränge				
R_1			$2R_1$			R_{1a}	
$\widetilde{X}_{\sigma 1}$	bzw.	$X_{\sigma 1}$	$2\widetilde{X}_{\sigma 1}$	bzw.	$2X_{\sigma 1}$	$\widetilde{X}_{\sigma 1a}$	bzw. $X_{\sigma 1a}$
$\widetilde{X}_h$	bzw.	X_h	$2\widetilde{X}_h$	bzw.	$2X_h$	$\widetilde{X}_{h\,1a}$	bzw. $X_{h\,1a}$
R'_2			R'_2			R'_2	
$\widetilde{X}'_{\sigma 2}$	bzw.	$X'_{\sigma 2}$	$\widetilde{X}'_{\sigma 2}$	bzw.	$X'_{\sigma 2}$	$\widetilde{X}'_{\sigma 2}$	bzw. $X'_{\sigma 2}$

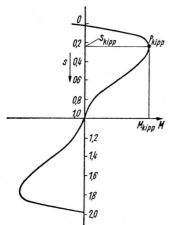

Bild 14.5
Schlupf-Drehmoment-Kennlinien
der reinen Einphasenmaschine

Drehmoment über (12.80) unter Verwendung der Schlupf-Drehmoment-Kennlinie der zugeordneten Dreiphasenmaschine nach Abschnitt 10.1.4 bestimmt.

14.1.3 Anzugsverhalten der Einphasen-Asynchronmaschine mit Hilfsstrang

Zur Ermittlung der Ströme für einen beliebigen Arbeitspunkt mit dem Schlupf s muß das System der Spannungsgleichungen (14.30) bis (14.33) oder das von (14.39) bis (14.42) punktweise gelöst werden. Als elegantes Hilfsmittel dafür steht im zweiten Fall das Ersatzschaltbild 14.3 zur Verfügung. Das Drehmoment erhält man mit Hilfe der Ströme über (14.46) oder (14.47). Geschlossene Beziehungen lassen sich nicht ohne weiteres herleiten.

Im *Sonderfall* $s = 1$, d.h. für den Anzugspunkt, bleiben die Spannungsgleichungen (14.39) und (14.40) der Ständerkreise erhalten, während (14.41) und (14.42) übergehen in

$$2(R'_2 + j\widetilde{X}'_{\sigma 2})\underline{i}'_{2,a} + j\widetilde{X}_{h1a}(\underline{i}_{1a} + \underline{i}'_{2,a}) = 0 \,, \tag{14.50}$$

$$2(R'_2 + j\widetilde{X}'_{\sigma 2})\underline{i}'_{2,b} + j\widetilde{X}_{h1a}(\underline{i}'_{1b} + \underline{i}'_{2,b}) = 0 \,. \tag{14.51}$$

Man erhält zwei voneinander entkoppelte Gleichungspaare. Den Gleichungen (14.39) und (14.50) ist das Ersatzschaltbild 14.6a und den Gleichungen (14.40) und (14.51) das Ersatzschaltbild 14.6b zugeordnet. Zum gleichen Ergebnis kommt man, ausgehend vom Ersatzschaltbild 14.3, da der Koppelwiderstand $2R'_2 \dfrac{1-s}{s(2-s)}$ für $s = 1$ verschwindet.

Im Stillstand gilt in guter Näherung

$$\underline{i}_{1a} + \underline{i}'_{2,a} = 0 \qquad \text{und damit} \quad \underline{i}_{1a} = -\underline{i}'_{2,a} \,,$$

$$\underline{i}'_{1b} + \underline{i}'_{2,b} = 0 \qquad \text{und damit} \quad \underline{i}'_{1b} = -\underline{i}'_{2,b} \,.$$

Dem entspricht, daß in den Ersatzschaltbildern 14.6 der Querzweig verschwindet. Damit lassen sich unmittelbar die Ströme $\underline{i}'_{2,a}$ und $\underline{i}'_{2,b}$ ermitteln als

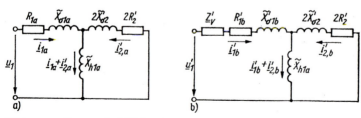

Bild 14.6 *Ersatzschaltbilder für $s = 1$*
a) Hauptstrang; b) Hilfsstrang

$$i'_{2,a} = -\frac{u_1}{R_{1a} + 2R'_2 + jX_{ia}}$$

$$= -\frac{R_{1a} + 2R'_2 - jX_{ia}}{(R_{1a} + 2R'_2)^2 + X_{ia}^2}u_1 = -\frac{R_{1a} + 2R'_2 - jX_{ia}}{Z_{ka}^2}u_1 \, , \qquad (14.52)$$

$$i'_{2,b} = \frac{-j\ddot{u}_{ab}u_1}{R_{1b} + 2R'_2 + R'_v + (j(X_{ib(\overset{+}{-})}X'_v))}$$

$$= -j\frac{(R_{1b} + 2R'_2 + R'_v) - j(X'_{ib(\overset{+}{-})}X'_v)}{(R_{1b} + 2R'_2 + R'_v)^2 + (X'_{ib(\overset{+}{-})}X'_v)^2}\ddot{u}_{ab}u_1 \, . \qquad (14.53)$$

Dabei wurden die Gesamtstreureaktanzen $X_{ia} = \tilde{X}_{\sigma 1a} + 2\tilde{X}'_{\sigma 2}$ und $X'_{ib} = \tilde{X}'_{\sigma 1b} + 2\tilde{X}'_{\sigma 2}$ eingeführt sowie $\underline{Z}_v = R_{v(\overset{+}{-})}jX_v$, wobei das eingeklammerte Vorzeichen für den Fall gilt, daß $\underline{Z}_v$ einen Kondensator darstellt, während im anderen Fall eine Drossel vorliegt. In (14.52) ist Z_{ka}^2 definiert worden als

$$Z_{ka}^2 = (R_{1a} + 2R'_2)^2 + X_{ia}^2 \, . \qquad (14.54)$$

In Näherung gilt $X'_{\sigma 1b} = X_{\sigma 1a}$ und damit $X'_{ib} = X_{ia}$, so daß der konjugiert komplexe Wert von i'_{2b} aus (14.53) folgt zu

$$i'^{*}_{2,b} = j\frac{(R'_{1b} + 2R'_2 + R'_v) + j(X_{ia(\overset{+}{-})}X'_v)}{(R'_{1b} + 2R'_2 + R'_v)^2 + (X_{ia(\overset{+}{-})}X'_v)^2}\ddot{u}_{ab}u_1^* \, . \qquad (14.55)$$

Für das Anzugsmoment erhält man nunmehr, ausgehend von (14.48), durch Einführen von (14.52) und (14.55)

$$\boxed{M_a = -\frac{4p}{\omega_1}\frac{R'_2\ddot{u}_{ab}U_1^2}{Z_{ka}^2}\frac{X_{ia}(R'_{1b} - R_{1a} + R'_v)\overset{-}{(+)}X'_v(R_{1a} + 2R'_2)}{(R'_{1b} + 2R'_2 + R'_v)^2 + (X_{ia\overset{+}{-}}X'_v)^2}} \, . \qquad (14.56)$$

Wenn das äußere Schaltelement im Kreis des Hilfsstrangs als ohmscher Widerstand ausgeführt ist, geht (14.56) über in

$$M_{\mathrm{a}} = -\frac{4p}{\omega_1} \frac{R_2' \ddot{u}_{ab} U_1^2}{Z_{\mathrm{ka}}^2} \frac{X_{\mathrm{ia}}(R_{1b}' - R_{1a} + R_{\mathrm{v}}')}{(R_{1b}' + 2R_2' + R_{\mathrm{v}}')^2 + X_{\mathrm{ia}}^2} \quad . \tag{14.57}$$

Da $R_{1b}' \approx R_{1a}$ ist, folgt aus (14.57), daß für $R_{\mathrm{v}}' = 0$ praktisch kein Anzugsmoment entwickelt wird. In diesem Fall stehen die Widerstände und Reaktanzen der beiden Ständerkreise im gleichen Verhältnis zueinander. Der Strom hat in beiden die gleiche Phasenlage, so daß keine Drehfeldkomponente des Luftspaltfelds entsteht. Für $R_{\mathrm{v}}' = \infty$ wird der Hilfsstrang stromlos, und man erhält wiederum kein Anzugsmoment. Es muß also in Abhängigkeit von R_{v}' ein Maximalwert des Anzugsmoments existieren. Um den zugehörigen Wert von $(R_{1b}' + R_{\mathrm{v}}')$ zu bestimmen, wird (14.57) nach $(R_{1b}' + R_{\mathrm{v}}')$ abgeleitet und Null gesetzt. Man erhält

$$(R_{1b}' + R_{\mathrm{v}}')_{M_{\mathrm{a\,max}}} = R_{1a} + Z_{\mathrm{ka}} \quad . \tag{14.58}$$

Das Anzugsmoment beträgt für diesen Wert des Widerstands im Kreis des Hilfsstrangs

$$M_{\mathrm{a\,max}} = -\frac{2p}{\omega_1} \frac{R_2' \ddot{u}_{ab} U_1^2}{Z_{\mathrm{ka}}^2} \frac{X_{\mathrm{ia}}}{2R_2' + R_{1a} + Z_{\mathrm{ka}}} \quad . \tag{14.59}$$

Praktisch wird R_{v}' oft dadurch realisiert, daß man den Hilfsstrang aus Widerstands-draht herstellt.

Wenn man das äußere Schaltelement im Kreis des Hilfsstrangs als ideale Drosselspule ausführt, wird $Z_{\mathrm{v}}' = jX_{\mathrm{v}}'$ und im Fall der Ausführung als Kondensator $Z_{\mathrm{v}}' = -jX_{\mathrm{v}}'$. Das Anzugsmoment nach (14.56) geht dann unter Beachtung der Vereinfachungsmöglich-keit $R_{1b}' \approx R_{1a}$ über in

$$M_{\mathrm{a}} = \overset{+}{(-)} \frac{4p}{\omega_1} \frac{R_2' \ddot{u}_{ab} U_1^2}{Z_{\mathrm{ka}}^2} \frac{X_{\mathrm{v}}'(R_{1a} + 2R_2')}{(R_{1a} + 2R_2')^2 + (X_{\mathrm{ia}\overset{+}{(-)}} X_{\mathrm{v}}')^2} \quad . \tag{14.60}$$

Dabei gilt das eingeklammerte Vorzeichen wieder für den Fall der Verwendung eines Kondensators. Man erkennt, daß M_{a} in Abhängigkeit von X_{v}' ein Maximum durchläuft. Es herrscht bei

$$X_{\mathrm{v}M_{\mathrm{a\,max}}}' = Z_{\mathrm{ka}} \tag{14.61}$$

und beträgt

$$M_{\mathrm{a\,max}} = \overset{+}{(-)} \frac{2p}{\omega_1} \frac{R_2' \ddot{u}_{ab} U_1^2}{Z_{\mathrm{ka}}^2} \frac{(R_{1a} + 2R_2')}{Z_{\mathrm{ka}}\overset{+}{(-)} X_{\mathrm{ia}}} \quad . \tag{14.62}$$

Während der Strom im Hilfsstrang beim Vorschalten eines Widerstands und erst recht eines Kondensators gegenüber dem im Hauptstrang vorauseilt, ist er bei Verwendung einer Induktivität nacheilend. Damit kehrt sich im Fall der Verwendung einer Induk-tivität die Drehrichtung der Drehfeldkomponente des Luftspaltfelds um, so daß sich auch das Vorzeichen des Anzugsmoments ändert. Aus (14.59) und (14.62) erhält man als Verhältnis der maximalen Anzugsmomente

$$(M_{\mathrm{a\,max}})_R : (M_{\mathrm{a\,max}})_L : (M_{\mathrm{a\,max}})_C = \frac{X_{\mathrm{ia}}}{2R_2' + R_{\mathrm{ia}} + Z_{\mathrm{ka}}} : \frac{R_{1a} + 2R_2'}{Z_{\mathrm{ka}} + X_{\mathrm{ia}}} : \frac{R_{1a} + 2R_2'}{Z_{\mathrm{ka}} - X_{\mathrm{ia}}} \quad .$$

14.1.4   Einphasen-Asynchronmaschine mit nichtabschaltbarem Hilfsstrang im Arbeitspunkt mit reinem Drehfeld

Bei Einphasenmaschinen mit nichtabschaltbarem Hilfsstrang hat dieser in erster Linie die Aufgabe, das Betriebsverhalten im stationären Betrieb bei einer bestimmten Belastung zu verbessern. Er wird entsprechend Bild 14.7 in Reihe mit einem Kondensator an die gleiche Spannung gelegt wie der Hauptstrang. Man bezeichnet die Einphasen-Asynchronmaschine mit nichtabschaltbarem Hilfsstrang auch als *Kondensatormotor.* Der Kondensator, hier als *Betriebskondensator* bezeichnet, wird so dimensioniert, daß für einen bestimmten Betriebszustand (z.B. 3/4 Bemessungslast) nur ein mitlaufendes Drehfeld vorhanden ist. Dieser Betriebszustand ist leicht überschaubar und wird im folgenden behandelt. Für jeden anderen Betriebszustand, d.h. jeden anderen Belastungspunkt, muß auf die allgemeine Behandlung der Einphasenmaschine mit Hilfsstrang in den Abschnitten 14.1.2 und 14.1.3 zurückgegriffen werden.

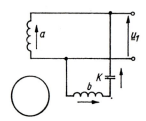

Bild 14.7
Einphasen-Asynchronmaschine
mit nichtabschaltbarem Hilfsstrang –
Kondensatormotor
a Hauptstrang; *b* Hilfsstrang; *K* Kondensator

Die beiden Ständerstränge bauen nur dann ein mitlaufendes Drehfeld auf, wenn ihre Durchflutungsgrundwellen die gleiche Amplitude haben und zeitlich um 90° gegeneinander phasenverschoben sind. Es muß also $\dfrac{I_{1b}}{I_{1a}} = \dfrac{(w\xi_1)_{1a}}{(w\xi_1)_{1b}} = \ddot{u}_{ab}$ und $\varphi_{i1b} - \varphi_{i1a} = \pi/2$ bzw.

$$\frac{\underline{i}_{1b}}{\underline{i}_{1a}} = \mathrm{j}\,\ddot{u}_{ab} \tag{14.63}$$

sein. Auf das mitlaufende Drehfeld der Ständerströme wirkt der Läufer mit einem gleichartigen Drehfeld zurück, da er stets als symmetrische mehrsträngige Wicklung ausgebildet ist. Es existiert also auch als resultierendes Luftspaltfeld nur ein mitlaufendes Drehfeld. Dieses induziert in den beiden Ständersträngen Spannungen, deren Beträge der Beziehung

$$\frac{E_{1b}}{E_{1a}} = \frac{(w\xi_1)_{1b}}{(w\xi_1)_{1a}} = \frac{1}{\ddot{u}_{ab}}$$

gehorchen und die entsprechend der räumlichen Versetzung der beiden Strangachsen um $\varphi_{e1b} - \varphi_{e1a} = \pi/2$ gegeneinander phasenverschoben sind. Wenn die Spannungsabfälle $R\underline{i}$ und $\mathrm{j}X_\sigma\underline{i}$ in den beiden Ständersträngen näherungsweise vernachlässigt werden, gelten die gleichen Abhängigkeiten für die beiden Klemmenspannungen, d.h., es ist $U_{1b}/U_{1a} = 1/\ddot{u}_{ab}$ und $\varphi_{u1b} - \varphi_{u1a} = \pi/2$ bzw.

$$\frac{\underline{u}_{1b}}{\underline{u}_{1a}} = \mathrm{j}\,\frac{1}{\ddot{u}_{ab}} \; . \tag{14.64}$$

Die Spannungsgleichung des Kreises, der den Hilfsstrang enthält, folgt aus Bild 14.7

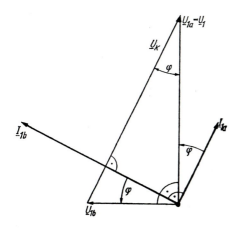

Bild 14.8
Zeigerbild der Ströme und Spannungen
des Kondensatormotors
für den Betriebspunkt mit reinem Drehfeld

zu

$$\underline{u}_{1b} + \underline{u}_{K} = \underline{u}_{1a} = \underline{u}_1 \; , \qquad (14.65)$$

wobei

$$\underline{u}_{K} = \frac{\underline{i}_{1b}}{j\omega_1 C} \qquad (14.66)$$

ist. Im Bild 14.8 ist das Zeigerbild der Ströme und Spannungen des Kondensatormotors für den Betriebspunkt mit einem reinen Drehfeld dargestellt. Die erforderliche Kapazität des Kondensators folgt aus (14.66) zu

$$C = \frac{\underline{i}_{1b}}{j\omega_1 \underline{u}_{K}} \; . \qquad (14.67)$$

Wenn $\underline{i}_{1b}$ mit Hilfe von (14.63) durch $\underline{i}_{1a}$ ersetzt und für $\underline{u}_{K}$ entsprechend (14.65) und (14.64) $\underline{u}_{K} = \underline{u}_{1a} - \underline{u}_{1b} = \underline{u}_{1a}(1 - j/\ddot{u}_{ab})$ eingeführt wird, erhält man aus (14.67)

$$C = \frac{\underline{i}_{1a}\ddot{u}_{ab}}{\omega_1\underline{u}_{1a}(1 - j/\ddot{u}_{ab})} = \frac{U_{1a}I_{1a}\ddot{u}_{ab}}{\omega_1 U_{1a}^2\sqrt{1 + (1/\ddot{u}_{ab}^2)}}\frac{e^{-j\varphi}}{e^{-j\arctan(1/\ddot{u}_{ab})}} \; .$$

Daraus folgt für das zu realisierende Übersetzungsverhältnis

$$\boxed{\ddot{u}_{ab} = 1/\tan\varphi} \qquad (14.68)$$

und für die erforderliche Kapazität des Kondensators

$$C = \frac{U_{1a}I_{1a}\ddot{u}_{ab}}{\omega_1 U_{1a}^2\sqrt{1 + (1/\ddot{u}_{ab}^2)}} = \frac{U_{1a}I_{1a}\cos^2\varphi}{\omega_1 U_{1a}^2\sin\varphi} \; .$$

Dabei ist $U_{1a}I_{1a}\cos\varphi$ die Wirkleistung des Hauptstrangs. Da mit (14.63) und (14.64) $\underline{u}_{1a}\underline{i}_{1a}^* = \underline{u}_{1b}\underline{i}_{1b}^*$ ist, gilt $U_{1a}I_{1a}\cos\varphi = P/2$. Damit erhält man endgültig

$$C = \frac{P}{2\omega_1 U_1^2}\frac{\cos\varphi}{\sin\varphi} \qquad (14.69)$$

oder unter Einführung der mechanischen Leistung $P_{\mathrm{mech}} = \eta P$

$$\boxed{C = \frac{P_{\mathrm{mech}}}{2\omega_1 U_1^2 \eta} \frac{\cos\varphi}{\sin\varphi}} \; . \tag{14.70}$$

Die Werte von η und $\cos\varphi$ sind dabei jene, die in dem betrachteten Betriebspunkt vorliegen. Der so ausgelegte Kondensator ist klein gegenüber jenem nach (14.61), der ein maximales Anzugsmoment hervorrufen würde. Es wird deshalb mit dem Betriebskondensator nur ein Anzugsmoment von $(0,2\ldots 0,4)M_{\mathrm{n}}$ erzielt. Um ein größeres Anzugsmoment zu erhalten, kann während des Anlaufs zusätzlich ein Anlaufkondensator parallelgeschaltet werden. Mit $\eta \approx \cos\varphi \approx \sin\varphi \approx \frac{1}{2}\sqrt{2}$ folgt aus (14.70) bei $U_1 = 220$ V als bezogene Größengleichung

$$C/\mu\mathrm{F} \approx 50(P_{\mathrm{mech}}/\mathrm{kW}) \; .$$

14.2   Polumschaltbare Maschinen

14.2.0   Ausgangsüberlegungen

Die Drehzahl der Asynchronmaschine ist im Normalbetrieb bei kurzgeschlossener Läuferwicklung praktisch gleich der Drehfelddrehzahl, die entsprechend $n_0 = f/p$ durch die Netzfrequenz festgelegt ist. Sie kann bei Maschinen mit Schleifringläufer durch zusätzliche Widerstände in den Läuferkreisen geändert werden. Die Maschine mit Kurzschlußläufer läßt sich weiterhin durch Änderung der Speisefrequenz (s. Abschnitt 12.2) und in gewissem Grad auch durch Änderung der Speisespannung in der Drehzahl verstellen. Eine stufenweise Drehzahlstellung ist durch Änderung der Polpaarzahl und damit der Drehfelddrehzahl möglich. Diese Überlegung führt auf die polumschaltbare Maschine.

Polumschaltbare Maschinen werden meist mit Kurzschlußläufer ausgerüstet, so daß die erforderliche Wicklungsumschaltung nur im Ständer vorzunehmen ist. Die Stabzahl des Läufers muß dabei so gewählt werden, daß sie für alle in Frage kommenden Polpaarzahlen geeignet ist. Wenn dennoch ein Schleifringläufer vorzusehen ist, gelten für diesen gleiche Überlegungen, wie sie nachstehend für den Ständer entwickelt werden. Die Umschaltbarkeit beschränkt sich meist auf zwei Polpaarzahlen.

14.2.1   Polumschaltbare Maschinen mit getrennten Wicklungen für die einzelnen Polpaarzahlen

Die einfachste Form einer Polumschaltung besteht darin, daß im Ständer zwei getrennte Wicklungen mit verschiedenen Polpaarzahlen p_1 und p_2 untergebracht werden. Dabei kann man das Verhältnis $p_2 : p_1$ sowie auch die Aufteilung des Nutraums auf die beiden Wicklungen und damit die zuordenbaren Leistungen frei wählen. Es bleibt allerdings jeweils jener Teil des Nutraums ungenutzt, den die nicht angeschlossene Wicklung einnimmt. Dadurch muß die Leistung für beide Wicklungen gegenüber einer normalen Maschine gleicher Polpaarzahl aus Erwärmungsgründen herabgesetzt werden. Außerdem besitzt die Maschine bei Betrieb mit der am Nutgrund liegenden Wicklung eine große Streuung, so daß sie ein kleines Kippmoment entwickelt. Deshalb legt man die Wicklung mit der kleinen Polpaarzahl in den unteren und die mit der großen Polpaarzahl in den oberen, dem Luftspalt zugewendeten Teil der Nuten, da mit zunehmender Polpaarzahl ohnehin ein Anwachsen der Streuung verbunden ist.

14.2.2 Polumschaltbare Maschinen mit Dahlander-Schaltung

Der zweite Weg, eine Polumschaltung zu ermöglichen, besteht in der Anwendung einer polumschaltbaren Wicklung. Die wichtigste derartige Wicklung ist die sog. Dahlander-Wicklung. Sie gestattet eine Polumschaltung im Verhältnis $p_2 : p_1 = 2$. Die Wicklung wird als Zweischichtwicklung ausgeführt. Ihre Spulen sind in bezug auf die hohe Polpaarzahl p_2 ungesehnt. Für die niedrige Polpaarzahl p_1 ist die Spulenweite dann gleich der halben Polteilung, so daß eine starke Sehnung vorliegt. Aus den Spulen werden Gruppen gebildet, deren Zonenbreite in bezug auf die hohe Polpaarzahl 120° und damit in bezug auf die niedrige Polpaarzahl 60° beträgt. Sechs derartige Gruppen können zu einem Polpaar einer Zweischichtwicklung mit einfacher Zonenbreite oder zu zwei Polpaaren einer Zweischichtwicklung mit doppelter Zonenbreite zusammengeschaltet werden. Da für die hohe Polpaarzahl eine Wicklung mit doppelter Zonenbreite auftritt, dürfen die Spulen in bezug auf diese Polpaarzahl nicht gesehnt sein, damit im Luftspaltfeld keine geradzahligen Harmonischen auftreten. Die sechs Spulengruppen bilden ein Element der polumschaltbaren Wicklung in Dahlander-Schaltung, sein Zonenplan ist im Bild 14.9 dargestellt. Ein derartiges Element enthält je Strang zwei Gruppen. Diese müssen so zusammengeschaltet werden, daß sie bei der hohen Polpaarzahl gleichsinnig und bei der niedrigen Polpaarzahl ungleichsinnig durchlaufen werden.

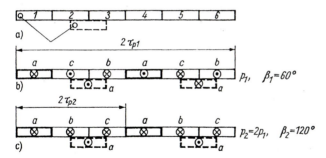

Bild 14.9 *Element einer polumschaltbaren Wicklung in Dahlander-Schaltung*
a) Lage der sechs Spulengruppen des Elements
b) Zonenplan für die niedrige Polpaarzahl p_1
c) Zonenplan für die hohe Polpaarzahl p_2
Die Unterschicht ist jeweils nur für die Spulengruppe 1 bzw. den Strang a angedeutet

Die Zusammenschaltung kann sowohl durch Reihenschaltung als auch durch Parallelschaltung erfolgen. Die Gruppenpaare der drei Stränge ihrerseits können in Stern oder Dreieck geschaltet werden. Damit ergeben sich vier Schaltungsmöglichkeiten: Stern, Dreieck, Doppelstern und Doppeldreieck (Bild 14.10). Wenn die Leiter-Leiter-Spannung des Netzes mit U_N bezeichnet wird, erhält man die im Bild 14.10 angegebenen Werte für die Spannung U_{gr} einer Spulengruppe. Sie steigt von der Sternschaltung zur Doppeldreieckschaltung stetig an. In der gleichen Richtung erhöht sich dann, entsprechend seiner Abhängigkeit von der Spannung, der Fluß bzw. die Amplitude des Luftspaltfelds. Unter dem Gesichtspunkt gleicher Wicklungsverluste kann in allen vier Schaltungen der gleiche Strom I_{gr} in der Spulengruppe zugelassen werden. Damit ergeben sich die im Bild 14.10 angeführten Werte der Scheinleistung, die bei Betrieb an der gleichen Spannung zugelassen werden können.

Welche der Schaltungen für die hohe Polpaarzahl und welche für die niedrige verwendet wird, hängt von verschiedenen Faktoren ab. Es ist naheliegend, die Schaltungen so

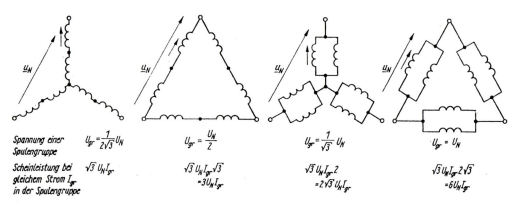

Spannung einer Spulengruppe	$U_{gr} = \frac{1}{2\sqrt{3}} U_N$	$U_{gr} = \frac{U_N}{2}$	$U_{gr} = \frac{1}{\sqrt{3}} U_N$	$U_{gr} = U_N$
Scheinleistung bei gleichem Strom I_{gr} in der Spulengruppe	$\sqrt{3}\, U_N I_{gr}$	$\sqrt{3}\, U_N I_{gr} \sqrt{3}$ $= 3 U_N I_{gr}$	$\sqrt{3}\, U_N I_{gr}\, 2$ $= 2\sqrt{3}\, U_N I_{gr}$	$\sqrt{3}\, U_N I_{gr}\, 2\sqrt{3}$ $= 6 U_N I_{gr}$

Bild 14.10 Möglichkeiten der Zusammenschaltung der sechs Spulengruppen einer Dahlander-Wicklung

zu wählen, daß ein Teil der Schaltverbindungen erhalten bleibt. Ein zweiter Gesichtspunkt ist das zu fordernde Verhältnis der mechanischen Leistungen $P_{\mathrm{mech2}}/P_{\mathrm{mech1}}$ bzw. der Drehmomente M_2/M_1. Diese Verhältnisse werden durch die Drehzahl-Drehmoment-Kennlinie der gekuppelten Arbeitsmaschine bestimmt. In vielen Fällen ist das äußere Drehmoment M_A konstant, so daß $M_2/M_1 \approx 1$ und $P_{\mathrm{mech2}}/P_{\mathrm{mech1}} \approx 0,5$ anzustreben ist. Man erhält das Verhältnis $P_{\mathrm{mech2}}/P_{\mathrm{mech1}}$, bei dem in der Maschine die gleiche Wicklungserwärmung auftritt, mit Hilfe des Verhältnisses der Scheinleistungen nach Bild 14.10 zu

$$\boxed{\frac{P_{\mathrm{mech\,2}}}{P_{\mathrm{mech}}} = \frac{P_{\mathrm{s2}}}{P_{\mathrm{s1}}} \frac{\cos\varphi_2\,\eta_2}{\cos\varphi_1\,\eta_1} k}\quad.$$

Dabei berücksichtigt der Faktor k die schlechtere Kühlung bei der hohen Polpaarzahl p_2; es ist also $k < 1$. Außerdem sind der Wirkungsgrad und der Leistungsfaktor für die hohe Polpaarzahl stets kleiner als für die niedrige. Es kann deshalb mit

$$\frac{P_{\mathrm{mech\,2}}}{P_{\mathrm{mech\,1}}} \approx (0,7\ldots 0,8)\frac{P_{\mathrm{s2}}}{P_{\mathrm{s1}}} \tag{14.71}$$

gerechnet werden. Damit erhält man für das Verhältnis der Drehmomente

$$\frac{M_2}{M_1} = \frac{P_{\mathrm{mech\,2}}}{P_{\mathrm{mech\,1}}}\frac{p_2}{p_1} = (0,7\ldots 0,8)\frac{P_{\mathrm{s2}}}{P_{\mathrm{s1}}}\frac{p_2}{p_1} = (1,4\ldots 1,6)\frac{P_{\mathrm{s2}}}{P_{\mathrm{s1}}}\quad. \tag{14.72}$$

Bei der Auslegung der Maschine ist zu beachten, daß der Luftspaltfluß durch die Spannung über den unverändert bleibenden Spulengruppen diktiert wird. Dabei muß lediglich berücksichtigt werden, daß der Wicklungsfaktor einer Spulengruppe gegenüber dem Feld mit der hohen Polpaarzahl einen etwas anderen Wert hat als gegenüber dem Feld mit der niedrigen Polpaarzahl. Er folgt bei großen Lochzahlen q für die hohe Polpaarzahl aus (4.110) zu $\xi_{2,1} = 3\sqrt{3}/2\pi$ und für die niedrige Polpaarzahl aus (4.112) und unter Beachtung der Sehnung um eine halbe Polteilung zu $\xi_{1,1} = 3\sqrt{2}/2\pi$. Damit erhält man für das Verhältnis der Luftspaltflüsse

$$\frac{\widehat{\Phi}_{\mathrm{h2}}}{\widehat{\Phi}_{\mathrm{h1}}} = \frac{U_{\mathrm{gr2}}}{U_{\mathrm{gr1}}}\frac{\xi_{1,1}}{\xi_{2,1}} = \frac{\sqrt{2}}{\sqrt{3}}\frac{U_{\mathrm{gr2}}}{U_{\mathrm{gr1}}}\quad.$$

Die Beziehungen zwischen der Spannung einer Spulengruppe und der Leiterspannung des Netzes sind im Bild 14.10 angegeben. Der Luftspaltfluß bestimmt die Grundwellen-

Tafel 14.2 Die wichtigsten Schaltungskombinationen bei der Dahlander-Schaltung und ihre Eigenschaften

Schaltungsart p_2 p_1	Schaltung	Anschlüsse an der Klemmenplatte p_2 p_1	$\dfrac{P_{\mathrm{mech\,2}}}{P_{\mathrm{mech\,1}}}$	$\dfrac{M_2}{M_1}$	$\dfrac{\hat{B}_2}{\hat{B}_1}$	Kennzeichen der Lage der beiden Bemessungspunkte in der n-M-Ebene
△ ⅄⅄	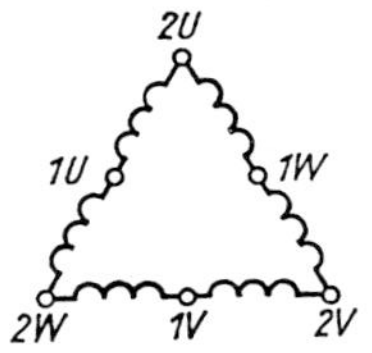	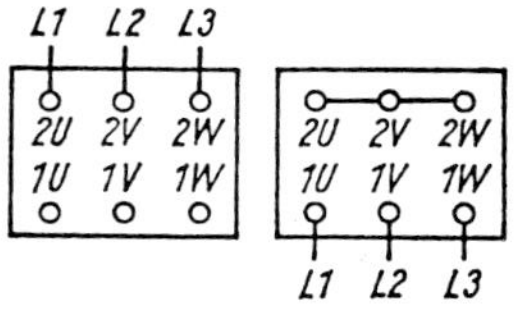	$0,6\ldots0,7$	$1,2\ldots1,4$	$1,4$	etwa gleiches Drehmoment bei beiden Drehzahlen
⅄⅄ △	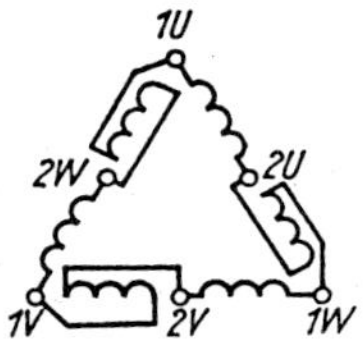	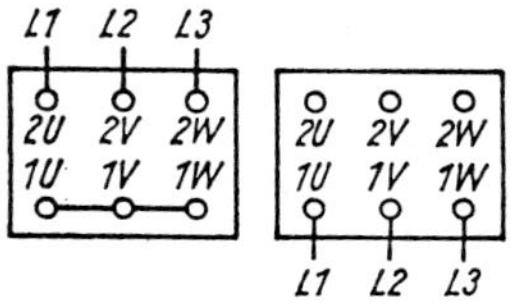	$0,8\ldots0,9$	$1,6\ldots1,8$	$1,9$	etwa gleiche Leistung, d.h. mit zunehmender Drehzahl abnehmendes Drehmoment
⅄ ⅄⅄	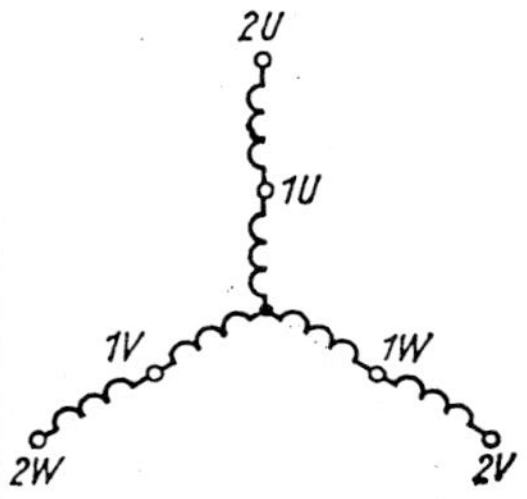	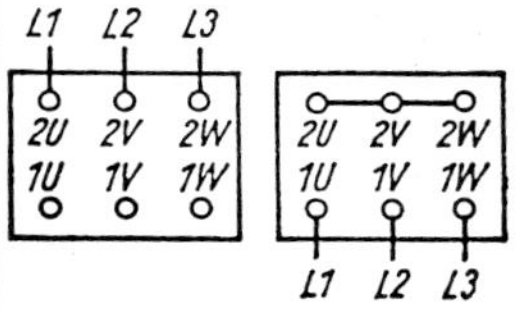	$0,35\ldots0,40$	$0,70\ldots0,80$	$0,8$	mit zunehmender Drehzahl zunehmendes Drehmoment

amplitude des Luftspaltfelds entsprechend $\widehat{\Phi}_{\mathrm{h}} = (2/\pi)\tau_{\mathrm{p}}l_{\mathrm{i}}\widehat{B}_{1}$. Dabei ist die Polteilung für die hohe Polpaarzahl halb so groß wie für die niedrige; es wird also

$$\frac{\widehat{B}_{2,1}}{\widehat{B}_{1,1}} = \frac{\widehat{\Phi}_{\mathrm{h}2}}{\widehat{\Phi}_{\mathrm{h}1}}\frac{p_2}{p_1} = 2\frac{\widehat{\Phi}_{\mathrm{h}2}}{\widehat{\Phi}_{\mathrm{h}1}} \ . \tag{14.73}$$

Beim Entwurf der Schaltung ist außerdem darauf zu achten, daß bei beiden Polpaarzahlen der gleiche Umlaufsinn des Drehfelds entsteht.

Die gebräuchlichste Form der Dahlander-Schaltung arbeitet mit der Dreieckschaltung für die hohe und der Doppelsternschaltung für die niedrige Polpaarzahl. Sie ist in der ersten Zeile der Tafel 14.2 einschließlich der für die beiden Polpaarzahlen an der Klemmenplatte herzustellenden Anschlüsse dargestellt. Die Art der Umschaltung sichert, daß sich beim Übergang von der hohen Polpaarzahl zur niedrigen der Durchlaufsinn jeweils einer der beiden Gruppen eines Strangs ändert, wie es entsprechend Bild 14.9 erforderlich ist. Um für die niedrige Polpaarzahl den gleichen Umlaufsinn des Drehfelds zu erhalten wie für die hohe, muß außerdem die Phasenfolge der Gruppen 1, 3 und 5 umgekehrt werden.

Außer der Schaltungskombination Dreieck–Doppelstern werden auch die Schaltungskombinationen Doppelstern–Dreieck und Stern–Doppelstern verwendet. Sie sind einschließlich den an der Klemmenplatte herzustellenden Anschlüssen in Tafel 14.2 aufgenommen. Tafel 14.2 enthält außerdem für die betrachteten Schaltungskombinationen die Verhältnisse $P_{\mathrm{mech}2}/P_{\mathrm{mech}1}$, M_2/M_1 und $\widehat{B}_{2,1}/\widehat{B}_{1,1}$, die sich mit Hilfe von (14.71), (14.72) und (14.73), ausgehend von den realisierbaren Scheinleistungen nach Bild 14.10, ergeben, sowie eine Kennzeichnung der Lage der beiden Bemessungspunkte in der n-M-Ebene.

14.3   Zweiphasen-Stellmotoren

Zweiphasen-Stellmotoren setzt man im Bereich kleiner Drehmomente und oft zusammen mit Drehmeldern ein. Wie letzere werden sie i.allg. für eine Bemessungsfrequenz von 400 Hz ausgeführt. Den grundsätzlichen Aufbau und die Schaltung zeigt Bild 14.11[1].

Der Ständer ist rotationssymmetrisch und trägt zwei um eine halbe Polteilung gegeneinander versetzte Wicklungsstränge, den *Erregerstrang e* und den *Steuerstrang st*, die an die Stelle der Stränge a und b bei der allgemeinen Behandlung der Zweiphasenmaschine im Abschnitt 14.1.1 treten.

Die Erregerspannung $\underline{u}_{\mathrm{e}}$ ist unveränderlich, während die Steuerspannung $\underline{u}_{\mathrm{st}}$ mit Hilfe eines Steuergeräts variabel bezüglich Amplitude oder Phasenlage ist. Im ersten Fall spricht man von Amplitudensteuerung und im zweiten von Phasensteuerung.

Der Läufer wird als Kurzschlußläufer mit vergleichsweise großem wirksamem Läuferwiderstand R'_2 ausgeführt. Dabei existieren sowohl Käfigläufer als auch Glockenläufer aus ferromagnetischem Material und solche aus nichtferromagnetischem Material, wie Aluminium. Die Maschine mit Aluminium-Glockenläufer wird auch als *Ferraris-Motor* bezeichnet.

Das Betriebsverhalten läßt sich quantitativ mit Hilfe der Beziehungen ermitteln, die im Abschnitt 14.1.1 für die Einphasenmaschine mit Haupt- und Hilfsstrang entwickelt wurden. Qualitativ ergibt sich das Verhalten aus der Überlegung, daß der Läufer im allgemeinen Fall einem mitlaufenden und einem gegenlaufenden Drehfeld ausgesetzt

---

[1] Eine ausführliche Darstellung findet sich in [18].

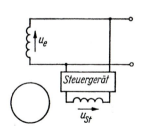

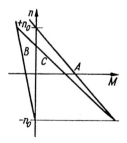

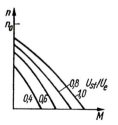

Bild 14.11 Grundsätzlicher
Aufbau und Schaltung
eines Zweiphasen-Stellmotors

Bild 14.12 Entstehung der
Drehzahl-Drehmoment-
Kennlinie eines
Zweiphasen-Stellmotors
A Kennlinie des mitlaufenden
Drehfelds; B Kennlinie des ge-
genlaufenden Drehfelds; C re-
sultierende Kennlinie

Bild 14.13 Steuerkennlinien
eines Zweiphasen-
Stellmotors mit
Amplitudensteuerung

ist. Man erhält das Drehmoment aus der Überlagerung der Anteile der beiden Drehfelder, ähnlich wie es im Bild 12.18 für den Fall des Einphasenbetriebs der Dreiphasen-
Asynchronmaschine demonstriert wurde. Dabei ist der wirksame Läuferwiderstand so
groß, daß der Kippschlupf größer als 1 wird. Dadurch erhält man monoton fallende, nahezu geradlinige Drehzahl-Drehmoment-Kennlinien. Ihre Lage in der Drehzahl-
Drehmoment-Ebene ändert sich in Abhängigkeit von der Steuerspannung, da dadurch
auf das Verhältnis zwischen mitlaufendem und gegenlaufendem Drehfeld Einfluß genommen wird. Bild 14.12 zeigt die Entstehung der Drehzahl-Drehmoment-Kennlinie
für eine bestimmte Steuerspannung und Bild 14.13 eine Schar von Steuerkennlinien
bei Amplitudensteuerung.

15 Modelle der Dreiphasen-Synchronmaschine auf Basis der Grundwellenverkettung

15.1 Allgemeine Form des Gleichungssystems der Synchronmaschine in Schenkelpolausführung mit einer Ersatzdämpferwicklung je Achse

Der allgemeine Aufbau einer Schenkelpolmaschine in der Ausführungsform als Innenpolmaschine ist bereits als Bild 7.8 fixiert worden. Davon ausgehend wurden im Abschnitt 7.3 die zugeordneten Spannungs- und Flußverkettungsgleichungen abgeleitet. Zur Wahrung der Durchsichtigkeit wird im folgenden davon ausgegangen, daß sich der tatsächliche Dämpferkäfig durch je eine *Ersatzdämpferwicklung* in der Längs- und der Querachse ersetzen läßt. Die Berechtigung für eine derartige Vereinfachung leitet sich zunächst aus der experimentellen Erfahrung her. Die Untersuchungen einfacher nichtstationärer Vorgänge, wie z.B. des dreipoligen Stoßkurzschlusses, zeigen, daß sich die Maschine nach außen hin tatsächlich so verhält, als ob nur ein Dämpferkreis in jeder der beiden Achsen vorhanden wäre. Diese Erscheinung läßt sich dadurch erklären, daß der Dämpferkäfig in Näherung einen vollständigen, symmetrischen Käfig darstellt, wie ihn Asynchronmaschinen mit Kurzschlußläufer besitzen. Ein derartiger Käfig läßt sich aber entsprechend Abschnitt 7.2.2 durch eine äquivalente zweisträngige Wicklung ersetzen. Die Parameter der Ersatzdämpferkreise werden i.allg. experimentell, z.B. durch Auswertung der Stromverläufe beim dreisträngigen Stoßkurzschluß, gewonnen. Durch Formulierung geeigneter Annahmen kann man sie auch von der gegebenen Geometrie ausgehend berechnen [41]. Die beiden Ersatzdämpferkreise werden mit Dd und Dq bezeichnet. Die betrachtete Anordnung ist im Bild 15.1 dargestellt. Die entsprechende schematische Darstellung zeigt Bild 15.2. Dabei bildet das Polsystem, der üblichen Gepflogenheit folgend, den Ständer. Im Vergleich zur Asynchronmaschine, deren Gleichungssysteme im Kapitel 8 entwickelt wurden, gibt es keine Unterschiede bezüglich des Ankers bzw. Ständers, aber das Polsystem bzw. der Läufer ist magnetisch und elektrisch unsymmetrisch. Damit gibt es keine Möglichkeit, den Variablen des Polsystems komplexe Augenblickswerte sinnvoll zuzuordnen. Im Polsystem muß von den tatsächlichen, symmetrisch zu den beiden Achsen angeordneten Wicklungen ausgegangen und mit deren Strömen, Spannungen und Flußverkettungen gearbeitet werden. Bezüglich des Dämpferkäfigs sind dies nach Einführung der Ersatzdämpferwicklungen je eine Wicklung in der Längsachse und in der Querachse mit unterschiedlichen Parametern. Damit ist das Läuferkoordinatensystem das den realen Verhältnissen der Synchronmaschine am besten angepaßte Koordinatensystem. Die Darstellung im Läuferkoordinatensystem ist im Zuge der Entwicklung der Theorie der Synchronmaschine auch zwangsläufig entstanden und hat dabei zur Einführung der d-q-0-Komponenten geführt, die nach ihrem Schöpfer auch Park-Komponenten genannt werden.

In einer groben Näherung kann man sich den Läufer der Synchronmaschine auch

Tafel 15.1 Zusammenstellung des allgemeinen Systems der Spannungs- und Flußverkettungsgleichungen einer Dreiphasen-Synchronmaschine mit je einem Ersatzdämpferkreis in der Längs- und in der Querachse

Spannungsgleichungen der Ankerstränge

$$\begin{pmatrix} u_a \\ u_b \\ u_c \end{pmatrix} = R \begin{pmatrix} i_a \\ i_b \\ i_c \end{pmatrix} + \frac{\mathrm{d}}{\mathrm{d}t} \begin{pmatrix} \psi_a \\ \psi_b \\ \psi_c \end{pmatrix}$$

Flußverkettungsgleichungen der Ankerstränge

$$\begin{pmatrix} \psi_a \\ \psi_b \\ \psi_c \end{pmatrix} = L_0 \frac{1}{3}[i_a + i_b + i_c] + \left\{ L_d \frac{2}{3}[i_a\cos\vartheta + i_b\cos(\vartheta - 2\pi/3) + i_c\cos(\vartheta + 2\pi/3)] + L_{aDd}i_{Dd} + L_{afd}i_{fd} \right\} \begin{pmatrix} \cos\vartheta \\ \cos(\vartheta - 2\pi/3) \\ \cos(\vartheta + 2\pi/3) \end{pmatrix}$$

$$- \left\{ L_q \frac{2}{3}[-i_a\sin\vartheta - i_b\sin(\vartheta - 2\pi/3) - i_c\sin(\vartheta + 2\pi/3)] + L_{aDq}i_{Dq} \right\} \begin{pmatrix} \sin\vartheta \\ \sin(\vartheta - 2\pi/3) \\ \sin(\vartheta + 2\pi/3) \end{pmatrix}$$

Spannungsgleichungen der Polradkreise

$$0 = R_{Dd}i_{Dd} + \frac{\mathrm{d}\psi_{Dd}}{\mathrm{d}t} \qquad 0 = R_{Dq}i_{Dq} + \frac{\mathrm{d}\psi_{Dq}}{\mathrm{d}t}$$

$$u_{fd} = R_{fd}i_{fd} + \frac{\mathrm{d}\psi_{fd}}{\mathrm{d}t}$$

Flußverkettungsgleicungen der Polradkreise

$$\psi_{Dd} = L_{Dad}[i_a\cos\vartheta + i_b\cos(\vartheta - 2\pi/3) + i_c\cos(\vartheta + 2\pi/3)] + L_{DDd}i_{Dd} + L_{Dfd}i_{fd}$$

$$\psi_{fd} = L_{fad}[i_a\cos\vartheta + i_b\cos(\vartheta - 2\pi/3) + i_c\cos(\vartheta + 2\pi/3)] + L_{fDd}i_{Dd} + L_{ffd}i_{fd}$$

$$\psi_{Dq} = L_{Daq}[-i_a\sin\vartheta - i_b\sin(\vartheta - 2\pi/3) - i_c\cos(\vartheta + 2\pi/3)] + L_{DDq}i_{Dq}$$

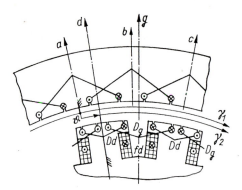 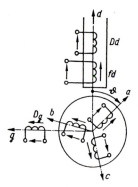

Bild 15.1 Prinzipieller Aufbau
einer Dreiphasen-Synchronmaschine
als Schenkelpolmaschine in Innenpolausführung
mit je einer Ersatzdämpferwicklung
in der Längsachse (Dd) und in der Querachse (Dq)

Bild 15.2 Schematische Darstellung
der Dreiphasen-Synchronmaschine
in Schenkelpolausführung
mit je einer Ersatzdämpferwicklung
in der Längs- und in der Querachse

durch einen symmetrischen Schleifringläufer ersetzt denken. Das wird unter der Bezeichnung *vereinfachte Vollpolmaschine* geschehen. In diesem Fall lassen sich natürlich
wieder alle Darstellungsformen sinnvoll nutzen, die im Kapitel 8 entwickelt wurden.
Insbesondere kann wieder durchgängig, d.h. im Ständer und im Läufer mit komplexen
Augenblickswerten gearbeitet werden. Bei der realen Schenkelpolmaschine und auch
bei der realen Vollpolmaschine ist dies nur für die Ständergrößen sinnvoll möglich.

Das System der Spannungs- und Flußverkettungsgleichungen für eine Maschine mit
einer Ersatzdämpferwicklung je Achse ist in Tafel 15.1, ausgehend von den Beziehungen, die im Abschnitt 7.3.2 entwickelt wurden, dargestellt.

Für die Ersatzdämpferwicklungen muß natürlich – wie generell vorausgesetzt – das
Prinzip der Grundwellenverkettung gelten. Damit rufen deren Durchflutungsgrundwel-
len in der *d-* bzw. *q*-Achse jeweils Induktionsgrundwellen hervor, die über die gleichen
Polformkoeffizienten bestimmt werden, wie sie für die Ankerwicklung wirksam sind.
Auf Basis dieser Überlegungen und bei analogem Vorgehen wie im Kapitel 7 lassen sich
Ausdrücke für die Induktivitäten in Tafel 15.1 entwickeln. Das soll im folgenden unter
Beachtung von (7.15) und (7.88) geschehen, wobei jeweils in einer ersten Beziehung für
die einzelnen Induktivitäten der Entstehungsprozeß verfolgt werden kann. Man erhält
für die Selbstinduktivität der Ersatzdämpferwicklung der Längsachse sowie für deren
Gegeninduktivität zum Anker:

$$
\begin{aligned}
L_{DDd} &= \frac{\mu_0}{\delta_{\mathrm{i}}} \frac{4}{\pi} \frac{(w\xi_1)_{Dd}}{2p} C_{\mathrm{ad},1} \frac{2}{\pi} \tau_{\mathrm{p}} l_{\mathrm{i}} (w\xi_1)_{Dd} + L_{\sigma Dd} \\[2mm]
&= L_{\mathrm{h}} \frac{2}{3} \frac{(w\xi_1)_{Dd}^2}{(w\xi_1)_1^2} C_{\mathrm{ad},1} + L_{\sigma Dd} = L_{\mathrm{h}d} \frac{2}{3} \frac{(w\xi_1)_{Dd}^2}{(w\xi_1)_1^2} + L_{\sigma Dd}
\end{aligned}
\tag{15.1}
$$

$$
\begin{aligned}
L_{aDd} &= \frac{\mu_0}{\delta_{\mathrm{i}}} \frac{4}{\pi} \frac{(w\xi_1)_{Dd}}{2p} C_{\mathrm{ad},1} \frac{2}{\pi} \tau_{\mathrm{p}} l_{\mathrm{i}} (w\xi_1)_1 \xi_{\mathrm{schr}} \\[2mm]
&= L_{\mathrm{h}} \frac{2}{3} \frac{(w\xi_1)_{Dd}}{(w\xi_1)_1} C_{\mathrm{ad},1} \xi_{\mathrm{schr}} = L_{\mathrm{h}d} \frac{2}{3} \frac{(w\xi_1)_{Dd}}{(w\xi_1)_1} \xi_{\mathrm{schr}}
\end{aligned}
\tag{15.2}
$$

mit

$(w\xi_1)_{Dd}$ hintereinandergeschaltete wirksame Windungszahl
der auf $2p$ Pole verteilten Ersatzdämpferwicklung der Längsachse

$L_{\sigma Dd}$ den Streufeldern im Nut- , Wickelkopf- und Zahnkopfraum
sowie den Oberwellenfeldern zugeordnete Selbstinduktivität
der Ersatzdämpferwicklung der Längsachse

Die analoge Entwicklung für die Ersatzdämpferwicklung der Querachse führt auf:

$$L_{DDq} = L_{\mathrm{h}}\frac{2}{3}\frac{(w\xi_1)^2_{Dq}}{(w\xi_1)^2_1}C_{aq,1} + L_{\sigma Dq} = L_{\mathrm{h}q}\frac{2}{3}\frac{(w\xi_1)^2_{Dq}}{(w\xi_1)^2_1} + L_{\sigma Dq} \qquad (15.3)$$

$$L_{aDq} = L_{\mathrm{h}}\frac{2}{3}\frac{(w\xi_1)_{Dq}}{(w\xi_1)_1}C_{aq,1}\xi_{\mathrm{schr}} = L_{\mathrm{h}q}\frac{2}{3}\frac{(w\xi_1)_{Dq}}{(w\xi_1)_1}\xi_{\mathrm{schr}} \qquad (15.4)$$

mit

$(w\xi_1)_{Dq}$ hintereinandergeschaltete wirksame Windungszahl
der auf $2p$ Pole verteilten Ersatzdämpferwicklung der Querachse

$L_{\sigma Dq}$ den Streufeldern im Nut- , Wickelkopf- und Zahnkopfraum
sowie den Oberwellenfeldern zugeordnete Selbstinduktivität
der Ersatzdämpferwicklung der Querachse

Für die Selbstinduktivität der Erregerwicklung erhält man bei analogem Vorgehen:

$$L_{ffd} = \frac{\mu_0}{\delta_{\mathrm{i}}}\frac{w_{fd}}{2p}\tau_{\mathrm{p}}l_{\mathrm{i}}w_{fd}C_{fd,m} + L_{\sigma fd} = L_{\mathrm{h}}\frac{2}{3}\frac{\pi}{4}\frac{w^2_{fd}}{(w\xi_1)^2_1}C_{fd,m} + L_{\sigma fd} \qquad (15.5)$$

mit

w_{fd} hintereinandergeschaltete Windungszahl aller 2p Pole

$C_{fd,m} = \frac{\pi}{2}\left(\dfrac{B_{\mathrm{m}}}{B_{\max}}\right)$ bei Erregung mit i_{fd}

$L_{\sigma fd}$ den Streufeldern im Polzwischenraum und im Stirnraum
zugeordnete Selbstinduktivität

Die Beziehung für die Gegeninduktivität zwischen der Erregerwicklung und dem Anker ist bereits als (7.88) entwickelt worden. Man erhält in der hier gewählten Darstellungsform:

$$L_{afd} = \frac{\mu_0}{\delta_{\mathrm{i}}}\frac{w_{fd}}{2p}\frac{2}{\pi}\tau_{\mathrm{p}}l_{\mathrm{i}}C_{fd,1}(w\xi_1)_1\xi_{\mathrm{schr}} = L_{\mathrm{h}}\frac{2}{3}\frac{\pi}{4}\frac{w_{fd}}{(w\xi_1)_1}C_{fd,1}\xi_{\mathrm{schr}} \qquad (15.6)$$

mit

$C_{fd,1} = \left(\dfrac{\widehat{B}_1}{B_{\max}}\right)$ bei Erregung mit i_{fd}

Schließlich läßt sich die Gegeninduktivität zwischen der Ersatzdämpferwicklung der Längsachse und der Erregerwicklung formulieren als:

$$L_{Dfd} = \frac{\mu_0}{\delta_{\mathrm{i}}}\frac{w_{fd}}{2p}\frac{2}{\pi}\tau_{\mathrm{p}}l_{\mathrm{i}}C_{fd,1}(w\xi_1)_{Dd} + L_{\sigma Df}$$

$$= L_{\mathrm{h}}\frac{2}{3}\frac{\pi}{4}\frac{w_{fd}}{(w\xi_1)_1}\frac{(w\xi_1)_{Dd}}{(w\xi_1)_1}C_{fd,1} + L_{\sigma Df} \qquad (15.7)$$

mit

$L_{\sigma Df}$ den Streufeldern zwischen der Ersatzdämpferwicklung der Längsachse
und der Erregerwicklung zugeordnete Gegeninduktivität

L_d und L_q sind über die ersten beiden Gleichungen (7.88) und (7.89) gegeben. Es ist
also:

$$L_d = L_{\mathrm{h}}C_{ad,1} + L_\sigma = L_{\mathrm{h}d} + L_\sigma \tag{15.8}$$

$$L_q = L_{\mathrm{h}}C_{aq,1} + L_\sigma = L_{\mathrm{h}q} + L_\sigma \tag{15.9}$$

Die Beziehungen (15.1) bis (15.9) für die Induktivitäten der Dreiphasen-Synchronmaschine mit einer Ersatzdämpferwicklung pro Achse werden im Abschnitt 15.10 genutzt, um nach Einführung transformierter Größen für die Polradkreise Flußverkettungsgleichungen entstehen zu lassen, die für die routinemäßige Anwendung vorteilhaft
sind.

Das Drehmoment wird zweckmäßig auf der Grundlage der Beziehungen ermittelt,
die aus einer allgemeinen Energiebilanz folgen und in Tafel 6.1 zusammengefaßt wurden. Dementsprechend gilt unter Beachtung der vorliegenden linearen magnetischen
Verhältnisse mit $\vartheta = p\vartheta'$

$$m = \frac{p}{2} \sum_{j=1}^{n} i_j \frac{\partial \psi_j}{\partial \vartheta} \ . \tag{15.10}$$

Dabei ist die Summe über die drei Ankerstränge sowie die drei Wicklungen des Polsystems zu erstrecken. Wenn man in (15.10) die Flußverkettungsgleichungen der Ankerstränge, der Dämpferkreise und der Erregerwicklung nach Tafel 15.1 einsetzt, erhält
man nach längerer, aber trivialer Rechnung

$$\boxed{m = \frac{p}{\sqrt{3}}(\psi_a i_b - \psi_b i_a) + \frac{p}{\sqrt{3}}(\psi_b i_c - \psi_c i_b) + \frac{p}{\sqrt{3}}(\psi_c i_a - \psi_a i_c)} \ . \tag{15.11}$$

Da für die Ständergrößen, wie oben ausgeführt wurde, nach wie vor komplexe Augenblickswerte nach (8.7) einführbar sind, läßt sich auch die zugeordnete Beziehung für
das Drehmoment in (8.56) übernehmen. Es ist also

$$m = -\frac{3}{2}p \operatorname{Im}\left\{ \vec{\psi}_1^{\mathrm{K}} \vec{i}_1^{\mathrm{K}*} \right\} \ . \tag{15.12}$$

Durch Einsetzen von $\vec{\psi}_1^{\mathrm{K}}$ und $\vec{i}_1^{\mathrm{K}}$ nach (8.7) folgt daraus ebenfalls (15.11).

Die Bewegungsgleichung folgt aus (6.49) mit $\vartheta = p\vartheta'$ zu

$$\boxed{m + m_{\mathrm{A}} = \frac{J}{p}\frac{\mathrm{d}^2\vartheta}{\mathrm{d}t}} \ . \tag{15.13}$$

Die Spannungs- und Flußverkettungsgleichungen nach Tafel 15.1 sowie (15.11) bzw.
(15.12) und (15.13) beschreiben das Verhalten der Maschine vollständig. Sie bilden
ein System von 14 Gleichungen und vermitteln zwischen 19 Veränderlichen. Demnach
müssen 5 Veränderliche in ihrem Zeitverlauf vorgegeben sein. Diese 5 Angaben stellen
die *Betriebsbedingungen* für den betrachteten Betriebszustand dar. Sie bestehen aus

– je einer Aussage über die Strom-Spannungs-Verhältnisse an den Klemmen der 3
Ankerstränge,

– einer Aussage über die Strom-Spannungs-Verhältnisse an den Klemmen der Erregerwicklung und

– einer Aussage über die Drehzahl-Drehmoment-Verhältnisse an der Welle.

Die Lösung des Gleichungssystems bereitet im allgemeinen Fall Schwierigkeiten, da in den Flußverkettungsgleichungen Koeffizienten auftreten, die Funktionen von ϑ sind, und ϑ selbst eine Veränderliche darstellt. Es liegt nahe, daß man versucht, die ϑ-Abhängigkeit der Koeffizienten in den Flußverkettungsgleichungen zu eliminieren. Dieser Gedanke führt auf die Substitution der sog. d-q-0-Komponenten bzw. zur Darstellung im Läuferkoordinatensystem, die im nächsten Abschnitt durchgeführt wird.

15.2 Gleichungssystem der Synchronmaschine in Schenkelpolausführung unter Einführung der d-q-0-Komponenten

15.2.1 d-q-0-Komponenten der Ankerströme

Die Ankerströme i_a, i_b und i_c treten in sämtlichen Flußverkettungsgleichungen nach Tafel 15.1 in drei Kombinationen auf, die jeweils durch eckige Klammern hervorgehoben wurden. Diese Ausdrücke sollen durch neue Ströme ersetzt werden, die sog. d-q-0-Komponenten i_d, i_q, i_0. Unter dem Gesichtspunkt, daß in den Flußverkettungsgleichungen des Ankers nach Tafel 15.1 keine Zahlenfaktoren stehenbleiben, ergeben sich folgende Transformationsbeziehungen[1]:

$$
\begin{aligned}
i_d &= \frac{2}{3}\left[i_a\cos\vartheta + i_b\cos\left(\vartheta-\frac{2\pi}{3}\right) + i_c\cos\left(\vartheta+\frac{2\pi}{3}\right)\right] \\
i_q &= \frac{2}{3}\left[-i_a\sin\vartheta - i_b\sin\left(\vartheta-\frac{2\pi}{3}\right) - i_c\sin\left(\vartheta+\frac{2\pi}{3}\right)\right] \\
i_0 &= \frac{1}{3}[i_a + i_b + i_c]
\end{aligned}
\qquad (15.14)
$$

Ein Vergleich mit (7.80) zeigt unter Beachtung der Lage der Ankerstränge entsprechend Bild 15.1, daß i_d der Amplitude $\widehat{\Theta}_{d,1}$ der Längskomponente der Ankerdurchflutung und i_q der Amplitude $\widehat{\Theta}_{q,1}$ ihrer Querkomponente zugeordnet ist. Es bestehen die Beziehungen

$$
\left.
\begin{aligned}
\widehat{\Theta}_{d,1} &= \frac{3}{2}\frac{4}{\pi}\frac{w\xi_1}{2p}i_d\,, \\
\widehat{\Theta}_{q,1} &= \frac{3}{2}\frac{4}{\pi}\frac{w\xi_1}{2p}i_q\,.
\end{aligned}
\right\}
\qquad (15.15)
$$

Der Strom i_0 liefert keinen Beitrag zur Durchflutungsgrundwelle.

---

[1] Auf die Wahl des Zahlenfaktors 2/3 in den Beziehungen für i_d und i_q wird nochmals eingegangen, wenn die allgemeinen Gleichungen zur Behandlung des stationären Betriebs herangezogen werden.

Zur Vereinfachung der Darstellung ist es vorteilhaft, die Transformationsbeziehungen nach (15.14) in Matrizenform als

$$
\begin{pmatrix} i_d \\ i_q \\ i_0 \end{pmatrix} = C \begin{pmatrix} i_a \\ i_b \\ i_c \end{pmatrix}
\tag{15.16}
$$

anzugeben, wobei die *Transformationsmatrix*

$$
C = \begin{pmatrix} \dfrac{2}{3}\cos\vartheta & \dfrac{2}{3}\cos\left(\vartheta - \dfrac{2\pi}{3}\right) & \dfrac{2}{3}\cos\left(\vartheta + \dfrac{2\pi}{3}\right) \\[2mm] -\dfrac{2}{3}\sin\vartheta & -\dfrac{2}{3}\sin\left(\vartheta - \dfrac{2\pi}{3}\right) & -\dfrac{2}{3}\sin\left(\vartheta + \dfrac{2\pi}{3}\right) \\[2mm] \dfrac{1}{3} & \dfrac{1}{3} & \dfrac{1}{3} \end{pmatrix}.
\tag{15.17}
$$

eingeführt wurde. Aus (15.16) und (15.17) erhält man unter Beachtung der Regeln der Matrizenrechnung als *Rücktransformationsbeziehung*[1]

$$
\begin{pmatrix} i_a \\ i_b \\ i_c \end{pmatrix} = C^{-1} \begin{pmatrix} i_d \\ i_q \\ i_0 \end{pmatrix}
\tag{15.18}
$$

mit

$$
C^{-1} = \begin{pmatrix} \cos\vartheta & -\sin\vartheta & 1 \\[2mm] \cos\left(\vartheta - \dfrac{2\pi}{3}\right) & -\sin\left(\vartheta - \dfrac{2\pi}{3}\right) & 1 \\[2mm] \cos\left(\vartheta + \dfrac{2\pi}{3}\right) & -\sin\left(\vartheta + \dfrac{2\pi}{3}\right) & 1 \end{pmatrix}.
\tag{15.19}
$$

15.2.2 *d-q*-0-Komponenten der Ankerflußverkettungen und Flußverkettungsgleichungen des Ankers im Bereich der *d-q*-0-Komponenten

Aus den Flußverkettungsgleichungen des Ankers nach Tafel 15.1 erhält man durch Einführen der *d-q*-0-Komponenten der Ankerströme nach (15.14), wenn von vornherein

---

[1]Gleichung (15.18) mit C^{-1} nach (15.19) kann natürlich auch durch Umformung von (15.14) gewonnen werden.

auf eine Darstellung hingearbeitet wird, die den nachfolgenden Schritten angepaßt ist,

$$
\begin{pmatrix} \psi_a \\ \psi_b \\ \psi_c \end{pmatrix} = \begin{pmatrix} \cos\vartheta & -\sin\vartheta & 1 \\ \cos\left(\vartheta - \dfrac{2\pi}{3}\right) & -\sin\left(\vartheta - \dfrac{2\pi}{3}\right) & 1 \\ \cos\left(\vartheta + \dfrac{2\pi}{3}\right) & -\sin\left(\vartheta + \dfrac{2\pi}{3}\right) & 1 \end{pmatrix} \begin{pmatrix} L_d i_d + L_{aDd} i_{Dd} + L_{afd} i_{fd} \\ L_q i_q + L_{aDq} i_{Dq} \\ L_0 i_0 \end{pmatrix} .
$$

Ein Vergleich mit (15.18) und (15.19) zeigt, daß sich für die Flußverkettungen die gleiche Transformation anbietet wie für die Ströme. Man erhält die Transformationsbeziehungen

$$
\begin{pmatrix} \psi_a \\ \psi_b \\ \psi_c \end{pmatrix} = C^{-1} \begin{pmatrix} \psi_d \\ \psi_q \\ \psi_0 \end{pmatrix} \tag{15.20}
$$

bzw.

$$
\begin{pmatrix} \psi_d \\ \psi_q \\ \psi_0 \end{pmatrix} = C \begin{pmatrix} \psi_a \\ \psi_b \\ \psi_c \end{pmatrix} \tag{15.21}
$$

und als Flußverkettungsgleichungen im Bereich der d-q-0-Komponenten

$$
\boxed{
\begin{aligned}
\psi_d &= L_d i_d + L_{aDd} i_{Dd} + L_{afd} i_{fd} & (15.22) \\
\psi_q &= L_q i_q + L_{aDq} i_{Dq} & (15.23) \\
\psi_0 &= L_0 i_0 & (15.24)
\end{aligned}
}
$$

15.2.3 d-q-0-Komponenten der Spannungen und Spannungsgleichungen im Bereich der d-q-0-Komponenten

Wenn in die Spannungsgleichungen des Ankers nach Tafel 15.1 die d-q-0-Komponenten der Ströme und Flußverkettungen entsprechend (15.18) und (15.20) mit C^{-1} nach (15.19) eingeführt werden, erhält man

$$
\begin{pmatrix} u_a \\ u_b \\ u_c \end{pmatrix} = \begin{pmatrix} \cos\vartheta & -\sin\vartheta & 1 \\ \cos\left(\vartheta - \dfrac{2\pi}{3}\right) & -\sin\left(\vartheta - \dfrac{2\pi}{3}\right) & 1 \\ \cos\left(\vartheta + \dfrac{2\pi}{3}\right) & -\sin\left(\vartheta + \dfrac{2\pi}{3}\right) & 1 \end{pmatrix} \begin{pmatrix} R i_d + \dfrac{d\psi_d}{dt} - \dfrac{d\vartheta}{dt}\psi_q \\ R i_q + \dfrac{d\psi_q}{dt} - \dfrac{d\vartheta}{dt}\psi_d \\ R i_0 + \dfrac{d\psi_0}{dt} \end{pmatrix} .
$$

Aus dieser Form der Spannungsgleichungen läßt sich ablesen, daß die Spannungen in gleicher Weise transformiert werden können wie die Ströme und Flußverkettungen. Ein Vergleich mit (15.18) und (15.19) bzw. mit (15.20) liefert

$$
\begin{pmatrix} u_a \\ u_b \\ u_c \end{pmatrix} = C^{-1} \begin{pmatrix} u_d \\ u_q \\ u_0 \end{pmatrix} \qquad \text{bzw.} \tag{15.25}
$$

$$
\begin{pmatrix} u_d \\ u_q \\ u_0 \end{pmatrix} = C \begin{pmatrix} u_a \\ u_b \\ u_c \end{pmatrix} , \tag{15.26}
$$

und man erhält als Spannungsgleichungen im Bereich der d-q-0-Komponenten:

$$
u_d = Ri_d + \frac{\mathrm{d}\psi_d}{\mathrm{d}t} - \frac{\mathrm{d}\vartheta}{\mathrm{d}t}\psi_q \tag{15.27}
$$

$$
u_q = Ri_q + \frac{\mathrm{d}\psi_q}{\mathrm{d}t} - \frac{\mathrm{d}\vartheta}{\mathrm{d}t}\psi_d \tag{15.28}
$$

$$
u_0 = Ri_0 + \frac{\mathrm{d}\psi_0}{\mathrm{d}t} . \tag{15.29}
$$

Die Spannungsgleichungen für u_d und u_q enthalten zwei Anteile der induzierten Spannung. Dabei besitzt der erste den Charakter einer transformatorischen Spannung und der zweite den einer Rotationsspannung. Diese Erscheinung wurde bereits bei der Aufstellung des allgemeinen Gleichungssystems der Asynchronmaschine beobachtet (vgl. Tafel 8.1). Sie tritt allgemein dann auf, wenn die Variablen von Ständer und Läufer in einem gemeinsamen Koordinatensystem beschrieben werden (s. Abschnitt 8.4.4). Die Rotationsspannung stellt im allgemeinen Fall ein nichtlineares Glied dar, da sowohl $\mathrm{d}\vartheta/\mathrm{d}t$ als auch ψ Variable mit beliebigem Zeitverhalten sind. Diese Komplizierung der Spannungsgleichungen des Ankers muß in Kauf genommen werden. Ihr steht die einschneidende Vereinfachung des übrigen Gleichungssystems gegenüber.

15.2.4   Ermittlung des Drehmoments aus den d-q-0-Komponenten der Ströme und Flußverkettungen

Durch Einführen der d-q-0-Komponenten der Ströme und Flußverkettungen des Ankers entsprechend (15.18) und (15.20) mit C^{-1} nach (15.19) erhält man aus (15.11) nach einigen trivialen Umformungen für das von der Maschine entwickelte Drehmoment

$$
m = p\frac{3}{2}(\psi_d i_q - \psi_q i_d) . \tag{15.30}
$$

Man erhält (15.30) natürlich auch aus (15.12) bzw. (8.56) mit (8.45).

Tafel 15.2   Zusammenstellung des Gleichungssystems der Dreiphasen-Synchronmaschine im Bereich der d-q-0-Komponenten

$$u_d = Ri_d + \frac{d\psi_d}{dt} - \frac{d\vartheta}{dt}\psi_q \qquad u_{fd} = R_{fd}i_{fd} + \frac{d\psi_{fd}}{dt}$$

$$u_q = Ri_q + \frac{d\psi_q}{dt} + \frac{d\vartheta}{dt}\psi_d \qquad 0 = R_{Dd}i_{Dd} + \frac{d\psi_{Dd}}{dt}$$

$$u_0 = Ri_0 + \frac{d\psi_0}{dt} \qquad\qquad 0 = R_{Dq}i_{Dq} + \frac{d\psi_{Dq}}{dt}$$

$$\begin{pmatrix} \psi_d \\ \psi_{Dd} \\ \psi_{fd} \end{pmatrix} = \begin{pmatrix} L_d & L_{aDd} & L_{afd} \\ \frac{3}{2}L_{Dad} & L_{DDd} & L_{Dfd} \\ \frac{3}{2}L_{fad} & L_{fDd} & L_{ffd} \end{pmatrix} \begin{pmatrix} i_d \\ i_{Dd} \\ i_{fd} \end{pmatrix}$$

$$\begin{pmatrix} \psi_q \\ \psi_{Dq} \end{pmatrix} = \begin{pmatrix} L_q & L_{aDq} \\ \frac{3}{2}L_{Daq} & L_{DDq} \end{pmatrix} \begin{pmatrix} i_q \\ i_{Dq} \end{pmatrix}$$

$$\psi_0 = L_0 i_0$$

$$m = p\frac{3}{2}(\psi_d i_q - \psi_q i_d)$$

$$m + m_{A} = J\frac{1}{p}\frac{d^2\vartheta}{dt^2}$$

15.2.5   Vollständiges Gleichungssystem im Bereich der d-q-0-Komponenten

Die Spannungsgleichungen der Polradkreise können direkt aus Tafel 15.1 übernommen werden. In ihre Flußverkettungsgleichungen lassen sich unmittelbar i_d und i_q nach (15.14) einführen. Damit erhält man das vollständige Gleichungssystem, das in Tafel 15.2 zusammengefaßt ist.

15.3   Einführung bezogener Größen

15.3.0   Ausgangsüberlegungen

Es ist allgemein üblich, die physikalischen Größen im Gleichungssystem der Synchronmaschine durch bezogene Größen zu ersetzen. Im Abschnitt 8.4.9 war dies bereits für das Gleichungssystem der Asynchronmaschine praktiziert worden. Die bezogenen Werte der Spannungen, Ströme und Flußverkettungen sowie die der Leistung, des Drehmoments und der Zeit werden im Zuge der folgenden Ableitung durch einen Stern und die

Bezugswerte durch Index 0 gekennzeichnet. Es besteht also die allgemeine Beziehung

$$\boxed{g = g^* g_0}\ .\qquad(15.31)$$

Nachdem der Umformungsprozeß abgeschlossen ist, wird auf die besondere Kennzeichnung der bezogenen Veränderlichen verzichtet. Die *bezogenen Widerstände* werden mit r und die *bezogenen Induktivitäten* mit x bezeichnet. Es ist üblich, letztere als Reaktanzen anzusprechen.

Die Bezugsgrößen für die Wicklungen des Polsystems knüpft man so an die Bezugsgrößen des Ankers an, daß die bezogenen Werte aller Selbst- und Gegeninduktivitäten etwa gleich werden. Damit können die Bezugsgrößen gleichzeitig die Funktion der „Übersetzungsverhältnisse" übernehmen, die man bei der üblichen Behandlungsweise magnetisch gekoppelter Kreise einführt. Die Bezugsgrößen können an und für sich frei gewählt werden. Dementsprechend existiert in der Literatur eine ganze Reihe Bezugssysteme. Im weiteren wird auf ein *Bezugssystem* hingearbeitet, das die Reziprozität der bezogenen Gegeninduktivitäten in den Flußverkettungsgleichungen im Bereich der d-q-0-Komponenten, d.h. $x_{\nu\mu} = x_{\mu\nu}$ sichert. Dadurch verschwindet der Faktor $3/2$ in den ersten Gliedern der Flußverkettungsgleichungen der Polradkreise in Tafel 15.2.

Als Grundbezugsgrößen werden wie in Abschnitt 8.4.9 eingeführt:

$$I_{\mathrm{a}0} = \sqrt{2}I_{\mathrm{str\,n}} \quad \text{für alle Strang- und Achsenströme}$$

$$U_{\mathrm{a}0} = \sqrt{2}U_{\mathrm{str\,n}} \quad \text{für alle Strang- und Achsenspannungen}$$

$$\psi_{\mathrm{a}0} = \frac{U_{\mathrm{a}0}}{\omega_{\mathrm{n}}} = \frac{\sqrt{2}U_{\mathrm{str\,n}}}{\omega_{\mathrm{n}}} \quad \text{für alle Strang- und Achsenflußverkettungen}$$

$$P_0 = 3U_{\mathrm{str\,n}}I_{\mathrm{str\,n}} = \sqrt{3}U_{\mathrm{n}}I_{\mathrm{n}} \quad \text{für die Leistung}$$

$$M_0 = \frac{3U_{\mathrm{str\,n}}I_{\mathrm{str\,n}}}{\omega_{\mathrm{n}}}p \quad \text{für das Drehmoment}$$

$$X_{\mathrm{a}0} = \frac{U_{\mathrm{a}0}}{I_{\mathrm{a}0}} \quad \text{als Bezugsimpedanz}$$

$$L_{\mathrm{a}0} = \frac{X_{\mathrm{a}0}}{\omega_{\mathrm{n}}} = \frac{U_{\mathrm{a}0}}{\omega_{\mathrm{n}}I_{\mathrm{a}0}} = \frac{\psi_{\mathrm{a}0}}{I_{\mathrm{a}0}} \quad \text{als Bezugsinduktivität}$$

Vielfach ist es auch üblich, als Bezugsgröße für die Zeit

$$T_0 = \frac{1}{\omega_{\mathrm{n}}}$$

und damit die bezogene Zeit als

$$t^* = \frac{t}{T_0} = \omega_{\mathrm{n}}t\qquad(15.32)$$

einzuführen. Davon wird in der folgenden Entwicklung wie auch schon im Abschnitt 8.4.9 zunächst Abstand genommen, da es sich empfiehlt, mit Rücksicht auf verfügbare Simulationsprogramme und die Interpretation der mit ihrer Hilfe erhaltenen Ergebnisse die Zeit als physikalische Größe, z.B. mit der Einheit s, beizubehalten. Die Folge ist, wie bereits im Abschnitt 8.4.9 deutlich wurde, daß in den Spannungsgleichungen ein Faktor vor der zeitlichen Ableitung der Flußverkettungen auftritt, den es in den Beziehungen zwischen den physikalischen Größen nicht gibt. Wenn später versucht wird, mit Hilfe der Laplace-Transformation geschlossene Näherungslösungen für einzelne Betriebszustände zu gewinnen, empfiehlt es sich, auch die Zeit dimensionslos zu machen und die Bezugsgröße für die Zeit so zu wählen, daß der Faktor vor der zeitlichen Ableitung der Flußverkettung verschwindet und damit die gleiche Form der Spannungsgleichungen wie mit physikalischen Größen besteht. Mit Rücksicht darauf wird in der folgenden Entwicklung jeweils auch die dann entstehende Form der Gleichungen angegeben.

15.3.1 Spannungsgleichungen des Ankers

Die Spannungsgleichung des Strangs a geht durch Einführen bezogener Größen über in

$$u_a^* = R\frac{I_{a0}}{U_{a0}}i_a^* + \frac{\psi_{a0}}{U_{a0}}\frac{\mathrm{d}\psi_a^*}{\mathrm{d}t} = ri_a^* + T_0\frac{\mathrm{d}\psi_a^*}{\mathrm{d}t} = ri_a^* + \frac{\mathrm{d}\psi_a^*}{\mathrm{d}t^*}$$

mit dem bezogenen Wert des Strangwiderstands

$$r = R\frac{I_{a0}}{U_{a0}} = R\frac{I_{\mathrm{str\,n}}}{U_{\mathrm{str\,n}}} = \frac{R}{X_{a0}}\ .$$

Für die anderen Stränge erhält man analoge Beziehungen.

Die Spannungsgleichungen im Bereich der d-q-0-Komponenten nach Tafel 15.2 gehen unter Einführung bezogener Größen über in

$$u_d^* = ri_d^* + T_0\frac{\mathrm{d}\psi_d^*}{\mathrm{d}t} - n^*\psi_q^* = ri_d^* + \frac{\mathrm{d}\psi_d^*}{\mathrm{d}t^*} - \frac{\mathrm{d}\vartheta}{\mathrm{d}t^*}\psi_q^*$$

$$u_q^* = ri_q^* + T_0\frac{\mathrm{d}\psi_q^*}{\mathrm{d}t} + n^*\psi_d^* = ri_q^* + \frac{\mathrm{d}\psi_q^*}{\mathrm{d}t^*} + \frac{\mathrm{d}\vartheta}{\mathrm{d}t^*}\psi_d^*$$

$$u_0^* = ri_0^* + T_0\frac{\mathrm{d}\psi_0^*}{\mathrm{d}t} = ri_0^* + \frac{\mathrm{d}\psi_0^*}{\mathrm{d}t^*}\ .$$

Dabei ist

$$n^* = \frac{\mathrm{d}\vartheta}{\mathrm{d}t^*} = T_0\frac{\mathrm{d}\vartheta}{\mathrm{d}t} \qquad\qquad\qquad (15.33)$$

mit

$$n^* = \frac{n}{n_0}$$
$$n_0 = f_n/p\ .$$

15.3.2 Transformationsbeziehungen

Da alle Strang- und Achsengrößen der Ströme, Spannungen und Flußverkettungen jeweils gleiche Bezugsgrößen I_{a0}, U_{a0} und ψ_{a0} haben, bleibt die Form der Transformationsbeziehungen erhalten. Es gilt also allgemein für eine Größe g ($= u$, i oder ψ)

$$
\begin{pmatrix} g_d \\ g_q \\ g_0 \end{pmatrix} = C \begin{pmatrix} g_a \\ g_b \\ g_c \end{pmatrix} = \begin{pmatrix} \dfrac{2}{3}\cos\vartheta & \dfrac{2}{3}\cos\left(\vartheta - \dfrac{2\pi}{3}\right) & \dfrac{2}{3}\cos\left(\vartheta + \dfrac{2\pi}{3}\right) \\[2ex] -\dfrac{2}{3}\sin\vartheta & -\dfrac{2}{3}\sin\left(\vartheta - \dfrac{2\pi}{3}\right) & -\dfrac{2}{3}\sin\left(\vartheta + \dfrac{2\pi}{3}\right) \\[2ex] \dfrac{1}{3} & \dfrac{1}{3} & \dfrac{1}{3} \end{pmatrix} \begin{pmatrix} g_a \\ g_b \\ g_c \end{pmatrix} .
$$

$$\tag{15.34}$$

$$
\begin{pmatrix} g_a \\ g_b \\ g_c \end{pmatrix} = C^{-1} \begin{pmatrix} g_d \\ g_q \\ g_0 \end{pmatrix} = \begin{pmatrix} \cos\vartheta & -\sin\vartheta & 1 \\[2ex] \cos\left(\vartheta - \dfrac{2\pi}{3}\right) & -\sin\left(\vartheta - \dfrac{2\pi}{3}\right) & 1 \\[2ex] \cos\left(\vartheta + \dfrac{2\pi}{3}\right) & \sin\left(\vartheta + \dfrac{2\pi}{3}\right) & 1 \end{pmatrix} \begin{pmatrix} g_d \\ g_q \\ g_0 \end{pmatrix} . \tag{15.35}
$$

15.3.3 Flußverkettungsgleichungen im Bereich der *d-q*-0-Komponenten

Die Flußverkettungsgleichungen der Längsachse nach Tafel 15.2 gehen durch Einführen der bezogenen Werte der Ströme und Flußverkettung und Zuordnung der bezogenen Induktivitäten über in

$$
\begin{pmatrix} \psi_d^* \\ \psi_{Dd}^* \\ \psi_{fd}^* \end{pmatrix} = \begin{pmatrix} L_d \dfrac{I_{a0}}{\psi_{a0}} & L_{aDd}\dfrac{I_{Dd0}}{\psi_{a0}} & L_{afd}\dfrac{I_{fd0}}{\psi_{a0}} \\[2ex] \dfrac{3}{2}L_{Dad}\dfrac{I_{a0}}{\psi_{Dd0}} & L_{DDd}\dfrac{I_{Dd0}}{\psi_{Dd0}} & L_{Dfd}\dfrac{I_{fd0}}{\psi_{Dd0}} \\[2ex] \dfrac{3}{2}L_{fad}\dfrac{I_{a0}}{\psi_{fd0}} & L_{fDd}\dfrac{I_{Dd0}}{\psi_{fd0}} & L_{ffd}\dfrac{I_{fd0}}{\psi_{fd0}} \end{pmatrix} \begin{pmatrix} i_d^* \\ i_{Dd}^* \\ i_{fd}^* \end{pmatrix}
$$

$$
= \begin{pmatrix} x_d & x_{aDd} & x_{afd} \\[1ex] x_{Dad} & x_{DDd} & x_{Dfd} \\[1ex] x_{fad} & x_{fDd} & x_{ffd} \end{pmatrix} \begin{pmatrix} i_d^* \\ i_{Dd}^* \\ i_{fd}^* \end{pmatrix} . \tag{15.36}
$$

Dabei gewinnt man die bezogenen Induktivitäten durch Vergleich einander zugeordneter Matrizenelemente. Die Forderung nach Reziprozität der bezogenen Gegeninduktivitäten führt auf die Bedingung

$$
\frac{3}{2}\psi_{a0}I_{a0} = \psi_{Dd0}I_{Dd0} = \psi_{fd0}I_{fd0} . \tag{15.37}
$$

Die Flußverkettungsgleichungen der Querachse in Tafel 15.2 liefern analog

$$\begin{pmatrix} \psi_q^* \\ \psi_{Dq}^* \end{pmatrix} = \begin{pmatrix} L_q \dfrac{I_{a0}}{\psi_{a0}} & L_{aDq} \dfrac{I_{Dq0}}{\psi_{a0}} \\ \dfrac{3}{2} L_{Daq} \dfrac{I_{a0}}{\psi_{Dq0}} & L_{DDq} \dfrac{I_{Dq0}}{\psi_{Dq0}} \end{pmatrix} \begin{pmatrix} i_q^* \\ i_{Dq}^* \end{pmatrix}$$

$$= \begin{pmatrix} x_q & x_{aDq} \\ x_{Daq} & x_{DDq} \end{pmatrix} \begin{pmatrix} i_q^* \\ i_{Dq}^* \end{pmatrix} \; . \tag{15.38}$$

Die Forderung nach Reziprozität der Gegeninduktivitäten führt hier auf die Bedingung

$$\frac{3}{2} \psi_{a0} I_{a0} = \psi_{Dq0} I_{Dq0} \; . \tag{15.39}$$

Die Flußverkettungsgleichung des Nullsystems läßt sich in bezogener Form unmittelbar angeben als

$$\psi_0^* = L_0 \frac{I_{a0}}{\psi_{a0}} i_0^* = x_0 i_o^* \; . \tag{15.40}$$

Als Bezugsinduktivität sämtlicher Ankerinduktivitäten L_d, L_q und L_0 erscheint in (15.36), (15.38) und (15.40) $L_{a0} = \psi_{a0}/I_{a0}$.

15.3.4 Spannungsgleichungen des Polsystems

Die Spannungsgleichung der Erregerwicklung in Tafel 15.2 geht unter Einführung bezogener Größen über in

$$u_{fd}^* = R_{fd} \frac{I_{fd0}}{U_{fd0}} i_{fd}^* + \frac{\psi_{fd0}}{U_{fd0}} \frac{\mathrm{d}\psi_{fd}^*}{\mathrm{d}t} = r_{fd} i_{fd}^* + T_0 \frac{\mathrm{d}\psi_{fd}^*}{\mathrm{d}t} = r_{fd} i_{fd}^* + \frac{\mathrm{d}\psi_{fd}^*}{\mathrm{d}t^*} \; , \tag{15.41}$$

wenn man einführt

$$\psi_{fd0} = U_{fd0} T_0 \tag{15.42}$$

und

$$rfd = R_{fd} \frac{I_{fd0}}{U_{fd0}} \; .$$

Die Spannungsgleichung der Ersatzdämpferwicklung der Längsachse geht, wenn von vornherein auf die gleiche Form der Spannungsgleichungen hingezielt wird, über in

$$0 = \frac{R_{Dd} I_{Dd0} T_0}{\psi_{Dd0}} i_{Dd}^* + T_0 \frac{\mathrm{d}\psi_{Dd}^*}{\mathrm{d}t} = r_{Dd} i_{Dd}^* + T_0 \frac{\mathrm{d}\psi_{Dd}^*}{\mathrm{d}t} = r_{Dd} i_{Dd}^* + \frac{\mathrm{d}\psi_{Dd}^*}{\mathrm{d}t^*} \; . \tag{15.43}$$

Der bezogene Wert des Widerstands dieser Dämpferwicklung beträgt also

$$r_{Dd} = R_{Dd} \frac{I_{Dd0}}{\psi_{Dd0} \omega_\mathrm{n}} \; .$$

Die Spannungsgleichung der Ersatzdämpferwicklung der Querachse wird analog

$$0 = \frac{R_{Dq} I_{Dq0} T_0}{\psi_{Dq0}} i_{Dq}^* + T_0 \frac{\mathrm{d}\psi_{Dq}^*}{\mathrm{d}t} = r_{Dq} i_{Dq}^* + T_0 \frac{\mathrm{d}\psi_{Dq}^*}{\mathrm{d}t} = r_{Dq} i_{Dq}^* + \frac{\mathrm{d}\psi_{Dq}^*}{\mathrm{d}t^*} \tag{15.44}$$

mit $r_{Dq} = R_{Dq} \dfrac{I_{Dq0}}{\psi_{Dq0} \omega_\mathrm{n}}$.

15.3.5 Drehmoment- und Bewegungsgleichung

Die Drehmomentgleichung in Tafel 15.2 geht durch Einführen der bezogenen Größen über in

$$m^* = (\psi_d^* i_q^* - \psi_q^* i_d^*) \ . \tag{15.45}$$

Die Bewegungsgleichung nimmt die Form

$$
\begin{aligned}
m^* + m_A^* &= \frac{J\omega_n^2}{2p^2} \frac{1}{3U_{str\,n}I_{str\,n}} 2T_0 \frac{\mathrm{d}^2\vartheta}{\mathrm{d}t^2} \\
&= 2HT_0 \frac{\mathrm{d}^2\vartheta}{\mathrm{d}t^2} = 2H\frac{\mathrm{d}n^*}{\mathrm{d}t} = T_m^* \frac{\mathrm{d}^2\vartheta}{\mathrm{d}t^{*2}} = T_m^* \frac{\mathrm{d}n^*}{\mathrm{d}t^*}
\end{aligned}
\tag{15.46}
$$

an. Dabei ist H die sog. *Trägheitskonstante*. Sie beträgt (s. auch (8.90))

$$
\boxed{H = \frac{J\omega_n^2}{2p^2} \frac{1}{3U_{str\,n}I_{str\,n}} = \frac{\text{kinetische Energie bei synchroner Drehzahl}}{\text{Bemessungsscheinleistung}}} \ ,
$$

hat also die Dimension einer Zeit. Für die bezogene Zeitkonstante T_m^* ergibt sich

$$T_m^* = 2H\omega_n = 2H\frac{1}{T_0} \ ,$$

die bezogene Drehzahl n^* ist durch (15.33) gegeben.

15.3.6 Vollständiges Gleichungssystem im Bereich der *d-q*-0-Komponenten

Das vollständige Gleichungssystem in der bezogenen Form, die auf Einführung einer bezogenen Zeit verzichtet, ist in Tafel 15.3 zusammengefaßt. Dabei wurde nunmehr vereinbarungsgemäß auf die besondere Kennzeichnung der bezogenen Größen verzichtet. Von diesem Gleichungssystem wird zweckmäßig ausgegangen, wenn Betriebszustände mit Hilfe der numerischen Simulation untersucht werden sollen. Dabei wird auf die Flußverkettungsgleichungen noch einmal im Abschnitt 15.10 zurückgekommen.

Die Bilanz der Einführung bezogener Größen ergibt die im folgenden dargestellten Überlegungen.

Das Gleichungssystem enthält insgesamt 20 Veränderliche, es müssen also 19 Bezugsgrößen eingeführt werden, wenn die Zeit als physikalische Größe enthalten bleibt. Durch die Grundbezugsgrößen sind die bezogenen Werte der 3 Ankerspannungen, der 3 Ankerströme und der 3 Ankerflußverkettungen sowie die des Drehmoments festgelegt. Damit ist über die Bezugsgrößen von 11 der insgesamt 19 festzulegenden verfügt. Der Winkel ϑ wird nicht bezogen, da er bereits dimensionslos ist. Ferner bestehen in Form der Gleichungen (15.37), (15.39) und (15.42) vier Bedingungen für die Bezugsgrößen. Es sind also insgesamt 16 Festlegungen getroffen worden, so daß drei frei zu wählende Angaben verbleiben. Dafür bieten sich die Bezugsströme i_{Dd0}, i_{Dq0} und i_{fd0} der Kreise des Polsystems an. Ihre Festlegung erfolgt in der Literatur nach verschiedenen Gesichtspunkten. Ein weit verbreitetes System definiert diese Ströme so, daß sie in ihren Wicklungen die Durchflutung $\frac{3}{2}\frac{(w\xi_1)}{2p}\sqrt{2}I_{str\,n}$ hervorrufen.

Tafel 15.4 zeigt das Gleichungssystem in der bezogenen Form, bei der die Zeit entsprechend (15.32) auf $T_0 = 1/\omega_n$ bezogen ist. Die Flußverkettungsgleichungen und die Beziehungen für das Drehmoment behalten dabei die Form, die sie in Tafel 15.3 haben.

Tafel 15.3 *Zusammenstellung des Gleichungssystems der Dreiphasen-Synchronmaschine im Bereich der d-q-0-Komponenten in bezogener Form aber ohne Einführung einer bezogenen Zeit (ohne Kennzeichnung der bezogenen Größen)*

$$u_d = r i_d + T_0 \frac{\mathrm{d}\psi_d}{\mathrm{d}t} - n\psi_q \qquad u_{fd} = r_{fd} i_{fd} + T_0 \frac{\mathrm{d}\psi_{fd}}{\mathrm{d}t}$$

$$u_q = r i_q + T_0 \frac{\mathrm{d}\psi_q}{\mathrm{d}t} + n\psi_d \qquad 0 = r_{Dd} i_{Dd} + T_0 \frac{\mathrm{d}\psi_{Dd}}{\mathrm{d}t}$$

$$u_0 = r i_0 + T_0 \frac{\mathrm{d}\psi_0}{\mathrm{d}t} \qquad\qquad 0 = r_{iDq} i_{Dq} + T_0 \frac{\mathrm{d}\psi_{Dq}}{\mathrm{d}t}$$

$$\begin{pmatrix} \psi_d \\ \psi_{Dd} \\ \psi_{fd} \end{pmatrix} = \begin{pmatrix} x_d & x_{aDd} & x_{afd} \\ x_{Dad} & x_{DDd} & x_{Dfd} \\ x_{fad} & x_{fDd} & x_{ffd} \end{pmatrix} \begin{pmatrix} i_d \\ i_{Dd} \\ i_{fd} \end{pmatrix}$$

$$\begin{pmatrix} \psi_q \\ \psi_{Dq} \end{pmatrix} = \begin{pmatrix} x_q & x_{aDq} \\ x_{Daq} & x_{DDq} \end{pmatrix} \begin{pmatrix} i_q \\ i_{Dq} \end{pmatrix}$$

$$\psi_0 = x_0 i_0$$

$$m = \psi_d i_q - \psi_q i_d$$

$$m + m_A = 2H \frac{\mathrm{d}n}{\mathrm{d}t}$$

$$n = T_0 \frac{\mathrm{d}\vartheta}{\mathrm{d}t}$$

Von diesem Gleichungssystem wird zweckmäßig ausgegangen, wenn versucht wird, mit Hilfe der Laplace-Transformation und unter zusätzlichen Vereinfachungen bestimmte Betriebszustände geschlossen zu lösen.

15.4 Beziehungen zwischen den komplexen Augenblickswerten der Ständergrößen und den d-q-0-Komponenten

Die komplexen Augenblickswerte sind im Zuge der allgemeinen Behandlung der Dreiphasen-Asynchronmaschine im Abschnitt 8.3.1 als (8.7) eingeführt worden. Grundlage dieses Vorgehens war, daß in den Flußverkettungsgleichungen der Ständer- und Läuferstränge bestimmte Kombinationen der Strangströme in Erscheinung treten [s. (8.5) und (8.6)]. Im allgemeinen Gleichungssystem der Dreiphasen-Synchronmaschine nach Tafel 15.1 finden sich ähnliche Kombinationen der Ströme der Ständer-

Tafel 15.4 *Zusammenstellung des Gleichungssystems der Dreiphasen-Synchronmaschine im Bereich der d-q-0-Komponenten in bezogener Form mit Einführung einer bezogenen Zeit (ohne Kennzeichnung der bezogenen Größen)*

$$u_d = ri_d + \frac{\mathrm{d}\psi_d}{\mathrm{d}t} - \frac{\mathrm{d}\vartheta}{\mathrm{d}t}\psi_q \qquad\qquad u_{fd} = r_{fd}i_{fd} + \frac{\mathrm{d}\psi_{fd}}{\mathrm{d}t}$$

$$u_q = ri_q + \frac{\mathrm{d}\psi_q}{\mathrm{d}t} + \frac{\mathrm{d}\vartheta}{\mathrm{d}t}\psi_d \qquad\qquad 0 = r_{Dd}i_{Dd} + \frac{\mathrm{d}\psi_{Dd}}{\mathrm{d}t}$$

$$u_0 = ri_0 + \frac{\mathrm{d}\psi_0}{\mathrm{d}t} \qquad\qquad\qquad 0 = r_{Dq}i_{Dq} + \frac{\mathrm{d}\psi_{Dq}}{\mathrm{d}t}$$

$$\begin{pmatrix} \psi_d \\ \psi_{Dd} \\ \psi_{fd} \end{pmatrix} = \begin{pmatrix} x_d & x_{aDd} & x_{afd} \\ x_{Dad} & x_{DDd} & x_{Dfd} \\ x_{fad} & x_{fDd} & x_{ffd} \end{pmatrix} \begin{pmatrix} i_d \\ i_{Dd} \\ i_{fd} \end{pmatrix}$$

$$\begin{pmatrix} \psi_q \\ \psi_{Dq} \end{pmatrix} = \begin{pmatrix} x_q & x_{aDq} \\ x_{Daq} & x_{DDq} \end{pmatrix} \begin{pmatrix} i_q \\ i_{Dq} \end{pmatrix}$$

$$\psi_0 = x_0 i_0$$

$$m = \psi_d i_q - \psi_q i_d$$

$$m + m_A = 2H\omega_n \frac{\mathrm{d}^2\vartheta}{\mathrm{d}t^2} = T_m \frac{\mathrm{d}^2\vartheta}{\mathrm{d}t^2} = T_m \frac{\mathrm{d}n}{\mathrm{d}t}$$

$$n = \frac{\mathrm{d}\vartheta}{\mathrm{d}t}$$

stränge und gaben den Anlaß zur Einführung der *d-q*-0-Komponenten im Abschnitt 15.2. Für die Größen der Ständerstränge lassen sich natürlich analog zum Vorgehen bei der Asynchronmaschine komplexe Augenblickswerte bilden. Ihre Darstellung im Koordinatensystem des Läufers folgt aus (8.52) mit $\vartheta_K = \vartheta$ zu

$$\vec{g}_1^{\mathrm{L}} = \vec{g}_1^{\mathrm{S}}\, \mathrm{e}^{-\mathrm{j}\vartheta} = \frac{2}{3}(g_{1a} + a g_{1b} + a^2 g_{1c})\, \mathrm{e}^{-\mathrm{j}\vartheta} \ . \tag{15.47}$$

Ein Vergleich mit (15.17) und (15.34) zeigt, daß zu den Komponenten g_d und g_q die Beziehung

$$\boxed{\vec{g}_1^{\mathrm{L}} = \vec{g}_1^{\mathrm{S}}\, \mathrm{e}^{-\mathrm{j}\vartheta} = g_d + \mathrm{j}g_q} \ . \tag{15.48}$$

besteht (s. auch (8.45)). Daraus folgt

$$
\begin{aligned}
g_d &= \mathrm{Re}\{\vec{g}_1^{\,\mathrm{L}}\} = \mathrm{Re}\{\vec{g}_1^{\,\mathrm{S}}\,\mathrm{e}^{-\mathrm{j}\vartheta}\} \\
g_q &= \mathrm{Im}\{\vec{g}_1^{\,\mathrm{L}}\} = \mathrm{Im}\{\vec{g}_1^{\,\mathrm{S}}\,\mathrm{e}^{-\mathrm{j}\vartheta}\}
\end{aligned}
\tag{15.49}
$$

Diese Beziehungen spiegeln über den Zusammenhang zwischen den komplexen Ständerströmen und der komplexen Darstellung ihrer Durchflutungsgrundwellen nach (8.19) wider, daß i_d der Durchflutungsamplitude $\widehat{\Theta}_{d,1}$ in der Längsachse und i_q der Durchflutungsamplitude $\widehat{\Theta}_{q,1}$ in der Querachse zugeordnet sind.

Die komplexen Ständergrößen lassen sich zur bequemen Transformation der Stranggrößen in ihre d-q-0-Komponenten verwenden. Insbesondere sind dabei die im Abschnitt 8.5 hergeleiteten Beziehungen zwischen den komplexen Augenblickswerten und der komplexen Darstellung eingeschwungener Sinusgrößen nützlich. Man erhält im Fall eines symmetrischen Dreiphasensystems g_a, g_b, g_c mit positiver Phasenfolge aus (8.93) unter Nutzung von (15.48)

$$
g_d + \mathrm{j}g_q = \underline{g}\,\mathrm{e}^{\mathrm{j}(\omega_1 t - \vartheta)}
\tag{15.50}
$$

Analog liefert (8.95) für ein symmetrisches Dreiphasensystem negativer Phasenfolge

$$
g_d + \mathrm{j}g_q = \underline{g}^{*}\,\mathrm{e}^{-\mathrm{j}(\omega_1 t + \vartheta)}
\tag{15.51}
$$

Eine vollständige Darstellung des gesamten Gleichungssystems der Synchronmaschine nach den Tafeln 15.1 bzw. 15.2 bzw. 15.3 bzw. 15.4 unter Verwendung komplexer Augenblickswerte als Variable, wie es im Fall der Asynchronmaschine in den Abschnitten 8.3 und 8.4 geschehen ist, läßt sich nicht mit Vorteil vornehmen. Ursache dafür ist die magnetische und elektrische Asymmetrie des Polsystems. Der Läufer ist nicht rotationssymmetrisch, sondern trägt ausgeprägte Pole, und seine Wicklungen bilden keine symmetrische mehrsträngige (dreisträngige) Anordnung. Die magnetische Asymmetrie verschwindet, wenn eine Maschine mit Vollpolläufer betrachtet wird. Die Vollpolmaschine ist also offensichtlich in den bisherigen Betrachtungen bereits als Sonderfall enthalten. Die elektrische Asymmetrie ist durch den unterschiedlichen Aufbau der Wicklungen des Läufers in der d-Achse gegenüber jenen in der q-Achse gegeben. Insbesondere trägt der Läufer nur eine Erregerwicklung, die in der d-Achse angeordnet ist. Als Dämpferkreis wirkt bei der Vollpolmaschine der massive Läuferballen.

Um auch die elektrische Symmetrie des Läufers zu erzwingen und damit die durchgängige Beschreibung mit komplexen Veränderlichen zu ermöglichen, wird im Abschnitt 15.6 eine *vereinfachte Vollpolmaschine* eingeführt werden. Sie besitzt einen rotationssymmetrischen Läufer, der eine symmetrische zweisträngige Wicklung trägt. Der Strang in der Längsachse dient als Erregerwicklung und ist über die Erregerspannungsquelle kurzgeschlossen, während der Strang in der Querachse unmittelbar kurzgeschlossen ist. Im stationären Betrieb unter symmetrischen Betriebsbedingungen verhält sich die vereinfachte Vollpolmaschine wie eine reale Vollpolmaschine, da die Dämpferkreise nicht in Funktion treten. In allgemeinen Betriebszuständen erhält man einfache und damit leicht überschaubare Näherungsbeziehungen für das Verhalten.

Ohne weitere Einschränkungen läßt sich die allgemeine Form der Spannungsgleichung des Ständers, die im Zuge der Untersuchung der Asynchronmaschine im Abschnitt 8.4.4 für komplexe Augenblickswerte als die erste Gleichung (8.54) entwickelt wurde, übernehmen. Wenn sie im Koordinatensystem des Läufers dargestellt wird, d.h. mit $\vartheta_K = \vartheta$, erhält man durch Einführen der Komponenten g_d und g_q mit Hilfe von (15.48) unmittelbar die beiden Spannungsgleichungen für u_d und u_q in den Tafeln 15.2 bzw. 15.3 bzw. 15.4 als Gleichung zwischen den Realteilen und als Gleichung zwischen den Imaginärteilen.

15.5 Einführung der α-β-0-Komponenten

Durch (15.48) werden die Komponenten g_d und g_q als Real- und Imaginärteil der in Läuferkoordinaten beschriebenen Ständergrößen dargestellt. Analog dazu wird, von der Ständergröße $\vec{g}_1^{\,S}$ selbst ausgehend, definiert (s. auch (8.40))

$$\vec{g}_1^{\,S} = \frac{2}{3}(g_a + \boldsymbol{a}g_b + \boldsymbol{a}^2 g_c) = g_\alpha + \mathrm{j}g_\beta \ .\tag{15.52}$$

bzw.

$$g_\alpha = \mathrm{Re}\{\vec{g}_1^{\,S}\} \ , \qquad g_\beta = \mathrm{Im}\{\vec{g}_1^{\,S}\} \ .\tag{15.53}$$

Die Komponenten g_α und g_β bilden zusammen mit g_0 die sog. α-β-0-Komponenten der Stranggrößen. Man erhält, ausgehend von (15.52) und (15.53), folgende ausgeschriebene Form der Beziehungen zwischen den Stranggrößen und ihren α-β-0-Komponenten

$$\begin{pmatrix} g_\alpha \\ g_\beta \\ g_0 \end{pmatrix} = \begin{pmatrix} \frac{2}{3} & -\frac{1}{3} & -\frac{1}{3} \\ 0 & \frac{1}{3}\sqrt{3} & -\frac{1}{3}\sqrt{3} \\ \frac{1}{3} & \frac{1}{3} & \frac{1}{3} \end{pmatrix} \begin{pmatrix} g_a \\ g_b \\ g_c \end{pmatrix} \ .\tag{15.54}$$

bzw.

$$\begin{pmatrix} g_a \\ g_b \\ g_c \end{pmatrix} = \begin{pmatrix} 1 & 0 & 1 \\ -\frac{1}{2} & \frac{1}{2}\sqrt{3} & 1 \\ -\frac{1}{2} & -\frac{1}{2}\sqrt{3} & 1 \end{pmatrix} \begin{pmatrix} g_\alpha \\ g_\beta \\ g_0 \end{pmatrix} \ .\tag{15.55}$$

Die Beziehungen zwischen den α-β-0-Komponenten und den d-q-0-Komponenten folgen unmittelbar aus (15.48) und (15.52) zu

$$g_\alpha + \mathrm{j}g_\beta = (g_d + \mathrm{j}g_q)\,\mathrm{e}^{\mathrm{j}\vartheta} \ .\tag{15.56}$$

Daraus erhält man in ausgeschriebener Form

$$\begin{pmatrix} g_\alpha \\ g_\beta \end{pmatrix} = \begin{pmatrix} \cos\vartheta & -\sin\vartheta \\ \sin\vartheta & \cos\vartheta \end{pmatrix} \begin{pmatrix} g_d \\ g_q \end{pmatrix} \ .\tag{15.57}$$

bzw.

$$\begin{pmatrix} g_d \\ g_q \end{pmatrix} = \begin{pmatrix} \cos\vartheta & \sin\vartheta \\ -\sin\vartheta & \cos\vartheta \end{pmatrix} \begin{pmatrix} g_\alpha \\ g_\beta \end{pmatrix} . \qquad (15.58)$$

Durch die d-q-0-Komponenten wird dem dreisträngigen Wicklungssystem im Ständer ein zweisträngiges zugeordnet, dessen Wicklungsachsen relativ zum Polsystem ruhen und mit den Achsen der magnetischen Symmetrie übereinstimmen. Analog dazu entspricht die Einführung der α-β-0-Komponenten dem Ersatz des dreisträngigen Wicklungssystems im Ständer durch ein zweisträngiges, wobei die Achse des Strangs α bei $\gamma_\alpha = 0$ liegt und die des Strangs β bei $\gamma_\beta = \pi/2$. Die Überführung eines dreisträngigen Wicklungssystems in ein äquivalentes zweisträngiges war im Abschnitt 7.1.4 vorgenommen worden. Dabei wurden die gleichen Variablen g_α und g_β als die Größen der Ersatzstränge α und β erhalten, die jetzt im Ergebnis der Transformation auftreten.

Um die α-β-0-Komponenten anwenden zu können, muß das allgemeine Gleichungssystem nach Tafel 15.1 in den Bereich der α-β-0-Komponenten transformiert werden. Da die Transformationsbeziehungen zwischen den Stranggrößen und ihren α-β-0-Komponenten [(15.54) und (15.55)] keine Funktionen der Zeit sind, behalten die Spannungsgleichungen des Ständers dabei die übliche Form nach (5.1). Man erhält, ausgehend von den entsprechenden Gleichungen in Tafel 15.1, wenn gleichzeitig zur bezogenen Darstellung übergegangen wird,

$$\begin{pmatrix} u_\alpha \\ u_\beta \\ u_0 \end{pmatrix} = r \begin{pmatrix} i_\alpha \\ i_\beta \\ i_0 \end{pmatrix} + T_0 \frac{\mathrm{d}}{\mathrm{d}t} \begin{pmatrix} \psi_\alpha \\ \psi_\beta \\ \psi_0 \end{pmatrix} . \qquad (15.59)$$

Auf die Transformation der Flußverkettungsgleichungen wird i.allg. verzichtet. Statt dessen werden die einfachen, den Unsymmetrien des Läufers angepaßten Flußverkettungsgleichungen im Bereich der d-q-0-Komponenten verwendet, wie sie in Tafel 15.2 bzw. 15.3 bzw. 15.4 zusammengefaßt sind, und zusätzlich die Transformationsbeziehungen zwischen den α-β-0- und d-q-0-Komponenten nach (15.57) und (15.58) für die Ströme und Flußverkettungen in der Rechnung mitgeführt. Daneben gelten natürlich die Spannungsgleichungen des Polsystems und die Beziehung für das Drehmoment sowie die Bewegungsgleichung, die in Tafel 15.3 bzw. 15.4 festgehalten sind. Für das Drehmoment erhält man durch Einführen der Komponenten g_α und g_β der Ströme und Flußverkettungen mit Hilfe von (15.58) in bezogener Form

$$m = (\psi_\alpha i_\beta - \psi_\beta i_\alpha) . \qquad (15.60)$$

15.6 Vereinfachte Vollpolmaschine

Wie bereits im Abschnitt 15.4 herausgearbeitet wurde, empfiehlt es sich, als einfachstes Modell einer Synchronmaschine eine Vollpolmaschine zu betrachten, die im Polsystem eine symmetrische, zweisträngige Wicklung trägt. Bild 15.3 zeigt die schematische Darstellung einer derartigen Maschine[1]. Die beiden Wicklungsstränge des Polsystems

[1] Man vergleiche dazu die schematische Darstellung der allgmeinen Synchronmaschine in Schenkelpolausführung und mit je einer Ersatzdämpferwicklung in der d-Achse und in der q-Achse im Bild 15.2.

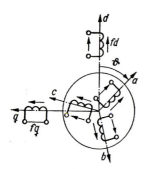

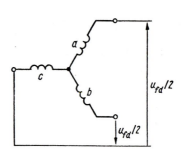

Bild 15.3 Schematische Darstellung der vereinfachten Vollpolmaschine f_d und f_q symmetrische zweisträngige Wicklung im Polsystem

Bild 15.4 Schaltung eines dreisträngigen symmetrischen Schleifringläufers, der als Polsystem einer vereinfachten Vollpolmaschine dienen soll

sollen mit fd und fq bezeichnet werden, um einerseits die Bezeichnung der Erregerwicklung beizubehalten und andererseits die gleiche Ausführung der beiden Wicklungsstränge zum Ausdruck zu bringen.

Im Zusammenhang mit der Überführbarkeit der zweisträngigen Wicklung des Polsystems in eine dreisträngige, die auf der Grundlage der Untersuchungen des Abschnitts 7.1.4 möglich ist, lassen sich unmittelbar die allgemeinen Gleichungen (8.54) und (8.55), die im Abschnitt 8.4 für die Asynchronmaschine abgeleitet wurden, auf die Synchronmaschine anwenden. Es ist lediglich zu beachten, daß, wenn in der dreisträngigen Wicklung des Polsystems kein Nullsystem auftritt, $i_a + i_b + i_c = 0$ ist. Eine entsprechende Schaltung zeigt Bild 15.4. Die Gleichungen der vereinfachten Vollpolmaschine unter Verwendung komplexer Augenblickswerte lassen sich natürlich auch aus den allgemeinen Gleichungen der Synchronmaschine im Bereich der d-q-0-Komponenten unter Beachtung der jetzt vorliegenden Symmetrie des Polsystems entwickeln. Im folgenden wird dies, ausgehend von der bezogenen Form dieser Gleichungen vorgenommen, wie sie in Tafel 15.3 festgehalten sind. Dabei werden für die Parameter des Wicklungsstrangs in der Längsachse des Polsystems die Bezeichnungen beibehalten und, entsprechend der vorausgesetzten magnetischen und elektrischen Symmetrie, auch für die Parameter der Querachse verwendet. Es gelten also folgende Identitäten:

$$r_{fq} = r_{fd}$$
$$x_{afq} = x_{faq} = x_{fad} = x_{afd} \; ; \qquad x_{ffq} = x_{ffd} \; .$$

Weiterhin verschwindet mit dem Wegfall der magnetischen Asymmetrie des Polsystems, entsprechend (7.88), der Unterschied zwischen den Ankerinduktivitäten L_{ad} und L_{aq} bzw. den synchronen Induktivitäten L_d und L_q nach (7.89) und damit zwischen ihren bezogenen Werten, d.h., es ist

$$x_q = x_d \; .$$

Die beiden Spannungsgleichungen des Polsystems lauten mit den getroffenen Festlegungen

$$u_{fd} = r_{fd}i_{fd} + T_0 \frac{\mathrm{d}\psi_{fd}}{\mathrm{d}t} \; , \qquad u_{fq} = r_{fd}i_{fq} + T_0 \frac{\mathrm{d}\psi_{fq}}{\mathrm{d}t} \; ,$$

wobei $u_{fq} = 0$ ist. Sie lassen sich zur komplexen Spannungsgleichung des Polsystems zusammenfassen als

$$\vec{u}_2^{\mathrm{L}} = u_{fd} + \mathrm{j}u_{fq} = r_{fd}(i_{fd} + \mathrm{j}i_{fq}) + T_0\frac{\mathrm{d}}{\mathrm{d}t}(\psi_{fd} + \mathrm{j}\psi_{fq}) = r_{fd}\vec{i}_2^{\mathrm{L}} + T_0\frac{\mathrm{d}\vec{\psi}_2^{\mathrm{L}}}{\mathrm{d}t} \ . (15.61)$$

Die Flußverkettungsgleichung für die komplexe Flußverkettung $\vec{\psi}_2^{\mathrm{L}} = \psi_{fd} + \mathrm{j}\psi_{fq}$ des Polsystems erhält man unter Beachtung der Symmetrie des Aufbaus und (15.48) aus

$$\psi_{fd} = x_{fad}i_d + x_{ffd}i_{fd} \ , \qquad \psi_{fq} = x_{fad}i_q + x_{ffd}i_{fq}$$

zu

$$\vec{\psi}_2^{\mathrm{L}} = \psi_{fd} + \mathrm{j}\psi_{fq} = x_{fad}(i_d + \mathrm{j}i_q) + x_{ffd}(i_{fd} + \mathrm{j}i_{fq}) = x_{fad}\vec{i}_1^{\mathrm{L}} + x_{ffd}\vec{i}_2^{\mathrm{L}} \ . (15.62)$$

Die Flußverkettungsgleichung für die komplexe Flußverkettung $\vec{\psi}_1 = \psi_d + \mathrm{j}\psi_q$ des Ankers in den Koordinaten des Polsystems entsprechend (15.48) erhält man unter Beachtung der vorliegenden elektrischen und magnetischen Symmetrie aus

$$\psi_d = x_d i_d + x_{afd}i_{fd} \ , \qquad \psi_q = x_d i_q + x_{afd}i_{fq}$$

zu

$$\vec{\psi}_1^{\mathrm{L}} = \psi_d + \mathrm{j}\psi_q = x_d(i_d + \mathrm{j}i_q) + x_{afd}(i_{fd} + \mathrm{j}i_{fq}) = x_d\vec{i}_1^{\mathrm{L}} + x_{afd}\vec{i}_2^{\mathrm{L}} \ . \qquad (15.63)$$

Damit wiederum ergibt sich, ausgehend von den Spannungsgleichungen für u_d und u_q in Tafel 15.3, als komplexe Spannungsgleichung des Ankers in den Koordinaten des Polsystems

$$\vec{u}_1^{\mathrm{L}} = u_d + \mathrm{j}u_q = r(i_d + \mathrm{j}i_q) + T_0\frac{\mathrm{d}}{\mathrm{d}t}(\psi_d + \mathrm{j}\psi_q) + \mathrm{j}n(\psi_d + \mathrm{j}\psi_q)$$

$$= r\vec{i}_1^{\mathrm{L}} + T_0\frac{\mathrm{d}\vec{\psi}_1^{\mathrm{L}}}{\mathrm{d}t} + \mathrm{j}n\vec{\psi}_1^{\mathrm{L}} \ . \qquad (15.64)$$

Für das Drehmoment läßt sich, ausgehend von $m = \psi_d i_q - \psi_q i_d$, schreiben

$$m = -\mathrm{Im}\{(\psi_d + \mathrm{j}\psi_q)(i_d - \mathrm{j}i_q)\} = -\mathrm{Im}\{\vec{\psi}_1^{\mathrm{L}}\vec{i}_1^{\mathrm{L}*}\} \ . \qquad (15.65)$$

Diese Beziehung entspricht (8.56) unter Beachtung des Umstands, daß sie für bezogene Größen nach Abschnitt 15.3 gilt und der Sonderfall der Beschreibung der Ankergrößen in den Koordinaten des Polsystems vorliegt. Die Bewegungsgleichung behält die in Tafel 15.3 fixierte Form bei. Die Gleichungen (15.61) bis (15.64) beschreiben die vereinfachte Vollpolmaschine mit Hilfe komplexer Augenblickswerte in den Koordinaten des Polsystems unter Verwendung bezogener Größen, wie sie im Abschnitt 15.3 eingeführt wurden. Um das Gleichungssystem in einem beliebigen Koordinatensystem K darzustellen, sind, ausgehend von (8.52), folgende Beziehungen zu beachten:

$$\vec{g}_1^{\mathrm{K}} = \vec{g}_1^{\mathrm{S}}\,\mathrm{e}^{-\mathrm{j}\vartheta_{\mathrm{K}}} = \vec{g}_1^{\mathrm{L}}\,\mathrm{e}^{\mathrm{j}(\vartheta - \vartheta_{\mathrm{K}})} \ ,$$
$$\vec{g}_2^{\mathrm{K}} = \vec{g}_2^{\mathrm{L}}\,\mathrm{e}^{-\mathrm{j}(\vartheta_{\mathrm{K}} - \vartheta)} = \vec{g}_2^{\mathrm{L}}\,\mathrm{e}^{\mathrm{j}(\vartheta - \vartheta_{\mathrm{K}})} \ .$$

Damit erhält man das Gleichungssystem der vereinfachten Vollpolmaschine in einem beliebigen Koordinatensystem K unter Verwendung komplexer Augenblickswerte und bezogener Größen, wie es in Tafel 15.5 zusammengestellt ist.

Tafel 15.6 zeigt das Gleichungssystem der vereinfachten Vollpolmaschine unter Einführung bezogener Größen, wenn die Zeit auf $T_0 = 1/\omega_{\mathrm{n}}$ bezogen wird.

Tafel 15.5   Zusammenstellung des Gleichungssystems der vereinfachten Vollpolmaschine unter Verwendung komplexer Augenblickswerte und bezogener Größen aber ohne Einführung einer bezogenen Zeit bei Darstellung in einem beliebigen Koordinatensystem K

$$\vec{u}_1^{\mathrm{K}} = r_1 \vec{i}_1^{\mathrm{K}} + T_0 \frac{\mathrm{d}\vec{\psi}_1^{\mathrm{K}}}{\mathrm{d}t} + \mathrm{j}n_{\mathrm{K}}\vec{\psi}_1^{\mathrm{K}}$$

$$\vec{u}_2^{\mathrm{K}} = r_2 \vec{i}_2^{\mathrm{K}} + T_0 \frac{\mathrm{d}\vec{\psi}_2^{\mathrm{K}}}{\mathrm{d}t} + \mathrm{j}(n_{\mathrm{K}} - n)\vec{\psi}_2^{\mathrm{K}}$$

$$\vec{\psi}_1^{\mathrm{K}} = x_d \vec{i}_1^{\mathrm{K}} + x_{afd}\vec{i}_2^{\mathrm{K}}$$

$$\vec{\psi}_2^{\mathrm{K}} = x_{fad}\vec{i}_1^{\mathrm{K}} + x_{ffd}\vec{i}_2^{\mathrm{K}}$$

$$m = -\mathrm{Im}\left\{\vec{\psi}_1^{\mathrm{K}}\vec{i}_1^{\mathrm{K}*}\right\}$$

$$m + m_{\mathrm{A}} = 2H\frac{\mathrm{d}n}{\mathrm{d}t}$$

$$n = T_0\frac{\mathrm{d}\vartheta}{\mathrm{d}t}$$

$$n_{\mathrm{K}} = T_0\frac{\mathrm{d}\vartheta_{\mathrm{K}}}{\mathrm{d}t}$$

15.7   Klassifizierung der Betriebszustände

15.7.0   Ausgangsüberlegungen

Die Analyse der einzelnen Betriebszustände der Synchronmaschine erfordert unterschiedlichen mathematischen Aufwand. Schwierigkeiten sind zunächst durch die große Anzahl miteinander verknüpfter Variablen zu erwarten. Deshalb wurden bereits die Ersatzdämpferwicklungen eingeführt. Darüber hinaus wird die Lösung des Gleichungssystems im allgemeinen Fall durch die ϑ-Abhängigkeit der Induktivitäten und durch das Auftreten nichtlinearer Glieder der Form ψi und $n\psi$ erschwert. Die ϑ-Abhängigkeit der Induktivitäten konnte durch Einführen der d-q-0-Komponenten eliminiert werden. Sie ist, genauer gesagt, in die Transformationsbeziehungen verlagert worden. Inwieweit der Vorteil der d-q-0-Komponenten voll zum Tragen kommt, hängt deshalb von den speziellen Betriebsbedingungen ab. Hinsichtlich des Wirksamwerdens der nichtlinearen Glieder ist das zu erwartende Zeitverhalten der Drehzahl entscheidend, da es in die nichtlinearen Glieder der Spannungsgleichungen für u_d und u_q direkt eingeht und über das Beschleunigungsmoment auf die Bewegungsgleichung einwirkt.

Die allgemeine Klassifizierung der Betriebszustände in stationäre und nichtstationäre wurde bereits im Abschnitt 2.5.1 vorgenommen. Danach sind stationäre Betriebszustände dadurch gekennzeichnet, daß die elektrischen Variablen u, i, ψ und die mechanischen Variablen n, m, m_{A} entweder zeitlich konstant sind oder eingeschwungene Wechselgrößen darstellen bzw. aus einer Überlagerung einer zeitlich konstanten Größe und einer eingeschwungenen Wechselgröße bestehen. Der normale stationäre Betrieb der Dreiphasen-Synchronmaschine am symmetrischen Netz sinusförmiger Spannungen mit synchroner Drehzahl stellt einen Sonderfall des stationären Betriebs dar. Andere stationäre Betriebszustände sind der asynchrone Betrieb, der Betrieb am un-

Tafel 15.6 Zusammenstellung des Gleichungssystems der vereinfachten Vollpolmaschine unter Verwendung komplexer Augenblickswerte und bezogener Größen mit Einführung einer bezogenen Zeit bei Darstellung in einem beliebigen Koordinatensystem K

$$\vec{u}_1^K = r_1 \vec{i}_1^K + \frac{d\vec{\psi}_1^K}{dt} + jn_K \vec{\psi}_1^K$$

$$\vec{u}_2^K = r_2 \vec{i}_2^K + \frac{d\vec{\psi}_2^K}{dt} + j(n_K - n)\vec{\psi}_2^K$$

$$\vec{\psi}_1^K = x_d \vec{i}_1^K + x_{afd} \vec{i}_2^K$$

$$\vec{\psi}_2^K = x_{fad} \vec{i}_1^K + x_{ffd} \vec{i}_2^K$$

$$m = -\mathrm{Im}\left\{ \vec{\psi}_1^K \vec{i}_1^{K*} \right\}$$

$$m + m_A = 2H\omega_n \frac{d^2\vartheta}{dt^2} = T_m \frac{d^2\vartheta}{dt^2} = T_m \frac{dn}{dt}$$

$$n = \frac{d\vartheta}{dt}$$

symmetrischen Netz, alle Formen der Dauerkurzschlüsse, aber auch erzwungene Pendelungen bei Betrieb am starren Netz u.a. . Nichtstationäre Betriebszustände, d.h. Betriebszustände, bei denen sich einzelne Variable beliebig zeitlich ändern, treten vor allem in Form von plötzlichen Kurzschlüssen und plötzlichen elektrischen oder mechanischen Laststößen auf.

Die Klassifizierung der Probleme aus der Sicht der zu erwartenden Schwierigkeiten bei ihrer Analyse kann, entsprechend den vorstehenden Überlegungen, einmal unter dem Gesichtspunkt der Betriebsbedingungen für die Stranggrößen und zum anderen unter dem des prinzipiellen Drehzahlverhaltens vorgenommen werden.

15.7.1 Klassifizierung der Betriebsbedingungen für die Stranggrößen

Es sind zwei Fälle zu unterscheiden, die im folgenden nacheinander betrachtet werden.

Im ersten Fall bestehen die Betriebsbedingungen für die Stranggrößen entweder aus drei Angaben über alle drei Spannungen oder aus solchen über alle drei Ströme. Durch die Transformation dieser Aussagen mit Hilfe von (15.34) erhält man unmittelbar die *d-q-0*-Komponenten der Betriebsbedingungen.

Dabei treten keine von ϑ abhängigen Beziehungen zwischen zwei *d-q-0*-Komponenten auf. Die Behandlung des speziellen Problems im Bereich der *d-q-0*-Komponenten bereitet keine Schwierigkeiten. Zur Gruppe derartiger Betriebszustände gehören vor allem jene, bei denen die Maschine an einem starren, symmetrischen Netz arbeitet. Dabei bilden die Spannungen der Ankerstränge ein symmetrisches Dreiphasensystem [s. z.B. (8.91)]. Die Transformation wird zweckmäßig mit Hilfe der komplexen Ständerspannung $\vec{u}_1^S$ durchgeführt. Man erhält aus (15.50)

$$\vec{u}_1^L = u_d + ju_q = \underline{u}\, e^{j(\omega_1 t - \vartheta)} = \hat{u}\, e^{j(\omega_1 t - \vartheta + \varphi_u)}$$

und damit

$$\boxed{\begin{aligned} u_d &= \widehat{u}\cos(\omega_1 t - \vartheta + \varphi_u) \\ u_q &= \widehat{u}\sin(\omega_1 t - \vartheta + \varphi_u) \end{aligned}} \quad . \tag{15.66}$$

Dabei ist ω_1 die Kreisfrequenz; im Fall des Betriebs am Netz mit Bemessungsfrequenz wird $\omega_1 = \omega_\mathrm{n}$.

Für u_0 liefert (15.34) $u_0 = 0$.

Im zweiten Fall bestehen die Betriebsbedingungen der Ankerstränge zum Teil aus Aussagen über die Spannungen und zum Teil aus solchen über die Ströme. Eine unmittelbare Transformation dieser Aussagen in den Bereich der d-q-0-Komponenten ist nicht möglich. Die Betriebsbedingungen äußern sich – wenigstens zum Teil – als von ϑ abhängige Beziehungen zwischen einzelnen d-q-0-Komponenten. Damit bietet die Anwendung der d-q-0-Komponenten – zumindest hinsichtlich der Spannungsgleichungen – keinen Vorteil mehr. Es treten einerseits die nichtlinearen Glieder $n\psi_q$ und $n\psi_d$ in Erscheinung und andererseits auch von ϑ abhängige Koeffizienten auf. Man verwendet deshalb vorteilhaft die im Abschnitt 15.5 eingeführten α-β-0-Komponenten. Wie jedoch bereits dort erwähnt wurde, wird i.allg. auf die Einführung der Flußverkettungsgleichungen für die α-β-0-Komponenten verzichtet. Statt dessen werden die Flußverkettungsgleichungen für die d-q-0-Komponenten verwendet und zusätzlich die Transformationsbeziehungen zwischen den α-β-0- und den d-q-0-Komponenten für die Ströme und Flußverkettungen mitgeführt [s. (15.57) und (15.58)].

Bild 15.5
*Prinzipschaltbild zum zweipoligen Kurzschluß
der Dreiphasen-Synchronmaschine*

In die zweite Gruppe von Betriebszuständen gehören alle unsymmetrischen Kurzschlüsse. Deshalb sollen an dieser Stelle zur Demonstration der oben angestellten Überlegungen, der eigentlichen Behandlung vorgreifend, die Betriebsbedingungen für den zweipoligen Kurzschluß aufgestellt werden. Wenn der Schalter S im Bild 15.5 zur Zeit $t = 0$ geschlossen wird, gilt für alle Zeiten $t > 0$

$$u_b - u_c = 0 \; ; \qquad i_a = 0 \; ; \qquad i_b = -i_c = i \; .$$

Daraus erhält man als Betriebsbedingungen im Bereich der d-q-0-Komponenten mit Hilfe von (15.34) und (15.35) nach einigen Umformungen

$$u_d \sin\vartheta + u_q \cos\vartheta = 0 \; ;$$

$$i_0 = 0 \; ; \qquad i_d = \frac{1}{3}\sqrt{3}\,i\sin\vartheta \; ; \qquad i_q = \frac{1}{3}\sqrt{3}\,i\cos\vartheta \; .$$

Wenn diese Beziehungen in das Gleichungssystem nach Tafel 15.3 bzw. 15.4 eingeführt werden, treten Koeffizienten in Erscheinung, die Funktionen von ϑ sind. Insbesondere liefert die erste Betriebsbedingung eine recht unangenehme Spannungsgleichung.

Die unmittelbare Anwendung der d-q-0-Komponenten erweist sich demnach als wenig sinnvoll.

Die Transformation der Betriebsbedingungen des zweipoligen Kurzschlusses nach Bild 15.5 in den Bereich der α-β-0-Komponenten liefert über (15.54) unmittelbar

$$u_\beta = 0 \; ; \qquad i_0 = 0 \; ; \qquad i_\beta = \frac{2}{3}\sqrt{3}i \; .$$

15.7.2 Klassifizierung der Bewegungsvorgänge

Das Zeitverhalten der Drehzahl ist von entscheidendem Einfluß auf die Lösbarkeit des Gleichungssystems der Synchronmaschine. Dabei sind drei prinzipielle Fälle zu unterscheiden.

1. Fall: Die Drehzahl ist konstant oder kann als konstant angenommen werden.

2. Fall: Die Drehzahl ist nicht konstant, sie führt aber, ebenso wie alle anderen Variablen, nur kleine Änderungen durch.

3. Fall: Die Drehzahl ist nicht konstant und durchläuft zusammen mit anderen Variablen große Änderungen.

Im ersten Fall einer konstanten oder als konstant angenommenen Drehzahl läßt sich die bezogene Läufergeschwindigkeit allgemein formulieren als

$$n = 1 - s \; ,$$

wobei der Schlupf s die Abweichung von der synchronen Drehzahl bei Bemessungsfrequenz beschreibt. Im Sonderfall des normalen stationären Betriebs der Synchronmaschine am starren symmetrischen Netz mit Bemessungsfrequenz ist $s = 0$ und damit $n = 1$. Eine konstante Drehzahl ist gedanklich stets dadurch zu erzwingen, daß man sich die Maschine mit einem sehr großen Massenträgheitsmoment gekuppelt denkt ($J \to \infty$ bzw. $H \to \infty$). Unter dem Einfluß einer konstanten Drehzahl wird das System der Spannungs- und Flußverkettungsgleichungen im Bereich der d-q-0-Komponenten nach Tafel 15.3 bzw. 15.4 linear. Es läßt sich ohne Verwendung der nach wie vor nichtlinearen Beziehung für das Drehmoment m lösen, wenn man den Schlupf als Parameter ansieht. Die auf diesem Weg ermittelten Flußverkettungen und Ankerströme liefern dann das Drehmoment über $m = \psi_d i_q - \psi_q i_d$, wobei ebenfalls der Schlupf s als Parameter auftritt. Die so gewonnene Beziehung für das Drehmoment erlaubt es, im Nachgang zu prüfen, inwieweit die Voraussetzung der Konstanz der Drehzahl erfüllt ist. Dazu liefert die Bewegungsgleichung in Tafel 15.3 bzw. 15.4 mit $dn/dt = -ds/dt$ als Maß für die Drehzahländerung

$$-\frac{ds}{dt} = \frac{1}{2H}(m + m_A) \; .$$

Eine streng konstante Drehzahl existiert nur im normalen stationären Betrieb am symmetrischen Netz sinusförmiger Spannungen. Als konstant ansehen läßt sie sich bei Stoßkurzschlußvorgängen, bei der unsymmetrischen Belastung der Ankerstränge, beim asynchronen Betrieb der Maschine und ähnlichen Vorgängen, solange das Massenträgheitsmoment hinreichend groß ist. Strenggenommen liegt also in diesen Fällen mit der Einführung einer konstanten Drehzahl bereits eine genäherte Betrachtungsweise vor.

Im zweiten Fall mit dem Kennzeichen, daß die Drehzahl nicht konstant ist, aber ebenso wie alle anderen Variablen nur kleine Änderungen durchläuft, können die

Veränderlichen als $g = g_{(a)} + \Delta g$ geschrieben und Produkte $\Delta g_\nu \Delta g_\mu$ ihrer Änderungen als klein vernachlässigt werden. Man erhält ein linearisiertes Gleichungssystem. Mit seiner Hilfe lassen sich freie und erzwungene Pendelungen untersuchen und Fragen der Stabilität gegenüber Pendelungen entscheiden. Derartige Fragen interessieren vor allem im Zusammenhang mit Regelvorgängen.

Im dritten Fall mit dem Kennzeichen, daß die Drehzahl nicht konstant ist und einzelne Veränderliche große Änderungen durchlaufen, läßt sich die Lösung des nichtlinearer Gleichungssystems nicht mehr umgehen. Sie gelingt allerdings in geschlossener Form nur in besonderen Fällen und unter starken Vereinfachungen. In diese Problemgruppe gehören Intrittfallvorgänge, Außertrittfallvorgänge, schnellverlaufende asynchrone Hochläufe u.ä. Zu ihrer quantitativen Untersuchung bietet sich die numerische Simulation an. Aus dieser Sicht ist auch die Einführung bezogener Größen vorteilhaft, die im Abschnitt 15.3 vorgenommen worden ist. Es ist sinnvoll, in diesem Falle auch elegante Wege zur Berücksichtigung der Sättigungserscheinungen zu suchen. Darauf wird im Abschnitt 15.10 eingegangen werden.

15.8   Allgemeine Behandlung des Systems der Spannungs- und Flußverkettungsgleichungen im Bereich der d-q-0-Komponenten

15.8.0   Ausgangsüberlegungen

Unter der Voraussetzung $n = 1 - s =$ konst. wird das System der Spannungs- und Flußverkettungsgleichungen linear und mit dem Schlupf s als Parameter lösbar. Als Lösungshilfsmittel bietet sich die Laplace-Transformation an. Nachdem das Gleichungssystem der Maschine in den Unterbereich der Laplace-Transformation überführt worden ist, können die Ströme der Dämpferkreise und die Flußverkettungen sämtlicher Kreise des Polsystems eliminiert werden. Diese Größen treten nach außen nicht in Erscheinung und sind deshalb im allgemeinen nicht von Interesse.

Dabei empfiehlt es sich, wie bereits bei der Einführung bezogener Größen im Abschnitt 15.3 dargelegt wurde, nunmehr auch die Zeit als dimensionslos einzuführen, um zu erreichen, daß die Gleichungen mit bezogenen Größen die gleiche Form aufweisen wie die mit physikalischen Größen. Dazu muß offensichtlich $T_0 = 1/\omega_n$ als Bezugsgröße für die Zeit eingeführt werden. Im Ergebnis erhält man das Gleichungssystem, wie es in Tafel 15.4 zusammengestellt ist. Von diesem Gleichungssystem gehen die folgenden Untersuchungen aus.

15.8.1   Spannungs- und Flußverkettungsgleichungen im Laplace-Bereich

Die Transformation des Systems der Spannungs- und Flußverkettungsgleichungen nach Tafel 15.4 in den Unterbereich der Laplace-Transformation läßt sich unter Anwendung der Differentiationsregel (s. Anhang V) unmittelbar durchführen.

Die Spannungsgleichungen des Ankers gehen bei der Transformation unter Beachtung von $n = \dfrac{d\vartheta}{dt} = 1 - s$ über in:

$$u_d = r i_d + p \left(\psi_d - \frac{\psi_{d(\text{a})}}{p} \right) - (1-s)\psi_q$$

$$u_q = r i_q + p \left(\psi_q - \frac{\psi_{q(\text{a})}}{p} \right) + (1-s)\psi_d \quad .$$

$$u_0 = r i_0 + p \left(\psi_0 - \frac{\psi_{0(\text{a})}}{p} \right)$$

(15.67)

Die Spannungsgleichungen des Polsystems transformieren sich in die Form:

$$u_{fd} = r_{fd} i_{fd} + p \left(\psi_{fd} - \frac{\psi_{fd(\text{a})}}{p} \right)$$

(15.68)

$$0 = r_{Dd} i_{Dd} + p \left(\psi_{Dd} - \frac{\psi_{Dd(\text{a})}}{p} \right)$$

(15.69)

$$0 = r_{Dq} i_{Dq} + p \left(\psi_{Dq} - \frac{\psi_{Dq(\text{a})}}{p} \right) \quad .$$

(15.70)

Dabei stellen die Ausdrücke $(\psi - \psi_{(\text{a})}/p)$ die Laplace-Transformierte der Änderung $\Delta\psi$ der Flußverkettung ψ gegenüber ihrem Anfangswert $\psi_{(\text{a})}$ dar.

Die Flußverkettungsgleichungen des Ankers und des Polsystems stellen lineare algebraische Gleichungen dar und behalten deshalb im Unterbereich der Laplace-Transformation ihre ursprüngliche Form. Da die Beziehungen für die Anfangswerte die gleiche Form besitzen, erhält man durch Bilden von $\psi - \psi_{(\text{a})}/p$ unmittelbar

$$\begin{pmatrix} \psi_d - \dfrac{\psi_{d(\text{a})}}{p} \\[2ex] \psi_{Dd} - \dfrac{\psi_{Dd(\text{a})}}{p} \\[2ex] \psi_{fd} - \dfrac{\psi_{fd(\text{a})}}{p} \end{pmatrix} = \begin{pmatrix} x_d & x_{\text{a}Dd} & x_{\text{a}fd} \\[1ex] x_{Dad} & x_{DDd} & x_{Dfd} \\[1ex] x_{fad} & x_{fDd} & x_{ffd} \end{pmatrix} \begin{pmatrix} i_d - \dfrac{i_{d(\text{a})}}{p} \\[2ex] i_{Dd} - \dfrac{i_{Dd(\text{a})}}{p} \\[2ex] i_{fd} - \dfrac{i_{fd(\text{a})}}{p} \end{pmatrix}$$

(15.71)

$$\begin{pmatrix} \psi_q - \dfrac{\psi_{q(\text{a})}}{p} \\[2ex] \psi_{Dq} - \dfrac{\psi_{Dq(\text{a})}}{p} \end{pmatrix} = \begin{pmatrix} x_q & x_{\text{a}Dq} \\[1ex] x_{Daq} & x_{DDq} \end{pmatrix} \begin{pmatrix} i_q - \dfrac{i_{q(\text{a})}}{p} \\[2ex] i_{Dq} - \dfrac{i_{Dq(\text{a})}}{p} \end{pmatrix}$$

(15.72)

$$\psi_0 - \frac{\psi_{0(\text{a})}}{p} = x_o \left(i_0 - \frac{i_{0(\text{a})}}{p} \right) \quad .$$

(15.73)

Im allgemeinen sind alle Flußverkettungen des Polsystems sowie die Ströme der Ersatzdämpferwicklungen nicht von unmittelbarem Interesse, da sie nach außen nicht in Erscheinung treten. Diese Größen sollen deshalb im folgenden – wie bereits angekündigt – eliminiert werden. Der dem zu untersuchenden Übergangsvorgang vorangehende Betriebszustand bestimmt die Anfangswerte $g_{(\text{a})}$. In den meisten Fällen ist dies ein normaler stationärer Betrieb mit synchroner Drehzahl am symmetrischen Netz.

Dabei gilt insbesondere

$$i_{Dd(\text{a})} = 0 \, , \qquad i_{Dq(\text{a})} = 0 \qquad \text{und} \quad i_{fd(\text{a})} = \frac{u_{fd(\text{a})}}{r_{fd}} \quad .$$

(15.74)

Um die übrigen Beziehungen zwischen den Anfangswerten in diesem Fall bereitzustellen, ist es erforderlich, den normalen stationären Betrieb im Abschnitt 15.8.7zu
behandeln, obwohl er ausführlich bereits im Band Grundlagen dargestellt ist.

Mit Rücksicht darauf, daß Übergangsvorgängen dominierend ein normaler stationärer Betrieb vorausgeht, werden die folgenden Untersuchungen auf diesen Fall beschränkt, d.h. unter Voraussetzung der Gültigkeit von (15.74). Eine Erweiterung auf
den allgemeinen Fall, daß ein Übergangsvorgang ausgelöst wird, während ein voran-
gegangener noch nicht abgeschlossen ist, läßt sich ohne Schwierigkeit bei analogem
Vorgehen vornehmen [40].

15.8.2 Eliminierung des Dämpferkreisstroms und der Flußverkettungen beider Kreise des Polsystems in der Längsachse

Um als erstes die Flußverkettungen zu eliminieren, werden die Spannungsgleichungen
(15.69) und (15.70) in die Flußverkettungsgleichungen (15.71) eingesetzt. Man erhält
unter Beachtung von (15.72)

$$
\begin{pmatrix}
\psi_d - \dfrac{\psi_{d(a)}}{p} \\[2mm]
0 \\[2mm]
\dfrac{1}{p}\left(u_{fd} - \dfrac{u_{fd(a)}}{p}\right)
\end{pmatrix}
=
\begin{pmatrix}
x_d & x_{aDd} & x_{aDd} \\[2mm]
x_{Dad} & x_{DDd}+\dfrac{r_{Dd}}{p} & x_{Dfd} \\[2mm]
x_{fad} & x_{fDd} & x_{ffd}+\dfrac{r_{fd}}{p}
\end{pmatrix}
\begin{pmatrix}
i_d - \dfrac{i_{d(a)}}{p} \\[2mm]
i_{Dd} \\[2mm]
i_{fd} - \dfrac{i_{fd(a)}}{p}
\end{pmatrix}.
$$

$$(15.75)$$

In (15.75) bietet es sich an, folgende Eigenzeitkonstanten einzuführen:

– *Eigenzeitkonstante des Ersatzdämpferkreises der Längsachse* $T_{Dd0} = x_{DDd}/r_{Dd}$

– *Eigenzeitkonstante der Erregerwicklung* $T_{fd0} = x_{ffd}/r_{fd}$.

Damit erhält man aus der zweiten Gleichung (15.75) für den Strom des Ersatzdämpferkreises

$$
i_{Dd} = -\frac{x_{Dad}}{x_{DDd}}\frac{pT_{Dd0}}{1+pT_{Dd0}}\left(i_d - \frac{i_{d(a)}}{p}\right) - \frac{x_{Dfd}}{x_{DDd}}\frac{pT_{Dd0}}{1+pT_{Dd0}}\left(i_{fd} - \frac{i_{fd(a)}}{p}\right)
\qquad (15.76)
$$

und mit diesem aus der dritten Gleichung (15.75)

$$
\frac{1}{p}\left(u_{fd} - \frac{u_{fd(a)}}{p}\right) = \left(x_{fad} - \frac{x_{Dfd}x_{Dad}}{x_{DDd}}\frac{pT_{Dd0}}{1+pT_{Dd0}}\right)\left(i_d - \frac{i_{d(a)}}{p}\right)
$$

$$
+ \left(x_{ffd}\frac{1+pT_{fd0}}{pT_{fd0}} - \frac{x_{Dfd}^2}{x_{DDd}}\frac{pT_{Dd0}}{1+pT_{Dd0}}\right)
$$

$$
\times \left(i_{fd} - \frac{i_{fd(a)}}{p}\right).
$$

Daraus folgt durch Auflösen nach dem Erregerstrom

$$\left(i_{fd} - \frac{i_{fd(\text{a})}}{p}\right)$$

$$= -pT_{fd0}\frac{x_{f\text{ad}}}{x_{ffd}}\frac{1+pT_{Dd0}\left(1-\frac{x_{fDd}x_{Dad}}{x_{DDd}x_{fad}}\right)}{1+p(T_{fd0}+T_{Dd0})+p^2T_{fd0}T_{Dd0}\left(1-\frac{x_{Dfd}^2}{x_{DDd}x_{ffd}}\right)}$$

$$\times\left(i_d - \frac{i_{d(\text{a})}}{p}\right)$$

$$+\frac{T_{fd0}}{x_{ffd}}\frac{1+pT_{Dd0}}{1+p(T_{fd0}+T_{Dd0})+p^2T_{fd0}T_{Dd0}\left(1-\frac{x_{Dfd}^2}{x_{DDd}x_{ffd}}\right)}$$

$$\times\left(u_{fd} - \frac{u_{fd(\text{a})}}{p}\right)\,. \tag{15.77}$$

Die erste Gleichung (15.75) geht mit i_{Dd} nach (15.76) über in

$$\left(\psi_d - \frac{\psi_{d(\text{a})}}{p}\right) = \left(x_d - \frac{x_{\text{a}Dd}^2}{x_{DDd}}\frac{pT_{Dd0}}{1+pT_{Dd0}}\right)\left(i_d - \frac{i_{d(\text{a})}}{p}\right)$$

$$+ \left(x_{\text{a}fd} - \frac{x_{Dfd}x_{\text{a}Dd}}{x_{DDd}}\frac{pT_{Dd0}}{1+pT_{Dd0}}\right)\left(i_{fd} - \frac{i_{fd(\text{a})}}{p}\right)\,,$$

und, wenn in dieser Beziehung der Erregerstrom $(i_{fd} - i_{fd(\text{a})}/p)$ durch (15.77) ersetzt wird, erhält man schließlich

$$\left(\psi_d - \frac{\psi_{d(\text{a})}}{p}\right) = \frac{1}{N(p)}\left\{x_d(1+pT_{fd0})(1+pT_{Dd0}) - p^2\frac{x_dx_{Dfd}^2}{x_{DDd}x_{ffd}}T_{fd0}T_{Dd0}\right.$$

$$-\frac{x_{\text{a}Dd}^2}{x_{DDd}}pT_{Dd0}(1+pT_{fd0}) + p^3\frac{T_{Dd0}^2x_{\text{a}Dd}^2T_{fd0}x_{Dfd}^2}{x_{DDd}^2x_{ffd}(1+pT_{Dd0})}$$

$$\left.-\frac{x_{\text{a}fd}^2}{x_{ffd}}pT_{fd0}(1+pT_{Dd0}) + 2p^2T_{fd0}T_{Dd0}\frac{x_{f\text{ad}}x_{fDd}x_{Dad}}{x_{DDd}x_{ffd}}\right\}$$

$$\times\left(i_d - \frac{i_{d(\text{a})}}{p}\right) + \frac{1}{N(p)}T_{fd0}\frac{x_{\text{a}fd}}{x_{ffd}}\left\{1+pT_{Dd0}\left(1-\frac{x_{Dfd}x_{\text{a}Dd}}{x_{DDd}x_{\text{a}fd}}\right)\right\}$$

$$\times\left(u_{fd} - \frac{u_{fd(\text{a})}}{p}\right)\,. \tag{15.78}$$

Dabei ist das Nennerpolynom $N(p)$ gegeben durch

$$N(p) = 1 + p(T_{fd0}+T_{Dd0}) + p^2T_{fd0}T_{Dd0}\left(1-\frac{x_{Dfd}^2}{x_{DDd}x_{ffd}}\right)\,. \tag{15.79}$$

Die Gleichungen (15.77) und (15.78) geben das nach außen und im Zusammenspiel mit dem Anker wirksame Verhalten der Wicklungen des Polsystems in der Längsachse wieder. Sie nehmen unter Einführung sog. *Operatorenkoeffizienten* folgende Form an:

$$\left(\psi_d - \frac{\psi_{d(a)}}{p}\right) = x_d(p)\left(i_d - \frac{i_{d(a)}}{p}\right) + G_{fd}(p)\left(u_{fd} - \frac{u_{fd(a)}}{p}\right) \tag{15.80}$$

$$\left(i_{fd} - \frac{i_{fd(a)}}{p}\right) = -pG_{fd}(p)\left(i_d - \frac{i_{d(a)}}{p}\right) + F_{fd}(p)\left(u_{fd} - \frac{u_{fd(a)}}{p}\right) \ . \tag{15.81}$$

In vielen Fällen arbeitet die Maschine an einer konstanten Erregerspannung $u_{fd(a)}$. Dann wird $(u_{fd} - u_{fd(a)}/p) = 0$, so daß sich (15.80) und (15.81) wesentlich vereinfachen.

Im folgenden werden die Operatorenkoeffizienten näher untersucht.

Der Reaktanzoperator $x_d(p)$ der Längsachse ist entsprechend (15.80) der Koeffizient vor $(i_d - i_{d(a)}/p)$ in (15.78). Wenn Zähler und Nenner nach Potenzen von p geordnet werden, erhält man

$$x_d(p) = \frac{x_d + px_d\left[\left(1 - \frac{x_{aDd}^2}{x_{DDd}x_d}\right)T_{Dd0} + \left(1 - \frac{x_{afd}^2}{x_{ffd}x_d}\right)T_{fd0}\right]}{1 + p(T_{fd0} + T_{Dd0}) + p^2 T_{fd0}T_{Dd0}\left(1 - \frac{x_{Dfd}^2}{x_{DDd}x_{ffd}}\right)}$$

$$+ \frac{p^2 T_{fd0}T_{Dd0}\left(1 - \frac{x_{Dfd}^2}{x_{DDd}x_{ffd}}\right)\left[x_d - \frac{x_{aDd}^2 x_{ffd} + x_{afd}^2 x_{DDd} - 2x_{afd}x_{Dfd}x_{Dad}}{x_{DDd}x_{ffd} - x_{Dfd}^2}\right]}{1 + p(T_{fd0} + T_{Dd0}) + p^2 T_{fd0}T_{Dd0}\left(1 - \frac{x_{Dfd}^2}{x_{DDd}x_{ffd}}\right)} \ . $$

$$\tag{15.82}$$

Der Reaktanzoperator $x_d(p)$ vermittelt entsprechend (15.80) zwischen den Änderungen der Längskomponenten der Flußverkettungen und Ströme des Ankers. Dabei wirkt im ersten Augenblick nach einer Störung bzw. bei sehr großen Frequenzen der Ströme und Flußverkettungen die *subtransiente Reaktanz der Längsachse*

$$x_d'' = \lim_{p\to\infty} x_d(p) = x_d - \frac{x_{aDd}^2 x_{ffd} + x_{afd}^2 x_{DDd} - 2x_{afd}x_{Dfd}x_{Dad}}{x_{DDd}x_{ffd} - x_{Dfd}^2} \ . \tag{15.83}$$

Die Definition der subtransienten Reaktanz der Längsachse nach (15.83) ist jedoch für deren Berechnung ungeeignet, da auf der rechten Seite die Differenz zweier großer

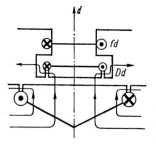

Bild 15.6
Schematische Darstellung des Feldes,
dem die subtransiente Reaktanz x_d'' der Längsachse
zugeordnet ist

Ausdrücke steht. Als Ausgang der Berechnung ist es erforderlich, das magnetische Feld zu betrachten, dem x_d'' zugeordnet ist. Dazu ist im Bild 15.6 ein Ankerstrang dargestellt, dessen Achse mit der Längsachse zusammenfällt und der dementsprechend ein reines Längsfeld aufbaut. Diesen Ankerstrang denkt man sich mit einem Strom sehr hoher Frequenz eingespeist. Wenn die Erregerwicklung und der Ersatzdämpferkreis als je eine Kurzschlußwindung angenommen werden, darf durch diese Windungen wegen der hohen Frequenz kein Fluß treten (s. Abschnitt 2.9). Damit wird der gesamte Fluß, der über den Luftspalt tritt, auf die Streuwege des Dämpferkreises und der Erregerwicklung gedrängt (s. Bild 15.6). Diesen Feldverhältnissen zugeordnet, muß sich x_d'' bestimmen lassen als

$$x_d'' = x_\sigma + \quad \text{(Anteil des Luftspaltrestfelds, das sich nach Maßgabe der Streuung}$$
$$\text{des Polsystems ausbildet).}$$

Auf diesem Weg erfolgt die praktische Berechnung der subtransienten Reaktanz x_d'' (s. z.B. [41]).

Mit Hilfe von (15.83) kann x_d'' in (15.82) eingeführt werden. In dieser Gleichung bieten sich als weitere Abkürzungen die drei *Streukoeffizienten*

$$
\begin{aligned}
\sigma_{\mathrm{a}Dd} &= 1 - \frac{x_{\mathrm{a}Dd}^2}{x_{DDd}x_d} \\[2mm]
\sigma_{\mathrm{a}fd} &= 1 - \frac{x_{\mathrm{a}fd}^2}{x_{ffd}x_d} \\[2mm]
\sigma_{Dfd} &= 1 - \frac{x_{Dfd}^2}{x_{DDd}x_{ffd}}
\end{aligned}
\tag{15.84}
$$

an. Damit geht der Ausdruck für den Reaktanzoperator $x_d(p)$ nach (15.82) über in

$$
\begin{aligned}
x_d(p) &= x_d \frac{1 + p(\sigma_{\mathrm{a}Dd}T_{Dd0} + \sigma_{\mathrm{a}fd}T_{fd0}) + p^2\sigma_{Dfd}\dfrac{x_d''}{x_d}T_{fd0}T_{Dd0}}{1 + p(T_{Dd0} + T_{fd0}) + p^2\sigma_{Dfd}T_{fd0}T_{Dd0}} \\[3mm]
&= x_d \frac{Z(p)}{N(p)} \, . \tag{15.85}
\end{aligned}
$$

Die Wurzeln des Nennerpolynoms $N(p)$ in (15.85) bilden die sog. *Leerlaufzeitkonstanten der Längsachse*. Dabei wird die größere der beiden als

– *transiente Leerlaufzeitkonstante der Längsachse T_{d0}'*

und die kleinere als

– *subtransiente Leerlaufzeitkonstante der Längsachse T_{d0}''*

bezeichnet. Nach diesen Zeitkonstanten verlaufen Eigenvorgänge der Ströme und Flußverkettungen in den Kreisen der Längsachse, wenn die Ankerstränge offen sind, d.h. im elektrischen Leerlauf. Unter Einführung der Leerlaufzeitkonstanten läßt sich das Nennerpolynom $N(p)$ in (15.85) [s. auch (15.79)] darstellen als

$$N(p) = 1 + p(T_{fd0} + T_{Dd0}) + p^2\sigma_{Dfd}T_{fd0}T_{Dd0} = (1 + pT_{d0}')(1 + pT_{d0}'') \, . \tag{15.86}$$

Es bestehen demnach die Beziehungen

$$\left.\begin{array}{l} T'_{d0} + T''_{d0} = T_{fd0} + T_{Dd0} \\[2mm] T'_{d0}T''_{d0} = \sigma_{Dfd}T_{fd0}T_{Dd0} \ . \end{array}\right\} \tag{15.87}$$

Als Bestimmungsgleichung für die Leerlaufzeitkonstanten erhält man aus $N(p) = 0$ mit $p = -1/T$

$$T^2 - (T_{fd0} + T_{Dd0})T + \sigma_{Dfd}T_{fd0}T_{Dd0} = 0 \ . \tag{15.88}$$

Daraus folgt

$$T = \frac{T_{fd0} + T_{Dd0}}{2}\left\{1 \pm \sqrt{1 - 4\sigma_{Dfd}\frac{T_{fd0}T_{Dd0}}{(T_{fd0} + T_{Dd0})^2}}\right\} \ . \tag{15.89}$$

Durch Reihenentwicklung des Wurzelausdrucks gewinnt man die Näherungsbeziehungen:

$$\boxed{\begin{array}{rcl} T'_{d0} & \approx & T_{fd0} + T_{Dd0} \\[4mm] T''_{d0} & \approx & \sigma_{Dfd}\dfrac{T_{fd0}T_{Dd0}}{T_{fd0} + T_{Dd0}} \approx \sigma_{Dfd}T_{Dd0} \ . \end{array}} \quad\begin{array}{c}(15.90)\\[6mm](15.91)\end{array}$$

Bei der Schenkelpolmaschine steht ein großer Wicklungsquerschnitt für die Erregerwicklung, aber nur ein kleiner für den Dämpferkäfig zur Verfügung. Damit ist stets $T_{Dd0} \ll T_{fd0}$, und (15.90) läßt sich weiter vereinfachen zu

$$\boxed{T'_{d0} \approx T_{fd0}} \ . \tag{15.92}$$

Die Wurzeln des Zählerpolynoms $Z(p)$ in (15.85) bilden die sog. *Kurzschlußzeitkonstanten der Längsachse.* Analog zur Vorgehensweise bei den Leerlaufzeitkonstanten bezeichnet man die größere der beiden als

– *transiente Kurzschlußzeitkonstante der Längsachse* T'_d

und die kleinere als

– *subtransiente Kurzschlußzeitkonstante der Längsachse* T''_d.

Nach diesen Zeitkonstanten verlaufen Eigenvorgänge der Ströme und Flußverkettungen in den Kreisen der Längsachse, wenn die Ankerstränge kurzgeschlossen sind und die Läuferdrehzahl so groß ist, daß die transformatorische Spannungskomponenten und der ohmsche Spannungsabfall in den Spannungsgleichungen für u_d und u_q nach Tafel 15.4 praktisch keine Rolle spielen.

Unter Einführung der Kurzschlußzeitkonstanten läßt sich das Zählerpolynom $Z(p)$ in (15.85) darstellen als

$$\begin{array}{rcl} Z(p) & = & 1 + p(\sigma_{aDd}T_{Dd0} + \sigma_{afd}T_{fd0}) + p^2\sigma_{Dfd}\dfrac{x''_d}{x_d}T_{fd0}T_{Dd0} \\[4mm] & = & (1 + pT'_d)(1 + pT''_d) \ . \end{array} \tag{15.93}$$

Es bestehen also die Beziehungen

$$\left.\begin{aligned}
T_d' + T_d'' &= \sigma_{\mathrm{ad}0}T_{Dd0} + \sigma_{\mathrm{afd}}T_{fd0} \\
T_d'T_d'' &= \sigma_{Dfd}\frac{x_d''}{x_d}T_{fd0}T_{Dd0} \ .
\end{aligned}\right\} \tag{15.94}$$

Aus den zweiten Gleichungen (15.87) und (15.94) folgt der wichtige Zusammenhang

$$\boxed{T_d'T_d'' = \frac{x_d''}{x_d}T_{d0}'T_{d0}''} \ . \tag{15.95}$$

Als Bestimmungsgleichung für die Kurzschlußzeitkonstanten erhält man aus $Z(p) = 0$ mit $p = -1/T$

$$T^2 - (\sigma_{\mathrm{afd}}T_{fd0} + \sigma_{\mathrm{aDd}}T_{Dd0})T + \sigma_{Dfd}\frac{x_d''}{x_d}T_{fd0}T_{Dd0} = 0 \ . \tag{15.96}$$

Daraus folgt

$$T = \frac{\sigma_{\mathrm{afd}}T_{fd0} + \sigma_{\mathrm{aDd}}T_{Dd0}}{2}\left\{1 \pm \sqrt{1 - 4\frac{\sigma_{Dfd}\frac{x_d''}{x_d}T_{fd0}T_{Dd0}}{(\sigma_{\mathrm{afd}}T_{fd0} + \sigma_{\mathrm{aDd}}T_{Dd0})^2}}\right\} \ . \tag{15.97}$$

Durch Reihenentwicklung des Wurzelausdrucks gewinnt man die Näherungsbeziehungen:

$$\boxed{T_d' \approx \sigma_{\mathrm{afd}}T_{fd0} + \sigma_{\mathrm{aDd}}T_{Dd0}} \tag{15.98}$$

$$\boxed{T_d'' \approx \frac{\sigma_{Dfd}\frac{x_d''}{x_d}T_{fd0}T_{Dd0}}{\sigma_{\mathrm{afd}}T_{fd0} + \sigma_{\mathrm{aDd}}T_{Dd0}}} \ . \tag{15.99}$$

Unter Beachtung von $T_{Dd0} \ll T_{fd0}$ sowie von (15.91) und (15.92) erhält man für die Schenkelpolmaschine als weitere Vereinfachung:

$$\boxed{T_d' \approx \sigma_{\mathrm{afd}}T_{fd0} \approx \sigma_{\mathrm{afd}}T_{d0}'} \tag{15.100}$$

$$\boxed{T_d'' \approx \frac{x_d''}{x_d}\frac{T_{d0}''}{\sigma_{\mathrm{afd}}}} \ . \tag{15.101}$$

Die Bestimmungsgleichung (15.88) für die Leerlaufzeitkonstanten und die Bestimmungsgleichung (15.96) für die Kurzschlußzeitkonstanten lassen sich auf die gemeinsame Form

$$T^2 - (T_1 + T_2)T + \sigma T_1 T_2 = 0 \tag{15.102}$$

bringen. Dabei soll $T_2 \leq T_1$ sein, d.h. T_2 ist die kleinere der beiden Zeitkonstanten T_1 und T_2. Man erhält eine anschauliche Interpretation der Wurzeln von (15.102), wenn man auf $(T_1 + T_2)$ normiert, d.h.

$$\tau = \frac{T}{T_1 + T_2} \tag{15.103}$$

einführt. Aus (15.102) folgt dann

$$\tau^2 - \tau + \sigma\frac{T_1 T_2}{(T_1 + T_2)^2} = \tau^2 - \tau + k = (\tau - \tau')(\tau - \tau'') = 0 \ . \tag{15.104}$$

Aus einem Koeffizientenvergleich folgen als Beziehungen zwischen den beiden Lösungen τ' und τ'' von (15.104)

$$\tau' + \tau'' = 1 \tag{15.105}$$

$$\tau'\tau'' = k = \sigma\frac{T_2}{T_1}\frac{1}{\left(1 + \dfrac{T_2}{T_1}\right)^2} \ . \tag{15.106}$$

Die Bestimmungsgleichung (15.104) für τ' und τ'' läßt sich als Schnittpunkt der Funktionen $y_1 = \tau^2$ und $y_2 = \tau - k$ interpretieren. Im Bild 15.7 wird das veranschaulicht. Man erkennt, daß sich die beiden Wurzeln für den Fall $k \ll 1$ deutlich unterscheiden. Dieser Fall tritt ein, wenn $\sigma \ll 1$ und/oder $T_2/T_1 \ll 1$ ist und trifft i.allg. zu. Es wird dann $\tau'' \ll 1$, d.h. $\tau''^2 \ll \tau''$, und damit folgt aus (15.104)

$$\tau'' \approx \sigma\frac{T_1 T_2}{(T_1 + T_2)^2} = k \quad \text{bzw.} \quad T'' \approx \sigma\frac{T_1 T_2}{T_1 + T_2} \ , \tag{15.107}$$

und man erhält mit (15.105)

$$\tau' = 1 - \tau'' = 1 - k \approx 1 \quad \text{bzw.} \quad T' = T_1 + T_2 \tag{15.108}$$

Durch Einführen der entsprechenden Ausdrücke für T_1 und T_2 aus (15.88) bzw. aus (15.96) ergeben sich wiederum die Näherungsbeziehungen für die Leerlaufzeitkonstanten nach (15.90) und (15.91) bzw. für die Kurzschlußzeitkonstanten nach (15.98) und (15.99).

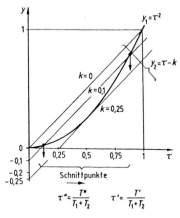

Bild 15.7
Graphische Bestimmung der Wurzeln
von (15.104) bzw. (15.102)

Der Reaktanzoperator $x_d(p)$ nach (15.85) kann durch Einführen der Wurzeln von Zähler und Nenner, d.h. mit (15.86) und (15.93), sowie unter Beachtung von (15.95) dargestellt werden als

$$x_d(p) = x_d\frac{(1 + pT_d')(1 + pT_d'')}{(1 + pT_{d0}')(1 + pT_{d0}'')} = x_d''\frac{\left(p + \dfrac{1}{T_d'}\right)\left(p + \dfrac{1}{T_d''}\right)}{\left(p + \dfrac{1}{T_{d0}'}\right)\left(p + \dfrac{1}{T_{d0}''}\right)} \ . \tag{15.109}$$

Wenn der Verlauf des Stroms $i_d(p)$ bei gegebener Ankerspannung ermittelt werden soll, ist zu erwarten, daß der Kehrwert von $x_d(p)$ in Erscheinung tritt. Die spätere Untersuchung realer Betriebszustände wird zeigen, daß dies in der Form $1/px_d(p)$ geschieht. Dafür erhält man aus (15.109) und mit dem Ansatz der Partialbruchzerlegung

$$\frac{1}{px_d(p)} = \frac{1}{x_d''} \frac{\left(p + \dfrac{1}{T_{d0}'}\right)\left(p + \dfrac{1}{T_{d0}''}\right)}{p\left(p + \dfrac{1}{T_d'}\right)\left(p + \dfrac{1}{T_d''}\right)} = \frac{A}{p} + \frac{B}{p + \dfrac{1}{T_d'}} + \frac{C}{p + \dfrac{1}{T_d''}} \; .$$

Durch Ausmultiplizieren folgt daraus als Bestimmungsgleichung für die Koeffizienten A, B und C

$$p^2 \frac{1}{x_d''} \quad + \quad p\frac{1}{x_d''}\left(\frac{1}{T_{d0}'} + \frac{1}{T_{d0}''}\right) + \frac{1}{x_d''}\frac{1}{T_{d0}'}\frac{1}{T_{d0}''}$$

$$= \quad p^2(A + B + C) + p\left[A\left(\frac{1}{T_d'} + \frac{1}{T_d''}\right) + B\frac{1}{T_d''} + C\frac{1}{T_d'}\right] + A\frac{1}{T_d'}\frac{1}{T_d''}$$

und daraus durch Koeffizientenvergleich unter Beachtung von (15.95)

$$\left.\begin{array}{c} A = \dfrac{1}{x_d} \; , \qquad B + C = \dfrac{1}{x_d''} - \dfrac{1}{x_d} \\[2mm] B\dfrac{1}{T_d''} + C\dfrac{1}{T_d'} = \dfrac{1}{x_d''}\left(\dfrac{1}{T_{d0}'} + \dfrac{1}{T_{d0}''}\right) - \dfrac{1}{x_d}\left(\dfrac{1}{T_d'} + \dfrac{1}{T_d''}\right) \end{array}\right\} \qquad (15.110)$$

Aus den letzten beiden Gleichungen (15.110) erhält man für den Koeffizienten B

$$B = \frac{\dfrac{1}{x_d''}\left(\dfrac{1}{T_{d0}'} + \dfrac{1}{T_{d0}''}\right) - \dfrac{1}{T_d'}\left(\dfrac{1}{x_d''} + \dfrac{1}{x_d}\right)}{\dfrac{1}{T_d''} - \dfrac{1}{T_d'}} = \frac{1}{x_d'} - \frac{1}{x_d} \; . \qquad (15.111)$$

Dabei wurde die

– *transiente Reaktanz der Längsachse* x_d'
eingeführt, die damit definiert ist als

$$\boxed{x_d' = x_d \frac{T_d' - T_d''}{T_{d0}' + T_{d0}'' - T_d''\left(1 + \dfrac{x_d}{x_d''}\right)}} \; . \qquad (15.112)$$

Da die subtransienten Zeitkonstanten klein gegenüber den transienten sind, gilt näherungsweise

$$x_d' \approx x_d \frac{T_d'}{T_{d0}'} \; . \qquad (15.113)$$

Durch Einführen der Ergebnisse des Koeffizientenvergleichs, d.h. von (15.110) und (15.111), ergibt sich aus (15.109)

$$\boxed{\frac{1}{px_d(p)} = \frac{1}{px_d} + \left(\frac{1}{x_d'} - \frac{1}{x_d}\right)\frac{1}{p + \dfrac{1}{T_d'}} + \left(\frac{1}{x_d''} - \frac{1}{x_d'}\right)\frac{1}{p + \dfrac{1}{T_d''}}} \; . \qquad (15.114)$$

Man bezeichnet $1/x_d(p)$ als *Admittanzoperator*.

Der *Operatorenkoeffizient* $G_{fd}(p)$ in (15.80) läßt sich aus (15.78) als Koeffizient von $(u_{fd} - u_{fd(\mathrm{a})}/p)$ entnehmen. Man erhält unter Verwendung von $N(p)$ nach (15.86)

$$
G_{fd}(p) = \frac{x_{afd}}{x_{ffd}} T_{fd0} \frac{1 + pT_{Dd0}\left(1 - \dfrac{x_{Dfd}x_{Dad}}{x_{DDd}x_{fad}}\right)}{(1 + pT'_{d0})(1 + pT''_{d0})} \ . \tag{15.115}
$$

Der *Operatorenkoeffizient* $F_{fd}(p)$ ergibt sich analog zu

$$
F_{fd}(p) = \frac{T_{fd0}}{x_{ffd}} \frac{1 + pT_{Dd0}}{(1 + pT'_{d0})(1 + pT''_{d0})} \ . \tag{15.116}
$$

15.8.3 Eliminierung des Stroms und der Flußverkettung des Dämpferkreises in der Querachse

Um zunächst wiederum die Flußverkettung zu eliminieren, wird $\psi_{Dq} - \psi_{Dq(\mathrm{a})}/p$ aus der Spannungsgleichung (15.70) des Ersatzdämpferkreises in die Flußverkettungsgleichung (15.72) eingesetzt. Man erhält unter Beachtung von $i_{Dq(\mathrm{a})} = 0$

$$
\begin{pmatrix} \psi_q - \dfrac{\psi_{q(\mathrm{a})}}{p} \\[2mm] 0 \end{pmatrix} = \begin{pmatrix} x_q & x_{aDq} \\[2mm] x_{Daq} & x_{DDq} + \dfrac{r_{Dq}}{p} \end{pmatrix} \begin{pmatrix} i_q - \dfrac{i_{q(\mathrm{a})}}{p} \\[2mm] i_{Dq} \end{pmatrix} \ . \tag{15.117}
$$

In (15.117) bietet es sich an, die

- *Eigenzeitkonstante des Ersatzdämpferkreises der Querachse* $T_{Dq0} = x_{DDq}/r_{Dq}$ einzuführen.

Aus der zweiten Gleichung (15.117) erhält man dann

$$
i_{Dq} = -\frac{x_{Daq}}{x_{DDq}} \frac{pT_{Dq0}}{1 + pT_{Dq0}} \left(i_q - \frac{i_{q(\mathrm{a})}}{p} \right) \ .
$$

Damit geht die erste Gleichung (15.117) über in

$$
\left(\psi_q - \frac{\psi_{q(\mathrm{a})}}{p} \right) = \left(x_q - \frac{x_{aDq}^2}{x_{DDq}} \frac{pT_{Dq0}}{1 + pT_{Dq0}} \right) \left(i_q - \frac{i_{q(\mathrm{a})}}{p} \right) = x_q(p) \left(i_q - \frac{i_{q(\mathrm{a})}}{p} \right) \ .
$$

$$\tag{15.118}$$

Dabei wurde der *Reaktanzoperator der Querachse* $x_q(p)$ eingeführt als

$$
x_q(p) = x_q \frac{1 + pT_{Dq0}\left(1 - \dfrac{x_{aDq}^2}{x_{DDq}x_q}\right)}{1 + pT_{Dq0}} \ . \tag{15.119}
$$

Er vermittelt entsprechend (15.118) zwischen den Änderungen der Querkomponenten der Flußverkettungen und der Ströme des Ankers. Im ersten Augenblick nach einer Störung bzw. bei sehr großer Frequenz der Ströme und Flußverkettungen wirkt die

– *subtransiente Reaktanz der Querachse* x_q'',

die demnach definiert ist als

$$x_q'' = \lim_{p \to \infty} x_q(p) = x_q \left(1 - \frac{x_{aDq}^2}{x_{DDq} x_q} \right) . \qquad (15.120)$$

In Analogie zur Behandlung von $x_d(p)$ werden eingeführt:

– *Leerlaufzeitkonstante der Querachse* $T_{q0}'' = T_{Dq0}$, $\qquad (15.121)$

– *Kurzschlußzeitkonstante der Querachse* $\quad T_q'' = \dfrac{x_q''}{x_q} T_{q0}''$. $\qquad (15.122)$

Damit geht (15.119) über in

$$x_q(p) = x_q \frac{1 + pT_q''}{1 + pT_{q0}''} = x_q'' \frac{p + \dfrac{1}{T_q''}}{p + \dfrac{1}{T_{q0}''}} . \qquad (15.123)$$

Der zugeordnete *Admittanzoperator*, mit dessen Auftreten analog zu dem der Längsachse gerechnet werden muß, läßt sich darstellen als

$$\frac{1}{px_q(p)} = \frac{1}{px_q} \frac{p + \dfrac{1}{T_{q0}''}}{p + \dfrac{1}{T_q''}} = \frac{1}{px_q} + \left(\frac{1}{x_q''} - \frac{1}{x_q} \right) \frac{1}{p + \dfrac{1}{T_q''}} . \qquad (15.124)$$

Das gesamte System der Spannungs- und Flußverkettungsgleichungen in der Darstellung mit d-q-0-Komponenten im Unterbereich der Laplace-Transformation ist in Tafel 15.7 nochmals zusammengestellt.

15.8.4 Sonderfall der Maschine ohne Dämpferkreise

Wenn die Dämpferkreise Dd und Dq nicht existieren, entfallen die Spannungsgleichungen (15.69) und (15.70) sowie die zugeordneten Flußverkettungsgleichungen in (15.71) und (15.72). Es ist jedoch nicht erforderlich, die gesamte Entwicklung der Abschnitte 15.8.2 und 15.8.3 unter dieser Einschränkung zu wiederholen. Vielmehr lassen sich die Operatorenkoeffizienten für den Sonderfall der Maschine ohne Dämpferkäfig aus den entsprechenden Beziehungen in den Abschnitten 15.8.2 und 15.8.3 durch die Übergänge $T_{Dd0} \to 0$ und $T_{Dq0} \to 0$ gewinnen.

Man erhält aus (15.86) für das Nennerpolynom des Reaktanzoperators $x_d(p)$ der Längsachse

$$N(p) = 1 + pT_{fd0} = 1 + pT_{d0}'$$

und aus (15.93) für das Zählerpolynom

$$Z(p) = 1 + p\sigma_{afd}T_{fd0} = 1 + pT_d' .$$

Tafel 15.7 *Das System der Spannungs- und Flußverkettungsgleichungen in der Darstellung mit d-q-0-Komponenten im Unterbereich der Laplace-Transformation*

$$u_d = ri_d + p\left(\psi_d - \frac{\psi_{d(\mathrm{a})}}{p}\right) - (1-s)\psi_q$$

$$u_q = ri_q + p\left(\psi_q - \frac{\psi_{q(\mathrm{a})}}{p}\right) + (1-s)\psi_d$$

$$u_0 = ri_0 + px_0\left(i_0 - \frac{i_{0(\mathrm{a})}}{p}\right)$$

$$\left(\psi_d - \frac{\psi_{d(\mathrm{a})}}{p}\right) = x_d(p)\left(i_d - \frac{i_{d(\mathrm{a})}}{p}\right) + G_{fd}(p)\left(u_{fd} - \frac{u_{fd(\mathrm{a})}}{p}\right)$$

$$\left(i_{fd} - \frac{i_{fd(\mathrm{a})}}{p}\right) = -pG_{fd}(p)\left(i_d - \frac{i_{d(\mathrm{a})}}{p}\right) + F_{fd}(p)\left(u_{fd} - \frac{u_{fd(\mathrm{a})}}{p}\right)$$

$$\left(\psi_q - \frac{\psi_{q(\mathrm{a})}}{p}\right) = x_q(p)\left(i_q - \frac{i_{q(\mathrm{a})}}{p}\right)$$

Für die transienten Zeitkonstanten gilt also

$$\left.\begin{aligned} T'_{d0} &= T_{fd0}\,, \\ T'_d &= \sigma_{\mathrm{a}fd}T_{fd0} = \sigma_{\mathrm{a}fd}T'_{d0}\,, \end{aligned}\right\} \tag{15.125}$$

während sich für die subtransienten Zeitkonstanten $T''_{d0} = T''_d = 0$ ergibt. Damit folgt aus (15.85) für $x_d(p)$ anstelle der Funktion nach (15.109)

$$x_d(p) = x_d\frac{1 + pT'_d}{1 + pT'_{d0}} = x'_d\frac{p + \dfrac{1}{T'_{d0}}}{p + \dfrac{1}{T'_d}}\,. \tag{15.126}$$

Dabei wurde die transiente Reaktanz x'_d entsprechend (15.112) als

$$x'_d = x_d\frac{T'_d}{T'_{d0}} = \sigma_{\mathrm{a}fd}x_d \tag{15.127}$$

eingeführt. Für die Funktion $1/px_d(p)$ erhält man durch triviale Umformungen

$$\frac{1}{px_d(p)} = \frac{1}{px_d} + \left(\frac{1}{x'_d} - \frac{1}{x_d}\right)\frac{1}{p + \dfrac{1}{T'_d}}\,. \tag{15.128}$$

Die weiteren Operatorenkoeffizienten der Längsachse erhält man im Sonderfall einer Maschine ohne Dämpferkreise unmittelbar aus (15.115) und (15.116) zu:

$$\left.\begin{aligned} G_{fd}(p) &= \frac{x_{\mathrm{a}fd}}{x_{ffd}}T_{fd0}\frac{1}{1 + pT_{d0}} \\ F_{fd}(p) &= \frac{T_{fd0}}{x_{ffd}}\frac{1}{1 + pT_{d0}} = \frac{1}{x_{\mathrm{a}fd}}G_{fd}(p) \end{aligned}\right\}\,. \tag{15.129}$$

Der Reaktanzoperator $x_q(p)$ der Querachse entartet für eine Maschine ohne Dämpferkreise entsprechend (15.123) in die synchrone Querreaktanz, d.h., es ist

$$\boxed{x_q(p) = x_q}\ .\qquad (15.130)$$

15.8.5 Sonderfall der vereinfachten Vollpolmaschine

Die vereinfachte Vollpolmaschine war im Abschnitt 15.6 als eine Synchronmaschine definiert worden, deren Polsystem ein rotationssymmetrisches Hauptelement darstellt und eine symmetrische zweisträngige Wicklung trägt. Sie läßt sich aufgrund der Symmetrie des Aufbaus durchgängig und analog zur Asynchronmaschine mit Hilfe komplexer Augenblickswerte als Variable beschreiben. Das entsprechende Gleichungssystem wurde allgemein in Tafel 15.5 bzw. 15.6 zusammengestellt. Es liegt nahe, für Betriebszustände mit konstanter Drehzahl die nach außen nicht in Erscheinung tretenden Veränderlichen – das sind hier zunächst nur die Flußverkettungen des Polsystems – zu eliminieren, d.h. eine analoge Aufbereitung des allgemeinen Gleichungssystems vorzunehmen wie in den Abschnitten 15.8.2 bis 15.8.4 für die Schenkelpolmaschine. Dazu ist es offenbar zunächst erforderlich, die Vorgänge im Koordinatensystem des Polsystems zu beschreiben ($\vartheta = \vartheta_{\mathrm{K}}, \vec{g}^{\mathrm{K}} = \vec{g}^{\mathrm{L}}$). Wenn das geschehen ist, lassen sich die Ergebnisse der genannten Abschnitte unmittelbar übernehmen, wobei, entsprechend dem vorausgesetzten symmetrischen Aufbau des Polsystems der vereinfachten Vollpolmaschine, die Operatorenkoeffizienten für beide Achsen gleich und, wenn nur eine Wicklung in jeder Achse vorhanden ist, durch (15.126) bzw. (15.128) und (15.129) gegeben sind.

Die Spannungsgleichung des Ankers erhält man aus der ersten Gleichung in Tafel 15.6 mit $\vec{g}_1^{\mathrm{K}} = \vec{g}_1^{\mathrm{L}}$ und $n_{\mathrm{K}} = \mathrm{d}\vartheta/\mathrm{d}t = 1 - s$. Die Beziehungen zwischen den Ankerflußverkettungen und den nach außen in Erscheinung tretenden Variablen des Polsystems werden entsprechend den oben angestellten Überlegungen, ausgehend von (15.80) und (15.81), unter Hinzunahme der entsprechenden Beziehungen für die Querachse mit

$$\left(\vec{g}_2^{\mathrm{L}} - \frac{\vec{g}_{2(\mathrm{a})}^{\mathrm{L}}}{p}\right) = \left(g_{2d} - \frac{g_{2d(\mathrm{a})}}{p}\right) + \mathrm{j}\left(g_{2q} - \frac{g_{2q(\mathrm{a})}}{p}\right)$$

nach (15.48) gewonnen. Dabei ist zu beachten, daß für die komplexe Spannung des Polsystems gilt $\vec{u}_2^{\mathrm{L}} = u_{fd} + \mathrm{j}0$.

Das vollständige Gleichungssystem ist in Tafel 15.8 zusammengestellt. Die Operatorenkoeffizienten sind, entsprechend dem vereinbarten Aufbau der vereinfachten

Tafel 15.8 Das System der Spannungs- und Flußverkettungsgleichungen der vereinfachten Vollpolmaschine unter Verwendung von komplexen Augenblickswerten und unter Einführung bezogener Größen einschließlich für die Zeit in den Koordinaten des Polsystems für Betriebszustände mit konstanter Drehzahl nach Eliminierung nach außen nicht in Erscheinung tretender Veränderlicher

$$\vec{u}_1^{\mathrm{L}} = r\vec{i}_1^{\mathrm{L}} + \frac{\mathrm{d}\vec{\psi}_1^{\mathrm{L}}}{\mathrm{d}t} + \mathrm{j}\frac{\mathrm{d}\vartheta}{\mathrm{d}t}\vec{\psi}_1^{\mathrm{L}}$$

$$\left(\vec{\psi}_1^{\mathrm{L}} - \frac{\vec{\psi}_{1(\mathrm{a})}^{\mathrm{L}}}{p}\right) = x_d(p)\left(\vec{i}_1^{\mathrm{L}} - \frac{\vec{i}_{1(\mathrm{a})}^{\mathrm{L}}}{p}\right) + G_{fd}(p)\left(\vec{u}_2^{\mathrm{L}} - \frac{\vec{u}_{2(\mathrm{a})}^{\mathrm{L}}}{p}\right)$$

$$\left(\vec{i}_2^{\mathrm{L}} - \frac{\vec{\psi}_{2(\mathrm{a})}^{\mathrm{L}}}{p}\right) = -pG_{fd}(p)\left(\vec{i}_1^{\mathrm{L}} - \frac{\vec{i}_{1(\mathrm{a})}^{\mathrm{L}}}{p}\right) + F_{fd}(p)\left(\vec{u}_2^{\mathrm{L}} - \frac{\vec{u}_{2(\mathrm{a})}^{\mathrm{L}}}{p}\right)$$

Vollpolmaschine, durch (15.126) und (15.129) gegeben. Selbstverständlich kann die vereinfachte Vollpolmaschine auch dahingehend verfeinert werden, daß man sich in jeder Achse des Polysystems das gleiche System aus zwei Wicklungen fd und Dd angeordnet denkt. In diesem Fall gelten die Gleichungen nach Tafel 15.8 mit den Operatorenkoeffizienten nach (15.109), (15.115) und (15.116).

15.8.6   Ortskurven der Reaktanzoperatoren

In manchen Betriebszuständen stellen die Veränderlichen im Bereich der d-q-0-Komponenten eingeschwungene Sinusgrößen einer beliebigen Kreisfrequenz $\nu\omega_n$ dar. Das gilt z.B. für den stationären asynchronen Betrieb der Synchronmaschine, der im Abschnitt 16.2 behandelt wird. In diesem Fall ist die bezogene Kreisfrequenz ν durch den Schlupf s gegeben. Die Behandlung derartiger Betriebszustände erfolgt zweckmäßig mit Hilfe der komplexen Wechselstromrechnung unter Verwendung der Spannungs- und Flußverkettungsgleichungen, die in den Abschnitten 15.8.2 bis 15.8.4 entwickelt wurden. Der Übergang von der Darstellung im Laplace-Unterbereich in den der komplexen Wechselstromrechnung erfolgt durch

$$j\nu \Rightarrow p\,, \qquad 0 \Rightarrow g_{(a)}\,.$$

Dieser an sich bekannte Sachverhalt folgt unmittelbar aus einem Vergleich der beiden Beziehungen für die zeitliche Ableitung $\mathcal{L}\{\mathrm{d}g/\mathrm{d}t\} = pg - g_{(a)}$ und $\mathrm{d}\underline{g}\,\mathrm{e}^{j\nu t}/\mathrm{d}t = j\nu\underline{g}\,\mathrm{e}^{j\nu t}$.

Mit $j\nu \Rightarrow p$ werden alle Operatorenkoeffizienten und damit auch die Reaktanzoperatoren komplexe Funktionen. Sie liefern in Abhängigkeit von ν Ortskurven in der komplexen Ebene. Der Verlauf der Ortskurven und die Parameterverteilung auf ihnen stellen eine anschauliche Interpretation des jeweiligen Reaktanzoperators dar. Da in den meisten Fällen die Kehrwerte $1/x_d(j\nu)$ und $1/x_q(j\nu)$ interessieren, beschränken sich die folgenden Betrachtungen auf diese.

Der Admittanzoperator $1/x_d(j\nu)$ folgt aus (15.109) mit $j\nu \Rightarrow p$ zu

$$\frac{1}{x_d(j\nu)} = \frac{1}{x_d}\frac{(1+j\nu T'_{d0})(1+j\nu T''_{d0})}{(1+j\nu T'_d)(1+j\nu T''_d)}\,. \qquad (15.131)$$

Die Ortskurve einer derartigen Funktion ist eine *bizirkulare Quartik*. Sie besitzt die ausgezeichneten Punkte

$$\frac{1}{x_d(j0)} = \frac{1}{x_d}\,, \qquad \frac{1}{x_d(j\infty)} = \frac{1}{x''_d}\,.$$

Für die punktweise Konstruktion der gesamten Ortskurve eignet sich die Darstellung, die aus (15.114) folgt zu

$$\frac{1}{x_d(j\nu)} = \frac{1}{x_d} + \left(\frac{1}{x'_d} - \frac{1}{x_d}\right)\frac{j\nu T'_d}{1+j\nu T'_d} + \left(\frac{1}{x''_d} - \frac{1}{x'_d}\right)\frac{j\nu T''_d}{1+j\nu T''_d}\,. \qquad (15.132)$$

Dabei liefern die letzten beiden Glieder als Ortskurve je einen Ursprungskreis $\underline{K}$ der allgemeinen Form

$$\underline{K} = \frac{j\nu T}{1+j\nu T} = 1 - \frac{1}{1+j\nu T} \qquad (15.133)$$

Man erhält die Ortskurve $\underline{K}(j\nu)$ in bekannter Weise, indem die Gerade $1+j\nu T$ invertiert, der dabei entstehende Kreis $1/(1+j\nu T)$ um π zur Ortskurve $-1/(1+j\nu T)$ gedreht und um $+1$ verschoben wird. Bild 15.8 zeigt die Entwicklung der Ortskurve

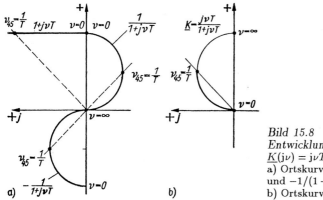

Bild 15.8
Entwicklung der Ortskurve
$\underline{K}(j\nu) = j\nu T/(1+j\nu T) = 1 - 1/(1+j\nu T)$
a) Ortskurven $1 + j\nu T$, $1/(1+j\nu T)$
und $-1/(1+j\nu T)$
b) Ortskurve $\underline{K} = j\nu T/(1+j\nu T)$

$\underline{K}(j\nu)$. Der Imaginärteil Im$\{\underline{K}(j\nu)\}$ durchläuft offenbar ein Maximum, wenn der Winkel von $\underline{K}(j\nu)$ einen Wert von 45° annimmt. Der zugeordnete Punkt auf der Ortskurve trägt dementsprechend den Parameter $\nu_{45} = 1/T$. Die Ortskurve $1/x_d(j\nu)$ erhält man entsprechend (15.132) dadurch, daß zu $1/x_d$ die zum betrachteten Wert der bezogenen Kreisfrequenz gehörenden Zeiger auf den Kreisen $\underline{K}'$ und $\underline{K}''$ addiert werden. Dabei besitzt der Kreis $\underline{K}'$ den Durchmesser $(1/x_d' - 1/x_d)$ und den Parameter $\nu_{45} = 1/T_d'$, während der Kreis $\underline{K}''$ den Durchmesser $(1/x_d'' - 1/x_d')$ und den Parameter $\nu_{45} = 1/T_d''$ aufweist. Die Eigenart der entstehenden Ortskurve $1/x_d(j\nu)$ wird durch den großen Unterschied zwischen $\underline{T}_d'$ und $\underline{T}_d''$ hervorgerufen. Da der Kreis $\underline{K}'$ bis zu einem gewissen Wert von ν bereits weitgehend durchlaufen ist, während man sich auf dem Kreis $\underline{K}''$ noch kaum vom Punkt für $\nu = 0$ entfernt hat, schmiegt sich die Ortskurve im unteren Bereich von ν an einen Kreis $\underline{K}_0$ an, der durch den Punkt $1/x_d$ verläuft und der etwas aufgeweitet gegenüber $1/x_d + \underline{K}'(j\nu)$ ist. Umgekehrt wird der Kreis $\underline{K}''$ oberhalb eines gewissen Wertes von ν durchlaufen, für den man sich auf dem Kreis $\underline{K}'$ praktisch bereits im Punkt für $\nu = \infty$ befindet. Die Ortskurve schmiegt sich in diesem Bereich an einen Kreis $\underline{K}_\infty$ an, der durch den Punkt $1/x_d''$ verläuft und etwas aufgeweitet gegenüber $1/x_d' + \underline{K}''(j\nu)$ ist. Die vollständige Ortskurve ist im Bereich zwischen den beiden Schmiegungskreisen eingesattelt. Die Konstruktion der vollständigen Ortskurve zeigt Bild 15.9.

Der Admittanzoperator $1/x_q(j\nu)$ folgt aus (15.124) zu

$$\frac{1}{x_q(j\nu)} = \frac{1}{x_q} + \left(\frac{1}{x_q''} - \frac{1}{x_q}\right)\frac{j\nu T_q''}{1+j\nu T_q''} \; . \tag{15.134}$$

Die zugehörige Ortskurve ist entsprechend (15.133) ein Kreis mit dem Parameter $\nu_{45} = 1/T_q''$ und den ausgezeichneten Punkten

$$\frac{1}{x_q(j0)} = \frac{1}{x_q}, \qquad \frac{1}{x_q(j\infty)} = \frac{1}{x_q''} \; .$$

Sein Durchmesser beträgt $(1/x_q'' - 1/x_q)$. Die vollständige Ortskurve ist, ausgehend von Bild 15.8, im Bild 15.10 dargestellt.

Die vorstehenden Betrachtungen beschränkten sich von vornherein auf die Ortskurven von Maschinen mit einem Ersatzdämpferkreis je Achse. Unter dem Einfluß des tatsächlichen Dämpferkäfigs sind zunächst kompliziertere Ortskurven zu erwarten. Tatsächlich erweisen sich jedoch gemessene Ortskurven als sehr ähnlich denen, die oben ermittelt wurden. Darin kommt zum Ausdruck, daß die Einführung von Ersatzdämpferkreisen berechtigt ist. Bei Vorhandensein massiver Abschnitte im Läufer ist es zur richtigen Wiedergabe der Drehmomente im Bereich großen Schlupfs erforderlich, zwei Ersatzdämpferkreise je Achse anzunehmen [73].

Bild 15.11 zeigt die vollständigen Ortskurven der zusammengehörigen Admittanzoperatoren $1/x_d(\mathrm{j}\nu)$ und $1/x_q(\mathrm{j}\nu)$ einer Maschine mit Angabe der Parameterverteilung.

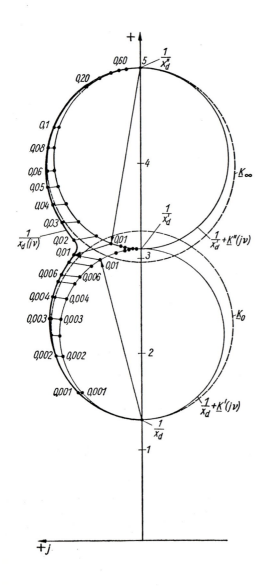

Bild 15.9
Konstruktion der Ortskurve
des Admittanzoperators $1/x_d(\mathrm{j}\nu)$
entsprechend (15.132) unter Verwendung
der Hilfskreise $\underline{K}'$ und $\underline{K}''$ nach Bild 15.8
für eine Maschine mit folgenden
Parametern:
$x_d = 0{,}8;\ x_d' = 0{,}32;\ x_d'' = 0{,}20;$
$T_d' = 400;\ T_d'' = 15$

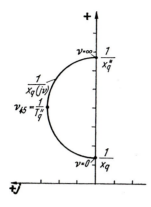

Bild 15.10
Ortskurve des Admittanzoperators $1/x_q(j\nu)$

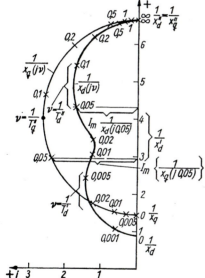

Bild 15.11
Ortskurven der Admittanzoperatoren
$1/x_d(j\nu)$ *und* $1/x_q(j\nu)$
für eine Maschine mit folgenden Parametern:
$x_d = 1,1; \; x'_d = 0,27; \; x''_d = 0,15; \; T'_d = 200; \; T''_d = 12,5;$
$x_q = 0,7; \; x''_q = 0,15; \; T''_q = 12,5$

15.8.7 Sonderfall des normalen stationären Betriebs

Unter der Bezeichnung normaler stationärer Betrieb der Synchronmaschine ist in den vorangegangenen Abschnitten der Betrieb mit synchroner Drehzahl am symmetrischen Netz sinusförmiger Spannungen mit Bemessungsfrequenz eingeführt worden. Dieser Betriebszustand ist Gegenstand eingehender Untersuchungen im Band Grundlagen[1]. Er wird im folgenden, ausgehend vom allgemeinen Gleichungssystem im Bereich der d-q-0-Komponenten nach Tafel 15.4, zusammenfassend behandelt. Das ist erforderlich, um die Zusammenhänge zwischen den stationären Anfangswerten $g_{(a)}$ nichtstationärer Betriebszustände bzw. stationärer Komponenten beliebiger Betriebszustände unter Verwendung der gleichen Beziehungen und damit auch der gleichen Parameter bereitzustellen, die auch den gesamten Betriebszustand beschreiben. Außerdem wird bei dieser Gelegenheit am einfachen Beispiel die Methodik der Anwendung der d-q-0-

---

[1]s. Band Grundlagen, Hauptabschnitt F

Komponenten demonstriert.

Die Maschine arbeitet im normalen stationären Betrieb mit der synchronen Drehzahl entsprechend der Bemessungsfrequenz. Die bezogene Winkelgeschwindigkeit der Läuferbewegung beträgt demnach $d\vartheta/dt = 1$, und damit ist $\vartheta = t + \vartheta_0$.

Die Erregerwicklung liegt an einer konstanten Gleichspannung. Sämtliche Felder sind relativ zum Polsystem zeitlich konstant, so daß für die Ströme, Spannungen und Flußverkettungen im Bereich der d-q-0-Komponenten Gleichgrößen zu erwarten sind. Diese Überlegungen wird die formale Transformation bestätigen.

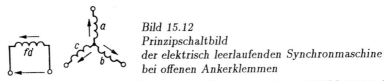

Bild 15.12
Prinzipschaltbild
der elektrisch leerlaufenden Synchronmaschine
bei offenen Ankerklemmen

Der *elektrische Leerlauf* bei offenen Ankerklemmen wird mit Bild 15.12 durch folgende Betriebsbedingungen beschrieben:

$$i_a = i_b = i_c = 0 \; ; \qquad u_{fd} = U_{fd} \; ; \qquad \vartheta = t + \vartheta_0 \; .$$

Durch Transformation der Aussagen für die Strangströme in ihre d-q-0-Komponenten erhält man unter Verwendung von (15.34) als Betriebsbedingungen im Bereich der d-q-0-Komponenten

$$i_d = i_q = i_0 = 0 \; ; \qquad u_{fd} = U_{fd} \; ; \qquad \vartheta = t + \vartheta_0 \; .$$

Da alle Ankergrößen symmetrische Dreiphasensysteme positiver Phasenfolge darstellen, kann die Transformation in den Bereich der d-q-0-Komponenten auch über die Beziehung zwischen den komplexen Augenblickswerten und den entsprechenden Darstellungen der Größen des Strangs a im Bereich der komplexen Wechselstromrechnung nach (15.50) vorgenommen werden. Im Verlauf der weiteren Untersuchungen wird dieser elegante Weg beschritten.

Die Betriebsbedingungen im Bereich der d-q-0-Komponenten sind, wie zu erwarten war, stationäre Gleichgrößen. Damit gilt für sämtliche zeitlichen Ableitungen $dg/dt = 0$. Außerdem fließen in den Ersatzdämpferkreisen keine Ströme, da derartige Ströme nur durch Induktion entstehen können und dazu eine Änderung des vom Polsystem aus beobachteten Feldes erforderlich ist. Damit folgt aus dem allgemeinen Gleichungssystem nach Tafel 15.4

$$\left. \begin{aligned} U_d &= -\psi_q = 0 \\ U_q &= \psi_d = x_{adf} I_{fd} = x_{afd}\frac{U_{fd}}{r_{fd}} \; . \end{aligned} \right\} \tag{15.135}$$

Die vom Erregerstrom herrührende Komponente von U_q soll als *Polradspannung U_p* bezeichnet werden. Damit gilt im Leerlauf $U_q = U_p = x_{afd} U_{fd}/r_{fd}$. Die Rücktransformation mit Hilfe von (15.50) liefert unmittelbar die komplexe Darstellung der sinusförmigen Ankerspannung des Strangs a als

$$\underline{u} = U_p \, e^{j(\vartheta_0 + \pi/2)} = \hat{u}_p \, e^{j\varphi_{up}} = \underline{u}_p \; .$$

Es ist also $\hat{u}_p = U_p$,

$$\varphi_{up} = \vartheta_0 + \pi/2 \; . \tag{15.136}$$

Damit ist ϑ_0 durch die Phasenlage der Polradspannung, d.h. durch die Phasenlage jener Komponente der Spannung des Strangs a ausgedrückt, die vom Erregerstrom herrührt.

Bei *Betrieb am starren, symmetrischen Netz* sinusförmiger Spannungen mit Bemessungsfrequenz lauten die Betriebsbedingungen

$$\left. \begin{aligned} u_a &= \widehat{u}\cos(t+\varphi_u)\ ; \qquad u_b = \widehat{u}\cos(t+\varphi_u-2\pi/3)\ ; \\ u_c &= \widehat{u}\cos(t+\varphi_u-4\pi/3)\ ; \\ u_{fd} &= U_{fd}\ ; \qquad \vartheta = t+\vartheta_0\ . \end{aligned} \right\} \quad (15.137)$$

Ihre Transformation in den Bereich der d-q-0-Komponenten liefert unter Verwendung von (15.50) für die Transformation des symmetrischen Dreiphasensystems der Spannungen mit $\omega_1 t - \vartheta = t - \vartheta = -\vartheta_0$:

$$\left. \begin{aligned} U_d &= \widehat{u}\cos(\varphi_u-\vartheta_0)\ ; \qquad U_q = \widehat{u}\sin(\varphi_u-\vartheta_0)\ ; \qquad U_0 = 0\ ; \\ u_{fd} &= U_{fd}\ ; \qquad \vartheta = t+\vartheta_0\ . \end{aligned} \right\} \quad (15.138)$$

Herrührend vom Erregerstrom $I_{fd} = U_{fd}/r_{fd}$ wird bei Betrieb mit offenen Ankerklemmen im Strang a die Polradspannung $\underline{u}_p$ beobachtet. Sie stellt im allgemeinen Fall, bei dem Ankerströme fließen und zusätzliche Anteile der Spannung hervorrufen, eine Komponente der Klemmenspannung dar. Ihre Phasenlage gegenüber der Klemmenspannung $\underline{u}$ wird als *Polradwinkel*

$$\boxed{\delta = \varphi_{up} - \varphi_u}\ . \quad (15.139)$$

definiert. Mit φ_{up} nach (15.136) erhält man für $\varphi_u - \vartheta_0$ in (15.138) $\varphi_u - \vartheta_0 = -\delta + \pi/2$. Damit gehen die Betriebsbedingungen für den Betrieb am starren, symmetrischen Netz im Bereich der d-q-0-Komponenten über in

$$\left. \begin{aligned} U_d &= \widehat{u}\sin\delta\ ; \qquad U_q = \widehat{u}\cos\delta\ ; \qquad U_0 = 0\ ; \\ u_{fd} &= U_{fd}\ ; \qquad \vartheta = t+\vartheta_0\ . \end{aligned} \right\} \quad (15.140)$$

Mit diesen Betriebsbedingungen folgt aus Tafel 15.4 für die Flußverkettungsgleichungen des Ankers

$$\psi_d = x_d I_d + x_{afd} I_{fd}\ , \qquad \psi_q = x_q I_q \quad (15.141)$$

und damit für die Spannungsgleichungen

$$\left. \begin{aligned} U_d &= \widehat{u}\sin\delta = r I_d - \psi_q = r I_d - x_q I_q\ , \\ U_q &= \widehat{u}\cos\delta = r I_q + \psi_d = r I_q + x_d I_d + x_{afd} I_{fd} \\ &= r I_q + x_d I_d + U_p\ , \end{aligned} \right\} \quad (15.142)$$

wobei $I_{fd} = \dfrac{U_{fd}}{r_{fd}}$ und damit $U_p = x_{afd}\dfrac{U_{fd}}{r_{fd}}$ ist.

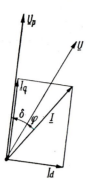

Bild 15.13
Zerlegung des Ankerstroms $\underline{I}$
in seine Komponenten $\underline{I}_d$ und $\underline{I}_q$
bezüglich der Phasenlage
der Polradspannung $\underline{U}_p$

Aus (15.142) erhält man unter Vernachlässigung des Ankerwiderstands r für die Ströme

$$I_q = -\frac{\widehat{u}\sin\delta}{x_q} , \qquad I_d = \frac{\widehat{u}\cos\delta - U_p}{x_d} . \tag{15.143}$$

Ihre Rücktransfunktion mit Hilfe von (15.50) liefert für den Strom $\underline{i}$ im Strang a in komplexer Darstellung mit $\vartheta - t = \vartheta_0 = \varphi_{up} - \pi/2$:

$$\underline{i} = \widehat{i}\,e^{j\varphi_i} = I_d\,e^{j(\varphi_{up}-\pi/2)} + I_q\,e^{j\varphi_{up}} . \tag{15.144}$$

Die im normalen stationären Betrieb im Bereich der d-q-0-Komponenten zu beobachtenden Gleichströme I_d und I_q sind also identisch den Amplituden der Komponenten $\underline{i}_d$ und $\underline{i}_q$ des Ankerstroms in bezug auf die Polradspannung[1]. Diese Übereinstimmung ist bedingt durch die Wahl des Zahlenfaktors in der Transformationsbeziehung. Aus (15.144) folgt für I_d und I_q mit $\varphi_i - \varphi_{up} = -(\delta + \varphi)$:

$$I_d = \widehat{i}\,\sin(\delta + \varphi) , \qquad I_q = \widehat{i}\,\cos(\delta + \varphi) . \tag{15.145}$$

Die Spannungsgleichung des Strangs a in der Darstellung der komplexen Wechselstromrechnung erhält man unmittelbar mit Hilfe von (15.50), ausgehend von den Spannungsgleichungen (15.142) im Bereich der d-q-0-Komponenten, und unter Beachtung von (15.144) zu

$$\boxed{\underline{u} = r\underline{i} + jx_d\underline{i}_d + jx_q\underline{i}_q + \underline{u}_p} . \tag{15.146}$$

Dabei ist mit (15.144) und (15.145)

$$\left.\begin{array}{l} \underline{i}_d = \widehat{i}\,\sin(\delta + \varphi)\,e^{j(\varphi_{up}-\pi/2)} \\[2mm] \underline{i}_q = \widehat{i}\,\cos(\delta + \varphi)\,e^{j\varphi_{up}} \end{array}\right\} , \tag{15.147}$$

und es gilt

$$\underline{i} = \underline{i}_d + \underline{i}_q . \tag{15.148}$$

Dabei stellen $\underline{i}_d$ und $\underline{i}_q$ in bekannter Weise die Komponenten des Stroms $\underline{i}$ bezüglich der Phasenlage der Polradspannung dar. Im Bild 15.13 werden diese Zusammenhänge

[1]s. Band Grundlagen, Abschnitt 34.2.2.

nochmals erläutert. Bild 15.14a zeigt das Zeigerbild von (15.146) für den Fall des Generatorbetriebs auf eine ohmsch-induktive Last. Im Sonderfall der Vollpolmaschine ist $x_q = x_d$, und es folgt aus (15.146) unter Beachtung von (15.148)

$$\boxed{\underline{u} = r\underline{i} + jx_d\underline{i} + \underline{u}_p}\ . \tag{15.149}$$

Das zugeordnete, mit Bild 15.14a korrespondierende Zeigerbild ist im Bild 15.14b dargestellt.

Die Beziehung für das Drehmoment der Schenkelpolmaschine folgt aus $m = \psi_d i_q - \psi_q i_d$ mit ψ_d und ψ_q nach (15.141) sowie i_d und i_q aus (15.143) unter Vernachlässigung des Ankerwiderstands zu

$$\boxed{M = (x_d - x_q)I_dI_q + U_pI_q = -\frac{\widehat{u}\widehat{u}_p}{x_d}\sin\delta - \frac{\widehat{u}^2}{2}\left(\frac{1}{x_q} - \frac{1}{x_d}\right)\sin 2\delta}\ . \tag{15.150}$$

Der Verlauf $M(\delta)$ ist im Bild 15.15a für verschiedene Werte der Polradspannung bzw. des Erregerstroms dargestellt, wobei dieser auf den Leerlauferregerstrom I_{fd0} bezogen wurde, der die Bemessungsspannung im Leerlauf hervorruft. Das Drehmoment besteht in bekannter Weise aus zwei Komponenten, dem *synchronen Drehmoment,* das vom Erregerstrom abhängt, und dem *Reaktionsmoment,* dessen Ursachen die magnetische Asymmetrie des Polsystems ist. Im *Sonderfall der Vollpolmaschine* erhält man mit $x_q = x_d$ aus (15.150)

$$\boxed{M = -\frac{\widehat{u}\widehat{u}_p}{x_d}\sin\delta}\ . \tag{15.151}$$

Der Verlauf $M(\delta)$ ist im Bild 15.15b, korrespondierend zu Bild 15.15a, dargestellt. Da die magnetische Asymmetrie des Polsystems nicht mehr existiert, verschwindet das Reaktionsmoment.

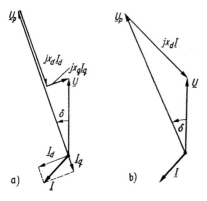

Bild 15.14
Zeigerbild bei Generatorbetrieb
auf eine ohmsch-induktive Last
a) Schenkelpolmaschine ($x_d = 1,2$; $x_q = 0,8$)
b) Vollpolmaschine

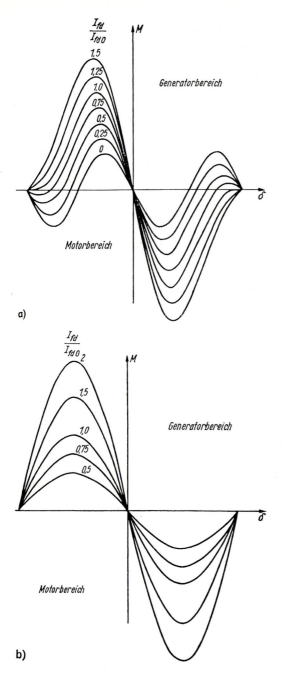

a)

b)

Bild 15.15   Kennlinien $M = f(\delta)$ der Synchronmaschine am starren Netz für verschiedene Werte des Erregerstroms I_{fd}, bezogen auf den Leerlauferregerstrom I_{fd0}
a) Schenkelpolmaschine;   b) Vollpolmaschine

15.9 Gleichungssystem im Bereich der d-q-0-Komponenten bei kleinen Änderungen sämtlicher Größen

Das allgemeine Gleichungssystem im Bereich der d-q-0-Komponenten, wie es in Tafel 15.4 zusammengefaßt wurde, ist aufgrund der Glieder $(\mathrm{d}\vartheta/\mathrm{d}t)\psi$ in den Spannungsgleichungen und der Glieder ψi in der Drehmomentbeziehung sowie der Form der Transformationsbeziehungen [s. (15.34)] nichtlinear. Bei der Klassifizierung der Betriebszustände im Abschnitt 15.7 war bereits herausgearbeitet worden, daß sich dieses Gleichungssystem linearisieren läßt, wenn sämtliche Variable g nur kleine Änderungen Δg gegenüber einem stationären Wert $g_{(\mathrm{a})}$ durchmachen.

Um das Gleichungssystem zu erhalten, das zwischen den Änderungen der Variablen vermittelt, werden sämtliche Variable als $g = g_{(\mathrm{a})} + \Delta g$ in das allgemeine Gleichungssystem eingeführt. Es wird angenommen, daß die Änderungen Δg gegenüber einem normalen stationären Betriebszustand bei Bemessungsfrequenz auftreten, wie er im Abschnitt 15.8.7 nochmals zusammenfassend behandelt wurde. In diesem Fall ist die bezogene Kreisfrequenz 1, und es gilt für die Läuferbewegung

$$\vartheta = t + \vartheta_0 + \Delta\vartheta(t) \tag{15.152}$$

wobei $\Delta\vartheta(t)$ gegenüber 2π klein bleiben soll.

Damit beträgt die bezogene Läufergeschwindigkeit

$$\frac{\mathrm{d}\vartheta}{\mathrm{d}t} = 1 - s = 1 + \frac{\mathrm{d}\Delta\vartheta}{\mathrm{d}t} \tag{15.153}$$

so daß der Schlupf s die kleine Änderung der bezogenen Geschwindigkeit als

$$\frac{\mathrm{d}\Delta\vartheta}{\mathrm{d}t} = -s \tag{15.154}$$

beschreibt. Für die Winkelbeschleunigung gilt dann

$$\frac{\mathrm{d}^2\vartheta}{\mathrm{d}t} = -\frac{\mathrm{d}s}{\mathrm{d}t} \ .$$

Die Spannungsgleichungen des Ankers erhält man aus Tafel 15.4 mit $g = g_{(\mathrm{a})} + \Delta g$ und unter Beachtung von $\mathrm{d}g_{(\mathrm{a})}/\mathrm{d}t = 0$ zu

$$\left.\begin{array}{l} u_{d(\mathrm{a})} + \Delta u_d = r(i_{d(\mathrm{a})} + \Delta i_d) + \dfrac{\mathrm{d}\Delta\psi_d}{\mathrm{d}t} - (1-s)(\psi_{q(\mathrm{a})} + \Delta\psi_q) \\[3mm] u_{q(\mathrm{a})} + \Delta u_q = r(i_{q(\mathrm{a})} + \Delta i_q) + \dfrac{\mathrm{d}\Delta\psi_q}{\mathrm{d}t} + (1-s)(\psi_{d(\mathrm{a})} + \Delta\psi_d) \ . \end{array}\right\} \tag{15.155}$$

Auf die Untersuchung des Nullsystems wird verzichtet. Die Gleichungen (15.155) zerfallen in je eine Gleichung zwischen den stationären Werten $g_{(\mathrm{a})}$ und eine zweite zwischen den Änderungen Δg. Die Gleichungen zwischen den stationären Werten lauten

$$u_{d(\mathrm{a})} = r i_{d(\mathrm{a})} - \psi_{q(\mathrm{a})} \ , \qquad u_{q(\mathrm{a})} = r i_{q(\mathrm{a})} + \psi_{d(\mathrm{a})} \ .$$

Das sind – wie zu erwarten war – die Spannungsgleichungen des Ankers für den normalen stationären Betrieb mit Bemessungsfrequenz, die im Abschnitt 15.8.7 als (15.142) hergeleitet wurden. In den Spannungsgleichungen für die Änderungen werden die Pro-

dukte kleiner Größen $s\Delta\psi_q$ und $s\Delta\psi_d$ vereinbarungsgemäß mit dem Ziel der Linearisierung der Gleichungen vernachlässigt. Damit erhält man

$$
\left.\begin{aligned}
\Delta u_d &= r\Delta i_d + \frac{\mathrm{d}\Delta\psi_d}{\mathrm{d}t} + s\psi_{q(\mathrm{a})} - \Delta\psi_q \ , \\[2mm]
\Delta u_q &= r\Delta i_q + \frac{\mathrm{d}\Delta\psi_q}{\mathrm{d}t} - s\psi_{d(\mathrm{a})} + \Delta\psi_d \ .
\end{aligned}\right\}
\tag{15.156}
$$

Diese Gleichungen sind erwartungsgemäß linear. Da angestrebt wird, auch die Bewegungsgleichungen zu linearisieren und die übrigen Gleichungen der Maschine ohnehin
linear sind, bietet sich als Lösungshilfsmittel wiederum die Laplace-Transformation
an. Dabei ist zu beachten, daß die Anfangswerte der Änderungen entsprechend
$g = g_{(\mathrm{a})} + \Delta g$ verschwinden. Damit wird $\mathcal{L}\{\mathrm{d}\Delta g/\mathrm{d}t\} = p\Delta g$, und man erhält aus
(15.156)

$$
\boxed{
\begin{aligned}
\Delta u_d &= r\Delta i_d + p\Delta\psi_d + s\psi_{q(\mathrm{a})} - \Delta\psi_q \\[2mm]
\Delta u_q &= r\Delta i_q + p\Delta\psi_q - s\psi_{d(\mathrm{a})} + \Delta\psi_d
\end{aligned}
}\ .
\tag{15.157}
$$

Da die Flußverkettungsgleichungen und die Spannungsgleichungen der Polradkreise
von vornherein linear sind, bleiben sie in der alten Form erhalten. Damit können die
im Abschnitt 15.8 ermittelten Beziehungen zwischen den Ankerflußverkettungen und
den nach außen in Erscheinung tretenden Größen des Polsystems direkt übernommen
werden. Dabei stellt $(g - g_{(\mathrm{a})}/p)$ gerade die Laplace-Transformierte der Änderung Δg
dar, so daß (15.80) und (15.118) unmittelbar übergehen in

$$
\boxed{
\begin{aligned}
\Delta\psi_d &= x_d(p)\Delta i_d + G_{fd}(p)\Delta u_{fd} \\[2mm]
\Delta\psi_q &= x_q(p)\Delta i_q
\end{aligned}
}\ .
\tag{15.158}
$$

Wenn man (15.158) in (15.157) einführt, wird schließlich

$$
\boxed{
\begin{aligned}
\Delta u_d &= [r + px_d(p)]\Delta i_d - x_q(p)\Delta i_q + pG_{fd}(p)\Delta u_{fd} + \psi_{q(\mathrm{a})}s \\[2mm]
\Delta u_q &= [r + px_q(p)]\Delta i_q + x_d(p)\Delta i_d + G_{fd}(p)\Delta u_{fd} + \psi_{d(\mathrm{a})}s
\end{aligned}
}\ .
\tag{15.159}
$$

Dabei ist entsprechend (15.154)

$$
\boxed{s = -p\Delta\vartheta}\ .
\tag{15.160}
$$

Die Bewegungsgleichung von Tafel 15.4 geht nach Einführen der Drehmomentgleichung
mit $g = g_{(\mathrm{a})} + \Delta g$ über in

$$
(\psi_{d(\mathrm{a})} + \Delta\psi_d)(i_{q(\mathrm{a})} + \Delta i_q) - (\psi_{q(\mathrm{a})} + \Delta\psi_q)(i_{d(\mathrm{a})} + \Delta i_d) + m_{\mathrm{A(a)}} + \Delta m_{\mathrm{A}} = -T_{\mathrm{m}}\frac{\mathrm{d}s}{\mathrm{d}t}\ .
$$

Daraus erhält man als Beziehung zwischen den stationären Werten

$$
(\psi_{d(\mathrm{a})}i_{q(\mathrm{a})} - \psi_{q(\mathrm{a})}i_{d(\mathrm{a})}) + m_{\mathrm{A(a)}} = 0
$$

und unter Vernachlässigung der Produkte kleiner Größen als Beziehung zwischen den Änderungen

$$\psi_{d(\mathrm{a})}\Delta i_q + i_{q(\mathrm{a})}\Delta\psi_d - \psi_{q(\mathrm{a})}\Delta i_d - i_{d(\mathrm{a})}\Delta\psi_q + \Delta m_{\mathrm{A}} = -T_{\mathrm{m}}\frac{\mathrm{d}s}{\mathrm{d}t}\ .$$

Daraus folgt durch Übergang in den Laplace-Unterbereich unter Einführung von (15.158)

$$\boxed{\begin{aligned}(\psi_{d(\mathrm{a})} - i_{d(\mathrm{a})}x_q(p))\Delta i_q &- (\psi_{q(\mathrm{a})} - i_{q(\mathrm{a})}x_d(p))\Delta i_d \\ &+ i_{q(\mathrm{a})}G_{fd}(p)\Delta u_{fd} + \Delta m_{\mathrm{A}} = -pT_{\mathrm{m}}s\end{aligned}}\qquad (15.161)$$

Das Gleichungssystem der Maschine wird von den Gleichungen (15.159), (15.160) und (15.161) gebildet. Als Betriebsbedingungen sind zwei Aussagen über die Strom-Spannungs-Verhältnisse an den Ankerklemmen, eine über die Strom-Spannungs-Verhältnisse an den Klemmen der Erregerwicklung und eine über das äußere Drehmoment an der Welle erforderlich.

Bei Betrieb am starren, symmetrischen Netz erhält man die ersten beiden Betriebsbedingungen über die allgemeine Ableitung nach (15.66) mit $(\vartheta - t) = (\vartheta_0 + \Delta\vartheta)$ nach (15.152) zu

$$u_d = \widehat{u}\cos(\Delta\vartheta + \vartheta_0 - \varphi_u)\ ,\qquad u_q = -\widehat{u}\sin(\Delta\vartheta + \vartheta_0 - \varphi_u)\ ,$$

Daraus folgt unter Anwendung der trigonometrischen Umformungen nach Anhang IV

$$u_d = \widehat{u}\cos(\varphi_u - \vartheta_0)\cos\Delta\vartheta + \widehat{u}\sin(\varphi_u - \vartheta_0)\sin\Delta\vartheta$$

$$u_d = -\widehat{u}\cos(\varphi_u - \vartheta_0)\sin\Delta\vartheta + \widehat{u}\sin(\varphi_u - \vartheta_0)\cos\Delta\vartheta\ .$$

Da $\Delta\vartheta$ eine kleine Größe ist, kann man $\cos\Delta\vartheta \approx 1$ und $\sin\Delta\vartheta \approx \Delta\vartheta$ setzen. Damit wird unter Einführung der stationären Werte $u_{d(\mathrm{a})}$ und $u_{q(\mathrm{a})}$ nach (15.138)

$$u_d = u_{d(\mathrm{a})} + u_{q(\mathrm{a})}\Delta\vartheta = u_{d(\mathrm{a})} + \Delta u_d\ ,$$

$$u_q = u_{q(\mathrm{a})} - u_{d(\mathrm{a})}\Delta\vartheta = u_{q(\mathrm{a})} + \Delta u_q\ .$$

Es ist also

$$\boxed{\Delta u_d = u_{q(\mathrm{a})}\Delta\vartheta\ ,\qquad \Delta u_q = -u_{d(\mathrm{a})}\Delta\vartheta\ ,}\qquad (15.162)$$

Zur *Untersuchung von Regelvorgängen* lassen sich Näherungsbeziehungen entwickeln. Dabei interessieren im Zusammenhang mit dem Betriebsverhalten der Synchronmaschine als Generator zwei Regelvorgänge, die Spannungsregelung und die Drehzahlregelung. Die Spannungsregelung greift in die Erregung der Maschine ein, beeinflußt also Δu_{fd}. In erster Linie geschieht dies in Abhängigkeit von der Ankerspannung $\widehat{u}$. Es können jedoch auch andere Maschinengrößen die Regelung beeinflussen, z.B. der Ankerstrom oder der Polradwinkel. Die Drehzahlregelung greift in das Drehzahlstellorgan der Arbeitsmaschine ein, beeinflußt also Δm_{A} in Abhängigkeit von der Drehzahl. Die Beziehungen für Δu_{fd} und Δm_{A} stellen die Gleichungen der Regler dar. Sie bilden zusammen mit denen der Maschine das gesamte zu lösende Gleichungssystem. Dieses Gleichungssystem nimmt einen großen Umfang an, und es muß versucht werden, zweckmäßige Näherungen einzuführen. Im allgemeinen lassen sich folgende Vereinfachungen vornehmen:

1. Vernachlässigung des Ankerwiderstands
2. Vernachlässigung der transformatorischen Spannungen in den Spannungsgleichungen des Ankers im Bereich der d-q-0-Komponenten

Damit verschwinden in den Spannungsgleichungen (15.157) die Ausdrücke $r\Delta i$ und $p\Delta\psi$. Man erhält unter Einführung der Flußverkettungsgleichungen (15.158):

$$
\begin{aligned}
\Delta u_d &= -x_q(p)\Delta i_q + \psi_{q(\mathrm{a})}s \\
\Delta u_q &= x_d(p)\Delta i_d + G_{fd}(p)\Delta u_{fd} - \psi_{d(\mathrm{a})}s
\end{aligned}
\qquad (15.163)
$$

Die Bewegungsgleichung bleibt unbeeinflußt. Es gilt also nach wie vor (15.161).

15.10 Die Flußverkettungsgleichungen unter Einführung transformierter Läufergrößen

Die im Abschnitt 15 entwickelten Modelle der Synchronmaschine gehen davon aus, daß der tatsächlich vorhandene Dämpferkäfig durch je eine Ersatzdämpferwicklung in der Längsachse und in der Querachse des Polsystems ersetzt wird. Für diese Anordnung erhält man das allgemeine Gleichungssystem auf Basis der Grundwellenverkettung, wie es in Tafel 15.1 zusammengestellt wurde. Dabei sind die Induktivitäten formal als Proportionalitätsfaktoren zwischen Strömen und Flußverkettungen bei bestimmter Lage der betreffenden Wicklungen zueinander eingeführt worden. Der Übergang in den Bereich der d-q-0-Komponenten, d.h. die Darstellung im Läuferkoordinatensystem als der Synchronmaschine aufgrund der Asymmetrie ihres Polsystems unmittelbar angepaßte Darstellungsform führt auf das Gleichungssystem in Tafel 15.2. Davon ausgehend wurden durch Einführen bezogener Größen im Abschnitt 15.3 die allgemeinen Gleichungssysteme entwickelt, die bei Verzicht auf die Einführung einer bezogenen Zeit in Tafel 15.3 und bei Bezug der Zeit auf $T_0 = 1/\omega_\mathrm{n}$ in Tafel 15.4 zusammengefaßt sind. Dabei müssen zur Sicherung der Reziprozität der bezogenen Gegeninduktivitäten bestimmte Beziehungen zwischen den Bezugsgrößen der Ströme und Flußverkettungen eingehalten werden, die durch (15.37), (15.39) und (15.42) gegeben sind. Wie eine Analyse des Bezugssystems im Abschnitt 15.3.6 gezeigt hat, kann über die Bezugsströme i_{Dd0}, i_{Dq0} und i_{fd0} der Polradkreise frei verfügt werden. Es liegt nahe, diese so festzulegen, daß Flußverkettungsgleichungen entstehen, die für Routineanwendungen bequem handhabbar sind und es ermöglichen, Sättigungserscheinungen nachträglich zu berücksichtigen. Die Festlegung der Bezugsströme für die Polradkreise kann damit nicht mehr unter formale Aspekte erfolgen.

Im Abschnitt 15.1 sind im Zusammenhang mit der Einführung der Ersatzdämpferwicklungen bei Voraussetzung der Gültigkeit des Prinzips der Grundwellenverkettung als (15.1) bis (15.9) Beziehungen für die Induktivitäten des Gleichungssystem in Tafel 15.1 bzw. 15.2 entwickelt worden, indem der Anteil, der dem Luftspaltgrundwellenfeld bzw. im Falle der Erregerwicklung dem gesamten Luftspaltfeld zugeordnet ist, durch die Maschinengeometrie unter Verwendung von Polformkoeffizienten ausgedrückt wurde. Unter Nutzung dieser Beziehungen sollen nunmehr analog zum Vorgehen im Abschnitt 8.4.5 transformierte Läufergrößen g' eingeführt werden, die über ein Übersetzungsverhältnis an die tatsächlichen Läufergrößen angebunden sind. Dabei besteht das

Ziel, die Flußverkettungsgleichungen in Tafel 15.2 in folgende Form zu überführen:

$$
\begin{pmatrix} \psi_d \\ \psi'_{Dd} \\ \psi'_{fd} \end{pmatrix} = \begin{pmatrix} \widetilde{L}_{hd} + \widetilde{L}_{\sigma d} & \widetilde{L}_{hd} & \widetilde{L}_{hd} \\ \widetilde{L}_{hd} & \widetilde{L}_{hd} + \widetilde{L}'_{\sigma Dd} & \widetilde{L}_{hd} + \widetilde{L}'_{\sigma Df} \\ \widetilde{L}_{hd} & \widetilde{L}_{hd} + \widetilde{L}'_{\sigma Df} & \widetilde{L}_{hd} + \widetilde{L}'_{\sigma fd} \end{pmatrix} \begin{pmatrix} i_d \\ i'_{Dd} \\ i'_{fd} \end{pmatrix} \qquad (15.164)
$$

$$
\begin{pmatrix} \psi_q \\ \psi'_{Dq} \end{pmatrix} = \begin{pmatrix} \widetilde{L}_{hq} + \widetilde{L}_{\sigma q} & \widetilde{L}_{hq} \\ \widetilde{L}_{hq} & \widetilde{L}_{hq} + \widetilde{L}'_{\sigma Dq} \end{pmatrix} \begin{pmatrix} i_q \\ i'_{Dq} \end{pmatrix} \qquad (15.165)
$$

Diesen Flußverkettungsgleichungen lassen sich einfache Ersatzschaltbilder zuordnen, wie sie Bild 15.16 zeigt. Das gelingt für die Flußverkettungsgleichung der Längsachse, in der mehr als zwei miteinander verkettete Wicklungen existieren, dadurch, daß für die Kopplung zwischen dem Anker und den Wicklungen des Polsystems die Gültigkeit des Prinzips der Grundwellenverkettung vorausgesetzt wurde. Die Flußverkettungsgleichungen nach (15.164) und (15.165) bzw. die zugeordneten Ersatzschaltbilder nach Bild 15.16 sind offensichtlich für Routinerechnungen bequem handhabbar. Außerdem eröffnen sie die Möglichkeit, den Einfluß der Sättigung der Hauptwege des magnetischen Kreises z.B. durch

$$
L_{hd} = L_{hd}(i_{\mu d}) \qquad (15.166)
$$

mit

$$
i_{\mu d} = i_d + i'_{Dd} + i'_{fd} \qquad (15.167)
$$

zu berücksichtigen, wenn ohnehin bei der Behandlung eines Problems mit numerischen Methoden gearbeitet wird. Durch die Einführung transformierter Läufergrößen werden die Läuferwicklungen hinsichtlich ihrer Strom-Spannungs-Verhältnisse auf die Ständerwicklung bezogen. Die Freizügigkeit bei der Festlegung der Bezugsströme für die Läuferkreise ist damit nicht mehr gegeben. Wenn man ausgehend von (15.164) und (15.165) zu einer Darstellung mit bezogenen Größen übergeht, wie sie im Abschnitt 15.3 allgemein eingeführt wurde und auf die Gleichungssysteme in Tafel 15.3 bzw. 15.4 geführt hatte, sind alle Variablen und Parameter nunmehr auf die Bezugsgrößen des Ankers zu beziehen. Man erhält aus (15.164) und (15.165) in bezogener Darstellung, wenn wiederum auf die besondere Kennzeichnung der bezogenen Variablen verzichtet

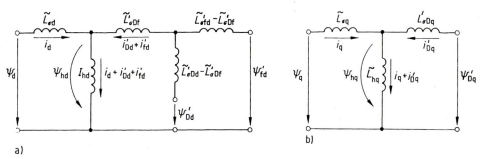

Bild 15.16
Ersatzschaltbilder für die Flußverkettungsgleichungen der Synchronmaschine mit einer Ersatzdämpferwicklung je Achse bei Einführung transformierter Läufergrößen
a) für die Längsachse   b) für die Querachse

wird und bezogene Induktivitäten mit x bezeichnet werden,

$$
\begin{pmatrix} \psi_d \\ \psi'_{Dd} \\ \psi'_{fd} \end{pmatrix} = \begin{pmatrix} x_{\mathrm{hd}} + x_{\sigma d} & x_{\mathrm{hd}} & x_{\mathrm{hd}} \\ x_{\mathrm{hd}} & x_{\mathrm{hd}} + x_{\sigma Dd} & x_{\mathrm{hd}} + x_{\sigma Df} \\ x_{\mathrm{hd}} & x_{\mathrm{hd}} + x_{\sigma Df} & x_{\mathrm{hd}} + x_{\sigma fd} \end{pmatrix} \begin{pmatrix} i_d \\ i'_{Dd} \\ i'_{fd} \end{pmatrix} \qquad (15.168)
$$

$$
\begin{pmatrix} \psi_q \\ \psi'_{Dq} \end{pmatrix} = \begin{pmatrix} x_{\mathrm{hq}} + x_{\sigma q} & x_{\mathrm{hq}} \\ x_{\mathrm{hq}} & x_{\mathrm{hq}} + x_{\sigma Dq} \end{pmatrix} \begin{pmatrix} i_q \\ i'_{Dq} \end{pmatrix} . \qquad (15.169)
$$

Im folgenden wird die Entwicklung von (15.164) und (15.165) aus den Flußverkettungsgleichungen in Tafel 15.2 vorgenommen.

Aus der Beziehung für ψ_d in Tafel 15.2 erhält man durch Einführen von (15.8), (15.2) und (15.6)

$$
\psi_d = (L_{\mathrm{h}}C_{ad,1} + L_{\sigma d})i_d + L_{\mathrm{h}}\frac{2}{3}\frac{(w\xi_1)_{Dd}}{(w\xi_1)_1}\xi_{\mathrm{schr}}C_{ad,1}i_{Dd}
$$
$$
+ L_{\mathrm{h}}\frac{2}{3}\frac{\pi}{4}\frac{w_{fd}}{(w\xi_1)_1}\xi_{\mathrm{schr}}C_{fd,1}i_{fd} . \qquad (15.170)
$$

Daraus läßt sich die entsprechende Flußverkettungsgleichung gewinnen, wenn folgende Substitutionen vorgenommen werden:

$$
\widetilde{L}_{\mathrm{hd}} = L_{\mathrm{h}}C_{ad,1}\xi_{\mathrm{schr}} \qquad (15.171)
$$

$$
\widetilde{L}_{\sigma d} = L_\sigma + (1 - \xi_{\mathrm{schr}})L_{\mathrm{h}}C_{ad,1} \qquad (15.172)
$$

$$
i'_{Dd} = \frac{2}{3}\frac{(w\xi_1)_{Dd}}{(w\xi_1)_1}i_{Dd} \qquad (15.173)
$$

$$
i'_{fd} = \frac{2}{3}\frac{\pi}{4}\frac{C_{fd,1}}{C_{ad,1}}\frac{w_{fd}}{(w\xi_1)_1}i_{fd} . \qquad (15.174)
$$

Für die Flußverkettung ψ_{Dd} der Ersatzdämpferwicklung der Längsachse folgt aus Tafel 15.2 mit (15.2), (15.1) und (15.7)

$$
\psi_{Dd} = L_{\mathrm{h}}\frac{(w\xi_1)_{Dd}}{(w\xi_1)_1}\xi_{\mathrm{schr}}C_{ad,1}i_d + \left[L_{\mathrm{h}}\frac{2}{3}\frac{(w\xi_1)_{Dd}^2}{(w\xi_1)_1^2}C_{ad,1} + L_{\sigma Dd}\right]i_{Dd}
$$
$$
+ \left[L_{\mathrm{h}}\frac{2}{3}\frac{\pi}{4}\frac{w_{fd}(w\xi_1)_{Dd}}{(w\xi_1)_1^2}C_{fd,1} + L_{\sigma Df}\right]i_{fd} . \qquad (15.175)
$$

Um $\widetilde{L}_{\mathrm{hd}}$ nach (15.171) als Faktor bei i_d erscheinen zu lassen, wird mit $\dfrac{(w\xi_1)_1}{(w\xi_1)_{Dd}}$ durchmultipliziert und i_{Dd} mit Hilfe von (15.173) durch i'_{Dd} sowie i_{fd} mit Hilfe von (15.174) durch i'_{fd} ersetzt. Man erhält

$$\psi_{Dd}\frac{(w\xi_1)_1}{(w\xi_1)_{Dd}} = \tilde{L}_{\text{hd}}i_d + \left[\tilde{L}_{\text{hd}} + L_{\text{h}}C_{ad,1}(1-\xi_{\text{schr}}) + \frac{3}{2}\frac{(w\xi_1)_1^2}{(w\xi_1)_{Dd}^2}L_{\sigma Dd}\right]i_{Dd}'$$

$$+ \left[\tilde{L}_{\text{hd}} + L_{\text{h}}C_{ad,1}(1-\xi_{\text{schr}}) + \frac{3}{2}\frac{4}{\pi}\frac{(w\xi_1)_1^2}{(w\xi_1)_{Dd}w_{fd}}\frac{C_{ad,1}}{C_{fd,1}}L_{\sigma Df}\right]i_{fd}' \quad (15.176)$$

Daraus folgt die Beziehung für ψ_{Dd}' in (15.164), wenn folgende Substitutionen vorgenommen werden:

$$\psi_{Dd}' = \frac{(w\xi_1)_1}{(w\xi_1)_{Dd}}\psi_{Dd} \quad (15.177)$$

$$\tilde{L}_{\sigma Dd}' = L_{\text{h}}C_{ad,1}(1-\xi_{\text{schr}}) + \frac{3}{2}\frac{(w\xi_1)_1^2}{(w\xi_1)_{Dd}^2}L_{\sigma Dd} \quad (15.178)$$

$$\tilde{L}_{\sigma Df}' = L_{\text{h}}C_{ad,1}(1-\xi_{\text{schr}}) + \frac{3}{2}\frac{4}{\pi}\frac{(w\xi_1)_1^2}{(w\xi_1)_{Dd}w_{fd}}L_{\sigma Df} \quad (15.179)$$

Die Flußverkettung ψ_{fd} der Erregerwicklung folgt aus den Beziehungen in Tafel 15.2 mit (15.6), (15.7) und (15.5) zu

$$\psi_{fd} = \frac{\pi}{4}\frac{w_{fd}}{(w\xi_1)_1}\xi_{\text{schr}}C_{fd,1}L_{\text{h}}i_d + \left[L_{\text{h}}\frac{2}{3}\frac{\pi}{4}\frac{(w\xi_1)_{Dd}w_{fd}}{(w\xi_1)_1^2}C_{fd,1} + L_{\sigma Df}\right]i_{Dd}$$

$$+ \left[L_{\text{h}}\frac{2}{3}\frac{\pi}{4}\frac{w_{fd}^2}{(w\xi_1)_1^2}C_{fd,m} + L_{\sigma fd}\right]i_{fd} \quad (15.180)$$

Um $\tilde{L}_{\text{hd}}$ nach (15.171) als Faktor bei i_d erscheinen zu lassen, wird mit $\dfrac{4}{\pi}\dfrac{(w\xi_1)_1}{w_{fd}}\dfrac{C_{ad,1}}{C_{fd,1}}$ durchmultipliziert. Außerdem muß wiederum i_{Dd} mit Hilfe von (15.173) durch i_{Dd}' und i_{fd} mit Hilfe von (15.174) durch i_{fd}' ausgedrückt werden. Damit erhält man

$$\psi_{fd}\frac{4}{\pi}\frac{(w\xi_1)_1}{w_{fd}}\frac{C_{ad,1}}{C_{fd,1}}$$

$$= \tilde{L}_{\text{hd}}i_d + \left[\tilde{L}_{\text{hd}} + L_{\text{h}}C_{ad,1}(1-\xi_{\text{schr}}) + \frac{3}{2}\frac{4}{\pi}\frac{(w\xi_1)_1^2}{w_{fd}(w\xi_1)_{Dd}}\frac{C_{ad,1}}{C_{fd,1}}L_{\sigma Df}\right]i_{Dd}'$$

$$+ \left[\tilde{L}_{\text{hd}} + L_{\text{h}}C_{ad,1}(1-\xi_{\text{schr}}) + L_{\text{h}}C_{ad,1}\left(\frac{4}{\pi}\frac{C_{ad,1}C_{fd,m}}{C_{fd,1}^2} - 1\right)\right.$$

$$\left. + \frac{3}{2}\frac{4}{\pi}\frac{(w\xi_1)_1^2}{w_{fd}^2}\frac{C_{ad,1}}{C_{fd,1}}L_{\sigma fd}\right]i_{fd}' \,. \quad (15.181)$$

Die Beziehung für ψ_{fd}' in (15.164) entsteht mit folgenden Substitutionen:

$$\psi_{fd}' = \frac{4}{\pi}\frac{C_{ad,1}}{C_{fd,1}}\frac{w\xi_1}{w_{fd}}\psi_{fd}$$

$$\tilde{L}'_{\sigma fd} = L_{\mathrm{h}}C_{ad,1}(1 - \xi_{\mathrm{schr}}) + L_{\mathrm{h}}C_{ad,1}\left(\frac{4}{\pi}\frac{C_{ad,1}C_{fd,m}}{C_{fd,1}^2} - 1\right)$$

$$+ \frac{3}{2}\frac{4}{\pi}\frac{C_{ad,1}}{C_{fd,1}}\frac{(w\xi_1)_1^2}{w_{fd}^2}L_{\sigma fd} \tag{15.182}$$

Die Beziehung für $\tilde{L}'_{\sigma Df}$ wurde bereits als (15.179) eingeführt.

Damit ist die Umformung der Flußverkettungsgleichungen der Längsachse in die Form nach (15.164) durchgeführt. Ihr ist das Ersatzschaltbild nach Bild 15.16a zugeordnet ist. Die Verkettung zwischen der Erregerwicklung und der Ersatzdämpferwicklung über Streufelder wird in der Literatur vielfach vernachlässigt, d.h. es wird dann mit $\tilde{L}'_{\sigma Df} = 0$ gerechnet. In $\tilde{L}'_{\sigma fd}$ erscheint außer dem Anteil durch Schrägung und dem durch das Streufeld im Polzwischenraum und im Stirnraum bedingten ein Anteil $L_{\mathrm{h}}C_{ad,1}\left(\frac{4}{\pi}\frac{C_{ad,1}C_{fd,m}}{C_{fd,1}^2} - 1\right)$. Er stellt den Anteil durch Oberwellenstreuung der Erregerwicklung dar.

Die Herleitung der Flußverkettungsgleichungen nach (15.165) für die Querachse, ausgehend von den entsprechenden Beziehungen in Tafel 15.2, erfolgt analog. Sie führt auf folgende analog aufgebaute Beziehungen:

$$i'_{Dq} = \frac{2}{3}\frac{(w\xi_1)_{Dq}}{(w\xi_1)_1}i_{Dq} \tag{15.183}$$

$$\psi'_{Dq} = \frac{2}{3}\frac{(w\xi_1)_1}{(w\xi_1)_{Dq}}\psi_{Dq} \tag{15.184}$$

$$\tilde{L}_{\mathrm{h}q} = L_{\mathrm{h}}C_{aq,1}\xi_{\mathrm{schr}} \tag{15.185}$$

$$\tilde{L}_{\sigma q} = L_{\sigma} + (1 - \xi_{\mathrm{schr}})L_{\mathrm{h}}C_{aq,1} \tag{15.186}$$

$$\tilde{L}'_{\sigma Dq} = L_{\mathrm{h}}C_{aq,1}(1 - \xi_{\mathrm{schr}}) + \frac{3}{2}\frac{(w\xi_1)_1^2}{(w\xi_1)_{Dq}^2}L_{\sigma Dq} \tag{15.187}$$

16 Besondere stationäre Betriebs-zustände der Dreiphasen-Synchronmaschine

16.0 Ausgangsüberlegungen

Im folgenden werden stationäre Betriebszustände der Dreiphasen-Synchronmaschine behandelt, die vom normalen stationären Betrieb mit synchroner Drehzahl am symmetrischen Netz sinusförmiger Spannungen mit Bemessungsfrequenz abweichen. Das gemeinsame Kennzeichen dieser Betriebszustände ist definitionsgemäß, daß alle elektrischen Größen an den Maschinenklemmen sowie die mechanischen Größen Drehzahl und Drehmoment an der Welle eingeschwungene Größen darstellen, d.h. aus zeitlich konstanten Anteilen sowie eingeschwungenen Wechselanteilen bestehen.

16.1 Betrieb der Dreiphasen-Synchronmaschine unter unsymmetrischen Betriebsbedingungen

Unsymmetrische Betriebsbedingungen an den Ankerklemmen sind dadurch gekennzeichnet, daß die Spannungen und Ströme der Ankerstränge keine symmetrischen Dreiphasensysteme positiver Phasenfolge bilden, sondern beliebige Amplituden besitzen und zueinander beliebig phasenverschoben sind. Für die Untersuchung der Betriebszustände unter unsymmetrischen Betriebsbedingungen wird angenommen, daß die Strangströme rein sinusförmig sind bzw. nur die Grundschwingungen der tatsächlichen Ströme betrachtet werden. Ferner soll die Drehzahl durch das gedachte Vorhandensein eines hinreichend großen Massenträgheitsmoments als konstant und gleich der synchronen Drehzahl bei Bemessungsfrequenz vorausgesetzt werden, so daß gilt

$$\vartheta = t + \vartheta_0 \, .$$

Als Methodik für die Untersuchung derartiger Betriebszustände bietet sich die Theorie der symmetrischen Komponenten an.

16.1.1 Verhalten der Dreiphasen-Synchronmaschine gegenüber den symmetrischen Komponenten

Den drei sinusförmigen Strangströmen $\underline{i}_a$, $\underline{i}_b$, $\underline{i}_c$ mit Bemessungsfrequenz lassen sich die entsprechenden symmetrischen Komponenten $\underline{i}_m$, $\underline{i}_g$, $\underline{i}_0$ zuordnen. Dabei gelten die Transformationsbeziehungen, wie sie im Abschnitt 12.1.1 als Gleichungen (12.1) nochmals zusammengestellt wurden[1].

Das Mitsystem $\underline{i}_m = \widehat{i}_m \, e^{j\varphi_{im}}$ der Strangströme stellt ein symmetrisches Dreiphasensystem mit positiver Phasenfolge dar, es ist: $\underline{i}_{am} = \underline{i}_m$; $\underline{i}_{bm} = a^2 \underline{i}_m$; $\underline{i}_{cm} = a\underline{i}_m$. Es ent-

---

[1] s. Band Grundlagen, Abschnitt 0.6 der Einleitung

spricht damit dem System der Strangströme, wie es im normalen stationären Betrieb
vorliegt. Unter seiner Wirkung entsteht ein Drehfeld, das synchron mit dem Polrad
umläuft. Es ruft zusammen mit dem Drehfeld des Erregerstroms ein symmetrisches
Dreiphasensystem der Strangspannungen hervor. Die Dreiphasen-Synchronmaschine
verhält sich offenbar gegenüber einem Mitsystem der Strangströme und Strangspannungen wie im normalen stationären Betrieb, der im Abschnitt 15.8.7 behandelt wurde.
Insbesondere gelten die Flußverkettungsgleichungen (15.141) und die Spannungsgleichungen (15.142) im Bereich der d-q-0-Komponenten sowie die komplexe Spannungsgleichung (15.146) des Strangs a. Diese Beziehungen nehmen in der Übertragung auf
die Größen $\underline{g}_{\mathrm{m}}$ des Mitsystems folgende Form an:

$$
\left.
\begin{aligned}
\psi_{dm} &= x_d i_{dm} + u_{pm} \\
\psi_{qm} &= x_q i_{qm} \\
u_{dm} &= \widehat{u}_{\mathrm{m}} \sin \delta = r i_{dm} - \psi_{qm} = r i_{dm} - x_q i_{qm} \\
u_{qm} &= \widehat{u}_{\mathrm{m}} \cos \delta = r i_{qm} + \psi_{dm} = r i_{qm} + x_d i_{dm} + u_{pm}
\end{aligned}
\right\}
\tag{16.1}
$$

$$
\boxed{\underline{u}_{\mathrm{m}} = r \underline{i}_{\mathrm{m}} + \mathrm{j} x_d \underline{i}_{dm} + \mathrm{j} x_q \underline{i}_{qm} + \underline{u}_{pm}} \ .
\tag{16.2}
$$

Die komplexe Spannungsgleichung (16.2) erhält man auch unmittelbar aus den Span-
nungsgleichungen der d-q-0-Komponenten mit $g_d + \mathrm{j} g_q = \underline{g}\, \mathrm{e}^{\mathrm{j}(\omega_1 t - \vartheta)}$) nach (15.50) mit
$\vartheta - \omega_1 t = \vartheta - t = \varphi_{up} - \pi/2$ und (15.144). Damit wird

$$
\underline{g}_{\mathrm{m}} = (g_{dm} + \mathrm{j} g_{qm})\, \mathrm{e}^{\mathrm{j}(\varphi_{up} - \pi/2)}
$$

und insbesondere

$$
\underline{u}_{\mathrm{m}} = (u_{dm} + \mathrm{j} u_{qm})\, \mathrm{e}^{\mathrm{j}(\varphi_{up} - \pi/2)} = \widehat{u}_{\mathrm{m}}\, \mathrm{e}^{\mathrm{j}(\varphi_{up} - \delta)} = \widehat{u}_{\mathrm{m}}\, \mathrm{e}^{\mathrm{j}\varphi_{um}} \ .
$$

Dabei erhält man $\underline{i}_{dm}$ und $\underline{i}_{qm}$ – wie im Bild 15.13 erläutert wurde – als die Komponenten von $\underline{i}_{\mathrm{m}}$ bezüglich der Phasenlage der Polradspannung $\underline{u}_{pm}$.

Im Sonderfall der Vollpolmaschine gehen die Gleichungen (16.1) über in

$$
\left.
\begin{aligned}
\psi_{dm} &= x_d i_{dm} + u_{pm} \qquad \psi_{qm} = x_d i_{qm} \\
u_{dm} &= \widehat{u}_{\mathrm{m}} \sin \delta = r i_{dm} - \psi_{qm} = r i_{dm} - x_d i_{qm} \\
u_{qm} &= \widehat{u}_{\mathrm{m}} \cos \delta = r i_{qm} + \psi_{dm} = r i_{qm} + x_d i_{dm} + u_{pm} \ ,
\end{aligned}
\right\}
\tag{16.3}
$$

und aus (16.2) wird

$$
\boxed{\underline{u}_{\mathrm{m}} = r \underline{i}_{\mathrm{m}} + \mathrm{j} x_d \underline{i}_{\mathrm{m}} + \underline{u}_{pm}} \ .
\tag{16.4}
$$

Das Gegensystem $\underline{i}_{\mathrm{g}} = \widehat{i}_{\mathrm{g}}\, \mathrm{e}^{\mathrm{j}\varphi_{ig}}$ der Strangströme ist ein symmetrisches Dreiphasensy-
stem mit negativer Phasenfolge $[\underline{i}_{ag} = \underline{i}_{\mathrm{g}}; \underline{i}_{bg} = a \underline{i}_{\mathrm{g}}; \underline{i}_{cg} = a^2 \underline{i}_{\mathrm{g}}]$. Es ruft ein gegenläufiges Drehfeld hervor, das sich relativ zum Anker mit der Drehzahl $-n_0$ und damit
relativ zum Polsystem mit der Drehzahl $-2 n_0$ bewegt. Unter seiner Wirkung werden
im Polsystem Spannungen doppelter Netzfrequenz induziert, die entsprechende Ströme
antreiben. Zur quantitativen Erfassung dieser Erscheinungen wird das Gegensystem

der Strangströme in den Bereich der d-q-0-Komponenten transformiert. Man erhält, ausgehend von (15.51), und mit $\omega_1 t + \vartheta = t + \vartheta = 2t + \vartheta_0$

$$i_{dg} + \mathrm{j}i_{qg} = \underline{i}_\mathrm{g}^* \, \mathrm{e}^{-\mathrm{j}(t+\vartheta)} = \widehat{i}_\mathrm{g} \, \mathrm{e}^{-\mathrm{j}(2t+\vartheta_0+\varphi_{i\mathrm{g}})}$$

und daraus

$$\left.\begin{aligned} i_{dg} &= \widehat{i}_\mathrm{g}\cos(2t + \vartheta_0 + \varphi_{ig}) \\[2mm] i_{qg} &= \widehat{i}_\mathrm{g}\cos(2t + \vartheta_0 + \varphi_{ig} + \pi/2) \end{aligned}\right\} . \tag{16.5}$$

Das sind – wie zu erwarten war – sinusförmige Wechselströme mit doppelter Netzfrequenz. Da nur der eingeschwungene Zustand interessiert, empfiehlt es sich, im weiteren zur Darstellungsform der komplexen Wechselstromrechnung überzugehen. Die entsprechenden Beziehungen erhält man aus Tafel 15.7 durch die Übergänge $g \Rightarrow g$, $\mathrm{j}2 \Rightarrow p$ und $0 \Rightarrow g_{(\mathrm{a})}$. Dabei ist zu beachten, daß $\underline{u}_{fd} = 0$ ist, da die Erregerwicklung über die Erregerspannungsquelle für Wechselströme kurzgeschlossen ist. Mit $i_{dg} = \mathrm{Re}\{\underline{i}_{dg}\,\mathrm{e}^{\mathrm{j}2t}\}$ und $i_{qg} = \mathrm{Re}\{\underline{i}_{qg}\,\mathrm{e}^{\mathrm{j}2t}\}$ folgt aus (16.5)

$$\underline{i}_{dg} = \widehat{i}_\mathrm{g}\,\mathrm{e}^{\mathrm{j}(\vartheta_0+\varphi_{ig})} = -\mathrm{j}\underline{i}_{qg} \ .$$

Die Flußverkettungsgleichungen in Tafel 15.7 gehen über in

$$\underline{\psi}_{dg} = x_d(\mathrm{j}2)\underline{i}_{dg}\ , \qquad \underline{\psi}_{qg} = x_q(\mathrm{j}2)\underline{i}_{qg}\ . \tag{16.6}$$

Damit folgt aus den Spannungsgleichungen

$$\left.\begin{aligned} \underline{u}_{dg} &= r\underline{i}_{dg} + \mathrm{j}2x_d(\mathrm{j}2)\underline{i}_{dg} - x_q(\mathrm{j}2)\underline{i}_{qg} \\[2mm] \underline{u}_{qg} &= r\underline{i}_{qg} + \mathrm{j}2x_q(\mathrm{j}2)\underline{i}_{qg} + x_d(\mathrm{j}2)\underline{i}_{dg} \end{aligned}\right\} . \tag{16.7}$$

Die Spannung u_{ag} des Strangs a erhält man, indem die Spannungsgleichungen (16.7) in die Rücktransformationsbeziehung nach (15.35) eingeführt werden. Dieser allgemeine Weg der Rücktransformation muß eingeschlagen werden, da nicht von vornherein abzusehen ist, ob u_{ag} nur einen Grundschwingungsanteil enthält. Das aber wäre Voraussetzung, wenn (15.51) für die Rücktransformation Verwendung finden sollte.

Die Anwendung von (15.35) erfordert, (16.7) für Augenblickswerte darzustellen. Damit erhält man

$$u_{ag} = u_{dg}\cos(t + \vartheta_0) - u_{qg}\sin(t + \vartheta_0)\ ,$$

$$= ri_\mathrm{g} + 2|x_d(\mathrm{j}2)|\,\widehat{i}_\mathrm{g}\cos(2t + \vartheta_0 + \varphi_{\mathrm{ig}} + \varphi_{xd} + \pi/2)\cos(t + \vartheta_0)$$

$$- |x_q(\mathrm{j}2)|\,\widehat{i}_\mathrm{g}\cos(2t + \vartheta_0 + \varphi_{\mathrm{ig}} + \varphi_{xq} + \pi/2)\cos(t + \vartheta_0)$$

$$+ 2|x_q(\mathrm{j}2)|\,\widehat{i}_\mathrm{g}\cos(2t + \vartheta_0 + \varphi_{\mathrm{ig}} + \varphi_{xq})\cos(t + \vartheta_0 - \pi/2)$$

$$- |x_d(\mathrm{j}2)|\,\widehat{i}_\mathrm{g}\cos(2t + \vartheta_0 + \varphi_{\mathrm{ig}} + \varphi_{xd})\cos(t + \vartheta_0 - \pi/2)$$

Durch Auflösen der Produkte von Sinusgrößen mit Hilfe der entsprechenden trigonometrischen Umformungen (s. Anhang IV) folgt

$$u_{\mathrm{ag}} = r i_{\mathrm{g}}$$

$$+ |x_d(\mathrm{j}2)|\, \widehat{i}_{\mathrm{g}} \left\{ \frac{1}{2} \cos(t + \varphi_{ig} + \varphi_{xd} + \pi/2) + \frac{3}{2} \cos(3t + 2\vartheta_0 + \varphi_{ig} + \varphi_{xd} + \pi/2) \right\}$$

$$+ |x_q(\mathrm{j}2)|\, \widehat{i}_{\mathrm{g}} \left\{ \frac{1}{2} \cos(t + \varphi_{ig} + \varphi_{xq} + \pi/2) - \frac{3}{2} \cos(3t + 2\vartheta_0 + \varphi_{ig} + \varphi_{xq} + \pi/2) \right\} .$$

$$(16.8)$$

Unter der Wirkung eines Gegensystems der Strangströme erhält man Strangspannungen, die außer dem Grundschwingungsanteil eine dritte Harmonische aufweisen.

Die komplexe Darstellung des Grundschwingungsanteils der Strangspannung u_{ag} nach (16.8) liefert als *Spannungsgleichung des Gegensystems*

$$\boxed{\underline{u}_{\mathrm{g}} = r\underline{i}_{\mathrm{g}} + \mathrm{j}\frac{1}{2}\left\{x_d(\mathrm{j}2) + x_q(\mathrm{j}2)\right\}\underline{i}_{\mathrm{g}} = (r_2 + \mathrm{j}x_2)\underline{i}_{\mathrm{g}}}$$

$$(16.9)$$

Dabei ist r_2 der *Gegenfeldwiderstand* oder *Inverswiderstand*

$$r_2 = r - \frac{1}{2}\,\mathrm{Im}\,\left\{x_d(\mathrm{j}2) + x_q(j2)\right\}$$

$$(16.10)$$

und x_2 die *Gegenfeldreaktanz* oder *Inversreaktanz*

$$x_2 = \frac{1}{2}\,\mathrm{Re}\,\left\{x_d(\mathrm{j}2) + x_q(j2)\right\} .$$

$$(16.11)$$

Der Anteil $r_2 - r$ des Inverswiderstands hat stets positive Werte, da $x_d(\mathrm{j}\nu)$ und $x_q(\mathrm{j}\nu)$ nur negative Imaginärteile aufweisen. Er ist den Verlusten der Ströme im Polsystem zugeordnet, die das gegenläufige Drehfeld dort durch Induktionswirkung hervorruft.

Für die Inversreaktanz x_2 erhält man unter Beachtung von $x_d(\mathrm{j}2) \approx x_d(\mathrm{j}\infty)$ $= x_d''$ und $x_q(\mathrm{j}2) \approx x_q(\mathrm{j}\infty) = x_q''$, entsprechend den Überlegungen im Abschnitt 15.8.6 und, wie auch das Beispiel der Ortskurven der Reaktanzoperatoren nach Bild 15.11 ausweist, näherungsweise

$$x_2 \approx \frac{1}{2}(x_d'' + x_q'') .$$

$$(16.12)$$

Im Sonderfall der vereinfachten Vollpolmaschine ist

$$x_2 \approx x_d'' .$$

$$(16.13)$$

Die Amplitude der dritten Harmonischen der Strangspannungen erhält man aus (16.8) mit $x_d(\mathrm{j}2) \approx x_d''$ und $x_q(\mathrm{j}2) \approx x_q''$ zu

$$\widehat{u}_3 \approx \frac{3}{2}(x_d'' - x_q'')\widehat{i}_{\mathrm{g}} .$$

$$(16.14)$$

Die Spannung dritter Harmonischer ist offensichtlich eine Folge der magnetischen und elektrischen Asymmetrie des Polsystems. Sie verschwindet im Fall von $x_q'' = x_d''$, d.h., wenn elektrische und magnetische Symmetrie vorliegt. Wenn die Symmetrie nicht gewahrt ist, reagiert das Polsystem auf das Drehfeld des Gegensystems der Strangströme, das relativ zum Polsystem mit der Drehzahl $-2n_0$ umläuft, nicht mit einem reinen Drehfeld gleicher Umlaufgeschwindigkeit. Es tritt vielmehr auch ein Drehfeld auf, das relativ zum Polsystem mit $+2n_0$, d.h. entgegengerichtet umläuft. Dieses bewegt sich

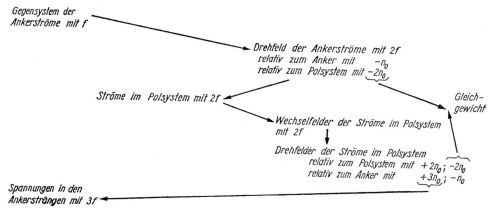

Bild 16.1   Folge sich einander bedingender Ströme, Felder und Spannungen, die ein Gegensystem der Strangströme auslöst.

relativ zum Ständer mit der Drehzahl $3n_0$ und induziert dort die Spannungen dreifacher Netzfrequenz. Das Auftreten des entgegengerichtet umlaufenden Drehfelds der Polradströme wird besonders plausibel, wenn der Extremfall betrachtet wird, daß im Polsystem nur die über die Erregerspannungsquelle kurzgeschlossene Erregerwicklung vorhanden ist. Diese reagiert auf das Drehfeld des Gegensystems der Strangströme mit einem Wechselfeld, das sich in bekannter Weise in zwei gleichgroße, entgegengesetzt zueinander umlaufende Drehfelder zerlegen läßt. Im Bild 16.1 ist die Folge sich einander bedingender Ströme, Felder und Spannungen, die ein Gegensystem der Strangströme auslöst, zusammenfassend dargestellt. Um die Spannung dritter Harmonischer klein zu halten, ist es also erforderlich, die Asymmetrie des Polsystems bei großen Frequenzen klein zu halten. Das gelingt mit einem Dämpferkäfig, der große Stabquerschnitte aufweist.

Das Nullsystem $\underline{i}_0 = \widehat{i}_0\,\mathrm{e}^{\mathrm{j}\varphi_{i0}}$ der Strangströme besteht aus drei gleichen Strangströmen $[\underline{i}_{a0} = \underline{i}_{b0} = \underline{i}_{c0} = \underline{i}_0]$. Entsprechend (12.1) ist $\underline{i}_0$ die komplexe Darstellung der Nullkomponente der sinusförmigen Strangströme mit Netzfrequenz, die durch die Transformationsbeziehung nach (15.34) im Bereich der d-q-0-Komponenten auftritt. Damit gilt für i_0 die Spannungsgleichung für die Nullkomponente in Tafel 15.7. Man erhält durch die Übergänge $\underline{g}_0 \Rightarrow g_0$, $\mathrm{j} \Rightarrow p$ und $0 \Rightarrow g_{(\mathrm{a})}$

$$\underline{u}_0 = (r + \mathrm{j}x_0)\underline{i}_0 \ . \tag{16.15}$$

Das Drehmoment bei Vorhandensein eines unsymmetrischen Systems der Strangströme erhält man aus der allgemeinen Gleichung (15.45) zu

$$m = (\psi_{dm} + \psi_{dg})(i_{qm} + i_{qg}) - (\psi_{qm} + \psi_{qg})(i_{dm} + i_{dg})$$

$$= (\psi_{dm}i_{qm} - \psi_{qm}i_{dm}) + (\psi_{dg}i_{qg} - \psi_{qg}i_{dg})$$

$$+ (\psi_{dm}i_{qg} + \psi_{dg}i_{qm} - \psi_{qm}i_{dg} - \psi_{qg}i_{dm})$$

$$= m_{\mathrm{m}} + m_{\mathrm{g}} + m_{\mathrm{mg}} \ . \tag{16.16}$$

Dabei sind ψ_{dm} und ψ_{qm} durch (16.1) bzw. (16.3) gegeben, während ψ_{dg} und ψ_{qg} aus (16.6) folgen. Man erhält drei Anteile des Drehmoments: Einen ersten aus dem Zusammenwirken der Felder und Ströme des Mitsystems (m_{m}), einen zweiten aus dem

Zusammenwirken der Felder und Ströme des Gegensystems (m_g) und einen dritten aus dem Zusammenwirken der Felder des Mitsystems mit den Strömen des Gegensystems und umgekehrt (m_{mg}). Da die Längs- und Querkomponenten für das Mitsystem zeitlich konstant sind und für das Gegensystem die doppelte Netzfrequenz haben, ist m_m zeitlich konstant, während m_g außer einem zeitlich konstanten Anteil einen solchen vierfacher Netzfrequenz und m_{mg} doppelte Netzfrequenz aufweist.

Die Komponente m_m des Drehmoments, die durch das Zusammenwirken der Felder und Ströme des Mitsystems entsteht, läßt sich durch Einführen der Flußverkettungsgleichungen in (16.1) und der aus den Spannungsgleichungen unter Vernachlässigung der ohmschen Spannungsabfälle folgenden Ströme

$$ i_{dm} = \frac{\widehat{u}_m \cos \delta - u_{pm}}{x_d} \quad \text{und} \quad i_{qm} = -\frac{\widehat{u}_m \sin \delta}{x_q} $$

[vgl. (15.143)] sowie mit $u_{pm} = \widehat{u}_{pm}$ darstellen als

$$
\begin{aligned}
m_m &= \psi_{dm} i_{qm} - \psi_{qm} i_{dm} \\[2mm]
&= (x_d - x_q) i_{dm} i_{qm} + u_{pm} i_{qm} \\[2mm]
&= -\frac{\widehat{u}_m \widehat{u}_{pm}}{x_d} \sin \delta - \frac{\widehat{u}_m^2}{2}\left(\frac{1}{x_q} - \frac{1}{x_d}\right) \sin 2\delta
\end{aligned}
\tag{16.17}
$$

Die Komponente m_g des Drehmoments, deren Ursache das Zusammenwirken der Felder und Ströme des Gegensystems ist, erhält man mit i_{dg} und i_{qg} nach (16.5) sowie ψ_{dg} und ψ_{qg} entsprechend

$$ \psi_{dg} = |x_d(\mathrm{j}2)| \, \widehat{i}_g \cos(2t + \vartheta_0 + \varphi_{ig} + \varphi_{xd}) $$
$$ \psi_{qg} = |x_q(\mathrm{j}2)| \, \widehat{i}_g \cos(2t + \vartheta_0 + \varphi_{ig} + \pi/2 + \varphi_{xq}) $$

ausgehend von (16.6) zu

$$
\begin{aligned}
m_g &= \psi_{dg} i_{qg} - \psi_{qg} i_{dg} \\[2mm]
&= \frac{1}{2}\widehat{i}_g^2 \operatorname{Im}\{x_d(\mathrm{j}2) + x_q(\mathrm{j}2)\} \\[2mm]
&\quad \frac{1}{2}\widehat{i}_g^2 \, |x_d(\mathrm{j}2) - x_q(\mathrm{j}2)| \cos(4t + \varphi_{mg})
\end{aligned}
\tag{16.18}
$$

Der zeitlich konstante Anteil läßt sich mit (16.10) ausdrücken als $\frac{1}{2}\widehat{i}_g^2 \operatorname{Im}\{x_d(\mathrm{j}2) + x_q(\mathrm{j}2)\} = -\frac{1}{2}\widehat{i}_g^2(r_2 - r)$. Er ist den Verlusten der Ströme im Polsystem zugeordnet, die durch das Gegensystem verursacht werden, und dementsprechend negativ. Die Amplitude des Pendelmoments mit vierfacher Netzfrequenz beträgt $\frac{1}{2}\widehat{i}_g^2 \, |x_d(\mathrm{j}2) - x_q(\mathrm{j}2)| \approx \frac{1}{2}\widehat{i}_g^2 \, |x_d'' - x_q''|$. Diese Komponente des Drehmoments verschwindet offenbar, wenn das Polsystem elektrisch und magnetisch symmetrisch ist.

Die Komponente m_{mg} des Drehmoments nach (16.16) ergibt sich mit den Näherungsbeziehungen $\psi_{dg} = x_d'' i_{dg}$ und $\psi_{qg} = x_q'' i_{qg}$, die man aus (16.6) erhält, zu

$$m_{\mathrm{mg}} = \psi_{dm} i_{qg} + \psi_{dg} i_{qm} - \psi_{qm} i_{dg} - \psi_{qg} i_{dm}$$

$$= (\psi_{dm} - x_q'' i_{dm}) i_{qg} - (\psi_{qm} - x_d'' i_{qm}) i_{dg} \;.$$

Daraus folgt mit i_{dg} und i_{qg} nach (16.5)

$$\boxed{\; m_{\mathrm{mg}} = \sqrt{(\psi_{dm} - x_q'' i_{dm})^2 + (\psi_{qm} - x_d'' i_{qm})^2} \; \widehat{i}_{\mathrm{g}} \cos(2t + \varphi_{\mathrm{mmg}}) \;} \;. \qquad (16.19)$$

Man erhält ein Pendelmoment, das mit doppelter Netzfrequenz pulsiert. Das ist das Drehmoment, das dem pulsierenden Anteil des Augenblickswerts der Leistung zugeordnet ist. Die Amplitude $\widehat{m}_{\mathrm{mg}}$ des Pendelmoments m_{mg} nimmt im Sonderfall der vereinfachten Vollpolmaschine mit $x_q'' = x_d''$ die Form

$$\boxed{\; \widehat{m}_{\mathrm{mg}} = \sqrt{(\psi_{dm} - x_q'' i_{dm})^2 + (\psi_{qm} - x_d'' i_{qm})^2} \; \widehat{i}_{\mathrm{g}} = \widehat{u}_{\mathrm{m}}'' \widehat{i}_{\mathrm{g}} \;} \;. \qquad (16.20)$$

an. Dabei ist $\widehat{u}_{\mathrm{m}}''$ die Amplitude der Spannung hinter der subtransienten Reaktanz, die später auch bei der Behandlung von Kurzschlußvorgängen eine Rolle spielen wird. Sie läßt sich aus den Spannungsgleichungen in (16.3) gewinnen, indem man diese umformt in

$$u_{dm} = \widehat{u}_{\mathrm{m}} \sin\delta = r i_{dm} - x_d'' i_{qm} - (\psi_{qm} - x_d'' i_{qm}) = r i_{dm} - x_d'' i_{qm} + u_{dm}'' \;,$$

$$u_{qm} = \widehat{u}_{\mathrm{m}} \cos\delta = r i_{qm} + x_d'' i_{dm} + (\psi_{dm} - x_d'' i_{dm}) = r i_{qm} + x_d'' i_{dm} + u_{qm}'' \;.$$

Daraus folgt mit $\underline{g}_{\mathrm{m}} = (g_{dm} + \mathrm{j} g_{qm}) \mathrm{e}^{\mathrm{j}(\varphi_{up} - \pi/2)}$

$$\underline{u}_{\mathrm{m}} = r \underline{i}_{\mathrm{m}} + \mathrm{j} x_d'' \underline{i}_{\mathrm{m}} + \underline{u}_{\mathrm{m}}'' \;, \qquad (16.21)$$

wobei $\underline{u}_{\mathrm{m}}'' = (u_{dm}'' + \mathrm{j} u_{qm}'') \mathrm{e}^{\mathrm{j}(\varphi_{up} - \pi/2)} = \widehat{u}_{\mathrm{m}}'' \mathrm{e}^{\mathrm{j}\varphi_{um}''}$ ist, und für $\widehat{u}_{\mathrm{m}}''$ gilt

$$\widehat{u}_{\mathrm{m}}'' = \sqrt{(\psi_{dm} - x_d'' i_{dm})^2 - (\psi_{qm} - x_d'' i_{qm})^2} \;.$$

16.1.2 Dauerkurzschlußströme bei unsymmetrischen Kurzschlüssen

Unsymmetrische Kurzschlüsse stellen Sonderfälle des Betriebs unter unsymmetrischen Betriebsbedingungen dar. Sie werden im folgenden unter Vernachlässigung der Wicklungswiderstände mit Hilfe der Theorie der symmetrischen Komponenten behandelt. Dabei wird vom Verhalten der Maschine gegenüber den symmetrischen Komponenten ausgegangen, wie es im Abschnitt 16.1.1 ermittelt wurde. Entsprechend dem Charakter der Methode der symmetrischen Komponenten als lineare Transformation erhält man nur Aussagen über die Grundschwingungen der Ströme und Spannungen. Die Betrachtungen im Abschnitt 16.1.1 haben jedoch gezeigt, daß unter dem Einfluß der elektrischen und magnetischen Asymmetrie des Polsystems Folgen von Oberschwingungserscheinungen ausgelöst werden. Diese treten also dann nicht auf, und damit sind die zu ermittelnden Grundschwingungen der Kurzschlußströme dann identisch

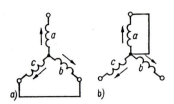

Bild 16.2
Zur Ermittlung der stationären Kurzschlußströme
bei unsymmetrischen Kurzschlüssen
a) Prinzipschaltbild eines zweipoligen Kurzschlusses
b) Prinzipschaltbild eines einpoligen Kurzschlusses

mit den tatsächlichen Kurzschlußströmen, wenn eine Synchronmaschine vorliegt, für die $x_q'' = x_d''$ ist oder angenommen wird.

Der zweipolige Kurzschluß ist im Bild 16.2a in einer der möglichen Formen dargestellt. Die zugehörigen Betriebsbedingungen für die Stranggrößen lauten

$$\underline{i}_a = 0 \; ; \qquad \underline{i}_b = -\underline{i}_c \; ; \qquad \underline{u}_b - \underline{u}_c = 0 \; .$$

Sie liefern mit den Gleichungen (12.1) als Betriebsbedingungen für die symmetrischen Komponenten

$$\underline{i}_m = -\underline{i}_g = j\frac{1}{\sqrt{3}}\underline{i}_b \; ; \qquad \underline{i}_0 = 0 \; ; \qquad \underline{u}_m - \underline{u}_g = 0 \; .$$

Wenn in $\underline{u}_m - \underline{u}_g = 0$ die Spannungsgleichungen (16.2) und (16.9) eingesetzt werden, erhält man unter Beachtung der Beziehungen zwischen den Strömen sowie mit $r = 0$ und $r_2 = 0$

$$jx_d\underline{i}_{dm} + jx_q\underline{i}_{qm} + \underline{u}_{pm} + jx_2\underline{i}_m = 0 \; .$$

Mit $\underline{i}_m = \underline{i}_{dm} + \underline{i}_{qm}$ folgt daraus

$$j(x_d + x_2)\underline{i}_{dm} + j(x_q + x_2)\underline{i}_{qm} = -\underline{u}_{pm} \; .$$

Da $j\underline{i}_{dm}$ in Phase mit $\underline{u}_{pm}$ ist (s. Bild 15.13), muß $\underline{i}_{qm} = 0$ und damit $\underline{i}_m = \underline{i}_{dm}$ sein. Es wird also

$$\underline{i}_b = -j\sqrt{3}\underline{i}_m = \sqrt{3}\frac{\underline{u}_{pm}}{x_d + x_2} \; . \tag{16.22}$$

Daraus folgt für die Amplitude bzw. den Effektivwert des Dauerkurzschlußstroms bei zweipoligem Kurzschluß

$$\widehat{i}_{k\,II} = \frac{\sqrt{3}\widehat{u}_{pm}}{x_d + x_2} \; . \tag{16.23}$$

Der einpolige Kurzschluß in einer der möglichen Formen ist im Bild 16.2b dargestellt. Dafür lauten die Betriebsbedingungen

$$\underline{i}_b = 0 \; ; \qquad \underline{i}_c = 0 \; ; \qquad \underline{u}_a = 0 \; .$$

Die zugeordneten Betriebsbedingungen für die symmetrischen Komponenten erhält man daraus mit Hilfe von (12.1) zu

$$\underline{i}_m = \underline{i}_g = \underline{i}_0 = \frac{1}{3}\underline{i}_a \; ; \qquad \underline{u}_m + \underline{u}_g + \underline{u}_0 = 0 \; .$$

Wenn in $\underline{u}_m + \underline{u}_g + \underline{u}_0 = 0$ die Spannungsgleichungen (16.2), (16.9) und (16.15) eingeführt werden, erhält man unter Beachtung der Beziehungen zwischen den symmetrischen Komponenten der Ströme und mit $\underline{i}_m = \underline{i}_{dm} + \underline{i}_{qm}$

$$j(x_d + x_2 + x_0)\underline{i}_{dm} + j(x_q + x_2 + x_0)\underline{i}_{qm} + \underline{u}_{pm} = 0 \; .$$

Da $j\underline{i}_{dm}$ in Phase mit $\underline{u}_{pm}$ ist (s. Bild 15.13), muß wiederum $\underline{i}_{qm} = 0$ sein, und es wird

$$\underline{i}_a = 3\underline{i}_m = j3\frac{\underline{u}_{pm}}{x_d + x_2 + x_0} \ . \tag{16.24}$$

Daraus folgt für die Amplitude bzw. den Effektivwert des Dauerkurzschlußstroms bei einpoligem Kurzschluß

$$\widehat{i}_{k\,I} = 3\frac{\widehat{u}_{pm}}{x_d + x_2 + x_0} \ . \tag{16.25}$$

Im Fall des dreipoligen Kurzschlusses beträgt der Dauerkurzschlußstrom bekanntermaßen (s. auch Abschnitt 15.8.7)

$$\widehat{i}_{k\,III} = \frac{\widehat{u}_{pm}}{x_d} \ .$$

Damit erhält man für das Verhältnis der Dauerkurzschlußströme

$$\widehat{i}_{k\,III} : \widehat{i}_{k\,II} : \widehat{i}_{k\,I} = \frac{1}{x_d} : \frac{\sqrt{3}}{x_d + x_2} : \frac{3}{x_d + x_2 + x_0} \ .$$

Mit üblichen Werten von x_d, x_2 und x_0 bestehen etwa folgende Relationen:

$$\widehat{i}_{k\,III} : \widehat{i}_{k\,II} : \widehat{i}_{k\,I} = 1 : 1,5 : 2,5 \ .$$

16.1.3 Unsymmetrische Belastung – Einphasenbetrieb

Im allgemeinen Fall einer unsymmetrischen Belastung bilden sowohl die Strangspannungen als auch die Strangströme keine symmetrischen Dreiphasensysteme. Für ihre symmetrischen Komponenten gelten die Gleichungen (16.1) bzw. (16.2) sowie (16.9) und (16.15). Deren Lösung erfordert, das äußere Netz und seine Unsymmetrie in die Analyse einzubeziehen. Für den Sonderfall des reinen Einphasenbetriebs wird das Vorgehen weiter unten demonstriert.

Unter dem Einfluß einer unsymmetrischen Belastung treten folgende spezifische Erscheinungen auf:

- Verluste im Polsystem, die das gegenläufige Drehfeld des Gegensystems der Strangströme hervorruft und denen r_2 nach (16.10) zugeordnet ist

- dritte Harmonische der Strangspannungen nach (16.14), die vom zusätzlichen Drehfeld des Polsystems induziert werden, das aufgrund der elektrischen und magnetischen Asymmetrie als Rückwirkung auf das gegenläufige Drehfeld des Gegensystems der Strangströme entsteht

- Pendelmomente mit doppelter Netzfrequenz nach (16.19) durch das Zusammenwirken der Felder des Mitsystems mit den Strömen des Gegensystems und umgekehrt.

Um die Verluste in Polsystemen klein zu halten, gibt es im Prinzip zwei Möglichkeiten. Entweder man verzichtet auf Dämpferkreise und führt den Erregerkreis möglichst hochohmig aus, oder es werden niederohmige Dämpferkreise in Form eines Dämpferkäfigs mit möglichst großem Querschnitt vorgesehen. Im ersten Fall kann sich das gegenläufige Drehfeld des Gegensystems der Strangströme frei ausbilden. Im Polsystem fließen praktisch keine entgegenwirkenden Ströme, so daß nur geringe Verluste auftreten. Im zweiten Fall fließen die zur Kompensation des gegenläufigen Drehfelds erforderlichen Ströme in Wicklungen mit so kleinem Widerstand, daß ihre Verluste

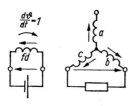

Bild 16.3
Prinzipschaltbild der
Dreiphasen-Synchronmaschine
im Einphasenbetrieb über zwei Stränge

klein bleiben. Da aber im ersten Fall, aufgrund der verbleibenden Asymmetrie des Polsystems, eine große dritte Harmonische der Strangspannungen auftritt, wird dieser Weg praktisch nicht beschritten. Da andererseits bei einer bestimmten zugelassenen Übertemperatur nur eine begrenzte Verlustleistung aus dem Dämpferkäfig abgeführt werden kann, ist die zulässige *relative Schieflast* (I_g/I_n) einer gegebenen Maschine begrenzt.

Im Sonderfall des reinen *Einphasenbetriebs über zwei Stränge,* wie er im Bild 16.3 als Generatorbetrieb auf eine passive Last dargestellt ist, erhält man als Betriebsbedingungen für die Strangströme

$$\underline{i}_a = 0 \; ; \qquad \underline{i}_b = -\underline{i}_c = \underline{i} \; .$$

Damit folgt aus (12.1) für die symmetrischen Komponenten

$$\underline{i}_m = j\frac{1}{\sqrt{3}}\underline{i} \; ; \qquad \underline{i}_g = -j\frac{1}{\sqrt{3}}\underline{i} \; ; \qquad \underline{i}_0 = 0 \; .$$

Die Spannung $\underline{u} = \underline{u}_b - \underline{u}_c$ über den angeschlossenen Klemmen der Maschine erhält man mit (12.1) zu

$$\underline{u} = -j\sqrt{3}\underline{u}_m + j\sqrt{3}\underline{u}_g \; .$$

Durch Einführen der Spannungsgleichungen (16.2) und (16.9) folgt daraus für die Schenkelpolmaschine

$$\boxed{\underline{u} = (r + r_2)\underline{i} + j(x_d + x_2)\underline{i}_d + j(x_q + x_2)\underline{i}_q + \underline{u}_p} \; . \tag{16.26}$$

bzw. mit (16.4) für die Vollpolmaschine

$$\boxed{\underline{u} = (r + r_2)\underline{i} + j(x_d + x_2)\underline{i} + \underline{u}_p} \; . \tag{16.27}$$

Dabei ist $\underline{u}_p = -j\sqrt{3}\underline{u}_{pm}$ die Polradspannung für die Hintereinanderschaltung der Stränge b und c, die definitionsgemäß als Leerlaufspannung, d.h. bei $\underline{i} = 0$, beobachtet wird. Die Ströme $\underline{i}_d$ und $\underline{i}_q$ sind die Komponenten des Stroms $\underline{i}$ in bezug auf die Phasenlage der Polradspannung $\underline{u}_p$.

Die Spannungsgleichung (16.26) bringt zum Ausdruck, daß sich die Dreiphasenmaschine bei Einphasenbetrieb über zwei Stränge hinsichtlich der Spannungsabfälle so verhält, als ob einem Strang die Impedanz $r_2 + jx_2$ vorgeschaltet wäre. Im übrigen erhält man für die Spannungsabfälle Beträge, die im Dreiphasenbetrieb einem Strang zugeordnet sind, während die Klemmenspannung und die Polradspannung um den Faktor $\sqrt{3}$ größer sind. Die Maschine ist scheinbar härter geworden. Ursache dafür ist, daß durch die Ankerströme kein Drehfeld, sondern nur ein Wechselfeld aufgebaut wird. Im Bild 16.4 werden die Verhältnisse für den Sonderfall der Vollpolmaschine demonstriert.

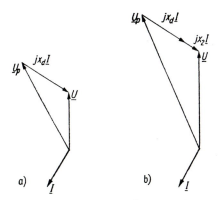

Bild 16.4
*Zeigerbild der Ströme und Spannungen
einer Dreiphasen-Synchronmaschine*

a) im symmetrischen Dreiphasenbetrieb
für einen Strang

b) im Einphasenbetrieb über zwei Stränge bei gleichem
Strom und gleichem Phasenwinkel der Belastung

Aus den vorliegenden Ergebnissen für das Betriebsverhalten der Dreiphasen-Synchronmaschine im Einphasenbetrieb über zwei Stränge läßt sich unmittelbar das Verhalten der Einphasenmaschine ableiten, indem dieser eine gedachte dreisträngige Maschine zugeordnet wird [s. Abschnitt 18.1].

16.2 Asynchroner Betrieb der unerregten Maschine

Der Hochlauf von Synchronmotoren erfolgt i.allg. mit Hilfe der asynchronen Drehmomente, die durch das Zusammenwirken der Ständerwicklung mit den Dämpferkreisen und der Erregerwicklung entstehen. Dabei wird die Erregerwicklung direkt oder über äußere Widerstände kurzgeschlossen. Der äußere Widerstand kann als Vergrößerung von r_{fd} aufgefaßt werden. Bei hinreichend großem Massenträgheitsmoment der Gesamtheit der rotierenden Teile verläuft der Hochlaufvorgang quasistationär, d.h., es wirkt in jedem Augenblick jenes stationäre asynchrone Drehmoment, das bei der in diesem Augenblick herrschenden Drehzahl entwickelt wird. Von dieser Überlegung ausgehend, leitet sich das Bedürfnis ab, das stationäre asynchrone Drehmoment der unerregten Synchronmaschine bei kurzgeschlossener Erregerwicklung zu kennen.

Im Bild 16.5 ist das Prinzipschaltbild des zu untersuchenden Betriebszustands dargestellt. Die Betriebsbedingungen dafür lauten

$$u_a = \widehat{u}\cos(t + \varphi_u) \; ; \qquad u_b = \cos\left(t + \varphi_u - \frac{2\pi}{3}\right) \; ;$$

$$u_c = \cos\left(t + \varphi_u - \frac{4\pi}{3}\right) \; ; \qquad u_{fd} = 0 \; ; \qquad m_{\mathrm{A}} = M_{\mathrm{A}} \; .$$

Dabei ist M_{A} das als zeitlich konstant angenommene Drehmoment der Arbeitsmaschine. Da voraussetzungsgemäß ein großes Massenträgheitsmoment der Gesamtheit der rotierenden Teile vorliegen soll, kann von vornherein damit gerechnet werden, daß die Drehzahl zeitlich konstant ist bzw. keine Drehzahlpendelungen auftreten. Damit tritt an die Stelle der Betriebsbedingung $m_{\mathrm{A}} = M_{\mathrm{A}}$ die Aussage $d\vartheta/dt = 1 - s$ bzw. $\vartheta = (1 - s)t + \vartheta_0$ als unmittelbar angebbare Lösung der Bewegungsgleichung. Das wiederum ermöglicht es, die Transformation der Betriebsbedingungen in den Be-

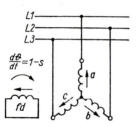

Bild 16.5
Prinzipschaltbild der Dreiphasen-Synchronmaschine
im asynchronen Betrieb

reich der d-q-0-Komponenten, ausgehend vom gegebenen symmetrischen Dreiphasen-system der Strangspannungen, mit Hilfe von (15.50) vorzunehmen. Man erhält mit $\omega_1 t - \vartheta = t - \vartheta = st - \vartheta_0$:

$$u_d = \widehat{u}\cos(st + \varphi_u - \vartheta_0) \; ; \qquad u_q = \widehat{u}\sin(st + \varphi_u - \vartheta_0) \; ; \qquad u_0 = 0 \; ;$$

$$u_{fd} = 0 \; ; \qquad \vartheta = (1 - s)t + \vartheta_0 \; .$$

Die als Betriebsbedingungen im Bereich der d-q-0-Komponenten gegebenen Spannun-gen stellen Wechselgrößen der bezogenen Kreisfrequenz s dar. Da die Lösung des Glei-chungssystems der Maschine unter diesen Betriebsbedingungen für den eingeschwun-genen Zustand interessiert, empfiehlt sich der Übergang zur Darstellung der komplexen Wechselstromrechnung. Man erhält mit

$$\underline{u} = \widehat{u}\,\mathrm{e}^{\mathrm{j}(\varphi_u - \vartheta_0)} = \underline{u}_a\,\mathrm{e}^{-\mathrm{j}\vartheta_0} \tag{16.28}$$

als Formulierung der Betriebsbedingungen:

$$\underline{u}_d = \underline{u} \; ; \quad \underline{u}_q = -\mathrm{j}\underline{u} \; ; \quad \underline{u}_0 = 0 \; ; \quad \underline{u}_{fd} = 0 \; ; \quad \vartheta = (1 - s)t + \vartheta_0 \; . \tag{16.29}$$

Das Gleichungssystem für die komplexen Veränderlichen gewinnt man aus dem Glei-chungssystem für beliebige Vorgänge bei konstanter Drehzahl, das in Tafel 15.7 im Unterbereich der Laplace-Transformation zusammengestellt ist, durch die Übergänge

$$\underline{g} \Rightarrow g \; ; \qquad \mathrm{j}s \Rightarrow p \; ; \qquad 0 \Rightarrow g(a) \; .$$

Damit erhält man unter Einführung der Betriebsbedingungen:

$$\left.\begin{aligned}
\underline{u} &= r\underline{i}_d + \mathrm{j}s\underline{\psi}_d - (1 - s)\underline{\psi}_q \\[4pt]
-\mathrm{j}\underline{u} &= r\underline{i}_q + \mathrm{j}s\underline{\psi}_q + (1 - s)\underline{\psi}_d \\[4pt]
\underline{i}_0 &= 0 \\[4pt]
\underline{\psi}_d &= x_d(\mathrm{j}s)\underline{i}_d \; , \qquad \underline{\psi}_q = x_q(\mathrm{j}s)\underline{i}_q \; .
\end{aligned}\right\} \tag{16.30}$$

Die Operatorenkoeffizienten werden komplexe Funktionen des Parameters s, wie sie bereits im Abschnitt 15.8.6 eingeführt und behandelt wurden.

Die Flußverkettungen und Ströme werden im folgenden unter Vernachlässigung des Einflusses des ohmschen Widerstands der Ankerstränge, d.h. unter der Annahme $r = 0$, ermittelt. Damit erhält man aus den ersten beiden Gleichungen (16.30):

$$\underline{u} = \mathrm{j}s\underline{\psi}_d + (1 - s)\underline{\psi}_q \; , \qquad \underline{u} = \mathrm{j}(1 - s)\underline{\psi}_d - s\underline{\psi}_q \tag{16.31}$$

und daraus

$$\underline{\psi}_d = \mathrm{j}\underline{u} \; , \qquad \underline{\psi}_q = -\underline{u} \; . \tag{16.32}$$

Die Spannungen diktieren in bekannter Weise die Flußverkettungen. Damit liefern die letzten beiden Gleichungen (16.30) für die Ströme

$$\underline{i}_d = -\frac{j\underline{u}}{x_d(js)} = \frac{u}{|x_d(js)|}\, e^{-j(\varphi_{xd}+\pi/2)} \tag{16.33}$$

$$\underline{i}_q = -\frac{\underline{u}}{x_q(js)} = -\frac{u}{|x_q(js)|}\, e^{-j\varphi_{xq}} \,. \tag{16.34}$$

Dabei sind φ_{xd} und φ_{xq} die Winkel von $x_d(js)$ und $x_q(js)$. Für die Rücktransformation in den Bereich der Stranggrößen und die Bestimmung des Drehmoments werden die Augenblickswerte der Flußverkettungen und Ströme benötigt. Man erhält sie als $g = \mathrm{Re}\{\underline{g}\,e^{jst}\}$ unter Beachtung von (16.28) zu:

$$\left.\begin{aligned}
\psi_d &= \widehat{u}\cos\left(st + \varphi_u - \vartheta_0 - \frac{\pi}{2}\right)\\[2mm]
\psi_q &= -\widehat{u}\cos(st + \varphi_u - \vartheta_0)\\[2mm]
i_d &= \frac{\widehat{u}}{|x_d(js)|}\cos\left(st + \varphi_u - \varphi_{xd} - \vartheta_0 - \frac{\pi}{2}\right)\\[2mm]
i_q &= -\frac{\widehat{u}}{|x_q(js)|}\cos(st + \varphi_u - \varphi_{xq} - \vartheta_0)
\end{aligned}\right\} \tag{16.35}$$

Der Strom i_a im Strang a ergibt sich durch Rücktransformation nach (15.35) mit $\vartheta = (1-s)t + \vartheta_0$ zu

$$i_a = i_d\cos\vartheta - i_q\sin\vartheta$$

$$= \frac{\widehat{u}}{|x_d(js)|}\cos\left[st + \varphi_u - \varphi_{xd} - \vartheta_0 - \frac{\pi}{2}\right]\cos[(1-s)t + \vartheta_0]$$

$$+ \frac{\widehat{u}}{|x_q(js)|}\cos[st + \varphi_u - \varphi_{xq} - \vartheta_0]\cos\left[(1-s)t + \vartheta_0 - \frac{\pi}{2}\right]\,.$$

Daraus folgt durch Anwendung der entsprechenden trigonometrischen Umformungen (s. Anhang IV)

$$\begin{aligned}
i_a &= \frac{\widehat{u}}{2|x_d(js)|}\\
&\quad\times\left\{\cos\left(t + \varphi_u - \varphi_{xd} - \frac{\pi}{2}\right) + \cos\left[(1-2s)t + 2\vartheta_0 - \varphi_u + \varphi_{xd} + \frac{\pi}{2}\right]\right\}\\
&\quad+ \frac{\widehat{u}}{2|x_q(js)|}\\
&\quad\times\left\{\cos\left(t + \varphi_u - \varphi_{xq} - \frac{\pi}{2}\right) - \cos\left[(1-2s)t + 2\vartheta_0 - \varphi_u + \varphi_{xq} + \frac{\pi}{2}\right]\right\}\\
&= \widehat{i}_1\cos(t + \varphi_{i,1}) + \widehat{i}_{1-2s}\cos[(1-2s)t + \varphi_{i,1-2s}]\,.
\end{aligned}$$

$$(16.36)$$

Der Ankerstrom setzt sich aus zwei Anteilen zusammen. Der erste besitzt die Netzfrequenz f_N, während der zweite die Frequenz $(1 - 2s)f_N$ aufweist. Ursache des zweiten Anteils ist offensichtlich die magnetische und elektrische Asymmetrie des Polsystems, denn er verschwindet für $x_q(\mathrm{j}s) = x_d(\mathrm{j}s)$. Man erhält eine anschauliche Interpretation dieser Ergebnisse, wenn man sich das Polsystem extrem unsymmetrisch vorstellt und nur in der Längsachse eine kurzgeschlossene Wicklung – die Erregerwicklung – annimmt. Das vom symmetrischen Dreiphasensystem der Strangspannungen diktierte Drehfeld läuft relativ zum Polsystem mit der bezogenen Geschwindigkeit $+s$ um, wenn der Läufer selbst die bezogene Geschwindigkeit $(1 - s)$ hat. Dadurch wird in der kurzgeschlossenen Erregerwicklung eine Spannung der Frequenz sf_N induziert, die einen Strom gleicher Frequenz antreibt. Das Feld dieses Stroms ist relativ zum Polsystem selbst ein Wechselfeld. Es läßt sich in ein mit- und ein gegenläufiges Drehfeld zerlegen. Das erste bewegt sich relativ zum Polsystem mit der bezogenen Geschwindigkeit $+s$ und das zweite mit $-s$. Vom Anker aus beobachtet man ein Drehfeld, das mit der bezogenen Geschwindigkeit $(1 - s) + s = 1$ umläuft, und ein zweites, das die bezogene Geschwindigkeit $(1 - s) - s = 1 - 2s$ hat. Das erste überlagert sich mit dem Drehfeld der Ankerströme der Frequenz f_N zum resultierenden Drehfeld, das von den Strangspannungen diktiert wird. Das zweite induziert in den Ankersträngen Spannungen der Frequenz $(1 - 2s)f_N$. Für diese Spannungen bildet das Netz einen Kurzschluß, so daß Strangströme gleicher Frequenz angetrieben werden. Da der Anker einen symmetrischen Aufbau mit drei Strängen aufweist, induziert das gegenläufige Drehfeld des Polsystems in diesen Strängen Spannungen, die gegeneinander um $2\pi/3$ phasenverschoben sind und Ströme mit gleicher relativer Phasenlage antreiben. Dadurch rufen diese Strangströme ihrerseits ein Drehfeld der bezogenen Geschwindigkeit $1 - 2s$ hervor, das mit dem gegenläufigen Drehfeld des Polsystems im Gleichgewicht steht. Die fremdfrequenten Anteile im Ankerstrom verschwinden bei $s = 0$, $s = 1$ und $s = 0,5$. Im ersten Fall induziert das Ausgangsdrehfeld im Polsystem keine Spannungen, es liegt synchroner Betrieb vor. Im zweiten Fall laufen die beiden Drehfelder des Polsystems relativ zum Anker mit dem gleichen Betrag der Geschwindigkeit um und induzieren beide netzfrequente Spannungen. Im dritten Fall ist das gegenläufige Drehfeld des Polsystems relativ zum Anker in Ruhe, so daß keine Spannungen in den Ständersträngen induziert werden können.

Wenn der Widerstand der Ankerstränge nicht vernachlässigt wird, entsteht aus dem Zusammenwirken des gegenläufigen Drehfelds des Polsystems, das relativ zum Anker mit der bezogenen Geschwindigkeit $1-2s$ umläuft, mit den über das Netz kurzgeschlossenen Ankersträngen ein asynchrones Drehmoment. Es verschwindet offensichtlich für $s = 0,5$, da bei dieser Drehzahl der Mechanismus der Spannungsinduktion aussetzt. Entsprechend der Umlaufrichtung des Drehfelds wird im Bereich $s > 0,5$ ein positives und im Bereich $s < 0,5$ ein negatives Drehmoment erwartet. Man erhält eine Einsattelung in der Drehzahl-Drehmoment-Kennlinie, die als *Görges-Phänomen* bezeichnet wird (s. Bild 16.6).

Der netzfrequente Anteil des Stroms i_a im Strang a nach (16.36) kann in komplexer Darstellung auf die Form

$$\underline{i}_{a,1} = \widehat{i}_1\, \mathrm{e}^{\mathrm{j}\varphi_{i,1}} = \frac{\widehat{u}}{2}\left(\frac{1}{x_d(\mathrm{j}s)} + \frac{1}{x_q(\mathrm{j}s)}\right)\mathrm{e}^{\mathrm{j}(\varphi_u - \pi/2)} \tag{16.37}$$

gebracht werden. Für den Anteil mit der Frequenz $(1 - 2s)f_N$ erhält man analog

$$\underline{i}^{*}_{a,1-2s} = \widehat{i}_{1-2s}\, \mathrm{e}^{-\mathrm{j}\varphi_{i,1-2s}} = \frac{\widehat{u}}{2}\left(\frac{1}{x_d(\mathrm{j}s)} - \frac{1}{x_q(\mathrm{j}s)}\right)\mathrm{e}^{\mathrm{j}(\varphi_u - 2\vartheta_0 - \pi/2)}\;.$$

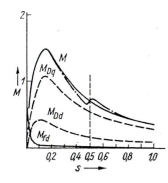

Bild 16.6
Drehmoment-Schlupf-Kennlinien
des resultierenden mittleren Drehmoments
und seiner Anteile für eine Synchronmaschine
im asynchronen Betrieb mit den Daten $x_d = 1,2$; $x'_d = 0,3$; $x''_d = 0,2$; $x_q = 0,8$; $x''_q = 0,18$;
$T'_d = 0,955\,\mathrm{s}\,\widehat{=}\,300$; $T''_d = 0,0314\,\mathrm{s}\,\widehat{=}\,10$; $T''_q = 0,024\,\mathrm{s}\,\widehat{=}\,7,5$
$-\;-\;\cdot\;-\;-\;\cdot\;-\;-$ Einfluß von $r \neq 0$ (Görges-Phänomen)

Damit läßt sich der Gesamtstrom i_a im Strang a nach (16.36) darstellen als

$$
\begin{aligned}
i_a = \;& \frac{\widehat{u}}{2}\left| \frac{1}{x_d(\mathrm{j}s)} + \frac{1}{x_q(\mathrm{j}s)} \right| \cos(t + \varphi_{i,1}) \\
&+ \frac{\widehat{u}}{2}\left| \frac{1}{x_d(\mathrm{j}s)} - \frac{1}{x_q(\mathrm{j}s)} \right| \cos\left[(1 - 2s)t + \varphi_{i,1-2s} \right]
\end{aligned}
\qquad (16.38)
$$

Das Drehmoment m folgt aus $m = \psi_d i_q - \psi_q i_d$ durch Einführen von (16.35) zu

$$
\begin{aligned}
m = \;& \frac{\widehat{u}^2}{2|x_d(\mathrm{j}s)|}\left[\cos\left(\varphi_{xd} + \frac{\pi}{2} \right) + \cos\left(2st + 2\varphi_u - 2\vartheta_0 - \varphi_{xd} - \frac{\pi}{2} \right) \right] \\
&- \frac{\widehat{u}^2}{2|x_q(\mathrm{j}s)|}\left[\cos\left(\varphi_{xq} - \frac{\pi}{2} \right) + \cos\left(2st + 2\varphi_u - 2\vartheta_0 - \varphi_{xq} - \frac{\pi}{2} \right) \right] \\
= \;& M + \widehat{m}\cos(2st + \varphi_{\mathrm{m}}) \, .
\end{aligned}
\qquad (16.39)
$$

Es tritt also außer dem konstanten Mittelwert M ein Pendelmoment mit doppelter Schlupffrequenz auf. Ursache des Pendelmoments ist wiederum die elektrische und magnetische Asymmetrie des Polsystems, denn es verschwindet für $x_q(\mathrm{j}s) = x_d(\mathrm{j}s)$.

Das mittlere Drehmoment beträgt entsprechend (16.39)

$$
\begin{aligned}
M = \;& \frac{\widehat{u}^2}{2}\left\{ \frac{\cos(\varphi_{xd} + \pi/2)}{|x_d(\mathrm{j}s)|} + \frac{\cos(\varphi_{xq} + \pi/2)}{|x_q(\mathrm{j}s)|} \right\} \\
= \;& \frac{\widehat{u}^2}{2}\,\mathrm{Im}\left\{ \frac{1}{x_d(\mathrm{j}s)} + \frac{1}{x_q(\mathrm{j}s)} \right\} \, .
\end{aligned}
\qquad (16.40)
$$

Mit $1/x_d(\mathrm{j}s)$ nach (15.132) und $1/x_q(\mathrm{j}s)$ nach (15.134) erhält man aus (16.40) als geschlossenen Ausdruck für das mittlere Drehmoment der Synchronmaschine im asynchronen Betrieb

$$M = \frac{\widehat{u}^2}{4} \frac{1}{x'_d} \left(1 - \frac{x'_d}{x_d}\right) \frac{2}{sT'_d + \dfrac{1}{sT'_d}} + \frac{\widehat{u}^2}{4} \frac{1}{x''_d} \left(1 - \frac{x''_d}{x'_d}\right) \frac{2}{sT''_d + \dfrac{1}{sT''_d}}$$
$$+ \frac{\widehat{u}^2}{4} \frac{1}{x''_q} \left(1 - \frac{x''_q}{x_q}\right) \frac{2}{sT''_q + \dfrac{1}{sT''_q}} \qquad (16.41)$$

Der letzte Anteil stellt den Beitrag des Ersatzdämpferkreises der Querachse zum mittleren Drehmoment dar, während die ersten beiden Anteile der gemeinsamen Wirkung der Erregerwicklung und des Ersatzdämpferkreises der Längsachse zugeordnet sind. In Näherung ist der erste Anteil der Beitrag der Erregerwicklung und der zweite der des Ersatzdämpferkreises der Längsachse. Jeder der drei Anteile des Drehmoments hat die allgemeine Form

$$m_\nu = M_{\text{kipp}\,\nu} \frac{2}{\dfrac{s}{s_{\text{kipp}\,\nu}} + \dfrac{s_{\text{kipp}\,\nu}}{s}} \qquad (16.42)$$

mit $s_{\text{kipp}\nu} = 1/T_\nu$. Das ist die bekannte *Kloss'sche Beziehung*, die unter Vernachlässigung des Ständerwiderstands für das Drehmoment der Asynchronmaschine gilt [s. Abschnitt 10.1.4]. Dabei ergibt sich der Kippschlupf in (16.42) als Kehrwert der bezogenen Zeitkonstanten. Im Bild 16.6 sind die einzelnen Anteile und das resultierende Drehmoment für eine bestimmte Maschine als Beispiel dargestellt. Man erkennt daraus, daß die Erregerwicklung nur im Gebiet sehr kleiner Werte des Schlupfs merkliche Beiträge zum resultierenden Drehmoment M liefert. Ursache dafür ist, daß der Kippschlupf dieses Anteils infolge der großen Zeitkonstante der Erregerwicklung einen sehr kleinen Wert besitzt.

Nach dem asynchronen Hochlauf soll die Maschine durch Einschalten der Erregung in den Synchronismus gezogen werden. Das gelingt um so sicherer, je kleiner der Schlupf $s_{(\text{a})}$ ist, der nach dem Hochlauf im stationären asynchronen Betrieb als Anfangswert für den nachfolgenden Intrittfallvorgang vorliegt. Dieser Schlupf wird bei großem Widerstandsmoment $M_\text{w} = -M_\text{A}$ der Arbeitsmaschine fast ausschließlich durch die Drehmomentanteile der Dämpferkreise bestimmt. Um die Erregerwicklung an seiner Verkleinerung mitwirken zu lassen, muß der Kippschlupf ihres Drehmomentanteils vergrößert, d.h. muß T'_d verkleinert werden. Das geschieht mit Hilfe eines Vorwiderstands im Erregerkreis, der üblicherweise bis zum 9fachen des Wicklungswiderstands gewählt wird[1]. Dadurch wird unmittelbar T_{fd0} verkleinert und entsprechend den Näherungsbeziehungen (15.100) mittelbar T'_d, während T''_d praktisch unbeeinflußt bleibt. Im Bild 16.7 werden die vorstehenden Überlegungen erläutert. Dabei ist jeweils nur der Anfangsverlauf der Kennlinie $M(s)$ im Bereich kleiner Werte des Schlupfs s dargestellt worden. Man erkennt, wie der Anfangsschlupf $s_{(\text{a})}$ für den Intrittfallvorgang unter dem Einfluß der Vergrößerung des Widerstands im Erregerkreis verkleinert wird. Es ist jedoch auch ersichtlich, daß diese Maßnahme sinnlos wird, wenn der Intrittfall gegen kleine Werte des Widerstandsmoments erfolgen soll.

Der Beitrag der Dämpferkreise zum mittleren Drehmoment M ist – wie bereits dargelegt – näherungsweise durch die letzten beiden Anteile in (16.41) gegeben. Diese

---

[1]Größere Werte des Vorwiderstands können i.allg. nicht zugelassen werden, da mit dem Vorwiderstand auch die Spannung wächst, die über den Klemmen der Erregerwicklung auftritt.

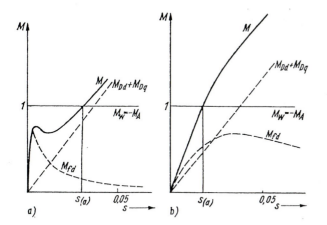

Bild 16.7
Einfluß eines äußeren
Widerstands
im Erregerkreis
auf den Anfangsschlupf $s_{(\mathrm{a})}$
für den Intrittfallvorgang
a) ohne äußeren Widerstand
b) mit äußerem Widerstand

$M_{Dd} + M_{Dq}$ Drehmoment
$\qquad\qquad$ des Dämpferkäfigs

M_{fd} Drehmoment
$\qquad$ der Erregerwicklung

lassen sich für kleine Werte des Schlupfs s zusammenfassen zu

$$M_{\mathrm{D}} = \frac{\widehat{u}^2}{2} \left\{ \frac{x_d' - x_d''}{x_d' x_d''} T_d'' + \frac{x_q' - x_q''}{x_q' x_q''} T_q'' \right\} s = K_{\mathrm{D}} s \; . \qquad (16.43)$$

Dabei wird der Proportionalitätsfaktor zwischen Drehmoment und Schlupf als *Dämpfungskonstante* K_{D} bezeichnet. K_{D} ist das bezogene Anzugsmoment auf Basis des linearen Anfangsverlaufs von $M_{\mathrm{D}}(s)$ nach (16.43). Die Größe von K_{D} ist ein Maß für die Güte des Dämpferkäfigs hinsichtlich seiner Wirkung auf Vorgänge in der Nähe des Synchronismus. In Tafel 16.1 sind für die grundsätzlichen Ausführungsformen des Polsystems Wertebereiche der Dämpfungskonstanten angegeben.

Ausgehend von (16.40) kann das mittlere Drehmoment über die Summe der zum jeweiligen Schlupf gehörenden Imaginärteile aus den Ortskurven $1/x_d(\mathrm{j}s)$ und $1/x_q(\mathrm{j}s)$ entnommen werden. Zur Demonstration dieser Überlegung sind im Bild 15.11 zu einem Wert des Schlupfs von $s_1 = 0,05$ die beiden Imaginärteile eingetragen. Man erkennt, daß der Ersatzdämpferkreis der Querachse im gesamten Schlupfbereich den größeren

Tafel 16.1 *Werte der Dämpfungskonstanten K_{D}*
in Abhängigkeit von der Ausführung des Polsystems

Ausführung des Polsystems	K_{D}
Geblechte Pole ohne Dämpferkäfig	< 2
Massive Pole ohne Stirnringe	$3 \dots 5$
Massive Pole mit Stirnringen	$5 \dots 15$
Dämpferkäfig mit Stirnverbindungen nur im Bereich der Polschuhe (Polgitter)	$5 \dots 25$
Dämpferkäfig mit Stirnringen	$20 \dots 50$

Beitrag zum Drehmoment liefert. Auf das gleiche Ergebnis hatte die Darstellung der einzelnen Anteile des asynchronen Drehmoments nach (16.41) im Bild 16.6 geführt.

Der pulsierende Anteil des Drehmoments in (16.39) läßt sich in der Darstellung der komplexen Wechselstromrechnung formulieren als

$$\underline{m} = \frac{\widehat{u}^2}{2} \frac{1}{|x_d(\mathrm{j}s)|} \, \mathrm{e}^{\mathrm{j}(2\varphi_u - 2\vartheta_0 - \varphi_{xd} - \pi/2)} + \frac{\widehat{u}^2}{2} \frac{1}{|x_q(\mathrm{j}s)|} \, \mathrm{e}^{\mathrm{j}(2\varphi_u - 2\vartheta_0 - \varphi_{xq} + \pi/2)}$$

$$= \frac{\widehat{u}^2}{2} \left(\frac{1}{x_d(\mathrm{j}s)} - \frac{1}{x_q(\mathrm{j}s)} \right) \mathrm{e}^{\mathrm{j}(2\varphi_u - 2\vartheta_0 - \pi/2)} \ .$$

Daraus entnimmt man für die Amplitude des Pendelmoments

$$\boxed{ \widehat{m} = \frac{\widehat{u}^2}{2} \left| \frac{1}{x_d(\mathrm{j}s)} - \frac{1}{x_q(\mathrm{j}s)} \right| } \ . \tag{16.44}$$

Ursache des Pendelmoments ist offensichtlich wiederum die Asymmetrie des Polsystems, denn es verschwindet für $x_q(\mathrm{j}s) = x_d(\mathrm{j}s)$. Seine Amplitude $\widehat{m}$ geht für $s = 0$ nach (16.44) über in $\widehat{m} = \dfrac{u^2}{2} \left| \dfrac{1}{x_d} - \dfrac{1}{x_q} \right|$. Das ist der Maximalwert des Reaktionsmoments in (15.150). Sein Auftreten erklärt sich dadurch, daß die Rückwirkung der Polradkreise bei sehr kleinem Schlupf – und damit sehr kleiner Frequenz der Größen des Polsystems – verschwindet. Der Läufer bewegt sich in diesem Fall relativ zum Drehfeld, ohne daß merkliche Spannungen in den Wicklungen des Polsystems induziert werden. Die Maschine entwickelt in jeder Lage, die das Polsystem relativ zum Drehfeld einnimmt, das zugehörige Reaktionsmoment, dessen Ursache allein die magnetische Asymmetrie des Polsystems ist.

Das Pendelmoment hat zur Folge, daß mit Pendelungen der Drehzahl gerechnet werden muß. Die vorausgesetzte Konstanz der Drehzahl gilt also strenggenommen nur bei unendlich großem Massenträgheitsmoment der Gesamtheit der rotierenden Teile. Gewisse Drehzahlpendelungen sind besonders im Gebiet sehr kleiner Werte des Schlupfs, d.h. in der Nähe des Synchronismus, nicht zu vermeiden. Die Frequenz des Pendelmoments ist dort so klein, daß auch bei großem Massenträgheitsmoment merkliche Drehzahlpendelungen auftreten.

Im *Sonderfall der vereinfachten Vollpolmaschine* ist $x_q(\mathrm{j}s) = x_d(\mathrm{j}s)$, d.h., es existiert keine elektrische und magnetische Asymmetrie des Polsystems. Damit verschwinden laut (16.38) die Komponenten der Strangströme mit der Frequenz $(1 - 2s)f_\mathrm{N}$, und für den netzfrequenten Anteil gilt

$$\underline{i}_a = \underline{i}_{a,1} = \frac{\underline{u}}{\mathrm{j}x_d(\mathrm{j}s)} \ . \tag{16.45}$$

Die Ortskurve $1/x_d(\mathrm{j}s)$ ist ein Kreis, wie er im Bild 15.11 für $1/x_q(\mathrm{j}s)$ dargestellt ist. Die Ortskurve für den Strangstrom $\underline{i}_a$ nach (16.45) stellt wiederum einen Kreis dar, der im Fall $\underline{u}_a = \widehat{u}$ gegenüber dem Kreis $1/x_d(\mathrm{j}s)$ um -90° gedreht ist, wie Bild 16.8 zeigt. Die gleiche Ortskurve gewinnt man aus dem Ossanna-Kreis, wenn auch dort der Ständerwiderstand Null gesetzt wird. Damit ist die Verbindung zum stationären Betriebsverhalten der Asynchronmaschine hergestellt.

Für das mittlere Drehmoment erhält man im Fall der vereinfachten Vollpolmaschine, ausgehend von (16.40),

$$M = \widehat{u}^2 \, \mathrm{Im} \left\{ \frac{1}{x_d(\mathrm{j}s)} \right\} \ . \tag{16.46}$$

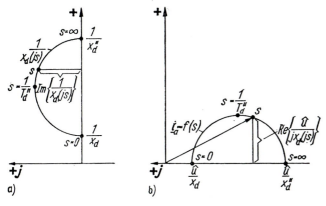

Bild 16.8
Ortskurven
a) $1/x_d(\mathrm{j}s)$
b) $\underline{i}_a = \hat{u}/\mathrm{j}x_d(\mathrm{j}s)$
und die Entnahme
des Drehmoments
aus diesen Ortskurven
für eine vereinfachte
Vollpolmaschine
mit $x_d(\mathrm{j}s) = x_q(\mathrm{j}s)$

Daraus folgt mit (16.45)

$$M = \hat{u}^2 \operatorname{Re}\left\{\frac{1}{\mathrm{j}x_d(\mathrm{j}s)}\right\} = \hat{u}\operatorname{Re}\left\{\frac{\hat{u}}{\mathrm{j}x_d(\mathrm{j}s)}\right\} = \hat{u}\operatorname{Re}\{\underline{i}_a\} \ .$$

Das sind die von der Asynchronmaschine her bekannten Aussagen über die Entnehmbarkeit des Drehmoments aus der Ortskurve $\underline{i}_a(s)$. Das Pendelmoment verschwindet im Fall der vereinfachten Vollpolmaschine mit der elektrischen und magnetischen Asymmetrie.

Der quasistationäre Hochlauf kann, entsprechend den Überlegungen am Anfang dieses Abschnitts, näherungsweise auf der Grundlage des mittleren Drehmoments M untersucht werden. In diesem Fall wird mit $\mathrm{d}\vartheta/\mathrm{d}t = 1 - s$ und $M_{\mathrm{w}} = -M_{\mathrm{A}}$

$$\frac{\mathrm{d}^2\vartheta}{\mathrm{d}t^2} = -\frac{\mathrm{d}s}{\mathrm{d}t} = \frac{1}{T_{\mathrm{m}}}(M - M_{\mathrm{w}}) \ .$$

Umgekehrt liefert die Auswertung einer experimentell aufgenommenen Hochlaufkurve $n = f(t)$ bei $M_{\mathrm{w}} = 0$ die Drehzahl-Drehmoment-Kennlinie der Synchronmaschine im asynchronen Betrieb. Als Voraussetzung für die Gültigkeit der quasistationären Betrachtungsweise war bereits im Abschnitt 2.5.3 erkannt worden, daß die Hochlaufzeit groß gegenüber der größten elektromagnetischen Zeitkonstante sein muß, die zur Wirkung kommt.

16.3 Erzwungene Pendelungen bei Betrieb am starren Netz

Wenn die Synchronmaschine mit einer Kolbenmaschine als Arbeitsmaschine zusammenarbeitet, ist deren mittlerem Drehmoment M_{A} ein periodisches Pendelmoment $\Delta m_{\mathrm{A}}(t)$ überlagert. Das gesamte Drehmoment der Arbeitsmaschine ergibt sich also zu

$$m_{\mathrm{A}} = M_{\mathrm{A}} + \Delta m_{\mathrm{A}}(t) \ . \tag{16.47}$$

Für die weiteren Untersuchungen soll angenommen werden, daß $\Delta m_A(t)$ rein sinusförmig ist. In diesem Fall geht (16.47) über in

$$m_A = M_A + \Delta \widehat{m}_A \cos(\lambda t + \varphi_m) \,, \qquad (16.48)$$

wobei

$$\lambda = \frac{f_m}{f_n} = \frac{\omega_m}{\omega_n}$$

die bezogene Frequenz des Pendelmoments darstellt. Da die Eigenfrequenz der Synchronmaschine für Pendelungen am starren Netz im Bereich weniger Hertz liegt, interessiert i.allg. der Einfluß des äußeren Pendelmoments mit der kleinsten Frequenz. Diese kleinste Frequenz hängt von der Art der gekuppelten Kolbenmaschine ab. Bei einer Zweitaktmaschine ist eine Periode der Vorgänge in sämtlichen Zylindern nach einer Umdrehung der Kurbewelle beendet. Durch eine ungleichmäßige Arbeitsweise der einzelnen Zylinder – im Extremfall ist einer der Zylinder ausgefallen – wird die niedrigste Störfrequenz also gleich der Drehfrequenz bzw. Drehzahl n. Man erhält für die bezogene Frequenz des Pendelmoments

$$\lambda = \frac{n}{f_n} = \frac{1}{p} \,.$$

Bei einer Viertaktmaschine ist eine Periode der Vorgänge in sämtlichen Zylindern erst nach zwei Umdrehungen der Kurbelwelle abgeschlossen. Es wird also $f_m = n/2$ und damit

$$\lambda = \frac{n}{2f_n} = \frac{1}{2p} \,.$$

Die Betriebsbedingungen für den betrachteten Betriebszustand sind insgesamt gegeben als:

$$u_a = \widehat{u}\cos(t + \varphi_u) \,; \qquad u_b = \widehat{u}\cos(t + \varphi_u - 2\pi/3) \,;$$

$$u_c = \widehat{u}\cos(t + \varphi_u - 4\pi/3) \,; \qquad u_{fd} = u_{fd(a)} \,;$$

$$m_A = M_A + \Delta\widehat{m}_A\cos(\lambda t + \varphi_m) \,.$$

Solange die Amplitude $\Delta\widehat{m}_A$ des Pendelmoments eine kleine Größe gegenüber dem mittleren Drehmoment der Arbeitsmaschine darstellt, kann angenommen werden, daß mit dem Drehmoment auch alle anderen Größen im Bereich der d-q-0-Komponenten als kleine Größen um konstante Mittelwerte pendeln. Damit läßt sich das linearisierte Gleichungssystem anwenden, das im Abschnitt 15.9 hergeleitet wurde [s. (15.159) bis (15.161)][1].

Aufgrund des Betriebs am starren, symmetrischen Netz gelten für die Änderungen der Spannungen u_d und u_q die Gleichungen (15.162). Sie sind ebenso wie die Spannungsgleichungen (15.159) linear. Damit werden sämtliche Änderungen Δg Sinusgrößen mit der Frequenz des äußeren Pendelmoments. Es empfiehlt sich, zur Darstellung der komplexen Wechselstromrechnung überzugehen, wobei die Übergänge $\underline{g} \Rightarrow g$

---

[1]Die Durchführung der Rechnung muß dann natürlich bestätigen, daß die Voraussetzung kleiner Änderungen sämtlicher Größen erfüllt ist.

und $j\lambda \Rightarrow p$ gelten. Die Betriebsbedingungen lauten dann

$$\Delta \underline{u}_d = u_{q(\mathrm{a})}\Delta \underline{\vartheta} \ ; \qquad \Delta \underline{u}_q = -u_{d(\mathrm{a})}\Delta \underline{\vartheta} \ ; \qquad \Delta \underline{u}_0 = 0 \ ; \qquad \Delta \underline{u}_{fd} = 0 \ ;$$

$$\Delta \underline{m}_{\mathrm{A}} = \Delta \underline{m}_{\mathrm{A}} \ .$$

Um überschaubare Ergebnisse zu erhalten, wird der Einfluß des Widerstands der Ankerstränge im folgenden vernachlässigt, d.h. mit $r = 0$ gerechnet. Aus (15.142) für den stationären Betrieb folgt dann

$$\psi_{d(\mathrm{a})} = u_{q(\mathrm{a})} = U_q \ , \qquad \psi_{q(\mathrm{a})} = -u_{d(\mathrm{a})} = -U_d \ .$$

Damit gehen die Spannungsgleichungen (15.159) und die Bewegungsgleichung (15.161) unter Beachtung von $\underline{s} = -j\lambda\Delta\underline{\vartheta}$, entsprechend (15.160), über in

$$(U_q - j\lambda U_d)\Delta\underline{\vartheta} = j\lambda x_d(j\lambda)\Delta\underline{i}_d - x_q(j\lambda)\Delta\underline{i}_q \ , \tag{16.49}$$

$$-(U_d + j\lambda U_q)\Delta\underline{\vartheta} = x_d(j\lambda)\Delta\underline{i}_d + j\lambda x_q(j\lambda)\Delta\underline{i}_q \ , \tag{16.50}$$

$$\underbrace{[U_q - I_d x_q(j\lambda)]\Delta\underline{i}_q + [U_d + I_q x_d(j\lambda)]\Delta\underline{i}_d}_{\Delta\underline{m}} + \Delta\underline{m}_{\mathrm{A}} = -\lambda^2 T_{\mathrm{m}}\Delta\underline{\vartheta} \ . \tag{16.51}$$

Die Ströme $\Delta\underline{i}_d$ *und* $\Delta\underline{i}_q$ folgen aus (16.49) und (16.50) unmittelbar zu

$$\Delta\underline{i}_d = -\frac{U_d}{x_d(j\lambda)}\Delta\underline{\vartheta} \ , \qquad \Delta\underline{i}_q = -\frac{U_q}{x_q(j\lambda)}\Delta\underline{\vartheta} \ . \tag{16.52}$$

Die Bewegungsgleichung (16.51) nimmt damit die Form

$$\left\{(U_q I_d - U_d I_q) - \left(\frac{U_q^2}{x_q(j\lambda)} + \frac{U_d^2}{x_d(j\lambda)}\right)\right\}\Delta\underline{\vartheta} + \underline{m}_{\mathrm{A}} = -\lambda^2 T_{\mathrm{m}}\Delta\underline{\vartheta}$$

an. Dabei kann für den Ausdruck $(U_q I_d - U_d I_q)$ mit U_d und U_q nach (15.140) sowie I_d und I_q nach (15.145) die Gesamtblindleistung $U_q I_d - U_d I_q = \widehat{ui}\sin\varphi$ eingeführt werden. Damit erhält man für die Bewegungsgleichung

$$-\left[-\widehat{ui}\sin\varphi + \frac{U_q^2}{x_q(j\lambda)} + \frac{U_d^2}{x_d(j\lambda)}\right]\Delta\underline{\vartheta} + \Delta\underline{m}_{\mathrm{A}} = -\lambda^2 T_{\mathrm{m}}\Delta\underline{\vartheta} \ . \tag{16.53}$$

Der Proportionalitätsfaktor vor $\Delta\underline{\vartheta}$ wird als *komplexe Synchronisierziffer*

$$\underline{K}(\lambda) = K_{\mathrm{S}}(\lambda) + j\lambda K_{\mathrm{D}}(\lambda) = -\widehat{ui}\sin\varphi + \frac{U_q^2}{x_q(j\lambda)} + \frac{U_d^2}{x_d(j\lambda)} \tag{16.54}$$

eingeführt. Damit wird

$$K_{\mathrm{S}}\Delta\underline{\vartheta} + j\lambda K_{\mathrm{D}}\Delta\underline{\vartheta} - \lambda^2 T_{\mathrm{m}}\Delta\underline{\vartheta} = (K_{\mathrm{S}} - \lambda^2 T_{\mathrm{m}} + j\lambda K_{\mathrm{D}})\Delta\underline{\vartheta} = \Delta\underline{m}_{\mathrm{A}} \ . \tag{16.55}$$

Das ist die komplexe Form der einfachen Schwingungsgleichung. Dabei bildet $K_{\mathrm{S}}\Delta\underline{\vartheta}$ das synchronisierende Drehmoment und $j\lambda K_{\mathrm{D}}\Delta\underline{\vartheta}$ das Dämpfungsmoment. Sowohl K_{S} als auch K_{D} sind allerdings Funktionen der Anregefrequenz.

Wenn die Synchronmaschine vom Netz getrennt wird, entwickelt sie kein Drehmoment $\Delta\underline{m} = -(K_{\mathrm{S}} + j\lambda K_{\mathrm{D}})\Delta\underline{\vartheta}$, und man erhält aus (16.55) für den Pendelwinkel $\Delta\underline{\vartheta}_0$ ohne Einfluß der Synchronmaschine

$$\Delta\underline{\vartheta}_0 = -\frac{\Delta\underline{m}_{\mathrm{A}}}{\lambda^2 T_{\mathrm{m}}} \ .$$

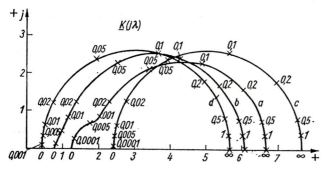

Bild 16.9 *Ortskurve der komplexen Synchronisierziffern* $\underline{K} = K_S + j\lambda K_D$ *für einen Diesel-generator bei* $\widehat{u} = 1; \widehat{i} = 1$
Kurve a: $\varphi = 0$, d.h. $\cos\varphi = 1$, Motorbetrieb; Kurve b: $|\cos\varphi| = 0,8$, Generatorbetrieb, übererregt
Kurve c: $\varphi = \pi/2$, $\cos\varphi = 0$, untererregt; Kurve d: $\varphi = -\pi/2$, $\cos\varphi = 0$, übererregt

Damit läßt sich $\Delta\underline{m}_A$ durch $\Delta\underline{\vartheta}_0$ ausdrücken, und man erhält aus (16.55)

$$\Delta\underline{\vartheta} = \frac{\Delta\underline{\vartheta}_0}{1 - \dfrac{K_S}{\lambda^2 T_m} - j\dfrac{K_D}{\lambda T_m}} \ . \tag{16.56}$$

Die Eigenfrequenz ν *der Maschine beträgt also*

$$\nu = \sqrt{\frac{K_S}{T_m}} \ . \tag{16.57}$$

Damit kann (16.56) auf die übliche, normierte Form

$$\boxed{\underline{\zeta} = \frac{\Delta\underline{\vartheta}}{\Delta\underline{\vartheta}_0} = \frac{1}{1 - \left(\dfrac{\nu}{\lambda}\right)^2 - j2\varrho\left(\dfrac{\nu}{\lambda}\right)}} \tag{16.58}$$

gebracht werden. Dabei wurde das *Dämpfungsdekrement*

$$\varrho = \frac{K_D}{2 T_m \nu} = \frac{K_D}{2 K_S}\nu = \frac{K_D}{2\sqrt{K_S}\sqrt{T_m}} \tag{16.59}$$

eingeführt. $\underline{\zeta}$ bezeichnet man als *Resonanzmodul.*

Es ist zu beachten, daß sowohl die Eigenfrequenz ν als auch das Dämpfungsdekrement ϱ von der Anregefrequenz λ abhängen. Da jedoch im allgemeinen das Verhalten der Maschine gegenüber einer bestimmten Anregefrequenz interessiert, können ν und ϱ bestimmt und (16.58) ausgewertet werden.

Die komplexe Synchronisierziffer $\underline{K}(\lambda)$ nach (16.54) ist im Bild 16.9 als Ortskurve für einen Dieselgenerator in verschiedenen Betriebzuständen hinsichtlich des mittleren Leistungsflusses dargestellt. Für ihre Komponenten K_S und K_D erhält man unter Berücksichtigung der Beziehungen für U_d und U_q nach (15.142) aus (16.54)

$$K_S = -\widehat{ui}\sin\varphi + \widehat{u}^2\cos^2\delta\,\mathrm{Re}\left\{\frac{1}{x_q(j\lambda)}\right\} + \widehat{u}^2\sin^2\delta\,\mathrm{Re}\left\{\frac{1}{x_d(j\lambda)}\right\} \tag{16.60}$$

$$K_D = \frac{\widehat{u}^2}{\lambda}\cos^2\delta\,\mathrm{Im}\left\{\frac{1}{x_q(j\lambda)}\right\} + \frac{\widehat{u}^2}{\lambda}\sin^2\delta\,\mathrm{Re}\left\{\frac{1}{x_d(j\lambda)}\right\} \ . \tag{16.61}$$

K_D bestimmt entsprechend (16.59) das Dämpfungsdekrement. Im Bereich normalerweise auftretender Polradwinkel von $\delta = 0 \ldots \pm 30°$ ist $\cos^2 \delta \gg \sin^2 \delta$. Aus (16.61) folgt dann, daß für die Dämpfung der Pendelungen hauptsächlich die Größe von $\text{Im}\{1/x_q(\mathrm{j}\lambda)\}$ verantwortlich ist. Es kommt also auf die Eigenschaften der Dämpferkreise in der Querachse an.

K_S bestimmt entsprechend (16.57) die Eigenfrequenz ν. Da die Maschine normalerweise übererregt betrieben wird, ist $-\widehat{u}\widehat{i}\sin\varphi > 0$. Damit wächst K_S bei konstantem Phasenwinkel mit der Belastung, d.h. mit $\widehat{i}$, und führt auf größere Werte für die Eigenfrequenz ν. Im gleichen Sinn wirken auch die anderen beiden Glieder in (16.60), da i.allg. $\text{Re}\left\{\dfrac{1}{x_d(\mathrm{j}\lambda)}\right\} > \text{Re}\left\{\dfrac{1}{x_q(\mathrm{j}\lambda)}\right\}$ ist (s. Bild 15.11) und $|\delta|$ mit der Belastung steigt.

16.4 Betrieb am Netz variabler Frequenz

Analog zum Abschnitt 12.2 für die Asynchronmaschine soll im folgenden als Möglichkeit der Drehzahlstellung der Betrieb der Synchronmaschine am Netz variabler Frequenz untersucht werden. Dabei wird, entsprechend der Abhängigkeit $n_0 = f/p$, durch die Frequenz f des speisenden Netzes unmittelbar die synchrone Drehzahl beeinflußt. Es wird davon ausgegangen, daß ein Netz sinusförmiger Spannung mit variabler Frequenz und Amplitude zur Verfügung steht. Auf den Einfluß der Oberschwingungen der Ströme und Spannungen, die als Folge der praktischen Realisierung eines derartigen Netzes mit Hilfe der Leistungselektronik auftreten, wird im Abschnitt 16.5 eingegangen.

Ausgang der Untersuchungen bilden die Spannungsgleichungen für den stationären Betrieb, die im Abschnitt 15.8.7 aus den allgemeinen Spannungsgleichungen entwickelt wurden. Um die prinzipiellen Erscheinungen deutlich zu machen, genügt es, die Vollpolmaschine zu betrachten. Die zu untersuchende Maschine sei für die Bemessungsspannung U_n und Bemessungsfrequenz f_n bzw. die Bemessungskreisfrequenz ω_n ausgelegt. Die tatsächliche Frequenz f wird – wie im Abschnitt 12.2 – mit Hilfe des *Frequenzverhältnisses* γ als $f = \gamma f_n$ ausgedrückt. Die bei dieser Frequenz wirksamen Reaktanzen ωL_ν werden als $\omega L_\nu = (\omega/\omega_n)\omega_n L_\nu = \gamma X_\nu$ eingeführt, wobei X_ν die zugeordnete Reaktanz bei Bemessungsfrequenz ist. Wenn die allgemeine Form der Spannungsgleichung entsprechend (5.1) hinzugefügt und die Darstellung mit bezogenen Größen an dieser Stelle verlassen wird, erhält man aus (15.149) für den Ständerstrang a

$$\underline{u} = R\underline{i} + \mathrm{j}\gamma\omega_n\underline{\psi} = R\underline{i} + \mathrm{j}\gamma X_d\underline{i} + \gamma\widehat{u}_{pn}\,\mathrm{e}^{\mathrm{j}\varphi_{up}}\;. \tag{16.62}$$

Dabei wurde für die Polradspannung $\underline{u}_p$ bei einem gegebenen Erregerstrom, entsprechend ihrer linearen Abhängigkeit von der Frequenz, $\underline{u}_p = \gamma\widehat{u}_{pn}\,\mathrm{e}^{\mathrm{j}\varphi_{up}}$ eingeführt. Aus dem ersten Teil der Gleichung (16.62) folgt, wie bei der Asynchronmaschine, daß die Spannungsamplitude mit zunehmender Frequenz erhöht werden muß, um eine konstante Flußverkettung $\widehat{\psi}$ und damit eine vergleichbare magnetische Ausnutzung der Maschine zu gewährleisten bzw. um bei gleichem Strom das gleiche Drehmoment zu erhalten.

Unter Vernachlässigung des Einflusses des ohmschen Spannungsabfalls ergibt sich für die Spannungsamplitude die bereits als (12.26) angegebene *Steuerbedingung*

$$\boxed{\widehat{u} = \frac{\omega_1}{\omega_{1n}}\widehat{u}_n = \gamma\widehat{u}_n}\;. \tag{16.63}$$

Wenn gleichzeitig $\underline{u} = \hat{u}$, d.h. $\varphi_u = 0$ gesetzt wird, geht die Spannungsgleichung (16.62) damit unter Beachtung von $\varphi_{up} = \delta + \varphi_u$ über in

$$\hat{u}_{\mathrm{n}} = \frac{R}{\gamma}\underline{i} + \mathrm{j}\omega_{\mathrm{n}}\underline{\psi} = \frac{R}{\gamma}\underline{i} + \mathrm{j}X_d\underline{i} + \hat{u}_{\mathrm{pn}}\,\mathrm{e}^{\mathrm{j}\delta}\;. \tag{16.64}$$

Unter der Wirkung der Steuerbedingung nach (16.63) kommt es bei einer Frequenzänderung um den Faktor γ zu einer scheinbaren Änderung des Widerstands der Ankerstränge um den Faktor $1/\gamma$. Der Widerstand tritt um so mehr betriebsbestimmend in Erscheinung, je kleiner die Frequenz ist. Der Einfluß bleibt vernachlässigbar, solange $R/\gamma \ll X_d$ ist. In diesem Fall gelten die bekannten Beziehungen, die für $R = 0$ gewonnen werden und die im Abschnitt 15.8.7 nochmals zusammenfassend entwickelt wurden[1].

Wenn $R/\gamma \ll X_d$ nicht mehr erfüllt ist, erhält man aus (16.64) für den Ankerstrom

$$\underline{i} = \frac{\hat{u}_{\mathrm{n}} - \hat{u}_{\mathrm{pn}}\,\mathrm{e}^{\mathrm{j}\delta}}{\mathrm{j}X_d\sqrt{1 + \left(\dfrac{R}{\gamma X_d}\right)^2}}\,\mathrm{e}^{\mathrm{j}\varrho} \tag{16.65}$$

mit

$$\varrho = \arctan R/\gamma X_d$$

Das Drehmoment folgt mit $\vec{g}_1^{\,\mathrm{N}} = \underline{g}$ entsprechend (8.100) aus (8.56) zu

$$m = -\frac{3}{2}p\,\mathrm{Im}\left\{\underline{\psi}\,\underline{i}^{*}\right\}\;. \tag{16.66}$$

Dabei liefert (16.64) für die Flußverkettung

$$\underline{\psi} = \frac{X_d}{\omega_{\mathrm{n}}}\underline{i} + \frac{\hat{u}_{\mathrm{pn}}}{\mathrm{j}\omega_{\mathrm{n}}}\,\mathrm{e}^{\mathrm{j}\delta}\;.$$

Damit erhält man unter Einführung des Ankerstroms aus (16.65)

$$\boxed{M = -\frac{3p}{2\omega_{\mathrm{n}}}\frac{\hat{u}_{\mathrm{n}}\hat{u}_{\mathrm{pn}}}{X_d\sqrt{1 + \left(\dfrac{R}{\gamma X_d}\right)^2}}\left[\sin(\delta - \varrho) + \frac{\hat{u}_{\mathrm{pn}}}{\hat{u}_{\mathrm{n}}}\sin\varrho\right]}\;. \tag{16.67}$$

Der Ausdruck $\dfrac{3p}{2\omega_{\mathrm{n}}}\dfrac{\hat{u}_{\mathrm{n}}\hat{u}_{\mathrm{pn}}}{X_d}$ stellt das Kippmoment M_{kipp0} dar, das die Maschine bei einem gegebenen Erregerstrom unter Vernachlässigung des ohmschen Widerstands der Ankerstränge entwickelt. Unter dem Einfluß endlicher Werte von $R/\gamma X_d$ wird der bekannte sinusförmige Verlauf $M = M(\delta)$, wie er sich für $R = 0$ ergibt [s. (15.151)], verschoben. Dadurch verringert sich das Kippmoment M_{kippM} im Motorbereich. Im Bild 16.10 ist eine Kennlinienschar $M = M(\delta)$ für konstanten Erregerstrom, d.h. für ein konstantes Verhältnis $\hat{u}_{\mathrm{pn}}/\hat{u}_{\mathrm{n}}$, und verschiedene Werte des Frequenzverhältnisses γ dargestellt.

Für das Kippmoment erhält man aus (16.67)

$$M_{\mathrm{kipp}} = M_{\mathrm{kipp\,0}}\frac{1}{\sqrt{1 + \left(\dfrac{R}{\gamma X_d}\right)^2}}\left|\pm 1 + \frac{\hat{u}_{p}}{\hat{u}_{\mathrm{n}}}\sin\varrho\right|\;. \tag{16.68}$$

---

[1] vgl. Band Grundlagen, Abschnitt 35

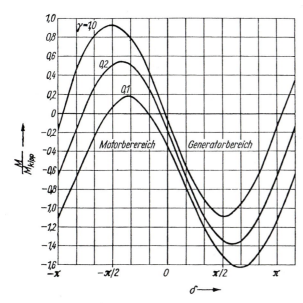

Bild 16.10
Kennlinien $M/M_{\text{kipp0}} = f(\delta)$
für verschiedene Werte
des Frequenzverhältnisses γ
einer Synchronmaschine
mit $R/X_{\text{d}} = 0,05$ bei $\widehat{u}_{\text{pn}}/\widehat{u}_{\text{n}} = 1,8$
M_{kipp0} Kippmoment bei $R = 0$

Dabei gilt das negative Vorzeichen für das Kippmoment im Motorbereich, das mit (16.67) bei

$$\delta_{\text{kipp M}} = \varrho - \pi/2$$

liegt. Bild 16.11 zeigt die Abhängigkeit des Kippmoments im Motorbereich vom Verhältnis $R/\gamma X_d$ für verschiedene Werte des Erregerstroms, d.h. für verschiedene Werte des Verhältnisses $\widehat{u}_{\text{pn}}/\widehat{u}_{\text{n}}$. Es wird deutlich, daß unter der Wirkung der Steuerbedingung nach (16.63) bei niedrigen Frequenzen unzulässig starke Reduzierungen des Kippmoments eintreten. Ursache dafür ist, daß sich die ohmschen Spannungsabfälle mit abnehmender Frequenz zunehmend in der Spannungsgleichung bemerkbar machen. Um diese Schwierigkeit zu beseitigen, muß die Steuerbedingung dahingehend geändert werden, daß nicht $\widehat{u}/\omega$ konstant gehalten wird, sondern tatsächlich $\widehat{\psi}$. Diese Steuerbedingung erhält man aus der ersten Gleichung (16.62) analog (12.33) zu

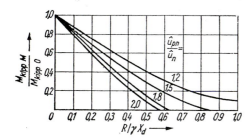

Bild 16.11
Kippmoment im Motorbereich
einer Synchronmaschine als Funktion
von $R/\gamma X_d$ für $\widehat{u}_{\text{pn}}/\widehat{u}_{\text{n}} = 1,2 \ldots 2,0$

$$\boxed{\left| \frac{\underline{u}}{\gamma} - \frac{R}{\gamma}\underline{i} \right| = \omega_{\mathrm{n}}\widehat{\psi} = \widehat{u}'_{\mathrm{n}}}\;.$$

(16.69)

Damit geht die Spannungsgleichung (16.62) über in

$$\widehat{u}'_{\mathrm{n}} = \mathrm{j}X_d\underline{i} + \widehat{u}_{pn}\,\mathrm{e}^{\mathrm{j}\delta}\;.$$

(16.70)

Unter der Wirkung der Steuerbedingung nach (16.69) ergibt sich also im gesamten Frequenzbereich ein Verhalten, das dem für $R = 0$ entspricht. Insbesondere bleibt das Kippmoment konstant und hat den Wert M_{kipp0}.

16.5 Betrieb mit nichtsinusförmigen Strömen und Spannungen

Hinsichtlich des Betriebs einer Synchronmaschine mit nichtsinusförmigen Strömen und Spannungen gelten die allgemeinen Überlegungen, die im Abschnitt 12.3 für die Asynchronmaschine angestellt wurden. Ein derartiger Betrieb tritt auf, wenn die Netzspannung unter dem Einfluß leistungsstarker Stromrichteranordnungen verzerrt ist oder wenn die Synchronmaschine selbst über einen Stromrichter betrieben wird, um mit einer von der Netzfrequenz unabhängigen Frequenz zu arbeiten und damit die Drehzahl stellen zu können. Der Stromrichter gibt unter idealisierten Bedingungen entweder die Ströme oder die Spannungen der Stränge vor. Der Zeitverlauf der jeweils korrespondierenden Größe wird durch das Verhalten der Synchronmaschine bestimmt. Die vorgegebenen Zeitverläufe der Ströme oder der Spannungen lassen sich mit Hilfe der Fourier-Analyse in eine Folge von Sinusgrößen zerlegen. Auf jede dieser Harmonischen reagiert die Maschine unter Voraussetzung der Gültigkeit des Mechanismus der Grundwellenverkettung mit einem Grundwellenfeld. Es entsteht also von den Oberschwingungen der Ströme herrührend eine Folge von Durchflutungsgrundwellen, die relativ zum Ständer nach Maßgabe der Frequenz der Oberschwingungen umlaufen. Die räumlichen Oberwellen haben lediglich Effekte zweiter Ordnung zur Folge. Ihre Bedeutung beruht vor allem darin, daß sie Ursache magnetischer Geräusche sein können. Damit bietet es sich an, die Analyse unter Verwendung komplexer Augenblickswerte durchzuführen, wie sie im Abschnitt 15.4 für die Synchronmaschine eingeführt wurden. Die nichtsinusförmigen Stranggrößen des Ständers lassen sich entsprechend (12.40) und (12.41) formulieren als

$$\left.\begin{aligned} g_{1a} &= g_1(\omega_1 t) = \sum_{\nu=1}^{\infty} \widehat{g}_{1,\nu}\cos(\nu\omega_1 t + \varphi_{g1,\nu}) \\ g_{1b} &= g_1\!\left(\omega_1 t - \frac{2\pi}{3}\right) \\ g_{1c} &= g_1\!\left(\omega_1 t - \frac{4\pi}{3}\right) \end{aligned}\right\}$$

(16.71)

Wenn auch bei der Synchronmaschine davon ausgegangen wird, daß der Sternpunkt nicht angeschlossen ist und die Stranggrößen die Symmetrieeigenschaft $g(\omega_1 t + \pi) = -g(\omega_1 t)$ besitzen, existieren entsprechend (12.42) nur Harmonische der Ordnungszahlen

$$\nu = 6g\underset{(-)}{\overset{+}{}}1$$

(16.72)

mit $g = 0, 1, 2 \ldots$. Dabei haben die Dreiphasensysteme solcher Harmonischen, deren Ordnungszahl mit dem eingeklammerten, negativen Vorzeichen gewonnen wurde, eine negative Phasenfolge.

Der komplexe Augenblickswert $\vec{g}_1^{\mathrm{S}}$ in Ständerkoordinaten, der den Stranggrößen nach (16.71) zugeordnet ist, kann unmittelbar als (12.43) übernommen werden:

$$\vec{g}_1^{\mathrm{S}} = \widehat{g}_{1,1}\,\mathrm{e}^{\mathrm{j}(\omega_1 t + \varphi_{g1,1})} + \widehat{g}_{1,5}\,\mathrm{e}^{-\mathrm{j}(5\omega_1 t + \varphi_{g1,5})} + \widehat{g}_{1,7}\,\mathrm{e}^{\mathrm{j}(7\omega_1 t + \varphi_{g1,7})} + \ldots$$

$$= \sum_{\nu=1}^{\infty} \vec{g}_{1,\nu}^{\mathrm{S}} = \sum_{\nu=1}^{\infty} \widehat{g}_{1,\nu}\,\mathrm{e}^{\overset{+}{(-)}\mathrm{j}(\nu\omega_1 t + \varphi_{g1,\nu})} \; . \tag{16.73}$$

Dabei gilt das eingeklammerte Vorzeichen wiederum für jene Harmonischen, die Dreiphasensysteme mit negativer Phasenfolge bilden und deren Ordnungszahlen sich aus (16.72) mit dem eingeklammerten Vorzeichen ergeben.

Für den vorausgesetzten stationären Betrieb mit der synchronen Drehzahl $n_0 = f_1/p = \gamma f_{1\mathrm{n}}/p$ stimmt die Darstellung in Läuferkoordinaten mit $\vartheta_{\mathrm{K}} = \vartheta = \omega_1 t$ unter der Voraussetzung $\vartheta_0 = 0$ mit der in Netzkoordinaten mit $\vartheta_{\mathrm{K}} = \vartheta_{\mathrm{N}} = \omega_1 t$ überein. Sie folgt aus (12.45) zu

$$\vec{g}_1^{\mathrm{L}} = \widehat{g}_{1,1}\,\mathrm{e}^{\mathrm{j}\varphi_{g1,1}} + \widehat{g}_{1,5}\,\mathrm{e}^{-\mathrm{j}(6\omega_1 t + \varphi_{g1,5})} + \widehat{g}_{1,7}\,\mathrm{e}^{\mathrm{j}(6\omega_1 t + \varphi_{g1,7})} + \ldots$$

$$= \sum_{\nu=1}^{\infty} \vec{g}_{1,\nu}^{\mathrm{L}} = \sum_{\nu=1}^{\infty} \widehat{g}_{1,\nu}\,\mathrm{e}^{\overset{+}{(-)}\mathrm{j}[(\nu\overset{-}{(+)}1)\omega_1 t + \varphi_{g1,\nu}]} \; . \tag{16.74}$$

Um das Verhalten der Synchronmaschine im stationären Betrieb mit synchroner Drehzahl, ausgehend von den nichtsinusförmigen Strangströmen oder Strangspannungen, allgemein zu ermitteln, muß das Gleichungssystem herangezogen werden, das im Abschnitt 15.8 entwickelt wurde. Dabei kann näherungsweise darauf verzichtet werden, die elektrischen und magnetischen Asymmetrien zu berücksichtigen. Aufgrund der Linearität der Spannungs- und Flußverkettungsgleichungen müssen die Läufergrößen $\vec{g}_2^{\mathrm{L}}$ die gleichen Komponenten hinsichtlich der Zeitabhängigkeit aufweisen wie die Ständergrößen nach (16.74). Dadurch zerfällt das allgemeine System der Spannungs- und Flußverkettungsgleichungen in je ein Gleichungssystem für die einzelnen Harmonischen.

Gegenüber der Grundschwingung verhält sich die Maschine wie im normalen stationären Betrieb mit der Frequenz $f_1 = \gamma f_{1\mathrm{n}}$. Für diese gelten die Beziehungen, die im Abschnitt 16.4 hergeleitet wurden. Insbesondere ist die Spannungsgleichung in der Darstellung der komplexen Wechselstromrechnung durch (16.62) gegeben, wobei dort auf den Index 1 zur Kennzeichnung der Zugehörigkeit zum Ständer entsprechend üblicher Gepflogenheit bei der Behandlung der Synchronmaschine verzichtet wurde.

Die Harmonischen der komplexen Augenblickswerte mit $\nu > 1$ haben relativ zum Läufer die Kreisfrequenz $(\nu\overset{-}{(+)}1)\omega_1$. Die Interpretation nach Abschnitt 8.3.1 bringt zum Ausdruck, daß den Harmonischen der Ständerströme Drehfelder zugeordnet sind, die mit der Drehzahl $(\nu\overset{-}{(+)}1)f_1/p = (\nu\overset{-}{(+)}1)\gamma f_{1\mathrm{n}}/p$ umlaufen. Dieser Sachverhalt folgt, ausgehend von den symmetrischen Dreiphasensystemen der einzelnen Harmonischen der Strangströme entsprechend (16.71), auch unmittelbar aus der Anschauung. In den kurzgeschlossenen Läuferkreisen werden, herrührend von den Ständerfeldern, Spannungen induziert, deren Ströme Felder gleicher Polpaarzahl und Kreisfrequenz hervorrufen. Es liegt der Mechanismus der Bildung asynchroner Drehmomente vor. Dabei rufen die Läuferströme der Harmonischen der Ständerströme natürlich auch Verluste in den Läuferwicklungen hervor. Das sind die gleichen Erscheinungen wie bei der Asynchronmaschine. Wenn man extrem kleine Werte der Ständergrundfrequenz $f_1 = \gamma f_{1n}$ ausklammert, ist die Läuferfrequenz für alle Harmonischen der Ständerströme so groß, daß zur Berechnung der Ströme wieder das Prinzip der Flußkonstanz der Läuferkreise herangezogen werden kann. Dann vermittelt zwischen der Flußverkettung $\vec{\psi}_{1,\nu}^{S}$ und dem Strom $\vec{i}_{1,\nu}^{S}$ einer Harmonischen die subtransiente Reaktanz x_d'' entsprechend

$$\vec{\psi}_{1,\nu}^{S} = x_d'' \vec{i}_{1,\nu}^{S} \ . \tag{16.75}$$

Damit erhält man als Spannungsgleichung des Ständers für diese Harmonische

$$\vec{u}_{1,\nu}^{S} = r \vec{i}_{1,\nu}^{S} + j\nu\gamma x_d'' \vec{i}_{1,\nu}^{S} \ .$$

Mit (8.93) folgt daraus für die Darstellung der komplexen Wechselstromrechnung, wenn nunmehr wiederum auf den Index 1 verzichtet wird,

$$\boxed{\underline{u}_\nu = r\underline{i}_\nu + j\nu\gamma x_d'' \underline{i}_\nu \approx j\nu\gamma x_d'' \underline{i}_\nu} \ . \tag{16.76}$$

Das ist die bezogene Form von (12.50), wie sie für die Asynchronmaschine hergeleitet wurde.

Das Drehmoment erhält man nach Tafel 15.6 über

$$m = -\mathrm{Im}\left\{\vec{\psi}_1^{K} \vec{i}_1^{K*}\right\} \ . \tag{16.77}$$

Da die Wicklungen des Polsystems im Zuge der Analyse des Betriebs mit nichtsinusförmigen Strömen und Spannungen gar nicht explizit eingeführt wurden, kann die Anwendung des Prinzips der Flußkonstanz auf diese Wicklungen nicht elegant dadurch erfaßt werden, daß das Drehmoment durch deren Variable ausgedrückt wird, wie es im Fall der Asynchronmaschine im Abschnitt 12.3.3 geschehen ist. Es muß vielmehr von den Variablen der Ständerstränge ausgegangen werden und der Zusammenhang zwischen den höheren Harmonischen der Flußverkettungen und der Ströme nach (16.75) Berücksichtigung finden, der die Anwendung des Prinzips der Flußkonstanz für diese Harmonischen zum Ausdruck bringt. Man erhält durch Abtrennen der jeweils ersten Harmonischen, für die das Prinzip der Flußkonstanz in der Form $\vec{\psi}_2^{K} = 0$ keine Anwendung findet, in Ständerkoordinaten

$$\vec{\psi}_1^{S} = \vec{\psi}_{1,1}^{S} + \sum_{\nu \neq 1} x_d'' \vec{i}_{1,\nu}^{S}$$

$$\vec{i}_1^{S} = \vec{i}_{1,1}^{S} + \sum_{\nu \neq 1} \vec{i}_{1,\nu}^{S}$$

Dabei sind $\vec{\psi}_1^{S}$ und $\vec{i}_1^{S}$ entsprechend (16.73) aufgebaut. Damit läßt sich das Drehmoment nach (16.77) unter Beachtung von $\mathrm{Im}\{\vec{A}\vec{B}^*\} = -\mathrm{Im}\{\vec{A}^*\vec{B}\}$ ausdrücken als

$$m = -\mathrm{Im}\left\{\vec{\psi}_{1,1}^{S} \vec{i}_{1,1}^{S*} + (\vec{\psi}_{1,1}^{S} - x_d'' \vec{i}_{1,1}^{S}) \sum_{\nu \neq 1} \vec{i}_{1,\nu}^{S*}\right\} \ . \tag{16.78}$$

Dabei ist $\vec{\psi}_{1,1}^{S} - x_d'' \vec{i}_{1,1}^{S}$ eine Flußverkettung, die der Spannung hinter der subtransienten Reaktanz entspricht. Sie soll als $\vec{\psi}_{1,1}'^{S}$ bezeichnet werden. Damit erhält man aus

(16.78) unter Beachtung von (16.73), wenn nunmehr wiederum auf den Index 1 zur Kennzeichnung der Zugehörigkeit zum Ständer verzichtet wird,

$$
\begin{aligned}
m &= \widehat{\psi}_1 \widehat{i}_1 \sin(\varphi_{i1} - \varphi_{\psi 1}) \\
&\quad (\overset{+}{-}) \sum \widehat{\psi}'_1 \widehat{i}_\nu \sin[(\nu(\overset{-}{+})1)\omega_1 t + \varphi_{1\nu}(\overset{-}{+})\varphi_{\psi 1'}] \\
&= \widehat{\psi}_1 \widehat{i}_1 \sin(\varphi_{i1} - \varphi_{\psi 1}) \\
&\quad - \widehat{\psi}'_1 \widehat{i}_5 \sin[6\omega_1 t + \varphi_{i,5} + \varphi_{\psi 1'}] \\
&\quad + \widehat{\psi}'_1 \widehat{i}_7 \sin[6\omega_1 t + \varphi_{i,7} - \varphi_{\psi 1'}] \\
&\quad \mp \cdots
\end{aligned}
$$

Das Drehmoment setzt sich – wie bei der Asynchronmaschine – aus dem zeitlich konstanten Anteil der Grundschwingungen und aus einer Folge von Pendelmomenten zusammen, deren Frequenzen ganze Vielfache der 6fachen Grundfrequenz sind. Sie können bei niedrigen Werten der Grundfrequenz $f_1 = \gamma f_{1n}$ Pendelbewegungen des Läufersystems als starrer Körper hervorrufen. Unabhängig von der Höhe der Grundfrequenz besteht die Gefahr, daß sie Torsionseigenfrequenzen des Läufersystems anregen.

17 Nichtstationäre Betriebszustände der Dreiphasen-Synchronmaschine

17.1 Dreipoliger Stoßkurzschluß

17.1.0 Ausgangsüberlegungen

Der plötzliche dreipolige Kurzschluß ist eine der Störungen, mit denen während des Betriebs der Synchronmaschine gerechnet werden muß. Er tritt allerdings in der Praxis gewöhnlich nicht von vornherein auf. In den meisten Fällen entsteht zunächst ein einpoliger Kurzschluß zwischen einem Außenleiter und Erde oder ein zweipoliger Kurzschluß zwischen zwei Außenleitern des speisenden Netzes. Diese Kurzschlüsse werden i.allg. durch einen Lichtbogen gebildet, der dann schließlich zu einem dreipoligen Kurzschluß zwischen den drei Außenleitern überleitet. Trotzdem wird im folgenden zunächst der ideale dreipolige Kurzschluß behandelt, bei dem die drei Außenleiter in einem betrachteten Zeitpunkt widerstandslos kurzgeschlossen werden. Das geschieht einerseits, weil die Behandlung des dreipoligen Kurzschlusses noch relativ einfach ist, und andererseits, weil er als Meßverfahren zur Bestimmung verschiedener Parameter der Synchronmaschine Eingang gefunden hat. Die Analyse wird für die speziellen Betriebsbedingungen dieses sog. *Stoßkurzschlußversuchs* durchgeführt. Dabei befindet sich die Maschine vor dem Kurzschluß im Leerlauf. Sie wird von außen her mit synchroner Drehzahl angetrieben. Der Antrieb sei so hinreichend starr und das Massenträgheitsmoment der Gesamtheit der rotierenden Teile so groß, daß die Drehzahl innerhalb der zu betrachtenden Kurzschlußdauer als konstant angesehen werden kann. Damit ist während des gesamten Vorgangs $d\vartheta/dt = 1$ bzw. $\vartheta = t + \vartheta_0$. Die analytische Behandlung läßt sich also auf der Grundlage der Ergebnisse durchführen, die im Abschnitt 15.8 bei der allgemeinen Untersuchung von Vorgängen mit konstanter Drehzahl erhalten wurden.

Bild 17.1 zeigt die Prinzipschaltung, aus der sich die Betriebsbedingungen entnehmen lassen.

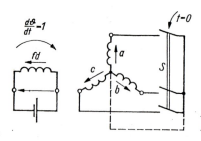

Bild 17.1
Prinzipschaltbild zum dreipoligen Stoßkurzschluß

17.1.1 Analytische Behandlungen des dreipoligen Stoßkurzschlusses

Um die Anfangsbedingungen für den Ausgleichsvorgang zu kennen, den der Kurzschlußvorgang darstellt, muß zunächst der *stationäre Zustand* untersucht werden, in dem sich die Maschine vor Eintritt des Kurzschlusses befindet. Seine Betriebsbedingungen lauten:

$$i_a = 0 \; ; \quad i_b = 0 \; ; \quad i_c = 0 \; ; \quad u_{fd} = U_{fd} \; ; \quad \frac{d\vartheta}{dt} = 1 \; .$$

Ihre Transformation in den Bereich der *d-q-0*-Komponenten liefert mit (15.34) unmittelbar:

$$i_{d(a)} = 0 \; ; \quad i_{q(a)} = 0 \; ; \quad i_{0(a)} = 0 \; ; \quad u_{fd(a)} = U_{fd} \; ; \quad \frac{d\vartheta}{dt} = 1 \; . \tag{17.1}$$

Durch Einführen in das allgemeine Gleichungssystem nach Tafel 15.4 erhält man weiterhin (vgl. auch Abschnitt 15.8.7)

$$\left. \begin{aligned} u_{d(a)} &= -\psi_{q(a)} = 0 \; ; \\ u_{q(a)} &= \psi_{d(a)} = x_{afd} i_{fd(a)} \end{aligned} \right\} \tag{17.2}$$

mit $i_{fd(a)} = U_{fd}/r_{fd}$.

Die Rücktransformation dieser Beziehungen in den Bereich der Stranggrößen liefert nach (15.35) mit $\vartheta = t + \vartheta_0$ für die Spannung des Strangs a

$$u_a = x_{afd} i_{fd(a)} \cos(t + \vartheta_0 + \pi/2) \; .$$

Es ist also

$$\widehat{u}_{(a)} = x_{afd} i_{fd(a)} = \psi_{d(a)} \; . \tag{17.3}$$

Der *Kurzschlußvorgang* wird zur Zeit $t = 0$ durch Schließen des Schalters S eingeleitet. Seine Betriebsbedingungen folgen aus Bild 17.1 zu:

$$u_a - a_b = 0 \; ; \quad u_b - u_c = 0 \; ; \quad i_a + i_b + i_c = 0 \; ; \quad u_{fd} = U_{fd} \; ; \quad \vartheta = t + \vartheta_0$$

Im Augenblick des Kurzschlusses hat die Längsachse des Polsystems relativ zur Achse des Strangs a die Lage $\vartheta = \vartheta_0$.

Aus $i_a + i_b + i_c = 0$ folgt unmittelbar $i_0 = 0$. Damit muß für alle Zeiten nach Eintritt des Kurzschlusses $u_0 = \frac{1}{3}(u_a + u_b + u_c) = 0$ sein. Mit $u_a + u_b + u_c = 0$ lassen sich die Betriebsbedingungen auch formulieren als:

$$u_a = 0 \; ; \quad u_b = 0 \; ; \quad u_c = 0 \; ; \quad u_{fd} = U_{fd} \; ; \quad \vartheta = t + \vartheta_0 \; .$$

Diese Betriebsbedingungen entsprechen einer Schaltung, bei der die Kurzschlußbrücke jenseits des Schalters mit dem Maschinensternpunkt verbunden ist. Für den Kurzschlußvorgang spielt es demnach keine Rolle, ob eine derartige Schaltverbindung besteht oder nicht[1]. Die Betriebsbedingungen im Bereich der *d-q-0*-Komponenten erhält man mit Hilfe der Transformationsbeziehungen (15.34) zu:

$$u_d = 0 \; ; \quad u_q = 0 \; ; \quad u_0 = 0 \; ; \quad u_{fd} = U_{fd} \; ; \quad \vartheta = t + \vartheta_0 \; .$$

---

[1] Das gilt unter Voraussetzung der Gültigkeit des Prinzips der Grundwellenverkettung. Unter dem Einfluß der Oberwellen des Luftspaltfelds treten zusätzliche Erscheinungen auf, die wesentlich davon abhängen, ob die Verbindung zwischen Kurzschlußbrücke und Maschinensternpunkt besteht oder nicht.

Sie nehmen im Unterbereich der Laplace-Transformation die Form

$$u_d = 0 \; ; \quad u_q = 0 \; ; \quad u_0 = 0 \; ; \quad u_{fd} = \frac{U_{fd}}{p} \; ; \quad \vartheta = t + \vartheta_0$$

an. Diese Betriebsbedingungen sind nunmehr in das Gleichungssystem nach Tafel 15.7 einzuführen. Man erhält unter Beachtung der Anfangsbedingungen nach (17.1) und (17.2) als spezielle Form dieser Gleichungen:

$$\left. \begin{aligned} 0 &= ri_d + p\left(\psi_d - \frac{\psi_{d(a)}}{p}\right) - \psi_q \\[2mm] 0 &= ri_q + p\psi_q + \psi_d \\[2mm] \left(\psi_d - \frac{\psi_{d(a)}}{p}\right) &= x_d(p)i_d \\[2mm] \psi_q &= x_q(p)i_q \\[2mm] \left(i_{fd} - \frac{i_{fd(a)}}{p}\right) &= -pG_{fd}(p)i_d \; . \end{aligned} \right\} \tag{17.4}$$

Ferner ist, wie bereits weiter oben vorweggenommen wurde, $i_0 = 0$. Die Bestimmung von i_d und i_q erfolgt, indem man die Flußverkettungen ψ_d und ψ_q in den ersten beiden Gleichungen (17.4) mit Hilfe der beiden weiteren Gleichungen (17.4) eliminiert. Man erhält unter Einführung von $\psi_{d(a)} = \hat{u}_{(a)}$ nach (17.3)

$$\left. \begin{aligned} [r + px_d(p)]i_d - x_q(p)i_q &= 0 \\[2mm] x_d(p)i_d + [r + px_q(p)]i_q &= -\frac{\hat{u}_{(a)}}{p} \; . \end{aligned} \right\} \tag{17.5}$$

Aus diesen beiden Gleichungen für i_d und i_q folgt

$$i_d(p) = -\hat{u}_{(a)}\frac{1}{p}\frac{x_q(p)}{N(p)} \tag{17.6}$$

$$i_q(p) = -\hat{u}_{(a)}\frac{1}{p}\frac{r + px_d(p)}{N(p)} \; , \tag{17.7}$$

wobei $N(p)$ als Abkürzung für

$$N(p) = [px_d(p) + r][px_q(p) + r] + x_d(p)x_q(p) \tag{17.8}$$

eingeführt wurde. Mit $x_d(p)$ nach (15.109) und $x_q(p)$ nach (15.123) wird $N(p)$ eine gebrochene rationale Funktion fünften Grades. Damit können die Wurzeln dieser Funktion nicht ohne weiteres bestimmt werden, so daß die Rücktransformation von (17.6) und (17.7) auf Schwierigkeiten stößt. Für die weiteren Untersuchungen muß also zunächst eine zweckmäßige Näherung gefunden werden. Unter der extremen Vereinfachung, daß der Ankerwiderstand r Null gesetzt wird, geht (17.8) über in

$$N(p) = x_d(p)x_q(p)(p^2 + 1) \; . \tag{17.9}$$

Mit dieser Funktion $N(p)$ wäre die Rücktransformation der Gleichungen (17.6) und (17.7) ohne weiteres möglich. Es muß jedoch damit gerechnet werden, daß asymmetrische Anteile der Strangströme nicht abklingen, da die kurzgeschlossenen Stränge ihre

Flußverkettungen für alle Zeiten nach Eintritt des Kurzschlusses mit $r = 0$ beibehalten und dazu entsprechende Ströme erforderlich sind. Es ist deshalb eine wenigstens genäherte Berücksichtigung des Ankerwiderstands r anzustreben. Zu diesem Zweck wird aus (17.8) wie in (17.9) zunächst $x_d(p)x_q(p)$ ausgehoben. Man erhält

$$N(p) = x_d(p)x_q(p)\left\{p^2 + pr\left[\frac{1}{x_d(p)} + \frac{1}{x_q(p)}\right] + 1 + \frac{r^2}{x_d(p)x_q(p)}\right\} . \qquad (17.10)$$

Da $r \ll 1$ ist, kann das Glied mit r^2 vernachlässigt werden. Damit unterscheidet sich (17.10) von (17.9) nur noch um das Glied $pr[1/x_d(p) + 1/x_q(p)]$. Dieses Glied wird demnach für das Abklingen asymmetrischer Komponenten der Ankerströme verantwortlich sein. In Näherung kann angenommen werden, daß während des Abklingens dieser Komponenten noch die Anfangswerte von $x_d(p)$ und $x_q(p)$, d.h. die subtransienten Reaktanzen x_d'' und x_q'' wirken. Damit geht (17.10) über in

$$N(p) = x_d(p)x_q(p)\left[p^2 + p\frac{2}{T_a} + 1\right] , \qquad (17.11)$$

wobei die

$$\text{\textit{Ankerzeitkonstante}} \quad T_a = \frac{2x_d''x_q''}{r(x_d'' + x_q'')}$$

eingeführt wurde. Mit $N(p)$ nach (17.11) nimmt $i_d(p)$ nach (17.6) die Form

$$i_d(p) = -\widehat{u}\frac{1}{px_d(p)}\frac{1}{p^2 + p\dfrac{2}{T_a} + 1} \qquad (17.12)$$

an. Für die Rücktransformation dieses Ausdrucks in den Zeitbereich bietet sich die Anwendung der Faltungsregel an. Man erhält

$$i_d(t) = -\widehat{u}_a\mathcal{L}^{-1}\left\{\frac{1}{px_d(p)}\right\} * \mathcal{L}^{-1}\left\{\frac{1}{p^2 + p\dfrac{2}{T_a} + 1}\right\} .$$

Die Rücktransformation des ersten Faktors liefert, ausgehend von (15.114), mit Hilfe von Anhang V

$$\mathcal{L}^{-1}\left\{\frac{1}{px_d(p)}\right\} = \frac{1}{x_d} + \left(\frac{1}{x_d'} - \frac{1}{x_d}\right)e^{-t/T_d'} + \left(\frac{1}{x_d''} - \frac{1}{x_d'}\right)e^{-t/T_d''} , \qquad (17.13)$$

und für den zweiten Faktor erhält man

$$\mathcal{L}^{-1}\left\{\frac{1}{p^2 + p\dfrac{1}{T_a} + 1}\right\} \approx e^{-t/T_a}\sin t .$$

Die benötigten Faltungsintegrale sind im Anhang VI angegeben. Sie liefern, da für sämtliche bezogenen Zeitkonstanten $1/T_\nu \ll 1$ gilt,

$$i_d(t) = -\widehat{u}_{(a)}\left[\frac{1}{x_d} + \left(\frac{1}{x_d'} - \frac{1}{x_d}\right)e^{-t/T_d'} + \left(\frac{1}{x_d''} - \frac{1}{x_d'}\right)e^{-t/T_d''}\right.$$

$$\left. - \frac{1}{x_d''}e^{-t/T_a}\cos t\right] . \qquad (17.14)$$

Für $i_q(p)$ nach (17.7) erhält man mit der Näherungsfunktion für $N(p)$ nach (17.11), wenn r im Zähler von vornherein vernachlässigt wird,

$$i_q(p) = -\widehat{u}_{(a)} \frac{1}{p x_q(p)} \frac{p}{p^2 + p\dfrac{2}{T_a} + 1} \; .$$

Die Rücktransformation dieses Ausdrucks in den Zeitbereich erfolgt analog der von $i_d(p)$ nach (17.12). Man erhält unter Anwendung der Faltungsregel

$$i_q(t) = -\widehat{u}_{(a)} \mathcal{L}^{-1} \left\{ \frac{1}{p x_q(p)} \right\} * \mathcal{L}^{-1} \left\{ \frac{p}{p^2 + p\dfrac{2}{T_a} + 1} \right\} \; .$$

Dabei liefert Anhang V für den ersten Faktor, ausgehend von (15.124),

$$\mathcal{L}^{-1} \left\{ \frac{1}{p x_q(p)} \right\} = \frac{1}{x_q} + \left(\frac{1}{x_q''} - \frac{1}{x_q} \right) e^{-t/T_q''}$$

und für den zweiten, unter Berücksichtigung von $1/T_a \ll 1$,

$$\mathcal{L}^{-1} \left\{ \frac{p}{p^2 + p\dfrac{2}{T_a} + 1} \right\} \approx e^{-t/T_a} \cos t .$$

Die erforderlichen Faltungsintegrale sind im Anhang VI aufgenommen. Sie liefern, da wiederum für alle Zeitkonstanten $1/T_\nu \ll 1$ gilt,

$$i_q(t) = -\widehat{u}_{(a)} \frac{1}{x_q''} e^{-t/T_a} \sin t \; . \tag{17.15}$$

Der Ankerstrom i_a des Strangs a folgt über die Rücktransformationsbeziehungen (15.35) mit i_d nach (17.14) und i_q nach (17.15) sowie unter Beachtung von $i_0 = 0$ zu

$$
\begin{aligned}
i_a = -\widehat{u}_{(a)} &\Bigg[\underbrace{\frac{1}{x_d}}_{\text{stationärer}} + \underbrace{\left(\frac{1}{x_d'} - \frac{1}{x_d} \right) e^{-t/T_d'}}_{\text{transienter}} + \underbrace{\left(\frac{1}{x_d''} - \frac{1}{x_d'} \right) e^{-t/T_d''}}_{\text{subtransienter Anteil}} \Bigg] \cos(t + \vartheta_0) \\[2mm]
&- \underbrace{\frac{\widehat{u}_{(a)}}{2} \left(\frac{1}{x_d''} + \frac{1}{x_q''} \right) \cos\vartheta_0 \, e^{-t/T_a}}_{\text{asymmetrischer Anteil}} \\[2mm]
&- \underbrace{\frac{\widehat{u}_{(a)}}{2} \left(\frac{1}{x_d''} - \frac{1}{x_q''} \right) e^{-t/T_a} \cos(2t + \vartheta_0)}_{\text{doppeltfrequenter Anteil}}
\end{aligned}
$$

$$\tag{17.16}$$

Die üblichen Bezeichnungen der einzelnen Anteile sind in (17.16) angegeben.

Der Verlauf des Ankerstroms im betrachteten Ankerstrang ist hinsichtlich der Größe des asymmetrischen Anteils abhängig von ϑ_0, d.h. von der Lage der Längsachse des

Polsystems relativ zur Achse des Strangs a im Augenblick des Kurzschlußeintritts. Für $\vartheta_0 = \pi/2$ bzw. $\vartheta_0 = 3\pi/2$ verschwindet der asymmetrische Anteil im Ankerstrom des Strangs a. Für $\vartheta_0 = 0$ bzw. π hat er seinen größten Wert. Er klingt nach der Ankerzeitkonstanten T_a ab. In den Strängen b und c treten diese Extremfälle dann auf, wenn das Polsystem im Augenblick des Kurzschlußeintritts relativ zu ihnen die entsprechende Lage einnimmt.

Der grundfrequente Anteil hat einen Anfangswert, dessen Effektivwert als

Stoßkurzschlußwechselstrom $\quad I_k'' = U_{(a)}/x_d''$

bezeichnet wird. Den Anfangswert, der ohne den Einfluß des subtransienten Anteils vorhanden wäre, nennt man

Übergangskurzschlußstrom $\quad I_k' = U_{(a)}/x_d'$.

Von diesem Wert ausgehend, klingt der grundfrequente Anteil nach der transienten Kurzschlußzeitkonstante T_d' auf den

Dauerkurzschlußstrom $\quad I_k = U_{(a)}/x_d$

ab. Die Differenz zum tatsächlichen Anfangsverlauf des grundfrequenten Anteils verschwindet nach Maßgabe der subtransienten Kurzschlußzeitkonstanten T_d''.

Die letzte Komponente des Ankerstroms ist ein Glied mit doppelter Netzfrequenz, das nach der gleichen Zeitkonstante abklingt wie der asymmetrische Anteil. Es tritt praktisch kaum in Erscheinung, da sich x_d'' und x_q'' meist nur wenig unterscheiden. Im Fall der vereinfachten Vollpolmaschine ist es gar nicht vorhanden.

Der Verlauf des Ankerstroms i_a des Strangs a ist im Bild 17.2 für die beiden Extremfälle größte Asymmetrie (Bild 17.2a) und vollständige Symmetrie (Bild 17.2b) dargestellt.

Der größte Augenblickswert des Kurzschlußstroms, der überhaupt auftreten kann, wird als

Stoßkurzschlußstrom $\quad I_s$

bezeichnet. Er tritt in Erscheinung, wenn für einen der drei Stränge der Extremfall größter Asymmetrie vorliegt, und beträgt ohne Beeinträchtigung durch das Abklingen der einzelnen Komponenten $2\widehat{u}_{(a)}/x_d'' = 2\sqrt{2}U_{(a)}/x_d'' = 2\sqrt{2}I_k''$. Davon ausgehend, wird allgemein formuliert

$$I_s = \kappa\sqrt{2}I_k'' \; ,$$

wobei der *Stoßfaktor* κ eingeführt wurde, für den $\kappa < 2$ gilt.

Der Erregerstrom i_{fd} ergibt sich aus der allgemeinen Beziehung nach Tafel 15.7 [s. auch (15.81)] mit $(u_{fd} - u_{fd(a)}/p) = 0$ unter Einführung der Näherungsbeziehung für $i_d(p)$ nach (17.12) sowie von $G_{fd}(p)$ nach (15.115) und $x_d(p)$ nach (15.109) mit $\widehat{u}_{(a)} = x_{afd}i_{fd(a)}$ nach (17.3) zu

$$\left(i_{fd} - \frac{i_{fd(a)}}{p}\right) = i_{fd(a)}\frac{x_{afd}^2}{x_{ffd}x_d}T_{fd0}\frac{1 + pT_{D0}\left(1 - \dfrac{x_{Dfd}x_{Dad}}{x_{DDd}x_{fad}}\right)}{(1 + pT_d')(1 + pT_d'')}\frac{1}{p^2 + p\dfrac{2}{T_a} + 1} \; .$$

Für die Schenkelpolmaschine lassen sich entsprechend (15.100) und (15.113) sowie

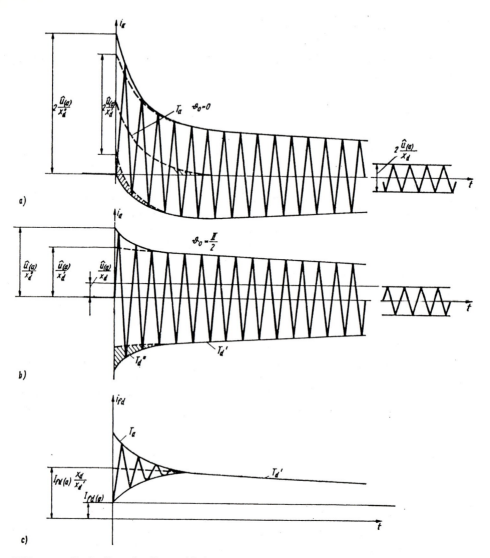

Bild 17.2   Dreipoliger Stoßkurzschluß
a) Ankerstrom i_a im Strang a für den Fall größter Asymmetrie ($\vartheta_0 = 0$ bzw. π); b) Ankerstrom i_a im Strang a für den Fall vollständiger Symmetrie ($\vartheta_0 = \pi/2$ bzw. $3\pi/2$); c) Erregerstrom

mit σ_{afd} nach (15.84) die Näherungen $\dfrac{x_{afd}^2}{x_{ffd}x_d} \approx 1 - \dfrac{x_d'}{x_d}$ und $\dfrac{T_{fd0}}{T_d'} \approx \dfrac{x_d}{x_d'}$ einführen.
Ferner soll angenommen werden, daß $T_{Dd0}(1 - x_{Dfd}x_{Dad}/x_{DDd}x_{fad}) \approx T_d''$ ist, so daß der subtransiente Anteil verschwindet. Damit wird

$$\left(i_{fd} - \frac{i_{fd(a)}}{p}\right) = i_{fd(a)}\left(\frac{x_d}{x_d'} - 1\right)\frac{1}{p + \dfrac{1}{T_d'}}\,\frac{1}{p^2 + p\dfrac{2}{T_a} + 1}\;. \tag{17.17}$$

Die Rücktransformation dieser Beziehung in den Zeitbereich liefert unter Nutzung der Faltungsregel sowie der korrespondierenden Funktionen nach Anhang V

$$i_{fd} - i_{fd(\mathrm{a})} = i_{fd(\mathrm{a})} \left(\frac{x_d}{x_d'} - 1\right) e^{-t/T_d'} * e^{-t/T_\mathrm{a}} \sin t \ .$$

Da für beide Zeitkonstanten $1/T_\nu \ll 1$ gilt, liefert die Durchführung der Faltung entsprechend Anhang VI

$$\boxed{i_{fd} = i_{fd(\mathrm{a})} \left[1 + \left(\frac{x_d}{x_d'} - 1\right) e^{-t/T_d'} - \left(\frac{x_d}{x_d'} - 1\right) e^{-t/T_\mathrm{a}} \cos t\right]} \ . \qquad (17.18)$$

Der Verlauf ist unabhängig von ϑ_0, d.h. unabhängig von der Lage des Polsystems relativ zu den Ankersträngen im Augenblick $t = 0$ des Kurzschlußeintritts. Er ist im Bild 17.2c zusammen mit den Extremfällen des Verlaufs des Ankerstroms i_a dargestellt. Dabei erkennt man folgende Zuordnung: Dem asymmetrischen Anteil im Erregerstrom, der mit der Zeitkonstanten T_d' abklingt, ist ein grundfrequenter Wechselanteil im Ankerstrom zugeordnet. Umgekehrt entspricht dem asymmetrischen Anteil des Ankerstroms, der die Zeitkonstante T_a besitzt, ein grundfrequente Wechselanteil im Erregerstrom. Auf diese Zuordnung wird im Abschnitt 17.1.3 bei der physikalischen Interpretation des Kurzschlußvorgangs noch einmal zurückgekommen. Als Vorbereitung darauf werden im folgenden zunächst die Anfangsverläufe der Ströme betrachtet, d.h. jene Verläufe, die sich einstellen, wenn keinerlei Dämpfung vorhanden ist.

17.1.2 Näherungsbetrachtungen

Der Anfangsverlauf der Ströme kann ermittelt werden, indem man sämtliche Widerstände gegen Null bzw. sämtliche Zeitkonstanten gegen Unendlich gehen läßt. Diese Übergänge lassen sich bereits in den Ausgangsgleichungen (17.4) vornehmen. Dabei wird nach (15.109) $x_d(p) = x_d''$ und nach (15.123) $x_q(p) = x_q''$. Für die Ströme $i_d(p)$ und $i_q(p)$ liefert die Auflösung der (17.5) entsprechenden Beziehungen

$$i_d(p) = -x_{\mathrm{a}fd} i_{fd(\mathrm{a})} \frac{1}{x_d''} \frac{1}{p(p^2 + 1)}$$

$$i_q(p) = -x_{\mathrm{a}fd} i_{fd(\mathrm{a})} \frac{1}{x_q''} \frac{1}{p^2 + 1} \ .$$

Die zugehörigen Zeitverläufe erhält man unmittelbar mit Hilfe der korrespondierenden Funktionen nach Anhang V sowie mit $\widehat{u}_{(\mathrm{a})} = x_{\mathrm{a}fd} i_{fd(\mathrm{a})}$ nach (17.3) zu

$$i_d(t) = -\frac{\widehat{u}_{(\mathrm{a})}}{x_d''}(1 - \cos t) \ , \qquad i_q(t) = -\frac{\widehat{u}_{(\mathrm{a})}}{x_q''} \sin t \ . \qquad (17.19)$$

Damit liefert die Rücktransformation nach (15.35) für den Strom i_a im Ankerstrang a mit $\vartheta = t + \vartheta_0$

$$i_a = -\widehat{u}_{(\mathrm{a})} \left[\frac{1}{x_d''} \cos(t + \vartheta_0) + \frac{1}{2}\left(\frac{1}{x_d''} + \frac{1}{x_q''}\right) \cos \vartheta_0 \right.$$

$$\left. + \frac{1}{2}\left(\frac{1}{x_d''} - \frac{1}{x_q''}\right) \cos(2t + \vartheta_0)\right] \ . \qquad (17.20)$$

Im Gegensatz zur Entwicklung des Verlaufs nach (17.16), der die Dämpfung der einzelnen Komponenten zum Ausdruck bringt, erforderte die Ableitung von (17.20) keinerlei zusätzliche Annahmen, wie sie durch die Verwendung von $N(p)$ nach (17.11), die Vernachlässigung von r im Zähler von $i_q(p)$ sowie die Benutzung der Näherungsbeziehungen für die Faltungsintegrale bei der Entwicklung von (17.16) getroffen werden mußten. Andererseits geht (17.16) in (17.20) über, wenn alle Zeitkonstanten unendlich gesetzt werden. Daraus folgt die wichtige Erkenntnis, daß die oben nochmals genannten zusätzlichen Annahmen nur die Art des Abklingens der einzelnen Komponenten beeinflussen, aber nicht ihre Anfangswerte.

Auf dem soeben beschrittenen Weg zur Bestimmung des Anfangsverlaufs lassen sich auch die unsymmetrischen Kurzschlüsse behandeln (s. Abschnitt 17.2), während die Bestimmung des vollständigen Verlaufs unter Berücksichtigung der Dämpfung der einzelnen Komponenten dort beträchtliche Schwierigkeiten bereitet. Dabei wird das Prinzip der Flußkonstanz angewendet, das bereits im Abschnitt 2.9 als eines der Hilfsmittel zur Entwicklung anwendungsfreundlicher Modelle eingeführt wurde.

Um eine weitere Näherungsmöglichkeit zur Behandlung von nichtstationären Vorgängen am Beispiel des dreipoligen Stoßkurzschlusses zu demonstrieren, wird im folgenden untersucht, welchen Einfluß die Transformationsspannungen $\mathrm{d}\psi_d/\mathrm{d}t$ und $\mathrm{d}\psi_q/\mathrm{d}t$ in den allgemeinen Spannungsgleichungen für u_d und u_q nach Tafel 15.4 ausüben, indem diese bei dem vorliegenden Betrieb in der Nähe der synchronen Drehzahl vernachlässigt werden. Dabei sollen zur zusätzlichen Vereinfachung auch die ohmschen Spannungsabfälle in den Ankersträngen unberücksichtigt bleiben. Damit erhält man aus den Betriebsbedingungen $u_d = 0$ und $u_q = 0$ für die Flußverkettungen:

$$\psi_q = 0 \, , \qquad \psi_d = 0 \, .$$

Daraus folgt mit $\psi_{d(\mathrm{a})} = x_{afd}i_{fd(\mathrm{a})} = \widehat{u}_{(\mathrm{a})}$ über die beiden Flußverkettungsgleichungen in (17.4) für die Ströme

$$i_d(p) = -\frac{\widehat{u}_{(\mathrm{a})}}{p x_d(p)} \, , \qquad i_q(p) = 0 \, .$$

Die Rücktransformation von $i_d(p)$ in den Zeitbereich kann unmittelbar mit Hilfe von (17.13) erfolgen und liefert

$$i_d(t) = -\widehat{u}_{(\mathrm{a})} \left[\frac{1}{x_d} + \left(\frac{1}{x_d'} - \frac{1}{x_d} \right) \mathrm{e}^{-t/T_d'} + \left(\frac{1}{x_d''} - \frac{1}{x_d'} \right) \mathrm{e}^{-t/T_d''} \right] \, .$$

Durch Rücktransformation in den Bereich der Stranggrößen mit Hilfe von (15.35) erhält man als Ankerstrom i_a im Strang a

$$i_{\mathrm{a}}(t) = -\widehat{u}_{(\mathrm{a})} \left[\frac{1}{x_d} + \left(\frac{1}{x_d'} - \frac{1}{x_d} \right) \mathrm{e}^{-t/T_d'} + \left(\frac{1}{x_d''} - \frac{1}{x_d'} \right) \mathrm{e}^{-t/T_d''} \right] \cos(t + \vartheta_0) \, .$$

Ein Vergleich mit (17.16) und (17.20) zeigt, daß unter Vernachlässigung der transformatorischen Spannungen in den Gleichungen für u_d und u_q der asymmetrische und der doppeltfrequente Anteil verschwinden. Wenn andere nichtstationäre Betriebszustände in der Nähe der synchronen Drehzahl von vornherein mit dieser Vereinfachung analysiert werden, ist also mit Ergebnissen zu rechnen, denen vor allem die asymmetrischen Anteile in den Ankerströmen fehlen.

Das Drehmoment während des Kurzschlußvorgangs ergibt sich entsprechend (15.45) aus $m = \psi_d i_q - \psi_q i_d$. Wenn man sich auf den Anfangsverlauf beschränkt, d.h. die Dämpfung der einzelnen Komponenten der Ströme vernachlässigt, und eine vereinfachte Vollpolmaschine voraussetzt $(x_q'' = x_d'')$, erhält man mit $\psi_d = \psi_{d(\mathrm{a})} + x_d'' i_d =$

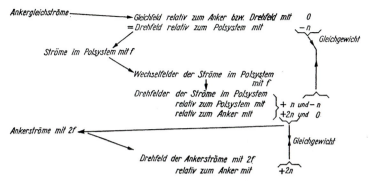

Bild 17.3 Einander bedingende Ströme und Felder beim dreipoligen Stoßkurzschluß, ausgehend von den Ankergleichströmen zur Aufrechterhaltung der Anfangsflußverkettungen der Ankerstränge

$\widehat{u}_{(\mathrm{a})} + x_d'' i_d$ und $\psi_q = x_d'' i_q$ sowie mit (17.19)

$$m = \widehat{u}_{(\mathrm{a})} i_q = -\frac{\widehat{u}_{(\mathrm{a})}^2}{x_d''} \sin t \;.$$

(17.21)

Der Maximalwert des Drehmoments wird als *Stoßkurzschlußdrehmoment* bezeichnet und beträgt nach (17.21)

$$m_{\mathrm{max}} = \frac{\widehat{u}_{(\mathrm{a})}^2}{x_d''} \;.$$

(17.22)

17.1.3 Physikalische Interpretation des Kurzschlußvorgangs

Die physikalische Interpretation des Kurzschlußvorgangs erfolgt – wie bereits angedeutet – zweckmäßig mit Hilfe des Prinzips der Flußkonstanz [s. auch Abschnitt 2.9]. Durch den Kurzschluß der drei Ankerstränge zur Zeit $t = 0$ müssen deren Flußverkettungen für alle Zeiten $t > 0$ jene Werte beibehalten, die sie im Augenblick des Kurzschlusses besaßen. Das gleiche gilt für die Polradkreise, die von vornherein direkt oder über die Erregerspannungsquelle kurzgeschlossen sind. Um die Anfangsflußverkettungen der Ankerstränge aufrechtzuerhalten, sind Ankergleichströme erforderlich. Sie rufen relativ zum Anker ein Gleichfeld hervor, das vom Polsystem aus als Drehfeld beobachtet wird. Es würde die Polradkreise mit einem Wechselfluß der Frequenz $f = pn$ durchsetzen und damit dort die Flußkonstanz stören. Deshalb müssen in den Polradkreisen Wechselströme dieser Frequenz fließen, die das Feld der Ankergleichströme kompensieren. Aufgrund der Unsymmetrie des Polsystems kann jedoch von dorther kein reines Drehfeld aufgebaut werden. Das ist am leichtesten einzusehen, wenn man sich das Polsystem extrem unsymmetrisch, d.h. nur mit einer Erregerwicklung ausgerüstet, vorstellt. In diesem Fall baut das Polsystem ein reines Wechselfeld auf. Dieses Wechselfeld läßt sich in zwei gegenläufige Drehfelder zerlegen. Das erste läuft entgegengesetzt zur Drehrichtung des Läufers um. Es befindet sich relativ zum Anker in Ruhe und kompensiert das Feld der Ankergleichströme. Das zweite bewegt sich relativ zum Polsystem in Richtung der Läuferbewegung, hat also gegenüber dem Anker die Drehzahl $2n$. Es würde die Ankerstränge mit Wechselflüssen der Frequenz $2f$ durchsetzen. Deshalb müssen in den Ankerströmen Komponenten mit der Frequenz

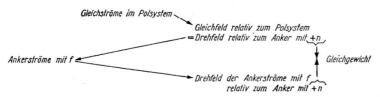

*Bild 17.4   Einander bedingende Ströme und Felder beim dreipoligen Stoßkurzschluß,
ausgehend von den Gleichströmen im Polsystem zur Aufrechterhaltung
der Anfangsflußverkettungen der Polradkreise*

$2f$ auftreten, die dieses Feld kompensieren. Da die Ankerwicklung eine symmetrische
mehrsträngige Wicklung darstellt, reagiert sie auf das gegenläufige Drehfeld des Polsystems mit einem reinen Drehfeld. Die Kette einander bedingender Felder und Ströme
ist damit abgeschlossen. Sie wird gebildet von den Ankergleichströmen, den Wechsel-
strömen im Polsystem mit der Frequenz f und den Ankerströmen mit der Frequenz
$2f$. Damit ist einleuchtend, daß die Wechselströme im Polsystem mit der Frequenz f
und die Ankerströme mit der Frequenz $2f$ im gleichen Maß abklingen wie die Anfangsflußverkettungen der Ankerstränge und die durch sie bedingten Ankergleichströme. Im
Bild 17.3 ist der Mechanismus einander bedingender Ströme und Felder, ausgehend
von den Ankergleichströmen zur Aufrechterhaltung der Anfangsflußverkettungen in
den Ankersträngen, nochmals schematisch dargestellt.

Um die Flußverkettungen der Kreise des Polsystems aufrechtzuerhalten, sind Gleichströme erforderlich. Sie rufen relativ zum Polsystem ein Gleichfeld hervor, das vom
Anker aus als Drehfeld beobachtet wird. Es würde die Ankerstränge mit Wechselflüssen
der Frequenz f durchsetzen. Um das zu vermeiden, müssen Ankerströme gleicher Frequenz fließen, die das Drehfeld der Gleichströme des Polsystems kompensieren. Da die
Ankerwicklung ein symmetrisches, mehrsträngiges Wicklungssystem darstellt, ist dies
möglich, ohne daß neue, zusätzliche Felder entstehen. Den Gleichströmen des Polsystems sind also lediglich die grundfrequenten Ströme der Ankerstränge zugeordnet.
Im gleichen Maß, wie die Gleichströme des Polsystems abklingen, werden auch die
grundfrequenten Ankerwechselströme kleiner. Die schematische Darstellung des Mechanismus einander bedingender Ströme und Felder zeigt Bild 17.4.

17.1.4   Stoßkurzschlußversuch

Der Stoßkurzschlußversuch als Meßverfahren wird bei verminderter Spannung durchgeführt, um Sättigungserscheinungen auszuschalten und die mechanische Beanspruchung der Wicklungen klein zu halten. Der Verlauf des Ankerstroms wird festgehalten. Von diesem Verlauf spaltet man zunächst den asymmetrischen Anteil ab. Seine
Auswertung liefert die Ankerzeitkonstante T_a. Der verbleibende Amplitudengang des
Wechselanteils wird um den stationären Anteil vermindert. Unter Vernachlässigung
des doppeltfrequenten Anteils gewinnt man einen Amplitudengang, der sich aus dem
transienten und dem subtransienten Anteil zusammensetzt.

Die Auswertung erfolgt konventionell dadurch, daß man den Ankerstrom oszillogra-

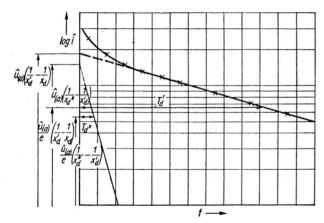

Bild 17.5 *Ermittlung der Zeitkonstanten und Reaktanzen durch Auswertung des Ankerstromverlaufs beim Stoßkurzschlußversuch*
× × × Amplitudenwerte aus dem Oszillogramm; — — — extrapolierter Verlauf

phiert und den asymmetrischen Anteil sowie den Amplitudengang des um den stationären Anteil verminderten Wechselanteils halblogarithmisch darstellt. Dabei gelingt zunächst die Trennung der beiden e-Funktionen, indem der lineare Verlauf, der nach Abklingen des subtransienten Anteils auftritt, zu kleinen Zeiten hin extrapoliert wird.

Die Extrapolation der Verläufe auf den Zeitpunkt $t = 0$ liefert die Anfangswerte der einzelnen Komponenten, aus denen sich die Reaktanzen x_d'' und x_d' berechnen lassen. Die Zeitkonstanten T_d'' und T_d' erhält man als jene Zeit, in der die jeweilige Komponente auf den e-ten Teil des Anfangswerts abgeklungen ist. Bild 17.5 zeigt die Auswertung des Amplitudengangs der Wechselanteile. Die routinemäßige Auswertung wird man mit Hilfe der modernen Rechentechnik, vornehmen. Wenn der Ankerstromverlauf mit Hilfe von AD-Wandlern digitalisiert wird, kann auf das Aufnehmen des Oszillogramms verzichtet und die gesamte Auswertung dem Rechner übertragen werden.

17.2 Unsymmetrische Stoßkurzschlüsse

17.2.0 Ausgangsüberlegungen

Die stationären Kurzschlußströme bei unsymmetrischen Kurzschlüssen sind im Abschnitt 16.1.2 als Sonderfälle des Betriebs der Synchronmaschine unter unsymmetrischen Betriebsbedingungen ermittelt worden. Die Übergangsvorgänge unmittelbar nach Eintritt des symmetrischen dreipoligen Kurzschlusses wurden im vorangegangenen Abschnitt behandelt. Im folgenden sollen nunmehr die Übergangsvorgänge beim plötzlichen Auftreten eines unsymmetrischen Kurzschlusses untersucht werden. Dabei bereitet die Ermittlung des vollständigen Verlaufs der Ströme beträchtliche Schwierigkeiten. Es wird deshalb von vornherein darauf orientiert, nur die Anfangsverläufe zu bestimmen, d.h. jene Verläufe, die im Fall des Fehlens jeglicher Dämpfung auftreten würden. Das geschieht auf der Grundlage der Anwendung des Prinzips der Flußkonstanz, das im Abschnitt 2.9 allgemein als Hilfsmittel zur Entwicklung anwendungsfreundlicher Modelle eingeführt und im Abschnitt 17.1.2 auch auf den dreipoligen Kurzschluß angewendet wurde. Die Drehzahl wird als konstant vorausgesetzt und gleich der synchronen Drehzahl bei Bemessungsfrequenz angenommen; es ist also $d\vartheta/dt = 1$. Als Hilfsmittel für die Analyse werden die α-β-0-Komponenten herangezogen [s. Abschnitt 15.5].

17.2.1   Allgemeine Analyse des Anfangsverlaufs

Auf der Grundlage der Anwendung des Prinzips der Flußkonstanz, d.h. für $T_\nu = \infty$, erhält man aus (15.109) $x_d(p) = x_d''$ und aus (15.123) $x_q(p) = x_q''$. Die Erregerwicklung liegt während des Kurzschlußvorgangs an der konstanten Spannung $u_{fd} = u_{fd(a)} = U_{fd}$. Damit gehen die beiden Flußverkettungsgleichungen in Tafel 15.7 [s. auch (15.80) und (15.118)] bei Darstellung im Zeitbereich über in

$$\left.\begin{aligned}
\psi_d &= x_d'' i_d + (\psi_{d(a)} - x_d'' i_{d(a)}) \\[2mm]
\psi_q &= x_q'' i_q + (\psi_{q(a)} - x_q'' i_{q(a)})
\end{aligned}\right\} \tag{17.23}$$

Von diesen Beziehungen ausgehend, sollen die Flußverkettungsgleichungen im Bereich der α-β-0-Komponenten ermittelt werden. Das läßt sich mit Hilfe der Transformationsbeziehungen (15.57) und (15.58) erreichen, die zwischen den d-q-0- und den α-β-0-Komponenten vermitteln. Dabei ist zu beachten, daß diese Beziehungen auch für die Anfangswerte gelten. Damit erhält man

$$\begin{aligned}
\psi_\alpha &= \psi_d \cos\vartheta - \psi_q \sin\vartheta \\[2mm]
&= \left[x_d''(i_\alpha \cos\vartheta + i_\beta \sin\vartheta) + (\psi_{\alpha(a)} - x_d'' i_{\alpha(a)})\cos\vartheta_{(a)} - (\psi_{\beta(a)} - x_d'' i_{\beta(a)})\sin\vartheta_{(a)} \right]\cos\vartheta \\[2mm]
&\quad + \left[x_q''(i_\alpha \sin\vartheta - i_\beta \cos\vartheta) + (\psi_{\alpha(a)} - x_q'' i_{\alpha(a)})\sin\vartheta_{(a)} - (\psi_{\beta(a)} - x_q'' i_{\beta(a)})\cos\vartheta_{(a)} \right]\sin\vartheta \\[3mm]
\psi_\beta &= \psi_d \sin\vartheta + \psi_q \cos\vartheta \\[2mm]
&= \left[x_d''(i_\alpha \cos\vartheta + i_\beta \sin\vartheta) + (\psi_{\alpha(a)} - x_d'' i_{\alpha(a)})\cos\vartheta_{(a)} + (\psi_{\beta(a)} - x_d'' i_{\beta(a)})\sin\vartheta_{(a)} \right]\sin\vartheta \\[2mm]
&\quad - \left[x_q''(i_\alpha \sin\vartheta - i_\beta \cos\vartheta) + (\psi_{\alpha(a)} - x_q'' i_{\alpha(a)})\sin\vartheta_{(a)} - (\psi_{\beta(a)} - x_q'' i_{\beta(a)})\cos\vartheta_{(a)} \right]\cos\vartheta \\[3mm]
\psi_0 &= x_0 i_0
\end{aligned}$$

$$(17.24) \qquad (17.25) \qquad (17.26)$$

Außerdem gelten die Spannungsgleichungen (15.59) des Ankers im Bereich der α-β-0-Komponenten, wobei entsprechend der Absicht, den Anfangsverlauf zu ermitteln, $r = 0$ zu setzen ist. Damit liefert das Prinzip der Flußkonstanz für eine Betriebsbedingung $u_\nu = 0$ die Aussage $\psi_\nu = \psi_{\nu(a)}$. Die Anfangswerte der Ströme und Flußverkettungen erhält man aus dem vorangehenden stationären Ausgangszustand. Die Betriebsbedingungen des Ausgleichsvorgangs müssen in den Bereich der α-β-0-Komponenten transformiert werden. Damit lassen sich dann (17.24) bis (17.26) unter Hinzuziehen der Spannungsgleichungen (15.59) lösen. Das Drehmoment erhält man über (15.60). Zur Demonstration des Vorgehens wird im folgenden Abschnitt der zweipolige Kurzschluß bei vorangehendem Leerlauf untersucht.

17.2.2   Anfangsverlauf des zweipoligen Stoßkurzschlusses

Die Betriebsbedingungen des Ausgleichsvorgangs wurden bereits im Abschnitt 15.7.1 anhand von Bild 15.5 zur Veranschaulichung der Vorgehensweise bei der Anwendung der α-β-0-Komponenten formuliert. Der Kurzschluß wird durch das Schließen des

Schalters S zur Zeit $t = 0$ mit $\vartheta = \vartheta_{(\mathrm{a})} = \vartheta_0$ eingeleitet. Die Betriebsbedingungen des vorangehenden Leerlaufs als stationärer Ausgangszustand sind gegeben als:

$$i_a = 0 \; ; \quad i_b = 0 \; ; \quad i_c = 0 \; ; \quad u_{fd} = u_{fd(\mathrm{a})} = U_{fd} \; ; \quad \frac{\mathrm{d}\vartheta}{\mathrm{d}t} = 1 \; .$$

Sie liefern mit Hilfe von (15.54) unmittelbar die Anfangswerte der Ströme im Bereich der α-β-0-Komponenten zu:

$$i_{\alpha(\mathrm{a})} = 0 \; ; \quad i_{\beta(\mathrm{a})} = 0 \; ; \quad i_{0(\mathrm{a})} = 0 \; . \tag{17.27}$$

Die Anfangswerte der Flußverkettungen im Bereich der d-q-0-Komponenten können aus den entsprechenden Untersuchungen des dreipoligen Kurzschlusses im Abschnitt 17.1 übernommen werden. Sie ergeben sich natürlich auch aus der Analyse des stationären Betriebs im Abschnitt 15.8.7. Man erhält aus (17.2) und (17.3)

$$\psi_{d(\mathrm{a})} = x_{\mathrm{a}fd}i_{fd(\mathrm{a})} = x_{\mathrm{a}fd}\frac{U_{fd}}{r_{fd}} = \widehat{u}_{(\mathrm{a})}$$

$$\psi_{q(\mathrm{a}))} = 0 \; .$$

Die Anfangswerte der Flußverkettungen im Bereich der α-β-0-Komponenten folgen daraus mit Hilfe der Transformationsbeziehungen (15.57) und $\vartheta_{(\mathrm{a})} = \vartheta_0$ zu

$$\psi_{\alpha(\mathrm{a})} = \widehat{u}_{(\mathrm{a})}\cos\vartheta_0 \; , \tag{17.28}$$

$$\psi_{\beta(\mathrm{a})} = \widehat{u}_{(\mathrm{a})}\sin\vartheta_0. \tag{17.29}$$

Die Betriebsbedingungen für den Ausgleichsvorgang sind mit Bild 15.5 gegeben als [s. auch Abschnitt 15.7.1]:

$$u_b - u_c = 0 \; ; \quad i_a = 0 \; ; \quad i_b = -i_c \; ; \quad u_{fd} = u_{fd(\mathrm{a})} = U_{fd} \; ; \quad \vartheta = t + \vartheta_0 \; .$$

Sie nehmen unter Anwendung der Transformationsbeziehungen (15.54) im Bereich der α-β-0-Komponenten die Form

$$u_\beta = 0 \; ; \quad i_\alpha = 0 \; ; \quad i_0 = 0 \; ; \quad u_{fd} = u_{fd(\mathrm{a})} = U_{fd} \; ; \quad \vartheta = t + \vartheta_0 \tag{17.30}$$

an. Aus $u_\beta = 0$ folgt unter Anwendung des Prinzips der Flußkonstanz mit (17.29)

$$\psi_\beta = \psi_{\beta(\mathrm{a})} = \widehat{u}_{(\mathrm{a})}\sin\vartheta_0 \; . \tag{17.31}$$

Damit erhält man aus (17.25) unter Beachtung der übrigen Betriebsbedingungen nach (17.30) und der Anfangsbedingungen nach (17.27)

$$\widehat{u}_{(\mathrm{a})}\sin\vartheta_0 = x_d''\sin^2\vartheta i_\beta + \widehat{u}_{(\mathrm{a})}\sin\vartheta + x_q''\cos^2\vartheta i_\beta \; .$$

Daraus folgt unmittelbar

$$i_\beta = -\widehat{u}_{(\mathrm{a})}\frac{\sin\vartheta - \sin\vartheta_0}{\dfrac{x_d'' + x_q''}{2} + \dfrac{x_q'' - x_d''}{2}\cos 2\vartheta} \; . \tag{17.32}$$

Die Rücktransformation in den Bereich der Stranggrößen entsprechend (15.55) liefert für die Strangströme unter Beachtung von $i_\alpha = i_0 = 0$ nach (17.30):

$$\boxed{i_b = -i_c = \frac{1}{2}\sqrt{3}i_\beta = -\frac{\widehat{u}_{(\mathrm{a})}\sqrt{3}(\sin\vartheta - \sin\vartheta_0)}{(x_d + x_q'') + (x_q'' - x_d'')\cos 2\vartheta}} \; . \tag{17.33}$$

Der Ankerstrom setzt sich aus einem konstanten Anteil i_{b0} und einem periodischen Anteil $i_{b\mathrm{per}}(t)$ zusammen. Der periodische Anteil ist nicht rein sinusförmig, sondern stellt eine unendliche Folge von Harmonischen dar. Im Bild 17.6 ist der Verlauf $i_b = f(t)$ dargestellt. Dabei wurde mit $\vartheta_0 = 0$ gerechnet, so daß der Gleichanteil verschwindet. Man erkennt, daß der Stromverlauf beträchtlich von der Sinusform abweicht und alle ungeradzahligen Harmonischen enthält. Wenn $\vartheta_0 \neq 0$ ist, treten neben dem Gleichanteil auch die geradzahligen Harmonischen auf.

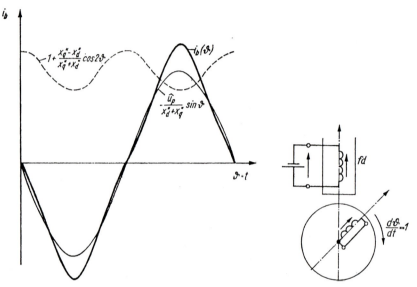

Bild 17.6 Anfangsverlauf des Ankerstroms
beim zweipoligen Stoßkurzschluß
für $\vartheta_0 = 0$; $x_d'' = 0,2$; $x_q'' = 0,25$

Bild 17.7 Schematische Darstellung
einer Synchronmaschine
im zweipoligen Kurzschluß,
wenn im Polsystem nur die
Erregerwicklung vorhanden ist

Die Entstehung der Harmonischen in (17.33) läßt sich mit Hilfe des Prinzips der Flußkonstanz verfolgen. Dabei soll zur Vereinfachung wiederum ein extrem unsymmetrisches Polsystem angenommen werden, das nur die Erregerwicklung aufweist. Die wirksame Ankerwicklung besteht aus der Hintereinanderschaltung der beiden Stränge b und c. Sie stellt demnach ebenfalls eine einachsige Wicklung dar und kann durch einen Wicklungsstrang ersetzt werden. Man erhält die schematische Darstellung der zu betrachtenden Anordnung nach Bild 17.7.

Das Prinzip der Flußkonstanz fordert eine zeitlich konstante Flußverkettung der Erregerwicklung, die durch einen Gleichstrom aufrechterhalten wird. Das Feld dieses Gleichstroms beobachtet man vom Anker her als Drehfeld[1]. Es würde die Ankerwicklung mit einem Wechselfluß der Frequenz $f = pn$ durchsetzen. Um das zu vermeiden, muß in der Ankerwicklung ein Wechselstrom dieser Frequenz fließen, der das Feld des Gleichstroms im Polsystem kompensiert. Da die Ankerwicklung nur einen Strang hat, wird jedoch anstelle des erforderlichen Drehfelds ein Wechselfeld erzeugt. Seine mitlaufende Komponenten in bezug auf das Polsystem kompensiert das Feld des Gleichstroms. Die gegenläufige Komponente läuft mit der Drehzahl $-n$ um, d.h. ent-

---

[1] Die folgenden Betrachtungen gehen von der üblichen Anordnung aus, bei der die Ankerwicklung im Ständer untergebracht ist.

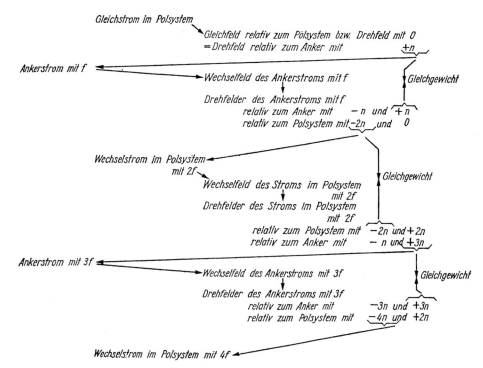

Bild 17.8 Einander bedingende Ströme und Felder beim zweipoligen Kurzschluß, ausgehend vom Gleichstrom im Polsystem zur Aufrechterhaltung der Anfangsflußverkettung

gegengesetzt zur Bewegung des Polsystems. Sie wird vom Polsystem aus als Drehfeld beobachtet, das sich mit der doppelten Drehzahl entgegengesetzt zum Umlaufsinn des Polsystems bewegt. Es würde die Erregerwicklung mit Wechselflüssen der Frequenz $2f$ durchsetzen. Daher muß im Polsystem ein Wechselstrom dieser Frequenz fließen, dessen gegenläufiges Drehfeld das Ursachenfeld des Ankers kompensiert. Sein mitlaufendes Feld bewegt sich mit der dreifachen Drehzahl relativ zum Anker und hat dort einen Strom der Frequenz $3f$ zur Folge. Das Feld dieses Stroms kompensiert zunächst sein Ursachenfeld, besteht aber andererseits wiederum aus einer weiteren Komponente, die sich nunmehr mit der dreifachen Drehzahl entgegengesetzt zum Umlaufsinn des Polsystems bewegt. Sie hat relativ zum Polsystem die vierfache Drehzahl und damit einen Strom der Frequenz $4f$ zur Folge. Auf diese Weise entsteht eine Folge einander bedingender Komponenten der Ströme im Anker- und im Polsystem. Sie gehen vom Gleichstrom im Polsystem aus und bestehen aus sämtlichen geradzahligen Harmonischen im Strom des Polsystems sowie sämtlichen ungeradzahligen Harmonischen im Ankerstrom. Diese Komponenten klingen im selben Maß wie der Gleichstrom des Polsystems auf den stationären Endwert ab. Der Mechanismus der Entstehung einander bedingender Ströme und Felder, ausgehend vom Gleichstrom im Polsystem zur Aufrechterhaltung der Anfangsflußverkettung, ist im Bild 17.8 nochmals schematisch dargestellt.

Um die Flußverkettung der Ankerwicklung aufrechtzuerhalten, die im Schaltaugenblick vorhanden war, fließt dort ein Gleichstrom. Sein Feld löst einen analogen Mechanismus aus wie der Gleichstrom im Polsystem. Es sind lediglich die Rollen von Ständer und Läufer vertauscht. Man erhält eine zweite Folge einander bedingender Ströme. Sie besteht aus dem Ankergleichstrom sowie sämtlichen geradzahligen Harmonischen im

Ankerstrom und sämtlichen ungeradzahligen im Strom des Polsystems. Diese Komponenten treten nach Maßgabe der Größe der Flußverkettung auf, die der Anker im Schaltaugenblick besitzt. Sie existieren also nicht, wenn die Ankerflußverkettung im Schaltaugenblick Null ist, wie für den im Bild 17.6 dargestellten Stromverlauf. Außerdem verschwindet die gesamte Folge von Strömen mit dem Abklingen des Ankergleichstroms, so daß die entsprechenden Harmonischen im stationären Kurzschlußstrom fehlen.

Im *Sonderfall der vereinfachten Vollpolmaschine* mit $x_q'' = x_d''$ geht (17.33) über in

$$i_b = -i_c = \frac{1}{2}\sqrt{3}\,i_\beta = -\frac{\widehat{u}_{(a)}\sqrt{3}}{2x_d''}(\sin\vartheta - \sin\vartheta_0) \ . \tag{17.34}$$

Es verschwinden sämtliche Harmonischen, deren Ursache also die elektrische und magnetische Asymmetrie des Polsystems ist. Für ψ_α erhält man in diesem Fall aus (17.24)

$$\psi_\alpha = \widehat{u}_{(a)}\cos\vartheta \ .$$

Damit wird das Drehmoment unter Beachtung von $i_\alpha = 0$

$$m = \psi_\alpha i_\beta = -\frac{\widehat{u}_{(a)}^2}{x_d''}\left[\frac{1}{2}\sin 2\vartheta - \sin\vartheta_0\cos\vartheta\right] \ . \tag{17.35}$$

Die zweite Komponente des Drehmoments wird am größten, wenn $\vartheta_0 = +\pi/2$ oder $\vartheta_0 = -\pi/2$ ist. Aus $\partial m/\partial\vartheta = 0$ erhält man für die Lage des Drehmomentmaximums im ersten Fall $\vartheta = \pi/6$ und im zweiten $\vartheta = 7\pi/6$. Damit liefert (17.35) für das *Stoßkurzschlußdrehmoment*

$$m_{\max} = \frac{3}{4}\sqrt{3}\,\frac{\widehat{u}_{(a)}^2}{x_d''} \ . \tag{17.36}$$

Ein Vergleich mit (17.22) zeigt, daß das Stoßkurzschlußdrehmoment um den Faktor $\frac{3}{4}\sqrt{3}$, d.h. um etwa 30 % größer wird als beim dreipoligen Kurzschluß.

17.2.3   Modell der Synchronmaschine für die routinemäßige Behandlung unsymmetrischer Kurzschlüsse im Netz

Die routinemäßige Behandlung unsymmetrischer Kurzschlüsse im Netz geht von folgenden, aus den bisherigen Untersuchungen spezieller Kurzschlußfälle einer einzelnen Synchronmaschine ableitbaren Überlegungen aus:

— Um die Beanspruchung der Betriebsmittel durch den Kurzschlußstrom zu kennen, genügt es, den Anfangsverlauf des Kurzschlußstroms zur ermitteln, d.h. den Verlauf ohne Berücksichtigung der Dämpfung der einzelnen Anteile.

— Wenn die Synchronmaschine als vereinfachte Vollpolmaschine betrachtet wird, besteht der Anfangsverlauf aus einem Gleichanteil, der vom Schaltaugenblick abhängt, und einem grundfrequenten Wechselanteil, dem Stoßkurzschlußwechselstrom I_k''.

— Man erhält den grundfrequenten Anteil allein, wenn in den Spannungsgleichungen im Bereich der d-q-0-Komponenten die transformatorische Spannung gegenüber der rotatorischen vernachlässigt wird.

Es liegt der Gedanke nahe, den Stoßkurzschlußwechselstrom eines beliebigen Kurzschlußfalls in einem Netz mit Hilfe der Theorie der symmetrischen Komponenten zu berechnen, und davon ausgehend, den Stoßstrom I_S mit Hilfe eines Stoßfaktors $\kappa < 2$ als

$$I_s = \kappa I_k''$$

zu bestimmen. Dazu ist es erforderlich, ein Modell für das Verhalten der Synchronmaschine gegenüber den symmetrischen Komponenten des Stoßkurzschlußwechselstroms zu entwickeln. Natürlich ist es jetzt unerläßlich zu berücksichtigen, daß vor Eintritt des Kurzschlusses endliche Ströme in der Maschine fließen.

Das Verhalten der vereinfachten Vollpolmaschinen gegenüber dem Mitsystem des Stoßkurzschlußwechselstroms erhält man nach den vorstehenden Überlegungen, indem das Prinzip der Flußkonstanz vorausgesetzt und in den Spannungsgleichungen für u_d und u_q zusätzlich der transformatorische Anteil vernachlässigt wird. Dann ist entsprechend Tafel 15.4 mit $d\vartheta/dt = 1$

$$u_d = -\psi_q \ , \qquad u_q = \psi_d \ .$$

Für die Flußverkettungen gelten, entsprechend den eingangs zum Abschnitt 17.2.1 angestellten Überlegungen, die Gleichungen (17.23) mit $x_q'' = x_d''$. Damit erhält man in der Darstellung mit komplexen Augenblickswerten

$$u_d + ju_q = jx_d''(i_d + ji_q) + j[(\psi_{d(a)} - x_d'' i_{d(a)}) + j(\psi_{q(a)} - x_d'' i_{q(a)})] \ . \qquad (17.37)$$

Da die Stranggrößen des Stoßkurzschlußwechselstroms eingeschwungene Sinusgrößen sind, gilt für die Beziehung zwischen $g_d + jg_q$ und der Darstellung $\underline{g} = \underline{g}_a$ der komplexen Wechselstromrechnung für diese eingeschwungenen Sinusgrößen des Strangs a (15.50) mit $\vartheta = \omega_1 t + \vartheta_0 = t + \vartheta_0$. Damit erhält man, wenn gleichzeitig nunmehr die Kennzeichnung als Mitsystem vorgenommen wird,

$$\boxed{\underline{u}_m = jx_d'' \underline{i}_m + \underline{u}_{p(a)}''} \ . \qquad (17.38)$$

Dabei steht $\underline{u}_{p(a)}''$ als Abkürzung für den Ausdruck, der sich aus dem zweiten Glied der rechten Seite von (17.37) ergibt. Er braucht explizit gar nicht ausgerechnet zu werden, da ohnehin $\underline{u}_{p(a)}''$ mit Hilfe von (17.38) aus dem stationären Ausgangszustand als

$$\boxed{\underline{u}_{p(a)}'' = \underline{u}_{m(a)} - jx_d'' \underline{i}_{m(a)}} \ . \qquad (17.39)$$

ermittelt wird. Im Bild 17.9 wird dies im Zeigerbild demonstriert. Die Spannung $\underline{u}_{p(a)}''$ wird als „Spannung hinter der subtransienten Reaktanz" oder auch als „treibende Spannung" bezeichnet.

Das Verhalten der vereinfachten Vollpolmaschine gegenüber einem Gegensystem des Stoßkurzschlußwechselstroms erhält man unmittelbar als

$$\boxed{\underline{u}_g = jx_2 \underline{i}_g} \ . \qquad (17.40)$$

Es gilt die gleiche Beziehung wie gegenüber einem Gegensystem im Fall des stationären Betriebs [s. (16.9)] mit $x_2 \approx x_d''$, entsprechend der vorausgesetzten vereinfachten Vollpolmaschine. Eine „treibende Spannung", herrührend von den Feldern des vorangehenden stationären Betriebs, die das Polsystem entsprechend dem Prinzip der Flußkonstanz festhält, existiert nicht. Für das Nullsystem gilt unverändert [s. (16.15)]

$$\boxed{\underline{u}_0 = jx_0 \underline{i}_0} \ . \qquad (17.41)$$

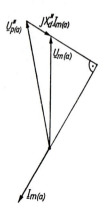

Bild 17.9
Ermittlung der „Spannung hinter der subtransienten Reaktanz"
aus dem Zeigerbild des dem Kurzschluß
vorangehenden stationären Betriebszustands

Die Betriebsbedingungen für die symmetrischen Komponenten des zweipoligen Kurzschlusses waren im Abschnitt 16.1.2 entwickelt worden. Durch Einführen der Spannungsgleichungen (17.38) und (17.40) folgt aus $\underline{u}_\mathrm{m} - \underline{u}_\mathrm{g} = 0$

$$\mathrm{j}x''_d \underline{i}_\mathrm{m} + \underline{u}''_{p(\mathrm{a})} - \mathrm{j}x_2 \underline{i}_\mathrm{g} = 0$$

und damit

$$\underline{i}_b = -\mathrm{j}\sqrt{3}\,\underline{i}_\mathrm{m} = \mathrm{j}\sqrt{3}\,\underline{i}_\mathrm{g} = \frac{\sqrt{3}}{x''_d + x_2}\underline{u}''_{p(\mathrm{a})}$$

Mit $x_2 = x''_d$ und für den Fall des vorangehenden Leerlaufs, d.h. für $\widehat{\underline{u}}''_{p(\mathrm{a})} = \widehat{u}_{(\mathrm{a})}$, erhält man also den gleichen Betrag des Stoßkurzschlußwechselstroms wie in (17.34).

17.3 Übergangsvorgänge in der Nähe des Synchronismus bei $n \neq$ konst. und großen Änderungen einzelner Größen

17.3.0 Ausgangsüberlegungen

Wenn die Drehzahl der Maschine nicht konstant ist bzw. nicht als konstant angesehen werden kann und einzelne Variable große Änderungen durchlaufen, lassen sich weder das Gleichungssystem nach Tafel 15.7 noch das linearisierte Gleichungssystem (15.159) bis (15.161) anwenden. Es muß das allgemeine, nichtlineare Gleichungssystem herangezogen werden, wie es in Tafel 15.1 bzw. nach Einführung der d-q-0-Komponenten und bezogener Größen in Tafel 15.4 zusammengefaßt wurde. Seine Lösung für ein spezielles Problem ist deshalb nur mit Hilfe der Rechentechnik möglich. Überschaubare geschlossene Lösungen erfordern einschneidende Näherungen. Der Kreis der im folgenden zu betrachtenden Probleme soll deshalb von vornherein auf solche beschränkt werden, bei denen die Maschine an einem starren, symmetrischen Netz arbeitet. In diesem Fall lassen sich die Betriebsbedingungen für die Ankerstränge mit Hilfe von (15.50) unmittelbar in den Bereich der d-q-0-Komponenten transformieren. Man erhält, ausgehend von $u_\mathrm{a} = \widehat{u}\cos(t + \varphi_u)$ [s. z.B.(15.137)], d.h. mit $\omega_1 = 1$, $u_d + \mathrm{j}u_q = \underline{u}\,\mathrm{e}^{\mathrm{j}(t-\vartheta)} = \widehat{u}\,\mathrm{e}^{\mathrm{j}(t-\vartheta+\varphi_u)}$ und damit

$$u_d = \widehat{u}\cos(t - \vartheta + \varphi_u)\,, \qquad u_q = \widehat{u}\sin(t - \vartheta + \varphi_u)\,. \tag{17.42}$$

Die Analyse kann unmittelbar unter Verwendung der d-q-0-Komponenten, d.h. auf der Grundlage des Gleichungssystems nach Tafel 15.4 durchgeführt werden. Dabei kommen allerdings nunmehr die Nichtlinearitäten $(\mathrm{d}\vartheta/\mathrm{d}t)\psi_q$, $(\mathrm{d}\vartheta/\mathrm{d}t)\psi_d$, $\psi_d i_q$ und $\psi_q i_d$ zur Wirkung, so daß die Integration des Gleichungssystems nach wie vor Schwierigkeiten bereitet und letztlich die Rechentechnik herangezogen werden muß. Auf der Grundlage einiger Vereinfachungen läßt sich ein Apparat zur Verfügung stellen, der eine Reihe von speziellen Vorgängen einer überschaubaren und anschaulichen Analyse zugänglich macht. Dieser Apparat wird in den folgenden Abschnitten entwickelt und angewendet.

17.3.1 Entwicklung eines Modells der Synchronmaschine bei Betrieb am starren symmetrischen Netz

Aus der Sicht des Betriebs am starren symmetrischen Netz bei Drehzahlen, die in der Nähe der synchronen Drehzahl n_0 liegen, bietet sich eine Darstellung in Netzkoordinaten an. Dabei gilt für die komplexen Ständergrößen mit $\vartheta_\mathrm{K} = \vartheta_\mathrm{N} = \omega_1 t = t$, ausgehend von (8.52),

$$\vec{g}_1^{\,\mathrm{N}} = \vec{g}_1^{\,\mathrm{S}}\, \mathrm{e}^{-\mathrm{j}t} \; . \tag{17.43}$$

Insbesondere erhält man für das symmetrische Dreiphasensystem der Strangspannungen aus (8.93)

$$\vec{u}_1^{\,\mathrm{N}} = \underline{u}_1 = \underline{u}_{1a} \; . \tag{17.44}$$

Die komplexe Ständerspannung ist im Netzkoordinatensystem zeitlich konstant und identisch der Spannung des Strangs a in der Darstellung der komplexen Wechselstromrechnung. Die anderen komplexen Variablen ändern sich nach Maßgabe des Zeitverhaltens der zugeordneten Augenblickswerte und der Abweichung der augenblicklichen Läuferdrehzahl $n = (1-s)n_0$ von der synchronen Drehzahl n_0. Letzteres wirkt unmittelbar auf die Winkelgeschwindigkeit der komplexen Variablen im Netzkoordinatensystem. Im Bild 17.10a ist ein Verlauf $\vec{g}_1^{\,\mathrm{N}}(t)$ zusammen mit der konstanten Ständerspannung $\vec{u}_1^{\,\mathrm{N}}$ als Beispiel dargestellt. Im Verein mit der Voraussetzung $s \ll 1$ sind die Änderungen der komplexen Variablen so hinreichend langsam, daß man das Glied $\mathrm{d}\vec{\psi}_1^{\,\mathrm{N}}/\mathrm{d}t$ in der komplexen Spannungsgleichung entsprechend (8.54) gegenüber dem Glied $\mathrm{j}(\mathrm{d}\vartheta_\mathrm{N}/\mathrm{d}t)\vec{\psi}_1^{\,\mathrm{N}}$ vernachlässigen kann.

Der Zeitverlauf einer beliebigen Veränderlichen $\vec{g}_1^{\,\mathrm{N}}(t)$ läßt sich formulieren als

$$\vec{g}_1^{\,\mathrm{N}}(t) = \widehat{g}_1^{\,\mathrm{N}}(t)\, \mathrm{e}^{\mathrm{j}\varphi_{g1\mathrm{N}}(t)} \; . \tag{17.45}$$

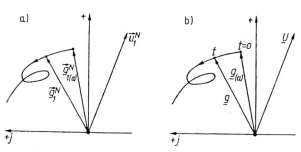

Bild 17.10 Darstellung der Ständerspannung und einer anderen Ständergröße für Vorgänge in der Nähe des Synchronismus bei Betrieb am starren symmetrischen Netz
a) als komplexe Augenblickswerte in Netzkoordinaten
b) als quasisinusförmige Größen in der Darstellung der komplexen Wechselstromrechnung

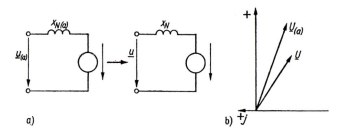

Bild 17.11   Einfluß von Schalthandlungen im vorgeschalteten Netz
a) der Parameter der Ersatzschaltung des Netzes; b) Änderung der Spannung des Netzes von $\underline{U}_{(a)}$ vor der Störung auf $\underline{U}$ zum Zeitpunkt des Einsatzes der Störung

Mit $\vec{g}_1^S(t) = \vec{g}_1^N e^{jt}$ und den Gleichungen (8.10) bis (8.12) folgt daraus, daß die zugehörigen Augenblickswerte der Stranggrößen ein symmetrisches Dreiphasensystem positiver Phasenfolge bilden, bei dem sich die Amplituden und Phasenlagen als Funktion der Zeit ändern. Sie bilden also quasisinusförmige Größen. Insbesondere gilt für den Strang a in der Darstellung der komplexen Wechselstromrechnung mit (8.93)

$$\left.\begin{array}{c} \underline{g}_1 = \widehat{g}_1(t)\, e^{j\varphi_{g1}(t)} \\[2mm] \text{mit} \\[2mm] \widehat{g}_1(t) = \widehat{g}_1^N(t)\,, \qquad \varphi_{g1}(t) = \varphi_{g1N}(t)\,. \end{array}\right\} \tag{17.46}$$

Die komplexen Augenblickswerte der Ständergrößen im Netzkoordinatensystem sind also auch während der zu betrachtenden Übergangsvorgänge den quasisinusförmigen Größen des Strangs a in der Darstellung der komplexen Wechselstromrechnung identisch. Um diese Identität zu demonstrieren, ist im Bild 17.10b das Zeigerbild der Größen des Strangs a dargestellt, das der Darstellung des komplexen Augenblickswerts in Netzkoordinaten nach Bild 17.10a entspricht. Aufgrund der großen Vertrautheit im Umgang mit der Darstellung der komplexen Wechselstromrechnung wird im folgenden stets diese gewählt. Die Ableitungen selbst werden im Bereich der d-q-0-Komponenten durchgeführt, d.h. im Koordinatensystem des Polsystems. Das geschieht, um die elektrische und magnetische Asymmetrie des Polsystems berücksichtigen zu können und die Anwendung des Prinzips der Flußkonstanz auf die Kreise des Polsystems bequem zu ermöglichen.

Das der zu untersuchenden Synchronmaschine vorgeschaltete Netz läßt sich darstellen als Reihenschaltung der starren Netzspannung und einer Reaktanz x_N, die dem komplexen Innenwiderstand des Netzes zugeordnet ist.

Der Kreis zu behandelnder Übergangsvorgänge soll solche einschließen, bei denen Schalthandlungen im vorgeschalteten Netz stattfinden. Dadurch ändert sich zur Zeit $t = 0$ die Spannung von einem Anfangswert $\underline{u}_{1(a)}$ auf $\underline{u}_1$ und die innere Reaktanz des Netzes von $x_{N(a)}$ auf x_N. Im Bild 17.11 werden die Verhältnisse erläutert.

Da die innere Reaktanz des Netzes dadurch zu berücksichtigen ist, daß man alle vom Ständer der Maschine aus gesehenen Reaktanzen (x_d, x_d', x_d'', x_q, x_q'') um ihren Wert erhöht ($x_d + x_N \Rightarrow x_d$ usw.), ändern sich die wirksamen Maschinenreaktanzen durch die Schalthandlung im Netz von $x_{(a)}$ auf x. Im Zuge der weiteren Analyse ist zu beachten, daß für die Untersuchung des stationären Ausgangszustands die Spannung $\underline{u}_{1(\mathrm{a})}$ und die Reaktanzen $x_{\nu(\mathrm{a})}$ maßgebend sind, während der Übergangsvorgang an der Spannung $\underline{u}_1$ und mit den Reaktanzen x_ν stattfindet.

Zwischen der Darstellung der Ständerflußverkettung in Netzkoordinaten und der in Läuferkoordinaten vermittelt entsprechend (8.52) mit $\vartheta - \vartheta_{\mathrm{K}} = \vartheta - t$

$$\vec{\psi}_1^{\mathrm{N}} = \vec{\psi}_1^{\mathrm{L}}\, \mathrm{e}^{\mathrm{j}(\vartheta - t)} \; .$$

Daraus folgt für den transformatorischen Anteil $\mathrm{d}\vec{\psi}_1^{\mathrm{N}}/\mathrm{d}t$ in der komplexen Spannungsgleichung in Netzkoordinaten

$$\frac{\mathrm{d}\vec{\psi}_1^{\mathrm{N}}}{\mathrm{d}t} = \frac{\mathrm{d}\vec{\psi}_1^{\mathrm{L}}}{\mathrm{d}t}\, \mathrm{e}^{\mathrm{j}(\vartheta - t)} + \mathrm{j}\left(\frac{\mathrm{d}\vartheta}{\mathrm{d}t} - 1\right)\vec{\psi}_1^{\mathrm{L}}\, \mathrm{e}^{\mathrm{j}(\vartheta - t)} \; . \tag{17.47}$$

Der Vernachlässigung des Anteils $\mathrm{d}\vec{\psi}_1^{\mathrm{N}}/\mathrm{d}t$ gegenüber dem Anteil $\mathrm{j}(\mathrm{d}\vartheta_{\mathrm{N}}/\mathrm{d}t)\vec{\psi}_1^{\mathrm{N}}$ entspricht also für die Darstellung in Läuferkoordinaten, daß $\mathrm{d}\vec{\psi}_1^{\mathrm{L}}/\mathrm{d}t = 0$ und $\mathrm{d}\vartheta/\mathrm{d}t = (1 - s) = 1$ gesetzt wird. Dementsprechend verschwinden in den Spannungsgleichungen für u_d und u_q (s. Tafel 15.4) als zugeordnete Komponentendarstellung die Anteile $\mathrm{d}\psi_d/\mathrm{d}t$ sowie $\mathrm{d}\psi_q/\mathrm{d}t$ und ist auch dort $(1 - s) = 1$ zu setzen. Wenn man außerdem die ohmschen Spannungsabfälle vernachlässigt, gehen diese Spannungsgleichungen über in

$$u_d = -\psi_q \; , \qquad u_q = \psi_d \; . \tag{17.48}$$

Das Nullsystem existiert entsprechend dem vorausgesetzten Betrieb am symmetrischen Netz nicht. Wie die Untersuchung des dreipoligen Stoßkurzschlusses im Abschnitt 17.1.2 gezeigt hat, werden unter den vorgenommenen Vereinfachungen insbesondere die asymmetrischen Komponenten der Ankerströme unterdrückt. Da diese schnell gegenüber den transienten Komponenten sowie sicher auch gegenüber den zu erwartenden mechanischen Vorgängen abklingen, ist ihre Vernachlässigung gerechtfertigt. Aus dem gleichen Grund sollen auch die subtransienten Komponenten der Ankerströme bei den folgenden Betrachtungen außer acht gelassen werden. Dem entspricht, daß im Fall der Schenkelpolmaschine eine Ausführung betrachtet wird, die keinen Dämpferkäfig besitzt. Das Polsystem trägt nur die Erregerwicklung (s. Abschnitt 15.8.4). Im Fall der Vollpolmaschine muß die Wirkung des massiven Läuferballens berücksichtigt werden. Wenn man von vornherein eine vereinfachte Vollpolmaschine betrachtet, wie sie in den Abschnitten 15.4 und 15.6 eingeführt wurde, trägt das Polsystem eine symmetrische zweisträngige Wicklung mit den Strängen fd und fq. Die eben angestellten Überlegungen zeigen, daß eine getrennte Behandlung der Schenkelpol- und der Vollpolmaschine erforderlich ist.

Als weitere Vereinfachung wird auf die Kreise des Polsystems das Prinzip der Flußkonstanz angewendet. Das Drehmoment, das die Maschine entwickelt, wenn auf die Kreise des Polsystems das Prinzip der Flußkonstanz zur Anwendung kommt, wird als *dynamisches Drehmoment* m_{dyn} bezeichnet. Man erhält es entsprechend Tafel 15.4 als

$$m_{\mathrm{dyn}} = (\psi_d i_q - \psi_q i_d)_{\substack{\psi_{fd} = \psi_{fd(\mathrm{a})} \\ \psi_{fq} = \psi_{fq(\mathrm{a})}}} \tag{17.49}$$

Die weiteren Untersuchungen werden zeigen, daß durch diese Annahme Komponenten des Drehmoments unterdrückt werden, die der Geschwindigkeit der Polradbewegung relativ zu einem synchron umlaufenden Koordinatensystem proportional sind und damit Pendelungen bedämpfen. Es ist deshalb erforderlich, in der Bewegungsgleichung

nachträglich ein entsprechendes *Dämpfungsmoment* m_D hinzuzufügen. Die Bewegungsgleichung lautet damit

$$m_\mathrm{dyn} + m_\mathrm{D} + m_\mathrm{A} = T_\mathrm{m} \frac{\mathrm{d}^2\vartheta}{\mathrm{d}t^2} \ . \tag{17.50}$$

Aufgrund der Vereinfachungen in den Spannungsgleichungen des Ankers sind diese
[s. (17.48)] nur noch über ϑ in den Beziehungen für u_d und u_q nach (17.42) mit der
Bewegungsgleichung verknüpft.

Die Bewegung des Polsystems relativ zu einem synchron umlaufenden Koordinaten-
system kann durch den Polradwinkel $\delta = \varphi_{up} - \varphi_u$ beschrieben werden. Da $\varphi_u = \mathrm{konst.}$
ist, wird das Zeitverhalten von δ allein durch das Zeitverhalten der Phasenlage φ_{up}
der Polradspannung bestimmt. Die Polradspannung ist jene Spannung des Strangs a,
die allein vom Erregerstrom herrührt. Sie folgt aus Tafel 15.4 mit (17.48) und der
Rücktransformationsbeziehung (15.35) zu

$$u_p = -u_q \sin\vartheta = -\psi_d \sin\vartheta = -x_\mathrm{afd} i_{fd} \sin\vartheta = \widehat{u}_p \cos\left(\vartheta(t) + \frac{\pi}{2}\right)$$

$$= \widehat{u}_\mathrm{p} \cos(t + \varphi_{up}(t)) \ . \tag{17.51}$$

Die Phasenlage der Polradspannung beträgt demnach

$$\varphi_{up}(t) = \vartheta(t) - t + \pi/2 \ . \tag{17.52}$$

Sie wird also allein durch die Polradbewegung gegenüber einem unveränderlich mit
Netzfrequenz umlaufenden Koordinatensystem bestimmt und kann sich dementsprechend nicht sprunghaft ändern. Für den Polradwinkel gilt mit (17.52)

$$\delta(t) = \varphi_{up}(t) - \varphi_u = -(t - \vartheta + \varphi_u) + \pi/2 \ . \tag{17.53}$$

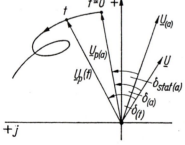

Bild 17.12
Erläuterung der Anfangswerte des Polradwinkels
für den Fall, daß der Übergangsvorgang
durch eine Schalthandlung im Netz ausgelöst wird
und damit $\underline{U}_{(\mathrm{a})}$ sprunghaft übergeht in $\underline{U}$

Dabei ist φ_u die Phasenlage der Netzspannung, die unmittelbar nach Eintritt der
Störung wirkt. Wenn sich die Netzspannung zur Zeit $t = 0$ sprunghaft von $\underline{u}_{1(\mathrm{a})}$ auf $\underline{u}_1$
ändert, springt der Polradwinkel von $\delta_\mathrm{stat(a)} = \varphi_{up(\mathrm{a})} - \varphi_{u(\mathrm{a})}$ auf $\delta_{(\mathrm{a})} = \varphi_{up(\mathrm{a})} - \varphi_u$.
Im Bild 17.12 werden diese Überlegungen veanschaulicht. Aus (17.53) folgt für die
bezogene Geschwindigkeit $\mathrm{d}\vartheta/\mathrm{d}t = 1 - s$ des Polsystems

$$\frac{\mathrm{d}\vartheta}{\mathrm{d}t} = 1 - s = 1 + \frac{\mathrm{d}\delta}{\mathrm{d}t} \ ,$$

es ist also

$$\frac{\mathrm{d}\delta}{\mathrm{d}t} = -s \ . \tag{17.54}$$

Damit erhält man für die bezogene Beschleunigung in der Bewegungsgleichung (17.50)

$$\frac{\mathrm{d}^2 \vartheta}{\mathrm{d}t^2} = \frac{\mathrm{d}^2 \delta}{\mathrm{d}t^2} = -\frac{\mathrm{d}s}{\mathrm{d}t} \ . \tag{17.55}$$

Zwischen den d-q-0-Komponenten der Stranggrößen und dem quasisinusförmigen Augenblickswert der Größen des Strangs a in der Darstellung $\underline{g}(t)$ der komplexen Wechselstromrechnung vermittelt (15.50) mit $\omega_1 = 1$ für den betrachteten Fall des Betriebs am starren Netz mit Bemessungsfrequenz. Unter Einführung der Phasenlage $\varphi_{up}(t)$ der Polradspannung nach (17.52) bzw. des Polradwinkels $\delta(t)$ nach (17.53) erhält man für $\underline{g}(t)$:

$$\underline{g}(t) = (g_d + \mathrm{j}g_q)\, \mathrm{e}^{\mathrm{j}(\vartheta - t)} = (g_d + \mathrm{j}g_q)\, \mathrm{e}^{\mathrm{j}(\varphi_{up}(t) - \pi/2)} \tag{17.56}$$

$$= (g_d + \mathrm{j}g_q)\, \mathrm{e}^{\mathrm{j}(\delta + \varphi_u - \pi/2)} \tag{17.57}$$

17.3.2 Dynamische Spannungsgleichung und dynamisches Drehmoment der Schenkelpolmaschine

Für *die Schenkelpolmaschine ohne Dämpferkreise* gelten bei Anwendung des Prinzips der Flußkonstanz auf die Erregerwicklung die Flußverkettungsgleichungen

$$\left. \begin{array}{l} \psi_d = x_d i_d + x_{afd} i_{fd} \\[2mm] \psi_{fd} = x_{fad} i_d + x_{ffd} i_{fd} = \psi_{fd(a)} \end{array} \right\} \tag{17.58}$$

$$\psi_q = x_q i_q \ . \tag{17.59}$$

Aus der zweiten Gleichung (17.58) folgt für den Erregerstrom

$$i_{fd} = \frac{1}{x_{ffd}} \psi_{fd(a)} - \frac{x_{afd}}{x_{ffd}} i_d \ ,$$

der sich damit in der ersten Gleichung (17.58) eliminieren läßt. Man erhält unter Beachtung von (15.84) und (15.127)

$$\psi_d = \left(x_d - \frac{x_{afd}^2}{x_{ffd}} \right) i_d + \frac{x_{afd}}{x_{ffd}} \psi_{fd(a)} = x_d' i_d + \frac{x_{afd}}{x_{ffd}} \psi_{fd(a)} \ . \tag{17.60}$$

Die Komponente $(x_{afd}/x_{ffd})\psi_{fd(a)}$ in (17.60) liefert nach Einsetzen in die zweite Gleichung (17.48) einen Beitrag zur Spannung u_q, der zeitlich konstant ist und durch jenen Wert der Flußverkettung $\psi_{fd(a)}$ bestimmt wird, den die Erregerwicklung unmittelbar vor Beginn des Übergangsvorgangs hat. Diese Komponente der Spannung soll als $u_{q(a)}' = (x_{afd}/x_{ffd})\psi_{fd(a)}$ bezeichnet werden.

Aus (17.42) mit (17.53) sowie (17.48), (17.50), (17.59) und (17.60) erhält man als Gleichungssystem der Schenkelpolmaschine:

$$\left. \begin{array}{l} u_d = \hat{u}\sin\delta = -\psi_q = -x_q i_q \\[4mm] u_q = \hat{u}\cos\delta = \psi_d = x_d' i_d + u_{q(a)}' \\[4mm] (\psi_d i_q - \psi_q i_d) + m_{\mathrm{D}} + m_{\mathrm{A}} = T_{\mathrm{m}} \dfrac{\mathrm{d}^2 \delta}{\mathrm{d}t^2} \end{array} \right\} \cdot \tag{17.61}$$

Dabei folgt $u'_{q(a)}$ aus dem vorangehenden stationären Ausgangszustand zu

$$u'_{q(a)} = u_{q(a)} - x'_d i_{d(a)} \ . \tag{17.61}$$

Aus den ersten beiden Gleichungen (17.60) erhält man die Ströme i_d und i_q als Funktion des Polradwinkels δ zu

$$i_d = \frac{\widehat{u}\cos\delta - u'_{q(a)}}{x'_d}\ , \qquad i_q = -\frac{\widehat{u}\sin\delta}{x_q}\ . \tag{17.62}$$

Der Strom i_a im Strang a ist wie alle Stranggrößen quasisinusförmig. Man erhält ihn in der Darstellung der komplexen Wechselstromrechnung unmittelbar mit Hilfe von (17.56) zu

$$i_a = i = (i_d + j i_q)\,\mathrm{e}^{\mathrm{j}(\varphi_{up}-\pi/2)} = i_d\,\mathrm{e}^{\mathrm{j}(\varphi_{up}-\pi/2)} + i_q\,\mathrm{e}^{\mathrm{j}\varphi_{up}} = \underline{i}_d + \underline{i}_q \ . \tag{17.63}$$

Die Ströme i_d und i_q im Bereich der d-q-0-Komponenten stellen also, ebenso wie im stationären Betrieb, die Amplituden der Komponenten von $\underline{i}$ bezüglich der Phasenlage φ_{up} der Polradspannung $\underline{u}_p$ dar (s. Abschnitt 15.8.7). Es ist allerdings zu beachten, daß sich jetzt sowohl φ_{up} als auch $\underline{i}$ als Funktion der Zeit ändern, so daß die Zerlegung von $\underline{i}$ in seine Komponenten $\underline{i}_d$ und $\underline{i}_q$ in jedem Augenblick des Übergangsvorgangs ein anderes Bild liefert. Im Bild 17.13 wird diese Überlegung erläutert.

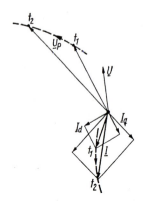

Bild 17.13
Zerlegung des Ankerstroms $\underline{I} = \underline{I}_a$
in seine Komponenten $\underline{I}_d$ und $\underline{I}_q$
bezüglich der Phasenlage der Polradspannung
für zwei Zeitpunkte t_1 und t_2
eines Übergangsvorgangs

Die Spannungsgleichung in der Darstellung der komplexen Wechselstromrechnung erhält man, indem u_d und u_q aus (17.60) in (17.56) eingesetzt und dabei $\underline{i}_d$ und $\underline{i}_q$ aus (17.63) eingeführt werden, zu

$$\boxed{\underline{u} = (u_d + j u_q)\,\mathrm{e}^{\mathrm{j}(\varphi_{up}-\pi/2)} = \mathrm{j}x'_d\underline{i}_d + \mathrm{j}x_q\underline{i}_q + u'_{q(a)}\,\mathrm{e}^{\mathrm{j}\varphi_{up}}} \ . \tag{17.64}$$

Die Spannung $u'_{q(a)}$, die von der konstanten Flußverkettung $\psi_{fd(a)}$ herrührt, folgt aus dem stationären Ausgangszustand, der dem zu untersuchenden Übergangsvorgang vorausgeht, als

$$u'_{q(a)}\,\mathrm{e}^{\mathrm{j}\varphi_{up(a)}} = \underline{u}'_{q(a)} = \underline{u}_{(a)} - \mathrm{j}x'_d\underline{i}_{d(a)} - \mathrm{j}x_q\underline{i}_{q(a)} \ . \tag{17.65}$$

Die Spannung $u'_{q(a)}\,\mathrm{e}^{\mathrm{j}\varphi_{up}}$ in (17.64) kann mit

$$\varphi_{up} - \varphi_{up(a)} = (\varphi_u + \delta) - (\varphi_u + \delta_{(a)}) = \delta - \delta_{(a)}$$

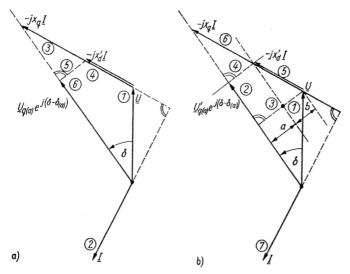

Bild 17.14 *Konstruktion des dynamischen Zeigerbilds der Schenkelpolmaschine*
a) bei Vorgabe von $\underline{U}$ und $\underline{I}$; b) bei Vorgabe von $\underline{U}$ und $\underline{U}'_{q(\mathrm{a})}\,\mathrm{e}^{\mathrm{j}(\delta-\delta_{(\mathrm{a})})}$ mit $a/(a+b) = (x_q - x'_d)/x_q$
①②... Reihenfolge der Konstruktionsschritte

ausgedrückt werden als

$$u'_{q(\mathrm{a})}\,\mathrm{e}^{\mathrm{j}\varphi_{u p}} = \underline{u}'_{q(\mathrm{a})}\,\mathrm{e}^{\mathrm{j}(\delta-\delta_{(\mathrm{a})})}\;.$$

Damit erhält man aus (17.64) als sog. *dynamische Spannungsgleichung* der Schenkelpolmaschine

$$\boxed{\underline{u} = \mathrm{j}x'_d\underline{i}_d + \mathrm{j}x_q\underline{i}_q + \underline{u}'_{q(\mathrm{a})}\,\mathrm{e}^{\mathrm{j}(\delta-\delta_{(\mathrm{a})})}}\;. \tag{17.66}$$

Die dynamische Spannungsgleichung (17.66) tritt an die Stelle der Spannungsgleichung (15.146) für den stationären Betrieb. Ihre Darstellung in der komplexen Ebene bezeichnet man als *dynamisches Zeigerbild*. Wenn dieses Zeigerbild bei Vorgabe von $\underline{u}$ und $\underline{i}$ aufgezeichnet werden soll, muß man davon ausgehen, daß $\underline{u} - \mathrm{j}x_q\underline{i} = -\mathrm{j}(x_q - x'_d)\underline{i}_d + \underline{u}'_{q(\mathrm{a})}\,\mathrm{e}^{\mathrm{j}\varphi_{u p}}$ mit $\mathrm{j}\underline{i}_d = i_d\,\mathrm{e}^{\mathrm{j}\varphi_{u p}}$ in Phase mit $u'_{q(\mathrm{a})}\,\mathrm{e}^{\mathrm{j}\varphi_{u p}} = \underline{u}'_{q(\mathrm{a})}\,\mathrm{e}^{\mathrm{j}(\delta-\delta_{(\mathrm{a})})}$ liegt und $\underline{u} - \mathrm{j}x'_d\underline{i} = \mathrm{j}(x_q - x'_d)\underline{i}_q + \underline{u}'_{q(\mathrm{a})}\,\mathrm{e}^{\mathrm{j}\varphi_{u p}}$ mit $\mathrm{j}\underline{i}_q = i_q\,\mathrm{e}^{\mathrm{j}(\varphi_{u p}+\pi/2)}$ als Komponente bezüglich der Phasenlage φ_{up} die Spannung $u'_{q(\mathrm{a})}\,\mathrm{e}^{\mathrm{j}\varphi_{u p}} = \underline{u}'_{q(\mathrm{a})}\,\mathrm{e}^{\mathrm{j}(\delta-\delta_{(\mathrm{a})})}$ selbst liefert. Diese Überlegungen werden im Bild 17.14 nochmals erläutert[1]. Man beachte dabei, daß i.allg. $x'_d < x_q$ ist. Wenn das Zeigerbild bei Vorgabe von $\underline{u}$ und $\underline{u}'_{q(\mathrm{a})}\,\mathrm{e}^{\mathrm{j}(\delta-\delta_{(\mathrm{a})})}$ aufzubauen ist, geht man davon aus, daß die Senkrechte auf $\underline{u}'_{q(\mathrm{a})}\,\mathrm{e}^{\mathrm{j}(\delta-\delta_{(\mathrm{a})})}$ unabhängig von der Größe und der Phasenlage des Stroms $\underline{i}$ den Zeiger $-\mathrm{j}x_q\underline{i}$ stets im Verhältnis $(x_q - x'_d)/x'_d$ teilt. Man erhält den Schnittpunkt offenbar ohne Kenntnis des Stroms, wenn entsprechend Bild 17.14b eine Parallele zu $\underline{u}'_{q(\mathrm{a})}\,\mathrm{e}^{\mathrm{j}(\delta-\delta_{(\mathrm{a})})}$ eingetragen wird, die die Senkrechte auf $\underline{u}'_{q(\mathrm{a})}\,\mathrm{e}^{\mathrm{j}(\delta-\delta_{(\mathrm{a})})}$ durch den Endpunkt des Zeigers $\underline{u}$ im Verhältnis $a/b = (x_q - x'_d)/x'_d$ bzw. $a/(a+b) = (x_q - x'_d)/x_q$ teilt.

Die Störung, die den Übergangsvorgang auslöst, kann darin bestehen, daß sich die Spannungen und die inneren Reaktanzen des Netzes durch Schalthandlungen im Netz

---

[1]Die Entwicklung des Zeigerbilds der Schenkelpolmaschine im stationären Betrieb, ausgehend von $\underline{U}$ und $\underline{I}$, wurde in analoger Weise im Abschnitt 34.2.2 des Bandes Grundlagen hergeleitet.

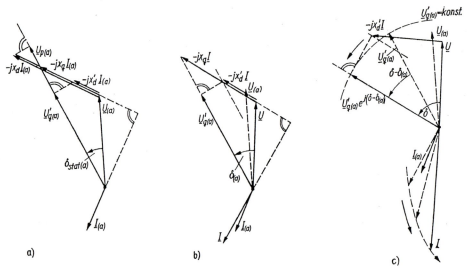

Bild 17.15   *Dynamisches Zeigerbild der Schenkelpolmaschine während eines Übergangsvorgangs*
a) Zeitpunkt $t = 0$ vor der Schalthandlung im Netz – Bestimmung von $\underline{U}'_{q(\mathrm{a})}$ bei Vorgabe von $\underline{U}_{(\mathrm{a})}$ und $\underline{I}_{(\mathrm{a})}$; b) Zeitpunkt $t = 0$ unmittelbar nach der Schalthandlung im Netz, durch die $\underline{U} \Rightarrow \underline{U}_{(\mathrm{a})}$; c) Zeitpunkt $t > 0$ mit $\delta > \delta_{(\mathrm{a})}$, wenn sich das Polsystem unter dem Einfluß von $m_{\mathrm{dyn}} + m_{\mathrm{A}} \neq 0$ aus der Lage nach Bild 17.15b herausbewegt hat

plötzlich ändern (s. Bild 17.11). In diesem Fall sind zur Ermittlung von $\underline{u}'_{q(\mathrm{a})}$ nach (17.65) die Werte der Spannung $\underline{u}_{(\mathrm{a})}$ sowie der Reaktanzen x'_d und x_q einzusetzen, die vor der Störung existierten. Für alle Zeiten $t > 0$ nach Eintreten der Störung gilt (17.64), wobei die Werte der Spannung $\underline{u}$ sowie der Reaktanzen x'_d und x_q zu verwenden sind, die dann wirken. Aufgrund der sprunghaften Änderung der Spannungen und der Reaktanzen erfolgt eine sprunghafte Änderung des Ankerstroms. Seine Komponenten i_d und i_q ergeben sich mit $\delta = \delta_{(\mathrm{a})}$ aus (17.62). Entsprechend der Änderung der Ströme entwickelt die Maschine mit Beginn des Übergangsvorgangs ein anderes Drehmoment als vor der Schalthandlung. Da sich das Drehmoment der Arbeitsmaschine nicht ändert, weicht die Summe $m + m_{\mathrm{A}}$ in der allgemeinen Bewegungsgleichung vom Zeitpunkt $t = 0$ an von Null ab, und damit wird ein Bewegungsvorgang $\delta(t)$ des Polsystems relativ zum Netzkoordinatensystem eingeleitet. Dabei ändern sich die Ströme i_d und i_q nach (17.62) wiederum, jetzt allerdings stetig nach Maßgabe von $\delta(t)$.

Die Störung, die den Übergangsvorgang auslöst, kann auch von der mechanischen Seite herrühren, indem sich das Drehmoment der Arbeitsmaschine zur Zeit $t = 0$ sprunghaft ändert. Dabei erfahren die Spannungen und die inneren Reaktanzen des Netzes keine Änderung, so daß unmittelbar nach Einsetzen der Störung dieselben Ströme fließen wie davor. Die Synchronmaschine entwickelt dann auch dasselbe Drehmoment, aber die Summe $m + m_{\mathrm{A}}$ ist nach Maßgabe der Änderung des Drehmoments m_{A} der Arbeitsmaschine von Null verschieden, und es wird ein Bewegungsvorgang $\delta(t)$ des Polsystems eingeleitet. Mit der Änderung des Polradwinkels $\delta(t)$ erhält man andere Werte für die Ströme i_d und i_q nach (17.62) und damit auch für das Drehmoment m. Der Zusammenhang zwischen den Spannungen und Strömen einerseits und dem jeweiligen Polradwinkel $\delta(t)$ andererseits läßt sich anschaulich mit Hilfe des dynamischen Zeigerbilds verfolgen. Dieses liefert insbesondere auch die Spannung $\underline{u}'_{q(\mathrm{a})}$ nach

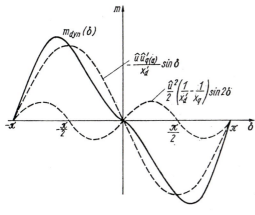

Bild 17.16
Dynamisches Drehmoment
der Schenkelpolmaschine
und seine Komponenten für einen
gegebenen Wert der Spannung $\widehat{u}'_{q(\mathrm{a})}$
in Abhängigkeit vom Polradwinkel δ

(17.65).

Im Bild 17.15a ist die Bestimmung von $\underline{u}'_{(\mathrm{a})}$ bei Vorgabe von $\underline{u}_{(\mathrm{a})}$ und $\underline{i}_{(\mathrm{a})}$ entsprechend (17.65) dargestellt. Bild 17.15b zeigt das dynamische Zeigerbild für den Zeitpunkt unmittelbar nach der Schalthandlung im Netz, durch die sich die Spannung von $\underline{u}_{(\mathrm{a})}$ auf $\underline{u}$ ändert. Im Bild 17.15c schließlich hat sich das Polsystem unter dem Einfluß von $m + m_{\mathrm{A}} \neq 0$ aus der stationären Ausgangslage um $\delta - \delta_{(\mathrm{a})}$ herausbewegt.

Als Drehmoment der Synchronmaschine wirkt, solange das Prinzip der Flußkonstanz als erfüllt angesehen werden kann, das *dynamische Drehmoment* nach (17.49). Es läßt sich mit i_d und i_q nach (17.62) und ψ_d und ψ_q nach (17.60) darstellen als

$$m_{\mathrm{dyn}} = -\frac{\widehat{u}\,\widehat{u}'_{q(\mathrm{a})}}{x'_d}\sin\delta + \frac{\widehat{u}^2}{2}\left(\frac{1}{x'_d} - \frac{1}{x_q}\right)\sin 2\delta \;. \qquad (17.67)$$

Die Beziehung für das dynamische Drehmoment ist also ähnlich aufgebaut wie die für das statische nach (15.150). An die Stelle von $\widehat{u}_{\mathrm{p}}$ tritt $\widehat{u}'_{q(\mathrm{a})}$, und x_d ist ersetzt durch x'_d.

Unter dem Einfluß von $\widehat{u}'_{q(\mathrm{a})}$ wird das dynamische Drehmoment eine Funktion des vorangehenden stationären Betriebszustands. Es kann ohne die Kenntnis dieses Betriebszustands nicht angegeben werden. Dadurch, daß x'_d an die Stelle von x_d tritt, wird m_{dyn} im allgemeinen wesentlich größer als m_{stat}. Die Maschine ist deshalb gegen kurzzeitige Störungen unempfindlicher, als aus einer quasistationären Betrachtung heraus zu erwarten wäre. Eine weitere Abweichung vom statischen Drehmoment besteht darin, daß der Anteil, der von der Asymmetrie des Polsystems herrührt, das Vorzeichen wechselt, da $x'_d < x_q$, aber $x_d > x_q$ ist. Bild 17.16 zeigt den Verlauf $m_{\mathrm{dyn}} = f(\delta)$ und den seiner beiden Anteile (vgl. Bild 15.15a).

17.3.3 Dynamische Spannungsgleichung und dynamisches Drehmoment der vereinfachten Vollpolmaschine

Für *die vereinfachte Vollpolmaschine*, d.h. die Vollpolmaschine mit einer symmetrischen zweisträngigen Wicklung im Polsystem (s. Abschnitt 15.6), gelten für die Längsachse die gleichen Flußverkettungsgleichungen wie für die Schenkelpolmaschine, aus denen durch Eliminieren von i_{fd} wiederum (17.59) folgt. Für die Querachse gelten entsprechend Abschnitt 15.6 die analogen Beziehungen

$$
\left.
\begin{aligned}
\psi_q &= x_d i_q + x_{afd} i_{fq} \\[2mm]
\psi_{fq} &= x_{fad} i_q + x_{ffd} i_{fq} \;,
\end{aligned}
\right\}
\tag{17.68}
$$

und man erhält durch Eliminieren von i_{fq}

$$
\psi_q = \left(x_d - \frac{x_{afd}^2}{x_{ffd}} \right) i_q + \frac{x_{afd}}{x_{ffd}} \psi_{fq(a)} = x_d' i_q + \frac{x_{afd}}{x_{ffd}} \psi_{fq(a)} \;.
\tag{17.69}
$$

Die zweite Komponente in (17.69) liefert mit (17.48) einen Beitrag $u_{d(a)}' = -(x_{afd}/x_{ffd})\psi_{fq(a)}$ zur Spannung u_d. Dabei ist $u_{d(a)}'$ der Flußverkettung zugeordnet, die der kurzgeschlossene Wicklungsstrang fq des Polsystems unmittelbar vor Beginn des Übergangsvorgangs besitzt und die danach festgehalten wird. Man erhält als Gleichungssystem der vereinfachten Vollpolmaschine, ausgehend von (17.42), (17.48), (17.49), (17.50), (17.53), (17.59) und (17.69):

$$
\left.
\begin{aligned}
u_d &= \hat{u}\sin\delta = -\psi_q = -x_d' i_q + u_{d(a)}' \\[2mm]
u_q &= \hat{u}\cos\delta = \psi_d = x_d' i_d + u_{q(a)}' \\[2mm]
(\psi_d i_q - \psi_q i_d) + m_{\mathrm{D}} + m_{\mathrm{A}} &= T_{\mathrm{m}} \frac{\mathrm{d}^2\delta}{\mathrm{d}t^2} \;.
\end{aligned}
\right\}
\tag{17.70}
$$

Dabei ergeben sich $u_{d(a)}'$ und $u_{q(a)}'$ aus dem stationären Ausgangszustand zu

$$
u_{d(a)}' = u_{d(a)} + x_d' i_{q(a)} \;, \qquad u_{q(a)}' = u_{q(a)} - x_d' i_{d(a)} \;.
\tag{17.71}
$$

Die Spannungsgleichungen in der Darstellung der komplexen Wechselstromrechnung erhält man, ausgehend von den Beziehungen für u_d und u_q nach (17.70), mit Hilfe von (17.56) zu

$$
\underline{u} = \mathrm{j} x_d' \underline{i} + (u_{d(a)}' + \mathrm{j} u_{q(a)}')\, \mathrm{e}^{\mathrm{j}(\vartheta - t)} \;.
\tag{17.72}
$$

Dabei ist mit (17.52) $\vartheta - t = \varphi_{\mathrm{up}} - \pi/2$, wobei φ_{up} entsprechend (17.51) die Phasenlage der vom Erregerstrom hervorgerufenen Polradspannung ist. Für den stationären Ausgangszustand, der dem zu untersuchenden Übergangsvorgang vorausgeht, liefern (17.71) mit (17.56)

$$
\underline{u}_{(a)} = \mathrm{j} x_d' \underline{i}_{(a)} + (u_{d(a)}' + \mathrm{j} u_{q(a)}')\, \mathrm{e}^{\mathrm{j}\vartheta_{(a)}} = \mathrm{j} x_d' \underline{i}_{(a)} + \underline{u}_{p(a)}' \;.
\tag{17.73}
$$

Dabei gilt für die Spannung $\underline{u}_{p(a)}'$ hinter der transienten Reaktanz, die hier auch als *Hauptfeldspannung* bezeichnet wird,

$$
\underline{u}_{p(a)}' = (u_{d(a)}' + \mathrm{j} u_{q(a)}')\, \mathrm{e}^{\mathrm{j}\vartheta_{(a)}} = \hat{u}_{p(a)}'\, \mathrm{e}^{\mathrm{j}\varphi_{\mathrm{up}(a)}} \;.
\tag{17.74}
$$

Sie läßt sich aus dem Zeigerbild des stationären Ausgangszustands ermitteln, wie Bild 17.17a zeigt. Wenn man die Spannung $\underline{u}_{p(a)}'$ nach (17.74) in (17.73) einführt und dabei beachtet, daß $\vartheta - t = \varphi_{\mathrm{up}} - \pi/2$ und damit $\vartheta_{(a)} = \varphi_{\mathrm{up}(a)} - \pi/2$ ist, so wird

$$
\underline{u} = \mathrm{j} x_d' \underline{i} + \underline{u}_{p(a)}'\, \mathrm{e}^{\mathrm{j}(\varphi_{\mathrm{up}} - \varphi_{\mathrm{up}(a)})} \;.
$$

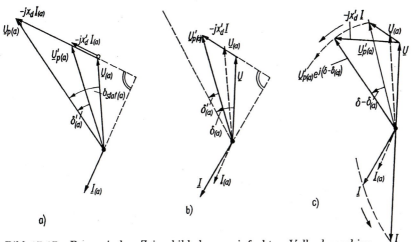

Bild 17.17 *Dynamisches Zeigerbild der vereinfachten Vollpolmaschine während eines Übergangsvorgangs*

a) Zeitpunkt $t = 0$ vor der Schalthandlung im Netz – Bestimmung von $\underline{U}'_{p(a)}$ bei Vorgabe von $\underline{U}_{(a)}$ und $\underline{I}_{(a)}$; b) Zeitpunkt $t = 0$ unmittelbar nach der Schalthandlung im Netz, durch die $\underline{U} \Rightarrow \underline{U}_{(a)}$; c) Zeitpunkt $t > 0$ mit $\delta > \delta_{(a)}$, wenn sich das Polsystem unter dem Einfluß von $m_{\mathrm{dyn}} + m_{\mathrm{A}} \neq 0$ aus der Lage nach Bild 17.17b herausbewegt hat

Daraus folgt unter Einführung des Polradwinkels δ bezüglich der Spannung $\underline{u}$, die nach Eintritt der Störung wirkt, mit $\varphi_{up} = \varphi_u + \delta$ und

$$\varphi_{up(a)} = \varphi_u + \delta_{(a)} \ , \qquad \text{d.h.} \quad \varphi_{up} - \varphi_{up(a)} = \delta - \delta_{(a)} \tag{17.75}$$

die Beziehung

$$\boxed{\underline{u} = \mathrm{j} x'_d \underline{i} + \underline{u}'_{p(a)} \, \mathrm{e}^{\mathrm{j}(\delta - \delta_{(a)})} = \mathrm{j} x'_d \underline{i} + \underline{u}'_p} \ . \tag{17.76}$$

Das ist die *dynamische Spannungsgleichung der vereinfachten Vollpolmaschine.* Ihre Darstellung in der komplexen Ebene liefert das *dynamische Zeigerbild.* Im Bild 17.17 sind analog zu Bild 17.15 die dynamischen Zeigerbilder für einige Zeitpunkte eines Übergangsvorgangs dargestellt. Dabei wurde wiederum von dem Fall ausgegangen, daß sich die Spannung des starren Netzpunkts durch Schalthandlungen im Netz zur Zeit $t = 0$ sprunghaft von $\underline{u}_{(a)}$ auf $\underline{u}$ ändert. Dabei wirkt im allgemeinen Fall nach der Schalthandlung auch ein anderer Wert der inneren Reaktanz des Netzes als vorher (vgl. Bild 17.11). Aus (17.74) folgt für die Komponenten der Spannung hinter der transienten Reaktanz mit $\vartheta_{(a)} = \varphi_{up(a)} - \pi/2$ entsprechend (17.52)

$$u'_{d(a)} + \mathrm{j} u'_{q(\dot{a})} = \widehat{u}'_{p(a)} \, \mathrm{e}^{-\mathrm{j}(\varphi_{up(a)} - \varphi'_{up(a)} - \pi/2)} \ .$$

Daraus erhält man durch Einführen von

$$\delta'_{(a)} = \varphi_{up(a)} - \varphi'_{up(a)} \tag{17.77}$$

die Beziehungen

$$u'_{d(a)} = \widehat{u}'_{p(a)} \sin \delta'_{(a)} \ , \qquad u'_{q(a)} = \widehat{u}'_{p(a)} \cos \delta'_{(a)} \ . \tag{17.78}$$

Der Winkel $\delta'_{(a)}$ zwischen $\underline{u}_{p(a)}$ und $\underline{u}'_{p(a)}$ ist im Bild 17.17a eingetragen.

Bild 17.18
Dynamisches Ersatzschaltbild
der vereinfachten Vollpolmaschine mit $\widehat{u}'_p = \widehat{u}'_{p(\mathrm{a})}$ *und*
$\varphi'_{up} = \varphi'_{up(\mathrm{a})} + (\delta - \delta_{(\mathrm{a})})$

Der dynamischen Spannungsgleichung der vereinfachten Vollpolmaschine nach (17.76) läßt sich ein *dynamisches Ersatzschaltbild* zuordnen, das im Bild 17.18 dargestellt ist. Dabei hat die Spannung $\underline{u}'_p$ eine konstante Amplitude, während sich ihre Phasenlage φ'_{up} nach (17.76) entsprechend der Bewegung $\delta = \delta(t)$ des Polsystems ändert. Die Form dieser Bewegung kann erst im Zusammenhang mit der Untersuchung der Bewegungsgleichung angegeben werden. Das dynamische Ersatzschaltbild wird zur Untersuchung von Maschinensystemen eingesetzt. Dabei muß die Bewegungsgleichung jeder einzelnen Maschine mitgeführt und schrittweise integriert werden, um die Phasenlagen der Spannungen $\underline{u}'_p$ nach Maßgabe von $\delta = \delta(t)$ nachstellen zu können. Näherungsweise läßt sich das dynamische Ersatzschaltbild auch für Schenkelpolmaschinen anwenden.

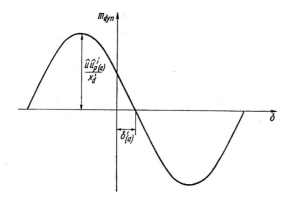

Bild 17.19
Dynamisches Drehmoment
der vereinfachten Vollpolmaschine
für gegebene Werte $\widehat{u}'_{p(\mathrm{a})}$ *und* $\delta'_{(\mathrm{a})}$
in Abhängigkeit vom Polradwinkel

Der Ankerstrom $\underline{i}$ der vereinfachten Vollpolmaschine kann unmittelbar aus der dynamischen Spannungsgleichung zu

$$\underline{i} = \frac{\underline{u} - \underline{u}'_{p(\mathrm{a})}\, \mathrm{e}^{\mathrm{j}(\delta - \delta_{(\mathrm{a})})}}{\mathrm{j}x'_d} \tag{17.79}$$

bestimmt werden.

Das dynamische Drehmoment der vereinfachten Vollpolmaschine folgt aus (17.49) mit ψ_d und ψ_q sowie i_d und i_q aus (17.70) zu

$$m_{\mathrm{dyn}} = -u_q \frac{u_d - u'_{d(\mathrm{a})}}{x'_d} + u_d \frac{u_q - u'_{q(\mathrm{a})}}{x'_d} = \frac{1}{x'_d}\left(u_q u_{d(\mathrm{a})} - u_d u_{q(\mathrm{a})}\right)\,.$$

Daraus erhält man mit u_d und u_q aus (17.70) sowie $u'_{d(a)}$ und $u'_{q(a)}$ aus (17.78)

$$\boxed{m_{\mathrm{dyn}} = -\frac{\widehat{u}\widehat{u}_{\mathrm{p(a)}}}{x'_d}\sin(\delta - \delta'_{(a)})} \ . \tag{17.80}$$

Der Verlauf $m_{\mathrm{dyn}} = f(\delta)$ ist im Bild 17.19 dargestellt. Er ist sowohl hinsichtlich seiner Amplitude als auch hinsichtlich seiner Lage zu $\delta = 0$ vom vorangehenden stationären Betriebszustand abhängig. Der Maximalwert des dynamischen Drehmoments der vereinfachten Vollpolmaschine beträgt $\widehat{u}\widehat{u}'_{p(a)}/x'_d$. Er ist wegen $x'_d < x_d$ im allgemeinen größer als der des statischen Drehmoments. Das ist die gleiche Erscheinung, die schon bei der Untersuchung des dynamischen Drehmoments der Schenkelpolmaschine beobachtet wurde.

17.3.4 Behandlung von Belastungsstößen

Es existieren zwei Formen von Belastungsstößen, elektrische und mechanische. Beide wurden in dem Abschnitten 17.3.2 und 17.3 im Zusammenhang mit der Aufstellung der dynamischen Zeigerbilder bereits erläutert. Im folgenden ist lediglich der Einfluß der Bewegungsgleichung auf diese Vorgänge näher zu untersuchen.

Der elektrische Laststoß entsteht durch Schalthandlungen im vorgeschalteten Netz und äußert sich in einer plötzlichen Änderung der Netzparameter. Für die Maschine bedeutet dies eine Änderung der Spannung des starren Netzpunktes sowie sämtlicher Reaktanzen (s. Bild 17.11).

Wenn man das Einschalten der leerlaufenden Maschine in die Betrachtungen einbezieht, kann sich durch diese Schalthandlung auch die Frequenz der Netzspannung plötzlich ändern. Aus der Analyse des vorangehenden stationären Betriebszustands sowie der Phasenlage der Netzspannung nach der Schalthandlung erhält man bei der Schenkelpolmaschine $\underline{u}'_{q(a)}$ und $\delta_{(a)}$ (s. Bild 17.15) und bei der Vollpolmaschine $\underline{u}'_{p(a)}$, $\delta_{(a)}$ und $\delta'_{(a)}$. Unmittelbar nach der Störung ist $\delta = \delta_{(a)}$, da sich der Läufer aufgrund der Massenträgheit zunächst mit konstanter Drehzahl weiterbewegt, d.h. relativ zum Netzkoordinatensystem bezüglich des vorangehenden stationären Zustands in Ruhe ist. Außerdem bleiben die Beträge $\widehat{u}'_{q(a)}$ bzw. $\widehat{u}'_{p(a)}$ der Spannungen $\underline{u}'_{q(a)} \, \mathrm{e}^{\mathrm{j}(\delta-\delta_{(a)})}$ [s. (17.66)] bzw. $\underline{u}'_{p(a)} \, \mathrm{e}^{\mathrm{j}(\delta-\delta_{(a)})}$ [s. (17.76)] für alle Zeiten nach der Störung, solange das Prinzip der Flußkonstanz als gültig angesehen werden kann, konstant. Die Anfangswerte $\underline{u}'_{q(a)}$ und $\underline{u}'_{p(a)}$ liefern zusammen mit der Netzspannung, die unmittelbar nach der Störung herrscht, die Ankerströme unmittelbar nach der Schalthandlung (s. Bild 17.15b und Bild 17.17b). Sie haben einen anderen Wert als vor der Störung, da sich sowohl die Netzspannung als auch die Reaktanzen geändert haben. Dadurch entwickelt die Maschine jedoch auch ein anderes Drehmoment. Für die Zeit der Gültigkeit des Prinzips der Flußkonstanz ist dieses das dynamische Drehmoment nach (17.67) bzw. (17.80), zu dem, entsprechend der allgemeinen Bewegungsgleichung (17.50), noch ein Dämpfungsmoment m_D hinzukommt, das der Geschwindigkeit des Läufers gegenüber dem synchron umlaufenden Koordinatensystem proportional ist. Der Verlauf des dynamischen Drehmoments als Funktion des Polradwinkels δ ist durch die Anfangswerte $\widehat{u}'_{q(a)}$ bzw. $\widehat{u}'_{p(a)}$ und $\delta'_{(a)}$ sowie die Spannung $\widehat{u}$ und die Reaktanzen gegeben, die nach der Schalthandlung wirken. Es wird $m_{\mathrm{dyn}}(\delta_{(a)}) \neq m_{\mathrm{stat}}(\delta_{(a)})$, so daß bei unverändertem Drehmoment $m_{A(a)}$ der Arbeitsmaschine $m_{\mathrm{dyn}}(\delta_{(a)}) + m_{A(a)} \neq 0$ ist und ein Bewegungsvorgang $\delta(t)$ einsetzt. Er wird durch die Bewegungsgleichung (17.50) beschrieben.

Auf die Lösungsformen dieser Gleichung wird im folgenden Abschnitt eingegangen. Vorläufig genügt die Erkenntnis, daß $\delta = \delta(t)$ wird. Damit ändern sich die Phasenlagen der Spannungen $\underline{u}'_{q(\mathrm{a})}\, \mathrm{e}^{\mathrm{j}(\delta - \delta_{(\mathrm{a})})}$ bei der Schenkelpolmaschine bzw. $\underline{u}'_{p(\mathrm{a})}\, \mathrm{e}^{\mathrm{j}(\delta - \delta_{(\mathrm{a})})}$ bei der Vollpolmaschine. Die Folge davon ist eine erneute Änderung des Ankerstroms, die allerdings nunmehr stetig in Abhängigkeit von $\delta(t)$ erfolgt (s. Bilder 17.15c bzw. 17.17c). Der Bewegungsvorgang $\delta(t)$, der dadurch ausgelöst wird, daß sich das dynamische Drehmoment der Maschine und das Drehmoment der Arbeitsmaschine nicht im Gleichgewicht befinden, wird durch das Dämpfungsmoment m_{D} bedämpft.

Abweichend von den bisherigen Betrachtungen ändern sich die Flußverkettungen der Erregerwicklung bzw. der beiden fiktiven Kurzschlußkreise der Vollpolmaschine allmählich nach Maßgabe der Zeitkonstanten dieser Kreise auf einen Wert, der dem neuen stationären Wert des Ankerstroms und dem stationären Wert des Erregerstroms zugeordnet ist. Dieser Prozeß entspricht dem Übergang vom dynamischen Drehmoment zum statischen. Die Untersuchungen auf der Grundlage des dynamischen Drehmoments können deshalb nur zum Ziel haben, die Ströme unmittelbar nach der Störung zu bestimmen und zu beurteilen, ob unmittelbar nach der Störung gefährliche Pendelungen des Polradwinkels auftreten und die Maschine überhaupt im Tritt bleibt.

Der mechanische Laststoß besteht aus einer sprunghaften Änderung des Drehmoments m_{A} der Arbeitsmaschine. Der zeitliche Verlauf dieses Drehmoments kann auch impulsartig sein. Der Bewegungsvorgang $\delta = \delta(t)$ wird in diesem Fall durch die Änderung von m_{A} eingeleitet. Dabei wirkt von der Maschine her für die erste Zeit nach der Störung das dynamische Drehmoment m_{dyn}. Es ist bestimmt durch die Anfangswerte $\widehat{u}'_{q(\mathrm{a})}$ bzw. $\widehat{u}'_{p(\mathrm{a})}$ und $\delta'_{(\mathrm{a})}$. Im ersten Augenblick nach der Störung, d.h. bevor der Bewegungsvorgang eingesetzt hat, fließen die gleichen Ankerströme, die vor der Störung vorhanden waren; es ist also $\underline{i} = \underline{i}_{(\mathrm{a})}$. Damit bleiben die Flußverkettungen der Polradkreise, ohne daß zunächst irgendwelche Ausgleichsströme in diesen Kreisen fließen, konstant. Es liegen unmittelbar nach dem Einsetzen der Störung noch die gleichen Strom- und Feldverhältnisse in der Maschine vor wie im vorangehenden stationären Betrieb. Damit wird auch das gleiche Drehmoment entwickelt, d.h., es ist

$$m_{\mathrm{dyn}}(\delta_{(\mathrm{a})}) = m_{\mathrm{stat}}(\delta_{(\mathrm{a})}) \;.$$

Unter dem Einfluß der Änderung des Drehmoments m_{A} der Arbeitsmaschine wird $m_{\mathrm{dyn}(\mathrm{a})} + m_{\mathrm{A}(\mathrm{a})} \neq 0$, und es setzt ein Bewegungsvorgang $\delta = \delta(t)$ ein. Nach Maßgabe dieses Bewegungsvorgangs ändert sich der Ankerstrom stetig. Nach einer gewissen Zeit tritt an die Stelle des dynamischen Drehmoments wieder das statische. Die Betrachtungen auf der Grundlage des dynamischen Drehmoments liefern also nur eine Aussage über die Ströme und Polradwinkel unmittelbar nach der Störung. Sie erlauben vor allem zu entscheiden, ob die Maschine überhaupt im Tritt bleibt. Die Frage, ob die Maschine bei einem elektrischen oder mechanischen Laststoß unter dem Einfluß des dynamischen Drehmoments im Tritt bleibt, wird auch als Frage nach der dynamischen Stabilität bezeichnet. Ihre Untersuchung erfolgt im Abschnitt 17.3.6.

17.3.5   Bewegungsvorgänge $\delta(t)$

In der Bewegungsgleichung (17.50) ist nach den Untersuchungen in den Abschnitten 17.3.2 und 17.3.3 $m_{\mathrm{dyn}} = m_{\mathrm{dyn}}(\delta)$ und entsprechend (17.67) bzw. (17.80) eine nichtlineare Funktion des Polradwinkels δ. Das Dämpfungsmoment m_{D} ist dem Schlupf s des Polsystems gegenüber dem synchron umlaufenden Feld proportional. Näherungsweise kann angenommen werden, daß als Dämpfungsmoment die asynchronen Drehmomente der Dämpferkreise wirken, die im Abschnitt 16.2 für kleine Werte des Schlupfs als

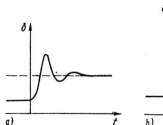
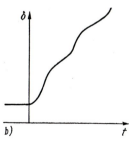

Bild 17.20
Erläuterung
der beiden prinzipiellen Formen
von Bewegungsvorgängen $\delta = \delta(t)$
a) die dynamische Stabilität ist gewahrt
b) die dynamische Stabilität ist nicht gewahrt

(16.43) entwickelt wurden. Unter Einführung der *Dämpfungskonstanten* K_D und mit (17.54) erhält man dann

$$m_D = K_D s = -K_D \frac{d\delta}{dt} \,. \tag{17.81}$$

Zahlenwerte für die Dämpfungskonstante in Abhängigkeit von der Ausführung des Polsystems sind in Tafel 16.1 zusammengestellt.

Die Winkelbeschleunigung $d^2\vartheta/dt^2$ läßt sich entsprechend (17.55) durch $d^2\delta/dt^2$ ersetzen. Damit nimmt die Bewegungsgleichung (17.50) die Form

$$\boxed{m_{dyn}(\delta) - K_D \frac{d\delta}{dt} + m_A = T_m \frac{d^2\delta}{dt^2}} \,. \tag{17.82}$$

an. Das ist eine nichtlineare Schwingungsgleichung. Die Nichtlinearität äußert sich in der Abweichung des dynamischen Drehmoments von einem Verlauf $m_{dyn} \sim \delta$. Diese Abweichung ist um so ausgeprägter, je größer δ wird. Man vergleiche dazu die beiden Kennlinien $m_{dyn} = f(\delta)$ in den Bildern 17.16 und 17.19. Mit wachsendem Polradwinkel durchläuft $m_{dyn} = f(\delta)$ einen Maximalwert und wechselt schließlich sogar das Vorzeichen. Diesem Verlauf des dynamischen Drehmoments entsprechend, sind zwei prinzipielle Formen von Bewegungsvorgängen zu erwarten.

Bei kleinen Störungen werden nur kleine Abschnitte der Kennlinie $m_{dyn} = f(\delta)$ durchlaufen. Es kommt zu keinem Vorzeichenwechsel. Man erhält eine gedämpfte Schwingung, die je nach Aussteuerung der nichtlinearen Kennlinie $m_{dyn} = m_{dyn}(\delta)$ mehr oder weniger sinusförmig ist. Nach Abklingen der Schwingung wird ein neuer konstanter Wert des Polradwinkels erreicht. Die Maschine bleibt im Tritt. Sie ist gegenüber der betrachteten Störung dynamisch stabil.

Bei großen Störungen wird δ während der ersten Auslenkung sehr groß. Das Drehmoment $m_{dyn}(\delta) + m_A$, das die Bewegung $\delta = \delta(t)$ zunächst zu verzögern sucht, wechselt sein Vorzeichen und wirkt dadurch wieder beschleunigend auf $\delta = \delta(t)$. Dadurch wächst der Polradwinkel weiter an. Er erreicht keinen neuen konstanten Wert; die Maschine fällt außer Tritt. Sie ist gegenüber der betrachteten Störung dynamisch nicht stabil.

Im Bild 17.20 sind die beiden prinzipiellen Formen der Bewegungsvorgänge dargestellt. Da die geschlossene Lösung der Bewegungsgleichung (17.82) Schwierigkeiten bereitet, muß versucht werden, die Frage nach der dynamischen Stabilität ohne diese Lösung zu beantworten. Dazu wird im Abschnitt 17.3.6 ein geeignetes Stabilitätskriterium entwickelt.

Die Lösung der Bewegungsgleichung (17.82) erfordert im allgemeinen Fall den Einsatz der Rechentechnik. Dabei kann natürlich auf dem Wege der numerischen Simulation darauf verzichtet werden, das Prinzip der Flußkonstanz auf die Läuferkreise anzuwenden und damit mit dem dynamischen Drehmoment zu rechnen. Es kann vielmehr vom allgemeinen Gleichungssystem ausgegangen und der gesamte Übergangsvorgang bis zum Erreichen des stationären Arbeitspunkts betrachtet werden. Wenn allerdings ein System aus mehreren Maschinen in einem größeren Netz zu betrachten ist, kann es zur Senkung des Rechenaufwands nach wie vor vorteilhaft sein, den Anfangsverlauf der Vorgänge mit dem dynamischen Drehmoment zu betrachten und die Frage der Stabilität auf dieser Basis zu entscheiden.

Der Sonderfall kleiner Änderungen $\Delta\delta$ *des Polradwinkels* läßt sich durch Linearisierung von (17.82) geschlossen betrachten. Die Linearisierung liefert

$$\boxed{T_\mathrm{m}\frac{\mathrm{d}^2\Delta\delta}{\mathrm{d}t^2} + K_\mathrm{D}\frac{\mathrm{d}\Delta\delta}{\mathrm{d}t} + K_\mathrm{S}(\delta_{(\mathrm{a})})\Delta\delta = \Delta m_\mathrm{A}} \ , \tag{17.83}$$

wobei das *dynamische synchronisierende Drehmoment*

$$K_\mathrm{S}(\delta_{(\mathrm{a})})\Delta\delta = -\left(\frac{\partial m_\mathrm{dyn}}{\partial\delta}\right)_{\delta_{(\mathrm{a})}} \Delta\delta \tag{17.84}$$

eingeführt wurde. (17.83) stellt die bekannte Differentialgleichung der linearen, gedämpften Schwingung dar. Sie liefert als Lösung der homogenen Gleichung Eigenvorgänge der Form

$$\Delta\delta = \Delta\delta_0\,\mathrm{e}^{-\varrho t}\,\cos(\nu t + \varphi_\delta) \ ,$$

wobei die *Eigenfrequenz* ν der freien Schwingung gegeben ist als

$$\nu = \sqrt{\frac{K_\mathrm{S}(\delta_{(\mathrm{a})})}{T_\mathrm{m}}} \tag{17.85}$$

und ihr *Dämpfungsdekrement* ϱ als

$$\varrho = \frac{K_\mathrm{D}}{2T_\mathrm{m}\nu} = \frac{K_\mathrm{D}}{2K_\mathrm{S}(\delta_{(\mathrm{a})})}\nu \ . \tag{17.86}$$

17.3.6 Kriterium der dynamischen Stabilität

Wenn sich das Polrad, das unter dem Einfluß des dynamischen Drehmoments $m_\mathrm{dyn}(\delta)$ und des äußeren Drehmoments m_A der Arbeitsmaschine steht, d.h. bei Vernachlässigung des Dämpfungsmoments, aus einer Anfangslage $\delta_{(\mathrm{a})}$ in eine beliebige Lage bewegt, wird ihm relativ zum synchron umlaufenden Koordinatensystem die Energie

$$\int_{\delta_{(\mathrm{a})}}^{\delta} [m_\mathrm{dyn}(\delta) + m_\mathrm{A}]\frac{1}{p}\,\mathrm{d}\delta$$

zugeführt. Diese Energie bewirkt eine Erhöhung seiner Drehzahl, d.h., es findet eine beschleunigte Bewegung $\delta(t)$ statt. Der Verlauf $\delta = \delta(t)$ wird demnach dann einem neuen konstanten Wert zustreben, wenn ein Wert δ_max existiert, für den gilt

$$\int_{\delta_{(\mathrm{a})}}^{\delta_\mathrm{max}} [m_\mathrm{dyn}(\delta) + m_\mathrm{A}]\frac{1}{p}\,\mathrm{d}\delta = 0 \ . \tag{17.87}$$

In diesem Fall hat das Polrad nach vorübergehender Erhöhung seiner Drehzahl bei $\delta = \delta_{\mathrm{max}}$ wieder die synchrone Drehzahl erreicht. Im Punkt $\delta = \delta_{\mathrm{max}}$ ist also $\mathrm{d}\delta/\mathrm{d}t = 0$, d.h., $\delta = \delta(t)$ durchläuft einen Extremwert; es schließt sich eine rückläufige Bewegung des Polrads an. Die Maschine ist gegenüber der betrachteten Störung dynamisch stabil. Das Einlaufen in den neuen Arbeitspunkt geschieht als Schwingung, die durch das vorhandene Dämpfungsmoment zum Abklingen kommt. Wenn ein Polradwinkel $\delta'_{(\mathrm{e})}$ eingeführt wird, der dem dynamischen Gleichgewicht zugeordnet ist, gilt $m_{\mathrm{dyn}}(\delta'_{(\mathrm{e})}) + m_{\mathrm{A}} = 0$. Das Stabilitätskriterium (17.87) geht dann über in

$$\int_{\delta_{(\mathrm{a})}}^{\delta'_{(\mathrm{e})}} [m_{\mathrm{dyn}}(\delta) + m_{\mathrm{A}}]\,\mathrm{d}\delta = -\int_{\delta'_{(\mathrm{e})}}^{\delta_{\mathrm{max}}} [m_{\mathrm{dyn}}(\delta) + m_{\mathrm{A}}]\,\mathrm{d}\delta\ . \tag{17.88}$$

In der m-δ-Ebene stellt $\int m\,\mathrm{d}\delta$ die Fläche dar, die innerhalb der Integrationsgrenzen unter der Kurve $m = f(\delta)$ liegt. Das Stabilitätskriterium nach (17.88) sagt demnach aus, daß die Fläche unter $m_{\mathrm{dyn}}(\delta) + m_{\mathrm{A}}$ zwischen $\delta_{(\mathrm{a})}$ und $\delta'_{(\mathrm{e})}$ gleich der zwischen $\delta'_{(\mathrm{e})}$ und δ_{max} sein muß. Das Stabilitätskriterium wird deshalb oft als das *Kriterium der gleichen Flächen* bezeichnet.

Die Anwendung des Kriteriums wird im Bild 17.21 gezeigt. Das Belastungsmoment eines Synchronmotors soll sich zur Zeit $t = 0$ von $m_{\mathrm{A}(\mathrm{a})}$ auf $m_{\mathrm{A}(\mathrm{e})}$ ändern. Das für die Bewegung des Polrads verantwortliche Drehmoment ist also $m_{\mathrm{dyn}} + m_{\mathrm{A}(\mathrm{e})}$. Für $m_{\mathrm{A}(\mathrm{e})}$ wurde im Bild 17.21a ein Wert gewählt, der zur dynamischen Stabilität führt, während der Wert von $m_{\mathrm{A}(\mathrm{e})}$ im Bild 17.21b zu groß ist, um die dynamische Stabilität aufrechtzuerhalten.

Es muß darauf hingewiesen werden, daß bei Vorhandensein der dynamischen Stabilität durchaus noch nicht gesichert ist, daß statische Stabilität vorliegt. Die Alleinbetrachtung der dynamischen Stabilität im Beispiel von Bild 17.21 ist gerechtfertigt, wenn das Drehmoment $m_{\mathrm{A}(\mathrm{e})}$ nur sehr kurze Zeit als Impuls ansteht. Wenn es für alle Zeiten $t > 0$ vorhanden sein soll, entscheidet schließlich das statische Drehmoment über die Stabilität.

Das statische Drehmoment wäre allerdings bei großen Werten von $m_{\mathrm{A}(\mathrm{e})}$ nicht in der Lage, das Überschwingen des Polrads abzufangen. Wenn das statische Drehmoment zunächst zu klein ist, läßt es sich durch eine sofort mit der Störung eingeleitete Erhöhung der Erregung vergrößern. Diese *Stoßerregung* kann die Stabilität insgesamt sichern, falls die dynamische Stabilität gewahrt ist, d.h., falls das dynamische Drehmoment die Maschine zunächst im Tritt hält.

17.4 Kommutierung bei Betrieb am Umrichter mit Stromzwischenkreis

Die Kommutierung beim Betrieb der Asynchronmaschine am Umrichter mit Stromzwischenkreis wurde im Abschnitt 13.7 behandelt. Grundlage der Analyse war dabei die Voraussetzung der Gültigkeit des Prinzips der Flußkonstanz für die mit der Kommutierung verbundenen raschen Vorgänge in den Läuferkreisen. Unter diesen Voraussetzungen gelten für die drei Ständerstränge die Spannungsgleichungen (13.58). Als Ergebnis der Analyse wurde im Abschnitt 13.7 erkannt, daß eine durch die Maschinenspannung ausgelöste Kommutierung des Umrichters bei Zusammenarbeit mit einer Asynchronmaschine nicht möglich ist. Da die Strangströme gegenüber den zugeord-

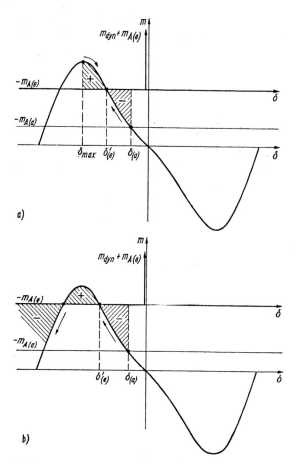

Bild 17.21 *Anwendung des Kriteriums der dynamischen Stabilität nach (17.88)*
auf einen Synchronmotor in Schenkelpolausführung, dessen Belastungsmoment sich zur Zeit
$t = 0$ von $m_{A(a)}$ auf $m_{A(e)}$ ändert
a) dynamisch stabiler Fall; b) dynamisch instabiler Fall

neten Strangspannungen stets nacheilen, ist im Augenblick der erforderlichen Kommutierung des Zwischenkreisstroms von einem Thyristor auf den nächsten bzw. von einem Wicklungsstrang auf den nächsten die Spannung über dem Thyristor, der den Strom übernehmen soll, negativ, so daß er nicht zündet (s. Bilder 13.16 und 13.17). Es ist erforderlich, den maschinenseitigen Stromrichter zwangskommutiert zu betreiben, d.h. mit einer entsprechenden Löschschaltung auszurüsten.

Die vorstehend zusammengefaßten und im Abschnitt 13.7 für den Betrieb der Asynchronmaschine am Umrichter mit Stromzwischenkreis erhaltenen Ergebnisse gelten auch für die Synchronmaschine, wenn sie untererregt, d.h. mit gegenüber der Klemmspannung nacheilendem Strom betrieben wird. Da die Synchronmaschine jedoch bei entsprechender Einstellung des Erregerstroms auch mit voreilendem Ankerstrom arbeiten kann, bestehen offenbar Chancen einer durch die Maschinenspannungen ausgelösten Kommutierung des maschinenseitigen Stromrichters. Dieser Betrieb ist im folgenden zu untersuchen[1]. Die Synchronmaschine wird für die Untersuchung der Kommutierungsvorgänge zur Wahrung der Übersichtlichkeit als vereinfachte Vollpol-

---

[1]Eine ausführliche Behandlung findet sich in [32].

maschine betrachtet (s. Abschnitt 15.8.5). Für die Grundschwingungen der Ströme und Spannungen gilt dann (15.149), die bei Verzicht auf die bezogene Darstellung und unter Vernachlässigung des ohmschen Spannungsabfalls für einen beliebigen Strang j übergeht in

$$\underline{u}_{j,1} = jX_d\underline{i}_{j,1} + \underline{u}_{pj,1} \ . \tag{17.89}$$

Beim Betrieb am Umrichter sind die Ströme und Spannungen natürlich nicht mehr durchgängig sinusförmig. Für die folgende Analyse wird in Analogie zum Vorgehen bei der Asynchronmaschine angenommen, daß für die Polradkreise unter dem Einfluß der Kommutierungsvorgänge das Prinzip der Flußkonstanz gilt, d.h., unabhängig von den Vorgängen in den Ständersträngen bleiben im stationären Betrieb die Flußverkettungen aller Polradkreise konstant. Die Spannungen, die, von diesen Feldern herrührend, in den Ständersträngen beobachtet werden, sind dementsprechend sinusförmig. Das sind die Spannungen u_{pj}'' hinter der subtransienten Reaktanz; es ist also $u_{pj}'' = u_{pj,1}''$. Damit gelten die Gleichungen (13.58), wenn an die Stelle von u_{1j}' jetzt u_{pj}'' eingeführt und L_i durch die der subtransienten Reaktanz entsprechende subtransiente Induktivität L_d'' ersetzt wird. Man erhält bei Verzicht auf den Index 1 und unter Vernachlässigung der ohmschen Spannungsabfälle[1]:

$$\left. \begin{aligned} u_a &= L_d''\frac{di_a}{dt} + \widehat{u}_p'' \cos(\omega_1 t + \varphi_u'') = L_d''\frac{di_a}{dt} + u_{pa}'' \\ u_b &= L_d''\frac{di_b}{dt} + \widehat{u}_p'' \cos\left(\omega_1 t + \varphi_u'' - \frac{2\pi}{3}\right) = L_d''\frac{di_b}{dt} + u_{pb}'' \\ u_c &= L_d''\frac{di_c}{dt} + \widehat{u}_p'' \cos\left(\omega_1 t + \varphi_u'' - \frac{4\pi}{3}\right) = L_d''\frac{di_c}{dt} + u_{pc}'' \end{aligned} \right\} \tag{17.90}$$

Insbesondere gilt also mit $u_{pj}'' = u_{pj,1}''$ für die Grundschwingungen

$$\underline{u}_{j,1} = jX_d''\underline{i}_{j,1} + \underline{u}_{pj}'' \ . \tag{17.91}$$

Daraus folgt mit (17.89) als Beziehung für die Spannungen hinter der subtransienten Reaktanz, ausgehend von den Grundschwingungen der Polradspannung und des Ankerstroms

$$\underline{u}_{pj}'' = \underline{u}_{j,1} - jX_d''\underline{i}_{j,1} = \underline{u}_{pj,1} + j(X_d - X_d'')\underline{i}_{j,1} \ . \tag{17.92}$$

Im Bild 17.22 sind die Zeigerbilder nach (17.89) und (17.92) für den Strang a bei nacheilendem und voreilendem Ankerstrom dargestellt. Die sinusförmigen Spannungen u_{pj}'' übernehmen die Rolle der starren Netzspannungen bei der Untersuchung des Verhaltens von Stromrichtern am Netz. Man erhält sie ausgehend von der durch den Erregerstrom gegebenen Polradspannung und dem Strom. Im Bild 17.23 ist die zu Bild 13.16 analoge Anordnung ohne Kommutierungskondensatoren und Löschthyristoren dargestellt. Es soll wiederum der Vorgang untersucht werden, daß der Zwischenkreisstrom vom Thyristor $T2$ auf den Thyristor $T3$ bzw. vom Strang b auf den Strang c kommutiert. Solange keine Kommutierungsvorgänge stattfinden, fließen in den Strängen zeitlich konstante Ströme, so daß aus (17.90) folgt

$$u_j = u_{pj}'' \ . \tag{17.93}$$

Außerhalb der Zeitabschnitte, in denen eine Kommutierung stattfindet, beobachtet man als Klemmenspannung die sinusförmige Spannung u_{pj}'' hinter der subtransienten Reaktanz.

---

[1]vgl. (17.38) bzw. (17.76)

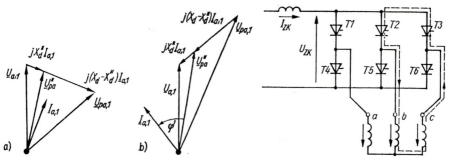

Bild 17.22 Zeigerbilder für die Grundschwingungen der Ströme und Spannungen
des Strangs a
im stationären Betrieb der Synchronmaschine
zur Ermittlung der Spannung $\underline{U}_{pa}''$
hinter der subtransienten Reaktanz
a) bei nacheilendem Strom (untererregt)
b) bei voreilendem Strom (übererregt)

Bild 17.23 Betrachtete Anordnung
des maschinenseitigen Stromrichters
zur Untersuchung der Kommutierung
des Stroms vom Thyristor T2
auf Thryristor T3 und damit
von Strang b auf Strang c (vgl. Bild 13.16)

Wenn der Thyristor $T2$ stromführend, d.h. $\underline{u}_{T2} = 0$, und der Thyristor $T3$ noch
nicht gezündet ist, erhält man als Aussage des Maschensatzes für den im Bild 17.23
eingetragenen Integrationsweg

$$u_{T3} - u_{T2} = u_{T3} = u_b - u_c = u_{pb}'' - u_{pc}'' \ . \tag{17.94}$$

Im Bild 17.24 sind in Analogie zu Bild 13.17 die Spannungen u_{pb}'', u_{pc}'' und $u_{pb}'' - u_{pc}''$
sowie der Stromverlauf im Strang b für den Fall dargestellt, daß die Synchronmaschine
entsprechend Bild 17.22b übererregt betrieben wird. Man erkennt, daß die Spannung
$u_{T3} = u_{pb}'' - u_{pc}''$ über dem Thyristor $T3$ im Zeitpunkt der erforderlichen Kommutierung
des Stroms vom Strang b auf den Strang c tatsächlich positiv ist. Wenn also der
Thyristor $T3$ in diesem Zeitpunkt einen Zündimpuls erhält, wird er stromführend und
damit $u_{T3} = 0$. Mit $u_{T3} = 0$ folgt aus $u_b - u_c = 0$ unter Einführung von (17.90) mit
$i_b + i_c = I_{ZK}$

$$2L_d'' \frac{di_c}{dt} = u_{pb}'' - u_{pc}'' \ . \tag{17.95}$$

Daraus läßt sich der Stromverlauf $i_c(t)$ unmittelbar bestimmen und damit auch die
Zeitdauer der Kommutierung. Der Verlauf $i_c(t)$ folgt aus (17.95) allgemein zu

$$i_c = \frac{\hat{u}}{2\omega_1 L_d''} \cos\left(\omega_1 t + \varphi_u - \frac{\pi}{2}\right) + C \ ,$$

wobei $\hat{u} \approx \hat{u}_p''$ die Leiter-Leiter-Spannung an den Maschinenklemmen darstellt. Die
Integrationskonstante C bestimmt sich aus der Bedingung, daß unmittelbar vor Einsetzen des Kommutierungsvorgangs $i_c = 0$ ist. Im Bild 17.25 ist der offenbar kritische
Fall dargestellt, daß der Strom i_b im Strang b gerade noch Null wird, ehe die Spannung
$u_{pb}'' - u_{pc}''$ negativ und damit u_{T2} wieder positiv wird, so daß dieser Thyristor nicht
erlischt.

In diesem Fall erhält man, entsprechend dem Zeitverlauf $i_c(t)$, den größten Wert für
die Kommutierungsdauer. Sie ergibt sich aus Bild 17.25 zu

$$\boxed{T_K = \frac{1}{\omega_1} \arccos\left(1 - \frac{2\omega_1 L_d'' I_{ZK}}{\hat{u}}\right)} \ . \tag{17.96}$$

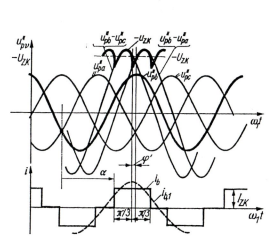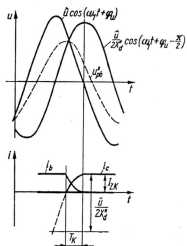

Bild 17.24 Ermittlung der Augenblickswerte der Spannung u''_{pb}, u''_{pc} und $u''_{pb} - u''_{pc}$ zum Zeitpunkt der Kommutierung des Stroms vom Strang b auf Strang c sowie Ermittlung der Zwischenkreisspannung $-u_{ZK}$

Bild 17.25 Ermittlung des Stromverlaufs während der Kommutierung sowie der Kommutierungsdauer T_K im Extremfall, daß am Ende der Kommutierung gerade $u''_{pb} - u''_{pc} = 0$ ist

Aus dieser Beziehung folgt unmittelbar, daß die Kommutierungsdauer um so größer wird, je kleiner die Spannung ist, an der die Maschine betrieben wird. Unterhalb gewisser Werte der Spannung ist die maschinengeführte Kommutierung also nicht mehr möglich, da die Kommutierungsdauer dann größer als die Stromflußdauer wird.

Während der Kommutierung des Stroms vom Strang b auf den Strang c folgt mit $u_{T2} = 0$ und $u_{T3} = 0$ aus (17.95) $u_b = u_c$. Außerdem gilt für die Ströme entsprechend Bild 17.23 $i_b + i_c = I_{ZK}$ und damit $\mathrm{d}i_c/\mathrm{d}t = -\mathrm{d}i_b/\mathrm{d}t$. Damit erhält man aus den Spannungsgleichungen (17.91)

$$u_b - u''_{pb} = -(u_c - u''_{pc})$$

und folglich wegen $u_b = u_c$

$$u_b = u_c = \frac{u''_{pb} + u''_{pc}}{2} \, . \tag{17.98}$$

Im Bild 17.26 sind die Verläufe der Klemmspannungen u_b und u_c und der Ströme i_b und i_c in der Nähe einer Kommutierungszone dargestellt. Unter dem Einfluß der endlichen Kommutierungsdauer kommt es gegenüber der durch den Zündwinkel gegebenen Phasenlage der Stromgrundschwingung zu einer zusätzlichen Phasenverschiebung.

Die *Zwischenkreisspannung* u_{ZK} ergibt sich abschnittsweise als Differenz der Klemmenspannungen der jeweils stromführenden Wicklungsstränge. Mit der in der Stromrichtertechnik üblichen Festlegung der positiven Zählrichtung von u_{ZK} entsprechend Bild 17.23 erhält man unter Vernachlässigung der Spannungseinbrüche bzw. Spannungsübererhöhungen während der Kommutierung sowie mit $u_j = u''_{pj}$ nach (17.94) während des Stromflusses über $T2$ und $T6$

$$-u_{ZK} = u_{pb} - u_{pc} = u''_{pb} - u''_{pc}$$

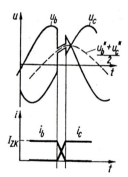

Bild 17.26
*Verlauf der Klemmenspannungen der Stränge b und c
in der Nähe des Kommutierungsvorgangs
vom Strang b auf den Strang c*

und während des Stromflusses über $T2$ und $T4$

$$-u_{ZK} = u_{pb} - u_{pa} = u_{pb}'' - u_{pa}''$$

Im Bild 17.24 ist der Verlauf der Zwischenkreisspannung $-u_{ZK}$, ausgehend von diesen beiden Spannungen, eingetragen worden. Unter Einführung des *Zündwinkels* α, der vom natürlichen Zündeinsatz bei positiver Zwischenkreisspannung aus gezählt wird, ergibt sich für den *Mittelwert der Zwischenkreisspannung*

$$\boxed{U_{ZK} = -\sqrt{2}U_p''\sqrt{3}\,\frac{3}{\pi}\int_{\alpha+\pi/3}^{\alpha+2\pi/3} \sin\omega_1 t \;\mathrm{d}\omega_1 t = \sqrt{6}\,\frac{3}{\pi}U_p'' \cos\alpha}\;. \qquad (17.99)$$

Unter Berücksichtigung des tatsächlichen Verlaufs der Klemmenspannungen u_j, der unter dem Einfluß der Kommutierung entsteht (s. Bild 17.26), ändert sich die Zwischenkreisspannung nach (17.99) in Abhängigkeit von der Höhe des Zwischenkreisstroms. Dabei wird der Betrag der Zwischenkreisspannung mit zunehmendem Zwischenkreisstrom größer.

17.5   Feldorientierte Regelung

Das Prinzip der feldorientierten Regelung[1] wurde im Zusammenhang mit der Betrachtung der umrichtergespeisten Asynchronmaschine bereits im Abschnitt 13.8 dargestellt. Der entscheidende Gedanke dieses Prinzips ist, daß man, ausgehend von der allgemeinen Beziehung

$$m = -\frac{3}{2}p\,\mathrm{Im}\left\{\vec{\psi}_1^{\mathrm{K}}\vec{i}_1^{\mathrm{K*}}\right\}$$

für das Drehmoment nach (8.56) auf der Grundlage komplexer Augenblickswerte der Ständerflußverkettung $\vec{\psi}_1^{\mathrm{K}}$ und des Ständerstroms $\vec{i}_1^{\mathrm{K}}$ in einem beliebigen Koordinatensystem K, die Komponenten des komplexen Ständerstroms $\vec{i}_1^{\mathrm{K}}$ bezüglich der komplexen Ständerflußverkettung $\vec{\psi}_1^{\mathrm{K}}$ regelt. Dazu wurde im Abschnitt 13.8.1 die feldorientierte Beschreibung des Ständerstroms eingeführt und im Abschnitt 13.8.2 eine Reihe verschiedener Ausführungsmöglichkeiten feldorientierter Regelungen für die Asynchronmaschine entwickelt (s. Bilder 13.22 u. 13.23). Diese Regelschaltungen können unmittelbar für die Synchronmaschine übernommen werden, wenn nicht beabsichtigt

---

[1]ausführliche Behandlung s. [5] [6] [7] [8] [16]

ist, den Erregerstrom i_{fd} in die Regelung einzubeziehen. Dabei kann nicht damit gerechnet werden, daß in jedem Zeitpunkt und unter allen äußeren Bedingungen die Voraussetzungen für eine durch die Maschinenspannungen ausgelöste Kommutierung des maschinenseitigen Stromrichters erfüllt sind, wie sie im Abschnitt 17.4 hergeleitet wurden. Es ist deshalb erforderlich, einen zwangskommutierten Stromrichter einzusetzen, wie er im Fall der Asynchronmaschine a priori als erforderlich erkannt wurde (s. Bild 13.16). Insbesondere ergibt sich bei Einsatz eines Pulsumrichters und Regelung der Strangströme die Möglichkeit, in jedem Zeitpunkt die erforderlichen Augenblickswerte der Strangströme einzustellen.

Wenn die Synchronmaschine nicht mit Permanenterregung ausgeführt ist, besteht die Möglichkeit, den Erregerstrom in die Regelung einzubeziehen. Es bietet sich an, die Regelung des Erregerstroms so zu gestalten, daß der Aufbau des Magnetfelds im stationären Betrieb allein durch den Erregerstrom erfolgt. Unter diesem Gesichtspunkt wird im folgenden eine Prinzipschaltung für die Feldorientierte Regelung einer Synchronmaschine entwickelt.

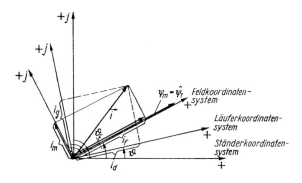

Bild 17.27
Beobachtung des
komplexen Augenblickswerts
des Ständerstroms
in verschiedenen
Koordinatensystemen

Der Erregerstrom baut ein Feld auf, das fest mit dem Läuferkoordinatensystem verbunden ist und in der Längsachse des Polsystems liegt. Es ist deshalb erforderlich, das Läuferkoordinatensystem in die Betrachtungen einzubeziehen. Im Bild 17.27 ist dies in Erweiterung von Bild 13.21 für einen beliebigen Zeitpunkt eines beliebigen Vorgangs geschehen. Entsprechend der allgemeinen Verfahrensweise bei der Behandlung der Synchronmaschine wurde im Vergleich zu den entsprechenden Untersuchungen bei der Asynchronmaschine auf den zusätzlichen Index 1 zur Kennzeichnung der Zugehörigkeit zum Ständer verzichtet. Das Läuferkoordinatensystem ist gegenüber dem Ständerkoordinatensystem um den Winkel $\vartheta = \vartheta(t)$ gedreht, wobei ϑ die bezogene Verschiebung zwischen der Achse des Ständerstrangs a und der Längsachse des Polsystems ist und unmittelbar mit Hilfe eines entsprechenden Lagegebers gemessen werden kann.

Um überschaubare Verhältnisse zu erhalten, wird im folgenden eine vereinfachte Vollpolmaschine vorausgesetzt. Da die Regelung der Erregung aus Sicht des stationären Betriebs erfolgt, genügt es, die Verhältnisse unter diesen Bedingungen zu betrachten. Die komplexe Ständerflußverkettung in Ständerkoordinaten folgt aus (15.141) mit (15.48) zu

$$\vec{\psi}^{\mathrm{S}} = (\psi_d + \mathrm{j}\psi_q)\,\mathrm{e}^{\mathrm{j}\vartheta} = [x_d(i_d + \mathrm{j}i_q) + x_{\mathrm{a}fd}i_{fd}]\,\mathrm{e}^{\mathrm{j}\vartheta}\ . \tag{17.100}$$

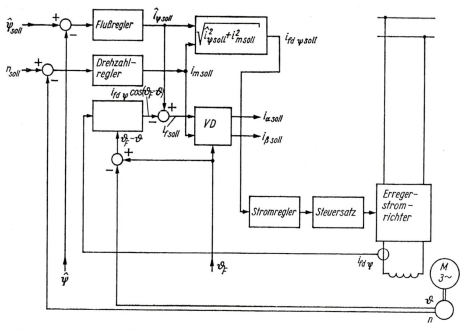

Bild 17.28   Prinzipschaltbild einer feldorientierten Regelung der Synchronmaschine
als Ergänzung zu entsprechenden Regelschaltungen für Asynchronmaschinen
nach den Bildern 13.22 und 13.23c

Zum Aufbau des Prinzipschaltbilds der Regelung sollen Ströme eingeführt werden, die, im Ständer fließend, die entsprechende Flußverkettung hervorrufen. Man erhält mit $\vec{i}_\psi^{\mathrm{S}} = \hat{\psi}^{\mathrm{S}}/x_d$ und $i_{fd\psi} = (x_{afd}/x_d)i_{fd}$ unter Beachtung von $\vec{\psi}^{\mathrm{S}} = \hat{\psi}\,\mathrm{e}^{\mathrm{j}\vartheta_{\mathrm{F}}}$ und mit Einführung der Komponenten i_{f} und i_{m} bei Darstellung des Ständerstroms in Feldkoordinaten, entsprechend

$$\vec{i}^{\mathrm{S}} = (i_d + \mathrm{j}i_q)\,\mathrm{e}^{\mathrm{j}\vartheta} = (i_{\mathrm{f}} + \mathrm{j}i_{\mathrm{m}})\,\mathrm{e}^{\mathrm{j}\vartheta_{\mathrm{F}}}\ ,$$

aus (17.100)

$$\widehat{i}_\psi = i_{\mathrm{f}} + \mathrm{j}i_{\mathrm{m}} + i_{fd\psi}\,\mathrm{e}^{\mathrm{j}(\vartheta - \vartheta_{\mathrm{F}})}$$

$$= i_{\mathrm{f}} + i_{fd\psi}\cos(\vartheta_{\mathrm{F}} - \vartheta) + \mathrm{j}[i_{\mathrm{m}} - i_{fd\psi}\sin(\vartheta_{\mathrm{F}} - \vartheta)]\ .$$

Daraus folgen als Beziehungen zwischen den Realteilen bzw. zwischen den Imaginärteilen

$$\left.\begin{aligned}\widehat{i}_\psi &= i_{\mathrm{f}} + i_{fd\psi}\cos(\vartheta_{\mathrm{F}} - \vartheta) \\[2mm] i_{\mathrm{m}} &= i_{fd\psi}\sin(\vartheta_{\mathrm{F}} - \vartheta)\ .\end{aligned}\right\} \tag{17.101}$$

Die dem Erregerstrom zugeordnete Größe $i_{fd\psi}$ ergibt sich damit zu

$$i_{fd\psi} = \sqrt{(\widehat{i}_\psi - i_{\mathrm{f}})^2 + i_{\mathrm{m}}^2}\ . \tag{17.102}$$

Unter dem Gesichtspunkt, die Regelung so aufzubauen, daß im dynamischen Betrieb vom Anker her, falls erforderlich, ein zusätzlicher Beitrag zur Erregung in Form einer entsprechenden Komponente i_f des Ankerstroms zur Verfügung gestellt wird, erhält man aus der ersten Gleichung (17.102) als Sollwert für i_f

$$i_\mathrm{f\,soll} = \widehat{i}_{\psi\mathrm{soll}} - i_{f\,d\psi}\cos(\vartheta_\mathrm{F} - \vartheta)\ . \qquad (17.103)$$

Der Erregerstrom selbst soll so geregelt werden, daß er den Feldaufbau im stationären Betrieb voll übernimmt. Damit erhält man den Sollwert aus (17.102) mit $i_\mathrm{fsoll} = 0$ zu

$$i_{f\,d\psi\,\mathrm{soll}} = \sqrt{\widehat{i^2_{\psi\,\mathrm{soll}}} + i^2_{\mathrm{m\,soll}}}\ . \qquad (17.104)$$

Im Bild 17.28 ist die entsprechende Ergänzung zur Prinzipanordnung eine Regelschaltung für Asynchronmaschinen nach Bild 13.22 und 13.23c dargestellt. Dabei wurde auf die Darstellung der Entkopplung des Drehmoments verzichtet. Die Entkopplung der Flußverkettung ist durch die Bedingung $i_\mathrm{f} = 0$ für die Regelung des Erregerstroms ohnehin gewährleistet.

18 Besondere Ausführungsformen der Synchronmaschine

18.1 Große Einphasenmaschinen

Einphasen-Synchronmaschinen im Bereich großer Leistungen werden vor allem als Generatoren für die Bahnstromversorgung eingesetzt. Dabei wird die Ankerwicklung so ausgeführt, daß ihr Wicklungsfaktor für die dritte Harmonische verschwindet. Außerdem verzichtet man darauf, alle Nuten zu bewickeln, da sich die Durchflutungsgrundwellen bzw. die Grundschwingungen der induzierten Spannungen von Spulen, die um mehr als $\frac{2}{3}\tau_p$ bzw. in bezogener Form um mehr als $2\pi/3$ gegeneinander versetzt sind, praktisch in Gegenphase befinden. Spulen des Wicklungsstrangs, die man außerhalb der Zonenbreite $\beta = 2\pi/3$ im Bereich zwischen $2\pi/3$ und π anordnet, liefern deshalb kaum einen Beitrag zur Durchflutungsgrundwelle bzw. zur Grundschwingung der induzierten Spannung, erfordern aber entsprechendes Wickelmaterial. Aus der Sicht des Wicklungsfaktors ξ_1 für die Grundwelle ist dieser Sachverhalt dahingehend zu deuten, daß ξ_1 bei Vergrößerung der Zonenbreite über $\beta = 2\pi/3$ hinaus nahezu im gleichen Maß kleiner wird, wie die Windungszahl zunimmt. Um diese Überlegung zu quantifizieren, soll angenommen werden, daß die Zahl Q der Spulen je Spulengruppe hinreichend groß ist, um für $\nu\alpha = \nu\beta/Q$ mit $\sin\nu\alpha \approx \nu\alpha$ rechnen zu können. Man erhält dann aus (4.105) für den Gruppenfaktor $\xi_{gr,\nu} \approx \dfrac{\sin\nu\beta/2}{\nu\beta/2}$. Das entspricht dem Verhältnis von Sehne zu Bogen eines Kreissegments mit dem Winkel $\nu\beta$. Der Gruppenfaktor $\xi_{gr,1\,\pi}$ für die Grundwelle bei vollständiger Bewicklung verhält sich dann zum Gruppenfaktor $\xi_{gr,1\,2\pi/3}$, der bei einer Bewicklung von 2/3 der Nuten wirkt, wie

$$\frac{\xi_{gr,1\,\pi}}{\xi_{gr,1\,2\pi/3}} = \frac{2}{\pi}\frac{2\pi}{3\sqrt{3}} = \frac{4}{3\sqrt{3}} = 0,77 \ .$$

Für die Windungszahlen gilt dabei

$$\frac{w_\pi}{w_{2\pi/3}} = \frac{3}{2} = 1,5 \ ,$$

d.h., im Fall der vollständigen Bewicklung wird 50 % mehr Wickelmaterial benötigt. Dagegen verhalten sich die hinsichtlich der Grundwelle wirksamen Windungszahlen wie

$$\frac{(w\xi_1)_\pi}{(w\xi_1)_{2\pi/3}} = \frac{3}{2}\frac{4}{3\sqrt{3}} = \frac{2}{\sqrt{3}} = 1,15$$

Mit einer Zonenbreite von $\beta = 2\pi/3$ wird außerdem erreicht, daß der Gruppenfaktor $\xi_{gr,3}$ für die dritten Harmonischen entsprechend (4.105) wegen $\sin\nu\beta/2 = \sin 3(2\pi/3)/2 = 0$ wird. Damit gewinnt man die Möglichkeit, mit Hilfe einer entsprechenden Sehnung der Einzelspulen Einfluß auf den Wicklungsfaktor der fünften und siebenten Harmonischen zu nehmen (s. Abschn. 4.6).

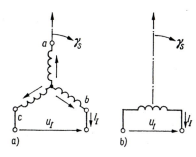

Bild 18.1
Zur Ermittlung der Beziehungen
zwischen den Parametern der
a) einphasig über zwei Stränge betriebenen
Dreiphasenmaschine und der
b) Einphasenmaschine

Die realen Ausführung der Ständerwicklung, die ein Drittel der Nuten unbewickelt läßt, führt offenbar auf die gleiche Verteilung stromdurchflossener Leiter und damit auf die gleichen Eigenschaften hinsichtlich Feldaufbau und Spannungsinduktion wie die Hintereinanderschaltung von zwei Strängen der dreisträngigen Wicklung, die der Behandlung des Einphasenbetriebs der Dreiphasen-Synchronmaschinen im Abschnitt 16.1.3 (s. Bild 16.3) zugrunde lag. Dementsprechend kann das Verhalten der Einphasenmaschine aus dem Einphasenbetrieb der Dreiphasenmaschine abgeleitet werden. Um diese Erkenntnis auch quantitativ umsetzen zu können, ist es erforderlich, die Beziehungen zwischen den Parametern der beiden Maschinen herzuleiten. Dazu sind im Bild 18.1 die beiden Wicklungssysteme schematisch dargestellt. Die Spannungsgleichung der Einphasenmaschine lautet, ausgehend von (5.1),

$$u_\mathrm{I} = R_\mathrm{I} i_\mathrm{I} + L_\sigma \mathrm{I} \frac{\mathrm{d} i_\mathrm{I}}{\mathrm{d} t} + (w\xi_1)_\mathrm{I} \frac{\mathrm{d} \Phi_\mathrm{hI}}{\mathrm{d} t} \ , \tag{18.1}$$

wobei der Hauptfluß Φ_hI durch (5.24) gegeben ist als

$$\Phi_\mathrm{hI} = \widehat{\Phi}_\mathrm{h} \, \cos[\gamma_{\mathrm{B},1}(t) - \gamma_{\mathrm{str}\,\mathrm{I}}]$$

mit $\gamma_{\mathrm{str}\mathrm{I}} = \pi/2$. Für die Hintereinanderschaltung der Stränge b und c erhält man mit $i_c = -i_b$

$$
\begin{aligned}
u_b - u_c \;=\;& 2R i_b + 2L_\sigma \frac{\mathrm{d} i_b}{\mathrm{d} t} \\[2mm]
& + (w\xi_1)\frac{\mathrm{d}}{\mathrm{d} t}\widehat{\Phi}_\mathrm{h}\left[\cos\left(\gamma_{\mathrm{B},1}(t) - \frac{2\pi}{3}\right) - \cos\left(\gamma_{\mathrm{B},1}(t) + \frac{2\pi}{3}\right)\right] \\[2mm]
=\;& 2R i_b + 2L_\sigma \frac{\mathrm{d} i_b}{\mathrm{d} t} + \sqrt{3}(w\xi_1)\frac{\mathrm{d}}{\mathrm{d} t}\widehat{\Phi}_\mathrm{h}\cos\left(\gamma_{\mathrm{B},1}(t) - \frac{\pi}{2}\right) \ .
\end{aligned}
\tag{18.2}
$$

Dabei wurden die Parameter der Dreiphasenmaschine entsprechend der Vorgehensweise in den Abschnitten 15 bis 17 nicht besonders gekennzeichnet. Aus dem Vergleich von (18.1) und (18.2) ergeben sich folgende Beziehungen zwischen den Parametern:

$$R \;=\; \frac{1}{2}R_\mathrm{I} \tag{18.3}$$

$$L_\sigma \;=\; \frac{1}{2}L_\sigma \mathrm{I} \tag{18.4}$$

$$(w\xi_1) \;\; = \;\; \frac{1}{\sqrt{3}}(w\xi_1)_\mathrm{I} \; . \qquad\qquad (18.5)$$

Die Gleichungen (18.3) bis (18.5) ordnen den Parametern des tatsächlichen Wicklungsstrangs I der Einphasenmaschine die Parameter einer äquivalenten dreisträngigen Wicklung zu, die über zwei Stränge einphasig betrieben wird. Damit läßt sich das gesamte Gleichungssystem, das im Abschnitt 15 für die Dreiphasen-Synchronmaschine zur Behandlung allgemeiner Betriebszustände hergeleitet wurde, auch für die Untersuchung von Betriebszuständen der Einphasenmaschine verwenden. Insbesondere kann das stationäre Betriebsverhalten unmittelbar aus dem Verhalten der einphasig über zwei Stränge stationär betriebenen Dreiphasenmaschine entwickelt werden. Die im Abschnitt 15 auftretenden Parameter wurden, ausgehend von der allgemeinen Analyse der Dreiphasenmaschine, im Abschnitt 7.3.2 eingeführt und sind über diesen Weg der Berechnung zugänglich. Das gilt dann auch für die Parameter der Einphasenmaschine, der mit Hilfe von (18.3) bis (18.5) eine äquivalente dreisträngige Wicklung zugeordnet wurde und deren Polsystem natürlich unverändert bleibt. Man erhält sämtliche Parameter unter Verwendung der zugeordneten dreisträngigen Wicklung und der tatsächlichen Ausführung des Polsystems.

Für den Wicklungsstrang der Einphasenmaschine lassen sich Induktivitäten bzw. Reaktanzen und auch Reaktanzoperatoren bzw. Induktivitätsoperatoren, die die Rückwirkung der Polradkreise mit erfassen, als $\psi = Li$ einführen. Wenn die Längsachse des Polsystems mit der Strangachse zusammenfällt, wird

$$\psi = L_{d\mathrm{I}}(p)i \; , \qquad\qquad (18.6)$$

und wenn die Querachse in der Strangachse liegt,

$$\psi = L_{q\mathrm{I}}(p)i \; . \qquad\qquad (18.7)$$

Die Induktivitätsoperatoren $L_d(p)$ und $L_q(p)$ lassen sich aus den gegebenen Geometrien der betrachteten Anordnung heraus berechnen, sie sind aber auch der Messung zugänglich. Um sie in das Gleichungssystem des Abschnitts 15 einzuführen, ist es erforderlich, ihre Beziehung zu den entsprechenden Parametern der Dreiphasenmaschine zu ermitteln. Der Zusammenhang zwischen Flußverkettung und Strom wurde bei der Dreiphasenmaschine entsprechend (15.80) und (15.118) in bezogener Form als $\psi_d = x_d(p)i_d$ und $\psi_q = x_q(p)i_q$ eingeführt. Wenn man auf die bezogene Darstellung verzichtet, folgt aus Abschnitt 15.3 $\psi_d = L_d(p)i_d$ und $\psi_q = L_q(p)i_q$. Bei der Dreiphasenmaschine, die entsprechend Bild 18.1 über die Stränge b und c einphasig betrieben wird, herrscht Längsstellung des Polsystems im Fall $\vartheta = \pi/2$ und Querstellung im Fall $\vartheta = 0$ (s. auch Bild 15.2). Mit $\vartheta = \pi/2$ und $i = i_b = -i_c$ erhält man aus (15.34) $i_d = \frac{2}{3}\sqrt{3}\,i$. Damit wird $\psi_d = \frac{2}{3}\sqrt{3}L_d(p)i$, und mit (15.35) folgt

$$\psi = \psi_b - \psi_c = \sqrt{3}\psi_d = 2L_d(p)i \; . \qquad\qquad (18.8)$$

Analog ergibt sich für $\vartheta = 0$:

$$\psi = \psi_b - \psi_c = \sqrt{3}\psi_q = 2L_q(p)i \; . \qquad\qquad (18.9)$$

Aus dem Vergleich zwischen (18.8) und (18.6) sowie zwischen (18.9) und (18.7) folgt

$$L_d(p) = \frac{1}{2}L_{d\mathrm{I}}(p) \; , \qquad L_q(p) = \frac{1}{2}L_{q\mathrm{I}}(p) \; . \qquad\qquad (18.10)$$

Insbesondere erhält man für $p \to 0$, d.h. bei Einspeisung von Gleichgrößen,

$$\left.\begin{array}{ll} L_d = \dfrac{1}{2}L_{dI} & \text{bzw.} \quad X_d = \dfrac{1}{2}X_{dI} \\[2mm] L_q = \dfrac{1}{2}L_{qI} & \text{bzw.} \quad X_q = \dfrac{1}{2}X_{qI} \end{array}\right\}$$ (18.11)

sowie für $p \to \infty$, d.h. bei Einspeisung von Wechselgrößen hoher Frequenz,

$$\left.\begin{array}{ll} L_d'' = \dfrac{1}{2}L_{dI}'' & \text{bzw.} \quad X_d'' = \dfrac{1}{2}X_{dI}'' \\[2mm] L_q'' = \dfrac{1}{2}L_{qI}'' & \text{bzw.} \quad X_q'' = \dfrac{1}{2}X_{qI}'' \;. \end{array}\right\}$$ (18.12)

Bei der Behandlung der Einphasenmaschine empfiehlt es sich, auf die Anwendung bezogener Größen zu verzichten, um die Einführung von Bezugsgrößen, ausgehend von den Bemessungsdaten der Einphasenmaschine, zu vermeiden. Im übrigen können alle Ergebnisse des Abschnitts 16.1.3 bzw. des gesamten Abschnitts 16.1 unter Beachtung der hier ermittelten Beziehungen zu den Parametern der Einphasenmaschine übernommen werden. Letztere wurden, entsprechend den Beziehungen (18.3) und (18.10) bis (18.12), als unmittelbar meßbare Größen eingeführt. Dabei ist zu beachten, daß $R + R_2$ mit (18.3) sowie mit

$$\Delta R_{I2} = -\frac{1}{4}\,\text{Im}\,\{X_{dI}(\text{j}2\omega) + X_{qI}(\text{j}2\omega)\}$$ (18.13)

entsprechend (16.10) unter Beachtung von (18.10) übergeht in

$$R + R_2 = R_I + \Delta R_{I2}\;.$$ (18.14)

wobei $\Delta R_{I2}I^2$ den Verlusten im Polsystem zugeordnet ist, die durch das invers umlaufende Drehfeld hervorgerufen werden.

Die Beziehungen zwischen der Klemmenspannung $\underline{u} = \underline{u}_b - \underline{u}_c$ sowie dem Strom $\underline{i} = \underline{i}_b = -\underline{i}_c$ und den symmetrischen Komponenten der Strangspannungen und Strangströme sind entsprechend Abschnitt 16.1.3 gegeben als

$$\underline{u} = -\text{j}\sqrt{3}\underline{u}_\text{m} + \text{j}\sqrt{3}\underline{u}_\text{g}\;,$$ (18.15)

$$\underline{i}_\text{m} = -\underline{i}_\text{g} = \text{j}\frac{1}{\sqrt{3}}\underline{i}\;.$$ (18.16)

Die Spannungsgleichungen der Grundschwingungsgrößen erhält man für die Schenkelpolmaschine unmittelbar aus (16.26) zu

$$\boxed{\begin{aligned} \underline{u} = (R_I + \Delta R_{I2})\underline{i} + \text{j}\frac{1}{2}\left(X_{dI} + \frac{X_{dI}'' + X_{qI}''}{2}\right)\underline{i}_d \\[2mm] \text{j}\frac{1}{2}\left(X_{qI} + \frac{X_{dI}'' + X_{qI}''}{2}\right)\underline{i}_q + \underline{u}_\text{p} \end{aligned}}\;.$$ (18.17)

und für die Vollpolmaschine aus (16.27) zu

$$\boxed{\underline{u} = (R_I + \Delta R_{I2})\underline{i} + \text{j}\frac{1}{2}(X_{dI} + X_{dI}'')\underline{i} + \underline{u}_\text{p}}\;.$$ (18.18)

Dabei wurde die Polradspannung $\underline{u}_p$ nicht mehr besonders als zur Hintereinanderschaltung der Stränge b und c gehörig gekennzeichnet, da dies sofort daraus hervorgeht, daß im Fall des Leerlaufs $\underline{u} = \underline{u}_p$ wird. Der Faktor 1/2 vor den Reaktanzen kommt dadurch zustande, daß jeweils nur das mitlaufende oder das gegenlaufende Drehfeld im Sinne der Definition der Reaktanzen wirksam wird und deren Amplituden die Hälfte der Amplituden des Wechselfelds des Ankerstroms darstellen. Das (18.18) entsprechende Zeigerbild für den Fall ohmsch-induktiver Belastung ist im Bild 18.2 dargestellt (vgl. Bild 16.4).

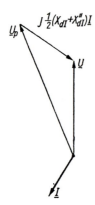

Bild 18.2
Zeigerbild der Einphasenmaschine
als vereinfachte Vollpolmaschine
bei Generatorbetrieb
auf eine ohmsch-induktive Last
unter Vernachlässigung
des ohmschen Spannungsabfalls

Mit Hilfe der Spannungsgleichungen (18.17) und (18.18) lassen sich $\underline{i}_d$, $\underline{i}_q$ und schließlich $\underline{i}$ bestimmen. Mit $\underline{i}$ liegen über (18.16) $\underline{i}_m$ und $\underline{i}_g$ fest. Diese Größen sind deshalb als Grundlage weiterer Berechnungen zu nehmen.

Die Spannung dritter Harmonischer, die als Folge der elektrischen und magnetischen Asymmetrie des Polsystems entsteht, erhält man, ausgehend von (16.8), wenn man die entsprechenden Beziehungen für u_{bg} und u_{cg} ermittelt und $u_{bg} - u_{cg}$ bildet, als

$$U_3 = \frac{3}{4}(X_{dI}'' - X_{qI}'')I \ . \tag{18.19}$$

Um die Spannung dritter Harmonischer klein zu halten, ist es also erforderlich, die Asymmetrie des Polsystems, die bei großer Frequenz wirkt, klein zu halten.

Die einzelnen Komponenten des Drehmoments lassen sich aus Abschnitt 16.1.1 unter Einführung der für den Einphasenbetrieb gültigen Beziehungen für die symmetrischen Komponenten nach (18.15) und (18.16) übernehmen. Dabei ist, entsprechend der Vorgehensweise im vorliegenden Abschnitt, zur Darstellung mit physikalischen Größen überzugehen. Die entsprechenden Beziehungen für die Bezugsgrößen finden sich im Abschnitt 15.3.

Das Drehmoment des Mitsystems nach (16.17) ergibt sich zu

$$m_{\mathrm{m}} = M_{\mathrm{m}} = \frac{p}{\omega_{\mathrm{n}}}\frac{1}{2}(X_{dI} - X_{qI})I_d I_q + \frac{p}{\omega_{\mathrm{n}}}U_p I_q. \tag{18.20}$$

Für das *Drehmoment des Gegensystems* erhält man aus (16.18)

$$m_{\mathrm{g}} = \frac{p}{\omega_{\mathrm{n}}}I^2 \Delta R_{I2} + \frac{p}{\omega_{\mathrm{n}}}\frac{I^2}{2}(X_{dI}'' - X_{qI}'')\cos[4\omega_{\mathrm{n}}t + \varphi_{\mathrm{mg}}] \ . \tag{18.21}$$

Bild 18.3
Ermittlung der Spannung $\underline{U}''$
entsprechend (18.23) aus dem Zeigerbild
unter Vernachlässigung des ohmschen Span-
nungsabfalls

Schließlich liefert (16.19) unter Beachtung von (16.20) für das Drehmoment m_{mg}, das aus dem Zusammenwirken von Mit- und Gegensystem entsteht,

$$m_{\mathrm{mg}} = \frac{p}{\omega_{\mathrm{n}}} U'' I \cos(2\omega_{\mathrm{n}} t + \varphi_{\mathrm{mmg}}) \; . \tag{18.22}$$

Dabei erhält man $\underline{u}'' = -\mathrm{j}\sqrt{3}\underline{u}''_{\mathrm{m}}$ aus (16.21) mit (16.9) für den Fall der vereinfachten Vollpolmaschine ($X''_q = X''_d$), ausgehend von (18.15), zu

$$\underline{u}'' = \underline{u} - (R_{\mathrm{I}} + \Delta R_{\mathrm{I2}})\underline{i} - \mathrm{j}\frac{1}{2}X''_{d\mathrm{I}}\underline{i} \; . \tag{18.23}$$

Im Bild 18.3 ist die Ermittlung von $\underline{u}''$ im Zeigerbild dargestellt.

18.2   Stromrichtermotoren

Unter einem Stromrichtermotor[1] wird eine Synchronmaschine verstanden, die über einen Umrichter mit Stromzwischenkreis eingespeist wird, wobei der maschinenseitige Stromrichter auf Thyristorbasis in Abhängigkeit von der Lage des Polsystems relativ zum Ständer gesteuert wird. Man erhält eine Gleichstrommaschine mit elektronischem Kommutator, wobei jedoch an die Stelle der $k/2p$ Spulen im Bereich einer Polteilung – entsprechend der $k/2p$ Kommutatorstege im Bereich zwischen zwei Bürsten, die im zeitlichen Abstand von $T_{\mathrm{K}} = 1/kn$ nacheinander ein- bzw. ausgeschaltet werden – bei der üblichen dreisträngigen Ausführung der Synchronmaschine nur drei Spulen treten. Damit ist von vornherein mit größeren Drehmomentpulsationen zu rechnen, als man von der Gleichstrommaschine her gewohnt ist. Außerdem entstehen durch den Einsatz von Thyristoren im Verein mit dem Ziel, den maschinenseitigen Stromrichter durch die Maschinenspannungen zu kommutieren, sowie aufgrund der endlichen Dauer der Kommutierungsvorgänge zusätzliche Bedingungen an die Betriebsweise, und diese wiederum beeinflussen das Betriebsverhalten.

Im Bild 18.4 ist die prinzipielle Schaltung eines Stromrichtermotors zunächst ohne Regelung dargestellt. Die folgende Analyse des Betriebsverhaltens erfolgt unter Vor-

---

[1]Eine ausführliche Behandlung findet sich in [16] [32].

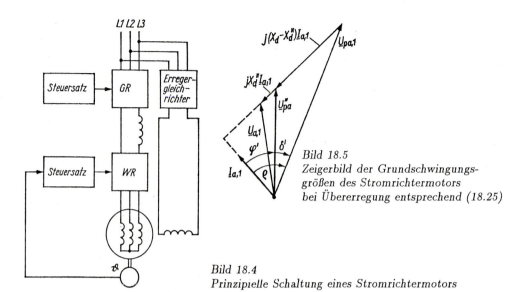

Bild 18.5
Zeigerbild der Grundschwingungs-
größen des Stromrichtermotors
bei Übererregung entsprechend (18.25)

Bild 18.4
Prinzipielle Schaltung eines Stromrichtermotors

aussetzung einer vereinfachten Vollpolmaschine und unter Verwendung der Ergebnisse des Abschnitts 17.4, in dem die Kommutierungsvorgänge beim Betrieb einer Synchronmaschine am Umrichter mit Stromzwischenkreis bereits betrachtet wurden. Die Untersuchungen beschränken sich auf den stationären Betrieb. Dabei muß insbesondere in Erinnerung gerufen werden, daß auf der Grundlage der Gültigkeit des Prinzips der Flußkonstanz nur die Spannungen u''_{pj} hinter der subtransienten Reaktanz sinusförmig bleiben, während die Ströme Rechteckform aufweisen und die Klemmenspannungen u_j während der Kommutierungsvorgänge Einbrüche bzw. Überhöhungen erfahren (s. Bild 17.26). Außerhalb der Kommutierungsvorgänge ist entsprechend (17.93) $u_j = u''_{pj}$. Die Spannungsgleichungen für die Grundschwingungsgrößen der Stränge j in der Darstellung der komplexen Wechselstromrechnung können unter Einführung der Spannungen u''_{pj} hinter der subtransienten Reaktanz aus Abschnitt 17.4 [(17.91) und (17.92)] übernommen werden als[1]

$$\underline{u}_{j,1} = jX_d\underline{i}_{j,1} + \underline{u}_{pj,1} = jX''_d\underline{i}_{j,1} + \underline{u}''_{pj} \tag{18.24}$$

Insbesondere gilt für den Strang a

$$\boxed{\underline{u}_{a,1} = jX_d\underline{i}_{a,1} + \underline{u}_{pa,1} = jX''_d\underline{i}_{a,1} + \underline{u}''_{pa}} \ . \tag{18.25}$$

Im Bild 18.5 ist das (18.25) entsprechende Zeigerbild für Motorbetrieb bei voreilendem Strom, d.h. für den Fall der Übererregung, dargestellt. Mit Hilfe von (18.24) und (18.25) bzw. unter Verwendung des zugeordneten Zeigerbilds erhält man die Spannungen $\underline{u}''_{pj}$.

In Analogie zur Definition des Polradwinkels δ als $\delta = \varphi_{up} - \varphi_u$ und des Winkels $\varphi = \varphi_u - \varphi_i$ der Phasenverschiebung zwischen Strom und Spannung der Stränge wird für die relativen Phasenverschiebungen der Grundschwingungsgrößen in (18.24) bzw.

---

[1]Man vergleiche auch (15.149), wobei dort die Kennzeichnung als zum Strang a gehörig vereinbarungsgemäß weggelassen und bezogene Größen eingeführt wurden.

(18.25) eingeführt (s. Bild 18.5)

$$\delta' = \varphi_{up,1} - \varphi''_{up} \, , \qquad \varphi' = \varphi''_{up} - \varphi_{i,1} \, . \tag{18.26}$$

Die Bezugnahme auf die Phasenlage φ''_{upj} der Spannung u''_{pj} ist erforderlich, weil allein diese Spannung – wie bereits gesagt – rein sinusförmig ist und entsprechend (17.93) außerhalb der Kommutierungsvorgänge die Klemmenspannung als $u_j = u''_{pj}$ festlegt. Dementsprechend übernehmen die Spannungen u''_{pj} die Funktion der Spannungen des starren Netzes bei der üblichen Behandlung von Stromrichteranordnungen.

Die Polradspannung in (18.25) ergibt sich, ausgehend von der bezogenen Form der Spannungsgleichung (15.149), aus der Behandlung des Leerlaufs der Synchronmaschinen im Abschnitt 15.8.7 als

$$u_{pa,1} = \widehat{u}_{p,1} \, \mathrm{e}^{j\varphi_{p,1}} = x_{\mathrm{afd}} I_{\mathrm{fd}} \, \mathrm{e}^{j\varphi_{p,1}}$$

Unter Beachtung der Beziehungen zu den physikalischen Größen, die sich aus den Zuordnungen in (15.36) sowie durch die Festlegung der Grundbezugsgrößen im Abschnitt 15.3 ergeben, erhält man mit $\omega_{\mathrm{n}} = 2\pi p n$:

$$\underline{u}_{pa,1} = \widehat{u}_{p,1} \, \mathrm{e}^{j\varphi_{p,1}} = 2\pi p n L_{afd} I_{fd} \, \mathrm{e}^{j\varphi_{p,1}} \tag{18.27}$$

Der Betrag der Grundschwingung der Polradspannung ist demnach der Drehzahl proportional[1]. Das ist die Grundlage dafür, daß sich eine dem Verhalten der Gleichstrommaschine entsprechende Abhängigkeit zwischen der Zwischenkreisspannung des Umrichters und der Drehzahl ergibt.

Die Phasenlage $\varphi_{ij,1}$ der Ankerströme $\underline{i}_{j,1}$ gegenüber der Phasenlage $\varphi_{upj,1}$ der Polradspannungen $u_{pj,1}$ ist bei Vernachlässigung des Einflusses einer endlichen Kommutierungsdauer allein durch die Einstellung des Lagegebers festgelegt. Dementsprechend wird als *Steuerwinkel* ϱ eingeführt

$$\boxed{\varrho = \varphi_{up,1} - \varphi_{i,1}} \, . \tag{18.28}$$

Der Zündimpuls zur Einleitung der Stromübernahme durch den Thyristor vor dem betrachteten Strang ist dann um $\Delta\omega t = \pi/3$ vor dem gewünschten Zeitpunkt des Strommaximums auszulösen. Zur Erläuterung der Zusammenhänge ist im Bild 18.6 eine zweipolige schematische Darstellung einer Dreiphasen-Synchronmaschine gegeben. Wenn entsprechend bisheriger Gepflogenheit der Winkel ϑ zwischen der Achse des Strangs a und der Längsachse eingeführt wird, ändert sich der vom Erregerstrom herrührende Fluß durch den Strang a offensichtlich entsprechend $\Phi = \widehat{\Phi} \cos \vartheta$, und man erhält als zugehörige Spannung im Strang a, d.h. als Polradspannung,

$$u_{pa,1} = (w\xi_1)\widehat{\Phi}\frac{d\vartheta}{dt} \cos\left(\vartheta + \frac{\pi}{2}\right) = \omega(w\xi_1)\widehat{\Phi} \cos\left(\omega t + \frac{\pi}{2}\right)$$

mit $d\vartheta/dt = \omega = 2\pi n$. Die Spannung erreicht ihren Maximalwert, wenn das Polsystem die Lage $\vartheta = 3\pi/2$ eingenommen hat. Der Strom im Strang a muß gegenüber diesem Zeitpunkt um $\Delta\omega t = \left(\varrho + \dfrac{\pi}{3}\right)$ eher zu fließen beginnen. Dann muß der entsprechende Zündimpuls für den zugehörigen Thyristor $T1$ vor dem Strang a (s. Bild 17.23) in der Lage $\vartheta = (3\pi/2) - \varrho - \pi/3 = (7\pi/6) - \varrho$ ausgelöst werden. Im Bild 18.6 sind entsprechende Sensoren für eine relative Phasenlage zwischen $u_{pa,1}$ und $i_{a,1}$ nach Bild 18.5 angedeutet. Im Abstand von jeweils $\Delta\omega t = 2\pi/3$ müssen dann die Zündimpulse für die Thyristoren $T2$ und $T3$ erzeugt werden. Der Strom im Strang a fließt

[1] s.a. Band Grundlagen, Abschn. 34.2.1.

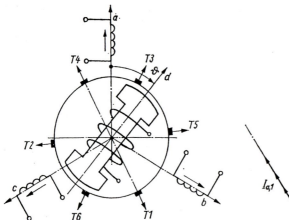

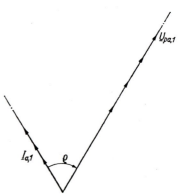

Bild 18.6 Schematische Darstellung einer zweipoligen Synchronmaschine mit Impulsgeber zur Auslösung der Zündimpulse für die einzelnen Thyristoren nach Bild 17.23

Bild 18.7 Zeigerbild der Polradspannung $\underline{U}_{pa,1}$ *und des Ankerstroms* $\underline{I}_{a,1}$ *bei konstantem Steuerwinkel* ϱ
Einflußnahme auf U_p durch Erregerstrom und Drehzahl, Einflußnahme auf I durch das geforderte Drehmoment

während der ersten Hälfte der Stromflußdauer des Thyristors $T1$ durch den Strang b und den Thyristor $T5$, während er sich in der zweiten Hälfte über den Strang c und den Thyristor $T6$ schließt. Dementsprechend muß der Zündimpuls für den Thyristor $T6$ um $\Delta\omega t = \pi/3$ nach dem Zündimpuls für den Thyristor $T1$ ausgelöst werden. Die Zündimpulse für die Thyristoren $T4$ und $T5$ folgen dann wiederum im Abstand von $2\pi/3$. Unter dem Einfluß des Erregerstroms und der Drehzahl ändert sich der Betrag der Polradspannung $\underline{u}_{pa,1}$ und unter dem Einfluß des geforderten Drehmoments der Betrag des Ankerstroms $\underline{i}_{a,1}$. Die relative Phasenlage zwischen $\underline{u}_{pa,1}$ und $\underline{i}_{a,1}$ bleibt jedoch erhalten und ist allein durch den Steuerwinkel festgelegt, der wiederum allein durch die Einstellung des Lagegebers gegeben ist (s. Bild 18.7). Um den Einfluß der Nichtsinusförmigkeit der Ströme zu berücksichtigen, empfiehlt es sich, eine Darstellung mit komplexen Augenblickswerten vorzunehmen. Dabei ist daran zu erinnern, daß die komplexen Augenblickswerte solcher Variablen, die ein symmetrisches Dreiphasensystem mit sinusförmigen Größen positiver Phasenfolge bilden, entsprechend (8.93) und (8.92) unmittelbar als

$$\vec{g}^{\,S} = \underline{g}\,\mathrm{e}^{\mathrm{j}\omega t} = \underline{g}_a\,\mathrm{e}^{\mathrm{j}\omega t} \tag{18.29}$$

angegeben werden können. Das trifft, entsprechend den vorstehenden Überlegungen bzw. den Betrachtungen im Abschnitt 17, für die Spannungen u''_{pj} hinter der subtransienten Reaktanz zu, die man aus dem Zusammenspiel der Grundschwingungsgrößen über (18.24) bzw. (18.25) erhält. Für diese Spannungen gilt also bei Darstellung in Ständerkoordinaten

$$\vec{u}_p^{\,\prime\prime S} = \underline{u}''_{pa}\,\mathrm{e}^{\mathrm{j}\omega t}\ . \tag{18.30}$$

Der komplexe Augenblickswert $\vec{i}^{\,S}$ der Ständerströme hat einen Betrag von $|\ \vec{i}^{\,S}\ | = \frac{2}{3}I_{ZK}$ und springt im Fall der Darstellung in Ständerkoordinaten jeweils beim Weiterschalten des Zwischenkreisstroms auf den folgenden Strang um den Winkel $\pi/6$. Diese Erscheinung war bereits bei der Behandlung des Verhaltens der Asynchronmaschine am Umrichter mit Stromzwischenkreis erkannt worden (s. Bild 13.24 und Tafel 13.1).

Auf der Grundlage der Gültigkeit des Prinzips der Flußkonstanz für die Läuferkreise der vorausgesetzten vereinfachten Vollpolmaschine stellt sich die Flußverkettungsgleichung des Ständers im Bereich der komplexen Augenblickswerte und bei Beschreibung in Ständerkoordinaten dar als

$$\boxed{\vec{\psi}_S = L_d'' \vec{i}^S + \vec{\psi}_p''^S} \;.$$
(18.31)

Daraus folgt über $\vec{u}^S = \mathrm{d}\vec{\psi}^S/\mathrm{d}t$ mit (18.29) für die Grundschwingungsgrößen des Strangs a wiederum (18.25). Die Flußverkettung $\vec{\psi}_p''^S$ ist also der Spannung $\underline{u}_{pa}''$ zugeordnet. Da letztere nur aus dem Grundschwingungsanteil besteht, gilt also allgemein unter Beachtung von (18.29)

$$\vec{\psi}_p''^S = -\mathrm{j}\frac{1}{\omega}\vec{u}_p''^S = -\mathrm{j}\frac{1}{\omega}\underline{u}_{pa}'' \,\mathrm{e}^{\mathrm{j}\omega t} = \underline{\psi}_{pa}'' \,\mathrm{e}^{\mathrm{j}\omega t} \;.$$
(18.32)

Das Drehmoment läßt sich, ausgehend von den komplexen Augenblickswerten bei Beschreibung in Ständerkoordinaten, mit (8.27) gewinnen als

$$m = -\frac{3}{2}p\,\mathrm{Im}\left\{\vec{\psi}^S\vec{i}^{S*}\right\} \;.$$

Daraus folgt durch Einführen von (18.31) und (18.32)

$$m = -\frac{3}{2}p\,\mathrm{Im}\left\{\vec{\psi}_p''^S\vec{i}^{S*}\right\} = -\frac{3}{2}p\,\mathrm{Im}\left\{\underline{\psi}_{pa}''\,\vec{i}^{S*}\,\mathrm{e}^{\mathrm{j}\omega t}\right\}$$

$$= \frac{3p}{2\omega}\,\mathrm{Re}\left\{\underline{u}_{pa}''\,\vec{i}^{S*}\,\mathrm{e}^{\mathrm{j}\omega t}\right\}$$

$$= \frac{3p}{2\omega}\,\mathrm{Re}\left\{\underline{u}_{pa}''(\vec{i}^S\,\mathrm{e}^{-\mathrm{j}\omega t})^*\right\} \;.$$
(18.33)

Der komplexe Augenblickswert $\vec{i}^S$ springt, entsprechend den Untersuchungen im Abschnitt 13.8 (s. Tafel 13.1 und Bild 13.24), nach jeweils $T/6$ um einen Winkel $\pi/3$, so daß er nach einer Periode T einen vollständigen Umlauf vollzogen hat. Diese diskontinuierliche Bewegung tritt an die Stelle der Bewegung mit konstanter Winkelgeschwindigkeit ω im Fall sinusförmiger Größen und hat ihre Ursache in der Rechteckform der Stromverläufe, durch die sich die Stromverteilung nur jeweils nach $T/6$ sprunghaft ändert.

Die Größe $\vec{i}^S\,\mathrm{e}^{-\mathrm{j}\omega t}$ ist ein Zeiger, der sich während $T/6$ mit konstanter Geschwindigkeit im mathematisch negativen Sinn um $\pi/3$ bewegt und danach um den Winkel $\pi/3$ zurückspringt. Dabei entspricht die mittlere Lage von $\vec{i}^S\,\mathrm{e}^{-\mathrm{j}\omega t}$ der Lage des Zeigers $\underline{i}_{a,1}$, und es besteht die Beziehung $I_{a,1} = (4/\pi)\cos(\pi/6)I_{ZK} = (4/\pi)\frac{1}{2}\sqrt{3}\frac{3}{2}\mid\vec{i}^S\mid = 1,16\mid\vec{i}^S\mid$. Im Bild 18.8 ist in das Zeigerbild der Grundschwingungsgrößen nach Bild 18.5 der Pendelbereich des Zeigers $\vec{i}^S\,\mathrm{e}^{-\mathrm{j}\omega t}$ eingetragen worden. Entsprechend (18.33) erhält man den Augenblickswert des Drehmoments aus der Projektion des Zeigers $\vec{i}^S\,\mathrm{e}^{-\mathrm{j}\omega t}$ auf den Zeiger $\underline{u}_{pa}''$ bzw. umgekehrt. Damit pendelt das Drehmoment mit der Frequenz $f = 6\omega/2\pi$ zwischen einem Maximalwert $m_{\max}$ und einem Minimalwert $m_{\min}$. Der Mittelwert ergibt sich aus der Lage des Grundschwingungszeigers $\underline{i}_{a,1}$. Der Unterschied zwischen $m_{\max}$ und $m_{\min}$ wird um so kleiner, je geringer die Phasenverschiebung $\varphi\prime = \varphi_{up}'' - \varphi_{i,1}$ ist. Im Extremfall mit $\varphi\prime = 0$ wird $m_{\min}/m_{\max} = \cos\pi/6 = \frac{1}{2}\sqrt{3}$, im anderen Extremfall mit $\varphi\prime = \pi/2$ verschwindet der Mittelwert des Drehmoments.

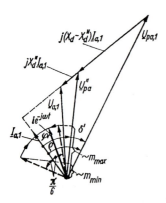

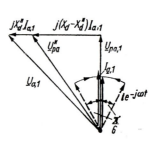

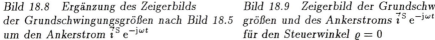

Bild 18.8   Ergänzung des Zeigerbilds
der Grundschwingungsgrößen nach Bild 18.5
um den Ankerstrom $\overline{i}^{\,S}\,\mathrm{e}^{-\mathrm{j}\omega t}$

Bild 18.9   Zeigerbild der Grundschwingungs-
größen und des Ankerstroms $\overline{i}^{\,S}\,\mathrm{e}^{-\mathrm{j}\omega t}$
für den Steuerwinkel $\varrho = 0$

Im Bestreben, mit elektronischen Mitteln ein Abbild der Gleichstrommaschinen zu schaffen, müßte der Steuerwinkel $\varrho = 0$ eingestellt werden. Man erhält dann ein Zeigerbild, wie es im Bild 18.9 dargestellt ist. Ein derartiger Betriebszustand läßt sich allerdings, entsprechend den Überlegungen im Abschnitt 17.4, bei durch die Maschinenspannung ausgelöster Kommutierung nicht einstellen, da $\varphi''_{up} - \varphi_{i,1} > 0$ wird und damit die Stromübernahme durch den folgenden Thyristor nicht gewährleistet ist. Ansonsten erhält man durchaus das Abbild einer Gleichstrommaschine. Es bildet sich natürlich ein Querfeld aus, das der Spannung $\mathrm{j}(X_d - X''_d)\underline{i}_{a,1}$ entspricht, und bestimmt die konstante Flußverkettung $\underline{\psi}''_{pa}$ bzw. die zugeordnete Spannung $\underline{u}''_{pa}$. Das ist zwar bei der Gleichstrommaschine durchaus analog, wird aber gewöhnlich bei deren Behandlung nicht dargestellt, da dieses Querfeld keinen Beitrag zum Drehmoment liefert, wie übrigens auch im vorliegenden Fall. Im Unterschied zur Gleichstrommaschine erhält man relativ große Amplituden des Pendelmoments. Bei der üblichen Behandlung der Gleichstrommaschine wird die Kommutatorstegzahl bzw. die Anzahl von Spulen zwischen zwei Bürsten so groß angenommen, daß die Pendelbewegung des Zeigers $\overline{i}^{\,S}\,\mathrm{e}^{-\mathrm{j}\omega t}$ bzw. der entsprechend (8.19) zugeordneten Ankerdurchflutung nicht berücksichtigt zu werden braucht. Strenggenommen treten jedoch die gleichen Erscheinungen auf. Darauf wurde schon im Abschnitt 6.3.1 hingewiesen (s. auch Bild 6.8).

Um die durch die Maschinenspannung ausgelöste Kommutierung zu gewährleisten, muß der Steuerwinkel so groß gemacht werden, daß die Forderung $\varphi''_{up} - \varphi_{i,1} < 0$ auch im Fall des größten zugelassenen Ankerstroms erfüllt bleibt. Dabei ist es erforderlich, mit Rücksicht auf die endliche Kommutierungszeit (s. Abschn. 17.4) sowie die erforderliche Erholzeit der Thyristoren einen gewissen Sicherheitsabstand von dem Fall $\varrho - \delta' < 0$ zu halten. Außerdem erkennt man, daß unter dem Gesichtspunkt der Gewährleistung einer gewissen Überlastbarkeit ein Steuerwinkel eingestellt werden muß, der im Bemessungsbetrieb auf eine größere Phasenverschiebung zwischen $\underline{i}_{a,1}$ und $\underline{u}''_{pa}$ führt, als mit Rücksicht auf die oben genannten Einflüsse erforderlich wäre. Im Bild 18.10a ist das Zeigerbild für die Grundschwingungsgrößen dargestellt, bei dem im Fall eines Überstroms $\ddot{u}I_{\mathrm{n},1}$ gerade $\varphi' = 0$ wird. Wenn dabei Bemessungsspannung U_{n} herrscht, folgt für den Steuerwinkel

$$\tan \varrho = \frac{(X_d - X''_d)\ddot{u}I_{\mathrm{n},1}}{U_{\mathrm{n}}} = (x_d - x''_d)\ddot{u}\,,$$

wobei x_d und x''_d die in üblicher Form bezogenen Reaktanzen sind. Bei Bemessungs-

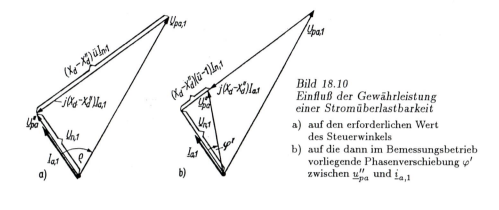

Bild 18.10
*Einfluß der Gewährleistung
einer Stromüberlastbarkeit*

a) auf den erforderlichen Wert
des Steuerwinkels
b) auf die dann im Bemessungsbetrieb
vorliegende Phasenverschiebung φ'
zwischen $\underline{u}''_{pa}$ und $\underline{i}_{a,1}$

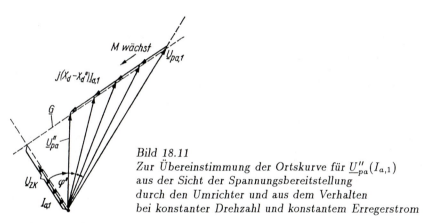

Bild 18.11
*Zur Übereinstimmung der Ortskurve für $\underline{U}''_{pa}(I_{a,1})$
aus der Sicht der Spannungsbereitstellung
durch den Umrichter und aus dem Verhalten
bei konstanter Drehzahl und konstantem Erregerstrom*

strom $I_{n,1}$ und ungeändertem Erregerstrom herrscht dann eine endliche Phasenverschiebung zwischen $\underline{u}''_{pa}$ und $\underline{i}_{a,1}$, d.h. ein endlicher Wert des Winkels φ'. Für diesen ergibt sich aus Bild 18.10b

$$\tan \varphi' = (x_d - x''_d)(\ddot{u} - 1) \, .$$

Der Winkel φ' im Bemessungsbetrieb bleibt offensichtlich bei gegebener Spannung um so kleiner, je niedriger die Reaktanz $x_d - x''_d$ bzw. die synchrone Reaktanz x_d allein ist. Je kleiner aber der Winkel φ' ist, um so geringer sind die Pendelmomente. Es empfiehlt sich also, den Stromrichtermotor für kleine Werte der synchronen Reaktanz x_d auszulegen.

Das Verhalten des Stromrichtermotors bei Betrieb an konstanter Zwischenkreisspannung, bei konstantem Steuerwinkel und Erregerstrom läßt sich unmittelbar aus einer näheren Betrachtung des Zeigerbilds für die Grundschwingungsgrößen gewinnen. Wenn die Zwischenkreisspannung konstant ist, ändert sich die Spannung U''_p hinter der subtransienten Reaktanz entsprechend den Überlegungen im Abschnitt 17.4 unter Vernachlässigung der ohmschen Spannungsabfälle und der endlichen Kommutierungsdauer gemäß (17.98) nach $U''_p \sim U_{ZK}/\cos\alpha$. Unter Beachtung von $\alpha = \pi - \varphi'$

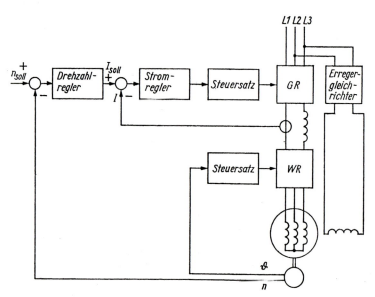

Bild 18.12   Prinzipanordnung einer Regelschaltung für einen Stromrichtermotor,
ausgehend von dessen Schaltung nach Bild 18.4

entsprechend Bild 17.24 folgt daraus $U_p'' \sim U_{ZK}/\cos \varphi'$. Ausgehend von der Phasenlage des Stroms $\underline{I}_{a,1}$, bewegt sich der Zeiger $\underline{U}_{pa}''$ unter der Voraussetzung einer konstanten Zwischenkreisspannung auf einer Geraden $\underline{G}$, die senkrecht auf der Phasenlage des Stroms steht (Bild 18.11). Wenn man den entsprechenden Wert der Zwischenkreisspannung einstellt, erhält man offensichtlich aus der Sicht der Bereitstellung der Spannung $\underline{U}_{pa}''$ die gleiche Ortskurve für $\underline{U}_{pa}''(I_{a,1})$, die sich, ausgehend von einer konstanten Polradspannung $U_{pa,1}''$ ergibt. Einem festen Wert des Erregerstroms ist aber entsprechend (18.27) eine konstante Drehzahl zugeordnet. Das bedeutet, daß in allen Arbeitspunkten auf der Geraden $\underline{G}$ im Bild 18.11 dieselbe Drehzahl herrscht, die der Größe von $U_{pa,1}$ und dem eingestellten Erregerstrom zugeordnet ist. Man erhält auf der Basis der hier erfolgten vereinfachten Betrachtungsweise ein ideales Nebenschlußverhalten, wie es auch die Gleichstrom-Nebenschlußmaschine unter Vernachlässigung des Ankerwiderstands und der Ankerrückwirkung besitzt. Unter dem Einfluß der Wicklungswiderstände und der endlichen Dauer der Kommutierungsvorgänge kommt es mit zunehmendem Drehmoment zu einer gewissen Absenkung der Drehzahl. Wenn die Zwischenkreisspannung geändert wird, muß sich entsprechend Bild 18.11 proportional auch die Polradspannung $U_{pa,1}$ ändern bzw. bei konstant gehaltenem Erregerstrom entsprechend (18.27) die Drehzahl. Wenn man bei konstanter Zwischenkreisspannung den Erregerstrom verkleinert, erfordert (18.27), daß sich die Drehzahl im selben Maß vergrößert, damit die gleiche Spannung $U_{pa,1}$ entsteht. Das Steuerverhalten, sowohl bezüglich der Ankerspannung als auch hinsichtlich des Erregerstroms, entspricht also dem der Gleichstrom-Nebenschlußmaschine. Der Stromrichtermotor verhält sich entsprechend den vorstehenden Überlegungen weitgehend wie eine Gleichstrommaschine. Wenn er in einem Antrieb mit Drehzahlregelung eingesetzt werden soll, wird man die Regelung analog der von Gleichstromantrieben als Drehzahlregelung mit unterlagerter Stromregelung aufbauen. Im Bild 18.12 ist die Prinzipanordnung einer derartigen Regelschaltung, aufbauend auf Bild 18.4, dargestellt.

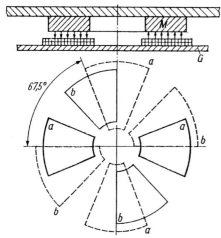

Bild 18.13
*Motoraufbau eines Plattenspieler-Direktantriebs,
der als Elektronikmotor ausgeführt ist*
————— ausgeführte Wicklungsstränge
— — — weggelassene Wicklungsstränge
M Magnetring, G Grundplatte

18.3 Elektronikmotoren

Als Elektronikmotor wird ein Synchronmotor bezeichnet, der gleich dem Stromrichter-motor über einen in Abhängigkeit von der Lage des Polsystems gesteuerten Wechsel-richter eingespeist wird, wobei jedoch als Gleichstromschalter anstelle von Thyristoren hier Transistoren eingesetzt werden und von einer vorhandenen Gleichspannungsquelle bzw. einem Gleichspannungszwischenkreis ausgegangen wird. Die Erregung von Elek-tronikmotoren erfolgt praktisch ausschließlich mit Hilfe von Permanentmagneten.

Durch die Verwendung von Transistoren als Gleichstromschalter ist es nicht mehr er-forderlich, die Bedingung hinsichtlich der Phasenlage des Stroms zur Gewährleistung einer durch die Maschinenspannung ausgelösten Kommutierung einzuhalten. Es ist auch nicht erforderlich, eine spezielle Löschschaltung vorzusehen, da Transistoren je-derzeit gesperrt werden können. Im übrigen lassen sich die Ergebnisse, die im Abschnitt 18.2 für den Stromrichtermotor gewonnen wurden, auf den Elektronikmotor übertra-gen. Da der Wechselrichter, der wiederum die Rolle des elektronischen Kommutators übernimmt, von einer konstanten Gleichspannung ausgeht, kann der Elektronikmotor auch an einer beliebigen Gleichspannungsquelle – insbesondere an elektrochemischen Stromquellen – betrieben werden. Zur Stromregelung ist es in diesem Fall erforderlich, einen Gleichstrom-Pulssteller zwischenzuschalten, der die Gleichspannung am Wech-selrichtereingang durch Pulsbreitensteuerung einstellbar macht.

Elektronikmotoren kleiner Leistung werden z.B. in Phonogeräten eingesetzt. Ein bekanntes Beispiel ist der Direktantrieb des Plattentellers von Plattenspielern. Dabei trägt der Plattenteller einen meist achtpolig magnetisierten Magnetring, während die Ankerwicklung in Form von einzelnen Spulen auf die Grundplatte aufgebracht wird, die gleichzeitig als magnetischer Rückschluß dient. Dabei wählt man im allgemeinen eine zwei- bzw. viersträngige Ausführung und führt nur jede zweite Ankerspule aus, so daß keinerlei Kreuzungen zwischen Ankerspulen entstehen ($q = 1/2$). Man erhält eine Anordnung der Ankerspulen gemäß Bild 18.13.

Ein Anwendungsbeispiel im Bereich größerer Leistungen sind *Drehstromstellantriebe* auf Basis von Elektronikmotoren, die in neuerer Zeit eingesetzt werden.

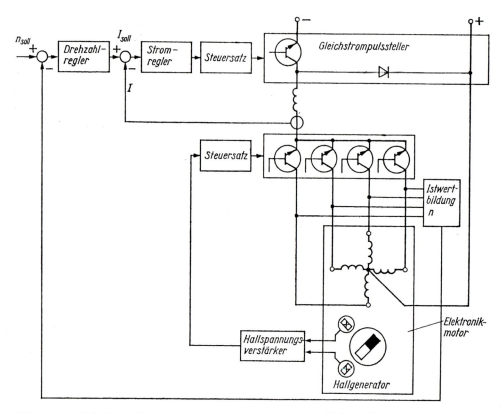

Bild 18.14   Prinzipschaltung eines geregelten Antriebs mit Elektronikmotor

Die genannten Einsatzbeispiele für Elektronikmotoren erfordern i.allg. eine den spezifischen Anforderungen angepaßte konstruktive Lösung, so daß nicht auf vorliegende Standard-Synchronmotoren zurückgegriffen werden kann, die ohnehin im betrachteten Leistungsbereich selten sind. In diesem Fall kann die Anzahl der Wicklungsstränge aus der Sicht einer optimalen Lösung für den Gesamtantrieb gewählt werden. Wenn eine kleine Strangzahl Verwendung findet, werden nur wenig Transistoren als Gleichstromschalter benötigt, man erhält jedoch große Drehmomentpulsationen. Umgekehrt lassen sich die Drehmomentpulsationen klein halten, indem man große Strangzahlen einsetzt, aber damit vergrößert sich auch die Anzahl erforderlicher Transistoren und damit der Aufwand für die Elektronik. Im Bild 18.14 ist das Prinzipschaltbild eines geregelten Elektronikmotors mit vier Wicklungssträngen dargestellt; eine Schaltung, die z.B. in Zusammenarbeit mit dem Plattenspielermotor nach Bild 18.13 zum Einsatz kommen kann. Dabei wird der Drehzahl-Istwert dadurch gewonnen, daß die in den jeweils stromlosen Ankersträngen induzierten Spannungen über entsprechende Dioden ausgekoppelt werden. Als Lagegeber zur lagegerechten Ansteuerung der Transistoren dienen im vorliegenden Fall Hall-Generatoren.

19 Allgemeines Gleichungssystem und Betriebsverhalten der Gleichstrommaschine

19.1 Allgemeines Gleichungssystem

In Analogie zum Vorgehen bei der Behandlung der Drehfeldmaschinen wird im folgenden zunächst das allgemeine Gleichungssystem der Gleichstrommaschine entwickelt, auf dem dann die weiteren Untersuchungen aufbauen. Diesem Gleichungssystem liegen eine Reihe von Annahmen zugrunde, die zunächst aufgezeigt werden.

Die Ableitung setzt lineare magnetische Verhältnisse voraus. Dadurch wird der quantitative Anwendungsbereich des Gleichungssystems eingeengt. Es läßt sich jedoch in vielen Fällen durch Einführung zweckmäßig modifizierter Parameter auch bei Vorhandensein nichtlinearer magnetischer Verhältnisse anwenden. Die folgenden Betrachtungen setzen weiterhin voraus, daß in den Leitern keine Stromverdrängungserscheinungen auftreten und daß der magnetische Kreis wirbelstromfrei ist. Es wird ferner angenommen, daß zwischen der Ankerwicklung a und der Erregerwicklung e keine transformatorische Kopplung besteht. Die Bürsten sind also genau in der neutralen Zone angeordnet, und es wird eine lineare Stromwendung vorausgesetzt. Der Bürstenspannungsabfall soll zum Spannungsabfall über dem Wicklungswiderstand geschlagen werden; er wird demnach als ohmscher Spannungsabfall angesehen.

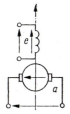

Bild 19.1
Schematische Darstellung
der Gleichstrommaschine

Bild 19.1 zeigt die schematische Darstellung der zu behandelnden Gleichstrommaschine. Dabei sind die Wendepol- und die Kompensationswicklung nicht dargestellt, da sie lediglich auf die Größe des Ankerfelds und damit die diesem Feld zugeordnete Induktivität einwirken, aber keinen unmittelbaren Einfluß auf das Betriebsverhalten ausüben. Im Sonderfall der permanenterregten Maschine entfällt die Erregerwicklung und wird durch einen permanentmagnetischen Abschnitt im magnetischen Kreis ersetzt (s. Abschnitt 4.7).

Die Spannungsgleichung der Erregerwicklung e ist unmittelbar durch (5.1) gegeben als

$$u_e = R_e i_e + \frac{\mathrm{d}\psi_e}{\mathrm{d}t} \,.$$

(19.1)

Dabei besteht die Flußverkettung ψ_e entsprechend (5.3) aus einem Anteil $\psi_{\delta e}$,

herrührend vom Luftspaltfeld, und einem Streuanteil $\psi_{\sigma e} = L_{\sigma e} i_e$. Der vom Luftspaltfeld herrührende Anteil beträgt

$$\psi_{\delta e} = 2pw_e \Phi_B \;, \tag{19.2}$$

wenn w_e die Windungszahl einer der $2p$ hintereinander geschalteten Polspulen darstellt
und Φ_B der Fluß durch die Bürstenebene ist, wie er im Abschnitt 5.5 bei der Ermittlung der im Kommutatoranker induzierten Spannung eingeführt wurde (s. Bild 5.6).
Man erhält den Fluß Φ_B für den vorliegenden Sonderfall, daß die Bürstenweite gleich
der Polteilung ist und die Bürstenachse mit der Symmetrieachse des Polsystems zusammenfällt, ausgehend von den Beziehungen in Tafel 4.2 mit $\mu_{Fe} = \infty$, d.h. $V_{Fe} = 0$,
zu

$$\boxed{\Phi_B = \tau_p l_i \alpha_i \frac{\mu_0}{\delta_{i0}} w_e i_e = \Lambda_\delta w_e i_e} \;. \tag{19.3}$$

Dabei wurden der ideelle Polbedeckungsfaktor[1] α_i als Verhältnis des Mittelwerts der
Induktion über die Polteilung zum Maximalwert in Polmitte und der magnetische
Leitwert Λ_δ für das Luftspaltfeld eingeführt. Mit (19.3) folgt aus (19.2)

$$\psi_{\delta e} = \frac{\mu_0}{\delta_{i0}} \alpha_i \tau_p l_i 2p w_e^2 i_e = L_{\delta e} i_e \;, \tag{19.4}$$

und es wird

$$\psi_e = \psi_{\sigma e} + \psi_{\delta e} = (L_{\sigma e} + L_{\delta e}) i_e = L_e i_e \;. \tag{19.5}$$

Damit geht die Spannungsgleichung (19.1) der Erregerwicklung über in

$$\boxed{u_e = R_e i_e + L_e \frac{di_e}{dt}} \;. \tag{19.6}$$

Die Spannungsgleichung des Ankerkreises lautet allgemein

$$u_a = R_a i_a - (e_\delta + e_\sigma) \;. \tag{19.7}$$

Die herrührend vom Luftspaltfeld induzierte Spannung e_δ ist entsprechend (5.46) gegeben als

$$e_\delta = -\frac{\partial \psi_B}{\partial t} - 2\frac{w}{\pi} \Phi_B \frac{d\vartheta}{dt} \;, \tag{19.8}$$

und für die von den Streufeldern herrührende Spannung e_σ gilt (5.63). In letzterer
entfällt aufgrund der getroffenen Voraussetzungen hinsichtlich der Lage der Bürsten
und der Kommutierung der Rotationsanteil, so daß sie sich reduziert auf

$$e_\sigma = -\frac{d\psi_\sigma}{dt} \;. \tag{19.9}$$

Der Fluß Φ_B in (19.8) rührt allein vom Erregerstrom her und ist durch (19.3) gegeben. Die Flußverkettungen ψ_B und ψ_σ andererseits werden allein vom Ankerstrom
hervorgerufen. Da lineare magnetische Verhältnisse vorausgesetzt werden, kann beiden
Anteilen eine gemeinsame *Ankerinduktivität* L_a als

$$(\psi_B + \psi_\sigma) = L_a i_a \tag{19.10}$$

[1]s.a. Band Grundlagen, Abschnitte 12.3.1 und 16.1.

zugeordnet werden. Ihre Größe hängt von der Baugröße und der Bemessungsspannung der Maschine, aber vor allem auch davon ab, ob eine Kompensationswicklung vorgesehen ist oder nicht. Die Kompensationswicklung hebt zusammen mit der Wendepolwicklung das Luftspaltfeld der Ankerwicklung weitgehend auf, so daß die Ankerinduktivität in diesem Fall in erster Linie nur den Streufeldern zugeordnet ist.

Die Rotationsspannung $e_{\delta r}$ in (19.8) kann unter Einführung der Drehzahl n mit (4.16) als

$$e_{\delta r} = -4wp\,\varPhi_B n = -c\,\varPhi_B n \qquad (19.11)$$

formuliert werden[1].

Die Spannungsgleichung (19.7) des Ankerkreises geht unter Einführung von (19.8) bis (19.11) über in

$$\boxed{u_a = R_a i_a + L_a \frac{di_a}{dt} + c\,\varPhi_B n} \; . \qquad (19.12)$$

Die Bewegungsgleichung der Gleichstrommaschine ist allgemein durch (6.50) gegeben, wobei das von der Maschine entwickelte Drehmoment m aus (6.23) für den vorliegenden Sonderfall, daß nur ein Ankerkreis j vorhanden ist, zu

$$m = pw\frac{2}{\pi}\varPhi_B i_a = \frac{c}{2\pi}\varPhi_B i_a \qquad (19.13)$$

folgt. Das ist die gleiche Beziehung, die auch im stationären Betrieb gilt. Damit erhält man für die Bewegungsgleichung, ausgehend von (6.50),

$$\boxed{m + m_A = \frac{c}{2\pi}\varPhi_B i_a + m_A = \frac{c}{2\pi}\varPhi_B i_a - m_w = 2\pi J\frac{dn}{dt}} \; . \qquad (19.14)$$

wobei mit Rücksicht auf den bevorzugten Einsatz der Gleichstrommaschine als Motor in drehzahlvariablen Antrieben entsprechend Abschnitt 6.4.3 das Widerstandsmoment $m_W = -m_A$ eingeführt wurde.

19.2 Klassifizierung der Betriebszustände

19.2.0 Ausgangsüberlegungen

Das System der Gleichungen (19.3), (19.6), (19.12) und (19.14) beschreibt die betrachtete Ausführungsform einer Gleichstrommaschine unter den getroffenen Voraussetzungen vollständig. Aufgrund der Produkte $\varPhi_B n$ in der Spannungsgleichung (19.12) des Ankers und $\varPhi_B i_a$ in der Bewegungsgleichung (19.14) ist dieses Gleichungssystem im allgemeinen Fall nichtlinear. Dadurch wird die Lösung erschwert, und es ist sinnvoll, eine Klassifizierung der Probleme unter dem Gesichtspunkt des Wirksamwerdens der Nichtlinearitäten vorzunehmen.

19.2.1 Betriebszustände mit $n = $ konst.

Eine erste Gruppe von Betriebszuständen ist dadurch gekennzeichnet, daß eine konstante Drehzahl vorliegt. Dazu denkt man sich eine Arbeitsmaschine gekuppelt, deren

[1]s.a. Band Grundlagen, Abschnitt 16.2.

Drehzahl keine Funktion des Drehmoments ist. Wenn man diese Drehzahl als Parameter einführt, können die Ströme und Spannungen sowie der Fluß Φ_B ohne Verwendung der nach wie vor nichtlinearen Bewegungsgleichung (19.14) ermittelt werden. Diese Gleichung dient jetzt lediglich dazu, das von der Maschine entwickelte Drehmoment mit Hilfe der bereits gewonnenen Größen Φ_B und i_a über $m = (c/2\pi)\,\Phi_B i_a$ als Funktion des Parameters n zu ermitteln. Die übrigen Gleichungen sind linear.

In die betrachtete Gruppe von Betriebszuständen gehören jene, bei denen die Maschine als Generator arbeitet, z.B. in Form einer Erregermaschine.

19.2.2 Betriebszustände mit $\Phi_B = $ konst.

Eine zweite Gruppe von Betriebszuständen wird von solchen gebildet, bei denen der Fluß Φ_B konstant ist. Das ist der Fall, wenn die Erregerwicklung an einer konstanten Gleichspannung liegt bzw. eine permanenterregte Maschine vorliegt. Dabei werden, entsprechend dem vorausgesetzten Modell, Einflüsse des Ankerstroms auf den Fluß Φ_B vernachlässigt. Wenn der Fluß Φ_B konstant ist, wird das Verhalten der Maschine allein durch (19.12) und (19.14) beschrieben, die außerdem linear werden. Sie lassen sich darstellen als

$$\left.\begin{aligned}
u_a &= R_a i_a + L_a \frac{\mathrm{d}i_a}{\mathrm{d}t} + (c\Phi_B)n \\[2mm]
\frac{1}{2\pi}(c\Phi_B)i_a - m_w &= 2\pi J \frac{\mathrm{d}n}{\mathrm{d}t}
\end{aligned}\right\} . \tag{19.15}$$

Dabei wurde der Ausdruck $(c\Phi_B)$ in Klammern gesetzt, um anzudeuten, daß jetzt außer c auch Φ_B konstant ist. Die Lösung des Gleichungssystems (19.15) erfolgt zweckmäßig mit Hilfe der Laplace-Transformation.

19.2.3 Betriebszustände mit $n \neq$ konst. und $\Phi_B \neq$ konst. bei kleinen Änderungen sämtlicher Größen

Eine dritte Gruppe von Betriebszuständen hat weder konstante Drehzahl n noch konstanten Fluß Φ_B. Sämtliche Veränderlichen sollen jedoch nur kleine Änderungen Δg gegenüber den stationären Ausgangsgrößen $g_{(a)}$ durchlaufen. Hierher gehören alle Stell- und Regelvorgänge, bei denen in die Erregung der Maschine eingegriffen wird. Wenn die Veränderlichen als $g = g_{(a)} + \Delta g$ geschrieben werden, zerfällt jede Gleichung des Systems in zwei Gleichungen. Die erste vermittelt zwischen den stationären Ausgangswerten und die zweite zwischen den Änderungen. Dabei läßt sich die zweite Gleichung linearisieren, wenn die Produkte der Änderungen als klein vernachlässigt werden[1]. Man erhält aus (19.3), (19.6), (19.12) und (19.14) als linearisiertes Gleichungssystem

---

[1] Analog wurde im Abschnitt 15.9 zur Linearisierung des Gleichungssystems der Synchronmaschine im Bereich der d-q-0-Komponenten vorgegangen.

für die Änderungen der Variablen:

$$\left.\begin{aligned}
\Delta\Phi_{\mathrm{B}} &= \Lambda_\delta w_{\mathrm{e}}\Delta i_{\mathrm{e}} \\[2mm]
\Delta u_{\mathrm{e}} &= R_{\mathrm{e}}\Delta i_{\mathrm{e}} + L_{\mathrm{e}}\frac{\mathrm{d}\Delta i_{\mathrm{e}}}{\mathrm{d}t} \\[2mm]
\Delta u_{\mathrm{a}} &= R_{\mathrm{a}}\Delta i_{\mathrm{a}} + L_{\mathrm{a}}\frac{\mathrm{d}\Delta i_{\mathrm{a}}}{\mathrm{d}t} + c\Phi_{\mathrm{B(a)}}\Delta n + cn_{(\mathrm{a})}\Delta\Phi_{\mathrm{B}} \\[2mm]
\frac{c}{2\pi}\Phi_{\mathrm{B(a)}}\Delta i_{\mathrm{a}} &+ \frac{c}{2\pi}I_{\mathrm{a(a)}}\Delta\Phi_{\mathrm{B}} - \Delta m_{\mathrm{w}} = 2\pi J\frac{\mathrm{d}\Delta n}{\mathrm{d}t}
\end{aligned}\right\} \qquad (19.16)$$

Zur Lösung dieses Gleichungssystems bietet sich wiederum die Laplace-Transformation an.

19.2.4 Betriebszustände mit $n \neq$ konst. und $\Phi_{\mathrm{B}} \neq$ konst. bei großen Änderungen einzelner Größen

Die vierte und letzte Gruppe von Betriebszuständen wird von solchen gebildet, in denen weder n noch Φ_{B} konstant sind und einzelne Veränderliche große Änderungen durchlaufen. In diesem Fall müssen die ursprünglichen Gleichungen (19.3), (19.6), (19.12) und (19.14) verwendet werden. Es läßt sich jedoch im allgemeinen keine geschlossene Lösung angeben. Zur quantitativen Behandlung entsprechender Probleme bietet sich die numerische Simulation an.

19.2.5 Sonderfall des stationären Betriebs

Im stationären Betrieb sind alle Größen der Erregerwicklung und des Ankerkreises sowie die Drehzahl zeitlich konstant. Die allgemeinen Ausgangsgleichungen gehen damit über in:

$$\left.\begin{aligned}
\Phi_{\mathrm{B}} &= \Lambda_\delta w_{\mathrm{e}}I_{\mathrm{e}} \\[2mm]
U_{\mathrm{e}} &= R_{\mathrm{e}}I_{\mathrm{e}} , \qquad U_{\mathrm{a}} = R_{\mathrm{a}}I_{\mathrm{a}} + c\Phi_{\mathrm{B}}n \\[2mm]
M &= M_{\mathrm{w}} = \frac{c}{2\pi}\Phi_{\mathrm{B}}I_{\mathrm{a}} .
\end{aligned}\right\} \qquad (19.17)$$

19.3 Spezielle nichtstationäre Betriebszustände der Gleichstrommaschine

19.3.1 Allgemeine Behandlung von Vorgängen mit $\Phi_{\mathrm{B}} =$ konst.

Entsprechend den Überlegungen im Abschnitt 19.2.2 wird das Verhalten der Gleichstrommaschine bei $\Phi_{\mathrm{B}} =$ konst. durch die Gleichungen (19.15) beschrieben. Da diese linear sind, bietet es sich an, die Laplace-Transformation als Lösungshilfsmittel heranzuziehen. Man erhält unter Benutzung der Beziehungen nach Anhang V im Laplace-

Unterbereich

$$\left.\begin{aligned}
u_\mathrm{a} &= R_\mathrm{a} i_\mathrm{a} + p L_\mathrm{a}\left(i_\mathrm{a} - \frac{i_\mathrm{a(a)}}{p}\right) + (c\varPhi_\mathrm{B})n \\[2mm]
\frac{1}{2\pi}(c\varPhi_\mathrm{B})i_\mathrm{a} - m_\mathrm{w} &= 2\pi J p\left(n - \frac{n_\mathrm{(a)}}{p}\right) \; .
\end{aligned}\right\}
\tag{19.18}$$

Dabei wurde stillschweigend vorausgesetzt, daß m_w keine Funktion der Drehzahl ist, d.h., die Arbeitsmaschine hat Drehzahl-Drehmoment-Kennlinien, wie sie im Bild 19.2 dargestellt sind. Selbstverständlich ist in die Betrachtungen eingeschlossen, daß sich das Widerstandsmoment m_w zeitlich ändern kann. Im Fall einer Kennlinie der Arbeitsmaschine nach Bild 19.2a ist darauf zu achten, daß für positive und negative Drehzahlen getrennte Gleichungen mit unterschiedlichen Vorzeichen des konstanten Widerstandsmoments in der Form $m_\mathrm{w} = +M_\mathrm{w}$ und $m_\mathrm{w} = -M_\mathrm{w}$ gelten. Wenn man einfach $m_\mathrm{w} = M_\mathrm{w}$ setzt, wird der Fall der durchziehenden Last betrachtet.

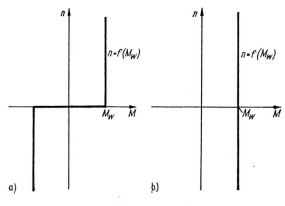

Bild 19.2
Drehzahl-Drehmoment-Kennlinie
der Arbeitsmaschine
mit konstantem
Widerstandsmoment M_W
a) als passive Last (Reibungslast)
b) als aktive Last (durchziehende Last)

Meist geht dem Übergangsvorgang ein stationärer Betriebszustand voraus, und es interessieren die Änderungen aller Größen gegenüber diesem stationären Ausgangszustand. Diese Änderungen betragen $\Delta g = g - g_\mathrm{(a)}$ und nehmen im Laplace-Unterbereich die Form $\mathcal{L}\{\Delta g\} = \mathcal{L}\{g - g_\mathrm{(a)}\} = g - g_\mathrm{(a)}/p$ an. Um alle Veränderlichen von (19.18) in dieser Form erscheinen zu lassen, werden die Beziehungen zwischen den stationären Ausgangsgrößen

$$\left.\begin{aligned}
U_\mathrm{a(a)} &= R_\mathrm{a} I_\mathrm{a(a)} + (c\varPhi_\mathrm{B})n_\mathrm{(a)} \; , \\[2mm]
\frac{1}{2\pi}(c\varPhi_\mathrm{B})I_\mathrm{a(a)} - M_\mathrm{w(a)} &= 0 \; ,
\end{aligned}\right\}
\tag{19.19}$$

die unittelbar aus (19.17) folgen, von (19.18) abgezogen. Man erhält

$$\left.\begin{aligned}
\Delta u_\mathrm{a} &= (R_\mathrm{a} + p L_\mathrm{a})\Delta i_\mathrm{a} + (c\varPhi_\mathrm{B})\Delta n \; , \\[2mm]
\frac{1}{2\pi}(c\varPhi_\mathrm{B})\Delta i_\mathrm{a} - \Delta m_\mathrm{w} &= 2\pi J p \Delta n \; .
\end{aligned}\right\}
\tag{19.20}$$

Aus der zweiten Gleichung (19.20) folgt für den Strom Δi_{a}

$$\Delta i_{\mathrm{a}} = \frac{(2\pi)^2 J}{(c\Phi_{\mathrm{B}})} p \Delta n + \frac{2\pi}{(c\Phi_{\mathrm{B}})} \Delta m_{\mathrm{w}} \ . \tag{19.21}$$

Wenn dieser Ausdruck in die erste Gleichung (19.20) eingeführt wird, gewinnt man eine Gleichung für Δn, denn Δm_{w} und Δu_{a} sind gegebene Betriebsbedingungen. Unter Einführung der *Ankerzeitkonstanten* $T_{\mathrm{a}} = L_{\mathrm{a}}/R_{\mathrm{a}}$ liefert diese Operation

$$\Delta u_{\mathrm{a}} = \left[R_{\mathrm{a}}(1 + pT_{\mathrm{a}})p\frac{(2\pi)^2 J}{(c\Phi_{\mathrm{B}})} + (c\Phi_{\mathrm{B}}) \right] \Delta n + \frac{2\pi R_{\mathrm{a}}}{(c\Phi_{\mathrm{B}})}(1 + pT_{\mathrm{a}})\Delta m_{\mathrm{w}} \ .$$

Daraus folgt

$$\boxed{\Delta n = \frac{1}{(c\Phi_{\mathrm{B}})} \frac{\Delta u_{\mathrm{a}} - \dfrac{2\pi R_{\mathrm{a}}}{(c\Phi_{\mathrm{B}})}(1 + pT_{\mathrm{a}})\Delta m_{\mathrm{w}}}{p^2 T_{\mathrm{a}} T_{\mathrm{m}} + pT_{\mathrm{m}} + 1}} \ . \tag{19.22}$$

mit der *elektromechanischen Zeitkonstanten*

$$T_{\mathrm{m}} = \frac{(2\pi)^2 J R_{\mathrm{a}}}{(c\Phi_{\mathrm{B}})^2} \ . \tag{19.23}$$

Mit (19.22) erhält man aus (19.21) für den Strom

$$\boxed{\Delta i_{\mathrm{a}} = \frac{1}{R_{\mathrm{a}}} \frac{pT_{\mathrm{m}}\Delta u_{\mathrm{a}} + \dfrac{2\pi R_{\mathrm{a}}}{(c\Phi_{\mathrm{B}})}\Delta m_{\mathrm{w}}}{p^2 T_{\mathrm{a}} T_{\mathrm{m}} + pT_{\mathrm{m}} + 1}} \ . \tag{19.24}$$

Das Nennerpolynom in (19.22) und (19.24) bildet die charakteristische Gleichung

$$p^2 T_{\mathrm{a}} T_{\mathrm{m}} + pT_{\mathrm{m}} + 1 = 0 \ . \tag{19.25}$$

Ihre Wurzeln bestimmen den Charakter der Zeitverläufe $n = f(t)$ sowie $i_{\mathrm{a}} = f(t)$ und lauten

$$p_{1,2} = -\frac{1}{2T_{\mathrm{a}}} \left[1 \pm \sqrt{1 - 4\frac{T_{\mathrm{a}}}{T_{\mathrm{m}}}} \right] \ . \tag{19.26}$$

Man erhält reelle Wurzeln und damit aperiodisch abklingende Vorgänge, wenn $T_{\mathrm{a}} < T_{\mathrm{m}}/4$ bleibt. Diese Bedingung ist praktisch stets erfüllt, so daß im folgenden nur dieser Fall betrachtet wird. Die Rücktransformation führt dann auf zwei e-Funktionen der Form $e^{p_1 t}$ und $e^{p_2 t}$. Da die Wurzeln p_1 und p_2 entsprechend (19.26) kleiner als Null sind, liegt es nahe, ihre negativen Reziprokwerte als Zeitkonstanten $T_1 = -1/p_1$ und $T_2 = -1/p_2$ einzuführen. Diese Zeitkonstanten können auch direkt bestimmt werden, wenn in die charakteristische Gleichung (19.25) $p = -1/T$ eingeführt wird. Man erhält

$$T^2 - TT_{\mathrm{m}} + T_{\mathrm{a}}T_{\mathrm{m}} = (T - T_1)(T - T_2) = 0 \tag{19.27}$$

und daraus

$$T_{1,2} = \frac{T_{\mathrm{m}}}{2} \left[1 \pm \sqrt{1 - 4\frac{T_{\mathrm{a}}}{T_{\mathrm{m}}}} \right] \ . \tag{19.28}$$

Aus (19.27) folgen ferner die Beziehungen

$$T_1 T_2 = T_a T_m \, , \tag{19.29}$$

$$T_1 + T_2 = T_m \, . \tag{19.30}$$

Wenn die Maschine mit einem großen Ankerkreiswiderstand betrieben wird oder mit einer großen Schwungmasse gekuppelt ist, wird $T_a \ll T_m/4$. In diesem Fall läßt sich (19.28) annähern durch

$$T_{1,2} \approx \frac{T_m}{2} \left[1 \pm \left(1 - 2 \frac{T_a}{T_m} \right) \right]$$

und man erhält die Näherungswurzeln

$$T_1 \approx T_m \, , \qquad T_2 \approx T_a \, . \tag{19.31}$$

Schließlich kann der Einfluß der Ankerinduktivität L_a in erster Näherung ganz vernachlässigt werden. Dann wird $T_a = 0$, und (19.22) und (19.24) gehen in die Näherungsbeziehungen

$$\Delta n = \frac{1}{(c\Phi_B)} \frac{\Delta u_a - \dfrac{2\pi R_a}{(c\Phi_B)} \Delta m_w}{1 + pT_m} \, , \tag{19.32}$$

$$\Delta i_a = \frac{1}{R_a} \frac{pT_m \Delta u_a + \dfrac{2\pi R_a}{(c\Phi_B)} \Delta m_w}{1 + pT_m} \tag{19.33}$$

über. In diesen Beziehungen tritt die Trägheit der magnetischen Felder der Maschine gar nicht in Erscheinung; sie entsprechen damit der quasistationären Betrachtungsweise.

19.3.2   Vorgänge bei Änderung der Ankerspannung

Die Änderung der Ankerspannung ist der bevorzugte und vorteilhafteste Weg, um die Drehzahl der Gleichstrommaschine zu stellen[1]. Dabei ändert sich die stationäre Drehzahl bekanntlich proportional mit der Ankerspannung. Im folgenden wird untersucht, wie dieser Vorgang der Drehzahländerung bei sprunghafter Änderung der Ankerspannung um $\Delta u_a = \Delta U_a$ zeitlich abläuft. Die Maschine soll dabei auf ein konstantes Widerstandsmoment arbeiten; es ist also $\Delta m_w = 0$.

Für den Fall, daß der Einfluß der Ankerinduktivität zunächst vernachlässigbar ist, erhält man aus (19.32) mit $\Delta u_a = \Delta U_a/p$ für die Drehzahländerung

$$\Delta n = \frac{\Delta U_a}{(c\Phi_B)} \frac{1}{pT_m \left(p + \dfrac{1}{T_m} \right)}$$

und aus (19.33) für den Ankerstrom

$$\Delta i_a = \frac{\Delta U_a}{R_a} \frac{1}{p + \dfrac{1}{T_m}} \, .$$

---

[1] s. Band Grundlagen, Abschnitt 17.3.2

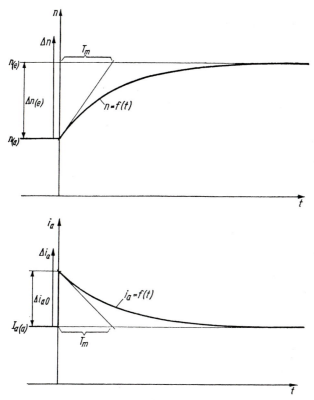

Bild 19.3 Verläufe $n = f(t)$ und $i_a = f(t)$ bei sprunghafter Änderung der Ankerspannung um $\Delta U_a > 0$ und bei $\Delta m_w = 0$ unter Vernachlässigung des Einflusses der Ankerinduktivität

Die Rücktransformation dieser Beziehungen in den Zeitbereich liefert, entsprechend der Tabelle korrespondierender Funktionen im Anhang V,

$$\Delta n = \frac{\Delta U_a}{(c\Phi_B)}(1 - e^{-t/T_m}) = \Delta n_{(e)}(1 - e^{-t/T_m}) \qquad (19.34)$$

$$\Delta i_a = \frac{\Delta U_a}{R_a} e^{-t/T_m} = \Delta i_{a0}\, e^{-t/T_m} \qquad (19.35)$$

mit

$$\Delta n_{(e)} = \frac{\Delta U_a}{(c\Phi_B)} \, , \qquad (19.36)$$

$$\Delta i_{a0} = \frac{\Delta U_a}{R_a} \, . \qquad (19.37)$$

Die Verläufe $n = f(t)$ und $i_a = f(t)$ sind im Bild 19.3 dargestellt. Dabei wurde $\Delta U_a > 0$ gewählt, d.h., die Drehzahl soll nach größeren Werten hin verstellt werden. Die Anfangswerte $I_{a(a)}$ und $n_{(a)}$ sind willkürlich festgelegt worden. Die Drehzahl ändert sich nach einer e-Funktion mit der Zeitkonstanten T_m von ihrem stationären Anfangswert $n_{(a)}$ auf den stationären Endwert $n_{(e)}$. Der Strom springt zur Zeit $t = 0$ um Δi_{a0} und klingt anschließend nach der gleichen e-Funktion wie die Drehzahl wieder auf den Anfangswert ab. Die sprunghafte Änderung zur Zeit $t = 0$ ist möglich, weil keine Ankerinduktivität vorhanden ist. Sie tritt auf, weil mit der Drehzahl auch die induzierte Spannung des Ankers zunächst konstant bleibt, so daß die zusätzliche

Spannung ΔU_a im ersten Augenblick nur als erhöhter Spannungabfall über dem Wicklungswiderstand bei entsprechend erhöhtem Ankerstrom gedeckt werden kann. Nach Abklingen des Übergangsvorgangs erreicht der Strom wieder seinen Anfangswert, da die Maschine das gleiche Drehmoment entwickeln muß. Es fließt also nur ein Stromimpuls. Seine Lage zum stationären Ausgangsstrom ist durch das Vorzeichen von ΔU_a gegeben. Bei positiven Werten von ΔU_a liegt er oberhalb und bei negativen unterhalb $I_{a(a)}$. Darin spiegelt sich der Sachverhalt wider, daß der Läufer im ersten Fall beschleunigt und mit zweiten verzögert werden muß. Dazu ist von der Maschine her im ersten Fall ein positives und im zweiten ein negatives Drehmoment aufzubringen.

Unter dem Einfluß der Induktivität des Ankerkreises, die außer der Ankerinduktivität selbst auch die Induktivität eventuell vorgeschalteter Glättungsdrosseln enthält, kann sich der Ankerstrom nicht mehr sprunghaft ändern. Es hat unmittelbar nach der Änderung der Ankerspannung den gleichen Wert wie unmittelbar vorher. Dementsprechend wird von der Maschine auch das gleiche Drehmoment entwickelt, so daß unmittelbar nach dem Schaltvorgang noch keine Beschleunigung auftreten kann. Es ist ein stetiger Drehzahlverlauf zu erwarten. Quantitativ erhält man ausgehend von (19.22) und (19.24) im Unterbereich der Laplace-Transformation unter Einführung der Zeitkonstanten T_1 und T_2 nach (19.27) und Beachtung von (19.29) und (19.30)

$$\Delta n = \frac{\Delta U_a}{(c\Phi_B)} \frac{1}{T_1 T_2 p \left(p + \frac{1}{T_1}\right)\left(p + \frac{1}{T_2}\right)} \, ,$$

$$\Delta i_a = \frac{\Delta U_a}{R_a} \frac{T_1 + T_2}{T_1 T_2 p \left(p + \frac{1}{T_1}\right)\left(p + \frac{1}{T_2}\right)} \, .$$

Ihre Rücktransformation in den Zeitbereich liefert unter Verwendung der korrespondierenden Funktionen nach Anhang V

$$\Delta n = \Delta n_{(e)} \left[1 - \frac{T_1}{T_1 - T_2} e^{-t/T_1} + \frac{T_2}{T_1 - T_2} e^{-t/T_2}\right] \, , \qquad (19.38)$$

$$\Delta i_a = \Delta i_{a0} \frac{T_1 + T_2}{T_1 - T_2} \left[e^{-t/T_1} - e^{-t/T_2}\right] \qquad (19.39)$$

mit $\Delta n_{(e)}$ nach (19.36) und Δi_{a0} nach (19.37).

Die Verläufe $n = n(t)$ und $i_a = i_a(t)$ sind im Bild 19.4 dargestellt. Dabei wurden dieselben Werte für $n_{(a)}$, $I_{a(a)}$, $\Delta n_{(e)}$, Δi_{a0} und T_m verwendet wie im Bild 19.3 und für T_a/T_m der Wert $T_a/T_m = 0,2$. Damit wird entsprechend (19.28) $T_1/T_m = 0,72$ und $T_2/T_m = 0,28$. Der Anfangsanstieg der Drehzahl folgt aus (19.38) erwartungsgemäß zu $(\mathrm{d}\Delta n/\mathrm{d}t)_{t=0} = 0$.

Der Anfangsanstieg des Ankerstroms ergibt sich aus (19.39) zu

$$\left(\frac{\mathrm{d}\Delta i_a}{\mathrm{d}t}\right)_{t=0} = \Delta i_{a0} \frac{T_1 + T_2}{T_1 T_2} = \frac{\Delta i_{a0}}{T_a} = \frac{\Delta U_a}{L_a} \, . \qquad (19.40)$$

Er wird allein durch die Größe der Induktivität L_a des Ankerkreises bestimmt. Um Lage und Größe des Strommaximums zu ermitteln, muß (19.39) nach der Zeit differenziert und Null gesetzt werden. Man erhält als Bestimmungsgleichung für den Zeitpunkt des Strommaximums

$$\frac{1}{T_2} e^{-t/T_2} - \frac{1}{T_1} e^{-t/T_1} = 0$$

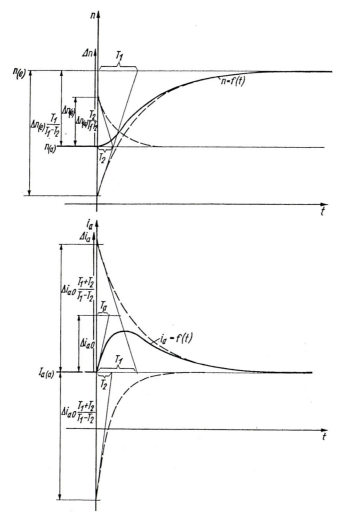

Bild 19.4 Verläufe $n = f(t)$ und $i_\mathrm{a} = f(t)$ bei sprunghafter Änderung der Ankerspannung um $\Delta U_\mathrm{a} > 0$ und bei $\Delta m_\mathrm{w} = 0$ unter Berücksichtigung der Induktivität des Ankerkreises für $T_\mathrm{a}/T_\mathrm{m} = 0,2$, d.h. $T_1/T_\mathrm{m} = 0,72$ und $T_2/T_\mathrm{m} = 0,28$, und gleichen Werten von $n_\mathrm{(a)}$, $I_\mathrm{a(a)}$, $\Delta n_\mathrm{(e)}$, Δi_a0 und T_m wie im Bild 19.3

und daraus

$$t = \frac{T_1 T_2}{T_1 - T_2} \ln \frac{T_1}{T_2} \ . \tag{19.41}$$

Damit liefert (19.39) für den Maximalwert des Ankerstroms

$$\Delta i_{\mathrm{a\,max}} = \Delta i_{\mathrm{a0}} \frac{T_2 + T_2}{T_1} \left(\frac{T_1}{T_2}\right)^{-T_2/(T1-T_2)} \tag{19.42}$$

19.3.3   Vorgänge bei Änderung des Widerstands im Ankerkreis

Eine zweite Möglichkeit der Drehzahlstellung der Gleichstrommaschine besteht bekanntlich darin, in den Ankerkreis bei Betrieb an konstanter Spannung einen äußeren Widerstand einzuschalten und damit den Widerstand des Ankerkreises zu ändern.

Im allgemeinen geschieht diese Änderung stufenweise. Dabei wird der Widerstand des Ankerkreises sprunghaft um ΔR_{v} geändert. Ein derartiger Vorgang soll im folgenden untersucht werden. Es wird sich zeigen, daß dieses Problem auf die Spannungsänderung zurückführbar ist.

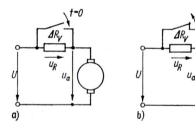

Bild 19.5
Zur Ermittlung des Einflusses
einer sprunghaften Änderung
des Widerstands im Ankerkreis
a) Verkleinerung um ΔR_{v}
b) Vergrößerung um ΔR_{v}

Eine sprunghafte Verkleinerung des Ankerwiderstands kann man sich dadurch entstanden denken, daß ein Vorwiderstand ΔR_{v} im Ankerkreis zur Zeit $t = 0$ kurzgeschlossen wird. Im Bild 19.5a ist die entsprechende Anordnung dargestellt. Man entnimmt ihr

$$U = u_{\mathrm{a}} + u_{\mathrm{R}} \ ,$$

wobei U die konstante Spannung der Speisequelle ist. Vor dem Kurzschluß, also für Zeiten $t < 0$, gilt

$$U_{\mathrm{a(a)}} = U - U_{\mathrm{R(a)}} = U - \Delta R_{\mathrm{v}} I_{\mathrm{a(a)}} \ ,$$

während nach dem Kurzschließen des Widerstands, also für Zeiten $t > 0$,

$$u_{\mathrm{a}} = U$$

ist. Daraus folgt für die Änderung der Ankerspannung

$$u_{\mathrm{a}} - U_{\mathrm{a(a)}} = \Delta U_{\mathrm{a}} = \Delta R_{\mathrm{v}} I_{\mathrm{a(a)}} \tag{19.43}$$

Die sprunghafte Verkleinerung des Ankerkreiswiderstands um ΔR_{v} wirkt wie eine sprunghafte Vergrößerung der Ankerspannung um den Spannungsabfall $\Delta U_{\mathrm{a}} = \Delta R_{\mathrm{v}} I_{\mathrm{a(a)}}$ über dem Widerstand ΔR_{v}. Der Ankerkreiswiderstand R_{a}, der in die Gleichungen der Maschine für die Vorgänge nach der sprunghaften Verkleinerung des

Ankerkreiswiderstands eingeht, enthält dann alle Widerstände, die nach dem Kurz-schließen von ΔR_v noch im Kreis liegen.

Eine sprunghafte Vergrößerung des Ankerkreiswiderstands erhält man, wenn der Kurzschluß eines Vorwiderstands ΔR_v im Ankerkreis zur Zeit $t = 0$ plötzlich auf-gehoben wird. Im Bild 19.5b ist die entsprechende Anordnung dargestellt. Aus ihr entnimmt man wiederum

$$U = u_\mathrm{a} + u_\mathrm{R}$$

Dabei gilt jedoch vor dem Schaltvorgang $U_\mathrm{a(a)} = U$, während nach dem Schaltvorgang $u_\mathrm{a} = u - u_\mathrm{R} = U - \Delta R_\mathrm{v} i_\mathrm{a}$ ist. Daraus folgt mit $i_\mathrm{a} = I_\mathrm{a(a)} + \Delta i_\mathrm{a}$ für die Spannungsände-rung

$$u_\mathrm{a} - U_\mathrm{a(a)} = -\Delta R_\mathrm{v} i_\mathrm{a} = -\Delta R_\mathrm{v} I_\mathrm{a(a)} - \Delta R_\mathrm{v} \Delta i_\mathrm{a} \ . \tag{19.44}$$

Wenn diese Beziehung in die allgemeine Spannungsgleichung (19.18) des Ankers für $\Phi_\mathrm{B} =$ konst. eingeführt wird, vergrößert $\Delta R_\mathrm{v} \Delta i_\mathrm{a}$ den ohmschen Spannungsabfall des Ankerkreises, während $\Delta U_\mathrm{a} = -\Delta R_\mathrm{v} I_\mathrm{a(a)}$ die eigentliche Störgröße darstellt. Die sprunghafte Vergrößerung des Ankerkreiswiderstands um ΔR_v wirkt also wie eine sprunghafte Verkleinerung der Ankerspannung um $\Delta R_\mathrm{v} I_\mathrm{a(a)}$. Der Ankerkreiswider-stand R_a, der in die Gleichungen der Maschine für die Vorgänge nach Änderung des Ankerkreiswiderstands eingeht, enthält dann außer den bereits vorhandenen Vorwi-derständen auch den Widerstand ΔR_v.

19.3.4 Vorgänge bei Änderung der Erregerspannung

Neben der Drehzahlstellung durch Ankerspannungsänderung und durch Änderung des Ankerkreiswiderstands besteht eine Möglichkeit der Drehzahlstellung in der Ände-rung des Erregerstroms. Im folgenden soll deshalb untersucht werden, mit welchen Ausgleichsvorgängen sich der neue stationäre Betriebszustand einstellt, wenn man die Erregerspannung sprunghaft um ΔU_e ändert. Damit wird ein Ausgleichsvorgang im Erregerkreis eingeleitet. Er bewirkt, daß sich der Erregerstrom i_e und damit der Fluß Φ_B ändern. Da die Ankerspannung konstant ist, muß sich als Folge dessen eine andere Drehzahl einstellen. Andererseits erfordert das konstant gebliebene Widerstandsmo-ment der Arbeitsmaschine, daß sich mit Φ_B auch der Ankerstrom ändert. Damit wer-den die allgemeinen Gleichungen der Maschine nichtlinear. Ihre geschlossene Lösung ist für beliebige Änderungen der Erregerspannung schwierig. Wenn man sich auf kleine Änderungen beschränkt, kann das linearisierte Gleichungssystem (19.16) verwendet werden. Die Maschine soll, wie bereits gesagt, an einer konstanten Ankerspannung arbeiten und mit einer Arbeitsmaschine gekuppelt sein, die ein konstantes Wider-standsmoment besitzt. Die Erregerspannung wird zur Zeit $t = 0$ um ΔU_e geändert. Die Betriebsbedingungen des interessierenden Ausgleichsvorgangs lassen sich demnach formulieren als

$$\Delta u_\mathrm{e} = \Delta U_\mathrm{e} \ ; \qquad \Delta u_\mathrm{a} = 0 \ ; \qquad \Delta m_\mathrm{w} = 0 \ .$$

Damit nimmt das Gleichungssystem (19.16), wenn man gleichzeitig in den Laplace-Unterbereich übergeht sowie die Zeitkonstanten $T_\mathrm{e} = L_\mathrm{e}/R_\mathrm{e}$ und $T_\mathrm{a} = L_\mathrm{a}/R_\mathrm{a}$ einführt, folgende Form an:

$$\Delta \Phi_{\mathrm{B}} = \Lambda_\delta w_{\mathrm{e}}\Delta i_{\mathrm{e}}$$

$$\frac{\Delta U_{\mathrm{e}}}{p} = R_{\mathrm{e}}(1+pT_{\mathrm{e}})\Delta i_{\mathrm{e}}$$

$$0 = R_{\mathrm{a}}(1+pT_{\mathrm{a}})\Delta i_{\mathrm{a}} + c\Phi_{\mathrm{B(a)}}\Delta n + cn_{\mathrm{(a)}}\Delta \Phi_{\mathrm{B}}$$

$$\frac{c}{2\pi}\Phi_{\mathrm{B(a)}}\Delta i_{\mathrm{a}} + \frac{c}{2\pi}I_{\mathrm{a(a)}}\Delta \Phi_{\mathrm{B}} = 2\pi Jp\Delta n \ .$$

(19.45)

Da der Ankerkreis voraussetzungsgemäß nicht auf den Erregerkreis zurückwirkt, kann der Erregerstrom Δi_{e} unmittelbar aus der zweiten Gleichung (19.45) und damit der Fluß $\Delta \Phi_{\mathrm{B}}$ aus der ersten Gleichung (19.45) bestimmt werden. Man erhält

$$\Delta \Phi_{\mathrm{B}} = \frac{\Lambda_\delta w_{\mathrm{e}}}{R_{\mathrm{e}}}\frac{1}{pT_{\mathrm{e}}\left(p+\dfrac{1}{T_{\mathrm{e}}}\right)}\Delta U_{\mathrm{e}}$$

(19.46)

und daraus durch Rücktransformation in den Zeitbereich mit Hilfe der korrespondierenden Funktionen nach Anhang V

$$\Delta \Phi_{\mathrm{B}} = \frac{\Lambda_\delta w_{\mathrm{e}}\Delta U_{\mathrm{e}}}{R_{\mathrm{e}}}(1-\mathrm{e}^{-t/T_{\mathrm{e}}}) \ .$$

(19.47)

Der Fluß Φ_{B} ändert sich nach einer e-Funktion mit der Eigenzeitkonstanten T_{e} des Erregerkreises.

Um überschaubare Ergebnisse zu erhalten, wird für die weitere Untersuchung die Induktivität L_{a} des Ankerkreises vernachlässigt. Das ist dadurch berechtigt, daß i.allg. sowohl die Erregerzeitkonstante als auch die elektromechanische Zeitkonstante wesentlich größer als die Ankerzeitkonstante sind. Man erhält aus der letzten Gleichung (19.45) für den Ankerstrom

$$\Delta i_{\mathrm{a}} = \frac{(2\pi)^2 J}{(c\Phi_{\mathrm{B(a)}})}p\Delta n - \frac{I_{\mathrm{a(a)}}}{\Phi_{\mathrm{B(a)}}}\Delta \Phi_{\mathrm{B}} \ .$$

(19.48)

Mit Hilfe dieser Beziehung läßt sich Δi_{a} in der dritten Gleichung (19.45) eliminieren. Man erhält unter Beachtung von $T_{\mathrm{a}} = 0$ entsprechend $L_{\mathrm{a}} = 0$

$$\Delta n = -\left[n_{\mathrm{(a)}} - \frac{I_{\mathrm{a(a)}}R_{\mathrm{a}}}{(c\Phi_{\mathrm{B(a)}})}\right]\frac{1}{1+pT_{\mathrm{m}}}\frac{\Delta \Phi_{\mathrm{B}}}{\Phi_{\mathrm{B(a)}}} \ .$$

(19.49)

Dabei wurde, angepaßt an (19.23), die elektromechanische Zeitkonstante

$$T_{\mathrm{m}} = \frac{(2\pi)^2 J R_{\mathrm{a}}}{(c\Phi_{\mathrm{B(a)}})^2}$$

eingeführt. Mit $\Delta \Phi_{\mathrm{B}}$ nach (19.46) geht (19.49) über in

$$\Delta n = -\left[n_{\mathrm{(a)}} - \frac{I_{\mathrm{a(a)}}R_{\mathrm{a}}}{(c\Phi_{\mathrm{B(a)}})}\right]\frac{\Lambda_\delta w_{\mathrm{e}}}{R_{\mathrm{e}}\Phi_{\mathrm{B(a)}}}\frac{1}{p(1+pT_{\mathrm{e}})(1+pT_{\mathrm{m}})}\Delta U_{\mathrm{e}} \ .$$

(19.50)

Die Rücktransformation dieser Beziehung in den Zeitbereich liefert unter Verwendung der korrespondierenden Funktionen nach Anhang V

$$\Delta n = \Delta n_{\mathrm{(e)}}\left[1 - \frac{T_{\mathrm{e}}}{T_{\mathrm{e}}-T_{\mathrm{m}}}\mathrm{e}^{-t/T_{\mathrm{e}}} + \frac{T_{\mathrm{m}}}{T_{\mathrm{e}}-T_{\mathrm{m}}}\mathrm{e}^{-t/T_{\mathrm{m}}}\right]$$

(19.51)

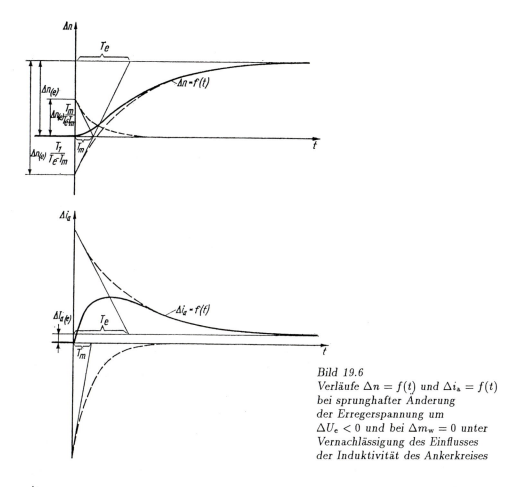

Bild 19.6
Verläufe $\Delta n = f(t)$ und $\Delta i_\mathrm{a} = f(t)$
bei sprunghafter Änderung
der Erregerspannung um
$\Delta U_\mathrm{e} < 0$ und bei $\Delta m_\mathrm{w} = 0$ unter
Vernachlässigung des Einflusses
der Induktivität des Ankerkreises

mit

$$\Delta n_{(\mathrm{e})} = -\left[n_{(\mathrm{a})} - \frac{I_{\mathrm{a}(\mathrm{a})}R_\mathrm{a}}{(c\,\Phi_{\mathrm{B}(\mathrm{a})})}\right] \frac{\Lambda_\delta w_\mathrm{e}}{R_\mathrm{e}\,\Phi_{\mathrm{B}(\mathrm{a})}} \Delta U_\mathrm{e}$$

$$= -\left[1 - \frac{I_{\mathrm{a}(\mathrm{a})}R_\mathrm{a}}{(cn_{(\mathrm{a})}\,\Phi_{\mathrm{B}(\mathrm{a})})}\right] n_{(\mathrm{a})} \frac{\Delta\,\Phi_{\mathrm{B}(\mathrm{e})}}{\Phi_{\mathrm{B}(\mathrm{a})}} \ . \tag{19.52}$$

Das negative Vorzeichen in (19.52) bringt zum Ausdruck, daß die Drehzahl bei Vergrößerung der Erregerspannung verkleinert wird. Der Verlauf $\Delta n = f(t)$ ist im Bild 19.6 für $\Delta U_\mathrm{e} < 0$ und $T_\mathrm{e}/T_\mathrm{m} = 2$ dargestellt. Da sich der Fluß nicht sprunghaft ändern kann, findet unmittelbar nach der Störung noch keine Verzögerung bzw. Beschleunigung statt. Man erhält einen stetigen Verlauf der Drehzahl, d.h., es ist $(\mathrm{d}\Delta n/\mathrm{d}t)_{t=0} = 0$. Der Gesamtverlauf wird wesentlich durch die große Zeitkonstante T_e der Erregerwicklung bestimmt.

Für den Ankerstrom liefert (19.48), wenn Δn nach (19.49) und $\Delta\Phi_B$ nach (19.46) eingesetzt werden,

$$\Delta i_a = -\left\{\left[n_{(a)} - \frac{I_{a(a)}R_a}{(c\Phi_{B(a)})}\right]\frac{c\Phi_{B(a)}}{R_a}\frac{pT_m}{1+pT_m} + I_{a(a)}\right\}$$

$$\times \frac{\Lambda_\delta w_e}{R_e\Phi_{B(a)}}\frac{\Delta U_e}{p(1+pT_e)} \ .$$

Die Rücktransformation dieser Beziehung in den Zeitbereich führt unter Verwendung der korrespondierenden Funktionen nach Anhang V auf

$$\Delta i_a = -\left[n_{(a)} - \frac{I_{a(a)}R_a}{(c\Phi_{B(a)})}\right]\frac{c\Lambda_\delta w_e}{R_a R_e}\frac{T_m}{T_e - T_m}\left[e^{-t/T_e} - e^{-t/T_m}\right]\Delta U_e$$

$$- \frac{I_{a(a)}\Lambda_\delta w_e}{\Phi_{B(a)}}\frac{\Delta U_e}{R_e}\left[1 - e^{-t/T_e}\right] \ . \tag{19.53}$$

Daraus folgt mit $\Delta\Phi_{B(e)} = \Lambda_\delta w_e \Delta U_e / R_e$ nach (19.47)

$$\Delta i_a = -\left[\frac{cn_{(a)}\Phi_{R(a)}}{R_a I_{a(a)})} - 1\right]\frac{\Delta\Phi_{B(e)}}{\Phi_{B(a)}}I_{a(a)}\frac{T_m}{T_e - T_m}\left(e^{-t/T_e} - e^{-t/T_m}\right)$$

$$- \frac{\Delta\Phi_{B(e)}}{\Phi_{B(a)}}I_{a(a)}\left(1 - e^{-t/T_e}\right) \ . \tag{19.54}$$

Der erste Anteil des Stroms nach (19.54) ist erforderlich, um das Verzögerungs- bzw. Beschleunigungsmoment aufzubringen. Der zweite Anteil stellt die Änderung des Ankerstroms dar, die aufgrund der Änderung des Flusses eintreten muß, um ein konstantes Drehmoment $M = M_w$ zu entwickeln. Der Verlauf des Ankerstroms $\Delta i_a = f(t)$ ist im Bild 19.6 zusammen mit dem der Drehzahl dargestellt.

19.3.5   Belastungsstoß

Als letzter spezieller nichtstationärer Betriebszustand der Gleichstrommaschine soll der Belastungsstoß untersucht werden. Die Maschine arbeitet dabei sowohl mit dem Anker als auch mit der Erregerwicklung an konstanten Spannungen, es ist also sowohl $\Delta u_a = 0$ als auch $\Delta u_e = 0$. Zur Zeit $t = 0$ soll sich das drehzahlunabhängige Widerstandsmoment der Arbeitsmaschine um $\Delta m_w = \Delta M_w$ ändern. Bei $\Delta M_w > 0$ wird ein größeres und bei $\Delta M_w < 0$ ein kleineres motorisches Drehmoment von der Gleichstrommaschine verlangt als im vorangehenden stationären Zustand. In einer ersten Stufe der Untersuchungen soll die Ankerinduktivität vernachlässigt, d.h. mit $T_a = 0$ gerechnet werden. In diesem Fall gelten (19.32)und (19.33). Sie nehmen mit $\Delta u_a = 0$ und $\Delta m_w = \Delta M_w/p$ die spezielle Form

$$\Delta n = -\frac{2\pi R_a}{(c\Phi_B)^2}\frac{1}{pT_m\left(p + \dfrac{1}{T_m}\right)}\Delta M_w \ , \qquad \Delta i_a = \frac{2\pi}{(c\Phi_B)}\frac{1}{pT_m\left(p + \dfrac{1}{T_m}\right)}\Delta M_w$$

an. Die Rücktransformation dieser Beziehungen in den Zeitbereich liefert mit Anhang V:

$$\Delta n = \Delta n_{(e)}\left(1 - e^{-t/T_m}\right) \ , \tag{19.55}$$

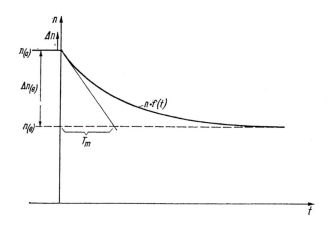

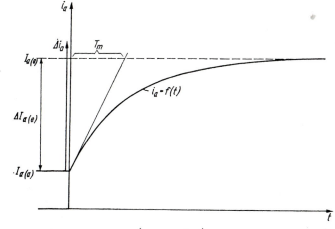

Bild 19.7
Verläufe $n = f(t)$ und $i_\mathrm{a} = f(t)$
bei sprunghafter Änderung
des drehzahlunabhängigen
Widerstandsmoments
der Arbeitsmaschine
um $\Delta M_\mathrm{w} > 0$
unter Vernachlässigung
des Einflusses der Induktivität
des Ankerkreises

$$\Delta i_\mathrm{a} = \Delta I_\mathrm{a(e)} \left(1 - \mathrm{e}^{-t/T_\mathrm{m}}\right) . \tag{19.56}$$

Dabei sind

$$\Delta n_\mathrm{(e)} = -\frac{2\pi R_\mathrm{a}}{(c\,\Phi_\mathrm{B})^2}\Delta M_\mathrm{w} \qquad \text{und} \tag{19.57}$$

$$\Delta I_\mathrm{a(e)} = \frac{2\pi}{(c\,\Phi_\mathrm{B})}\Delta M_\mathrm{w} \tag{19.58}$$

die stationären Änderungen, die sich nach Abklingen der Ausgleichsvorgänge einstellen.

Aufgrund der quasistationären Betrachtungsweise verlaufen Strom und Drehzahl nach je einer e-Funktion mit der Zeitkonstanten T_m[1]. Im Bild 19.7 sind die Verläufe $n = f(t)$ und $i_\mathrm{a} = f(t)$ für den Fall $\Delta M_\mathrm{w} > 0$ dargestellt, die Maschine wird al-

[1] vgl. Abschnitt 6.4.4

so stärker motorisch belastet. Die Anfangswerte $n_{(a)}$ und $I_{a(a)}$ wurden willkürlich festgelegt. Man erkennt, daß die Vergrößerung des geforderten Drehmoments einen Verzögerungsvorgang einleitet. Mit dem Absinken der Drehzahl wächst der Ankerstrom und damit das von der Maschine entwickelte Drehmoment. Dadurch wird der Drehzahlabfall verlangsamt. Schließlich ist die Drehzahl so weit gesunken, daß ein Strom fließt, dessen Drehmoment dem geforderten Drehmoment das Gleichgewicht hält. Die Verzögerung wird Null; die Drehzahl erreicht einen konstanten Wert; es hat sich ein neuer stationärer Arbeitspunkt eingestellt.

Unter Berücksichtigung der Induktivität des Ankerkreises und damit einer endlichen Ankerzeitkonstanten T_a erhält man aus (19.22) und (19.24) mit $\Delta u_a = 0$ und $\Delta m_w = \Delta M_w / p$

$$\Delta n = -\frac{2\pi R_a}{(c\Phi_B)^2} \frac{1 + pT_a}{p(p^2 T_a T_m + pT_m + 1)} \Delta M_w \ , \tag{19.59}$$

$$\Delta i_a = \frac{2\pi}{(c\Phi_B)} \frac{1}{p(p^2 T_a T_m + pT_m + 1)} \Delta M_w \ . \tag{19.60}$$

Aus (19.60) folgt für den Ankerstrom Δi_a, wenn man die Zeitkonstanten T_1 und T_2 nach (19.27) und $\Delta I_{a(e)}$ nach (19.58) einführt,

$$\Delta i_a = \frac{\Delta I_{a(e)}}{T_a T_m} \frac{1}{p\left(p + \dfrac{1}{T_1}\right)\left(p + \dfrac{1}{T_2}\right)} \ .$$

Die Rücktransformation dieser Beziehung in den Zeitbereich liefert mit den korrespondierenden Funktionen nach Anhang V unter Beachtung von (19.29)

$$\Delta i_a = \Delta I_{a(e)} \left[1 + \frac{T_2}{T_1 - T_2} e^{-t/T_2} - \frac{T_1}{T_1 - T_2} e^{-t/T_1}\right] \ . \tag{19.61}$$

Im Bild 19.8 ist der Verlauf $i_a = f(t)$ dargestellt. Dabei sind dieselben Werte für T_m, $\Delta I_{a(e)}$ und $I_{a(a)}$ verwendet worden wie im Bild 19.7. Das Verhältnis T_a/T_m wurde zu $T_a/T_m = 0,2$ gewählt. Damit erhält man aus (19.28) $T_1/T_m = 0,72$ und $T_2/T_m = 0,28$. Die Ankerinduktivität bewirkt, daß der Stromverlauf bei $t = 0$ stetig wird. Das folgt unmittelbar aus (19.61) als $(di_a/dt)_{t=0} = 0$, ergibt sich jedoch auch aus der Lage der Anfangstangenten im Bild 19.8.

Für die Drehzahl Δn folgt aus (19.59) unter Einführung der Zeitkonstanten T_1 und T_2 nach (19.27) und mit $\Delta n_{(e)}$ nach (19.57)

$$\Delta n = \frac{\Delta n_{(e)}}{T_a T_m} \frac{1}{p\left(p + \dfrac{1}{T_1}\right)\left(p + \dfrac{1}{T_2}\right)} + \frac{\Delta n_{(e)}}{T_m} \frac{1}{p\left(p + \dfrac{1}{T_1}\right)\left(p + \dfrac{1}{T_2}\right)} \ .$$

Die Rücktransformation dieser Beziehung in den Zeitbereich liefert nach Anhang V unter Beachtung von (19.29) und (19.30)

$$\Delta n = \Delta n_{(e)} \left[1 - \frac{T_1^2}{T_1^2 - T_2^2} e^{-t/T_1} + \frac{T_2^2}{T_1^2 - T_2^2} e^{-t/T_2}\right] \ . \tag{19.62}$$

Der Verlauf $n = f(t)$ ist im Bild 19.8 zusammen mit dem des Ankerstroms dargestellt. Die zweite e-Funktion in (19.62) mit der Zeitkonstanten T_2 macht sich nur wenig bemerkbar. Sie sorgt dafür, daß die Drehzahländerung zur Zeit $t = 0$ wieder die gleiche wird wie im Bild 19.7. Man erhält sie aus (19.62) zu

$$\left(\frac{\mathrm{d}n}{\mathrm{d}t}\right)_{t=0} = \frac{\Delta n_{(e)}}{T_1 + T_2} = \frac{\Delta n_{(e)}}{T_m} \, .$$

Das ist die Verzögerung, die der Läufer erfährt, wenn nur das Widerstandsmoment der Arbeitsmaschine wirkt. Diese Verzögerung muß im ersten Augenblick auftreten, da der elektromechanische Mechanismus in der Maschine erst einsetzt, wenn die Drehzahl sich bereits geändert hat.

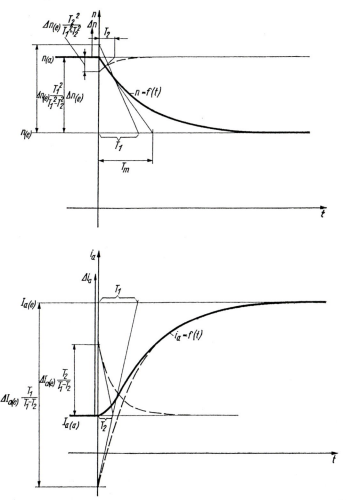

Bild 19.8 *Verläufe* $n = f(t)$ *und* $i_a = f(t)$ *bei sprunghafter Änderung des drehzahlunabhängigen Widerstandsmoments der Arbeitsmaschine um* $\Delta M_w > 0$ *unter Berücksichtigung der Induktivität des Ankerkreises für* $T_a/T_m = 0,2$, *d.h.* $T_1/T_m = 0,72$ *und* $T_2/T_m = 0,28$, *und gleichen Werten von* $n_{(a)}$, $I_{a(a)}$, $\Delta n_{(e)}$, $\Delta I_{a(e)}$ *und* T_m *wie im Bild 19.7*

20   Besondere Ausführungsformen von Gleichstrommaschinen

20.1   Gleichstrom-Kleinstmotoren mit Hohlläufer

In Gleichstromantrieben kleinster Leistungen kommen neben kleinen permanenterregten Gleichstrommotoren herkömmlicher Bauart solche mit eisenlosem Hohlläufer zum Einsatz. Sie werden für Drehmomente von einigen Ncm bis herab zu Bruchteilen eines N cm ausgeführt. Im Bild 20.1 ist der grundsätzliche Aufbau eines derartigen Motors dargestellt. Die Ankerwicklung ist ein freitragender Hohlzylinder. Sie rotiert im Luftspalt zwischen dem inneren und dem äußeren Teil des Ständermagnetkreises. Der innere Teil ist als diametral magnetisierter Permanentmagnet ausgeführt. Der äußere Teil dient als Rückschluß für das Magnetfeld und bildet gleichzeitig das Gehäuse des Motors. Der Kommutator mit 5 bis 13 Kommutatorstegen hat einen extrem kleinen Durchmesser. Als Bürsten dienen Edelmetallfedern oder kleine Kohlebürsten.

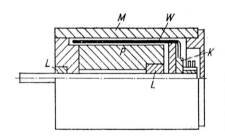

Bild 20.1
Grundsätzlicher Aufbau eines
Gleichstrom-Kleinstmotors mit Hohlläufer
W Ankerwicklung; P Permanentmagnet
M magnetischer Rückschluß; K Kommutator; L Lager

Aus dem Aufbau des Gleichstrom-Kleinstmotors mit Hohlläufer leiten sich unmittelbar seine grundsätzlichen Eigenschaften ab. Aufgrund des hohen magnetischen Widerstands, den der innere Teil des Ständermagnetkreises hat, bleibt das Ankerfeld klein, und es tritt keine Ankerrückwirkung auf. Dadurch wiederum erhält man niedrige Werte der Ankerzeitkonstanten und mit $c\Phi_{\mathrm{B}} = k = $ konst. Drehzahl-Drehmoment- und Strom-Drehmoment-Kennlinien mit hoher Linearität. Da der Läufer eisenlos ausgeführt ist, treten keine Ummagnetisierungsverluste auf. Außerdem erhält man niedrige Werte des Massenträgheitsmoments und damit kleine elektromechanische Zeitkonstanten. Da keine Nutung vorhanden ist, kommt es nicht zur Ausbildung von Rastmomenten. Schließlich bewirkt der kleine Kommutatordurchmesser, daß außerordentlich geringe Reibungsverluste auftreten. Dadurch erhält man zusammen mit dem Wegfall der Ummagnetisierungsverluste große Werte für den Wirkungsgrad. Von der Kommutierung und von der Übertragungsfähigkeit des Kommutatorsystems her kann die gesamte Drehzahl-Drehmoment-Kennlinie zwischen Leerlauf und Stillstand ausgenutzt werden. Es sind sogar Spitzenströme zulässig, die über dem Anzugsstrom liegen. Arbeitspunkte oberhalb des Bemessungsdrehmoments sind natürlich aus thermischen Gründen nicht im Dauerbetrieb zulässig.

Die große Konstanz des Flusses Φ_{B}, die Möglichkeit der Ausnutzung der gesamten

Drehzahl-Drehmoment-Kennlinie zwischen Leerlauf und Stillstand und die niedrigen Reibungsverluste sowie das Fehlen der Ummagnetisierungsverluste machen eine Behandlung des stationären Betriebs möglich und sinnvoll, die von der der konventionellen Gleichstrommaschine abweicht[1]. Insbesondere gelten die Gleichungen (19.17) mit großer Genauigkeit. Sie gehen mit $c\Phi_B = k$ über in

$$U = RI + kn \tag{20.1}$$

$$M + M_{rb} = \frac{k}{2\pi}I \ . \tag{20.2}$$

Dabei wurde auf den Index a zur Kennzeichnung der Ankergrößen verzichtet und das am Wellenstumpf der Maschine wirksame Drehmoment M eingeführt, das um das Reibungsmoment M_{rb} kleiner ist als das elektromagnetisch erzeugte Drehmoment $(c/2\pi)\Phi_B I = (k/2\pi)I$.

Im Stillstand mit $n = 0$ folgt aus (20.1) für den *Anzugsstrom*

$$I = I_a = \frac{U}{R} \tag{20.3}$$

und aus (20.2 für das *Anzugsmoment* M_a

$$M_a + M_{rb} = \frac{k}{2\pi}I_a \ . \tag{20.4}$$

Im Leerlauf mit $M = 0$ fließt der Leerlaufstrom I_0, und es gilt entsprechend (20.2)

$$M_{rb} = \frac{k}{2\pi}I_0 \ . \tag{20.5}$$

Aus (20.2), (20.4) und (20.5) erhält man die Beziehungen

$$M = \frac{k}{2\pi}(I - I_0) \tag{20.6}$$

$$M_a = \frac{k}{2\pi}(I_a - I_0) \tag{20.7}$$

$$M_a - M = \frac{k}{2\pi}(I_a - I) \ . \tag{20.8}$$

Die Strom-Drehmoment-Kennlinie $I = f(M)$ verläuft streng linear. Sie ist im Bild 20.2 dargestellt. Aus dieser Darstellung lassen sich die Aussagen von (20.4) bis (20.8) nochmals unmittelbar ablesen.

Die Drehzahl-Drehmoment-Kennlinie folgt aus (20.1) und (20.2) zu

$$\boxed{\begin{aligned} n &= \frac{U}{k} - \frac{R}{k}I = n_{0i} - \frac{2\pi R}{k^2}(M + M_{rb}) = n_0 - \frac{2\pi R}{k^2}M \\ &= n_0\left(1 - \frac{M}{M_a}\right) = \frac{n_0}{M_a}(M_a - M) \end{aligned}} \ . \tag{20.9}$$

Dabei ist $n_{0i} = U/k$ die *ideelle Leerlaufdrehzahl*, die sich bei $M_{rb} = 0$ einstellen würde, und $n_0 = n_{0i} - (2\pi R/k^2)M_{rb}$ die tatsächliche Leerlaufdrehzahl. Den Verlauf $n = f(M)$ nach (20.9) zeigt Bild 20.2.

---

[1]Eine ausführliche Behandlung findet sich in [29].

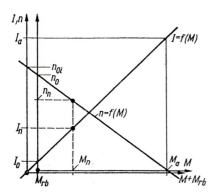

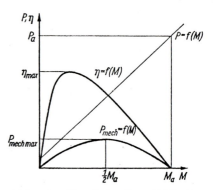

Bild 20.2   Strom-Drehmoment-Kennlinie
$I = f(M)$ und Drehzahl-Drehmoment-
Kennlinie $n = f(M)$ eines Gleichstrom-
Kleinstmotors mit Hohlläufer

Bild 20.3   Kennlinien $P = f(M)$, $P_{\text{mech}} = f(M)$ und $\eta = f(M)$ eines Gleichstrom-Kleinstmotors mit Hohlläufer

Die mechanische Leistung P_{mech} läßt sich mit Hilfe von (20.9) ausdrücken als

$$P_{\text{mech}} = 2\pi n M = \frac{2\pi n_0}{M_{\text{a}}} M(M_{\text{a}} - M) \ . \tag{20.10}$$

Sie verschwindet im Leerlauf wegen $M = 0$ und im Stillstand wegen $n = 0$ bzw. $M = M_{\text{a}}$. Dazwischen durchläuft sie ein Maximum, dessen Lage sich über $(\mathrm{d}P_{\text{mech}}/\mathrm{d}M) = M_{\text{a}} - 2M = 0$ zu

$$M = M_{\text{a}}/2$$

ergibt, und das unter Beachtung von (20.7) und mit $\dfrac{n_0}{M_{\text{a}}} = \dfrac{2\pi R}{k^2}$ den Wert

$$P_{\text{mech max}} = \left(\frac{2\pi}{k}\right)^2 R \frac{M_{\text{a}}^2}{4} = \frac{R}{4}(I_{\text{a}} - I_0)^2 \tag{20.11}$$

annimmt. Die elektrisch aufgenommene Leistung bei $n = 0$, d.h. $I = I_{\text{a}}$, ergibt sich zu

$$P_{\text{a}} = U I_{\text{a}} = R I_{\text{a}}^2 \ . \tag{20.12}$$

Damit läßt sich die maximal abgebbare mechanische Leistung nach (20.11) darstellen als

$$P_{\text{mech max}} = \frac{P_{\text{a}}}{4}\left(1 - \frac{I_0}{I_{\text{a}}}\right)^2 \ , \tag{20.13}$$

d.h., sie ist etwas kleiner als ein Viertel der im Stillstand aufgenommenen elektrischen Leistung. Der Verlauf $P_{\text{mech}} = f(M)$ ist parabolisch, er ist zusammen mit dem Verlauf $P = f(M)$ im Bild 20.3 dargestellt.

Der Wirkungsgrad η läßt sich mit P_{mech} nach (20.10) unter Einführung von (20.6) und (20.8) sowie mit $P = UI = RI_{\text{a}}I$ ausdrücken als

$$\eta = \left(1 - \frac{I_0}{I}\right)\left(1 - \frac{I}{I_{\text{a}}}\right) = 1 - \frac{I_0}{I} - \frac{I}{I_{\text{a}}} + \frac{I_0}{I_{\text{a}}} \ . \tag{20.14}$$

Der Wirkungsgrad verschwindet für $I = I_0$, d.h. im Leerlauf, und für $I = I_{\text{a}}$, d.h. im Stillstand. Dazwischen durchläuft er ein Maximum, dessen Lage sich aus

$$\frac{\mathrm{d}\eta}{\mathrm{d}I} = \frac{I_0}{I^2} - \frac{1}{I_\mathrm{a}} = 0 \text{ zu}$$

$$I = \sqrt{I_0 I_\mathrm{a}}$$

ergibt und das den Wert

$$\eta_{\mathrm{max}} = \left(1 - \sqrt{\frac{I_0}{I_\mathrm{a}}}\right)^2$$

besitzt. Das Verhältnis I_0/I_a ausgeführter Gleichstrom-Kleinstmotoren mit Hohlläufer liegt im Bereich $I_0/I_\mathrm{a} = 1/40$ bis $1/100$. Damit ergeben sich Maximalwerte des Wirkungsgrads im Bereich $\eta_{\mathrm{max}} = 0,7$ bis $0,8$. Im Bild 20.3 ist die Kennlinie $\eta = f(M)$ dargestellt. Der Bemessungspunkt ausgeführter Maschinen liegt im Bereich $M_\mathrm{n}/M_\mathrm{a} = 0,3$ bis $0,7$.

20.2 Gleichstromstellmotoren

Stellmotoren werden in lagegeregelten Antrieben – vor allem in der Anwendung als Vorschubantrieb in Werkzeugmaschinen sowie als Antrieb für Industrieroboter – eingesetzt. Dabei finden vorzugsweise permanenterregte Gleichstrommaschinen Verwendung. An Stellmotoren werden eine Reihe spezieller Anforderungen gestellt. Dazu gehören vor allem gute dynamische Eigenschaften. Sie werden dadurch erreicht, daß durch eine entsprechende Auslegung hohe Werte der Stromüberlastbarkeit realisiert und schlanke Läufer mit kleinem Massenträgheitsmoment ausgeführt werden. Außerdem wird ein großer Drehzahlstellbereich gefordert, d.h. ein großes Verhältnis der größten Drehzahl, die zugelassen werden kann, zur kleinsten Drehzahl, bei der die geforderten Rundlaufeigenschaften noch eingehalten werden. Störungen im Rundlauf, d.h. in der Konstanz der Winkelgeschwindigkeit innerhalb einer Umdrehung des Läufers, entstehen vor allem durch die Nutung. Um diese Einflüsse klein zu halten, ist es üblich, die Läufernuten zu schrägen. Die Stromversorgung erfolgt über leistungselektronische Stellglieder. Bei der Auslegung der Motoren ist zu beachten, daß die permanentmagnetischen Abschnitte des Magnetkreises auch unter dem Einfluß der höchstzulässigen Ströme durch das Ankerfeld nicht entmagnetisiert werden.

Das *Betriebsverhalten des Gleichstrom-Stellmotors* wird weitgehend durch die Gleichungen (19.15) mit $c\Phi_\mathrm{B} = k = $ konst. beschrieben. Damit gelten für das dynamische Verhalten die Überlegungen aus den Abschnitten 19.2.2 sowie 19.3.1 bis 19.3.3. Im stationären Betrieb erhält man die üblichen schwach fallenden Drehzahl-Drehmoment-Kennlinien, die sich mit Hilfe der Ankerspannung zu niedrigeren oder höheren Werten der Drehzahl verschieben lassen. In der Drehzahl-Drehmoment-Ebene existieren drei Gebiete. Sie werden durch die mechanische Festigkeit des Läufers, durch die Erwärmung im Dauerbetrieb und durch die Kommutierung begrenzt (Bild 20.4).

Im Bereich *1* ist Dauerbetrieb möglich. Die Grenze dieses Bereichs ist dadurch gegeben, daß die zulässige Grenzerwärmung erreicht wird. Im Bereich *2* kann im Kurzzeit- oder Aussetzbetrieb gearbeitet werden. In diesem Bereich wird die Kommutierung noch voll beherrscht, mit Rücksicht auf die Erwärmung ist jedoch kein Dauerbetrieb mehr möglich. Die Grenze des Bereichs *2* fällt mit der Grenze der einwandfreien stationären Kommutierung zusammen. Im Bereich *3* können nur noch dynamische Vorgänge, d.h. Beschleunigungs- und Verzögerungsvorgänge, zugelassen werden. Während dieser Zeit kann die Verschlechterung der Kommutierung in Kauf genommen

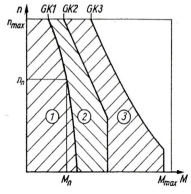

Bild 20.4
*Arbeitsbereiche des Gleichstrom-Stellmotors
in der Drehzahl-Drehmoment-Ebene*
(1) Bereich des Dauerbetriebs
(2) Bereich des Kurzzeit- und Aussetzbetriebs
(3) Bereich des dynamischen Grenzbetriebs
GK1 thermische Grenzkurve
GK2 Grenzkurve der stationären Kommutierung
GK3 Kommutierungsgrenzkurve

werden. An der Grenze des Bereichs *3*, der sog. *Kommutierungsgrenzkurve,* hat sich die Kommutierung so weit verschlechtert, daß eine weitere Erhöhung der Beanspruchung auch kurzzeitig nicht mehr zugelassen werden kann.

Die Kommutierungsgrenzkurve verläuft mit zunehmender Drehzahl bei kleineren Drehmomenten. Ursache dafür ist, daß die in den kurzgeschlossenen Spulen des Ankers während der Kommutierung induzierten Spannungen proportional der Drehzahl sind und dementsprechend mit zunehmender Drehzahl nur abnehmende Ströme einwandfrei kommutiert werden können. Das hat zur Folge, daß bei hohen Drehzahlen nur geringere Beschleunigungen bzw. Verzögerungen realisierbar sind als bei niedrigen. Eine optimale dynamische Ausnutzung des Motors erreicht man, wenn die Strombegrenzung des leistungselektronischen Stellgliedes drehzahlabhängig so gesteuert wird, daß der Motor im dynamischen Betrieb immer an der Kommutierungsgrenzkurve entlangläuft.

VI Faltungen

$$1 * \mathrm{e}^{-t/T} \sin t = \frac{T^2}{1+T^2}\left[1 - \mathrm{e}^{-t/T}\cos t - \frac{1}{T}\mathrm{e}^{-t/T}\sin t\right]$$

für $T \gg 1 \qquad \approx 1 - \mathrm{e}^{-t/T}\cos t$

$$\mathrm{e}^{-t/T_1} * \mathrm{e}^{-t/T_2}\sin t = \frac{1}{\left(\dfrac{1}{T_1}-\dfrac{1}{T_2}\right)^2 + 1}$$

$$\times \left[\left(\frac{1}{T_1}-\frac{1}{T_2}\right)\mathrm{e}^{-t/T_2}\sin t - \mathrm{e}^{-t/T_2}\cos t + \mathrm{e}^{-t/T_1}\right]$$

für $T_\nu \gg 1 \qquad \approx \mathrm{e}^{-t/T_1} - \mathrm{e}^{-t/T_2}\cos t$

$$1 * \mathrm{e}^{-t/T}\cos t = \frac{T^2}{1+T^2}\left[\frac{1}{T} - \frac{1}{T}\mathrm{e}^{-t/T}\cos t + \mathrm{e}^{-t/T}\sin t\right]$$

für $T \gg 1 \qquad \approx \mathrm{e}^{-t/T}\sin t$

$$\mathrm{e}^{-t/T_1} * \mathrm{e}^{-t/T_2}\cos t = \frac{1}{\left(\dfrac{1}{T_1}-\dfrac{1}{T_2}\right)^2 + 1}$$

$$\times \left[\left(\frac{1}{T_1}-\frac{1}{T_2}\right)\mathrm{e}^{-t/T_2}\cos t + \mathrm{e}^{-t/T_2}\sin t + \left(\frac{1}{T_1}-\frac{1}{T_2}\right)\mathrm{e}^{-t/T_1}\right]$$

für $T_\nu \gg 1 \qquad \approx \mathrm{e}^{-t/T_2}\sin t$

Literaturverzeichnis

[1] *Adkins, B.:* The general theory of electrical machines. London: Chapman and Hall 1957

[2] *Aichholzer, G.:* Elektromagnetische Energiewandler. Wien, New York: Springer-Verlag 1975

[3] *Alger, P.:* The nature of polyphase induction machines. New York: J. Wiley 1951

[4] *Bausch, H.:* Die Feldverteilung in dreiphasigen Hysteresemotoren. Technische Rundschau (Bern) 58 (1966) 40, S. 17, 19, 21

[5] *Bayer, K.-H.; Waldmann, H.; Weibelzahl, M.:* Die Transvektor-Regelung für den feldorientierten Betrieb einer Synchronmaschine. Siemens-Z. 45 (1971) 10, S. 765–768

[6] *Blaschke, F.:* Das Verfahren der Feldorientierung zur Regelung der Drehfeldmaschine. Diss. Techn. Univers. Carola-Wilhelmina zu Braunschweig 1973

[7] *Blaschke, F.; Böhm, K.:* Verfahren zur Felderfassung bei der Regelung stromrichtergespeister Asynchronmaschinen. messen, steuern, regeln (ap) 18 (1975) 12, S. 278–280

[8] *Blumenthal, M.:* Die feldorientiert betriebene, umrichtergespeiste Asynchronmaschine mit Statorstromeinprägung. Diss. Univers. Fridericiana Karlsruhe (Techn. Hochschule) 1975

[9] *Bödefeld, Th.; Sequenz, H.:* Elektrische Maschinen. 8. Aufl. Wien, New York: Springer-Verlag 1971

[10] *Boer, P.; Jordan, H.; Freise, W.:* Wechselstrommaschinen. Braunschweig: Vieweg & Sohn 1968

[11] *Bonfert, K.:* Betriebsverhalten der Synchronmaschine. Berlin, Göttingen, Heidelberg: Springer-Verlag 1962

[12] *Čeřovsky, Z.:* Die optimale Regelung der mittels Umrichter gespeisten Asynchronmaschine. Bulletin SEV (1978) 10, S. 510–512

[13] *Concordia, Ch.:* Synchronous machines. New York: John Wiley 1951

[14] *Crary, S.:* Power system stability. Vol. I.: Steady state stability, 1945; Vol. II.: Transient stability, 1947. New York: John Wiley

[15] *Ecklebe, P.:* Ein vereinfachtes Verfahren zur feldorientierten Regelung der Asynchronmaschine mit Kurzschlußläufer. Elektrie 32 (1978) 9, S. 465

[16] *Eder, E.:* Stromrichter zur Drehzahlsteuerung von Drehfeldmaschinen. Teil 3: Umrichter, Teil 4: Der Stromrichtermotor. Siemens AG 1975

[17] *Gibbs, W.:* Tensors in electric machine theory. London: Chapman and Hall 1952

[18] *Habiger, E.:* Two-phase servo motors. Berlin: VEB Verlag Technik 1973

[19] *Heller, B.:* Die Wahl der Nutenzahl bei Käfigankermotoren. IX. Internat. Wiss.
Kolloquium der Technischen Hochschule Ilmenau, 1964. Elektromaschinenbau, S.
99–119

[20] *Hochrainer, A.:* Symmetrische Komponenten in Drehstromsystemen. Berlin,
Göttingen, Heidelberg: Springer-Verlag 1957

[21] IEC-Publ. 34-4, Ausg. 1985. Methods of determining synchronous machine quan-
tities from tests

[22] *Jones, Ch. V.:* The unified theory of electrical machines. London: Butterworth
1967

[23] *Jordan, H.:* Drehmomentsättel bei Induktionsmotoren. Acta Technica ČSVA 10
(1965) 2, S. 135–155

[24] *Jordan, H.; Reismayer, P.; Weis, M.:* Verminderung der Schrägungsstreuung
bei Käfigläufermotoren infolge der mangelhaften Isolation der Läuferwicklung gegenüber dem Läufereisen. E u. M 84 (1967) 4, S. 143–148

[25] *Jordan, H.; Weis, M.:* Nutenschrägung und ihre Wirkung. ETZ-A 88 (1967) 21,
S. 528

[26] *Jordan, H.; Weis, M.:* Asynchronmaschinen. Braunschweig: Vieweg & Sohn 1969

[27] *Jordan, H.; Weis, M.:* Synchronmaschinen I und II. Braunschweig: Vieweg & Sohn
1970 und 1971

[28] *Jordan, H.; Klima, V.; Kovács, P.:* Asynchronmaschinen – Funktion, Theorie,
Technisches. Budapest: Akadémiai Kiadó 1975

[29] *Jucker, E.:* Über das physikalische Verhalten kleiner Gleichstrommotoren mit eisenlosem Läufer. Portescap, La Chaux-de-Fonds, Schweiz, 1974

[30] *Kamiński, A.:* Stabilität des elektrischen Verbundbetriebes. Berlin: VEB Verlag
Technik 1959

[31] *Kimbark, E. W.:* Power System Stability. Vol. III. New York: J. Wiley 1956

[32] *Kleinrath, H.:* Stromrichtergespeiste Drehfeldmaschinen. Wien, New York:
Springer-Verlag 1980

[33] *Kovács, K. P.:* Betriebsverhalten von Asynchronmaschinen. Berlin: VEB Verlag
Technik 1957

[34] *Kovács, K. P.; Rácz, I.:* Transiente Vorgänge in Wechselstrommaschinen. Bd. I,
II. Budapest: Verlag der Ung. Akademie d. Wiss. 1959

[35] *Kovács, K. P.:* Symmetrische Komponenten in Wechselstrommaschinen. Basel:
Verlag Birkhäuser 1962

[36] *Laible, Th.:* Die Theorie der Synchronmaschine im nichtstationären Betrieb. Berlin, Göttingen, Heidelberg: Springer-Verlag 1952

[37] *Lăzăroiu, P. F.; Slaiher, S.:* Elektrische Maschinen kleiner Leistung. Berlin: VEB Verlag Technik 1976·

[38] *Müller, G.:* Die Komponenten der Stranggrößen dreisträngiger elektrischer Maschinen. Wiss. Z. Elektrotechnik 2 (1963) 1, S. 161–182

[39] *Müller, G.:* Über die Umformung mehrsträngiger Wicklungen in äquivalente zweisträngige. Wiss. Z. Elektrotechnik 3 (1964) 1/2, S. 34–79

[40] *Müller, G.:* Fehlerquellen bei der Bestimmung der Parameter von Synchronmaschinen aus der Auswertung des Stoßkurzschlußvorganges und des Vorganges bei der Aufhebung des Kurzschlusses. Wiss. Z. der Hochschule für Elektrotechnik Ilmenau 9 (1963) 2, S. 143–149

[41] *Müller, G.:* Eine Methode zur rechnerischen Vorausbestimmung der Reaktanzen und Zeitkonstanten von Synchronmaschinen. IX. Internat. Wiss. Kolloquium der Technischen Hochschule Ilmenau, 1974. Elektromaschinenbau, S. 39–55

[42] *Müller, G.:* Grundlagen elektrischer Maschinen Weinheim, New York, Basel, Cambridge, Tokyo: VCH 1994

[43] *Müller, G.:* Elektrische Maschinen – Theorie rotierender elektrischer Maschinen, 4. Aufl. Berlin: VEB Verlag Technik 1977

[44] *Nasar, S. A.; Unnewehr, L. E.:* Electromechanics and electric machines. New York, Santa Barbara, Chichester, Brisbane, Toronto: John Wiley & Sons 1979

[45] *Nieniewski, M. J.; Marleau, R. S.:* Digital simulation of an SCR-driven DC motor. IEEE Trans. on industry applications (1978) 4, S. 341–346

[46] *Nürnberg, W.:* Die Asynchromaschine. Berlin, Göttingen, Heidelberg: Springer-Verlag 1952

[47] *Palit, B. B.:* Einheitliche Untersuchung der elektrischen Maschinen mit Hilfe des Poynting-Vektors und des elektromagnetischen Energieflusses im Luftspaltraum. Z. angewandte Mathematik und Physik 31 (1980) S. 384–412

[48] *Richter, R.:* Elektrische Maschinen. Bd. I: Allgemeine Berechnungselemente – Die Gleichstrommaschinen. Basel: Verlag Birkhäuser 1951. Bd. II: Synchronmaschinen und Einankerumformer. Basel: Verlag Birkhäuser 1953. Bd. IV: Die Induktionsmaschinen. Basel: Verlag Birkhäuser 1954. Bd. V: Stromwendermaschinen für ein- und mehrphasigen Wechselstrom – Regelsätze. Berlin, Göttingen, Heidelberg: Springer-Verlag 1950

[49] *Rießland, E.:* Wirkungsweise und Betriebsverhalten des Hysteresemotors. Elektrie 16 (1962) 4, S. 123–128

[50] *Rüdenberg, R.:* Elektrische Schaltvorgänge in geschlossenen Stromkreisen von Starkstromanlagen. Berlin, Göttingen, Heidelberg: Springer-Verlag 1953

[51] *Sarma, M.:* Synchronous machines. New York, London, Paris: Gordon and Breach science publishers 1979

[52] *Schuisky, W.:* Elektromotoren. Wien: Springer-Verlag 1951

[53] *Schuisky, W.:* Induktionsmaschinen. Wien: Springer-Verlag 1957

[54] *Simonyi, K.:* Theoretische Elektrotechnik, 4. Aufl. Berlin: Deutscher Verlag d. Wissenschaften 1971

[55] *Taegen, F.:* Einführung in die Theorie der elektrischen Maschinen. Braunschweig: Vieweg & Sohn 1971

[56] *Ungruh, R.; Jordan, H.:* Gleichlaufschaltungen von Asynchronmotoren. Braunschweig: Vieweg & Sohn 1964

[57] *Vogt, K.:* Elektrische Maschinen – Berechnung rotierender elektrischer Maschinen, 4. Aufl. Berlin: VEB Verlag Technik 1988

[58] *Woodson, H. H.; Melcher, J. R.:* Electromechanical dynamics, part I, II, III. New York, London, Sydney: John Wiley & Sons 1968

[59] *Adamenko, A. I.:* Nesimmetričnye asinchronnye mašiny. Kiev: A.N. USSR 1962

[60] *Armenskij, E. V.; Falk, G. B.:* Električeskie mikromašiny. Moskva: Vysšaja škola 1975

[61] *Bruskin, G. E.; Zorochovic, A. E.; Chvostov, B. S.:* Električeskie mašiny, Č. 1; 2. Moskva: Vysšaja škola 1979

[62] *Važnov, A. I.:* Osnovy teorii perechodnych processov sinchronnoj mašiny. Moskva, Leningrad: Gosėnergoizdat 1960

[63] *Venikov, B. A.:* Perechodyne ėlektromechaničeskie processy v ėlektričeskich sistemach. Moskva: Ėnergija 1964

[64] *Gorev, A. A.:* Perechodnye processy sinchronnoj mašiny. Leningrad: Gosėnergoizdat 1950

[65] *Gorev, A. A.:* Izbrannye trudy po voprosam ustojčivosti ėlektričeskich sistem. Leningrad: Gosėnergoizdat 1960

[66] *Gorjainov, F. A.:* Ėlektromašinnye usiliteli. Moskva, Leningrad: Gosėnergoizdat 1962

[67] *Ivanov-Smolenskij, A. V.:* Ėlektričeskie mašiny. Moskva: Ėnergija 1980

[68] *Kostenko, M. P.; Piotrovskij, L. M.:* Ėlektričeskie mašiny, Č I, II. Leningrad: Ėnergija 1964/65

[69] *Kazovskij, E. Ja.:* Perechodnye processy v ėlektričeskich mašinach peremennogo toka. Moskva, Leningrad: A. N. SSSR 1962

[70] *Petrov, L. P.:* Upravlenie puskom i tormozénium asinchronnych mašin. Moskva: Gosėnergoizdat 1981

[71] *Petrov, G. N.:* Ėlektričeskie mašiny. Č II: Asinchronnye i sinchronnye mašiny. Moskva: Gosėnergoizdat 1963

[72] *Titko, A. I.:* Matematičeskoe i fizičeskoe modelirovanie élektromagnitnych polej v élektričeskich mašinach peremennogo toka. Kiev: 1976

[73] *Canay, I. M.:* Verbesserte Theorie zur Behandlung des unterschiedlichen Stabilitätsverhaltens von Synchrongeneratoren und -motoren. Konferenzbericht „Ein Jahrhundert industrieller Elektromaschinenbau – 40 Jahre volkseigener Elektromaschinenbau", S. 141. Dresden 1988

[74] *Seefried, E.; Müller, G.:* Frequenzgesteuerte Drehstrom-Asynchronantriebe. Berlin, München: Verlag Technik 1992

[75] *Justus, O.:* Dynamisches Verhalten elektrischer Maschinen – Eine Einführung in die numerische Modellierung mit PSPICE. Braunschweig, Wiesbaden: Vieweg & Sohn

[76] *Nguyen, P.Q.:* Praxis der feldorientierten Drehstromantriebsregelungen. Ehningen: Expert Verlag 1993

[77] *Seinsch, H.-O.:* Oberfelderscheinungen in Drehfeldmaschinen. 1. Aufl. Stuttgart: Teubner 1991

[78] *Richter, C.:* Servoantriebe kleiner Leistung. 1. Aufl. Weinheim, New York, Basel. Cambridge: VCH 1993

Sachwortverzeichnis